化工设计

工厂和工艺设计原理、实践和经济性

（第二版）

［美］Gavin Towler，［美］Ray Sinnott　著

张来勇　等译

石油工业出版社

内 容 提 要

本书是作者对多年化工设计工艺实践和教学经验的总结成果，在第一版基础上，删减了过时内容，增添了过程模拟、经济分析、相关规范和准则等最新内容，全面详细介绍了化工设计，主要包括过程设计和工厂设计两部分内容。

本书可供从事化工设计人员参考，也可作为化工专业的高校师生的参考书。

图书在版编目（CIP）数据

化工设计：工厂和工艺设计原理、实践和经济性：第二版 /（美）加文·陶勒（Gavin Towler），（美）雷·辛诺特（Ray Sinnott）著；张来勇等译 .—北京：石油工业出版社，2021.1

书名原文：Chemical Engineering Design：Principles，Practice and Economics of Plant and Process Design（Second Edition）

ISBN 978-7-5183-4557-1

Ⅰ.①化… Ⅱ.①加… ②雷… ③张… Ⅲ.①化工设计 Ⅳ.① TQ02

中国版本图书馆 CIP 数据核字（2021）第 037732 号

北京市版权局著作权合同登记号：01-2021-1552

出版发行：石油工业出版社

（北京安定门外安华里 2 区 1 号　100011）

网　　址：www.petropub.com

编辑部：（010）64523738　　图书营销中心：（010）64523633

经　　销：全国新华书店

印　　刷：北京晨旭印刷厂

2021 年 1 月第 1 版　2021 年 1 月第 1 次印刷

787×1092 毫米　开本：1/16　印张：67.75

字数：1500 千字

定价：500.00 元

（如出现印装质量问题，我社图书营销中心负责调换）

版权所有，翻印必究

原书前言

本书原作者为 Ray Sinnott，为 Coulson 和 Richardson 组织编写的《化学工程》丛书第六卷。本书作为一部独立的设计教材，可供大学生做工程设计时参考，也可作为 Coulson 和 Richardson 组织编写的《化学工程》丛书其他卷的补充。2008 年，出版了《化学工程设计：原理、实践及工厂和工艺设计经济学》，在北美市场，作为对《化学工程》丛书第六卷的修订本。本书更新了一些较旧的内容，而且参照的法律、规范和标准，也从原版的英国体系改为美国体系；然而，整体构架和基本原理保持不变。

本书的第一版被广泛使用。笔者收到了来自同事的许多宝贵意见，指出了本书作为代表性的北美大学课本，其内容上的优势和不足。我西北大学的学生们分享了他们在第一版使用中的体会和学习中遇到的问题，UOP 的同事也提出一些建议，这些都有助于对本书相关内容的改进。笔者在第二版中所做的改动旨在让本书对学生和工业实践者更有价值，通过补充新的内容来弥补明显的缺陷，同时去掉一些过时的或与基础课程重复的内容。

笔者对本书做的最主要的改变在于重新安排了内容的次序，使得本书更加适合于典型的两门高级设计课程。本书分为两部分，第 1 部分为过程设计，涵盖了课堂上讲授的典型内容，涵盖内容广泛，包括流程开发、经济分析、安全性和环境影响以及优化；第 2 部分为工厂设计，包括相关设备设计和选型，可以作为课堂讲授的补充。对于大部分单元操作设计，这些内容提供了循序渐进的方法，同时也包括了许多实例，为刚刚开始设计项目的学生或那些在工业领域面临设计困难的学生提供了基本的参考。

第二版较多地增加了工艺流程开发涵盖的范围，删除了介绍物料和能量平衡的章节，取而代之的是有关工艺流程开发和能量回收的章节，并对过程模拟进行讨论。第二版增加了过程经济的论述和有关投资成本估算、运营成本，以及更多有关经济分析和敏感性分析等新内容。大多数教师认为在介绍经济分析及安全性与环境的局限之后再讲优化显得更有逻辑，故本书将优化部分作为独立的一章放在第一部分末尾。

第 2 部分一开始对于设备设计中的共性内容做了概述介绍，接着是有关压力容器设计的内容，重点是大多数工艺容器的设计。接下来依次探讨反应器、分离流程、固体处理、热交换和液压装置的设计。依笔者所见，学生常常会纠结于反应工程基本原理和反应器实际机械构造之间的联系，故增加了有关反应器设计的新章节，聚焦于反应器规格的实际确定。分离流程方面增加了吸附、膜分离、色谱分离和离子交换；固体处理过程内容也做了扩充，并将其与固体处理操作合在一起形成一个新的章节。

本书还着重强化了批处理、改造设计以及生物过程的设计，生物过程包括发酵技术以及生化过程中产品回收和提纯常用的分离技术。几乎每一章都包括有关食品、制药、生物过程和操作的例子。美国很多在读的化学工程师将会发现他们更多的是做现有工厂的改造项目，而不是新项目。第一部分只给出改造设计的一般性讨论，其改造设计中等级计算等内容将在第二部分中给出。

化学工程师在许多不同的行业中工作，很多行业有他们自己的设计理念和专业化的工具。笔者最大限度地在书中加入一些多种流程工业设计过程的例子和常见的问题，但是限于篇幅和专业技能，对一些特定专题的覆盖范围是有限的，相关专业化的内容请见参考文献。

本书基于 Ray Sinnott 和笔者在过程设计方面工业实践的经验，以及在威尔士斯旺西大学、曼彻斯特大学和西北大学设计教学的经验。由于我们期望本书不仅仅作为教材，还应适用于实际设计工作，因此将目标设定为介绍工业过程设计中常用的工具和方法，同时尽量避免过度介绍一些理想化的却还没有在工业领域被广泛认可的概念和方法。读者可以在参考文献和更多的专业书中找到有关这些内容的详细介绍。

实践中使用的标准和规范是工程的重要部分，本书中引用了相关的北美标准。这些标准包括的规范和实践也适用于其他国家。大多数发达国家等效的国标均涵盖了本书所列的规范和准则，在有些情况下也引用了相关的英国、欧洲或国际标准。对于美国和加拿大重要的安全与环境条例，在相关章节给出了注释。鉴于法律、标准和规范经常更新，设计者在实际引用时应经常性地查阅这些法律、标准和规范的原出处。

大部分工业过程设计使用商业设计软件，本书广泛地借鉴了商业化的工艺和设备设计软件。对以教学为目的软件，很多商业软件提供商以正常收费提供软件许可。笔者坚信应该尽早地向学生教授商业软件，但不鼓励使用教学设计和昂贵软件。学术课程通常缺乏质量监控以及行业上的支持，并且学生在毕业后往往不会应用这些软件。所有计算机辅助设计工具必须在有设计者判定和工程评估的辅助下方可使用。评估主要来自经验，而且笔者也尽力提供最好的运用计算机工具的有效方法。

Ray 在本书第一版的前言中写道：“本书无法教会你设计的技巧和惯常做法，将理论应用于实践的直觉和判断只能从实践经验中获得。”在此版中，笔者希望能让读者很容易获得这种经验。

译者前言

———◆———

本书是化工设计领域的经典论著，由 Gavin Towler 和 Ray Sinnott 基于过程设计的工业实践和设计教学经验编著的，不仅是高校高年级学生化学工程课程的很好教材，也是工程设计工作者很好的参考书。此外，本书也适合炼化企业相关人员使用，帮助其拓展对单元操作和设计有关知识的理解。为此，笔者认为有必要将这样一本优秀的论著翻译成中文以飨读者。

本书分为两大部分，共 20 章。第 1 部分介绍了过程设计，具体包括工艺流程开发、流程模拟、过程控制、经济分析、安全性和环境影响，以及优化等方面的内容；第 2 部分涵盖了有关设备设计和选择的内容，对常规的单元操作设计进行了更为详尽的叙述，同时介绍了流体的相分离和水力学计算等有关知识。此外，本书还强化了对批处理、改造设计以及生化过程设计（包括发酵技术，以及生化过程中产品回收和提纯常用的分离技术）的介绍。

本书由中国寰球工程有限公司张来勇组织翻译和审校，并最终由张来勇统稿完成。参加翻译工作的人员有胡健、赵敏、马明燕、林海涛、赵栓柱、蒋宇、陈晖、陈萍、舒小芹、卞晓艳、林珩、唐硕、杨桂春、朱为明、黄莺、张婧、顾婧妍、徐境泽、焦畅、易柯、李芳玲、张旭阳、孙文强、王蕎、刘建宾、胡时。

本书在翻译和出版过程中得到石油工业出版社的大力支持和帮助，在此，对石油工业出版社给予的支持和帮助表示衷心的感谢！

本书涉及内容广泛，限于译者水平有限，书中难免有疏漏和不足之处，恳请读者批评指正。

目录
CONTENTS

第 1 部分

过 程 设 计

第 1 章

设 计 导 论

※ 重点掌握内容

- 工业中设计项目是如何进行和形成文档的，包括设计报告的格式。
- 工业设计中工程师为什么要采用规范和标准。
- 为什么有必要在设计中考虑裕量。
- 产品设计工程师将客户需要转化为产品规定所运用的方法。

本章介绍了设计过程特性和方法，以及它们在化工产品的设计和制造过程中的应用。

1.1 设计的特性

这部分内容是对设计过程的总概述。虽然本书的主题是化学工程设计（简称化工设计），但是本节所述方法同样适用于其他工程行业。

工业中有很多领域都需要化学工程师，包括化学品、聚合物、燃料、食品、制药和造纸等传统加工工业，以及电子材料和设备、消费品、采矿和金属提取、生物医学移植和发电等其他行业。

如此众多工业领域的公司对化学工程师给予高度评价的原因如下：

化学工程师能够将模糊定义的问题表述，如客户需要或一组实验结果，发展为与问题相关的重要基础物理学含义，并运用该理解创建行动计划和一套详细的说明，如果实施，将带来预期的财务结果。

化工设计包括计划和规范的制定以及计划实施后财务结果的预测。设计是一项创造性的工作，也因此成为工程师从事的最引以为荣和最令人满意的工作之一。完整的设计在工程伊始并不存在，设计者从一个特定的目标或客户需求开始，在发展和评估可行设计的过程中找到实现目标的最佳方法；也许是一把更好的椅子、一座新的桥梁，对于化学工程师，或许是一种新的化学产品或生产过程。

在考虑达到目标的可行性方案时，设计师会受到许多因素的限制，从而减少了可行性设计方案的数量。很少会出现只有一种解决方案的情况，即只有一种设计。因限制条件不

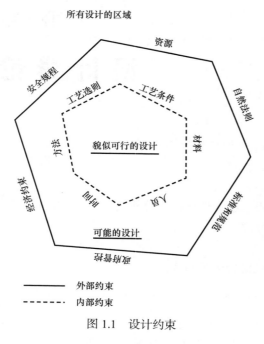

图 1.1　设计约束

同，通常会有多个可供选择的方案，甚至多个非常好的设计。

设计中可能解决方案的约束会以多种方式表现出来，有些约束条件是确定的或固定不变的，如自然法则、政府法规和工程标准所引起的约束；还有一些约束不是刚性的，设计师可以根据寻找最佳设计的总体策略对这些约束适当放宽。那些不为设计师所控制的约束被称作外部约束，外部约束决定了可行设计的最大范围，如图 1.1 所示。在这个范围内有很多貌似可行的设计会被另外一些约束条件所限制，即所谓的内部约束，设计师对于内部约束有一定控制力，如选择不同工艺、工艺条件、材料及设备。

显然，经济是所有工程设计的主要约束条件之一，工厂一定要盈利。生产成本和经济性将在第 7 章至第 9 章中讨论。

时间是另一个约束条件，完成设计的时间往往会限制可供选择的设计方案的数量。

如图 1.2 所示，从最初的目标确定到最终设计完成，需要经历几个阶段的设计工作。下面将对设计的每一阶段进行介绍。

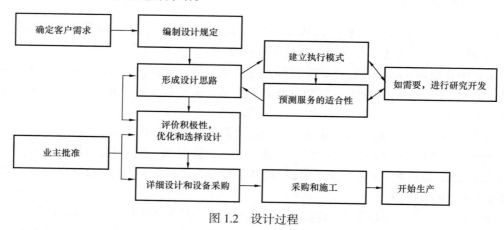

图 1.2　设计过程

图 1.2 表明设计是一个迭代过程。在进行设计时，设计师将会意识到更多的可能性和更多的约束，并且会持续寻觅新的数据和评估可行的设计方案。

1.1.1　设计目标（需求）

所有设计都起源于需求，在化学产品或化学工程的设计中，这个需求就是公众对产品的需求，并如销售和市场组织部门预见的那样创造商业机会。在这个总体目标中，设计师要辨识次目标，即构成全过程的不同单元的需求。

在开始工作之前，设计师需要对需求了解得尽可能地充分和明确。如果需求不是设计团队提出的，如来自客户或另外的部门，那么设计师需要通过讨论阐明真正的设计需求。区别"必须"和"应该"满足的需求对于设计师是十分必要的，那些"应该"满足的需求可能是最初被认为是理想的，但随着设计的进行，这些需求也可以被调整。例如，销售部门认为产品的某一规格是非常理想的，但获得它可能有困难或代价太大，而对这项规格要求做一些放宽，即可生产出畅销但便宜的产品。在任何可能的情况下，设计人员都应该对设计要求（项目和设备规格）提出疑问，并在设计过程中对其进行评审。对于设计工程师，与销售或市场部门紧密合作，或与客户直接沟通，以便尽可能清楚地了解客户的需求是非常重要的。

当为他人写规格书时，如机械设计或购买设备时，设计工程师应了解对其他设计人员的限制。一个经过深思熟虑的、满足设备需求的综合性规定确定了其他设计人员设计的外部约束。

1.1.2　设定设计基础

开始工艺设计最重要的一步是将客户需求转化为设计基础。设计依据是对亟待解决的问题进行更精确的表述。它通常会包括主要产品的产率和纯度规格，以及影响设计的约束条件的信息，例如：

（1）使用的单位制。

（2）必须遵循的国家、地方或公司设计规范。

（3）现有原材料的详细信息。

（4）工厂可能所在地的信息，包括气象数据、地震条件和可用基础设施。厂址设计将在第 11 章详细讨论。

（5）有关燃气、蒸汽、冷却水、工艺空气、工艺水和工厂运行所需的电力等公用工程的条件、可用性和价格的信息。

在开始设计前，必须明确设计依据。如果是为客户进行设计，则在项目开始时应与客户一起对设计依据进行评审。大多数公司使用标准表格或问卷来获取设计基础信息。附录 G 给出了一个示例模板，可以从 booksite.Elsevier.com/Towler 的在线资料中以 MS Excel 格式下载。

1.1.3　可行的设计概念的产生

设计过程的创造性部分是为分析、评估和选择的问题生成可能的解决方案。在这个活动中，大多数设计师很大程度上依赖于自己和他人的经验。无从确定是否有一种设计是全新的，大多数设计的前因后果通常很容易追溯。最早的汽车显然是"没有马的马车"；现代汽车设计的发展可以从这些早期的原型逐步追溯而至。在化学工业中，现代蒸馏工艺是从用于精馏酒精的古老蒸馏器发展而来的，用于气体吸收的填料塔是从原始的灌木丛填料塔发展而来的。因此，工艺设计人员通常不会从事全新的工艺或设备设计的工作。

有经验的工程师通常更喜欢采用经过试验和测试的方法，而不是采用可能更令人兴奋但未经试验的新设计。开发新流程所需的工作和成本通常被低估。新技术的商业化不仅困难而且昂贵，很少有公司愿意在未经充分证明的技术上投资数百万美元（这一现象在业内被称为"第三自我"综合征）。进步是在一小步中取得的；尽管这种认识带有偏见，然而当需要创新时，以往的经验会抑制新思想的产生和接受（称为"此处未发明"综合征）。

工作量和处理方式取决于设计项目的新颖性。新工艺的发展不可避免地需要与研究人员进行更多的交流，并从实验室和示范工厂收集数据。

依据所涉及的新颖性，化学工程项目可分为三类：

（1）对现有工厂进行改造和扩建，通常由工厂设计组进行，这类项目约占工业设计的一半。

（2）由承包商负责，转让成熟的工艺，以满足日益增长的销售需求，从而产生新的生产能力；重复现有的设计，只有很小的设计更改，包括对供应商或竞争对手的流程进行设计，以了解它们是否具有更好的生产成本，这类项目约占工业设计的45%。

（3）新工艺是指从实验室研究，到中试工厂，再到商业化工艺。即使在这样的新技术中，大多数的单元操作和工艺设备将使用成熟的设计，但这类项目在工业设计中所占的比例不到5%。

大多数流程设计是基于以前存在的设计。设计工程师很少从一张白纸开始设计，这种活动有时被称为"过程合成"。即使在研发和新产品开发至关重要的制药等行业，所使用的工艺类型也往往是基于以往对类似产品的设计，以便利用人们熟知的设备，顺利获得新工厂的监管批准。

新工艺设计的第一步，是拟出工艺主要步骤的粗略框图，并列出各阶段的主要功能（目标）和每一步的主要约束。经验表明应该考虑什么样的单元操作和设备。第2章介绍了确定构成工艺流程图的单元操作顺序所涉及的步骤。设计问题可能解决方案的产生，不能脱离设计过程的选择阶段，有些想法一经提出就会被认为是不切实际的。

1.1.4　适应性测试

当出现建议的设计备选方案时，必须对其进行满足目的适用性测试。换句话说，设计工程师必须确定每个设计思想在多大程度上满足确定的需求。在化工厂的设计中，为了找出哪一种效果最好的设计而进行几种设计通常是非常昂贵的。相反，设计工程师构建过程的数学模型，通常以计算机模拟工艺、反应器和其他关键设备的形式来选择。在某些情况下，性能模型可能包括用于预测工厂性能和收集必要设计数据的中试工厂或其他设施。在其他情况下，设计数据可以从现有的全尺寸设备中进行对比，也可以在化学工程文献中找到。

设计工程师必须收集建模过程所需的所有信息，以便根据确定的目标预测其性能。在工艺设计中，这将包括可能的工艺、设备性能和物性数据的信息。工艺信息的来源在第2章介绍。

许多设计组织会编写一份基本数据手册，其中包括设计所依据的所有工艺"技术秘密"。大多数组织有设计手册，其中包括更常用的设计过程的首选方法和数据。国家标准也是设计方法和数据的来源。因为新工厂的设计必须符合国家标准和规定，这些标准和规定也成为设计约束。如果没有必要的设计数据或模型，则需要进行研究和开发工作来收集数据并构建新的模型。

一旦收集了数据并建立了工艺的工作模型，设计工程师就可以开始确定设备的尺寸和成本。在这个阶段，明显知道一些设计不经济的，可以拒绝采用，无须做进一步的分析。重要的是要确保所考虑的所有设计都适合服务，即满足客户"必须有"的要求。在大多数化工设计问题中，这归结为生产符合要求规格的产品。如果设计不能满足客户的要求，通常可以进行修改，但这总是会增加额外的成本。

1.1.5　经济评价、优化和选择

一旦设计师确定了一些符合客户目标的候选设计，设计选择过程就可以开始了。设计选择的主要标准通常是经济效益，但安全、环境影响等因素也可能发挥重要作用。经济评估通常需要分析流程的投资和运营成本，以确定投资回报，详见第 7 章至第 9 章。

对产品或过程的经济分析也可以用来优化设计。每个设计都有几个可能的变量，在特定的条件下具有经济意义。例如，过程热回收的程度是能量成本和换热器成本（通常以热交换面积的成本来表示）之间的权衡。在能源成本较高的地区，利用大量热交换面最大限度地回收废热，以便在生产过程中再利用的设计将具有吸引力。在能源成本较低的地区，燃烧更多的燃料和降低工厂的资本成本可能更经济。第 3 章介绍了能量回收技术。在第 12 章中简要讨论了为协助工厂设计和运行优化而开发的数学技术。

当所有候选设计都被优化后，就可以选择最佳的设计。通常，设计工程师会发现一些设计具有非常相近的经济性能，在这种情况下，最安全的设计或具有最佳商业记录的设计将被选择。在选择阶段，经验丰富的工程师还将仔细检查候选设计，以确保它们是安全的、可操作的和可靠的，并确保没有忽略任何重要的成本。

1.1.6　详细设计和设备选择

在选择了流程或产品概念之后，项目将转入详细设计。在详细设计阶段，确定容器、交换器、泵和仪器等设备的详细规格。设计工程师可与其他专业工程师一起工作，例如，与土木工程师进行场地准备设计、与机械工程师进行容器和结构设计、与电气工程师进行仪器仪表和控制设计。

许多公司在详细设计阶段雇佣专业的工程、采购和施工（EPC）公司（通常称为承包商）。EPC 公司拥有大量的设计人员，能够以较低的成本快速、高效地完成项目。

在详细设计阶段，设计可能还会有一些变化，随着对项目成本结构了解的加深，肯定会不断地进行优化。但是，详细的设计决策往往主要集中在设备的选择上，而不是流程的更改上。例如，设计工程师可能需要决定是使用 U 形管还是浮头换热器，这部分内容将在第 19 章讨论；或是采用塔盘还是填料蒸馏塔，这部分内容将在第 17 章介绍。

1.1.7　采购、建设和运行

当设计的细节确定后，就可以购买设备、建造工厂。除非项目非常小，否则采购和施工通常由 EPC 公司进行。由于 EPC 公司每年从事许多不同的项目，因此他们能够批量订购管道、电缆、阀门等产品，并且可以利用他们的购买力在大多数设备上获得折扣。EPC 公司在现场施工、检验、测试和设备安装方面也有丰富的经验。因此，他们通常可以以比客户自己建造工厂更便宜（通常也更快）的价格为客户建造工厂。

最后，一旦工厂建成并准备好开车，它就可以开始运行。设计工程师经常被要求帮助解决任何开车相关事宜和新工厂初期遇到的问题。

1.2　化工项目的组织

化工生产过程的工程设计工作可分为两大阶段。

第一阶段：工艺设计。工艺设计涵盖从工艺的初期选择到完成工艺流程图的各个步骤；并包括设备的选型、规格和化工设计。在一个典型的组织中，这个阶段是工艺设计组的职责，工作主要由化学工程师完成。工艺设计组还可能负责完成管道和仪表图。

第二阶段：工厂设计。工厂设计包括设备的详细机械设计、结构设计、土建设计、电气设计以及配套服务的规定和设计。这些活动将由专业设计小组负责，他们由各个工程专业的专家构成。其他专家小组将负责费用估算，以及设备和材料的请购。

典型化工生产厂的设计、施工、投产的步骤顺序如图 1.3 所示，典型项目组的组织形式如图 1.4 所示。设计过程中的每一步都不会像图 1.3 所示的那样与其他步骤清晰地分离，事件的顺序也不会像图 1.3 那样清晰地定义。随着设计的发展，各个设计部分之间将不断地交换信息，但是很明显，设计中的一些步骤必须在基本完成之后才能开始其他步骤的设计。

项目经理一般是经过培训的化学工程师，通常负责项目的协调工作，如图 1.4 所示。

正如 1.1.1 所述，项目设计应从明确的规定开始，定义产品、规模、原材料、工艺技术和厂址。如果项目基于工艺和产品，那么可在项目开始时制定完整的规定。但对于一种新产品，该规定将依据可能工艺的经济评估结果来制定，评价结果是基于实验室研究、试验厂试验结果和产品市场调研得出的。新产品设计技术将在 1.7 节中讨论。

一些较大的化学品制造公司有自己的项目设计组织，在自己的组织内进行整个项目设计和工程设计，甚至可能进行施工。更经常的情况是，设计和施工，并可能协助开车，分包给国际工程、采购和建造（EPC）公司。

工艺技术的"专有技术"可来自运营公司，也可以从承包商或技术供应商获得许可。运营公司、技术供应商和承包商将在项目的所有阶段密切合作。

在许多现代项目中，运营公司很可能是几个公司的合资企业。该项目可能在世界各地的公司之间进行。因此，良好的团队合作、沟通和项目管理对于确保项目成功执行至关重要。

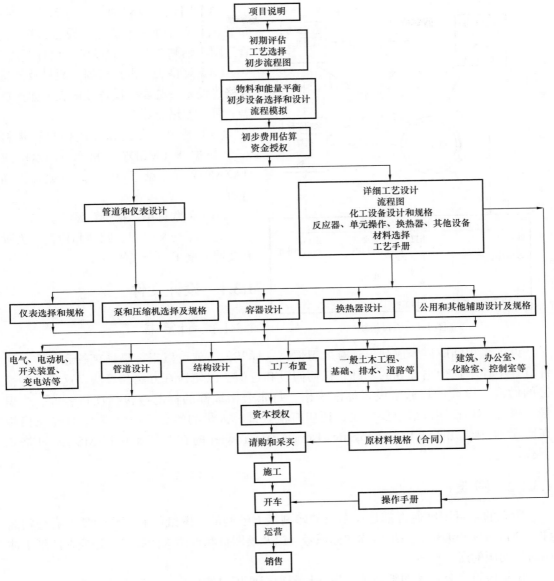

图 1.3　化工项目的结构

1.3　项目文件

如图 1.4 所示及 1.2 节所述，化学工艺设计和工程设计需要许多专家组的合作。有效的合作依赖于有效的沟通，所有的设计机构都有正式处理项目信息和文档的程序。项目文档包括：

（1）设计组内部及与政府部门、设备供应商、现场人员和客户等的一般通信联系。

（2）计算书：设计计算、成本估算、物料与能量平衡。

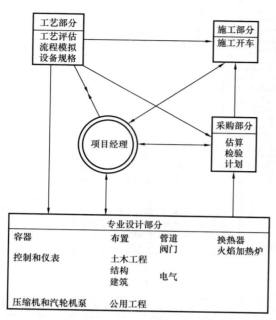

图 1.4　项目组织

（3）图纸：流程图、管道和仪表图、布置图、总平面/布置图、设备细节图、管道图（轴测图）、建筑图纸、设计草图。

（4）规格表：设计依据、原料及产品规格、设备一览表、设备数据表（如换热器、泵、加热器等）。

（5）健康、安全和环境信息：物料安全数据表（MSDS 表格），HAZOP 或 HAZAN 文件（见第 10 章），排放评价和许可。

（6）采购订单：报价、发票。

为便于交叉引用、归档和检索，为所有文档分配了一个代码。

1.3.1　设计文件

1.3.1.1　计算书

设计工程师应该养成列出计算的习惯，这样其他人就可以很容易地理解和检查。在计算表中详细地列出计算的基础、任何假设和近似，以便检查方法和算法，这是一种很好的做法。设计计算通常设置标准表格，每张表格顶部的标题应包括项目名称、标识号、修订号和日期，最重要的是，还应有检查计算人员的签名（或缩写）。计算书模板在附录 G 中给出，可以从 booksite.elsevier.com/Towler 的在线资料中以 MS Excel 格式下载。

1.3.1.2　图纸

所有的项目图纸通常都是在专门的印刷纸上绘制的，图纸的右下角图签上有公司名称、项目名称和编号、图纸名称和标识号，以及绘图员和校图人的姓名。还应在图纸上注明对最初版的所有修改。

图纸应符合公认的图纸规范，最好是国家标准规定的规范。在第 2 章和第 5 章中讨论了用于流程图、管道和仪器图的符号。计算机辅助设计（CAD）方法用于绘制项目的各个方面所需的图纸：流程图、管道和仪表、机械和土木工程。虽然发布的图纸版本通常是由专业人员绘制的，但设计工程师通常会对图纸的更改进行标记，或者对流程图进行小的修改，所以熟练掌握绘图软件是很有用的。

1.3.1.3　规格书

标准规格表通常用于传递换热器、泵、塔、压力容器等设备的详细设计或请购所需的信息。

除了确保信息清晰明了，标准的规格书还可以作为检查表，以确保包含所需的所有信息。在 booksite.elsevier.com/Towler 网站的在线资料中，以 MS Excel 格式给出了设备规格书的示例。这些规格书在本书的示例中都有引用和使用。标准工作表也常用于设计中普遍重复的计算中。

1.3.1.4　工艺手册

工艺手册通常由工艺设计组编写，以描述工艺和设计依据。工艺手册与流程图一起提供了工艺的完整的技术描述。

1.3.1.5　操作手册

操作手册给出了详细的、按部就班的工艺和设备操作说明。这些文件通常由运营公司的人员编写，但对经验不足的客户，也可能由承包商或技术许可方编写作为技术转让的一部分内容。操作手册用于操作人员的指导和培训，以及编制正式的工厂操作说明书。

1.3.2　设计报告

设计报告是一种用于提供、记录和交流设计项目中产生的信息的方法。报告的格式取决于设计项目的功能。一种新产品或新工艺的技术经济分析可能需要重点关注项目的市场营销和商业方面，而较少关注技术细节；而用于提供精确度为 ±10% 成本估计的基础设计包，它将需要大量设备设计的信息，但不需要任何财务分析。

在编写设计报告时，设计工程师应该首先考虑使用该报告的受众的需求。信息通常尽可能以表格和图表的形式表达，必要时做简短的文字说明。大多数设计报告是依据流程图、规格书和经济分析的标准模板编写的，这样用户需要的技术信息就很容易获得。报告的书面部分通常非常简短，仅限于对关键设计特征、假设、决策和建议的解释。下面的示例说明了工业中常用的一些报告格式，而最后的例子讨论了适用于大学设计项目的形式。

示例 1.1　技术经济分析

这类报告用于对新产品或工艺技术的初步技术和经济分析的总结。这类报告可以由从事产品或工艺开发的工程师撰写，也可以由评估新产品或制造路线的咨询公司撰写。这类报告通常也作为对竞争对手技术的评估，或者是为了理解供应商的成本构成而编写的。该报告的目的是对这一过程进行充分的技术和经济分析，以确定其是否具有经济吸引力，并了解生产成本，而且通常是与传统的替代方法进行比较。除了描述技术和确定生产成本，该报告还应审查市场的吸引力，并评估实施该技术所固有的风险。表 1.1 给出了每个部分指导示例内容列表。

表 1.1 技术经济分析

1 简要概括	用 1～2 页归纳包括财务分析要点的整体研究结果和建议	
2 技术描述	2.1 过程化学	描述进料、反应机理、催化剂、反应条件、生产副产品的重要程度
	2.2 工艺说明	包括流程框图的简单工艺描述
3 商务分析	3.1 产品应用	主要终端市场、竞争产品、法律方面事宜
	3.2 竞争对手评估	市场份额、竞争者强项和弱项、区域/地域因素
	3.3 现有和计划产能	多少、在哪里，如果这些工厂对项目的可行性有影响，还应包括提供原料和消耗产品的工厂，通常以表格形式表示
	3.4 市场预测	估计的增长率、未来价格变化趋势、市场的地区差异
	3.5 项目位置标准	讨论确定新工厂的准则、市场问题、法律因素等（见第 11 章）
4 经济分析	4.1 定价基础	预测方法、价格和（或）假定的利润
	4.2 投资分析	说明基建估算的依据，即基于设备设计的因子法、成本曲线估算法等（见第 7 章）
	4.3 生产成本分析	产品生产成本分解，通常以表格形式显示可变费用、固定费用要素（见第 8 章）
	4.4 财务分析	项目盈利性评估，通常以标准表格表示（见第 9 章）
	4.5 敏感性分析	讨论价格、生产规模、基建费用、建设进度等关键因素变化对项目财务的影响（见第 9 章）
5 风险分析	5.1 工艺危险性分析总述	设计中关键安全问题汇总、在过程危险分析中提出的问题
	5.2 环境影响评价总述	关键环境问题汇总
	5.3 商业风险评价	讨论投资中内在的经营风险
6 附录	6.1 工艺流程图	
	6.2 设备一览表和基建费用汇总	

示例 1.2　技术方案

技术报价文件的目的是提供进行技术选择所需的信息。当一家公司决定建造一座新工厂时，他们通常会邀请几家工程或许可公司提交工厂设计报价。虽然报价不包含完整的设计，但必须有足够的技术信息，以便客户能够在推荐的设计和竞争对手的方案之间进行选择。通常，客户会指定报价的内容和各部分标题，以确保所有报价遵循相同的格式。由于客户已经完成了自己的市场分析，因此不需要这些信息；类似地，工厂的产能和位置通常已经确定，也不需要提交。相反，报告的重点是提供设计的独有特征，选择这些特征的基础，以及这些特色在实际应用中发挥作用的证明。表 1.2 给出了一个示例内容列表。

表 1.2　技术方案

1　简要概括	1.1　建议的技术	包括工艺流程框图的简要工艺描述
	1.2　益处和优点	概括与竞争技术相比的关键优点
2　报价基础	2.1　生产目标	再陈述设计问题
	2.2　原料	描述可得原料、等级、质量
	2.3　产品等级	给出产品规格，通常以表格或参照 ASTM 规格表示
	2.4　生产选项	叙述经过评估的技术选项
3　建议的技术	3.1　工艺说明	更为详细的工艺描述
	3.2　反应器选择	推荐何种反应器，为何选择这种以及如何设计
	3.3　催化剂选择建议	推荐哪些催化剂，推荐的理由
	3.4　关键设备建议	对关键的单元操作进行说明，并说明选择了什么、如何设计，关键规格等
	3.5　试验工厂和商业化业绩	说明建议的设计是经过验证的
4　技术和经济评价	4.1　估算原材料消耗	通常以表格形式体现
	4.2　估算公用工程消耗	在表中给出每一种公用工程的细项（见第 3 章）
	4.3　估算人力需求	每一班需要多少操作员
	4.4　估算生产成本	产品生产成本分解，通常在表中表示出可变费用和固定费用要素
	4.5　估算安装投资成本	按工段对整个工厂的基建费用进行分解
5　工艺流程图		
6　初步的设备规格表		
7　典型的总平面布置		

示例 1.3　基础工程设计

　　基础工程设计报告（BEDR）通常是在工艺设计阶段结束、工厂设计阶段和设备、管道、总图布置等详细设计之前收集和审查信息的。BEDR 的目的是确保详细设计所必需信息的收集、审查和批准，以最大限度地减少详细设计期间的错误和返工。BEDR 还可以作为详细设计组的参考文档，为它们提供物流、温度、压力和物理属性信息。基础工程设计报告最重要的功能之一是记录设计过程中的决策和假设，以及设计评审会议上的意见和建议。这些通常被单独成章，以便以后加入项目的其他工程师能够理解设计为什么演变成现在的形式。基础工程设计报告样本内容见表 1.3。

表 1.3　基础工程设计

1	工艺描述和基础	1.1　项目定义		消费者、位置、关键原料和产品
		1.2　工艺叙述		包括流程框图的工艺流程和化学简述
		1.3　设计基础和范围		生产规模、项目范围、设计基础表
2	工艺流程图			
3	质量和能量平衡	3.1　基础工况物流数据		物流温度和压力、所有流股中每个组分发热质量和摩尔流量、流股的质量和摩尔组成、总的流股质量和摩尔流量，通常以表格形式给出
		3.2　调整工况的物流数据		每一种变化设计工况的同一种数据，如冬季/夏季工况、运行初期/运行末期、不同产品等级等
		3.3　基础工况物性数据		详细需要的物性，如流股密度、黏度、热导率等
4	工艺模拟	说明是如何进行工艺模拟的，模拟模型之间的差异，详细设计组需要了解的工艺流程图		
5	设备一览表			
6	设备规格	6.1　压力容器		
		6.2　加热器		
		6.3　换热器	6.3.1　管式	
			6.3.2　空冷式	
		6.4　流体处理设备	6.4.1　泵	
			6.4.2　压缩机	

续表

6　设备规格	6.5　固体处理设备	
	6.6　驱动器	6.6.1　电动机
		6.6.2　汽轮机
	6.7　非常规的或专有设备	
	6.8　仪表	
	6.9　电气规格	
	6.10　管道	
	6.11　其他	
7　施工材料	工厂每一部分使用何种材料、为何选择这种材料，这些材料通常以表格形式提出，或者在工艺流程图上标出版次	
8　初步水力学	计算泵和管线的压力降，以用来确定泵和压缩机的大小（见第 20 章）	
9　初步操作程序	说明工厂开车、停车和紧急停车的程序	
10　初步风险分析	描述设计的主要物料和过程危险	
11　基建费用估算	基建费用分解，通常是按每一台设备加上主材和安装费用，一般以表格或清单形式给出	
12　热集成和公用工程估算	夹点分析或其他能量优化分析的概述，组合曲线，用表给出公用工程消耗和成本分解（见第 3 章）	
13　设计结论和假定	描述最重要的假定和设计人员确定的结论，同时应包括那些评估过的和拒绝了的备选方案计算书	
14　设计审核文档	14.1　会议记录	设计审核会议期间做的记录
	14.2　解决设计审核问题采取的工作	说明设计审查会期间提出问题的跟踪落实情况
15　附录	15.1　计算书	支持设备选择和尺寸的计算，报告中编号及他处的参考号
	15.2　项目联络	设计团队、市场、厂商、外部客户、管制机构及影响设计的其他方之间的交流

> **示例 1.4 大学毕业设计**
>
> 大学高年级的设计项目有一系列的目标，但这些目标通常包括展示工程设计和经济评估的熟练程度。与示例 1.1 相比，需要更多的技术信息，而与示例 1.2 和示例 1.3 相比，需要更多的商业和市场分析，因此在工业中使用的报告格式都没有一种是理想的。一种合理的方法是使用示例 1.1 的格式，并将示例 1.3 中列出的材料作为附录。对于学时较短的课程，或者在没有足够的时间来开发示例 1.3 中列出的所有信息时，可以省略表 1.3 中的部分内容。

1.4 规范和标准

在现代工程工业发展的早期就出现了标准化的需要；惠特沃思在 1841 年引入了第一个标准螺纹，以衡量不同制造商之间的互换性。现代工程标准所涵盖的功能比部件交换要广泛得多。在工程实践中，它们包括：

（1）材料、性质和组成。

（2）性能、组成和质量的测试程序。

（3）优选尺寸，如管、板、截面等。

（4）设计、检验和制造方法。

（5）工厂操作和安全实践准则。

尽管规范实际上作为实践准则，但术语"标准"和"代码"是可以互换使用的，例如，推荐的设计或操作规程，以及首选大小、组合等标准。

所有发达国家和许多发展中国家都有国家标准组织，负责为制造业制定和维持标准，以保护消费者。在美国，负责协调标准信息的政府组织是美国国家标准与技术研究所（NIST）；标准由联邦、州和各种商业组织制定。化学工程师最感兴趣的是那些由美国国家标准协会（ANSI）、美国石油学会（API）、美国材料与试验学会（ASTM）、美国机械工程师协会（ASME）（压力容器和管道）、美国国家防火协会（NFPA）（安全）、管式换热器制造商协会（TEMA）（换热器）和国际自动化协会（ISA）（过程控制）发布的规范。大多数加拿大省份采用与美国相同的标准。标准的制定主要由来自相关行业、专业工程机构和其他相关组织的人员组成的委员会负责。

国际标准化组织（ISO）负责协调国际标准的出版。欧洲国家过去各自维持自己的国家标准，但现在这些标准正被欧洲共同标准所取代。

规范和标准清单及其最新版的印刷本可以从国家标准机构获得，也可以从 IHS（www.ihs.com）等商业网站订阅。

除了各种国家标准和规范，大型设计机构也将有自己的（内部的）标准。工程设计工作中的许多细节都是例行的、重复的，如果在可行的情况下使用标准设计，那么就可以节省时间和金钱，并确保项目之间的一致性。

对通用的设备，如电动机、泵、热交换器、管道和管件，设备制造商可按照标准进行标准化设计和确定尺寸范围。它们将符合现有的国家标准，或贸易协会制定的标准。显然，生产有限范围的标准尺寸要比将每个订单视为一项特殊的工作更经济。

对于设计人员，使用标准化的部件尺寸可以方便地将设备集成到工厂的其他部分。例如，如果指定了离心泵的标准范围，则可以知道泵的尺寸，这有助于基础板和管道连接的设计，以及驱动电动机的选择，选用标准电动机。

对于一个经营公司，设备设计和尺寸的标准化增加了互换性，减少了必须存放在维修仓库的备件库存。

虽然在标准化设计有相当多的好处，但也有一些缺点。标准对设计人员施加了约束。通常在完成设计计算（四舍五入）时选择最接近的标准尺寸，但这并不一定是最佳尺寸。标准尺寸会比特殊尺寸便宜，从初始基建费用来看，通常是最好的选择。

规范及标准所给出的设计方法，就其性质而言，是具有历史意义的，并不一定将最新技术融入其中。

第 14 章讨论的压力容器设计和第 19 章介绍的换热器设计都引用了标准设计。书中引用了相关的设计规范和标准。

1.5 设计系数（设计裕量）

设计是一门不精确的艺术，误差和不确定性产生于现有设计数据的不确定性和设计计算中必要的近似取值。经验丰富的设计人员考虑一定的冗余设计，即设计系数、设计裕量或安全因素，以确保设计符合产品要求和安全运行。

在机械和结构设计中，考虑到材料性能、设计方法、制造和工作载荷的不确定性的设计因素是确定的。例如，一般结构设计通常采用的抗拉强度系数约为 4，0.1% 的试验应力的系数约为 2.5。在规范和标准中列出了推荐的设计系数。机械工程设计中设计系数的选择详见第 14 章。

在工艺设计中也考虑设计系数，在设计中给出一定的公差。例如，从物料平衡中计算的流股平均流量通常增加一个因子，典型值是 10%，以便在生产操作中有一些灵活性。这个系数将为设备、仪表和管道设计确定最大流量。在工艺设计中，如果考虑了设计系数以提供一些备用量，则应在项目组织内达成共识，并在项目文件（图纸、计算书和手册）中予以明确说明。如果不这样做，每个专业设计团队都有可能增加自己的"安全因素"，导致严重的和不必要的过度设计。公司通常在设计手册中规定设计系数。

在选择设计系数时，必须在确保满足需要的设计愿望和为保持竞争力而压缩裕量之间取得平衡。设计方法和数据中较大的不确定性需要选用较大的设计系数。

1.6 单位制

本书中的大多数例子和等式都使用国际单位制（SI）单位，然而，在实际工作中，设计者将使用的设计方法、数据和标准常常只有传统的科学和工程单位。化学工程一直使用不同的单位，包括科学的 CGS 和 MKS 单位制，以及美国和英国的工程单位制。那些老工业的工程师还不得不使用一些奇怪的传统单位，如表示密度的 Twaddle 或 API 度，以及表示数量的桶。虽然几乎所有的工程学会都表示支持采用 SI 单位，但在全球范围内，这种情况在许多年内都不太可能发生。此外，许多有用的历史数据总是以传统的单位来表示，设计工程师必须知道如何理解和转换这些信息。在全球化的经济环境下，即使在同一家公司，工程师也需要使用不同的单位制，特别是在合同部门，单位的选择由客户自行决定。因此，设计工程师必须熟悉 SI 单位和习惯单位，一些示例和许多练习是以习惯单位表示的。

通常最好的做法是，以在结果中使用的单位来进行设计计算。如果喜欢使用 SI 单位，数据可以转换成 SI 单位，所做的计算结果转换成任何需要的单位。在化学工程设计中使用的大多数科学和工程单位转换为 SI 单位的转换因子在本书附录 D 中给出，也可在 booksite.elsevier.com/Towler 中的在线资料中获得。

在本书中，SI 单位的使用已经取得了一些许可。温度是摄氏度（℃），只在计算中需要热力学温度时才使用 K。压力通常用巴（bar）或大气压（atm）而不是帕斯卡（Pa）来表示，因为这样可以更好地了解压力的大小。在设计计算中，无论大气的定义是什么，1bar 常可以视为一个大气压。当 bar 单独使用又没有特别限定时，通常表示绝压。

对于应力，使用 N/mm^2，因为这些单位现在已经被工程师们普遍接受，使用一个小的面积单位有助于表明应力是一个点的力的强度（也是压力）。对应的传统应力单位是 ksi 或每平方英寸千磅的力。对于物质的量，通常用 kmol 而不是 mol；对于流量，用 kmol/h 而不是 mol/s，因为这不仅会给出一个大小合理的数字，也更接近 lb/h。

对于体积和体积流量，使用 m^3 和 m^3/h，而不是 m^3/s（因为用 m^3/s 表示体积流量，在工程计算中会给出一个非常小的数值）。对于小的流率，用 L/s 表示，在泵规格表中，首选单位为 L/s。

工厂的生产能力通常以年质量流量为基础，用吨 / 年（t/a）表示。不幸的是，文献中包含了 t/a 的各种缩写。非标准缩写偶尔会被使用，因而对设计工程师来说，熟悉所有这些术语非常重要。在本书中，尽管一些例子中使用长吨，但单位吨通常代表的是 2000lb（907kg）的短吨或美国吨，而不是 2240lb（1016kg）的长吨或英国吨。长吨更接近吨。

为方便起见，即使图形或简图上使用的不是 SI 单位，标度也用 SI 单位表示，或在文本中给出适当的换算因子。当等式以习惯单位表示时，通常给出等值 SI 单位。

表 1.4 给出了一些 SI 单位的近似换算因子。这些是值得记忆的，给那些更熟悉传统工程单位的人一些感觉。表 1.4 中还显示了准确的换算系数。附录 D 给出了更全面的换算系数表。

表 1.4 习惯单位与 SI 单位之间的近似换算

数量	习惯单位	SI 单位	
		近似	精确
能量	1Btu	1kJ	1.05506
比焓	1Btu/lb	2kJ/kg	2.326
比热容	1Btu/（lb·°F）	4kJ/（kg·℃）	4.1868
热传导系数	1Btu/（ft²·h·°F）	6W/（m²·℃）	5.768
黏度	1cP	1mPa·s	1.000
	1lbf/（ft·h）	0.4mPa·s	0.4134
表面张力	1dyne/cm	1mN/m	1.000
压力	1lbf/in²（psi）	7kPa	6.894
	1atm	1bar（10^5Pa）	1.01325
密度	1lb/ft³	16kg/m³	16.0185
	1g/cm³	1kg/m³	
体积	1US gal	3.8×10^{-3}m³	3.7854×10^{-3}
流量	1US gal/min	0.23m³/h	0.227

注：1US gal=0.84UK gal，1bbl（石油）=42US gal≈0.16m³（精确值 0.1590m³），1kW·h=3.6MJ。

1.7 产品设计

新的化工产品设计经历了 1.1 节和图 1.2 所示的相同阶段。成功推出一个新产品通常不仅需要对产品本身进行设计，而且还需要做生产厂的设计。在加工工业，新产品的认识和开发通常由化学家、生物学家、药学家、食品学家或电气和生物医学工程师来主导；然而，化工工程师从最早期介入，并持续参与制造过程设计、生产成本和资本投入初期估算。

一种新产品的推出总是会有高商业风险的。新产品必须满足顾客的需求，而且要比现有可供选择的产品做得好。客户可能对产品有多方面的需求，而且这些需求可能不是以与技术要求相关的方式表示出来。引入新产品的公司需要增大市场份额，并可以获得足够高的价格，以确保研究、开发和新工厂建设的投资是正确的。

本节介绍加工工业中产品开发采用的方法，这些方法可能有益于从事新产品设计的化学工程师。通用工程领域和商业文献中出版了大量有关创新和新产品设计的书，但其中最好的是 Cooper（2001）、Ulrich 和 Eppinger（2008）以及 Cooper 和 Edgett（2009）所著的那些书。专门针对化学工程师产品设计的书籍有 Cussler 和 Moggridge（2001）以及 Seider、Lewin 和 Widagdo（2009）的著作。

1.7.1　新的化工产品

化工工程师工作于众多工业领域，并可能设计不同类型的产品，但本章讨论的仅限于应用新的化学、生物学或材料科学开发的新产品。这些新产品大体划分为新分子、新配方、新材料和新设备及装备。

1.7.1.1　新分子

加工工业生产和消耗惊人的不同化学物质，按照 1976 年毒物替代控制法案（TSCA）（15U.S.C.2601 et.Seq.），美国环保署（EPA）对 83000 种化学品的生产、进出口实行管制。为欧洲化学品管控的评估、授权和限制（REACH）提供便利的欧洲化学品管理署（EACH）于 2006 年设立，目的是对所有在欧洲使用的化学品进行登记。由于有机化学形成分子的无限可能性，因而对于给定的用途，将会有无穷无尽可测试的新分子。

新分子作为特种化学品、添加剂和药品成分时常常具有很高的商业应用价值。当现有化学品的使用因安全或环保受到限制时，可能需要新分子。例如，按照蒙特利尔公约，由于氯化烃破坏臭氧，不允许作为冷冻剂和推进剂。而起初用来替代氯化烃的氟化烃，由于其作为温室气体有可能引起全球气温升高，其反过来又被替代。

有多种方法用来确定新分子的用途。基于分子模拟或基团贡献法的计算优化模型可确定具有理想特性的分子结构。化学家更常用的方法是寻找已知分子的变体，如增加、去除或替换甲基、乙基、苯基，或其他取代基团。化学家也将运用合成路线提出化合物，这些化合物很容易利用已知的化学路线和现有原料高产率地制备出来。这种方法也适用于生物提取的化合物，生物化学家或基因工程师努力分离酶或菌株，以使目标分子的收率最大。

1.7.1.2　新配方

销售给大众的几乎所有的加工工业产品都是由多种化学品配制而成的，从药品、化妆品、健康护理产品、香料、食品和饮料到油漆、黏胶剂、燃料及清洁产品都是配方产品。每种家用品都包含了众多的混合产品。

配方产品的流行直接源于满足众多消费者的需求。你用直链烷基苯磺酸钠（一种表面活性剂）洗手很有效，但你可能更愿意把它混合成一种闻起来很香、颜色诱人、有一定抗菌作用的凝胶。同一种表面活性剂也很适用于清洗车辆、衣物、餐具、地毯、头发和卫生间，但在每种情况下，特定的用户需求会产生不同的配方产品。

配方产品通常在配料厂生产。在一些简单的情况下，原料仅是简单混合一下，然后送到包装线；但更普遍的情况是，必须仔细设计混合操作，确保（或防止）乳化并保证产品性能一样。配方工厂也常被设计为生产一系列不同的产品，以满足不同细分市场的需要，不管在哪一种情况下，工厂都要设计成为不同产品切换时所需时间最短、废品最少。

设计的配方产品混合组分要以经济方式满足客户需要，从而为制造商带来合适的利润率。在可能的情况下，制造商寻找具有相同效果的便宜原料代替昂贵的组分；然而，出于市场和品牌管理的考虑，有时也会选用更贵的原料。例如，源自农产品的"天然"混合物常常能更有效地取代较便宜的合成替代产品。

由于消费品有大量的终端用户，因此应高度监管，便于承受潜在的高责任风险。这些因素给产品设计者增加了额外的约束。当消费品配方中引入新化学成分时，必须对消费品进行大量的产品安全性检验。

1.7.1.3　新材料

化工工程师在聚合物、合成纤维、复合材料、纸张、胶片、电子材料、催化剂、陶瓷生产中起主导作用。这些材料的性质由制造工艺和化学成分决定。例如，因生产路线和聚合物中分子量分布不同，所生产的不同牌号的聚乙烯其性质有很大区别。

制造业中新产品的开发通常是基于替代材料。注塑或吹膜聚合物通常用来替代需要更大劳动强度铸造或加工的金属、木材或玻璃。许多化工工程师专注于改善聚合物、树脂和复合物等工程材料的性质，以优化材料得以满足特定的用户。

新材料应用开发需要与终端用户保持密切合作。大部分产品规格取决于强度、弹性、硬度等物性，流动性影响加工的难易度，而且耐化学品、溶剂、氧化物和腐蚀的性能也是很重要的因素。

1.7.1.4　新设备和装备

许多传感器、医疗设备和电力系统都是基于化工和生物过程。如果装备需要透彻地了解反应动力学和传递过程，则化工工程师将可能介入该装备的设计。化工工程师在用于加工工业的新型专有设备的设计中起重要作用，而且常常介入诸如干燥器、结晶器、膜装置和其他专有分离设备的设计和定制中。

装备制造通常涉及多个子部件的组装，使用的生产方法与加工工业中使用的方法非常不同。评估装备制造的生产成本要求熟悉工业过程的方法，这超出了本书讨论的范围。

1.7.2　了解客户需求

新产品开发的第一步是发现客户想要什么和准备好为其支付。如果在一些方面，新产品不比现有备选产品好，那么难以占有市场份额并产生投资回报。如果增加新特性，则它们必须对客户有价值，否则与现有备选产品没有不同。公司中市场开发组的作用之一就是培育客户的需求和支付意愿，并利用该判断指导新产品开发团队。

需要的市场调研水平取决于产品特性和客户群的同质性。在某些情况下，客户可能有非常类似的需求。比如，UOP 开发了植物油加氢生产的可再生的喷气燃料，显而易见，该喷气燃料必须符合 ASTM 喷气燃料的所有标准。然而，更常见的是客户分成不同的群体（称为市场细分），每一群体的需求是不一样的。产品开发团队必须考虑每一细分市场的需求，并决定是否生产一种产品来满足数个细分市场，或者为每一细分市场开发定制产品。

在进行市场调研时，将近似用户和终端用户区分开来非常重要。许多化工品卖给其他制造商（近似用户），然后其他制造商再将这些化工品纳入自己的产品中卖给终端用户

（终端消费者）。有些产品的特性可能对近似消费者很有价值，但对终端消费者几乎没有价值。改进产品的加工性能、处理性能、储存或安全性能将使得易于利用且可能便宜，但对终端应用几乎没有影响。比如，具有快速干燥的油漆成分可能对汽车制造商很有吸引力，但买车的消费者不会关注这些。

市场调研有多种方法。当客户数量少或样本组可整合时，可采取对话和客户大会的形式。当客户群大且多元化时，制造商可采用调查和聚焦群体的方式。市场调研中提出的问题要仔细斟酌，借此不仅能发现顾客的偏好，而且也可发现现有产品不能满足的潜在需求。Ulrich 和 Eppinger（2008）推荐了如下在对话或聚焦群体中提问的一般问题：

（1）你何时和为何使用这个产品？

（2）对现有产品，你喜欢什么？

（3）对现有产品，你不喜欢什么？

（4）在购买产品时，你考虑哪些事项？

（5）你对产品有什么改进意见？

除了发现客户需求，好的市场调研也可确定不同需求的相对重要性和消费者对特定性能的支付意愿。随着新产品的开发，可能有必要重复进行市场调研，以验证产品概念并检验其是否满足消费者期望。

1.7.3　确定产品规格

在市场调研中，客户提出的需求不会以技术产品规格的形式表达出来。设计团队必须将这些需求转化为产品的可度量属性，并对每种属性确定一个目标值或范围。产品规格必须忠实反映下列要素：

（1）产品的安全和监管要求。

（2）潜在的责任问题。

（3）目的的符合性。

（4）客户需求和偏好。

（5）市场优势。

（6）利润最大化。

确定规格时，必须记得规格应该告诉人们产品是什么，而不是告诉如何做。例如，对于奶昔这类饮品，顾客需要有合适的口感，实现该要求的一种方法是设定黏度规格。设计团队能以多种不同方式修改配方，以满足黏度规格。设定黄胞胶浓度规格不是一种有效的方法，因为这会以使用特定的增稠剂为先决条件，而且会过度约束产品的设计。

法规和标准是规格的重要依据。如果产品是属于监管的，则所有监管的规格必须满足，除非产品的新特性不需管控或已得到批准，否则产品不能纳入新特性。尽管客户对产品安全、处置和环境影响因素没有表达出来，但产品规格也要考虑。设计团队考虑潜在的产品责任是很必要的，产品目前没被监管并不意味它是安全的，随着公共健康和安全的关注，监管应该提升并进行适当评估，以便于公司能够评估未来诉讼的可能性。

将客户需求转为产品规格所广泛使用的方法是质量功能配置或 QFD（Hauster 和 Clausing，1988）。QFD 方法的一些变量已经形成，而且所有这些变量都是基于客户需求和产品规格之间的关系，以及拟议产品与现有竞争者之间的比较。

QFD 分析设置为一个表或矩阵，且通常使用电子表格模板。表 1.5 和表 1.6 给出了简单的 QFD 表，表中列出了市场调研给出的客户需求。依据客户的反馈，对每一客户的需求设定一个重要性 P，P 通常以 1~10 的整数表示。在 QFD 分析方法的一些版本中，对每个客户需求设定一个度量，然而，这种方式不总是必要的。设计团队列出他们设想的所有产品规格，然后将每个规格填写到表的一列中。团队为每个规格对每个客户需求的影响程度设置一个分数 s。典型的计分等级可能是：3 = 关键，2 = 强，1 = 弱，0 = 没有影响。该分数与相应客户的重要性相乘，合计给出每个规格的相关重要性，并将其填入表中每一栏的底部。

$$规格的相对重要性 \ i = \sum P_j s_{ij} \tag{1.1}$$

式中　P_j——设定的客户需求 j 的重要性；

　　　s_{ij}——规格 i 对需求 j 的满足度分数。

表 1.5　QFD 表

客户需求	重要性	规格 1	规格 2	规格 3	规格 4	规格 5	规格 6	竞争者产品 1	竞争者产品 2	竞争者产品 3	竞争者产品 4	竞争者产品 5
需求 1	P_1	s_{11}	s_{21}	s_{31}	s_{41}	s_{51}	s_{61}	c_{11}	c_{21}	……		
需求 2	P_2	s_{12}	s_{22}	s_{32}	s_{42}	s_{52}	s_{62}	c_{12}	c_{22}			
需求 3	P_3	s_{13}	s_{23}	s_{33}	s_{43}	s_{53}	s_{63}	c_{13}	c_{23}			
……												
相对重要性		$\sum P_j s_{ij}$	……									

注：P_j 为客户对需求 j 给出的重要性；s_{ij} 为规格 i 对需求 j 的满足度分数；c_{ij} 为竞争产品 i 对需求 j 的满足度分数。

表 1.6　牙膏的完整 QFD

客户需求	重要性	摩擦剂含量	氟含量	无糖甜味剂	香味含量	黏度调节剂	固态增稠剂	抗菌剂含量	漂白剂含量
清洁牙齿	8	3	0	0	0	0	0	1	0
去除齿菌斑	9	3	0	0	0	0	0	0	0
美白牙齿	5	0	0	0	0	0	0	0	3
味道新鲜	6	0	0	3	3	1	1	2	1
口气清新	7	0	0	0	3	0	0	2	1
向右挤压	5	2	0	0	0	3	3	0	0
不坚韧	6	3	0	0	0	0	2	0	0

续表

客户需求	重要性	摩擦剂含量	氟含量	无糖甜味剂	香味含量	黏度调节剂	固态增稠剂	抗菌剂含量	漂白剂含量
强健牙齿	8	0	3	0	0	0	0	0	0
预防牙龈炎	9	0	0	0	0	0	0	3	0
相对重要性		79	24	18	39	21	33	61	28

在某些情况下，如表 1.5 所示，对现有的竞争产品在表格右侧增加额外列。给每一种现有产品设定一个分数 c，以表示其对每个客户需求的满足程度，采用的积分方法与规格书中采用的方法相同。这些分数乘以对应的客户重要性，加和后给出现有产品的相关强度指数。

QFD 方法有多种用途。它有助于设计团队辨识出哪种规格与客户需求的相关度最强，因而集中精力于客户最看重的产品方面。如果没有一项规格针对特定需求有很高的得分，那么它就可以突出对新特性或规格的需要。QFD 分析有助于辨识出竞争者产品的强项和弱项，并给出哪些规格必须调整以提供竞争的优越性能。最后，它有助于辨识出影响多个客户需求的规格，进而有可能促使不同客户期望之间的平衡。

示例 1.5 给出了 QFD 分析的一个简化例子。Ulrich 和 Eppinger（2008）的著作中及 Hauster 和 Clausing（1988）的文章中给出了 QFD 分析法的详细资料。QFD 法已经很广泛地用作 6 西格玛（Sigma）方法的一部分，更多关于 6 西格玛的资料请参见 Pyzdek 和 Keller（2009）的著作。

示例 1.5 QFD 分析

完成 QFD 分析，确定牙膏产品的重要规格。

表 1.6 给出了一种可能的解决方案。市场调研（对非常有限的客户）辨识出牙膏的下列客户需求：清洁牙齿、去除齿菌斑、美白牙齿、味道新鲜、口气清新、向右挤压、不坚韧、强健牙齿、预防牙龈炎。这些需求填在第 1 列，相对优先级的列在第 2 列。

一些可能的产品指标列在补充列中。这些指标包括摩擦剂含量、氟含量、无糖甜味剂、香味含量、黏度调节剂、固态增稠剂、抗菌剂含量、漂白剂含量。注意这些指标并没有具体指定特定的漂白剂、甜味剂和香味剂等的用途，因此设计者可以采用相同的化合物满足不同的需求。

填上每一种指标的规格。比如，对于清洁牙齿和去除齿菌斑，摩擦剂含量很关键（两种情况均 3 分），但对美白牙齿、味道新鲜或口气清新没有影响（0 分）。摩擦剂含量对牙膏的挤压有强影响（2 分），但对不坚韧有关键影响（3 分）。需指出的是，在最后一种情况下，影响是负的，客户对产品特定口感的愿望与改进产品性能有点矛盾。

应用式（1.1），以分数重要性加权之和计算出指标的相对重要性。

摩擦剂含量的相对重要性 $=8×3+9×3+5×2+6×3=24+27+10+18=79$

确定的分数表达每个其他指标对每个需求的满足程度，直到把表填完。看一下完成的表格，会看到所有的指标至少对客户的一个需求有关键影响。显而易见，摩擦剂含量对产品性能和不坚韧有强影响，因而 QFD 研究的结论之一可能是聚焦于检验不同摩擦剂材料或摩擦剂的不同粒径分布，以便于试图找出这些相互矛盾的需求之间的较好平衡。

1.7.4　适合性测试

随着设计团队开发可能的产品设计，他们需要对每一种设计进行测试以确定该设计对期望指标的满足程度。对于新分子和新材料的情况，测试通常包括合成材料和进行实验以确定其属性。对新设备或新配方，可能需要对设计原型和客户对设计优点的认可进行更为广泛的测试。

1.7.4.1　样机测试

工程师建样机测试新产品开发的不同方面性能：

（1）在设计中引入新特性，那么可能有必要建样机以测试这些性能，并确保其正常和安全地工作。

（2）当产品由许多部件组装而成时，有必要安装一个样机确保其集成为一个系统时所有部件一起正确地工作。

（3）样机的组装有助于设计者了解最终产品的生产过程，并提炼出那些使制造容易或困难的设计特性。因此，制造样机是制造设计中重要的一步。

（4）在配方产品的设计中，制造商常常想评估是否可用有类似性质的便宜材料代替某一组分。有必要对每一种组分制备多个不同的配方，便于对这些配方并行测试其特性和客户认可度。

（5）样机可作为通信设备演示设计的特性。由潜在客户或管理部门用来验证其设计特性，从而确认新设计的市场优势。

依据产品形式和开发的阶段，样本有多种形式。在产品开发的早期，广泛采用概念模型或计算机模型。子部件的工作模型通常比这个产品容易测试，然而，对最终产品的测试，通常必须对完整的实物工作模型或精确配方进行。需要指出的是，制造样品的活动不限于设备和装备，为达到同样目的，需要对洗发水或者饼干面团的不同配方进行测试。

在建造样机之前，设计团队应该对样机的目的和将进行的测试或实验有一个清晰的想法。来自制造企业的工程师应成为开发团队的一部分，参与进来以确保可制造性问题暴露出来并得以解决。在最终产品设计选定之前，可能需要反复多次的制样。

1.7.4.2　安全和效用测试

最严格的新产品测试过程之一是获得美国食品药品监督管理局（FDA）对新药批准的程序。设计的评估过程是确保新药的安全和功效。如果公司认为它已开发出有疗效应用的新分子，则必须通过如下试验：

（1）临床前的试验：在实验室进行酶或细胞的初期测试，然后进行至少两种动物的试验。

（2）第Ⅰ阶段研究：对少量健康的志愿者（通常是医学生）进行试验。

（3）第Ⅱ阶段研究：对将要治疗的同种疾病的病人进行试验。

（4）第Ⅲ阶段研究：对大量（成百上千）的病人进行试验，这些病人将随机给予药物或安慰剂。

由独立的FDA小组对临床试验结果进行审查，确定治疗效果是否好于任何观察到的副作用引起的风险。整个过程通常需要花费8年多的时间，耗费8亿美元（DiMasi等，2003；FDA，2006）。即使产品批准，制造商仍必须接受FDA监管，以确保质量控制程序是合适的，生产设施符合FDA当下的良好制造实践（cGMP）。有关GMP要求的额外信息将在15.9.8给出。

参 考 文 献

Cooper, R. G.（2001）. Winning at new products : Accelerating the process from idea to launch（3rd ed.）. Basic Books.

Cooper, R. G., & Edgett, S. J.（2009）. Lean, rapid and profitable new product development. BookSurge Publishing.

Cussler, E. L., & Moggridge, G. D.（2001）. Chemical product design. Cambridge University Press.

DiMasi, J. A., Hansen, R. W., & Grabowski, H. G.（2003）. The price of innovation : New estimates of drug development costs. J. Health Econ., 22（2）, 151.

FDA.（2006）. From test tube to patient : Protecting America's health through human drugs（4th ed.）. FDA Publ. 06-1524G.

Hauser, J. R., & Clausing, D.（1988）. The house of quality. Harvard Bus. Rev., 66（3）, 63.

Pyzdek, T., & Keller, P.（2009）. The six sigma handbook（3rd ed.）. McGraw-Hill.

Seider, W. D., Seader, J. D., Lewin, D. R., & Widagdo, S.（2009）. Product and process design principles（3rd ed.）. Wiley.

Ulrich, K. T., & Eppinger, S. D.（2008）. Product design and development（4th ed.）. McGraw-Hill.

习　　题

1.1　制订下列过程的设计和建设计划，用图 1.2 作为必须发生活动的指引。估算从项目开始到开车所需要的总时间。

（1）采用已确定的技术，在现有厂址上建几个石化装置；

（2）基于正在进行的中试试验厂建设一个新药生产装置；

（3）将纤维素转化为燃料产品的新装置；

（4）废核燃料再处理设施；

（5）用于电子产品设施的溶剂回收系统。

1.2　任命你为化工厂设计团队的项目经理，工作到设计选择阶段。包括你共有 3 名工程师，要求 10 周内必须完成工作。制订项目计划和每名工程师的工作进度表。要确保有足够的时间计算设备尺寸、估算费用并进行优化。为确保项目按规定进行，你将具体确定哪些中间交付物？

1.3　假设你是负责开发低热量巧克力曲奇饼干产品设计团队的成员。

（1）对你的同学做民意调查以确定客户需求；

（2）做 QFD 分析，将客户需求融入产品指标。

第 2 章

工艺流程开发

> ## ※ 重点掌握内容
>
> - 解读和绘制工艺流程图（PFD）。
> - 何时采用间歇过程或连续过程。
> - 在采用或改进商业化技术时应考虑的因素。
> - 如何开发改扩建设计的工艺流程。
> - 如何集成全新工艺的流程。
> - 如何审阅工艺流程图并检查其完整性和错误。

2.1　概述

本章涵盖了工艺流程（也称为工艺流程图 PFD）的编制和说明，工艺流程图是工艺设计阶段的重要文件。它显示了用于实现某工艺意图的设备布置、物料连接、流量和组成以及操作条件，属工艺范畴的图解模型。行业中的化学工程师都非常精通工艺流程图，并使用 PFD 作为传递和记录工艺信息的主要手段。

专家设计团队将工艺流程图作为设计的基础，其中包括管道、仪表、设备设计和工厂布置。操作人员也使用它来准备操作手册和操作员培训。在工厂开车和后续运行期间，工艺流程图成为将操作性能与设计指标进行比较的基础。如果工厂后续要改扩建，原厂的 PFD 可作为改扩建的设计起点。

随着设计阶段的不同，化学工程师可使用几种类型的工艺流程图。一个简单的方框流程图粗略勾勒出整个工艺物流的构架概念，对于介绍演示文稿时尤为有用。而完整的 PFD 应包括所有的工艺设备，并显示所有的工艺和公用工程管线。PFD 中通常包括并标明每一流股的组成、流量和温度，以及全部热量和物料平衡。PFD 还标明每个控制阀的位置，因为控制阀在确定过程压力的平衡以及在估算泵和压缩机尺寸时起着重要作用。管道和仪表流程图（P&ID）是 PFD 更详细的版本，其中还包括有关辅助仪表和阀门、取样和排净管线、开停车系统、管道尺寸和材质的信息。在详细设计和安全分析阶段常用到 P&ID。

本章概述了如何看懂和绘制流程图，并讨论如何选择工艺单元操作以形成基本的工艺流程构架。第 3 章将讨论工艺过程中的能量传递，并介绍了用于节能工艺过程的回收利用热和能量的方法。第 4 章将介绍使用商业化工艺流程模拟软件计算出工艺流程的热量和物料平衡表。第 5 章将介绍过程控制的要素，在设计 PFD 的控制系统时必须了解这些基本要素。

2.2　工艺流程图画法

由于工艺流程图是最终的工艺文件，因此其表达的内容必须清楚、综合、准确和完整。本节介绍如何看懂和绘制工艺流程图。

2.2.1　方框图

方框图是最简单的流程图，每个框可以代表单个设备或整个工艺流程的某个工段。方框图对于显示简单的工艺流程是有效的，而对于复杂的工艺，它仅限于将整个工艺流程分解成几个主要工段。

在报告、教科书和演示文稿中常用到方框图，以简化形式来陈述工艺流程，但很少用作工程文件。当只需要显示少量信息时，流股流量和组成可以显示在邻近流股线的图表上或单独列表。

图 2.1 为甲烷蒸汽转化制氢工艺方框流程图。甲烷原料从左侧进入并与蒸汽混合后在转化炉对流段中被预热，预热后的蒸汽—甲烷混合物通过转化炉辐射段中的反应炉管，并在其中发生蒸汽转化反应：

$$CH_4 + H_2O \rightleftharpoons CO + 3H_2$$

蒸汽转化炉的出料进入变换反应器。变换反应器使水—气变换反应在较低温度下达到再平衡，以增加出料中的氢气含量：

$$CO + H_2O \rightleftharpoons CO_2 + H_2$$

变换反应器出料在进入变压吸附（PSA）工段之前，先进一步冷却并在吸收塔中洗涤以除去二氧化碳，在 PSA 工段，将氢气从二氧化碳、未转化的甲烷和水蒸气中分离出来。

通常使用简单的图形软件（如 Microsoft Visio™ 或 Power Point™）来绘制方框图。

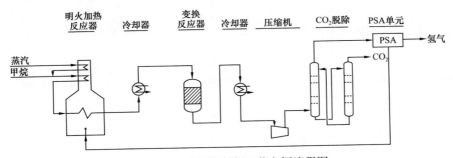

图 2.1　蒸汽转化制氢工艺方框流程图

2.2.2 PFD 图例符号

在用于设计和操作的详细流程图中，设备通常以图形化的样式来绘制。对于投标文件或公司宣传册，有时采用设备的实际比例图，但通常采用简化表示。PFD 图例符号有几种国际标准，但由于把所有的现有图纸转换为标准图例符号的成本过高，大多数公司采用自己的标准图例符号。ISO 10628 是 PFD 绘图符号的国际标准。大多数欧洲国家将 ISO 10628 作为他们的标准，但是很少有北美公司采用这个标准，并且美国目前还没有 PFD 图例符号的标准。英国标准 BS 1553（1977）《通用工程用图形符号规范　第 1 部分：管道系统和装置》中给出的图例符号是常用的典型代表。Microsoft Visio™ 软件的专业版本内含的 PFD 图标库，其中包括 ISO 10628 以及在美国和加拿大常用的图例符号。在附录 A 中列出的标准图例符号示例可在 booksite.Elsevier.com/Towler 的在线网页中获得。

图 2.2 显示了反应器、混合器、容器和罐的 PFD 符号。图 2.3 显示了传热设备的 PFD 符号。图 2.4 显示了流体处理设备的 PFD 符号。图 2.5 显示了固体处理操作的 PFD 符号。与其他符号组合使用的一些通用符号如图 2.6 所示。用于工艺仪表、阀门和控制器的符号在第 5 章的 P&ID 图例符号中列出。本书第 2 部分介绍了这些图形符号所代表的不同类型设备的操作和设计方法。

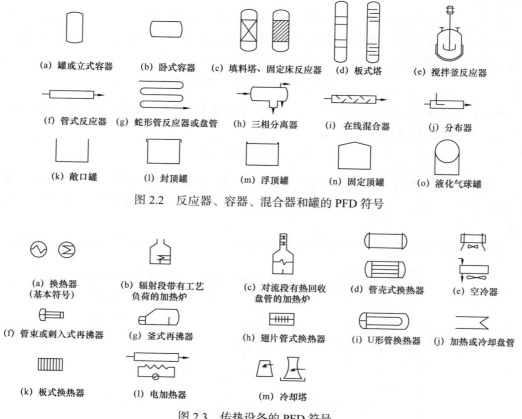

图 2.2　反应器、容器、混合器和罐的 PFD 符号

图 2.3　传热设备的 PFD 符号

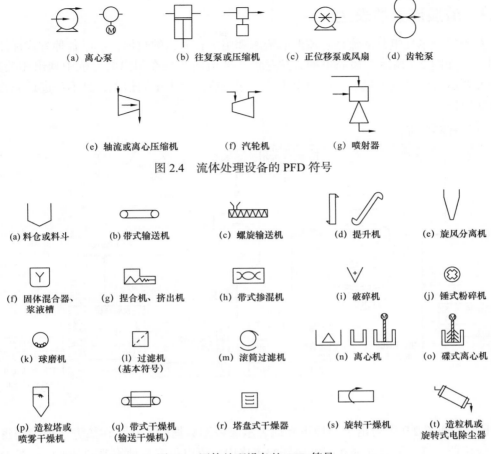

图 2.4　流体处理设备的 PFD 符号

图 2.5　固体处理设备的 PFD 符号

　　需注意某些类型设备除具有通用符号之外，还有描述某特定设备类型的符号。如果选用了错误的符号，就会使得其他使用流程图的工程师感到困惑。例如，图 2.2（i）显示了一个用于 T 形接头下游的在线混合器，它确保两种液体流股的快速混合。图 2.5（f）显示的是将固体与液体进行混合的固体混合器或搅拌器。图 2.6（c）给出了混合槽中的螺旋桨搅拌器的符号。所有这些符号都可以称为"混合器"，但在每种情况下设计者都有明显不同的表达意图。

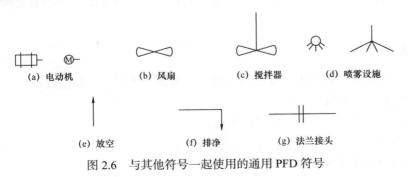

图 2.6　与其他符号一起使用的通用 PFD 符号

2.2.3　流股流量的表达

对于每个单独组分的流率、流股总流率和组成百分比的数据，可以各种方式标注在流程图上。如图 2.7 所示，最简单的方法是沿工艺流股线条在引出的方框中列出相关数据，这种方式适合于只有少量设备的简单工艺，它只能显示少量的信息，且不易进行完善修改或添加数据。

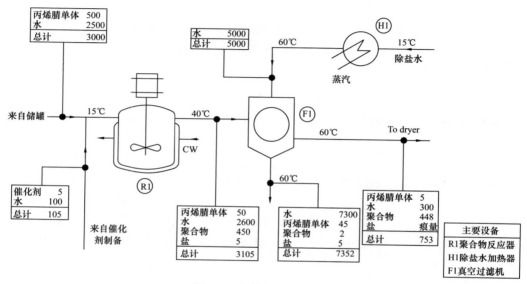

图 2.7　聚合物生产流程图

图 2.8 和图 2.9 中给出了一种更好地表示流程图数据的方法。在该方法中，为每个流股进行编号，将相关数据列在图纸底部的表格中，可以很容易地修改和补充，这是专业的设计部门普遍采用的方法。

一个典型的商业化流程图如图 2.10 所示，在 2.2.5 中介绍了表达这种类型流程布局的指南规则。

2.2.4　需包括的信息

流程图上显示信息的量将取决于不同设计部门的规定和惯例，因此，以下所列清单分为基本信息和可选信息。基本信息是必须包含的；可选信息使流程图内容更加丰富，但不总是包含在内。

2.2.4.1　基本信息

（1）给出所有的工艺设备，包括输送流体、固体的进料、产品储罐。
（2）标明工艺控制阀的位置。
（3）选下列两者之一来表达流股的组成：
① 通常列表给出每个单独组分的流量，kg/h；
② 以质量分数表示的流股组成。

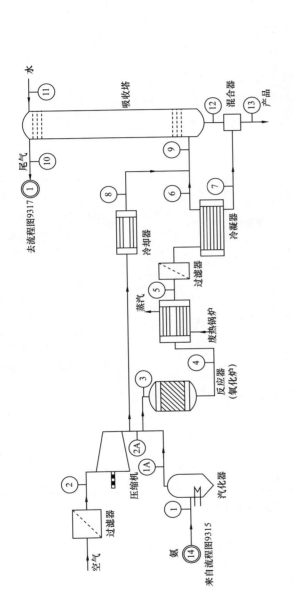

图 2.8 简化的硝酸生产工艺流程图

正常压力下的流量, kg/h

流股号	1	1A	2	2A	3	4	5	6	7	8	9	10	11	12	13	C&R建设公司
流股名称	氨进料	氨蒸气	过滤空气	氧化空气	氧化炉进料	氧化炉出口	废热锅炉出口	冷凝器气相	冷凝器酸液	二次空气	吸收塔进料	尾气(2)	水进料	吸收塔酸液	产品硝酸	60%硝酸生产 100000t/a
NH_3	731.0	731.0	—	—	731.0	0	—	—	痕量	—	—	—	—	痕量	痕量	客户 BOP化学品，SLIGO
O_2	—	—	3036.9	2628.2	2628.2	935.7	935.7	275.2	痕量	408.7	683.9	371.5	—	痕量	痕量	
N_2	—	—	9990.8	8644.7	8644.7	8668.8	8668.8	8668.8	—	1346.1	10014.7	10014.7	—	痕量	痕量	
NO	—	—	—	—	—	1238.4	1238.4	202.5	—	—	202.5	21.9	—	痕量	痕量	图号9316
HNO_3	—	—	痕量	—	—	痕量	0	967.2	850.6	—	967.2	(痕量)	—	1704.0	2554.6	
H_2O	—	—	—	—	—	1161.0	1161.0	29.4	1010.1	—	29.4	26.3	1376.9	1136.0	2146.0	
总计	731.0	731.0	13027.7	11272.9	12003.9	12003.9	12003.9	10143.1	1860.7	1754.8	11897.7	10434.4	1376.9	2840.0	4700.6	
压力, bar	8	8	1	8	8	8	8	8	8	8	8	1	8	1	1	绘图　　日期
温度, ℃	15	20	15	230	204	907	234	40	40	40	40	25	25	40	43	校核　25/7/1980

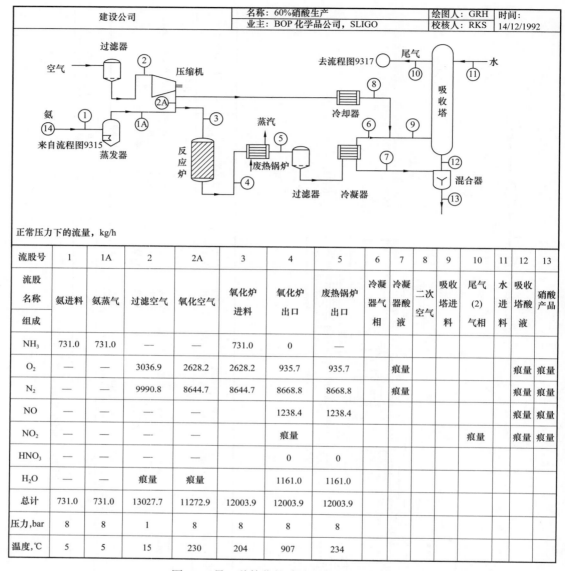

	建设公司		名称：60%硝酸生产		绘图人：GRH	时间：
			业主：BOP 化学品公司，SLIGO		校核人：RKS	14/12/1992

正常压力下的流量，kg/h

流股号	1	1A	2	2A	3	4	5	6	7	8	9	10	11	12	13
流股名称 组成	氨进料	氨蒸气	过滤空气	氧化空气	氧化炉进料	氧化炉出口	废热锅炉出口	冷凝器气相	冷凝器酸液	二次空气	吸收塔进料	尾气(2)气相	水进料	吸收塔酸液	硝酸产品
NH₃	731.0	731.0	—	—	731.0	0	—								
O₂	—	—	3036.9	2628.2	2628.2	935.7	935.7	痕量					痕量	痕量	
N₂	—	—	9990.8	8644.7	8644.7	8668.8	8668.8	痕量					痕量	痕量	
NO	—	—	—	—		1238.4	1238.4						痕量	痕量	
NO₂	—	—	—	—		痕量						痕量	痕量	痕量	
HNO₃	—	—	—	—		0	0								
H₂O	—	—	痕量	痕量		1161.0	1161.0								
总计	731.0	731.0	13027.7	11272.9	12003.9	12003.9	12003.9								
压力,bar	8	8	1	8	8	8	8								
温度,℃	5	5	15	230	204	907	234								

图 2.9　另一种简化的硝酸生产工艺流程图

（4）流股总流量，kg/h。

（5）流股温度，首选摄氏度（℃）。

（6）额定操作压力（正常操作压力）。

（7）流股焓值，kJ/h。

2.2.4.2　可选信息

（1）摩尔分数组成和（或）摩尔流量。

（2）流股的物性数据平均值，如密度（kg/m³）和黏度（mPa·s）。

（3）用一两个字符简短描述流股属性作为流股名称，如丙酮塔釜液。

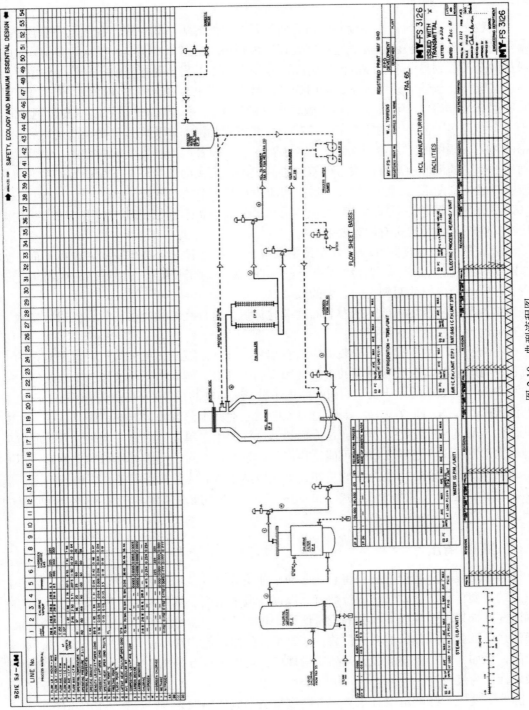

图 2.10　典型流程图

2.2.5 布局

在流程图上绘制的各主要设备应与后面装置布置图的顺序相一致。在图上布置换热器和泵等辅助设备时，必须经过一些特别处理，否则布局会太紧凑。其目的应该是显示物料流股从一个工段到另一个工段的流动情况，并得出实际工艺装置布局的一个总体印象。

应按近似比例绘制设备大小，同时为了清楚起见，也会做一些特别处理，但对于反应器、容器和塔器等主要设备，应该大致按正确的比例绘制。辅助设施可以不按比例绘制。对于一个有许多工艺单元的复杂工艺流程，可能需要几幅图来展现，且必须清楚地展现从一幅图到另一幅图的工艺流股衔接。图 2.8 展现了一种表示流股线延续的方法，那些被衔接到另一幅图的流股由环绕流股号的双同心圆表示，衔接的图号写在下面；另一种方法是将流股线延续到图纸页面的一侧，然后指明流股在其上衔接的图纸。

为使流程图面显得不那么杂乱，应该恰当地分隔设备来标记流股，采用几幅续接的图纸比在一幅图纸上展现所有内容要好。

流股表格和其他数据可以放置在设备布局的上方或下方。通常是把它放在下面。如图 2.8 和图 2.9 所示，表头名称应该置于表格的左侧。对于长列表，最好在右侧再重复该表头名称，以便可以从两侧查阅表中的数值。

图中流股编号应尽可能地从左到右连续地标识，这样在阅读流程图时，就很容易找到所要查询的流股和相关数据。

标在流程图上的所有工艺流股都应该有编号，并列出流股的相关数据。对于复杂的工艺流程，有时设计者对装置不同的工段使用不同序列号。例如，开始编号为 100 的流股号用于原料制备，200 的用于反应，300 的用于分离，400 的用于净化，这样有助于快速查询到流股所在装置的某个工段。要注意可能会发生遗漏工艺流股数据的错误，例如，在添加其他两流股的汇合之处、流股通过像换热器这样的工艺单元其组成不变时，尤其要避免这种数据遗漏；对于工艺工程师可能是很清楚的事情，而对于阅读流程图的其他人，不一定清楚明白。即使多做一些重复的工作，也应该给予所有流股赋予完整、明确的信息。流程图的目的就是要展现每个工艺单元的功能，即使该功能对质量和能量平衡没有明显的影响。

2.2.6 数据精度

通常不需要在工艺流程图中将总流股和单独组分流量显示为很多的精度位数；对于工艺流程的平衡计算，通常三到四位数就足以保证数据精度。然而，流量值应该与所示的精度相匹配。如果一个流股或组分的流量值小于较大流股的流量精度，想要得到足够精确的流股信息，那就必须显示更多的位数；如果组分的组成值非常小，但又是工艺要求所必须显示的，例如，对于排放流股或产品质量规格，可以用百万分之几表示，不确定的微小流量最好标识为痕量。

除非工艺工程师确定没有意义，否则痕量值不应该标识为零，或在表格中留白。工艺工程师应该知道，如果数据表格中指定组分相对应的格子是留白的，那么需要从流程中获取信息的专业设计团队就可以认为其数值为零。痕量是很重要的。微量的杂质能使催化剂中毒，微量的杂质能决定材质的选择（参见第 6 章）。

2.2.7　计算基准

最好在流程图上标出用于工艺流程计算的基准。其中包括每年的运行小时、反应和产物收率以及用于能量平衡的基准温度；也包括在计算中用到的相关基本假设，它提示用户注意流程图信息中的所有限制条件。

如果需要标注的信息量过多，可以制作单独的文件对其进行汇总，作为流程图的参考信息。

在某些时候，需要为多个工况进行质量和能量平衡，可能包括冬季和夏季的操作条件、催化剂寿命的初期和末期、不同产品的加工或产品规格要求等。通常，这些不同的工况被列在同一流程图上的几个表格中，但有时也会对不同工况绘制不同的流程图。

2.2.8　间歇过程

通常在间歇过程流程图中给出生产一批次产品所需的数量。如果间歇过程是其他连续过程的一部分，则可以显示在同一幅流程图上，对于在连续部分和间歇部分之间出现的列表数据，必须做出明确的区分，即从 kg/h 到 kg/ 批次的区别。

连续过程可能会有微量试剂的间歇配料，例如用于聚合工艺的催化剂注入。配入连续过程的间歇流股通常被标注为"正常情况下无流量"，并展现此流股在流动时对应的流量。正是这些瞬时流量决定着设备的设计尺寸，而不是低得多的平均流量。

2.2.9　公用工程

为了避免流程图的混淆，不要在流程图上表示（辅助）公用工程的名称和管线。但应该标出每台设备上连接的公用工程，如用于冷却水的"CTW"。应在流程图上列出每台设备所需的公用工程量，在第 3 章中将有更详细的公用工程系统介绍。

2.2.10　设备标识

绘制在流程图上的每台设备都必须用代码和名称来标识。作为整个项目控制程序的一部分，通常将标识代码（通常是一个字母和一些数字）分配给特定设备，并在所有项目文件中用它来标识这台设备。

2.2.11　流程图绘制软件

大多数设计部门使用绘图软件来绘制流程图和其他工艺图纸。表示工艺设备、仪器和控制系统的标准符号被存储在绘图软件的图形库中，在绘制流程图、管道和仪表流程图时根据需要调用这些符号。最终的流程图纸通常由专业的绘图员制作，而不是工程师，前者具有使用绘图软件和工程惯例方面的经验，但工程师必须提供所需工艺数据、草拟流程图，并审阅最终结果。

尽管大多数工艺模拟软件都具有可以创建类似 PFD 的图形用户界面（GUI），但是这些输出打印的图不能用作实际的工艺流程图。通常工艺流程模拟中所示单元操作与实际的工艺单元操作并不完全匹配。模拟计算时可以包括物理上不存在的虚拟项，并且可以省略实际装置中存在的（在模拟中不需要考虑的）一些设备。

2.3 化工生产工艺的剖析

本节介绍了化工工艺过程的基本组成，讨论了设计者何时选择间歇或连续过程，分析了反应收率和选择性对工艺流程结构的影响，并据此阐述了在有多种进料和产品时，工艺流程是如何变得复杂的。

2.3.1 化工工艺过程的组成

典型的化工过程基本组成如图 2.11 所示，其中每个方框代表着从原料到出产品整个过程的一个步骤。图 2.11 表示一个笼统的工艺过程；对于任何特定的工艺并非都需要所有的步骤，每个步骤的复杂性将取决于此工艺的性质。化学工程设计涉及各步骤的选择和排列，以及执行每一步骤功能所需设备的选型、规范和设计。

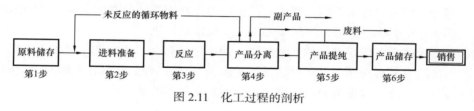

图 2.11　化工过程的剖析

2.3.1.1　第 1 步——原料储存

除非原材料（也称为原料或进料）作为中间产品（中间体）从邻近工厂供应，否则必须做出一些安排，以满足几天或几周用的储存要求，以应对供应的波动和中断。即使这些原料来自邻近的工厂，通常也要保证几小时，甚至几天的库存，以免生产过程中断，所需的储存量取决于原料的性质、输送方式，以及连续供应的可靠性。如果原料由船（油轮或散货船）运送，可能需要几个星期的库存；而如果原料由公路或铁路运送，则只需要较少的库存。

2.3.1.2　第 2 步——进料准备

在原料足够纯净或满足正常指标被送入反应阶段之前，通常需要对它们进行一些净化和准备。例如，由碳化法产生的乙炔中含有砷、硫化物及其他杂质，在乙炔与盐酸反应生成二氯乙烷时，必须用浓硫酸（或其他工艺）洗涤除去这些杂质，然后才能得到足够的乙炔纯度。进料中含有可能会污染工艺催化剂、酶或微生物的杂质也必须要提前脱除，气相反应器的液体进料需要蒸发，固体则可能需要破碎、研磨和筛分，固体进料也可能需要称重计量，并混合成浆料或溶液，以便它们能够被加压送入工艺过程并易于与其他组分混合。

进料准备还包括将进料从储罐中抽出并送入工艺过程。通过调节进料流量的控制阀将液体泵出储罐；如果是常压罐，可能需要压缩其中的气体和蒸气。使用各种输送设备将固体物料从储库输出，这将在第 18 章介绍。

生物工艺需要非常严格的进料准备，生长培养基和供给细胞培养的任何其他物流必须是无菌的，以防止不需要的微生物进入该流程。灭菌通常是将进料加热到高温并保持足够长时间以杀死不需要的微生物，然后再将进料冷却到反应器所需温度来完成，在 15.9 节中将更详细地讨论生物反应器进料的制备。

2.3.1.3 第 3 步——反应

反应阶段是化学品生产过程的核心。在反应器中，各种原料在满足所需产物生成的条件下汇集在一起；通过化学当量反应、副反应，或由于进料中夹带杂质而发生的反应，几乎总会生成一些副产物。第 15 章将讨论反应器的设计。

2.3.1.4 第 4 步——产品分离

反应之后，将产物和副产物与未反应物料分离。如果数量可观，未反应物料将被循环回反应阶段或进料净化和准备阶段；副产物也可以在此阶段与产品分离，且可以进一步处理以回收利用或销售。在大多数化工过程中有多个反应步骤，每个步骤都包含一个或多个分离步骤。

2.3.1.5 第 5 步——产品提纯

销售前往往需要提纯主要产品，以满足产品规格。如果达到经济生产规模，副产品也可以提纯出售。对于副产品，需要在提纯销售副产品、作为循环利用或废物处理之间进行经济性评估权衡。

2.3.1.6 第 6 步——产品储存

为配合生产和销售必须进行成品库存的管理。根据产品属性包装和运输，液体装在桶和散装油轮（公路、铁路和海上）中，固体装在编织袋、纸箱中或打包成捆。

库存数量取决于产品属性和市场行情。

2.3.1.7 辅助过程

除了图 2.11 所示的主要工艺步骤，还要有所需公用工程的供应，如工艺水、冷却水、压缩空气和蒸汽。公用工程系统的设计将在第 3 章中讨论。

2.3.2 连续和间歇过程

连续过程被设计为一周 7 天、一天 24h 的全年运行。留出一些停车时间用于生产检维修，以及某些工艺流程所需要的催化剂再生。装置运行率是工厂年可操作时间的百分比，通常在 90%～95% 之间。

$$运行率 = \frac{操作时间}{8760} \times 100\% \tag{2.1}$$

典型的设计基准是假定工厂年操作 8000h。

间歇过程被设计成间歇性操作，其中一些或全部工艺单元频繁地停车和启动。采用间歇和连续操作组合的间歇操作工厂也是很常见的，例如，间歇反应器可用于连续蒸馏塔的进料。

对于大规模生产，采用连续操作模式更经济。当生产率或产品规格方面需要一定的操作弹性时，则采用间歇过程生产。间歇操作的优点是：

（1）间歇过程允许在同一设备中生产多个不同的产品或满足不同产品的规格。

（2）在间歇式装置中，每一批次操作过程的完整性保持不变，这对于质量控制是非常有用的。

（3）间歇式装置的产率非常灵活，在低负荷下运行时不会出现操作弹性的问题。

（4）间歇式设备在无菌操作中更容易清洗和维护。

（5）间歇过程更容易由化学配方起始进行规模放大。

（6）对于小批量生产的间歇式装置投资较低，相同的设备通常可以用于不同的单元操作。

间歇操作的缺点是：

（1）生产规模有限。

（2）通过提高产量很难实现经济规模。

（3）每批次的质量可能不同，导致废品或不合格品率升高。

（4）再循环和热回收更加困难，导致间歇式装置的能源效率降低，更容易产生废料副产品。

（5）由于几乎不可避免地出现闲置时间，因此间歇式装置的资产利用率较低。

（6）间歇式装置的劳动密集度更高，因此它的固定生产成本要高得多。

由于间歇生产固定成本较高、工厂利用率较低，因此间歇生产通常只对具有高价值且小批量的产品生产有意义。间歇工厂通常适用于：

（1）食品。

（2）药物、疫苗和激素等药品。

（3）个人护理产品。

（4）多种牌号的混合产品，如油漆、洗涤剂等。

（5）特种化学品。

即使在这些产品领域里，如果生产工艺简单、产量大且有市场竞争力，那么连续生产也是可行的。

2.3.3　反应器转化率和收率对流程图结构的影响

区分转化率和收率是很重要的，转化率与反应物有关，收率与产品有关。

2.3.3.1　转化率

转化率是反应物反应程度的量度。为了优化反应器设计和生成副产物最少，指定反应物的转化率通常小于 100%。如果有一种以上的反应物参与反应，则必须指定转化率的基准反应物。

转化率由以下表达式定义：

$$转化率 = \frac{反应物消耗掉的量}{提供的总量} = \frac{进料流股里的量 - 产品流股里的量}{进料流股里的量} \tag{2.2}$$

这个定义是某反应物对所有产物的总转化率。

示例 2.1

在二氯乙烷（DCE）热解制备氯乙烯（VC）过程中，为避免反应管结炭，规定反应器转化率为 55%。

解：

基准：所需的 VC 数量为 5000kg/h。

$$反应式：C_2H_4Cl_2 \longrightarrow C_2H_3Cl + HCl$$

摩尔质量：DCE 99kg/kmol，VC 62.5kg/kmol。

$$生成的 \ VC = \frac{5000kg/h}{62.5kg/kmol} = 80kmol/h$$

从化学当量方程式看，1kmol DCE 生成 1kmol VC。令 X 为 DCE 进料量（kmol/h）：

$$转化率 = 55\% = \frac{80kmol/h}{X} \times 100\%$$

$$X = \frac{80kmol/h}{0.55} = 145.5kmol/h$$

在这个示例中，相对于结炭和其他产品，忽略了 DCE 的损耗，即假定所有参加反应的 DCE 都转化为 VC。

2.3.3.2　选择性

选择性是将反应物转化为所需产物的反应效率的量度，即反应物质被转化为所需产物的百分比。如果没有生成副产物，则选择性为 100%；如果发生了副反应并生成副产物，则选择性会降低。选择性表达为产品 B 对于进料 A 的选择性，并由以下公式定义：

$$选择性=\frac{生成B的物质的量}{如果所有的A反应生成B，则可以生成B的物质的量}$$

$$=\frac{生成B的物质的量}{所消耗A的物质的量×化学当量系数}\qquad（2.3）$$

化学当量系数为在化学反应计量方程中每摩尔 A 反应生成 B 的物质的量（mol），也称化学计量比。

通常在低转化率下的反应可提高选择性。在高转化率下，反应器中在至少有一种反应物浓度降低的同时生成高浓度产物，因此生成副产物的反应更易发生。

反应器中未转化反应物可以回收和再循环。转化成副产物的反应物通常不能回收，副产物必须提纯后去销售或作为废物处理（参见 8.2.3）。因此考虑所有这些运营成本时，最佳反应条件通常选择低反应转化率，从而获得期望产物的高选择性。

2.3.3.3　收率

收率是反应器或装置性能的量度，收率有几种不同的定义，重要的是要清楚地说明收率数据的基准。文献中引用的收率数据，通常不说明其基准，需判断确定其具体含义。

由进料 A 生成产品 B 的收率定义为：

$$收率=\frac{生成B的物质的量}{所提供A的物质的量×化学当量系数}\qquad（2.4）$$

对于一个反应，收率是转化率和选择性的乘积：

$$反应收率=转化率×选择性$$

$$=\frac{消耗A的物质的量}{提供A的物质的量}×\frac{生成B的物质的量}{所消耗A的物质的量×化学当量系数}\qquad（2.5）$$

对于工业反应器，必须注意"反应收率"（化学收率）和总"反应器产率"的区别，前者仅涉及副产物的化学损耗，后者还包括物理损耗，如蒸发到排空气中的损失。

如果转化率接近 100%，就不必再去分离和循环未反应物质，这时总的工艺收率将包括未反应物质的损失；如果未反应物质被分离和循环利用，那么涉及反应和分离的总过程产率将包括分离步骤中的任何物理损耗。

装置产率是衡量装置整体性能的指标，它包括所有的化学和物理损失。

$$\begin{matrix}装置产率（适用于整\\套装置或任何工段）\end{matrix}=\frac{生成产品的物质的量}{该过程所提供反应物的物质的量×化学当量系数}\qquad（2.6）$$

在使用一种以上反应物或生产一种以上产品的情况下，必须清楚地说明收率所指的产品和反应物。

从 A 到 B 的装置产率是进料 A 对产品 B 的反应器选择性和处理产品 B 或反应物 A 的每个分离步骤的分离效率（回收率）的乘积。进一步核查，如果已经实施分离和进料再循环方案，那么装置产率应该大于反应器收率。如果进料回收和回收系统的效率为 100%，装置产率将会接近反应器选择性。

示例 2.2

在乙烯水解生产乙醇的过程中，乙醚作为生成的副产品。典型的进料流股组成为 55% 的乙烯、5% 的惰性物质和 40% 的水；典型的产品流股为 52.26% 的乙烯、5.49% 的乙醇、0.16% 的乙醚、36.81% 的水和 5.28% 的惰性物质，计算乙烯对乙醇和乙醚的选择性。

解：

$$反应式：C_2H_4+H_2O \longrightarrow C_2H_5OH$$
$$2C_2H_5OH \longrightarrow (C_2H_5)_2O+H_2O$$

基准：100mol 进料（比用产品流股为基准更容易计算）。

注意：由于惰性物质不参加反应，其流量是不变的，因此可以利用惰性物质来计算其他组成的流量。

进料流股：

乙烯	55mol
惰性物质	5mol
水	40mol

产品流股：

$$乙烯 = \frac{52.26\%}{5.28\%} \times 5mol = 49.49mol$$

$$乙醇 = \frac{5.49\%}{5.28\%} \times 5mol = 5.20mol$$

$$乙醚 = \frac{0.16\%}{5.28\%} \times 5mol = 0.15mol$$

反应掉的乙烯量 = 55.0mol − 49.49mol = 5.51mol

$$乙醇对乙烯的选择性 = \frac{5.20mol}{5.51mol \times 1.0} \times 100\% = 94.4\%$$

当 1mol 乙烯生成 1mol 乙醇时，化学当量系数为 1。

$$乙醚对乙烯的选择性 = \frac{0.15mol}{5.51mol \times 0.5} \times 100\% = 5.44\%$$

当 2mol 乙烯生成 1mol 乙醚时，化学当量系数为 0.5。

注意，乙烯对所有产品的转化率为：

$$转化率=\frac{入口物质的量-出口物质的量}{入口物质的量}=\frac{55mol-49.49mol}{55mol}\times100\%=10\%$$

也可以基于水来计算选择性，但是由于水与乙烯比较相对便宜，因此没有实际意义。进入反应器的水明显过量。

基于乙烯的乙醇收率：

$$反应收率=\frac{5.20mol}{55mol\times1.0}\times100\%=9.45\%$$

示例 2.3

在乙烯氯化生产二氯乙烷（DCE）过程中，乙烯的转化率为99%。如果每100mol 乙烯反应生成94mol DCE，假定未反应乙烯不回收利用，计算乙烯的选择性和总产率。

解：

$$反应式：C_2H_4+Cl_2\longrightarrow C_2H_4Cl_2$$

化学当量系数为1。

$$选择性=\frac{生成DCE的物质的量}{反应的乙烯的物质的量\times1}\times100\%=\frac{94}{100}\times100\%=94\%$$

$$总产率（包括物理损耗）=\frac{生成DCE的物质的量}{入口乙烯的物质的量\times1}\times100\%$$

由于进料中 100mol 乙烯反应掉99mol，因此

$$总产率=\frac{94}{100}\times\frac{99}{100}=93.1\%$$

注意，如果采用选择性（0.94）和转化率（0.99）的乘积，也会得到相同的答案。该工艺主要的副产物是三氯乙烷。

2.3.3.4 转化率、选择性和产率对流程结构的影响

少有生产工艺在没有副产品和没有平衡限制情况下，按产率来生成所需产品。

如果所期望反应受到进料与产品之间平衡的限制，且需将产品与进料中未反应组分进行分离，则反应器中的反应物不会100%转化。将未转化进料回收并返回到反应器工段或装置进料准备工段通常具有更好的经济性。

在大多数化学工艺中，设计者还必须解决生成副产品的副反应问题，在这种情况下，

期望产品的进料选择性小于 100%。副反应的存在会对工艺经济性产生许多不利影响。生成副产品的最大影响是其导致潜在的产品损失。由于原料成本通常是总生产成本的主要组成部分，因此低选择性会对其工艺经济性产生强烈的不利影响。将副产品与期望产品进行必要分离，也将在更复杂的分离工段产生额外成本。如果副产品有附加价值，可以将其提纯后销售，但增加了额外的设备。如果副产品不值得回收，那么在某些情况下可以在生产过程中循环处理，使其返回到进料或转化成产品，但循环却增加了成本和工艺复杂性。如果副产品不能出售或再循环，则必须作为废物处理。可能还需要额外的处理步骤以使废物流股达到安全排放或处置的指标。

由于副产品的处理成本很高，大多数工艺过程在最大化反应选择性条件下操作。这通常意味着在低转化率下、大进料再循环量下操作；或者可以过量使用较便宜的进料，从而在高选择性下实现较昂贵进料的高转化率，如下所述。

2.3.3.5　采用过量反应物

在工业反应过程中，各组分很少是按精确比例进入反应器的。可以输入过量的反应物以促进期望的反应，以最大限度地利用昂贵的反应物，或确保反应物的完全反应，如燃烧过程。

由下列公式定义过量反应物的百分比：

$$过量百分数 = \frac{输入量 - 化学当量}{化学当量} \times 100\% \tag{2.7}$$

其中，必须明确过量的是哪种反应物。

示例 2.4

为了保证燃烧完全，将 20% 过量空气供应给燃烧天然气的炉子。气体组成（体积分数）为甲烷 95%，乙烷 5%。

计算每摩尔燃料所需空气的物质的量。

解：

基准：100mol 气体，按体积分数进行分析。

反应式：$CH_4 + 2O_2 \longrightarrow CO_2 + 2H_2O$

$C_2H_6 + 3.5O_2 \longrightarrow 2CO_2 + 3H_2O$

需要 O_2 的化学当量 $= 95 \times 2 + 5 \times 3.5 = 207.5$（mol）

过量 20% 需要 O_2 的物质的量 $= 207.5 \times 1.2 = 249$（mol）

空气的物质的量（$21\% O_2$）$= 249 \times 100/21 = 1185.7$（mol）

每摩尔燃料所需空气 $= 1185.7/100 = 11.86$（mol）

2.3.3.6　转化率、选择性和产率的数据来源

如果副产物生成得很少，那么可以对反应器成本（容积、催化剂、加热等）和未转化反应物的分离及再循环成本进行比较评估，以确定最佳的反应转化率。更常见的是，如果最昂贵的进料对于所需产品的选择性小于 100%，则需将副产物的成本一并考虑。然后，再在反应转化率和选择性之间进行反应器优化，不仅需考虑主要产品，而且也要考虑所有生成量足以影响工艺成本的副产物。

在简单情况下，当副产物的数量较小时，可以建立预测主要产物和副产物生成速率的反应动力学机理模型。如果该模型适用于较宽范围工艺条件下的实验数据，则可以用于工艺优化。开发反应动力学模型将在 15.3 节中讨论，亦常见于大多数反应工程教科书中，如 Levenspiel（1998）、Froment 和 Bischoff（1990）以及 Fogler（2005）的著作。

对于反应可快速达到平衡的工况，收率可按平衡收率计算。在这种工况下，工艺优化的唯一可能性是改变温度、压力或进料组成，从而获得不同的平衡混合物。如 4.5.1 所述，可方便地应用商业化工艺流程模拟软件进行反应平衡计算。

当组分或反应数量太多，或者机理太复杂而无法用确定性的统计推断时，则可以采用表观模型。可以应用实验数据的统计设计方法，减少必须采集的实验数据数量，以形成统计学意义的选择性和收率与主要工艺参数的关联式。Montgomery（2001）很好地概述了实验数据的统计设计方法。

在设计的初期阶段，通常工程师既没有表观的反应动力学模型，也没有详细的机理模型。除非管理层确信所研究的工艺在经济上是有竞争力的，否则很少有公司会建立实验室或中试装置，并安排必要人员去采集反应动力学数据。因此，在收集到必要的选择性和收率数据之前，就需要开展设计工作，在这种情况下工程师必须从任何有用的数据中选择最佳反应条件。初步估算的反应器收率可能来自化学家收集的一些数据点，或者摘自专利或研究论文。专利数据将在 2.4.1 中讨论。

基于完成设计的目的，仅需估算一个反应器的收率即可。在更广泛的工艺条件范围内获得更多的收率数据，可以使设计者更有能力合理地优化设计。在工艺集成过程中，设计的目的之一是为研究团队设定收率目标，如 2.6.1 所述。

2.3.4　循环和弛放

流股返回（循环）到工艺流程较前的工段是常用手段，如果在反应过程中有价值反应物的转化率明显小于 100%，则通常需对未反应物料进行分离和循环。

分离过程也可以是循环的来源，例如，返回到蒸馏塔顶部的回流就是一个没有反应的循环过程。

循环流股的存在使得工艺物料和能量平衡计算变得更加困难。在没有循环的情况下，可以顺序进行各工艺步骤的物料平衡，依次针对每个单元计算出从这个单元流出的流量，成为下一个单元的进料数据。如果有循环流股，则其返回点的流股数据将不为人所知，因为它将取决于尚未计算的下游流股。在不知道循环流股数据的情况下，计算顺序不能延续

到可以确定循环流股的点。

有两种计算方法可以解决循环问题：

（1）切割法（撕裂法）。先对循环流股给出估值数据，再继续计算到循环的点。然后，将估算值与所计算出的数值进行比较，并修正估值，将该步骤反复迭代求解，直到估值和计算值之间的偏差在可接受的允差值之内。

（2）联立方程法。循环就意味着必须同时求解物料平衡方程，以循环流股为未知量建立方程，再用联立方程组的标准算法求解。

对于只有一个或两个循环回路的简单问题，可以通过精心选择计算基准和边界约束条件，将计算进行简化。这在示例 2.5 中进行了说明。

在第 4 章中将讨论涉及多个循环回路的复杂物料平衡问题的解决方案。

示例 2.5

图 2.12 显示了由乙烯生产氯乙烯的主要步骤。每个方框代表一个反应器和其他几个加工单元。

方框 A，氯化：

$$C_2H_4 + Cl_2 \longrightarrow C_2H_4Cl_2 \text{（乙烯产率 98%）}$$

方框 B，氧氯化反应：

$$C_2H_4 + 2HCl + 0.5O_2 \longrightarrow C_2H_4Cl_2 + H_2O \text{（乙烯产率 95%，盐酸产率 90%）}$$

方框 C，热解：

$$C_2H_4Cl_2 \longrightarrow C_2H_3Cl + HCl \text{（DCE 对 VC 的选择性 99%，对盐酸的选择性 99.5%）}$$

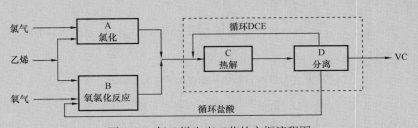

图 2.12　氯乙烯生产工艺的方框流程图

从热解步骤中来的盐酸被循环到氧氯化反应步骤。调节去氯化和氧氯化反应器的乙烯流量，使产生的盐酸与需求相平衡。热解反应的转化率规定在 55%，将未反应的二氯乙烷（DCE）分离并循环利用。

根据已知的产率，假定忽略任何其他损失，对于 12500kg/h 的氯乙烯（VC）产量，计算乙烯到每个反应器的流量和 DCE 到热解反应器的流量。

解：

摩尔质量：氯乙烯 62.5kg/kmol，DCE 99kg/kmol，盐酸 36.5kg/kmol。

$$氯乙烯产量 = \frac{12500\text{kg/h}}{62.5\text{kg/kmol}} = 200\text{kmol/h}$$

在方框周围绘制系统边界虚线，将分离部分（方框 D）和 DCE 循环包括在步骤 C 的边界虚线内，如图 2.12 所示。

假设进方框 A 的乙烯流量为 X，进方框 B 的乙烯流量为 Y，盐酸循环量为 Z。

由产率和方框 C 生成盐酸的物质的量，可导出生成 DCE 的总物质的量 = $0.98X+0.95Y$，则

$$（0.98X+0.95Y）×0.995=Z \tag{a}$$

根据进、出方框 B 的流量和基于盐酸的 DCE 产率为 90%，则生成 DCE 的物质的量为 $0.5×0.90Z$。

注：化学计量系数为 0.5［2mol（HCl）/mol（DCE）］。

基于乙烯的 DCE 产率为 95%，则

$$0.5×0.90Z=0.95Y$$

$$Z=0.95×2Y/0.9$$

将 Z 代入式（a）得出：

$$Y=（0.98X+0.95Y）×0.995×\frac{0.9}{2×0.95} \tag{b}$$

$$Y=0.837X$$

$$0.99×（0.98X+0.95Y）=200\text{kmol/h}$$

联立求解 Y 的式（b）得出：

$$X=113.8\text{kmol/h}$$

继而：

$$Y=0.837×113.8\text{kmol/h}=95.3\text{kmol/h}$$

由式（a）计算盐酸循环量 Z：

$$Z=（0.98×113.8\text{kmol/h}+0.95×95.3\text{kmol/h}）×0.995=201.1\text{kmol/h}$$

注：以乙烯计的总产率 = $\dfrac{200\text{kmol/h}}{113.8\text{kmol/h}+95.3\text{kmol/h}}×100\%=96\%$。

从方框 A 和方框 B 出来的 DCE 总流量为 200kmol/h/0.99＝202kmol/h，其中不包括循环量。由于转化率为 55%，设循环流量为 R，导出 202/（202+R）=0.55，因此进入热解反应器的 DCE 总流量为 202kmol/h＋R＝202kmol/h/0.55＝367.3kmol/h。

2.3.4.1　弛放

为防止不需要物质的累积，通常需要排放掉一部分循环物料。例如，如果反应器进料中含有循环流股带入的惰性组分或副产物，因这些惰性组分或副产物未能在分离单元中分离出来，那么这些惰性组分将在循环物流中不断积累，直到该流股最终完全充斥着惰性组分，所以需排出部分物料以保持惰性组分在可接受的范围内，通常采用连续弛放，在稳态条件下，弛放的惰性组分量与带入系统的惰性组分量相等。

弛放气中各组分浓度与弛放点处循环流股中的组分浓度相同。因此，所需的弛放气流量可由以下关系确定：

进料流量 × 进料中惰性组分浓度 = 弛放气流量 ×
循环流股中设定（期望）的惰性组分浓度

示例 2.6

在由氢气和氮气生产合成氨的工艺过程中，基于原料的转化率被限制在 15%。生成的氨从反应器（合成塔）产品流股中冷凝，未反应物料被循环再用。如果进料含有 0.2% 的氩气（来自液氮洗工段），计算在循环流股中的氩气维持在 5.0% 以下所需的弛放气量。按体积分数进行计算。

解：
基准：100mol 进料（由于产量未知，弛放气量按每 100mol 进料计）。
工艺流程图：

体积分数相当于摩尔分数。
进料中带入系统的氩气量 = 100mol×0.2/100 = 0.2mol。
设定每 100mol 进料的弛放气量为 F，则弛放气带出系统的氩气量 = $F×5/100$ = 0.05F。

在稳定状态下，氩气带出量 = 氩气进入量。

$$0.05F = 0.2\text{mol}$$

$$F = \frac{0.2\text{mol}}{0.05} = 4\text{mol}$$

得出弛放气量：每 100mol 进料需弛放 4mol。

2.3.4.2 旁路

可以分割一个流股，使其一部分绕过（旁路）一些操作单元。这种方法通常用于控制流股组成或温度。

带有旁路流股的工艺流程，其物料平衡计算与带循环流股的工艺流程类似，只是旁路流股是向前的，而不是向后返送的。其计算比带循环流股的更容易些。

2.4 商业化工艺技术的选择、修改和完善

如果可获取经过商业化验证的工艺技术，工程师通常不需从头开始设计一个新工艺，公司会尽可能地避免工艺技术商业化过程所引发的额外成本和风险。新的分子化合物通常是利用已经被证明适用于类似化合物的工艺来制备的，即使开发一个全新的工艺流程，设计团队通常也会选择一个传统设计作为参考。

采用已验证的基本工艺方案并不是不要设计中的创新。各种可选设计方案已商业化应用，每个方案都围绕不同的进料、催化剂或反应器进行优化，设计团队必须评估不同的方案，并优化每一个局部设计以选择最好的方案。商业化工艺技术可能需要针对产品、副产品或加工原料的不同需求来进行完善，可以通过替换一个或多个单元操作、采用更好的催化剂或酶、采用改进的分离或反应技术，或使用不同溶剂以减少环境影响来改进现有技术。生产规模的变化，可能也会导致工艺流程的变化，例如一个新建的大型装置，需要并联一系列反应器或分离塔。

本节将讨论基于已商业化的技术开发工艺流程时，设计团队应该考虑的主要因素。在2.5 节中对开发一个工艺流程用于改造现有装置的特殊情况进行了说明。

2.4.1 生产工艺的信息来源

本节简要介绍了可以在公开文献中查到的商业化工艺技术信息来源。

在竞争激烈的化工行业中，商业化工艺技术中公开的信息十分有限。发表在科技文献和教科书中关于特定工艺技术的文章中，对所用化学品的数量和操作参数总是轻描淡写，缺乏有关反应动力学、工艺条件、设备参数和工艺设计所需物理性质的详细信息。然而，在项目初期阶段研究可能的工艺路线时，一般文献中可以找到的信息，足够用于开展工艺流程图草图的绘制和投资、生产成本的粗略估算。

关于生产工艺最全面的信息汇集可能是 Kirk 和 Othmer（2001，2003）编著的《化学技术百科全书》，它涵盖了化学制品和相关产品的全部范围。Kirk–Othmer 百科全书的一个简化版以平装书（Grayson，1989）形式发表，它很适用但现在绝版了。人们可以通过 Wiley 在线图书馆 http：//online library.wiley.com 网站获得该百科全书的最新版本，另一个涵盖生产工艺的百科全书是由 McKetta（2001）编著的。还有几本已出版的书籍，对用于商业化学品和化工产品的生产工艺做了简要概述，其中最著名的可能是 Shreve 关于化学工业的书，现由 Austin 和 Basta（1998）再版修订。Comyns（1993）列出了附有参考文献的各种化学制品生产工艺。

涉及范围更广泛的关于工业生产过程的德文参考著作有 Ullmann 的工业技术百科全书，现在也有英文译本（Ullmann，2002）。

对于某些重要的大宗工业化学品，Miller（1969）出版了关于乙烯及其衍生物的专用教科书；这里无法一一列出这些教科书，但在较大的图书馆中有馆藏，且可以通过图书馆的文献目录查找到。Meyers（2003）对炼油工艺进行了很好的概述。关于气体处理和硫回收加工，Kohl 和 Nielsen（1997）给出了全面综述。

上述引用的许多文献都是从 Knovel 中以电子版形式提供的，大多数公司和大学都订阅了 Knovel。对于专业协会的成员，如美国化学工程师学会（AIChE），也可以访问 Knovel 并获取文献资料。

书籍很快就会过时，上述许多工艺技术即将落伍或者过时。可以在技术期刊中找到当前使用工艺的最新信息。《烃加工》杂志刊登了一份关于石油化工工艺的年度综述，名为《石油化工进展》，现称作《石化产品录》，其中包括流程图和新工艺发展的简要工艺描述。

2.4.1.1 专利

专利是有用的信息来源，但从中摘取信息时需保持谨慎。为了获得专利，发明人在法律上有义务披露本发明的最佳应用模式；否则一旦产生专利争议，可能使专利无效。因此，大多数专利含有一个或多个示例，说明如何应用本发明并将其与已有技术区分开来。在专利中给出的示例通常给出所应用的工艺条件，尽管它们常常是为实验室准备的案例，而不是全尺寸生产工艺的示例。许多工艺专利还包括基于计算机模拟的示例，在这种情况下，应该审慎地看待这些数据。当应用来自专利的数据时，应仔细阅读说明实验步骤的那部分内容，以确保在适当条件下进行实验，这是很重要的。

专利权人有权起诉未经专利权人许可而使用专利权利要求书中所述技术的任何人。通常专利代理人在较宽范围的工艺条件下编写专利并声张专利权，以便最大限度地扩大有效保护范围，使竞争者难以通过稍微改变温度、压力或其他工艺参数来规避专利保护。通常专利会说明"反应是在 50～500℃，优选是在 100～300℃，最佳是在 200～250℃ 范围内进行"。通常从工程角度判断范围的最佳条件。最佳条件通常是在或接近最窄定义范围的上限或下限。专利中的示例常常表明最佳操作点。

专利可以从美国专利局网站 www.uspto.gov 免费下载。USPTO 网站的检索能力有限，也可在 www.google.com/patents 网站中应用 USPTO 全面检索。大多数大公司订购功能更强大的专利搜索服务，如 Delphion（www.delphion.com）、PatBase（www.patbase.com）或 Getthe-Patent（www.getthepatent.com）等。

作为信息来源，许多指南书籍可以帮助工程师理解保护发明的专利使用和获取信息，如 Auger（1992）以及 Gordon 和 Cookfair（2000）的著作。

2.4.1.2 咨询

工程师们经常聘请专门的咨询公司来进行商业化技术分析。通过咨询，可以对竞争方或供应商的工艺技术进行客观评估。SRI 和 Nexant 等咨询公司会定期发布不同化学品生产技术的评估报告，这些评估是基于咨询师根据从文献和直接与技术提供方接触所收集的信息而开发出的工艺流程和评估模型。

客户与咨询师一起开展工作时需注意，客户必须尽职谨慎地开展咨询工作，以确保其公正客观，而不是带有倾向性的分析。客户还需对照最近的专利和出版物来核对咨询师提供的信息，以确保咨询师依据最新信息开展工作。

2.4.1.3　供应商

为了推销，有时技术提供方和承包商会将设计信息提供给客户。如果项目团队需要一些信息进行技术选择，技术供应商通常愿意提供经过编辑的PFD（例如，流股空缺或缺少部分信息）、反应收率，或者源于较小生产规模的类似工厂设计。供应商通常在项目比较确定后的合同投标中提供更详细的信息。

2.4.2　工艺技术选择中应考虑的因素

一旦设计团队收集到关于不同商业化工艺技术的信息，通常会在技术选择前对设计进行用户定制和优化。

在公开文献中发表的信息通常仅限于方框流程图和反应收率（偶尔有）。通常第一步是准备完整的PFD及工艺物料和能量平衡。如第7章所述，据此可对主要工艺设备进行初步选型和费用估算，以获得所需的投资估算。如第8章所述，进料及产品流量和能量消耗可以用来估算生产成本，然后可以采用第9章介绍的经济分析方法来确定项目总的经济效益，并根据公司规定的判据选择哪个设计具有最佳的总体经济性能。

如果一个工艺流程具有特定的成本优势，通常会在经济分析中清晰地显现出来。在项目之间进行选择时，原材料或固定成本优势等因素可能非常重要，但在给定项目内的工艺流程之间进行选择时，这些因素通常不那么重要。流程之间的选择通常更多地受过程产率、能耗和投资的影响，因此对催化剂、微生物或酶性能以及工艺设计和优化是十分敏感的。

在工业应用中，技术提供方或设计采购施工（EPC）承包商常常会在项目投标时向客户提供较详细的PFD及物料和能量平衡。需仔细核查报价书信息，并根据卖方近期承建工厂的实际性能验证上述性能指标。

虽然按程序进行了经济分析，但它并不是选择工艺技术的唯一标准。下文将介绍一些其他影响因素。

2.4.2.1　自由使用

自由使用是一种由专利法产生的法律概念。如果一个工艺、催化剂、酶、转基因生物或化学配方获得专利，则只能在专利持有人的许可下合法使用；如果另一家公司未经许可使用该技术，他们将被视为专利侵权，专利持有人可以起诉其停止使用并要求赔偿损失。

确定技术是否可以自由使用，通常需咨询专利代理的专家意见。在迅速发展的新兴领域中，可能难以评估。因为专利申请通常在提交之后一两年才正式发布，因此，在完全清晰确定知识产权权属前的空档期，可做出是否继续建造工厂的决策。另一个复杂之处是，相互竞争的技术提供方可能拥有重叠类似的专利或那些似乎阻碍了彼此设计特征的专利。

所有专利保护都只在固定期限内有效，在美国是从撰写申请专利时算起 20 年的保护期。当专利到期时任何人都可以自由使用这项技术，但必须注意检查原始技术研发者是否做出了仍在专利保护之下的更新改进。许多传统工艺技术不再受专利保护，且可从 EPC 公司处购买，而无须支付版税或许可费用。

当客户得到技术使用许可时，技术提供方通常会向客户提出专利使用的补偿费用。这意味着技术提供方主张他们的技术所有权并可自由使用，同时他们将帮助客户应对竞争对手提出的任何专利侵权诉讼。技术提供方有时通过交叉许可协议来降低此类诉讼的可能性。

2.4.2.2　安全与环境性能

所有商业应用的技术都应该满足或超过法规上可接受的最低安全标准，但是一些较陈旧的工艺技术可能达不到可接受的环保标准。

经济性分析通常不能判别一个工艺技术是否比另一个更安全或更环保，第 10 章和第 11 章介绍的方法可以用来评估工艺安全和环境影响。

在评估商业化技术时，也可通过考察现有工厂的现场，为审查该技术的安全性和操作性能提供帮助。

2.4.2.3　政府与国际间限制

有时政府部门会对公司施加约束来影响技术选择。在发展中国家，要求国有公司最大限度地利用本国技术、设备和零部件，以促进当地工程建设领域的发展，减少硬通货外流，这相当普遍。这可能促使公司进行老技术的升级改进，而不是与能够提供最新技术的技术供应方或大牌国际公司合作。

国际制裁会对工艺技术流程选择产生重要影响。制裁可能使一些公司丧失提供工艺技术的资格，减少了可供给技术的选择，制裁也可限制原料的使用。在 20 世纪 70 年代和 80 年代，为应对旨在结束种族隔离制度而限制他们购买原油能力的国际制裁，南非公司开发了许多煤制化学品的工艺技术。

2.4.2.4　经验与可靠性

选择已商业化技术的关键因素之一，是所积累的操作运行经验的广泛性和多样性。如果一个工艺技术已经被不同运营公司在许多地方被广泛采用和证明，那么它就很容易在新建工厂应用。仅应用过一两次的技术可能仍然会遇到"初期磨合问题"，实施较困难。

随着不断积累操作经验，公司也对工艺的可靠性有了更好理解。如果工艺流程的某一部分或设备工段会引起可靠性问题，则可以改进设备的设计，或甚至改变工艺流程。

2.4.3　进行流程的改进和完善

所有的设计随着时间而不断进步，工程师通过流程改进以提高其经济性、安全性、可靠性和环境影响，大多数情况下变化不大，如增加仪表或更换设备；但有时也需要对工艺流程进行重大改变。

对现有商业化工厂进行修改被称为改造设计，见 2.5 节。本节介绍新工厂建设时，如何完善、改进已有工艺流程的方法。

2.4.3.1 提高工艺经济性的改进

通过减少投资或改善生产成本来提高工艺经济性。设计者寻求提高工艺经济性，通常从完成现有设计 PFD 并确定当前估算投资和成本开始（见第 7 章至第 9 章），可以采用以下措施：

（1）提高反应选择性和过程产率。原料成本通常超过生产成本的 80%，因此提高产率对工艺经济性影响最大。提高产率通常需要选择性高的催化剂、酶或微生物，或更有效的反应器设计，但有时高效分离方案、更好地净化进料或再循环也会提高产率。

（2）提高过程的能源利用效率。在大规模生产中能源成本是继原料成本之后最大的。通过提高过程能效可以降低能源成本。在第 3 章中介绍了几种改进过程能效的方法。

（3）改善过程固定成本。在小规模的精细化学品和药品生产过程中，固定成本通常仅次于原料成本。固定成本见 8.5 节中的介绍。可以通过使过程更连续、减少劳动力以及通过增加间歇过程的生产率来降低固定成本。

（4）减少投资。工程师可以通过将设备整合或削减来降低投资。在间歇操作中，减少投资通常是通过在同一设备中执行几个步骤来完成的。例如，进料可以加入反应釜中，在釜中可以进行加热、反应、冷却和泵出浆料前的产品结晶等重复过程。

（5）减少操作费用。在 9.2.3 中将介绍操作费用。减少原材料、半成品和消耗品的库存，可以减少操作费用。采用更连续的工艺过程或使用较少种类和数量的溶剂都会减少操作成本。

可以看出，上述一些措施是相互矛盾的，例如，"使间歇过程更连续"和"在同一设备上进行更多的操作"。

各设计指南（称为经验法则）之间通常包含明显的矛盾。设计者必须根据经验判断来选择哪个规则最适合所考虑的情况，或者对两种方案进行完整设计和成本估算。在 2.6.4 中将在工艺过程集成论述中进一步阐经验法则。

2.4.3.2 改进工厂安全

采用以下方法可以使工厂更加本质安全：缩小容器和其他设备的体积；减少危险材料的库存；选用危险性较小的原料、溶剂和中间产物；消除爆炸混合物和放热反应；消除对大气敞开的操作；尽量减少工人接触化学品以及第 10 章讨论的其他方法。

设计安全性的改进可以使用 10.8 节所介绍的风险评估方法来量化。

2.4.3.3 提高设备可靠性的改进措施

当一个工厂运营多年后，操作人员会很清楚装置哪个部分或设备会导致运行问题，需要经常维修并造成更多的计划外停车。

可靠性问题通常是由设备故障引起的，常见于固体处理设备、诸如泵和压缩机之类的转动设备、容易结垢的热交换器以及仪表和阀门。有时一个更可靠的设备可以解决工艺可靠性问题，但更常用的是改进工艺流程，例如并联两台或多台设备，以便工厂在设备离线维修或清洁的同时可以连续运行。这种方法非常适用于泵，因为其相对便宜且易发生故障。

由腐蚀引起的锈蚀、磨蚀和堵塞可能是可靠性差的主要原因，在第 6 章中阐述了在设计中应对腐蚀的方法。

2.4.3.4　改善环境影响的改进措施

许多传统的工艺最初是在 40 年前依据当时不同的环境法规和应用标准来设计的。现有工厂可能已经通过增加管线排放系统来减少环境影响；然而，有时改善工艺流程可以较低成本实现相同或更好的环境性能。

通常用于改善环境影响的措施包括：

（1）采用对目标产品具有更好选择性的新催化剂、酶或微生物，从而减少废物的形成。

（2）采用更好的混合或传热来优化反应器设计，从而提高反应选择性并减少副产品的生成。

（3）消除溶剂或其他消耗材料降解为废物的过程。

（4）减排对环境影响大的物质，如卤素溶剂、汞、激素和持久残留在环境中的化合物。

（5）采用气体密闭循环系统代替一次性气流通过，从而减少挥发性有机化合物（VOC）的排放。例如，图 2.13（a）显示了一个直通式干燥器，在该干燥器中干燥气体被放空或送至火炬，导致 VOC 排放的潜在风险。图 2.13（b）显示了另一种设计，在该设计中鼓风机用于循环气体，离开干燥器的热气体被冷却，使溶剂冷凝并回收。在密闭设计中 VOC 排放的风险小得多，也减少了溶剂消耗。

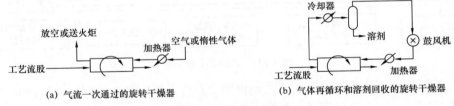

(a) 气流一次通过的旋转干燥器　　　　(b) 气体再循环和溶剂回收的旋转干燥器

图 2.13　干燥器气体循环设计

（6）采用降低环境影响的替代化学品。例如，中和废硫酸最便宜的方法是与石灰（CaO）反应生成惰性的石膏（$CaSO_4$），可以被送到垃圾填埋场填埋。但是如果采用氨来中和酸，则反应生成的产品是可以用作肥料的硫酸铵。

（7）在第 11 章中阐述了分析和减少工艺过程对环境影响的方法。

2.5　现有工厂的改造

工厂改造的工艺流程开发是一个专门的课题。因改造设计需要深入研究正在运行的工厂和它的操作数据，故改造设计课程很少在大学里教授。

改造项目通常分为两类：生产同一产品所进行的脱瓶颈改扩建，以提高工厂的产量；翻新改造是改变工厂的设计，以处理不同的进料，生产不同的产品，采用更好的反应器、催化剂或分离技术，或根据新的监管要求改善工厂安全性或环境影响。

2.5.1 改造项目的流程开发

图 2.14 显示了开发改造设计工艺流程的整个工作流。改造项目的关键要求之一是通过最大限度地利用现有设备来使项目成本最小化。因此，要求在期望目标和可用设备之间进行综合考虑来开发改造工艺流程图。

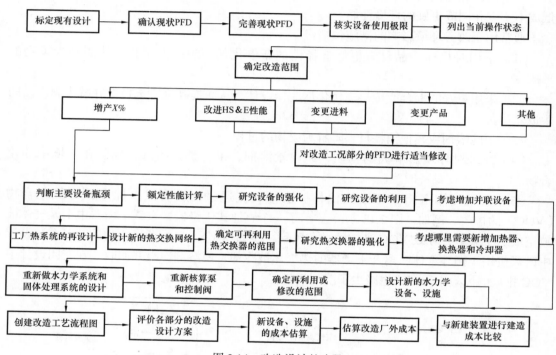

图 2.14　改造设计的步骤

相对于新建工厂，改扩建后的工艺流程图会有许多不同之处。例如，扩建时与现有塔并联一个精馏塔，比拆除现有塔再新建一个更大的塔更有意义，但在一个新厂设计中并联两个小塔是不可能采用的。因此，扩建工艺流程的设计需要大量关于现存设备性能的数据信息，以便对其重新评估或修改后继续在新的流程中发挥作用。当现有设备不能升级改造时，设计者必须找到最经济的方法来补充新产能或提高现有产能。

扩建工艺流程图一旦完成，设计者就可以评估所添加新设施的成本，扩建一个工厂的成本也应该与重新建造一个新工厂的成本进行比较，扩建通常是增加稍许产能的经济方案，但是对于增加更大产能的情况，新建将变得更具吸引力。

在下面的章节中介绍了开发一个扩建工艺流程图的步骤。虽然在化学工业中有大量的翻新扩建，特别是在诸如美国和欧洲这样工业传统悠久的地区，但作者并没有对此课题进行全面的文献检索。Briggs、Buck 和 Smith（1997）及 Douglas（1988）的著作中有扩建设计的简短内容。

2.5.2　主要设备脱瓶颈

在扩建设计时现有设备的能力决定着是否需要增加串联或并联的设备，从而对扩建后的设计流程起着重要的作用。

大多数主要设备当初是以 10% 或 20% 的裕量系数进行设计，参见 1.6 节。这种设计裕量包含了设计数据和方法中的偏差，但也为潜在产能创造了一些扩建空间。在考虑进行工厂扩建时，一些设备可能仍在其满负荷之下运行。

设备脱瓶颈的一般工作程序遵循图 2.14 所示的步骤。一旦完成了现有装置的物料和能量平衡后，就可以建立设备的模拟计算模型。然后，可以在新的工艺条件下用计算模型进行试算，以确定设备是否适合于新的工况。对于难以建模的设备（例如，离心机、加热炉和干燥器），可能需要咨询专家或原设备供应商。在确定设备所能达到的最大产能之后，将会考虑提高产能的改造措施。如果对现有设备的改造还不能满足期望的工艺负荷，那么就必须实施增加产能的最经济方案。这种方案可能包括完全更换原有设备，并将更换下来的设备用在工艺流程中的其他地方。

下面给出了设备脱瓶颈技术的一些具体示例。2.5.3 讨论传热设备的改造，2.5.4 介绍水力学和固体输运设备的改造。

2.5.2.1　反应器脱瓶颈

反应器设计先确定停留时间，再计算所需转化率。对于采用催化剂的固定床反应器，通常表达为空速：

$$\tau = \frac{V}{v} \tag{2.8}$$

$$SV = \frac{v}{V_{cat}} \tag{2.9}$$

式中　τ——停留时间；

　　　SV——空速；

　　　V——反应器容积；

　　　V_{cat}——固定床催化剂体积；

　　　v——体积流量。

通常以小时为基准给出空间速度，并且根据气相流 [每小时气相空速（GHSV ）]、液相流 [每小时液相空速（LHSV ）] 或总质量流 [每小时质量空速（WHSV ），即每千克催化剂量的进料量，以 kg/h 为单位] 来定义空速。任何一组单位制都可用于表达停留时间和空速。

式（2.8）和式（2.9）清楚地表明，增加流速必然导致容积、停留时间或空速成比例地变化。如果反应器非常便宜，通常建造额外的反应器来增加容积，扩建设计将着重于减少停留时间或增加空速的方法，同时尽可能维持相同的转化率，以尽量减少对装置分离和循环工段的影响。

可以通过提高温度、中止转化、降低稀释剂浓度，或采用高活性催化剂、酶或微生物来增加空速或减少停留时间。但提高温度和减少稀释剂或溶剂（如果有的话）通常会导致选择性更差，并增加工艺流程中其他部分的成本。许多固定床催化工艺为温度循环周期性操作，其中反应器温度在 1~10 年间缓慢升高以补偿催化剂的失活，最终在循环周期结束时更换催化剂。在这种操作下，升高温度会缩短催化剂的运行寿命，进而导致设备更频繁地停车。随着未反应物料循环量的增加，降低反应转化率也会在工艺流程中其他部分产生额外的成本。提高催化剂性能通常是提高产能最经济的方法，而新催化剂的可获得性常常为改扩建项目设置了限制范围。

改造固定床催化反应器的另一个问题是反应器压降的影响。填料床的压力降与流量的平方成正比，所以压力降随着流量增加而迅速上升。降低反应器压降的方法包括将串联反应器布置成并联操作（图 2.15），以及将向下流动的反应器改成径向流（图 2.16）。在图 15.29 中给出了径向流动反应器详图。应关注向上流动床层的改造设计，以避免催化剂发生流态化。如果向上流速接近于最小流化速度，则反应器应该改为向下流动或设计更大的反应器。在 15.7.3 中将更详细地讨论填充床反应器的尺寸估算。

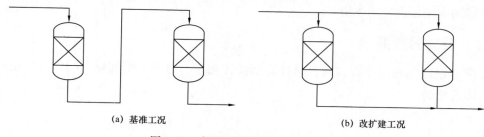

(a) 基准工况　　　　　　　　　　　(b) 改扩建工况

图 2.15　串联改为并联反应器的改造

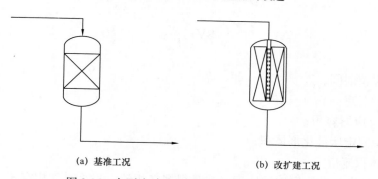

(a) 基准工况　　　　　　　　　　　(b) 改扩建工况

图 2.16　向下流动改为径向流动反应器的改造

如图 2.17 所示，当需要增加反应器通量时，广为采用的技术是在现有反应器序列中增加预反应器。因为预反应器通常以低转化率运行，可以在不利于选择性的较高温度、消耗较少溶剂或稀释剂条件下操作，这使得预反应器比现有反应器的容积效率更高，且不影响总体选择性。

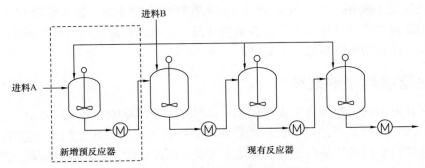

图 2.17　采用预反应器的改造设计

当有包括副反应在内的反应动力学详细模型可用时，就可以设计出更复杂的反应器系统，以改进所需产物的收率和选择性。

在扩建项目中可以增加反应器通量，使反应器性能接近理想的反应器系统。反应器和反应器系统设计将在第 15 章中讨论。

2.5.2.2　分离塔的脱瓶颈

分离塔的操作能力通常受塔器水力学的限制（参见 17.13 节）。如果进料流量增加，塔内气相流速会成比例地增加，在塔内易发生液泛而变得无法操作。可以采取两种方法来获得更大的塔器通量。

（1）增加气相流动截面积，以延缓液泛的发生。

（2）通过采用高效或板间距更小的塔盘来增加塔板数，可降低回流比，继而降低气相速率。

分离塔盘和塔填料供应商都会采用上述两种方法，且市场上还有许多高效、高通量塔盘和塔填料的专有技术。通常在改造一个塔时的做法是联系塔盘和塔填料供应商，然后由供应商提供必须更换多少塔盘以达到所需处理能力的估算。通常不需要对整个塔器进行再设计。精馏塔的详细设计将在第 17 章中讨论。

当需增加精馏塔处理能力时，仅采用高通量塔盘是不够的，如图 2.18 所示，有时会采用预分馏塔方案。预分馏塔对可以减少主塔回流的进料进行初步分离。通常改造后的预分馏塔设有自己的再沸器和冷凝器，以避免增加主塔再沸器和冷凝器的负荷。

在分离段的脱瓶颈案例中，通常在不同的应用场合利用已有的精馏塔。如果扩建装置里有三个以上的塔器，可以制造一个新塔来替换原有最大的旧塔，改造最大的旧塔来替换第二大的，以此类推。在这种情况下，"最大的"是指塔径最大

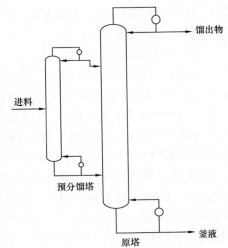

图 2.18　采用预分馏塔的精馏塔改造

的塔，塔径决定了气相速率和处理能力。如果在新的应用场合下分离塔没有足够的高度，则可以采用高效塔内件或串联组合。在某些情况下，特别是对于相对矮的低压塔，通过在塔顶上新接一段来增加塔高的方案更可行。

2.5.3　热交换网络的改造

工厂扩建时的许多瓶颈集中在换热器、加热器和冷却器中。当工厂被改造为另一个新的用途，如改变进料或产品时，已有的热回收系统将不再是最优化的或不适用了。通常，在大型扩建项目中的做法是首先完成其他主要设备的改造设计，然后再处理加热器、冷却器和换热器的问题，如图 2.14 所示。

在第 3 章中介绍了热回收系统和换热器网络的设计，在第 19 章中介绍了换热器、加热器和冷却器的详细设计。复杂热交换系统的改造应作为一个网络问题来处理，而不是单独对每个位号设备进行改造，因为成本最低的解决方案总是通过优化整个系统而获得的。

换热网络的改造一直是人们研究的热点，已经开发出了非常有效的换热网络改造技术和软件。Asante 和 Zhu（1997）开发的网络夹点法是目前工业上应用最广泛的一种方法。这种方法已经程序化（Zhu 和 Asante，1999），且为大多数提供热集成技术服务的公司所使用。Smith（2005）给出了网络夹点方法的简要概述。

对于只有少数加热器和冷却器的简单工艺，可以采用以下方案。

2.5.3.1　换热器

对于一个换热器，存在如下两个公式：

$$Q = UA\Delta T_m \tag{2.10}$$

$$Q = m_i C_{p,\,i} \Delta T_i \tag{2.11}$$

式中　Q——单位时间内的传热量，W；

　　　U——总传热系数，W/（m^2·K）；

　　　A——传热面积，m^2；

　　　ΔT_m——平均温差，温度推动力，℃；

　　　m_i——流股 i 的质量流率，kg/s；

　　　$C_{p,i}$——流股 i 的比热容，J/（kg·K）；

　　　ΔT_i——对于只有显热的流股 i 的温度变化，℃。

加大流量会增加所需的热负荷，因此需要加大传热系数、面积或有效温差。

用于估算显热传递的传热系数关联式通常与 $Re^{0.8}$ 成正比，其中 Re 是雷诺数，它与流量成正比。因此，除非换热器中工艺流股正在沸腾或冷凝，否则工艺流股侧的传热系数几乎与流量增加成正比。因此，对于加热器和冷却器，如果加大公用工程侧传热系数或公用工程的温度变化能够弥补所需负荷，则可在同一工况条件下利用该换热器。在示例 2.7 中对此做了进一步说明。

改造热交换系统的第一个也是最重要步骤之一是确定系统基准和测算当前的传热系数。如果其大大低于原工艺设计的期望值，则在改造过程中应着重解决结垢、堵塞或其他问题。

有几种用于强化管式换热器性能的专有技术。诸如 hiTRAN®、TURBOTAL® 和 Spirelf® 等插入管件可用于增强湍流和管侧传热系数。低翅片管可以用来加大壳侧有效面积（Wolverine，1984；也可参见 19.14 节）。采用 UOP 高通量或高密度管可以提高沸腾系数和冷凝系数。

板式换热器通常不需要强化传热技术。由于可将更多传热板直接添加到换热器的框架中，因此带垫板的换热器非常容易改造扩容（参见 19.12 节）。焊接板式换热器不适合使用插入件或通过添加传热板进行扩容。

2.5.3.2 加热器和冷却器

换热器所采用的技术同样适用于蒸汽或油加热器和水冷却器。降低冷却水回水温度（增加冷却水流量）或提高导热油温度是装置改造中广泛采用的方法。

加热炉通常难以改造，它需要加热和燃烧专业的参与。如果在加热炉中还有空间，可增加额外的炉管。类似地，如果对流段里存在空间，则它可用于预热以分担部分炉膛的负荷。在某些情况下，采用改进型烧嘴将获得更均匀的加热以及更高的平均管壁热通量，在 19.17 节中将详细地讨论加热炉设计。

空冷器（19.16 节）也很难改造，设计者没有能力规定较低的环境温度。常见空冷器的改造包括：增加额外管排和安装更强大的风扇；在炎热的日子里增加喷水系统来提高冷却能力。

虽然喷水系统是有效的，但随时间的推移会增加空气侧污垢。

示例 2.7

图 2.19 展现了一个简单的热交换系统。在板式换热器中加热进料流股，在进固定床反应器之前在蒸汽加热器中进一步加热。反应器的产物在板式换热器中冷却，然后用冷却水进一步冷却。表中列出了换热器的工艺条件和性能参数。请给出对系统改造以增产 50% 以上的建议方案。

解：

从板式换热器 E101 开始。通过换热器的流量增加 50% 会使换热器压降增大 2.25 倍（1.5^2）。如果这是可以接受的，那么假设传热系数与 $Re^{0.8}$ 呈比例关系：

$$新的传热系数 = 350 \times 1.5^{0.8} = 484 \text{W}/(\text{m}^2 \cdot \text{K})$$

假设反应器在出口温度不变的条件下运行，为基准工况和扩建案例进行热平衡计算。

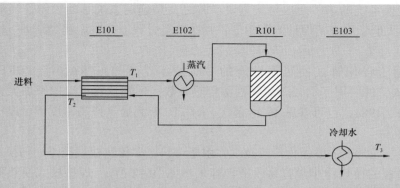

换热器	E101	E102	E103
类型	板式	管壳式	管壳式
负荷，kW	800	400	200
热侧入口温度，℃	140	180	60
热侧出口温度，℃	60	180	40
冷侧入口温度，℃	40	120	25
冷侧出口温度，℃	120	160	35
F 校正因子	1	1	0.92
热侧传热系数，W/ ($m^2 \cdot K$)	700	2000	700
冷侧传热系数，W/ ($m^2 \cdot K$)	700	500	700
总传热系数，W/ ($m^2 \cdot K$)	350	400	350
面积，m^2	114	27.5	31.7
ΔT_{lm}	20	36.4	19.6

图 2.19　示例 2.7 的热交换系统

基准工况：

$$Q_{101} = 800 \times 10^3 = m_f C_{p,f} (120-40) = m_p C_{p,p} (140-60)$$

$$m_f C_{p,f} = m_p C_{p,p} = 10^4$$

其中，下标 f 表示进料，p 表示产品。

扩建案例：

$$Q_{101} = 1.5 m_f C_{p,f} (T_1 - 40) = 1.5 m_p C_{p,p} (140 - T_2)$$

$$T_1 = 180 - T_2$$

$$Q_{101} = UA\Delta T_m = 484 \times 114 \times (140 - T_1)$$

根据上述公式，得到：

$$1.5 \times 10^4 \times (T_1 - 40) = 484 \times 114 \times (140 - T_1)$$

因此

$$T_1 = 118.6\,℃$$

$$T_2 = 61.4\,℃$$

只要高流量引起的压降增大是可接受的，则只少了 1.4℃的换热负荷。

核算扩建案例中的蒸汽加热器 E102：

$$Q_{102}=1.5\times10^4\times(160-118.6)=621kW$$

仅工艺流股（冷）侧的传热系数增大：

$$新的冷侧系数 =500\times1.5^{0.8}=691.6W/(m^2\cdot K)$$
$$新的总传热系数 =(2000^{-1}+691.6^{-1})^{-1}=513W/(m^2\cdot K)$$

用式（19.2）计算得出总传热系数。

若仍要此蒸汽加热器可用，则需要提高蒸汽温度到 T_s。

$$Q_{102}=UA\Delta T_m$$

$$621\times10^3=513\times27.5\times\left[\frac{(T_s-160)-(T_s-118.6)}{\ln\left(\frac{T_s-160}{T_s-118.6}\right)}\right]$$

$$T_s=186.5℃$$

因此，如果加热蒸汽温度可以提升 6.5℃，那么此加热器仍然是可用的。可以通过提高中压蒸汽系统的局部压力来实现，如调整蒸汽压力调节阀的设定值。如果不能调节，且蒸汽加热器的额定压力足够高，可以考虑采用高压蒸汽，而不是中压蒸汽来加热。

核算扩建案例中的水冷却器 E103：

$$Q_{103}=1.5\times10^4\times(61.4-40)=321kW$$

为了满足这个额外的热负荷，需要将冷却水流量乘以一个校正因子 F_{cw}，该因子将冷却水出口温度改为 T_w。

$$Q_{103}=321\times10^3=F_{cw}\times20\times10^3\times(T_w-25)$$

$$321\times10^3=UAF\Delta T_{1m}$$

在扩建案例下，对数平均温度差 T_{1m} 取决于 T_w，总传热系数将会是：

$$\frac{1}{U}=\frac{1}{700\times1.5^{0.8}}+\frac{1}{700\times F_{cw}^{0.8}}$$

这些方程式必须迭代求解。借用电子表格则很容易完成：

$$F_{cw}=1.89$$

$$T_w=33.5℃$$

如果能增大冷却水流量，此换热器还是可用的；然而，如此大的增量，将导致压降上升得非常大。压降与流量平方成正比，因此将增加 3.57 倍（1.89²），是不可能接受的。

还有核算 E103 的另一种方法，如果冷却水流量受到限制，要看出口温度是多少。假设冷却水流量不能增加 20% 以上，压降则上升 44%。如果允许改变冷侧出口温度和热侧出口温度，则可借用同样的电子表格计算得到：

$$T_w = 36.4\,℃$$

$$T_3 = 43.1\,℃$$

因此，在这种情况下设计者须根据下游接收情况考虑是否能够使产品流股过热 3.1℃。

如果这个设计的案例也不妥，设计者将考虑增加一个额外的冷却器。简单的方法是将 E101 出口的热流股分割成两个比率为 2∶1 的物流。大的流量仍被送到 E103，较小流量可被送到 E103 一半大小的与之并联的新冷却器中。这样做不会使 E103 的操作工况偏离当前操作工况太远。

总之，一个增量 50% 的扩建设计案例是：

（1）E101：没有变化，只要校核水力学方面能否承受 2.25 倍系数的压降增加。

（2）E102：提高加热蒸汽温度至 186.5℃，无须进行投资变更。

（3）E103：如果下游能接收，考虑产品流股过热 3.1℃ 的方案。或增加一个新冷却器 E104，其大小为 E103 的一半并与之并联设置，将离开 E101 的出口热流股在 E103 和 E104 之间以 2∶1 的比率分割。

如果 E101 是垫片式板式换热器（参见 19.12.1），设计者也可考虑插入更多的传热板，以增大 E101 的传热面积。可以增加 E101 中的板数，直至达到与基准工况相同的通道流速和压降，然后解决 E102 和 E103 的其他问题，或者增加 E101 中的板数，直到现有 E102 和 E103 能够适用所有其余的加热以及冷却负荷而无须修改。这个设计方案将在习题 2.11 中完成。在 E101 中增加板数比仅做一些温度调整要昂贵，但可能比新增 E104 要便宜，在应对大幅增加的压降时，甚至可能比进行必要的水力学系统改造更便宜。

2.5.4 装置水力学系统的改造

任何增加工厂产量的扩建项目都将对装置水力学性能产生重大影响。由于压降与速度（流量）平方成正比，加大流量 40% 足以使压降倍增。在流程图中设置并联设备还可能需要增加控制阀，以调节所需比率的流量，这也给装置增加了额外的压降。修改工艺所增加的设备也会对水力学系统设计产生影响。

大多数改扩建工程的设计工作都需对装置水力学系统进行核算和重新设计。在改扩建设计案例中，必须反复核算所有的泵、管路和控制阀尺寸。用优化直径的新管道更换旧管道通常没有经济效益，因此设计者通常接受管道和工艺设备中较高的压降，然后相应地去重新设计泵和控制阀。

在第 20 章中将详细讨论泵、压缩机、管道系统和控制阀的设计，下面的章节仅提供一些有关改扩建流程开发的具体指导意见。

2.5.4.1　压缩机

压缩机是工厂中最大、最昂贵的水力学设备。压缩机设计在 20.6 节中有详细的说明。因为更换压缩机的成本很高，有经验的设计者经常在新工艺流程中利用已有的压缩机。

流量与输送压力之间的关系取决于压缩机类型（图 2.20），但如果压缩机在高流量下运行，通常会降低输出压力。大型往复式压缩机是唯一的例外，它通常带有从产品返回到进料的回流设计。

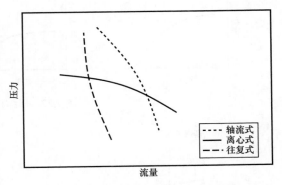

图 2.20　不同种类压缩机的压力—流量曲线

如果回流量足够大，则可在不损失输送压力的情况下通过减少回流来提升流量。

当两个压缩机并联使用时总流量会增加，但所输送压力不能大于任一个压缩机所输送的压力（图 2.21）。当两个压缩机串联使用时压力会递增，但流量不增加（图 2.22）。

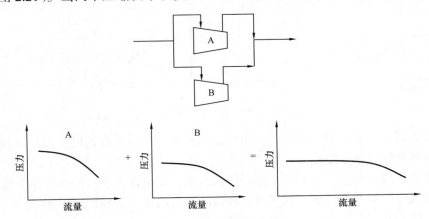

图 2.21　压缩机的并联

在设计改扩建流程时，设计者会提升输送压力以克服装置压力降以及流量的增加。从图 2.21 和图 2.22 中可以看出，在仅增加一个压缩机时要想同时提升输出压力和流量，唯一的方法是减少现有压缩机的流量来提升输出压力，即并联增设第二台机组，如图 2.23 所示。流量的减少程度取决于压缩机类型和当前操作条件，在这种情况下改扩建流程图表示为两台压缩机的并联。从一台 100% 流量运行的机组改为两台 70% 流量并联运行的机组，将使流量总体上增加 40%。

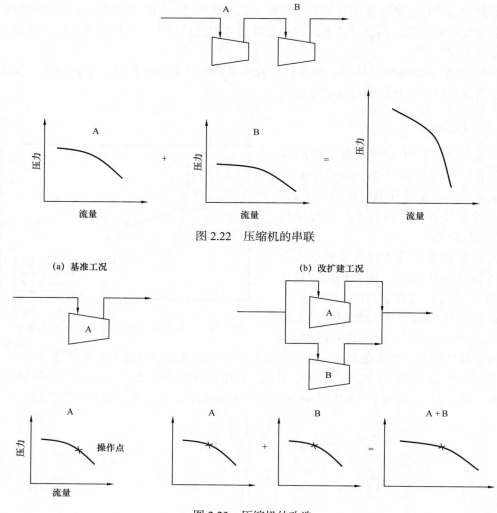

图 2.22 压缩机的串联

图 2.23 压缩机的改造

　　如果仅增设一台新压缩机尚无法获得所需流量和压力，最好是更换现有压缩机，而不要增设串联和并联的新压缩机。

　　如果在改扩建流程中，压缩机不能在原位利用，则应该评估其能否改作他用。空气压缩机和鼓风机经常被重新评估，如果没有合适的工艺用途，可辅助用于加热炉、锅炉、干燥器或工厂仪表空气系统等。

2.5.4.2　泵

　　与压缩机相比，泵相对便宜些，且经常在改扩建中被完全更换。在 20.7 节中将详细讨论泵。

　　最常用的泵是离心泵。离心泵性能类似于图 2.20 中离心压缩机所示的压力—流量特性，图 20.15 给出了典型的泵曲线。相同的泵可以根据叶轮直径和马达转速提供一组不同的性能曲线，因此设计者可以通过现有的泵选择新的叶轮来获得所需的性能。

2.5.4.3　控制阀

所有控制阀必须进行核算，以确认其尺寸是否适合改扩建设计工况，并确定其可控性、调节性和满足不同操作工况的能力。控制阀的设计和尺寸计算在 20.11 节中讨论。

当修改后的流程采用并联设备时，工程师必须确定流股在现有设备和新设备之间的分配比率。一个简单的 T 形接头或分支管通常不会有效，因为即使新旧设备具有相同的通量和设计，它们的结垢程度或压降累加也不相同，且偏流经过某一台设备，会导致两者的性能都变差。期望的 1∶1 分配比率很少能实现，需在工厂投入运行后进行调节平衡。最常用的方法是在通向新设备的分支上设置控制阀。现有设备有较大压降，这样较低压降的新设备就提供了串接控制阀的压降余地。一种成本较低但效果不佳的替代方法是在分支管线上设置手动阀或限流孔板，进行手动调节，直至获得期望的流量比率。

对于间断动作和低流量操作的控制阀，只要其可以承受新的操作流量，有时可在改扩建后的装置中继续使用。如同气体或蒸汽流股管线上的控制阀一样，通常主要设备的流量控制阀也需要更换。修改后的工艺流程图不需要标明哪些现有阀被利用、哪些被替换，但应该标识出所有新增的控制阀。

2.6　新工艺流程的集成

术语"工艺流程集成"和"概念工艺设计"常用于全新的工艺流程开发。如前所述，由于使用未经验证技术会带来较高的财务风险，在商业上很少从头开发完全新的设计。因此，过程集成的主要目的是降低商业化风险，提高经济竞争力，产生足够的经济收益来平衡风险。

过去的 40 年来，工艺流程集成一直是众多学术和工业研究的主题。以前使用启发式的推断来解惑的许多问题现在可以正式提出并优化。使用工艺模拟软件也使得评估和优化替代流程变得更加容易，有关工艺模拟的更多信息请参阅第 4 章。几个在工艺流程集成领域的杰出研究人员已经编著了关于工艺设计的教科书，其中着重强调工艺流程集成。Rudd 等（1973）、Douglas（1988）和 El-Halwagi（2006）发表了几本关于工艺流程集成的优秀著作，以及关于工艺流程集成其他方面的著作，例如蒸馏顺序（Doherty 和 Malone，2001）、质量集成（El-Halwagi，1997）和热集成（Shenoy，1995；Kemp，2007）。虽然这已超出了本书的范围，但涵盖了所有工艺流程集成的内容，本节列出了用于工艺流程搭建的总体框架，该框架解决了在开发和商业化新工艺流程时遇到的关键问题。建议读者阅读上述书籍，以加深对这门学科的领悟。

2.6.1　工艺流程搭建的整体框架

大多数工艺集成的系统化研究都是从设计者要遵循的工作顺序或层级开始的。设计层级识别出一些需在其他设计之前进行的步骤，并应该能引导设计者淘汰没有竞争力的选择，集中精力于最有可能成功的设计。

最直观的设计层级称为洋葱图。图 2.24 显示了 Smith（2005）的洋葱图模型。洋葱图表示一个设计从反应器开始，添加分离和循环系统，再继续添加热回收、公用工程系统和环境系统的设计。Rudd 等（1973）提出了一个理论上更抽象的合成体系，它基本上遵循相同的步骤，但包括一个将反应、混合、分离或状态改变合成到单元过程或操作中的附加步骤。

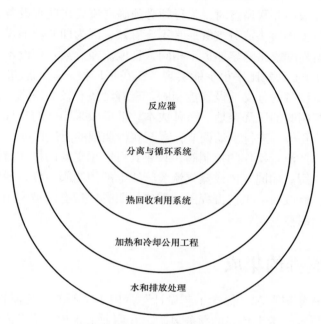

图 2.24　洋葱图（Smith，2005）

　　Douglas（1988）提出了一种稍微不同的方法，见表 2.1。Douglas 强调早期引入工艺经济学以淘汰较差的替代方案，随着经济模型的不断细化，更多细节被添加到流程图中。这是一个可以在早期就发现设计缺陷的有用方法。

表 2.1　工艺集成决策的层级（Douglas，1988）

层级	工艺集成决策
1	间歇与连续
2	流程的进出结构
3	流程的循环结构
4	分离系统的总体结构：蒸气回收系统；液体回收系统
5	换热网络

　　工业工艺开发的实际情况通常比学者所描绘的理想化系统要简单得多。在工业实践中，工艺开发比简单的集成模型更具有跨学科、更迭代性、更简单的线性关系。通常在工艺流程搭建中更应关注的一些步骤涉及化学家、生物学家和其他工程师，包括实验室和中

试装置实验，以确定反应器性能、收率和产品回收率。研究工艺流程搭建的工程师很少有足够的数据来优化设计，这就要求研究团队人员必须收集更多的数据，来满足工艺经济学的要求。许多工业工艺都涉及带有中间分离的多个系列反应步骤，如果缺乏来自早期步骤中副产品性质和产量的准确信息，则可能很难评估后续步骤的性能。因此，研究团队要依据最少的工艺化学信息来形成对工艺流程图及经济性的粗略印象，从而形成研究团队工作的指导思路。

图 2.25 给出了一种工艺流程搭建的方法，可在与研究团队合作的情况下将其应用在流程图的开发中，从而得出产率和反应器性能。Douglas 的层级图和 Smith 的洋葱图构成了这一方法的细化步骤，如下所述。

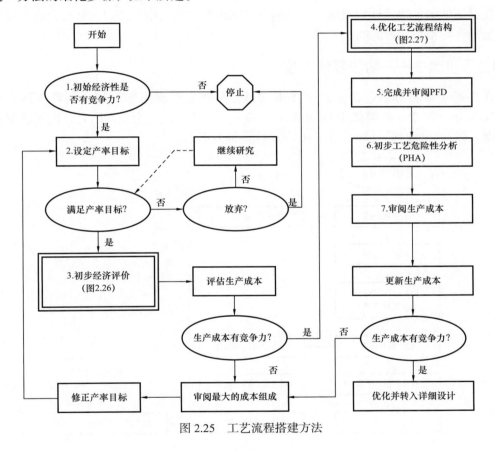

图 2.25　工艺流程搭建方法

2.6.1.1　步骤 1——初始经济性

最先一步应该是收集原料和产品的价格，并确认如果按化学当量产率，生产成本将具有竞争力。如果原料成本高于产品价值，那么就没有希望开发一个具有经济竞争力的工艺流程，除非团队有强有力的数据来证明未来价格会发生变化，否则就应该停止这项工作。这一步在涉及非传统原料时尤为重要，例如研究如何从食物基可再生原料到化学品的转化工艺。

2.6.1.2　步骤2——设定产率目标

研究团队需要制定切合实际的目标，从而形成一个有竞争力的工艺流程。产率目标一词包括副产品选择性、主要产品选择性和转化率。2.6.3介绍了设置和修改产率目标的方法。研究人员通常需要进行工艺开发实验，以优化反应器条件和催化剂、酶或微生物的性能，达到产率目标。

在第一次使用这一方法时，设计者可以取用由化学家或生物学家给出的收率和选择性。当获得了更多的工艺经济性信息后，可以对目标进行修正和改进。

如果没有达到产率目标，公司必须做出战略决定，是继续研究还是放弃研究。研究发现往往是偶然的，很难计划预测。一旦确立了明晰的成功判据，公司通常会允许低层次的研究活动持续很长一段时间。

2.6.1.3　步骤3——初步经济评价

在达到产率目标后，初步经济评价的目标是对生产成本做出初步估算。其步骤如图2.26所示。这个步骤类似于Douglas（1988）的方法，但应当强调的是，由于没有更多细节融入设计，此时的目标不是得到PFD或详细方框图。

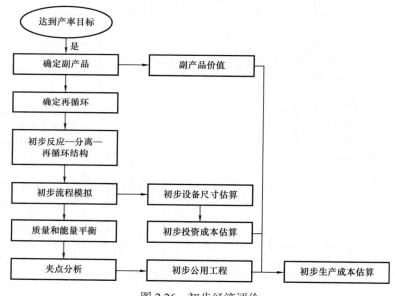

图2.26　初步经济评价

第8章详细讨论了生产成本的构成和各部分的计算方法。对于大多数生产过程，其80%或更多生产成本将是原料成本减去经济上可行的各种副产品收益。剩余的生产成本主要由公用工程成本（主要是能耗）、固定成本（主要是劳力）和年化预期投资回报组成。它们之间的比例取决于生产过程的类型和规模。小规模间歇生产过程的固定成本所占比例较高，而大型石化或固体处理工厂的公用工程成本所占比例较高。在初步经济评价中，设计者要对这些成本的主要组成部分做出快速估算，从而确定这个工艺是否能够使产品价格更具有经济竞争力。

第一步是查看产率并确定重要的副产品。副产品是通过反应、副反应或进料中无关成分所生成的。在生产中必须将副产品提纯后出售、直接送废物处理或再循环，通常对副产品收率和价格进行快速评估便足以确定哪些适用于再回收，副产品再回收的经济评价在8.2.3 中有详细的讨论。

一旦设计者得知哪些副产品是值得回收的，哪些是必须回收的，就可以初步绘制反应—分离—再循环结构。这时并不要求它是最好或优化的工艺流程，设计团队还会提出一些可选方案以确定哪种成本最低。然后，可以建立起工艺流程模拟模型，用以生成质量和能量平衡，并获得主要工艺设备的粗估尺寸。初步的流程模拟还应包括所有循环、反应器和分离设备，并算出所有的温度和压力变化。不需要包括热回收系统的设计，即只要温度发生任何变化时，都应采用加热器和冷却器而不是热交换器。第 4 章讨论了工艺流程模拟商业化软件的应用，建立初步的模型不一定使用商业化流程模拟软件，但通常这样做更方便，这样模型就可以随着流程的进一步细化而优化。

由模拟模型（或手工计算）出来的初始设备尺寸可以用来估算建造工厂的投资成本，投资成本的估算将在第 7 章讨论。投资成本按年计算后，可以将其汇入其他生产成本中，9.7 节介绍了投资成本的年化。在初步的经济评估中，设计者通常按除以 3 来算出年化投资成本，这一经验方法的基准源于 9.7.2 内容。

在没有完成流程模拟和能量平衡的情况下，很难估算能耗和公用工程成本。大多数工艺流程都有通过热回收来降低能耗成本的空间，所以简单地把所有加热和冷却负荷都加起来就会高估成本；相反地，可以通过夹点分析获得热源和冷源的公用工程指标，从而对能耗进行初步估算。第 3 章介绍了夹点分析和其他热回收利用的方法，在这一设计节点上没必要设计热回收系统，因为这些公用工程指标对于初步经济评估已足够了。

如第 8 章所述，主要产品和副产品产量、原料和能耗以及投资成本的初估可用来进行生产成本的估算。如果得出的生产成本很有竞争力，设计团队就会转入下一步工作；如果没有，则可以进行经济分析来研究生产成本的主要组成部分，必须将其减少以使这个工艺流程具有经济意义。在确定了必须解决的成本组成部分之后，设计团队可以研究降低这些成本的替代流程或设置更高的收率指标，然后返回到研究阶段。

2.6.1.4　步骤 4 ——优化工艺结构

如果初步经济评价表明这个工艺有潜在经济竞争力，那么开发一个完整的 PFD 并确保不高估成本是很重要的。完成更严谨设计的步骤如图 2.27 所示，可以看出其遵循与图 2.24 洋葱图大致相同的顺序。

第一步是优化工艺流程的反应—分离—再循环结构，确定最佳条件下的收率。对流程模拟和经济模型进行初步优化，可估算出优选条件；如果最佳条件与最初条件不同，则可能需要补充实验数据。反应器设计必须在有循环流股的情况下进行测试并确认收率，这可能需要建造一个可在循环模式下运行的中试装置，反应器的设计在第 15 章介绍。

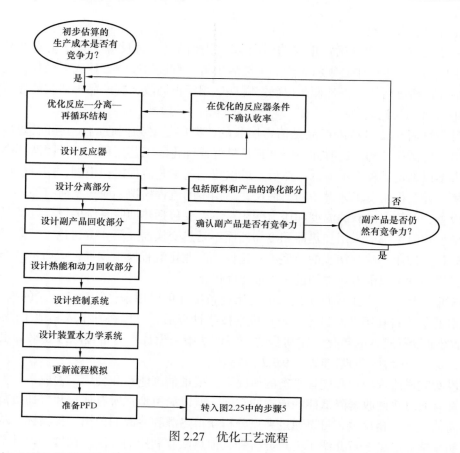

图 2.27 优化工艺流程

分离系统的设计不仅包括与产品回收和再循环有关的分离，还包括进料净化、产品提纯和副产品回收。分离过程的设计将在第 16 章至第 18 章详细介绍。在某些情况下，产品提纯或副产品回收需要额外的反应步骤。例如，在轻烃蒸气裂解产生的乙烯回收中，对副产品乙炔进行加氢处理比精馏分离更容易，如图 2.28 所示。

在对副产品分离和回收部分进行了更详细的设计后，重新评价副产品回收的经济性。如果生产副产品的成本过高，设计者应重新考虑反应—分离—再循环结构或返回到初步经济评价的步骤。

在设计反应和分离步骤时，应尽可能多地采用经过验证的工艺技术。如果某一特定反应、分离、回收或净化技术已经应用在商业实践中，则采用相同的方法成本最低，且对新设计的技术风险也最低。从已有技术中借用经过验证的概念是降低商业风险的最有效策略之一。如果新案例与商业已证明的设计不完全相同时需格外谨慎，设计者应特别注意确保其间细微的差异不会导致潜在的安全性或操作性问题。还必须确保使用的工艺技术概念没有专利侵权，可以自由地使用它们。

一旦确定了主要的工艺设备，设计团队就应该根据各流股所需的温度和压力设计热回收利用系统。工艺热回收在第 3 章中介绍，传热设备在第 19 章中介绍。

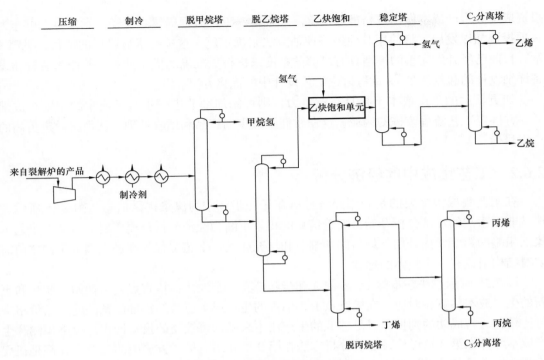

图 2.28　蒸气裂解后续的乙烯回收

　　装置水力学和控制系统设计是相互联系的，工艺流程中的控制阀会有压降，并对泵产生额外的要求。一旦选定了包括热交换器在内的主要设备，就可以草绘一份初步的 PFD，通过逐步添加确定控制阀、泵和压缩机的位置，即可形成一个完整的 PFD。第 5 章讨论了工厂控制系统的设计和控制阀设置，第 20 章介绍了水力学设备的设计，第 18 章介绍了固体处理系统。当所有设备都添入 PFD 后再更新流程模拟计算，以新的质量与能量衡算来完成流程图，然后进行 PFD 评审。

2.6.1.5　步骤 5——PFD 评审

　　工艺流程图评审是流程开发中最重要的步骤之一。无论是改扩建工艺流程或新的单元操作，还是使用新工艺或经过验证的技术，通常在设计过程中都会对 PFD 进行全面评审，这一重要步骤将在 2.7 节中详细讨论。

2.6.1.6　步骤 6——初步过程危险性分析（PHA）

　　完成了 PFD 和质量与能量衡算，可进行初步过程危险性分析（PHA）。过程危险性分析将辨识工艺过程内在的主要危害，表明需要改变的一些工艺条件、需要更换的设备或重新设计工艺流程的某部分。如果初步的 PHA 确定了对 PFD 的主要修改，设计团队应返回到先前的工作程序，并研究更安全的替代方案。第 10 章详细讨论了安全在设计中的作用。

2.6.1.7　步骤 7——修改经济评估

　　设计团队根据完成的 PFD 和质量与能量衡算对工艺设备进行更详尽的设计，从而对投资成本和生产成本做出更精准的估算。如果这一工艺流程仍然具有经济竞争力，可作为一项投资加以发展，将使用其他经济评估方法来确定落实这项技术后可行的项目，见第9章。目前已经开发完善的模型具有足够的精度来进行更准确的优化计算，并作为装置和设备详细设计的起点。第12章将讨论工艺设计中的优化方法。

如更新后的生产成本不再具有竞争力，则可添加细节进一步定义成本的主要组成部分，并确定工艺流程改进的区域。这通常涉及减少副产品和回收处理，从而去设定更高的产率目标。

2.6.2 工艺集成中的经济分析

在工艺集成中重要的是利用经济分析在每一步骤中为决策提供信息。图2.25所示方法从非常粗浅的经济分析开始，随着信息的积累不断为经济分析补充资料。就像一个艺术家从粗略的铅笔素描开始，然后添加细节和填充颜色，工艺工程师在进入细节工作之前需要对结构组成有一个整体的感觉。

图2.25所示方法在步骤1、步骤3和步骤7有三个经济性检查点，与初始、初步和更新的生产成本估算相对应。在检查点上，估算的生产成本应与销售部门预测的产品价格进行比较，通常成功的判据是以足够低的生产成本来确保可接受的投资回报。价格预测和生产成本计算在第8章讨论，经济分析方法在第9章介绍。虽然方法中的三个步骤都是正规检查，但有经验的设计者不会等到检查点才计算工艺成本。一旦得到新的信息，就应确定其对生产成本的影响。一般来说，成本随着设计深度的增加而加大，设计团队希望尽早感知到巨大的成本压力，就可以开始其他的设计考虑。

企业在评估投资项目时，通常使用净现值（NPV）和内部收益率（IRR）等经济分析方法，而不用生产成本；然而，很少有公司在没有完成工艺集成的情况下启动一个投资项目。在流程搭建阶段，生产成本是最有效的经济度量，它很容易分解成原材料成本、副产品价值、能耗等。掌握生产成本的组成部分，可有助于设计团队在没有达到目标生产成本时聚焦在高成本部分。

2.6.3 目标在工艺集成中的应用

工程师将目标作为设定设计性能界限的方法，可以迅速淘汰不具竞争力的方案。目标也可帮助设计者和研究人员将他们的关注集中在最有效地提高经济效益方面。在图2.25至图2.27所示的集成方法中使用了几种不同类型的目标：

（1）将生产成本与销售部门在步骤1、步骤3和步骤7中设定的价格目标相比较。

（2）设计团队为步骤2的研究小组设定产率和选择性目标。

（3）通过夹点分析计算的热冷公用工程目标，用于初步估计过程能耗。

（4）初步经济评价为投资成本和生产成本的组成部分确定了目标，设计团队在优化流程结构和完善PFD时必须予以确认。

目标的基准应该说明清楚，在可能的情况下目标应该从经济判据中计算出来，且应该明确计算中的假设。例如，一个对收率目标不妥的表述为：

"给我找个不会生成副产品X的催化剂。"

一个更好的表达目标方式可能是：

"如果副产品 X 的反应器选择性小于主要产品选择性的 0.5%，就可以取消分离和净化工段，预计可节省 15% 的投资成本和 20% 的能源成本。"

设置目标不能不切实际地过于苛刻，否则永远无法实现，也不会得到重视。初始设置时产率目标可以宽松一些，往往会在初估经济评价阶段发现问题，然后再修改为更实际的目标值。而宽松的生产成本目标是非常危险的，因为它允许设计工作继续推进，导致因经济性的严酷现实而中止项目之前，很多时间和精力都浪费掉了。良好的价格预测和市场分析对于设定生产成本目标至关重要。这些主题将在第 8 章中讨论。

理解一个目标应该被视为硬约束还是软约束非常重要。公司有时将"必须达到"作为硬约束目标、"应该达到"作为软约束目标来表述这个问题。示例 2.8 中探讨了软目标和硬目标。

示例 2.8

营销部门正计划推出一种新产品，并预测其平均价格为 5 美元 /kg，标准偏差分布为 40 美元 /kg。生产该产品所需原料的成本为 3 美元 /kg。提出初步的生产成本和产率目标。

解：

如果预测是准确的，平均产品价格为 5 美元 /kg，如果生产成本（包括投资回收）为 5 美元 /kg，则项目在经济层面上的项目成功概率为 50%。根据预测的标准偏差，可以得到：

生产成本（COP），美元 /kg	成功概率，%
$3.80 = 5 - 3 \times 0.4$	99.9
$4.20 = 5 - 2 \times 0.4$	97.7
$4.60 = 5 - 1 \times 0.4$	84
5.00	50
$5.40 = 5 + 1 \times 0.4$	16

可以发现，即使选择成功概率为 99.9% 的生产成本目标，这一工艺也会通过初估经济评价。

要求成功的概率取决于公司的风险规避政策和进取精神。98% 的成功概率可能过于苛刻保守，这个项目不可能实现目标的概率很大。50% 的成功概率可能会过于宽松激进，会使项目继续推进下去，并可能在很低的财务盈利模式下浪费钱财。作为妥协，管理层为生产成本（COP）设定 4.60 美元 /kg 为"必须达到"的目标，而"应该达到"的目标为 4.40 美元 /kg。注意在设置目标时，并不局限于采用标准偏差的整数倍；例如，对应于 95% 成功概率的价格目标为 4.34（=5-1.65×0.4）美元 /kg，且也很容易看出是"必须达到"的或是"应该达到"的目标。

现在生产成本目标可以转化成初步的产率目标。在 2.6.1 中指出，原料成本通常至少是生产成本的 80%。这个经验方法可以表达为：

$$原料成本目标 = 0.8 × 生产成本目标$$

产率目标显然取决于原料的数量、单个原料的相对成本以及反应和产品回收步骤的数量。从式（2.4）和式（2.6）得知

$$产率 = \frac{生成的产品}{化学当量生成的产品}$$

所以

$$装置产率目标 = \frac{化学当量成本}{原料成本目标}$$

如果生产成本目标是 4.60 美元 /kg，则

$$装置产率目标 = \frac{3}{0.8 × 4.60} = 0.815$$

注意这是工艺过程中所有步骤的总产率目标。如果假设在产品回收和净化的所有步骤中损失了大约 5% 的产品，则

$$来自反应器的装置产率目标 = \frac{0.815}{0.95} = 0.858$$

如果有两个反应步骤，一个原料比另一个反应更昂贵，那么可进一步将产率目标分解为每个步骤的目标：

$$来自反应器的装置产率目标 = Y_1 × Y_2$$

式中 Y_1，Y_2——反应步骤 1 和反应步骤 2 的收率。

可为每一步骤设定相同的目标：

$$Y_1 = Y_2 = \sqrt{0.858} = 0.926$$

或者通过对工艺化学或生物学的理解来定义步骤间的适当分配。

请注意计算的目标是装置产率，而不是反应器收率。如果昂贵的未转化原料可以再循环，装置产率将转化为反应器选择性目标，而不是反应器收率目标（参见 2.3.3）。

还要注意，即使在这个简单示例中，显然非常有利的经济性很快就转化成了对反应器性能相当严格的目标。

2.6.4　工艺集成中经验法则的应用

"经验性的"是一个形容词，意思是"与之有关或基于实验、评估或尝试和试错方法"，几乎概括了大多数工程知识。经验法则或设计经验通常用于描述基于经验而开发的经验方法和设计指南。经验是宝贵的，但很少能立即兑现或廉价购得。如果设计者有足够的经验来判断何时该应用指南，何时该例外处理，那么基于普遍化规律的设计指南是有用的。

人们常常困惑什么是经验法则的构成。请回想大部分已经在本章中提出的以下陈述：

（1）"蒸汽的冷凝热大约是 2000kJ/kg。"

（2）"压降通常与速度的平方成正比。"

（3）"原料成本至少占总生产成本的 80%。"

（4）"投资成本可以除以 3 进行年化。"

（5）"在设计反应和分离步骤时，应尽可能多地采用经过验证的工艺技术。"

陈述 1 是一个实用的近似数据，适用于蒸汽加热过程在 $100\sim240℃$ 温度范围内，涵盖大多数温度并准确到 $\pm10\%$ 的饱和蒸汽。工程师记住这个陈述可能会在手算时节省时间，但它没有提供任何设计指导。

陈述 2 是对几种压降关联性的归纳。它可能对改扩建设计中的快速计算非常有用，但同样不能为设计提供指导。

陈述 3 是一种概括，可作为对生产成本计算的大致核查。在示例 2.8 中把它作为在工艺集成中设置初始目标的基准。然而，在设计中提供指导就未免太笼统了。

陈述 4 是投资成本年化的一种方法。同样有效的是，"投资成本可以按年除以 2"或"……除以 5"，这取决于先前的假设。推导这些数字的基准在 9.7.2 中给出。

陈述 5 显然是一个设计指南，基于一种尽量少用未经验证技术的总体思路。

尽管所有这些陈述都是有用的经验方法，且有助于快速评估设计，但实际上只有陈述 5 提供了对工艺如何设计的指导。对于一个工程师，记住大致的数据和归纳是非常有用的，且已经有了一些这样的经验方法汇编（Chopey，1984；Fisher，1991；Branan，2005），但这些只对在会议中进行工艺设计的速算有帮助。

一些设计文件提供了大量的经验方法和选择指南。因为在断章取义的情况下经验法则没有意义，所以本章并不采用。例如，一份设计文本给出了容器设计规则：最佳长径比 =3，即使对卧式和立式闪蒸罐（见 16.3 节）而言，这也是有问题的，但如果将其错误地用于反应器和蒸馏塔设计，显然是无稽之谈。缺乏经验的工程师往往难以确定何时应用这种经验法则，因此本章将在相关设计主题下介绍和解释所有的快捷计算、实用的近似和设计指南。

最重要的经验法则是：

"永远不要使用经验法则，除非你清楚它的来源出处，又是如何归纳出来的。"

2.6.5 工艺集成中优化的作用

在工艺集成中采用最优化方法来选择最佳的工艺流程、工艺条件和设备尺寸。设计者在选择设计方案之前，必须确认已对其进行了优化。优化主导着所有的设计决策，本课题将在第 12 章中详细介绍。

在工艺集成中应用优化方法时经常遇到的问题是，没有足够的数据恰当地描述一个优化问题。例如，最好能尽早优化反应器性能，但研究小组可能尚未在存在循环流股的情况下或在接近最佳反应器条件下收集数据。在这种情况下，设计者必须依据有用的数据来优化设计，然后在收集更多的数据和更新反应动力学模型之后再进行优化。

大多数工艺流程过于复杂，无法形成包含所有可能的工艺结构变化以及连续过程变量的单一优化问题。相反，工艺流程搭建的不同方面通常被视为单独的优化任务。但重要的是要有一个全面的优化模型来进行主要设计的权衡取舍。在初步经济评估中开发的生产成本模型可以作为优化的初始模型。12.5 节中将讨论子问题的优化。

2.7 工艺流程图（PFD）评审

开发工艺流程最重要的步骤是对 PFD 进行严格审查。无论是针对已有设计、改扩建或新发明的工艺流程都是如此。PFD 评审的目的是审阅设计决策和假设条件，确保流程完整，并标示出实际操作流程中所需的所有设备。

通常由设计团队和一些外部专家参加 PFD 评审。可能包括：

（1）高级经理人员。

（2）工艺设计方面的技术专家。

（3）工艺化学、催化或生物学方面的技术专家。

（4）设备或工厂设计专家。

（5）工艺安全专家。

（6）材料专家。

（7）工厂操作人员。

（8）工厂机械工程师。

（9）工艺控制工程师。

有些公司制定了规则和程序，并列出必须出席 PFD 审查会的人员，只要与设计团队积极地交流、讨论，少量的人员就能有效地完成评审。

2.7.1 PFD 评审方法

通常以小组讨论方式进行 PFD 评审。打印出的 PFD 通常是用胶带粘或钉在墙上，这样在进行评审时团队就可以标记出修正、注释和其他修改。通常 PFD 有足够的图纸留白，并绘制在几幅图纸上。小组的一名成员负责记录和见证所商定的任何决定或提出的关注事项。如果 PFD 上没有展现热量和物料平衡以及流股数据，通常会向评审人员提供相应的打印文件。

对于复杂的工艺，PFD 评审可以从工艺简述和方框图开始，为评审人员提供背景资料。在某些情况下设计基础的假设也应在开始时进行审查。

PFD 评审的主要部分是工艺工程师对流程的"演练"。从一个进料流股开始，设计者沿着其从储罐到流经所有单元操作的过程。对每个单元操作设计者将解释其目的、设计依据和出口流股的条件。例如，图 2.29 所示的原料部分将描述如下：

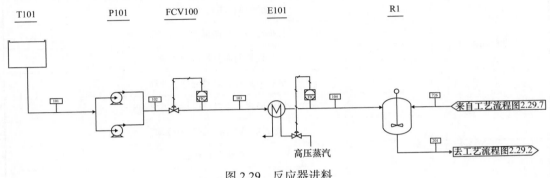

图 2.29　反应器进料

工业级纯度 99% 的原料 A，在环境条件下通过 101 线离开浮顶储罐 T101。用于加热器设计的环境温度是冬天低温 −5℃，用于泵设计的环境温度是夏季高温 30℃。流股 101 由离心泵 101 提压到 10bar，形成流股 102。如图所示，泵 101 有一个备用泵。原料 A 的流量由控制阀 FCV100 调节，设计压降 1.3bar。流股 103 从 FCV100 出口至蒸汽加热器 E101。加热器 E101 的作用是加热原料到反应温度 180℃，以 240℃高压蒸汽作为热源。蒸汽流量由温度控制器 TC101 调节，TC101 接收的输入信号来自 E101 出口工艺流股 104 上的温度指示器。在 E101 中，由于工艺流股是清洁无垢的且蒸汽处于高压状态，因此蒸汽被放置在管侧，这样设计可以达到最低的成本。分配给 E101 的允许压降为 0.7bar。离开 E101 的流股 104 达到所需反应的进料温度 180℃和反应压力 8bar，并进入反应器 R1。

对于设计者提交的 PFD，评审小组提出问题，质疑有关设计的假设并确认潜在的缺失设备。在前面的示例中，可能存在一些相关问题：

（1）原料在 FCV100 之前，是否有必要设置过滤器以除去积蓄在储罐中或随原料带入的杂质？

（2）为什么从环境温度开始加热一直要用高压蒸汽？至少工艺热回收可用于部分加热过程。

（3）为什么不先使用低压蒸汽加热到 110℃，再用高压蒸汽加热到最终温度？

（4）FCV100 是一个单独的控制回路吗？它不应该与其他反应器进料量成比例吗？

（5）设计团队是否考虑为降低能耗而采用变频泵来调节流量，而不是泵和控制阀。

（6）作为反应条件，选择 180℃和 8bar 的依据是什么？

（7）进料是否需要在反应条件下进入反应器？更冷或更热的进料会降低反应器的冷却或加热负荷吗？

表 2.2 中列出了一些典型的 PFD 评审问题。

表 2.2 PFD 评审中的问题示例

工艺过程	问题
进料准备	如何输送（每种）原料
	如何储存（每种）原料
	每种原料需要多少库存
	如何将原料从储罐输送到工段
	如何控制原料供应的流量
	进料前是否有必要进行预处理
	对于固体原料，原料粒径是否需要调整
	送料前是否需要加热或冷却
反应	反应物质是什么
	发生什么副反应
	反应条件是什么，为什么选择它们
	反应条件如何维持或控制
	如何控制反应器中的固体、液体或蒸气量
	反应器的设计条件（如停留时间、接触面积）
	粗估的反应器收率和选择性是多少
	选择什么反应器类型，为什么
	使用催化剂吗？催化剂是稳定的，还是需要周期性再生的
	是否需要加热或撤热
	是否有需要考虑的安全问题
	（关于反应器设计的更多信息在第 15 章中列出，可能会引发更多问题）
回收产品	每次分离的目的是什么
	工艺条件（温度、压力等）
	设备规格（回收、纯度等）有哪些
	为什么选择了特定的分离方法
	是否需要撤热或加热
	能否通过工艺流体间的换热来完成加热或撤热
	在每个操作中如何控制蒸汽、液体或固体量
	如何控制操作以达到所需的规格
	是否有需要考虑的安全问题

工艺过程	问题
提纯	最终产品的规格是什么
	副产品的规格是什么
	排放到环境中的废物标准是什么
	再返回到流程中的循环流股规格是什么
	送去处理的废物流股标准是什么
	离开过程的流股如何达到最终纯度要求
	如何控制过程以确保达到纯度要求

如果评审问题导致对工艺流程图的修改，是显而易见的且得到所有评审者的同意，那么这些问题就会被标记为修改。如果在决定修改之前需要进一步分析，就将其作为团队的后续活动记录下来。

对 PFD 中每个流股的审查都遵循相同的程序。由于经常需要从一幅图或一段流程图跳转到另一段然后再返回，因此在完成修改时用荧光笔做标记，就不会遗漏任何流股，这是一个好习惯。

必须花费足够的时间来完成 PFD 评审，并使所有评审人员满意。所需时间取决于设计的复杂性和新颖性，以及评审人员对工艺技术的熟悉程度。对于复杂的设计，可能需要几天时间才能完成全部的 PFD 评审。

2.7.2 PFD 评审文件和结论

在 PFD 评审中所做的注释记录，通常包括一长串需要设计团队跟进解决的清单。最好在设计文件中包含这些注释及如何解决问题和关注的说明。在 PFD 审查会议之后应立即向与会者分发这些说明文件，以确保所有问题都得到正确的及时响应。

如果 PFD 的审查表明有必要对工艺流程进行实质性修改，那么在设计团队完成 PFD 的修改后，小组应该重新召开审查会议。在工艺集成项目中可能需要进行几轮 PFD 评审。

2.8 工艺流程图开发的总体步骤

图 2.30 展现了选择和开发流程图的总体策略。图 2.30 中的图表通常会导致选择一个经过商业验证的工艺技术，或在已有工艺技术基础上对其进行修改。这反映了一个商业现实：很少有企业家愿意使用未经证实的技术并冒险投入大笔资金（以及他们的职业和声誉），除非其经济回报非常好且没有更好的替代方案可供选择。虽然工艺集成是一种很有趣的创新活动，但在工艺设计的工业实践中，通常更注重于提供能够可靠且迅速获利来产生投资回报的设计。成功的公司通常善于把员工的创造力集中在能够提供竞争优势的关键领域，而不把每个项目都变成一个敞口的研究问题。

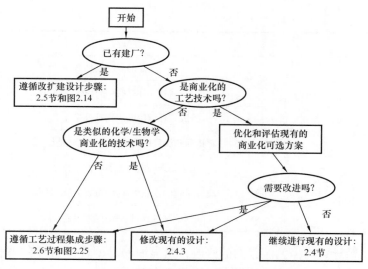

图 2.30　流程图开发的总体程序

参 考 文 献

Asante, N. D. K., & Zhu, X. X.（1997）. An automated and interactive approach for heat exchanger network retrofit. Chem. Eng. Res. Des., 75（A3）, 349.

Auger, C. P.（Eds.）.（1992）. Information sources in patents. Bower–Saur.

Austin, G. T., & Basta, N.（1998）. Shreve's chemical process industries handbook. McGraw–Hill.

Branan, C. R.（2005）. Rules of thumb for chemical engineers. Gulf.

Briggs, M., Buck, S., & Smith, M.（1997）. Decommissioning, mothballing and revamping. Butterworth–Heinemann.

Chopey, N. P.（Eds.）.（1984）. Handbook of chemical engineering calculations. McGraw–Hill.

Comyns, A. E.（1993）. Dictionary of named chemical processes. Oxford University Press.

Doherty, M. F., & Malone, M. F.（2001）. Conceptual design of distillation columns. McGraw–Hill.

Douglas, J. M.（1988）. Conceptual design of chemical processes. McGraw–Hill.

El–Halwagi, M. M.（1997）. Pollution prevention through process integration : Systematic design tools. Academic Press.

El–Halwagi, M. M.（2006）. Process integration. Academic Press.

Fisher, D. J.（1991）. Rules of thumb for engineers and scientists. Gulf.

Fogler, H. S.（2005）. Elements of chemical reaction engineering（3rd ed.）. Prentice Hall.

Froment, G. F., & Bischoff, K. B.（1990）. Chemical reactor analysis and design（2nd ed.）. Wiley.

Gordon, T. T., & Cookfair, A. S.（2000）. Patent fundamentals for scientists and engineers.

CRC Press.

Grayson, M. (Ed.). (1989). Kirk-othmer concise encyclopedia of chemical technology. Wiley.

Kemp, I. C. (2007). Pinch analysis and process integration (2nd ed.). A User Guide on Process Integration for Efficient Use of Energy. Butterworth-Heinemann.

Kirk, R. E., & Othmer, D. F. (Eds.). (2001). Encyclopedia of chemical technology (4th ed.). Wiley.

Kirk, R. E., & Othmer, D. F. (Eds.). (2003). Encyclopedia of chemical technology : concise edition. Wiley.

Kohl, A. L., & Nielsen, R. B. (1997). Gas purification (5th ed.). Gulf Publishing.

Levenspiel, O. (1998). Chemical reaction engineering (3rd ed.). Wiley.

McKetta, J. J. (Eds.). (2001). Encyclopedia of chemical processes and design. Marcel Dekker.

Meyers, R. A. (2003). Handbook of petroleum refining processes (3rd ed.). McGraw-Hill.

Miller, S. A. (1969). Ethylene and its industrial derivatives. Benn.

Montgomery, D. C. (2001). Design and analysis of experiments (5th ed.). Wiley.

Rudd, D. F., Powers, G. J., & Siirola, J. J. (1973). Process synthesis. Prentice Hall.

Shenoy, U. V. (1995). Heat exchanger network synthesis : Process optimization by energy and resource analysis. Gulf.

Smith, R. (2005). Chemical process design and integration. Wiley.

Ullmann. (2002). Ullmann's encyclopaedia of industrial chemistry (5th ed.). Wiley VCH.

Wolverine. (1984). Wolverine tube heat transfer data book-low fin tubes. Wolverine Inc.

Zhu, X. X., & Asante, N. D. K. (1999). Diagnosis and optimization approach for heat exchanger network retrofit. AIChE J., 45 (7), 1488.

BS 1553-1. (1977). Specification for graphical symbols for general engineering. part 1 : piping systems and plant. British Standards Institute.

ISO 10628. (1997). Flow diagrams for process plants-general rules (1st ed.). International Organization for Standardization.

Biegler, L. T., Grossman, I. E., & Westerberg, A. W. (1997). Systematic methods of chemical process design. Prentice Hall.

Douglas, J. M. (1988). Conceptual design of chemical processes. McGraw-Hill.

Rudd, D. F., & Watson, C. C. (1968). Strategy of process design. Wiley.

Rudd, D. F., Powers, G. J., & Siirola, J. J. (1973). Process synthesis. Prentice Hall.

Seider, W. D., Seader, J. D., Lewin, D. R., & Widagdo, S. (2009). Product and process design principles (3rd ed.). Wiley.

Smith, R. (2005). Chemical process design and integration. Wiley.

Turton, R., Bailie, R. C., Whiting, W. B., & Shaeiwitz, J. A. (2003). Analysis, synthesis and design of chemical processes (2nd ed.). Prentice Hall.

习　题

2.1 苯甲醛与乙醛经催化缩合反应生成肉桂醛（芳香化合物）。在反应器中进料与氢氧化钠搅拌接触，用水中和产品并洗涤去除盐分。洗涤后的产品采用间歇蒸馏分离，先回收未反应的进料，然后再回收产品，剩下的聚合物废料作为残渣，间歇蒸馏的产品可以通过减压蒸馏进一步提纯。绘制一个工艺流程方框图。

2.2 由苯与丙烯在沸石催化剂上进行烷基化反应生成异丙烯。为了最大限度地提高对期望产品的选择性，同一反应器内设置了几层催化剂。进料和循环苯的混合物进入反应器顶部，按比率分割进料中的丙烯，部分丙烯被送进每个催化剂床。使用大量过量的苯，减少丙烯自聚使其完全反应。反应器产品冷却后，被送往稳定塔除去轻烃化合物。从塔釜被送到苯塔，在苯塔顶部回收苯，并循环到烷基化和烷基转移反应器。对苯塔釜液精馏得到异丙烯产品和重组分流股。在重塔中进一步精馏重组分，塔顶馏出二丙基苯和三丙基苯的混合物及塔底釜液是重组分废物。重塔顶的馏分被送到一个烷基转移反应器中，并与过量的苯发生反应，烷基转移反应器的产物返回到苯塔。绘制一个工艺流程方框图。

2.3 环孢霉素 A 是通过采用柱孢霉菌或膨大弯颈霉为原料经发酵制成的。发酵在间歇反应器中进行，在反应器中充入进料培养基，接种菌丝并充气 13 天。经研磨的反应产物用 90% 的甲醇进行萃取，甲醇被蒸发出来形成水溶液，继而用氯乙烯萃取。将有机溶液蒸发至干燥，然后在甲醇中在氧化铝或硅胶上通过色谱法提纯产品。绘制一个工艺流程方框图。

2.4 煤气化气体组成的体积分数为：二氧化碳 4%，一氧化碳 16%，氢 50%，甲烷 15%，乙烷 3%，苯 2%，其余为氮。如果煤气在加热炉中燃烧，空气过剩 20%，计算：

（1）每 100kmol 气体所需空气量。

（2）每 100kmol 气体产生的烟气量。

（3）烟道气体的干基组成。

假设加热炉中发生完全燃烧反应。

2.5 汽油稳定塔的尾气被送入蒸汽转化炉制氢。尾气的摩尔分数为：甲烷 77.5%，乙烷 9.5%，丙烷 8.5%，丁烷 4.5%。气体进入转化炉的压力为 2bar，温度为 35℃，进料流量为 2000m³/h。

转化炉中的反应是：

$$C_2H_{2n+2} + nH_2O \longrightarrow nCO + (2n+1)H_2 \tag{1}$$

$$CO + H_2O \longrightarrow CO_2 + H_2 \tag{2}$$

反应（1）中 C_2H_{2n+2} 的摩尔转化率为 96%，反应（2）中 CO 的摩尔转化率为 92%。计算：

（1）尾气的平均分子量。

（2）进转化炉的气体质量，kg/h。

（3）氢气产品的质量，kg/h。

2.6 氯丙烯水解可以产生丙烯醇。丙烯醇为主要产物，副产物是二烯丙基醚，以 mol 为单位，氯丙烯的转化率为 97%，对醇的选择性为 90%。假设没有其他显著的副反应，计算进入反应器每 1000kg 氯丙烯产生的醇和醚的质量。

2.7　由硝基苯加氢生成苯胺。产生了少量的环己胺副产物。反应是：

$$C_6H_5NO_2 + 3H_2 \longrightarrow C_6H_5NH_2 + 2H_2O$$

$$C_6H_5NO_2 + 6H_2 \longrightarrow C_6H_{11}NH_2 + 2H_2O$$

硝基苯以蒸气形式进入反应器，氢气量是它 3 倍的化学当量。硝基苯对所有产品的转化率为 96%，苯胺的选择性为 95%。

未反应的氢从反应器产品中分离出来，循环到反应器中。从循环流股中进行弛放，以使循环流股中的惰气维持在 5% 以下。新鲜的氢原料纯度为 99.5%，其余为惰性组分。所有的百分比都是摩尔分数。

硝基苯进料量为 100kmol/h，计算：

（1）新鲜的氢进料量。

（2）所需弛放气量。

（3）反应器出口流股组成。

2.8　甘油醚 [愈创木酚甘油醚，3-（2- 甲氧基苯氧基）-1，2- 丙二醇，$C_{10}H_{14}O_4$] 是咳嗽药物中的一种祛痰剂，诸如 Actifed^{TM} 和 Robitussin^{TM}。美国专利 4390732（Degussa）描述的从愈创木酚（2- 甲氧基苯酚，$C_7H_8O_2$）和缩水甘油（3- 羟基丙烯氧化物，$C_3H_6O_2$）中制备出活性药物成分（API）。当氢氧化钠催化反应时，反应收率为 93.8%。该产品在薄膜蒸发器中提纯，装置的总体产率为 87%。

（1）估算生产 100kg/d API 原料药所需甘油和愈创木酚的进料流量。

（2）估计在薄膜蒸发器中损失了多少产品。

（3）如何回收在蒸发器中损失的产品？

2.9　11-［N- 乙氧羰基 -4- 亚哌啶基］-8- 氯 -6，11- 二氢 -5H- 二苯并 -［5，6］-环庚酮［1，2-b］- 吡啶（$C_{22}H_{23}ClN_2O_2$）是一个抗组胺药物，称为氯雷他定，商标为 Claritin^{TM}。美国专利 4282233（Schering）中报告了活性药物成分（API）的制备。该专利描述了 16.2g 的 11-［N- 甲基 -4- 吡啶 -8- 氯 -6，11- 二氢 -5H- 二苯并 -［5，6］- 环庚酮 -［1，2-b］- 吡啶（$C_{20}H_{21}ClN_2$）在 200mL 苯中与 10.9g 的氯甲酸乙酯（$C_3H_5ClO_2$）反应 18h。混合物冷却后再倾入冰水中，然后分离成水相和有机相。用水清洗有机相，蒸发至干燥。捣碎残渣与石油醚研磨成细粉，用异丙醚作溶剂重结晶。

（1）反应的副产物是什么？

（2）考虑到原料成本，可以预料反应是在最大限度地提高选择性和转化率的条件下进行的（在低温下长时间进行）。如果转化率为 99.9%，所需要的乙氧羰基取代物的选择性为 100%，那么反应结束时还剩下多少过量的氯甲酸乙酯？

（3）氯甲酸乙酯进料中有多少被浪费掉了？

（4）假设在急冷、洗涤和再结晶过程中使用的水和异丙醚的体积与初始溶剂的体积相同，且这些物质在工艺流程中没有一种被重复使用，估算 1kg API 原料药产生的废料总质量。

（5）如果原料药在洗涤和再结晶过程中的回收率（装置产率）为92%，则估算生产一批次 10kg API 原料药所需 11-［N-甲基 -4-亚哌啶基］-8-氯 -6,11-二氢 -5H-二苯并 -［5，6］-环庚酮［1，2-b］-吡啶和氯甲酸乙酯的进料流量。

（6）在 3.8m³（1000US gal）的反应器中，每批次可以产生多少 API？

（7）在同一容器中进行其他工序操作的优点和缺点是什么？

（8）绘制一个工艺流程方框图。

2.10　描述用于制造下列化合物的主要商业化工艺技术，包括方框流程图。

（1）磷酸。

（2）己二酸。

（3）聚对苯二甲酸乙二醇酯（PET）。

（4）胰岛素。

（5）山梨（糖）醇。

2.11　示例 2.7 介绍了一个换热系统扩建问题。如果图 2.19 中的板式换热器 E101 为垫片式换热器，则可通过添加换热板来加大板式换热器传热面积。需要向 E101 加大多少额外的面积，才能使系统在不改变蒸汽温度或冷却水入口温度、不修改换热器 E102 和 E103 温度的情况下，以高于基本工况 50% 的流量操作运行。

2.12　苯乙烯是由乙苯脱氢而成，乙苯是苯与乙烯烷基化而成。如果苯乙烯每吨的预期价格为 800 美元、乙烯 800 美元和苯 500 美元，推荐烷基化和脱氢步骤的产率目标。

注：习题 2.3、习题 2.8、习题 2.9 中化合物的结构可以在 Merck 索引中找到，它不是求解习题的要点。

公用工程和节能设计

3.1 概述

很少有化学过程是完全处在环境温度下进行的。大多数工艺流程需要对工艺物流进行加热或冷却，以达到所需操作温度，加入或撤除反应、混合或吸附等过程中的热效应，对进料流股进行无菌处理，或蒸发或冷凝。加热或冷却气相和液相流股是通过与另一流体的间接换热来实现的：工艺流股或公用工程流股，如蒸汽、导热油、冷却水或制冷剂。流体的热交换设备设计将在第 19 章中进行讨论。通常采用直接传热方式进行固体的加热和冷却，如第 18 章所述。本章首先讨论用于加热、冷却和向过程提供其他需求（如电力、水和空气）的不同公用工程。

在许多工艺过程中，能源消耗是一项重要的成本。通过从热的工艺流股中回收余热和利用废物的燃烧价值，可降低能源成本。3.4 节讨论了如何评估作为工艺热源的废物燃烧。3.3 节介绍了其他热回收方法。

当要求过程的经济性有竞争力时，加热和冷却过程需通过工艺流股之间热量的回收利用来完成。在工艺流程中有许多冷热物流，用于热回收的热交换器网络设计是一项复杂的工作。3.5 节中介绍的夹点分析是简化这项工作的一种系统方法。

由于工艺操作的顺序特性，使间歇和循环过程中有效利用能源变得更加复杂。3.6 节讨论了间歇和循环过程节能设计的方法。

3.2 公用工程

公用工程是指在任何生产过程操作中所需要的辅助服务。这些服务通常由工厂设施统一提供，包括电力、加热炉燃料、用于加热过程的流体（蒸汽、导热油或特殊的传热流体）、用于冷却过程的流体（冷却水、冷冻水、制冷系统）、工艺水（一般用途的水、除盐水）、压缩空气、惰气供应（氮气）。

大多数工厂位于由工厂基础设施提供公用工程的地方。公用工程收费价格主要是由生产和输送公用工程的运营成本决定。一些公司还在公用工程成本中包含投资回收费用，但如果这样做，那么界区外（OSBL）的项目投资成本必须降低，以避免重复计算能源成本的收益，从而导致资金紧张。

一些小工厂从相邻供应商（如较大的工厂或公用工程公司）购买公用工程。在这种情况下，公用工程价格是由合同约定的，通常与天然气、燃料油或电力价格挂钩。

如3.5.6所述，如果没有完成物料、能量衡算并进行夹点分析，就无法准确估算工艺过程的公用工程消耗。夹点分析给出了过程中热量的回收利用目标，从而满足了冷热公用工程的最低需求。更详细的优化将这些目标转化为期望的明火加热、蒸汽、电力、冷却水和制冷需求。除了加热和冷却所需的公用工程，可能还需要用于洗涤、汽提和仪表空气等场合的工艺用水和空气。Smith（2005）和Kemp（2007）对公用工程系统的设计和优化方法进行了全面的介绍。

3.2.1 电力

工艺过程的电力需求主要涉及泵、压缩、空气冷却和固体处理等范畴，还包括仪表、照明及其他小用户所需电力。所需电力可由工厂电站产生，但更多情况下是从当地供电公司购买。一些工厂采用带热回收蒸汽发生器（余热锅炉）的燃气轮机热电联产装置来发电（图3.1）。这类系统的总热效率可以在70%～80%之间；与之相比的30%～40%热效率的传统发电站，其排汽中的热量在冷凝器中被浪费掉。热电厂的规模可以满足或超过工厂的电力需求，它取决于输出电力是否具有竞争性。这种"自备或外购"方案使得化学品生产商在电力合同谈判时占据优势，而且通常能够以或接近批发价购买电力。批发电价因地区而异（详见www.eia.gov网站），在撰写本书时北美的批发电价通常为0.06美元/（kW·h）左右。

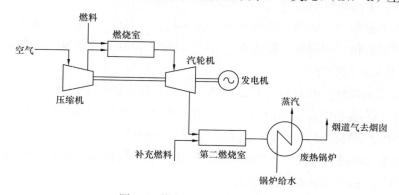

图3.1 燃气轮机热电联产装置

供应或产生的电压将取决于用户需求。在美国通常以 135kV、220kV、550kV 或 750kV 电压远距离输电。地区变电站的中压输电降低到 35～69kV，然后再降低到 4～15kV 的本地配电线路。厂里的变压器将其降低到工厂使用的电源电压。大多数电动机和其他工艺设备使用 208V 的三相电源，而 120/240V 单相电源用于办公室、实验室和控制室。

在任何地方，都值得考虑采用汽轮机代替电动机来驱动大型压缩机和泵，并利用汽轮机为附近的工艺过程加热。

大型化工厂的加热很少用电，尽管它经常用于处理不易燃物料的小型间歇过程，如生物制药。大型工艺过程采用电加热的主要缺点是：

（1）鉴于发电的热力学效率，由电力产生的热量通常比燃料产生的热量贵 2～3 倍。

（2）电加热需要非常高的功率，将大大增加工厂的电力基础设施成本。

（3）电热设备价格昂贵，维护费用高，在可能存在易燃材料的区域使用时必须遵守严格的安全规范。

（4）电加热器本质上不如蒸汽系统安全。蒸汽加热器所能达到的最高温度是蒸汽的温度。而电加热器的最高温度取决于温度控制器（可能出现故障）或烧毁的加热元件。因此，电加热器很有可能会过热操作。

电加热用在小型间歇或循环过程中更占优势，特别是当加热成本仅占整个工艺过程成本的一小部分，且加热时要求快启快关。

Silverman（1964）详细说明了在设计化工厂的配电系统时需要考虑的因素以及所使用的设备（变压器、开关柜和电缆）。在危险（分类）场所使用的电气设备要求见 10.3.5 所述的国家电气规范（NFPA 70）。

3.2.2　明火加热

使用高压蒸汽所能达到的最高加热温度大约为 250℃（482°F），在此温度之上的加热过程可以使用加热炉。如 3.2.4 所述，工艺物流可以直接在炉管中被加热，或间接地使用导热油回路或传热流体。在 19.17 节介绍了加热炉设计。明火加热的成本可依据燃烧燃料的价格来计算。大多数工艺加热炉以天然气作为燃料，因为它比燃油燃烧更清洁，更易安装 NO_x 控制系统和获得使用许可。对使用天然气的烧嘴和燃料管线需要的维护少，通常天然气烧嘴可以混烧工艺废气，如氢、轻烃或饱和有机物的空气。

作为可交易商品的天然气和导热油价格可以在任何在线交易网站或商业新闻网站（如 www.cnn.money.com 网站）上找到。预测用的历年价格可以在《Oil and Gas Journal》或美国能源信息署（www.eia.gov）网站上找到。

加热炉消耗的燃料可用加热炉负荷除以炉子热效率来估算。如果同时采用辐射段和对流段，炉子热效率一般在 0.85 左右（参见第 19 章），如果加热过程只有辐射段，热效率大约为 0.6。

示例 3.1

　　使用天然气作燃料的加热炉为工艺物流加热，估算其年度成本，如果工艺热负荷为 4MW，而天然气价格为 3.20 美元 /10^6Btu。

　　解：

　　假设加热炉同时采用辐射段和对流段，取加热炉的热效率为 0.85，则

　　　　所需燃料 = 热负荷 / 加热炉热效率 =4MW/0.85=4.71MW

　　由于 1Btu/h=0.29307W，则 4.71MW/0.29307W=16.07×10^6Btu/h

　　假设每年运行时间为 8000h，则总的年度燃料消耗为：

　　　　每年所需燃料量 =$16.07 \times 8000=128.6 \times 10^3 \times 10^6$Btu

　　　　每年的明火加热成本 =$128.6 \times 10^3 \times 3.20=411400$ 美元

　　注意如果只在辐射段进行所有加热过程，那么所需燃料是 4MW/0.6=6.67MW，年度的明火加热成本将上升至 582600 美元，除非在加热炉对流段中设置盘管来加热其他工艺物料。

3.2.3　蒸汽

　　蒸汽是大多数化工厂中使用得最广泛的热源。蒸汽作为一种常用的公用工程有许多优点：

　　（1）蒸汽的冷凝热很大，与其他公用工程相比，在恒定温度下每磅蒸汽可释放出很大的热量，而在较宽温度范围内导热油和烟道气只释放出显热。

　　（2）可通过控制蒸汽的压力精确控制释放热量的温度。严格的温度控制在很多工艺过程中都很重要。

　　（3）蒸汽冷凝的传热系数非常高，制造换热器更便宜。

　　（4）蒸汽是无毒不易燃的，即使泄漏也可从外部察觉到，对许多（但不是所有）工艺物流是惰性不起反应的。

　　大多数工厂设有蒸汽管网，提供三种或三种以上的压力等级为不同的加热过程提供蒸汽。一个典型的蒸汽系统如图 3.2 所示。高压锅炉给水经过预热送至锅炉产生高压蒸汽，考虑到管道中的热损失通常将蒸汽过热到露点以上。锅炉给水的预热可利用工艺余热或锅炉的对流段来加热。高压蒸汽通常在 40bar 左右，相对应的冷凝温度是 250℃，但每个工厂都是不同的。有些高压蒸汽用于高温下的加热过程。高压蒸汽的其余部分可以通过减压阀或背压汽轮机减压膨胀为中压蒸汽。不同工厂的中压蒸汽压力等级变化很大，但通常大约为 20bar，对应的冷凝温度为 212℃。中压蒸汽用于中间温度的加热过程或减压成低压蒸汽，低压蒸汽通常大约为 3bar，在 134℃冷凝。如果需要低温加热，部分低压蒸汽可用于工艺加热。低压（或中压或高压）蒸汽也可在凝汽式汽轮机中减压膨胀，为工艺过程驱

动做功或发电。用少量低压蒸汽可用于去除溶解在冷凝液里的空气等不凝气并补充新鲜水。低压蒸汽在生产过程中也经常被用作"新蒸汽"，如汽提蒸汽或用于清洗、吹扫或设备消毒。

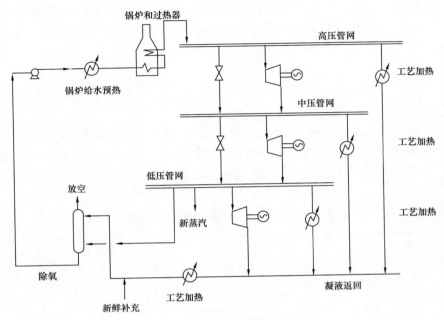

图 3.2　蒸汽系统

当蒸汽冷凝而不与工艺物流接触时，可收集热的冷凝液并返回锅炉给水系统。如果需要低温加热时，冷凝液也可用作低温热源。

可从锅炉给水处理成本、燃料价格、锅炉热效率等方面估算出高压蒸汽的价格：

$$P_{HPS} = P_F \times \frac{\mathrm{d}H_b}{\eta_B} + P_{BFW} \tag{3.1}$$

式中　P_{HPS}——高压蒸汽的价格，美元 /1000lb ；

　　　P_F——燃料价格，美元 /10^6Btu ；

　　　$\mathrm{d}H_b$——锅炉产汽需热，10^6Btu/1000lb（蒸汽）；

　　　η_B——锅炉热效率；

　　　P_{BFW}——锅炉给水的价格或费用。

快装锅炉热效率通常与加热炉相似，在 0.8～0.9 之间。

产汽需热应包括锅炉给水预热、汽化潜热和所需的蒸汽过热度。

工艺加热用蒸汽通常是使用最经济的燃料在水管锅炉中产生的。

锅炉给水的成本包括新鲜补水、化学处理和除氧的费用，通常是原水费用的两倍，参见 3.2.7。如果没有原水价格的资料信息，可用 0.50 美元 /1000lb 作为初步估值。通常情况下蒸汽的冷凝液被送回锅炉给水，那么蒸汽价格应该包括对冷凝液的处理费用。冷凝液的处理费用往往会接近锅炉给水的成本，这两项相互抵消可以忽略不计。

中、低压蒸汽的价格通常是高压蒸汽的折扣价格，蒸汽经过汽轮机减压膨胀提供轴功，并争取在中等温位的工艺热回收中副产蒸汽，尽可能利用低温位的热量。有几种打折的计算方法。其中最合算的方法是计算蒸汽在压力等级之间减压膨胀所产生的轴功和相当的电价（可通过将汽轮机连轴到发电机上来发电，如果它被用作驱动机，就需要用电动机来取代汽轮机）。轴功的价值就会体现在不同压力等级蒸汽间的折扣值。下面的示例说明了这一点。

示例 3.2

某工厂有 40bar、20bar 和 6bar 的蒸汽等级管网。燃料价格为 6 美元 $/10^6$Btu，电价为 0.05 美元 /（kW·h）。如果锅炉热效率为 0.8，汽轮机效率为 0.85，计算高压蒸汽、中压蒸汽和低压蒸汽的价格。

解：

第一步是在蒸汽表中查找蒸汽状态、焓和熵值。

蒸汽等级	高压	中压	低压
压力，bar	40	20	6
饱和温度，℃	250	212	159

为减少蒸汽管网中的热损失，将蒸汽过热到其饱和温度之上。下列的过热温度被设为大于高压蒸汽饱和温度以上足够的裕量，并且为每个蒸汽等级提供（大致）相同的比熵。由于减压膨胀过程的非等熵性，中压蒸汽和低压蒸汽的实际过热温度将会更高。

过热温度，℃	400	300	160
比熵 s_g，kJ/（kg·K）	6.769	6.768	6.761
比焓 h_g，kJ/kg	3214	3025	2757

然后就可以计算压力等级之间等熵膨胀过程的焓差：

等熵焓差，kJ/kg　　　　　　　　189　　　　　　　　268

乘以汽轮机效率得到膨胀过程的非等熵焓差：

实际焓差，kJ/kg　　　　　　　　161　　　　　　　　228

转换成常用单位的轴功：

轴功，kW·h/1000lb　　　　　　20.2　　　　　　　28.7

乘以电价变成轴功价格：

轴功价格，美元 /1000lb　　　　　1.01　　　　　　　1.44

高压蒸汽的价格由式（3.1）求得，假设锅炉给水成本被冷凝液处理费相抵消。

其他价格可以通过扣除轴功价格来估算。

| 蒸汽价格，美元/1000lb | 6.48 | 5.47 | 4.03 |

这个示例可编程到电子表格中进行快速估算，并根据当前的燃料和电价进行更新。在 booksite.elsevier.com/Towler 的在线信息网站中可以找到计算蒸汽成本的电子表格样本。

3.2.4 导热油和传热流体

在不适用明火加热或蒸汽加热的场合下，导热油或特殊传热流体的循环系统经常被用作热源。传热流体和矿物油的适用温度范围为 50～400℃。使用导热油的最高温度限制，通常是根据矿物油的热分解、污垢或热交换管结焦情况来规定的。尽管是在较低压力下操作，一些传热流体被设计成类似于蒸汽系统那样的蒸发和冷凝方式。但要避免矿物油蒸发，因为矿物油中低挥发性成分可能会积累和分解，导致严重污垢。

使用导热油系统最常见的情况是在有许多相对较小的高温加热需求的工厂里。与建造几个小型的加热炉相比，更经济的方案是建造一个单独的导热油加热炉，通过导热油循环回路为工艺过程提供热量。使用导热油还可以降低工艺流股暴露在高管壁温度下的风险，在加热炉中这个风险是存在的。当工艺流股和高压蒸汽之间存在较大的压差，蒸汽管道要采用较厚的管壁时，导热油系统往往具有竞争力。蒸汽泄漏进入工艺过程可能是非常危险的，而导热油系统却是安全的。

最常用的传热流体是矿物油和 Dowtherm A。矿物油系统通常需要大流量的循环液体油。在炼油过程中经常从工艺流股中提取出来油，它被称为泵循环系统。Dowtherm A 是联苯醚中 26.5%（质量分数）联苯的混合物。Dowtherm A 的热稳定性非常高，有时 Dowtherm 冷凝液体用于需要中间温度加热的场合，它通常运转在类似于蒸汽系统蒸发—冷凝循环之间。Singh（1985）以及 Green 和 Perry（2007）详细讨论了 Dowtherm 系统和其他特殊传热流体的设计。

通常传热流体初次加料的成本相对于导热油系统的运行总成本微不足道，主要操作成本是在加热炉或蒸发器中向导热油提供热量的成本。如果采用泵送液体的循环系统，那么也应该估算泵输送的成本。3.2.2 讨论了提供明火加热的成本。导热油炉或蒸发器通常采用加热炉的辐射段和对流段，加热炉热效率在 80%～85% 之间。

3.2.5 冷却水

当需要在高温下冷却工艺流股时，应考虑各种热回收利用技术。如 3.3 节所述，这些措施包括将热量传输到冷却器去加热工艺流股、副产蒸汽、预热锅炉给水等。

在低于 120℃（248°F）的较低温度下（更严格地说是在夹点温度以下）的热交换是不适合的，那么就需要一个冷的公用工程物流。冷却水是温度范围在 40～120℃之间最常用的公用工程物流，当水是昂贵的或由于环境湿度过高致使冷却水系统运作低效时，选择空气冷却器是适合这些地区的。19.16 节讨论了空气冷却器的选择和设计。如果一个工艺流股必须冷却至 40℃以下，可用冷却水或空气冷却到 40～50℃，然后再用冷冻水或制冷剂降到目标温度。

除非能方便地从河流或湖泊中抽取足够的水，通常采用自然通风冷却塔和强制通风冷却塔为工厂提供所需的冷却水。海水或咸水可以用于沿海地区和近海作业，但如果直接取用海水则需要更昂贵的热交换器材质（见第 6 章）。用冷却水可以达到的最低温度取决于当地的气候。冷却塔的工作原理是将部分循环水蒸发到周围空气中使剩余的水冷却。如果环境温度和湿度较高，那么冷却水系统的工作效率就会降低，取而代之的是采用空冷器或制冷设备。

冷却水系统如图 3.3 所示。冷却水从冷却塔泵出，作为冷却剂为各种工艺过程提供冷却服务。每台工艺冷却器都是并联使用的，冷却水几乎从不串联地流向两个冷却器。温热的水返回冷却塔，通过部分蒸发得到冷却。在冷却塔上游去除被称为排污的排放流股，以防止水从系统中蒸发时累积溶解性固体物。新鲜补充水用于补偿蒸发损失、排污损失和系统的其他损失。通常向冷却水中加入少量的化学添加剂作为生物杀菌剂和腐蚀及污垢的抑制剂。

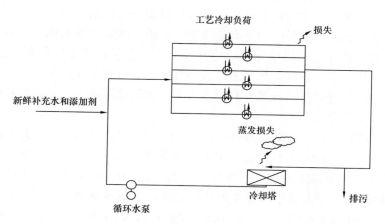

图 3.3　冷却水系统示意图

冷却塔的结构是要形成较大的气—水接触表面积，在它上面温热水和周围空气接触，以空气与水逆向流动的方法进行传热和传质。通常由水流过木栅或高空隙率填料表面积的接触。冷却水随后被收集到冷却塔底部。在大多数现代的冷却塔中，由设置在塔填料顶部上的风扇来产生空气流动。对于非常大的冷却负荷采用自然通风冷却塔，一个大的双曲烟囱被设置在填料部分之上以抽引空气向上流动。一些较老的工厂使用喷水池，而不是冷却塔。

在已知环境条件的情况下，可以借助湿度图进行冷却水系统的设计。图 3.4 是一个空气湿度图。冷却塔通常是按照能够常年有效运行来设计的，除了每年几天的高温（或最潮湿）条件。

环境温度和湿度可以绘制在空气湿度图上，从而可以确定进口空气湿球温度。这是理论上冷却水能达到的最冷温度；然而，在实践中大多数冷却塔操作温度距离空气湿球温度至少差 2.8℃（5°F）。在进口空气湿球温度的基础上加上此温差，然后在饱和曲线上标记冷却水的出口条件。例如，设计条件为最热气候下干球温度 35℃（95°F）及 80% 的湿度时，在湿度图中找出这一点（A）并读取湿球温度大约 32℃（89.6°F）。再增加一个 2.8℃ 的温度差，将使冷水出口温度大约在饱和线上（B 点）的 35℃（95°F）。

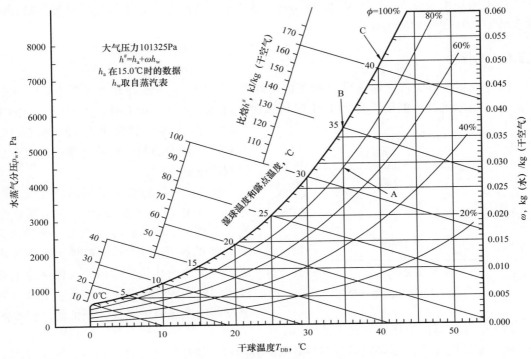

图 3.4　空气湿度图（Balmer，2010）

通过优化权衡冷却水循环费用与冷却塔建造成本，确定入口水条件或冷却水回流温度。冷却水供应（最冷的）和返回（最热的）温度之差被称为冷却塔的冷却范围。随着冷却范围的增加，冷却塔的成本增加，但必须循环的水流量减小，因此泵输送费用降低。由于大部分冷却是通过水的蒸发来完成的，而不是将水的显热传递到空气中，因此蒸发损失随冷却范围的变化不大。大多数冷却塔的冷却范围介于 5~20°F（2.8~11.1℃）。在典型设计时先假设冷却水回流温度比冷却水供应温度高约 10°F（5.5℃）。在上面的示例中湿度图（C 点）中的冷却水返回温度为 40.5℃（105°F）。从右侧轴向坐标显示进空气口（A）和出空气口（C 点）之间不同的湿度值，可读取出空气通过冷却塔的湿度差。由能量平衡计算水的冷却负荷，基于环境空气和空气出口状态之间的空气湿度变化来确定所需的空气流量，继而完成冷却塔的设计。假设出口空气的干燥球温度等于冷却水回水温度，当空气被水分饱和时得到最小的空气流量。Green 和 Perry（2007）给出了冷却塔详细设计的示例。

在进行冷却塔的详细设计时，重要的是要校核冷却系统是否有足够的能力，在一定的环境气候条件下满足工厂的冷却需求。在实践应用中，通常采用多台冷却水泵使得冷却水有较宽的流量范围。当在役工厂需要新增冷却能力时，冷却系统的极限通常是冷却塔的处理能力。如果不能升级冷却塔的风扇以满足增加的冷却负荷，则必须新建额外的冷却塔。在这种情况下，为新的工艺过程安装空冷器通常比升级冷却水系统更便宜。

提供冷却水的成本主要由电力成本决定。冷却水系统的电力用于冷却水泵送系统和驱动冷却塔内的风扇（如果安装的话）。也有补充新鲜水和化学处理的费用。典型的循环水系统耗用的功率通常在 $1 \sim 2kW \cdot h/1000gal$（循环水）之间。补充水和化学处理的费用通常会增加 0.02 美元 /1000gal。

3.2.6 制冷

通过冷却水可经济性地获得约 40℃的冷却温度，当工艺要求冷却温度低于 40℃时就需要采用制冷系统。温度下降到 10℃时可采用冷冻水。低于 –30℃时，由工厂周边的中央制冷设备提供盐卤水（NaCl 和 $CaCl_2$）"制冷"。较大的制冷负荷通常由独立的成套制冷系统提供。

图 3.5 所示为通常采用的蒸气压缩制冷机。工作流体（制冷剂）被压缩成蒸气，在高压下冷却和冷凝，在一个被称为冷凝器的换热器中向冷冻剂（如冷却水或大气）放出热量。然后，液体制冷剂通过阀门膨胀到较低的压力，在一个被称为蒸发器的换热器中蒸发，在低温下吸收热量。然后，蒸气返回至压缩机完成循环。

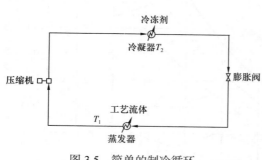

图 3.5 简单的制冷循环

制冷系统的工作流体必须满足多种要求。其沸点应该比工艺冷却过程中必须达到的温度还要低，操作压力必须高于大气压力（以防止泄漏到系统中）。应具有较高的蒸发潜热，以降低制冷剂的耗量。系统运行时应远低于制冷剂的临界温度和压力，冷凝器压力不宜过高，否则会增加成本。制冷剂的冰点必须远低于系统的最低工作温度。制冷剂应该无毒不易燃，且对环境的影响最小。

许多物质可用来作制冷剂，其中大部分是卤代烃。在某些情况下，也使用氨、氮和二氧化碳。深冷分离工艺通常采用工艺流体作为工作流体，如乙烯装置中采用乙烯和丙烯循环制冷工艺。

制冷系统采用动力来压缩制冷剂。其功率可以用制冷负荷和制冷机的性能系数（COP）来估算。

$$COP = \frac{制冷量（Btu/h或MW）}{消耗的轴功率（Btu/h或MW）} \tag{3.2}$$

COP 是制冷循环操作温度范围的强函数。对于理想的制冷循环（逆卡诺循环），存在如下关系：

$$COP = \frac{T_e}{T_c - T_e}$$ （3.3）

式中 T_e——蒸发器热力学温度，K；

T_c——冷凝器热力学温度，K。

实际制冷循环的 COP 总是小于卡诺效率。对于简单的制冷循环，它通常是卡诺效率的 60% 左右；如果是复杂循环系统，它可高达卡诺效率的 90%。如果温度范围太宽，采用串级制冷系统会更经济，低温循环系统将热量排放到高温循环系统，高温循环系统将热量排放到冷却水或大气中。Dincer（2003）、Stoecker（1998）以及 Trott 和 Welch（1999）对制冷循环设计进行了很好的概述。

制冷系统的运行成本可以通过消耗的功率和功率价格来确定。制冷系统通常以橇装模块购买，建造成本可用 7.10 节所述的商业成本估算软件进行估算。表 7.2 列出了橇装制冷系统建造成本的近似关联式。

示例 3.3

在 $-5℃$ 下操作的冷凝器负荷为 1.2MW。制冷循环排放热量给 40℃ 的冷却水，卡诺循环效率为 80%。该工厂每年运行 8000h，电费为 0.06 美元 /（kW·h），估算上述制冷系统的年度运营成本。

解：

制冷循环需要在蒸发器温度低于 $-5℃$ 下操作，例如 $-10℃$ 或 263K。冷凝器必须在 40℃ 以上运行，例如 45℃（318K）。

对于这个温度范围，卡诺循环效率是：

$$COP = \frac{T_e}{T_c - T_e} = \frac{263K}{318K - 263K} = 4.78$$

如果循环效率是 80%，那么实际的性能系数 $= 4.78 \times 0.8 = 3.83$。

需要提供 1.2MW 冷负荷的轴功率是：

$$需要的轴功率 = \frac{冷却负荷}{COP} = \frac{1.2MW}{3.83} = 0.313MW$$

营运成本 $= 313kW \times 8000h/a \times 0.06$ 美元 /（kW·h）$= 150000$ 美元 /a

---

3.2.7 水

除非从河流、湖泊或水井中能获得更便宜的优质水源，否则一般工厂所需用水通常来自当地的供水管网。引入原水是为了补充蒸汽和冷却水系统的损耗，经过处理的原水可生产用于工艺过程的除盐水和去离子水，也用于工艺清洗和消防灭火。

水价因地区而异，还取决于淡水的供应情况。水价通常由地方政府部门设定，通常还包括废水排污的费用。排污费用通常是基于工厂所消耗的水来计算的，无论这些水是否真的作为液体排放（而不是作为水蒸气排放或通过反应进入产品中）。按每1000gal假设为2美元（每吨0.5美元）来粗略估算水费。

除盐水是利用离子交换去除矿物质的一种水，适用于工艺用水和锅炉给水。采用混合多床层的离子交换装置；一种树脂将阳离子转化为氢，另一种树脂去除阴离子。水中溶解的固体少于百万分之一单位。在16.5.5中讨论离子交换装置的设计。除盐水的成本通常是原水价格的两倍左右，但这显然与水中矿物质含量和除盐系统排污的处理成本有密切关联。表7.2中列出了水离子交换装置成本的关联式。

3.2.8 压缩空气

压缩空气一般用于氧化反应、空气气提、有氧发酵过程，以及用于工厂控制系统的气动执行机构。通常空气供应压力为6bar（100psi），但大量的空气需求通常由独立的鼓风机或压缩机来满足。采用旋转和往复式的单级或两级压缩机来提供公用工程和仪表空气。仪表空气必须是干燥洁净（无油）的。通常将空气通过分子筛吸附剂床层来进行干燥，并采用周期性变温使吸附剂再生。变温吸附（TSA）将在16.2.1中详细讨论。

在大多数化工厂里，常压空气是免费使用的。压缩空气可以根据压缩过程所需的动力来定价（见20.6节）。像仪表空气这样的干燥空气，通常每立方米增加0.005美元（0.14美元/1000ft^3）的费用。

在许多单元操作将环境空气用作冷却剂，例如，空冷换热器、冷却塔、固体冷却器和造粒塔。如果空气流动是由自然通风引起的，那么冷却空气是免费的，但空气流速一般较低，会导致设备制造成本升高。通常采用风扇或鼓风机来确保较高的空气流速并降低设备制造成本。冷却空气的供应成本是驱动电动机的运行成本，可由电动机的功耗来估算。通常冷却风扇运转的流量非常高，但压降非常低，大约只有几英寸水柱。在19.16节讨论空冷换热器时，将介绍冷却风扇的设计。

3.2.9 氮

如果封存储罐和置换过程中需要大量的惰性气体（见第10章），通常是由服务设施集中提供。经常使用的氮气可在现场由空气液化设施生产，也可购买液氮罐。

通常氮气和氧气是借助管道输送从某工业气体公司购买，或小型专业的相邻工厂。价格依据当地的电力成本而有所不同，但对于大型服务设施，价格一般在每磅0.01～0.03美元之间。

3.3 能量回收利用

高压或高温下的工艺流股具有可回收利用的能量。回收特定流股的能量是否有经济性，取决于可有效回收能量的价值和回收成本，能量的价值与工厂能量的边际成本有关。回收费用将是所需附加设施的投资成本和操作费用。如果节省的费用超过了包括投资成本在内的全年总成本，那么能量回收就是值得做的。维修费用应包括在全年成本中（见第

9 章）。

例如，空气分离这样的工艺过程，其操作的经济性依赖于有效的能量回收，在所有工艺过程中能量的有效利用将降低产品成本。

在建立工艺流程的仿真模型时，工程师应格外关注工艺过程中会影响能量平衡和热量使用的单元操作。一些需要注意的常见问题包括：

（1）避免流股在温度差异非常大的情况下混合。这表明在工艺过程中有热损失（或冷损失）可以更好地被利用。

（2）避免流股在压力不同的情况下混合。混合后的流股压力将是混合前流股中最低的压力。由于绝热膨胀，较高压力的流股会被冷却。可能导致加热或冷却的需求，或失去在膨胀过程中回收轴功率的可能性。

（3）采用分段式换热器以避免产生内部夹点。对于有相变的换热器，这是非常必要的。如图 3.6 所示，当加热、沸腾和过热某液体时，流股温度随加入的热焓而变化。将液体加热到沸点（A—B），加入蒸发的热量（B—C），蒸气过热（C—D），这是与从初始态至最终态（A—D）之间直接连线所不同的温度—焓剖面图。如果为图 3.6 中的流股匹配上一个热源，就呈现出图 3.7 中的温度剖面线 E—F，基于入口和出口温度似乎会呈现出换热器，但在实际应用上是不可行的，因为温度剖面线在 B 点相交叉。避免这一问题的简单方法是将预热、沸腾和过热分解为三个换热器的仿真模型，即使在最终设计时它们会在各自单一的设备中实施操作。在冷凝器中也会出现同样的问题，它包含了降温和过冷过程。

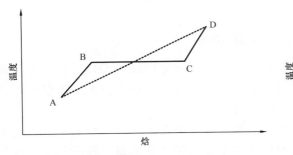

图 3.6　流股蒸发和过热的温度—焓剖面图

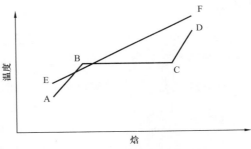

图 3.7　蒸发和过热流股的传热

（4）当酸或碱与水混合时，其混合热是很重要的。如果混合过程产生的热量很大，可能需要分两步或两步以上带中间冷却器的工艺过程来混合物料。如果预计有较大的混合热，但流程模拟时没有计算出，则应核查其热力学模型是否包含混合的热效应。

（5）记住要考虑工艺流程的低效性和设计裕量。例如，对加热炉进行尺寸估算时，如果只在辐射段进行工艺加热，模拟计算出的工艺加热负荷仅为加热炉总负荷的 60%（参见 3.2.2 和 19.17 节）。操作负荷将是工艺负荷除以 0.6。设计负荷必须通过适当的设计裕量进一步增加，如 10%。加热炉的设计负荷为模拟计算出的工艺负荷的 1.83 倍（1.1/0.6）。

下面几节简要介绍了化学工艺装置中用于能量回收的一些技术。引用的参考文献介绍了各种技术更详细的内容。Miller（1968）对过程能量系统进行了全面的综述，包括热交换和高压流体的动力回收。Kenney（1984）综述了热力学原理在流程工业能量回收中的应用。Kemp（2007）对夹点分析和其他几种热回收方法进行了详细介绍。

3.3.1　热交换器

最常见的能量回收技术是用高温工艺流股中的热量加热较冷的流股。节省了一部分或全部冷流股的加热费用，以及一部分或全部热流股的冷却费用。传统的管壳式换热器是常用的换热器。由于温度推动力的降低，换热表面积的成本相对于使用热公用工程作为热源可能会增加，或由于需要较少的换热器而减少。如果位于工厂内的这些换热流股能很方便地引用，回收的成本就会降低。

可回收能源的数量取决于每一流股中的温度、流量、热容和可能的温度变化。必须维持合理的温度推动力，使得换热面积满足实际的尺寸。最有效的换热器是管壳间物料流股实现真正的逆向流动。但实际上，通常采用多管程的换热器，其流股换热方式为部分逆流、部分顺流，与温度交叉，从而降低了热回收效率（见第19章）。在低温工艺过程中，热回收对工艺过程的效率至关重要，采用钎焊或焊接板式换热器能获得真正的逆流传热，通常只有几摄氏度的低温差。

离开反应器或精馏塔的热工艺流股经常用来预热进料流股（"进料—流出"或"进料—釜液"换热器）。

在工业过程中会有许多冷热流股，且会有一个最佳的流股匹配排布，以通过热交换来回收能量。热交换器网络的集成问题一直是许多研究的主题，在3.5节中有更详细的讨论。

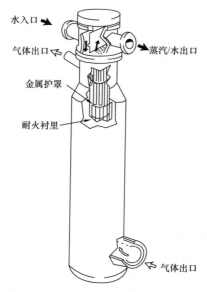

图3.8　立式U形管水管锅炉型的转化气废热锅炉构造

3.3.2　废热锅炉

如果工艺流股具有足够高的温度，且工艺流股之间没有合适的换热选择，那么回收的热量就可以用来产生蒸汽。

废热锅炉常用于回收工业炉的烟道气余热或来自高温反应器工艺气体中的热量。副产蒸汽的压力和过热温度取决于热流股的温度和锅炉允许的出口温度。与其他换热设备一样，随着平均温度推动力（对数平均温度）的降低，所需换热面积也会增加，允许的出口温度也可能受到工艺条件的限制。如果气相流股中含有水蒸气和可溶的腐蚀性气体，像HCl或SO_2，则出口气体温度必须维持在露点以上。

Hinchley（1975）讨论了化工厂废热锅炉的设计和运行。火管锅炉和水管锅炉都适用。转化炉后水管锅炉的典型布置如图3.8所示，火管锅炉的典型布置如图3.9所示。

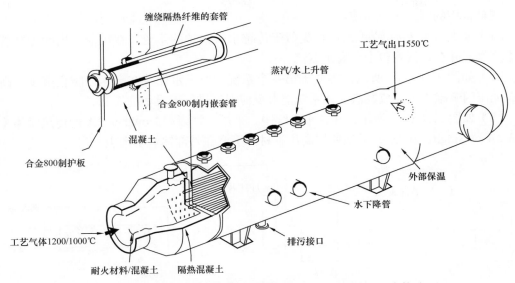

图 3.9　转化气废热锅炉，典型的自然循环火管锅炉的基本构造

图 3.10 所示为在硝酸装置中采用废热锅炉从反应器出口流股中回收热量的配置。
Dryden（1975）讨论了工业炉用废热锅炉的选择和操作。

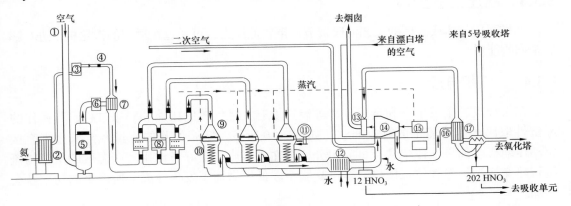

图 3.10　中压法硝酸装置的工艺流程（Miles，1961）

①空气进入；②液氨蒸发器；③气氨过滤器；④控制阀；⑤空气洗涤塔；⑥空气预热器；⑦气体混合器；⑧气体
过滤器；⑨转化器；⑩拉蒙德式锅炉；⑪蒸汽汽包；⑫1 号气体冷却器；⑬尾气轮机；⑭压缩机；⑮汽轮机；⑯热
交换器；⑰2 号气体冷却器

3.3.3　高温反应器

对于强放热反应需要撤热冷却。如果反应器温度足够高，除去的热量可用来副产蒸
汽。流程工业中使用的最低蒸汽压力通常是 2.7bar（25psi），任何温度高于 150℃的反应器
都可视为蒸汽发生器。因为高压蒸汽比低压蒸汽更有价值（见 3.2.3），通常考虑尽可能产
生高压蒸汽。如果副产蒸汽量超过工厂的蒸汽需求，一些蒸汽可以送去凝汽轮机发电，以
满足工厂的电力需求。

三种常用的副产蒸汽系统：

（1）如图 3.11（a）所示，一种类似于传统水管锅炉的系统。在反应器内的冷却管中产生蒸汽，并在蒸汽汽包中分离出蒸汽。

（2）如图 3.11（b）所示，类似于第一个系统，但进水保持在高压以防止蒸发。高压水在低压闪蒸罐中蒸发成蒸汽。该系统能对反应温度进行更灵敏的控制。

（3）如图 3.11（c）所示，在这个系统中，采用一种诸如 Dowtherm A 的传热流体（详见 3.2.4）（Singh，1985），无须使用高压管材。蒸汽在外部锅炉中产生。

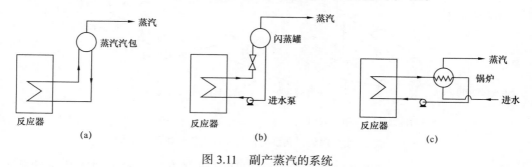

图 3.11　副产蒸汽的系统

3.3.4　高压工艺流股

如果高压气体或液体的工艺流股被节流至较低压力，可通过在适配的汽轮机中进行膨胀来回收能量。

3.3.4.1　气相流股

在氨合成、硝酸生产和空气分离等装置里有大量气体的压缩和膨胀过程，其操作的经济性取决于压缩能量的有效回收。如图 3.10 所示，膨胀回收的能量经常被用来直接驱动压缩机。如果气体中含有可凝组分，则在去膨胀前最好考虑用较高温度的工艺物流进行热交换来加热气体，使热气体可膨胀至较低压力而不发生冷凝，所产生的功率就会增加。

如果气体流量很大，工艺气体不需要在特别高的压力下膨胀才有经济性。例如，Luckenbach（1978）在美国专利 4081508 中介绍了一种从流化床催化裂解废气中回收能量的工艺技术，将其从 2～3bar（15～25psi）膨胀至略高于大气压（1.5～2psi）。

气体膨胀所能获得的能量可依据假设的多变膨胀过程来估算，参见 20.6.3 和示例20.4。Bloch 等（1982）讨论了用于流程工业的透平膨胀机设计。

3.3.4.2　液相流股

由于本质上液体是不可压缩的，在压缩液体中储存的能量比气体要少；然而，对于高压液体流股（15bar 以上）的功率回收是值得考虑的，因为所需的设备相对简单且便宜。将离心泵用作水力汽轮机，常与其他泵直接联轴。Jenett（1968）、Chada（1984）和 Buse（1981）讨论了高压液体流股能量回收的设计、操作和成本。

3.3.5　热泵

热泵是一种将低品位热量升温到可利用热能温度的装置。它利用相对于回收的热能较少的能量，将热量从低温热源传送到高温热阱。热泵本质上和制冷循环的工作原理是一样的（3.2.6 和图 3.5），但其目标是在循环的冷凝步骤中向工艺过程供应热量，以及（或代替）在蒸发步骤中去除热量。

热泵越来越多地在流程工业中得到应用。典型的应用是利用精馏塔冷凝器的低品位热量为再沸器提供热量（Barnwell 和 Morris，1982；Meili，1990）。热泵也用于干燥器；从排放空气中抽取出来的热量用来预热进料空气。

用于热泵的热力学循环原理可在大多数工程热力学教科书以及 Reay 和 MacMichael（1988）的著作中查到。在流程工业中通常采用机械式蒸气压缩循环运行的热泵。用于精馏塔的蒸气压缩热泵如图 3.12（a）所示。工作流体通常是商用制冷剂，以高压蒸气的形式被送入再沸器中冷凝放出热量，使塔釜液蒸发。通过再沸器的液体制冷剂经节流阀膨胀，由此产生的湿蒸气被送入塔顶冷凝器。在冷凝器中湿制冷剂被干燥，从塔顶冷凝的工艺蒸气中吸收热量。再将制冷剂压缩成高压蒸气返回到再沸器中，完成工作循环。

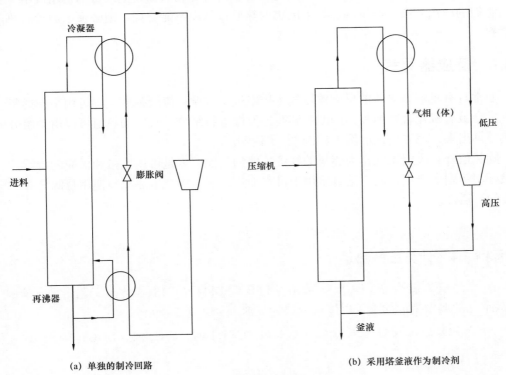

(a) 单独的制冷回路　　　　　　　　　(b) 采用塔釜液作为制冷剂

图 3.12　带热泵的精馏塔

如果条件合适，该工艺流体可作为热泵的工作流体。这种配置如图 3.12（b）所示。高压的热釜液经节流阀膨胀并送入冷凝器，提供冷量以冷凝来自塔顶的蒸气。通过冷凝器的工作蒸气被压缩并返回到塔釜。在另一种配置中，工艺蒸气从塔顶部抽出去压缩并通过再沸器提供热量。

热泵的"效率"是以热泵性能系数 COP_h 来衡量的：

$$COP_h = \frac{高温下放出的能量}{向压缩机输入的能量} \qquad (3.4)$$

COP_h 主要取决于工作温度。在狭窄的温度范围内运行热泵时效率更高（高 COP_h 值）。因此，常见在分离接近沸点化合物的精馏塔上。注意热泵的 COP_h 不同于制冷循环的 COP（见 3.2.6）。

Holland 和 Devotta（1986）讨论了在流程工业中应用热泵的经济性。Moser 和 Schnitzer（1985）详细介绍了热泵在许多行业的应用。

3.4　废物燃烧

含有大量可燃性物质的工艺废物可作为低品位燃料，用来副产蒸汽或直接为工艺过程加热。只有当燃料的内在价值证明焚烧废物所需特殊烧嘴和其他设备的费用成本是合算的，它们的应用才会是经济的。如果废物的热值过低而不能燃烧，则必须添加较高热值的主燃料。

3.4.1　反应器尾气

通常具有足够高热值的反应器尾气（排空气）或循环流股弛放气都可用来作燃料。排空气常会被有机化合物饱和，如溶剂和高挥发性进料组分。气体的热值可以由其组分的燃烧热计算出来，该方法在示例 3.4 中进行了说明。

除热值外，决定尾气作为燃料的经济价值的其他因素是可用数量和供应的持续性。尾气最好用于副产蒸汽，而不是直接用于过程加热，因为将产生热源与使用热源分开，会有更大的灵活性。

示例 3.4　计算废气热值

在生产二氯乙烷（DCE）（英国专利 BP1524449）的氧氯化法工艺中循环流股放空气的典型组成如下（以体积分数为基准）：

O_2 7.96，$CO_2 + N_2$ 87.6，CO 1.79，C_2H_4 1.99，C_2H_6 0.1，DCE 0.54

估算放空气的热值。

解：

查自 Perry 和 Chilton（1973）著作的各成分热值：

CO 67.6kcal/mol = 283kJ/mol

$$C_2H_4 \, 372.8kcal/mol = 1560.9kJ/mol$$

$$C_2H_6 \, 337.2kcal/mol = 1411.9kJ/mol$$

DCE 的热值可根据生成热来估算。

燃烧反应:

$$C_2H_4Cl_2(g) + 2\frac{1}{2}O_2(g) \longrightarrow 2CO_2(g) + H_2O(g) + 2HCl(g)$$

可从附录 C 中查得生成热 ΔH_f^o,在 booksite.elsevier.com/Towler 的在线信息网站中也可查到。

$$CO_2 = -393.8kJ/mol$$

$$H_2O = -242.0kJ/mol$$

$$HCl = -92.4kJ/mol$$

$$DCE = -130.0kJ/mol$$

$$\Delta H_c^o = \sum \Delta H_f^o (产物) - \sum \Delta H_f^o (反应物)$$

$$= 2 \times (-393.8kJ/mol) - 242.0kJ/mol + 2 \times (-92.4kJ/mol) - (-130.0kJ/mol)$$

$$= -1084.4kJ/mol$$

放空气热值的估算,以 100mol 为基准。

组分	mol/100mol		热值		发热量,kJ/mol
CO	1.79	×	283.0	=	506.6
C_2H_4	1.99		1560.9		3106.2
C_2H_6	0.1		1411.9		141.2
DCE	0.54		1084.4		585.7
			总计		4339.7

$$排空气的热值 = \frac{4339.7kJ/mol}{100} = 43.4kJ/mol$$

$$= \frac{43.4kJ/mol}{22.4m^3/mol} \times 10^3 = 1938kJ/m^3 \left(52Btu/ft^3\right) (1bar,0℃)$$

与天然气的热值 37MJ/m³(1000Btu/ft³)相比非常低。放空气几乎不值得回收,但如果必须烧掉这些气体以避免污染，可采用图 3.13 所示的焚烧炉方案，从而副产有用的蒸汽来抵消处理成本。

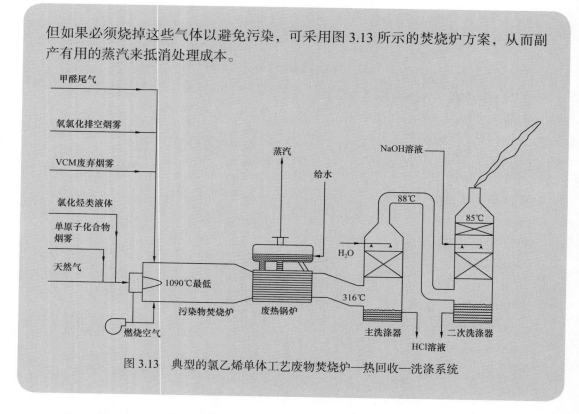

图 3.13　典型的氯乙烯单体工艺废物焚烧炉—热回收—洗涤系统

3.4.2　液体和固体废物

比随意倾倒更好的办法是将可燃液体和固体废物送去焚烧处理。在焚烧炉设计中配置蒸汽锅炉，将有助于为非生产性但是必要的工艺过程节省能源。如果燃烧产物具有腐蚀性，则需采用耐腐蚀材料，必须对烟道气进行净化，以减少空气污染。图 3.13 所示的焚化炉设计用于氯化处理和其他液固废物，其中包括蒸汽锅炉和烟道气洗涤塔。Santoleri（1973）讨论了氯化废物的处理。

Dunn 和 Tomkins（1975）讨论了处理废物的焚烧炉设计和操作，并特别提出必须遵守当前的清洁空气法案，以及注意耐火材料和热交换表面的腐蚀和侵蚀问题。

3.5　热交换器网络

对于仅有一个或两个流股需要加热和冷却的简单工艺流程，其热交换器的网络设计通常比较简单。当有多个热流股和冷流股时，网络设计会更复杂，且可能有多种热交换网络的方案。工程师必须确定热回收的优化范围，同时确保设计能够灵活地适应工艺条件的变化，并且能够轻松、安全地开车和运行。

20 世纪 80 年代，对热交换器网络的设计方法进行了大量的研究（Gundersen 和 Naess，1988）。应用最广泛的方法之一是被称为夹点技术的方法，其由 Bodo Linnhoff 和他在 ICI、Union Carbide 公司以及曼彻斯特大学的合作者共同开发。该术语源于这样一个现象，即在系统温度与传递热量之间的曲线图中，如图 3.19 所示，热流股和冷流股的组合曲线之间通常会出现夹点。Linnhoff 等（1982）已经证明，夹点代表着在系统中有一个明显的热力学间断，在最低能量需求下，不应经过夹点传递热量。

在本节中将通过一个简单案例来介绍和说明用于能量集成的夹点分析技术的基本原理。该方法及其应用在化学工程师学会（Kemp，2007）出版的一份指南中有详细介绍，也可参见 Douglas（1988）、Smith（2005）和 El–Halwagi（2006）的著作。

3.5.1 夹点技术

通过四个工艺流股之间热回收的案例来说明夹点技术的发展和应用：两个需要冷却的热流股和两个必须加热的冷流股。流股的工艺数据列于表 3.1 中。每个流股从起始温度 T_s 开始加热或冷却至目标温度 T_t。各流股的热容流率为 CP，对于无相变流股的比热容可视为常数，由此得 CP 为：

$$CP = mc_p \tag{3.5}$$

式中　　m——质量流率，kg/s；

　　　　c_p——T_s 和 T_t 之间的平均比热容，kJ/（kg·℃）

表 3.1　热量集成案例的数据

流股号	类型	热容流率 CP，kW/℃	T_s，℃	T_t，℃	热负荷，kW
1	热	3.0	180	60	360
2	热	1.0	150	30	120
3	冷	2.0	20	135	230
4	冷	4.5	80	140	270

表 3.1 中显示的热负荷是流股从起始温度至目标温度加热或冷却所需的总热量。

这四股物流之间显然存在热量综合利用的可能性。两个需要加热和两个需要冷却，而流股温度表明热量可以从热流股传送给冷流股。其任务是找到最佳的热交换器布置，以达到各自流股的目标温度。

3.5.1.1 简单的双流股案例

在分析表 3.1 中所示四个流股之间的热量集成之前，用温度—焓图来说明只涉及两个流股的简单案例。图 3.14 展现了两个流股从起始温度至目标温度的加热和冷却案例。在热交换器中，流股之间交换热量。加热器中的热公用工程（通常是蒸汽）提供额外的热量，将冷流升高至目标温度；而额外的冷量使热流股降至它的目标温度，是由冷的公用工程（通常是冷却水）在冷却器中提供。

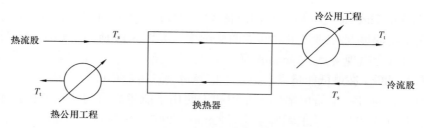

图 3.14　两个流股的换热案例

在图 3.15（a）中，流股温度为纵坐标，流股的焓变化为横坐标，称为温度—焓（T—H）图。两个流股之间必须维持可交换热量的最小温差，如图中 $\Delta T_{\min}$ 所示。实际热交换器的最小温差通常是在 5～30℃之间，参见第 19 章。

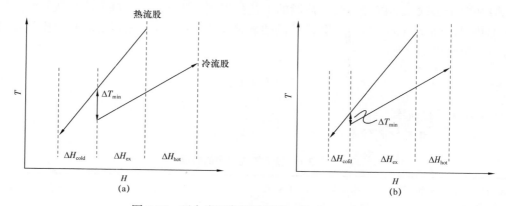

图 3.15　两个流股案例的温度—焓（T—H）图

T—H 图中曲线的斜率正比例于 $1/CP$，由于 $\Delta H = CP \times \Delta T$，因此 $\Delta T/\Delta H = 1/CP$。因此，热容流率小的流股在 T—H 图中呈现出较陡的斜率，而热容流率大的流股呈现出较缓的斜率。

两个流股之间的传热量是由两条曲线重叠部分的焓变化来表示，在图 3.15 中以 ΔH_{ex} 表示。从热公用工程提供的热量 ΔH_{hot} 是传递给不与热流股重叠的那部分冷流股。转移到冷公用工程上的热量 ΔH_{cold}，同样是由热流股中没有被冷流股重叠的那部分提供的。热量也可计算为：

$$\Delta H = CP \times \text{温度变化}$$

由于只关注焓值的变化，可把横向焓轴当作一个相对比例，将热流股或冷流股水平移动。当这样做以后，就改变了流股之间的最小温差 $\Delta T_{\min}$ 以及交换的热量和冷热公用工程的需求量。

图 3.15（b）展现了采用较小 $\Delta T_{\min}$ 值后平移绘制与图 3.15（a）相同的流股。可交换的热量 ΔH_{ex} 增加，公用工程的需求降低。传热的温度推动力也降低了，所以热交换器的负荷更大，对数平均温差更小，导致换热器所需传热面积和投资成本增加。投资成本的增加部分被节省变得越来越小的加热器和冷却器投资成本所抵消，同时也被节省的冷热公用工程费用所抵消。一般来说，$\Delta T_{\min}$ 存在一个最优值，如图 3.16 所示。优化值通常在

10～30℃平缓范围内。

如图 3.17 所示，在 $T—H$ 冷热曲线相互接触的点表示最大可能回收的热量。此时换热器一端的温度推动力为零，需要无限大的换热面积，因此该设计是不可行的。可以说热交换器在热和冷曲线相交的端点受到了制约。在图 3.17 中，制约换热器的是在冷端。

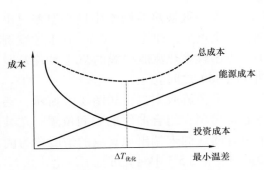

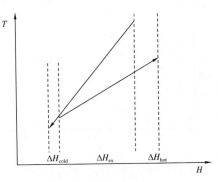

图 3.16　过程热回收中的成本—最小温差曲线　　图 3.17　两个流股案例中最大可能回收利用的热量

根据热力学第二定律，热流股与冷流股不可能相互交叉，这样的设计方案是不可行的。

3.5.1.2　四个流股的案例

在图 3.18（a）中，表 3.1 中列出的两个热流股绘制在温度—焓图上。

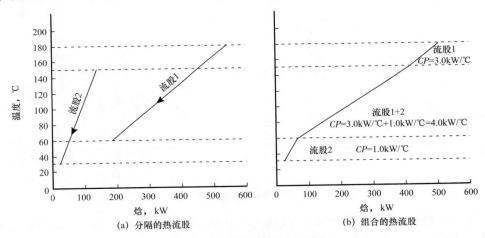

图 3.18　热流股的温度—焓图

由于温度—焓图显示了流股焓值的变化，因此在焓值轴上绘制一条特定曲线的位置并不重要，只要曲线在正确的温度之间操作。这意味着当一个温度区间出现多个流股时，如图 3.18（b）所示，可以将流股的热容相加形成组合曲线。

在图 3.19 中，曲线之间平移至最小温差为 10℃，以此定位热流股的组合曲线和冷流股的组合曲线。这意味着在换热网络里各换热器中流股之间的温度差不会少于 10℃。

对于双流股换热案例，组合曲线的重叠部分确定了热量回收利用的目标，在图顶部和底部曲线的位移即是热公用工程和冷公用工程的需求。这些需求将是满足目标温度所需最

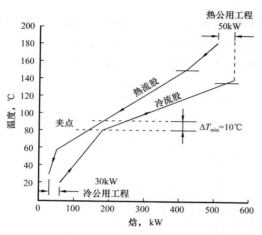

图 3.19　热流股和冷流股的组合曲线

小数值，是很有价值的数据信息。在设计换热器网络时，它为公用工程估算提供了设计目标值。任何设计方案都可以与最小公用工程需求进行比对，以确认是否有可能进一步改进。

在大多数换热器网络中最小温差只出现在一个点上，即为"夹点"。在上述案例中夹点出现在热流股曲线的 90℃ 和冷流股曲线的 80℃ 之间。

对于多流股案例，如图 3.19 所示，夹点通常出现在组合曲线的中间位置。在某个组合曲线的末端出现夹点的情况称为阈值问题，在 3.5.5 中对此进行了讨论。

3.5.1.3　夹点的热力学意义

夹点将系统分为两个不同的热力学区域。夹点以上的区域可以被认为是一个热阱，热量从热公用工程流入，但没有热量流出，在夹点以下的区域却是相反。热量从这个区域流向冷公用工程。如图 3.20（a）所示，无热量流经夹点。

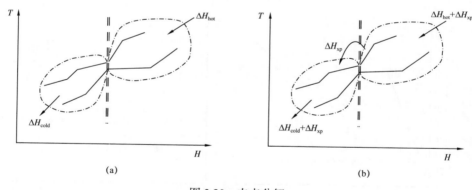

(a)　　　　　　　　　　　　　　(b)

图 3.20　夹点分解

对于一个换热网络的设计方案，热量从高于夹点温度的热流股（包括热公用工程）转移到低于夹点温度的冷流股（包括冷公用工程），热量就会经过夹点来传递。如经过夹点传递的热量是 ΔH_{xp}，为了维持热量平衡，热公用工程和冷公用工程都必须增加 ΔH_{xp} 量，如图 3.20（b）所示。因此，经过夹点的传热总是会消耗热公用工程和冷公用工程，并大于所能达到的最小值。

夹点的分解在热交换器网络设计中非常有用，它将问题分解为两个较小的问题。它还指出在夹点处或靠近夹点处，是热量传递最受约束的区域。当使用多个热公用工程或冷公用工程时，可能会出现其他夹点，称为公用工程夹点，这将导致进一步的问题分解。在换热器网络的自动合成算法中，可利用问题分解的方法。

3.5.2　问题表格法

问题表格是 Linnhoff 和 Flower（1978）介绍的一种确定夹点温度和最小公用工程需求的数值方法。它不再采用组合曲线的图解法，适用于手工计算求解问题。由于目前广泛应用计算机软件来进行夹点分析，因此它在工业实践中已经很少使用了（见 3.5.7）。

方法如下：

（1）将热流股温度减去最小温差 ΔT_{min} 的一半，并将冷流股温度增加一半，把实际的流股温度 T_{act} 转换为区间边界温度 T_{int}：

$$热流股\ T_{int} = T_{act} - \frac{\Delta T_{min}}{2}$$

$$冷流股\ T_{int} = T_{act} + \frac{\Delta T_{min}}{2}$$

考虑到最小温差而采用区界温度，而不是实际温度。对于表 3.1 的热量集成案例，取 $\Delta T_{min} = 10℃$，见表 3.2。

表 3.2　ΔT_{min} 为 10℃时的区界温度

流股	实际温度，℃		区界温度，℃	
1	180	60	175	55
2	150	30	145	25
3	20	135	（25）	140
4	80	140	85	（145）

（2）对于表 3.2 中重复出现的区界温度，将其标识在括号内。

（3）将区界温度按数量级排序，依次只显示一次重复的区界温度，见表 3.3。

表 3.3　区界温度的排列顺序

排序	区界温差 ΔT_n，℃	区界中的流股
175		
145	30	−1
140	5	4−（2+1）
85	55	（3+4）−（1+2）
55	30	3−（1+2）
25	30	3−2

注：删去了重复的区界温度。区界温差 ΔT 和区界中的流股在表 3.4 中要用到。

（4）对每一区界温度内的流股按从高温到低温的顺序进行热平衡计算。对于第 n 个区界，存在如下关系：

$$\Delta H_n = \left(\sum CP_c - \sum CP_h \right) \left(\Delta T_n \right)$$

式中　ΔH_n——第 n 个区界内所需的净热量；

　　　$\sum CP_c$——区界内所有冷流股热容之和；

　　　$\sum CP_h$——区界内所有热流股热容之和；

　　　$\sum \Delta T_n$——区界温差 $= \left(T_{n-1} - T_n \right)$。

参见表 3.4。

表 3.4　问题表格

区界	区界温度，℃	ΔT_n，℃	$\sum CP_c - \sum CP_h$[①]，kW/℃	ΔH，kW	盈或亏
	175				
1	145	30	−3.0	−90	盈
2	140	5	0.5	2.5	亏
3	85	55	2.5	137.5	亏
4	55	30	−2.0	−60	盈
5	25	30	1.0	30	亏

① 每个区界内的流股列在表 3.3 中。

（5）从一个区界到下一个区界的区界温度竖列中，逐级计算剩余热量，如图 3.21（a）所示。

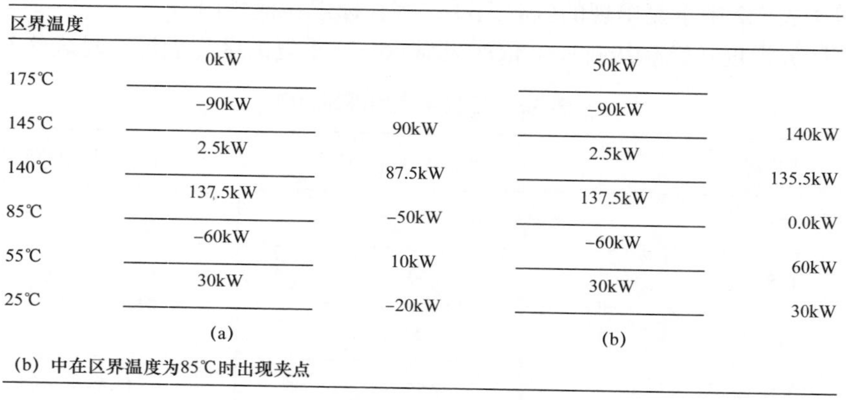

区界温度

	0kW		50kW	
175℃				
	−90kW		−90kW	
145℃		90kW		140kW
	2.5kW		2.5kW	
140℃		87.5kW		135.5kW
	137.5kW		137.5kW	
85℃		−50kW		0.0kW
	−60kW		−60kW	
55℃		10kW		60kW
	30kW		30kW	
25℃		−20kW		30kW
	(a)		(b)	

（b）中在区界温度为 85℃ 时出现夹点

图 3.21　阶梯热量

热量从一个区界阶梯流动到下一个区界，意味着温差可以驱使热量在冷热流股之间传递。如果在竖列中出现负值，表明温度梯度在方向上是不对的，从热力学意义上来说是不可能传热的。

　　如果把外部热量引入阶流的顶部，就可以克服上述困难。

　　（6）向阶流顶部输入足够的热可消除所有的负值，如图 3.21（b）所示。

　　从图 3.19 和图 3.21（b）组合曲线的对比可以看出，引入阶流的热量是热公用工程的最小需求，底部移出的热量是冷公用工程的最小需求。在图 3.21（b）中夹点上的阶梯流动热量为零。这正是预期的规则，即当公用工程的需求最小时没有热量流经夹点。在图 3.21（b）中夹点处在 85℃的区界温度上，对应着一个 80℃的冷流股温度和 90℃的热流股温度，如图 3.19 中的组合曲线所示。

　　没有必要绘制单独的阶流图。可在图 3.21 中完成热量的阶梯流动并说明其原理。可以在问题表格右侧再添加两个竖列来显示阶流的热量值（参见示例 3.5）。

　　最大限度的热量回收和最低限度的公用工程原则为：

　　（1）避免有热量通过夹点换热。

　　（2）夹点下方避免使用公用工程加热流股。

　　（3）夹点上方避免使用公用工程冷却流股。

3.5.3　换热器网络设计

3.5.3.1　网格表达法

　　将换热网络以网格的形式进行展示，如图 3.22 所示。工艺流股绘制成水平线，流股号显示在方框中。热流股在网格的顶部从左向右流动，冷的流股在网格的底部从右向左流动。热容流率 CP 列在流股线的右端。

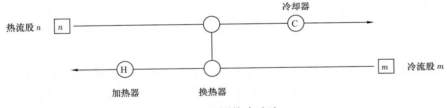

图 3.22　网格表达法

　　热交换器用垂直线连接的两个圆表示。这些圆将热量交换的两个流股连接起来，即流经实际换热器的流股。将加热器或冷却器单独画成一个圆，连接到适当的公用工程。如果使用了多个公用工程，也可将它们显示为流股。换热器负荷通常标记在换热器下方，有时也在网格图上显示温度。

3.5.3.2　最大限度能量回收的换热网络设计

　　对于在表 3.1 中提出的热量集成案例，经过图 3.19 和图 3.21 的分析表明，所需最小的公用工程是 50kW 的热量及 30kW 的冷量，而夹点出现在 80℃的冷流股和 90℃的热流股之间。

　　流股的网格如图 3.23 所示。垂直双实线表示夹点温度，并将网格划分为夹点以上和以下区域。注意由于夹点温度的不同，冷热流股在夹点处相互换热。

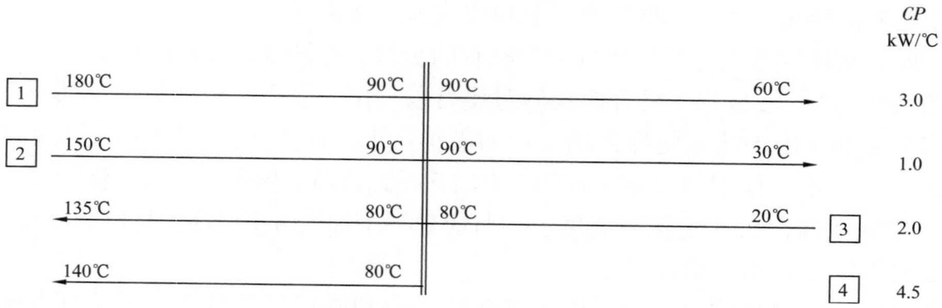

							CP kW/℃
1	180℃	90℃ ‖ 90℃			60℃		3.0
2	150℃	90℃ ‖ 90℃			30℃		1.0
	135℃	80℃ ‖ 80℃		20℃	3		2.0
	140℃	80℃			4		4.5

图 3.23　四条流股的网格图

为了获得最大的能量回收利用（消耗最小的公用工程），如果在夹点以上区域没有冷却过程，则可获得最佳操作方案。这意味着在夹点以上的热流股应该只与冷流股换热至夹点温度。因此，换热网络设计始于夹点，并在流股间选择适宜的流股进行匹配以实现换热目标。在夹点紧邻区域匹配时，热流股的热容流率 CP 必须等于或小于冷流股的热容流率。这是为了维持曲线间最小温差的要求。温度—焓图上曲线的斜率等于热容流率的倒数。在夹点以上，如果 CP_h 超过 CP_c 且流股始于夹点处（温差为 ΔT_{min}），冷热流股曲线就会靠拢，将会违反最小温差的约束。在夹点上方每个热流股都必须首先与冷流股匹配，否则就无法达到夹点温度。

夹点以下的区域同理，目的是通过与热流股的热交换，使冷流股达到其夹点温度。对于与夹点紧邻的流股，匹配准则是冷流股的热容流率必须等于或大于热流股的热容流率，以免破坏最小温差的条件。在夹点下方每个冷流股都必须首先与热流股匹配。

3.5.3.3　夹点上方的换热网络设计

$$CP_h \leqslant CP_c$$

（1）在夹点处应用上述条件，流股 1 可与流股 4 匹配，但不能与流股 3 匹配。将流股 1 与流股 4 匹配并传递所需的全部热量，使流股 1 达到夹点温度，有

$$\Delta H_{ex} = CP(T_s - T_{夹点})$$

$$\Delta H_{ex} = 3.0 \text{kW/℃} \times (180℃ - 90℃) = 270 \text{kW}$$

同时也满足使流股 4 达到其目标温度所需热负荷：

$$\Delta H_{ex} = 4.5 \text{kW/℃} \times (140℃ - 80℃) = 270 \text{kW}$$

（2）流股 2 可与流股 3 匹配，可满足热容流率的限制并传递全部热量，使流股 2 达到其夹点温度：

$$\Delta H_{ex} = 1.0 \text{kW/℃} \times (150℃ - 90℃) = 60 \text{kW}$$

（3）将流股 3 从夹点温度达到其目标温度所需热量为：

$$\Delta H = 2.0 \text{kW/℃} \times (135℃ - 80℃) = 110 \text{kW}$$

所以必须添加一个加热器来提供余下的热负荷：

$$\Delta H_{\text{hot}} = 110\text{kW} - 60\text{kW} = 50\text{kW}$$

与问题表格〔图 3.21（b）〕算出的值进行核对。

图 3.24 即为在夹点以上换热网络设计的推荐方案。

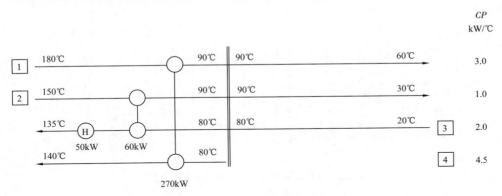

图 3.24　夹点上方的换热网络设计

3.5.3.4　夹点下方的换热网络设计

$$CP_{\text{h}} \geqslant CP_{\text{c}}$$

（1）流股 4 始于夹点温度 $T_{\text{s}} = 80℃$，不能与夹点以下的任何流股匹配。

（2）邻近夹点处的流股 1 和流股 3 之间的匹配将满足热容流率的限制，而不是流股 2 和流股 3 之间匹配。因此，将流股 1 与流股 3 匹配并传递全部热量，使流股 1 达到其目标温度。

$$\Delta H_{\text{ex}} = 3.0\text{kW}/℃ \times（90℃ - 60℃）= 90\text{kW}$$

（3）流股 3 需要更多的热量才能达到其夹点温度，所需热量为：

$$\Delta H = 2.0\text{kW}/℃ \times（80℃ - 20℃）- 90\text{kW} = 30\text{kW}$$

这可由流股 2 提供，因为该匹配已远离夹点。

流股 3 上升的温度为：

$$\Delta T = \Delta H / CP$$

传递 30kW 的热量会把起始温度提高到：

$$20℃ + 30\text{kW} /（2.0\text{kW}/℃）= 35℃$$

继而算出换热器出口侧的流股温差为：

$$90℃ - 35℃ = 55℃$$

所以这一匹配不会违反最小温差 10℃ 的约束。

（4）流股 2 还需要进一步冷却使其达到目标温度，因此必须添加一个冷却器，其冷量是：

$$\Delta H_{\mathrm{cold}}=1.0\mathrm{kW/℃}×（90℃ –30℃）–30\mathrm{kW}=90\mathrm{kW}$$

这就是采用问题表格法算出的冷公用工程热量。

图 3.25 所示为最大能量回收的换热网络推荐方案。

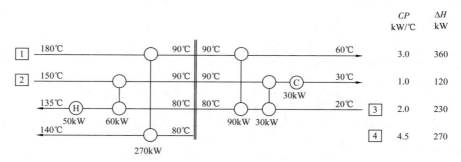

图 3.25 ΔT_{min} 为 10℃时的换热网络推荐方案

3.5.3.5　流股分割

在不违反最小温差的条件下，如果由于流股热容流率的原因，在夹点处无法进行匹配时，可通过流股分割来改变热容流率。流股分割会减少每一分支的质量流率，从而降低热容流率。示例 3.5 对此进行了说明。

同理，如果在夹点处没有足够多的流股进行所需的匹配，可将具有较大 CP 的流股分割，增加可匹配流股的数目。

Kemp（2007）和 Smith（2005）给出了流股匹配和分割的指导规则，参见化学工程师学会指南。

3.5.3.6　小结

最大限度热量回收换热网络设计的指导规则为：

（1）在夹点处将问题分别处理。

（2）从夹点开始设计。

（3）夹点以上的匹配流股若紧邻夹点，须满足限制条件。

（4）夹点以下的匹配流股若紧邻夹点，须满足限制条件。

（5）如果不能满足流股匹配的准则，则将流股分割。

（6）热交换负荷最大化。

（7）夹点以上提供外部热量，夹点以下提供外部冷量。

3.5.4　最小的换热器数目

图 3.25 推荐的网络方案体现了最大化的热量回收，同时将冷热公用工程的消耗和成本最小化。但这并不一定是最优的换热网络设计方案。最优设计除了公用工程和其他操作费用，还应考虑系统投资成本，最终提供最低的年度总成本。换热网络中热交换器的数目和尺寸决定着投资成本。

在图 3.25 中，很明显还能减少热交换器的数目。可以取消在流股 2 和流股 3 之间的 30kW 换热器，增加冷却器和加热器的负荷，可使流股 2 和流股 3 达到目标温度。同时热量经过夹点换热，并增加公用工程的消耗。优化后的换热网络是否更好或更经济，取决于投资和公用工程的相对费用以及每种设计方案的可操作性。任一换热网络都有一个最优的设计方案，以提供最低的年度总成本，即投资成本加上公用工程和其他操作费用。第 7 章和第 8 章讨论了投资和操作费用的估算。

为了找到最优设计，有必要对各种备选的设计方案进行成本估算，在由交换器数目和尺寸决定的投资成本与由热量回收决定的公用工程费用之间权衡取舍。

对于简单的换热网络，Holmann（1971）给出了换热器的最少数目取值：

$$Z_{min} = N' - 1 \tag{3.6}$$

式中　Z_{min}——包括加热器和冷却器的所需最少换热器数目；

　　　N'——包括公用工程的流股数目。

对于复杂的换热网络，以更通用的表达式来确定最少的换热器数目：

$$Z_{min} = N' + L' - S \tag{3.7}$$

式中　L'——换热网络中内部回路的数目；

　　　S——换热网络中独立分支（子集）的数目。

回路是换热网络中能独立闭环的路径。在图 3.25 的换热网络中有一个回路，如图 3.26 所示。回路的存在表明可以减少换热器的数目。

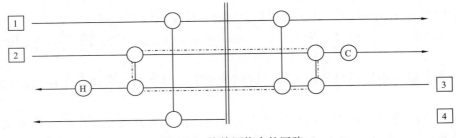

图 3.26　换热网络中的回路

有关式（3.7）及其应用的详尽讨论，请参阅 Linnhoff 等（1979）、Smith（2005）或 Kemp（2007）的著作。

综上所述，换热网络的最优设计步骤如下：

（1）从最大限度热量回收利用的设计开始。换热器的数目等于或小于最大能量回收的数目。

（2）辨识经过夹点的回路。通常最大热量回收的设计会包含回路。

（3）从热负荷最小的回路开始，通过增减热量来切断回路。

（4）核查是否违反确定的最小温差 ΔT_{min}。如果影响较大，则需要修改设计以恢复 ΔT_{min}；如果影响很小，可能不会对年度总成本产生太大影响，可忽略不计。

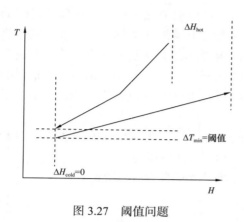

图 3.27　阈值问题

（5）估算投资和操作费用以及年度总成本。

（6）重复回路切断和换热网络修正，直至完成最低费用成本的设计。

（7）关注设计方案的安全性、可操作性和维护等。

3.5.5　阈值问题

只需一个热公用工程或一个冷公用工程（并非两者兼而有之），从零到临界值的最小温差范围内的特性问题称为阈值问题。阈值问题如图 3.27 所示。

对于一个阈值问题的热交换器网络设计，一般是从最具约束的点开始，通常可按所显示的半个夹点问题来处理。

在流程工业中经常遇到阈值问题。如果使用了多个公用工程（如热量回收副产蒸汽），或者所选择 $\Delta T_{\min}$ 值大于阈值，则可能会出现夹点问题。

Smith（2005）和 Kemp（2007）讨论了阈值问题设计中需要遵循的步骤。

3.5.6　确定公用工程消耗

夹点分析可用来确定工艺过程公用工程消耗的目标。总冷热公用工程的初始目标可以直接从问题表格中算出，也可从组合曲线图上读取。依据初步的热交换器网络设计方案，可确定更详尽细分的所需公用工程。

在采用夹点分析法确定公用工程消耗目标时，应遵循以下准则：

（1）夹点以上不使用冷公用工程。这意味着夹点以上的工艺流股不应使用公用工程冷却。

（2）夹点以下不使用热公用工程。这意味着夹点以下的工艺流股不应使用公用工程加热。

（3）夹点两侧尽量使用最便宜的公用工程。这意味着在夹点以上在考虑使用中压蒸汽、高压蒸汽、导热油等热源之前，尽可能使用低压蒸汽。在夹点以下尽量用冷却水，而不用制冷剂。

（4）如果工艺夹点处在高温，将锅炉给水预热和副产蒸汽作为可能的冷公用工程流股。

（5）如果工艺夹点处在低温，可将蒸汽冷凝液和用过的冷却水作为热公用工程流股。

（6）如果工艺过程需要冷却到非常低的温度，考虑采用串级制冷循环来提高总 COP。

（7）如果工艺过程需要加热到非常高的温度，且需要一个加热炉，则考虑利用对流段的热量来加热或者副产蒸汽。由于过程控制，可能仅需对辐射段的工艺加热来操作加热炉，但对流段的热量仍可回收利用。严格来说，这些热量可以在夹点以上的任何温度下回收利用，但在实际操作中，对流段的热回收通常受到酸性烟道气露点或其他工业炉设计考虑因素的限制（见 19.17 节）。

（8）如果工艺条件导致使用更昂贵的公用工程，则不必要考虑对工艺流程进行修改。例如，一个产品必须冷却到 30℃并输送到储罐，冷却过程不能用冷却水，而必须用制冷剂。设计者应该去了解要求罐储温度是 30℃的原因。如果是因为选用的常压储罐，那么选择一个无排空的浮顶罐来替代，产品的输送温度可能为 40℃，在这种情况下就无须制冷系统。

为辅助公用工程系统的优化设计，已经发展了图形方法和数值方法。对于简单的问题，这些方法是不需要的，因为已经在热交换器网络分析中确定的加热器和冷却器可以根据上述简单规则来匹配适当的公用工程。当在很大的温度范围内加热或冷却物料流股时，设计者应该考虑是否将热负荷分配给几个换热器更经济合算，每个换热器在给定的温度范围与适当的公用工程匹配，或是否采用最热或最冷公用工程匹配的单个换热器更经济。在示例 3.6 中说明了设置多个公用工程的问题。

3.5.7　过程集成——其他过程操作的集成

夹点分析的方法不仅应用于换热器网络的设计，还可为过程集成提供更多的应用。该方法也可应用于分离塔、反应器、压缩机和膨胀器、锅炉和热泵等其他工艺单元的集成。Kemp（2007）和 El-Halwagi（2006）及 Smith（2005）对夹点技术的广泛应用进行了讨论。

过程集成技术已被拓展应用于优化传质单元操作，并已用于减少废物、节约用水和污染控制（El-Halwagi，1997；Dunn 和 El-Halwagi，2003）。

3.5.8　用于热交换器网络设计的计算机工具

在工业中大都使用商业化夹点分析软件进行夹点分析。工程师借助 Aspen HX-Net™（Aspen 技术公司）、SUPERTARGET™（Linnhoff March 有限公司）和 UniSim™ ExchangerNet™（Honeywell 国际公司）等软件来绘制组合曲线，优化 ΔT_{min} 值，设置多个公用工程目标并设计热交换器网络。

大多数软件能够从工艺流程模拟软件中自动抽取流股数据，但须非常仔细地核查提取的数据。可能在数据提取中存在许多缺陷，如不能辨识流股的 CP 变化或流股的部分蒸发或冷凝，其中任何一个缺陷瑕疵都可能导致流股温度—焓曲线的扭曲。有关更多数据的提取信息，可参见 Smith（2005）或 Kemp（2007）的著作。

商用夹点分析软件还包括换热器网络的自动合成功能。自动合成方法是基于对换热器的属性结构进行混合整数非线性规划（MINLP）的优化（关于 MINLP 方法的讨论，参见第 12 章）。这些功能可用于计算生成候选网络，但是必须对优化加以适当的约束，以避免过多的流股分割和添加许多小型换热器。有经验的设计者很少使用换热网络软件的自动合成方法，因为将产生的网络转化为实用网络通常比手工设计更费精力。该软件的非线性规划优化能力得到了广泛的应用，可利用回路和流股分割比率来微调换热网络温度。

示例 3.5

确定夹点温度和最小公用工程需求，流股数据列在下表中，流股之间的最小温差为 20℃。设计一个热交换器网络，以达到最大的能量回收。

流股号	类型	热容流率，kW/℃	起始温度，℃	目标温度，℃	热负荷，kW
1	热	40.0	180	40	5600
2	热	30.0	150	60	1800
3	冷	60.0	30	180	9000
4	冷	20.0	80	160	1600

解：

在一个电子表格中编制问题表格，计算公用工程的需求和夹点温度。每个单元格中的计算都是可重复的，可以使用复制命令将计算公式从一个单元格复制到另一个单元格。问题表格算法的电子表格模板可以在 booksite.elsevier.com/ Towler 的在线信息网站中以 MS Excel 格式下载。电子表格的使用如图 3.28 所示，并介绍如下。

首先计算规定 $\Delta T_{min}=20℃$ 时的区界温度：

$$热流股 \ T_{int}=T_{act}-10℃$$

$$冷流股 \ T_{int}=T_{act}+10℃$$

流股	实际温度，℃		区界温度，℃	
	起始	目标	起始	目标
1	180	40	170	30
2	150	60	140	50
3	30	180	40	190
4	80	160	90	170

在电子表格中可以调用 IF 函数来确定起始温度是否低于目标温度，如果流股是冷流股，应该增加最小温差的一半（$\Delta T_{min}/2$）。

接下来在电子表格中调用 LARGE 函数来完成对区界温度的排序，并删去重复值。确定每个区界内出现哪些流股。对于在指定区界内的流股，其最大的区界温度必须大于区界范围的下限，而最小的区界温度也必须大于或等于区界范围的下限。这些判断可在电子表格中调用 IF、AND 和 OR 函数来执行。一旦明确了每个区界中的流股，就可计算出流股热容流率的总和。这些调用计算并不是严格意义上问题表格的一部分，因此被隐含在电子表格中（在表格右侧的列中）。

公司名称 地址 问题表格算法 来自××××-YY-ZZ	项目名称							
	项目编号					第1页共1页		
	审核	日期	由	审批	审核	日期	由	审批

1. 最小温差

T_{min} 20℃

2. 流股数据

流股号	实际温度，℃		区界温度，℃		热容流率 CP，kW/℃	热负荷 kW
	起始	目标	起始	目标		
1	180	40	170	30	40	5600
2	150	60	140	50	30	2700
3	30	180	40	190	60	9000
4	80	160	90	170	20	1600
5						0
6						0
7						0
8						0

3. 问题表格

区间号	区界温度 ℃	区界温差 ΔT，℃	总CP_c－总CP_h kW/℃	dH kW	阶梯热量 kW	kW
1	190				0	2900
2	170	20	60	1200	1200	1700
3	170	0	60	0	1200	1700
4	140	30	40	1200	2400	500
5	90	50	10	500	2900	0
6	50	40	10	400	2500	400
7	40	10	20	200	2700	200
8	30	10	40	400	2300	600

图 3.28　问题表格算法的电子表格

　　冷流股的 CP 值总和减去热流股的 CP 值总和可以乘以区界温差 ΔT 得到区界热量 ΔH，将区界热量 ΔH 值进行阶梯流动得到总的阶梯热量。为了防止阶梯热量变为负值，必须引入的热量是竖列中最小的数值，可调用 SMALL 函数检索出来这个值。最后一竖列是只显示正值的阶梯热量，在夹点温度上阶梯流动的能量为零。

　　在最后一竖列中添加 2900kW 引入的热量以抵消前一竖列中的负值；所需热公用工程是 2900kW，冷公用工程是显示在竖列底部的 600kW。

　　出现夹点处的热量传递是零，即在区界号 5，区界温度为 90℃（原文 "区界号 4"，疑似错误，应为 5——译者注）。

　　　　热流股的夹点温度是 90℃ +10℃ =100℃

而冷流股的夹点温度是 90℃ –10℃ =80℃

注意表中流股 1 和流股 4 这两股的区界温度都是 170℃，导致区界温度排序列表中出现重复的区界温度。严格地说，这条线是可以消除的，但是因为它赋给了区界温差 ΔT 一个零值，所以它并不影响计算。以这种方式处理重复的区界温度，电子表格的编程就会容易得多。

最大能量回收的换热网络设计，从夹点开始匹配流股，并遵循流股热容流率规则匹配夹点附近的流股。在匹配的地方传递最大的热量。

推荐的换热网络方案如图 3.29 所示。

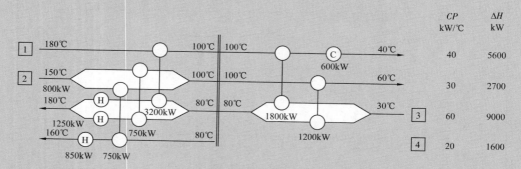

图 3.29　示例 3.5 推荐的换热网络方案

设计这个换热网络所遵循的步骤如下：

（1）在夹点以上区域。

① $CP_h \leqslant CP_c$。

② 可用流股 1 或流股 2 与流股 3 匹配，但这两流股都不能与流股 4 匹配。这就产生了一个问题，因为如果将流股 1 与流股 3 匹配，那么流股 2 将无法在夹点处进行匹配。同样，如果将流股 2 和流股 3 匹配，那么流股 1 在夹点处将无法匹配。

③ 计算在使热流股达到夹点温度时可用的热量。

流股 1：$\Delta H = 40.0 \text{kW/℃} \times (180℃ –100℃) = 3200 \text{kW}$

流股 2：$\Delta H = 30.0 \text{kW/℃} \times (150℃ –100℃) = 1500 \text{kW}$

④ 计算在使冷流股从夹点温度到目标温度时所需的热量。

流股 3：$\Delta H = 60.0 \text{kW/℃} \times (180℃ –80℃) = 6000 \text{kW}$

流股 4：$\Delta H = 20.0 \text{kW/℃} \times (160℃ –80℃) = 1600 \text{kW}$

⑤ 如果将流股 3 分割成两个分支，CP 总和值分别为 40.0kW/℃ 和 20.0kW/℃，那么可将较大的分支与流股 1 匹配，并换热 3200kW，完全满足了流股 1 降温至夹

点的要求。

⑥ 现在有两个 CP 都为 20.0kW/℃的冷流股，一个 CP 为 30.0kW/℃的热流股 2。需将流股 2 分割成两个分支。最初假设，它们都可以有 15.0kW/℃的 CP。然后，可将流股 2 的一个分支与流股 4 匹配并换热 750kW，另一个分支与流股 3 匹配，同样是 750kW 热量，继而完成流股 2 降温至夹点的要求。

⑦ 在流股 3 的较大分支上添置一个加热器，使其达到目标温度：

$$\Delta H_{\text{hot}} = 40\text{kW/℃} \times 100\text{℃} - 3200\text{kW} = 800\text{kW}$$

⑧ 在流股 3 的小分支上添置一个加热器，以满足平衡所需热量：

$$\Delta H_{\text{hot}} = 20\text{kW/℃} \times 100\text{℃} - 750\text{kW} = 1250\text{kW}$$

⑨ 在流股 4 上添置一个加热器，以满足平衡所需热量：

$$\Delta H_{\text{hot}} = 1600\text{kW} - 750\text{kW} = 850\text{kW}$$

核算加热器的总热负荷 $= 800\text{kW} + 1250\text{kW} + 850\text{kW} = 2900\text{kW} =$ 热公用工程量。

（2）在夹点以下区域。

① $CP_{\text{h}} \geqslant CP_{\text{c}}$。

② 注意流股 4 是从夹点温度开始，因此在夹点以下不能提供冷量。

③ 在夹点紧邻处不能将流股 1 或流股 2 与流股 3 匹配。

④ 先试着分割流股 3 以减少其 CP。均匀的分割比率允许流股 1 和流股 2 与紧邻夹点的分割流股匹配。

⑤ 计算热流股从夹点温度到目标温度可提供的热量：

$$\text{流股 1：} \Delta H = 40.0\text{kW/℃} \times (100\text{℃} - 40\text{℃}) = 2400\text{kW}$$

$$\text{流股 2：} \Delta H = 30.0\text{kW/℃} \times (100\text{℃} - 60\text{℃}) = 1200\text{kW}$$

⑥ 使冷流股从其初始温度升温至夹点温度，计算所需的热量：

$$\text{流股 3：} \Delta H = 60.0\text{kW/℃} \times (80\text{℃} - 30\text{℃}) = 3000\text{kW}$$

冷流股 4 是在夹点。

⑦ 由于流股 3 的起始温度是 30℃，因此流股 1 不能仅与流股 3 完全换热并降到其目标温度 40℃，这不符合 ΔT_{min} 的规定。因此，将部分热量 1800kW 传递给分割流股 3 的一个分支上。

⑧ 核算换热器的出口温度：

$$\text{出口温度} = 100\text{℃} - \frac{1800\text{kW}}{40\text{kW/℃}} = 55\text{℃}，\text{恰好合适}$$

⑨ 为流股 1 添加冷却器，使其达到目标温度。需要的冷负荷为：

$$\Delta H_{\text{cold}} = 2400\text{kW} - 1800\text{kW} = 600\text{kW}$$

⑩ 将流股 2 全部热负荷传递到流股 3 的第二分支，恰好满足这两个流股的要求。

注意：2900kW 和 600kW 的加热和冷却负荷各自都恰好与问题表格中算出的值一致。

还要注意：为了符合夹点分解问题和流股匹配规则，这里采用了许多流股的分割。在换热器网络设计中是很常见的。并没有对这三个分割比率进一步优化，因此省时省力，且使换热网络更简化。例如，流股 3 的分支和流股 1 之间以及流股 3 和流股 2 的分支之间存在回路。在目前的分割比率下不能消除这些回路，但若在其他比率下，或许可取消一个或两个换热器。

经常采用多个流股的分割被视为夹点分析方法的一个缺陷。流股分割不利于工艺操作。例如，当加热或部分汽化油品或其他多组分物流时会产生两相流。很难控制这些流股的分割，以确保每个分支所需的流量。有经验的设计者会审慎换热网络的优化，尽可能地避免出现多个流股的分割情况，即便设计方案比最小公用工程的消耗高一些。

示例 3.6

根据下表中各公用工程流股数据，提出适用于示例 3.5 中流程的公用工程的设计方案。

公用工程流股	$T_{供应}$，℃	$T_{返回}$，℃	成本
高压蒸汽（20bar）	212	212	5.47 美元 /1000lb
低压蒸汽（6bar）	159	159	4.03 美元 /1000lb
冷却水	30	40	0.10 美元 /1000gal
冷冻水	10	20	4.50 美元 /GJ

解：

示例 3.5 的推荐方案中有以下的加热和冷却负荷，它们需要公用工程：

在流股 1 上的冷却器需 600kW 的冷量，将流股 1 从 55℃冷却至 40℃。

在流股 3 大分支上的加热器需 800kW 的热量，将其从 160℃加热至 180℃。

在流股 3 小分支上的加热器需 1250kW 的热量，将其从 117.5℃加热至 180℃。

在流股 4 上的加热器需 850kW 的热量，将其从 117.5℃加热至 160℃（原文中"需 750kW 的热量"，数值疑似有误——译者注）。

核验结果很明显，如果维持温差为 20℃，那么至少在一些公用工程换热器中要使用中压蒸汽和冷冻水。

假设每年的运营时间为 8000h，可先按 1kW 提供热量或冷量的公用工程费用转换为年度成本。

对于 20bar 的中压蒸汽：

$$冷凝热（由蒸汽表内插取值）\approx 1889kJ/kg$$

1kW＝3600×8000kJ/a，因此需要

$$3600×8000kJ/a/1889kJ/kg＝15.2×10^3kg/a$$

1kW 的年度成本 ＝15.2×10³kg/a×2.205lb/kg×5.47 美元 /1000lb/1000＝183 美元 /a

同理对于 6bar 的低压蒸汽：

$$冷凝热（由蒸汽表内插取值）\approx 2085kJ/kg$$

1kW＝3600×8000kJ/a，因此需要

$$3600×8000kJ/a/2085kJ/kg＝13.8×10^3kg/a$$

1kW 的年度成本 ＝13.8×10³kg/a×2.205lb/kg×4.03 美元 /1000lb/1000＝123 美元 /a

对于 10℃冷却范围的冷却水：

$$1kW 冷却过程需要的 CP＝1kW/10℃＝0.1kW/℃$$

$$水的热容 \approx 4.2kJ/（kg·℃）$$

$$每年 1kW 冷却水流量 ＝0.1×3600×8000/4.2＝686×10^3kg/a$$

1000gal 水 ＝3785L，质量约为 3785kg：

$$水的流量 ＝686×10^3/3785＝181.2×10^3 gal/a$$

$$每年的成本 ＝0.1×181.2＝18.1 美元 /a$$

对于冷冻水：

$$1kW 的冷却过程 ＝3600×8000＝28.8×10^6kJ/a＝28.8GJ/a$$

因此，其年度成本 ＝28.8×4.50＝129.6 美元 /a。

在可行的情况下，使用低压蒸汽比中压蒸汽更便宜，且使用冷却水而不用冷冻水。

如果进行在夹点以下维持一个最小温差 20℃的设计，那么不能使用低于 50℃（30℃＋20℃）的冷却水。因此，最低公用工程费用的设计将用冷却水将流股 1 从 55℃降温至 50℃（200kW 负荷）。第二个冷却器需用冷冻水将流股 1 从 50℃继续降至 40℃（400kW 负荷）。本设计方案的年公用工程费用为 200×18.1 美元

+400×129.6 美元 =55460 美元。

综合来看，使用冷冻水的最低成本所节省的公用工程费用，并不是说额外添加换热器的投资成本就是合算的。两种可能的方案都可考虑选择。如果冷却过程都是用冷冻水进行的，那么就不会违反最小温差的约束，可采用一个 600kW 的冷却器。年公用工程费用为 600×129.6 美元 =77760 美元。使用冷冻水的冷却器的对数平均温差较大，因此本设计所需的总传热面积小于上述推荐方案中两个换热器所需面积之和。增加的操作费用将不得不与节省的投资成本进行权衡比较。如果允许将冷却器的最小温差 20℃调整为 10℃，那么使用冷却水冷却流股 1 仅需设置一台 600kW 的冷却器。每年的公用工程费用为 600×18.1 美元 =10860 美元。由于这一换热器的对数平均温差较小，因此节省的操作费用将不得不与增加的投资成本进行权衡取舍。

再看夹点以上的设计，加热任何温度高于 139℃（159℃ –20℃）的流股都不能使用低压蒸汽。因此，在公用工程最低费用的设计方案中将采用下列加热器：

加热流股 4 从 117.5℃升温至 139℃的低压蒸汽；

加热流股 3 的小分支从 117.5℃升温至 139℃的低压蒸汽；

加热流股 3 的小分支从 139℃升温至 180℃的中压蒸汽；

加热流股 3 的大分支从 160℃升温至 180℃的中压蒸汽；

加热流股 4 从 139℃升温至 160℃的中压蒸汽。

同样，虽然这个设计方案的公用工程费用是最低的，但是如果考虑投资成本，其他的设计方案可能会更优。例如，没必要将流股 3 的两个分支分别输送进两个中压蒸汽加热器。这两个加热器可以组合使用，尽管这违反了不能在不同温度下流股混合的经验法则，但它远离了夹点，并且已经确保尽量使用低压蒸汽。这一修改设计将在不增加操作费用的情况下降低投资成本，因此几乎可以肯定会被采用；另一个可考虑的修改设计是当加热器使用低压蒸汽时，允许其有更小的最小温差。这将增加低压蒸汽的使用，以牺牲更多的投资（减少换热器的温差），因此需要在额外的投资和节省的能源费用之间权衡取舍。

请注意，由于在换热网络设计中使用最低费用的公用工程，从图 3.29 中需要三个加热器和一个冷却器到使用两个冷却器和五个加热器的公用工程最低费用的设计方案。使用多种公用工程几乎导致在设计中需要更多的换热器和更大的换热面积，而节省的能源费用必须证明增加投资成本是合算的。

3.6　非稳态过程中的能量管理

以上所述的能量回收利用方法是针对稳态过程的，在稳态过程中能量产生或消耗的速率不随时间变化。间歇和循环过程对能源管理提出了许多挑战。设计者不仅要考虑过程中必须添加或移除的热量，还要考虑传热的动力学。传热速率的制约常常使得加热和冷却步骤成为决定整个循环周期的限速步骤。由于间歇操作的顺序性，会降低通过换热回收热量的可能性，除非多个间歇过程被并行操作并按顺序运行，以便热量可从一个间歇操作传递到下一个间歇操作。

3.6.1　微分能量平衡

在间歇操作过程中，产生或去除能量的速率随时间变化，需建立微分能量平衡。对于间歇过程，通常以单个批次为计算时间基准来估算总的能量需求，但必须估算出产生热量的最大速率，以满足所需传热设备的尺寸要求。

广义的微分能量平衡可以写成：

$$离开的能量 = 进入的能量 + 产生的能量 - 消耗的能量 - 累积的能量 \qquad （3.8）$$

进出的能量项应包括传热和对流热流，而产生和消耗的能量项应包括混合热、反应热等。通常非稳态质量平衡必须与微分能量平衡同时求解。

大多数间歇操作是在搅拌釜液相中进行的。在最简单的情况下，只有当容器充满时才会添加或移除热量，对流热流可以忽略不计。如果没有反应热或混合热，则式（3.8）化简为：

$$热量的累积速率 = 传递热量进入容器的速率 \qquad （3.9）$$

$$MC_p \frac{\mathrm{d}T}{\mathrm{d}t} = UA\Delta T_\mathrm{m} \qquad （3.10）$$

式中　M——容器中承载的质量，kg；

$\quad\quad C_p$——容器内物质的比热容，J/（kg·℃）；

$\quad\quad T$——容器内物质的温度，℃；

$\quad\quad t$——时间，s；

$\quad\quad U$——总传热系数，W/（m²·℃）；

$\quad\quad A$——传热面积，m²；

$\quad\quad \Delta T_\mathrm{m}$——平均温差，温度推动力，℃。

传热的平均温差 ΔT_m 是容器内物质温度 T 的函数，也取决于加热或冷却介质（等温或非等温）的性质和所采用的传热表面类型。通常间歇釜采用内部盘管、夹套容器或外部热交换器进行加热或冷却。在 19.18 节中更详细地讨论了容器的传热问题。

在更复杂的情况下，最好建立一个过程的动态仿真模型。设计者应用动态模拟考虑了额外的热源和热阱，如散热到环境中。设计者还可以利用动态模型研究工艺、传热设备和过程控制系统之间的相互关系，从而开发出确保能迅速加热或冷却，但不会导致目标温度飞温的控制算法。

示例 3.7 和示例 15.6 说明了微分能量平衡在简单问题中的应用。

3.6.2　间歇和循环过程中的能量回收

大多数间歇过程在低于200℃的相对较低温度下运行，使用蒸汽或导热油进行工艺加热会有较高的传热速率。高传热速率使得加热时间更短并可采用内部盘管和夹套容器，即减少了工厂设备的数量。如果能源成本只占生产总成本的很小一部分，那么从这个过程中回收热量可能在经济上不具有竞争性，因为由此导致的投资成本增加是不可取的。

许多间歇过程需冷却到相当程度的制冷温度。通常发酵过程都是在低于40℃下进行，使用冷却水可能会有问题，转而使用冷冻水或其他制冷剂来替代。食品加工通常需要冷藏或冷冻产品。当产品必须以冷冻形式交付时，从冷冻流股中回收"冷却"是不可能的。

下面介绍了在间歇和循环过程中回收热量最常用的三种方法。间歇装置的能量优化一直是许多研究的主题，在Vaselenak等（1986）、Kemp和Deakin（1989）、Lee和Reklaitis（1995）的论文以及Smith（2005）、Kemp（2007）和Majozi（2010）的著作中有更详细的讨论。

3.6.2.1　半连续操作

在间歇过程中实现热量回收利用最简单的方法是在连续模式下运行装置的一部分。采用中间储罐可使工厂的各个工段连续供料或积累产品，以便分批次提供给其他操作单元使用。

食品加工和发酵工厂的原料灭菌器和巴氏灭菌器常采用半连续操作。在巴氏灭菌操作中，原料必须加热到目标温度并在该温度下维持足够长的时间，以便杀死原料中可能存在的有害物种，然后冷却到工艺温度。将工艺流体通过有蒸汽伴热或保温良好的管线盘管以获得高温的停留时间。将原料与离开盘管的热流体进行热交换来完成其初始的预热，再采用较小的蒸汽加热器达到目标温度，如图3.30所示。这种设计流程在食品加工厂很常见，但必须注意确保换热器之间没有泄漏，否则可能会导致热流体中的"无菌"成分受到原料的污染。

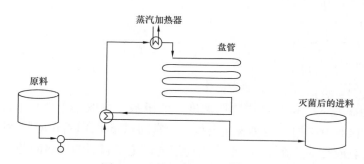

图3.30　原料灭菌系统的热集成

应用半连续操作的另一种情况是在间歇装置的分离工段。在连续模式下操作时，采用一些能量密集型的分离过程，如精馏和结晶操作，能更容易地控制高回收率和严格的产品规格。在这种情况下，缓冲罐可为工厂的装置工段提供连续进料，并考虑采用典型的热量回收设计，如进料与塔底釜液换热。

　　间歇工厂的设计可使批次物料从一个容器转移到另一个容器（而不是在同一容器中连续进行的步骤），当它们从一个容器转移到下一个容器时，热量可在物料流股之间传递。在泵输送过程中的流动处于准稳态，两股物流之间的换热性能与连续装置中的换热器表现相同。图 3.31 展现了这样一种流程配置，热流股从容器 R1 流向容器 R2，而冷流股从容器 R3 流向容器 R4。两流股在换热器中逆流换热，如果温度合适，也可错流或并流换热。有时称这种配置为"逆流"热集成，应关注换热器中的并流换热或错流换热。

　　当采用流股与流股换热时，可获得较高的热回收率。在将物料泵出容器时，换热器的工作性能良好并能大致保持恒定的出口温度。当容器内的液位过低而不能进行泵输送的操作时，换热器内流量过低就不能有效地传热。如果批次物料对批次物料的污染并不重要，也没有安全隐患、产品质量问题或污染问题，可将换热器切出系统（"封堵"），容器罐内剩余的批次物料可通过旁路管线排尽，当容器罐 R1 和 R3 再次准备好排尽时，换热器就可以重新投入使用了。在不需要批次物料间混合的情况下，或者由于其他原因导致换热器不能充满工艺流体时，一旦上游的容器罐被清空，必须对换热器进行冲洗、排尽和清洁。

3.6.2.2　多个间歇过程的排序

　　如果一工厂含有多个间歇过程，这些间歇过程同时经历着不同的加工步骤，或者几个不同的间歇装置是彼此相邻的，那么有时可对这些间歇过程进行排序，以便将热量从一个间歇过程转移到另一个间歇过程。

　　假设间歇过程含有加热反应物的步骤，加热使它们在所需温度下进行反应，产品冷却后再送去进一步加工。如果使用两个反应器，则可以使用热交换器将取自正被冷却的反应器的热量传递到正在加热的反应器。例如，在图 3.32 中，来自容器 R5 的热流体被泵输送经过热交换器，在那里它将热量传递给从容器 R6 泵输送的冷流体。每个容器中的液体都会返回到它所来自的容器中。图 3.31 中的换热器是逆流操作的，但如果温度合适的话，也可采用并流换热或错流换热。

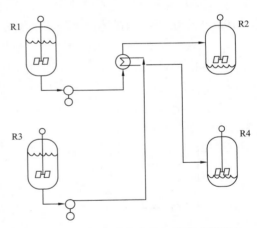

图 3.31　间歇容器中流股与流股（逆流）换热的热集成

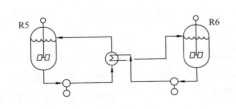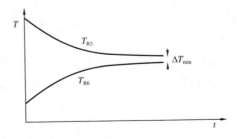

图 3.32　间歇容器中罐与罐（并流）换热的热集成

图 3.32 右侧的图形是两个容器的温度—时间剖面的示意图。随着时间的推移，它们在温度上越来越接近，最终达到热平衡。在实际操作中换热器的长时间运行是不经济的，当达到容器间可接受的最小温差时传热就停止了，如图中所示的 ΔT_{min}。罐与罐的传热不像流股与流股一样有效地回收利用热量，因为热罐中最热的温度和冷罐中最冷的温度是匹配的，就像它们在一个并联的热交换器中一样，因此 Vaselenak 等（1986）将这种类型的间歇热集成命名为"并流"热集成。应再次强调的是，热交换器通常设计成逆流或错流。

　　该流程的改进方案是采用流股与罐的传热，如图 3.33 所示，其中从一个容器转移到另一个容器的流股与返回到其起始容器的流股交换热量。在图 3.33 中，热流体从 R7 转移到 R8，并将热量传递到从 R9 泵输送出并返回 R9 的冷流股。图 3.33 右侧的图形是 R9、R8 的温度—时间剖面示意图，在进入 R8 的管线上标记为 A 的位置。R9 中冷流体的温度随着热量的传递而逐渐升高。A 处的温度是换热器出口处热流体的温度。通常设计是在换热器冷端出现夹点，因为 R9 的再循环流量可能比 R7 的泵输送流量大得多。A 处的温度等于 R9 中的温度加上换热器的温差，A 处的温度在 R9 温度剖面上有一个偏移。R8 中的温度是进入容器温度的时间平均积分，即 A 处温度的时间平均积分。虽然进入 R8 的流体随着时间变得更热，但它与累积的较冷流体的体积混合在一起，因此 R8 的温度上升速度不像 R9 那样快。当传热完成时，R8 甚至可能比 R9 更冷。因此，这一过程的热效率是介于罐与罐传热和流股与流股传热之间的。它有时被称为"并流 / 逆流"热集成。Vaselenak 等（1986）给出了精确描述这种配置的温度分布所需方程的推导。

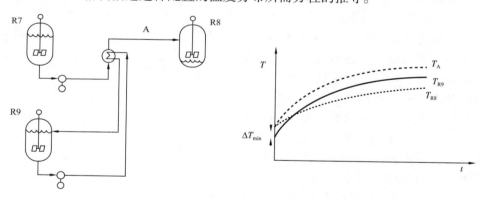

图 3.33　间歇容器中流股与罐（并流 / 逆流）换热的热集成

　　在选择罐与罐或罐与流股传热时，必须注意确保换热器不用时不会有问题。如果设计者预计会出现污垢、腐蚀、批次物料对批次物料的污染、产品退化、安全问题或任何其他问题而使换热器充满流体，则设计方案必须含有在间歇过程之间排尽、冲洗和清洁换热器的内容。

　　当间歇过程中采用流股与流股、流股与罐或罐与罐的传热时，设计者必须确保批处理的调度表中允许两个流股同时可用，并有足够的时间完成所需的热量回收。当需要对热交换器进行排尽、冲洗和清洁时，也必须考虑这些步骤。对于同时处理多个间歇过程或具有多个间歇装置的工艺流程，所产生的调度问题太大，无法仅凭手工优化，必须使用数值方法。Vaselenak 等（1986）、Kemp 和 Deakin（1989）、Lee 和 Reklaitis（1995）的著作中介绍了解决这些问题的方法。

3.6.2.3　间接热量回收

另一种可用于间歇过程的热量回收方法是通过公用工程系统或蓄热系统间接地回收热量。虽然其热效率不如过程间的热量回收，但是解决了操作排序的问题。

在间接热量回收中，热工艺流股中的热量被转移到公用工程流股中，如传热流体的蓄热器。传热流体随后可用于加热过程中的其他地方。间接热量回收可用于上述任何一种流动方案，但在所有情况下，使用中间流股将降低热效率和可回收的热量。只有当工艺热源与工艺热阱之间存在足够大的温差时，才能采用蓄热系统，并考虑到热量传递给蓄热介质的热效率、蓄热过程中的冷损失以及进入工艺热阱的传热。

示例 3.7　微分能量平衡

在间歇制备水溶液中，首先在带夹套的搅拌容器中将 1000UK gal（4545kg）水从 15℃加热至 80℃。如果夹套面积为 $300ft^2$（$27.9m^2$），总传热系数可取为 $50Btu/（ft^2 \cdot h \cdot °F）[285W/（m^2 \cdot K）]$，蒸汽供应压力为 25psi（2.7bar）。估算加热时间。

解：

从夹套到水的热传递率由式（3.10）给出：

$$MC_p \frac{dT}{dt} = UA\Delta T_m$$

因为蒸汽是加热介质，所以热侧是等温的，可以写成：

$$\Delta T_m = T_s - T$$

式中　T_s——蒸汽饱和温度。

对时间积分：

$$\int_0^{t_B} dt = \frac{MC_p}{UA} \int_{T_1}^{T_2} \frac{dT}{(T_s - T)}$$

间歇加热时间 t_B：

$$t_B = -\frac{MC_p}{UA} \ln \frac{T_s - T_2}{T_s - T_1}$$

本示例中：

$$MC_p = 4.18 \times 4545 \times 10^3 \text{J/K}$$

$$UA = 285 \times 27 \text{W/K}$$

$$T_1 = 15℃, \quad T_2 = 80℃, \quad T_s = 130℃$$

$$t_B = -\frac{4.18 \times 4545 \times 10^3}{285 \times 27.9} \times \ln\frac{130-80}{130-15}$$

$$= 1990s = 33.2min$$

为了简单起见，示例中忽略了容器的热容和热损失，会将加热时间增加10%～20%。

参 考 文 献

Balmer, R.（2010）. Thermodynamic tables to accompany modern engineering thermodynamics. Academic Press.

Barnwell, J., & Morris, C. P.（1982）. Heat pump cuts energy use. Hyd. Proc., 61（July）, 117.

Bloch, H. P., Cameron, J. A., Danowsky, F. M., James, R., Swearingen, J. S., & Weightman, M. E.（1982）. Compressors and expanders: Selection and applications for the process industries. Dekker.

Buse, F.（1981）. Using centrifugal pumps as hydraulic turbines. Chem. Eng., NY, 88（Jan 26th）, 113.

Chada, N.（1984）. Use of hydraulic turbines to recover energy. Chem. Eng., NY, 91（July 23rd）, 57.

Dincer, I.（2003）. Refrigeration systems and applications. Wiley.

Douglas, J. M.（1988）. Conceptual design of chemical processes. McGraw-Hill.

Dryden, I.（Ed.）.（1975）. The efficient use of energy. IPC Science and Technology Press.

Dunn, R. F., & El-Halwagi, M. M.（2003）. Process integration technology review: background and applications in the chemical process industry. J. Chem. Technol. Biot., 78, 1011.

Dunn, K. S., & Tomkins, A. G.（1975）. Waste heat recovery from the incineration of process wastes. Inst. Mech. Eng. Conference on Energy Recovery in the Process Industries, London.

El-Halwagi, M. M.（1997）. Pollution prevention through process integration: Systematic design tools. Academic Press.

El-Halwagi, M. M.（2006）. Process integration. Academic Press.

Green, D. W., & Perry, R. H.（Eds.）.（2007）. Perry's chemical engineers' handbook（8th ed.）. McGraw-Hill.

Gundersen, T., & Naess, L.（1988）. The synthesis of cost optimal heat-exchanger networks an industrial review of the state of the art. Comp. and Chem. Eng., 12（6）, 503.

Hinchley, P. (1975). Waste heat boilers in the chemical industry. Inst. Mech. Eng. Conference on Energy Recovery in the Process Industries, London.

Holmann, E. C. (1971). PhD Thesis, Optimum networks for heat exchangers. University of South California.

Holland, F. A., & Devotta, S. (1986). Prospects for heat pumps in process applications. Chem. Eng., London, 425 (May), 61.

Jenett, E. (1968). Hydraulic power recovery systems. Chem. Eng., NY, 75 (April 8th), 159, (June 17th) 257 (in two parts).

Kemp, I. C. (2007). Pinch analysis and process integration (2nd ed.). A user guide on process integration for efficient use of energy. Butterworth–Heinemann.

Kemp, I. C., & Deakin, A. W. (1989). The cascade analysis for energy and process integration of batch processes. Chem. Eng. Res. Des., 67, 495.

Kenney, W. F. (1984). Energy conversion in the process industries. Academic Press.

Lee, B., & Reklaitis, G. V. (1995). Optimal scheduling of cyclic batch processes for heat integration–I. Basic formulation. Comp. and Chem. Eng., 19 (8), 883.

Linnhoff, B., & Flower, J. R. (1978). Synthesis of heat exchanger networks. AIChE J., 24 (633) (in two parts).

Linnhoff, B., Mason, D. R., & Wardle, I. (1979). Understanding heat exchanger networks. Comp. and Chem. Eng., 3, 295.

Linnhoff, B., Townsend, D. W., Boland, D., Hewitt, G. F., Thomas, B. E. A., Guy, A. R., & Marsland, R. H. (1982). User guide on process integration for the efficient use of energy (1st ed.). London : Institution of Chemical Engineers.

Luckenbach, E. C. (1978). U.S. 4, 081, 508, to Exxon Research and Engineering Co. Process for reducing flue gas contaminants from fluid catalytic cracking regenerator.

Majozi, T. (2010). Batch chemical process integration : Analysis, synthesis and optimization. Springer.

Meili, A. (1990). Heat pumps for distillation columns. Chem. Eng. Prog., 86 (6), 60.

Miles, F. D. (1961). Nitric Acid Manufacture and Uses. Oxford U.P.

Miller, R. (1968). Process energy systems. Chem. Eng., NY, 75 (May 20th), 130.

Moser, F., & Schnitzer, H. (1985). Heat pumps in industry. Elsevier.

Perry, R. H., & Chilton, C. H. (Eds.). (1973). Chemical engineers handbook (5th ed.). McGraw–Hill.

Reay, D. A., & Macmichael, D. B. A. (1988). Heat pumps : Design and application (2nd ed.). Pergamon Press.

Santoleri, J. J. (1973). Chlorinated hydrocarbon waste disposal and recovery systems. Chem. Eng. Prog., 69 (Jan.), 69.

Silverman, D. (1964). Electrical design. Chem. Eng., NY, 71 (May 25th), 131, (June 22nd) 133, (July 6th) 121, (July 20th), 161 (in four parts).

Singh，J.（1985）. Heat transfer fluids and systems for process and energy applications. Marcel Dekker.

Smith，R.（2005）. Chemical process design and integration. Wiley.

Stoecker，W. F.（1998）. Industrial refrigeration handbook. McGraw–Hill.

Trott，A. R.，& Welch，T. C.（1999）. Refrigeration and air conditioning. Butterworth–Heinemann.

Vaselenak，J. A.，Grossman，I. E.，& Westerberg，A. W.（1986）. Heat integration in batch processing. Ind. Eng. Chem. Proc. Des. Dev.，25，357.

NFPA 70.（2006）. National electrical code. National Fire Protection Association.

习 题

3.1 在工艺加热器中使用 Dowtherm A 传热流体来提供 850kW 的热量。假设每年运行 8000h，导热油蒸发器热效率为 80%，天然气价格为 4.60 美元 /10^6Btu，估算加热器的年运行成本。

3.2 工厂蒸汽管网由 40bar 的高压蒸汽、18bar 的中压蒸汽和 3bar 的低压蒸汽组成。天然气价格为 3.50 美元 /10^6Btu，电价为 0.07 美元 /（kW·h），估算每个压力等级的蒸汽成本（美元 /t）。

3.3 粗略估算一个快装锅炉生产每吨蒸汽的成本。在 15bar 压力下每小时产汽 10000kg。用作燃料的天然气热值为 39MJ/m^3（大约为 1×10^6Btu/1000ft^3）。锅炉热效率为 80%。没有冷凝水返回锅炉。

3.4 结晶过程需要在 –5℃ 下运行。制冷系统可将热量转移到 35℃ 的冷却水中。制冷循环效率是卡诺循环性能的 60%，采用单级循环和串联两级循环（冷循环不允许热量进入热循环）。电费为 0.07 美元 /（kW·h），冷却水成本可以忽略不计。估算为这一过程提供 1kW 冷却的成本。

3.5 煤炭焦化产生的副产物气体组成（摩尔分数）为：二氧化碳 4%，一氧化碳 15%，氢气 50%，甲烷 12%，乙烷 2%，乙烯 4%，苯 2%，平衡氮。利用附录 C 中的数据（可在 booksite.Elsevier.com/Towler 网站上查到），计算天然气的总热值和净热值。在标准温度和压力下给出答案（MJ/m^3）。

3.6 确定下表所列过程的夹点温度和所需最小公用工程用量。取最小温差为 15℃。设计热交换器网络以实现最多的能量回收。

流股号	类型	热容流率 CP，kW/℃	起始温度，℃	目标温度，℃
1	热	13.5	180	80
2	热	27.0	135	45
3	冷	53.5	60	100
4	冷	23.5	35	120

3.7　确定下表所列过程的夹点温度和所需最小公用工程。取最小温差为 15℃。设计热交换器网络以实现最大的能量回收。

流股号	类型	热容流率 CP, kW/℃	起始温度, ℃	目标温度, ℃
1	热	10.0	200	80
2	热	20.0	155	50
3	热	40.0	90	35
4	冷	30.0	60	100
5	冷	8.0	35	90

3.8　两个精馏塔串联操作生产高纯度产品。第一塔的顶部馏出流股是第二塔的进料。第二塔的塔顶馏出物是净化后的产品。两个塔都是常规的精馏塔，配有再沸器和全凝器。塔釜产品被输送到其他处理单元，不是本习题考虑范畴。第一塔的进料经过预热器。第二塔的冷凝流股经过产品冷却器。每个流股负荷列表如下：

编号	名称	类型	起始温度, ℃	目标温度, ℃	热负荷, kW
1	进料预热器	冷	20	50	900
2	第一冷凝器	热	70	60	1350
3	第二冷凝器	热	65	55	1100
4	第一再沸器	冷	85	87	1400
5	第二再沸器	冷	75	77	900
6	产品冷却器	热	55	25	30

找出此过程所需最小公用工程用量，取最小温差为 10℃。

注意，流股热容流率等于换热器负荷除以进出口温差。

3.9　当最小温差为什么数值时，示例 3.5 中的案例会变成阈值问题？为产生阈值的方案进行热交换器网络设计。这对示例 3.5 中推荐的设计方案有什么启示？

第 4 章

流 程 模 拟

※ **重点掌握内容**

- 如何使用商业流程模拟软件构建工艺流程的物料和热量平衡模型。
- 如何选择热力学模型预测相平衡和物流性质。
- 软件内装数据库不能满足需求时，如何使用用户自定义模型和组分。
- 如何收敛带循环回路的流程以及解决收敛问题。
- 如何优化已收敛的流程。

4.1 概述

本章阐述如何使用流程模拟工具来建立全工艺流程的质量和能量平衡。工艺流程图（PFD）通常包括全流程和每个独立单元的物料平衡。能量平衡也用于确定能量流和公用工程需求。

大部分流程的工艺计算使用商业流程模拟软件进行，流程模拟软件程序包括大多数单元操作的模型以及热力学和物性模型。所有商业软件都具备一定程度的用户自定义建模功能，可允许设计者为非标准单元操作添加模型。

许多公司在 1960—1980 年开发了专有的流程模拟软件。维护和更新专有软件的成本很高，因此只有极少数的专有流程模拟软件仍然在使用，大多数公司现在完全依靠商业软件。每个商业流程模拟软件都独具特点，但是它们也有许多共同的特性。本章论述解决流程模拟的通用问题，而不是特定软件的问题，后者通常在用户手册和软件内部的在线帮助中有完整的文档资料。本章所列示例采用了 Aspen Plus®（Aspen 公司）和 UniSim™ Design Suite（霍尼韦尔公司）两种软件。UniSim Design 基于 HYSYS™ 软件，HYSYS™ 最初由 Hyprotech 公司开发，现在为霍尼韦尔所有和授权。

非稳态运行的循环和间歇操作过程需要用到动态模拟模型。一些稳态流程模拟程序可以修改转为动态模拟运行，也有专为间歇操作开发的软件，如 SuperPro Batch Designer™，该软件有许多适合生物过程模拟的特性。4.9 节将讨论间歇过程的模拟。

由于通常使用计算机程序进行流程模拟，因此工艺工程师需要对如何建立和求解计算机模型有很好的了解。构建流程物料和能量平衡的计算机模型，通常并不是工艺流程图上精确表达的那样，设计者可能需要将软件库中的模型和用户模型结合使用来获得工艺设备的性能。电子表格或手动计算通常也有助于建立流程模拟模型以及提供良好的初值，从而加速收敛。

4.2　流程模拟软件

最常用的商业流程模拟软件见表 4.1，其中大部分软件在高校均有许可，且以教育为目的而象征性收费。

对这些软件特性的详细讨论不在本书范围内。对流程模拟软件的需求、方法和应用的综合介绍可参考 Husain（1986）、Wells 和 Rose（1986）、Leesley（1982）、Benedek（1980）以及 Westerberg 等（1979）的著作。各个软件的特性在它们的用户手册和在线帮助中都有介绍，采用其中两个软件 [Aspen Plus®（v.11.1）和 UniSim Design（R360.1）] 模拟演示本章的示例。现在这些具有更多功能的软件最新版本已经发布，但从生成示例后其界面外观没有明显变化。

表 4.1　模拟软件

名称	类型	来源	网站地址
Aspen Plus	稳态	Aspen Technology Inc.	http//www.Aspentech.com
CHEMCAD	稳态	Chemstations Inc.	http//www.Chemstations.net
DESIGN Ⅱ	稳态	WinSim Inc.	http//www.Winsim.com
HYSYS	稳态和动态	Aspen Technology Inc.	http//www.Aspentech.com
PRO/ Ⅱ 和 DYNSIM	稳态和动态	SimSci–Esscor	http//www.Simsci.com
UniSim Design	稳态和动态	Honeywell	http//www.Honeywell.com

注：浏览软件网站查看最新版本的完整功能。

流程模拟软件可分为序贯模块法软件和同步法软件两大类。

序贯模块法软件：逐个模块逐步求解描述每个过程单元（模块）的方程，然后使用迭代技术解决循环计算过程中出现的问题。

同步法软件（也称为联立方程法）：整个过程用一组方程来描述，方程是同时求解的，而不是像序贯模块法那样逐步求解。同步法软件可以模拟过程和设备的非稳态操作，当存在多个循环时可以更快地收敛。

设计者过去可以使用的大多数模拟软件程序都是基于序贯模块法，它们比联立方程法的程序更易于开发，并且只需要适中的计算能力。这些模块是按顺序处理的，所以基本上只有特定单元的方程同时出现在计算机内存中，并且工艺条件、温度、压力、流量等都是固定的。使用序贯模块法时，计算难题会因解决循环问题并得到收敛的迭代方法而出现。序贯模块法模拟软件的一个主要局限在于无法模拟动态的、依赖于时间的过程性能。

同时，动态模拟软件需要比稳态更高的计算能力来求解描述一个过程，甚至一个单元设备的数千个微分方程。随着计算机技术快速、有力的发展，这已经不再是一种限制。联立方程法本质上不存在序贯模块法的循环收敛问题；然而，由于温度、压力和流量不是固定的，且一个单元的输入不是由上一个单元的计算输出确定的，联立方程法需要更多的计算时间。这促使了混合程序软件的开发，其中稳态模拟软件用来产生联立方程或动态模拟的初始条件。

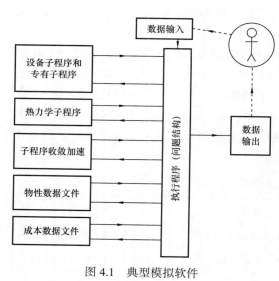

图 4.1　典型模拟软件

同步法动态模拟软件的主要优点是其建立非稳态模型的能力，如开车和故障工况。如 4.9 节所述，动态模拟软件正越来越多地被用于安全研究和控制系统的设计。

一个典型的模拟软件的组成如图 4.1 所示。主要包括：

（1）一个主要的执行程序，用于控制和跟踪流程的计算以及与子流程之间传递信息流。

（2）设备性能子流程（模块）库，用于模拟设备及由输入物流的信息计算得到输出物流。

（3）物性数据库。复杂流程程序的可用性在很大程度上取决于物性数据库的全面性，收集所需的物性数据用于设计特定过程，并转换成适用于相应模拟软件的形式是非常耗时的。

（4）热力学子程序，如气液平衡和物流焓值的计算。

（5）设备尺寸和成本估算的子程序和数据库。过程模拟软件使设计者能够考虑不同的流程结构，且成本估算提供了快速的经济性对比，一些软件还包含优化程序。在使用成本估算程序时，该软件必须至少能够进行粗略的设备设计。

在序贯模块法软件中，执行程序设置流程顺序，设定循环回路，并控制单元操作计算，单元操作计算同时受单元操作库、物性数据库和其他子程序的相互影响。执行程序还包括确定最佳计算顺序和路径，以加速收敛。

在联立方程法软件中，执行程序建立流程和一系列方程来描述单元操作，然后使用单元操作库和物性库的数据，以及调用热力学子程序文件来求解方程。

所有的流程模拟软件都使用图形用户界面来显示工艺流程，可以方便地将信息数据输入程序。数据的输入对任何熟悉 MS Windows 操作系统的人来说都很直观。

4.3　组分说明

创建流程模拟的第一步通常是建立模型的化学基础，这包括选择质量平衡中包含的组分以及决定用什么模型来预测物性和相平衡。本节重点介绍了合适组分的选择，物性模型的选择将在 4.4 节中讨论。

4.3.1　纯组分

每个流程模拟软件都有一个大型的纯组分物质数据库。大多数纯组分是有机化合物，但无机化合物和电解质组分也包括在内。

模拟软件数据库中所列的纯组分不保证其给出的任何性质都是基于测量的数据。如果化合物的性质对工艺性能至关重要，那么应查阅文献来确认模拟中使用的数值是可靠的。

在建立纯组分模型时，最重要的决策是选择正确的组分数。工艺工程师需要仔细考虑哪些组分对工艺设计、操作和经济性有重要影响。如果选择的组分太少，该模型将不足以用于工艺设计，因为它不能正确地预测反应器和分离设备的性能；相反，如果使用了太多的组分，该模型可能变得难以收敛，特别是在设计中有多个循环的情况时。

创建组分列表时需要遵循的一些指导原则包括：

（1）通常要包括任何有规定限制的产品组分，不论该组分出现在进料中或者是在过程中生成，这对确定分离是否符合产品规格至关重要。

（2）通常要包括任何有规定限制的进料组分，这些组分可以是副产品的来源，也可以作为催化剂或酶抑制剂，必须对它们进行跟踪以确保不会在过程中累积或使产品规格难以满足要求。在某些情况下，可能需要额外的分离措施来脱除原料的污染物。

（3）通常要包括在副反应或连续反应中生成的组分。重要的是要了解这些组分将在过程中何处累积或去除，即使不知道它们的产量。

（4）通常要包括与重大的健康、安全或环境问题相关的组分，如具有高毒性或爆炸性的化合物、已知的致癌物或列出的有害空气污染物（见第 10 章）。必须对它们进行跟踪以确保不会在任何物流中的含量达到不安全的水平，以及了解它们可能被排放到什么环境中。

（5）通常包括过程中在任何物流中质量分数或摩尔分数大于 2% 的化合物。

（6）不要包括异构体，除非该工艺特别要求区分异构体（例如，如果这个过程对一个异构体具有选择性，那么对于不同的异构体会产生不同的产物，或者设计用于分离异构体）。考虑高碳数有机化合物所有可能的异构体会产生巨大的工作量。对于燃料和大部分在相对高温下进行的石油化工工艺，假设异构体的平衡分布通常是合理的。对于精细化工和制药工艺，分别追踪考察异构体通常是很重要的，特别是作为所需产物的对映异构体通常只是同分异构体之一。

一般来说，纯组分模型在不到 40 个组分的情况下可以更有效地解决问题。如果组分的数量变得太大，有很多循环，那么可能需要建立两个模型。第一个是只包含主要组分的高阶模型，然后用它初始化第二个包含完整组分列表的更详细的模型。

4.3.2　虚拟组分

虚拟组分（假组分）是为了匹配石油混合物的沸点曲线，由模拟软件创建的。

原油、炼油厂的大多数中间物流以及汽油、煤油和柴油等燃料油，由许多不同的碳氢化合物组成。可能出现的烃类同分异构体的数量取决于碳的数量，两者都随着沸程的增加而增加。对于柴油、原油和重燃料油，可能的化合物数量可以从 10^4 个至 10^6 个以上。目前，没有一种分析方法能够逐一识别出所有这些化合物，也不可能将它们都包含在模型中，纵使最终的模型可以求解。取而代之的是，在给定沸点范围内的大量可能的化合物被"集中"在一起，由沸点在该范围中间的单一虚拟组分来表示，10～30 个一组的虚拟组分适用于任何油品分析，并可用于油品模拟。

虚拟组分模型在油品的分馏和混合问题中非常有用，也可用于表达某些化工过程（如乙烷裂解）的重质产品。在大多数反应器模型中，虚拟组分被当成惰性组分，但它们可以在收率反应器中转化或产生（见 4.5.1）。

一些商业模拟软件使用一组标准的默认虚拟组分，并拟合每一个组分的组成以匹配用户输入的油品沸点曲线。当原料由实沸点（TBP）曲线所定义并预测产品的 ASTM D86 或 D2887 曲线时，或者在具有严格精馏规定的设计中做了很多切割时，这种做法有时会产生错误。从产品的蒸馏曲线开始研究通常更好，并在切割点附近增加额外的虚拟组分，以确保回收率及产品的蒸馏曲线上 5% 和 95% 的点都能得到正确的预测。所有的模拟软件都可以选择添加虚拟组分至默认设置中或使用用户生成的曲线。

4.3.3　固体和盐

大多数化学和制药过程都涉及某种程度的固体处理。必须使用固体建模的例子包括：用于分离、回收或提纯的结晶组分；以粉末或片剂形式生产的药品；酸、碱或其他电解质反应生成的不溶性盐；可在低温过程中形成的水合物、冰和固体二氧化碳；生物过程中的细胞、细菌和固定酶；聚合过程中形成的聚合物颗粒或晶体；发电中的煤和灰颗粒；催化剂流化或浆料运输过程中的催化剂颗粒；作为加工原料的无机盐和矿石；肥料产品；纸张加工中的纤维。

某些固体组分可以用纯组分表征，并与模型中其他组分通过相平衡和反应平衡相互作用。其他如细胞和催化剂，不太可能与其他组分平衡，尽管它们可以在工艺过程中承担至关重要的角色。

在 Aspen Plus 软件中，固体组分被表征为不同的类型。具有可测性质（如分子量、蒸气压、临界温度和压力）的纯物质称为常规固体，与其他纯组分存在于 MIXED 子物流中，它们可以参与单元操作中任何特定的相平衡或反应平衡。如果固体只参与反应平衡，而不参与相平衡（例如，当液相中的已知溶解度非常低时），那么它就称为常规惰性固体，列于 CISOLID 子物流中。如果一个固体在相平衡或反应平衡中均未涉及，那么它是一个非常规固体，并在子物流 NC 中进行定义。非常规固体根据属性定义，而不是分子性质，可以用于模拟煤、细胞、催化剂、细菌、木浆和其他多种组分的固体物质。

在 UniSim Design 软件中，非常规固体可以定义为虚拟组分（参见 4.3.4）。纯组分的固相可以在相平衡和反应平衡计算中预测，不需要单独定义。

许多固体处理操作对固相的颗粒粒度分布（PSD）有影响。粒度分布也是一个重要的产品特性。Aspen Plus 软件允许用户输入颗粒大小分布作为固体子物流的属性。在 UniSim Design 软件中，粒度分布被输入"PSD Property"标签页中，该标签页在任何纯组分或虚拟固体组分物流的物流编辑器窗口的"workbook"下显示。随后设置单元操作，如收率反应器、破碎机、滤网、旋风除尘器、静电除尘器和结晶器等来修改粒度分布；通常使用转换功能模块或每个粒径范围内粒子的捕获率。

在存在无机固体和水时，必须为水相选择电解质相平衡模型，要适当考虑固体的溶解和溶液中离子的形成。

4.3.4 用户组分

流程模拟软件最初是为石化和燃料应用而开发的，因此特殊化学和制药过程中产生的许多分子都未在组分数据库中列出。所有的模拟软件都允许设计者通过添加新的分子来自定义数据库，从而解决这一问题。

在 UniSim Design 软件中，新的分子作为虚拟组分来添加。创建一个新的虚拟纯组分至少需要标准沸点，但建议用户提供尽可能多的信息。如果沸点未知，则可用分子量和密度代替。使用输入的信息来调整拟合 UNIFAC 关联式，以预测分子的物性和相平衡，见4.4 节所述。

用户自定义组分在 Aspen Plus 软件中是使用"用户自定义组分向导"创建的。所需的最少信息是分子量和标准沸点。该软件还允许设计者输入分子结构、密度、焓和吉布斯自由能、理想气体热容，以及蒸气压的安托因方程系数，但是复杂分子通常只有分子结构是已知的。

通常需要添加用户自定义组分来完成模拟。工艺工程师在解读包括用户自定义组分的模拟结果时应保持谨慎：闪蒸、倾析、萃取、精馏和结晶操作的相平衡预测应对比实验室数据仔细检查，以确保模型准确地预测了组分在各相间的分布。如果与实验数据吻合不好，通过调整相平衡模型中的二元相互作用参数，可以优化预测结果。

4.4 物性模型的选择

流程模拟软件都包含计算组分和物流性质，确定流程操作中相平衡的子程序。以设计为目的，用户必须选择一个能够足够精确表达系统的热力学模型。当设计对热力学模型的选择敏感时，应根据实测数据来检验模型以选取最精确的模型。在某些情况下，可能需要调整一些软件库中的模型参数，以得到更好的数据拟合一致性。

4.4.1 物性数据来源

将流程模拟软件预测的物性与实测数据进行对比检验是很好的做法。关于纯物质的性质数据有很多翔实的文献资料，但混合物的数据则很少。从文献中获取数据时应谨慎，因为印刷错误经常发生。如果一个数值看起来有问题，应该与其他参考文献中的数据或估算值进行交叉检验。

某些性质的值与测量方法有很大关系，例如，表面张力和闪点所用的方法都要校核，如果需要精确的数值，需参照原文献的方法。

《International Critical Tables（ICT）》（Washburn，1933）仍可能是最全面的关于物性的著作，在大多数参考书阅览室中都能找到。尽管该书第一次发表于 1933 年，但除了在实验技术上的改进，物性数据并没有变化，ICT 仍然是查找工程数据的有用来源。通过

Knovel（2003），ICT 现在可作为电子书在互联网上查阅。

化学工程及相关学科的许多手册和教科书中都给出了关于物性的图表。所给的许多数据都是从一本书复制到另一本书，但各种手册确实提供了快速、方便地获取常用物质数据的方法。

Touloukian（1970—1977 年）出版了大量的热力学数据汇编，包括电导率、比热、热膨胀系数、黏度和辐射性质（发射度、反射度、吸收度和透射度）。

工程科学数据中心（ESDU，www.ihsesdu.com）在工厂工程师、高校和研究机构实验室的指导和支持下建立和发展，其目的是为工程设计提供数据验证。ESDU 的数据包括设备设计数据和广泛的高质量物性数据——主要用于石油和加工工业中使用的纯流体。

物性方面的研究成果一般在工程和科技文献上报道发表。《Journal of Chemical Engineering Data》期刊专门用于发表化工设计中所用的物性数据。进行文献数据的快速搜索可以采用文摘期刊，如《Chemical Abstracts》和《Engineering Index》。《Engineering Index》现在被称为《Engineering Information（EI）》，是属于 Elsevier（www.ei.org）的一个网页版的文献来源。《Chemical Abstracts》可以使用 ACS SciFinder® 进行搜索。

已经发布了数千种二元和多组分系统的相平衡实验数据。几乎所有发布的实验数据都被收集起来，组成了 DECHEMA 的气液和液液平衡数据库（DECHEMA，1977）。Chu 等（1956）、Hala 等（1973）、Hala 等（1968）、Hirata 等（1975）及 Ohe（1989，1990）的著作也是很有用的数据来源。

各机构已建立了计算机化的物性数据库，为工艺工程师提供服务。这些数据库可以整合到计算机辅助设计程序中，并且越来越多地用于提供可靠的、经过验证的设计数据。PPDS 和 DIPPR™ 数据库是这类计算机辅助设计程序的范例。

PPDS（Physical Property Data Service，物性数据服务）最初是由英国化学工程师学会和国家物理实验室开发。通过源于 TUV Suddeutschland Group（www.tuvnel.com）的 NEL，PPDS 现在有微软的 Windows 系统版本可以使用。PPDS 可以折扣价提供给大学。

DIPPR™ 数据库由 AIChE 的物理特性设计院开发。DIPPR™ 旨在提供用来评估化工流程和设备的过程设计数据（www.aiche.org/TechnicalSocieties/DIPPR/ index.aspx）。DIPPR 801 数据库已提供给大学各系（Rowley 等，2004）。

工程数据的许多重要来源是订阅服务。美国化学学会的化学文摘服务是化学性质和反应动力学数据的最佳来源，化学文摘可以通过 SciFinder 网站（www.cas.org）在线搜索到，在大多数大学图书馆也可以找到。

另一个重要的数据信息来源是 Knovel。Knovel 提供了大多数标准参考书的在线访问入口。它是一种订阅服务，但可以通过专业工程机构和大多数大学的图书馆访问。在撰写本书时，Knovel 对 AIChE 的会员免费开放。除了有很多 pdf 格式的参考书之外，Knovel 还有交互性图表和搜索表格用于查找，诸如 Perry 的《Chemical Engineers Handbook and the International Critical Tables》等书籍。

4.4.2　物性预测

流程模拟软件包含了预测纯物质和混合物与温度、压力和组成有关的物性子程序。基于热力学和性质估算方面几十年的研究基础，已经开发出了相关技术方法。大多数预测物性的技术对于工艺和设备设计都具有足够的准确性。然而，预测的准确性始终应该通过将模型输出数据与实验、中试装置或单元操作的数据比较来进行评估。对所有可用方法的详细介绍不在本书的范围内，如果需要精确的值，可查阅关于物性估算的专业文章，如 Reid 等（1987）、Poling 等（2000）、Bretsznajder（1971）、Sterbacek 等（1979）及 AIChE（1983，1985）的文章，估算的数据应该通过实验来验证。

用于预测的技术也有助于对实验值进行关联、外推和插值计算。

预测性质最常用的两种方法是基团贡献法和对应态性质的使用。

4.4.2.1 基团贡献法

基团贡献方法基于以下概念，化合物的物理性质可以当成是由它的原子、基团和键的贡献值组成，贡献值由实验数据确定。它们为设计者提供了简单、方便的物性估算方法，只需要知道化合物的结构式就可以。

在没有数据可用来回归的情况下，可用基团贡献法预测广泛范围的物理性质。例如，Chueh 和 Swanson（1973a，1973b）提出的基团贡献法对有机液体的比热容给出了合理准确的预测。每个分子基团所分配的贡献值见表 4.2，示例 4.1 中解释了该方法。使用最广泛的基团贡献模型是 UNIFAC 方法，用于预测相平衡模型的参数。

示例 4.1

使用 Chueh 和 Swanson 的方法，估算溴乙烷在 20℃时的比热容。

解：

溴乙烷（CH_3CH_2Br）：

基团	比热容贡献值，kJ/（kmol·℃）	数量	
—CH_3	36.84	1	=36.84
—CH_2—	30.4	1	=30.4
—Br	37.68	1	=37.68
		总计	104.92kJ/（kmol·℃）

摩尔质量 =109kg/kmol

$$比热容 = \frac{104.93\text{kJ/}（\text{kmol}\cdot℃）}{109\text{kg/kmol}} = 0.96\text{kJ/}（\text{kg}\cdot℃）$$

实验值 0.90kJ/（kg·℃）。

表 4.2　20℃下液体比热容的基团贡献值（Chueh 和 Swanson，1973a，1973b）

基团	比热容贡献值 kJ/（kmol·℃）	基团	比热容贡献值 kJ/（kmol·℃）
链烷烃		>C=O	53.00
—CH₃	36.84	—C—O— H（其中含H）	53.00
—CH₂—	30.4	O‖—C—OH	79.97
—CH—	20.93	O‖—C—O—	60.71
—C—	7.37	—CH₂OH	73.27
烯烃		—CHOH	76.20
=CH₂	21.77	—COH	111.37
=C—H	21.35	—OH	44.80
=C—	15.91	—ONO₂	119.32
炔烃		卤素	
—C≡H	24.70	—Cl（碳上的第一或第二个）	36.01
—C≡	24.70	—Cl（碳上的第三或第四个）	25.12
环		—Br	37.68
—CH=	18.42	—F	16.75
—C= 或 —C—	12.14	—I	36.01
—C=	22.19	氮	
—CH₂—	25.96	H—N—（H—N—）	58.62
氧		H—N—（—N—）	43.96
—O—	35.17	—N—	31.40

基团	比热容贡献值 kJ/（kmol·℃）	基团	比热容贡献值 kJ/（kmol·℃）
—N═（在环中）	18.84	—SH	44.80
—C≡N	58.70	—S—	33.49
硫		氢	
		H—（适用于甲酸、甲酸、氢氰酸等）	14.65

注：对于满足以下条件的任何碳基，都要加上 18.84：一个碳基，它由一个单键连接至第二个碳基，第二个碳基
　　又由一个双键或三键与第三个碳基相连。在某些情况下，碳基只要符合上述标准，每次出现都需要增加 18.84。
　　上述 18.84 规则的例外情况包括：
（1）对于—CH₃ 基团，不需要额外增加 18.84。

（1）对于—CH_3 基团，不需要额外增加 18.84。

（2）对于一个满足 18.84 加法规则的—CH_2—基团，使用 10.47 代替 18.84。但是，当—CH_2—基团不止一次满
　　足加法规则时，第一次增加的值应该是 10.47，以后每次增加的值应该是 18.84。

（3）对于环中的任何一个碳基都不需要额外增加值。

4.4.2.2　对应态性质

对应态性质模型（也称为对应状态模型方法）基于化合物已知的临界条件来预测性
质。当有临界性质数据可用或估算的临界性质精确度足够高时，该法很有用（Sterbacek
等，1979）。对应态性质模型的一个例子是 Haggenmacher（1946）提出的估算汽化潜热的
方法，该方法由安托因蒸气压方程推导得到：

$$L_v = \frac{8.32BT^2 \Delta z}{(T+C)^2} \tag{4.1}$$

式中　L_v——温度 T 下的潜热，kg/kmol；

　　　T——温度，K；

　　　z——压缩常数；

　　　B，C——安托因方程系数（Antoine，1888）。

$$\ln p = A - \frac{B}{T+C} \tag{4.2}$$

式中　p——蒸气压，mmHg；

　　　A，B，C——安托因方程系数（Antoine，1888）；

　　　T——温度，K。

$$\Delta z = z_{gas} - z_{liquid} = \left(1 - \frac{p_r}{T_r^3}\right)^{0.5} \tag{4.3}$$

其中，对比压力 $p_r = p/p_c$，对比温度 $T_r = T/T_c$。

示例 4.2

估算乙酸酐（$C_4H_6O_3$）在其沸点 139.6℃（412.7K）和 200℃（473K）下的汽化潜热。

解：

乙酸酐的 $T_c = 569.1K$，$p_c = 46bar$。

安托因系数 $A = 16.3982$，$B = 3287.56$，$C = -75.11$。

沸点下汽化潜热的实验值为 41242kJ/kmol。

根据 Haggenmacher 方程，沸点下存在如下关系：

$$p_r = \frac{1}{46} = 0.02124$$

$$T_r = \frac{412.7}{569.1} = 0.7252$$

$$\Delta z = \left(1 - \frac{0.02124}{0.7252^3}\right)^{0.5} = 0.972$$

$$L_{v,b} = \frac{8.32 \times 3287.6 \times (412.7)^2 \times 0.972}{(412.7 - 75.11)^2} = 39733kJ/mol$$

在 200℃下，蒸气压必须先由安托因方程估算：

$$\ln p = A - \frac{B}{T+C}$$

$$\ln p = 16.3982 - \frac{3287.56}{473 - 75.11} = 8.14$$

$$p = 3421.35mmHg = 4.5bar$$

$$p_r = \frac{4.5}{46} = 0.098$$

$$T_r = \frac{473}{569.1} = 0.831$$

$$\Delta z = \left(1 - \frac{0.098}{0.831^3}\right)^{0.5} = 0.911$$

$$L_v = \frac{8.32 \times 3287.6 \times (473)^2 \times 0.0911}{(473 - 75.11)^2} = 35211kJ/kmol$$

如果不能找到临界常数的可靠实验值，可以采用对于大多数设计过程具有足够精度的技术来估算临界常数。对于有机化合物，经常采用 Lydersen 方法（Lydersen，1955）：

$$T_c = \frac{T_b}{0.567 + \sum \Delta T - \left(\sum \Delta T\right)^2} \tag{4.4}$$

$$p_c = \frac{M}{\left(0.34 + \sum \Delta p\right)^2} \tag{4.5}$$

$$V_c = 0.04 + \sum \Delta V \tag{4.6}$$

式中　T_c——临界温度，K；

$\quad\quad p_c$——临界压力，atm（1.0133bar）；

$\quad\quad V_c$——临界状态下的摩尔体积，m³/kmol；

$\quad\quad T_b$——标准沸点，K；

$\quad\quad M$——相对分子质量；

$\quad\quad \Delta T$——临界温度增量，见表 4.3；

$\quad\quad \Delta p$——临界压力增量，见表 4.3；

$\quad\quad \Delta V$——摩尔体积增量，见表 4.3。

　　Lydersen 方法解释了流程模拟软件只利用分子结构和沸点，如何实现预测用户自定义组分的性质。应用 Lydersen 方法可以获得临界常数，这些常数可用于对应态模型中以获得其他性质。这种计算的每一个阶段都引入了不准确性问题，所以最终的预测值可能只适用于初步设计阶段，因此在详细设计前，应根据实验值验证预测结果。

表 4.3　临界常数基团增量（Lydersen，1955）

基团增量	ΔT	Δp	ΔV	基团增量	ΔT	Δp	ΔV
非环基团							
—CH₃	0.020	0.227	0.055	=C—	0.0	0.198	0.036
—CH₂	0.020	0.227	0.055	=C=	0.0	0.198	0.036
—CH	0.012	0.210	0.051	≡CH	0.005	0.153	0.036[①]
—C—	0.00	0.210	0.041	≡C—	0.005	0.153	0.036[①]
=CH₂	0.018	0.198	0.045	H	0	0	0
=CH	0.018	0.198	0.045				
环基团							
—CH₂—	0.013	0.184	0.0445	=CH	0.011	0.154	0.037

续表

基团增量	ΔT	Δp	ΔV	基团增量	ΔT	Δp	ΔV
—CH	0.012	0.192	0.046	=C—	0.011	0.154	0.036
—C—	−0.007[1]	0.154[1]	0.031[1]	=C=	0.011	0.154	0.036
卤素基团							
—F	0.018	0.224	0.018	—Br	0.010	0.50[1]	0.070[1]
—Cl	0.017	0.320	0.049	—I	0.012	0.83[1]	0.095[1]
含氧基团							
—OH（醇类）	0.082	0.06	0.018[1]	—CO（环）	0.033[1]	0.2[1]	0.050[1]
—OH（酚类）	0.031	−0.02[1]	0.030[1]	HC=O（醛）	0.048	0.33	0.073
—O—（非环）	0.021	0.16	0.020	—COOH（酸）	0.085	0.4[1]	0.08
—O—（环）	0.014[1]	0.12[1]	0.080[1]	—COO—（酯）	0.047	0.47	0.08
—C=O（非环）	0.040	0.29	0.060	=O（不含以上的基团）	0.02[1]	0.12[1]	0.011[1]
含氮基团							
—NH$_2$	0.031	0.095	0.028	—N—（环）	0.007[1]	0.013[1]	0.032[1]
—NH（非环）	0.031	0.135	0.037[1]	—CN	0.060[1]	0.36[1]	0.080[1]
—NH（环）	0.024[2]	0.09[2]	0.027[1]	—NO$_2$	0.055[1]	0.42[1]	0.078[1]
—N—（非环）	0.014	0.17	0.042[1]				
含硫基团							
—SH	0.015	0.27	0.055	—S—（环）	0.008[1]	0.24[1]	0.045[1]
—S—（非环）	0.015	0.27	0.055	S	0.003[1]	0.24[1]	0.047[1]
其他							
—Si—	0.03	0.54[1]		—B—		0.03[1]	

注："—"表示与氢原子以外的原子成键。

① 所依据的实验点太少，数值不够可靠。

示例 4.3

使用 Lydersen 方法估算二苯甲烷的临界常数。标准沸点 537.5K，分子量 168.2，结构式：

解：

基团	数量	贡献值		
		ΔT	Δp	ΔV
H—C＝（环）	10	0.11	1.54	0.37
＝C—（环）	2	0.022	0.308	0.072
—CH₂—	1	0.02	0.227	0.055
		$\sum 0.152$	2.075	0.497

$$T_c = \frac{537.5}{\left(0.567 + 0.152 - 0.152^2\right)} = 772K \text{，实验值 767K。}$$

$$p_c = \frac{168.2}{\left(0.34 + 2.075\right)^2} = 28.8atm \text{，实验值 28.2atm。}$$

$$V_c = 0.04 + 0.497 = 0.537 m^3/kmol。$$

4.4.3　相平衡模型

对于特定的系统，用来推导气液和液液平衡的最佳方法的选择取决于混合物的组成（体系的化学属性）、操作压力（低、中、高）和可用的实验数据。

对于组分 i，多组分混合物的两相热力学平衡准则为：

$$f_i^v = f_i^L \tag{4.7}$$

式中　f_i^v——组分 i 气相逸度；

　　　f_i^L——组分 i 液相逸度。

$$f_i^v = p\phi_i y_i \tag{4.8}$$

$$f_i^v = f_i^{OL}\gamma_i x_i \tag{4.9}$$

式中　p——系统总压；

$\quad\quad\ \phi_i$——气相逸度系数，可由一个合适的状态方程计算；

$\quad\quad\ y_i$——组分 i 在气相中的摩尔分数；

$\quad\quad\ f_i^{OL}$——纯液相标准态逸度；

$\quad\quad\ \gamma_i$——液相活度系数；

$\quad\quad\ x_i$——组分 i 在液相中的摩尔分数。

将式（4.8）和式（4.9）代入式（4.7），重新变换形式得到：

$$K_i = \frac{y_i}{x_i} = \frac{\gamma_i f_i^{OL}}{p\phi_i}\quad\quad\quad（4.10）$$

式中　K_i——相平衡常数（K 值）。

f_i^{OL} 可由如下公式计算：

$$f_i^{OL} = p_i^O \phi_i^S \left\{ \exp\left[\frac{(p - p_i^O)}{RT} V_i^L \right] \right\}\quad\quad\quad（4.11）$$

式中　p_i^O——纯组分的蒸气压 [可由式（4.2）来计算]，Pa ；

$\quad\quad\ \phi_i^S$——纯组分 i 的饱和态逸度系数；

$\quad\quad\ V_i^L$——液相摩尔体积。

式（4.11）中的指数项为 Poynting 校正系数，校正压力对液相逸度的影响。

ϕ_i^S 由计算 ϕ_i 的状态方程来计算。

对于气相偏差较小的系统，式（4.10）可以变换成类似拉乌尔定律的方程：

$$K_i = \frac{\gamma_i p_i^O}{p}\quad\quad\quad（4.12）$$

气相的非理想性通常使用状态方程建模，状态方程表达了真实气体或液体摩尔体积与温度和压力的关系。表 4.4 中给出了一些最为常用的状态方程及其特点。

表 4.4　状态方程

模型方法	特点	参考文献
Redlich–Kwong 方程（R–K）	范德华方程的扩展，其中常数由临界温度和压力来计算。不适用于临界压力附近（$p_r > 0.8$）的状态或液体	Redlich 和 Kwong（1949）
Redlich–Kwong–Soave 方程（R–K–S）	R–K 方程的修正扩展，可用于临界区域和液体	Soave（1972）
Benedict–Webb–Rubin 方程（B–W–R）	八参数经验模型，可精确预测气相和液相烃类物质的相平衡。也能应用于含二氧化碳和水的轻烃混合物体系	Benedict 等（1951）
Lee–Kesler–Plocker 方程（L–K–P）	Lee 和 Kesler 采用对应状态原理，将 B–W–R 方程扩展，可用于更广泛种类的物质。该法被 Plocker 等进一步修正	Lee 和 Kesler（1975），Plocker 等（1978）

模型方法	特点	参考文献
Chao–Seader 方程（C–S）	可精确预测氢气和轻烃体系，但温度仅限于 530K 以下	Chao 和 Seader（1961）
Grayson–Streed 方程（G–S）	扩展了 C–S 方程，可用于富氢混合物及高温高压体系。温度和压力可高至 4700K 及 200bar	Grayson 和 Streed（1963）
Peng–Robinson 方程（P–R）	扩展了 R–K–S 方程，以解决 R–K–S 方程在临界点附近的不稳定性	Peng 和 Robinson（1976）

对于气相中没有已知化学相互作用的低压系统，通常可假设符合理想气体行为。有关这些状态方程的详细资料，读者可参阅表 4.4 中引用的文献，或 Reid 等（1987）、Prausnitz 等（1998）及 Wala（1985）的著作。参考图 4.2 来选择用于特定流程设计的最佳方程。

液相非理想性比气相非理想性更常见，采用活度系数模型来建模计算。最常用的活度系数模型是 Wilson、NRTL 和 UNIQUAC 模型，见表 4.5。大学热力学课程中所教授的简单模型不适用于设计目的。

表 4.5 活度系数模型

模型方法	特点	参考文献
Wilson 方程	使用两个可调参数模型化分子间的二元相互作用。可扩展到仅使用二元相互作用参数的多组分系统。不能预测第二液相的形成	Wilson（1964）
NRTL（Non–Random Two Liquid，非随机两流体）方程	每个二元对使用三个参数，其中两个是相互作用的能（类似于 Wilson 参数），第三个是随机因子，表征了分子 i 和 j 在混合物中随机分布的程度，能预测液液或气液平衡	Renon 和 Prausnitz（1969）
UNIQUAC（Universal Quasi–Chemical，通用准化学活度系数）方程	数学表达式比 NRTL 更复杂，但是可调参数更少，可以预测液液与气液平衡。缺少实验数据时，可以通过 UNIFAC 法预测可调参数。可能是使用性最广泛的模型	Abrams 和 Prausnitz（1975），Anderso 和 Prausnitz（1978a），Anderson 和 Prausnitz（1978b）

活度系数模型通常能很好地预测二元体系的液相逸度，并可扩展到多组分混合物中，前提是所有二元相互作用参数是已知的。随着组分数量的增加，模型的可靠性降低，可以通过拟合三元或更多元混合物的一些数据来提高精度。

4.4.5 将讨论为特定的过程选择最合适的液相活度系数模型，并在图 4.2 中进行了解释说明。

液相活度系数 γ_i 是压力、温度和液相组成的函数。在远离临界状态的条件下，活度系数实际上与压力无关，在常见精馏过程的温度范围内，也可认为与温度无关。对于活度系数方程及其相应特点的详细讨论，读者可参考 Reid 等（1987）、Prausnitz 等（1998）、Walas（1985）和 Null（1970）的著作。

大多数商业流程模拟软件都包含相应的子程序，允许用户输入相平衡数据并进行回归，从而修正优化活度系数模型中的二元相互作用参数。二元相互作用参数不是固定的常数，对于特定的设计问题，局部修正参数能提供更精确的相平衡预测计算。模拟软件手册中详细介绍了如何拟合相平衡数据。

4.4.4　预测相平衡参数

设计者经常会遇到分离过程设计中没有足够的相平衡实验数据的问题，有些方法能用于气液平衡（VLE）数据的预测和实验值的外推。流程模拟软件中包括实测数据库和混合物的相互作用参数以及预测方法，在设计和预测中使用这些方法时应当注意通过实验数据加以验证。

4.4.4.1　基团贡献法

基团贡献法被开发用以预测液相活度系数。其目的是通过物质官能团的贡献来预测设计者所感兴趣的成千上万种可能的混合物相平衡数据。UNIFAC 方法由 Fredenslund、Gmehling、Michelsen、Rasmussen 和 Prausnitz（1977a）提出，在 Fredenslund、Gmehling 和 Rasmussen（1977b）的书中有详细介绍，该方法对流程设计或许最有用。ASOG 方法（Kojima 和 Tochigi，1979），可用于预测 NRTL 方程所需的参数。为发展 UNIFAC 方法，还有更多扩展的工作，包括更广泛的官能团（Gmehling 等，1982；Magnussen 等，1981）。UNIFAC 方法可用于为 UNIQUAC 模型估算二元相互参数，扩展 NRTL 和 Wilson 模型。

在应用 UNIFAC 方法时需注意以下限定条件：

（1）压力不超过几巴（例如，限制在 5bar）。

（2）温度低于 150℃。

（3）无不凝组分或电解质。

（4）不能用于含有 10 个以上官能团的组分。

4.4.4.2　酸水系统

酸水是指在炼化操作中遇到的含有二氧化碳、硫化氢和氨的水。为了处理这类系统的气液平衡，已经发展了特殊的关联方程式，这些方程在大多数设计和模拟软件中都有。Newman（1991）给出了酸水系统设计所需的图表格式的平衡数据。

4.4.4.3　电解质系统

当水和盐混合在一起时，盐可以在水中电解成离子态。相平衡模型必须考虑到解离和离子电荷之间的长程相互作用以及气液或液液平衡。已经开发出特殊的电解质模型和数据库（如 OLI 模型）用于电解质系统。这些模型在商业流程模拟软件中是可用的，但有时需要额外付费。

4.4.4.4　高压下的气液平衡

在几个大气压以上的压力下，气相将明显偏离理想气体行为，需在工艺设计中采用合适的状态方程来考虑到这一点，还必须考虑压力对液相活度系数的影响。用于高压下关联和估算气液平衡数据的方法不在本书的讨论范围，读者可参考 Null（1970）、Prausnitz 等（1998）或 Prausnitz 和 Chueh（1968）的文章。

Prausnitz 和 Chueh 也介绍了包含处于临界温度以上的组分（超临界组分）的相平衡。

4.4.4.5　液液平衡

液液萃取过程的设计需要两种溶剂中组分分布的实验数据或预测值，并且设计倾析器和其他液液分离器需要相互溶解度。

Green 和 Perry（2007）提供了有用的溶解度数据总结。液液平衡（LLE）组成可以从气液平衡数据中预测，但预测结果用于液液萃取过程的设计准确度不够。DECHEMA 数据库包含了数百种混合物的液液平衡数据（DECHEMA，1977）。

UNIQUAC 方程可以用来估算多组分液液体系的活度系数和液相组成。无法获得实验数据时，可以用 UNIFAC 方法来估算 UNIQUAC 方程的参数。一些流程模拟软件在计算液液平衡时需要用户启用三相计算或从 VLE 模式切换到 VLLE 模式。

必须强调的是，在液液平衡的设计计算中使用预测值应非常谨慎。

4.4.5　设计计算中相平衡模型的选择

相平衡模型的选择没有通用的规则。虽然不同状态方程的适用性具有一般规则，但液相活度系数模型是半经验的，且通常不可能事先确定哪一个与相平衡实验数据吻合最好。

图 4.2 所示的流程图是由 Wilcon 和 White（1986）发表的类似图表改编而来，可以作为模型选择的初步指南。图中使用的状态方程和活度系数模型的缩写参见表 4.4 和表 4.5。必须强调的是，最佳的活度系数模型应在一定条件范围内与实验数据一致性最好。如果没有实验数据，那么最好的模型可能是必须估算的相互作用参数最少的模型。

如果使用估算的相互作用参数来创建相平衡模型，设计者应该强调这是设计中不确定性的一个来源。在进行详细设计之前，设计团队应确保收集到足够的数据来验证模型，并请一位热力学方面的专家在模型选择和参数估算方面给出建议。

4.4.6　物性模型的验证

通过流程模拟软件预测的物理性质和相平衡应该与实验测量值进行比较来验证。不必将预测的每个参数与真实的数据进行对比，但任何对设计有显著影响的参数都应该验证确认。在某些情况下，可能还需要确认在一定温度或压力范围内物性的准确性。

在改扩建设计中，模型验证虽然不容易，但相对便捷。可以建立和调整现有流程的模拟模型，以匹配当前工厂的性能。一旦模型成功经过工厂数据的校准，就可以使用它评估所提出的设计优化的新工况。尽管这听起来很简单，但将模型与工厂数据进行匹配所需的工作量是相当可观的。使用更可控条件下的实验室数据来减少基于工厂模型的可调参数数量，这通常是非常有价值的。

中试工厂和实验室的实验可作为相当好的数据来源用于模型验证。在设计一个中试工厂时，需要考虑数据收集以验证相平衡模型，必须注意确保所采集样品的物流处于稳态并有足够时间达到平衡。

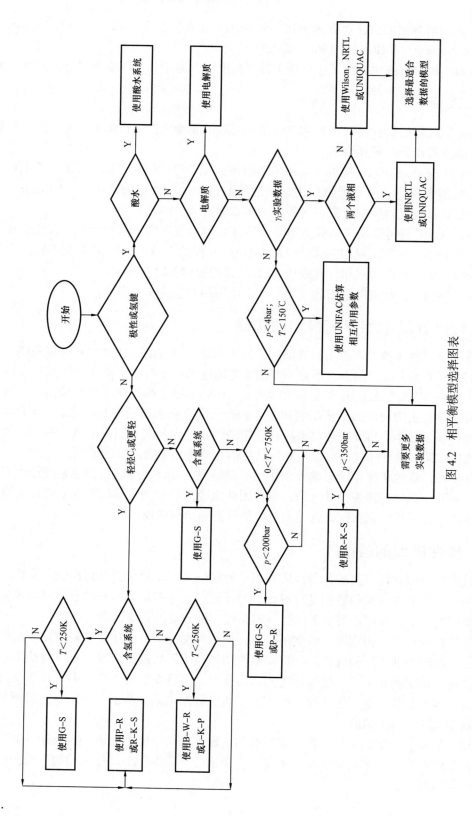

图 4.2　相平衡模型选择图表

如果没有实验数据，那么通常最好独立估算任何对设计有较大影响的参数，以确保模拟软件的结果是可信的。如果独立估算值与模拟结果不一致，进行一些实验来收集真实数据是值得的。Poling 等（2000）在书中给出了估算物理性质的方法。

当没有可用的数据时，闪蒸计算可以作为验证相平衡模型的一种简单方法。设计者应建立一个相关的温度、压力和组成条件下的闪蒸计算模型。该模拟可以使用不同的热力学模型来表达所研究系统的液相和气相非理想性。不论选择何种热力学模型，如果模型预测的物流流量和组成基本相同，那么这些模型是同样有效的。这并不意味着这些模型是准确的，但至少它们给出了相同的结果。如果采用不同的热力学模型进行闪蒸计算得到的流量或组分存在较大差异，设计者应寻找更多的实验数据，以确定哪种模型最适用。

4.5　单元操作的模拟

流程模拟从一组由质量流和能量流连接的单元操作模型开始建立。商业模拟软件包括许多单元操作子程序，有时称为库模型。这些操作可以从选项板或菜单中选择，然后使用模拟软件的图形用户界面连接在一起。表 4.6 列出了 Aspen Plus 软件和 UniSim Design 软件中提供的主要单元操作模型。模拟软件手册中给出了如何设定单元操作的详细介绍。本节提供关于单元操作建模和非常规单元操作建模的一般建议。

4.5.1　反应器

实际工业反应器的建模通常是流程模拟中最困难的步骤。虽然建立模型并给出主要产品收率的合理预测一般来说比较容易，但模拟软件的库模型不够精确以完全获取水力学、混合、传质、催化剂和酶抑制剂、细胞新陈代谢等所有细节，而这些往往在确定反应器出口组成、能耗、催化剂失活速率及其他重要的设计参数时起着至关重要的作用。

在过程设计的早期阶段，模拟软件库模型通常与简单的反应模型一起使用，这些反应模型让工艺工程师对产量和焓的变化有足够的了解，从而可以设计过程的其余部分。如果设计在经济上具有吸引力，那么可以构建更详细的模型并将其替换到流程中。这些详细的模型通常作为用户自定义模型来构建，如 4.6 节和 15.11 节所述。

表 4.6　Aspen Plus 软件和 UniSim Design 软件中的单元操作模型

单元操作		Aspen Plus 模型	UniSim Design 模型
物流混合		Mixer	Mixer
组分分离		Sep，Sep2	Component Splitter
倾析		Decanter	3–Phase Separator
闪蒸		Flash2，Flash3	Separator，3–Phase Separator
管道组件	管道	Pipe，Pipeline	Pipe Segment，Compressible Gas Pipe
	阀门	Valve	Valve，Tee，Relief Valve
	旋流分离	HyCyc	Hydrocyclone

单元操作		Aspen Plus 模型	UniSim Design 模型
反应器	转化率反应器	RStoic	Conversion Reactor
	平衡反应器	REquil	Equilibrium Reactor
	吉布斯反应器	RGibbs	Gibbs Reactor
	产率反应器	RYield	Yield Shift Reactor
	全混流反应器	RCSTR	Continuous Stirred Tank Reactor
	平推流反应器	RPlug	Plug Flow Reactor
塔	简捷精馏	DSTWU，Distl，SCFrac	Shortcut Column
	严格精馏	RadFrac，MultiFrac	Distillation，3-Phase Distillation
	液液萃取	Extract	Liquid-Liquid Extractor
	吸收和解吸	RadFrac	Absorber，Refluxed Absorber，Reboiled Absorber
	分馏	PetroFrac	3-Stripper Crude，4-Stripper Crude，Vacuum Resid Column，FCCU Main Fractionator
	基于速率的精馏	RATEFRAC™	
	间歇精馏	BatchFrac	
传热设备	加热器或冷却器	Heater	Heater，Cooler
	换热器	HeatX，HxFlux，Hetran，HTRI-Xist	Heat Exchanger
	空冷器	Aerotran	Air Cooler
	加热炉	Heater	Fired Heater
	多物流换热器	MheatX	LNG Exchanger
转动设备	压缩机	Compr，MCompr	Compressor
	汽轮机	Compr，MCompr	Expander
	泵，水力汽轮机	Pump	Pump
固体处理	粉碎	Crusher	
	尺寸筛选	Screen	Screen
	结晶设备	Crystallizer	Crystallizer，Precipitation
	中和		Neutralizer
	固体清洗	SWash	
	过滤器	Fabfl，CFuge，Filter	Rotary Vacuum Filter

单元操作		Aspen Plus 模型	UniSim Design 模型
固体处理	旋风分离	HyCyc，Cyclone	Hydrocyclone，Cyclone
	固体倾析	CCD	Simple Solid Separator
	固体运输		Conveyor
	二次开采	ESP，Fabfl，VScrub	Baghouse Filter
用户模型		User，User2，User3	User Unit Op

大多数商业模拟软件都有以下不同的反应器模型。

4.5.1.1　转化反应器（化学计量反应器）

转化反应器需要反应的化学计量数和反应程度，反应程度通常指限量反应物转化的程度。此类型反应器不需要反应动力学信息，因此可以在动力学数据未知（通常是在设计的早期阶段）或已知反应完全转化时使用。转化反应器可以处理多个反应，但如果使用相同限量反应物时，则需要注意规定求解这些反应的顺序。

4.5.1.2　平衡反应器

平衡反应器为一组指定的化学计量反应找到平衡产物分布，同时也求解相平衡。工程师可以输入出口温度和压力，计算反应器模型达到该条件所需的热负荷或输入热负荷，让模型基于能量平衡预测出口条件。

平衡反应器只解决指定的反应方程，因此它适用于一个或多个反应快速平衡而其他反应进行缓慢的情况。甲烷转化为氢气的蒸气转化反应就是一个例子。在该过程中，水和一氧化碳之间发生的变换反应在 450℃以上快速平衡，而甲烷转化反应即使在高达 800℃的温度下也需要有催化剂，示例 4.5 探究了该化学过程。

在一些模拟软件中，平衡反应器模型要求设计者分别指定液相和气相产物，即使其中一个物流可能被计算为零流量。如果真实的反应器只有一个出口，那么模型中的两个产品物流应该混合在一起。

4.5.1.3　吉布斯反应器

吉布斯反应器在进料质量平衡的约束下，通过吉布斯自由能的最小化，处理组分列表中所有组分的完全反应和相平衡问题。吉布斯反应器可以指定一些限制条件，如趋近平衡的温度或某个组分的固定转化率。

吉布斯反应器在模拟已达平衡的系统时非常有用，特别是涉及简单分子的高温过程。但是，当存在复杂分子时就不太适用了，因为这些分子通常具有很高的吉布斯生成能。因此，除非模型中的组分数量非常有限，这些组分的浓度才可以预测。

在模型中使用吉布斯反应器时，设计者必须仔细指定组分，因为吉布斯反应器只能处理指定的组分。如果一个实际形成的组分没有列在组分表中，那么吉布斯反应器的结果就没有意义了。必须注意包含所有的异构体，因为没有异构体会使吉布斯反应器的结果失真。此外，如果某些物质具有较高的吉布斯自由能，它们的浓度可能无法由模型正确地预测。例如，苯、甲苯和二甲苯等芳烃化合物，它们的吉布斯生成自由能大于零。如果这些物质在一个同时也包含氢和焦炭的模型组分集中，那么吉布斯反应器就会预测到只有焦炭和氢形成。虽然氢和焦炭确实是最终的平衡产物，但芳烃在动力学上是稳定的，而且有许多转化芳烃化合物的过程没有显著的焦炭生成。在这种情况下，设计者必须从组分列表中删除炭，或者在模型中使用平衡反应器。

4.5.1.4 连续搅拌釜式反应器（CSTR）

CSTR 是传统全混流反应器的模型。当反应动力学模型可知且认为反应器混合良好时，即反应器内各处的条件与出口条件相同，可使用 CSTR 模型。通过指定正向和逆向反应，CSTR 模型可以同时对平衡反应和基于速率的反应进行建模。使用 CSTR 模型的主要缺点是，如果要正确预测副产品，就需要对动力学有详细的了解。

4.5.1.5 平推流反应器（PFR）

平推流反应器模拟传统的活塞流行为，假设径向混合均匀，但没有轴向扩散。该模型具有与 CSTR 模型相同的局限性，即必须指定反应动力学。

大多数模拟软件允许平推流反应器的热量输入或输出。传热可以在恒定管壁温度时发生（如炉管、蒸汽夹套管或浸没式盘管），也可以在与公用工程逆流时发生（如在换热器管程或带冷却水的夹套管中）。

4.5.1.6 产率反应器

产率反应器允许设计者指定收率，从而克服了其他反应器模型的一些缺点。在没有动力学模型的情况下，可以使用产率反应器，一些实验室或中试工厂的数据可用来建立收率的关联式。

当模拟含有虚拟组分和带有粒径分布的固体物流，或形成少量多种副产品的流程时，产率反应器特别有用。这些都可以很容易地在收率关联式中进行描述，但很难用其他类型的反应器建模。

利用产率反应器的主要难点是建立收率关联式。如果只有一个数据点是可用的，例如来自专利，那么输入收率分布就很简单了。另外，如果目的是优化反应器条件，那么必须收集大量数据来建立模型，在足够广泛的条件下准确地预测收率。如果可以使用不同的催化剂，那么每种催化剂的潜在反应机理可能不同，每种催化剂都需要自己的收率模型。收率模型的开发可能是一个昂贵的过程，通常在公司管理层认为该过程可能具有经济吸引力时才进行。

4.5.1.7 建模真实反应器

工业反应器通常比简单的模拟软件的库模型更复杂。真实反应器通常是多相的，具有较强的传质、传热和混合效应。真实反应器的停留时间分布可以通过追踪剂研究确定，很少能与简单的 CSTR 或 PFR 模型精确匹配，参见 15.12 节。

有时可以结合库模型对反应系统进行建模。例如，转化反应器可以用来建立主要进料的转化，然后用平衡反应器在指定的产品之间建立平衡分布。类似地，具有复杂混合模式的反应器可以建模为 CSTR 和 PFR 模型网络，如 12.11.2 和 15.11.2 所述，如图 12.14 所示。

当使用库模型的组合来模拟反应器时，最好将这些模型组合至一个子流程中。可以给子流程一个合适的标签，如"反应器"，表明它所包含的所有单元操作都是针对单个真实设备的建模，从而使其他应用该模型的人不太可能误解其包含有另外的单元操作。

商业反应器的详细模型通常被写成用户模型。用户模型在 4.6 节中做了介绍。反应器的详细建模将在 15.11 节中具体说明。

示例 4.4

当重油在催化裂解或热裂解流程中发生裂化时，就会形成较轻的碳氢化合物。大多数重油原料的裂解过程产生的产品碳数在 2～20 之间。当在 200kPa 下升高裂解温度时，C_5 化合物的平衡分布是如何变化的？

解：

该问题使用 UniSim Design 软件求解。

该问题需要平衡分布，所以模型应该包含吉布斯反应器或平衡反应器。

快速浏览 UniSim Design 软件中的组分列表，就会发现有 22 种碳数为 5 的碳氢化合物。为了模拟这些物质之间的平衡，还需要将氢包括在内，以便生成烯烃、二烯烃和炔。虽然可以输入 21 个反应并使用平衡反应器，但使用吉布斯反应器进行分析显然更容易。图 4.3 为吉布斯反应器模型。

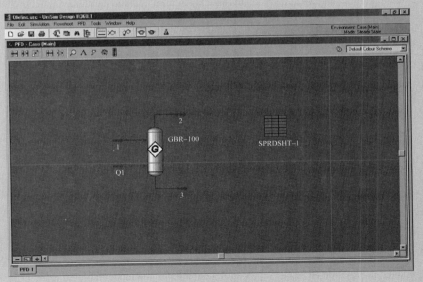

图 4.3　吉布斯反应器模型

要指定进料，必须输入温度、压力、流量和组成。在物流编辑器窗口中输入温度、压力和流量，如图 4.4 所示。进料组成可以输入任意 100% 的 C_5 烷烃，如正戊烷。如果输入 100% 的异戊烷，吉布斯反应器的结果将是相同的。但是需要注意的是，如果指定了戊烷和戊烯的混合物，那么氢和碳的总比例就会不同，结果也会不同。

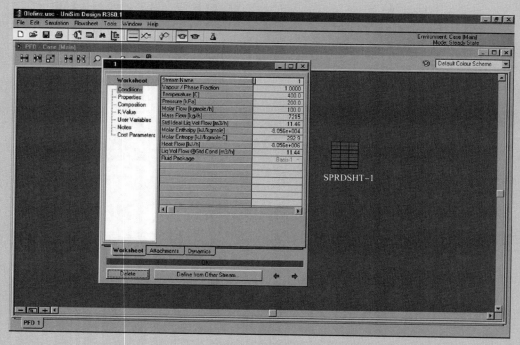

图 4.4　物流输入

模型中还添加了一个电子表格（SPRDSHT-1），如图 4.3 所示，以便更容易获取和下载结果。电子表格的设置是从模拟中导入组分摩尔分数，如图 4.5 所示，然后在一定温度范围内运行模拟，每次运行之后，电子表格中都会输入新的列（图 4.6）。

当查看结果时，发现许多物质的浓度相对较低。因此，按分子类型将某些化合物组合在一起是有意义的，例如，将所有的二烯类化合物组合在一起，将所有的炔类化合物组合在一起。

通过对电子表格结果进行修正，减去氢的摩尔分数得到 C_5 化合物的分布，然后绘制出图 4.7。

从曲线图可以看出，平衡后的产品在温度低于 500℃时主要是烷烃（也称为饱和烃），异戊烷和正戊烷的平衡比大约为 2 ∶ 1。随着温度从 500℃增加到 600℃，生成的烯烃化合物（也称为烯烃）增加。在 700℃，可以看到生成的环戊烯和二烯烃增加，超过 800℃最有利于二烯烃生成。

　　当然，这是一个不完整的分布图，因为随着温度的升高，C_5 化合物的相对比例预计会降低，C_5 化合物会被裂解成 C_2 和 C_3 较轻的化合物。该模型也不含碳（焦炭），因此不能预测焦炭成为优先产品的温度。裂解过程更严格的平衡模型大概会包括所有可能的碳氢化合物，碳数最高可达 C_7 或更高。

　　真实反应器中 C_5 化合物的分布可能与吉布斯反应器模型计算出的有较大不同。在高温下形成的二烯烃可能在冷却过程中与氢重新结合，使混合物看起来更像是低温下的平衡产物。在冷却过程中，C_2 和 C_3 的聚合反应也可能形成 C_5 化合物，或者由于焦炭的形成而损失二烯烃和环戊烯。

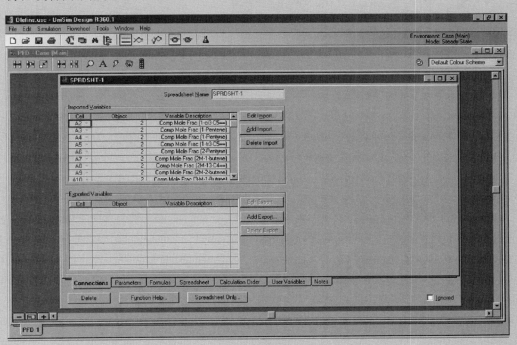

图 4.5　产品组成电子表格

示例 4.5

　　氢气可以通过甲烷蒸汽转化制得，这是一个强吸热过程：

$$CH_4 + H_2O \rightleftharpoons CO + 3H_2 \qquad \Delta H^\circ_{rxn} = 2.1 \times 10^5 \, kJ/kgmol$$

　　蒸汽转化通常在火焰加热的管式反应器中进行，将催化剂装入管内，燃料在管外燃烧以提供反应热。产物气体混合物含有二氧化碳和水蒸气以及一氧化碳和氢气，通常称为合成气。

氢气也可以通过甲烷部分氧化制得，甲烷部分氧化是放热过程，但每摩尔甲烷原料的产品收率较少：

$$CH_4 + \frac{1}{2} O_2 \rightarrow CO + 2H_2 \qquad \Delta H^{\circ}_{rxn} = -7.1 \times 10^4 \text{kJ/kgmol}$$

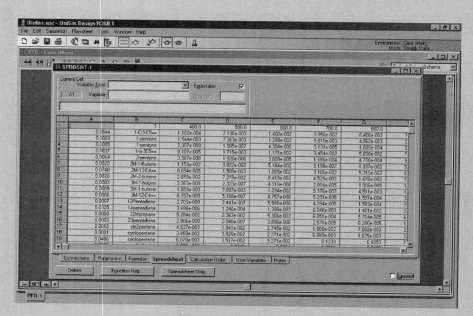

图 4.6 电子表格结果

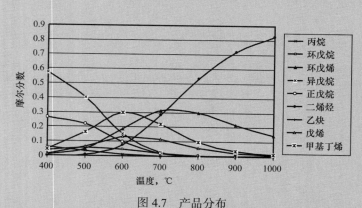

图 4.7 产品分布

当蒸汽、氧气和甲烷结合时，部分氧化反应产生的热量可用来提供蒸汽转化所需的热量。这种组合过程称为自热式转化。自热式转化具有比蒸汽转化需要更少资本投资的吸引力（因为它不需要火焰加热反应器），且比部分氧化反应收率更高。

通过水气变换反应可以进一步提高氢气的收率：

$$CO + H_2O \rightleftharpoons CO_2 + H_2 \qquad \Delta H_{rxn}^{\circ} = -4.2 \times 10^4 \, kJ/kgmol$$

水气变换反应在温度高于 450℃ 时迅速平衡。在高温下，该反应有利于一氧化碳的生成，而在低温下，会生成更多的氢。当氢是理想产物时，可通过加过量蒸汽和使用中温或低温的变换催化剂，从而在较低的温度下促进变换反应。

自热式转化工艺中，20℃ 下 1000kmol/h 的甲烷被压缩到 10bar，与 2500kmol/h 的饱和蒸汽混合，并与纯氧反应达到 98% 的甲烷转化率。产品冷却后经过中温变换催化剂进行反应，得到 350℃ 下的出口平衡组成。

（1）气化蒸汽需要多少热量？

（2）需要多少氧气？

（3）自热式转化反应器的出口温度是多少？

（4）合成气各组分的最终摩尔流量是多少？

解：

这个问题是使用 Aspen Plus 软件求解的。该模型既要模拟高温转化反应，又要模拟转化产物冷却后经水气变换反应的再平衡过程。吉布斯反应器可用于高温反应，但变换反应器必须使用一个平衡反应器，因为只有水气变换反应在 350℃ 再平衡。因为甲烷压缩机为进料提供了一些热量，所以应该包括在模型中。由于问题是气化蒸汽需要多少热量，因此蒸汽锅炉也应该包括在模型中，还可以包括供氧系统，模型如图 4.8 所示。

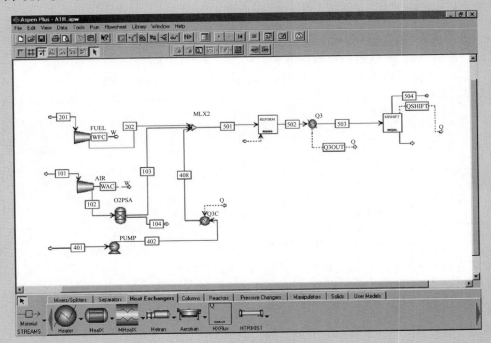

图 4.8　自热式转化模型

转化反应器的热负荷指定为零，可以调整氧气流量，直至达到所需的甲烷转化率。对于 98% 的转化率，自热式转化反应器产品（物流 502）中的甲烷流量为反应器进料（物流 501）流量的 2%，即 20kmol/h。尽管可以使用控制器（如 4.8节所述），但在本例中氧气流量是手动调节的，如图 4.9 所示。

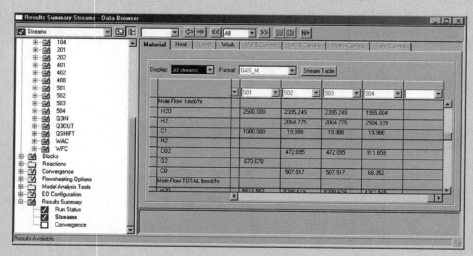

图 4.9　自热反应器模拟结果

运行模拟模型后，得到如下计算值：

（1）蒸汽加热器需要 36MW 的热量输入。

（2）需要 674kmol/h 的氧气。

（3）转化反应器的出口温度为 893℃。

（4）变换反应器出口（物流 504）的摩尔流量（kmol/h）为：

H_2	2504
H_2O	1956
CO	68
CO_2	912
CH_4	20

从模型输出可以直接看出，模拟的过程远非最优。氧气消耗比部分氧化所需的量大 500kmol/h。过量的氧气是必需的，因为过量的蒸汽也必须被加热到反应器出口的温度，这就需要燃烧更多的甲烷。这一结果的推论是，尽管使用了大量过量的蒸汽，但氢气的收率大约是 2.5mol/mol（甲烷），并没有明显优于部分氧化后再变换的过程。

设计者可以检查如下几方面以改进这一过程：

（1）增加从产品气至进料物流的热回收，以预热反应器进料，减少所需的氧气量。

（2）减少与甲烷一起进料的蒸汽量。

（3）将一部分蒸汽从转化反应器的进料旁路到变换反应器的进料，从而有益于促进变换反应器内的平衡，且不需给转化反应器提供额外的热量。

（4）降低甲烷的转化率，使得反应器的转化率和出口温度的要求得以降低。

在实际应用中，以上所有方面都在一定程度上达到了最优的自热式转化条件，该优化将在习题 4.13 中进一步探讨。

4.5.2 精馏

商业流程模拟软件包含一系列不同适用范围的精馏模型。工艺工程师必须根据问题类型、可用设计信息的范围和所需结果的详细程度，选择适合相应目的的模型。在某些情况下，使用模拟深度不同的精馏模型构建不同形式的流程可能是有意义的，这样就可以用简单的模型来初始化更详细的模型。

4.5.2.1 简捷精馏模型

可建立的最简单的精馏模型是简捷精馏模型。这些模型使用 Fenske–Underwood–Gilliland 或 Winn–Underwood–Gilliland 方法来确定最小回流比和级数，或给定回流比时确定塔盘数，或给定塔盘数所需的回流比，这些方法将在第 17 章中介绍。该模型还可以估算冷凝器和再沸器的热负荷，确定最佳进料板位置。

规定简捷精馏模型所需的最少信息为：轻、重关键组分的回收率；冷凝器和再沸器压力；该塔是否有全凝器或部分冷凝器。

在某些情况下，设计者可以分别指定塔底和塔顶馏出物中轻、重关键组分的纯度。当使用纯度作为规定时需要格外小心，因为很容易设定不可行的纯度或纯度与回收率的组合。

使用简捷精馏模型最简单的方法是从估算最小回流比和塔盘数开始。最优回流比通常是最小回流比（R_{min}）的 1.05～1.25 倍，所以通常将 $1.15R_{min}$ 作为初始估算值。一旦回流比指定，塔盘的数量和最佳进料板就可以确定，然后可以使用简捷精馏模型结果来建立和初始化严格精馏模拟。

简捷精馏模型还可以用于初始化分馏塔（具有多个产品的复杂精馏塔），如下所述。

简捷精馏模型具有较强的鲁棒性，求解速度快。它们不能准确地预测非关键组分的分布，而且在液相非理想情况下结果不好，但却是为严格的精馏模型提供良好初始设计的有效方法。在具有大量循环物流的流程中，通常值得建立一个简捷塔模型，再建立一个严格塔模型。简单的模型收敛性好，可以为详细模型提供塔和循环物流的较好初始估值。

简捷精馏模型的主要缺点是它们假定相对挥发度恒定，通常取进料条件下计算的相对挥发度。如果存在明显的液相或气相非理想性，则恒定相对挥发度是一个非常糟糕的假设，不应该使用简捷精馏模型。

4.5.2.2 严格精馏模型

严格精馏模型实现了每一级塔盘的质量和能量平衡。与简捷精馏模型相比，尤其是当液相行为非理想时，因为闪蒸计算是在每个塔盘上进行的，所以它能更好地预测组分的分布。严格精馏模型允许更多的塔规定，包括使用侧线物流、中间冷凝器和再沸器、多股进料、侧线汽提塔和精馏塔。特别是在使用了不好的初值或塔的规定不正确的情况下，严格精馏模型可能更难以收敛。

严格精馏模型的两种主要类型是平衡级模型和基于速率的模型。平衡级模型要么假设每一级的气液完全平衡，要么假设一种基于设计者输入的板效率的平衡方法。当使用平衡级模型进行塔的尺寸计算时，必须输入塔盘效率，塔盘效率通常小于 0.8，这将在第 17 章中详细讨论。基于速率的模型除了气液界面，不假定相平衡，而是求解相间传质和传热方程。基于速率的模型比理想化的平衡级模型更接近现实，但由于界面面积和传质系数难以预测，因此在实际中应用较少。

严格精馏模型可用于对吸收塔、汽提塔、回流吸收塔、萃取精馏塔等三相系统，许多可能的复杂塔结构以及包括反应精馏和反应吸收等的塔进行建模。如果设计者选择了一个允许预测两个液相的液相活度系数模型，则可以预测塔中第二液相（通常是水相）的形成。

在商业模拟软件中，严格精馏模型最有用的特性之一是，大多数精馏模型都包含绘制塔剖面（Column profile）的工具。工艺工程师可以生成图表，显示每一种物质在两相中的摩尔组成随塔盘数的变化，这些图有助于排除塔设计中的故障。

例如，图 4.10 至图 4.15 显示了示例 4.6 和示例 4.7 中精馏问题的塔剖面，该问题在示例 12.1 中得到了优化。在 UniSim Design 软件中对塔进行了模拟。

（1）在图 4.10 中，进料板被移至第 10 块板，这太高了。塔的剖面图显示在 20 块塔盘和 45 块塔盘之间有一个宽而平坦的区域，这表明塔的这一段没有特殊变化。提馏段塔盘太多，进料板应再往下移，形成了共沸混合物的夹点区域，塔段的剖面图组成变化也非常小。

（2）在图 4.11 中，进料板被移至第 63 块，这太低了。精馏段苯、甲苯等轻质组分的剖面图在 30～60 块塔盘之间是平的，说明进料板应上移。

（3）在图 4.12 中，将塔规定由甲苯回收率改为回流比，且输入了较低的回流比（2.2）。此回流比低于指定分离所需的最小回流比，因此无法实现甲苯的目标回收率，甲苯回收率降至 72%。

（4）在图 4.13 中，回流比增加到 4.0。甲苯的回收率是 100%，大于 99% 的要求。这表明对能源和资本的利用不是最佳的。

（5）图 4.14 显示了塔盘数减少到 25 块且进料板为第 8 块时的塔剖面。甲苯的塔剖面图显示塔盘数（或回流比）不够，虽然图形变化平稳，但在馏出物中甲苯的回收率仅为 24.5%。

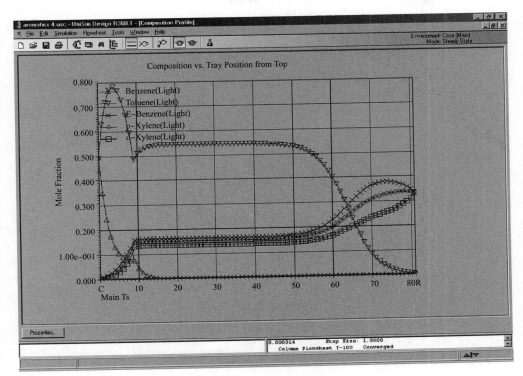

图 4.10　进料板太高

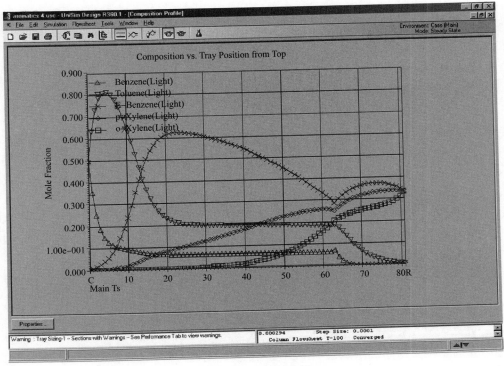

图 4.11　进料板太低

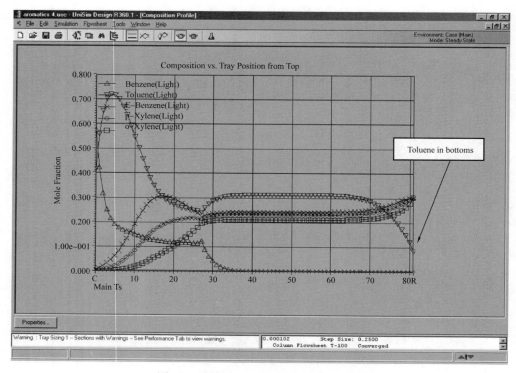

图 4.12　回流比太小：甲苯回收率 72%

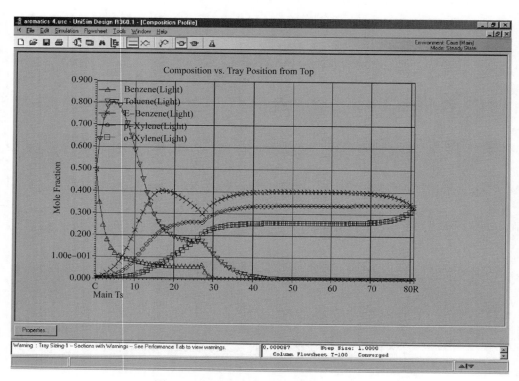

图 4.13　回流比太高：甲苯回收率 100%

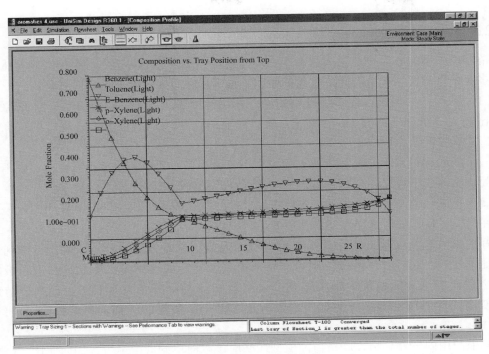

图 4.14　塔盘数太少：甲苯回收率 24.5%

（6）示例 12.1 中确定的最佳条件的塔剖面如图 4.15 所示，不存在其他剖面所显示的不好特征。

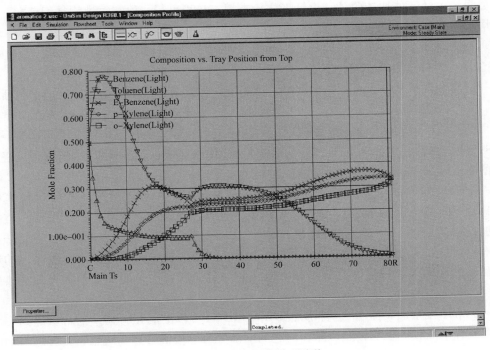

图 4.15　优化的塔剖面图形

4.5.2.3　塔的收敛

精馏塔模型的收敛可能是入职新手在流程模拟中最常见的问题。严格精馏模型（以及其他多级操作的模型）可能无法收敛的原因有很多。收敛问题最常见的原因有：

（1）不可行的规定：在多组分精馏中，使用纯度作为规定时必须谨慎。如果原料中含有比轻关键组分沸点低 2% 的组分，就不可能得到 99% 的纯馏分。塔规定的选择将在17.6.2 中详细介绍。

（2）初始化设定不佳：如果建立的模型小于最小塔盘数或小于最小回流比，则不会收敛。简捷精馏模型可以用来提供可行的初始设计，作为严格精馏模型的起点。

（3）初始估值不好：更快的精馏塔求解算法（如 17.8.2 中讨论的广泛使用的内—外算法）在提供了良好的塔盘温度初始估值时运行得更好。

好的做法是从简单的手动计算来检查塔的规定是否可行开始。当回流比增加到最小回流比的 1.1 倍左右时，可以使用简捷精馏模型来确定最小回流、塔盘数和进料板的位置，之后使用从简捷精馏模拟中得到的再沸器和冷凝器温度数值来初始化严格精馏模型，使用线性温度剖面和压力梯度来近似地考虑每个塔盘的压降（典型数值是大约 2ft 的液柱）。

如果使用内—外算法，严格精馏模型最初应该以简单的规定运行，如回流比、塔顶馏出率或塔底流率，这将保证收敛性，并产生一个真实的塔温度剖面，可以保存作为以后运行的估值。可以将模型规定更改为所需的规定（纯度或回收率规定），现在模型具有了良好的初始化和一组估值，收敛速度通常很快。

如果该方法不能快速收敛，设计者应检查规定是否可行，检查恒沸物是否存在，试着增加塔盘数，并检查塔剖面，以寻找解决问题的线索。

4.5.2.4　复杂分馏塔

一些商业模拟软件为石油分馏提供了预先配置的复杂塔严格模型，这些模型包括电加热器、几个侧线汽提塔和一个或两个中段回流。这些分馏塔模型可用于原油精馏、常压渣油的真空精馏、流化床催化裂化（FCC）工艺的主塔、加氢裂化或焦化主塔等炼油厂精馏操作的建模。Aspen Plus 软件还有一个简捷分馏模型 SCFrac，它可以用来配置分馏塔，与简捷精馏模型用来初始化多组分严格精馏模型类似。

一个典型的原油精馏塔如图 4.16 所示，它显示了一个使用 Aspen Plus 软件模拟的PetroFrac 模型。原油在换热网络和电加热器中进行预热，然后送入塔底闪蒸段，汽提蒸汽也加在塔的底部，以提供额外的蒸汽流量。不同沸点的产品从塔中采出，中间产物从侧线汽提塔底部采出，尽量减少侧线物流中较轻产物的损失。尽管馏程会随当地的燃料规格和炼油厂的复杂程度而有所不同，但在原油蒸馏装置中自底部到顶部得到的典型产品是：

（1）常压残余油（渣），包含沸点 340℃（650°F）以上的化合物，通常被送到一个真空蒸馏装置来回收更多的轻质产品，但它的一部分可能被混合进高硫燃料，如燃料油或船用燃料。

（2）常压瓦斯油（AGO），包含沸点范围在 275～340℃（530～650°F）之间的化合物。该物质沸点太高，不能用作运输燃料，通常被送到加氢裂化装置或催化裂化装置转化成较轻的产品。

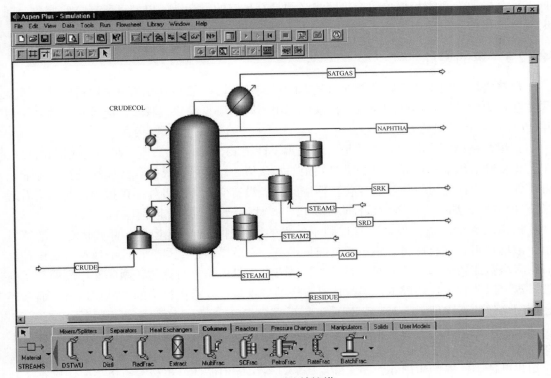

图 4.16　原油精馏塔

（3）重馏分油（直馏馏分油或 SRD），包含沸点范围在 205～275℃（400～530°F）之间的化合物。该物质经过加氢处理以除去硫化物，然后可以掺混到用于卡车、铁路发动机、非公路用途（如牵引车和采矿设备）的燃料油和柴油中。

（4）轻馏分油（直馏煤油或 SRK），包含沸点范围在 175～230℃（350～450°F）之间的化合物。轻馏分经过加氢处理以除去硫，然后可掺混入航空燃料或作为煤油（有时称为石脑油）出售，用于照明和烹饪燃料。

（5）石脑油，沸程为 25～205℃（80～400°F）。石脑油通常送入另一个塔分离出沸点低于 80℃（180°F）的轻石脑油及重石脑油。重石脑油具有合适的沸程，可用于汽油，但辛烷值通常很低，通常采用贵金属催化剂催化重整，提高石脑油中芳烃的浓度，提高辛烷值，从而达到催化重整的目的。催化重整也是石油化工芳烃生产的第一步。轻石脑油的沸程也适合与汽油混合，其辛烷值是可以接受的，通常用于处理氧化二硫醇等硫化物。轻石脑油还广泛用于石化原料蒸汽裂解生产乙烯、丙烯等烯烃。

（6）原油装置的塔顶产物包括氢、甲烷、二氧化碳、硫化氢和碳氢化合物（一直到丁烷和戊烷），它通常被送到一组精馏塔，称为轻烃回收装置，回收丙烷和丁烷出售，而较轻的气体随后被用作炼厂燃料。

炼油厂分馏塔的设计是复杂的，中段回流起着中间冷凝器的作用，从塔中除去多余的热量，这些热量一般通过与冷的原油原料进行换热来回收。通常设计的炼油厂能处理许多不同沸程组分的原油，可能在一年中的不同时间生产不同的产品，或根据市场情况生产不同的产品。原油蒸馏和相关的换热网络必须具有足够的灵活性，以处理所有这些变化，同时仍要严格控制每种产品的沸点曲线。

4.5.2.5　塔的设计

严格塔模型使工艺工程师能够对基本的板式精馏塔、某些散堆和规整填料塔进行塔盘尺寸和水力学计算。不同的商业模拟软件使用不同的塔盘尺寸关联式，但是它们都遵循与第 17 章所述相类似的方法。

在运行精馏模型时，并不总是启用塔盘设计（tray sizing）工具。在一些模拟软件中，工艺工程师必须输入塔盘类型和塔盘间距的默认值，然后塔盘尺寸设计模块的算法才能正常工作。如果回流量发生显著变化，但塔的直径没有变化（或者如果模拟中的所有塔看起来直径相同），那么设计者应该检查确保塔盘尺寸设计部分的规定是正确的。

模拟软件中的塔盘设计工具仅限于标准的塔内件，如筛孔塔盘、浮阀塔盘、泡罩塔盘、散堆填料和规整填料。不包括高通量塔盘、高效塔盘，或最新设计的填料。在设计具有很多塔盘或较大直径的塔时，有必要联系塔内件供应商进行评估，因为使用高通量、高效塔盘可以节省大量的成本。当改造已有塔的处理量或要求更严格的产品规格时，通常还会使用高效的塔内件。

工艺工程师在使用与平衡级模型相结合的塔设计工具时，应始终考虑板效率，如果不考虑板效率，就会低估塔盘数，从而影响塔压降和水力学。第 17 章讨论了板效率的估算。在初步设计中，通常使用 0.7～0.8 的板效率；对于详细设计，板效率取决于所用塔盘的类型，并通常由塔内件供应商提供。

工艺工程师在确定塔的尺寸时，必须记住要考虑合适的设计因子或设计裕量。设计因子在 1.6 节中做了介绍。可能需要创建两个流程。第一个采用设计基础流量来产生质量平衡和热量平衡，而第二个采用大 10% 的流量来设计设备尺寸。

Luyben（2006）更详细地介绍了精馏过程的模拟。

示例 4.6

设计一个精馏塔，以最小的年度总成本分离苯、甲苯、乙苯、对二甲苯和邻二甲苯的等物质的量混合物，每小时 225t。进料是 330kPa 下的饱和液体，馏分中甲苯的回收率应大于 99%，塔底乙苯的回收率应大于 99%。

在本例中，应该使用简捷塔模型建立塔模拟。简捷塔模型结果将用于后面示例中严格模型的初始化，以确定最小回流比、最小塔盘数、回流比为 $1.15R_{\min}$ 时的实际塔盘数以及最佳进料板。

解：

该问题采用 UniSim Design 软件解决，简捷塔设置如图 4.17 所示。

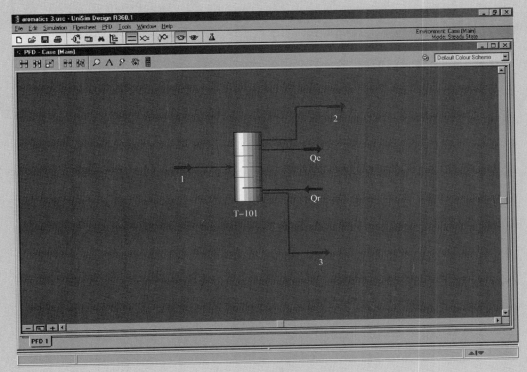

图 4.17　简捷塔设置

UniSim Design 软件要求设计者指定塔底轻关键组分和馏出液重关键组分的摩尔分数。因为是等物质的量进料，所以如果以 100mol/h 的进料为基础，那么每个组分的摩尔流量是 20mol/h。每个关键组分 99% 的回收率对应于允许 0.2mol/h 的该组分进入其他物流。摩尔分数为：

$$馏出物中的乙苯 = 0.2/40 = 0.005$$

$$塔底的甲苯 = 0.2/60 = 0.00333$$

当这些参数作为规定输入简捷塔时，计算出最小回流比 R_{min} 为 2.130，实际回流比可以确定为 $2.13 \times 1.15 = 2.45$，如图 4.18 所示。

简捷塔结果如图 4.19 所示。最少理论板计算为 16.4，应圆整至 17，实际需要的塔盘数量为 39，进料板为第 18 块。

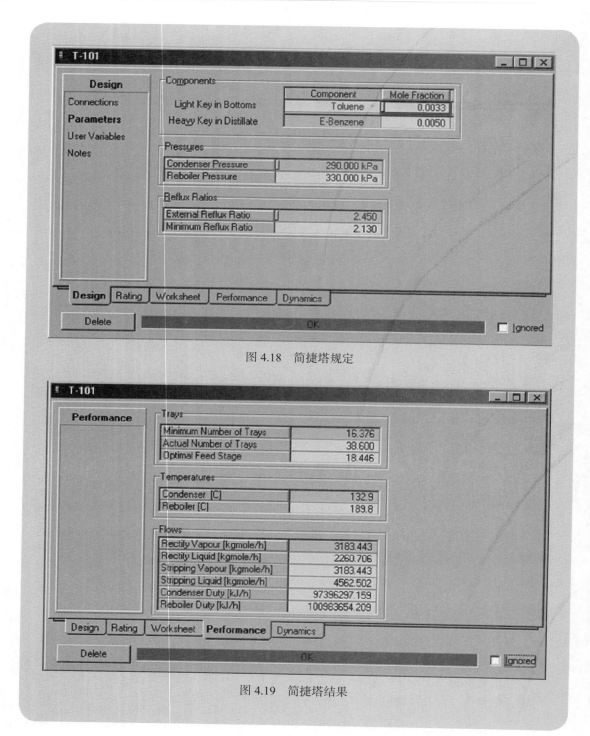

图 4.18　简捷塔规定

图 4.19　简捷塔结果

示例 4.7

继续示例 4.6 中定义的问题，使用严格模型进行塔盘数和塔直径的计算。

解：

在设计塔的尺寸时，考虑到设计因子，第一步是增加流量。工艺设计基础为每小时进料 225t，设备设计至少要有 10% 的安全系数，所以设备设计依据设定为每小时进料 250t（为了方便，圆整为 247.5t）。该流量用于模拟设计设备尺寸，但是能源消耗必须基于 225t/h 进料量下的再沸器和冷凝器热负荷。

图 4.20 显示了严格塔的模拟。UniSim Design 软件允许设计者为该塔输入任意两个规定，因此可以输入所需的回收率，并以简捷模型中获得的回流比作为初始估值，而不是将回流比作为规定输入，如图 4.21 所示。

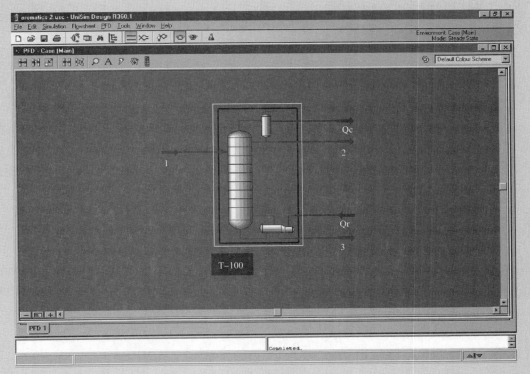

图 4.20　严格精馏

该塔具有简捷模型所提供的良好估值，从而收敛速度快。可以通过在塔环境中选择 Performance 选项卡，然后从左边的菜单中选择 plot，并从可选的 plot 列表中选择 Composition 来检查塔的剖面图，如图 4.22 所示。这将生成如图 4.10 到图 4.15 所示的剖面图。

要在 UniSim Design 软件中确定塔盘的大小，必须激活塔盘设计程序（从 tools 菜单通过 tools/utilities/tray sizing）。当选择筛板、默认板间距为 609.6mm（2ft）、其他默认参数如图4.23所示时，可得到图4.24所示的结果，塔直径为4.42m（14.5ft）。

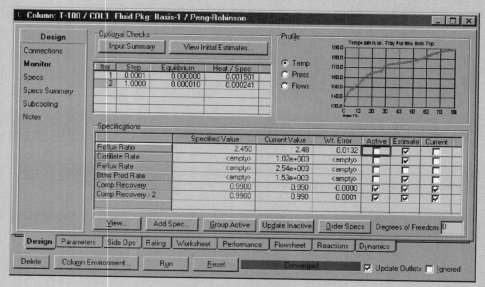

图4.21　严格塔规定

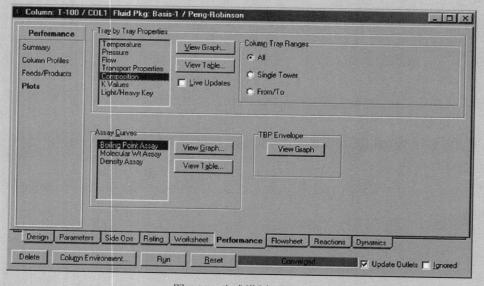

图4.22　生成塔剖面图形

从模拟中提取出塔径、塔盘数、再沸器、冷凝器热负荷等数据，导入成本模型或电子表格中，对年度总成本进行优化。示例12.1描述了优化的结果。

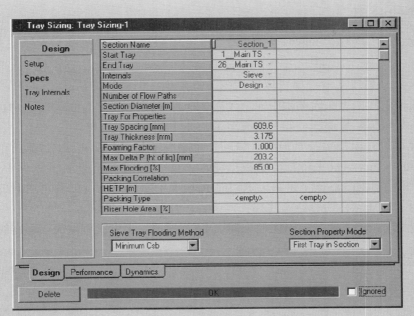

图 4.23　默认的塔盘尺寸计算选项

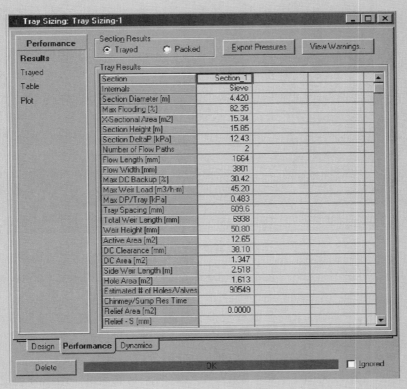

图 4.24　塔尺寸设计结果

4.5.3 其他分离

其他多级气液分离，如吸收和汽提，可以用严格精馏模型建模，多级液液萃取也可以。

单级液液分离或气液分离可以使用闪蒸罐建模，但需稍加注意，除非设计者另有说明，否则模拟软件假定在闪蒸罐中完全分离。如果存在液滴或气泡的夹带，真实闪蒸罐的出口组成将与模拟结果不同。如果闪蒸对工艺性能至关重要，设计者应考虑夹带。大多数模拟软件允许设计者指定与其他相夹带的每个相的一部分，图 4.25 对此进行了说明，显示了 UniSim Design 软件夹带物流的数据输入表页。在 UniSim Design 软件中，夹带的比例在闪蒸模型（flash model）窗口的 Rating 选项卡中。用户还可以使用内置的关联模型，其中含有指定的信息，如容器尺寸和管口位置，在 UniSim Design 软件的三相分离器模型中可以找到更复杂的真实分离器模型。如第 16 章所述，夹带比例取决于容器的设计。

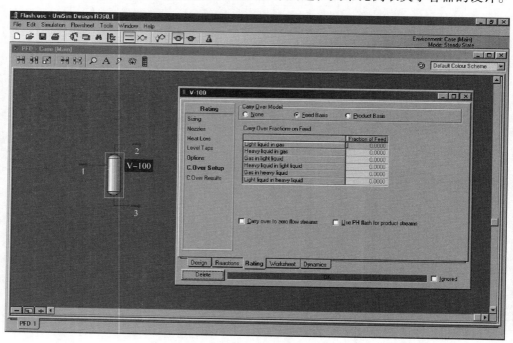

图 4.25　有夹带的闪蒸模型

大多数模拟软件包含流体—固体分离模型，这些模型可以用来处理固体存在时的粒径分布。

在撰写本书时，没有一个商业流程模拟软件包含适用于吸附分离或膜分离的库模型。这些分离方法对于气相分离、色谱分离和基于尺寸筛选或渗透性的分离都很重要，更详细的介绍见第 16 章。所有这些过程都必须使用组分拆分模块建模，如下所述。

组分拆分模型是模拟中的一个子程序，它允许将来自物流的一组组分规定回收率转移到另一个物流中，组分拆分模型可以方便地建模任何不能使用库模型描述的分离过程。通常建模为组分拆分模块的实际操作例子包括变压吸附、变温吸附、色谱分离、模拟移动床吸附、膜分离、离子交换和固定床吸附（不可逆吸附）。

在模型中使用组分拆分模块时，最好对模块添加标签命名，以标识建模的实际设备。

在建立简单模型为含有多个循环的流程提供初值时，有时用组分拆分模块代替精馏塔。与使用简捷精馏模型相比，这种方法几乎没有什么优点，因为组分拆分模块不会计算非关键组分的分布，除非为每个组件输入一个回收率。对每个组分进行估算和输入回收率比较困难烦琐，而对回收率不好的估值可能导致对循环物流的估算较差，因此使用组分拆分模块可以有效地为模型添加另一层迭代。

4.5.4　热交换

所有的商业模拟软件包括加热器、冷却器、换热器、加热炉和空气冷却器的模型，这些模型易于配置，通常只需要在工艺侧输入估算压降和出口温度或热负荷，较好的压降初始估值是 0.3～0.7bar（5～10psi）。

加热器、冷却器和换热器模型允许工艺工程师输入传热系数的估计值，从而计算换热器面积。与精馏塔一样，设计者必须记住在用模型预测尺寸时添加设计因子。设计因子已在 1.5 节中讨论。

当使用换热器模型来模拟工艺物流之间具有高度热交换的流程时，常常会出现问题。在模拟中包含工艺物流之间热交换的换热器时，会产生一个附加的循环迭代。因此，必须使该循环计算达到收敛。常见的情况是，用反应器出料预热反应器进料或用精馏塔底出料预热塔的进料，如图 4.26 所示。如果用换热器模拟这些工艺流程，则在产品和进料之间建立能量循环。每次计算流程时（即流程中任何其他循环的每次迭代中），该循环都必须收敛。如果存在多个这样的换热器，则整个流程的收敛将变得困难。

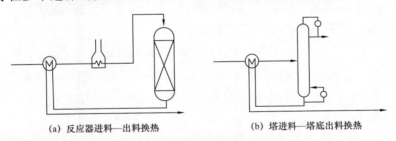

(a) 反应器进料—出料换热　　　　(b) 塔进料—塔底出料换热

图 4.26　常见进料加热图

相反，只使用加热器和冷却器对流程进行建模，然后设置子问题通常是一种好的解决方法，这有助于为夹点分析提取数据，使设计者更容易识别换热器何时可能达到夹点或具有较低的 F 因子（见第 19 章），并提高了收敛性。

另一个在模拟换热器和换热网络时经常遇到的问题是温度交叉。当冷流出口温度高于热流出口温度时，就会发生温度交叉（见 19.6 节）。此时，许多类型的管壳式换热器的逆流换热效果很差，因此 F 因子很低，需要较大的换热面积。在一些商业模拟程序中，换热器模型将给出 F 因子是否偏低的提示，如果是这样，设计者应该将换热器的壳程分成几个串联的，以避免温度交叉。一些模拟软件允许设计者绘制换热器内温度与热流的曲线，这些图可以用于识别温度交叉和内部夹点。

示例 4.8

100kgmol/h 的 80%（摩尔分数）苯和 20%（摩尔分数）乙烯的混合物在 40℃ 和 100kPa 下进入进出料换热器，加热到 300℃ 进入反应器。反应的乙烯转化率为 100%，反应器产品被循环，通过与原料进行换热冷却，并送往下一步处理。假设 平均传热系数为 200W/（$m^2 \cdot K$），估算换热后产品的出口温度及所需的总表面积。

解：

这个问题采用 UniSim Design 软件求解。因为反应是完全转化的，所以可以使用转化率反应器，模拟模型如图 4.27 所示。

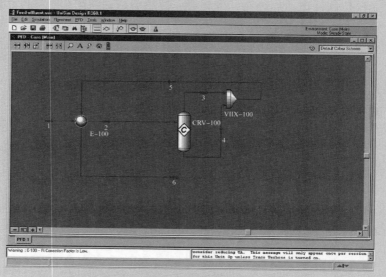

图 4.27　示例 4.8 的进出料换热器模型

当指定了进料侧的换热器出口温度时，就确定了换热器的热负荷，且没有物流的循环。因此，该模型的求解速度很快，但有必要对结果进行检验，以确定换热器的设计是否合理。

产品的出口温度（物流 6）为 96.9℃，所以产品混合物有足够的热量提供 60℃ 的温差，这似乎完全足够了。但是，如果打开换热器工作表，就会出现 F 因子太低的警告。图 4.28 为换热器工作表，F 因子仅为 0.2，这是不能接受的。当检查如图 4.29 所示的温度—热流图（由换热器工作表的 Performance 选项卡生成）时，可以清楚地看到有一个相当大的温度交叉。这个温度交叉导致换热器有如此低的 F 因子，给出的 UA 值为 78.3×10^3 W/K，其中 U 是单位为 W/（$m^2 \cdot K$）的总传热系数，A 是单位为 m^2 的面积。

假如 UA 为 78.3×10^3 W/K 及 U 为 200W/（$m^2 \cdot K$），则换热器面积为 392m^2。这是一个可行的换热器尺寸，但热负荷很大、F 因子偏低是不能接受的，应该多加几个串联的壳程。

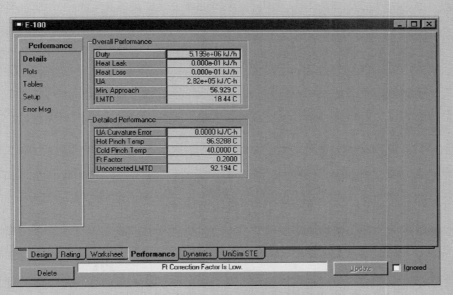

图 4.28　单壳程设计的换热器工作表

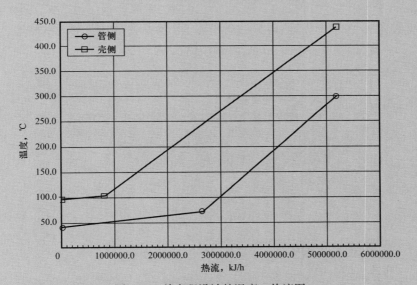

图 4.29　单壳程设计的温度—热流图

　　通过检查图 4.29 中的温度—热流图可以看到，如果将换热器分成两个壳程，第一个壳程将进料加热到露点（曲线下方的转折处），那么第一个壳程就不会有温度交叉。此设计对应第一换热器的出口温度为 70℃，但第二个换热器仍然有一个温度交叉。如果把第二个换热器分成两个以上的换热器，那么温度交叉就消除了。因此，至少需要三个换热器串联，以避免温度交叉。这个结果可以通过在温度—热流图之间逐级分解得到，如图 4.30 所示。

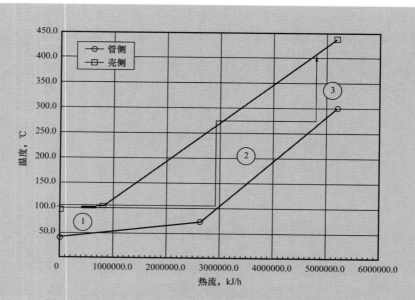

图 4.30　在温度—热流曲线之间进行逐级分解以避免温度交叉

图 4.31 显示了一个改进的流程，添加了两个串联的换热器。第二个换热器的出口温度设定为 200℃，以使得第二个和第三个换热器的热负荷大致相等，结果见表 4.7。三个换热器的温度—热流图如图 4.32 所示。

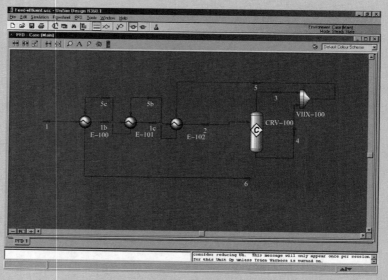

图 4.31　三壳程串联的进料换热器

修改设计后用三个壳程代替原来的一个，使得换热面积从 392m^2 减少到 68m^2。更重要的是，修改后的设计比原来的设计更实用，也更不容易受到内部夹点的影响，但此设计还没有进行优化。在习题 4.11 提出了该优化问题。

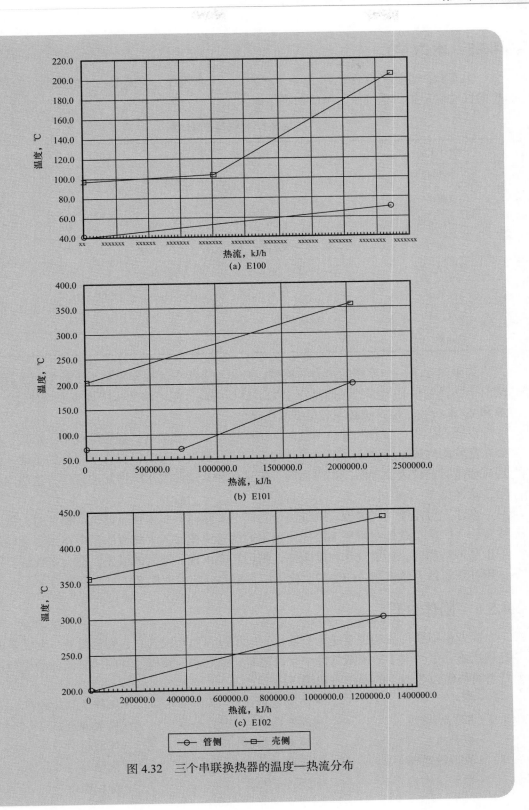

图 4.32 三个串联换热器的温度—热流分布

4.5.5 水力学

大多数商业模拟软件包含了阀门、管段、三通和弯头的模型，这些模型可为泵和压缩机的尺寸确定提供系统压力降的初步估算。

表 4.7 换热器计算结果

设计工况	原始工况（单壳程）	优化工况（多壳程）		
换热器	E100	E100	E101	E102
热负荷，MW	1.44	0.53	0.57	0.35
UA，W/K	78300	6310	4780	2540
F	0.2	0.93	0.82	0.93
ΔT_{min}	56.9	56.9	139.7	134.3
ΔT_{lmtd}	18.4	83.6	118.7	138.4
A，m^2	392	32	24	13
总面积，m^2	392	68		

如果建立了一个流程的水力学模型，必须注意给单元操作模型指定适当的压降。经验法对于估计初值是足够的，但是在水力学模型中应该用严格的压降计算取而代之。如第 5 章和 20 章所述，控制阀必须有足够的压降。

没有考虑工厂布置和管道布置的水力学模型是不准确的。理想情况下，水力学模型应该在配管图完成之后建立，这时设计师对管道的长度和弯头情况有了很好的了解。设计者还应参考管道仪表流程图找出隔离阀、流量计和其他导致压降增加的管件，这些内容将在第 5 章和第 20 章中讨论。

在建立可压缩性气体流、气液混合物流、浆液流和非牛顿流体流动模型时，需要格外注意。一些模拟软件对可压缩流体使用不同的管道模型。多相流的压降在预测最好的情况下也是不精确的，如果汽化程度未知，则可能会出现非常大的误差。在大多数情况下，应该用计算流体力学模型（CFD）取代工厂重要部分的模拟模型。

4.5.6 固体处理

商业模拟软件最初主要是为石油化工应用过程而开发的，它们都没有一套完整的固体处理措施。虽然大多数模拟软件中有过滤器、结晶器、倾析器和旋风分离器的模型，但设计者可能需要为以下的操作添加用户模型。

- 料斗
- 带式输送机
- 提升机
- 管道输送器
- 螺旋输送机

- 清洗装置
- 浮洗器
- 喷雾干燥器
- 造粒塔
- 旋转干燥器

- 压碎机和粉碎机
- 喷射混合器
- 球磨机
- 聚结器
- 造粒机

·捏合机	·回转窑	·压片机
·挤压机	·带式干燥器	·造纸机
·浆料泵	·离心机	·分级机
·流化床加热器	·降膜蒸发器	·静电除尘器
·流化床反应器	·移动床反应器	

因为在许多化学品过程、药品、聚合物和生物过程中都要处理固体，模拟软件供应商面临着来自客户的压力，要求他们提高固体操作的建模能力。这依然是商业软件需发展提高的一个领域。

4.6　用户模型

当工艺工程师需要建立一个不能用库模型表示，并且不能用简单的模型（如组分拆分模块或库模型的组合）近似表示的单元操作时，就需要建立一个用户模型。所有的商业模拟软件都允许用户构建不同复杂程度的外接程序模型。

4.6.1　电子表格模型

不需要内部迭代的模型很容易编写为电子表格。大多数模拟软件提供一定程度的电子表格功能，从简单的计算模块到完整的 Microsoft Excel™ 功能化。

在 UniSim Design 软件中，可以通过选择单元操作面板上的电子表格选项来创建电子表格。电子表格易于配置，允许从物流和单元操作导入数据。在撰写本书时，UniSim Design 软件电子表格的功能相当基础，但对于简单的输入—输出模型通常是足够的。通过电子表格计算的值可以返回至模拟模型，因此可以将电子表格设置为一个单元操作。示例 4.9 解释了如何使用电子表格作为单元操作。Aspen Plus 软件具有类似的使用 Microsoft Excel 的简单电子表格功能，可以指定为计算器模块（通过 Data/Flowsheet Options/Calculator）。Aspen Plus 软件中的 Excel 计算器模块比 UniSim Design 软件的电子表格需要更多时间来配置，但是撰写本书时，它已经可以执行 MS Excel 97 中的所有可用函数。

对于更复杂的电子表格模型，Aspen Plus 软件允许用户通过名为 USER2 模块的用户模型将电子表格链接到模拟中。设计者可以创建一个新的电子表格或定义一个现有的电子表格来与 Aspen Plus 软件的模拟程序链接。在处理大量的输入和输出数据时，USER2 模块更容易操作，如包含许多组分的物流或涉及多个物流的单元操作。设置一个 USER2 MS Excel 模型的过程比使用计算器模块要复杂得多，但避免了必须单独指定流程中需要的每个数据。关于如何构建 USER2 电子表格模型的说明见 Aspen Plus 软件用户手册和在线帮助（Aspen Technology，2001）。

4.6.2　用户子程序

鉴于可以使用更有效的求解算法，需要内部收敛的模型最好写成子程序而不是电子表格。大多数用户子程序是用 FORTRAN 语言或 Visual Basic 语言编写的，不过有些模拟软件允许使用其他编程语言。

一般来说，在简化的流程中编译和测试用户模型，或在将其添加到带有循环的复杂流程之前，作为一个独立程序编译和测试是比较好的做法。应该在较宽的输入值范围内对模型进行仔细校验，否则输入值需限定在模型有效范围内。

如何编写用户模型以与商业模拟软件链接的详细说明可以在模拟软件的手册中找到，手册还包含了如何编译模型及生成扩展文件或共享库的具体要求（Microsoft Windows 中的 .dll 文件）。在 Aspen Plus 软件中，依据 Aspen Plus 手册中的说明，用户模型可以作为 USER 或 USER2 模块添加。在 UniSim Design 软件中，使用用户单元操作添加用户模型非常容易，可以在对象面板或 Flowsheet/Add Operation（流程图 / 添加操作）菜单下找到。UniSim Design 软件的用户单元操作可以链接到任何程序，而不需要生成扩展文件。在 UniSim Design 手册中没有用户单元操作的相关文档，但是在线帮助中给出了如何设置和添加代码的说明。

示例 4.9

燃气轮机需要燃烧 15℃ 和 1000kPa 下的甲烷 3000kg/h，环境空气 15℃，空气和燃料被压缩到 2900kPa 并送入燃烧器。设计空气的流量使得燃烧器的出口温度为 1400℃，离开燃烧器的热气体在汽轮机中膨胀。汽轮机产生的轴功用来为两个压缩机提供动力及供发电机发电。

假设压缩机的效率为 98%，汽轮机的效率为 88%，轴功的 1% 由于发电机的摩擦和损耗而损失，估算功的产生速率和总循环效率。

解：

该问题通过 UniSim Design 软件来求解。

燃气轮机应在大量过剩的空气下运行，以使燃料充分燃烧，因此燃烧器可以模拟为一个转化反应器。UniSim Design 软件中没有发电机模型，所以发电机和轴功的损耗可以用电子表格操作来建模，如图 4.33 所示。

图 4.33 还说明了如何使用"调节"控制器（ADJ-1）来设置空气流量，从而给出所需的反应器出口温度，调节器的设计规定如图 4.34 和图 4.35 所示。给定该调节器的最小空气流量为 60000kg/h，以确保求解器不会收敛于甲烷没有完全燃烧的空气流量结果。化学计量计算得出需要 3000×2×（32/16）/0.21=57000kg/h 的空气量。

发电机的电子表格模型比较简单，如图 4.36 所示。该模型将汽轮机轴功和压缩机负荷作为输入，摩擦损失估计为汽轮机轴功的 1%，然后从轴功中减去摩擦损失和压缩机负荷，得到发电机的净功率，计算结果为 17.7MW。

循环效率是产生的净功率除以燃料的热流率。热流率是燃料的摩尔流量乘以标准摩尔燃烧热：

$$\text{热流率（kW）} = \text{摩尔流量（mol/h）} \times \Delta H_c^\circ\text{（kJ/mol）}/3600 \tag{4.13}$$

计算的循环效率为 42.7%。

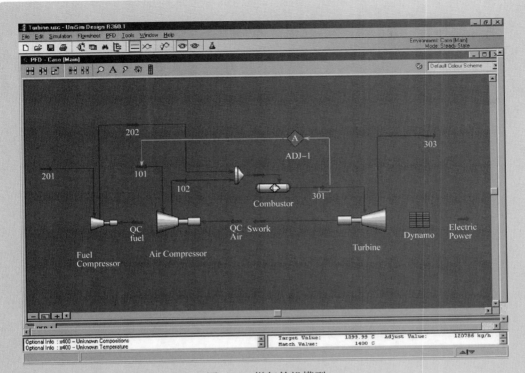

图 4.33　燃气轮机模型

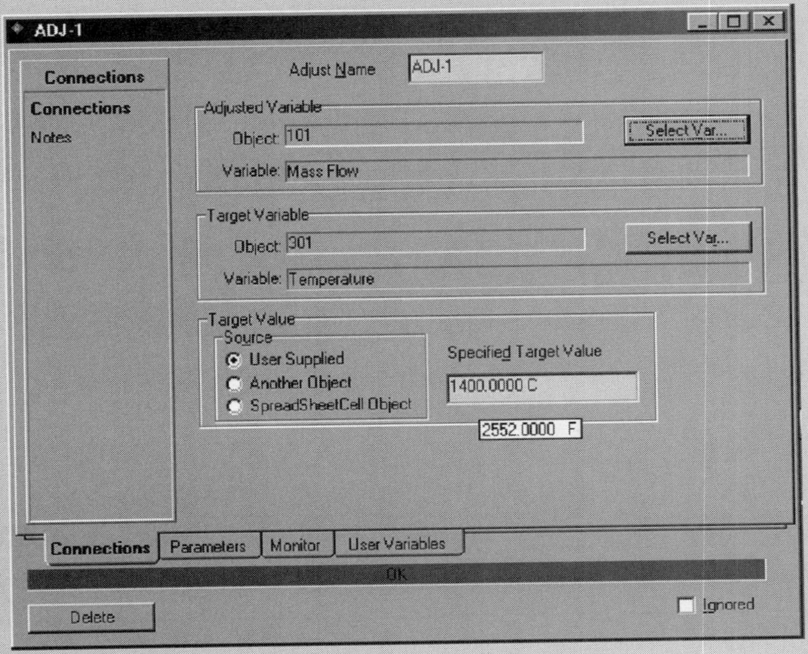

图 4.34　调整器规定

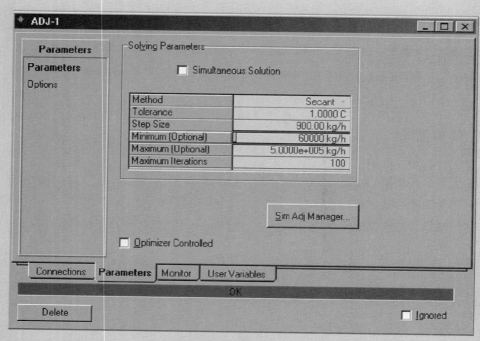

图 4.35　调整器求解参数

图 4.36　发电机的电子表格模型

4.7　循环流程

很多流程中都有溶剂、催化剂、未转化原料和副产品的循环，大多数流程至少包含一个循环物流，有些流程可能有 6 个或更多。此外，当通过工艺物流间的传热回收能量时，也会产生循环，如 4.5.4 所述。

4.7.1　撕裂流程

对于序贯模块法的模拟程序，若要求解一个带循环的流程，工艺工程师需要提供循环中某处物流的初始估值。这被称为撕裂物流，因为循环在那一点被撕裂，然后程序就可以运行求解并使用新的估值更新撕裂物流值。重复这个过程，直到每次迭代值之间的差值小于指定的允差，这时可认为流程收敛得到一个解。

通过一个简单的例子可以说明撕裂和求解模拟的过程。图 4.37 显示了一个过程，其中两个原料（A 和 B），一同进入固定床反应器。反应产品送到汽提塔以去除轻组分，汽提塔底组分送至分离重质产品和未反应的原料 B 的塔，分离出未反应的原料 B 循环回到反应器。

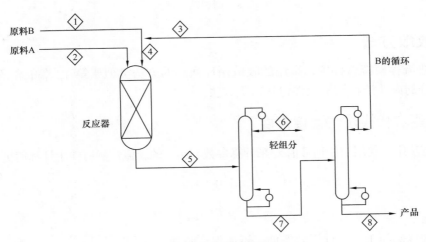

图 4.37　循环流程示例

为了求解反应器模型，需要给定反应器进料、物流 2 和物流 4。物流 4 是通过新鲜进料物流 1 添加到循环物流 3 得到，所以逻辑上的第一种方法可能是估算循环物流，在这种情况下，物流 3 就是撕裂物流。图 4.38 显示了在物流 3 处断开的流程图。设计者提供物流 3a 的初值。然后，运行流程计算物流 3b。工艺工程师设定一个循环操作将物流 3a 和物流 3b 连接，模拟软件用物流 3b 的值更新物流 3a（如果使用加速收敛方法时，可采用其他值，如 4.7.2 所述）。然后重复计算，直到满足收敛判据。

撕裂物流的选择对收敛速度有显著影响。例如，如果将图 4.37 的流程用收率转化反应器建模，那么流程在物流 5 处撕裂可能会更快收敛。一些模拟软件可自动识别出最佳的撕裂物流。

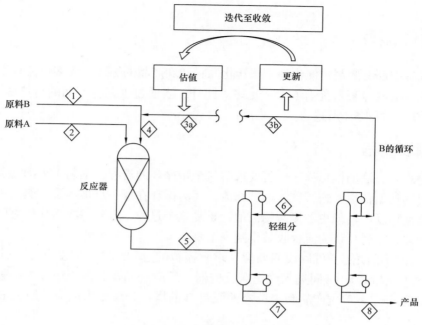

图 4.38　撕裂循环回路

4.7.2　收敛方法

在商业流程模拟软件中，采用的收敛循环回路的方法类似于第 12 章中介绍的优化方法。大部分的商业流程模拟软件包括以下方法。

4.7.2.1　逐次代换法（直接代换）

在该方法中，使用初始估计值 x_k 来计算参数 $f(x_k)$ 的新值，然后使用计算值更新估计值：

$$x_{k+1}=f(x_k)$$
$$x_{k+2}=f(x_{k+1})$$

（4.14）

该方法代码简单，但计算效率低，不能保证收敛。

4.7.2.2　有界 Wegstein 法

有界 Wegstein 法是大多数模拟软件的默认方法。它是直接代换法的线性外推。Wegstein 法从一个直接代换步骤开始：

$$x_1=f(x_0)$$

（4.15）

然后可以计算加速参数 q：

$$q=\frac{s}{s-1}$$

（4.16）

其中：

$$s = \frac{f(x_k) - f(x_{k-1})}{x_k - x_{k-1}} \tag{4.17}$$

下一次迭代是：

$$x_{k+1} = qx_k + (1-q)f(x_k) \tag{4.18}$$

如果 $q=0$，该方法与逐次代换法相同；如果 $0<q<1$，则收敛衰减，q 越接近 1.0，收敛速度越慢；如果 $q<0$，那么收敛加速。有界 Wegstein 方法对 q 设置边界，界限通常保持在 $-5<q<0$ 范围内，以保证加速的结果不会超出解域太远。

有界 Wegstein 法通常具有快速和鲁棒性。如果收敛很慢，那么设计者应该考虑减少 q 的界限值。如果收敛振荡，那么应考虑通过设置界限 $0<q<1$ 来使收敛衰减。

4.7.2.3　牛顿法和拟牛顿法

牛顿法使用每一步的斜率估值来计算下一次迭代，如 12.7.4 所述。像 Broyden 法这样的拟牛顿法使用线性分块而不是梯度。这种方法尽管迭代次数可能会增加，但减少了每次迭代的计算次数。

牛顿法和拟牛顿法用于更难的收敛问题，例如，当有许多循环物流或包含许多像精馏塔这样每次迭代必须收敛的单元操作的循环时。当有许多循环和控制模块时，也经常使用牛顿法和拟牛顿法（见 4.8.1）。除非其他方法收敛不成功，否则通常不应使用牛顿法，因为它计算量大，对于简单的问题收敛速度慢。

4.7.3　手动计算

如果对撕裂物流提供良好的初值，那么循环计算的收敛性总是更好。如果仔细选择撕裂物流，工艺工程师能比较容易得到好的初值，图 4.37 可以说明这一点。可以在反应器出口物流处撕裂循环回路，如图 4.39 所示，反应器出口物流可以定义如下：

（1）反应器出口物流必须包含产品（已知的）以及任何在循环中的产品净产量。循环产品到反应器不是个好办法，因为它可能导致副产品生成。分离单元的产品回收率的合理估值可能为 99% 或更高，因此，5b 物流中产品量的良好初始估值是净产量除以分离回收率，或约为净产量的 101%。

（2）由于原料 B 是可循环使用的，而原料没有循环，看起来使用了过量的 B 来促使原料 A 完全转化，因此对 5b 物流中 A 组分的流速比较好的初始估值是零。如果有关于原料 A 的转化率数据，就可以得到一个更好的估值。

（3）供应给反应器的原料 B 是过量的。反应器中消耗的原料 B 的量必须等于化学计量所需要的量来生成产品。反应器中剩余原料 B 的量由下式计算：

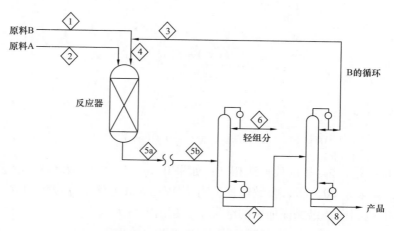

图 4.39　撕裂物流在反应器出口

$$1mol产品中剩余原料B的物质的量=\frac{原料B的物质的量}{1mol产品对应原料B的化学计量物质的量}-1$$

$$=\frac{1}{原料B的转化率}-1 \tag{4.19}$$

　　因此，已知产品的流量，若知道原料 B 的转化率或者比所需原料 B 的化学计量数过剩的比率，就可以得到原料 B 流量的良好初值。

　　因此，5b 物流中存在的三个主要组分可以很好地估计出来。如果轻的或重的副产品在反应器中生成但没有循环回来，那么逐次代换法将为这些组分提供良好的估值，以及更好地估算原料 B 的转化率和化学计量所需原料 A 的量。

　　在处理含循环和弛放物流的流程时，手动计算也非常有用。如 2.3.4 所述，为了防止难以分离的物质积累，弛放物流经常从循环中引出。图 4.40 为典型的循环弛放流程，液体进料和气体混合、加热、反应、冷却及分离得到液体产品，分离器里未反应的气体被循环回到进料中。在气体循环中加入补充物流，以补充在此过程中对气体的消耗。如果补充气体中含有惰性气体，那么随着时间的推移，这些气体会在循环过程中积累，当反应物的气相分压降低时，最终反应就会减慢。为了防止这种情况的发生，需要引出一个弛放物流，以维持惰性组分在一个可接受的水平。提供一个循环物流恰当的初始估值需注意：

　　（1）弛放气中的惰性气体流量等于补充气中惰性气体流量。

　　（2）当反应器压力已指定时，反应器出口所需的反应物气相分压决定了循环物流中反应物气体和惰性组分的浓度，以及未转化的气体流量。

　　然后，可以写出惰性气体的质量平衡：

$$F_M y_M = F_P y_R \tag{4.20}$$

反应物气体的质量平衡为：

$$F_M (1-y_M) = G + F_P (1-y_R) \tag{4.21}$$

得出：

$$F_{M}\left(1-y_{M}\right)=G+F_{M}\frac{y_{M}}{y_{R}}\left(1-y_{R}\right)$$

式中　F_{M}——补充气的摩尔流量；

　　　F_{P}——弛放气摩尔流量；

　　　y_{M}——补充气中惰性气体的摩尔分数；

　　　y_{R}——循环和弛放气中惰性气体的摩尔分数；

　　　G——反应器内气体消耗的摩尔速率。

因此，如果已知 G，就可以解出 F_{M} 和 F_{P}。

压缩机出口处的循环气体温度不易估计，因此撕裂循环的逻辑位置是在弛放气处和压缩机之间，如图 4.40 所示。

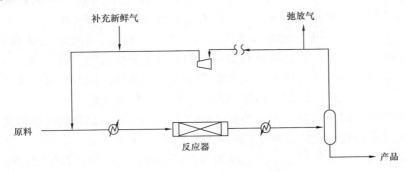

图 4.40　气体循环和弛放的流程

4.7.4　收敛问题

如果一个流程没有收敛，或者流程模拟软件运行并给出一个提示"收敛出错"，那么结果就不能用于设计。设计者必须采取措施改进模拟，以便找到收敛解。一个有经验的设计者通常会首先采取如下措施：

（1）确保设计规定是可行的。

（2）尝试增加迭代的次数。

（3）尝试一种不同的收敛算法。

（4）尝试找到一个更好的初始估值。

（5）尝试不同的撕裂物流。

如果一个或更多的单元操作被给予了不可行的设计规定，那么流程将不收敛。多组分精馏塔也存在这一问题，尤其是当使用了纯度规定或流量规定，或选用非相邻关键组分时（参见 17.6 节）。通常情况下，塔的快速手算质量平衡可以确定规定是否可行，需谨记进料中的所有组分都必须离开塔。回收率规定的使用通常更具鲁棒性，但是仍然需要注意确保回流比和塔盘数量大于最低要求。在循环回路中遇到类似的问题，如果组分由于已经设置的分离规定而累积，那么添加一个弛放物流通常可以解决这个问题。

对于具有多个循环的大型问题，可能需要增加迭代次数，以提供流程收敛所需的时间。这种策略可能是有效的，但如果模型中的潜在问题导致收敛性较差，则此方法明显不起作用。

在某些情况下，开发一个简化的模拟模型以估算撕裂物流组成、流量及状态（温度和压力）的初值是值得的。通过使用更快、鲁棒性更强的单元操作模型，可以简化模型，如用简捷塔模型代替严格的精馏塔模型。还可以通过减少模型中的组分数目来简化模型，减少组分的数目通常会获得较好的总流量和焓的估算值，这可能在质量平衡和能量平衡之间存在相互影响时是有用的；另一个常用的简化策略是建立换热器模型时在一侧使用虚拟物流（通常是下游流程的物流侧），直到流程的其余部分都收敛后，从下游到上游的能量循环才会收敛。也可以将加热器和冷却器用在简化模型中，甚至严格模型中，只要将物流数据导出并用于设计实际的换热器即可。

另一种广泛使用的方法是"逐步爬坡"收敛方法。这需要从一个简化版开始构建模型，并在每步重新收敛时依次添加细节，随着复杂性的增加，将使用上一次运行的值来初始化下一次运行，这是一种缓慢但有效的方法。工艺工程师必须记得经常保存中间版本，以防以后遇到问题。在进行运行扰动收敛模型的灵敏度分析或案例研究时，经常使用类似的策略。设计者通过细小步骤改变相关参数以获得新的条件，同时在每一步重新收敛。每一步的结果为下一步提供了良好的初始估值，避免出现收敛问题。

当存在多个循环时，有时在同步模式（联立方程法）而不是序贯模块模式下求解模型更为有效。如果模拟软件允许方程集同时求解，可以尝试这样做；如果已知流程包含许多循环，则设计者应预估收敛问题，并选择能够以同步模式运行的流程模拟软件。

示例 4.10

轻质石脑油是原油蒸馏产生的混合物，轻质石脑油可与汽油混合，主要含有烷烃化合物（烷烃）。甲基取代烷烃（异构烷烃）的辛烷值高于正构烷烃的辛烷值，因此对轻质石脑油进行异构化，有利于增加支链烷烃的比例。

一个简单的石脑油异构化流程，原料组成是正己烷和甲基戊烷各50%（质量分数），进料量为10000bbl/d。进料被加热并送至反应器，反应在1300kPa和250℃下达到平衡。反应产物被冷却到露点，并送入一个在300kPa下操作的蒸馏塔。蒸馏塔底部富集的正己烷产物，可循环至反应器进料，正己烷的总转化率可达到95%。

模拟该流程以确定循环流量和组成。

解：

该问题使用 UniSim Design 软件求解。第一步是将体积流量转换为质量流量，单位为国际单位制单位。可以建立一个正己烷和甲基戊烷质量比为 50：50 的混合物流，该物流在 40℃ 下密度为 $641kg/m^3$，因此所需的流量为：

$$10000\text{bbl/d}=10000\times641\text{kg/m}^3\times0.1596\text{m}^3/\text{bbl}/24=42.627\text{t/h}$$

在实际的异构化流程中，由于裂解反应会导致原料部分损失；然而，在简化模型中，唯一发生的反应是异构化反应。因为只考虑异构化反应，所以所有的产物和进料组分都有相同的分子量（C_6H_{14}，分子量为 86）。因此正己烷的进料流量为 42.627t/h×0.5＝21.31t/h。正己烷的转化率为 95%，因此正己烷在产品中的量是 0.05×21.31t/h＝1.0655t/h，或 1065.5kg/h/86＝12.39kgmol/h。产物中正己烷的摩尔分数为 50% 的 5%，即 2.5%（摩尔分数）。

为了得到精馏塔条件的初始估值，首先使用一个简捷塔模型对该流程进行模拟，如图 4.41 所示。如果假设在这个过程中没有形成环状化合物，那么组分列表中包含所有可用的 C_6 烷烃化合物，即正己烷、2- 甲基戊烷、3- 甲基戊烷、2，3- 甲基丁烷和 2，2- 甲基丁烷。反应器可实现这些组分间的完全平衡，因此可以使用吉布斯反应器建模。

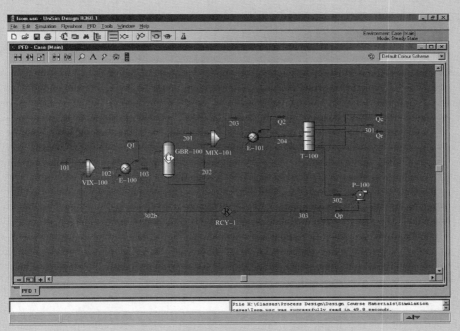

图 4.41　使用简捷塔模型的异构化流程

简捷塔模型需要二次规定，可根据重关键组分提供，可以把甲基戊烷中的任一种定义为重关键组分。建立的简化模型中，甲基戊烷在循环中的含量对流程性能不重要，增加甲基戊烷类的循环利用可以提高二甲基丁烷类的过程收率，从而提高产品辛烷值。实际上，副反应的存在引起裂解产生价值更低的轻烃，与达到甲基戊烷的最佳循环量之间将建立一个平衡。现在，假设塔底 2- 甲基戊烷的摩尔分数为 0.2。

在这些条件下，并且循环没有闭合的情况下，简捷塔模型预测的最小回流比为 3.75。如图 4.42 所示，设置回流比为 $1.15R_{min}=4.31$。然后通过简捷塔模型计算得出需要 41 块理论板，其中最佳进料板为第 26 块，如图 4.43 所示。塔底流量为18900kg/h，可作为循环流量的初始估算值，循环现在可以闭合并运行。收敛结果 $R_{min}=3.75$，所以回流比不需要调整。循环流量收敛结果为 18.85t/h 或 218.7kgmol/h，如图 4.44 所示。收敛的流程中简捷塔的设计依然有 41 块塔盘且在第 26 块进料。

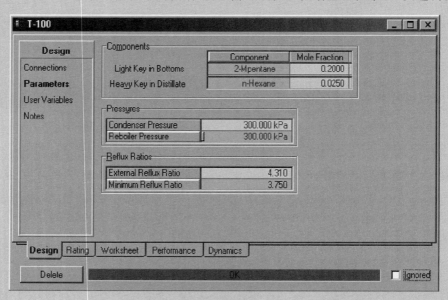

图 4.42　简捷塔规定

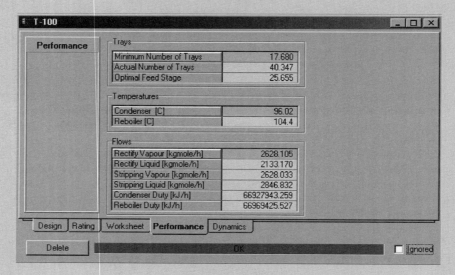

图 4.43　简捷塔模拟结果

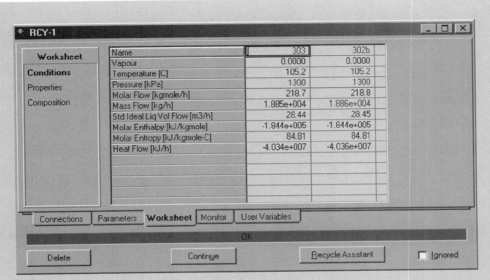

图 4.44　使用简捷塔模型的循环收敛结果

简捷塔模型的结果现在可以为严格塔模型提供良好的初始估值。如图 4.45 所示，将简捷塔替换为严格塔。通过简捷塔模型预测的塔盘数和进料板，可以建立严格塔模型，如图 4.46 所示。如果指定回流比和塔底产品流量作为塔的规定，如图 4.47 所示，那么流程就会快速收敛。

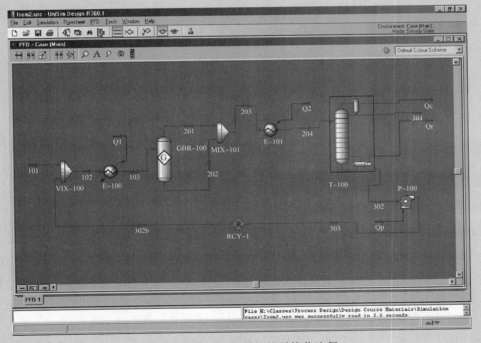

图 4.45　使用严格精馏的异构化流程

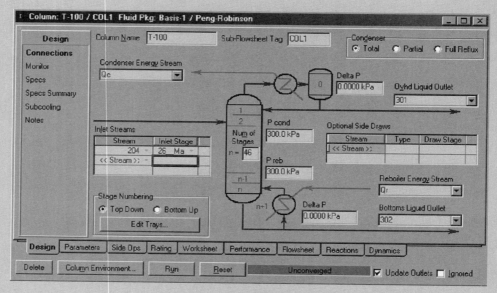

图 4.46　严格精馏塔的设计参数

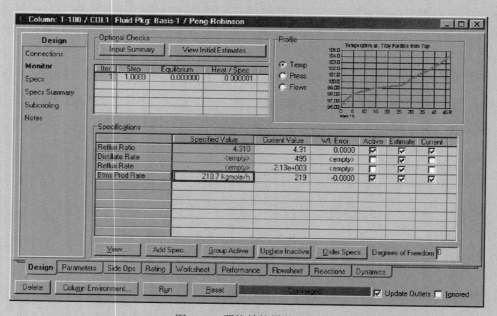

图 4.47　严格精馏塔的规定

　　从严格模型中得到的结果显示，精馏产物中正己烷的流量为 1084.5kg/h，这超出了问题陈述中的计算所需量（1065.5kg/h）。获得所需规定量的最简单方法是直接将其作为塔的规定。从塔窗口的 Design 选项卡中，可以选择 Monitor，在 Add Spec 中以添加精馏产品中正己烷的流量为目标参数（Parameters），如图 4.48 所示。

然后，可以激活这个规定，放开塔釜流量规定。当模拟重新收敛时，塔釜流量增加到 19350kg/h，精馏产物中的正己烷满足规定流量 1065.5kg/h。

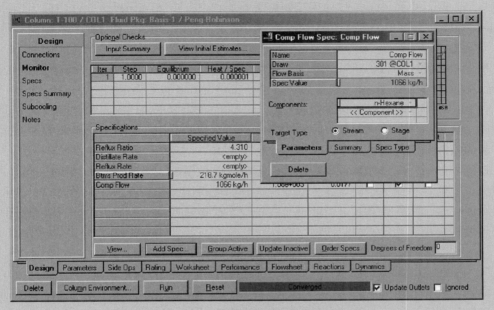

图 4.48 添加正己烷质量流量的规定

严格精馏模型的塔剖面图如图 4.49 所示，虽然设计还没有进行优化，但这些塔分布数据没有显示出任何明显的设计错误。

正己烷的循环量为 19.35t/h 时，模拟得到收敛，实现了正己烷的目标转化率。循环组成为 50.0%（摩尔分数）的正己烷、21.1%（摩尔分数）的 2- 甲基戊烷、25.1%（摩尔分数）的 3- 甲基戊烷、3.6%（摩尔分数）的 2,3- 甲基丁烷、0.2%（摩尔分数）的 2, 2- 甲基丁烷。这是一个收敛解，但它只是许多可能的收敛解之一，目前还没有尝试优化设计，这个流程的优化在习题 4.14 中进行了检验。关于更实际的异构化工艺条件和数据，读者可参考 Meyers（2003）的著作。

4.8　流程优化

流程模拟收敛之后，设计者通常会想进行一定程度的优化。商业流程模拟软件的优化能力有限，使用时需稍加注意。

4.8.1　控制器的使用

最简单的优化方式是对模拟添加额外的约束条件，使其满足设计者指定的要求。例如，如果设计者对进料流量进行了估计，那么模型所预测的产品的产量可能小于（或大于）期望的产量。设计者可以通过计算适当的比率来修正这个问题，将所有的进料物流乘以这个比率，然后重新收敛模型，但是这种方法将会很烦琐。

相反，模拟软件允许设计者对模型施加约束条件。在上面的例子中，产品流量等于目标值将是一个约束条件。通过使用控制器来施加约束，在 Aspen Plus 软件中称为设计规定（Design Spec），在 UniSim Design 软件中称为设定（Set）或调节（Adjust）。控制器可以进行如下设置：

将变量 x 设置为数值 z，或通过改变操作变量 z 将变量 x 调整为数值 y。其中，z 是一个未知变量或可由模拟计算得到的一组变量，x 是设计者想要设定的变量。

控制器可用于实现各种设计约束和规定，它们在设定进料比率、控制弛放气流量和循环比以达到目标组成方面特别有用。需要注意谨慎使用控制器，否则会引入太多的循环计算，从而使收敛变得困难。

控制器的行为很像循环，在添加控制器之前收敛模拟，生成良好的初值通常是一个好的做法。但这并不适用于简单的控制器函数，如进料比率控制器。在动态模拟中，采用控制器对流程中实际的控制阀进行建模。在将稳态模拟转换为动态模拟时，需要注意确保控制器函数符合物理上可实现的控制结构。

4.8.2　使用流程模拟软件进行优化

商业流程模拟软件都具有求解非线性规划问题的能力。在编撰本书时，只有 Aspen Plus 软件允许设计者使用整型变量进行离散优化。因此，在除 Aspen Plus 软件之外的任何商业流程模拟软件中，无法同时优化连续变量等整型参数。同样，只有 Aspen Plus 软件能够进行上层结构优化。请注意，这种离散的优化功能不包含在 Aspen Plus 软件的通用许可证中，仅在比 2006.5 更新的版本中可用，而且可能不是所有学术用户都可以使用。其他模拟软件供应商预计将在未来的版本中添加这一功能。

对大型流程模拟模型进行优化，从本质上来说是困难的，特别是存在多个循环的情况下。如 12.10 节所述，非线性规划（NLP）问题的求解算法需要模型的多个解，每个解都必须收敛。

流程优化的另一个复杂问题是目标函数的表达。工厂设计的目标函数一直是衡量经济效益的一个指标。通过模拟软件计算出的设计参数可以用来对设备成本做出相对较好的估算，但这通常需要将这些参数导出到专门的成本估算软件中，如 7.10 节所述的 Aspen Icarus 软件。此外，如 1.6 节所述，相比设计流量，设备通常必须放大设计。解决这个问题最简单的方法是运行含有不同关键设计参数的模拟两到三次，然后估算这些设计的费用，得出大概的成本曲线，并将其应用于模拟软件的优化工具中。

Aspen Plus 手册为定义优化问题提供了一些有用的建议（Aspen Technology，2001）：

（1）首先对流程进行模拟收敛。这有助于设计者检测错误，确保规定是可行的，并为撕裂物流提供良好的估值。

（2）进行灵敏度分析，确定哪些变量对目标函数影响最大。这些应该用作决策变量，确定这些变量的合理范围并设置上限和下限约束也很重要。如果设置的范围太窄，那么可能无法找到最优解；如果设置的范围过于宽泛，那么收敛可能会很困难。

（3）在进行灵敏度分析时，观察最佳值的范围是宽泛的，还是狭窄的。如果目标函数只有很小的变化，进一步优化可能是不合理的。

另一种常用的方法是利用简捷模型构建流程结构，确定关键决策变量的近似值进行优化，最终的 NLP 优化可以使用一个严格的模型进行。

4.9　动态模拟

大多数连续过程仅在稳态模式下进行模拟。一些模拟软件允许将稳态模拟转换为动态模式运行，动态模拟可以用于：

（1）模拟间歇和半连续过程以确定速率控制步骤，研究间歇到间歇的循环和热回收。

（2）模拟工艺开车和停车。

（3）模拟循环过程。

（4）模拟流程扰动，以评估控制系统的性能并调整控制器。

（5）模拟紧急情况，评估报警系统和安全系统的响应，确保它们是适当的。

为了做好动态模拟，设计者必须从管道和仪表流程图（见第 5 章）中设定实际的控制系统以及所有的容器设计，以计算持液量。传质速率和反应速率也必须已知或假设。

动态模拟比稳态模拟计算量更大，动态模拟通常应用于流程的一部分（甚至单个单元操作），而不是整个流程。为了得到稳定的动态模型，需要不同的模拟方法。Luyben（2006）、Ingham 等（2007）、Seborg 等（2003）、Asprey 和 Machietto（2003）以及 Pantelides（1988）的论文对动态模拟做了很好的介绍。

参 考 文 献

Abrams，D. S.，& Prausnitz，J. M.（1975）. Statistical thermodynamics of liquid mixtures. New expression for the excess Gibbs energy of partly or completely miscible systems. AIChE J.，21（1），116.

AIChE，1983. Design institute for physical property data，manual for predicting chemical process design data.

AIChE，1985. Design institute for physical property data，data compilation，part Ⅱ. AIChE.

Anderson，T. F.，& Prausnitz，J. M.（1978a）. Application of the UNIQUAC equation to calculation of multicomponent phase equilibriums. 1. Vapor–liquid equilibrium. Ind. Eng. Chem. Proc. Des. Dev.，17（4），552.

Anderson，T. F.，& Prausnitz，J. M.（1978b）. Application of the UNIQUAC equation to calculation of multicomponent phase equilibriums. 2. Liquid–liquid equilibrium. Ind. Eng. Chem. Proc. Des. Dev.，17（4），562.

Antoine，C.（1888）. Tensions des vapeurs : nouvelle relation entre les tensions et les températures. Compte rend.，107，681 and 836.

Aspen Technology，2001. Aspen plus® 11.1 user guide. Aspen Technology Inc.

Asprey, S. P., & Machietto, S.（2003）. Dynamic model development : methods，theory and applications. Elsevier.

Benedek, P.（Ed.）.（1980）. Steady-state flow-sheeting of chemical plants. Elsevier ; 1980.

Benedict, M., Webb, G. B., & Rubin, L. C.（1951）. An experimental equation for thermodynamic properties of light hydrocarbons. Chem. Eng. Prog.,47,419,449,571,609（in four parts）.

Bretsznajder, S.（1971）. Prediction of transport and other physical properties of fluids. Pergamon Press.

Chao, K. C., & Seader, J. D.（1961）. A generalized correlation for vapor-liquid equilibria in hydrocarbon mixtures. AIChE J., 7, 598.

Chu, J. C., Wang, S. L., Levy, S. L., & Paul, R.（1956）. Vapor-liquid equilibrium data. Ann Arbor, MI : J. W. Edwards Inc.

Chueh, C. F., & Swanson, A. C.（1973a）. Estimation of liquid heat capacity. Can. J. Chem. Eng., 51, 576.

Chueh, C. F., & Swanson, A. C.（1973b）. Estimating liquid heat capacity. Chem. Eng. Prog., 69（July）, 83.

DECHEMA,（1977ff）. DECHEMA chemistry data series. DECHEMA.

Fredenslund, A., Gmehling, J., Michelsen, M. L., Rasmussen, P., & Prausnitz, J. M.（1977a）. Computerized design of multicomponent distillation columns using the UNIFAC group contribution method for calculation of activity coefficients. Ind. Eng. Chem. Proc. Des. Dev., 16, 450.

Fredenslund, A., Gmehling, J., & Rasmussen, P.（1977b）. Vapor-liquid equilibria using UNIFAC : A group contribution method. Elsevier.

Gmehling, J., Rasmussen, P., & Frednenslund, A.（1982）. Vapor liquid equilibria by UNIFAC group contribution, revision and extension. Ind. Eng. Chem. Proc. Des. Dev, 21, 118.

Grayson, H. G., & Streed, C. W.（1963）. Vapor-liquid equilibrium for high temperature, high pressure hydrogenhydrocarbon systems. Proc. 6th World Petroleum Congress, Frankfurt, Germany, paper 20, Sec. 7, 233.

Green, D. W., & Perry, R. H.（Eds.）.（2007）. Perry's chemical engineers' handbook.（8th ed.）. McGraw-Hill.

Haggenmacher, J. E.（1946）. Heat of vaporization as a function of temperature. J. Am. Chem. Soc., 68, 1633.

Hala, E., Wichterle, I., & Linek, J.（1973）. Vapor-liquid equilibrium data bibliography. Elsevier. Supplements : 1, 1976; 2, 1979; 3, 1982, 4, 1985.

Hala, E., Wichterle, I., Polak, J., & Boublik, T.（1968）. Vapor-liquid equilibrium data at normal pressure. Pergamon.

Hirata, M., Ohe, S., & Nagahama, K.（1975）. Computer aided data book of vapor-liquid equilibria. Elsevier.

Husain, A. (1986). Chemical process simulation. Wiley.

Ingham, J., Dunn, I. J., Heinzle, E., Prenosil, J. E., & Snape, J. B. (2007). Chemical engineering dynamics (3rd ed.). Wiley-VCH.

Knovel (2003). International Tables of Numerical Data, Physics, Chemistry and Technology (1st electronic ed.).

Kojima, K., & Tochigi, K. (1979). Prediction of vapor-liquid equilibria by the asog method. Elsevier.

Lee, B. I., & Kesler, M. G. (1975). A generalized thermodynamic correlation based on three-parameter corresponding states. AIChemEJL., 21, 510.

Leesley, M. E. (Ed.). (1982). Computer aided process plant design. Gulf; 1982.

Luyben, W. L. (2006). Distillation design and control using aspen^{TM} Simulation. Wiley.

Lydersen, A.L., (1955). Estimation of critical properties of organic compounds. University of Wisconsin Coll. Eng. Exp. Stn. Report 3, University of Wisconsin.

Magnussen, T., Rasmussen, P., & Frednenslund, A. (1981). UNIFAC parameter table for prediction of liquidliquid equilibria. Ind. Eng. Chem. Proc. Des. Dev., 20, 331.

Meyers, R. A. (2003). Handbook of petroleum refining processes (3rd ed.). McGraw-Hill.

Newman, S. A. (1991). Sour water design by charts. Hyd. Proc., 70 (Sept.), 145 (Oct.) 101 (Nov.) 139 (in three parts).

Null, H. R. (1970). Phase equilibrium in process design. Wiley.

Ohe, S. (1989). Vapor-liquid equilibrium. Elsevier.

Ohe, S. (1990). Vapor-liquid equilibrium at high pressure. Elsevier.

Pantelides, C. C. (1988). SpeedUp-recent advances in process engineering. Comp. and Chem. Eng., 12, 745.

Peng, D. Y., & Robinson, D. B. (1976). A new two constant equation of state. Ind. Eng. Chem. Fund., 15, 59.

Plocker, U., Knapp, H., & Prausnitz, J. (1978). Calculation of high-pressure vapor-liquid equilibria from a corresponding-states correlation with emphasis on asymmetric mixtures. Ind. Eng. Chem. Proc. Des. Dev., 17, 243.

Poling, B. E., Prausnitz, J. M., & O'Connell, J. P. (2000). The properties of gases and liquids (5th ed.). McGraw-Hill.

Prausnitz, J. M., & Chueh, P. L. (1968). Computer calculations for high-pressure vapor-liquid equilibria. Prentice-Hall.

Prausnitz, J. M., Lichtenthaler, R. N., & Azevedo, E. G. (1998). Molecular thermodynamics of fluid-phase equilibria (3rd ed.). Prentice-Hall.

Redlich, O., & Kwong, J.N.S. (1949). The thermodynamics of solutions, V. An equation of state. Fugacities of gaseous solutions. Chem. Rev., 44, 233.

Reid, R. C., Prausnitz, J. M., & Poling, B. E. (1987). Properties of liquids and gases (4th ed.）. McGraw-Hill.

Renon, H., & Prausnitz, J. M.（1969）. Estimation of parameters for the non-random, two-liquid equation for excess Gibbs energies of strongly non-ideal liquid mixtures. Ind. Eng. Chem. Proc. Des. Dev, 8（3）, 413.

Rowley, R.L., Wilding, W.V., Oscarson, J.L., Yang, W., Zundel, N.A., 2004. DIPPR™ data compilation of pure chemical properties. Design Institute for Physical Properties, AIChE.

Seborg, D. E., Edgar, T. F., & Mellichamp, D. A.（2003）. Process dynamics and control. Prentice Hall.

Soave, G.（1972）. Equilibrium constants from modified Redlich-Kwong equation of state. Chem. Eng. Sci., 27, 1197.

Sterbacek, Z., Biskup, B., & Tausk, P.（1979）. Calculation of properties using corresponding-state methods. Elsevier.

Touloukian, Y. S.（Ed.）.（1970-77）. Thermophysical properties of matter, TPRC Data Services. Plenum Press.

Walas, S. M.（1985）. Phase equilibrium in chemical engineering. Butterworths.

Washburn, E. W.（Eds.）.（1933）. International critical tables of numerical data, physics, chemistry, and technology（Vols. 8.）. McGraw-Hill.

Wells, G. L., & Rose, L. M.（1986）. The art of chemical process design. Elsevier.

Westerberg, A. W., Hutchinson, H. P., Motard, R. L., & Winter, P.（1979）. Process flow-sheeting. Cambridge U.P.

Wilcon, R. F., & White, S. L.（1986）. Selecting the proper model to stimulate vapor-liquid equilibrium. Chem. Eng., NY, 93（Oct. 27th）, 142.

Wilson, G. M.（1964）. A new expression for excess energy of mixing. J. Am. Chem. Soc., 86, 127.

ASTM D 86, 2007. Standard test method for distillation of petroleum products at atmospheric pressure. ASTM International.

ASTM D 2887, 2006. Standard test method for boiling range distribution of petroleum fractions by gas chromatography. ASTM International.

习　题

4.1　苯与氯反应生成一氯苯。加入少量三氯苯，生成了一氯苯与二氯苯的混合物，氯化氢是副产品。为了促进一氯苯生成，加入过量的苯至反应器中。

反应产物被送入冷凝器，在冷凝器中氯苯和未反应的苯被冷凝。冷凝物与不凝气体在分离器分离，不凝气氯化氢和未反应的氯气进入吸收塔，在吸收塔中氯化氢被水吸收，离开吸收塔的氯循环回反应器中。

分离器的液相中含有氯苯和未反应的苯，液相被送入精馏塔，在精馏塔中氯苯与未反应的苯分离。苯循环回反应器中。

利用下面给出的数据，计算物流流量，并绘制一个每天生产 1.0t 一氯苯的初步流程。

数据：

反应器：

$$反应：C_6H_6+Cl_2 \longrightarrow C_6H_5+HCl$$

$$C_6H_6+2Cl_2 \longrightarrow C_6H_4Cl_2+2HCl$$

反应器进口的物质的量比 $Cl_2 : C_6H_6 = 0.9$，苯的总转化率为 55.3%，一氯苯收率为 73.6%，二氯苯收率为 27.3%，其他氯化物的生成可以忽略不计。

分离器：

假设气相夹带了 0.5% 的液相量。

吸收塔：

假设 99.99% 的氯化氢被吸收，98% 的氯气被循环利用，其余溶解在水中。吸收塔的进水量设置为可以产生 30%（质量分数）强度的盐酸。

精馏塔：

苯的回收率为 95%，氯苯的回收率为 99.99%。

注意：该习题无须流程模拟软件即可解出。从反应器入口的质量平衡开始（加入循环物流后），假设这时苯的流量为 100kgmol/h。

4.2　甲基叔丁基醚（MTBE）被用作汽油中的抗爆添加剂。它由异丁烯与甲醇反应生成。该反应具有很高的选择性，实际上任何含有异丁烯的 C_4 物流都可以用作原料。

$$CH_2 = C(CH_3)_2 + CH_3OH \longrightarrow (CH_3)_3-C-O-CH_3$$

过量 10% 的甲醇被用来抑制副反应。在一个典型的流程中，异丁烯在反应阶段的转化率为 97%。

通过精馏将产物从未反应的甲醇和其他 C_4 化合物中分离出来，接近纯的液相 MTBE 离开精馏塔底部并被送至储罐。甲醇和 C_4 化合物以气体的形式离开塔顶，进入吸收塔用水吸收分离甲醇。被水饱和的 C_4 化合物离开吸收塔的顶部，用作燃料气。甲醇通过精馏从溶剂水中分离出来，循环至反应器，离开塔底的水被循环至吸收塔中。对水的循环物流进行排污以防止杂质累积。

（1）绘制此流程的框图。

（2）估算每一段进料。

（3）绘制工艺流程图。

将异丁烯以外的 C_4 化合物作为一个组分处理。

数据：

（1）原料组成：正丁烷 2%（摩尔分数），1- 丁烯 31%（摩尔分数），2- 丁烯 18%（摩尔分数），异丁烯 49%（摩尔分数）。

（2）要求的 MTBE 产量：7000kg/h。

（3）异丁烯在反应器中的转化率为 97%。

（4）MTBE 在精馏塔中的回收率为 99.5%。

（5）吸收塔中甲醇的回收率为 99%。

（6）离开吸收塔的溶液中甲醇的浓度为 15%。

（7）从水的循环物流中排放至废水处理的量：离开甲醇回收塔 10% 的水流量。

（8）离开吸收塔顶的气体被 30℃ 的水饱和。

（9）两个塔都在大气压下操作。

4.3　乙醇可以通过糖发酵产生，用作汽油的添加组分。由于糖可以从生物质中提取，因此乙醇是一种潜在的可再生燃料。在蔗糖发酵成乙醇的过程中，蔗糖（$C_{11}H_{22}O_{11}$）在酿酒酵母的作用下转化为产品乙醇和 CO_2。在发酵反应器中，一些蔗糖也被用来维持细胞培养。只要乙醇浓度不超过 8%（质量分数）左右（此时酵母的产量明显下降），发酵反应可以在连续反应器中进行。蔗糖以 12.5%（质量分数）水溶液的形式进料，在进料之前反应器必须消毒，通常用蒸汽加热方式完成消毒。二氧化碳从发酵反应器中排出，发酵反应器的液体产品被送到旋流器中浓缩酵母菌，再将酵母菌循环至反应器中。剩下的液体被送到一个被称为"啤酒塔"的精馏塔，精馏塔将酒精浓缩到大约含 40%（摩尔分数）的乙醇和 60%（摩尔分数）的水。啤酒塔中乙醇的回收率为 99.9%，啤酒塔的塔釜物流含有发酵液的剩余成分，可加工用作动物饲料。

（1）绘制此过程的流程图。

（2）估算生产 200000 US gal/d（干基）（100%）乙醇所需的物流流量和组成。

（3）估算二氧化碳排放气中乙醇的损失。

（4）估算啤酒塔再沸器负荷。

数据：

（1）每千克蔗糖产量：乙醇 443.3g，二氧化碳 484g，无糖固体 5.3g，酵母 21g，发酵副产物 43.7g，高级醇（杂醇油）2.6g。

（2）蔗糖转化率为 98.5%。

（3）稳态下发酵反应器中酵母浓度为 3%（质量分数）。

（4）发酵温度为 38℃。

4.4　在乙醇工厂中，啤酒塔顶馏出物水和乙醇的混合物含有约 40%（摩尔分数）的乙醇，以及前面习题中描述的杂醇油。该混合物被蒸馏得到乙醇和水（89% 乙醇）的恒沸物，乙醇的回收率为 99.9%。如果让杂醇油在塔顶馏出物中积累，会引起混合问题。杂醇油是高级醇和醚的混合物，可以近似地表示为正丁醇和乙醚的混合物。这种混合物通常作为一种侧线物流从塔中去除。当侧线物流与添加的水接触时，可形成两相混合物，将油相析出，使乙醇—水相回流到塔中。

（1）绘制此过程的流程图。

（2）估算生产 200000 US gal/d（干基）（100%）乙醇所需的物流流量和组成。

（3）利用 6.3 节中给出的费用相关关系，并假设再沸器热耗费用为 5 美元/10^6Btu，优化精馏塔。最小化塔的年度总成本。

4.5　水和乙醇形成最低恒沸物，因此，水不能通过常规精馏完全从乙醇中分离出来。为了生产纯的（100%）乙醇，需要添加夹带剂来打破恒沸物。苯是一种有效的夹带剂，使用后的产品不能用在食品中。苯的流程中采用了三个塔。

第一个塔。该塔用来分离乙醇和水。塔釜产品基本上是纯乙醇；进料中的水从塔顶进入，用来形成乙醇、苯和水的三元恒沸物（约 24% 乙醇、54% 苯、22% 水）；塔顶的气相被冷凝，冷凝物在一个倾析器中分离出来，形成一个富苯相（22% 乙醇、74% 苯、4% 水）和一个富水相（35% 乙醇、4% 苯、61% 水）。富苯相作为回流循环到塔中，向回流中加入苯的补充物流，以弥补过程中苯的损耗；富水相被送入第二个塔。

第二个塔。该塔回收了作为三元恒沸物的苯，并将其作为气相回收并入第一个塔顶的气相中，塔底产物基本上不含苯（29% 乙醇、51% 水）。该物流为第三个塔的进料。

第三个塔。在该塔中，水被分离出来并送到废水处理。塔顶馏出物流由乙醇和水的恒沸物（89% 乙醇、11% 水）组成，该物流被冷凝并循环到第一个塔中。塔底产品基本上不含乙醇。

（1）绘制此过程的流程图。

（2）估算生产 200000 US gal/d（干基）（100%）乙醇所需的物流流量和组成。

（3）估算二氧化碳排放气中乙醇的损失。

将苯的损失总计为 0.1kmol/h，所有的组成都为摩尔分数。

4.6　一座工厂每年需要由氯气和氢气生产 10000t 无水氯化氢。氢原料不纯：90%（摩尔分数）的氢，其余为氮；氯基本上是纯氯，由铁路槽车供应。

氢和氯在 1.5bar 压力下，在燃烧炉中反应。

$$H_2 + Cl_2 \longrightarrow 2HCl$$

比化学计量过量 3% 的氢气进入燃烧炉。氯的转化率基本上是 100%，离开燃烧炉的气体在换热器中冷却。

冷却后的气体进入吸收塔，吸收塔内的氯化氢气体被稀盐酸吸收。吸收塔的设计目的是回收进料中 99.5% 的氯化氢。

未反应的氢和惰性组分从吸收塔送至排放气洗涤塔，所有的盐酸都通过与稀氢氧化钠水溶液接触而中和，溶液在洗涤段循环。通过从循环物流中引出排污，并引入 25% 氢氧化钠的补充物流，使氢氧化钠的浓度保持在 5%。洗涤塔的放空气体中，氯化氢的最大浓度不能超过 200mg/m³。

从吸收塔（32%HCl）中提取出的强酸被送入汽提塔，在汽提塔中氯化氢气体通过精馏从溶液中回收。塔底的稀酸（22%HCl）循环至吸收塔。

汽提塔顶部的气体通过部分冷凝器将大部分水蒸气冷凝并回流至塔内。离开塔顶的气体饱和了 40℃ 的水蒸气，离开冷凝器的氯化氢气体在填料塔中与浓硫酸接触干燥。酸在填料段循环。通过从循环回路中排污并引入强酸（98%H₂SO₄）补充物流，使硫酸的浓度保持在 70%。

无水氯化氢产品被压缩到 5bar，作为另一个流程的进料。

利用提供的信息，计算主流程物流的流量和组成，并为该流程绘制流程图。除注明外，所有组成均为 %（质量分数）。

4.7　氨是由氢和氮合成的。合成气通常由碳氢化合物产生。尽管可以使用煤甚至泥炭，但最常使用的原料是石油或天然气。

利用天然气生产的合成气是不纯的，含有高达5%的惰性气体，主要是甲烷和氩。高压对反应平衡和反应速率有利，该反应转化率较低，约为15%。因此，在去除产生的氨之后，气体被循环回合成塔入口。一个典型的流程包括一台操作压力为350bar的合成塔（反应器），一套从循环回路中冷凝氨产物的制冷系统以及压缩进料和循环气的压缩机。弛放气从循环回路中排出，使循环气中的惰性组分浓度保持在可接受的水平。

利用下面给出的数据，绘制工艺流程图，计算生产600t/d氨的工艺物流流量和组成。

数据：

合成气组成：

N_2 24.5%（摩尔分数），H_2 73.5%（摩尔分数），CH_4 1.7%（摩尔分数），A 0.3%（摩尔分数）

液氨—气态氨分离器的温度和操作压力分别为 −28℃和340bar。

循环气中的惰性气体浓度不大于15%（摩尔分数）。

4.8 甲基乙基酮（MEK）由2−丁醇脱氢制备。

以下给出了流程中不同单元的简化描述：

（1）丁醇脱水产生MEK和氢气的反应器，反应式如下：

$$CH_3CH_2CH_3CHOH \longrightarrow CH_3CH_2CH_3CO + H_2$$

丁醇的转化率为88%，对MEK的选择性认为是100%。

（2）冷却—冷凝器，用来冷却反应器排出的气体，冷凝大部分MEK和未反应的丁醇。使用了两个换热器，但它们可以作为一个单元来建模。进入该单元的84%的MEK被冷凝，92%的丁醇被冷凝。氢是不凝的，冷凝液被送入最后的提纯塔。

（3）吸收塔，未冷凝的MEK和丁醇在该塔中被水吸收。

大约98%的MEK和丁醇可以认为在这个单元被吸收，获得10%（质量分数）的MEK水溶液。进入吸收塔的水从下一个单元（萃取塔）循环回来。吸收塔的排放气主要包含氢气，被送到火炬。

（4）萃取塔，将吸收塔来的溶液中的MEK和丁醇萃取至三氯乙烷（TCE）中。萃余液为约含0.5%（质量分数）MEK的水，循环回吸收塔。

萃取液含有约20%的MEK、少量丁醇和水，被送入精馏塔。

（5）第一精馏塔，从溶剂TCE中分离出MEK和丁醇。MEK的回收率为99.99%。

含有微量MEK和水的溶剂循环至萃取塔。

（6）第二精馏塔，从第一精馏塔的粗产品中提纯出99.9%的纯MEK产品。该塔的残余物包含了大部分未反应的2−丁醇，被循环至反应器中。

对于收率为1250kg/h的MEK：

（1）绘制工艺流程图。

（2）估算物流的流量和组成。

（3）估算两个精馏塔的再沸器和冷凝器的负荷。

（4）估算每个塔所需的理论塔盘数。

4.9 在示例4.4的问题中，原料被指定为戊烷（C_5H_{12}），氢碳比为2.4∶1。如果这个过程的原料是重油，那么氢碳比更接近 2 : 1。如果进料中氢碳比为 2 : 1，C_5 化合物的分布会发生什么变化？

4.10　示例 4.4 考察了单一碳数（C_5）内碳氢化合物的平衡分布。在实际生产中，乙烯、丙烯等轻质烯烃和炔的裂解反应对裂解过程的收率有重要影响。

（1）含有 C_2 和 C_3 化合物时，对平衡分布有什么影响？

（2）含有焦炭以及 C_2 和 C_3 化合物时，对平衡分布有什么影响？

（3）这些结果表明了有关裂解过程的什么信息？

4.11　优化示例 4.8 的换热器设计，求所需最小化的总面积。

4.12　20%（质量分数）苯和甲苯的混合物物流，流量 4t/h，从 20℃加热至 4atm 下的泡点。该混合物在精馏塔中被分离，塔顶苯和塔底甲苯的回收率都达到 99.9%。

（1）如果甲苯产品必须冷却到 20℃，进料的热量有多少可以通过与塔底换热提供？

（2）需要多少个换热器壳程？

（3）最小的总换热面积是多少？

（4）精馏塔直径是多少？

（5）如果塔盘效率为 70%，需要多少块筛板？

4.13　示例 4.5 描述了甲烷自热式转化制氢气的工艺。示例中的解还没有优化，但对如何优化结果提出了建议。优化制氢工艺，使制氢成本最小化，假设：

（1）甲烷的成本为 16 美分 /lb。

（2）氧气成本为 2 美分 /lb。

（3）水的成本为 25 美分 /1000lb。

（4）换热器年度成本为 30000 美元 $+3A$，其中 A 为面积，单位为 ft^2。

（5）电力成本为 6 美分 /（kW·h）。

（6）反应器和催化剂的成本在所有工况下是相同的。

提示：首先确定给定甲烷转化率下的最佳热回收、蒸汽和氧 / 甲烷比。重复不同的甲烷转化率，以找到最优的总转化率。

4.14　轻质石脑油异构化过程比示例 4.10 中所述的过程更为复杂。

（1）装置引入氢气以减少催化剂失活。按纯氢计，氢的流量通常是 2mol/mol（碳氢化合物）。氢的补充气通常是 90%（摩尔分数）的氢，其余为甲烷。

（2）轻烃化合物通过裂解反应形成。这些化合物在氢循环中积累，并通过排放物流加以控制。精馏塔的上游还需要一个稳定塔，以便在精馏前除去轻烃和氢。

（3）每一个 C_6 异构体都有不同的混合辛烷值。将各组分的摩尔分数和组分的混合辛烷值相加，得到产物的辛烷值。混合辛烷值：正己烷为 60；2- 甲基戊烷为 78.5；3- 甲基戊烷为 79.5；2，2- 二乙基丁烷为 86.3；2，2- 二甲基丁烷为 93。

优化示例 4.10 的设计，以满足以下要求：

（1）裂解反应所造成的选择性损失可以近似地表示为，每通过一个反应器将 1% 的 C_6 化合物转化为丙烷。

（2）汽油市场批发价可以假设为 2.0+0.05 美元 /US gal（辛烷值 87）。

（3）氢气的成本为 6 美元 /1000ft^3，氢气和丙烷弛放气的燃料价格为 5 美元 /10^6Btu。

（4）该反应器加催化剂的总安装成本为每1000bbl液体处理量50万美元。

（5）其他成本可以使用表7.2中给出的成本关联式进行估算。

4.15 脱丁烷塔将在14bar和750K下操作。该流程将使用商业模拟软件建模，建议一种合适的相平衡方法用于模拟。

脱丁烷塔的进料组成如下：

组成	进量，kg/h
丙烷（C_3）	910
异丁烷（i–C_4）	180
正丁烷（n–C_4）	270
异戊烷（i–C_5）	70
正戊烷（n–C_5）	90
正己烷（n–C_6）	20

4.16 习题4.15中产品规定为塔底C_{5+}回收率99.5%，塔顶馏出物中C_4及轻质化合物回收率99%。贵公司的工程标准是设计回流比为最小回流比的1.15倍，并假设塔盘效率为60%。使用严格模拟，确定该塔的塔盘量、进料塔盘和再沸器热负荷。

4.17 在丁醇制甲基乙基酮的流程中，通过精馏从未反应的丁醇中分离出甲基乙基酮。该塔的进料由甲基乙基酮、2–丁醇和三氯乙烷的混合物组成。什么相平衡模型可以用在该流程的建模中？

其他流程问题在附录E和附录F中以设计项目的形式给出。关于反应和精馏的模拟问题则分别在第15章和第17章进行论述。

第 5 章

仪表和过程控制

※ **重点掌握内容**

• 解读用 ISA 5.1 符号绘制的工艺管道和仪表流程图。
• 设计常见单元操作和全工艺过程的控制方案。

5.1 概述

工艺流程图呈现了主要的设备布置及其相互关系，这是对工艺本质的描述。

工艺管道和仪表流程图（P&I 图或 PID）标示出设备、仪表、管道、阀门和管件的设计细节。它常被称为工程流程图或工程管线图。本章涵盖了项目工艺设计阶段初步 P ＆ I 图的编制。

在工艺流程图（PFD）中也呈现了一些过程控制信息。常在 PFD 中标识控制阀，但省略了切断阀、泄压阀和仪表的细节。控制阀需要很显著的压降才能有效操作，因此控制阀的位置通常表明需要额外的泵或压缩机。基于过程控制方面的考虑，在某些情况下甚至可能会在流程中添加容器。例如，为使工厂的间歇和连续过程之间的操作平稳，需增加一个缓冲罐。

管道系统的设计以及过程仪表和控制系统的规范，通常是由专家设计小组完成的，对控制系统的详细讨论超出了本书的范围，这里只给出了一般的指导原则。特别推荐 Nayyar（2000）编辑的管道手册和 Love（2007）的过程自动化手册，以指导管道系统和工艺仪表及控制的详细设计。还应参阅文中引用和列于本章末尾的参考文献。第 20 章更详细地讨论了管道系统、阀门和工厂水力学的详细设计以及控制阀的尺寸估算和选型。

5.2 管道仪表流程图

P&I 图中标示了工艺设备、管道、泵、仪表、阀门及其他管件的布置情况，应该包括：

（1）由设备位号标识所有工艺设备。设备应按大致比例绘制，并画出管口的位置。

（2）由管线号标识所有管道。应显示管道的尺寸和材质，该材质可作为管线号标识的一部分。

（3）所有阀门：控制阀和截止阀带有的标识号应该显示阀门类型和尺寸规格。类型标识可用阀门的符号来显示，也可包含在阀门编号的代码中。

（4）作为管道系统一部分的辅助管件，如带有识别号的内视镜、过滤器和蒸汽疏水阀。

（5）用一个合适编码标识泵。

（6）所有带编码标识的控制回路和仪表。

对于简单的工艺流程，公用工程（服务）管线可以表示在 P&I 图上。对于复杂的过程，应使用单独的图来绘制公用工程管线，这样就可以清晰地显示信息，而不会把图弄得杂乱无章，但是操作单元间相连的公用工程管线应该表示在 P&I 图上。

P&I 图类似于工艺流程图，但未显示工艺信息，在这两种图上都应该使用相同的设备标识编号。

5.2.1 符号和布置

用于标识设备、阀门、仪表和控制回路的符号取决于各设计单位的惯例规定。设备标识编码通常比工艺流程图中的设备符号更详尽。图 5.22 给出了 P&I 图的一个典型例子。

最广泛应用的仪表、控制器和阀门的国际标准符号是从仪表系统和自动化协会的设计规范 ISA 5.1—1984（R 1992）中选用的，但有些公司使用自己的符号并遵循不同国家的标准，如英国 BS 1646 以及德国 DIN 19227 和 DIN 2429 标准。

在绘制设备布置图时，只需显示影响工艺操作的设备的相对标高，例如，泵的汽蚀余量（NPSH）、大气腿、虹吸管和热虹吸式再沸器的运行。管道布置的全部细节通常表达在另一张图中，称为管道轴测图，管道轴测图有关示例参见图 20.21。

计算机辅助绘图软件可用于绘制 P&I 图。Microsoft Visio™ 专业版包含 P&I 图符号库。

5.2.2 基本符号

图 5.1 至图 5.7 中所使用的符号是规范 ISA 5.1—1984（R1992）中的符号。

5.2.2.1 控制阀

不同类型的阀门如图 5.1 所示，并将在 20.5 节中讨论。

| 通用阀 | 三通阀 | 截止阀 | 隔膜阀 |

图 5.1 控制阀

5.2.2.2　执行器

执行器符号如图 5.2 所示。

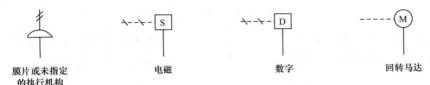

| 膜片或未指定的执行机构 | 电磁 | 数字 | 回转马达 |

图 5.2　执行器

大多数现代控制阀（最终控制元件）都是由电动机驱动的，而老式阀门则是由使用仪表空气的气动信号驱动的。在电子控制器可能造成过程危险或不可靠电力的情况下，最好使用气动执行机构。在许多较老的工厂中仍采用气动调节器，还没有电子控制器的更新替代。马达执行器用于驱动较大的阀门，而数字和电磁驱动器用于开关阀，就像在间歇过程中经常发生的那样。许多新的调节器采用这些方法的组合。例如，数字信号可以被发送到一个电磁阀，打开或关闭一个仪表空气管线，然后启动一个气动调节阀。

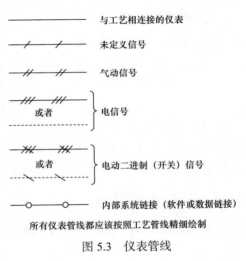

与工艺相连接的仪表

未定义信号

气动信号

或者　电信号

或者　电动二进制（开关）信号

内部系统链接（软件或数据链接）

所有仪表管线都应该按照工艺管线精细绘制

图 5.3　仪表管线

5.2.2.3　仪表管线

仪表连接线的绘制方式是将它们与主要工艺管线区分开来，如图 5.3 所示。工艺管线画成实线且更宽重。当指示 PFD 中的控制器时，通常使用未定义的信号，因为当第一次绘制 PFD 时可能还没有仪表设计规定。

5.2.2.4　故障模式

箭头方向显示了电源故障时阀门的位置，如图 5.4 所示。

| 故障开启 | 故障关闭 | 故障锁定在当前位置 | 故障模式不确定 |

图 5.4　阀门故障模式

5.2.2.5　通用仪表和控制器符号

通用仪表符号如图 5.5 所示。

| 现场安装 | 安装在主位置的表盘 | 安装在辅位置的表盘（就地表盘） | 双功能仪表 |

图 5.5　通用仪表和控制器符号

就地安装意味着控制器和显示器位于传感仪表位置附近的装置上，主表盘意味着它们位于控制室中的一个面板上。除小型工厂外，大多数调节器安装在控制室中。

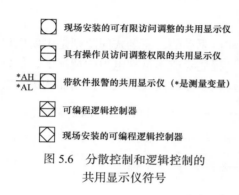

现场安装的可有限访问调整的共用显示仪

具有操作员访问调整权限的共用显示仪

*AH
*AL　带软件报警的共用显示仪（*是测量变量）

可编程逻辑控制器

现场安装的可编程逻辑控制器

图 5.6　分散控制和逻辑控制的
共用显示仪符号

5.2.2.6　分散控制—共用显示仪符号

共用显示仪和可编程逻辑控制器的符号如图 5.6 所示。

分散控制系统是一个功能集成的系统，它包含的子系统可能是分开的，且可以彼此远程定位。共用显示仪是操作员的界面设备，如计算机屏幕或视频屏幕，可在操作员的指令下显示来自多个来源的工艺控制信息。自 1990 年以来建造的大多数工厂（和许多较旧工厂）使用共用显示仪，而不是仪表盘。

可编程逻辑控制器用于控制离散操作，如间歇或半连续过程中的步骤，并编写防止不安全或不经济条件的联锁控制。例如，逻辑控制器可以用来确保操作人员不能打开通往容器的排空管线，除非供气阀关闭，打开氮气吹扫。

5.2.2.7　其他通用符号

图 5.7 显示了 P&I 图上常见的其他符号。

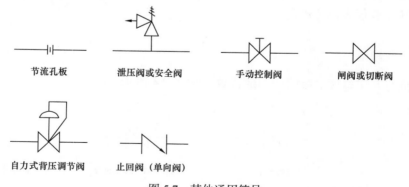

| 节流孔板 | 泄压阀或安全阀 | 手动控制阀 | 闸阀或切断阀 |

| 自力式背压调节阀 | 止回阀（单向阀） |

图 5.7　其他通用符号

5.2.2.8　仪表的类型

在圆圈内用字母代码表示仪表控制器的符号（表 5.1）。

表 5.1　仪表符号的字母代码〔基于 ISA 5.1—1984（R1992）〕

初始或测量变量	第一个字母	仅指示	控制器			变送器	最终控制元件
			记录	指示	无显示		
分析（组成）	A	AI	ARC	AIC	AC	AT	AV
流量	F	FI	FRC	FIC	FC	FT	FV
流率比值	FF	FFI	FFRC	FFIC	FFC	FFT	FFV
功率	J	JI	JRC	JIC		JT	JV
液位	L	LI	LRC	LIC	LC	LT	LV
压力（真空）	P	PI	PRC	PIC	PC	PT	PV
压差	PD	PDI	PDRC	PDIC	PDC	PDT	PDV
数量	Q	QI	QRC	QIC		QT	QZ
辐射	R	RI	RRC	RIC	RC	RT	RZ
温度	T	TI	TRC	TIC	TC	TT	TV
温差	TD	TDI	TDRC	TDIC	TDC	TDT	TDV
质量	W	WI	WRC	WIC	WC	WT	WZ

注：（1）字母 C、D、G、M、N 和 O 未定义，可用于任何用户指定的属性。

（2）字母 S 作为第二字母或后续字母表示开关。

（3）字母 Y 作为第二字母或后续字母表示继电器或计算函数。

（4）当不是阀门时，使用字母 Z 作为最终控制元件。

第一个字母表示所测量的属性，例如，F 表示流量；后面的字母表示函数，例如，I 表示指示，RC 表示记录控制器。AH 或 AL 表示高或低报警。

P&I 图给出了构成控制回路的所有组件。例如，图 5.8 显示了一个位于现场的压力变送器，它连接到一个共用显示压力指示控制器上，操作员可进行调整和高、低报警，压力调节器将电信号发送给故障关闭的膜片驱动压力控制阀。

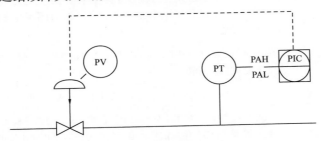

图 5.8　典型的控制回路

5.3 过程仪表和控制

5.3.1 仪表

在装置运行过程中提供了监测关键过程变量的仪表，它们可以集成在自动控制回路中，或用于手动监控工艺操作。在大多数现代工厂里，仪表将连接到计算机控制和数据记录系统中；监测关键过程变量的仪表将配备自动报警，以提醒操作员注意重要和危险的情况。

有关过程仪表和控制设备的详细资料可在各种手册中找到，如 Green 和 Perry（2007）、Love（2007）和 Liptak（2003）的著作。对过程仪表和控制设备的评述定期发表在《Chemical Engineering》和《Hydrocarbon Processing》杂志上，这些综述详细介绍了可商业化的仪表和控制硬件。表 5.2 汇总了化工厂中一些较为常用的过程仪表。

表 5.2 常用的过程仪表

监测变量	仪表类型	操作原理
压力（表）	压差（DP）计	表压是相对于大气压力测量的
压差	压差计	压差引起膜片位移，位移可机械地传送到波纹管转换为气动信号，或通过应变计或膜片相对于静态电容器板的运动转换为电信号。在过程中两点之间测量的压力变化
温度	热电偶	不同材质的金属导线连接在一起形成一个电路，其中一个接头比另一个接头热，通过塞贝克效应形成一个热电动势。如果一个接头处于参考温度，则从热电动势中可以找到另一个温度。参考温度通常是环境温度，它是通过测量铂丝的电阻来确定的，根据温度范围使用不同的金属丝组合。有关热电偶类型的详细信息，请参见 Love（2007）的著作
体积流量	孔板流量计	流动经过节流孔板，通过一个压差计测量孔板两端的压差，由压降计算流量
	文丘里流量计	流动经过一个异径环形管，通过压差计测量穿过断面的压差，由压降计算流量
质量流率	科氏力流量计	基于科里奥利效应，流经成型的振动管回路并使其扭曲，对扭转程度进行光学测量。这种仪表可用于多相流但价格昂贵，尤其是大流量
液位	压差计	如果容器内没有内部压差，放置在容器顶部和底部之间的压差计可指示液位
	电容液位计	在容器中心和边壁探针之间的电容受它们之间材质介电常数的影响，因此随液位变化而变化
界面液位	压差计	如果非混相流体在具有内堰的容器中（使得整体液位保持恒定），压差计可以确定它们之间的界面液位
pH	玻璃电极	玻璃电极和参考电极（通常是银/氯化银）形成一个电化学电路，用来测量电动势
组成	色谱仪	气相色谱（GC）可用于分离简单混合物，并通过热导检测器（TCD）或火焰离子化检测器（FID）生成信号。因为色谱分析需要几分钟时间，GC 方法很难用于在线控制，但它们可用于串级控制方案，以调整其他控制器上的设定点

应该直接测量要监测的过程变量，然而这往往是不切实际的，监测到的是一些较易测量的因变量。例如，在精馏塔的控制中，需要对塔顶产品进行连续、在线分析，但难以可靠地实现且成本昂贵，因此温度常常作为组成的象征进行监测。测温仪表可构成控制回路（如回流量）的一部分，例如通过自动采样和在线气相色谱分析，时常测查塔顶馏出的组成。

5.3.2　仪表和控制目标

设计者在仪表选型和控制方案时的主要目标如下：

（1）工厂的安全操作：将过程变量维持在已知的安全操作范围内；监测危险情况的发生，并提供报警和自动关机系统；提供联锁和报警，以防止危险的操作程序。

（2）产量：达到产品规模的设计值。

（3）产品质量：将产品组成的规格维持在质量标准之内。

（4）成本：以最低生产成本运营，并符合其他目标。

（5）稳定性：维持稳定、自动化的工厂操作，尽量减少人工干预。

这些都不是单独的目标，必须放在一起综合考虑。列出的顺序并不意味着任何目标的优先级，而是把安全放在第一位。产品质量、产量和生产成本将依赖于销售需求。例如，以更高的成本来生产质量更好的产品可能是一种更好的策略。

在典型的化学加工厂中，这些目标是通过自动控制、手动监控、实验室和在线分析相结合的方式来实现的。

5.3.3　自动控制方案

大型建设项目自动控制方案的详细设计和规范通常由专家完成。自动控制系统的设计和规范所依据的基本理论见 Coughanowr（1991）、Shinskey（1984,1996）、Luyben 等（1999）、Henson 等（1996）、Seborg 等（2004）、Love（2007）及 Green 和 Perry（2007）的著作。Murrill（1988）、Shinskey（1996）、Kalani（2002）和 Love（2007）的著作涵盖了过程控制系统设计的许多更实际的方面。

在本章中只涉及过程控制系统规范的第一步：准备仪表和控制的初步方案，开发工艺流程图。可由工艺工程师依据以往类似工厂的经验和对工艺要求的关键评估来编制 PFD。许多控制回路都是常规通用的，无须对系统行为进行详细合理的分析。必须根据经验来判断哪些系统是关键的，并进行详细的分析和设计。

下一节将给出用于控制特定过程变量和单元操作的典型（常规）控制系统的一些示例，并可作为初步编制仪表和控制方案的指南。

绘制初步 P&I 图的步骤：

（1）确定并绘制出那些显然是稳定运行所需的控制回路，如液位控制、流量控制、压力控制和温度控制。

（2）确定需要控制的关键过程变量，以达到指定的产品质量。在可能的情况下，包括使用受控变量直接测量的控制回路；如果不可行，选择一个合适的因变量。

（3）确定并涵盖那些在步骤 1 和步骤 2 中没有涉及的安全操作所需的附加控制回路。

（4）确定并呈现操作员监控工厂运行以及排除故障所需的辅助仪表。即使这些仪表不是永久安装的，但为将来的故障诊断和解除瓶颈可能需要的仪表提供额外的连接也是非常值得的。这些包括额外的热电偶、压力检测口、孔板法兰和采样点。

（5）确定采样点的位置。

（6）确定要使用的控制仪表类型，包括是就地仪表还是与装置计算机控制系统相连；还要确定可使用的执行机构类型、信号系统以及仪表是否记录数据。此步骤应与步骤1至步骤4一并进行。

（7）确定所需的报警和联锁。此步骤应与步骤3一并进行（见第10章）。

在步骤1中，重要的是遵循以下过程控制的基本规则：

（1）在单元操作之间的任何指定流股上只能有一个控制阀。

（2）在任何需要维持气液或液液界面的地方都要有一个液位控制器。

（3）当压力调节器在蒸汽流股上驱动控制阀时，会更加灵敏。

（4）两种操作不能在不同的压力下控制，除非它们之间有阀门或其他限定（或压缩机或泵）。

（5）通过调节公用工程（如蒸汽或冷却水）的流量或换热器的旁路来实现温度控制。

（6）总的物料平衡由进料流股上的流量调节器或流量比值调节器设定。除非有如中间调压罐的累积（激增）情况，否则不能在中间流股上设置额外的流量调节器。

下一节给出了一些常见单元操作控制方案的简单示例。

5.4　常规控制方案

5.4.1　液位控制

在两相（如液体和气体）之间存在界面的设备中，须将界面维持在所需液位上。这可纳入设备的设计方案中，如设置内部堰，或自动调节流出设备的流量。图5.9显示了塔底部液位控制的典型布置。控制阀应该设置在泵的排出管线上。

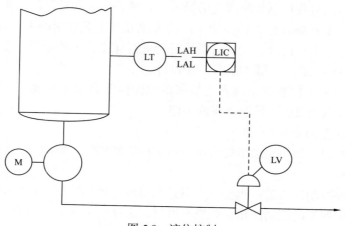

图 5.9　液位控制

5.4.2 压力控制

对于大多数处理蒸气或气体的系统，压力控制是必要的。控制方法取决于工艺过程的性质。典型的压力控制方案如图 5.10 所示。图 5.10（a）所示的方案不能用于排放有毒或昂贵气体，排气口应被连入排气回收系统，如洗涤器。图 5.10（b）至图 5.10（d）所示的控制方案通常用于控制精馏塔的压力。

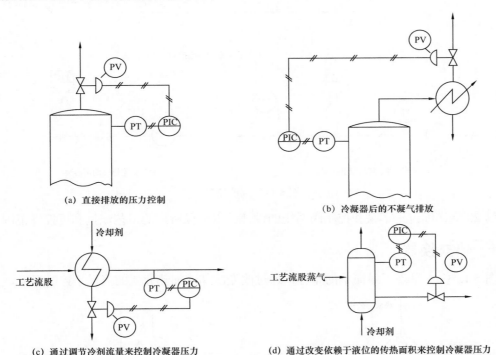

(a) 直接排放的压力控制

(b) 冷凝器后的不凝气排放

(c) 通过调节冷剂流量来控制冷凝器压力

(d) 通过改变依赖于液位的传热面积来控制冷凝器压力

图 5.10 典型的压力控制方案

工艺流程中有高压反应工段和低压分离工段，在高压反应工段将高压产品经调节阀膨胀来进行压力控制。如果工艺流体不改变相态，那么更经济的方案是将产品经过汽轮机或透平膨胀机膨胀减压并回收轴功能量。

5.4.3 流量控制

流量控制通常与储罐或其他设备的库存控制或与工艺进料相关联。在控制阀上游必须有一个容器来承载流量的变化。

为了对以固定速度运转的压缩机或泵执行流量控制，并维持几乎恒定的输出容积，将采用旁路控制，如图 5.11（a）所示。如图 5.11（c）所示，使用变速马达比图 5.11（b）所示的传统配置更节能，且越来越普遍（Hall，2010）。

整个工艺物料平衡通常是由进料流股上的流量调节器设定的。它控制着进料与有价值的进料、固体（很难快速变化）或测量过的工艺混合物的流量比值。小流股的流量通常使用特殊的计量泵来控制，这种泵提供恒定的质量流量。

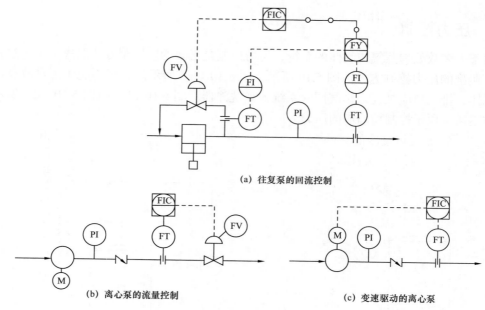

(a) 往复泵的回流控制

(b) 离心泵的流量控制　　　　　　　　　　　(c) 变速驱动的离心泵

图 5.11　流量控制

第 20 章详细讨论了泵和控制阀系统的设计，以确保所需的工艺流量和可控性范围。

5.4.4　热交换器

图 5.12（a）呈现了最简单的布置，通过改变冷却或加热介质的流量来控制温度。

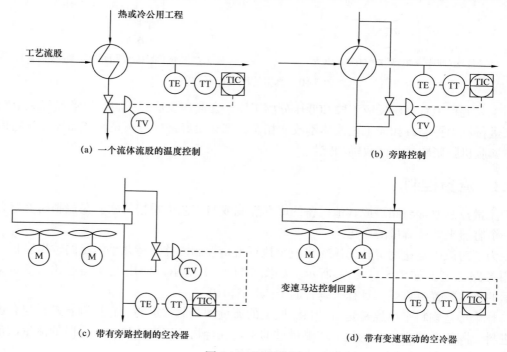

(a) 一个流体流股的温度控制　　　　　　　　　(b) 旁路控制

(c) 带有旁路控制的空冷器　　　　　　　　　　(d) 带有变速驱动的空冷器

图 5.12　温度控制

如果热交换是在流量恒定的两个工艺流股之间进行，则必须采用旁路控制，如图 5.12（b）所示。

对于空冷器，空气温度可能随季节（甚至每小时）变化很大。如图 5.12（c）所示，可采用工艺侧的旁路方案，也可如图 5.12（d）所示采用变速马达。

5.4.4.1　冷凝器控制

除非液体流股是过冷的，否则对冷凝器来说温度调节不太有效。通常采用压力控制，或如图 5.10（d）所示，采用以冷却剂出口温度为依据的控制。

5.4.4.2　再沸器和蒸发器控制

像冷凝器一样，温度调节也是无效的，因为饱和蒸汽的温度在恒定压力下是不变的。液位控制通常用于蒸发器；调节器控制着加热表面的蒸汽量，液体进料到蒸发器的流量控制如图 5.13 所示。增加进料流量将导致去蒸发器的蒸汽量自动增加，来蒸发增加的进料流量并保持液位恒定。

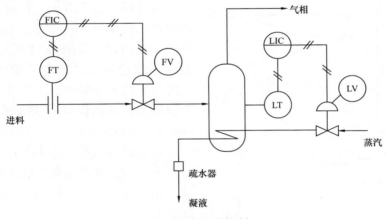

图 5.13　蒸发器控制

再沸器控制系统属于精馏塔通用控制系统的一部分，在 5.4.7 中进行了论述。

5.4.5　串级控制

在这种控制方案中，一个控制器的输出信号被用来调整另一个控制器的设定值。在直接控制变量会导致不稳定操作的情况下，串级控制可实现更平缓的控制。可采用"从"控制器来补偿短周期变量，如会扰乱受控变量的公用工程流股，而"主"控制器调节着长周期变量。典型示例如图 5.18 和图 5.19 所示。

5.4.6　比值控制

在需要维持两个流股流量是恒定比值的情况下，可采用比值控制，如反应器进料或精馏塔回流。一个典型的比值控制方案如图 5.14 所示。

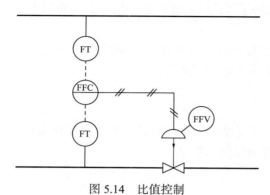

图 5.14　比值控制

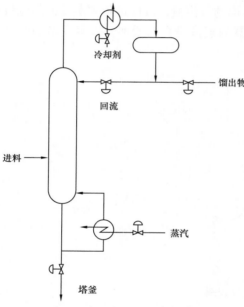

图 5.15　一个简单蒸馏塔的控制阀和自由度

5.4.7　精馏塔控制

精馏塔控制的主要目的是维持塔顶、塔釜产品和侧线流股的规定产品组成，并纠正扰动的影响：

（1）进料流量、组成和温度。

（2）蒸汽或其他热公用工程。

（3）冷却水或空冷器条件。

（4）会导致塔壁冷却和内回流变化的环境条件（参见第 17 章）。

进料流量通常由前一个塔的液位控制器设定。如果从储罐或缓冲罐向塔中进料，则可独立控制。除非采用进料预热器，否则进料温度一般不控制。

在进料量由上游操作设定，并有一个馏出液产品的情况下，设有 5 个控制阀，因此有 5 个自由度，如图 5.15 所示。一个自由度用于设定塔压，通常采用图 5.10 所示方案之一来调节冷凝器。塔压通常被控制在一个恒定值，从而设定了塔中气相的滞留量。Shinskey（1976）讨论了采用可变压力控制来节约能源的问题。液体滞留量需要两个自由度来控制，方法是调节塔釜和回流罐中的气—液液位（如果没有回流罐，则控制冷凝器）。

剩余的两个自由度可以通过控制两个流量来达到期望的分离要求，无论是产品纯度还是回收率。由流量或流量比值调节器来控制其中之一，以实现塔顶馏出产品和釜液产品之间的分割，而另一个通常由塔温控制，以实现其中一个产品中理想的组成。如果设计者想要控制产品组成，则流量调节器不能设在馏出物或釜液上，因为如果进料组成发生变化，则无法维持产品组成。然而，温度调节器可以控制馏出物或釜液流量。通常的做法是，如果塔顶馏出产品的纯度更重要，则通过改变回流比或馏出产品流量来调节塔顶温度（图 5.16）；如果塔釜产品纯度更重要，则通过改变沸腾速率或塔釜产品流量来调节塔釜温度（图 5.17）。

通常称这种类型的控制方案为物料平衡控制方案，因为它们通过操控塔的物料平衡达到所需产品的纯度。对于进料流量相对恒定，但组成变化较大且必须对一种产品组成维持严格控制的工艺过程，这些方案是非常稳健可靠的。

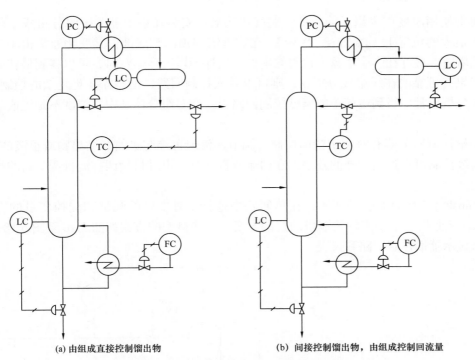

(a) 由组成直接控制馏出物　　　　　　　　(b) 间接控制馏出物，由组成控制回流量

图 5.16　控制塔顶馏出组成的物料平衡控制方案

如果进料量有变化，则可按比值调节再沸器流量

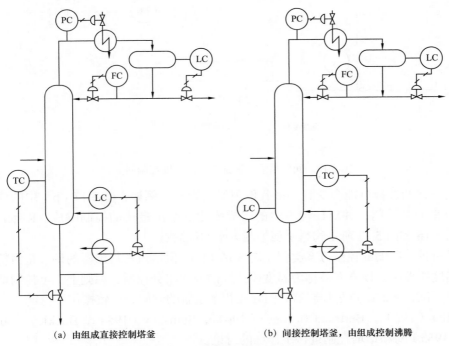

(a) 由组成直接控制塔釜　　　　　　　　(b) 间接控制塔釜，由组成控制沸腾

图 5.17　控制塔釜产品组成的物料平衡控制方案

如果进料量有变化，则可按比值控制回流量

通常使用温度作为组成的象征。温度传感器应安装在塔中随关键组分组成变化的温度变化最大的位置上（Parkins，1959）。在靠近塔的顶部和底部，其变化通常很小。在设计精馏塔时，最好在多个塔盘上设置热电偶，这样当塔实际运行时，可以找到最佳的控制点。如果有可靠的在线组成分析仪，则可以并入控制回路，但是需要更复杂的控制设备，且组成分析仪常串级到更简单的温度控制回路上。在多组分体系中，温度不是组成的唯一函数。

流量比值调节器有时用于精馏控制，调节回流或再沸与进料、馏出物或釜液的比值。采用串级控制可以达到同样的效果，在回流或再沸时，由进料量调整流量调节器的设定值来实现。

Shinskey（1984）已经证明，在单回路中连接 5 对主要的测量和受控变量的方法有 120 种，从而衍生出了多种精馏塔的控制方案。一些典型的方案如图 5.16 至图 5.18 所示，其中未显示辅助控制回路和仪表。

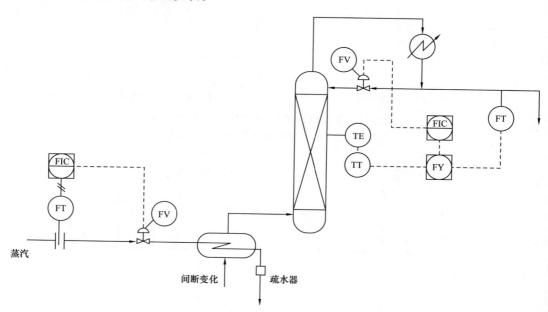

图 5.18　间歇精馏，根据组成的温度控制回流量

控制方案的选择可能会受到许多其他因素的影响。例如，图 5.17（b）中的控制方案通过组成来调节沸腾，并对任何方案的组成变化能给出最快的控制响应。Kister（1990）论述了图 5.16 和图 5.17 所示物料平衡控制方案的优缺点。

经常可见一些旧的控制方案类似于图 5.16（b），但蒸汽对再沸器的调节是由精馏塔提馏段的温度所控制。该方案被称为温度模式控制或双组分控制，原则上都可控制塔顶和塔底的组成。该方案的缺点是控制器之间存在相互抵触的倾向，导致操作不稳定。

Parkins（1959），Bertrand 和 Jones（1961），Shinskey（1984），Buckley、Luyben 和 Shunta（1985）对精馏塔控制进行了详细的讨论。

为监测精馏塔的操作性能和脱除瓶颈，精馏塔上应该多设置温度指示或记录点。

5.4.8　反应器控制

反应器的控制方案取决于工艺和反应器的类型。如果有可靠的在线组成分析仪且反应动力学数据适用，则可连续监测产品组成，并自动控制反应器条件和进料流量，以达到期望的产品组成和收率。通常操作员是控制回路中的最后一个环节，根据实验室的定期分析，通过调整控制器设定点来维持产品在合格范围内。

对于小型搅拌釜反应器，通常是调节加热或冷却介质的流量来控制温度。对于大型反应器，通过再循环部分产品流股或在进料中添加惰性物质作为热阱来控制温度，而压力保持不变。对于液相反应器，通过维持液体反应物上方的气相空间来控制压力。此空间可由氮气或其他气体来充压。

物料平衡控制对于维持反应物进入反应器的精准流量以及产物和流出反应器的未反应物流量是必要的。一个简单的液相反应器的典型控制方案如图 5.19 所示。

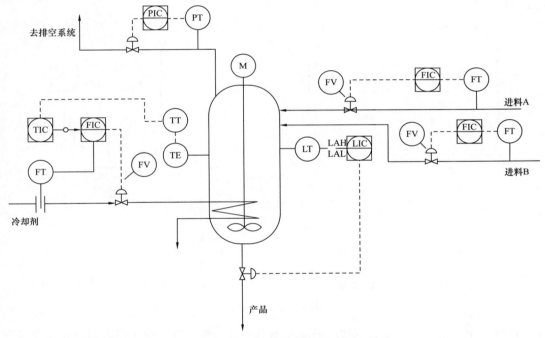

图 5.19　一个典型的搅拌釜反应器控制方案
冷却剂流量的温度串级控制和反应物的流量控制

因为需要将许多参数维持在相对窄的范围内，生物反应的控制更为复杂。生物反应器的控制将在 15.9.7 中讨论。

5.5　报警、安全停车和联锁

报警是用来提醒操作人员在工艺条件下发生严重潜在危险的偏差。仪表盘面板上装有开关、继电器或软件报警器，从控制面板和共享显示屏上接收听觉和视觉的报警。操作者的延迟或缓慢响应会导致危险情况的迅速蔓延，装有停车系统的仪表将会自动采取行动避免危险，如停泵、关阀和启动紧急系统。

自动停车系统的基本构成如下：

（1）一种用于监测控制变量的传感器，并在超过（该仪表）预设值时提供输出信号。

（2）一种将信号传递给执行器的环节，通常由气动或电动继电器组成。

（3）执行所需动作的执行机构；关闭或打开阀门，关闭马达。

Rasmussen（1975）介绍了使用的一些设备（硬件）。

如图 5.20（a）所示，可在控制回路中并入安全停车系统。这个系统中的液位控制仪表有一个内置的软件报警器，如果液位太低，它就会向操作员发出报警信号，并设置有一个液位稍低于报警液位的停车程序。然而，这种系统的安全操作取决于控制设备的可靠性，对于潜在的危险情况，最好设定如图 5.20（b）所示的一个单独停车系统，其停车由单独的低液位开关来启动。必须定期检查停车系统，以确保系统在需要时运行。

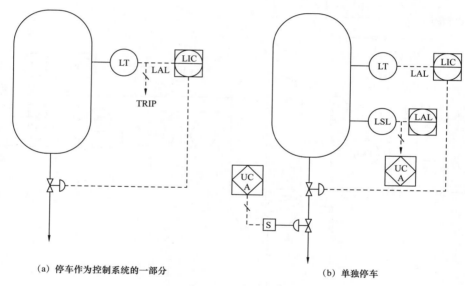

（a）停车作为控制系统的一部分　　　　　　　　（b）单独停车

图 5.20　停车控制

仪表安全系统的有效运行取决于系统中所有组件的可靠性。由于没有组件是完全可靠的，设计者需通过增加冗余和增加重复的仪表、开关、继电器等来增加系统的可靠性，如果一个组件失效，系统的其余部分仍将正常工作。有关安全仪表系统设计的更多信息见10.8 节。

如果需要遵循固定的操作工序，如在装置开停车期间或在间歇操作中，则引用联锁以防止操作员偏离所需的工序。它们可被纳入控制系统设计方案，如气动、电继电器或是机械联锁，也可采用各种专用特殊锁和钥匙系统。在大多数工厂中采用可编程逻辑控制器，并将联锁编码到控制算法中。在调试期间或在对工厂控制和自动化进行更改时，应测试装置自控系统中的所有联锁。

5.6　间歇过程控制

间歇过程必然涉及工艺参数的动态变化，因此间歇过程的控制系统设计要比连续运行的过程复杂得多。除将温度、压力、流量和液位维持在期望值的常规监管控制功能之外，设计者还必须考虑启动和停止操作的离散（开关）控制功能，以及工厂运行的总体方案或工序。在有多个间歇过程或生产多个产品的工厂中，自动化系统还可能包括计划排产、批处理排序以及用于质量控制的跟踪和记录批次数据。

间歇装置控制系统设计的国际标准是 IEC 61512，该标准以 ISA S88 委员会制定的一套标准为基础。其为间歇过程控制系统定义了一种体系结构，该体系结构控制从高级别决策（如方案规划和生产调度）到低级别管理过程控制功能的信息流。关于 S88 标准的详细说明超出了本书的范围，可查阅 ISA 88.01（1995）或 Fleming 和 Pillai（1998）、Parshall 和 Lamb（2000）或 Love（2007）的书籍。

在为间歇装置开发 PFD 或 P&I 图时，设计团队必须考虑到控制装置动态运行时的所有调节器。调节控制器将控制在连续过程中被控制的相同变量。实际上在间歇过程方案的某些阶段，调节控制回路的作用与连续过程的作用相同。除了调节控制系统，设计者还必须添加一些分散控制功能，这些功能改变调节控制器的设定点，执行隔离阀的打开和关闭，以开启和终止工艺流股的流动。基于微处理器的可编程逻辑控制器通常用来控制各个工段的顺序、间歇过程的工艺配方。

5.7　计算机控制系统

几乎所有安装在新建装置上的过程控制系统都使用基于微处理器的可编程电子器件，其控制范围从简单数字驱动的单回路控制器产生单点输出信号（单点输入—单点输出设备或 SISO 技术）到复杂分散控制系统，该系统在一个工厂甚至一个联合企业为多个过程装置（多点输入—多点输出设备或 MIMO 技术）执行控制、实时优化、数据记录和存档。

在控制器中使用微处理器允许调节器执行比先前使用基于气动信号的模拟系统更复杂的控制算法。

微处理器可以从多个仪表中读取输入信号，并调用复杂模型来计算输出信号给多个执行机构。多点输入设备的一个简单例子是图 5.21 所示的气体质量流量控制器，其中气体质量流量是根据来自温度、压力和流量仪表的输入信号来计算的。

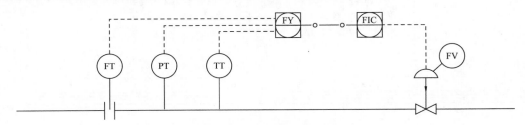

图 5.21　气体质量流量控制

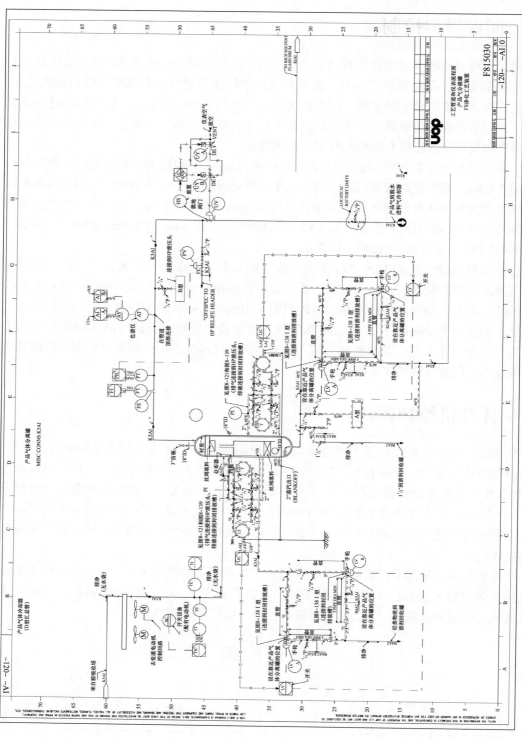

图 5.22 工艺管道和仪表流程图

　　5.4 节中介绍的常规控制方案中主要采用 SISO 控制器，因为这些方案是为单个单元操作开发的。就单元操作来说，过程控制的重点往往是安全稳定地运行，难以充分发挥先进的微处理器控制系统的能力。当多个单元操作组合在一起形成一个过程时，当这些设备能够彼此迅速通信时，MIMO 设备的应用范围就增加了，然后数字控制系统可以调用更复杂的算法和模型，这些算法和模型能够执行前馈控制（基于模型的或多变量预测控制）。根据从过程上游收集的数据去指导操作条件的选择和设定过程下游的操作调节器，这样可以更好地响应过程动力学模型，并使间歇过程、循环过程和其他非稳态过程更迅速地运行，基于模型的预测控制也常被用来作为控制产品质量的一种手段。由于用于检测产品质量的仪器分析通常需要花费几分钟到几个小时，因此很难实现及时有效的反馈控制。

　　采用记录和存档数据的仪表便于对过程性能进行远程监控，并且可以改善工厂的故障排除和优化操作，以及为企业范围内全供应链管理提供高端数据。

　　可用于过程控制的电子设备和系统技术持续飞速发展。由于创新的速度大，行业范围的标准无法跟上，因此各制造商的控制系统常采用自己的专有技术，且常常彼此不完全兼容。ISA 50 和 HART 通信基金会现场总线标准的实施大幅度改善了控制设备之间的数字通信，进而改善了控制，加快了设定速度，通过更高的冗余度提高了可靠性，甚至加强了设备之间的功能分配。

　　工业标准结构组织最近发布了 ISA 100 无线传输标准。无线系统已经开始用于库存控制和维护管理，但在工厂控制中还没有得到广泛应用。控制系统供应商似乎已经解决了干扰、信号滞纳和信号丢失的问题，并展示了稳健的错误排查和传输协议。随着对无线仪器应用经验的积累，很可能在未来得到更广泛应用，由于无线系统安装起来更方便，在应对诸如小火灾之类事件时更加可靠。最近一项针对无线控制的调查是由 McKeon–Slattery（2010）提出的，目前这一技术领域正在飞速发展。

　　对过程控制数字技术的应用细节超出了本书范围。Kalani（1988 年）、Edgar 等（1997）、Liptak（2003）和 Love（2007）都对这一主题进行了极好的评述，Mitchell 和 Law（2003）很好地概述了数字总线技术。

参 考 文 献

Bertrand, L., & Jones, J. B.（1961）. Controlling distillation columns. Chem. Eng., NY, 68（Feb. 20th）, 139.

Buckley, P. S., Luyben, W. L., & Shunta, J. P.（1985）. Design of distillation column control systems. Arnold.

Coughanowr, D. R.（1991）. Process systems analysis and control（2nd ed.）. MacGraw–Hill.

Edgar, T. F., Smith, C. L., Shinskey, F. G., Gassman, G. W., Schafbuch, P. J., McAvoy, T. J., & Seborg, D. E.（1997）. Process control. In: Perry's chemical engineers handbook（7th ed.）. McGraw–Hill.

Fleming, D. W., & Pillai, V.（1998）. S88 implementation guide. McGraw Hill.

Green, D. W., & Perry, R. H.（Eds.）.（2007）. Perry's chemical engineers' handbook（8th ed.）. McGraw-Hill.

Hall, J.（2010）. Process pump control. Chem. Eng., 117（12）, 30.

Henson, M., Seborg, D. E., & Hempstead, H.（1996）. Nonlinear process control. Prentice Hall.

Kalani, G.（1988）. Microprocessor based distributed control systems. Prentice Hall.

Kalani, G.（2002）. Industrial process control : advances and applications. Butterworth Heinemann.

Kister, H. Z.（1990）. Distillation operation. McGraw-Hill.

Liptak, B. G.（2003）. Instrument engineers' handbook, vol 1 : process measurement and analysis（4th ed.）.CRC Press.

Love, J.（2007）. Process automation handbook. A Guide to Theory and Practice. Springer.

Luyben, W. L., Tyreus, B. D., & Luyben, M. L.（1999）. Plantwide process control. McGraw-Hill.

McKeon-Slattery, M.（2010）. The world of wireless. Chem. Eng. Prog., 106（2）, 6.

Mitchell, J. A., & Law, G.（2003）. Get up to speed on digital buses. Chem. Eng., NY, 110（2）,（Feb 1）.

Murrill, P. W.（1988）. Application concepts of process control. ISA.

Nayyar, M. L.（2000）. Piping handbook（7th ed.）. McGraw-Hill.

Parkins, R.（1959）. Continuous distillation plant controls. Chem. Eng. Prog., 55（July）, 60.

Parshall, J., & Lamb, L.（2000）. Applying S88 : Batch control from a user's perspective. ISA.

Rasmussen, E. J.（1975）. Alarm and shut down devices protect process equipment. Chem. Eng., NY, 82（May 12th）, 74.

Seborg, D. E., Edgar, T. F., & Mellichamp, D. A.（2004）. Process dynamics and control（2nd ed.）. Wiley.

Shinskey, F. G.（1976）. Energy-conserving control systems for distillation units. Chem. Eng. Prog., 72（May）, 73.

Shinskey, F. G.（1984）. Distillation control（2nd ed.）. McGraw-Hill.

Shinskey, F. G.（1996）. Process control systems（4th ed.）. McGraw-Hill.

IEC 61512-1.（1997）. Batch control part 1 : Models and terminology（1st ed.）.

ISA 5.1-1984. R1992. Instrumentation symbols and identification.

ISA 50.00.01.（1975）. Compatibility of Analog Signals for Electronic Industrial Process Instruments-formerly ANSI/ISA 50.1-1982（R1992）; formerly ANSI/ISA-50.1-1975（R1992）per ANSI had to revert to 1975 doc.

ISA 88.01-1995. R2006. Batch Control Part 1 : Models and Terminology.

ISA 100.11A.（2009）. Wireless systems for industrial automation : Process control and related applications.

BS 1646: 1984.（1984）. Symbolic representation for process measurement control functions and instrumentation.

DIN 2429-2.（1988）. Symbolic representation of pipework components for use on engineering drawings；functional representation.

DIN 19227-1.（1993）. Control technology；graphical symbols and identifying letters for process control engineering；symbolic representation for functions.

DIN 19227-2.（1991）. Control technology；graphical symbols and identifying letters for process control engineering；representation of details.

习　　题

5.1　如何测量发酵液的温度、气体在高温和高压下的质量流量、胡萝卜泥浆在水里的体积流量、结晶器中液体的液位以及混合罐中固体的进料量？

5.2　（1）在图 5.13 所示的蒸发器控制方案中，可添加哪些报警？指示报警信号是高位还是低位，报警将意味着什么，以及每种工况下操作员需要什么响应反馈？

（2）哪个报警应该执行停车程序，应该关闭哪些阀门？

5.3　为图 2.17 所示的反应器部分编制一个控制方案。进料是液体，反应器在常压下操作，在反应物上方的气相空间中充有惰性氮，在最后一个反应器出口处实现进料 A 的完全转化。

5.4　用 35℃的无菌培养基在发酵反应器中接种一批微生物，该批次物料允许生长 10 天。在生长期间，通过容器夹套内的循环冷却水保持温度在 37℃，将无菌空气喷入发酵罐中以维持所需的溶解氧浓度。定期加入氢氧化钠稀释溶液来控制发酵罐的 pH 值，在生长期结束时从反应器排出的批次物料输送到工艺过程的收取工段。

（1）草拟反应器和进料工段的 P&I 图。

（2）选择发酵罐的操作压力，如何控制它？

5.5　通过丙烯腈和甲基丙烯酸甲酯在搅拌釜中的乳液聚合制备聚合物。将单体和催化剂的水溶液连续地送入聚合反应器，从容器底部抽出该产品的浆料。

为该反应器设计一个控制系统，并绘制初步的工艺管道和仪表流程图。需考虑以下几点：

（1）需对反应器温度进行严密控制。

（2）反应器 90% 负荷运行。

（3）将水和单体分别送入反应器。

（4）乳液是 30% 单体在水中的混合物。

（5）与水和单体的流量相比，催化剂流量较小。

（6）精确控制催化剂的流量是至关重要的。

5.6　为示例 17.2 中描述的精馏塔设计一个控制系统。物流从储罐进入精馏塔。丙酮产品被送往储罐，废物送到污水池。符合产品规格及废物排放标准是至关重要的。

第 6 章

施 工 材 料

※ **重点掌握内容**

• 为化工厂建设选择材料时，应考虑其力学性能和化学特性。
• 常用材料的造价。
• 工程中常用合金材料的特性。
• 何时选用聚合类和陶瓷类材料。

6.1 概述

本章讨论设备和管道用材料的选择，选材之前应评估工程造价，材料的选用会明显影响整个工厂的投资。

选材时所考虑的因素很多，但对于化工厂，最重要的考虑因素是材料的高温机械强度和耐腐蚀性能。工艺工程师应负责推荐适合于工艺条件的材料，同时也应考虑机械设计的要求，所选用的材料应具备一定的强度和易于加工，应选择同时满足工艺过程和力学性能要求的经济性最好的材料，应选择在工厂使用年限内既允许维护和更换，且造价又低廉的材料。另外，还需要考虑其他因素，例如，必须要考虑其能保证产品的洁净和工艺过程的安全。本章主要讨论材料的重要力学性能，关于材料性能、设备制造工艺和材料选用可参见本章的参考文献，关于过程设备的机械设计讨论见第 14 章。

本章没有详细讨论材料耐腐蚀方面的理论，因为这一主题已经在 Revie（2005）、Fontana（1986）、Dillon（1994）和 Schweitzer（1989）的著作中进行了广泛的讨论，不同材料的大量耐腐蚀数据见 Craig 和 Anderson（1995）的著作。

6.2 材料特性

选材时应重点考虑如下因素：

（1）力学性能，包括强度（如抗拉强度）、刚度［如弹性模量（杨氏模量）］、韧性（抗断裂性能）、硬度（耐磨损性能）、抗疲劳损伤性能及抗蠕变损伤性能。

（2）高温、低温和温度热循环对力学性能的影响。

（3）耐腐蚀性。

（4）特殊性能要求，如导热性能、电阻和磁性。

（5）成型、焊接和锻铸等加工的难易程度（表 6.1）。

（6）标准尺寸的板材、换热管和型材的供货情况。

（7）造价。

表 6.1　一般常用金属和合金材料制造性能指南

材料	机加工性能	冷成型性能	热成型性能	可锻铸性	可焊性能	退火温度，℃
低碳钢	S	S	S	D	S	750
低合金钢	S	D	S	D	S	750
生铁	S	U	U	S	D/U	—
不锈钢（18Cr，8Ni 型）	S	S	S	D	S	1050
镍	S	S	S	S	S	1150
蒙乃尔合金（Monel）	S	S	S	S	S	1100
铜（脱氧处理）	D	S	S	S	D	800
黄铜	S	D	S	S	S	700
铝	S	S	S	D	S	550
杜拉铝（Dural）	S	S	S	—	S	350
铅	—	S	S	—	S	—
钛	S	S	U	U	D	—

注：S 表示符合要求；D 表示困难，需要特殊技术；U 表示不符合要求。

6.3　力学性能

化工过程设备最常用材料的典型力学性能数据见表 6.2。

表 6.2　常用金属和合金材料的力学性能（室温下）

材料	抗拉强度 N/mm²	0.1% 屈服强度 N/mm²	弹性模量 kN/mm²	布氏硬度	相对密度
低碳钢	430	220	210	100～200	7.9
低合金钢	420～660	230～460	210	130～200	7.9

材料	抗拉强度 N/mm²	0.1% 屈服强度 N/mm²	弹性模量 kN/mm²	布氏硬度	相对密度
生铁	140～170	—	140	150～250	7.2
不锈钢 （18Cr，8Ni 型）	>540	200	210	160	8.0
镍（>99%Ni）	500	130	210	80～150	8.9
蒙乃尔合金（Monel）	650	170	170	120～250	8.8
铜（脱氧处理）	200	60	110	30～100	8.9
黄铜（海军铜）	400～600	130	115	100～200	8.6
铝（>99%）	80～150	—	70	30	2.7
杜拉铝（Dural）	400	150	70	100	2.7
铅	30	—	15	5	11.3
钛	500	350	110	150	4.5

注：抗拉强度和屈服强度与规范中的最大许用应力不同，最大许用应力见表 6.5 和表 6.7。

6.3.1 抗拉强度

抗拉强度是衡量材料强度性能的一个基础参数，它是经标准拉伸试验测得的材料断裂时所能承受的最大应力，其早期名称为更容易理解的极限抗拉强度（UTS）。

屈服强度为材料发生一定永久变形时的应力，通常指 0.1% 的变形。

ASME BPV 规范定义的最大许用应力是根据材料在设计温度下的强度参数和相应的安全系数计算得出的，最大许用应力的计算方法详见第 14 章，更详细的内容见 ASME BPV 规范第 Ⅱ 卷 D 篇的强制性附录 1。

6.3.2 刚度

刚度是衡量材料抗弯曲和抗变形的能力，它与材料的弹性模量和截面形状有关（断面惯性矩）。

6.3.3 韧性

韧性与材料的抗拉强度相关，用于衡量材料抗裂纹扩展的能力，对于晶体结构的韧性材料，如钢材、铝材和铜材，其金属晶体结构在局部屈服后能够阻止裂纹尖端的扩张。对于其他材料，如铸铁和玻璃，晶体结构不会发生局部屈服，属于脆性材料，脆性材料抗拉伸的能力差，但抗压缩能力强，在压应力作用下任何初期的裂纹都可以随之闭合。随着各种新技术的发展和应用，脆性材料逐渐被允许用于承受拉应力的构件，例如，预应力混凝土和玻璃钢可应用于压力容器的建造。

冶金家协会（Institute of Metallurgists）（1960）和 Boyd（1970）讨论了有关材料的韧性，Boyd（1970）依据材料的宏观和微观结构组织给出了大量基础性且易读的材料强度数据。

6.3.4 硬度

用标准化试验测得的表面硬度用于表示材料的抗磨损性能，对于用于处理会引起磨蚀的研磨性固体材料或含有悬浮固体的液体，它是一项重要的材料特性。

6.3.5 疲劳

疲劳破坏易于发生在承受循环载荷的设备，例如，承受温度或压力循环变化的泵和压缩机等转动设备。Harris（1976）对此问题做了全面的论述。

6.3.6 蠕变

蠕变是指在承受一定持久时间稳定的拉伸应力作用下材料发生渐进延伸变形的现象，对于蒸汽和燃气轮机叶片等高温部件，它是一项重要的性能指标。对于一些材料（特别是铅）在中温下的蠕变速率就值得注意了，其在室温下因自重作用也将发生蠕变，因此铅衬里的支撑件间距必须适当短。

材料的蠕变强度通常指在试验温度下经 100000h 蠕变而断裂的应力。

6.3.7 温度对力学性能的影响

材料的抗拉强度和弹性模量随温度的增高而减小。例如，低碳钢（C 含量低于0.25%）25℃下的抗拉强度为450N/mm^2，500℃下的抗拉强度降为210N/mm^2；25℃下的弹性模量为200000N/mm^2，500℃下的弹性模量为150000N/mm^2。ASME（BPV）规范第Ⅱ卷 D 篇确定了每种材料的最高允许使用温度，例如,SA−285 普通碳钢钢板不能用于 ASME（BPV）规范第Ⅷ卷第 1 册的设计温度大于 900°F（482℃）的压力容器，任何设计温度高于该温度的压力容器都应该选用镇静钢或低合金钢。设计中所采用的材料最大许用应力是基于设计温度确定的，必须选择设计温度下具备足够强度的材料，以实现经济性和机械设计所需要的合理厚度。在高温条件下，不锈钢性能优于普通碳钢材料。

高温下承受高应力时的抗蠕变性能是至关重要的，诸如 Inconel 600（UNS N06600）或 Incoloy 800（UNS N08800）（两者均为国际镍业公司的商品名称）的特殊合金，被用于介质不含硫的炉管等高温部件。高温条件下材料的选择讨论见 Day（1979）和 Lai（1990）的著作。

在低于 10℃的温度条件下，具备一般韧性的材料会发生脆性断裂失效，碳钢制焊接容器低温下的破坏曾引起严重的灾难。脆性断裂失效与金属材料的晶格结构有关，体心立方晶格（bcc）的金属比面心立方晶格（fcc）或六边形晶格（hex）的金属更容易发生脆性断裂失效。对于低温设备，例如，低温操作的工厂用和液化气体用储罐，应选用奥氏体不锈钢（fcc）或铝合金（hex）材料，详见 Wigley（1978）的著作。

V 形缺口冲击试验（如夏比冲击试验）用于检验材料抗脆性断裂失效的能力，详见

Wells（1968）的著作和 ASME BPV 规范第Ⅷ卷第 1 篇的 UG-48。

焊接结构脆性断裂失效的成因很复杂，其受板材厚度、制造残余应力和操作温度的影响，Boyd（1970）对金属钢结构的脆性断裂失效进行了详细讨论。

6.4 耐腐蚀性

引起腐蚀的因素和条件有很多，为方便地讨论材料的选择，一般把腐蚀分为以下几类：

（1）材料减薄——均匀腐蚀。

（2）电化学腐蚀——异种金属接触时的腐蚀。

（3）点腐蚀——局部腐蚀。

（4）晶间腐蚀。

（5）应力腐蚀。

（6）磨蚀。

（7）腐蚀疲劳。

（8）高温氧化和硫化。

（9）氢脆。

金属腐蚀本质上就是一个电化学过程，以下四个因素是构成电化学电池反应的必要条件：

（1）阳极——腐蚀电极。

（2）阴极——负极，非腐蚀电极。

（3）导电介质——电解质液体。

（4）完整的电路——导电材料。

6.4.1 均匀腐蚀

本节讨论因腐蚀造成的严重或轻微的材料减薄问题，不涉及点腐蚀和其他形式的局部腐蚀问题，如果材料的腐蚀为均匀腐蚀，则可以用经实验确定的腐蚀速率来预估材料的使用年限。

腐蚀速率通常用一年内的腐蚀穿透程度来表示，可以用一年腐蚀多少英寸表示，也可以用每天每平方分米面积内质量减小多少毫克（mdd）来表示，大部分关于腐蚀速率的出版物使用英制单位，做腐蚀试验时腐蚀速率是用一定面积的试件在固定时间内质量减少量来表示的。

$$\text{ipy} = \frac{12w}{tA\rho}$$

式中　　w——在时间 t 内的质量损失量，lb；

　　　　t——时间，a；

　　　　A——表面积，ft^2；

ρ——材料密度，lb/ft³。

国际单位制 1ipy＝25mm/a。

当用 mdd 单位表示腐蚀速率时，一定要记住腐蚀速率取决于材料密度，对于铁基材料，100mdd＝0.02ipy。

可接受的腐蚀速率取决于材料的造价、税率、安全性和工厂的使用年限，其中安全性更应特殊考虑，对于常用的价格不昂贵的材料，如碳钢和低合金钢，可接受的推荐腐蚀速率见表 6.3，对于高合金钢、黄铜和铝材，可接受的腐蚀速率可取表 6.3 推荐值的 1/2。

表 6.3　可接受的腐蚀速率

可接受程度	腐蚀速率	
	ipy	mm/a
十分理想	＜0.01	0.25
谨慎选用	＜0.03	0.75
仅用于短期	＜0.06	1.5
十分不理想	＜0.06	1.5

如果预知的腐蚀速率仅来源于短期的数据，设计人员应考虑增加工厂的检验频次和缩短更换受影响设备的周期，这一般在两方面影响生产操作的经济性：一是减小操作时间（一年内的生产操作天数）；二是提高维护成本，通常频繁停车和更换设备的解决方案不如选用更昂贵的具备较好耐腐蚀性的材料。

按照 ASME BPV 规范计算容器的最小厚度时，应考虑工厂使用年限或设备更换周期内的预期腐蚀裕量。如果腐蚀速率比较大，腐蚀速率应从经济性和力学性能两方面考虑其取值。腐蚀裕量的取值导则见 ASME BPV 规范第Ⅷ卷第 1 册的非强制性附录 E，腐蚀裕量至少应等于容器预期使用年限内的腐蚀量。

腐蚀速率取决于设计温度和腐蚀介质的浓度，通常温度越高腐蚀速率越大，另外还受与温度有关的其他因素的影响，如氧溶解度。

介质浓度的影响也很复杂，例如，硫酸对低碳钢的腐蚀，稀硫酸和浓度大于 70% 的硫酸的腐蚀速率大得令人不可接受，但中等浓度硫酸的腐蚀速率就可以接受。

6.4.2　电化学腐蚀

如果类别不同的金属材料在电解质中相接触，阳极金属的腐蚀速率将增大，电位较低的金属作为阴极则很稳定。海水中常用金属的电位排序见表 6.4。部分金属在一定条件下会形成保护膜，例如，在氧化环境下的不锈钢，这种情况在表 6.4 中电位称为"被动"；再例如，在因介质磨损或部件移动造成金属表面耗损的地方，而使其缺少起防腐作用的保护膜。在其他电介质中的电位高低排序会略有不同，但在海水中的电位高低排序综合反映了金属的特性。如果选用电位差较大的几种金属一起使用，金属之间应采取电绝缘保护措施来阻断形成传导电路。另外，若允许采用牺牲阳极的手段，则可以通过增加材料厚度的方法以实现增大腐蚀裕量的目的，这时的腐蚀裕量取决于阳极和阴极金属的相对面积。牺牲阳极保护法可用于保护地下管道。

表 6.4　海水中金属的电位排序

被保护侧	18/8 不锈钢（被动）
	蒙乃尔合金
	镍（被动）
	铜
	铝铜合金（Cu 92%，Al 8%）
	海军黄铜（Cu 71%，Zn 28%，Sn 1%）
	镍（主动）
	Inconel（主动）
	铅
	18/8 不锈钢（主动）
	铸铁
	低碳钢
	铝
	镀锌钢
	锌
	镁

6.4.3　点腐蚀

点腐蚀是指在金属表面上形成的点状局部腐蚀。如果材料容易产生点腐蚀，则会过早发生腐蚀穿透，腐蚀速率数据也不能用于可靠地确定设备的使用年限。

点腐蚀可由各种腐蚀环境引起，任何引起局部腐蚀速率增加的因素都可能导致点腐蚀发生。在曝气介质中，凹坑底部的氧浓度较低，且相对于底部周围金属其为阳极，这导致凹坑腐蚀增大和深度增加。较低的表面粗糙度可减少这种类型腐蚀的发生，如果金属的成分不均匀，也会发生点腐蚀，例如，焊缝中存在的渣夹杂物。气泡的冲击也可能引起点腐蚀，例如，泵中有气泡时的腐蚀现象，是冲蚀的一个例子。

6.4.4　晶间腐蚀

晶间腐蚀是主要发生在材料晶体边界的一种腐蚀，虽然晶间腐蚀引起的金属损耗量很小，但其可以造成设备的灾难性失效。晶间腐蚀是合金材料常见的失效模式，纯金属材料很少发生晶间腐蚀，一般是因晶界间的杂质引起的，热处理以后杂质在晶界积累聚集。化工厂因选用了未经稳定化处理的不锈钢材料而引起的腐蚀是典型的晶间腐蚀案例，这是因为焊接温度为 500～800℃时，在焊接热影响区晶界产生的碳铬化合物造成了晶间腐蚀。如果可行，可以采用焊后退火处理（焊后热处理）的方法避免发生这种现象，或者采用碳含量低于 0.3% 的材料或加入钛、铌稳定化元素的材料。

6.4.5 应力的影响

在材料承受应力时，其腐蚀速率和侵蚀形态会发生变化，一般情况下，腐蚀速率在正常设计应力下不发生明显的变化，但是在金属材料、腐蚀性介质和温度因素组合影响下，会发生应力腐蚀断裂现象，裂纹的快速扩展造成金属的断裂失效。以下是发生应力腐蚀断裂的必要条件：

（1）应力和腐蚀同时存在。

（2）特定的腐蚀介质，特别是含有 Cl^-、OH^-、NO_3^- 或 NH_4^+ 的介质。

制造和焊接引起的残余应力足够大时，在较小的总体应力作用下也会引起断裂，关于应力腐蚀断裂的综合讨论可参见 Fontana（1986）的著作。以下是一些典型的应力腐蚀断裂失效例子：

（1）黄铜制子弹的季节性裂纹。

（2）锅炉的碱脆断裂失效。

（3）氯离子介质环境下不锈钢的应力腐蚀断裂失效。

通过选用适用于特定腐蚀环境的合适材料或采用焊后热处理降低残余应力的方法，可以避免应力腐蚀断裂的发生。

关于特定化工装置中对应力腐蚀比较敏感的材料的综合讨论见 Moore（1979）中的列表，表中的数据引自 NACE 1974 的腐蚀数据研究报告，也可参见 ASME BPV 规范第Ⅱ卷 D 篇的附录 A–330。

腐蚀疲劳用于描述在腐蚀环境下因应力循环引起的材料失效，在轻微的腐蚀条件下也会明显降低元件的疲劳寿命。与应力腐蚀断裂不同，腐蚀疲劳可以发生在任何一种腐蚀环境下，与腐蚀介质与金属材料的组合条件无关，承受交变循环载荷的重要元件必须选用具有较好耐腐蚀性的材料。

6.4.6 磨蚀腐蚀

磨蚀腐蚀用于描述在磨蚀与腐蚀相组合作用下的快速断裂现象，如果流体中含有高速流动的悬浮颗粒或湍流，磨蚀将带走因腐蚀产生的物质和保护膜，材料的损坏速率会明显提高，如预知磨蚀的发生，应选择耐磨蚀的材料，或以某种方式对材料表面进行保护处理，例如，硬质塑料套筒用于防止换热器换热管介质入口侧的磨蚀腐蚀。

6.4.7 高温氧化和硫化腐蚀

腐蚀一般伴随有水溶液的存在而发生，但氧化可发生在干燥条件下，碳钢和低合金钢在高温下可以被快速氧化，因此其一般被限制在温度 480℃（900°F）之下使用。

由于铬可以形成持久性很硬的氧化膜，因此被认为是最有效的抗氧化腐蚀的金属，铬合金可用于制造承受 480℃以上的氧化环境设备。例如，304L 型不锈钢（18%Cr）可用于温度高达 650℃（1200°F）的环境，温度大于 700℃时不锈钢应进行稳定化处理，添加铌进行稳定化处理后的 347 型不锈钢可用于温度高达 850℃的环境。如果没有硫存在，含高镍的合金也可以应用于高温下，含高铬的镍合金可以应用于更高的温度。例如，Inconel

600（15.5%Cr）合金材料可以用于温度高达 650℃（1200°F）的环境, Inconel 800（21%Cr）合金材料可以用于温度高达 850℃（1500°F）的环境。

在油气处理、炼油厂和发电厂中，硫是非常常见的腐蚀性物质，硫以 H_2S 方式存在时，将造成金属的硫化，在高温环境下金属材料（如炉管）的选择既要考虑其耐硫化环境的腐蚀，也要考虑其耐氧化环境的腐蚀。对于高镍合金，硫破坏了具有保护作用的铬氧化合物耐腐蚀膜，这是引起腐蚀的成因。各种硫化物和混合油气在高温下的腐蚀数据见 Lai（1990）的著作，其推荐在该类环境下应选用 HR-160 之类的高铬合金和高硅合金。

6.4.8 氢脆

氢脆用于描述因金属中氢的聚集和反应引起材料失去韧性的现象，在选择临氢重整装置的材料时，考虑氢脆是非常至关重要的，合金钢比普通碳钢具备更强的抗氢脆能力，NACE（1974）的腐蚀研究报告给出了依据氢分压和温度合理选择氢环境下各种合金钢的曲线图，在温度低于 500℃时，可以选用普通碳钢材料。

6.5 耐腐蚀材料的选择

为正确选择材料，必须清晰确定材料所处的工艺操作环境，除了要考虑介质所含的腐蚀性化学成分，还应注意考虑以下因素的影响：

（1）温度——影响速率和材料的力学性能。

（2）压力。

（3）pH 值。

（4）微量杂质的存在——应力腐蚀。

（5）曝气量——氧浓差电池。

（6）气流速度和搅拌——冲蚀腐蚀。

（7）传热效率——温度不同时。

除考虑正常稳定的操作工况外，还必须考虑非正常操作工况，如开车和停车工况。

对于系列化学介质中常用材料的耐腐蚀性见附录 B，附录 B 的在线信息可在网页 www.booksite.Elsevier.com/Towler 上查找。对于化工厂的腐蚀性介质，常用材料的更详细综合性腐蚀数据见 Rabald（1968）、NACE（1974）、Hamner（1974）、Green 和 Perry（2007）以及 Lai（1990）和 Schweitzer（1976, 1989, 1998）的著作。Dechema 腐蚀手册（Dechema, 1987）是被广泛应用的关于腐蚀介质与对应材料的指导书，ASM 腐蚀数据手册也列出了大量的数据（Craig 和 Anderson，1995）。

这些腐蚀数据用于指导初步筛选比较适合的材料，但实际上这些发布的数据并不能保证所选择的材料能够完全适用于所考虑的工艺环境，工艺过程条件的略微改变或者未知杂质的存在就可以明显改变损伤速率或腐蚀特性，但手册中对不适合选用的材料的指导意见是清晰无误的，根据类似工艺环境所选用材料的使用经验，对这些发布的数据进行适当调整是非常有必要的。

如果缺乏实际工厂的选材经验，试验工厂的试验结果和模拟工厂操作条件的实验室腐蚀试验结果也有助于选择合适的材料，在试验工厂进行零部件的试验前，初始的试验可以采取把不会引起电化学效应的几种不同耐腐蚀的材料试件放入仪器内进行试验，这样可以减少零部件的失效和试验时可能产生的化学物质，这些在实验室的试验工作应仔细认真地进行。

　　材料制造商技术部门的建议和意见也应该引起重视。

6.6　材料价格

　　一些常用材料的价格见表 6.5，金属和合金材料的价格波动很大，其受全球金属流通市场的影响。

　　金属材料的价格可参考如下网站的信息：

www.steelonthenet.com（提供免费的月度碳钢价格的信息网站）；

www.steelbb.com Steel（提供一周碳钢和不锈钢价格简报的信息网站）；

www.steelweek.com（提供会员制的一周国际市场价格信息的网站）；

http：//metalprices.com（提供免费的过去 3 个月价格信息和会员制的当前价格的信息网站）。

　　所用材料的量取决于材料的密度和材料的强度（最大许用应力），进行材料价格对比时必须考虑这些因素的影响，Moore（1970）采用以下价格比计算公式进行材料价格的比较。

$$价格比 = \frac{C\rho}{\sigma_d}$$

式中　C——材料单位质量价格，美元 /kg；

　　　ρ——密度，kg/m^3；

　　　σ_d——最大许用应力，N/mm^2。

　　2010 年 11 月的碳钢价格比见表 6.5，采用较高最大许用应力的材料（如不锈钢和低合金钢）比选用碳钢的效益更好。应注意的是简化公式没有考虑不同材料的不同腐蚀裕量的影响。

表 6.5　材料相对价格表（2010 年 11 月）

金属材料类别	材料类型或等级	价格，美元 /lb	最大许用应力，ksi[①]	相对价格比
碳钢	A285	0.37	12.9	1
奥氏体不锈钢	304	1.156	20	2.0
	316	1.721	20	3.0
铜	C10400	3.83	6.7	22.8
铝合金	A03560	1.0789	8.6	1.5
镍	99% 镍	9.861	10	39.2

续表

金属材料类别	材料类型或等级	价格，美元/lb	最大许用应力，ksi[①]	相对价格比
镍铬合金（Incoloy）	N08800	3.733	20	6.7
蒙乃尔合金（Monel）	N04400	7.76	18.7	16.4
钛	R50250	3.35	10	6.8

注：材料最大许用应力是按照 ASME BPV 规范第Ⅱ卷 D 篇取 40℃（100°F）下的许用应力，其他温度和其他材料的最大许用应力见规范。

① 1ksi＝1000psi。

不同材料制造的设备相对造价取决于制造加工费用和原材料的成本，除特定材料需要特殊制造技术外，不同材料制设备的最终设备交货价格的相对比值比原材料价格相对比值要低，例如，不锈钢制储罐的采购价一般是相同规格碳钢制储罐采购价的 2～3 倍，但不锈钢材料的价格却是碳钢材料价格的 3～8 倍。

如果腐蚀速率相同，可以通过计算候选材料的年度成本指导材料的优化选择，年度成本取决于按照腐蚀速率计算得到的预期使用年限和设备的采购价格，在某一特定情况下，已经证明选用价格较便宜和腐蚀速率较高的材料制造的、可以频繁更换的设备比选用价格更高、耐腐蚀性更好的材料制造的设备更经济合理，这种方法仅适用于制造成本较低且失效破坏后不会产生严重后果的简单设备，例如，对于介质为水溶液之类的管线，若可以实现维修更换，就可以用碳钢代替不锈钢，在此情况下，通过对管线厚度进行经常性检测来确定维修更换的时机。

碳钢制设备内衬价格更昂贵的耐腐蚀性材料是常见的一种解决方案，为满足结构强度的要求，像压力容器之类的厚壁设备，使用衬里材料可以明显降低成本，压力容器内部衬里或堆焊的设计技术要求见 ASME BPV 规范第Ⅷ卷第 1 册的 UCL 节内容。

6.7　材料对介质的污染影响

对于某些工艺过程，预防金属、腐蚀次生物对工艺介质或产品的污染影响是选择合适材料的首要考虑因素，例如，对于纺织业，考虑到轻微锈蚀对纺织品的不良影响（铁染色），经常优先选用不锈钢和铝材代替碳钢。

对于有催化剂的工艺过程，应特别注意所选材料是否对催化剂造成污染或中毒。

在生物化学工艺中，为降低腐蚀产物的污染影响，应优先选用不锈钢。铜合金已有很长的应用历史，因其具有抑制发酵的作用，发酵行业选用 316 不锈钢，食品加工行业则广泛选用 304 不锈钢。

其他用于说明必须考虑材料微量成分会造成污染影响的几个例子如下：

（1）对于处理接触乙炔的设备，应避免选用纯金属和含铜、银、汞或金的合金材料，预防爆炸性乙炔化合物的产生。

（2）工艺过程中因汞的存在而产生的汞铜混合物会引起黄铜制换热器换热管的严重损

伤失效，还有因不明原因造成污染而引起事故的发生，例如，钢制汞温度计的损伤失效。

（3）在灾难性的事故中，发现有因不锈钢管被镀锌支撑件中锌污染而引起应力腐蚀裂纹的现象。

在食品加工、制药、生物化学和纺织等行业，为避免被污染，材料的表面加工处理与材料的选择同样重要，不锈钢被广泛选用，采用喷砂和机械抛光方法进行内外表面处理，其目的一是保持卫生，二是避免原料附着在表面，难以清理和灭菌。食品加工工艺中设备表面的加工要求见 Timperley（1984）和 Jowitt（1980）的著作。

纺织业用设备的高等级表面处理是为了避免纤维挂在尖锐物上。

6.8 常用施工材料

本节介绍化工厂一些常用材料的力学性能、耐腐蚀性和典型应用领域，包含典型的、常用的、有代表性的不同等级的材料和合金，在不同国家化工厂所选用的合金材料有不同的商品名称和标准名称，除了不锈钢，对于其他材料，本书没有按照一个或多个国家的标准对合金材料进行分类，而是使用了一般常用的合金材料名称，不同等级的材料性能、化学成分和标准名称见相应的国家材料标准、各种手册和材料制造商的技术资料，例如，ASME BPV 规范第 II 卷 D 篇列出了材料的所有性能，ASME BPV 规范第 VIII 卷第一册列出了特定材料的制造技术要求。

美国材料的商品名称和代号说明见 Green 和 Perry（2007）的著作，化工厂用工程材料的综合资料见 Evans（1974）以及 Hansen 和 Puyear（1996）的著作。

6.8.1 碳钢、低合金钢和铁

低碳钢是工程中最常用的材料，其价格便宜，供货规格和尺寸齐全，易于加工成型和焊接，具有较高的抗拉强度和韧性。

除在特定的环境下，如浓硫酸和苛性碱，碳钢和铁不耐腐蚀，适用于除氯化溶剂以外的大多数有机溶剂，在一定环境下低碳钢对应力腐蚀裂纹敏感。

低合金钢中添加了合金元素是为了提高材料的力学性能，并不是为了提高耐腐蚀性，合金元素低于 5% 的低合金钢的耐腐蚀性与普通碳钢并无明显不同，低合金钢被广泛应用在中温操作环境下的烃加工过程中，如炼油工业。

Llewellyn（1992）介绍了包括不锈钢在内的钢材性能和综合应用，Clark（1970）介绍了碳钢在化工厂的应用。

硅含量为 14%～15% 的钢铁材料对除氢氟酸以外的无机酸都具有很好的耐腐蚀性，其特殊性已被应用于任何温度和任何浓度的硫酸，但其韧性差，非常脆。

6.8.2 不锈钢

不锈钢是化工厂中最常用的耐腐蚀材料，为提高其耐腐蚀性，铬含量必须在 12% 以上，在氧化条件下铬含量越高，耐腐蚀性就越好，添加镍元素是为了提高其在非氧化环境下的耐腐蚀性。

6.8.2.1 不锈钢的分类

不锈钢合金元素的化学成分不同，其特性和应用范围也不同，按照金属微观组织的不同，将不锈钢分为铁素体不锈钢、奥氏体不锈钢和马氏体不锈钢三大类。

（1）铁素体不锈钢：铬含量 13%～20%，碳含量小于 0.1%，不含镍。

（2）奥氏体不锈钢：铬含量 18%～20%，镍含量大于 7%。

（3）马氏体不锈钢：铬含量 10%～12%，碳含量 0.2%～0.4%，镍含量最高 2%。

奥氏体的均匀组织（含碳化物的面心立方组织）是一种耐腐蚀的组织结构，被广泛应用在化学工业中，不同牌号的奥氏体不锈钢的化学成分见表 6.6，其性能如下：

304 型不锈钢（又称 18/8 型不锈钢）：是最常用的不锈钢，添加的铬和镍元素构建了稳定的奥氏体组织，碳含量低保证了其在较薄厚度范围内不用考虑进行焊后热处理（见 6.4.4）。

304L 型不锈钢：适用于厚度较大，使用 304 型不锈钢容易析出碳化物的场合，是含碳量超低（小于 0.03%）的 304 型不锈钢。

321 型不锈钢：是稳定性 304 型不锈钢，添加了用于避免在焊接时析出碳化物的钛元素，比 304 型不锈钢的强度略高，较适用于高温环境。

347 型不锈钢：添加了稳定元素铌。

316 型不锈钢：添加了钼元素，用于提高还原条件下的耐腐蚀性，例如，稀硫酸，特别是含氯离子的溶液。

316L 型不锈钢：是超低碳含量的 316 型不锈钢，应用于 316 型不锈钢在焊接或热处理时容易析出碳化物的场合。

309/310 型不锈钢：一种铬含量很高的合金钢，高温下耐氧化性好，铬含量高于 5%，在温度高于 500℃时因含 FeCr 的 σ 相形成而造成材料脆化。Hills 和 Harries（1960）讨论了奥氏体不锈钢的 σ 相形成。

表 6.6 常用奥氏体不锈钢材料

不锈钢牌号 （AISI 分类）	化学成分，%							
	C 含量 （最大）	Si 含量 （最大）	Mn 含量 （最大）	Cr 含量	Ni 含量	Mo 含量	Ti 含量	Nb 含量
304	0.08	—	2.00	17.5～20.0	8.0～11.0	—	—	—
304L	0.03	1.00	2.00	17.5～20.0	8.0～12.0	—	—	—
321	0.12	1.00	2.00	17.0～20.0	9.0～12.0	—	4C[①]	—
347	0.08	1.00	2.00	17.0～20.0	9.0～13.0	—	—	10C[①]
316	0.08	1.00	2.00	16.0～18.0	10.0～14.0	2.0～3.0	—	—
316L	0.03	1.0	2.0	16.0～18.0	10.0～14.0	2.0～3.0	—	—
309	0.20	—	—	22.0～24.0	12.0～15.0	—	—	—
310	0.25	—	—	24.0～26.0	19.0～22.0	—	—	—

注：所有材料的 S 和 P 含量均为 0.045%。AISI 为美国钢铁学会简称。

① C 表示碳含量。

6.8.2.2　不锈钢的力学性能

与普通碳钢相比，奥氏体不锈钢的强度较高，尤其是高温下的力学性能更为突出，详见表 6.7。

表 6.7　碳钢与不锈钢强度对比表

温度，℉		100	300	500	700	900
最大许用应力 1000psi	碳钢（A285 板材）	12.9	12.9	12.9	11.5	5.9
	不锈钢（304L 板材）	16.7	16.7	14.7	13.5	11.9

注：最大许用应力数值摘自 ASME BPV 规范第 Ⅱ 卷 D 篇。

正如 6.3.7 所述，与普通碳钢不同，低温下奥氏体不锈钢材料并未变脆，值得注意的是，不锈钢材料的导热系数明显比碳钢低。例如，100℃时，304 型（18/8）不锈钢的导热系数为 16W/（m·℃），而碳钢的导热系数为 60W/（m·℃）。

奥氏体不锈钢在退火状态下是非磁性的。

6.8.2.3　耐腐蚀性

在广泛的使用条件下，合金元素含量越高，耐腐蚀性就越好，但造价也越高，若把 304 型不锈钢的耐腐蚀性定义为 1，各不锈钢材料的耐腐蚀性能排序见表 6.8。

表 6.8　不锈钢材料的耐腐蚀性能排序

不锈钢牌号	304 型	304L 型	321 型	316 型	316L 型	310 型
耐腐蚀性	1	1.1	1.1	1.25	1.3	1.6

在特定环境下选择合适的不锈钢时，必须考虑不锈钢的晶间腐蚀和应力腐蚀裂纹问题，每升几毫克的氯离子就可引起不锈钢的应力腐蚀裂纹（见 6.4.5）。

总体来讲，氧化条件下不锈钢具有耐腐蚀性，还原条件下应选用特殊类型的不锈钢或含镍量高的合金材料。Peckner 和 Bernstein（1977）介绍了材料性能、耐腐蚀性和不同类型不锈钢的选用，Sedriks（1979）综述了不锈钢耐腐蚀性，Turner（1989）对不锈钢应力腐蚀裂纹进行了讨论。

6.8.2.4　高合金不锈钢

高镍超级奥氏体不锈钢的镍含量为 29%～30%，铬含量为 20%，其对酸和酸性氯化物具有良好的耐腐蚀性，与低合金含量的奥氏体不锈钢（300 系列）相比价格更昂贵。

双相不锈钢和超级双相不锈钢含铬量更高，称其为双相钢是因为其组织为奥氏体和铁素体两相混合组织，具有比奥氏体不锈钢更好的耐腐蚀性和对应力腐蚀裂纹较低的敏感性。双相钢的铬含量大约为 20%，超级双相不锈钢的铬含量大约为 25%，超级双相不锈钢是为腐蚀性更强的海洋环境开发的。

双相不锈钢适合于铸造、锻造和机加工，为确保在焊缝上的双相组织比例的正确合理，可以通过选用正确的焊接材料和焊接工艺解决焊接时发生的问题。

与 316 型不锈钢相比，双相不锈钢的价格大概高出 50%。

Warde（1991）讨论了双相不锈钢的选用和性能。

6.8.3 镍

镍具有良好的力学性能和易加工性能，纯钛（含量大于 99%）一般不用于化工厂，多数选用镍基合金材料，主要应用在超出碳钢适用温度范围（70℃以上）的苛性碱介质的设备。与不锈钢一样，镍材不能用于有应力腐蚀裂纹的环境。

6.8.4 蒙乃尔合金

蒙乃尔合金（Monel）是镍、铜元素含量比例为 2∶1 的传统经典镍铜合金材料，是继不锈钢之后在化工厂普遍使用的合金材料，在温度低于 500℃时，其具有良好的加工成型性和力学性能，比不锈钢价格高，但对氯离子溶液的应力腐蚀裂纹损伤不敏感，对稀无机酸的耐腐蚀性好，可应用在不锈钢不适用的还原条件下，还可应用于处理碱、有机酸、盐和海水的设备。

6.8.5 Inconel 和 Incoloy 镍基合金

Inconel 镍基合金（典型产品 Ni 含量为 76%，Fe 含量为 7%，Cr 含量为 15%）最初应用于高温酸腐蚀环境，其高温性能稳定，耐无硫的炉气腐蚀，但不适用于硫化环境。Incoloy 800（Cr 含量为 21%）和 RA-33（Cr 含量为 25%）类 Incoloy 镍基合金对高温氧化环境具备良好的耐腐蚀性。

6.8.6 哈氏合金

哈氏合金是商品名称，是一系列镍、铬、钼和铁合金的总称，用于强无机酸和盐酸腐蚀环境，其耐腐蚀性能和常用的 Hastelloy B（含 Ni 65%，含 Mo 28%，含 Fe 6%）和 Hastelloy C（含 N 54%，含 Mo 17%，含 Cr 15%，含 Fe 5%）的讨论见 Weisert（1952a，1952b）的著作。

6.8.7 铜及铜合金

化工厂并不常用纯铜材料，传统上纯铜材料一般应用在食品工业，特别是酿造工业。铜比较软，易加工，主要应用于小直径的管子和换热管。

主要的铜合金是含锌的黄铜和含锡的青铜，其他所说的青铜实际上是铝青铜和硅青铜。

铜可以被除低温稀硫酸之外的无机酸腐蚀，其可以耐除氨之外的苛性碱、部分有机酸和盐的腐蚀，黄铜和青铜与纯铜具有相似的耐腐蚀性，其主要应用在化工厂的阀门、小规格的管子配件、换热器的换热管和管板。选用黄铜时，应选择具备抗脱锌性能的等级材料。

铜镍合金（含铜 70%）对冲蚀腐蚀具备良好的耐腐蚀性，可用于换热器的换热管，特别是可用于以海水为冷却水的环境。

6.8.8　铝及铝合金

与铝合金相比，纯铝的机械强度低，但耐腐蚀性好，常用的铝合金材料是杜拉铝（系列铝铜合金材料，典型产品的 Cu 含量为 4%，Mg 含量为 0.5%），其抗拉强度与碳钢相当。纯铝可用作杜拉铝的衬里，可以充分利用纯铝的耐腐蚀性和基材合金材料的强度，铝的耐腐蚀性是因为形成了一层薄薄的氧化膜（与不锈钢相同），所以特别适合于强氧化环境，可以被无机酸和碱腐蚀破坏，但可适应于浓度超过 80% 的浓硝酸。其被广泛应用于纺织和食品行业，因这些行业选用碳钢会对产品造成污染，也可以应用于软水的储存和流通领域。

6.8.9　铅

铅是化工厂常用的传统材料，但受价格因素的影响，目前逐渐被其他材料所替代，如塑料。铅是一种软性、韧性好的材料，主要用于制作板材（衬里用）和管材，对酸，特别是硫酸具有良好的耐腐蚀性。

6.8.10　钛

钛在化工工业的应用非常广泛，主要是因为其对包括海水、湿氯气在内的卤化物溶液具备良好的耐腐蚀性，会被干氯气快速腐蚀，但若有 0.01% 浓度的水存在，则可以耐腐蚀，与不锈钢和钛材一样，其耐腐蚀性是因形成了一层氧化膜，钛也可以被应用在其他卤化物腐蚀环境，例如，以溴化物为催化剂的对苯二酸工艺等的液相氧化法工艺过程。

加入 0.15% 钯的合金可以明显提高耐腐蚀性，特别是耐盐酸腐蚀，钛已经逐渐替代铜镍合金用于海水换热器的制造。

关于钛的耐腐蚀性应用讨论见 Deily（1997）的著作。

6.8.11　钽

钽的耐腐蚀性与玻璃相似，因此被称为金属玻璃，其价格昂贵，差不多是不锈钢的 5 倍，被应用在玻璃或玻璃衬里适用的特殊腐蚀环境，钽钉常用来修复衬里为玻璃的设备。

钽在化工厂的应用讨论见 Fensom 和 Clark（1984）以及 Rowe（1999）的著作。

6.8.12　锆

锆及锆合金应用于原子能工业，因其中子吸收截面小，对高温热水有耐腐蚀性。

在化学工业，锆应用于热煮酸腐蚀环境，例如，硝酸、硫酸和盐酸，其耐腐蚀性与钽相当，但锆的价格比钽略微便宜，与高镍合金钢的价格相近。关于锆性能的详细讨论和在化工厂的应用见 Rowe（1999）的著作。

6.8.13　银

衬银的容器和设备用于处理氢氟酸，也被应用于食品和制药行业的特殊工况，目的是避免对产品造成污染。

6.8.14　金

因为金太昂贵，所以几乎不用作建造材料，其对稀硝酸和热浓硫酸具有耐腐蚀性，但可以被王水（一种浓硫酸和浓硝酸的混合物）溶解，受到氯和溴的侵蚀，与汞形成汞合金。它已被用作冷凝器的薄换热管和其他表面覆层。

6.8.15　铂

铂对高温氧化具有很强的耐腐蚀性，它的一个主要用途是制造含铜元素的合金材料，在合成纺织纺纱行业用于吐丝器的制造。

6.9　化工厂用塑料材料

塑料材料越来越多被用作化工厂的耐腐蚀材料，也被广泛应用于食品加工业和制药行业，可以把塑料划分为热塑性材料和热固性材料两大类。

（1）热塑性材料随着温度的升高而软化，如聚氯乙烯（PVC）和聚乙烯。

（2）热固性材料具有一定的刚度，如涤纶和环氧树脂。

关于用于工程建设中的各类塑料材料的详细化学成分及性能讨论见 Butt 和 Wright（1980）、Evans（1974）和 Harper（2001）的著作。

塑料的最大用途是用于制造管材、板材，也用于容器的衬里、管道和风机外壳，模型制品用于制造小物件的模型，如泵叶轮、阀门零件和管件。

与金属材料相比，塑料的机械强度和适用温度都比较低，通过添加某种添加剂和增塑剂可以提高其机械强度和其他性能，当用玻璃纤维和碳纤维进行增强后，热固性塑料的强度与碳钢相当，可用于制造压力容器和压力管道。玻璃钢制压力容器的设计方法见 ASME BPV 规范第 X 卷 RD 篇。与金属材料不同，塑料是易燃的，可以认为塑料是耐腐蚀金属材料的一种补充。总体来讲，塑料对稀酸和无机盐都具有良好的耐腐蚀性，但在不会腐蚀金属的有机溶剂中会发生降解。与金属材料不同，塑料可以被溶解，造成膨胀和软化，应用于化工厂的主要塑料材料的性能和应用领域将在以下章节中讨论。关于作为耐腐蚀性材料的塑料的综合讨论见 Fontana（1986）的著作，塑料材料在不同领域的应用见 Harper（2001）的著作，塑料的力学性能和造价见表 6.9。

表 6.9　塑料的力学性能和相对价格对照表

材料名称	抗拉强度，N/mm²	弹性模量，kN/mm²	密度，kg/m³	相对价格
聚氯乙烯（PVC）	55	3.5	1400	1.5
聚乙烯（低密度）	12	0.2	900	1.0
聚丙烯	35	1.5	900	1.5
聚四氟乙烯（PTFE）	21	1.0	2100	30.0
玻璃钢（聚酯）	100	7.0	1500	3.0
玻璃钢（环氧树脂）	250	14.0	1800	5.0

注：相对价格是以体积为基准，相对于聚乙烯（低密度）的数据。

6.9.1　聚氯乙烯

聚氯乙烯（PVC）是化工厂最常用的热塑性材料，其中不添加增塑剂的硬聚氯乙烯应用最广泛，除强硫酸、硝酸和无机盐溶液外，其对大部分无机酸都具有耐腐蚀性，因其膨胀性而不适用于大部分有机溶剂，聚氯乙烯适用的最大操作温度应低于 60℃，关于化工过程中聚氯乙烯的应用讨论见 Mottram 和 Lever（1957）的著作。

6.9.2　聚烯烃

低密度聚乙烯是一种价格相对比较便宜的、有一定强度的软塑料，其软化温度低，不能应用在 60℃ 以上，高密度聚乙烯（950kg/m³）较硬，可应用于较高的温度，聚丙烯的强度比聚乙烯高，可应用于温度高达 120℃ 的环境，聚烯烃材料的耐腐蚀性与聚氯乙烯相似。

6.9.3　聚四氟乙烯

聚四氟乙烯（PTFE）的商品名为特氟隆或氟纶，除了熔融碱和氟，其对所有的化学品均具有耐腐蚀性，可应用于温度高达 250℃ 的环境，强度比较低，但可以通过添加纤维（玻璃和碳纤维）提高其机械强度。聚四氟乙烯难以制造且成本高，广泛用于垫片、压盖填料（如阀门杆）和除沫垫，因其表面具有不黏的特性，可用作涂层材料，如用于滤板，也可以用于容器的衬里。

6.9.4　聚偏二氟乙烯

聚偏二氟乙烯（PVDF）的特性与聚四氟乙烯相似，但其易于制作，对无机酸、碱和有机溶剂具有良好的耐腐蚀性，其最高使用温度不大于 140℃。

6.9.5　玻璃钢

使用玻璃纤维增强的聚酯树脂（玻璃钢）是化工厂最常用的热固性塑料材料，采用已开发成功的制造技术可以制造出外形复杂的部件，玻璃钢的强度相对比较高，对广泛的化学品具有耐腐蚀性，其机械强度取决于所使用的树脂、增强材料（碎布料或布）和树脂与玻璃纤维的配比。

采用特殊的加工技术，可以将连续的长丝线进行缠绕制成玻璃钢，可用于制造玻璃钢压力容器。

聚酯树脂对稀无机酸、无机盐和多种溶剂具有耐腐蚀性。

应用在化工厂的玻璃钢环氧树脂的价格比聚酯树脂昂贵。总体来讲，对于相同的化学品，这两种玻璃钢和树脂都具有相同的耐腐蚀性，但玻璃钢对碱的耐腐蚀性更强。

玻璃钢的化学耐腐蚀性取决于所使用的玻璃纤维的数量，玻璃纤维与树脂的配比越高，玻璃钢的强度就越高，但对化学品的耐腐蚀性则降低。玻璃钢制化工设备的设计见 Malleson（1969）的著作，也可参考 Shaddock（1971）和 Baines（1984）的著作以及 ASME BPV 规范第 X 卷内容。

6.9.6 橡胶

用于储罐和管道内部衬里的橡胶已在化学工业广泛应用多年，因天然橡胶对酸类（除浓硝酸外）和碱具有很好的耐腐蚀性，所以得到了广泛应用，但其不适用于大部分的有机溶剂。

合成橡胶也被应用于特定的场合，海帕伦橡胶（Hypalon，杜邦公司的商品名）对强氧化性化学品具有很强的耐腐蚀性，可用于硝酸，但不适用于氯化溶剂，与其他橡胶相比，氟橡胶（Viton，杜邦公司的商品名）对包括氯化溶剂在内的溶剂具有较好的耐腐蚀性，与合成橡胶和天然橡胶相比，海帕伦橡胶和氟橡胶价格更昂贵。

关于天然橡胶用于衬里的讨论见 Saxman（1965）的著作，关于合成橡胶的耐腐蚀性见 Evans（1963）的著作，关于橡胶及塑料衬里或涂料应用很权威的书籍是 Butt 和 Wright（1984）的著作。

6.10 陶瓷材料（硅酸盐材料）

陶瓷是一种非金属物质，包括以下在化工厂应用的材料：

（1）玻璃——硼硅酸盐玻璃（硬质玻璃）。

（2）陶器。

（3）耐酸砖或瓦片。

（4）耐火材料。

（5）水泥与混凝土。

陶瓷材料是交联结构的脆性材料。

6.10.1 玻璃

硼硅酸盐玻璃（有多种商品名，包括 Pyrx）在化工厂的多用途应用是因为与苏打玻璃相比，其对热冲击与化学侵蚀的耐腐蚀性更强。玻璃制设备常用于特殊化学品的小规模制造行业，玻璃可用于适度高温环境（700℃），但除用于衬里外，其不适用于大于常压的承压工况。

有几家专业制造厂商可以制造玻璃制设备，所生产的管子和管件尺寸规格最大可以到0.5m，也可以制造像换热器这种带有大尺寸接管的特殊设备，也可用于制造蒸馏吸收塔。聚四氟乙烯垫片常用于玻璃制设备和管道的密封连接。

玻璃的破损可造成伤害，管子和设备外部应采用塑料带进行缠绕保护和包装，玻璃设备应有足够的与大气相通的排气孔，用于预防发生压力逐渐增高的现象。

称为搪瓷玻璃的玻璃衬里已在钢制和铁制容器上应用多年，所用的衬里硅酸盐玻璃厚度为1mm，为保证衬里的质量，玻璃衬里的设计和制造技术见 Landels 和 Stout（1970）的著作以及 ASME BPV 规范第Ⅷ卷第1册的强制性附录7，硼硅酸盐玻璃对酸、盐和有机化学品有耐腐蚀性，但会受到苛性碱和氟的腐蚀。

6.10.2　陶瓷

化学陶瓷质量较好，强度较高且釉面较好，可制成各种各样形状的管道和圆筒体，与玻璃一样，对于除碱和氟以外的化学品具有耐腐蚀性，化学陶瓷的特性和化学成分见 Holdridge（1961）的著作，陶瓷可用于填料吸收和蒸馏塔（见第17章）。

6.10.3　耐酸砖与瓷砖

高质量的砖和瓷砖可用于容器的衬里、壕沟和地板，瓷砖底层常衬一层耐腐蚀的橡胶或塑料，采用耐酸腐蚀的水泥进行砌筑。关于砖和衬里的讨论见 Falcke 和 Lorentz（1985）的著作。

6.10.4　耐火材料

高温操作的设备需要耐火砖和耐火水泥，如火焰加热器、高温反应器和锅炉。常用的耐火砖由二氧化硅（SiO_2）和氧化铝（Al_2O_3）混合制成，砖的质量取决于这些材料的使用量和烧结温度，二氧化硅和氧化铝混合形成共晶体（94.5%SiO_2，1545℃），对于承受一定载荷（抗变形能力）的耐火材料，必须很好地从共晶体中去除某类成分，质量最好的可以耐高温的耐火砖含有高比例的二氧化硅或氧化铝，含高达98%二氧化硅的"硅砖"用于炉体的建造，含铝较高的砖（60%Al_2O_3）用于耐碱腐蚀的特殊炉型，例如，石灰窑和水泥窑，以含50%二氧化硅和40%氧化铝为代表的耐火砖，氧化钙和氧化铁达到平衡，其可用于一般炉体的建造。硅以各种同素异形的方式存在，含高比例硅的砖在被加热到工作温度时经历了可逆膨胀，硅含量越高膨胀量就越大，这在炉体的设计和操作时是允许的。

普通耐火砖、高孔隙率耐火砖和含硅藻土的特种砖可用于炉壁保温。

关于用于工艺炉和冶金炉的耐火材料的讨论见 Norton（1968）和 Lyle（1947）的著作，耐火材料的另外资料见 Schacht（1995，2004）和 Routschka（1997）的著作。

6.11　石墨

用耐化学腐蚀的树脂浸渍的不渗透性石墨可用以制造像换热器一类的专用设备，它具有高导电性，除了浓度大于 30% 的氧化酸，对大多数化学品具有良好的耐腐蚀性。石墨可用于制造传统的管壳式换热器设备，通过特殊设计，可以用石墨砖制造管箱，相应讨论见 Hilland（1960）和 Denyer（1991）的著作。

6.12　防护涂料

各种各样的涂漆和其他有机涂料被用于保护碳钢结构，涂漆主要用于大气腐蚀环境下的防护，已经开发出特殊耐化学腐蚀的涂漆被应用于化工过程设备，氯化处理过的橡胶涂料和环氧涂料已被采用。在涂漆和其他涂料的应用中，表面处理的好坏是影响漆膜或涂料附着力的至关重要因素。关于化工厂的防护涂料应用的简要讨论见 Ruff（1984）和 Hullcoop（1984）的著作。

6.13　耐腐蚀设计

通过合理设计，可以提高设备在腐蚀环境下的使用年限。设计应确保设备内介质能完全排尽；设备内表面应光滑，没有腐蚀产物存在和固体物集聚的缝隙；应优先选用对接接头，而不是搭接接头；应避免选用异种金属，应注意确保异种金属被有效绝缘以避免产生电化学腐蚀；流体速度和湍流速度应足够高，以避免固体沉积，但又要注意不至于高到会造成冲蚀；设计和操作过程应考虑腐蚀环境下材料的更换。例如，加热和冷却速率应足够低，以防止发生热冲击。检修维护时，应注意不要破坏在操作过程中形成的耐腐蚀保护膜。

参 考 文 献

Baines, D.（1984）. Glass reinforced plastics in the process industries. Chem. Eng., London, 24（161）.

Boyd, G. M.（1970）. Brittle Fracture of Steel Structures. Butterworths.

Butt, L. T., & Wright, D. C.（1980）. Use of polymers in chemical plant construction. Applied Science.

Clark, E. E.（1970）. Carbon steels for the construction of chemical and allied plant. Chem. Eng., London, 312（242）.

Craig, B. D., & Anderson, D. B.（1995）. Handbook of corrosion data. ASM International.

Day, M. F.（1979）. Materials for high temperature use, Oxford U.P : Engineering Design Guide No. 28.

Dechema.（1987）. Corrosion handbook. Wiley–VCH.

Deily, J. E.（1997）. Use titanium to stand up to corrosives. Chem. Eng.Prog., 93（50）.

Denyer, M.（1991）. Graphite as a material for heat exchangers. Processing, 23.

Dillon, C. P.（1994）. Corrosion control in the chemical industry（2nd ed.）. McGraw–Hill.

Evans, L. S. (1963). The chemical resistance of rubber and plastics. Rubber Plast. Age, 44, 1349.

Evans, L. S. (1974). Selecting engineering materials for chemical and process plant. Business Books.

Evans, L. S. (1980). Chemical and process plant : A guide to the selection of engineering materials (2nd ed.).Hutchinson.

Falcke, F. K., & Lorentz, G. (Eds.). (1985). Handbook of acid proof construction. Wiley-VCH.

Fensom, D. H., & Clark, B. (1984). Tantalum : its uses in the chemical industry. Chem. Eng., London, 46 (162).

Fontana, M. G. (1986). Corrosion engineering (3rd ed.). McGraw-Hill.

Gordon, J. E. (1976). The New Science of Strong Materials (2nd ed.). Penguin Books.

Green, D. W., & Perry, R. H. (Eds.). (2007). Perry's chemical engineers' handbook (8th ed.). McGraw-Hill.

Hamner, N. E. (1974). Corrosion Data Survey (5th ed.). National Association of Corrosion Engineers.

Hansen, D. A., & Puyear, K. B. (1996). Materials selection for hydrocarbon and chemical plants. Marcel Dekker.

Harper, C. A. (2001). Handbook of materials for product design. McGraw-Hill.

Harris, W. J. (1976). The significance of fatigue. Oxford U.P.

Hilland, A. (1960). Graphite for heat exchangers. Chem. and Proc. Eng., 41, 416.

Hills, R. F., & Harries, D. P. (1960). Sigma phase in austenitic stainless steel. Chem. Proc. Eng., 41, 391.

Holdridge, D. A. (1961). Ceramics. Chem. Proc. Eng., 42, 405.

Hullcoop, R. (1984). The great cover up. Processing, 13.

Institute of Metallurgists. (1960). Toughness and brittleness of metals. Iliffe.

Jowitt, R. (Eds.). (1980). Hygienic design and operation of food plant. Ellis Horwood.

Lai, G. Y. (1990). High temperature corrosion of engineering alloys. ASM International.

Landels, H. H., & Stout, E. (1970). Glassed steel equipment : a guide to current technology. Brit. Chem. Eng., 15, 1289.

Llewellyn, D. T. (1992). Steels : Metallurgy and applications. Butterworth-Heinemann.

Lyle, O. (1947). Efficient Use of Steam (HMSO).

Malleson, J. H. (1969). Chemical plant design with reinforced plastics. McGraw-Hill.

Moore, D. C. (1970). Copper. Chem. Eng., London, 326 (242).

Moore, R. E. (1979). Selecting materials to resist corrosive conditions. Chem. Eng., 91.

Mottram, S., & Lever, D. A. (1957). The Ind. Chem. 33, 62, 123, 177 (in three parts). Unplasticized P.V.C. as a constructional material in chemical engineering.

NACE. (1974). Standard TM-01-69 laboratory corrosion testing of metals for the process industries. National Association of Corrosion Engineers.

Norton, F. H. (1968). Refractories (4th ed.). McGraw–Hill.

Peckner, D., & Bernstein, I. M. (1977). Handbook of stainless steels. McGraw–Hill.

Rabald, E. (1968). Corrosion guide (2nd ed.). Elsevier.

Revie, R. W. (2005). Uhlig's Corrosion Handbook (2nd ed.). Wiley.

Routschka, G. (1997). Pocket manual of refractory materials (1st ed.). Vulkan–Verlag.

Rowe, D. (1999). Tantalising materials. Chem. Eng., London, 19 (683).

Ruff, C. (1984). Paint for plants. Chem. Eng., London, 27 (409).

Saxman, T. E. (1965). Natural rubber tank linings. Mat. Protec., 43 (4).

Schacht, C. A. (1995). Refractory linings : Thermochemical design and applications. Marcel Dekker.

Schacht, C. A. (2004). Refractories handbook. Marcel Dekker.

Schweitzer, P. A. (1976). Corrosion resistance tables. Dekker.

Schweitzer, P. A. (Eds.). (1989). Corrosion and corrosion protection handbook (2nd ed.). Marcell Dekker.

Schweitzer, P. A. (1998). Encyclopedia of corrosion protection. Marcel Dekker.

Sedriks, A. J. (1979). Corrosion resistance of stainless steel. Wiley.

Shaddock, A. K. (1971). Designing for reinforced plastics. Chem. Eng., 116.

Timperley, D. A. (1984). Surface finish and spray cleaning of stainless steel. Inst. Chem. Eng. Sym. Ser., 31 (84).

Turner, M. (1989). What every chemical engineer should know about stress corrosion cracking. Chem. Eng., London, 52 (460).

Warde, E. (1991). Which super–duplex ? Chem. Eng., London, 35 (502).

Weisert, E. D. (1952a). Hastelloy alloy C. Chem. Eng., NY, 267.

Weisert, E. D. (1952b). Hastelloy alloy B. Chem. Eng., NY, 314.

Wells, A. A. (1968). Fracture control of thick steels for pressure vessels. Br. Weld. J., 15, 221.

Wigley, D. A. (1978). Materials for low temperatures. Oxford U.P : Engineering Design Guide No. 28.

ASME Boiler and Pressure Vessel Code Section II Part D. (2005). Materials Properties.

ASME Boiler and Pressure Vessel Code Section VIII Division 1 (2006). Rules for the Construction of Pressure Vessels.

ASME Boiler and Pressure Vessel Code Section X (2005). Fiber–reinforced Plastic Vessels.

Callister, W. D. (1991). Materials science and engineering, an introduction. Wiley.

Champion, F. A. (1967). Corrosion testing procedures (3rd ed.). Chapman Hall.

Crane, F. A. A., & Charles, J. A. (1989). Selection and use of engineering materials (2nd ed.). Butterworths.

Ewalds, H. L. (1984). Fracture mechanics. Arnold.

Flinn，R. A.，& Trojan，P. K.（1990）. Engineering materials and their applications（4th ed.）. Houghton Mifflin.

Ray，M. S.（1987）. The technology and application of engineering materials. Prentice Hall.

Rolfe，S. T.（1987）. Fracture mechanics and fatigue control in structures（2nd ed.）. Prentice Hall.

习　　题

6.1　碳钢制管道操作运行 3 年后失效不能再继续使用，检验发现因腐蚀其壁厚减少了 1/2，该管道用公称直径 100mm（4in）、壁厚 SCH 40 的管材制造，其内径为 102.3mm（4.026in），外径为 114.3mm（4.5in），请以 ipy 和 mm/a 为单位估算其腐蚀速率。

6.2　习题 6.1 中的管道将废水输送到储罐内，废水没有危险性，请确定用什么材料来更换该管道，请从以下给出的 3 个建议中选择：

（1）用相同厚度的碳钢管材更换，接受每隔 3 年更换一次的维修方式。

（2）用较厚的管材更换，其壁厚为 SCH 80，外径为 114.3mm（4.5in），内径为 97.2mm（3.826in）。

（3）用不被腐蚀的不锈钢管材更换。

单位长度管材的估价为：壁厚 SCH 40 的管子为 5 美元，壁厚 SCH 80 的管子为 8.30 美元，壁厚 SCH 40 的不锈钢管（304）为 24.80 美元，对于所有材料的安装和管件费用按单位长度增加 16.5 美元计。更换管道期间应不会导致产量减少。

如果设备的预期使用年限是 7 年，请推荐选用以上哪类管道？

6.3　请按照以下应用环境选择合适的材料：

（1）70℃下 98%（质量分数）的硫酸。

（2）30℃下 5%（质量分数）的硫酸。

（3）50℃下 30%（质量分数）的盐酸。

（4）30℃下 5% 的氢氧化钠水溶液。

（5）50℃下浓氢氧化钠水溶液。

（6）30℃下 5%（质量分数）的硝酸。

（7）煮沸的浓硝酸。

（8）10%（质量分数）的氯化钠溶液。

（9）5%（质量分数）氯化亚铜的盐酸溶液。

（10）10%（质量分数）的氢氟酸。

在每种环境下，请选择可用于操作压力大约为 2bar 的 50mm 管道用材料。

6.4　请为以下应用环境选择合适的材料：

（1）10000m³ 的甲苯储罐。

（2）用于储存 30%（质量分数）氯化钠水溶液的 5.0m³ 储存容器。

（3）直径 2m、高 20m 的蒸馏塔（蒸馏丙烯腈）。

（4）100m³ 的强硝酸储罐。

（5）500m³ 的废水储罐，废水的 pH 值为 1～12，含有微量的有机物。

（6）直径 0.5m、高 3m 的填料吸收塔，用于将气态盐酸吸收到水中，该塔操作压力为常压。

6.5　流化床反应器用于将硝基苯加氢制苯胺，反应器在 250℃和 20bar 下操作运行，反应器的直径约 3m，高度约 9m。请为该反应器选择合适的材料。

6.6　甲基乙基酮（MEK）是采用壳管式反应器对 2- 丁醇进行脱氢制得的，换热管内烟气用于加热，烟气中含有微量的二氧化硫，反应产物含氢。反应在壳程内进行，操作压力为 3bar，操作温度为 500℃。请选择合适的换热管和壳体材料。

6.7　在硝基苯加氢制苯胺的过程中，反应器排出的废气被冷却，反应产物和未反应的硝基苯在管壳式换热器中冷凝，冷凝物的典型组分为：苯胺 950kmol/h，环己胺 10kmol/h，水 1920kmol/h，硝基苯 40kmol/h。壳程气体进口温度为 230℃，出口温度为 50℃，管程冷却水进口温度为 20℃，出口温度为 50℃；请为壳体和换热管选择合适的材料。

6.8　含有丙烯酸聚合物颗粒浆料的水在过滤和干燥之前储存在储罐中。普通碳钢是适合储罐的一种材料，但为避免聚合物在储存过程中被铁污染，请为储罐选择另外一种合适的材料。

6.9　煤在 850℃和 40atm 下，通过煤与蒸汽和氧气的反应进行气化，煤的经验分子式为 $CH_{0.8}S_{0.013}$。请为以下设备推荐合适的材料：

（1）供煤系统。

（2）氧气喷射系统。

（3）气化反应器。

（4）产品气输送管道。

第 7 章

投 资 估 算

※ **重点掌握内容**

- 投资估算的方法。
- 如何估算主要工艺设备的费用。
- 如何使用商业投资估算软件。
- 如何更新费用数据。
- 如何估算国际工程的投资。
- 如何在缺少数据支撑的情况下估算专利设备费用。

7.1 概述

绝大多数化工设计项目需要对建设投资和运营成本进行估算。化工厂的建造需要创造利润，那么在评估一个项目的盈利能力之前，需要对建设投资进行评估。投资估算是一个专门的学科和专业，但是设计工程师必须能够做出粗略的投资估算来决定项目的备选方案和优化方案。

本章介绍了投资估算的组成和投资估算的方法；给出了简单的估算方法和一些费用数据，可在设计的前期阶段对投资进行初步估算；介绍了投资数据的来源和更新投资估算的方法。在 7.10 节中将进一步讨论工业领域中用于初步投资估算的更为复杂的软件。

关于这个问题的更详尽的阐述，读者应该参考一些关于投资估算的专门文献，例如，Happle 和 Jordan（1975）、Guthrie（1974）、Page（1996）、Garrett（1989）、Humphreys（1991）以及 Humphreys（2005）的著作。

7.2 投资估算的组成

7.2.1 固定资产投资

固定资产投资是工厂设计、建造和安装的费用总和，以及为场地准备所做的相关工作的费用。固定资产投资包括：

（1）界区范围内投资（ISBL）——工厂本身的投资。

（2）对厂址基础设施所做的必要的改造及改进，被称为厂外或界区范围外（OSBL）投资。

（3）设计和建造费用。

（4）预备费用。

7.2.1.1 装置界区内投资

工厂界区范围内投资包括建成一个新工厂采购和安装所有工艺设备的费用。

现场直接费用包括：

（1）所有的主要工艺设备（如容器、反应器、塔器、工业炉、换热器、空冷器、机泵、压缩机、电动机、风机、汽轮机、过滤器、离心机、干燥器等）必要的现场制作和检测等费用。

（2）散材（包括管道、阀门、线缆、仪表、结构、保温、油漆、润滑油、溶剂、催化剂等）费用。

（3）土建工程（包括道路、基础、打桩、建筑物、排水沟、明沟、护岸等）费用。

（4）施工人工和监管费用等。

另外，除了现场直接费用，还有现场间接费用，包括：

（1）施工费用，如租用施工设备、临时施工设备（绳索、拖车等）、临时用水和供电、施工车间等。

（2）现场的开支和服务，如现场食堂、专家费用、加班费和因恶劣天气增加的费用。

（3）施工保险。

（4）人工福利和开支（社会保险、工人的报酬等）。

（5）杂项开支，如代理费、诉讼费、进口税、运费、地方税、专利费或版税、企业管理费用等。

在项目的初期阶段，通常根据 ISBL 投资来估算项目其他的费用，因此仔细确定 ISBL 的范围十分重要。如果 ISBL 的范围定义不明确，那么整个项目的经济估算可能错误。在本章接下来的各节中给出了估算 ISBL 的几种方法。

7.2.1.2 装置界区外投资

装置外投资或装置界区外投资（OSBL）包括新建一个工厂或现有工厂扩能所必须增加的现场基础设施。

装置界区外投资应包括：

（1）主变电站、变压器、开关柜、输电线。

（2）动力站、燃气轮机、应急发电机。

（3）锅炉、蒸汽总管、冷凝管线、锅炉给水处理厂、供给泵。

（4）冷却塔、循环泵、冷却水总管、冷却水处理。

（5）水管、除盐水、污水处理厂、现场排水和排水沟。

（6）为工厂提供氮气惰性气体而建的空分、氮气管线。

（7）用于仪表空气的干燥器和鼓风机、仪表空气管线。

（8）管廊、原料和产品管线。

（9）罐区、装车设施、筒仓、输送带、码头、仓库、铁路、升降运送车。

（10）实验室、分析设备。

（11）办公楼、食堂、更衣室、中控室。

（12）车间和维修设施。

（13）紧急服务、消防设备、消防栓、医疗设备等。

（14）现场安保、围墙、门卫、景观美化。

装置界区外投资通常涉及与供电或供水等公用工程公司的界面。由于其通过用水、排放、交通等对当地社会产生影响，它们可能面临与 ISBL 投资同等或更加严格的审查。

在设计的初期阶段，装置界区外投资通常按照 ISBL 投资的一定比例来估算。界区外投资通常是 ISBL 投资的 10%～100%，这取决于项目范围及其对现场基础设施的影响。对于典型的化工项目，界区外投资通常是 ISBL 投资的 20%～50%，如果不了解现场的详细信息，通常按 40% 作为初步的投资估算。对于基础设施发达的场地，界区外投资通常较低。这对于那些已经萎缩的工厂来说尤其如此，一些工厂已经关闭，留下了未充分利用的基础设施（已开发的棕色场地）。另外，如果现场基础设施需要维修或升级以满足新的规定，或者工厂是在一个全新的场地（未开发或待开发场地）上建造的，那么界区外投资将会更高。7.9 节将更详细地讨论厂外投资。

一旦选择了厂址，就可以按照与 ISBL 投资的相同方式详细设计所需的基础设施。基础设施的升级通常需要在工厂开始运营之前进行，因此它是项目实施的第一步。

7.2.1.3　设计费用

设计费用有时被称为总部费用或承包商费用，包括项目实施所需的详细设计和其他工程服务的费用：

（1）工艺设备、管道系统、控制系统和厂外、总图布置、制图、造价工程、模块设计和土建工程的详细设计。

（2）工厂主要设备和材料的采购服务。

（3）工程监理和服务。

（4）行政性支出，包括工程监理、项目管理、项目推进、检查、差旅和生活费用，以及总部管理费用。

（5）合同费用。

（6）承包商利润。

除了非常小的项目，少数运营公司保留大量工程设计人员在内部执行所有事务。在大多数情况下，将引入一个或多个主要的设计承包商。

设计费用与项目的规模不成正比，因此要按照项目的范围分别估算。根据经验，小型项目的设计费用为 ISBL 投资与 OSBL 投资之和的 30%，而大型项目则为 10%。工业项目的实际支出因客户的不同而有很大差异，并受到长期的客户—承包商关系和设计服务的市场需求的强烈影响。如果要加快进度完成项目或项目进行中发生很多变更，通常需要客户支付额外费用或附加费用。

7.2.1.4 不可预见费用

不可预见费用是考虑到投资估算的变化而在项目预算之外额外增加的费用。在项目成功安装完成之前，安装成本是不确定的，因此总投资估算是不确定的（详见 7.3.1）。除了投资估算的误差，不可预见费用有助于覆盖以下费用：

（1）项目范围的细微变化。

（2）价格的变化（钢材价格、铜价、催化剂价格等）。

（3）通货膨胀。

（4）劳动纠纷。

（5）分包商问题。

（6）其他不可预测的问题。

不可预见费用可视为设计、采购和施工（EPC）公司为应对项目超出预算的风险而收取的额外费用。因此，不可预见费降低了承包商在固定价格投标中资金损失的可能性。所有的项目至少应按 ISBL 投资和 OSBL 投资之和的 10% 估算不可预见费用。在技术不确定的情况下，应考虑更高的不可预见费用（高达 50%）。在 9.8.4 将更为详细地讨论不可预见费用。

7.2.2 流动资金

除了用于设计和建造工厂的固定资产投资，业主还需要支出一些资金来维持工厂的运营。用于保持原料、产品和备件库存的资金，加上现金和客户应付的金额（应收账款）之和，与供应商应付的金额（应付账款）之间的差额称为流动资金。只要工厂在运营，就需要流动资金，但如果工厂关停，流动资金就会被收回。在项目财务和经济章节将进行更详细的讨论，详见 9.2.3。

7.3 投资估算的精度和目标

投资估算的精度取决于设计的详细程度、可用的估算数据的精度和准备估算的时间。在项目初期，仅仅是基于可获得的信息进行初步的估算。

7.3.1 国际成本估算协会国际投资估算级别

国际成本估算协会（AACE）是位于美国的工程造价专业的专业协会。国际成本估算协会根据其精度和用途将投资估算分为数量级估算、初步估算、定义估算、详细估算和检查估算 5 类：

（1）数量级估算（粗略估算、推测、5 级估算）：通常基于类似的流程和需求，基本上没有设计信息，精度为 ±（30%～50%）。通常被用于初步可行性研究和方案筛选。

（2）初步估算（大概估算、研究、可行性、4 级估算），精度为 ±30%，用于初步的设计方案选择，基于非常有限的投资数据和设计细节。

（3）定义估算（批准估算、编制预算、控制级估算、3 级估算），精度为 ±（10%～15%）。用于批准投资以推进设计，完成更准确和更详细的估算。批准的费用还包括为避免项目延误而在设计阶段订购的任何长周期设备的撤单费用。在承包商内部，这类估算可以采用较高的不可预见费系数得出投标价格。然而，如果时间允许，报价通常需要约±5% 的精度和更为详细的估算。根据经验，公司如具有类似工程的可用投资数据，可在流程图阶段做出可接受的投资精度，同时，还需要粗略的 P&I 图（带控制点的工艺流程图）和主要设备的大致尺寸。

（4）详细估算（报价、投标、严格估算、承包商估算、2 级估算），估算精度为 ±（5%～10%），用于项目投资控制和固定合同价格估算。一旦前端工程设计（FEED）完成，就可以完成详细的估算，包括完整的（或接近完成的）工艺设计、设备的严格报价、详细的分项、施工费用估算。在这个阶段，承包商通常可以列出所有必须采购的项目，并对客户做出承诺。

（5）检查估算（投标、报价、1 级估算），估算精度为 ±（5%～10%）。这基于完成的设计、长周期设备和主要项目的采购谈判结果。

7.3.2 编制投资估算

当一个项目从最初的概念到详细设计，再到开车，特别是采购和施工启动之后，投资开始累积［图 7.1（a）］。同时，设计工程师对项目投资的影响将逐渐减小，并且在建设开始时达到最小值［图 7.1（b）］。因此，即使设计的信息不完整，仍需在尽可能早的阶段估算投资，以便在不具备条件的情况下对项目进行优化、评估或者放弃没有吸引力的项目。

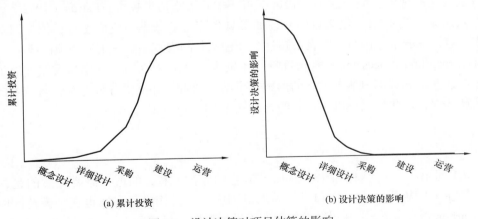

(a) 累计投资　　　　　　　　　　(b) 设计决策的影响

图 7.1　设计决策对项目估算的影响

如果没有对工厂进行非常详细的设计，很难做出超出 4 级估算的精度。因此，编制投资估算的成本等同于工艺设计、规模调整、主要设备优化的成本。为了得到较高的精度，承包商需要完成工厂总图及装置布置图以便更准确地估算所需管道、布线和钢结构的工程量。编制投资估算的费用，对于 ±30% 精度，大约是项目总投资的 0.1%；而对于 ±5% 精度，大约是项目总投资的 3%。

7.4　数量级估算

在设计初期或执行初步的市场研究时，工程师要在未完成工程设计的情况下快速进行投资估算（5级）。为了初步的研究开发出了一些便捷的估算方法，使估算精度达到±50%之内。这些方法还可以用于粗略验证在之后的工艺设计阶段基于工艺设备费用得出的更为详细的投资估算。

7.4.1　成本曲线方法

对工厂投资做数量级估算的最便捷方法是根据之前采用相同工艺技术的工厂已知投资或已发布的数据进行估算。这种方法除了需要生产率不需要其他设计信息。

工厂的投资估算与规模相关，以如下公式表示：

$$C_2 = C_1 \left(\frac{S_2}{S_1} \right)^n \tag{7.1}$$

式中　C_2——对应 S_2 规模的工厂 ISBL 投资；

　　　C_1——对应 S_1 规模的工厂 ISBL 投资。

对于机械设备较多或采用气体压缩工艺的项目（如甲醇、纸浆、固体处理装置），规模指数 n 通常为 0.8~0.9；对于典型的石化项目，n 通常取 0.7 左右；对于小规模的、有大量仪表的工艺装置，如特殊的化学品或制药项目，n 为 0.4~0.5。按照整个化学工业平均，n 大约是 0.6，因此式（7.1）通常被称为"十分之六法则"。如果不具备足够的数据来计算特定工艺的规模指数，这个公式可以用 $n=0.6$ 粗略估算投资。Estrup（1972）评论了十分之六法则。式（7.1）仅为近似法，如果具备充足的数据，应优先选择依据双对数坐标图来估算。Garrett（1989）发表了超过 250 种工艺的投资估算—工厂规模曲线。

《Hydrocarbon Processing》期刊每隔一年发表一期关于炼油、石化和天然气加工工艺的增刊。这些增刊以印刷版或 CD 的形式提供给订阅者，并提供各种专利工艺技术的大致投资估算数据，这些数据可以用重新组合的式（7.1）进行拟合。

$$C_2 = \frac{C_1}{S_1^n} \times S_2^n = a S_2^n \tag{7.2}$$

表 7.1 列出了一些燃料和化工品加工工艺的参数 a 和 n 的值。需要注意的是，这种相关性仅在工厂规模在大规模和小规模的范围内有效，相应的参数也在规模范围内。在《Hydrocarbon Processing》增刊中由专利商提供的投资，仅适用于大致的估算。

从以上论述和表 7.1 的统计可以看出，指数 n 总是小于 1.0。可以得出这样的结论，工厂规模越大，生产单位产品的投资越低，这一规律被称为规模经济。由式（7.2）可知，生产单位产品的投资为：

$$\frac{C_2}{S_2} = a S_2^{n-1} \tag{7.3}$$

由于 $n-1$ 小于零，生产单位产品的投资随着 S_2 的增加而减少。较低的单位产品投资使大规模工厂的业主能够以更具竞争力的价格为产品定价，同时仍能收回投资，这促使化工企业建设更大规模的工厂。

表 7.1　工艺技术与投资的相关性

工艺	专利商	单位	规模		a	n
			小规模	大规模		
采用乳液聚合的 ABS 树脂（15% 橡胶）	Generic	10^6lb/a	50	300	12.146	0.6
Cativa 制醋酸工艺	BP	10^6lb/a	500	2000	3.474	0.6
低水甲醇羰基化制醋酸	Celanese	10^6lb/a	500	2000	2.772	0.6
丙烯氧化反应制丙烯醛—铋 / 钼催化剂	Generic	10^6lb/a	30	150	6.809	0.6
苯酚制乙二酸	Generic	10^6lb/a	300	1000	3.533	0.6
硫酸法烷基化	Stratco/ DuPont	bbl/d	4000	20000	0.16	0.6
直接烷基化工艺	UOP	bbl/d	5000	12000	0.153	0.6
丙烯氯化法制氯丙烯	Generic	10^6lb/a	80	250	7.581	0.6
α 烯烃（全系列工艺）	Chevron Phillips	10^6lb/a	400	1200	5.24	0.6
α 烯烃（全系列工艺）	Shell	10^6lb/a	400	1000	8.146	0.6
环丁砜萃取苯	UOP/Shell	10^6gal/a	50	200	7.793	0.6
甲苯加氢脱烷基化制苯	Generic	10^6gal/a	50	200	7.002	0.6
Bensat™ 工艺苯还原	UOP	bbl/d	8000	15000	0.0275	0.6
植物油制生物柴油（FAME）	Generic	10^6lb/a	100	500	2.747	0.6
Eastman 糖醛解制 bis-HET	Eastman	10^6lb/a	50	200	0.5	0.6
Cyclar™ 工艺制混合芳烃	BP/UOP	t/a	200000	800000	0.044	0.6
CCR Platforming™ 工艺制混合芳烃	UOP	t/a	200000	800000	0.015	0.6
萃取蒸馏制丁二烯	UOP/BASF	10^6lb/a	100	500	5.514	0.6
Oxo-D 加苯萃取蒸馏制丁二烯	Texas Petrochem.	10^6lb/a	100	500	11.314	0.6
乙醛二聚制 1- 丁烯	Axens	t/a	5000	30000	0.0251	0.6

续表

工艺	专利商	单位	规模		a	n
			小规模	大规模		
BP 工艺制 1- 丁烯	BP	t/a	20000	80000	0.169	0.6
硝基甲苯制己内酰胺	SNIA BPD S.p.A.	t/a	40000	120000	0.321	0.6
蒸汽甲烷重整制一氧化碳	Generic	$10^6 ft^3/a$	2000	6000	0.363	0.6
催化冷凝生产汽油	UOP	bbl/d	10000	30000	0.222	0.6
工艺连续催化重整	UOP	bbl/d	15000	60000	0.179	0.6
灵活焦化，包括流化焦化	ExxonMobil	bbl/d	15000	40000	0.343	0.6
选择性收率延迟焦化	Foster Wheeler/UOP	bbl/d	15000	60000	0.109	0.68
INNOVENE 共聚聚丙烯	BP	$10^6 lb/a$	300	900	3.43	0.6
Unipol 共聚聚丙烯	Dow	$10^6 lb/a$	300	900	3.641	0.6
SPHERIPOL Bulk 共聚聚丙烯	Basell	$10^6 lb/a$	300	900	3.649	0.6
BORSTAR 共聚聚丙烯	Borealis	$10^6 lb/a$	300	900	4.015	0.6
D2000 原油蒸馏	TOTAL/ Technip	bbl/d	150000	300000	0.151	0.6
Q–Max™ 工艺异丙基苯	UOP	t/a	150000	450000	0.012	0.6
环烯烃共聚物——Mitsui 工艺	Mitsui	$10^6 lb/a$	60	120	12.243	0.6
苯液相加氢法制环己烷	Axens	t/a	100000	300000	0.0061	0.6
异构脱蜡	Chevron Lummus	bbl/d	6000	15000	0.256	0.6
甲醇烷基化制二甲基萘	Exxon Mobil/ Kobe MMlb	$10^6 lb/a$	50	100	7.712	0.6
甲醇分解制对苯二甲酸二甲酯	Generic	$10^6 lb/a$	30	80	5.173	0.6
Huels 氧化制对苯二甲酸二甲酯	Huels	$10^6 lb/a$	300	800	7.511	0.6
乙烯水合乙醇	Generic	t/a	30	90	9.643	0.6
玉米干磨法制乙醇（燃料级）	Generic	t/a	100000	300000	0.0865	0.6
EBOne™ 工艺制乙苯	ABB Lummus/UOP	$10^6 lb/a$	300000	700000	0.0085	0.6

续表

工艺	专利商	单位	规模		a	n
			小规模	大规模		
乙烷裂解制乙烯	Generic	10^6lb/a	500	2000	9.574	0.6
UOP/Hydro MTO 工艺制乙烯	UOP/INEOS	10^6lb/a	500	2000	8.632	0.6
乙烯：石脑油裂解（max 乙烯）	Generic	10^6lb/a	1000	2000	16.411	0.6
乙烷 / 丙烷裂解制乙烯	Generic	10^6lb/a	1000	2000	7.878	0.6
柴油裂解制乙烯	Generic	10^6lb/a	1000	2000	17.117	0.6
环氧乙烷乙二醇	Shel	10^6lb/a	500	1000	5.792	0.6
悬浮法工艺制聚苯乙烯	Generic	10^6lb/a	50	100	3.466	0.6
费托工艺	ExxonMobil	t/a	200000	700000	0.476	0.6
流化床催化裂解	KBR	bbl/d	20000	60000	0.21	0.6
能量回收，流化床催化裂解	UOP	bbl/d	20000	60000	0.302	0.6
天然气合成油工艺	Syntroleum	bbl/d	30000	100000	2.279	0.6
Amine Guard™ FS 工艺气体脱硫	UOP	10^6ft^3/d	300	800	0.386	0.6
GE 汽化工艺 Maya 原油	GE Energy	bbl/d	7000	15000	0.681	0.6
汽油脱硫，Prime-G$^+$ 超深	Axens	bbl/d	7000	15000	0.042	0.58
基本湿玉米研磨制葡萄糖（40% 溶液）	Generic	10^6lb/a	300	800	3.317	0.6
BP 气相工艺制高密度聚乙烯	BP Amoco	10^6lb/a	300	700	3.624	0.6
Phillips Slurry 工艺制高密度聚乙烯	Phillips	10^6lb/a	300	700	3.37	0.6
Zeigler Slurry 工艺制高密度聚乙烯	Zeigler	10^6lb/a	300	700	4.488	0.6
本体（整体）聚合制高抗冲聚苯乙烯	Dow	10^6lb/a	70	160	2.97	0.6
ISOCRACKING 加氢裂化	Chevron Lummus	bbl/d	20000	45000	0.221	0.6
Unicracking™（馏分油）工艺加氢裂化	UOP	bbl/d	20000	45000	0.136	0.66
加氢裂化	Axens	bbl/d	20000	45000	0.198	0.6
甲烷蒸汽转化制氢	Foster Wheeler	10^6ft^3/d	10	50	1.759	0.79

续表

工艺	专利商	单位	规模		a	n
			小规模	大规模		
Unionfining™ 工艺加氢	UOP	bbl/d	10000	40000	0.0532	0.68
直流 Penex™ 工艺异构化	UOP	bbl/d	8000	15000	0.0454	0.6
Penex–Molex™ 工艺异构化	UOP	bbl/d	8000	15000	0.12	0.6
间二甲苯氧化制间苯二甲酸	Generic	10^6lb/a	160	300	9.914	0.6
异戊二烯（异丁烯羰基化）	IFP	10^6lb/a	60	200	10.024	0.6
丙烯二聚合热解制异戊二烯	Generic	10^6lb/a	60	200	6.519	0.6
PACOL™/DeFine™/PEP™/Detal™ 直链烷基苯	UOP	10^6lb/a	100	250	4.896	0.6
线型 α– 烯烃	Chevron	10^6lb/a	300	700	5.198	0.6
Linear–1™ 工艺线型 α– 烯烃	UOP	t/a	200000	300000	0.122	0.6
流化床工艺制顺丁烯二酸酐	Generic	10^6lb/a	70	150	7.957	0.6
异丁烯氧化制甲基丙烯酸	Generic	10^6lb/a	70	150	7.691	0.6
蒸汽重整与合成制甲醇	Davy Process Tech.	t/a	3000	7000	2.775	0.6
MX Sorbex™ 工艺制间二甲苯	UOP	10^6lb/a	150	300	4.326	0.6
三段分级结晶器制萘	Generic	10^6lb/a	20	50	2.375	0.6
粗碳 4 提取正丁醇	BASF	10^6lb/a	150	300	8.236	0.6
Diels–Alder 反应制冰片烯	Generic	10^6lb/a	40	90	7.482	0.6
冷凝制异戊四醇	Generic	10^6lb/a	40	90	6.22	0.6
NG3 方法制 PET 树脂	DuPont	10^6lb/a	150	300	4.755	0.6
异丙基苯（沸石催化剂）制苯酚	UOP/Sunoco	10^6lb/a	200	600	6.192	0.6
催化氧化法制邻苯二甲酸酐	Generic	10^6lb/a	100	200	7.203	0.6
界面聚合法制聚碳酸酯	Generic	10^6lb/a	70	150	20.68	0.6
聚对苯二甲酸乙二醇酯（熔融）	Generic	10^6lb/a	70	200	5.389	0.6
本体聚合聚苯乙烯，塞流式	Generic	10^6lb/a	70	200	2.551	0.6
催化脱氧工艺制丙烯	UOP	t/a	150000	350000	0.0943	0.6
丙烯	Generic	10^6lb/a	50	10000	1.899	0.6

续表

工艺	专利商	单位	规模		a	n
			小规模	大规模		
精对苯二甲酸	EniChem/Technimont	10^6lb/a	350	700	10.599	0.6
Isomar™ 和 Parex™ 工艺制对二甲苯	UOP	t/a	300000	700000	0.023	0.6
Tatoray™ 工艺制对二甲苯	UOP	bbl/d	12000	20000	0.069	0.6
精馏 / 吸附制精制甘油	Generic	10^6lb/a	30	60	2.878	0.6
环十二烷酮路线制癸二酸	Sumitomo	10^6lb/a	8	16	13.445	0.6
连续加氢制山梨醇（70%）	Generic	10^6lb/a	50	120	4.444	0.6
SMART™ 工艺制苯乙烯	ABB Lummus/UOP	t/a	300000	700000	0.0355	0.6
Cativa 合成工艺制醋酸乙烯酯	BP	10^6lb/a	300	800	7.597	0.6
Celanese Vantage 工艺制醋酸乙烯酯	Celanese	10^6lb/a	300	800	6.647	0.6
减黏裂化（线圈型减黏炉）	Foster Wheeler/UOP	t/a	6000	15000	0.278	0.48

注：（1）a 值是 2016 年 1 月数据，单位为百万美元，美国墨西哥海湾价（Nelson Farrer 指数 =1961.6，CE 指数 =478.6）。

（2）小规模和大规模表示可用的相关性的规模区间界限。

（3）规模是根据化学品的产率和原料的进料率确定的。

（4）如果指数 n 为 0.6，那么这种相关性是对应单个投资点。

（5）专利商标注为 "Generic" 的数据来源于 Nexant PERP 报告（详见 www.chemsystems.com 中可用的完整表格），其余的统计数据来源于《Hydrocarbon Processing》（2003，2004a，2004b）。

7.4.2　计算方法及步骤

如果不具备类似项目的投资数据，那么通常可用不同的装置单元或功能单元的投资来估算，采用数量级估算方法。

经验丰富的工程师通常可根据历史的总投资数据估算工厂投资。例如，在化工装置中，大约 ISBL 投资的 20% 是反应部分的投资，另外 80% 是蒸馏或产品精制部分的投资。如果已知类似规模和复杂度的分离回收系统的投资，那么反应部分的投资可按照分离系统投资的 1/4 估算。另一种方法是将投资与工艺步骤相关联，称为 Bridgewater 法（Bridgewater 和 Mumford，1979）。对于加工液体和固体产品的工厂：

$$Q \geqslant 60000：C = 4320N\left(\frac{Q}{S}\right)^{0.675} \tag{7.4}$$

$$Q<60000: \quad C=380000N\left(\frac{Q}{S}\right)^{0.3} \tag{7.5}$$

式中　C——以美元计的 ISBL 投资，基于 2010 年 1 月美国墨西哥海湾价（CEPCI=532.9）；

　　　Q——工厂规模，t/a；

　　　S——反应转化率（= 反应器单位进料量对应的期望产品量）；

　　　N——功能单元的数量。

注：已将原始数据更新。

功能单元包括所有主要工艺步骤或功能的设备和辅助设备，如反应、分离或其他主要分离单元。除了投资较大的单元（如压缩机、制冷系统或工艺炉）以外，机泵和换热器通常不作为功能单元。

7.4.3　逆向估算法

在某些情况下，粗略估算的投资可以从运营成本或产品价格中回收。

7.4.3.1　回收法

产品价格与产品成本之间的差额即为工厂的毛利，详见 8.2.4。如果投资者要建设一个全新的工厂，那么税后利润必须足以回收建造工厂花费的投资。假设工厂在 3～5 年回收投资（平均值为 4 年），那么粗略估算工厂投资为：

$$工厂投资 = 4×（毛利 - 税） \tag{7.6}$$

对于化学品，原材料成本通常是生产现金成本的 80%～90%，因此毛利可粗略估算如下：

$$毛利 = 产品价值 -（1.2× 原材料成本） \tag{7.7}$$

很显然，这种方法仅适用于工程师认为新工厂将被建成并能产生合理的资金回报的情况。

7.4.3.2　周转率法

更简单（不太准确）的方法是根据周转率估算投资。周转率等于每年总销售额除以固定资产投资。周转率的变动非常大，但是化工行业的典型取值在 1.0～1.25 之间（Humphreys，1991）。

7.4.3.3　生产总成本法

对于模块化或现场组装的规模较大（大于 500000 块 /a）的工厂，计算规则如下：

$$生产总成本（TCOP）= 2× 原材料成本 \tag{7.8}$$

总生产成本等于原材料成本加上公用工程成本、固定成本和年化资本费用，年化资本费用通常是总成本的 1/3～1/5 [详见 8.2.4，式（8.6）]。因此，如果可以估算固定成本和公用工程费用，式（7.8）可以用来对制造产品的工厂投资做出大概的估算。

> **示例 7.1**
>
> 苯加氢制环己烷的工艺由进料—产品换热器、饱和反应器和产品稳定塔组成。应用表 7.1 和 Bridgewater 法估算 20×10^4 t/a 环己烷的成本。
>
> 解：
>
> 由表 7.1 可知，苯加氢的 Axens 工艺：
>
> $C = 0.0061 (S)^{0.6}$
>
> $\quad = 0.0061 (2 \times 10^5)^{0.6}$
>
> $\quad = 920$ 万美元（以 2016 年 1 月为基础）
>
> 采用 Bridgewater 法，其中有两个功能单元（反应器和产品稳定塔，不包括换热器），假设反应器转化率为 1.0，则可以代入式（7.1）：
>
> $C = 4320 \times 2 \times (Q)^{0.675}$
>
> $\quad = 4320 \times 2 \times (2 \times 10^5)^{0.675}$
>
> $\quad = 3300$ 万美元（以 2010 年 USGC 为基础）
>
> 注意，最终得到了完全不同的两个答案。Bridgewater 法的相关性仅仅是近似值；然而，表 7.1 的数据来源于技术供应商，这些数据可能有些低估。根据现有的资料，可以确信费用在 1000 万～2000 万美元的范围内。还应注意的是，该投资不是以同一估算时间为基础的。7.7 节将介绍在不同时间基础上估算投资的方法。

7.5　设备购置费估算

当有更多的设计数据可用时，可以根据工艺设备的费用估算工厂的投资。小的改造项目和去瓶颈项目同样需要单个设备的费用。

7.5.1　设备费用数据的来源

估算设备购置费最好的依据是类似设备的最新实际价格。设计、采购、施工（EPC）公司（通常称为承包商）每年全球正在执行的项目有很多，所以这些公司的工程师可以获得大量高质量的数据信息。在运营公司工作的工程师可能获得近期项目的数据，但除非他们为一家执行很多重要项目的大公司工作，否则不可能建立和更新一些基本设备的成本数据统计。大多数大公司认识到做出可靠的投资估算很困难，因此雇用了一些有经验的投资估算专家，他们收集数据并与 EPC 公司在项目预算上密切合作。

根据承包商或客户的购买力和项目的紧迫性，实际购买的设备和散材价格可能与目录或清单价格有很大差异。即使是在 EPC 公司内部，折扣和附加费也是高度机密的商业信息，受到严格的保护。

那些不属于 EPC 部门而且没有投资估算部门支持的设计工程师，必须依赖公开文献中的数据或使用投资估算软件估算。估算化工厂投资的软件中，应用最广泛的是 Aspen 技术公司授权的估算工具，其以 Aspen ICARUS™ 技术为基础。ICARUS™ 的投资估算工具基于材料和人工费用，以及估算工程师在详细估算中使用的数据来估算设备费用、散材费用和安装费用。ICARUS™ 模型是由投资估算工程师团队基于从 EPC 公司和设备制造商收集的数据开发的，这个模型每年都在更新。Aspen 流程经济分析软件（Aspen Process Economic Analyzer software）包含在标准的 Aspen/Hysys 学术包中，并为大多数大学所使用。采用 Aspen ICARUS™ 技术和软件，正确使用 Aspen 流程经济分析程序（Aspen Process Economic Analyzer program），可以得出比较可信的投资估算，详见 7.10 节。

　　在公开文献中可以查到大量的设备费用数据和费用统计数据，但是大部分数据的精准度都很差。如果采用合适的尺寸参数，通过式（7.1）和式（7.2）给出的尺寸与费用之间的关系可以用在设备估算中。如果尺寸范围超出几个数量级，那么对数—对数曲线通常比简单的公式更能表示这种关系。

　　在专业的投资估算文献中可以找到关于设备购置费的一些最可靠的信息。《Cost Engineering》是国际成本工程协会（AACE）出版的期刊，偶尔会发表最新数据的统计。国际成本工程协会也有一个不错的网站（www.aacei.org），网站上有投资估算模型供会员使用。在 http : //www.aacei.org/resources/ 上，还有其他网络资源的详细列表。英国成本工程师协会（ACostE）出版了《The Cost Engineer》期刊，并出版了建设投资估算指南（Gerrard，2000），根据最新数据给出了主要工业设备类型的费用曲线。其中的价格是以英国的价格为基础，以英镑为单位计算的，这本书对估算西北欧的价格同样适用。国际成本工程委员会（ICEC）网站（www.icoste.org）提供了 46 个国际成本工程协会的链接，其中几个协会负责维护和更新当地的成本数据库。

　　新设备和二手设备的近期价格可以在转售网站上找到，如 www.equipnet.com。在这些网站上不易找到较为精确的设备价格，但它可以对成本数据的准确性给予很好的指导。在 www.matche.com 网站上，有一个免费的投资估算工具。这工具似乎自 2003 年以来从未更新过，并且给出的投资估算数据来源也不明确，因此除大学生做课题用以外再无他用。

　　在化学工程教科书中可以找到许多成本估算的相关统计数据，如 Douglas（1988）、Garrett（1989）、Turton 等（2003）、Peters 等（2003）、Ulrich 和 Vasudevan（2004）以及 Seider 等（2009）的著作。对成本数据的参考通常要经过仔细的审查，通常合理引用的数据是基于 Guthrie（1969，1974）发布的数据，并应用投资指数（如 7.7 节所述）或最近的一些数据进行更新。Guthrie 的成本相关系数在发表时是合理的，但后期大多数工艺设备的材料和制作成本的相对比例发生了重大变化。学术作者通常没有足够的高质量投资数据用于可靠的统计，而且大多数的学术统计预测投资要低于用 Aspen ICARUS™ 技术或其他详细估算方法估算的结果。这样的统计数据对于大学设计项目是足够的，但不可以用在实际项目中。希望这些出版物的编者在未来的版本中，将统计数据与采用 Aspen ICARUS™ 技术的数据做对比，提高统计数据的准确性，对那些无法使用投资估算软件的人更有帮助。

7.5.2　设备购置费曲线

那些无法获得可靠的投资数据或估算软件的工程师可应用表 7.2 给出的相关系数进行初步的估算。表 7.2 的统计数据如下：

$$C_e = a + bS^n \qquad (7.9)$$

式中　C_e——基于 2010 年 1 月美国墨西哥海湾价的设备购置费（CEPCI=532.9，炼油厂通胀指数 NF=2281.6）；

　　　　a，b——表 7.2 中的投资常数；

　　　　S——尺寸参数，单位见表 7.2；

　　　　n——设备指数。

表 7.2　大宗设备的购置费

设备		尺寸参数 S 单位	低值	高值	a	b	n	备注
搅拌器	螺旋桨	驱动功率，kW	5.0	75	17000	1130	1.05	
	螺带式混合机	驱动功率，kW	5.0	35	30800	125	2.0	
	静态混合器	L/s	1.0	50	570	1170	0.4	
锅炉	包装，15～40bar	蒸汽，kg/h	5000	200000	124000	10	1.0	
	现场安装，10～70 bar	蒸汽，kg/h	20000	800000	130000	53	0.9	
离心机	高速圆盘离心机	直径，m	0.26	0.24	57000	480000	0.7	
	常压吊篮离心机	功率，kW	2.0	20.0	65000	750	1.5	
压缩机	风机	m³/h	200	5000	4450	57	0.8	
	离心式	驱动功率，kW	75	30000	580000	20000	0.6	
	往复式	驱动功率，kW	93	16800	260000	2700	0.75	
输送带	带宽 0.5m	长度，m	10	500	41000	730	1.0	
	带宽 1.0m	长度，m	10	500	46000	1320	1.0	
	斗式运输机（0.5m 桶）	长度，m	10	30	17000	2600	1.0	
压碎机	可逆锤式粉碎机	t/h	30	400	68400	730	1.0	
	粉碎机	kg/h	200	4000	16000	670	0.5	
	颚式破碎机	t/h	100	600	-8000	62000	0.5	
	回转压碎机	t/h	200	3000	5000	5100	0.7	
	球磨机	t/h	0.7	60	-23000	242000	0.4	

续表

设备		尺寸参数 S 单位	低值	高值	a	b	n	备注
带刮刀结晶器		长度，m	7	280	10000	13200	0.8	
干燥机	直接接触式旋转干燥机	m²	11	180	15000	10500	0.9	直接加热
	常压盘式间歇干燥器	面积，m²	3.0	20	10000	7900	0.5	
	喷雾干燥机	蒸发率，kg/h	400	4000	410000	2200	0.7	
蒸发器	垂直管	面积，m²	11	640	330	36000	0.55	
	搅拌降膜蒸发器	面积，m²	0.5	12	88000	65500	0.75	304 不锈钢材质
换热器	U 形管式	面积，m²	10	1000	28000	54	1.2	
	浮头式	面积，m²	10	1000	32000	70	1.2	
	套管式	面积，m²	1.0	80	1900	2500	1.0	
	虹吸式再沸器	面积，m²	10	500	30400	122	1.1	
	U 形管釜式再沸器	面积，m²	10	500	29000	400	0.9	
	板式换热器	面积，m²	1.0	500	1600	210	1.0	304 不锈钢材质
过滤器	板式过滤器	容积，m³	0.4	1.4	128000	89000	0.5	
	真空罐	面积，m²	10	180	−73000	93000	0.3	
炉	筒式	功率，MW	0.2	60	80000	109000	0.8	
	箱式	功率，MW	30	120	43000	111000	0.8	
填料	304SS 拉西环	m³			0	8000	1.0	
	陶瓷矩鞍环	m³			0	2000	1.0	
	304SS 鲍尔环	m³			0	8500	1.0	
	PVC 规整填料	m³			0	5500	1.0	
	304SS 规整填料	m³			0	7600	1.0	采用表面积 350m²/m³

续表

	设备	尺寸参数 S 单位	低值	高值	a	b	n	备注
压力容器	立式，CS	壳质量，kg	160	250000	11600	34	0.85	不包括上部构件、端口、支架、内件等（如何计算壁厚详见第 14 章）
	卧式，CS	壳质量，kg	160	50000	10200	31	0.85	
	立式，304SS	壳质量，kg	120	250000	17400	79	0.9	
	卧式，304SS	壳质量，kg	120	50000	12800	73	0.9	
泵和驱动器	单级离心泵	流速，L/s	0.2	126	8000	240	0.9	
	防爆电动机	功率，kW	1.0	2500	−1100	2100	0.6	
	汽轮机	功率，kW	100	20000	−14000	1900	0.8	
反应器	夹套	容积，m^3	0.5	100	61500	32500	0.8	304 不锈钢材质
	夹套，玻璃内衬	容积，m^3	0.5	25	12800	88200	0.4	
储罐	浮顶	容积，m^3	100	10000	113000	3250	0.7	
	锥形顶	容积，m^3	10	4000	5800	1600	0.7	
塔盘	筛板塔盘	直径，m	0.5	5.0	130	440	1.8	塔盘单价基于 30 层塔盘估算
	浮阀塔盘	直径，m	0.5	5.0	210	400	1.9	
	泡罩塔盘	直径，m	0.5	5.0	340	640	1.9	
公用工程	冷却水塔和泵	流速，L/s	100	10000	170000	1500	0.9	现场组装
	包装机械制冷蒸发器	负荷，MW	50	1500	24000	3500	0.9	
	水离子交换装置	流速，m^3/h	1	50	14000	6200	0.8	

注：（1）所有的价格均为 2010 年 1 月美国墨西哥海湾价（CEPCI 指数 = 532.9，炼厂通胀指数 NF = 2281.6）。

（2）蒸馏塔的相关参数详见压力容器、包装和塔盘。

表 7.2 中的相关系数只在表中所示的 S 高低值之间有效。除另有标注，表中的价格均为碳钢设备的价格。在 7.6.3 中论述了对其他材料的推测。

示例 7.2

估算换热面积为 400m^2 的普通碳钢管壳式换热器的设备购置费。

解：

从表 7.2 可见，管壳式换热器的成本相关系数如下：

$$C_e = 28000 + 54A^{1.2} \qquad (7.9)$$

式中　A——换热面积，m^2；

　　　C_e——2010 年 1 月的价格。

换热面积按 $400m^2$ 计算，代入式（7.9），得到：

$$C_e = 28000 + (54 \times 400^{1.2}) = 99600 \text{ 美元}$$

7.5.3　投资估算的详细方法

若已知一台设备的设计和施工方法，可根据材料、零件、人工和制造商利润估算费用。这是专业投资估算工程师和采购经理首选的方法，因为估算者可以据此获得设备费用的准确估算，可用于与供应商谈判以确定一个公平的价格。这种方法也用于很多商业投资估算程序的统计，例如 Aspen 工程经济分析。

详细的估算需要列出所需零件的详细清单、理解制造的步骤、了解涉及的机械知识（以便计算机械费用）、理解每一工作步骤所需的人工工作量。制造的方法可以用工作分解结构（WBS）来表示，以得出对人工的准确估算。通常按年度机械费用来分配机械占用时间的成本，包括机械的投资回收、维修费和用电成本，然后将这些费用除以总的小时数得到每小时的机械费用。按费用构成将机械费用和人工费用加和，并考虑一定的监管费用、日常管理费用和制造商利润得出总费用。表 7.3 给出了管壳式换热器费用分解结构的一个示例。

当无成本或价格数据可用时，如对在文献中无法找到的专用设备进行投资估算时，必须采用详细的投资估算方法。例如，反应器的设计在特定的工艺中是独一无二的，但可以在设计中将其分解为一些可以在文献中找到的标准组件（容器、换热面积、喷嘴、搅拌器等），从而估算出反应器的成本。

表 7.3　换热器制造的假设费用分解

步骤		材料	部件	机械	人工
1 壳的制作	1.1 壳的成型	钢板		切割	2h
		$L_s \times \pi D_s \times t_s$		轧	2h
				焊接	2h
	1.2 法兰端	2 个钢板垫		切割	1h/ 个
		D_f 直径 $\times t_f$		钻孔（螺栓孔）	2h/ 个
	1.3 法兰连接			焊接	2h/ 个

续表

步骤		材料	部件	机械	人工
1 壳的制作	1.4 喷嘴加固	2 个钢板垫		切割 / 轧	2h
		$2D_n$ 直径		焊接	1h/ 台
	1.5 喷嘴附件			焊接	1h/ 台
2 封头制作（×2）（注：根据换热器的类型，两个喷嘴可以在一个封头上）	2.1 封头型	钢板垫		切割	1h
				锤锻法	4h
	2.2 热切割			切割	2h
	2.3 端法兰成型	2 个钢板垫		切割	1h
		D_f 直径 $\times t_f$		钻孔（螺栓孔）	2h
	2.4 法兰连接			焊接	2h
	2.5 喷嘴加固	2 个钢板垫		切割 / 轧	2h
		D_n 直径		焊接	1h/ 台
	2.6 喷嘴连接			焊接	1h/ 台
3 管束的制造	3.1 管板的制造	钢板垫		冲压	1h
		D_s 直径			
	3.2 挡板切割	N_{baf} 钢板垫		冲压	0.5h/ 个
	3.3 连接杆切割	(10～12) $\times L_s$ 钢条		切割	1h
				车螺纹	2h
	3.4 管的制造	管子切割到正确的长度，以允许弯曲的弧度		切割	0.25h/ 段
				折弯	0.25h/ 段
	3.5 捆组装				0.25h/ 根管
	3.6 管板密封			焊接 / 轧	0.25h/ 根管
4 换热器组装	4.1 插入管束			大型吊车	1h
	4.2 垫片切割	垫片材料		冲压	1h
	4.3 封头连接		N_b 螺栓		2h

注：（1）L_s 为壳长，D_s 为壳直径，t_s 为壳厚度，D_f 为法兰直径，t_f 为法兰厚度，D_n 为喷嘴直径，N_{baf} 为挡板数量，N_t 为管数量，N_b 为螺栓数量。

（2）尺寸为非精确尺寸，人工时为近似值，为了简化举例省略了一些步骤。根据换热器的布置和复杂性，人工时间可能有较大的变化。

（3）费用还包括监管、测试和检测费用，日常管理费用和制造商利润。

（4）第 19 章详细介绍了管壳式换热器的组成和制造。

更多的成本估算信息来自 Dysert（2007）以及 Woodward 和 Chen（2007）在国际成本工程协会的培训手册（Amos，2007）中给出的对零件和人工的详细分解。Page（1996）给出了很多类型的工艺设备的材料和人工的分解。Pikulik 和 Diaz（1977）给出了根据基本部件的成本数据计算主要设备成本的方法，如壳、封头、喷嘴和内件等部件。Purohit（1983）列出了估算换热器成本的详细过程。

7.5.4 采用供应商数据进行投资估算

在设计的某个阶段，总是需要从设备供应商得到一个真实的报价。虽然供应商的报价是真实的，但也需要谨慎采用以确保估算可靠性。

现在，在网络上通过搜索引擎或目录能够很容易查到大量的供应商信息，如化学工程采购指南（www.che.com/buyersguide/public/）。在线的费用信息通常是小批量订单的制造商目录价格。大量的订单（如承包商所填写的）经常会有更大的折扣，这是很多运营商将工厂建设分包给有较强购买力的 EPC 公司的原因。对于需要特殊加工的产品可能会打折扣或增加附加费，例如大容器或压缩机，这取决于制造商的订单状况和客户的购买力。

当与供应商直接接触时，供应商提供的估算的准确度在很大程度上取决于所提供数据的准确度。通常情况下，供应商会要求客户提供关于工艺条件和设备能力的信息，以便能够完成优化，并确保制作的模型或设计的正确性。施工材料的改变会导致费用的显著增加，在提供给供应商的说明中一定要包含对施工材料的限制，详见 7.6.3。

与任何采购的决定一样，应联系几个供应商做比较以获得最优的价格。对供应商的保密信息应注意保密，不能将价格信息提供给其他供应商。

7.6 估算安装费用——系数法

通常根据主要工艺设备的采购价格来估算总投资，按照设备费用的一定比例估算其他费用。依据这种估算方法，估算时所处的设计阶段和主要设备的数据可靠性决定了估算的精度。在设计的后期，已经具备详细的设备规格和供应商的确切报价，就可以用这种方法对项目进行 3 级估算，但通常这种估算方法用于 4 级估算。

7.6.1 Lang 系数

Lang（1948）列出了界区内（ISBL）固定资产投资作为总的设备购置费的依据，用公式表示为：

$$C = F\left(\sum C_e\right) \tag{7.10}$$

式中　C——界区内投资（含设计费用）；

$\sum C_e$——所有的主要设备（反应器、储罐、容器、换热器、炉子等）到厂费用；

F——安装系数，后来被广泛称为 Lang 系数。

最初，Lang 依据 20 世纪 40 年代的经济指标提出了以下 F 值：F 为 3.1 时表示固体加工工厂；F 为 4.74 时表示液体加工工厂；F 为 3.63 时表示液体和固体混合加工工厂。

Hand（1958）认为，不同类型的设备适用不同的系数，这样可以得出更优的结果，Hand 在表 7.4 中列出了系数的示例。Hand 还指出，这种方法仅应用于工艺设计的早期阶段和缺乏详细设计资料的情况。

在 Lang（1948）和 Hand（1958）的安装系数中均包含了设计费用，但不包括界区外费用和不可预见费用，因此在应用这种方法时要避免设计、采购和施工（EPC）费用的重复计算。材料和人工的相对成本与这些系数被定义时相比已经发生了很大变化，而且相关系数的准确性无法保证 F 的三个重要数值。因此，大多数适用这种方法的从业者应用 3、4 或 5 的 Lang 系数，这取决于装置的规模（更大的装置 = 更小的系数）和类型。

7.6.2 详细系数估算

式（7.10）可用于工艺流程和主要设备尺寸已经确定后的初步估算。当获得更详细的设计信息时，通过将费用系数组合成 Lang 系数，可以得到更准确的安装系数。

表 7.4　Hand（1958）提出的安装系数

设备类型	安装系数
压缩机	2.5
蒸馏塔	4
加热炉	2
换热器	3.5
仪表	4
其他设备	2.5
压力容器	4
机泵	4

工厂建设中发生的直接费用除了设备费用，还包括：

（1）设备安装，包括基础和小型结构工程。

（2）管道，包括保温和油漆。

（3）电气、动力和照明。

（4）仪表和过程自动化控制系统（APC）。

（5）生产用建筑物和结构。

（6）辅助建筑物、办公室、化验楼、车间（如果不按厂外设施单独估算）。

（7）原材料和成品的储存（如果不按厂外设施单独估算）。

（8）公用工程，为工厂提供蒸汽、水、空气、消防服务（如果不按厂外设施单独估算）。

（9）场地准备。

以上项目的总费用可按照设备购置总费用乘以适当的系数估算。与基本的 Lang 系数一样，这些系数最好来源于类似工艺的历史费用数据。Happle 和 Jordan（1975）以及 Jordan（1975）列出了这些系数的典型值。Guthrie（1974）将投资划分为材料和人工两部分，并分别给出了各自的系数。

通过将流程划分为子单元，并根据子单元的不同功能采用不同的系数，可以进一步提高估算的准确性和可靠性（Guthrie，1969）。在 Guthrie 的详细投资估算方法中，每一台设备的安装、管道和仪表费用是单独估算的。只有当可用的估算数据是可靠的，并且设计范围定义和包含了所有费用项目时，详细的投资估算才是合理的。Gerrard（2000）给出了单台设备的系数，将其作为设备费用和安装复杂性的系数。

投资估算组成的典型系数详见表 7.5，这些数据可以用来依据文献中发布的设备费用数据估算近似的投资。

7.6.3 材料系数

表 7.4 和表 7.5 所示为碳钢建造装置的安装系数。当进口材料较多时，还应引入 f_m 材料系数：

$$f_m = \frac{\text{进口材料购置费}}{\text{碳钢材料购置费}} \tag{7.11}$$

需要注意的是，f_m 不等于金属价格的比例，因为设备购置费用还包括人工费用、管理费用、制造商的利润及其他与金属价格不直接相关的费用。式（7.10）可以对逐个设备进行补充，计算如下：

$$C = \sum_{i=1}^{i=M} C_{e,i,\text{CS}} \left[\left(1+f_p\right) f_m + \left(f_{er} + f_{el} + f_i + f_c + f_s + f_1\right) \right] \tag{7.12}$$

式中 $C_{e,i,\text{CS}}$——碳钢设备 i 的购置费用；

     M——设备总数；

     f_p——管道的安装系数；

     f_{er}——设备安装的安装系数；

     f_{el}——电气工程的安装系数；

     f_i——仪表和过程控制的安装系数；

     f_c——土建工程的安装系数；

     f_s——结构和建筑物的安装系数；

     f_1——绝缘、保温或涂漆的安装系数。

表 7.5   项目固定资产投资的典型系数

项目	工艺类型		
	液体	液体—固体	固体
主要设备，采购总费用	C_e	C_e	C_e
f_{er}	0.3	0.5	0.6

续表

项目	工艺类型		
	液体	液体—固体	固体
f_p	0.8	0.6	0.2
f_i	0.3	0.3	0.2
f_{el}	0.2	0.2	0.15
f_c	0.3	0.3	0.2
f_s	0.2	0.2	0.1
f_l	0.1	0.1	0.05
ISBL 界区内投资，$C = \Sigma C_e \times$	3.3	3.2	2.5
界区外投资（OS）	0.3	0.4	0.4
工程设计费用（D&E）	0.3	0.25	0.2
不可预见费用（X）	0.1	0.1	0.1
总固定资产投资 CFC=C（1+OS）（1+D&E+X）			
$= C \times$	1.82	1.89	1.82
$= \Sigma C_e \times$	6	6.05	4.55

设备购置费用是以碳钢材料为基础确定的，设计人员在估算合金材料的费用时应使用式（7.12）。如果设备购置费是以合金材料为基础确定的，那么设计师应该修订其他安装系数，以免高估安装费用。

$$C = \sum_{i=1}^{i=M} C_{e,i,A} \left[\left(1 + f_p\right) + \left(f_{er} + f_{el} + f_i + f_c + f_s + f_l\right) / f_m \right] \quad (7.13)$$

式中　$C_{e,i,A}$——合金设备 i 的购置费用；

　　　M——设备总数；

　　　f_p——管道的安装系数；

　　　f_{er}——设备的安装系数；

　　　f_{el}——电气工程的安装系数；

　　　f_i——仪表和过程控制的安装系数；

　　　f_c——土建工程的安装系数；

　　　f_s——结构和建筑的安装系数；

　　　f_l——绝缘、保温或涂漆的安装系数。

在系数法估算中，未能正确修订施工材料的安装系数是最常见的误差原因之一。普通工程合金材料系数的典型值见表 7.6。6.6 节中对材料的相关费用和材料费用系数的来源进行了更为详尽的介绍。

表 7.6 材料费用系数 f_m（相对于普通碳钢）

材料	f_m
碳钢	1
铝和铜	1.07
铸钢	1.1
304 不锈钢	1.3
316 不锈钢	1.3
321 不锈钢	1.5
Hastelloy C	1.55
蒙乃尔铜镍合金	1.65
镍铬合金	1.7

7.6.4 系数法汇总

系数估算方法有很多种。下面列出的方法可以与本节给出的数据一起使用，以便对项目所需的固定资产投资进行快速、粗略的估算。

（1）编制物料和能量平衡；编制初步工艺流程图；大尺寸设备和施工材料选择。

（2）估算主要设备的购置费用，详见 7.5 节。

（3）用表 7.5 中的系数估算 ISBL 界区内安装费用，用表 7.6 中的材料系数和式（7.12）或式（7.13）对施工材料进行修正。

（4）依据表 7.5 中的系数计算界区外费用 OSBL、设计费用、不可预见费用。

（5）汇总界区内 ISBL、界区外 OSBL、设计费用和不可预见费用得出固定资产投资。

（6）以固定资产的一定比例估算流动资金，一般为 10%～20%（如果已知生产成本，可以依据生产成本更好地估算流动资金，详见 9.2.3）

（7）合计固定资产和流动资金得出所需的总投资。

示例 7.3

为了回收副产品，建议对工程进行改造。改造内容包括新增以下设备：

蒸馏塔高 3m，直径 3m，50 层塔盘，操作压力 10bar；

U 形管换热器，换热面积 60m²；

釜式再沸器，换热面积 110m²；

卧式压力容器，容积 3m³，操作压力 10bar；

储罐，容积 50m³；

2 台离心泵，流速 3.6m³/h，驱动功率 500W；

3 台离心泵，流速 2.5m³/h，驱动功率 1kW（3 开 1 备）。

假设工厂是由 304 不锈钢建造的，估算 ISBL 的改造费用。同时使用手算方法和表 7.5 所示的系数估算。

解：

第一步是转化为相关性所需的单元，并确定任何遗漏的设计信息。蒸馏塔可以分解为立式压力容器和内件。对于压力容器，需要知道壁厚。如何根据 ASME 锅炉和压力容器规范计算容器壁厚的详细内容详见 14.5 节，应用式（14.13）。

容器的设计压力应高于操作压力的 10%（见第 14 章），因此设计压力为 11bar 或约 1.1MPa。304 不锈钢在 500°F（260℃）下的最大允许压力为 12.9ksi 或约 89Pa（表 14.2）。假设焊缝被充分拍片检测，焊接效率为 1.0。将式（14.13）中容器壁厚 t_w 代入，得到：

$$t_w = \frac{1.1\times10^6\times3}{\left(2\times89\times10^6\times1.0\right) - \left(1.2\times1.1\times10^6\right)}$$
$$= 0.0187\text{m} \approx 20\text{mm}$$

现在可以用 304 不锈钢（=8000kg/m³，表 6.2）的密度来计算壳体质量。

$$壳体质量 = \pi D_c L_c t_w \rho$$

式中　D_c——容器直径，m；

L_c——容器长度，m；

t_w——壁厚，m；

ρ——金属密度，kg/m³。

因此，蒸馏塔的壳体质量为：

$$壳体质量 = \pi\times3.0\times30\times0.02\times8000 = 46685\text{kg}$$

对于卧式压力容器，需要把体积转换成长度和直径。假设容器为圆柱体，$L_c = 2D_c$，那么可以按照容器的估算方法得到 $t_w = 8\text{mm}$，壳体质量 =636kg。

可以应用表 7.2 中的系数获得以下不锈钢压力容器的购置费用。

蒸馏塔费用 $= 17400 + 79\times(46685)^{0.85} = 753000$ 美元。

卧式压力容器 $= 12800 + 73\times(636)^{0.85} = 30400$ 美元。

可以应用表 7.2 中碳钢结构的系数获得其他设备的购置费用。

蒸馏塔盘，每个塔盘的费用 $= 130 + 440\times(3.0)^{1.8} = 3310$ 美元。

50 层塔盘的费用 =165500 美元。

U 形管换热器的费用 $= 28000 + 54\times(60)^{1.2} = 35300$ 美元。

釜式再沸器的费用 $= 29000 + 400\times(110)^{0.9} = 56500$ 美元。

储罐（锥顶）的费用 $=5800+1600×（50）^{0.7}=30500$ 美元。

离心泵 $3.6m^3/h=1L/s$，因此，单台价格 $=8000+240×（1.0）^{0.9}=8240$ 美元。2 台泵费用 $=16480$ 美元。

单台发动机（电动机）的费用 $=-1100+2100×（0.5）^{0.6}=285$ 美元。2 台发动机的费用 $=570$ 美元。

离心泵 $2.5m^3/h=0.694L/s$，因此，单台价格 $=8000+240×（0.694）^{0.9}=8170$ 美元，3 台价格 $=24520$ 美元。

单台发动机（电动机）的费用 $=-1100+2100×（1.0）^{0.6}=1000$ 美元。3 台发动机价格 $=3000$ 美元。

需要注意的是，机泵和驱动机费用是成本相关性范围的低值，而较小电动机的驱动机的费用看起来不可信；然而与其他费用项目相比，机泵和驱动机的费用非常小，因此引起的误差可以忽略不计，精度为 ±30%。

按照以下手算方法，精馏塔的安装费用为：

$$C=4×753000=3012000 \text{ 美元}$$

塔盘的费用可以转换为 304 不锈钢乘以表 7.6 中适当的材料系数，结果如下：

$$C=1.3×165500=215150 \text{ 美元}$$

容器加内件的费用为总费用 $3012000+215150=3227150$ 美元

卧式压力容器的安装费用 $=4×30400=121600$ 美元

碳钢换热器和储罐的安装费用为：

$$C=3.5×（35300+56500）+2.5×30500=397550 \text{ 美元}$$

304 不锈钢的费用为 $1.3×397550=516800$ 美元。

在确定机泵安装费用之前，需要加总机泵和驱动机的费用。只有机泵的费用需要转换为不锈钢材质。计算第一台机泵如下：

$$C=4×[570+（1.3×16480）]=88000 \text{ 美元}$$

第二台机泵只安装了 2 台（另一台为仓库备件），因此安装总费用为：

$$C=1.3×8170+1000+4×2×（1000+1.3×8170）=105000 \text{ 美元}$$

工厂 ISBL 的安装总费用为：

$$C=3227150+121600+516800+88000+105000=4058550 \text{ 美元}$$

或 410 万美元，±30% 精度的方法。

如果采用表 7.5 中的系数，然后使用式（7.12），那么换热器、储罐和机泵的安装费用为：

$$C=（35300+56500+30500+16480+8170）\big[（1+0.8）\times 1.3+$$
$$（0.3+0.3+0.2+0.3+0.2+0.1）\big]$$

$$C=155120\times 3.74=580150 \text{ 美元}$$

机泵驱动机的安装费用（不需要材料转换系数）为：

$$C=（1140+6000）（1+0.8+0.3+0.3+0.2+0.3+0.2+0.1）$$

$$C=7140\times 3.2=22900 \text{ 美元}$$

压力容器的安装费用可以用式（7.13）计算：

$$C=（753000+30400）\big[1+0.8+（0.3+0.3+0.2+0.3+0.2+0.1）/1.3\big]$$

$$C=783400\times 2.88=2256200 \text{ 美元}$$

另外，还需要不锈钢塔盘的费用以及备用机泵和驱动的费用：

$$C=1000+1.3\times（165500+8170）=226800 \text{ 美元}$$

工厂界区内的安装总费用为：

$$C=580150+22900+2256200+226800=3086050 \text{ 美元}$$

或310万美元，±30% 精度的方法。

需要注意的是，虽然这两种方法得到的答案不同，但是第二个答案在第一个答案的精度范围内，并且第一个答案非常接近第二个方法预测范围的上限。这两种估算都应以2010年1月美国墨西哥海湾价为基础，这是表7.2中相关系数的基础。

7.7 涨价系数

所有成本估算方法都使用历史数据，它们本身就是对未来成本的预测。建筑材料的价格和人工成本都会受到通货膨胀的影响。为了在设计阶段进行估算，必须使用某些方法来更新旧成本数据，并对工厂未来的建设成本进行预测。

用于更新历史成本数据的方法通常利用已公布的成本指数。这些成本与过去的成本相关，并且基于政府统计摘要中公布的劳动力、材料和能源成本的数据。

$$A\text{年成本}=B\text{年成本}\times \frac{A\text{年指数}}{B\text{年指数}} \tag{7.14}$$

为了得到最好的估算，每项工作都应该被分解成各个组成部分，并且应该使用单独的指数来计算劳动力成本和材料成本。在行业期刊中使用不同行业发布的综合指数通常更方便。这些综合指数是加权平均指数，将成本的各个组成部分按照特定行业的典型比例进行组合。

美国化工业综合指数每月刊登在《Chemical Engineering》杂志上；这是化工厂成本指数（CEPCI），通常称为 CE 指数。《Chemical Engineering》还发布了 Marshall 和 Swift 指数（M&S 设备成本指数）。

对于炼油和石化项目，《Oil and Gas Journal》发布了 Nelson-Farrer 炼油厂建设指数（NF 指数）。该指数每月更新一次，40 种设备的指数每季度更新一次。Nelson-Farrer 指数基于美国墨西哥海湾价，而不是美国的平均价格，对应用于烃类加工的设备类型，它比 CE 指数更可靠。

《Engineering News Record》每月刊发月度建筑成本指数。该指数基于土木工程项目，有时用于更新界区外成本。该指数自 1904 年公布以来，是所有指数中历史最长的。

对于国际工程，《Process Engineering》杂志每月发布几个国家的成本指标，包括美国、英国、日本、澳大利亚及许多欧盟国家。

所有的成本指标都应该谨慎使用和判断，因为它们不一定考虑任何特定设备或工厂成本的真实构成，也不一定考虑供需对价格的影响。相关的周期越长，估算就越不可靠。1970—1990 年原油价格大幅上涨；2003 年之前，油价以每年 2%～3% 的稳定速度增长；2003 年由于对燃料项目的高需求和高能源价格导致了另一阶段的价格暴涨。在 2008—2010 年的经济衰退期间，油价一度下跌，现在国际项目驱动下，油价又开始上涨。主要成本指数如图 7.2 所示。

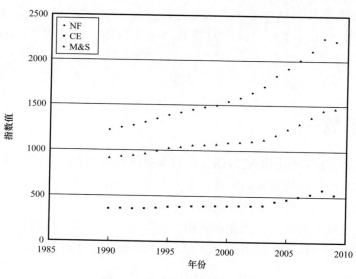

图 7.2　主要成本指标的变动

图 7.3 显示了每个指数相对于 1990 年值的相对值，由于 2000 年以来燃料一直是价格通货膨胀的一个重要组成部分，与 M&S 设备成本指数和 CE 指数相比，NF 指数通常更高。

为了估算一个工厂的未来成本，必须预测未来的年度成本通货膨胀率。成本通胀率可以基于一个已发表的指数推测，由工程师自己对未来可能发生的情况进行评估调整。通货膨胀是难以预测的，而对通货膨胀的补偿通常包括在项目成本的不可预见费用中。

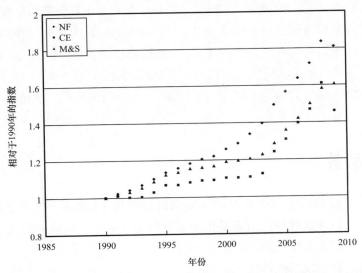

图 7.3　相对于 1990 年主要成本指标的变动（1990 年取值为 1）

示例 7.4

2003 年 1 月，管壳式换热器采购成本为 64000 美元，该换热器壳体材质为碳钢，管的材质是 316 不锈钢，换热面积 500m²；使用 M&S 设备成本指数估算 2010 年 12 月的成本价格。

解：

由图 7.2（或通过查阅《Chemical Engineering》指数）可得：

2003 年指数 =1123.6。2011 年指数 =1476.7。

因此，2010 年 12 月的估算成本 =64000×1477/1124=84000 美元。

示例 7.5

2004 年，蒸馏塔的购置成本为 136000 美元。使用 NF 指数，估算 2014 年的成本。

解：

由图 7.2（或通过查阅《Oil and Gas Journal》指数）可得：

2004 年指数 =1833.6。

2014 年的指数很难用数字来推断，因为目前尚不清楚 2008—2010 年经济衰退后的物价通胀率是否会恢复到 2002—2008 年的水平，还是会变得更加温和。任何试图拟合这些数据的做法要么会受到 21 世纪初长期增长的影响，要么会受到经济衰退期间物价下跌的影响。从图 7.2 看，NF 指数很可能在 2250～2500 的范围内。保守的方法是做出更高的估算，所以将用 2500 作为假定值。

因此，2014 年 1 月的估算成本 = 136000×2500 / 1833.6 = 185000 美元。

7.8　地区系数

大多数工厂和设备成本数据是在美国墨西哥海湾价（USGC）或西北欧价格（NWE）的基础上给出的，因为这些地区历来是化学工业的主要中心，可获得的数据最多。在任何其他地点建造工厂的成本将取决于：

（1）当地制造和建筑基础设施。

（2）当地劳动力的可用性和成本。

（3）海运或陆运设备到现场的费用。

（4）进口关税或其他当地税费。

（5）货币汇率，当在当地采购的商品（如散装材料）转换成美元等传统货币时，汇率会影响采购的相对成本。

这些差异是通过使用地区系数在成本估算中体现的：

$$\text{厂址 A 的成本} = \text{工厂的 USGC} \times \text{LF}_A \qquad (7.15)$$

式中　LF_A——相对于美国墨西哥海湾价基准的地区系数。

国际区域的地区系数与货币汇率具有很强的相关性，并随着时间的推移而波动。Cran（1976a，1976b）、Bridgewater（1979）、Soloman（1990）和 Gerrard（2000）给出了国际区域的地区系数，从中可以看到这种变化。可以说，由于全球化的影响，区域间的安装系数都趋向于 1.0（Gerrard，2000）。一个国家内的地区系数比较容易预测，Bridgewater（1979）提出了一个简单的经验法则：距离最近的主要工业中心每 1000mile 增加 10%。

表 7.7 给出了地区系数的示例。这些数据都是基于 Aspen Richardson 的《International Construction Cost Factor Location Manual》（2003），在 www.aspentech.com 网站上通过搜索"Richardson 工程服务"可以找到该手册的最新版本。表 7.7 中给出了以美元为单位的当地成本，表中的地区系数是基于 2003 年的数据，可以通过除以 2003 年的美元与当地货币的比率，再乘以当年美元与当地货币的比率来更新。如果对未来一年进行成本估算，那么就必须预测货币汇率未来的变动。

表 7.7　地区系数

国家或地区		地区系数	国家或地区	地区系数
美国	墨西哥海湾	1.00	东南亚	1.12
	东海岸	1.04	澳大利亚	1.21
	西海岸	1.07	印度	1.02
	美国中西部	1.02	中东	1.07
加拿大	安大略省	1.00	法国	1.13
	麦克默里堡	1.60	德国	1.11
墨西哥		1.03	意大利	1.14
巴西		1.14	荷兰	1.19
中国	进口	1.12	俄罗斯	1.53
	本土	0.61	英国	1.02
日本		1.26		

示例 7.6

以 2006 年美国墨西哥海湾价为基础，建造一座 30000t/a 的丙烯醛装置，该装置成本估算为 8000 万美元，那么 2006 年在德国建造该装置的成本是多少？

解：

由表 7.7 可见，德国 2003 年的地区系数是 1.11。

2003 年平均汇率约为 1 欧元 = 1.15 美元，2006 年的平均汇率约为 1 欧元 = 1.35 美元。

2006 年德国的地区系数是 $1.11 \times 1.35/1.15 = 1.30$。

2006 年在德国建造丙烯醛装置的成本是 8000 万美元 $\times 1.30 = 10400$ 万美元。

7.9　装置界区外投资估算

当在现有厂区建设一个新工厂或进行大规模扩建时，总是需要对现场基础设施进行改造。如 7.2.1 所述，这种改造的费用被称为装置界区外投资或 OSBL 投资。

在工程设计的早期阶段，通常不能清楚地知道界区外的需求，可以假设界区外的费用占 ISBL 投资的比例进行估算，从而确定界区外费用。根据工艺和现场条件情况，一般典型的数值是 ISBL 投资的 30%～50%。表 7.8 给出了一些指导方针，用于根据工厂复杂性和场地条件做出界区外资本成本的近似估算。

表 7.8　按 ISBL 成本的百分比估算 OSBL 成本的准则

工艺复杂程度	场地条件		
	现有：未充分利用	现有：场地紧张	新场地
典型大规模化工品	30%	40%	40%
小规模特殊化工品	20%	40%	50%
对固体处理要求高	40%	50%	100%

在确认设计细节并确定诸如蒸汽、电力和冷却水等公用工程的需求后，才可以确定对现场设施的要求。如果现有公用工程设施中没有足够的裕量，则可以为新建装置设计潜在的改扩建。对于现有厂区，设计工程师必须始终注意工作范围的变化，在此范围内厂区基础设施（可能过期很久）的各种改建对于新项目是合理的。如果范围发生变化，过度的界区外成本可能使项目经济效益不具备竞争力。

许多界区外项目被设计成从专门供应商购买的"成套"装置或系统。在某些情况下，供应商甚至可以提供厂外合同，在该合同中，供应商建造、拥有及运营厂外项目，同时签订合同，为厂区内提供所需的公用工程或服务。厂外合同广泛用于氮气、氧气和氢气等工业气体供应，并且大多数工厂也从当地公用工程公司购买电力。对于蒸汽、冷却水和废水处理的厂外合同并不常见，但有时用于较小的工厂或几个工厂共用一个厂地的情况。

是为工厂建立一个自给自足的基础设施，还是签订一个厂外服务合同，这是一个要么制造、要么购买的问题。由于供应商需要获利并收回其资本投资，因此厂外提供公用工程的价格通常高于内部提供公用工程或服务的成本。另外，由于供应商将承担人工、维护和管理费用，因此厂外服务减少了项目本身的资本投资和固定成本。如 9.7.2 所述，制造或购买决策通常是通过比较年化成本来决定的。厂内公用工程和其他厂外成本的相关关系见 7.5 节所列的资料来源。

7.10　用于投资估算的软件

EPC 部门以外的工程师很难从大量实际项目中收集最近的投资数据，并保持准确性及与最新投资的相关性。相反，在工业领域中进行初步估算的最常用的方法是使用商业投资估算软件。

市场上有各种各样的投资估算程序，包括 CostLink/CM（Building 建筑系统设计公司）、Cost Track™（OnTrack 工程有限公司）、Aspen 化工经济分析软件（Aspen 技术公司）、PRISM 项目工程预决算（ARES 公司）、Success Estimator（U.S. Cost）、Visual Estimator（CPR 国际公司）、WinEst®（Win Estimator®）等，以及其他可以通过网络搜索或查看国际成本工程协会在 www.aacei.org 提供的列表。本节的讨论将集中于 Aspen 技术公司的 ICARUS

技术，它通常通过 Aspen 化工经济分析软件（APEA）来完成，因为这可能是最广泛使用的程序，也是作者最熟悉的程序。该软件是作为标准 Aspen/Hysys 学术许可的一部分提供的，在任何被授予 Aspen 技术公司产品许可证的大学都可以使用它，同时也用于大多数化工公司。

APEA 投资估算工具使用简单，无须大量的设计数据就能提供快速、合理的估算。设计信息可以从任何主要的流程模拟程序中上传，或者手动输入 APEA 程序中。该程序允许随着设计细节的完善进行信息更新，以便完成更准确的估算。一次可以估算整个工厂或一套设备的投资，其中包含超过 250 种类型的设备，这些设备采用各种各样的材料进行制造，包括美国、英国、德国和日本标准的合金材料。

在 APEA 中计算设备投资的 ICARUS™ 技术使用数学模型和专家体系组合来进行投资估算，投资是基于所需的材料和劳动力（按照用于详细估算的惯例），而不是安装系数。如果设计参数未由用户指定，则在程序中以默认值来计算或设置。用户应该仔细检查设计细节，以确保默认值对应用程序是有意义的；如果不能接受默认的任何数值，则可以手动调整，并生成更真实可信的估算值。

关于如何运行 APEA 软件的详细介绍超出了本书的范围，并且是不必要的，因为该软件已经被广泛介绍（AspenTech，2002a，2002b）。下面讨论使用该软件时出现的一些常见问题。在使用其他投资估算程序时，也面临这些或类似的问题。

7.10.1 模拟数据录入

在《Aspen ICARUS Process Evaluator™ User's Guide》（AspenTech，2002a）中给出了从流程模拟中加载数据的说明。当加载模拟器报表文件时，APEA 软件生成一个区块流程图，其中模拟的每个单元操作显示为一个区块。然后，这些区块必须"录入"ICARUS™ 项目组件（设备或散材）。

除非用户指定，否则每个模拟模块会录入一个默认的 ICARUS™ 项目组件。需要正确理解录入的默认值，如果单元操作录入有误，可能会引起较大的错误。用户指南（AspenTech，2002a）第 3 部分给出了默认的录入范围。通常，一些由录入引发的问题包括：

（1）反应器。塞流式反应器模型（PLUG in Hysys and Pro Ⅱ，RPLUG in AspenPlus）被录入填料塔，这对固定床催化反应器是合适的，但对于其他类型的塞流式反应器则不适用。所有其他反应器模型（吉布斯，化学计量，平衡和收率）录入搅拌槽反应器，不符合反应器要求的条件可以录入其他 ICARUS™ 项目组件或设置为用户模型（参见下文）。

（2）加热器、冷却器和热交换器。所有传热设备的默认录入是浮头式换热器。ICARUS™ 包含几种不同的换热器类型，包括可定制为其他类型的通用 TEMA 换热器，以及燃烧加热器和空冷器组件。将默认录入更改为 TEMA 换热器通常是非常必要的，以便允许在 APEA 软件中定制换热器。

（3）蒸馏塔。模拟塔模型不仅包括塔本身，还包括再沸器、冷凝器、塔顶回流罐和回流泵（但不包括底部泵）。当录入塔的数据时，APEA 软件中有 10 种可能的类型；该塔可以录入为填料塔或板式塔，并且附属项可以创建为单独的 ICARUS™ 项目组件。

（4）虚拟项目。流程模拟通常包含项目的模型，而不是真正的工厂设备（见第4章）。例如，换热器有时被建模为一系列由计算模块连接的加热器和冷却器，作为检查内部压力点或允许环境热损失的手段。当模拟数据被录入 ICARUS™ 时，虚拟项目应该排除在录入过程之外。在上面的例子中，只录入加热器，以避免重复计算传热面积。

在"项目基础/流程设计"文件夹中右键单击"项目组件录入规范"即可编辑默认录入。通过选择该项，然后选择删除所有录入，可以将模拟模型排除在录入之外。可以通过选择模拟项和添加新录入来指定新录入。

要录入已经加载的模拟数据，单击工具栏中的"录入"按钮（录入所有项目）或右键单击"工艺视图"窗口中的区域或装置项（允许项目单独录入）。如果选择了单个项目，那么用户就可以选择使用模拟数据来覆盖录入规范文件中的默认输入。这对于热交换器和模拟器上允许指定设备类型的其他设备非常有用。

7.10.2　设计系数

如1.6节所述，所有好的设计都包括适当程度的裕量设计，以考虑设计数据和方法中的不确定性。如第14章所述，对于某些设备，设计系数或裕量由设计规范和标准规定，如压力容器设计。在其他情况下，设计工程师必须根据经验、判断或公司政策来确定设计的裕量。

除非用户指定更高的产量，否则通过流程模拟计算的设备尺寸将处于设计的正常范围内，不包括设计裕量。APEA 软件在设备成本中增加了"设备设计补偿"（表7.9），以补偿在设备详细设计时将考虑的设计系数。

表 7.9　设备设计补偿

工艺描述	设备设计补偿
新工艺及未经论证的工艺流程	15%
新工艺流程	10%
重新设计的工艺流程	7%
得到许可的工艺流程	5%
经过论证的工艺流程	3%

在"项目基础/资本成本基础"文件夹中右键单击"通用规格"，输入流程描述。

设备设计裕量仅适用于系统开发的成本估算。不同的设备类型需要不同的设计裕量，那么默认值应该设置为"经过验证的工艺"，然后设备尺寸可以适当放大。还可以使用 APEA 软件自定义模型工具将设计裕量添加到组件中。应该注意避免增加不必要的设计裕量。

7.10.3　压力容器

在对反应器和蒸馏塔等压力容器进行成本估算时，必须注意确保足够的壁厚。APEA

软件的默认方法是根据 ASME 锅炉和压力容器规范第Ⅷ部分第 1 节的方法计算所需的壁厚，在这种情况下，壁厚由内部压力控制（有关这种方法的详细信息，请参阅第 14 章）。如果根据其他负载进行设计，那么 APEA 软件可能显著低估了容器的成本，尤其是对低于 5bar 的压力操作的容器更为显著。其所需的壁厚可能受到来自容器的自重载荷和弯矩的影响，并且对于诸如蒸馏塔和大型填料反应器之类较高的立式设备，其中风荷载作用下的集中载荷可以影响厚度。同样，如果容器是基于锅炉规范和压力容器规范的不同部分来设计的，通常对于高压下操作的容器，则 APEA 软件可能高估容器成本。重要的是要始终记住输入容器的设计压力和温度，而不是操作压力和温度。

使用 APEA 软件计算压力容器成本的最佳方法是使用第 14 章给出的方法，或使用合适的压力容器设计软件，在完成容器的机械设计之后输入所有尺寸。

7.10.4 非标准元件

尽管 APEA 软件包含超过 250 种设备类型，但是许多工艺流程需要的设备不在可用项目组件列表中。此外，在某些情况下，用户希望指定某些设备（例如，燃气轮机或大型泵和压缩机）的制造或型号，只能提供特定的尺寸来估算。在这些情况下，可以通过建立设备模型库（EML）来记录非标准设备。许多公司有标准的 EML 列表列出他们经常指定的设备。

通过在选项板中选择 Libraries 选项卡并打开文件夹 Cost Libraries/Equipment Model Library（成本库/设备模型库）来创建一个新的 EML。右击任意一个子文件夹，用户在适当的一组单元中创建一个新的 EML。一旦创建了 EML，就可以向其中添加设备项。在添加新项时，将打开一个对话框，其中用户必须指定尺寸大小或成本估算方法（线性、对数、半对数或离散）和主要规模参数，还必须输入两个成本和规模以建立成本相关性。

设备模型库对于完成包含非标准设备流程的 APEA 模型是非常有用的，必须注意更新 EML 成本，使其保持最新的成本数据。

示例 7.7

估算废热锅炉的成本，该锅炉设计用于生产 4000lb/h 蒸汽，换热面积预估为 1300ft^2。

解：

从 APEA 项目资源管理器窗口（屏幕最左边）开始，右键单击"Main Area"并选择"Add Project Component"［图 7.4（a）］。

选择"Process equipment"（工艺设备），再选择"Heat exchangers"（换热器）［图 7.4（b）］。

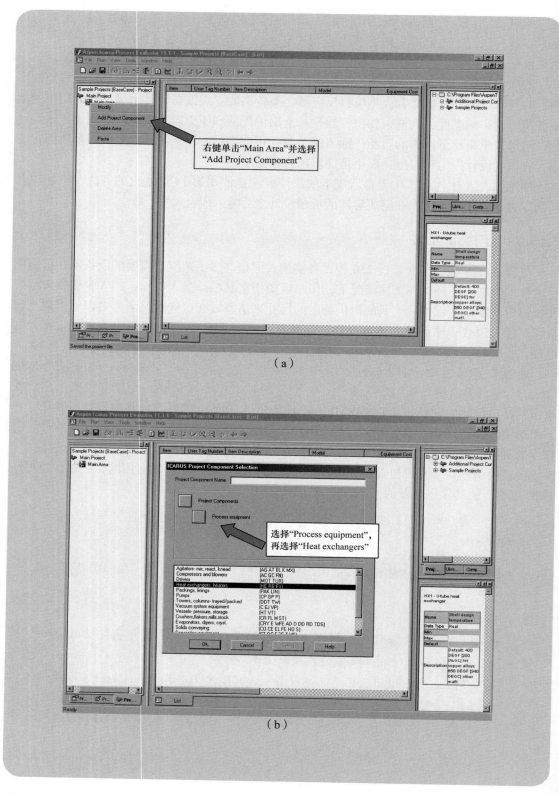

（a）

（b）

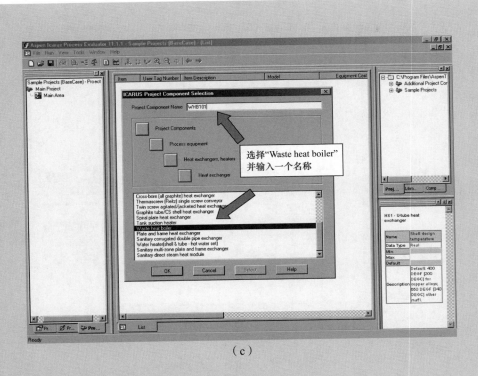

（c）

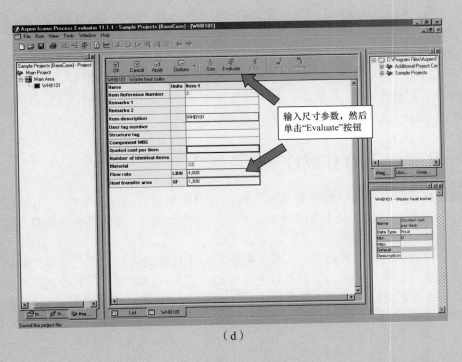

（d）

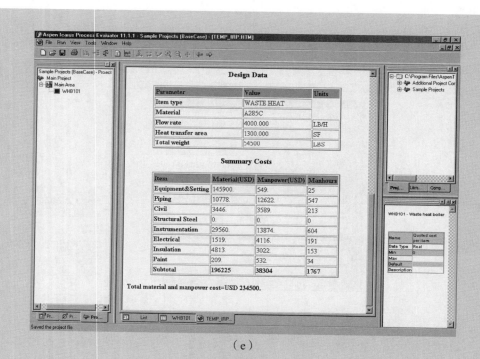

（e）

图 7.4　Aspen ICARUS 示例

选择"Waste heat boiler"（余热锅炉）并输入一个名称［图 7.4（c）］。

输入尺寸参数，然后单击"Evaluate"（估算）按钮［图 7.4（d）］。

运行 APEA 估算程序并给出如图 7.4（e）所示的结果。按 2006 年 1 月的 USGC 计算，购买的设备成本为 145900 美元，安装费用为 196225 美元。请注意，安装成本是直接通过估算散材和劳动力来计算的，而不是使用安装系数。

7.11　投资估算的有效性

应该始终记住，投资估算只是估算，而且有可能出错。估算通常应该明确误差范围，投资估算中的误差主要由设计的详细程度决定，即使熟练的估算人员也无法基于粗略设计来估算出准确的成本。

随着设计的深入，专业的造价工程师能够进行更准确的估算。工艺设计工程师应该将该估算与初步估算进行比较，以便更好地发现初步估算在哪里可以得到改进（通过发掘遗漏的装置项或使用更好的成本估算方法）。这将有助于工程师在未来进行更好的初步估算。

可以从各种成本估算协会获得成本估算的更多资源，例如，国际成本工程协会（www.aacei.org）、项目管理研究所（www.pmi.org）、英国成本工程师协会（www.acoste.org.uk）和国际成本工程委员会（www.iCOST.org）。ICEC 网站可以链接到 46 个国家的成本工程协会。

示例 7.8

己二酸用于制造尼龙 66，它是由苯酚加氢生成环己醇和环己酮的混合物，然后用硝酸氧化而成。估算位于东北亚的 40×10^4 t/a 的己二酸装置的固定资本成本。

解：

利用表 7.1 所示的相关关系，可以根据历史数据估计该工艺流程的资本成本。相关关系是基于工厂产能（单位：10^6 lb/a），所以需要换算产能，40×10^4 t/a = 880×10^6 lb/a：

$$\text{ISBL 资本成本} = 3.533 S^{0.6} = 3.533 \times 880^{0.6} = 206.5 \times 10^6 \text{ 美元}$$

ISBL 成本是以 2006 年美国墨西哥海湾价为基础，所以需要转换到东北亚的价格基础。如果在表 7.7 中查找地区系数，那么可能不清楚应该使用哪个系数。日本的地区系数为 1.26，而中国的地区系数为 0.6～1.1，这取决于使用的本国国产设备与进口设备的数量。由于工厂的确切位置尚未确定，因此无法对地区系数进行最终评估。作为初步估算，可以假设地区系数为 1.0，并注意这应该作为敏感性分析的一部分重新考虑。

OSBL 资本成本估算为 ISBL 成本的 40%，设计费用和预备费用分别为 ISBL 与 OSBL 之和的 10% 和 15%，固定资本总成本为 361.3 亿美元。

请注意，这个费用是以 2006 年 1 月的价格为基础计算的，因为这是表 7.1 中相关性的基础。习题 7.9 和习题 9.6 探讨了更新这一估算的影响。

参 考 文 献

Amos, S. J.（2007）. Skills and knowledge of cost engineering（5th Rev. ed.）. AACE International.

Aspen Richardson.（2003）. International construction cost factor location manual. Aspen Technology Inc.

Aspentech.（2002a）. Aspen ICARUS process evaluator user's guide. Aspen Technology Inc.

Aspentech.（2002b）. ICARUS reference：ICARUS evaluation engine（IEE）30.0. Aspen Technology Inc.

Bridgewater, A. V.（1979）. International construction cost location factors. Chem. Eng., 86（24）, 119.

Bridgewater, A. V., & Mumford, C. J.（1979）.Waste recycling and pollution control handbook, Ch. 20.George Godwin.

Cran, J.（1976a）. EPE Plant cost indices international（1970＝100）. Eng. and Proc. Econ., 1,

109–112.

Cran, J. （1976b）. EPE Plant cost indices international. Eng. and Proc. Econ., 1, 321–323.

Douglas, J. M. （1988）. Conceptual design of chemical processes.McGraw–Hill.

Dysert, L. R. （2007）. Chapter 9. Estimating in skills and knowledge of cost engineering （5th Rev. ed.）. AACE International.

Estrup, C. （1972）. The history of the six–tenths rule in capital cost estimation. Brit. Chem. Eng. Proc. Tech., 17, 213.

Garrett, D. E. （1989）.Chemical engineering economics. Van Norstrand Reinhold.

Gerrard, A. M. （2000）. Guide to capital cost estimation （4th ed.）. Institution of Chemical Engineers.

Guthrie, K. M. （1969）. Capital cost estimating. Chem. Eng., 76 （6）, 114.

Guthrie, K. M. （1974）. Process plant estimating, evaluation, and control. Craftsman Book Co.

Hand, W. E. （1958）.From flow sheet to cost estimate.Pet. Ref., 37 （9）, 331.

Happle, J., & Jordan, D. G. （1975）.Chemical process economics （2nd ed.）. Marcel Dekker.

Humphreys, K. K. （1991）. Jelen's cost and optimization engineering （3rd ed.）. McGraw–Hill.

Humphreys, K. K. （2005）. Project and cost engineers' handbook （4th ed.）. AACE International.

Hydrocarbon Processing. （2003）. Petrochemical processes 2003. Gulf Publishing Co.

Hydrocarbon Processing. （2004a）. Gas processes 2004. Gulf Publishing Co.

Hydrocarbon Processing. （2004b）. Refining processes 2004. Gulf Publishing Co.

Lang, H. J. （1948）. Simplified approach to preliminary cost estimates. Chem. Eng., 55 （6）, 112.

Page, J. S. （1996）.Conceptual cost estimating manual （2nd ed.）. Gulf.

Peters, M. S., Timmerhaus, K. D., & West, R. E. （2003）.Plant design and economics （5th ed.）. McGraw–Hill.

Pikulik, A., & Diaz, H. E. （1977）. Cost estimating for major process equipment. Chem. Eng., 84 （Oct. 10th）, 106.

Purohit, G. P. （1983）. Estimating the cost of heat exchangers.Chem. Eng., 90 （Aug. 22nd）, 56.

Seider, W. D., Seader, J. D., Lewin, D. R., & Widagdo, S. （2009）. Product and process design principles （3rd ed.）.Wiley.

Soloman, G. （1990）. Location factors.Cost Eng., 28 （2）.

Turton, R., Bailie, R. C., Whiting, W. B., & Shaeiwitz, J. A. （2003）.Analysis, synthesis and design of chemical processes（2nd ed.）. Prentice Hall.

Ulrich, G. D., & Vasudevan, P. T.（2004）.Chemical engineering process design and economics : A practical guide（2nd ed.）. Process Publishing.

Woodward, C. P., & Chen, M. T.（2007）.Appendix C : Estimating reference material in skills and knowledge of cost engineering（5th Rev. ed.）. AACE International.

IRS Publication 542.（2006）. Corporations.United States Department of the Treasury Internal Revenue Service.

IRS Publication 946.（2006）. How to depreciate property.United States Department of the Treasury InternalRevenue Service.

IRS Publication 542.（2006）. Corporations. United States Department of the Treasury Internal Revenue Service.

Publication 946.（2006）. How to depreciate property. United States Department of the Treasury Internal Revenue Service.

习　题

7.1　估计生产 8×10^8 t/a 己内酰胺的工厂投资。

7.2　以硝基苯制造苯胺的工艺在附录 F 设计问题中进行了描述，可在 booksite. Elsevier.com/Towler 的在线材料中找到。这个流程包括 6 个重要步骤：硝基苯的汽化；硝基苯的氢化反应；通过冷凝分离反应器产品；原油苯胺的蒸馏回收；粗硝基苯的提纯；从废水中回收苯胺。

估算一个工厂 2×10^4 t/a 产能的成本。

7.3　1998 年 6 月一台反应器大约是 36.5 万美元，估算 2012 年 1 月该反应器的价格。

7.4　1998 年初，一台蒸馏塔为 22.5 万美元，估计 2014 年 1 月该蒸馏塔的价格。

7.5　利用本章给出的设备成本数据或商业成本估算软件，估算下列设备的成本：

（1）一套管壳式换热器，换热面积为 50m²，浮头式，壳体材质是碳钢，管的材质为不锈钢，操作压力为 25bar。

（2）10bar 釜式再沸器，换热面积为 25m²，壳体及管的材质均为碳钢，操作压力为 10bar。

（3）圆柱形水平储罐，直径 3m，长 12m，用于 10bar 液氯，材质为碳钢。

（4）一台板式塔，直径 2m，高 25m，不锈钢复合管，20 块不锈钢筛板，操作压力为 5bar。

7.6　比较下述几种换热器的价格，每种换热器的换热面积均为 10m²，材质碳钢。

（1）管壳式，固定头。

（2）套管式。

7.7　估算下列设备费用：

（1）一台产能为 20000kg/h 蒸汽的成套锅炉，压力为 40bar。

（2）离心式压缩机，驱动功率为 75kW。

（3）板式机架压滤机，过滤面积为 10m²。

（4）浮顶储罐，容量为 50000m²。

（5）锥顶储罐，容量为 35000m²。

7.8 用氮气连续吹扫储罐，从储罐流出的清洗液与储罐中的产品混合。在清洗过程中损失的产品大部分可以通过一个洗涤塔来吸收或回收这部分产品。塔上的溶液可以进入生产工艺的一个阶段，产品和溶剂可以在不增加成本的情况下回收。对吹扫回收系统进行了初步设计，它将包括以下内容：

（1）直径 0.5m、高 4m 的小塔，填充 25mm 陶瓷环，填料高度 3m。

（2）小型储液罐，溶液容量为 5m³。

（3）必要的管道、泵和仪表。

所有设备均可采用碳钢制造。

使用以下数据，评估安装回收系统的资本投资需要多长时间能够收回：

（1）产品成本每磅 5 美元。

（2）溶剂成本每磅 0.5 美元。

（3）额外溶剂补充 10kg/d。

（4）产品损耗 0.7kg/h。

（5）预期产品回收率 80%。

（6）额外的公用工程费用，可忽略不计。

其他运营成本可忽略不计。

7.9 示例 7.8 中，2006 年 1 月在东北亚建设一个己二酸工厂，估算该工厂如果于 2010 年在日本、韩国或中国建设的投资，以中国为例，假定 85% 的工厂投资来源于本土。

7.10 甲基乙基酮（MEK）的生产在附录 F 中有描述，可在 booksite.Elsevier.com/Towler 查找相关资料。初步设计了一座年产 10000t 的工厂。该工厂将建在现有场地上，有足够的基础设施以满足新工厂的辅助需求（不需要界区外投资）。工厂的操作时间是每年 8000h，所需的主要设备项目如下，估计这个项目所需的资本投资。

主要设备：

（1）丁醇汽化器：管壳式换热器，釜式，换热面积 15m²，设计压力 5bar，材质为碳钢。

（2）反应器给水加热器：壳体和管、固定头，加热面积 25m²，设计压力 5bar，材质为不锈钢。

（3）反应器：管壳结构、固定管板、换热面积 50m²，设计压力为 5bar，材质为不锈钢。

（4）冷凝器：管壳式换热器、固定管板，传热面积为 25m²，设计压力为 2bar，材质为不锈钢。

（5）吸收塔：填料塔，直径 0.5m，高度 6.0m，填料高度 4.5m，填料陶瓷环 25mm，设计压力 2bar，材质为碳钢。

（6）萃取塔：填料塔，直径 0.5m，高度 4m，填料高度 3m，填料 25mm 不锈钢罩环，设计压力 2bar，材质为碳钢。

（7）溶剂回收塔：板式塔，直径 0.6m，高度 6m，10 块不锈钢筛板，设计压力 2bar，塔材质为碳钢。

（8）回收塔再沸器：热虹吸管、壳管、固定管板，传热面积 $4m^2$，设计压力 2bar，材质为碳钢。

（9）回收塔冷凝器：双管，传热面积 $1.5m^2$，设计压力 2bar，材质为碳钢。

（10）溶剂冷却器：双管换热器，传热面积 $2m^2$，材质为不锈钢。

（11）产品净化塔：板式塔，直径 $1m^2$，高度 20m，筛板 15 块，设计压力 2bar，材质为不锈钢。

（12）产品塔再沸器：釜式，传热面积 $4m^2$，设计压力 2bar，材质为不锈钢。

（13）产品冷凝器：壳管、浮头，传热面积 $15m^2$，设计压力 2bar，材质为不锈钢。

（14）进料压缩机：离心式，额定功率 750kW。

（15）丁醇储罐：锥顶，容量 $400m^3$，材质为碳钢。

（16）溶剂储罐：卧式，直径 1.5m，长度 5m，材质为碳钢。

（17）产品储罐：锥顶，容量 $400m^3$，材质为碳钢。

收入与生产成本的估算

※ **重点掌握内容**

- 如何评估与项目相关的收入和生产成本。
- 如何判定原料、产品、副产品和燃料的价格。
- 如何估算固定和可变生产成本。
- 如何预测项目预期生命周期内的价格。
- 如何使用标准格式汇总生产成本信息。

8.1 概述

对产品收入和生产成本的估算是确定一个项目盈利能力的关键步骤。无论这个项目是一个新建项目还是对现有工厂的改造或扩建，理解生产成本的具体划分对于生产工艺的优化至关重要。

目前，全球有几家公司会定期公布化工生产工艺的经济分析。譬如 Nexant 会在网络上（www.chemsystems.com）发布《Process Evaluation and Research Planning》（PERP），每年大约发表 10 份新报告，其中分析了近 200 种化工生产工艺。PERP 通常对两到三个工艺方案进行投资估算和运营成本计算，并对产品当前市场状况进行概述。SRI 则出版了系列《Chemical Economics Handbook》（CEH），其中包含 281 种一般化工品和特种化工品的分析报告。CEH 报告提供了生产技术的概述和对几个区域市场的分析，但在 PERP 报告中详细列出的生产成本水平则并不被 CEH 报告提及。此外，各个咨询公司还对"最先进"的技术进行有偿经济研究。虽然方法上有微小的差异，但大多数研究都是使用类似的假设来估计生产成本。商业研究中使用的常见术语和假设将在下文中详细介绍，在进行初步经济分析或无法获得准确的成本信息时，应遵循这些术语和假设。

8.2 成本、收入与利润

本节将介绍项目成本和收入的具体组成部分。

8.2.1　可变生产成本

可变生产成本是指在总成本中随产量或生产负荷的变化而变动的成本项目。

可变生产成本包括：

（1）生产过程中消耗的原材料成本。

（2）公用工程成本——加热炉所需燃料、蒸汽、冷却水、电力、新鲜水、仪器空气、氮气及其他来自项目现场以外的公用工程。

（3）消耗品成本——需要连续或频繁更换的溶剂、酸、碱、惰性材料、缓蚀剂、添加剂、催化剂和吸附剂。

（4）"三废"处理成本。

（5）包装和运输成本——包装桶、包装袋、油罐车、运费等。

可变成本主要取决于原料成本、工艺技术和项目厂址的选择，通常可以通过优化设计和提高装置运营效率来降低成本。可变成本的估算方法将在 8.4 节详细讨论。

8.2.2　固定生产成本

固定生产成本是指不受装置生产负荷或产量影响的成本项目，如果装置削减产量，这些成本并不会减少。8.5 节将更详细地讨论固定生产成本。

固定生产成本包括：

（1）劳动力成本（详见 8.5.1）。

（2）管理费用——通常占劳动力成本的 25%。

（3）直接工资开销——通常为有效劳动力的 40%～60% 加上管理费用，职工医保或福利等属于非工资开销。

（4）维修费用——包括材料和人工成本，通常按照界区内投资的 3%～5% 计算，实际计算比例取决于预期的工厂可靠性。此外，拥有更多动设备或更多固体处理设备的工厂通常需要更高的维护费用。

（5）财产税和保险——通常占界区内固定生产资本的 1%～2%。

（6）土地（和／或建筑）租金——通常估计为界区内投资与界区外投资之和的 1%～2%。大多数项目假定土地是租用的，而不是购买的，但在某些情况下，土地是购买的，土地费加到固定资本投资中，并在装置生命周期结束时收回。

（7）工厂管理费——涵盖公司管理职能的成本项目，如人力资源、研发（R&D）、信息技术、财务费用等。

（8）环保基金（详见第 11 章）——通常是界区内投资与界区外投资之和的 1%。

（9）专利技术许可费和版税，将在 8.5.7 中详细讨论。

（10）资本费用——包括项目贷款的应付利息，但不包括投入的资本金的预期回报（详见 9.3 节）。

（11）销售和营销费用——在某些情况下，这些费用被认为是工厂一般管理费用的一部分。有些商品的销售和营销费用几乎为零，而一些名牌商品，如食品、日用品、药品和化妆品的费用可高达每年数百万美元。

固定生产成本在任何时候都不应该被忽视，哪怕是在设计的最初阶段，因为它们可以对项目经济性产生重大影响。美国很少有化工装置每年的固定生产成本低于 100 万美元。

固定生产成本还可抑制小型装置的建设。劳动力、监督和管理费用通常不会随着装置规模的扩大而增加，因此产品的单位固定生产成本会降低。此外，再加上资本投资的规模经济（见 7.4.1），使规模较大的装置有更大的灵活性来降低价格，从而导致较小的装置在商业周期的低迷时期倒闭。

另外，固定生产成本不容易通过优化设计或提高运营效率而降低，除非在维持安全运行的前提下减少生产操作人员。事实上，固定生产成本在公司管理层面比工厂运营层面更容易被控制。

8.2.3 收入

项目收入包括主要产品和副产品的销售所得。

主要产品的生产量通常是在设计基础中指定，一般由市场营销部门根据对整体市场增长的预测来决定。

确定要回收、净化和销售的副产品通常比确定主要产品更困难。一些副产品是由主化学反应产生的，除非进行新的化学反应，否则无法避免副产品。这些化学反应的副产品通常必须以它们能卖出的任何价格出售，否则会增加额外的废料处理成本。表 8.1 给出了化学反应副产品的一些例子。其他副产品由原料杂质或非选择性反应产生。

表 8.1　一些化学反应的副产品

原料	主要产品	副产品
异丙基苯 + 空气	苯酚	丙酮
丙烯 + 乙苯 + 空气	环氧丙烷	苯乙烯
乙烯 + 氯	氯乙烯单体	盐酸
氯丙烯 + 次氯酸 + 氢氧化钠	环氧氯丙烷	氯化钠
甲烷 + 蒸汽	氢	二氧化碳
葡萄糖	乙醇（通过发酵）	二氧化碳
丙酮氰醇 + 甲醇 + 硫酸	甲基丙烯酸甲酯	硫酸铵
氯化钠 + 电	氯	氢氧化钠

副产品作为废料的处理，包括回收、净化和出售，以及再循环或以其他方式减少，是项目优化中一项重要的考量条目。事实上，很多工艺设计工作都花在分析副产品回收上。潜在的有价值的副产品包括：

（1）由形成主要产物的化学反应产生的副产品（表 8.1）。如果不作为副产品回收，废料处理费用将会过高。

（2）副反应产生的高收率组分。例如，丙烯、丁烯和丁二烯，这些都是石脑油蒸汽裂解生产乙烯的副产品。邻二甲苯和间二甲苯是石脑油催化重整生产对二甲苯的副产品。

（3）由原料杂质形成的高收率组分。例如，大多数硫黄是燃料生产过程中的副产品。原油和天然气含有硫化物，在精炼或气体处理过程中转化为硫化氢，然后，硫化氢通过克劳斯法被转化为单质硫。甘露醇（一种有价值的己糖）是由葡萄糖还原至山梨醇过程中所含的果糖制成的。

（4）低收率但高价值的组分。双环戊二烯可从石脑油裂解产物中回收。苯乙酮是苯酚生产的副产品，虽然它也可以通过乙苯氧化或肉桂酸发酵制成。

（5）具有再利用价值的溶剂等可降解消耗品。

为了使副产品有价值，它必须符合该材料的规格，而这可能涉及额外的加工成本。因此，设计工程师必须评估回收和净化副产品的额外成本与副产品价值和避免的废物处理成本之和相比是合理的，然后再决定是否将该产品作为副产品或废物来处理。

图 8.1 给出了一种用来评价回收副产品 X 的经济可行性的算法。注意，重要的是不仅要考虑净化副产品的成本，还要考虑它是否能转化成更有价值的东西。如果在反应中直接回收副产品可以增加主要产品的产量或生成更有价值的副产品，那么在主要反应中添加副产品回收步骤就值得考虑。还要注意的是，在分析是否回收副产品时，回收副产品所创造的价值不仅包括副产品销售收入，还包括避免的副产品处理成本。如果副产品有燃料价值，燃料价值应从收入中扣除。

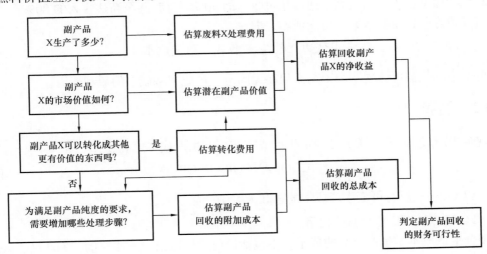

图 8.1　评价回收副产品 X 的经济可行性的算法

一个经验法则可以用来对大型装置的副产品进行初步筛选：要使副产品回收在经济上可行，其净收益必须大于每年 20 万美元。此处的净收益是指副产品收入加上避免的废料处理成本（这个经验法则是基于这样一个假设，即回收副产品至少需要在工艺流程中增加一次分离步骤，需要至少 0.5 万美元的资本投入，或 9.7.2 中介绍的年化成本约为 17 万美元）。

8.2.4 毛利和利润

8.2.4.1 毛利

产品和副产品收入减去原材料成本被称为毛利总额（或称为产品利润空间或毛利）。

$$毛利 = 收入 - 原料成本 \tag{8.1}$$

毛利是一个十分有实用价值的概念，因为原材料成本几乎总是生产成本的最大组成部分（通常是生产总成本的 80%～90%）。大宗商品的原材料和产品价格往往具有很高的波动性，难以预测，但如果生产商能够将原料价格上涨转嫁给客户，毛利的波动性就会降低。因此，如 8.3.3 所述，毛利经常用于价格预测。

请注意，毛利的计算是基于实际消耗的原材料数量，而不是简单的每吨的产品价格减去每吨的原料价格，这点十分容易混淆。

各个化学工业领域之间的利润差别很大，对于大宗石化产品和燃料等大宗商品，毛利率通常非常低（不到营收的 10%），有时甚至可能为负值。如 8.3.1 所述，大宗商品业务通常是周期性的，因为投资周期很长，当供应短缺时，毛利率会更高。当产品受到严格监管（使进入市场变得困难）或受到专利保护时，毛利率可能会高得多。例如，食品添加剂、药品和生物医学植入物的毛利率通常超过收入的 40%，有时甚至高达收入的 80%。

可变边际收益是收入减去可变成本，即：

$$可变边际收益 = 收入 - 可变成本 \tag{8.2}$$

可变边际收益可体现一个工艺流程在无固定生产成本基础上的盈利能力。

8.2.4.2 利润

现金生产成本（CCOP）是固定生产成本和可变生产成本之和：

$$CCOP = VCOP + FCOP \tag{8.3}$$

式中 VCOP——所有可变生产成本的总和减去副产品收入；

FCOP——固定生产成本之和。

现金生产成本是生产产品的成本，不包括任何股权回报。按照惯例，副产品收入通常被视为抵减项，并包括在 VCOP 中。这使得确定主要产品的生产成本更容易。

利润总额是主要产品收入减去现金生产成本，即：

$$利润总额 = 主要产品收入 - CCOP \tag{8.4}$$

利润总额不应与毛利混淆，利润总额考量除了原材料的所有可变成本外，还包括固定成本和副产品收入。

在一些公司，利润总额是以装置为基础计算的，省略了一般管理费用和销售费用（销售及行政管理费用），然后从利润总额中减去销售及管理费用，得到营业收入。

装置的利润通常要纳税，不同的国家和地区施行不同的税法，且应纳税所得额可能不是全部利润总额。税金在 9.4 节中会有更详细的讨论。

净利润（或税后现金流）为税后剩余金额：

$$净利润 = 利润总额 - 税金 \tag{8.5}$$

一个项目的净利润是初始投资的回报，第 9 章会介绍评价投资经济效益的方法。

有时装置产生特定的投资回报，这时计算总生产成本（TCOP）就十分有用。在这种情况下，每年的资本费用（ACC）需要添加到现金生产成本中：

$$TCOP = CCOP + ACC \tag{8.6}$$

9.7 节会讨论计算年度资本费用的方法。

8.3 产品与原料价格

产品收入和可变生产成本是通过将来自物料平衡表中的产品、原料或公用量乘以适当的价格来获得的。困难的一步通常是找到好的价格数据。用于经济分析的价格应该反映出公司在整个项目的生命周期中可能面对的市场情况。因此，有必要对价格进行长期预测。本节将讨论影响价格的因素，介绍在何处可获得历史价格数据，以及如何使用这些数据预测未来价格，以用于经济分析。

化工工业所处理的材料非常广泛，从原油、石脑油、谷物和基本化学品等大宗商品到药品、食品添加剂、香料和生物衍生分子等特殊产品。一些最基本的原材料在商品交易所进行交易，它们的价格每天甚至每小时都可能大幅波动。大批量供应的材料通常按长期合同出售。合同价格可以与天然气、玉米或原油等大宗商品的价格挂钩，也可以定期重新谈判确定，通常是按季度或按年度进行。

对于小批量的材料供应，供应商会提供一个价格清单，但是实际上买方支付的价格通常取决于买方的采购部门与供应商的销售部门根据购买数量、交货方式或其他因素进行谈判的最终结果。即使是销售给终端用户的成品，如家用化学品、药品和个人护理产品，也无法避免价格谈判，因为大型零售商通常会利用控制销量的手段对供应商施加价格压力。沃尔玛（Walmart）、好市多（Costco）和塔吉特（Target）等公司可以从化学品制造商那里获得可观的价格优惠，从而实现自身利润最大化。

8.3.1 定价的基本原理

任何商品的价格都是由供需平衡决定的，实际上在经济学中，价格是市场将供求关系代入动态均衡的机制。随着产品或服务的价格下降，越来越多的客户能够负担或愿意购买产品，因此对产品的需求也相应增加。可以画出一个图表来表示产品的需求量（即能够销售的量），作为价格的函数，即需求曲线，如图 8.2（a）所示。

需求曲线可以被看作顾客消费数量和支付意愿的排序。同样地，如果一种产品或服务的价格上涨，就会吸引更多的供应商进入市场，所供应的产品数量也会增加。可以把产品的边际产量作为价格的函数画一个类似的图，这被称为供给曲线，如图 8.2（b）所示。供

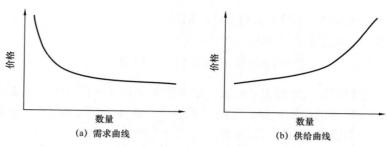

图 8.2　需求曲线与供给曲线

给曲线也可以被认为是根据生产者的产量和销售意愿所做的排序。

　　由于供求曲线都与价格和数量有关，因此它们可以画在同一个图上，如图 8.3 所示。供需曲线的交点意味着供需平衡，交点给出了最边际消费者同意购买和最边际生产者同意出售的交易价格，以及相应的市场成交量。在平衡点右侧的任何一点，都没有供应商能够以下一个最边缘的客户愿意支付的价格提供产品。

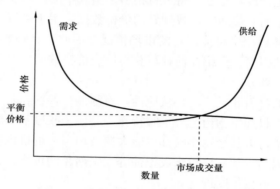

图 8.3　市场平衡

　　供求曲线的斜率称为供求弹性。如果曲线是平的，且价格随数量的变化非常不明显，那么这种供需关系富有弹性［图 8.4（a）］；反之，如果曲线陡峭且很大的价格变化仅导出极小的需求，则这种供需关系缺乏弹性［图 8.4(b)］。需求弹性取决于替代品的可用性、消费者可支配的货币数量以及消费者对产品或服务的边际效用或价值的感知。供给的弹性取决于有多少生产者能够生产同等的产品或服务，进入市场有多难，以及生产者对产品或服务的边际价值的感知。

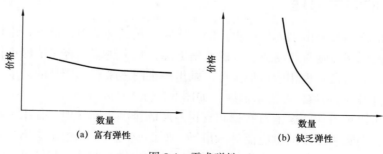

图 8.4　需求弹性

公司可以使用一些方法来最大化他们的产品或服务的价格。最直接的方法之一就是针对不同的市场领域提供不同质量的产品。每个产品在需求曲线上都有自己的交点，因此可以有不同的价格。例如，图 8.5 是航空旅行的需求曲线示意图。航空公司可根据客户的旅行需求和支付意愿来细分客户群体，进而开发一个定价结构，同样的服务下（例如，从 A 城运送一个人至 B 城）却依靠价格区间赚取可观的收入。另外一个常见的细分市场的例子是服装行业，零售商针对不同人群开发不同品牌，用相对较小的质量差距最大化价格区间，以赢取最大利润。

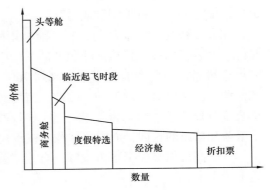

图 8.5　航空公司需求细分

技术和新产品也可以用来制造障碍，阻止竞争者进入市场，并在特定的客户群体中限定更高的价格。专利持有人能够通过控制产品的供应，使新产品以相对较小的数量、较高的价格推出。随着专利到期，竞争者出现，供应增加，价格下降。因此，产品往往会随时间沿需求曲线从左向右慢慢降低。许多药品专利到期后价格大幅下跌，因为仿制药制造商能够进入市场，增加供应。

如果一个供应商可以垄断供应，或者一群供应商形成了一个垄断联盟，那么他们就可以限制供应，并以此作为提高价格的手段。在这种情况下，供应被限制到与供应商所要求的目标价格相对应的价值。国际贸易、竞争和反垄断法严禁垄断联盟，并对从事价格操纵的公司处以罚款；实际上垄断联盟在任何情况下都不牢固，因为生产者总是有可能通过允许需求增长和细分市场以不同的消费者为目标来增加他们的收入。有一些广为流传的例子表明，一些公司从退出垄断联盟并更好地利用客户细分中获益。例如，戴比尔斯（De Beers）公司目前的市场份额为 40%，而现在的财务表现比 20 世纪 90 年代限制钻石供应以保持 80% 的市场份额时要好。

对于化学品、燃料、食品和药品，进入市场困难可能造成供应缺乏弹性。设计、建设和运行一个新的化工厂通常需要几年的时间。供给曲线可以类似于需求曲线的方式进行分割。

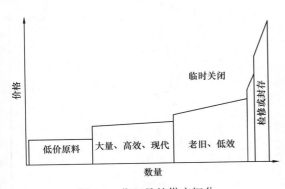

图 8.6　化工品的供应细分

例如，图 8.6 显示了化工品的假定供应曲线。成本最低的生产商通常有规模大、效率高的新装置，它们位于原料价格优惠的地区。其次是没有原料优势的大型高效装置，因为这些装置的公用工程成本较低，而公用工程通常是仅次于原料的第二大成本。较小和较老的装置承担着较高的固定成本和人工成本，因此人工成本优势通常只对较小规模的装置生产具有显著意义。如果生产的产品不能满足市场愿意支付的价格，最老的工厂将被闲置或封存。

在大多数化学工业部门，总产能利用率在 75%～85% 之间变化，有足够的闲置产能，允许一些装置的停工检修或非预期的生产中断。因此，市场均衡点处于供应相对具有弹性的点；然而，如果产能利用率提高到 90% 以上，市场均衡点就会向供给曲线的非弹性区域移动，价格就会出现波动。因此，市场对可能导致供应暂时减少的事件更为敏感，如大型装置意外停产。如果新装置不能很快投产，价格就会飙升，直到供应增加。这直接导致了繁荣和萧条的轮回，而它们往往有以下模式：

（1）高价格吸引了更多投资，有几家公司承诺建设新装置或改造旧装置，增加的产能超出了需求。

（2）当新装置投产时，他们拥有最新的技术、最低的原料成本和最低的生产成本。新产能需要充分生产才能收回投资，因此随着供应的增加，价格会迅速下跌。由于需求还没有赶上新的供应，导致总产能利用率下降。

（3）较低的价格迫使竞争力较弱的生产商降低产量，或关闭较老、较低效的装置。较低的价格消除了增加新产能的动力，并导致新装置投资不足。低价会达成一个新的平衡点。

（4）需求最终会赶上产能，产能利用率会慢慢上升。到达某个点后供应弹性丧失，价格开始再度飙升，为回到周期开始创造了条件。

许多化工品和燃料都经历了这种周期性的价格波动。如 8.3.3 所述，这些波动可能使预测用于新项目经济分析的价格变得困难。

8.3.2　价格数据来源

本节将介绍被广泛采用的当前和历史价格数据的来源。表 8.2 给出了一些定价术语。

表 8.2　定价术语

缩写	含义
c.i.f.	到岸价 / 成本，保险和运费
dlvd.	已运送
f.o.b.	离岸价格
frt. alld.	运费扣除
dms.	容器
bgs.	包装袋
refy.	炼厂
syn.	合成物
t.t.	油罐车
t.c.	槽车（铁路）
t.l.	货车荷载
imp.	进口的

8.3.2.1　公司内部预测

在许多大公司，市场营销或计划部门会为内部研究提供价格的官方预测。这些预测有时包括多种价格情境，项目必须在每个情境下进行单独评估。公司的预测有时会向公众公布，如壳牌 2005 年和 2008 年的价格预测就可以从其官网（www.shell.com）下载。当一套价格体系被正式批准后，设计工程师应该采用这套价格体系，并且确保不包含在此价格体系中的原料、产品或消耗品的价格与价格体系保持一致。

8.3.2.2　行业期刊

一些期刊每周都出版化工品和燃料价格：《ICIS Chemical Business Americas》（前称《Chemical Marketing Reporter》）过去常常列出 757 种化工品的价格，包括不同的产地和不同的产品规格。2006 年，这一名单减少到只有 85 种化合物，剩下的大部分是天然提取物。80 种化学品、44 种燃料和 11 种基础油的价格数据现在可以通过分类服务网站（www.icispricing.com）在线提供。不过截至本书编写时，这项服务与下面列出的一些备选方案相比来说更为昂贵。ICIS 还发布了《ICIS Chemical Business Europe》和《ICIS Chemical Business Asia》以提供区域价格数据，但是包含的化合物种类相对较少。

《Oil and Gas Journal》公布了美国、欧洲西北部和东南亚的一些原油和一系列石油产品的价格，以及美国的天然气价格。《Oil and Gas Journal》还每月公布炼油厂、天然气液化工厂和乙烯厂的毛利润和净利润的公式测算。《Chemical Week》（IHS）提供了 22 种化工品在美国和西北欧市场的现货和合同价格。

8.3.2.3　咨询顾问

市场上有许多公司可以被聘请为顾问以提供经济和市场信息，或允许客户用订阅的方式获取这些信息。所提供的信息一般包括市场调查、技术和经济分析以及价格数据和相关预测。

这里没有办法列出所有公司名称，但最为广泛推崇的是：

（1）Purvin 和 Gertz：他们对于石油、天然气和燃料价格的季度预测广泛应用于石油行业。他们有 10 年的历史数据档案，包括美国、欧洲西北部、中东和亚洲的大多数燃料以及原油的价格预测。

（2）剑桥能源研究协会：根据宏观经济和行业趋势（钻井速度等）发布原油价格预测。

（3）化学市场协会（CMAI）：该协会提供了 70 种化学品的历史数据和未来价格预测数据，包括美国、西北欧、中东、东北亚和东南亚等多个国家和地区。该协会给出了一些化合物的现货和合同价格，有时还给出了通过公式估算的毛利。

（4）SRI：由 SRI 出版的《Chemical Economics Handbook》系列报告提供了 300 多种化工品的市场概述。这些报告不像其他报告那样频繁更新，但对一些没有广泛商业化的化工品很有参考价值。

8.3.2.4 在线销售及供应商

许多价格数据可以从供应商的网站上获得，这些网站的域名可以在 www.business.com/directory/chemicals 等目录网站上找到。在使用来自网络的价格数据时应注意一些细节，比如其所报价格一般为小批量订单的现货销售，因此远高于长期合同下大订单的市场价格。此外，在线列出的价格通常也适用于高质量的材料，如分析材料、实验室材料或 USP 制药材料，它们的价格远远高于散装材料。

8.3.2.5 参考书

一些较为常见的化工品的价格有时会在工艺经济学教科书中给出，这些价格通常是单个数据点，而不是预测，因此它们只适用于本科阶段的设计项目。

8.3.3 价格预测

在大多数情况下，一个项目要经过 1～3 年的设计、采购和建设阶段才能开始运营，项目的运行寿命通常为 10～20 年。因此，设计工程师需要使用未来 20 年左右的预测价格来进行经济分析，而不是在进行设计时使用当前的价格。

对于某些化合物，价格随时间推进的唯一变化是考虑到通货膨胀的微小调整。这仅是一些特殊化合物的情况，它们的价格相对较高，不受竞争压力（这往往会压低价格）的影响。如果价格由政府控制，也可以保持稳定，但这种情况越来越罕见。然而在大多数情况下，价格主要由原料价格决定，而原料价格最终由燃料和化学品价格的波动决定。这些商品的价格是由市场根据供求的变化而定的，并且随着时间的推移会有很大的变化。

大多数价格预测都是基于对历史价格数据的分析，如图 8.7 所示，有几种方法可以使用。最简单的方法是使用当前价格 ［图 8.7（a）］，但这大多不能满足商品的真实情况。过去价格的线性回归是捕捉长期趋势（10 年以上）的好方法，根据选择不同的开始日期可以得到非常不同的结果 ［图 8.7（b）］，而且如果数据量太小，这种方法可能会引起误解。

由于投资周期的原因，许多商品价格表现出周期性行为，因此在某些情况下可以使用非线性模型 ［图 8.7（c）］。不幸的是，价格峰值的振幅和频率通常都有一些不规律的变化，这使得用简单的波动模型甚至高级的傅里叶变换方法来拟合周期价格趋势并不容易。

第四种方法，如图 8.7（d）所示，认识到原料和产品价格通常是密切相关的，因为原料成本的上涨会通过产品价格的上涨而转嫁给消费者。虽然原料和产品价格可能都是可变的，但毛利的变动幅度要小得多，预测起来也更可靠。毛利率预测是燃料和石化行业广泛使用的方法，因为毛利率的变化比原油和天然气价格的潜在变化更容易预测。这种方法的缺点是，当同一产品有多个方法生产时，它的预测效果不太好，而且毛利率的假设可能在整个预测期间都不成立。在毛利率较高的情况下，制造商很难以产品价格上涨的形式传递原料价格上涨的全部影响。在这种情况下，当原料价格迅速上涨时，毛利率在生产商等待市场消化价格上涨的影响时就会下降。

另一种方法是模拟价格（或毛利率）的统计分布，如图 8.7（e）所示。最简单的方法是取最近一段时间内经过通货膨胀调整的平均价格。但这种方法可能会错过数据中的长期趋势，而且很少有价格遵循任何常用的分布。然而，它与敏感性分析方法（如蒙特卡罗模拟）相结合是有用的（见 9.8.3）。

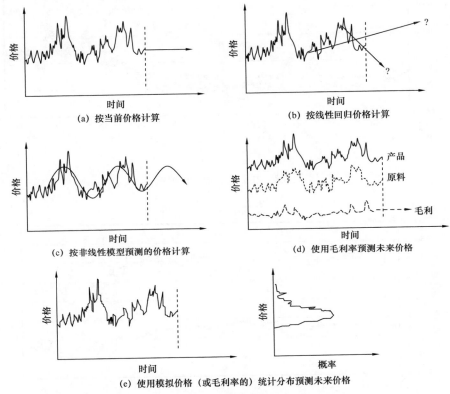

图 8.7　商品价格预测

图 8.8 显示了节选自 CMAI 数据中聚对苯二甲酸乙二醇酯（PET）的北美价格，PET是由对苯二甲酸（TPA）制成的，而 TPA 是由对二甲苯（PX）制成的。从图 8.8 可以看出以下几点：

（1）与预期一样，PX 和 TPA 的现货价格比合同价格波动更大。

（2）所有的价格都遵循着同样的大趋势，在 1995 年达到一个主要的峰值，长期的复苏导致了 2006—2008 年的第二次峰值。

（3）1995 年，PX 现货价格的峰值并没有转嫁到其他价格上。

图 8.9 所示为同一时间段内 TPA–PX 和 PET–PX 的简单价差，其计算均基于合同价格。价差的变化程度明显小于基础价格的变化。在北美，相对于 PX，TPA 和 PET 的价差似乎也处于长期下降趋势。

如果对某一特定化学品价值链上的原料和产品价格进行类似的测试，通常可以对最佳预测方法提供有价值的见解。事实上，没有哪一种方法是完美的，任何能够准确预测大宗商品价格的人都应该从事比化学工程更有利可图的职业。对于工艺流程设计，通常只要用于方案优化和经济分析的价格是现实的，与市场的大概趋势保持一致即可。

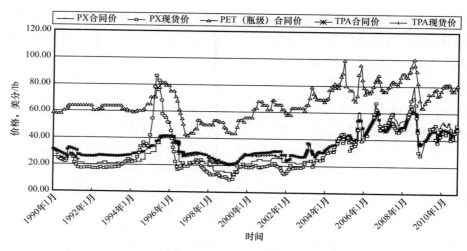

图 8.8　PET 北美地区价值链

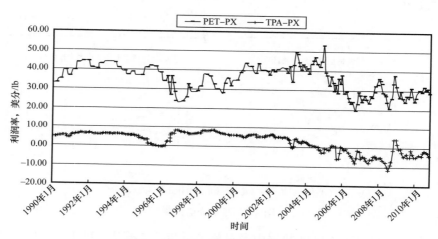

图 8.9　PET 价值链简单的价差计算

8.3.4　转移定价

如果 B 工厂的原材料是同一地点 A 工厂的产品，且 A 与 B 属于同一公司，那么 B 工厂支付给 A 工厂的价格被称为"转移定价"。转移定价应尽可能地以公开市场价格确定，来反映实际情况，即 A 工厂可以在公开市场上销售其产品，B 工厂也可以购买其原料。

转让价格与市场价格不符的情况包括：

（1）当 A 工厂生产适合内部消费但不符合贸易产品规格的材料时。在这种情况下，考虑到 B 工厂因为处理原料杂质会增加成本，转移到 B 工厂的价格应该打折。

（2）当 A 工厂能力不足或无法销售其产品，且已赚回其初始资本投资时，则 B 工厂的转移价格可以 A 工厂的现金生产成本确定（见 8.2.4）。

（3）当上游工厂的产品定价设定为产能利用率驱动型或节约能源驱动型时，则使用基于材料使用量的浮动价格尺度。

当使用转移定价时，重要的是明确哪段工艺流程带来了先进。如果使用不切实际的转移价格，会导致不经济的项目可能看起来很有吸引力，从而做出不正确的投资决策。

示例 8.1

利用 2000 年 1 月—2010 年 10 月（情境 a）、2006 年 1 月—2010 年 10 月（情境 b）和 2009 年 1 月—2010 年 10 月（情境 c）的 PET 和 PX 的合同价数据，预测每种情景下 PET-PX 在 2020 年 1 月的价差，分析哪种预测看起来最合理？

解：

使用 MS Excel 可以很容易地利用图 8.9 的数据构建预测模型，而且可以对每个数据集进行多种预测。对价差的最简单预测方法是假设价差在每个时间段内都保持平均值不变。该方法得到如下结果：

时间段	平均价差，美分 /lb
2000 年 1 月—2010 年 10 月	34.6
2006 年 1 月—2010 年 10 月	27.8
2009 年 1 月—2010 年 10 月	27.4

如果假设价差保持在平均值不变，就可以对 2020 年 1 月的价差进行预测。

或者可以通过数据进行线性回归计算，看看价差是否会随时间变化，结果与图 8.10（a）、图 8.10（b）和图 8.10（c）中每个时间段的数据集进行对比。

结果显示这几组数据的相关性都不是特别好（R^2 值分别为 0.50、0.09 和 0.22），理论上情境 a 体现了最高的相关性。将拟合的线性回归方程代入得到的结果如下：

时间段	2020 年 1 月价差的线性回归预测，美分 /lb
2000 年 1 月—2010 年 10 月	10.4
2006 年 1 月—2010 年 10 月	37.3
2009 年 1 月—2010 年 10 月	61.6

观察图 8.10（a）和图 8.9，其中 PET-PX 价差会低至 10 美分 /lb 或高达 60 美分 /lb，看起来非常不合理，这说明基于线性趋势去做推断和预测十分困难。中期预测的相关系数最低，但从中期历史数据的角度来看，似乎得出了最合理的 2020 年 1 月的价差预测值。

可以考虑的最后一种方法是观察数据的分布，图 8.11 显示了每个时间段的数据条状图。对于情境 a，数据集体现出两个峰值，通过对图 8.10（a）的检查可看出这是由于 2005 年价差出现明显的阶梯式下降；对于情境 b，数据接近于正常分布；而对于情境 c，数据集太小，无法给出良好的分布模型。

从数据上看，认为利差可以恢复到 2006 年以前的可喜水平有些轻率，所以可以去除数据集 a，同时因为数据集 c 的规模过小，也可以将其去除。因此，数据集 b 最适合更详细的统计分析。在这个数据集里，平均值为 27.8 美分 /lb，标准差为 3.8 美分 /lb，有 98% 的信心认为利差会在平均值 ±2.05 标准偏差内，所以假设数据没有时间趋势，2020 年预测的 98% 置信区间将是从 20.0 美分 /lb（=27.8−7.8）到 35.6 美分 /lb（=27.8+7.8）。注意，由同一数据集中的时间趋势的线性回归预测超出了 98% 的置信区间。

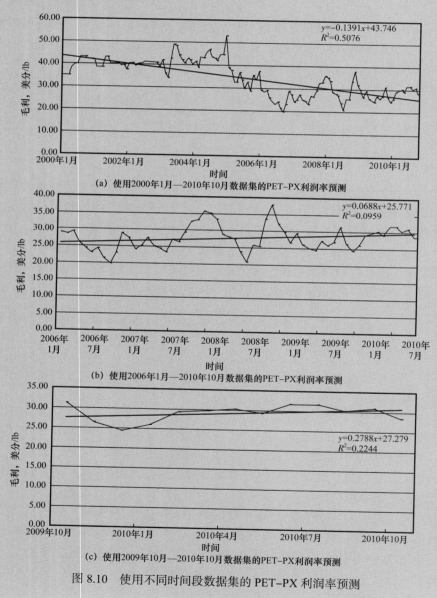

图 8.10　使用不同时间段数据集的 PET-PX 利润率预测

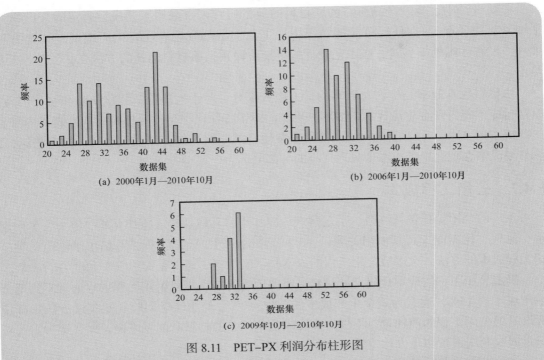

图 8.11　PET-PX 利润分布柱形图

　　不管如何进行分析，没有一个预测是最好的。没有数字基础来判断是相信 2000—2010 年价差表现出的下降趋势，还是相信 2006—2010 年价差表现出的略有上升趋势，抑或是相信 2009—2010 年价差表现出的更强劲的上升趋势。一个市场分析团队如果对这个市场的商业环境具有丰富的经验，可能会有支持他们倾向于某一种情境的证据。就像从图 8.9 和图 8.10（a）中分析预测出 PET-PX 价差可能是 30 美分 /lb±10 美分 /lb 同样有效。

8.4　可变生产成本估算

　　8.2.1 介绍了可变生产成本，可变生产成本与生产率成正比。对大多数化学品来说，主要的可变生产成本是原材料成本和公用工程成本。

8.4.1　原材料成本

　　每一种原材料的年成本就是年消耗量乘以价格。原材料价格可以通过 8.3 节中介绍的来源和方法找到并进行预测。

　　对于现有的工厂，每千克或每磅产品的原材料消耗量可以很容易地从工厂采购记录中确定。改造项目设计的第一步通常是评估实际消耗，看看它是否与工艺流程设计的预期值有显著的不同。对预期原材料消耗和实际原材料消耗之间的任何偏移的理解可以为如何优化工艺以提高效率提供帮助。

在新设计中，生产产品所需的原材料的数量通常来自采用工艺模型确定的全厂物料平衡（见第4章）。在任何可能的情况下，工艺模型都应该以现有工厂或试点装置为基准。当没有详细的模型时，在工艺设计的早期阶段预估原材料消耗的方法在2.6节中已经给出。

　　原材料成本通常是生产总成本的最大组成部分，对于大多数散装化学品和石化产品，原材料成本将占现金生产成本的80%～90%。对于特殊化学品，原材料成本可能高达现金生产成本的95%。对于废料回收或使用非常便宜的原料（如空气或天然气）的工艺流程，原材料成本在现金生产成本中只占很小的一部分。

8.4.2　公用工程成本

　　工厂的公用工程包括燃料、工艺蒸汽、冷却水、其他加热或冷却介质、电力、生产用水、氮气、仪器空气及其他相关项目。3.2节详细介绍了公用工程，并给出了确定每种公用工程成本的方法。大多数公用工程的成本是基于燃料（通常是天然气）和电力的成本。

　　确定公用工程的成本比确定原材料成本要困难得多，尽管公用工程成本通常不到现金生产成本的15%，通常为现金生产成本的5%～10%。使用能量回收和热集成方法来确定所设计的公用工程的消耗量，不仅需要完成整个工艺的物料和能量平衡，而且至少需要对热量回收利用进行初步设计（见3.3节和3.5节）。

　　为工艺提供热量的成本通常可以通过使用工艺废液作为燃料而降低，在3.4节中也更详细地讨论了从工艺废料燃烧中回收热量的问题。当废料用作燃料时，会带来双重好处，一方面使燃料成本降低，另一方面也减少了废料处理的成本。

8.4.3　催化剂及化学品成本

　　催化剂及化学品包括酸、碱、吸附剂、溶剂和过程中使用的催化剂等材料。随着时间的推移，它们会耗尽或降效，需要更换。在某些情况下，可以采用连续的清洗和补充（如酸和碱）措施，而在另一些情况下，整个批次都需要定期更换（如吸附剂、色谱介质和催化剂）。

　　酸、碱和溶剂的价格可以使用介绍过的原材料价格来源找到。只要可能，工艺一般都会采用最便宜的碱（$NaOH$）或酸（H_2SO_4），但在中和废酸时，通常会使用石灰（CaO）或氨（NH_3），因为这些碱会与硫酸发生反应，形成不可溶解的硫酸盐，这些硫酸盐可以回收并作为副产品出售。注意，酸或碱的成本必须始终包括在中和废液的成本中。

　　吸附剂和催化剂的价格根据材料的性质差别很大。最便宜的催化剂和吸附剂的成本不到1美元/lb，而较昂贵的催化剂一般包含贵金属，如铂和钯，其成本主要取决于催化剂中的贵金属含量。在某些情况下，含有贵金属的催化剂的价值过于高昂，以至于化工厂选择租用，而不是购买催化剂，当催化剂用完后，它就会被退还给制造商以回收贵金属。

　　虽然催化剂化学品数量小，成本一般不到现金生产成本的3%，但会提供装置的资本成本和增加装置的复杂性，因此装置必须被设计成具有处理、储存、计量和处理所有催化剂化学品功能的系统。在许多化工装置中，超过一半的设备与催化剂化学品的处理有关。

8.4.4　废物处理费用

生产过程中产生的不能回收或作为副产品销售的材料必须作为废物处理。在某些情况下，在将废物送往最终处置装置前，需要进行额外的处理收集。

废烃类废物，如不符合规格的产品、污油、废溶剂和废气（包括富氢气体），通常可以焚烧或用作工艺燃料（参见3.4节）。这就可以从废物中回收燃料价值，而且还可依据其热值去定义价值。

$$PWFV = PF \times \Delta H_c^\circ \qquad (8.7)$$

式中　PWFV——作为燃料的废弃物价值，美元/lb 或美元/kg；

　　　PF——燃料价格，美元/10^6Btu 或美元/GJ；

　　　ΔH_c°——热值，10^6Btu/lb 或 GJ/kg。

如果必须安装烟道气洗涤器等附加系统，以使废物能够燃烧，则应酌情抵扣废物流价值，以收回额外成本。如果其他系统，如烟气除尘器必须安装以便于废物燃烧，那么废物的价值应减去所需要的额外处理成本。

稀释后的废液会被送到污水厂，除非污染物对污水厂的细菌有毒害作用。酸性或碱性废液在处理前会被中和，中和作用通常是使用一种碱或酸来进行的，这种碱或酸会形成一种可以从水中析出的固体盐，这样废水处理厂的总溶解固体负荷就不会太大。废水处理的费用一般为6美元/1000gal（1.5美元/t），但废水排放也可能按照当地要求收取费用。

惰性固体废物可以被送到垃圾填埋场，成本约为每吨50美元，或在某些情况下用于修建道路。中和用过的硫酸产生的废料通常是硫酸钙（石膏），可作为道路填充物，或生成可作为肥料出售的硫酸铵。

不能就地焚烧的浓缩废液（如含有卤素的化合物）和非惰性固体废物必须作为危险废物处理。这就需要将材料运送到危险废物处理公司，在专门的装置进行焚烧，或在合适的设施中长期储存。危险废物处理的费用很大程度上取决于工厂的位置、离废物处理厂的距离以及危险废物的性质，必须根据具体情况进行评估。

关于废物处理注意事项的其他资料见第11章。

8.5　固定生产成本估算

固定生产成本是指与生产负荷无关的成本。固定成本包括劳动力、维修费、管理费和税金，一些财务费用也算作固定费用，更多细节在接下来的篇幅会详细讨论。

8.5.1　劳动力成本

支付给工厂的操作人员和管理人员的工资几乎被所有工厂视为固定生产成本，因为装置运营需要经验和安全培训，在短期需求变化的情况下增加和减少劳动力是不切实际的。几乎所有的工厂都是倒班操作（即使是批量生产的工厂），每个班次通常配有4.8名操作员。四班轮班制可以保证提供周末、假期、节假日和必须加班的班次。大多数装置至少需要三个倒班岗位：一个在控制室，一个在室外，一个在罐区或其他原料／产品装卸区域。使用更多机械设备的工厂，特别是固体处理装置，通常需要更多的倒班岗位。处理高毒性化合物时也需要更多的倒班岗位。在某些情况下，可以将两个或两个以上较小的装置与一个公共控制室和罐区组合在一起，以减少所需操作人员的数量。不过，很少有装置完全无人管理，气体处理装置除外。气体处理装置没有原料或产品库存，通常是全自动的，可以由控制室的一个操作员同时监控几套装置。图 8.12 给出了预估最小倒班数的图表，但这只是一个粗略的指南。设计工程师应始终仔细考虑每班所需的操作人员，特别是处理固体或涉及批量操作或频繁取样的工作。

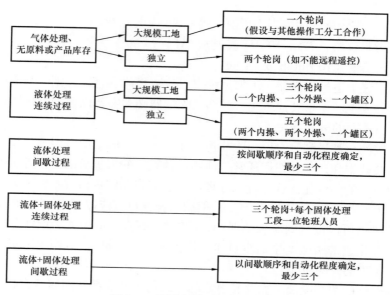

图 8.12　预估最小轮班数的图表

操作人员的薪水因地区和经验水平而异。经初步估计，美国墨西哥海湾沿岸地区（USGC）每年每个倒班岗位的平均工资为 5 万美元，不包括管理费用。

监督和管理成本通常占运营成本的 25%。实际所需的监管级别取决于装置或现场的规模。在某些情况下，一个倒班主管可以管理几套装置。

直接工资中的管理费用是为员工提供福利和培训的费用。这些费用包括诸如医疗保险、养老金储蓄计划、培训课程以及订阅和专业社团会员资格等非薪资成本。不同行业和公司的非薪酬福利水平差别很大，一些公司利用福利计划来吸引和留住员工，而另一些公司则更注重薪酬本身。例如，从历史上看，石油行业的薪酬相对较高，但福利水平较低；而制药行业的薪酬水平相对较低，但工作经验相同的情况下福利水平更高。福利费通常是劳动力成本加上监管成本的 40%～60%。

8.5.2　维修费用

维修费用是一项固定成本，因为无论生产水平如何，装置都必须保持良好的维护状态。在低于满负荷运转的情况下，实际上会增加维护成本，因为与设计能力下的稳定运行相比，设备在启动、停工或关闭期间受损的可能性更大。

维修费用包括更换或修理零件和设备的费用，以及进行维修工作所需的人工费用。直到 20 世纪 90 年代，许多化工企业还雇佣了大量受过培训的维修技术人员来提供维修服务。而在过去 20 年里，更普遍的做法是公司将主要的维修大修分包出去，只留下少数熟练的维修工人在现场处理日常维修。

维修费用通常被估计为界区内投资的一小部分，对于处理液体和气体的工艺装置大约是 3%，而对于处理固体或其他大型机械设备的工艺装置则大约是 5%。如果已知某个工艺装置需要定期更换设备，设计工程师应估算年化更换成本（参见 9.7.2 和示例 9.6），并将其添加到维护费用中。当设计者预期某些设备的零件寿命比项目寿命短，或者预计磨床、烘干机或输送机等设备出现过度磨损时，就是这种情况。

8.5.3　土地、租金和地方财产税

北美的大多数化工厂是在租用的土地上建设或租用部分建筑设施，因为租用土地或物业通常比投入资金去购买土地、建设必要的基础设施和建筑物更容易，而且在财务上更有吸引力。许多新工厂都建在所谓的"棕地"上，而这些地方以前都是由其他工厂占用的。地方政府常常鼓励企业重新开发废弃的工业用地，化工企业自己也常常鼓励其他企业将装置建在其工厂厂址的闲置部分，以分摊自身的一些公用工程和基础设施成本。

土地或建筑的租金在不同厂址之间差别很大，而这点在确定厂址方面起着重要作用（详见第 11 章）。在做最初的估算时，土地成本通常被认为是由少量建筑物的装置的界区内投资加上界区外投资的 1%，如果装置位于室内，则为界区内投资加上界区外投资的 2%。

一些地方、区域、州或省级政府对商业用地或建筑征收房产税。房产税的高低应向当地政府咨询。初步分析可以假设为界区内投资加上界区外投资的 1%。

如果装置的土地是购买的，那么土地成本包含在初始资本成本中，不需要添加土地费用到固定成本中。当土地被资本化后，它不能被折旧，但是土地成本可在项目结束时收回，不过需要先减去所有现场清理和修复的费用。

8.5.4　保险

所有工厂都需要投保来承担第三方责任和潜在的工厂损失。大多数化学公司通过保险公司投保，尽管有些公司选择自我保险，本质上就是拨出一部分营业收入来承担相应责任。保险费是基于专业风险管理公司事先进行的绩效与风险评估，通常约为界区内投资加上界区外投资的 1%。

8.5.5　利息

如果项目由债券或贷款融资，定期支付的利息（或利息加本金摊销）是项目的固定成本（债务融资在 9.3.2 中有更详细的讨论）。债权人对收益的支配权优先于股东，因此债务的支付必须作为生产成本支付，而不是从留存收益中拨出。

大多数公司逐个项目地分析债务和股权融资的相对比例，使用总体平均资本成本对项目进行评估（见 9.3.4）。因此，偿还与固定资本投资有关的债务需要包括在项目的总预期资本回报之内。然而，通常认为流动资金将完全由债务提供，因此流动资金的价值总是足以偿还贷款本金，而维持流动资金的成本等于应缴的年息。每年支付的利息等于流动资金乘以利率，此处所用利率可以来自同类公司对公司债券支付的利率（见 9.3.2）。

当一家公司只有一个工厂的情况下，在考虑成立一个新项目时，最好将债务融资与股权融资分开，并将偿债成本作为固定生产成本计算。这种方式可以提供一个项目可能更真实的资本金回报率。

8.5.6　公司管理费用

公司管理费用有研发费用、销售和营销成本、综合和行政管理成本三个主要组成部分。

（1）研发费用。研发费用包括基本的项目识别、新产品开发、扩大和测试、新药的临床试验以及为现有产品开发新市场的应用测试的成本。研发成本占营收的比例按行业而异，燃料和石化行业公司只有不到 1%，而一些生物技术和制药公司高达 15%。

（2）销售和营销成本。销售成本包括支付销售人员的费用、广告费用（包括促销材料）、拜访客户和展会的差旅费用，以及与销售相关的其他成本。额外的营销费用包括市场研究和分析、竞争力分析、品牌推广及其他任何与理解客户需求和偏好，并利用这种理解来指导新产品开发、产品定位和定价相关的成本。销售和营销成本很大程度上取决于产品的类型。按照 ASTM 标准生产的大宗商品的销售和营销成本几乎为零，而面对消费者的商品和特殊商品的销售成本可能高达总生产成本的 5%。

（3）综合和行政管理成本。综合和行政管理成本包括管理公司的所有成本：综合管理、人力资源、采购管理、财务、会计、战略规划、业务发展、物业管理、信息技术、健康、安全和环保、公司通信和法律服务。在较小的公司中，有些功能可能会外包给顾问，但这些成本必须由公司承担，而这些成本的一部分是由所有新项目共同承担的。综合和行政管理成本可以通过查看公司的年度损益表（见 9.3.1）来评估，并可反映公司组织架构的冗员情况。综合与行政管理成本通常是根据收入或员工人数分配的，使用基于员工人数的方法进行的初始估计一般为劳动力成本加上监管和管理费用的 65%，而基于收入的方法在收入中所占的比例与公司损益表中所占的比例相同。

公司管理费用因行业而异，从事较少研发工作的炼油企业比制药企业的管理费用要低得多。公司财务报告可以用来深入了解不同公司和行业的管理费用的典型分布。这些报告可在互联网上免费获得（见 9.3.1）。

8.5.7　专有技术许可费和专利技术使用费

使用专有技术的装置必须向技术所有者支付许可费或特许使用费。如果一家公司使用的技术受到专利保护，却没有获得使用该技术的许可，专利权人可以起诉他们侵权。如果法院判决专利持有人胜诉，那么该公司将被责令停止使用该技术并支付赔偿金。

在制造业中，专利通常涉及工艺技术流程、物质组成、化学和生物路线、工艺条件、催化剂、酶、转基因生物、工艺设备以及控制策略和算法。专利持有人通常在产品定价中包括专利使用费，如催化剂、酶或设备，并保证产品不会侵犯其他人的专利。

当专利使用费不包括在产品价格中时，许可费由专利权人（许可方）和希望实施该技术的公司（被许可方）协商确定。特许权使用费的定价取决于替代技术的可获得性、被许可方获取技术的意愿以及专利权人出售技术的意愿。有关定价的综合讨论，请参阅 8.3.1。特许权使用费可以按收入的百分比计算，但最常见的方法是根据总生产能力为每磅或每千克产品设定固定费率。虽然特许权使用费与装置的生产能力成正比，但特许权使用费是一项固定成本，无论装置是否真正满负荷运转，通常都必须支付。

在某些情况下，技术所有者同意被许可方将特许权使用费资本化。在这种情况下，被许可方支付的预付款相当于未来特许权使用费的总额或净现值，或其中的一部分。这种方式允许专利权人更早地确认收入，并且允许被许可方将特许权使用费支付作为获得技术的初始成本，而不是持续的固定成本。这样双方可以免除处理常规专利费的不便。

8.6 汇总收入及生产成本

创建与项目相关的所有生产成本和收入的单页摘要是很有用的，因为这样可以更容易地评价项目的经济性，并了解生产总成本的各个组成部分所占的相对比例。汇总表通常列出每一种原材料、副产品、消耗品和公用工程的每年消耗量和单位产品的消耗量、价格、每年成本和单位产品的成本，以及固定成本和资本费用。

大多数化学公司都有一种汇总生产成本的首选格式，并且一般使用标准的电子表格。Nexant（www.chemsystems.com）发布的 PERP 报告给出了很好的例子。本书附录 G 提供了一个生产成本汇总的模板，可以从 booksite.Elsevier.com/ Towler 的在线资料中以 MS Excel 格式下载。示例 8.2 演示了该模板的使用。

示例 8.2

己二酸用于制造尼龙 66。它是由苯酚加氢成环己醇与环己酮的混合物，然后与硝酸氧化而成。总的反应大致可以写成：

$$C_6H_5OH + 2H_2 \longrightarrow C_6H_{10}O$$

$$C_6H_{10}O + H_2 \longrightarrow C_6H_{11}OH$$

$$C_6H_{11}OH + 2HNO_3 \longrightarrow HOOC(CH_2)_4COOH + N_2O + 2H_2O$$

苯酚、氢气、硝酸、公用工程和化学品的实际工艺消耗已确定为：

材料	数量	单位
苯酚	0.71572	lb/lb（产品）
氢气	0.0351	lb/lb（产品）
硝酸（100% 浓度）	0.71778	lb/lb（产品）
副产品废气	0.00417	lb/lb（产品）
各种催化剂和化学品	32.85	美元 /t（产品）
电力	0.0939	kW·h/lb（产品）
冷却水	56.1	gal/lb（产品）
高压蒸汽	0.35	lb/lb（产品）
中压蒸汽	7.63	lb/lb（产品）
锅炉给水	0.04	gal/lb（产品）

这些收率数据来自 Chem Systems 的 PERP 报告＜98/99–3 己二酸＞（Chem Systems，1999）。硝酸的消耗量是指 100% 浓度硝酸量，但是在工艺流程中实际使用了 60% 浓度的硝酸。

请估算一个位于东北亚的新的年产 400000t 己二酸装置的现金生产成本和总生产成本（相同规模的装置在示例 7.8 中介绍）。己二酸、苯酚、氢和硝酸的价格预测为 1400 美元 /t、1000 美元 /t、1100 美元 /t 和 380 美元 /t。燃油价格为 6 美元 / GJ（约为 6 美元 /10⁶Btu），电价为 0.05 美元 /（kW·h）。假设有 15% 的资本成本和 10 年的项目寿命。

解：

如 8.6 节所述，在电子表格中汇总生产成本是很方便的，本例使用了附录 G 中的模板（图 8.13）。除了将本题陈述的信息输入电子表格（需要对单元进行任何必要的转换），还需要进行一些额外的计算，如下所述。

（1）配平物料平衡。

当输入收率数据时，显而易见的第一件事情是，工艺流程中的物料平衡与给定的信息无法配平，这表明仍然需要考虑一些废料。

从化学反应中可以明显地看到第一股废料物流。在工艺流程中，硝酸被循环利用，直到最终转化为 N_2O 并排放到大气中。因此，N_2O 的产量可以通过氮的物料平衡得到：

$$原料氮 = 净化的氮气$$

$$400000 \times 0.71778 \times \frac{14}{63} = m_{N_2O} \times \frac{2 \times 14}{44}$$

公司名称 地址 生产成本 苯酚提取己二酸 表单: XXXXX-YY-ZZ		项目名称 苯酚提取己二酸 项目号					页 1 数		
		REV	DATE	BY	APVD	REV	DATE	BY	APVD
		1	1.1.07	GPT					

业主名称 装置地址 东北亚 项目简介	资本成本基准 2006 年 单位 国际单位制 工时 8000h/a	333.33d/a

产量预估		资本成本

数据来自Chem System的PERP报告<98/99-3己二酸>，己二酸，第89页

投入为苯酚、硝酸、氢气、废气、公用工程和化学品

生产规模设置为400t/a=880×10⁶lb/a

	百万美元
界区内投资成本	206.5
界区外投资成本	82.6
工程费用	28.9
不可预见费	42.4
总投资	361.3
流动资金	59.5

收入与原料费用

物料平衡　　　　物料平衡配平　101%

主要产品	单位	单位/单位产品	单位/a	价格，美元/单位	百万美元/年	美元/单位主产品
己二酸	t	1	400000	1400	560.00	1400.00
主要产品总收入（REV）	t	1	400000		560.00	1400.0 0
副产品及废料流						
一氧化二氮（排放的）	t		100261	0	0.00	0.00
废气	t	0.00417	1670	700	1.17	2.92
有机废料（燃料价值）	t	0.03072	12288	300	3.69	9.22
水溶性肥料	t		273440	-1.5	-0.41	-1.03
副产品与废料总量（BP）	t	0.0348939	387659		4.44	11.11
原料						
苯酚	t	0.71572	286288	1000	286.29	715.72
硝酸60%（基于100%浓度）	t	0.71778	287112	380	109.10	272.76
水基稀释硝酸	t		191408	0	0.00	0.00
氢气，99%	t	0.0351	14040	1100	15.44	38.61
原料总量(RM)			778848		410.83	1027.09
毛利(GM=REV+BP−RM)					153.61	384.03

催化剂及化学品

	单位	单位/单位产品	单位/a	价格，美元/单位	百万美元/年	美元/单位产品
各种催化剂和化学品	kg	32.8 5	13138263	1.00	13.14	32.85
其他	kg		0	0.00	0.00	
总耗材（CONS）					13.14	32.85

公用工程

	单位	单位/单位产品	单位/a	价格，美元/单位	百万美元/年	美元/单位产品
电力	kW·h	206.0	10300	0.05	4.120	10.30
高压蒸汽	t	0.4	18	14.30	2.002	5.01
中压蒸汽	t	7.6	382	12.00	36.624	91.56
低压蒸汽	t	0.0	0	8.90	0.000	0.00
锅炉给水	t	0.3	17	1.10	0.145	0.36
冷凝水	t	0.0	0	0.80	0.000	0.00
冷却水	t	463.0	23150	0.024	4.445	11.11
燃烧燃料	GJ	0.0	0	6.00	0.000	0.00
总公用工程（UTS）					47.339	118.340
可变生产成本(VCOP=RM−BP+CONS+UTS)					466.86	1167.16

固定生产成本

		百万美元/年	美元/单位产品
人力	4.8个管理员/轮班岗		
倒班人员 9	每人30000美元/a	1.30	3.24
监管	25%的直接人力成本	0.32	0.81
直接管理费	45%的直接人力及监管费用	0.73	1.82
维修	3%的界区内投资	10.84	27.10
管理费用			
工厂管理费	65%的人力及维修费用	8.57	21.43
税额及保险	2%的固定投资	5.42	13.55
贷款应计利息	0%的固定投资	0.00	0.00
	6%的流动资金	3.57	8.93
固定生产成本(FCOP)		30.75	76.88

年度资本费用

	百万美元	利率	寿命(a)	ACCR	百万美元/年	美元/单位产品
固定资产投资	361.30 3	15%	10	0.199	71.99	179.98
专利技术使用费	15.00 0	15%	10	0.199	2.99	7.47
存货摊销						
催化剂1	0.00 0	15%	3	0.438	0.00	0.00
催化剂2	0.00 0	15%	3	0.438	0.00	0.00
吸附剂1	0.00 0	15%	3	0.438	0.00	0.00
设备1	0.00 0	15%	3	0.298	0.00	0.00
设备2	0.00 0	15%	3	0.298	0.00	0.00
总年度资本费用					74.98	187.45

汇总

		百万美元/年	美元/单位成本
可变生产成本	466.86		1167.16
固定生产成本	30.75		76.88
现金生产成本	497.61		1244.04
		毛利 62.39	155.96
总生产成本	572.59		1431.48

图 8.13　案例 8.2 中的生产成本工作单

其中，m_{N_2O} 为 N_2O 的流速，因此可计算为 100261t/a。在一开始的估算中先假设处理这股废料是没有成本的，尽管可能会在一个更详细的设计阶段重新讨论这个问题，看是否需要安装排气洗涤器或其他设备来处理这个废气。

从总体化学反应来看，第二股废料物流也很明显。苯酚的分子量是 100，己二酸的分子量是 146，所以苯酚的化学计量是 100/146＝0.68493lb/lb（产品）。实际流程中消耗被估计为 0.71572lb/lb（产品），所以其中的差值（0.71572−0.68493＝0.03079lb/lb）必须转化为有机副产品。一些有机副产品可能是从富含氢的燃料气体流失的物质中获得，但作为一个初步估算，可以假设从这个流程中回收有机液体废料。也有可能（事实上很有可能）人们称为有机副产品的一些物质实际上是 N_2O 排放中有机物的损失。由于这些物质可能必须在排放前进行净化，因此可以合理地假设其中的任何有机物质都将作为有机废物收集。这个假设应该在工艺设计后期重新讨论，那时可以获得更好的工艺收率的信息。有机废料的价格一般为每吨 300 美元，假设它可以作为燃料燃烧。

第三股废料物流是水溶性废料。这包括与硝酸一起引入的水，化学反应形成的水以及其他消耗的水，如排气洗涤器或工艺水冲洗中消耗的水。

在物料平衡中，与硝酸一起引入的水很容易计算，因为它等于硝酸的消耗量（100% 基础上）×40/60＝400000×0.71778×4/6＝191408t/a。

化学反应中需要的水可以估计为每消耗 1mol 的硝酸需要 1mol 的水（1mol/mol），如每 63t 硝酸需要消耗 18t 的水，即 400000×0.71778×18/63＝82032t/a。注意，也可以估计这是 2mol/mol 的生成物，但这可能会高估水的产量，因为消耗的硝酸量比化学反应的要求要少。这也是因为上面给出的反应只是一个近似假设，并不包括环己酮的反应。

在工艺洗涤和净化过程中消耗的水很难估计，但是既然在公用工程项下没有列出工艺用水消耗，可以假设所有的工艺用水需求都通过内部循环来满足。这样，总废水流量为 191408＋82032＝273440t/a，废水处理费用已被确定为每吨 1.5 美元（见 8.4.4）

当上述 N_2O、有机废料和水溶性废料的值输入电子表格时，质量平衡显示每 100t 原材料生产 101t 产品，这不是完全配平的，但是在这个分析阶段已经足够好了。这种误差很可能发生在有机物或水的废料流中，对经济分析影响不大。当然，当有更好的工艺收率数据和流程模拟可用时，应重新评估这些数据。

（2）公用工程费用估算。

从生产负荷和本题陈述的信息很容易估算出所消耗的公用工程的数量（需转换成国际单位制单位）。从示例 3.2 中可以得到不同压力等级的蒸汽价格，因为电力和投入气的成本是相同的。锅炉给水、凝结水和冷却水的价格已在 3.2 节中讨论过。

公用工程费用大约是可变生产成本的 10%。这是许多化工工艺的典型特征。

（3）固定成本估算。

这是一个相对复杂的工艺流程，理论上需要两个装置——苯酚加氢和 KA 油氧化。因此，假设每个装置至少有 4 个倒班岗位，总共 9 个。以东北亚地区为基础，预计每个岗位的工资成本低于美国墨西哥海湾装置每年 5 万美元的正常水平，初步估计为每年 3 万美元，其余的薪金和管理费用按照 8.5.1 的假设确定。

示例 7.8 中估算该装置的固定资本总成本为 36130 万美元，固定资本不包括利息费用（因为将根据下面的总资本成本计算年化费用）。流动资金包括利息费用，因为流动资金在项目结束时收回，因此不应摊销，如 9.7.2 所述。

总的固定生产成本计算为 3100 万美元 /a，这比可变生产成本（4.67 亿美元 /a）低。对于一个世界级规模的装置，固定生产成本在总生产成本中所占的比例相对较小，这种情况并不少见。

（4）流动资金估算。

流动资金估算为 7 周的现金生产成本减去两周的原料成本加上固定资本投资的 1%（如 9.2.3 所述）。由于现金生产成本包括流动资金的应付利息，这在电子表格中形成了循环引用。必须调整电子表格选项，以确保计算迭代的一致。最终得出的结果为 59.5 万美元，请注意，此处计算出的值比估计的流动资金占固定资本投资的 15% 要高出约 10%。

（5）年化资本成本估算。

固定资本投资按照年利率 15% 在超过 10 年的时间内年化。9.7.2 介绍了资本成本的年化方法，在此年利率和回收期下年度资本支出比率是 0.199，所以年度资本支出是 $0.199 \times 36130 = 7199$ 万美元 /a，或 179.98 美元 /t（产品）。这大约是生产总成本的 10%，是典型的化工工艺装置的情境。

除了固定资本投资，还应考虑对技术专利费的补贴。问题描述没有具体说明装置是否使用专有技术建造，但有理由认为其需要支付专利费。如果增加了 1500 万美元的专利费，那么每年的费用为 300 万美元，大约相当于收入的 0.5%，这个初步估算是合理的。在详细设计阶段与专利商进行讨论时，应重新评估这一费用。

（6）生产成本估算。

现金生产成本为固定生产成本和可变生产成本之和 [式（8.3）]：

$$CCOP = VCOP + FCOP = 466.86 + 30.75 = 497.61 \text{ 百万美元 }/a = 49761 \text{ 万美元 }/a$$

生产总成本为现金生产成本与年度资本费用之和 [式（8.6）]：

$$TCOP = CCOP + ACC = 497.61 + 74.98 = 572.59 \text{ 百万美元 }/a = 57259 \text{ 万美元 }/a$$

值得注意的是，计算出的生产总成本大于预期的年度收入 5.6 亿美元 /a，这表明该项目不会获得 15% 的预期利率，在示例 9.5、示例 9.7 和示例 9.9 以及习题 9.6 中进一步探讨了这一点。

参 考 文 献

Chem Systems.（1999）. Adipic acid：PERP report 98/99–3. Chem Systems Inc.

Shell.（2005）. Shell global scenarios to 2025. Royal Dutch Shell. Retrieved from www.shell. com. Shell.（2008）. Shell energy scenarios to 2050. Shell International BV. Retrieved from www.shell.com.

习 题

8.1 一个气体净化工厂要使用循环烷烃醇胺溶剂从天然气中去除 H_2S 和 CO_2。据估计，溶剂循环利用率为 2.2gal/10^3ft^3 标准天然气。溶剂使用低压蒸汽以每加仑溶剂 1.3lb 的蒸汽速率再生。溶剂从 1.5bar 的再生器通过泵送至压力为 60bar 的吸收器。规模为 5000×10^4ft^3/d 的工厂的溶剂填充年成本是 12.5 万美元。如果燃料气成本为 6 美元 /10^6Btu，而电力成本为 0.05 美元 /（kW·h），估算每立方英尺天然气的可变成本。

8.2 一个每年生产 60t 尼龙 6 的工厂的原料和公用工程的消耗如下。工厂固定资产成本估计为 1.14 亿美元。估算现金生产成本。

原材料：己内酰胺，1.02t/t（产品），每吨 1700 美元。

公用工程：燃料气，9×10^6Btu/t（产品），价格为 4.50 美元 /10^6Btu；冷却水，32000gal/t（产品）；电力，130kW·h/t（产品）。

8.3 甲乙酮（MEK）的生产工艺在附录 F 中有详细介绍，也可在网上找到相应资料（booksite.Elsevier.com/Towler）。现一座年产 10000t 甲乙酮的装置已完成初步设计，操作时间是每年 8000h。估算现金生产成本（注意：该工艺的资本投资估算在习题 7.10 中）。

原材料：2– 丁醇，1.045kg/kg（MEK），每吨 800 美元；溶剂（三氯乙烷）每年 7000kg，价格 1.0 美元 /kg。

公用工程：燃料油，3000t/a，加热值 45GJ/t；冷却水，每小时 120t；蒸汽，低压，1.2t/h；电力，1MW。

通过燃烧燃料油来提供用于加热反应器进料和反应器的烟气，一些燃料需求可通过副产品氢来提供。此外，烟道气排放可用于生产蒸汽。这些可能的经济性本题不需要考虑。

8.4 天然气在化工工艺中广泛用作燃料，因此天然气价格往往是经济分析中的一个重要变量。请预测 15 年后的美国天然气价格，天然气历史价格可以在 www.eia.doe.gov 网站上找到，工业价格数据库是大型工业用户支付的最典型的合同价格。在进行预测时，考虑天然气市场可能发生的任何结构性变化。

8.5 估算以下物质 2010 年、2020 年和 2030 年的价格（美元 /t）：

（1）硫酸，98%（质量分数）。

（2）氢氧化钠。

（3）活性炭吸附剂。

（4）去离子水。

8.6 表 8.3 包含了 1999 年 1 月至 2010 年 12 月韩国苯乙烯及其原料乙烯和苯的 6 个月平均价格数据。计算由苯和乙烯制成苯乙烯的毛利，并绘制出这段时间内毛利的变化情况，再对苯乙烯和乙烯在 2010—2030 年的毛利进行预测。

　　8.7　利用表 8.3 中的数据构建 2010—2030 年韩国苯、乙烯和苯乙烯价格的预测。

表 8.3　韩国苯乙烯、乙烯和苯的价格

时期	价格，美元 /t		
	苯	乙烯	苯乙烯
1H99	218.98	355.67	403.02
2H99	262.86	481.00	603.81
1H00	366.38	520.67	838.58
2H00	404.54	587.83	684.75
1H01	338.19	534.50	529.21
2H01	216.70	467.50	416.08
1H02	293.30	450.67	570.92
2H02	375.11	516.50	659.23
1H03	483.86	580.00	677.75
2H03	415.99	558.17	709.96
1H04	638.07	669.17	870.61
2H04	1055.59	778.83	1278.42
1H05	925.58	829.67	1087.93
2H05	785.97	950.00	1021.90
1H06	815.33	1025.83	1075.45
2H06	931.42	1080.00	1252.43
1H07	1037.46	1122.83	1288.28
2H07	1018.83	1286.83	1341.37
1H08	1145.30	1560.83	1451.25
2H08	846.33	1435.17	1094.41
1H09	539.82	754.83	838.95
2H09	845.93	1096.83	1077.45
1H10	949.62	1252.17	1226.10
2H10	907.75	1221.07	1176.12

　　注：（1）1H03 表示 2003 年的上半年，2H99 表示 1999 年的下半年，以此类推。

　　（2）来源：CMAI，www.CMAIglobal.com。

项目经济评价

9.1　概述

投资一个化工厂的目的是获取利润，因此比较项目的经济效益是十分必要的。在一个公司同意在一个拟定项目上投入大量的资金之前，管理层必须确信，与其他替代方案相比，该项目将带来更好的投资收益。本节将介绍用于项目之间经济比较的主要方法。

9.2　项目期内的现金流

9.2.1　现金流量图

在任何项目中，最初的现金从公司流出，以支付工程、设备采购、工厂建设和工厂启动的费用。一旦工程建成投产，产品销售的收入就开始流入公司。第 7 章已经介绍了项目资本成本的估算，而且第 8 章也介绍了生产收入和成本的估算。

所有的"净现金流量"都代表收支间的差额。现金流量图（图 9.1）显示了项目生命周期内的累计净现金流预测。现金流基于一个对项目的投资、运营成本、销售额和销售价格的最佳预估，其中现金流量表可以清楚反映一个项目所需的资源和盈利的时间。图 9.1 可以分为 5 个阶段：

AB 段，设计工厂所需的投资。

BC 段，建设工厂的大量资金和启动资金，包括流动资金。

CD 段，现金流量曲线在 C 点出现，因为工艺装置开始运行，开始有销售收入进账。

净现金流现在是正的，但累计金额仍然是负的，直到投资在 D 点还清。点 D 称为盈亏平衡点，达到盈亏平衡点的时间称为回收期（在另一种情况下，盈亏平衡点这个术语有时也被用来表示装置生产能力的百分比，在这个百分比上，收入等于生产成本）。

DE 段，在这个区域累计现金流为正，表示这个项目正在获得回报、投资。

EF 段，项目使用寿命接近尾声时，由于运营成本增加，装置报废导致销量和价格下降，现金流可能会下降，曲线斜率也发生变化。

F 点给出项目生命周期结束时的最终累计净现金流量。

净现金流量是一个相对简单且容易理解的概念，也是进一步评估项目盈利能力的基础。现金流量图通常不考虑税收和折旧的影响。

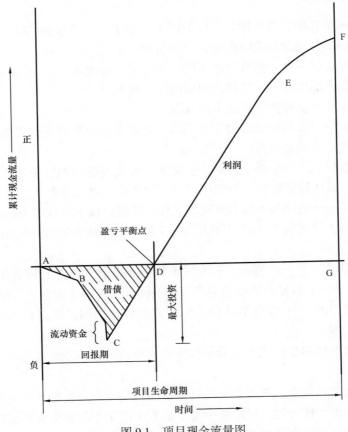

图 9.1　项目现金流量图

9.2.2　设计施工期间现金流出

公司在项目设计和施工阶段的投资速度通常由公司与设计、采购和建造承包商（EPC）公司签订的合同条款决定。通常被称为承包商的 EPC 公司，与压力容器、热交换器和其他大型工艺设备的制造商，以及管道、仪器、钢材、电线和建造工厂所需的所有其他材料的供应商签订分包合同，个别设备的实际采购均由承包商负责。

大多数工厂的建设合同都是根据已确定的进度节点（里程碑）的完成情况分为几个阶段。每达到一个里程碑时都会有相应比例的应付合同金额。例如，常见的方法是在签订合同详细设计完成、破土动工、机械竣工、性能测试成功完成时分别支付一定比例的费用。在每个里程碑处的确切应付金额取决于合同谈判结果，但尾款数额通常较大，因此承包商在工厂正常运转之前通常不会盈利。

　　大项目可能需要几年的时间才能完成。一个大型工厂的典型进度计划一般是一年的详细设计加两年的建设期，而需要监管部门审核批准的制药企业可能需要 5～6 年的时间。这将在 9.6.2 中进一步讨论，本章稍后也会给出一个典型的装置开车进度表。

9.2.3　流动资金

　　流动资金是除了建造装置外额外需要的成本，用于工厂开车和维持工厂运转。流动资金被认为是与维持工厂运营有关的资金，一般包括：

　　（1）原材料库存——通常估算为两周的已交付原材料成本。

　　（2）产品和副产品库存——估算为两周的生产成本。

　　（3）留存现金——估算为一周的生产成本。

　　（4）应收账款——发货但尚未付款的产品，估算为一个月的生产成本，具体数额取决于客户的付款条件，可能会更高。

　　（5）应付账款赊欠——原料、溶剂、催化剂、包装等已收到但尚未付款的，估算为一个月的交付成本，具体数额取决于与供应商协定的条款，可能会更大。

　　（6）备件库存——估计为界区内投资加上界区外投资成本之和的 1%～2%。

　　可以看出，第 1 项到第 5 项的总和大约是 7 周的生产成本减去 2 周的原料成本（第 5 项是贷项）。

　　对于一个简单的、单一产品的工艺流程（几乎或完全没有产成品储存），流动资金可能低至 5%，而对于一个为复杂的市场生产各种不同等级产品（如合成纤维）的工艺流程，流动资金可能高至 30%。一般化学品和石化装置的普遍比例是固定资本（界区内投资 + 界区外投资）的 15%。

　　估算流动资金时使用生产成本比资本投资要更合适，上述经验法则可用于初步估计所需流动资金。

　　只要工厂在运营，就会一直需要流动资金，而且其不应与各种开车杂费混淆。通过对存货和应收账款的更严格管理，可以减少工厂运营中占用的流动资金，而这也是精细管理的目标。流动资金在项目寿命结束、剩余库存消除时被收回，且流动资金不能被折旧，因为它不会因为"磨损"而失去价值。

　　公司有时会讨论流动资金周转次数或周转率，并定义其为年度收入除以平均流动资金的比率。流动资金周转率可以通过降低流动资金来提高，较高的流动资金周转次数表明企业管理层对流动资金进行了有效管理。

　　Bechtel（1960）、Lyda（1972）和 Scott（1978）介绍了其他估算流动资金需求的方法。

9.2.4　项目结束时产生的现金流

如果一家工厂停止运营或被"封存"（半永久关闭），那么流动资金将被收回，一旦工厂需要重新启动，则必须重新投入。当一家工厂永久关闭时，它可以被完整地出售或分成部分出售。有几家公司专门购买和转售二手装置，二手装置和设备的广告通常可以在贸易杂志的相关部分和转售网站上找到，如 www.net.com。报废价值可以根据设备质量估算，并且通常低于界区内投资的 10%。除非关闭整个厂区，否则界区外投资不能被回收。

如果为装置购买土地（这种情况越来越少见），那么土地可以作为额外的期末资产出售，而土地修复的成本必须从土地的价值中扣除，因此出售土地产生的额外现金流不一定是正的。

这些在项目结束时产生的现金流通常不包括在盈利能力分析中，因为它们产生的时间是不确定的，而且它们产生在足够远的未来，以至于它们对任何盈利能力的衡量指标的影响都可以忽略不计。

9.3　项目融资

化工厂的建设和运营需要大量的资金，因此从事化学品生产的公司必须筹集资金来支持这种投资。与税收一样，企业融资也是一门需要专业知识的复杂学科。公司为项目筹集资金的方式决定了该公司的资本成本，从而设定了项目必须达到的预期财务回报率。因此，工程师需要对这一课题有一个基本的认识来对经济进行分析和优化。

9.3.1　企业会计与金融的基础知识

财务会计的目的是向公司的所有者（股东）、债权人、监管机构和其他利益相关者报告公司的经营业绩和财务状况。财务报告的主要目的是向股东提交年度报告。化学、制药和燃料行业的公司的年度报告一般包括：

（1）首席执行官（CEO）的一封信，描述了过去一年的运营、重大收购、资产剥离和重组，以及短期和长期的规划。

（2）财务信息，包括资产负债表、损益表、现金流量表、财务报表附注、独立审计师意见。

（3）公司董事和执行管理层的信息。

（4）关于公司健康、安全及环保情况的报告（有时单独发布）。

上市公司的年报通常只要访问该公司的网站就能轻易找到，该网站通常会有一个突出的"投资者信息"或类似的链接。本书在撰写期间没有试图创建任何一个虚构的财务报表，因为网络上有大量的实例可以参考，本书也鼓励读者在网上搜索真实案例来进行研究。

9.3.1.1　资产负债表

资产负债表是公司财务状况的缩影，它列出了公司所有的资产以及公司的所有负债和所有者权益。资产与负债的差额是所有者权益，即理论上，如果股东决定清算公司时他们可以分享的资金数额。

$$所有者权益 = 资产 - 负债$$ (9.1)

一般来说，资产是按照流动性从高到低的顺序排列的，流动性是衡量资产转化为现金的容易程度的指标。资产包括：

（1）现金和现金等价物。

（2）票据和应收账款，指公司已发运货物但买方未付款的款项。

（3）原材料、产品、备件及其他供应品等存货。

（4）预付税费。

（5）其他公司或合资企业的股权投资。

（6）房产、装置和设备。这些应按账面价值列出，即成本减去累计折旧。这些资产的实际市场价值可能要高得多。

（7）专利、商标、商誉等无形资产。

负债通常从流动负债开始按其到期顺序列出。负债包括：

（1）应付账款，即公司已收到货物但还未曾付出的账款。

（2）应偿还的支票和贷款。

（3）应计负债和费用，如法律结算、保证金、担保等。

（4）递延所得税。

（5）长期债务。

资产与负债的差额是所有者权益，其包括普通股和优先股所有者支付的资本金，以及留存收益和对企业的再投资。股东投入的资本金往往为股票的票面价值（每股价格通常是0.25～1美元不等）加上公司初始出售股票时额外支付的资金。请注意，这只反映了公司筹集的资本，与股票在证券市场上交易可能导致的股票价值的增减没有关系。

9.3.1.2　损益表

损益表或综合经营报表是公司在一定时期内的收入、费用和支付的税金的汇总，数据范围通常为过去的3年。

损益表包括下列项目：

（1）销售和营业收入（正值）。

（2）持有其他公司股权所得（正值）。

（3）生产成本（负值）。

（4）销售费用、综合和管理费用（负值）。

（5）折旧（在损益表上为负数，但在现金流量表上需要重新加回）。

（6）应付债务利息（负值）。

（7）所得税以外的税收，如消费税（负值）。

（8）所得税（负值）。

第1项至第5项的总和有时列示为息税前利润（EBIT），第1项至第7项的总和列示为税前利润或应纳税所得额，通常为正数。净利润是第 1 项至第 8 项的总和，即税前利润减去已付税款。净利润通常也用普通股每股收益来表示。

第 8 章中讨论的固定成本和可变成本一般被列入生产成本的类别，但是涉及公司的职能部门，如研发、市场营销、财务、信息技术、法律和人力资源的费用通常归类到销售、综合和管理费用（SG&A）中。

损益表能很好地反映企业的整体盈利能力和利润率，需进行仔细研读，因为所列的一些项目是非现金费用，如折旧费用等不影响企业现金流的类目，这些项目的修正将会体现在现金流量表上。

9.3.1.3　现金流量表

现金流量表是对由经营活动、投资和融资活动而产生的现金流入和流出的汇总，一般报告内容会包括过去 3 年的情况。

经营活动现金流部分从净收入开始。对非现金交易（折旧和递延税款被重新计入）以及资产和负债的变化要进行调整。

投资活动现金流部分列出了用于购买固定资产（如房产、装置和设备）的现金，减去出售固定资产的收入。它还列出了对子公司的收购或剥离。

融资活动现金流部分总结了公司长期和短期债务的变化、发行普通股的收入、股票回购和支付给股东的股息。

来自经营、投资和融资的现金流总和给出了现金和现金等价物的净变化，然后加上年初的现金和现金等价物得到年末的现金和现金等价物终值，而这终值也会被记录在资产负债表上。

9.3.1.4　总结

商业和会计文献包含了大量关于如何阅读和分析公司财务报表的信息。大多数工程师除了为公司外，对了解财务业绩也有直接的个人兴趣，但是对这个课题的详细介绍超出了本书的范围。Spiro（1996）、Shim 和 Henteleff（1995）对金融和会计做了详细的介绍，可供有兴趣的工程师参考。

9.3.2　债务融资与偿还

大多数债务资本是通过发行长期债券筹集的。抵押贷款是一种以特定的实物资产作为抵押来担保贷款的债券，无担保债券称为信用债券。总负债除以总资产的比率称为负债比率（DR）或公司的杠杆率。

所有债务合同都要求支付贷款的利息和偿还本金（无论是在贷款期限结束时还是在贷款期限内摊销）。利息支付是一种固定成本，如果一家公司拖欠利息，那么它的借款能力就会大大降低。由于利息会从收益中扣除，公司的杠杆越高，对未来收益的风险就越大，因此对未来公司的现金流和公司财务偿付能力的要求也越高。在最坏的情况下，公司可能被宣布破产，公司的资产被出售以偿还债务。因此，财务经理会谨慎地调整公司所欠债务的数额，以确保偿还债券的费用（利息支付）不会给公司带来过多的负担。

债务的利率取决于债券市场、政府中央银行和公司的信誉。发行新债券时，它们必须按相应的利率发行，否则就不能出售。如果债券发行者的信用评级很高，他们将能够以接近政府设定的利率发行债券（美国国债没有评级，因为人们认为它们能得到联邦政府的背书）。如果发行者的信用评级较低，那么就有可能无法偿还债务，在这种情况下，它必须以更高的利率发行以抵消这种风险。穆迪和标准普尔等信用评级机构研究公司的财务状况，并发布信用评级。除非评级非常高，否则这些评级通常不会由发行人发布，但它们会在财经报纸上发表。同期发行的低评级债券和高评级债券的息差通常为 2%～3%。

债券一旦发行，就会在纽约证券交易所或美国证券交易所进行交易。虽然在随后的交易中债券的价格可能与出价（或面值）有所不同，但利率仍然是固定的。《华尔街日报》每天都会报道交易最活跃的公司债券的价格。债券价格与许多其他有用的债券市场信息也可以在 www.investinginbonds.com 上找到。利率被列示为"息票"，而债券到期的日期为"到期日"。美国银行家协会统一安全识别程序委员会（CUSIP）还为债券分配了一个独特的 9 位数识别码。例如，2006 年霍尼韦尔公司发行了一个 30 年期债券 CUSIP#438516AR7，息票为 5.700，到期日期为 2036 年 3 月 15 日。

9.3.3 股权融资

股权资本是指股东出资的资本加上企业用于再投资的留存收益。股票持有人购买股票的目的是期望获得投资回报。这种回报可以来自每年支付给股东的股息（回报给所有者的收益的一部分），也可以来自被股票市场认可后股票价格上涨带来的公司业绩的增长。

大多数股票通常由银行、共有基金、保险公司和养老基金等成熟的机构投资者持有。这些投资者聘请专家分析师来评估公司相对于同行业的其他公司以及整个市场的表现。如果一家公司的管理层没有实现投资者期望的财务回报，股价就会下跌，管理层很快就会被撤换。

净资产收益率和每股收益是可以简单衡量公司管理效率的标准。净资产收益率（ROE）的定义为：

$$净资产收益率=\frac{年净利润}{所有者收益}\times100\% \tag{9.2}$$

股东对净资产收益率的期望可以用利率表示，称为权益资本成本。权益资本成本需要满足市场的期望，并且因为股权融资的风险性质，通常大大高于债务利率（债券持有者拥有最先清算权，因此享有对公司创造的所有利润的优先支配权）。在撰写本书时，美国大多数公司的权益资本成本都在 25%～30% 之间。

9.3.4 资本成本

很少有公司完全依靠债务或股权融资，大多数企业选择同时平衡两者的比例。总资本成本就是债务成本和股本成本的加权平均。

$$i_c=DR\times i_d+（1-DR）\times i_e \tag{9.3}$$

式中 i_c——资本成本；

DR——负债率；

i_d——债务到期利率；

i_e——权益成本。

例如，如果一家公司以平均 8% 的利率债务融资 55%，股权投资 45%，股本预期回报率为 25%，那么资本的总成本将是：

$$i_e = 0.55 \times 0.08 + 0.45 \times 0.25$$
$$= 0.1565$$

由于股权的定义 [式（9.1）] 是资产减去负债（债务），因此总资产收益率（ROA）可以表示为：

$$ROA = \frac{年度净利润}{总资产} \times 100\% \tag{9.4}$$

它遵循：

$$\frac{ROA}{ROE} = \frac{股东权益}{总资产} = 1 - DR \tag{9.5}$$

资本的总成本决定了用于项目经济评价的利率。如果公司要实现其股本回报率目标，从而满足其所有者的期望，则公司投资项目组合回报率必须达到或超过该利率。

9.4　税金和折旧

大多数化工厂产生的利润都要纳税，而税收会对项目的现金流产生重大影响。设计工程师需要对税收和税务补贴（如折旧、津贴等）有一个基本的了解，才能做出一个完整的经济评价。

9.4.1　税金

在大多数国家，个人和公司都必须缴纳所得税。税法的细节非常复杂，而且政府几乎每年都进行修改。公司通常会雇佣税务专家作为雇员或顾问，他们在错综复杂的税务领域有着丰富的专业知识和经验。这种专业知识对工程项目设计来说是不需要的，因为评价通常是在一个相对简单的税后基础上进行比较。不过，设计工程师有时可能需要咨询税务专家，特别是在不同国家的不同税法情境下进行比较时。

有关美国企业税的信息可以在美国国税局网站 www.irs.gov 上找到。在撰写本书时，美国联邦企业所得税的最高边际税率为 35%，适用于所有超过 18333333 美元的收入 [美国国税局（IRS）公布的第 542 号文件]。由于几乎所有建设化工装置的公司都大大超过了这个收入门槛，因此通常会假设所有利润都将按边际税率缴税。在许多地方，公司还必须缴纳州或地方所得税。

在加拿大，公司根据《加拿大所得税法》缴纳所得税。有关《加拿大所得税法》的信息可以从 www.fedpubs.com/subject/tax_law.htm 上获取。

一年内必须缴纳的税款，以应纳税所得额乘以税率计算。应纳税所得额为：

$$应纳税所得额 = 毛利润 - 税收津贴 \tag{9.6}$$

不同国家的税法允许各种类型的税收津贴政策，其中最常见的是折旧，在9.4.3中将会继续讨论。税后现金流为：

$$\begin{aligned} CF &= P-(P-D)\,t_r \\ &= P(1-t_r)+Dt_r \end{aligned} \tag{9.7}$$

式中　CF——税后现金流；

P——毛利润；

D——免税额；

t_r——税率。

由式（9.7）可以看出，税收免税额的作用是减少应缴税款，增加现金流。

在一些国家，如美国，税收是根据前一年的收入来计算的。美国的公司税是根据一个自然年计算的，并要求企业在次年3月15日前缴纳。这在一定程度上增加了计算的复杂性，但它其实可以很容易地在电子表格中进行编码。

9.4.2　投资激励

国家和地方政府通常提供激励措施以鼓励企业进行资本投资，因为投资能够创造就业，带来税收并提供其他利好给政客和他们所代表的团体。

最常见的激励措施是税收减免。如9.4.3所述，大多数国家允许一些形式的折旧费用作为税收免税额，通过这种方式，固定资本投资可以在一段时间内从应纳税收入中扣除。经常使用的其他激励措施包括：

（1）税务豁免或免税期（在固定的时间内不需缴税），通常是在项目开始产生收入后的2～5年。

（2）投资资助或信用贷款，政府在初始投资时给予现金支持。

（3）低成本贷款，即政府直接贷款或补贴商业贷款的利息。

（4）贷款担保，即政府同意为该项目提供贷款担保，从而减少了贷款的风险，使项目更容易获得有利的融资条款。

在同一地点的不同工艺流程的经济比选中，一般应使用相同的投资激励假设条件。但是很多情况下这个条件不能被满足，例如，一个项目因为使用可再生能源而有资格获得政府资助，而另一个项目却没有。还应该指出的是，当考量一个全球背景下的投资比选时，不同的激励机制会对投资决策产生重大影响。

9.4.3　折旧费用

折旧费用是政府用于激励投资的最常见的税收补贴形式。折旧是计入成本中的非现金费用，因此达到了减少应纳税所得额的目的。折旧没有实际的现金支出，也没有资金转入任何资本或账户，所以折旧费用被加回到税后净利润中，从而得出企业经营活动产生的总现金流。

$$CF = I - I \times t_r + D$$
$$= (P - D) - (P - D) \times t_r + D \tag{9.8}$$
$$= P(1 - t_r) + Dt_r$$

式中　I——应纳税所得额；

　　　D——折旧免税额。

可以看出，式（9.7）和式（9.8）是等效的。

折旧费用被认为是对因使用而导致的"性能的磨损、变质或报废"的一种补偿（IRS publ. 946）。

资产的账面价值是初始支付的成本减去累计折旧费用。账面价值与资产的转售价值或当前市场价值没有关系。

$$账面价值 = 初始成本 - 累计折旧 \tag{9.9}$$

请注意，法律通常只允许固定资产投资折旧，而不是对资产总额折旧，因为流动资金不会被消耗，而且可以在项目结束时收回。如果是为项目购买土地，那么土地的成本必须从固定资产投资中扣除，因为土地被认为是保值的，不能折旧。

在一段时间内，固定资产或固定投资的账面价值会下降，直到它完全"偿清"或"抵销"，这时折旧将不再被计提。计提固定资产折旧的期限由税法规定。在美国，大多数投资都是使用直线折旧法或改进的加速成本回收系统（MACRS）（IRS publ.946），但是工程师有必要了解在国际上广泛使用的其他折旧方法。

9.4.3.1　直线折旧法

直线折旧法是最简单的方法。可折旧价值 C_d，在第 i 年以每年的折旧费用 D_i 折旧 n 年，即

$$D_i = \frac{C_d}{n}, \quad D_j = D_i \forall j \tag{9.10}$$

资产的折旧价值是固定资本投资的初始成本 C 减去折旧年限结束时的残值（如果有的话）。对于化工装置，残值通常被认为是零，因为在可折旧年限结束后，工厂通常会继续经营多年。

资产账面价值经过 m 年折旧后，B_m 为：

$$B_m = C - \sum_{i=1}^{m} D_i \tag{9.11}$$
$$= C - \frac{mC_d}{n}$$

当账面价值等于残值（或零）时，就表示资产已全部折旧，不再计提折旧费用。

在美国，软件（可折旧年限为 36 个月）、专利（年限即专利剩余有效期）及其他可折

旧的固定资产必须使用直线折旧法（IRS publ.946）。

根据美国税法，其他资产类别的折旧可以采用直线折旧法，根据资产类型的不同，折旧年限也不同。虽然直线折旧法不像以下章节中介绍的加速折旧法那样有利，但它仍然是大多数大公司的首选方法。这是因为大多数大型企业过去几年都采用直线折旧法，而对于一家老牌企业，改变会计方法困难且成本高昂。

9.4.3.2　余额递减折旧法

余额递减法是一种加速折旧法，允许项目早期计提更高的费用。这有助于提高项目的经济效益，因为在最初几年带来了更高的现金流。在余额递减法中，每年的折旧费用是一个固定的分数，即账面价值的 F_d：

$$D_1 = CF_d \tag{9.12}$$

$$B_1 = C - D_1 = C(1 - F_d)$$

$$D_2 = B_1 F = C(1 - F_d) F_d$$

$$B_2 = B_1 - D_2 = C(1 - F_d)(1 - F_d) = C(1 - F_d)^2$$

因此

$$D_m = C(1 - F_d)^{m-1} F_d \tag{9.13}$$

$$B_m = C(1 - F_d)^m \tag{9.14}$$

分数 F_d 必须等于或小于 $2/n$，其中 n 是可折旧年限。当 $F_d = 2/n$ 时，这种方法称为双余额递减折旧法。

9.4.3.3　改进的加速成本回收系统（MACRS）

MACRS 折旧法是根据 1986 年美国税收改革法案制定的。MACRS 折旧方法的详细信息载于 IRS 第 946 号出版物，可在 www.irs.gov/publications 网站上找到。该方法基本上是余额递减法和直线法的结合，即先使用余额递减法进行折旧，直到折旧费低于直线折旧法计算出的折旧费用，此时 MACRS 法再切换到使用直线折旧法计算出的折旧费用。

在 MACRS 折旧法下，根据美国国税局（IRS）确定的资产可用年限（"生命周期"），不同的资产具有不同的回收周期。在撰写此书时，最新的 IRS 第 946 号出版物将化工制造列为 9.5 年可用年限和 5 年回收期（见 www.irs.gov /publications/ p946 附录 B）。其他行业的可用年限从海上石油生产的 7.5 年到煤气化、糖类生产及植物油净化的 18 年不等，具体情况参考美国国税局的出版物，以确定一个给定项目的适当进度计划。值得注意的是，道路、码头及其他民用基础设施使用 15 年回收期，而对于热电联产，电力传输和天然气管道的回收期是 20 年，所以一些界区外投资可能与界区内投资使用不同的折旧年限。

MACRS 折旧法的另一个重要规则是该方法假定所有资产都在年中获得，因此，在回收期的第一年和最后一年按照半年计提折旧。计提的折旧费表见表 9.1。

表 9.1 MACRS 折旧费率

回收年限	折旧率（$F_i = D_i/C_d$），%		
	5 年回收期	7 年回收期	15 年回收期
1	20	14.29	5.00
2	32	24.49	9.50
3	19.2	17.49	8.55
4	11.52	12.49	7.70
5	11.52	8.93	6.93
6	5.76	8.92	6.23
7		8.93	5.90
8		4.46	5.90
9			5.91
10			5.90
11			5.91
12			5.90
13			5.91
14			5.90
15			5.91
16			2.95

　　MACRS 折旧法的其他细节在这里没有讨论，在编写此书时，税法允许资产采用直线折旧法（在可用年限内，而不是在回收期，并且仍然遵循"半年原则"）。许多大公司使用直线折旧法而不是 MACRS，因为他们过去一直使用直线折旧法，不希望因为改变会计方法而增加成本和财务不确定性。

　　税法经常被修订，当前的法规应该参考美国国税局最新版的 946 号文件。同样，在分析国际项目时必须研究当地国家和地区的税法，以确保遵循正确的折旧规则。还有其他一些不太常用的折旧方法没有在这里讨论，Humphreys（1991）对此做了一个很好的概述，可供参考。

示例 9.1

　　一个固定资产投资为 1 亿美元的化工厂每年可产生 5000 万美元的毛利。使用直线折旧法计算工厂运营后前 10 年的折旧费用、已付税金和税后现金流，再使用

MACRS 折旧法基于 5 年回收期再次计算。假设工厂在第 0 年建成，并在第 1 年开始全负荷运营，企业所得税税率为 35%，且必须根据上一年的收入纳税。

解：

这个问题可以很容易地使用电子表格得到解答，结果如下：

年份	毛利 百万美元	折旧费 百万美元	应纳税所得额 百万美元	已付税金 百万美元	现金流量 百万美元
0	0	0	0	0	−100
1	50	10	40	0	50
2	50	10	40	14	36
3	50	10	40	14	36
4	50	10	40	14	36
5	50	10	40	14	36
6	50	10	40	14	36
7	50	10	40	14	36
8	50	10	40	14	36
9	50	10	40	14	36
10	50	10	40	14	36
年份	毛利 百万美元	折旧费 百万美元	应纳税所得额 百万美元	已付税金 百万美元	现金流量 百万美元
0	0	0	0	0	−100
1	50	20	30	0	50
2	50	32	18	10.50	39.50
3	50	19.2	30.8	6.30	43.70
4	50	11.52	38.48	10.78	39.22
5	50	11.52	38.48	13.47	36.53
6	50	5.76	44.24	13.47	36.53
7	50	0	50	15.48	34.52
8	50	0	50	17.50	32.50
9	50	0	50	17.50	32.50
10	50	0	50	17.50	32.50

9.5　经济分析的简单方法

该部分介绍了在项目投资和现金流已知的情况下可以快速估算的一些经济指标。这些指标被广泛用于初步"目测"项目的吸引力，一些公司也将其用于初步筛选项目。它们不适合进行详细的项目比选，因为它们涉及太多的简化假设。

9.5.1　回收期

估算回收期的一个简单方法是将初始资本总额（固定资产加流动资金）除以平均年度现金流量：

$$简单回收期 = \frac{总投资}{平均年度现金流量} \tag{9.15}$$

这与现金流量图体现的回收期不同，因为它假定所有的投资都是在第 0 年产生的，并且收入立即开始。对于大多数化工厂项目，这是不现实的，因为投资通常要分散在 1~3 年，而且直到第二年运营之前，收入可能都无法达到设计基础的 100%。简单回收期严格基于现金流，但是为了简单起见，税和折旧经常被忽略，还使用年平均收入代替现金流。

9.5.2　总投资收益率

另一个简单的衡量经济效益的指标是总投资收益率，即 ROI。ROI 以类似于 ROA 和 ROE 的方式定义：

$$ROI = \frac{年度净利润}{总投资} \times 100\% \tag{9.16}$$

年净利润与年度税后营业收入相同。如果 ROI 按照整个项目期内的平均值计算，则：

$$ROI = \frac{累计净利润}{装置寿命 \times 初始投资} \times 100\% \tag{9.17}$$

如果折旧期限小于工厂经营年限，并且使用 MACRS 等加速折旧方法，那么税后 ROI 的计算就很复杂。在这种情况下，净现值或现金流折现率这样的更有意义的经济标准则很容易计算，如下所述。由于这种复杂性，通常使用税前 ROI 来代替：

$$税前ROI = \frac{税前现金流}{总投资} \times 100\% \tag{9.18}$$

注意，税前 ROI 基于现金流，而不是利润或应纳税所得额，因此不包括折旧费。

总投资收益率有时也可以在大型项目改扩建时进行计算评估，详见 9.9.3。

示例 9.2

使用 MACRS 折旧法计算示例 9.1 中介绍的项目的简单回收期、ROI 和税前 ROI。

解：

如果简单回收期基于收入而不是现金流计算，那么它就是：

$$简单税前回收期 = \frac{100百万美元}{50百万美元/a} = 2a$$

相反，如果在考虑了税收和折旧之后对现金流进行平均，然后使用示例 9.1 的最终结果，得到的平均年度现金流 =37.75 百万美元，在这种情况下：

$$简单税后回收期 = \frac{100百万美元}{37.75百万美元/a} = 2.65a$$

ROI 由式（9.17）计算：

$$ROI = \frac{377.5}{10 \times 100} \times 100\% = 37.75\%$$

税前 ROI 正好是简单税前回收期的倒数，即 50/100 = 50%。

请注意，计算税后回收期和 ROI 时，需要按照时间进度计算折旧费用和税金。这通常涉及创建一个表或电子表格，因此需要投入更多的工作来计算更有用的经济指标。因此，简单的回报和 ROI 通常只建立在税前基础上。

示例 9.3

一个工厂每年生产 10000t 的产品。总收率 70%（质量分数）（每千克原料 0.7kg产品）。原材料价格为每吨 500 美元，产品售价为每吨 900 美元。通过工艺改造，可将产品收率提高到 75%。所需的额外投资为 1250000 美元，额外的营业费用可忽略不计。这个改造值得吗？

解：

有两种方式可以评估改造中获得的收益：

（1）如果产量增加带来的额外产量可以按当前价格出售，每增加 1t 产量的收益将等于销售价格减去原材料成本。

（2）如果增加的产品不能立即出售，则进行改造将减少对原料的需求，而不是增加销售，而收益（节省）则来自每年减少的原料成本。

第二种方法得出的数据最低，是最安全的评估基础。产量为 10000t/a 时：

$$70\%收率时的原料需求=\frac{10000}{0.7}=14286t$$

$$75\%收率时的原料需求=\frac{10000}{0.75}=13333t$$

原料节约 $=953t/a$，节约原料成本为 $953t/a \times 500$ 美元 $/t=476500$ 美元 $/a$。

$$税前ROI=\frac{476500}{1250000}=38\%$$

由于每年的节余是恒定的，税前简单回收期是税前 ROI 的倒数：

$$简单回收期=\frac{1250000}{476500}=2.62a$$

基于有吸引力的 ROI 和回收期，这项投资似乎值得进一步考虑，但最终是否实施将取决于该公司为投资设定的最低回报率。

9.6 现值法

9.5 节中介绍的简单的经济指标无法体现到项目期内现金流的时间价值。现金流的时间价值对投资者来说非常重要，首先，并非所有的资本投资都能够立即获得融资；其次，更快偿还的资金可以重新投入另一项投资中。

9.6.1 资金的时间价值

在图 9.1 中，净现金流量以其发生年份的价值表示。因此，纵坐标上的数字显示了项目的"未来价值"。累积价值是"净未来价值"（NFW）。

任何一年挣来的钱一旦可用，就可以重新投资，并开始获得回报。因此，在项目早期挣到的钱比后期挣到的钱更有价值。这种"资金的时间价值"可以通过使用复利公式来体现。项目每年的净现金流在项目开始时以选定的复利率折现，从而转化为"现值"。

9.6.1.1 未来价值

数量为 P 的资金，以利率 i 投资 n 年的未来价值是：

$$第 n 年的未来价值 =P(1+i)^n$$

因此，未来价值总和的现值为：

$$未来价值总和的现值=\frac{第n年的未来价值}{(1+i)^n} \tag{9.19}$$

用于未来价值折现的利率被称为折现率，选择折现率是为了反映货币的盈利能力。在大多数公司，折现率是以资本成本为基础的（见 9.3.4）。

9.6.1.2 通货膨胀

对未来现金流的折现不应与价格通货膨胀率相混淆。通货膨胀是指价格和成本的普遍上升，通常是由供需失衡引起的。通货膨胀增加了原料、产品、公用工程、人工和零件的成本，但不影响以原值计算的折旧费用。另外，折现是一种比较当前可用资金（可以再投资的）价值与未来某个时候可以使用的资金价值的方法。所有的经济分析方法都可以修改增加通货膨胀因素（Humphreys，1991）。事实上，大多数公司认为，尽管价格可能受到通货膨胀的影响，但价差以及由此产生的现金流对通货膨胀相对不敏感。因此，比较项目的经济效益时可以忽略通货膨胀。

9.6.2 净现值

项目净现值（NPV）是未来净现金流的现值之和：

$$NPV = \sum_{n=1}^{n=t} \frac{CF_n}{(1+i)^n} \tag{9.20}$$

式中 CF_n——第 n 年的现金流量；

t—— 项目生命周期，a；

i——利率，%。

净现值总是小于项目的未来总价值，因为未来的现金流需要折现。净现值可以很容易地使用电子表格计算，大多数电子表格程序都内置一个 NPV 计算公式。

净现值是一个与所用的利率和所研究的时间相关的重要参数。当分析不同的时间段时，时间段有时用下标表示。例如，NPV_{10} 表示 10 年内的 NPV。

净现值是比简单回收期和投资回报率（ROI）更有用的经济指标，因为它考虑到了资金的时间价值，也考虑到了支出和收入的年度变动。很少有大型项目在一年内完成，并立即开始满负荷生产。表 9.2 给出了一个典型的化工装置开工时间表。对于制药业，开工时间可能更长，因为工厂必须通过对生产规范（cGMP）的认证，并且在开始生产前必须经过食品药品监督管理局的检查和批准。从开工建设到生产一种新药的时间一般是 6 年左右（Lee，2010）。使用 MACRS 等加速折旧方法计算税后收入时，净现值也是一种更合适的方法。

9.6.3 折现现金流收益率

通过计算不同利率下的净现值，就有可能找到项目生命周期内累计净现值为零的利率。这个特定的利率称为折现现金流收益率（DCFROR），是项目在生命周期结束时能够支付且仍能实现盈亏平衡的最高利率：

$$\sum_{n=1}^{n=t}\frac{CF_n}{\left(1+i'\right)^n}=0 \qquad (9.21)$$

式中　CF_n——第 n 年的现金流量；

　　　t——项目寿命，a；

　　　i'——折现现金流收益率，%。

i' 值是通过试错计算或在一个电子表格使用适当的函数（例如，目标求解）来得出结果。一个盈利能力强的项目将能够得到更高的 DCFROR。

DCFROR 是一种有效比较不同项目经济效益的方法，而且与所投入的资本、工厂的寿命或任何时候的实际利率无关。当比较不同规模的项目时，DCFROR 比 NPV 更有用。大项目的净现值通常大于小项目，但投资也要大得多。DCFROR 独立于项目规模，DCFROR 最高的项目总是提供最好的 "性价比"。当 DCFROR 被用作投资标准时，公司通常期望项目的 DCFROR 大于资本成本。

DCFROR 也可以直接与利率进行比较。因此，它有时被称为收益率或内部收益率（IRR）。

表 9.2　典型开工时间表

年份	成本	收入	备注
第 1 年	30% 的固定资产投资	0	设计 + 长周期订货
第 2 年	40%～60% 的固定资产投资	0	采购与施工
第 3 年	10%～30% 的固定资产投资		剩余施工
	+ 流动资金		
	+ 固定成本 +30% 可变成本	30% 的收入（按照设计值）	初始生产
第 4 年	固定成本 +50%～90% 可变成本	50%～90% 的收入（按照设计值）	装置试开车
第 5 年	固定成本 + 可变成本	100% 的收入（按照设计值）	满负荷生产

示例 9.4

使用 MACRS 折旧法，以 12% 的利率估算示例 9.1 中描述的项目的 NPV 和 DCFROR。

解：

计算前一个示例中现金流的现值需要向电子表格添加两列。首先计算折现系数 $(1+i)^{-n}$，然后乘以第 n 年的现金流以求出现金流的现值。然后可以对现值进行求和，得出净现值。

年份	毛利 百万美元	折旧费 百万美元	应纳税所得额 百万美元	已付税额 百万美元	现金流量 百万美元	折现系数	现金流现值 百万美元
0	0	0	0	0	−100	1	−100
1	50	20	30	0	50	0.893	44.64
2	50	32	18	10.50	39.50	0.797	31.49
3	50	19.2	30.8	6.30	43.70	0.712	31.10
4	50	11.52	38.48	10.78	39.22	0.636	24.93
5	50	11.52	38.48	13.47	36.53	0.567	20.73
6	50	5.76	44.24	13.47	36.53	0.507	18.51
7	50	0	50	15.48	34.52	0.452	15.61
8	50	0	50	17.50	32.50	0.404	13.13
9	50	0	50	17.50	32.50	0.361	11.72
10	50	0	50	17.50	32.50	0.322	10.46
					利率	12.00%	
					总计 = NPV =		122.32

注意，也可以直接用 NPV 函数计算 NPV。在 MS Excel 中，NPV 函数从第 1 年末开始，因此 0 年的任何现金流都应该从函数得出的结果中添加或减去，不应包含在函数范围内。然后可以通过调整利率找到 DCFROR，直到 NPV 等于 0。使用目标求解工具在电子表格中可以很容易做到这一点，最后得出 DCFROR=40%。

示例 9.5

示例 7.8 和示例 8.2 的己二酸装置的固定投资支用比例为第 1 年 30%，第 2 年 70%，第 3 年生产负荷为 50%，第 4 年起开始满负荷运转。

该装置折旧可以通过直线折旧法在 10 年内折旧，利润暂按每年 35% 的税率征税，且第 2 年支付。假设考虑税收目的，亏损不能由其他业务来弥补（如当装置亏损时，没有税收抵免）。请估算如下项：

（1）项目每年的现金流量。

（2）简单回收期。

（3）按照 15 年全负荷生产，以 15% 的资本成本计算 10 年的净现值。

（4）根据 15 年全负荷生产的 DCFROR 判断是否是一个有吸引力的投资?

解:

解答此题需要计算项目每年的现金流。这可以很容易地使用电子表格完成，如图 9.2 所示。附录 G 给出了这个电子表格的空白模板，也可以在 booksite. Elsevier.com/Towler 的在线材料中找到此 MS Excel 模板。

公司名称				项目名称	苯酚制己二酸				
地址				项目号				Sheet	1
				REV	DATE	BY	APVD	REV	DATE	BY	APVD
经济评价				1	1.1.07	GPT				
苯酚制己二酸										
表格: XXXXX–YY–ZZ										

所有人名称		在2006年资本成本的基础上			
装置位置	东北亚	单位	国际单位制		
项目描述		生产:	8000h/a	333.33d/a	

收入及生产成本 / 资本费用 / 建设期日程

收入及生产成本	百万美元/a	资本费用	百万美元	年份	%FC	%WC	%FCOP	%VCOP
主产品收入	560.0	界区内投资费用	206.5	1	30%	0%	0%	0%
副产品收入	4.4	界区外投资费用	82.6	2	70%	0%	0%	0%
原料成本	410.8	工程费	28.9	3	0%	100%	100%	50%
装置成本	47.3	不可预见费	43.4	4	0%	0%	100%	100%
耗材成本	13.1	总固定成本	361.3	5	0%	0%	100%	100%
可变成本	466.8			6	0%	0%	100%	100%
工资及福利	16.4	流动资金	59.5	7+	0%	0%	100%	100%
维修费	10.8							
利息	3.6							
特许权使用费								
固定成本	33.8							

经济假设

股本成本	25%	贷款比例	0.5	税率	35%
债务成本	5%			折旧方法	直线
资本成本	15.0%			折旧期	10 年

现金流分析

除特殊标记外所有数值单位均为百万美元

项目期	资本支出	收入	生产成本	销售利润	折旧	应纳税所得额	应缴税金	现金流	现金流现值	净现值
1	108.4	0.0					0.0	-108.4	-94.3	-94.3
2	252.9	0.0					0.0	-252.9	-191.2	-285.5
3	59.5	280.0	267.2	12.8	36.1	-23.3	0.0	-46.7	-30.7	-316.2
4	0.0	560.0	500.6	59.4	36.1	23.3	8.1	51.3	25.5	-282.2
5	0.0	560.0	500.6	59.4	36.1	23.3	8.1	51.3	22.2	-256.8
6	0.0	560.0	500.6	59.4	36.1	23.3	8.1	51.3	19.3	-234.6
7	0.0	560.0	500.6	59.4	36.1	23.3	8.1	51.3	16.8	-215.3
8	0.0	560.0	500.6	59.4	36.1	23.3	8.1	51.3	14.6	-198.6
9	0.0	560.0	500.6	59.4	36.1	23.3	8.1	51.3	12.7	-184.0
10	0.0	560.0	500.6	59.4	36.1	23.3	8.1	51.3	11.0	-171.3
11	0.0	560.0	500.6	59.4	36.1	23.3	8.1	51.3	9.6	-160.3
12	0.0	560.0	500.6	59.4	36.1	23.3	8.1	51.3	8.3	-150.7
13	0.0	560.0	500.6	59.4	0.0	59.4	8.1	38.6	5.5	-142.4
14	0.0	560.0	500.6	59.4	0.0	59.4	20.8	38.6	4.7	-136.9
15	0.0	560.0	500.6	59.4	0.0	59.4	20.8	38.6	4.1	-132.2
16	0.0	560.0	500.6	59.4	0.0	59.4	20.8	38.6	3.6	-128.1
17	0.0	560.0	500.6	59.4	0.0	59.4	20.8	38.6	3.1	-124.5
18	0.0	560.0	500.6	59.4	0.0	59.4	20.8	38.6	2.7	-121.4
19	0.0	560.0	500.6	59.4	0.0	59.4	20.8	38.6	2.7	-118.7
20	-59.5	560.0	500.6	59.4	0.0	59.4	20.8	98.1	6.0	-112.7

经济分析

现金流均值	44.7百万美元/a	净现值	10a	-171.3百万美元	IRR	10a	-2.0%
简单回收期	9.4a		15a	-132.2百万美元		15a	5.6%
投资回报 (10年)	3.32%		20a	-112.7百万美元		20a	8.4%
投资回报 (15年)	5.77%	NPV to yr	19	-118.7百万美元			

图 9.2 示例 9.5 中的经济研究表格

9.6.3.1　现金流量表

在项目的第 1 年和第 2 年有资本支出，但没有收入或运营成本。资本支出不是经营损失，因此对税收或折旧没有影响。它们是负的现金流。

第 3 年，工厂以 50% 的负荷运营，并产生 50% 的按照设计值确定的收入。所有的流动资金都必须投入。这个装置在这一年涉及 100% 的固定生产成本，但只支出 50% 的可变成本。因为工厂盈利，折旧可以计提。采用直线法计算 10 年折旧，每年的折旧费用是固定资本投资总额的 1/10，即 361.3/10=36.1 百万美元。因为第 3 年的毛利仅有 12.8 百万美元，计算折旧使得当年应纳税所得额为负数，因此第 4 年无须缴纳本年度税款（税收根据前一年的收入来计算、支付）。

在第 4 年，装置满负荷运转，并产生 100% 的设计收入和 100% 的固定成本。从此时开始，该装置每年的毛利润为 5940 万美元。

折旧计提 10 年，即直到第 12 年。因此，应纳税收入在第 13 年有所增加，也使得所缴税款在第 14 年有所增加，使现金流量从 5130 万美元减少到 386 万美元。

在项目的最后一年，流动资金被回收，可被作为现金流的正增量。如图 9.2 所示，这发生在第 20 年，但是当项目寿命发生变化时，应该按如下文所述进行调整。

第 n 年的现金流的现值可以通过乘以 $(1+i)^{-n}$ 而得出［如式（9.19）］。到第 n 年为止的净现值是到第 n 年为止的所有现金流现值的累计总和。

9.6.3.2　简单回收期

由固定投资和年平均现金流计算出简单回收期［式（9.15）］。平均每年的现金流应该基于装置产生收入的年份，即第 3 年到第 20 年的 44.7 万美元 /a。请注意，这个范围是否包括流动资金投入的年份无关紧要，只要它也包括流动资金回收的年份。流动资金因此被抵消，不包括在平均现金流中。

因此简单回收期可以这样计算：

$$简单回收期=\frac{总投资}{平均年度现金流量}=\frac{361.3}{44.7}=8.08a$$

9.6.3.3　净现值

资本成本为 15%，生产期为 10 年情况下的净现值即为第 13 年末的 NPV。这可以在现金流量表中得到验证，且可看到数值为 –142.4 百万美元。如果 10 年生产期后装置被关闭，流动资金被回收，则第 13 年会有额外 59.1 百万美元的现金流，将 NPV 提高至 –132.7 百万美元。

15 年生产期后的净现值就是第 18 年末的 NPV，这也可以在现金流量表中得到验证，且可看到数值为 –121.4 百万美元。如果 15 年生产期后装置被关闭，流动资金被回收，则第 18 年会有额外 59.1 百万美元的现金流，将 NPV 提高至 –116.6 百万美元。

在所有情境下，这个项目的净现值都是负的，所以如资本成本是 15% 的话，这不是一个有吸引力的投资。基于示例 8.2 中的生产成本分析，已经知道会出现这种情况。该分析表明，以 15% 的利率收回资本的总成本比预期收入要高。

9.6.3.4 内部收益率（DCFROR）

项目在 15 年满负荷生产期后的 DCFROR（IRR）可通过两种方法得出。要么是不断调整利率（手动或借助单变量求解函数）直至第 18 年末的 NPV 为零；抑或是采用电子表格中的 IRR 函数计算第 1 年至第 18 年的 IRR，流动资金以被回收成本的形式包括在第 18 年的现金流中。

无论哪种方法，得到的答案都是 DCFROR=7.85%。这是该项目在 15 年内达到盈亏平衡的最高利率。

9.6.3.5 总结

没有哪一项经济指标（包括预期的成本、收入和资本支出在内）表明这是一个有吸引力的项目。不过，这里应该指出的是，财务分析是基于一个 5 级成本估算（±50%）。如果有任何可以减少资本投资或生产成本的技术改进，那么可能需要进一步进行设计以评估经济效益是否得到了充分的提升。

9.7 年化成本法

9.7.1 摊销费

比较以当前美元计价的资本投资规模与未来收入现金流规模的另一种方法是将资本成本转换为未来的年度资本费用。资本成本可以被年化（摊销），通过确定偿还初始投资所需的年度支出以及以复利形式表示的预期资本回报。

如果数值 P 是一项利率为 i 的投资，那么在 n 年的复利后，它逐渐累积为 $P(1+i)^n$ 的总和。

相反，如果每年都有数值 A 的资金投资，利率也是 i，那么它会逐渐累积成 S，即：

$$S=A+A(1+i)+A(1+i)^2+\cdots+A(1+i)^{n-1} \tag{9.22}$$

所以

$$S(1+i)=A(1+i)+A(1+i)^2+\cdots+A(1+i)^n \tag{9.23}$$

然后式（9.23）减去式（9.22）：

$$Si=A\left[(1+i)^n-1\right] \tag{9.24}$$

如果年度投资 A 累积到最终的金额与本金 P 以相同利率投资获得的最终金额相同，则：

$$S=P(1+i)^n=\frac{A}{i}\left[(1+i)^n-1\right]$$

可得出

$$A = P\frac{i(1+i)^n}{(1+i)^n-1}\tag{9.25}$$

在这里 A 是每年的定期支出，保证在 n 年里产生的钱和以利率 i 投资 P 所赚的钱一样多。A 也可以是一个年度支出，包括每年需要偿还（摊销）本金和以利率 i 借款、借款金额 P、期限为 n 年的贷款利息。

可以将年度资本费用比率 ACCR 定义为：

$$\text{ACCR} = \frac{A}{P} = \frac{i(1+i)^n}{(1+i)^n-1}\tag{9.26}$$

每年的资本费用比率是指必须每年支付本金的一部分，用于偿还本金和在投资生命周期中积累的所有利息。这与计算房屋抵押贷款和其他贷款的固定年度付款时使用的公式相同，这些贷款的本金在贷款期间被摊销。

9.7.2　年化资本成本和总年化成本

如果以资本成本作为利率（参见 9.3.4），则可以使用年度资本费用比率将初始资本费用转换为年度资本费用，即年化资本成本：

$$\text{年度资本费用（ACC）} = \text{ACCR} \times \text{总固定资本成本}\tag{9.27}$$

每年的资本费用加到运营成本中可得出产品的年化总成本（TAC）：

$$\text{TAC} = \text{运营成本} + \text{ACCR} \times \text{总固定资本成本}\tag{9.28}$$

TAC 可以与预期的未来收入进行比较，有时也称其为生产总成本（TCOP）。

表 9.3 显示了不同 i 值和 n 值时的 ACCR 值。常见模型的资本成本约为 15%，厂房寿命为 10 年，这种情况下 ACCR 值为 0.199，约为资本投资的 1/5。

表 9.3　年度资本费用比率（ACCR）在不同利率下的值

利率（i）	ACCR：10 年期	ACCR：20 年期
0.1	0.163	0.117
0.12	0.177	0.134
0.15	0.199	0.16
0.2	0.239	0.205
0.25	0.280	0.253
0.3	0.323	0.302

在使用年化成本法时，有几点需要注意：

（1）该方法假设投资和现金流立即开始，因此它不考虑关于早期支出和收入的信息，在这方面它不如 NPV 和 DCFROR。

（2）该方法不考虑税收或折旧，并假设项目所有的收入都可以作为初始投资的回报。这种情况下如果使用 MACRS 法，则税收和折旧就不容易被年化。

（3）流动资金是在项目结束时收回的，因此严格来说，只有固定资本才应该被年化。式（9.25）和式（9.26）可以在项目期末有额外现金流的情况下修改，但实际上这个修改版本很少被使用，且流动资金通常在年度成本法里被忽视或与固定资本混淆。解决这个问题的一种简单方法是假设流动资金完全来源于借债，在这种情况下，流动资金的成本将减少到作为固定生产成本一部分的利息支付。在项目结束时，流动资金将被回收，并可用于偿还债务本金。

（4）如 8.5 节所述，固定生产成本可按固定资本投资（FC）的一部分计算。如果假设每年 3% 的 FC 用于维修，2% 的 FC 用于房产税，且存在 65% 的装置其他支出，那么年度资本费用比率将升高 $0.02+1.65\times0.03=0.07$。

（5）如果假设设计费是（ISBL + OSBL）资本投资的 10%，再加上 15%（ISBL+OSBL）资本投资作为预备费，则按照 10 年的工厂生命周期和 15% 的利率计算，每年的资本费用比率为：

$$ACC = [0.199\times(1.0+0.1+0.15)+0.07]\times(ISBL \text{ 资本费用} +OSBL \text{ 资本费用})$$
$$=0.32\times(ISBL \text{ 资本费用} +OSBL \text{ 资本费用}) \tag{9.29}$$

式（9.29）是普遍使用的经验法则，即年度资本成本除以 3。在使用这一经验法则时，重要的是要记住，固定成本的一部分（但不是全部）已计入年度资本费用。

年化成本法比 NPV 或 DCFROR 的计算涉及更多的假设，但它被广泛用作一种比较投资与收益的快速方法。年度成本也可以作为分析小型项目和降低运营成本的改造项目（如热回收项目）的好方法，因为年度资本费用可以直接与预期每年盈余相互抵消，所以流动资金、人工成本或其他固定生产成本通常没有变化。小项目通常可以很快地执行，因此与设计新工厂或重大投资项目相比，小项目因为忽略投资和收入的时机所带来的负面影响比大项目小。

在比较不同设备使用寿命的成本时，也可采用成本年化法。成本年化法允许不同使用寿命的设备在相同的年度基础上进行比较。下面的示例说明了这一点。

示例 9.6

一种价值 14 万美元的碳钢热交换器预计可以使用 5 年才需要更换。如果使用 304 型不锈钢，那么使用寿命将增加到 10 年。如果资本成本是 12%，请问哪一个换热器最经济？

解：

年利率为 12%，在使用年限为 5 年的情况下，年资本费率为：

$$\text{ACCR} = \frac{i(1+i)^n}{(1+i)^n - 1} = \frac{0.12 \times (1.12)^5}{(1.12)^5 - 1} = 0.277$$

碳钢换热器的年度资本成本是 $140000 \times 0.277 = 38780$ 美元。

从表 7.6 中可以估计出 304 不锈钢换热器的成本为 140000 美元 $\times 1.3 = 182000$ 美元。

由表 9.3［或式（9.26）］可知，使用年限为 10 年，利率为 12%，年资费比为 0.177，因此不锈钢换热器的年化成本为 182000 美元 $\times 0.177 = 32210$ 美元。

在这种情况下，购买不锈钢换热器会更经济。

9.8 敏感性分析

9.8.1 简单敏感性分析

项目的经济评价只能基于对所需投资和现金流的最佳估算。任何一年的实际现金流都会受到原材料成本及其他运营成本变化的影响，并且很大程度上取决于销售量和价格。敏感性分析是一种检验不确定性因素对项目可行性影响的方法。为了进行分析，首先使用各种因素的最可能值来计算投资和现金流量，这为分析奠定了基础。然后调整成本模型中的各种参数，依次假设每个因素的误差范围，计算出现金流和经济指标对参数误差的敏感性。敏感性分析给出了对项目预期经济效益做出判断时所涉及的风险程度。

敏感性分析的结果通常以经济指标（如 NPV 或 DCFROR）与敏感性参数关系图的形式呈现。几个不确定因素会显示在同一个图表中，横坐标使用范围从 0.5× 基值到 2× 基值不等，详见示例 9.7。

9.8.2 研究敏感性参数

敏感性分析的目的是确定在参数的预期变化范围内对项目可行性有重大影响的参数。表 9.4 中给出了通常需要研究的典型参数和变化范围。

改变生产负荷（同时保持投资和固定成本不变）考察了由于维护或操作问题导致的意外长期停车的影响，以及在全负荷生产下销售全部产品出现意外困难的影响。如果工厂设计允许较大的设计裕量或通过使用更好的催化剂来提高产量，那么生产率也可能提高到超出设计产能。

在敏感性分析中采用的原料和产品价格，很大程度上取决于所采用的价格预测方法。通常情况下，敏感性研究的是原材料总成本，而不是对每种原料单独进行分析，但如果发现原材料成本是主要敏感性因素，那么它们可能被分解为单个原材料成本。

表 9.4　敏感性分析参数

参数	变化范围
销售价	基础值 ±20%（对于周期性商品可能会更高）
生产负荷	基础值 ±20%
原料成本	基础值的 –10%～30%
燃料成本	基础值的 –50%～100%
固定成本	基础值的 –20%～100%
界区内投资	基础值的 –20%～50%
界区外投资	基础值的 –20%～50%
建设期	–6 月至 2 年
利率	基础值至基础值 +2 个百分点

9.8.3　风险分析的统计方法

在简单的敏感性分析中，每个参数都是单独变化的，最后得出哪个参数对项目可行性影响最大的定性理解。在更专业的风险分析中会使用统计方法同时检测所有参数变化的影响，从而定量地确定经济指标的变化范围。这使得工程师可以估算所选择的经济指标超过给定阈值的置信度。

其中一种简单的统计分析方法由 Piekarski（1984）提出，Humphreys（2005）对此也有介绍：估算中的每一项都表示为最可能值（ML）、高值（H）和低值（L）。上值和下值可以使用表 9.4 中给出的变化范围进行估算。然后估计均值（$\bar{x}$）和标准差（S_x）为：

$$\bar{x} = \frac{H + 2\mathrm{ML} + L}{4} \tag{9.30}$$

$$S_x = \frac{H - L}{2.65} \tag{9.31}$$

注意，如果分布是不均匀的，则平均值不一定等于最可能的值。这通常会发生在投资估算中，在这种情况下，投资被低估的可能性远大于投资被高估的可能性。其他参数的均值和标准差则可以利用表 9.5 中给出的数学统计方法结合个体均值和标准差进行估计。

人们可以相对容易地预估出已完成的投资估算中的总体误差，并且可以进一步计算出经济指标，如 NPV、TAC 或 ROI。

与使用电子表格简单构建相比，更复杂的方法是采用经济模型并使用蒙特卡罗模拟对其进行分析。在蒙特卡罗模拟中，系统会生成随机数并使用它们确定每个参数在被允许范围内的值。例如，每个参数可以设置成等于 $L + [R \times (H-L)]/10$，其中 R 是 1～10 之间的一个随机数。通过大量模拟就可以得出计算参数（经济指标）的总体概率分布。市面上有一些商用蒙特卡洛模拟程序，如 REP/PC（Decision 科学公司）、@RISK（Palisade 公司）和 CRYSTAL BALL®（Decisioneering® 公司）。

表 9.5　统计数学

如果 $y=f(\bar{x},\bar{z})$，则 y，S_y 的标准差是 S_x 和 S_z 的函数	
x，z 的函数 y	标准差 S_y
$y = a\bar{x} + b\bar{z}$	$S_y = \sqrt{a^2 S_x^2 + b^2 S_z^2}$
$y = \bar{x}\bar{z}$	$S_y = \bar{x}\bar{z}\sqrt{\dfrac{S_x^2}{\bar{x}^2} + \dfrac{S_z^2}{\bar{z}^2}}$
$y = \dfrac{\bar{x}}{\bar{z}}$	$S_y = \dfrac{\bar{x}}{\bar{z}}\sqrt{\dfrac{S_x^2}{\bar{x}^2} + \dfrac{S_z^2}{\bar{z}^2}}$

注：（1）只有当 x 和 z 的协方差为 0 时，这些公式才成立。即 x 和 z 之间没有统计上的相互关系，x 和 z 是在一组数据点上估算出来的。

（2）有关公式的详细描述请参阅 Ku（1966）的著作。

在设计蒙特卡罗模拟问题时必须注意，因为这个程序假设所有参数都是随机独立变化的。如果两个参数是相互关联的（例如原料和产品价格或原料和能源价格），那么它们就不会独立变化。正确的方法是改变其中一个参数，然后通过相关性预测另一个参数，再对预测参数施加较小的随机误差，以反映相关性的准确性。

投资估算文献中包含了大量关于风险分析的信息。Humphreys（2005）和 Sweeting（1997）对统计学在风险分析中的应用做了很好的介绍，Anderson（2010）也简述了这一主题，并提出了几种呈现数据和结果的方法。

9.8.4　不可预见费

在 7.2.1 中介绍了不可预见费的概念，以考虑投资估算的变动范围，建议使用界区内加上界区外固定资本的 10% 作为最低不可预见费。

如果已知估算的置信区间，那么可以根据项目投资不会超出预期投资的可能性来估计不可预见费。例如，如果投资估算是正态分布的，那么估算者有以下的置信水平：

90% 置信度下投资低于 $\bar{x} + 1.3S_x$；95% 置信度下投资低于 $\bar{x} + 1.65S_x$；98% 置信度下投资低于 $\bar{x} + 2.05S_x$；99% 置信度下投资低于 $\bar{x} + 2.33S_x$。

虽然投资估算的许多组成部分都是不均匀分布，但如果将它们结合起来，得到的分布通常是近似正态的。因此，上述准则可用于确定给定置信水平下所需的不可预见费用数额。

此处需要注意的是，10% 的不可预见费用意味着有 98% 的信心认为投资估算为 ±6.5%［使用式（9.31）中的近似法计算 S_x］。这说明，10% 的不可预见费用实际上应该被看作最保守的水平，并且只适用于充分了解工艺技术时的详细估算（一级估算和二级估算）。

示例 9.7

对示例 9.5 中描述的己二酸项目进行敏感性分析。分析 10 年期的 NPV 与总固定资本投资（-20%～50%）、年度总利润（-20%～30%）和项目建设进度（-6 个月至 1.5 年）的敏感性情况。

解：

由于经济分析是在电子表格中输入的，因此很容易研究改变任何参数所造成的影响。最简单的方法是在空单元格中定义一个比值参数，然后将相关的单元格乘以这个比值，随后可以改变比值，并将其对 NPV 的影响列示出来。固定资本投资比率的变化范围为 -1.5～0.8，年毛利比率变化范围为 -1.3～0.8。

研究项目进度变化所造成的影响有点困难。相对最简单的方法是改变工作表的施工进度部分的数字。通常情况下，将施工进度作为一个确定的参数（图 9.2）来建立经济分析是一个好主意，因为这样就可以研究进度变化所带来的影响。就本例而言，假定计划延迟一年将意味着项目在第 3 年仍将承担 100% 的固定成本，在第 4 年将实现 50% 的收入和可变成本，而不是第 3 年。延迟 6 个月就会分别在第 3 年和第 4 年产生 25% 和 75% 的收入及可变成本，进度提前 6 个月将使得第 2 年增加 25% 的收入和可变成本，第 3 年产生 75% 的收入及可变成本，并且还会在第 2 年增加 50% 的固定成本，主要需要雇佣人员以开始生产。

三个变量的变化情况都可以绘制在同一幅图上，如果基本方案是进度为 3 年，进度延迟 6 个月是基本方案的 2.5/3＝83%。进度延迟 1 年半则是基本方案的 4.5/3＝150%。

结果如图 9.3 所示。可以看出，所研究的任何一个参数都不能使项目的净现值大于预期变化范围。项目经济效益对资本投资（CAPEX）和毛利的敏感性要高于对项目进度的敏感性。毛利通常取决于市场情况，并且很难控制，如商品（如己二酸）市场情况。因此，项目的投资者应集中精力降低资本成本，而不是试图加快进度。

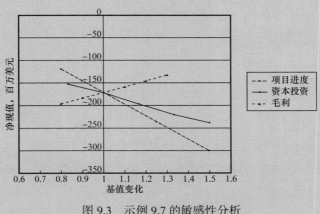

图 9.3　示例 9.7 的敏感性分析

示例 9.8

一个每年 200000t 产量的玉米干磨乙醇工厂的界区内资本投资初步估算（4 级估算）为 1.3 亿美元 −30%/+50%，该工厂将建在未开发的场地上，界区外投资估计在 4000 万美元到 6000 万美元之间。估算项目总投资，且保证项目可以在预计的金额内完成（置信度 98%）。

解：

对于界区内投资，$H = 195$ 百万美元，$L = 91$ 百万美元，$ML = 130$ 百万美元，则：

$$\bar{x}_{\text{ISBL}} = \frac{H + 2ML + L}{4} = \frac{195 + 260 + 91}{4} = 136.5 \text{ 百万美元}$$

$$S_{x,\text{ISBL}} = \frac{H - L}{2.65} = \frac{195 - 91}{2.65} = 39.2 \text{ 百万美元}$$

同样地，对于界区外投资，假设最可能的值位于给定范围的中间：

$$\bar{x}_{\text{OSBL}} = \frac{H + 2ML + L}{4} = \frac{40 + 100 + 60}{4} = 50 \text{ 百万美元}$$

$$S_{x,\text{OSBL}} = \frac{H - L}{2.65} = \frac{60 - 40}{2.65} = 7.55 \text{ 百万美元}$$

如果这两个平均值均增加 10% 的设计费，那么将这些平均值结合起来可得到：

$$\bar{x}_{\text{Total}} = 1.1\bar{x}_{\text{ISBL}} + 1.1\bar{x}_{\text{OSBL}} = 205.2 \text{ 百万美元}$$

$$S_{x,\text{Total}} = \sqrt{\left(1.1 S_{x,\text{ISBL}}\right)^2 + \left(1.1 S_{x,\text{OSBL}}\right)^2} = 43.9 \text{ 百万美元}$$

有 98% 的置信度保证投资会低于 $\bar{x} + 2.05 S_x$，即 $205.2 + 2.05 \times 43.9 = 295$ 百万美元。如果按照这个数据做项目概算（或拟定招标合同），即意味着接受超出预算的风险为 1/50。注意，这个数值远远大于之前假设的最可能的值（$1.1 \times 180 = 198$ 百万美元），体现出 4 级估算的高误差。因此，在 98% 置信度下的不可预见费 $295 - 198 = 97$ 百万美元或最可能的估算值的 49%。

示例 9.9

已知示例 9.5 中己二酸项目的资本成本估算在 −10% ~ 30% 之间，且营运现金流预测为 ±10%，请估算 10 年期 NPV 的平均值和标准差，并判断 NPV 大于 0 的可能性是否大于 1%？

解：

同样地，采用电子表格可以很容易构建并计算统计参数。

在第 1 年和第 2 年，现金流只与资本支出有关且都是负值。因此，可以使用现金流的现值作为最可能的值（ML），并估计最低值（L）为 1.3ML（因为数值为负）和最高值（H）为 0.9ML。

在第 4 年到第 10 年，现金流全为正值且与经营有关。可以使用现金流的现值作为 ML 的值，因此 L＝0.9ML，H＝1.1ML。

第 3 年相对有些复杂，因为现金流既来自资本支出，也来自运营收入。最可能的值仍然是先前预测的值（−30.7）。低值（L）为 90% 毛利减去 130% 资本支出的现值，即：

$$\frac{0.9 \times 12.8 - 1.3 \times 59.5}{1.15^3} = -43.3$$

同样地，高值（H）是 110% 毛利减去 90% 资本支出的现值。

然后可以将 ML、H 和 L 的值制成表格，用式（9.30）和式（9.31）计算均值和标准差，见表 9.6。

表 9.6　示例 9.9 解答

年份	ML	L	H	x	S	S²
1	−94.25	−122.53	−84.83	−98.97	14.23	202.40
2	−191.24	−248.61	−172.11	−200.80	28.87	833.25
3	−30.71	−43.28	−25.95	−32.66	6.54	42.78
4	33.96	30.57	37.36	33.96	2.56	6.57
5	25.48	22.93	28.03	25.48	1.92	3.70
6	22.16	19.94	24.38	22.16	1.67	2.80
7	19.27	17.34	21.20	19.27	1.45	2.11
8	16.76	15.08	18.43	16.76	1.26	1.60
9	14.57	13.11	16.03	14.57	1.10	1.21
10	12.67	11.40	13.94	12.67	0.96	0.91
			总计	−187.56		1097.33
			S		33.1	

总平均值是平均值之和 ＝−187.6 百万美元。

标准差是 S 值平方总和的平方根（表 9.6）＝33.1 百万美元。

> 99% 置信区间是 $\bar{x} +2.33S_x$，因此有 99% 的信心保证 NPV 将小于 –187.6+ 2.33×33.1 = –110.4 百万美元。设计团队因此可以确定这个项目在资本利率为 15% 时，NPV 大于 –100 百万美元的可能性不到 1%。

9.9 项目组合比选

一个典型的从事化学、制药或燃料行业的公司每年都会评估许多项目。这些项目中只有少数几个被选中来执行。本节会讨论在进行项目比选时使用的一些标准和方法。

9.9.1 项目类型

一个投资项目的实施可能有多种原因。

由于环境或其他立法的变化，经常需要执行一些遵从法规性的项目。如果政府改变了有关工厂安全、排放或产品规格的规定，除非获得豁免，否则工厂必须进行改造或关闭。除非考虑到关闭的成本，否则遵从法规性项目的经济效益通常很差。

降低成本型项目旨在降低现有装置的生产成本。最常见的降低成本的投资是预防性设备维护，即设备在计划维修期后、设备老化到可能影响工艺性能或安全的时点前进行更换、修理或清洁。大多数预防性维修项目的规模都很小，并且是通过工厂维修预算来完成的，但是有些项目支出可能非常大，需要关闭主要装置，如更换主装置炉内的燃烧管。另一种常见的降低成本的项目是热回收或热集成项目，例如，升级装置热交换系统或公用工程系统以降低能源成本。

企业也会尽可能地寻求那些预计会为投资带来高回报的资金增长型项目。资金增长型项目通常被称为去瓶颈或改扩建项目以及在基层项目中建设全新的装置。

在除基层项目之外的所有情况下，设计项目之前通常需要大量关于现有工厂、场地和产品的信息，需要花费大量的精力调试模型以模拟装置的性能，以便使这些模型对工厂的设计有实质作用。

基层项目通常被用作本科设计项目，因为它们是独立的，不需要模型的整合。然而，在工业实践中，它们只占所有项目的 10% 以下。

9.9.2 项目组合的限制

对于项目组合，其最明显的限制是可获得的资金，这反过来又受到公司融资安排的限制（见 9.3 节）。

资本支出通常与销售额、营业利润或总资产成比例。表 9.7 显示了世界上一些最大的化学公司投资资本支出的最新信息。这些资本支出与图 9.4 的收入和图 9.5 的总资产相关联，虽然数据显示这种相关性并不特别强，但从表 9.7 可以看出这些公司的大部分资本支出占销售额的 4%～6%，也占资产的 4%～6%。

表 9.7　大型化工公司的资本支出（Voith 等，2010）

公司	销售额 百万美元	净利润 百万美元	总资产 百万美元	投资支出 百万美元	投资支出 / 销售额	投资支出 / 净利润	投资支出 / 资产
BASF	70642	1965	56883	3461	0.049	1.762	0.061
Johnson & Johnson	61897	12266	63497	2352	0.038	0.192	0.037
Pfizer	50009	8635	102558	1200	0.024	0.139	0.012
Roche	45167	7836	68660	2755	0.061	0.352	0.040
Dow	44875	676	46857	1391	0.031	2.058	0.030
GlaxoSmithKline	44429	9624	67129	2221	0.050	0.231	0.033
Novartis	44267	8454	95505	1903	0.043	0.225	0.020
Bayer	43434	1894	58999	2215	0.051	1.170	0.038
Sanofi–Aventis	40839	7337	111551	2491	0.061	0.340	0.022
AstraZeneca	32804	7521	54920	951	0.029	0.126	0.017
Abbott Laboratories	30765	5746	32924	1077	0.035	0.187	0.033
Merck &Co.	27428	13024	52512	1454	0.053	0.112	0.028
Mitsubishi Chemical	26848	137	35814	1262	0.047	9.211	0.035
DuPont	26109	1755	33496	1305	0.050	0.744	0.039
Eli Lilly & Co	21836	4329	25540	764	0.035	0.177	0.030
Akzo Nobel	19360	397	16014	736	0.038	1.853	0.046
Bristol–Myers Squibb	18808	3239	22925	734	0.039	0.226	0.032
Sumitomo Chemical	17303	157	25447	1107	0.064	7.053	0.044
Air Liquide	16689	1714	22222	1969	0.118	1.149	0.089
Linde	15623	824	19183	1578	0.101	1.915	0.082
Asahi Kasei	15303	270	14612	903	0.059	3.344	0.062
Toray	14514	−151	16618	610	0.042	−4.037	0.037
Amgen	14351	4605	2824	531	0.037	0.115	0.188
Mitsui Chemical	12892	−299	13216	529	0.041	−1.768	0.040
PPG Industries	12239	336	10040	245	0.020	0.729	0.024
Solvay	11824	719	17152	792	0.067	1.102	0.046

公司	销售额 百万美元	净利润 百万美元	总资产 百万美元	投资支出 百万美元	投资支出 / 销售额	投资支出 / 净利润	投资支出 / 资产
Monsanto	11724	2109	13288	914	0.078	0.434	0.069
DSM	11597	470	11930	661	0.057	1.406	0.055
Syngenta	10992	1371	13594	649	0.059	0.473	0.048
Shin-Etsu	9787	895	18885	1292	0.132	1.443	0.068

注：数据基于 2009 年的财务数据，2009 年的数据因为 2008 年中开始的金融衰退可能对普遍情况不够具有代表性。

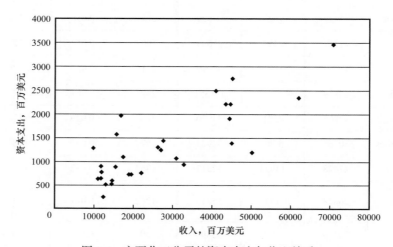

图 9.4　主要化工公司的资本支出与收入关系

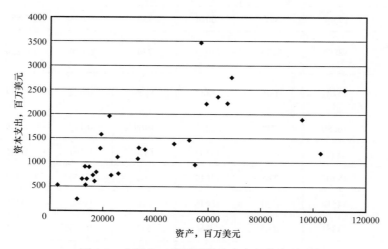

图 9.5　主要化工公司的资本支出与资产关系

　　限制可执行项目数量的第二点是关键资源的可用性。一个只有少量工程人员的公司一次只能执行几个项目，即使大量使用设计、采购和施工（EPC）承包商，业主仍然需要为每个项目提供一些工程支持，而且 EPC 承包商在行业建设高峰期的可用性本身也是一个问题。另外，需要进行广泛研究和开发工作的项目可能会因为缺乏研究人员和可试验工厂设施而被推迟。

通常情况下，最重要的限制来自监管的时间要求。法规遵从性项目必须在一定时间内按时完成，以便工厂或产品遵守新法律。这通常意味着一个少于 5 年的狭窄时间窗口，公司必须在这 5 年内进行规划、设计和施工，几乎没有给公司留下任何选择余地去决定项目动工时间。

监管的时间要求对于药品尤为重要。一种新药自申请专利之日起 20 年有效。在此之后，竞争者可以销售仿制药，通常会带来价格的大幅下跌。在一种新药上市之前，产品和生产过程都必须得到美国食品药品监督管理局（FDA）的批准。因此，制药商通常要在从 FDA 批准到专利到期之间的时间窗口里寻求最大利益，而这需要在审批过程中提前做好准备，以便在获得最终批准后可以迅速提高生产率。因此，制药公司的投资项目组合将受到新产品监管审批过程的强烈影响。

9.9.3　决策标准

项目的经济评价没有单一的最佳标准，每个公司都使用自己所倾向的方法，并为项目投资设定最低指标标准。设计工程师必须确保所使用的方法和假设符合公司的政策，并且在公平的基础上对项目进行比较。项目应一直使用相同的经济指标进行比较，但基础假设不必完全相同，因为在全球化经济背景下，原料和产品定价、资本成本、劳动力成本、融资或投资激励方面可能具有显著的区域优势。根据项目的类型，可以使用不同的经济指标，但在比较相同类型的备选项目时，必须始终使用相同的标准。

在评价项目时，除了经济效益，还必须考虑许多其他因素，如下列各项：

（1）安全。

（2）环境问题（废物处理）。

（3）政治考量（政府政策及投资激励）。

（4）客户及供应商位置（供应链）。

（5）劳动力可用性和配套服务。

（6）企业增长战略。

（7）公司在特定技术方面的经验。

在工厂或现场层面上，管理层可能已经获得了一小笔可自由支配的资本预算，可用于预防维护型项目和成本削减型项目（如果没有被用于法规遵从性项目）。这些项目通常使用简单的方法进行排序，如回收期、投资收益率（ROI）或总年化成本。在考虑为一个项目融资时，项目本身必须满足最低（或最高）标准，即所谓的最低预期回报率。例如，一家公司可能会规定投资回收期不得超过两年，否则项目不会获得融资。法规遵从性项目的评估通常基于最小增量的年度总成本，因为它隐含地假设不会有额外的收入。如果从副产品的销售中获得额外收入，那么这可以抵消成本。另外，如果合规成本过高，关闭或出售场地的替代成本也将被评估。

小型项目或改扩建项目的评估通常基于增量投资收益率方法：

$$增量ROI = \frac{利润增量}{投资增量} \times 100\% \tag{9.32}$$

评价增量 ROI 有一个单独的最低预期回报率，以确保大型改造项目可以有实质回报，而不仅仅是为了项目本身的吸引力（或规模）而得到融资，这有助于防止项目费用的滥用情况。

需要大量投资的改扩建项目通常在公司层面进行评估，大多数公司关注的都是内部收益率（IRR 或 DCFROR）、固定资本投资和流动资金以及利率等于资本成本的净现值。项目选择的限制因素已在 9.9.2 中介绍，实际上项目的选择有可能也受企业战略因素影响，如扩张某一特定行业或产品线的野心，或希望在快速的经济增长地区（如印度、中国、中东、拉丁美洲等）扩大影响力。

公司通常会使用两种方法来简化项目比选流程，以避免高级管理人员面对成千上万潜在项目的困扰。第一种方法是基于简单的衡量标准（如内部回报率或投资回收期）来设定内部的最低期望回报率，以便在评估过程的早期阶段淘汰不具吸引力的项目。第二种方法是将可用的资本预算分门别类（有时称为"篮子"）以平衡不同地区和企业，发展领域与现有产品之间的竞争需求。各个战略业务单位或地区子公司（取决于该公司如何组织）分别提交他们的资本预算和项目的排序列表。然后，公司高级管理层在不同的类别之间进行战略调整，并决定在每个列表中划定界限，使总体投资组合与他们为公司制定的战略目标保持平衡。在大型企业中，这一过程可能会在两个或两个以上的管理层重复进行，所选项目的列表会被传递到更高的层级，以便在获得资本投资授权之前进行进一步的审查和批准。

投资组合选择问题可以很容易地被数字化地表示为约束最优化：可用资本的约束使经济指标最大化，这是"渐缩问题"的一种形式，只要项目规模确定，就可以将其表示为混合整数线性程序（MILP），如果不是，那么它将成为一个混合整数非线性程序。在实践中，数值计算法很少被用于投资组合比选，因为所考虑的许多战略因素难以量化，并且与经济指标函数相关。

参 考 文 献

Anderson J.（2010）. Communicating the cost of product and process development. Chem. Eng. Prog. 106（2），46.

Bechtel L. B.（1960）. Estimate working capital needs. Chem. Eng. NY 67（Feb. 22nd），127.

Humphreys K. K.（1991）. Jelen's cost and optimization engineering（3rd ed.）. McGraw-Hill.

Humphreys K. K.（2005）. Project and cost engineers' handbook（4th ed.）. AACE International.

Ku H.（1966）. Notes on the use of propagation of error formulas. J. Res. Nat. Bur. Standards-C. Eng. and Instr. 70C（4），263–273.

Lee A. L.（2010）. Genentech：A rich history of chemical engineering innovation. AIChE 3rd

Corporate Inno- vation Award Lecture Salt Lake City, Nov 11, 2010.

Lyda T. B. (1972). How much working capital will the new project need? Chem. Eng. 79 (Sept. 18th), 182.

Piekarski J. A. (1984). Simplified risk analysis in project economics. AACE Transactions D5.

Scott R. (1978). Working capital and its estimation for project evaluation. Eng. and Proc. Econ. 3 (2), 105.

Shim J. K. & Henteleff N. (1995). What every engineer should know about accounting and finance. Marcel Dekker.

Spiro H. T. (1996). Finance for the nonfinancial manager (4th ed.). Wiley.

Sweeting J. (1997). Project cost estimating–principles and practice. Institution of Chemical Engineers.

Voith M. McCoy M. Reisch M. S. Tullo A. H. & Tremblay J.–F. (2010). Facts and figures of the chemi- cal industry. Chem. and Eng. News, 88 (27), 33.

IRS Publication 542. (2006). Corporations. United States Department of the Treasury Internal Revenue Service. IRS Publication 946. (2009). How to depreciate property. United States Department of the Treasury Internal Revenue Service.

习　题

9.1　在未来20年里，每年需要支付多少钱才能以7.5%的利率摊销完2500万美元的贷款？

9.2　一家工厂计划安装一套热电联产系统以提供电力及蒸汽。目前电力来自一家公用工程公司，蒸汽由现场锅炉产生。热电厂的资本成本估计为2300万美元，将热和电结合预计每年能节省1000万美元，该工厂预计在建成后10年内开工。以12%的贴现率和7年的回收期使用MACRS折旧法计算项目的累计净现值。同时，计算折现现金流收益率。建设期需要两年时间，资本将在第1年和第2年末以等额方式支付。节余（收入）可以在每年年底作为收入，生产期从施工完成后开始计算。

9.3　一项热回收工艺的研究提出了5种潜在的改造，它们互不排斥，其成本和能源节约如下：

项目	资本成本，百万美元	燃料节余，10^6Btu/h
A	1.5	15
B	0.6	9
C	1.8	16
D	2.2	17
E	0.3	8

如果燃料成本为 6 美元 /10^6Btu，且工厂每年运营 350 天，请计算哪些项目的简单回收期不到一年？

在 15% 的利率和 35% 的税率下，可达到的 10 年期净现值最大值是多少？假设所有的项目都可以立即建成，并使用 MACRS 折旧法和 5 年的回收期，应该选择什么样的项目组合来达到最大净现值？

9.4　一家电子公司想在电路板生产线的排气口安装溶剂回收系统。溶剂回收系统由深度冷却器、气液分离罐和吸附剂床组成。吸附剂通过将循环热空气从吸附剂床进入深冷器和分离罐来周期性再生。经与设备供应商协商，主要设备采购价格如下：

设备	费用
深冷器	4000 美元
气液分离罐	1000 美元
制冷机组	3000 美元
吸附器（×2）	1500 美元 / 个
鼓风机	4000 美元
空气加热器	3000 美元

估算工厂的界区内投资和项目总投资。如果每年的运营成本是 38000 美元，而回收溶剂的年节余是 61500 美元，那么这个项目的 IRR 是多少？

9.5　一套管壳式换热器需要被用于腐蚀性环境，如果使用碳钢管，换热器的成本估计为 160000 美元，预计两年后需要再次更换。如果使用不锈钢管，使用寿命将增加到 5 年，但成本也将增加到 400000 美元。假设资本成本是 15%，请问换热器应该选用哪种管材？

9.6　示例 9.5 和示例 9.9 中描述的己二酸工厂拟在中国建造，区域系数为 0.85。现在需要将投资估算从 2006 年更新到 2012 年，已知 45% 的总投资可以确定是利率为 1% 的低成本贷款，请回答：

（1）如果权益成本为 40%，那么资本成本是多少？

（2）15 年生产期下的净现值是多少？

（3）如果债务必须在 15 年内作为固定成本摊销完，那么内部收益率是多少？

9.7　一个产量为 $2000×10^8$bbl/a 的乙烯裂解装置的二级界区内投资估算为 8.5 亿美元 −5%/+10%。该项目为现有场地的扩建，界区外投资预估为 1.7 亿～2.5 亿美元之间。请估计 98% 置信度下的项目总投资，且确保项目可以在预算内完成。

安全和损失预防

10.1 概述

对每一个生产燃料、化学品和药品的公司而言，设施的安全设计和运行尤为重要。

任何机构不论是从法律层面，还是从道德层面，都有义务保证其员工及公众的健康和财产安全。安全亦可创造效益，良好管理在保障安全生产的同时，也是高生产效率的保证。

"损失预防"是一个保险业用语，损失是指由于某次事故而损失的财产。这个损失不仅包括置换遭受破坏的工厂设施、缴纳罚金以及第三方安抚赔付的费用，还包括由于停产和丧失市场份额而损失的收益。在一次重大事故中，这些费用足以使一个公司破产倒闭。

所有生产过程在一定程度上都是危险的，但是化学过程却存在一些额外的、特别的、与所用化学品和工艺条件相关的危险源。设计人员必须非常清楚这些危险源，并确保通过完备的工程设计将风险降低到可以容忍的水平。

本章有关工艺设计安全的讨论毋庸置疑是有限的。有关这个主题更为完整的内容可以在 Wells（1996，1997）、Mannan（2004）、Fawcett 和 Wood（1982）、Green（1982）、Crowl 和 Louvar（2002）、Cameron 和 Raman（2005）以及 Carson 和 Mumford（1988，2002）的著作中找到。此外，还可以通过公开发表的文章，尤其是美国化学工程师学会（AIChE）和英国化学工程师学会（IChemE）所发布资料中找到相关内容。由这些机构所组织的有关安全和损失预防的专题会议，也收纳了许多此类文章，阐述了有关通用安全原则、技术、组织机构，以及与某特定工艺过程和设备相关的危险源的讨论。美国化学工程师学会化学品过程安全中心（CCPS）所出版的《Guidelines for Engineering Design for Process Safety》（CCPS，1993）就是一本很好的、对工艺设计中有关安全问题进行了总体概括的图书。特别地，英国化学工程师学会针对化学工程专业的学生出版了一本关于安全的图书（Marshall 和 Ruhemann，2000）。

本书使用了大量篇幅对主要的法律法规要求和相关标准规范进行了归纳总结，尽管如此，由于过程安全领域在持续改进提高，且许多标准每年都在修订，因此书中所提及的信息在本书出版时有可能已经失效。更新信息可以从标准法规发布机构获得。建议设计人员持续跟踪最新版法律、法规或标准，仔细核实，以确保设计遵循当地所有法规要求以及现行良好做法。

10.1.1　安全法律法规

针对与加工大量化学品和燃料相关的特定危险源，绝大多数政府出台了法律法规，以确保最好的安全做法得以实施推广。在美国，与化工厂安全相关的主要联邦法律有：

（1）职业安全和健康法案（Occupational Safety and Health Act），29 U.S.C. 651 等（1970）：雇主必须为雇员提供安全场所，以避免雇员暴露于已确认的安全和健康危险源，例如，有毒化学品、高噪声、机械伤害、高温/低温、不卫生条件等。雇主必须提供个人防护用具，开展培训，包括告知危险源情况。设施必须开展危险源分析。成立职业健康安全管理局（Occupational Safety and Health Administration，OSHA），负责推广最好做法、检查设施、设定标准，确保本法案执行。

（2）有毒物质控制法案（Toxic Substances Control Act，TSCA），15 U.S.C. 2601 等（1976）：要求美国环保署（Environmental Protection Agency，EPA）对工业使用的 75000 种化学物质进行监管。在美国境内生产、进口或经营一种新的化学物质之前要求开展详尽的审查。EPA 能够禁止或限制任何化学品的进口、生产和使用。根据 TSCA，任何人都有权利并有义务报告由于某种化学品引发的、新的或可疑的健康或环境影响。公司必须在生产或进口新化学品之前 90 天向 EPA 提交一份预生产告知书（premanufacture notice，PMN）。

（3）应急预案与社区知情权法案（Emergency Planning and Community Right-to-Know Act，EPCRA），42 U.S.C. 11011 等（1986）：设施必须针对主要意外事件制订预案。预案必须对当地社区公开。

此外，各种环境法律也禁止在意外事件中将泄漏物料排放至环境。相关讨论参见第 11 章。

各个州、市和其他团体也颁布了法规，以规范化工厂的安全生产（例如，地方消防规范等）。地方法规可以对设施的设计和操作提出更为严格的要求，但是这并不能免除业主或设计人遵守国家或联邦法律的责任。

在设计过程中，必须确保采用的地方、国家、联邦法律法规和标准是最新版本。建议设计人员了解相关法律法规，但是不能希望其能解释法律法规要求，通常需要依靠公司律师和职业安全专家制定公司政策、规范和标准，以确保其法律上的合规性。如果设计人员怀疑公司政策没有满足法律法规要求，应立即反馈给管理层，如不能得到满意答复，则与法规管理机构联系。

在加拿大，主要的安全法律法规有：

（1）加拿大职业健康安全中心法案（The Canadian Center for Occupational Health and Safety Act，CCOHS）C-13（1978）：创建 CCOHS，以提升工作环境的健康和安全，制定并维护安全标准，制订计划减少或消除职业危险源，并收集统计数据。

（2）加拿大油气作业法案（The Canadian Oil and Gas Operations Act）（R.S.，1985，c.0-7）：国家能源委员会和首席安全官应在批准油气设施投产前对所建设施、设备、操作规程和人员进行审查。

（3）危险产品法案（The Hazardous Products Act）（R.S.，1985，c. H-3）：禁止危险产品的广告宣传、经营和进口。要求设置工作环境危险物料信息系统（Workplace Hazardous Materials Information System，WHMIS）标签，提供化学品安全技术说明书（Material Safety Data Sheets，MSDS）。允许对设施开展符合性检查。

（4）加拿大环境保护法案（Canadian Environmental Protection Act）C-33（1999）：制定了有毒物质清单（第 90 节），列于该法案的附表 1 中。

本书仅考虑了与化学品及其工艺过程有关的特殊危险源。在所有生产过程中存在更为普遍的危险源，如由于转动设备、滑跌、高空坠物、机械工具使用和触电等带来的危害，均不再讨论。

常规工业安全和卫生内容可参见 King 和 Hirst（1998）、Ashafi（2003）以及 Ridley（2003）的著作。

10.1.2　工厂安全层

工艺设计的安全和损失预防可以从以下方面考虑：

（1）危险源的辨识与评估。

（2）危险源的控制：如易燃和有毒物料的控制。

（3）工艺过程的控制：通过设置自动控制系统、联锁、报警和跳车，以及良好的操作运行和管理，防止工艺变量（压力、温度、流量）发生危险偏离。

（4）减少因意外事件导致的损失、破坏和伤害：压力泄放、工厂平面布置、设置消防设施。

图 10.1 以另一种方式诠释了工厂安全层的概念。图 10.1 的每一层都会因较低层的全部失效而触发。最基础的工厂安全层是安全工艺和设备设计。如果工艺过程本质安全（参见 10.1.3），则意外事件发生的可能性将大大降低。工艺设备是承装所加工化学品的主要方式，也是隔绝空气、承受高温高压的设施。容器设计规范和标准规定了设备安全裕量以降低其操作失效的风险（参见第 14 章）。大多数国家要求化工厂按照国家或行业标准设计、运行。

图 10.1　工厂安全层

建议设计基本工艺过程控制系统（BPCS），使得工厂可以在安全的温度、压力、流量、液位和组分条件下运行。在大多数连续操作工厂，过程控制系统会尽力将过程控制在某个稳定条件的合理界限内。在间歇操作或循环工艺过程中，过程控制系统按照一个安全速率控制工艺参数变化（"梯度"），以避免工艺参数超调。

如果某个工艺变量落到安全操作范围外，宜触发工厂控制室内的自动报警。报警旨在提醒工艺操作人员关注触发状况，以便操作人员响应干预。在设计工厂控制系统时宜注意避免设置过多的报警，并说明必要的操作人员响应动作，因为过多的报警会干扰操作人员，进而导致人员失误可能性的增加（参见 10.3.7）。在设定报警值时，应保证不会因为正常的工艺波动（此范围内的报警通常会被忽视）而频繁触发报警，同时还建议在下一安全层触发前，为操作人员留出足够的响应干预时间。有关工艺过程控制和仪表的更多讨论见第 5 章。

当某参数产生了严重偏离、预示着某个危险状况，且操作人员无法通过人员干预将工艺过程调整回到受控状态时，就需要触发工艺过程的自动停车（即所谓的"跳车"）。如第 5 章所述，跳车系统有时由工厂控制系统触发，有时由其自身触发。紧急停车通常包括切断进料和热源、系统泄压和惰气吹扫。在设计紧急停车程序和系统时，应注意确保不产生不安全状态或使其恶化。例如，在某些高温或放热过程中，在保证某反应物持续进料的同时切断其他反应物进料可能更为安全，因为这可以移出反应器的反应热。关闭所有阀门几乎从来就不是装置停车的最安全方式。美国石油学会推荐做法 API RP 14c（2001）为控制、报警和停车系统的设计提供了很好的指南。尽管该规范适用于海上油气平台，但它包含了炼油化工厂里许多单元操作。10.8 节介绍了停车系统所要求可靠性的量化方法。

如果工厂无法实现快速安全停车，系统压力将会上升、超压，进而触发压力泄放系统。压力容器设计标准，如 ASME 锅炉及压力容器规范，要求所有压力容器都须设置泄压设施。如果泄放系统合理设计并得以良好维护，那么在系统超压时工厂物料可通过泄压阀或爆破片排放至泄放系统，液体回收处理，蒸气送入火炬塔架或安全排放至大气。压力泄放系统应允许工厂泄掉任何一个超压源，以避免工艺设备超压损坏（泄漏、破裂或爆炸）。有关压力泄放系统内容见 10.9 节。

如果化工厂出现泄漏，就需要启动应急响应。小规模的泄漏可能是小孔/中孔泄漏或溢出。液体的泄漏通常显而易见，而蒸气的泄漏则更难以察觉，需要特别的仪表进行监测。如果从工艺过程中逸散出的物料是易燃的，则泄漏的最初表现可能是小火或局部火灾（保温层内的阴燃常常是最早的警示）。工厂人员应开展此类应急响应培训。许多大现场还有专门的应急响应人员负责消防救援和漫流化学品的清理。工艺单元的应急响应并不总是引起单元停车，这取决于意外事件的规模，但是每一次事件的根本原因必须查清，工厂隐患必须在恢复正常生产前进行安全整改。

当意外事件演变成更为严重的事故时，所需要的资源就超过了工厂或现场所能提供的范围。当地社区应急响应提供方需要调至现场，工厂内的以及当地居民的伤员需要送至医院救治。当地社区必须有能力为此类事件制订应急预案，当地应急响应人员必须接受培训，以应对工厂危险源。应急预案和社区知情权法案（EPCRA）确保当地社区可以获得必要信息。

10.1.3　内在安全和外在安全

工艺过程可以分成一类是内在安全的，而另一类是通过设计而实现安全的。内在安全的工艺过程是指就工艺过程本身而言安全操作是固有的，工艺过程在各种可预见情况（即设计操作条件的所有可能偏离）下不会引起危险或可忽略的危险。常常用"本质安全"形容内在安全，也是为了避免与狭义的、定义电气设备的"本安"术语混淆（见 10.3.5）。在风险管理范畴，本质安全设计是指在保护系统缺失时，人员受伤可能性非常低的设计，见 10.8 节。

显然，不论是否可行、是否经济，设计者都应选择本质安全的工艺过程。但是，大多数化工生产过程或多或少并不是本质安全的，当工艺条件偏离了设计值时，工艺过程就有可能出现危险状况。此类工艺过程的安全操作依赖于安全设施的工程设计以及良好的操作实践，以防止危险状况的发生，并将这些安全措施失效时导致的事件后果影响降至最小。

术语"工程化安全"包含控制系统设计配置，设置报警、跳车、泄压设施、自动停车系统，关键设备设施的冗余设置，以及应对火灾爆炸的消防设备、水喷淋系统和抗爆墙。

Kletz（1984）、Kletz 和 Cheaper（1998）、CCPS（1993）以及 Mannan（2004）讨论了本质安全过程工厂的设计。Kletz 明确指出不存在的物料不会泄漏，因此也不可能引发火灾、爆炸或导致人员中毒。这就要求将工艺过程操作中危险物料持有量在满足工艺操作前提下尽可能降到最低。AIChE 化学品过程安全中心发布了本质安全化学反应工艺过程设计和操作检查表，该表可从 www.aiche.org/ccps/ 上下载。有关本质安全设计方法的资料还可参见 CCPS 发布的 Bollinger 等（2008）编写的指南。

10.2　物料危险源

本节讨论化学品的特有危险源（毒性、易燃性和反应活性）。由于化工过程操作引发的危险源在 10.3 节讨论。

10.2.1　毒性

化学品生产过程中用到的大多数物料在一定程度上都是有毒的，而当人员暴露时间足够长、摄入量足够多时，几乎每个化学品都会导致人员中毒。潜在危险性取决于物料固有的毒性、暴露的频次和时间。

通常用短时间（急性）影响和长时间（慢性）影响来区分。急性影响的症状通常在暴露后迅速出现，例如，皮肤直接接触导致的灼伤、呼吸衰竭、肾功能衰竭、心脏停搏、瘫痪等。急性影响通常与短时间暴露于高浓度毒素有关（尽管何谓"高浓度"取决于毒性大小）。中毒的慢性症状需要一个较长的发展时间，如癌症，而且症状通常持续出现或频繁复发。慢性影响可能是长期低浓度毒素环境下暴露的结果，但也可能是短时间高浓度毒素暴露后的延迟反应。

造成直接伤害的剧毒物质，如光气或氯气，通常划为安全危险源；而那些影响仅在长期低浓度暴露下才显现的物质，如氯乙烯，则通常划为工业健康卫生危险源。这两类有毒危险源的允许限值以及为确保满足限值而采取的预防措施完全不同。工业卫生和良好设计一样，也是良好操作实践和控制的问题。

物料固有的毒性由动物实验测定。通常用50%实验动物死亡的致死剂量表征，即LD_{50}（50%致死剂量）值。剂量单位用每千克实验动物体重的有毒物质毫克数表示。

表10.1给出了部分大鼠经口LD_{50}值。人类LD_{50}值根据动物实验值估计得到。LD_{50}表征急性影响，仅粗略表征可能的慢性影响。总是取其他哺乳动物的最低测量值用作人类LD_{50}值。在某些情况下，给出了不同摄入方式的LD_{50}数据。例如，乙醇的LD_{50}值有3450mg/kg（经口，小鼠）、7060mg/kg（经口，大鼠）和1440mg/kg（静脉注射，大鼠）。

表 10.1　毒性数据

物质	允许暴露值（PEL），mg/m³	LD_{50}，mg/kg
一氧化碳	50	1807
二硫化碳	20	3188
氯	1	239
二氧化氯	0.1	292
氯仿	50	1188
二噁烷	100	4200
乙苯	100	3500
甲酸	5	1100
糠醛	5	260
硫化氢	5	4701
氰化氢	10	3.7
异丙醇	400	5045
甲苯	100	5000
二甲苯	100	4300

来源：OSHA。

对于如何判断有毒和无毒，目前还没有一个公认的定义。

以欧盟（European Union，EU）指南为基准，1984年（英国）发布的《危险物品分类、包装和标签法规》里给出了一个分类系统，例如，大鼠经口吸收，$LD_{50} \leqslant 25$mg/kg时，为高毒；LD_{50}为25~200mg/kg时，为有毒；LD_{50}为200~2000mg/kg时，为有害。

这些定义仅适用于短时间（急性）影响。确定员工有毒物质长时间暴露于允许浓度限值时，必须同时考虑暴露时间和物料的固有毒性。阈限值（Threshold Limit Value，TLV）是一个常用的控制员工在污染空气中长时间暴露的指导值。TLV是一个浓度，在该浓度下，认为员工平均一周 5 天、每天 8h 的暴露不会受到伤害。蒸气和气体的单位为 mL/m³，粉尘和雾化液滴的单位为 mg/m³（或颗粒数 /ft³）。详细的工业物料毒性数据库参见《Sax 危险物料手册》，（Lewis，2004），该手册对数据及其使用给出了详尽解释。美国政府工业卫生专家会议在其网站（www.acgih.org/home.htm）给出了 TLV 建议值。在美国，已知有毒物质的允许暴露值（Permissible Exposure Limits，PEL）由职业安全和健康署（Occupational Safety and Health Administration，OSHA）规定。数值可在 OSHA 网站（www.osha.gov/SLTC/ healthguidelines）上查到。有关毒性测试方法、结果解读及其在工业卫生标准制定中使用的详尽内容可参见 Carson 和 Mumford（1988）以及 Mannan（2004）的著作。

10.2.2　易燃性

易燃物质所引发的危险取决于物质的闪点、物质的自燃温度、物质的燃烧极限及燃烧释放的能量。

10.2.2.1　闪点

闪点用于衡量液体点燃的难易程度。它是物质被明火点燃的最低温度。闪点是物质蒸气压和燃烧极限的函数，依据标准程序（ASTM D92 和 ASTM D93）在标准容器内测得。闭杯和开杯容器都有使用。闭杯闪点低于开杯值，在报告测量值时需明确说明所使用的容器类型。《Sax 危险物料手册》（Lewis，2004）给出了一些物质的闪点。许多挥发性物质的闪点低于正常环境温度，如乙醚为 –45℃，汽油为 –43℃（开杯）。

10.2.2.2　自燃温度

物质的自燃温度是物质在空气中没有外部点火源情况下自发点燃的温度。它表征了物质在空气中能被加热的最高温度，如干燥过程。

10.2.2.3　燃烧极限

物质的燃烧极限是在常温常压下，火焰在物质与空气混合物中传播时，物质在空气中的最低浓度和最高浓度。它们表征了物质一旦被点燃可在空气中燃烧的浓度范围。当空气中的浓度极低时，由于物质量太少火焰无法传播。同样，在很高浓度下，由于氧化物的不足火焰亦无法传播。燃烧极限是某个物质的特性，不同物质差别很大。例如，氢气的燃烧极限下限为 4.1%（体积分数）、上限为 74.2%（体积分数），而汽油的范围则仅是 1.3%～7.0%。表 10.2 给出了一些物质的燃烧极限。更多物质的燃烧极限参见《Sax 危险物料手册》（Lewis，2004）。

在储罐内，其液相表面上部空间可能存在易燃混合物。极易燃液体的气相空间通常会充入惰性气体（氮气）或采用浮顶罐。在浮顶罐内，一个"活塞"漂浮在液面上，消除了气相空间。

表 10.2　易燃性范围　　　　　　　　　　　单位：%（体积分数）

物质	下限	上限
氢气	4.1	74.2
氨	15.0	28.0
氢氰酸	5.6	40.0
硫化氢	4.3	45.0
二硫化碳	1.3	44.0
一氧化碳	12.5	74.2
甲烷	5.3	14.0
乙烷	3.0	12.5
丙烷	2.3	9.5
丁烷	1.9	8.5
异丁烷	1.8	8.4
乙烯	3.1	32.0
丙烯	2.4	10.3
正丁烯	1.6	9.3
异丁烯	1.8	9.7
丁二烯	2.0	11.5
苯	1.4	7.1
甲苯	1.4	6.7
环己烷	1.3	8.0
甲醇	7.3	36.0
乙醇	4.3	19.0
异丙醇	2.2	12.0
甲醛	7.0	73.0
乙醛	4.1	57.0
丙酮	3.0	12.8
甲酰基酮	1.8	10.0
二甲胺（DEA）	2.8	18.4
三甲胺（TEA）	2.0	11.6

物质	下限	上限
汽油	1.3	7.0
煤油（航空燃料）	0.7	5.6
瓦斯油（柴油）	6.0	13.5

注：环境条件下空气中的体积分数。

10.2.3 物质禁配性

某些物质天生不稳定，能自发分解、聚合或发生其他反应。这些反应可能受到光、热、自由基源、铁或催化剂（如金属表面）等诱发剂的作用而触发或加速，有时也可能通过加入抑制剂或稀释剂而减缓。这类反应通常为放热反应，如果任其发展，则可能导致反应失控，引发严重后果。

某些物质本身具有高反应活性，在低温时就可与其他许多化合物反应。强氧化剂（如过氧化物和氯酸盐）、强还原剂、强碱、强酸、金属形态的碱金属等就是例子。除了可与其他许多化学品反应，这些物质也能破坏工厂建筑材料。

已知其他类化合物相遇时也会迅速反应并放热，酸和碱，酸和金属，油和氧化剂，自由基引发剂和环氧化物、过氧化物或不饱和分子的混合物等就包括在其中。

另一类重要的禁配物是那些与水接触而变得更危险的化学品。例如，羰基硫（COS）和硫化钙（CaS）与水接触均释放出有毒的硫化氢。氰化钠或氰化钾干粉在潮湿环境中释放出有毒的氰化氢。在处理和储存此类物质时应特别小心，避免其与水接触。1985 年的博帕尔灾难就是源于一个与遇水剧烈反应物质相关的失控反应。

工艺设备和仪表的制造材料也必须检查其与工艺过程化学品的适配性。这不仅包括主要容器的制造金属或合金，还包括焊接、钎焊、锡焊材料，机泵部件，阀门及仪表，垫片，密封，衬里和润滑剂。

在绝大多数化学品安全技术说明书中可以找到禁配物相关信息。Wiley 出版了一个化学品禁配性指南（Pohanish 和 Greene，2009）。美国国家防火学会（National Fire Protection Association，NFPA）也发布了标准 NFPA 491（1997）《危险化学品反应指南》和 NFPA 49（1994）《危险化学品数据》，这两个标准均提供了禁配物数据。

物质禁配性是工艺过程意外事件最频繁的诱因之一。密封和垫片由于溶剂作用而变软、老化，使得小泄漏或大破裂发生，进而导致火灾、爆炸或其他重大事故。如果在工艺过程中辨识出密封或垫片泄漏，工厂设计人员宜咨询厂家，确保所选材质适用于工艺物料。必要时，应将所有密封或垫片材料替换成更加耐受工艺条件的材质。

10.2.4 电离辐射

放射性物质发出的射线对生命体有害。流程工业出于各种目的使用了小剂量的放射性同位素，如料位和密度测量仪表、设备的无损检测等。

政府部门颁布法规规范行业放射性同位素的使用。在美国，相关法规是 OSHA（29 CFR 1910.1096），在加拿大，则受《辐射设备法》（R.S.，1985，c. R–1）管辖。在自然矿物质里也存在低剂量水平的辐射。当在工艺过程中提浓、富集这些放射性物质，或将其排放至环境中时，应予以特别关注。

核燃料化学加工过程中存在的特别危害不在本书讨论范围。

10.2.5 化学品安全技术说明书

化学品安全技术说明书（Materials Safety Data Sheet，MSDS）是汇总某个化学品危险、健康和安全信息的文件。在美国，OSHA《危害告知标准》（29 CFR 1910.1200）要求化学品制造商必须为生产或经营的每一种化学品编制 MSDS，以便员工和消费者使用。《加拿大危险产品法案》（R.S.，1985，c.H–3）亦有同样要求。

MSDS 包括开始分析物质和过程危险源的初始信息，生产人员暴露时需要了解的危害信息，物质泄漏或其他重大意外事件时可能暴露的应急响应人员如何响应的信息。

MSDS 通常包括如下部分：

（1）化学产品和公司信息：化学名称和品级；目录号和别名；制造商联系信息，包括 24h 联系电话。

（2）组成和组分信息：化学品名称，CAS 号，产品主要组成的浓度。

（3）危害辨识：主要危害和健康影响汇总。

（4）急救措施：眼睛接触、皮肤接触、食入或吸入时的程序。

（5）消防措施：消防信息，灭火介质，易燃性数据，国家防火协会级别。

（6）意外泄漏处理：泄漏或遗洒处置程序。

（7）处理和储存：物质搬运、储存和常规使用程序。

（8）暴露控制和人身防护：工程控制要求，如洗眼器、安全淋浴器、通风等，OSHA PEL 数据，人身防护设备要求。

（9）物理和化学性质。

（10）稳定性和反应活性：引起不稳定的条件，已知的禁配物，危险的分解产物。

（11）毒理信息：急性影响，LD_{50} 数据，慢性影响，致癌性，致畸性，诱变性。

（12）生态信息：对昆虫和鱼类的生态毒性数据，其他已知的环境影响。

（13）处置考虑：资源保护和恢复法案（Resource Conservation and Recovery Act，RCRA）（见第 11 章）所要求的处置要求。

（14）运输信息：美国交通运输部以及其他国际组织所要求的装运信息。

（15）法规信息：注册了该物质的美国联邦、州法规，欧洲法规，加拿大及国际法规，包括《美国有毒物质控制法案》（TSCA）清单，《清洁空气法案》和《清洁水体法案》限值（见第 11 章）。

（16）其他信息：编制日期和版次，法律免责声明。

绝大多数 MSDS 表格由化学品制造商生成，可在文献资料、制造商网站或直接联系制造商或供应商获取。很多网站，如 www.msdssearch.com 汇集了众多资源的 MSDS 信息可供查阅。加拿大职业健康和安全中心同样在网站（ccinfoweb.ccohs.ca）上提供了丰富的 MSDS 信息。由于法律原因（可靠性限制），大多数 MSDS 都有一个免责声明，要求使用者在使用时自行评估其匹配性和适宜性。附录 I 给出了一个 MSDS 的例子，亦可在 booksite.Elsevier.com/Towler 的在线资源上获得。

10.2.6　有关物料危险源的设计

根据 OSHA 危害告知标准 29 CFR 1910.119，雇主方需要对每种所处理物料的健康风险进行评估，并明确需采取哪些必要的预防措施保护雇员。要求保留书面评估记录，评估细节对雇员开放。工程设计人员应考虑如下危险物料使用的预防要点：

（1）替代：选择采用物料危险性较低的工艺路线，或用无毒或低毒物料替代有毒工艺物料。

（2）密闭：设计足够可靠、可避免泄漏的设备和管道，如规定焊接优于法兰连接，因为法兰连接更容易发生泄漏或出现物质禁配性问题。

（3）泄漏预防：通过工艺和设备设计、操作程序、排放处理系统设计来实现。

（4）通风：采用开放式结构，或提供足够的通风系统。

（5）处置：设置有效放空筒促进压力泄放设施放空物料的扩散，或使用放空洗涤塔；设置生活水和冲洗水以及液相排净的收集及处理系统。

（6）应急设备和程序：自动停车系统，疏散路线，救援设备，呼吸器，解毒剂（如适用），淋浴器，洗眼器，应急救援服务。

此外，好的工厂运行做法还包括：

（1）危险物料使用及其相关风险的书面指导书。

（2）人员的充分培训。

（3）防护服及防护设备的配备。

（4）良好的工厂卫生和个人卫生。

（5）工作环境暴露限值的监测。考虑设置带报警功能的固定监测仪表。

（6）员工定期体检，检查有毒物料的慢性影响。

（7）地方应急响应人员的培训。

工艺设计工程师需在设计尽可能早的阶段收集工艺过程中使用的每一种组成的 MSDS，包括溶剂、酸、碱、吸收剂等。MSDS 里的信息可以用来提升工艺过程的本质安全。例如，消除禁配的混合物，或原料、中间品或溶剂改用危险性小的化学品。MSDS 信息还可用于保证设计满足法规对挥发气回收及其他排放的监管要求。

10.3　过程危险源

除了化学品或物料特性引起的危险源，工艺过程和设备使用过程也会存在危险源。

10.3.1　压力

超压，即压力值超过了系统设计压力，是化工厂运行最严重的危害之一。如果压力超过容器最大允许工作压力，并大于容器设计标准中允许的安全裕量，容器就会失效破裂，破裂点通常在连接处或法兰口。容器或其相关管道的失效可能导致事件连串发生，并最终导致灾难。当质量、物质的量或能量在一个出口流量受限的密闭容器或空间内积聚时就会发生超压。10.9.1 讨论了超压的特别成因。

要求压力容器设置一定形式的压力泄放设施，其设定值为最大允许工作压力，这样超压时可以通过有控制的方式进行泄放（ASME 锅炉及压力容器规范，第Ⅷ卷第 1 册，UG–125 部分），在 10.9 节将对压力泄放进行详细介绍。

工艺设备也必须考虑负压（真空）工况的影响，因为该位置上的壳体压缩应力会造成屈曲失效。10.9.6 介绍了真空设计。

Parkinson（1979）和 Moore（1984）详尽介绍了设计放空系统时需考虑的因素。有关设计规范标准和放空系统设计软件的更多介绍详见 10.9 节。

10.3.2 温度偏离

过高的温度，即远高于设备设计的温度，能够导致结构失效，引发灾难。高温可能由于反应器和加热器失控引起，也可能由于外部明火而导致。在设计存在高温危害的工艺过程时，防高温措施如下：

（1）设置高温报警，若温度超过关键限值，则联锁切断反应器进料，或停止加热系统。

（2）设置额外的温度检测器提供定点冗余温度检测。这包括在容器壁设置检测器（表面热电偶），也包括在与工艺流股直接接触的热电偶套管里设置检测器。有时，可在容器表面涂刷温敏油漆，当温度上升到某个阈值时油漆会变色。

（3）为停车后仍然持续放热的反应器，如某些聚合反应系统，设置紧急冷却系统。

（4）设置紧急停车急冷系统，在紧急停车时可向设备内充入冷的惰性物料。

（5）设备结构设计可以耐受最恶劣的温升漂移。

（6）为危险物料选择本质安全的加热系统。

蒸汽及其他蒸气加热系统相比明火加热炉和电加热器，本质上更安全，因为如果蒸气不是过热的且在加热介质进料线上设置有泄放系统，可防止其超压，这时气体温度就不会超过其供应压力下的饱和温度。其他加热系统依赖于控制加热速率来限制最高工艺温度。电加热系统可能尤其危险，因为加热速率与加热元件电阻成比例，而电阻随加热温度的升高而增加。

过低的温度也非常危险。低温可能因环境条件产生，也可能因低温工艺操作、气体和蒸气的膨胀、液体闪蒸（自冷）和吸热反应而造成。

低温会引起金属的冷脆和应力开裂。在极端低温时，部分金属会发生微观结构转变，导致密度的显著变化（例如，铜）。当水在一个受限体积内结冰时，其比体积的增加会导致管道或容器开裂。在压力容器设计中需要确定最低设计金属温度（详见第 14 章）。

10.3.3 噪声

过度的噪声会危害健康和安全。长期暴露于高频噪声水平会导致听力永久损伤。低频噪声是一种干扰，会引发疲劳。OSHA 确定了有关噪声的法律规定（29 CFR 1910.95，2007）。

声音测量的单位是分贝（dB），其定义表达式为：

$$声级 = 20\lg\left[\frac{RMS声压（Pa）}{2\times10^{-5}}\right] \qquad （10.1）$$

声音的主观影响取决于频率和强度。

工业声级计包括一个过滤网络，它可以为声级计提供一个大致与人耳相当的反应。用一个"A"计权网络标记，读数则计为 dB（A）。在声级大于约 85dB（A）时就会引起听力的永久性伤害。通常在声级大于 80dB（A）的场所提供听力保护设施。

过高的工厂噪声会引发邻近工厂和当地居民的投诉。在为高噪声设备（如压缩机、风机、燃烧器和泄压阀）编制规定、进行布置时，应特别关注其噪声水平。这些设备不宜设置在控制室附近。

Bias 和 Hansen（2003）讨论了工业噪声控制这个普遍性问题，而 Cheremisnoff（1996）和 ASME（1993）则讨论了流程工业噪声控制。

10.3.4　泄漏

防止雇员和公众暴露于有毒物料环境的根本途径在于工厂本身。泄漏可能由于下列原因引起：

（1）压力泄放。

（2）操作人员失误，如采样后未关闭采样阀或关闭不严、滴漏。

（3）维修程序不当，例如，维修前未进行良好隔离、放净和吹扫，因此打开设备时发生泄漏，或当维修结束时未良好恢复连接部件且未关闭放净阀。

（4）设备老化导致的小孔或中孔泄漏，包括损坏的密封、垫片、填料和被腐蚀或冲蚀的容器及管道。

（5）固体处理操作过程中的排放（粉尘）。

（6）设备内漏（特别是换热器管程），导致公用工程（如循环冷却水）被工艺物料污染。

（7）桶或槽车在充装和倒空时的遗洒。

频繁的储存失控事件通常反映出工厂维护不善，也是发生重大事件的主要指标。

如果泄漏的潜在影响大，则工程设计人员需提供收集或削减办法。这些办法可以包括：

（1）防止漫流的二级收纳体（围堰），但应注意当化学品为易燃化学品且极易点燃时，这一措施可能产生二次灾害。

（2）有组织的排净系统和雨水系统，以收集流淌物料和雨水送废物处理。

（3）采用混凝土基础，保护地下水。

（4）将装置设置在带通风和放空吸收塔的建筑物内（用于危险粉尘和高毒化学品）。

10.3.5　火灾和点火源

只要足量的燃料与氧化剂混合，并遇到点火源就会发生火灾。如果燃料温度高于其自燃点，则在空气中就会自动燃烧。尽管化工厂通常都会采取消除点火源的预防措施，但是在工作时，最好牢记这条原则：泄漏的易燃物料最终都会遇到点火源。点火源控制指南参见 NFPA30（2003）7.9 节。

10.3.5.1 电气设备

电气设备（如电动机）火花是主要的潜在点火源，通常规定为防爆设备。电动仪表、控制器和计算机系统也是易燃混合物的潜在点火源。

国家电气规范 NFPA 70（2006）、国家防火协会标准 NFPA 496（2003）和 NFPA 497（2004），以及 OSHA 标准 29 CFR 1910.307 对危险区域内电气设备的使用进行了规定，还可参考美国石油学会推荐做法 API RP 500（2002）和 API RP 505（1997）。

国家电气规范（NFPA 70）第 500 条和第 505 条定义了危险区的划分，在该区域内易燃物料浓度可能因为足够高而被点燃。在 Ⅰ 类地点，可点燃的物料是气体或蒸气。Ⅰ 类地点又进一步分成如下区：

NFPA 70 Ⅰ 类 1 区：可点燃易燃气体或蒸气浓度在正常操作条件下出现的地点，或由于检修、维护或泄漏等原因而频繁出现的地点，或在设备故障或误操作时可能导致易燃气体或蒸气泄漏，同时会引发电气设备故障，进而使得该电气设备成为潜在点火源的地点。

NFPA 70 Ⅰ 类 2 区：易燃气体、蒸气、挥发性液体正常情况下在密闭系统内的加工地点，或正常情况下可通过强制排风避免达到可点燃浓度，或该地点与 Ⅰ 类 1 部分相邻且偶尔可能达到气体或蒸气的可点燃浓度。

NFPA 70 Ⅰ 类 0 区：蒸气或气体的可点燃浓度连续出现或长期出现的区域。

API 500 Ⅰ 类 1 区：在正常操作条件下易燃气体或蒸气的点火浓度可能出现，或由于修复、维修或泄漏等原因可能频繁出现的地点，或由于设备故障或误操作导致易燃气体或蒸气泄漏且同时导致电气设备故障，以致该电气设备成为潜在点火源的地点；或与 Ⅰ 类 0 区相邻且可能达到易燃气体或蒸气可点燃浓度的地点。

API 500 Ⅰ 类 2 区：易燃气体或蒸气的可点燃浓度正常操作时不太可能出现，或仅短时间出现的地点；或易燃气体、蒸气或液体正常情况下在密闭系统内的加工地点，或正常操作条件下可通过强制通风而避免达到可点燃浓度的地点，或该地点与 Ⅰ 类 1 区相邻且偶尔可能达到气体或蒸气的可点燃浓度。

危险区划分指南可参见标准 NFPA 30、NFPA 497、API RP 500 和 API RP 505。

可以用多种保护技术防止电气设备成为点火源。防爆外壳、正压通风设备、本安电路可用于 1 区和 2 区。无火花设备则可在 2 区使用。允许在各划分的危险区内使用的设备类型详细内容参见 NFPA 70。

危险区内电气设备的维护也同样重要，这一点在老厂中尤为突出。电气设备维护指南参见 NFPA 70B（2006）。

各划分危险区的设备应用选型应充分遵循以上规范要求编制完整的规定。

MacMillan（1998）以及 Cooper 和 Jones（1993）讨论了本质安全的控制设备、系统的设计及规定。电气设备的正压通风防护罩则在 NFPA 496（2003）内进行了介绍。

10.3.5.2　静电

任何非导体物料、粉末、液体或气体的运动都可能产生静电，引起火花。必须采取预防措施确保所有管道都良好接地，并且法兰进行了等电位跨接。逸散蒸汽或其他蒸气和气体，能够产生静电放电。从破裂容器处逸散的气体遇静电火花可能自动点燃。Napier 和 Russell（1974）、Pratt（1999）和 Britton（1999）分别对流程工业的静电危害进行了探讨。防止静电、闪电和杂散电流的保护措施参见 API RP 2003（1998）。NFPA 77（2000）是美国静电保护国家标准。

10.3.5.3　工艺火焰

工艺加热炉、焚烧炉和火炬塔架的明火是非常明显的点火源，这些设备应该布置足够远离处理易燃物料的装置。

10.3.5.4　其他点火源

通常，处理易燃物料的工厂会在厂区大门口控制普遍常见的点火源进入厂区，如火柴、香烟打火机和带电池设备。还需严格控制便携式电气设备、电焊、切割、产生火花工具和汽油驱动汽车的使用。柴油车尾气也是潜在的点火源。

10.3.5.5　阻火设施

在含有易燃物料设备的放空管上设置阻火器，可防止火焰沿放空管传播。有各种类型的专有阻火器可供使用。一般而言，其工作原理是提供一个散热片（通常是膨胀金属网或金属片）以吸收火焰热量。Rogowski（1980）、Howard（1992）、Mendoza 等（1998）以及 API RP 2210（2000）和 ISO 16852（2008）对阻火器及其应用进行了介绍。还可以在工厂排水沟设置水封井，以防止火焰的传播。水封井通常做成 U 形液封，可以阻断火焰沿排水沟传播。

10.3.5.6　防火

推荐的化工厂防火设计措施参见 NFPA 30（2003）、API RP 2001（2005）和 API PUBL 2218（1999）。OSHA 标准 29 CFR 1910 L 部分（2007）给出了法律层面的防火要求。

为防止结构失效，通常设置水喷雾系统以确保火灾时容器和框架的钢结构保持冷却。NFPA 750（2006）和 API PUBL 2030（1998）介绍了细水雾灭火系统。钢结构梁柱下部通常采用混凝土或其他适宜材料。

处理易燃液体的装置地面通常设有一定坡度或设计排水沟、渠，以控制液体漫流，避免形成液池。排水沟和坡度的设计应保证逸散流体远离点火源。

10.3.6　爆炸

爆炸是突然的、灾难性的能量释放，会产生压力波（爆炸波）。爆炸不一定伴随火灾，如蒸汽锅炉或空气接收罐的超压爆炸。Crowl（2003）对爆炸进行了一般性介绍。

在讨论易燃混合物的爆炸时，必须将爆轰区和爆燃区分开。如果混合物发生爆轰，则反应区以超声速（约 300m/s 以上）扩展，混合物中的主要加热机理是冲击压缩。爆轰的压力波能够达到 20bar。在爆燃时，燃烧过程与气体混合物的常规燃烧一样，燃烧区以亚声速扩展，压力上升慢且通常低于 10bar。气体—空气混合物发生爆轰还是爆燃取决于很多因素，包括混合物浓度和点火源。除非受限或由高强度点火源（如雷管）点燃，大多数物料通常不会发生爆轰。但是爆燃产生的压力波（冲击波）仍然会造成巨大破坏。在受限空间里，如管道或建筑物内，爆燃能够发展成爆轰。

某些物料，如乙炔和许多过氧化物，在氧气存在时会爆炸分解，这些物料尤其危险。

10.3.6.1 受限蒸气云爆炸

受限蒸气云爆炸（Confined Vapor Cloud Explosion，CVCE）是相对少量（如几千克）的易燃物料泄漏到某建筑物受限空间内产生的爆炸。

10.3.6.2 非受限蒸气云爆炸

非受限蒸气云爆炸（Unconfined Vapor Cloud Explosions，UCVCE）是大量易燃气体、蒸气泄漏到大气环境中，随后被点燃而引发的。这样的爆炸会造成重大破坏，如发生在 Flixborough HMSO（1975）和 BP 得克萨斯炼厂（2005）的爆炸。Munday（1976）和 Gugan（1979）介绍了非受限蒸气云爆炸。

10.3.6.3 沸腾液体扩展蒸气爆炸

当容器失效导致含液滴的蒸气突然释放时，就会发生沸腾液体扩展蒸气爆炸（Boiling Liquid Expanding Vapor Explosions，BLEVE）。1966 年，在法国费津，一个液化石油气（LPG）球罐受该储罐泄漏引起的外部火灾加热而失效，造成了严重后果（Mannan，2004；Marshall，1987）。

10.3.6.4 粉尘爆炸

可燃固体粉尘如果与空气充分混合，会发生爆炸。在谷仓和糖厂已经发生了几起严重的爆炸。粉尘爆炸通常发生在两个阶段：首次爆炸扬起沉积的粉尘，随即引发更为严重的二次爆炸，将粉尘扬至大气中。任何切分成细粉的可燃固体都是潜在的爆炸危险源。在设计聚合物和其他可燃产品或中间体的干燥器、传送带、旋风分离器、加料斗时应特别注意。在粉料处理系统设计前建议查阅与粉尘爆炸危害和控制相关的大量文献（Field，1982；Cross 和 Farrer，1982；Barton，2001；Eckhoff，2003；NFPA 61，2007；NFPA 654，2006；NFPA 664，2006；BS EN 1127，2007）。

10.3.6.5 爆炸特性

标准 NFPA 495（2005）、NFPA 491（1997）和 BS EN 1839（2003）列出了爆炸性物料的信息。《Sax 危险物料手册》（Lewis，2004）也是一本很好的参考资料。

膨胀系数的定义是爆炸性混合物中反应物的摩尔密度除以产物的摩尔密度。膨胀系数用于衡量燃烧导致的体积增量。膨胀系数最大值是绝热燃烧的膨胀系数。

火焰速度是火焰前端相对某固定的观察者而言，在易燃混合物中的传播速率。氢气和乙炔等具有高火焰速度的物料更易于发生爆轰。表 10.3 根据 Dugdale（1985）的数据列出了氢气和部分碳氢化合物的这些特性值、自燃温度以及绝热火焰温度。

表 10.3　爆炸特性（Dugdale，1985）

燃料	分子式	最大火焰速度 m/s	绝热火焰温度 K	膨胀系数	自燃温度 ℃
氢气	H_2	22.1	2318	6.9	400
甲烷	CH_4	2.8	2148	7.5	601
乙烷	C_2H_6	3.4	2168	7.7	515
丙烷	C_3H_8	3.3	2198	7.9	450
正丁烷	C_4H_{10}	3.3	2168	7.9	405
戊烷	C_5H_{12}	3.4	2232	8.1	260
己烷	C_6H_{14}	3.4	2221	8.1	225
乙炔	C_2H_2	14.8	2598	8.7	305
乙烯	C_2H_4	6.5	2248	7.8	490
丙烯	C_3H_6	3.7	2208	7.8	360
苯	C_6H_6	5	2287	8.1	560
环己烷	C_6H_{12}	4.2	2232	8.1	245

10.3.6.6　设计措施

常规的设计方法是防止爆炸的发生，如不允许在工艺过程中形成易燃混合物。如果有可能发生内部爆炸，则必须将其作为一种压力泄放工况予以考虑，压力泄放设施的尺寸必须保证防止爆轰的发生。这时通常需要采用大的爆破片，见 10.9 节。在工艺管道中亦应明确阻火器规格，以防止爆燃转爆轰。在设计同时含有带压燃料和带压氧化剂的装置时应特别小心。爆炸防护通用指南参见标准 NFPA 69（2007）和 NFPA 68（2006），也可参见欧洲标准 BS EN 1127（2007）、BS EN 14460（2006）和 BS EN 60079（2007）以及 10.3.5 中所涉及的参考文献。标准 BS EN 14373（2005）、BS EN 14797（2006）和 BS EN 14994（2007）讨论了抑爆和放空系统。流程工业各部门的具体准则可参见其他标准，例如，海上生产设施可参见标准 BS EN ISO 13702（1999），农业和食品加工厂可参见标准 NFPA 61（2007），木材加工和木工设备可参见标准 NFPA 664（2006），硫黄处理工厂可参见标准 NFPA 655（2006）。

10.3.7 人员失误

接受了良好训练的工艺操作人员的干预是过程安全非常关键的保护层，因为这通常是在紧急停车或意外事件发生前将工艺过程恢复到安全状态的最后机会（图10.1）。即使作业人员有能力、有经验且接受了良好培训，但是人员失误仍然可能发生。如果操作规程文档描述不够清晰、未能得以执行，或培训和监管存在缺失，则操作人员失误的可能性会显著增加。Kletz（1999a）对失效概率给出了如下建议：报警后直接关闭一个阀门，失效概率为0.001；在安静环境下的简单动作，失效概率为0.01；在注意力易分散环境下的简单动作，失效概率为0.1；要求复杂而迅速的动作，失效概率为1.0。

美国化学品安全和危害调查委员会在其对2005年3月23日发生在BP得克萨斯炼厂爆炸调查的初版报告中指出其在监管、操作规程和培训中存在诸多问题，这些问题导致了事故的发生，事故中15人死亡，170余人受伤。其中一个问题就是在操作人员正尝试装置开车时，控制室内却正在召开一个安全培训会议。

10.4 产品和过程安全分析

技术健康、安全和环境（HSE）影响分析非常重要，以至于在项目每一个阶段均使用本阶段可用的项目技术信息予以开展。随着设计的细化，可以采用更为量化的方法分析安全和环境影响。

表10.4体现了某个新产品或工艺从初始概念到竣工投产整个过程的典型发展阶段。在工艺开发早期阶段，尽管详细的工艺过程尚未建立，但仍可从所涉及化学品的MSDS中收集信息开展主要危险源的定性分析。一旦确定了概念流程方案，则可采用故障模式影响分析（Failure-Mode Effect Analysis，FMEA）（见10.5节）等半定量方法和HAZAN等危险源辨识系统性程序。如果已知主要工艺排放情况，还可开展首次污染预防分析。在此阶段，部分公司还会计算安全指数，将新工艺过程安全性与已有工艺过程进行半定量对比（见10.6节）。在完成工艺管道及仪表流程图，以及完整的质量平衡和能量平衡时，就可以开展完整的危险和可操作性分析（Hazard and Operability Study）（HAZOP，见10.7节），并同时更新操作和应急程序。安全检查表经常在这一阶段完成，在后续阶段更新和完善。在详细设计和采购阶段，可以获得有关仪表可靠性的供应商信息。利用该信息，可更为定量地分析可能失效率，进而决定系统是否需要冗余或备用（见10.8节）。工厂投产后，在试生产或运行期间发生的任何变更或修改也必须开展详细的危害分析。

在美国，OSHA标准29 CFR 1910.119《高危化学品过程安全管理》要求对任何涉及某在册化学品（详见标准附录A），或易燃气体或液体处理量大于10000lb（4535.9kg）的工艺过程都必须开展危害分析。该项分析必须对雇员公开，并至少每5年更新一次。雇员和承包商必须接受与所辨识过程危险源相关的安全作业培训。这些连同其他法规要求的全部内容，以及在分析过程中必须包括的信息内容均可在该标准中找到。该标准的最新版本及其他OSHA法规可在www.osha.gov网站上获得。该法规没有规定必须使用的危害分析方法，大多数雇主采用了后面介绍的多种或所有方法，随着项目的进行会获得更多信息，分析的复杂性将随之增加。

表 10.4　项目各阶段健康、安全和环境影响分析

阶段	可用信息	HSE 分析方法
概念研究	化学原理 MSDS 信息	MSDS 审查 主要危险源审查
概念设计	工艺流程图 设备一览表 容器设计 反应器模型	工艺 FMEA/HAZAN 污染预防分析 初步操作程序
初步设计	管道及仪表流程图 工艺控制方案 材质研究 详细的质量平衡和能量平衡 水力学 厂外设施	HAZOP 应急程序 安全指数 安全检查表 排放汇总
详细工程设计	机械设计 仪表规定 供应商详细信息 平面布置	定量风险分析 故障树分析
采购，施工	管道轴测图 竣工规定	竣工 HAZOP 操作人员培训
操作	开车记录 操作记录 检维修记录	持续培训 变更管理程序 修改的操作程序

当工厂生产出的产品是食品、维生素、化妆品、医用植入物，或人用药品或兽类药物时，根据食品和药品管理局（FDA）的法规要求还需开展额外的安全分析。FDA 要求其监管范围内的工厂必须遵循"当前良好生产实践"（Current Good Manufacturing Practice，cGMP）。要求此类工厂提交额外的设计和操作文件，接受 FDA 的检查和认证。FDA 法规的详细内容参见《FDA 符合性政策指南》（FDA Compliance Policy Guides），该指南可从 www.fda.gov 网站上获得。良好生产实践（GMP）将在 15.9.8 讨论生物反应器质量控制时进行了详细阐述。

各种安全分析方法应用综述可参考 Crowl 和 Louvar（2002）、Mannan（2004）、CCPS（2008）以及 ISO 17776（2000）等文献。

检查表有助于记忆。由有经验工程师准备的检查表可以成为经验较少工程师的有用指导。然而，也不能过于依赖检查表，摒弃其他考虑和技术。没有一种完备的检查表，可以覆盖某个工艺过程或操作中所有需要考虑的因素。

下面给出了一个缩减的安全检查表，包括了工艺设计中应考虑的主要内容。更为详细的安全检查表参见 Carson 和 Mumford（1988）以及 Wells（1980）的著作。Balemans（1974）

以安全检查表的形式，列出了化工厂安全设计指南的详细清单。《Dow 化学火灾、爆炸指数危害分级指南》（Dow，1994；简称《Dow 化学指南》）里包含损失预防检查表。

（1）物料。具体包括如下内容：

① 闪点。

② 易燃性范围。

③ 自燃温度。

④ 组分。

⑤ 稳定性（是否撞击敏感）。

⑥ 毒性，TLV。

⑦ 腐蚀性。

⑧ 物理性质（是否异常）。

⑨ 燃烧热／反应热。

（2）工艺过程。

① 反应器。

放热——反应热、温度控制——紧急系统、副反应（是否危险）、物料污染影响、异常浓度影响（包括催化剂）、腐蚀。

② 压力系统。

是否需要压力系统、设计满足当前规范、材质（是否适宜）、压力泄放（是否充分）、安全放空系统、阻火器。

（3）控制系统。

① 故障安全。

② 备用电源供应。

③ 关键变量的高／低报警和跳车：温度、压力、流量、液位／料位、组成。

④ 关键变量的备用／冗余系统。

⑤ 阀门远程操作。

⑥ 关键管线上的切断阀。

⑦ 大流通能力阀门。

⑧ 防止误操作的联锁系统。

⑨ 自动停车系统。

（4）储存。

① 限制储量。

② 惰性吹扫／保护。

③ 浮顶罐。

④ 围堰。

⑤ 装卸设施——安全。

⑥ 接地。

⑦ 点火源——车辆。

（5）通用。

① 需要的惰性吹扫系统。

② 电气规范的符合性。

③ 充分的照明。

④ 防雷保护。

⑤ 足够的排污和排净，阻火设施。

⑥ 粉尘爆炸危险源。

⑦ 危险杂质的积聚——吹扫。

⑧ 工厂布置。

单元分隔，通道，控制室和办公室的布置，服务。

⑨ 安全淋浴器和洗眼器。

（6）防火。

① 紧急水源。

② 消防水管网和消防栓。

③ 泡沫系统。

④ 喷淋系统和雨淋系统。

⑤ 结构的耐火防护。

⑥ 去建筑物的通道。

⑦ 消防设备。

安全检查表用于激发思考，提出类似这样的问题：这是必须的吗？是否有替代方案？已经制定措施了吗？核实过吗？已经提供了吗？

10.5　故障模式影响分析

故障模式影响分析（FMEA）法最初起源于制造业，用于判断某个系统或产品不同元件失效的相对重要性。该方法可用于化工厂安全分析（OSHA 29 CFR 1910.119），还可用于产品设计，甚至是贸易策划和商业项目。这是一个半定量的方法。它根据参加者（定性）认知，将不同失效模式进行数值排序。不同分析小组或个人不一定形成一样的结论，因此该方法最好在设计早期阶段采用，以通过"头脑风暴"发现安全问题。当有更多的设计细节可用时，则宜采用更为缜密的方法，如 HAZAN 和 HAZOP。

10.5.1　FMEA 程序

理想的 FMEA 应是一场小组"头脑风暴"。分析小组应包括不同方面的专家。在采用 FMEA 开展过程安全分析时，应包括工艺过程化学原理专家、工艺过程设备专家、工艺过程控制专家、工艺过程操作专家、安全分析专家和工艺设计工程师。

然后按照如下步骤开展分析：

（1）分析小组首先审查工艺过程，定义工艺过程步骤或关键输入。

（2）对每一步或每个输入进行"头脑风暴"，辨识其失效模式，即辨识该步骤或输入可能不执行所期望功能的途径。

（3）对每一个失效模式，分析小组"头脑风暴"找出可能后果。对某既定失效模式，可能存在多种后果。

（4）对每一个失效模式（和后果），分析小组列出可能原因。同样，触发同一个失效模式的原因可能有多个。

（5）对每一个原因，分析小组列出现有的、可阻止原因发生或允许及时检测出原因且操作人员在失效发生前可响应的系统。在这一步，分析小组认为当前存在这样的设计，这一点非常重要。不允许分析人员假定将会增加某些措施/设施解决已辨识出的问题。

（6）一旦完成"头脑风暴"（通常需要几次会议），分析小组审阅后果清单，并为每一个后果"严重度"赋值（SEV）。严重度是衡量后果影响的值。10.5.2 介绍了不同等级表征的严重度。

（7）分析小组给每个原因的"发生可能性"赋值（OCC）。发生值是原因发生概率或频率的衡量值。

（8）针对每个现有的控制方法或系统，分析小组赋予"探测"数值（DET），对现有系统防止原因或失效模式发生，或探测到原因并允许操作人员在失效模式发生前做出响应的概率进行定级。

（9）SEV、OCC 和 DET 三个数相乘，得到总风险概率（RPN）。

（10）根据 RPN 数值，对 FMEA 的每一项提出建议措施。低 RPN 项可以不要求提出改进建议，而高 RPN 问题则可能需要对工艺过程设计和仪表进行重大变更。

FMEA 总是针对设计的某个特定版次开展。当设计升版时，FMEA 也需相应升版。

10.5.2 FMEA 等级表

赋予 FMEA SEV、OCC 和 DET 参数的数值只是可能性或影响的定性表征。有鉴于此（另也是为了减少某项赋值是 4 还是 5 的讨论时间），绝大多数有经验的参会者采用 1、4、7、10 级别拉开高低响应差别。

在开始分级前，小组对每个 FMEA 参数等级含义达成共识，这非常重要。表 10.5 列出了建议的等级表，但是其他情况下采用其他级别可能更合适。

表 10.5　FMEA 推荐等级表

分级	SEV	OCC	DET
1	影响不严重	失效可能性非常低	现有保护措施会一直防止故障模式发生
4	破坏影响较小，可能停产	可能导致偶尔失效	现有保护措施探测或预防的可能性很高
7	破坏影响较大，局部设备可能损坏	不频繁的失效是可能的	现有保护措施探测或预防的可能性低
10	破坏影响严重，装置重大损坏，可能的人员伤害	失效非常可能或频繁	现在没有方法探测

需要注意的是，DET 级别和 OCC 级别是相反的。DET 高值对应较低的探测可能性，而 OCC 高值对应高的发生率。当对不同的 FMEA 参数进行分级时，推荐分析团队力求达

成一致意见。如果无法取得共识（通常在一对数值间），那么最好选取较高的数值。

10.5.3　FMEA 分值说明

一旦计算出 RPN 值，应按照 RPN 数值列表排序并检查一致性。这在 FMEA 分析会分多次完成时尤为重要。FMEA 本质上是定性的方法，基于 RPN 的分级最好也只是表征了分析小组对不同故障模式相关风险的评估。只要两个分级在整个等级表中高或低排序适当，分析小组就不用过分关注这两个分级的相对级别。

排序表中的每一个分项都应进行审查，以确定需要什么后续跟踪措施。如果采用了 1、4、7、10 级别，那么对每一个 RPN 赋值大于 100 的分项都需要一个专门的改进措施，以对设计和操作程序进行调整。这样确保只要某等级赋值为 7 或 10 的任何一个分项就会有一个改进措施，除非在其他等级里该分项赋值为 1。

由于 FMEA 是定性方法，因此很难对不同工艺过程的 FMEA 研究进行比较。如果研究工艺过程 A 的分析小组辨识出 70 个分项，而研究工艺过程 B 的分析小组辨识出 200 个分项，则表明工艺过程 B 有更多的相关风险或选派的工艺过程 B 分析小组分析得更为详尽。短的 FMEA 分项清单（小于 50 个分项）通常只能说明分析不够完全，而不能说明工艺过程是安全的。

10.5.4　FMEA 工具

用表格就可轻松开展 FMEA。网站 booksite.Elsevier.com/Towler 在线资料附录 G 提供了可用的 Excel 模板。有关 FMEA 的其他信息，还可参考 Birolini（2004）、Dodson 和 Nolan（1999）以及 Stamatis（1995）的著作。

10.6　安全指数

有些公司采用安全指数作为评估新工艺或工厂有关风险的工具。使用最广泛的安全指数是由 Dow 化学公司开发并由美国化学工程师学会发布的 Dow 化学火灾爆炸指数（Dow，1994）（www.aiche.org）。火灾爆炸指数（Fire and Explosion Index，F&EI）根据工艺过程特性和工艺物料性质计算得出。火灾爆炸指数数值越大，工艺过程危险性越高，见表 10.6。

在评估新工厂的潜在危险源时，该指数可在完成管道及仪表流程图和设备布置图后计算得到。在早期版本的《Dow 化学指南》中，该指数随后用于确定所需要的预防措施和保护措施（Dow，1973）。在现行版本中，评估潜在损失时，以安全措施补偿系数的形式，考虑工程设计中已有的预防和保护措施对危害降低的贡献。

在工艺设计早期阶段估算火灾爆炸指数是有意义的，因为通过该方法可以确定是否应该考虑其他的危险性较低的工艺路线替代方案。

本节仅对用于计算 Dow 化学火灾爆炸指数的方法进行了简要说明。在采用此技术对某个具体工艺过程进行分析时，应首先研究完整的《Dow 化学指南》。需要根据相似的工艺过程分析经验进行判断，确定指数计算所用各系数数量级以及安全措施补偿系数。

表 10.6　危害评估

火灾爆炸指数范围	危险等级
1～60	最轻
61～96	较轻
97～127	中等
128～158	很大
>159	非常大

注：摘自《Dow 化学指南》（1994）。

10.6.1　Dow 化学火灾爆炸指数计算

图 10.2 说明了火灾爆炸指数和潜在损失的计算程序。

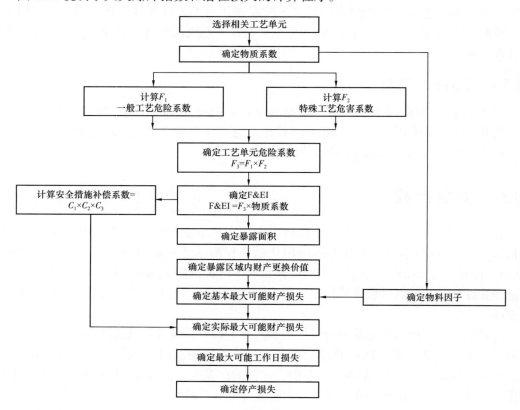

图 10.2　计算火灾爆炸指数和其他风险分析信息程序（Dow，1994）

第一步是辨识出对火灾或爆炸后果影响最大的单元。计算这些单元的火灾爆炸指数。F&EI 的基础是物质系数（Material Factor，MF）。然后用 MF 与单元危险系数 F_3 相乘，得到工艺单元的火灾爆炸指数 F&EI。单元危险系数是两个系数的乘积，这两个系数反映了某工艺单元操作固有的危险：一般工艺危险和特殊工艺危险（图 10.3）。

地区 / 国家	部门		场所		日期	
位置	生产单元		工艺单元			
评价人：	审定人：（负责人）			建筑物		
检查人：（管理）	检查人：（技术中心）			检查人：（安全和损失预防）		

工艺单元物料

操作状态 __设计__开车__正常操作__停车 | 确定物质系数的基础物料

物质系数（见表 1 或附录 A、附录 B）当单元温度大于 140°F（60℃）时注明

	危险系数范围	采用危险系数 （无危险时系数取 0）
1. 一般工艺危险		
基本系数	1.00	1.00
（1）放热化学反应	0.30～1.25	
（2）吸热工艺过程	0.20～0.40	
（3）物料处理和输送	0.25～1.05	
（4）密闭式或室内的工艺单元	0.25～0.90	
（5）通道	0.20～0.35	
（6）排放和泄漏控制_____ gal 或 m³	0.25～0.50	
一般工艺危害系数（F_1）		
2. 特殊工艺危害		
基本系数	1.00	1.00
（1）毒性物质	0.20～0.80	
（2）负压（＜500mmHg）	0.50	
（3）易燃范围或接近易燃范围的操作 _____ 惰性化　_____ 未惰性化		
①易燃液体罐区储存	0.50	
②过程异常或吹扫故障	0.30	
③一直在燃烧范围内	0.80	
（4）粉尘爆炸（表 3）		
（5）压力（图 2）　操作压力_____ psi 或 kPa 泄放压力_____ psi 或 kPa		
（6）低温	0.20～0.30	
（7）易燃 / 不稳定物料质量：质量_____ lb 或 kg $H_c=$_____ Btu/lb 或 kcal/kg		
①工艺过程中的液体或气体（图 3）		
②储存的液体或气体（图 4）		
③储存的可燃液体，工艺过程中的粉尘（图 5）		
（8）腐蚀和冲蚀	0.10～0.75	
（9）泄漏—接口和填料	0.10～1.50	
（10）使用明火设备（图 6）		
（11）热油换热系统（表 5）	0.15～1.15	
（12）转动设备	0.50	
特殊工艺危险系数（F_2）……		
工艺单元危险系数（$F_1 \times F_2$）$=F_3$……		
火灾爆炸指数（$F_3 \times MF=F\&EI$）……		

图 10.3　Dow 化学火灾爆炸指数表（Dow，1994）

数值参考了《Dow 化学指南》；加仑为美国加仑，1m³＝264.2US gal；1kN/m²＝0.145psi；1kg＝2.2lb；1kJ/kg＝0.43Btu/lb

10.6.1.1　物质系数

物质系数用于表征物料在燃烧、爆炸或其他化学反应时能量释放的固有速率。《Dow 化学指南》列举了 300 余种最常用物质的 MF 值，还介绍了根据闪点（粉尘则是根据粉尘爆炸试验）信息和反应活性 N_r 计算清单里未列出物质 MF 的步骤。反应活性是对物质反应活性的定性描述，其取值范围为 0（稳定物质）～4（可能发生非受限爆轰的物质）。表 10.7 给出了部分典型物质系数。在计算某单元 F&EI 时，应选取大量存在且具有最高 MF 值的物质系数。

表 10.7　部分典型物质系数

物质	MF	闪点，℃	燃烧热，MJ/kg
乙醛	24	−39	24.4
丙酮	16	−20	28.6
乙炔	40	气体	48.2
氨	4	气体	18.6
苯	16	−11	40.2
丁烷	21	气体	45.8
氯	1	—	0
环己烷	16	−20	43.5
乙醇	16	13	26.8
氢	21	气体	120.0
硝化甘油	40	气体	18.2
硫黄	4	—	9.3
甲苯	16	40	31.3
氯乙烯	21	气体	18.6

10.6.1.2　一般工艺危险

一般工艺危险是确定意外事件损失大小的主要因素。

图 10.3 列出了 6 个系数。

（1）放热化学反应：危险系数取值变化范围为 0.3（缓和的放热反应，如加氢）～1.25（特别剧烈的放热反应，如硝化）。

（2）吸热工艺过程：仅反应器时危险系数取 0.2。如果反应器由燃料燃烧供热，则危险系数增至 0.4。

（3）物料处理和输送：这个危险系数考虑的是物料处理、输送和仓储过程中涉及的危害。

（4）密闭式或室内的工艺单元：考虑通风不良时的危害。

（5）通道：不能满足通行要求的区域需要选取危险系数。最低要求是两侧设置有通道。

（6）排放和泄漏控制：设计（如不合理的排净设计）可能导致易燃液体在工艺设备附近大量泄漏时，需要选取危险系数。

10.6.1.3 特殊工艺危险

特殊工艺危险是根据经验、影响损失事件发生概率的因素。

图 10.3 列出了 12 个系数。

（1）毒性物质：事件发生后有毒物质的存在会让应急人员的任务变得更加困难。系数取值范围为 0（无毒物质）～0.8（短时间暴露即致命的物质）。

（2）负压：考虑空气漏入设备引发的危害。仅对压力低于 500mmHg（0.66bar）的设备适用。

（3）爆炸极限范围内或其附近的操作：体现了空气与设备或储罐物料混合且处于爆炸限值范围内的可能性。

（4）粉尘爆炸：体现了粉尘爆炸的可能性。风险程度绝大部分取决于颗粒尺寸。危险系数取值变化范围为 0.25（大于 175μm 的颗粒）～2.0（小于 75μm 的颗粒）。

（5）泄放压力：该危险系数考虑了泄漏发生时压力对泄漏速率的影响。操作压力越高，设备设计和操作就变得越为关键。该系数的选取，取决于泄放设施的设定和工艺物料物理性质。根据《Dow 化学指南》图 2 可以确定该系数。

（6）低温：该因子反映了低温时碳钢或其他金属发生脆裂的可能性（参见本书第 6 章）。

（7）易燃物料质量：工艺装置或储存设施的危险物料量越大，潜在损失就会越大。该系数取值取决于工艺物料的物理状态和危险特性以及物料量。变化范围为 0.1～3.0，可根据《Dow 化学指南》图 3、图 4 和图 5 确定。

（8）腐蚀和冲蚀：即便有好的设计并选取了适宜材料，仍然会出现某些腐蚀问题，同时包括内腐蚀和外腐蚀。系数取值取决于预期腐蚀速率。如果应力腐蚀裂纹可能出现，则选取最苛刻的系数（见本书第 6 章）。

（9）泄漏——接口和填料：该系数反映了从垫片、泵和其他轴密封以及填料格兰处泄漏的可能性。取值范围为 0.1（可能发生小泄漏的系统）～1.5（设置有视镜、弯头或其他膨胀节的工艺）。

（10）使用明火设备：当工艺装置发生易燃物料泄漏时，由燃料燃烧加热的锅炉或加热炉的存在，会导致点火概率的增加。相关风险取决于明火设备布置和工艺物料闪点。根据《Dow 化学指南》的图 6 选取该系数。

（11）热油换热系统：大多数特殊换热器流体为易燃物质，且经常高于其闪点使用。

因此，装置内使用此类换热器增加了火灾或爆炸风险。该系数的选取取决于数量，以及流体是在其闪点上还是在其闪点下操作，参见《Dow 化学指南》的表 5。

（12）转动设备：该系数反映了大型转动设备（压缩机、离心泵和某些搅拌器）使用引发的危害。

10.6.2　潜在损失

表 10.8 给出了事件可能损失的估算步骤。第一步是计算火灾爆炸指数。火灾爆炸指数取决于物质系数和工艺单元危险系数（图 10.3 中的 F_3）。用《Dow 化学指南》的图 8 确定该值。然后估算暴露面积（半径），即所评估工艺单元发生火灾或爆炸后可能受损设备所占面积。用《Dow 化学指南》的图 7 估算，是火灾爆炸指数的线性函数。接着对暴露面积内设备的更换价值进行估算，与危害系数相乘，估计基本最大可能财产损失（base maximum probable property damage，基本 MPPD）。

表 10.8　工艺单元风险分析汇总

	单位
1. 火灾爆炸指数（F&EI）	
2. 暴露半径	ft 或 m（图7）[①]
3. 暴露面积	ft² 或 m²
4. 暴露区内财产价值	百万美元
5. 危害系数	（图8）[①]
6. 基本最大可能财产损失（基准 MPPD）（4×5）	百万美元
7. 安全措施补偿系数	（表10.9）
8. 实际最大可能财产损失（实际 MPPD）（6×7）	百万美元
9. 最大可能停工天数（MPDO）	天（图9）[①]
10. 停产损失（BI）	百万美元

① 细节参见《Dow 化学指南》。

用基本 MPPD 与安全措施补偿系数相乘，就得到了最大可能财产损失。安全措施补偿系数（表 10.9）反映了设计已有的预防和保护措施对潜在损失的削减作用。补偿系数的计算宜参考《Dow 化学指南》。

用 MPPD 预测工厂停车维修的最大天数，最大可能工作日损失（maximum probable days outage，MPDO）。MPDO 用于估算由于停产导致的经济损失：停产损失（business interruption，BI）。由于失去商业机会而导致的经济损失常常可能大于财产损坏导致的损失。

表 10.9　安全措施补偿系数

项目		补偿系数范围	补偿系数取值[①]
1. 工艺过程控制补偿系数（C_1）	应急电源	0.98	
	冷却	0.97～0.99	
	爆炸控制	0.84～0.98	
	紧急停车	0.96～0.99	
	计算机控制	0.93～0.99	
	惰性气体	0.94～0.96	
	操作规程 / 程序	0.91～0.99	
	反应活性化学品审查	0.91～0.98	
	其他过程危险源分析	0.91～0.98	
C_1 值[②]			
2. 物料隔离补偿系数（C_2）	遥控阀	0.96～0.98	
	卸料 / 排放	0.96～0.98	
	放净	0.91～0.97	
	联锁	0.98	
C_2 值[②]			
3. 防火补偿系数（C_3）	泄漏检测	0.94～0.98	
	结构钢材	0.95～0.98	
	消防水供应	0.94～0.97	
	特殊系统	0.91	
	喷淋系统	0.74～0.97	
	水幕	0.97～0.98	
	泡沫	0.92～0.97	
	手提式灭火器 / 消防炮	0.93～0.98	
	电缆保护	0.94～0.98	
C_3 值[②]			
安全措施补偿系数 $= C_1 \times C_2 \times C_3 =$		（输入表 10.8 第 7 行）	

① 无补偿系数时取 1.00。

② 所有给定系数的乘积。

10.6.3 基本预防和保护措施

所有化工厂设计包括的基本安全和防火措施列举如下，这是根据《Dow 化学指南》整理而成的，并略微进行了补充：

（1）足够的、有安全保障的消防水源。

（2）容器、管道、钢构件的正确结构设计。

（3）压力泄放设施。

（4）防腐材料和（或）足够的腐蚀裕量。

（5）反应活性物料的隔离。

（6）电气设备的接地。

（7）辅助电气设备、变压器、开关的安全布置。

（8）备用公用工程供应和服务的设置。

（9）符合国家规范标准。

（10）故障安全仪表。

（11）设置应急救援车和人员疏散的通道。

（12）为泄漏物料和消防水设置有充分放净设施。

（13）热表面设置隔热层。

（14）仅在无合适替代材质时，易燃易爆或有害物料才采用玻璃材质设备。

（15）危险设备充分隔离。

（16）管廊和电缆桥架的防火保护。

（17）去主要工艺区的管线上设置切断阀。

（18）明火设备（加热炉、工业炉）防火防爆措施。

（19）控制室的安全设计和布置。

注：控制室的设计和布置，特别是关于防止非受限蒸气云爆炸的保护措施，参见化学行业学会（1979）出版的文献。

10.6.4 蒙德火灾、爆炸和毒性指数

蒙德指数法是英国帝国化学公司 ICI 蒙德分部的人从 Dow 化学火灾爆炸指数法发展而来的。《Dow 化学火灾爆炸指数危害分级指南（第三版）》（Dow，1973）扩展到包括了更多的工艺和储存设施、爆炸性化学品的加工过程，以及毒性危害指数的评估。该方法还包括了一个考虑良好设计、控制和安全仪表抵消作用的程序。他们改良的蒙德火灾、爆炸和毒性指数在 Lewis（1979a，1979b）系列文章里进行了讨论，文章还给出了介绍计算过程的技术手册。手册的升级版发行于 1985 年，补充版本发行于 1993 年（ICI，1993）。

10.6.4.1 程序

计算蒙德指数的基本程序与 Dow 化学火灾爆炸指数程序类似。

首先将工艺过程分成若干独立评估的单元。然后选出每个单元的主要物料，并确定物质系数。蒙德指数法的物质系数是单位质量所含能量的函数（燃烧热）。接着调整物质系

数，使之体现一般及特殊工艺危害和物料危险源、每步工艺过程物料的物理数量、装置布置和工艺物料毒性的影响。计算各评估单元火灾爆炸指数；还可估算空气爆炸指数，以评估潜在空气爆炸危害；也可确定等量的 Dow 化学火灾爆炸指数。单独的火灾爆炸指数加和，得到整个工艺单元的总指数。在评估潜在危险源时这个总指数最重要。潜在危险源的量级根据等级表确定，等级表与表 10.6 所示的 Dow 化学火灾爆炸指数类似。初步算出指数（初始指数）后，对工艺开展审查，以确认采取哪些措施降低等级（潜在危险源）。接着采取适当的抵消系数，以体现设计中已考虑的防护措施，计算出最后危险系数。

10.6.4.2　预防措施

预防措施包括两类：

（1）减少意外事件发生数量的，如完备的设备管道机械设计、操作和检维修程序、操作人员培训等。

（2）降低潜在意外事件后果规模的，如消防措施和固定消防设备。

许多措施可能不能简单划为其中某一类，有可能同时属于这两类。

10.6.4.3　应用

英国帝国化学公司（ICI）技术手册里详细介绍了危害评估蒙德技术（ICI，1993），列出了应用该方法时的参考资料。采用一个与 Dow 化学火灾爆炸指数法所用表格类似的标准表格进行计算。

10.6.5　小结

Dow 化学火灾爆炸指数法和蒙德指数法是在项目设计早期阶段可使用的有用技术，用于评估拟采用工艺的危险源和风险。

计算工艺过程各部分的指数，可以确定需要特别关注的高风险部分，确定何处需要开展详细分析以减少危害。

示例 10.1

评估图 2.8 所示硝酸厂的 Dow 化学火灾爆炸指数。

解：

计算过程以图 10.4 所示特殊表格呈现。供决策时的备注说明和所取系数如下所示。

一般工艺危害：（1）氧化反应，系数 =0.5；（2）不适用；（3）不适用；（4）不适用；（5）设置有足够通道，系数 =0；（6）设置有足够的放净设施，系数 =0。

地区 / 国家	部门		场所 SLIGO	日期 1997 年 1 月 20 日
位置	生产单元 硝酸		工艺单元 全装置	
评价人：	RKS	审定人：（负责人） ANOTHER		建筑物
检查人：（管理）		检查人：（技术中心）		检查人：（安全 & 损失预防）

工艺单元物料	
氨、空气、氮氧化物、水	

操作状态 __设计__开车√正常操作__停车	确定物质系数的基础物料 氨

		危险系数范围	采用危险系数（无危险系数时取 0）
物质系数（表 1 或附录 A、附录 B）当单元温度大于 140°F（60℃）时注明			4
1. 一般工艺危险			
基本系数		1.00	1.00
（1）放热化学反应		0.30～1.25	0.5
（2）吸热工艺过程		0.20～0.40	
（3）物料处理和输送		0.25～1.05	
（4）密闭式或室内的工艺单元		0.25～0.90	
（5）通道		0.20～0.35	
（6）排放和泄漏控制_____ gal 或 m^3		0.25～0.50	
一般工艺危害系数（F_1）			1.50
2. 特殊工艺危害			
基本系数		1.00	1.00
（1）毒性物质		0.20～0.80	0.60
（2）负压（＜500mm Hg）		0.50	
（3）易燃范围或接近易燃范围的操作 _____惰性化 _____未惰性化			
①易燃液体罐区储存		0.50	
②过程异常或吹扫故障		0.30	
③一直在燃烧范围内		0.80	0.80（原著 0.80 写在上一行，应在此处——译者注）
（4）粉尘爆炸（表 3）			
（5）压力（图 2）操作压力_____ psi 或 kPa 泄放压力_____ psi 或 kPa			0.35
（6）低温		0.20～0.30	
（7）易燃 / 不稳定物料质量：质量_____ lb 或 kg H_c=_____Btu/lb 或 kcal/kg			
①工艺过程中的液体或气体（图 3）			
②储存的液体或气体（图 4）			
③储存的可燃液体，工艺过程中的粉尘（图 5）			
（8）腐蚀和冲蚀		0.10～0.75	0.10
（9）泄漏—接口和填料		0.10～1.50	0.10
（10）使用明火设备（图 6）			
（11）热油换热系统（图 5）		0.15～1.15	
（12）转动设备		0.50	0.50
特殊工艺危险系数（F_2）			3.45
工艺单元危险系数（$F_1 \times F_2$）= F_3			5.20
火灾爆炸指数（$F_3 \times MF = F\&EI$）			21

图 10.4　示例 10.1 Dow 化学火灾爆炸指数计算表（Dow，1994）

工艺单元：考虑全厂，没有分隔区域，未考虑主要储存区。物质系数：氨，MF=4.0。
取自《Dow 化学指南》，见表 10.7。存在氢气，物质系数 21 更大，但其浓度太低不足以认为是主要物料特殊工艺危险：（1）氨为高毒，极易引发人员重伤，系数 =0.6。（2）不适用。（3）总是在爆炸极限内操作，系数 =0.8。（4）不适用。（5）操作压力 8atm=8×14.7-14.7=103psi，泄放阀设定压力高于操作压力 20%（见本书第 14 章），因此设定压力为 125psi。根据《Dow 化学指南》的图 2，系数为 0.35。（6）不适用。（7）工艺过程中氨的最大量在蒸发器内，大约 500kg。取自表 10.3，燃烧热 =18.6MJ/kg，该值太小未记录在《Dow 化学指南》表 3 中，系数为 0。（8）规定了防腐材质，但由于氮氧化物烟雾的影响，外部腐蚀依然存在，取最小值为 0.1。（9）氨物料系统和泵机械密封辅助管线焊接。由于流程图阶段详细设备资料未知，选用最小值，系数为 0.1。（10）不适用。（11）不适用。（12）使用了大型汽轮机和压缩机，系数 0.5。算出指数为 21，等级为"轻度"。通常不认为氨是危险的易燃物料，反应内部爆炸危险是主要的过程危险源。氨的毒性和硝酸的腐蚀性在完整的危害评估时还需考虑。当工厂选址确定时，需完成工艺单元风险分析。

10.7　危险和可操作性分析

危险和可操作性分析是对可操作性或工艺过程开展关键检查的系统性程序。当对某工艺设计或运行工厂开展分析时，该方法可以说明因偏离了原有设计条件而引发的潜在危险源。这项技术由英国帝国化学公司（ICI）的炼化部开发（Lawley，1974），现已在化工和流程工业普遍运用。

尽管它经常被称作危险和可操作性分析，或者 HAZOP，但也许用"可操作性分析"一词定义这种分析更合适。这可能与"危险源分析"或"过程危险源分析"（Process Hazard Analysis，PHA）混淆，后者方法与其类似，但一定程度上严谨度偏低。Hyatt（2003）、CCPS（2000）、Taylor 等（2000）和 Kletz（1999a）详细介绍了该方法，并给出了范例。

本节简要介绍了该技术，以说明其在工艺设计中的应用。它可以在流程开发阶段运用该方法进行初步检查，并在随后阶段进行详细研究，此时可获得完整的工艺描述、终版工艺流程图、管道和仪表流程图以及设备细节。常常在施工完成后、新工厂即将试运行前开展"竣工图版"HAZOP 分析。

10.7.1　基本原则

一个正规的可操作性分析是对设计的系统研究，逐个设备、逐条管线，运用引导词帮助启发、辨识偏离既定操作条件，导致危险状况产生的途径。

表 10.10 给出了 7 个建议引导词。除此以外，在某些特定情况下还使用了以下术语，其严格含义说明如下：

意图：定义了工艺过程的特定部分应如何运行；设计者的意图。

偏离：是指设计意图的偏差，可以通过引导词的系统应用检测出来。

原因：偏离发生的原因和过程。仅当偏离由真实原因引发时，这个偏离才认为是有意义的。

后果：有意义偏离发生后导致的结果。

危害：导致破坏（损失）或伤害的后果。

通过一个简单范例说明引导词的使用。图 10.5 显示了一个氯蒸发器，将 2bar 氯气送入一个氯化反应器。汽化器通过蒸汽冷凝取热。考虑蒸汽供应管线及其相关控制仪表。设计意图是蒸汽应以某压力、流量供应，以保证氯气用量需求。

运用引导词"无"：

可能偏离——无蒸汽流量。

可能原因——阻塞、阀门故障（机械或电力）、蒸汽供应故障（主管破裂、锅炉停车）。

表 10.10　引导词清单

引导词	含义	说明
无或没有	意图的完全否定	意图一点也未实现，其他事情也未发生
偏多或偏少	数量上的增加或减少	这里指代数量和特性，如流量、温度，还有像"加热"和"反应"等活动
还有	定性增加	实现所有设计和操作意图的同时伴随有一些其他活动
部分	定性降低	只实现了部分意图，部分未实现
相反	意图的逻辑相反	最适用于活动，例如反向流或逆反应。还能够用于一些物质，如致毒剂，而不是解毒剂，或"D"，而不是"L"光学异构体
其他	完全替代	初始意图一点也未实现，完全不同的事情发生了

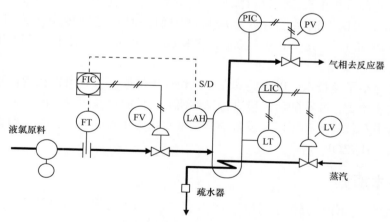

图 10.5　氯气蒸发器仪表

很明显这是一个有意义的偏离，有几个可能原因。

后果——主要后果是去氯化反应器的氯气流股中断。

需要考虑该后果对反应器操作的影响。这会在反应器的可操作性研究中涉及，它可能是由无氯气流入而引起的。既然流量控制器不知道气相流股已中断，液氯会持续泵入蒸发器直到触发高液位报警，高液位联锁关闭控制阀。第二个后果是容器内充满的液氯必须放掉一部分，在能够再次操作前达到安全液位。操作程序必须包括如何应对、处理此情况的内容。

运用引导词"偏多"：

可能偏离——蒸汽流量偏多。

可能原因——阀门故障开。

后果——汽化器液位低（可能触发低液位报警），去反应器流量偏大。

危害——取决于反应器高流量的可能影响。

注：液位一定程度上是自动调节的，因为当液位下降时未覆盖加热表面。

可能偏离——蒸汽压力偏高（主管压力上升）。

可能原因——压力调节阀故障。

后果——蒸发速率上升。需要考虑加热盘管达到最大可能蒸汽系统压力的后果。

危害——管线破裂（不可能），反应器氯气流量突然增加的影响。

HAZOP 方法的更多详细介绍参见示例 10.2。

10.7.2　引导词解释

理解表 10.10 中引导词的固有含义很重要。无 / 没有，偏多和偏少的含义容易理解；无 / 没有，偏多和偏少可以指代：流量、压力、温度、液位和黏度等。所有导致无流量的情况都应予以考虑，包括反向流。其他引导词需要一些更进一步的解释。

还有：其他非设计意图内容，如杂质、副反应、空气渗漏、额外相态的存在等。

部分：仅实现了部分意图，还有部分遗失了，如流股组成的变化、某组分的消失。

相反：设计意图的背离或反面，如果意图是输送物料，可以是反向流。对反应而言，则意味着逆反应。在热传递中，则意味着热的传递方向与原有意图相反。

其他：一个重要的影响广泛的引导词，但是结果在运用时却更为含糊。它涵盖了所有可能的非原设计意图的场景，如开车、停车、检维修、催化剂再生和装料、全厂公用工程故障等。

当涉及时间时，还会用到引导词"早于"和"晚于"。

10.7.3　程序

可操作性分析通常由一个富有经验的小组完成，小组成员具有互补的经验和知识，由小组长领导，组长熟悉该分析技术。小组专家构成与 10.5 节所介绍的 FMEA 分析小组组成类似。

分析小组逐个设备、逐条管线审查工艺过程，应用引导词、辨识危害。

分析所需信息取决于调查研究程度。初步的研究可根据工艺描述和工艺流程图开展。对于设计的终版详细研究，则需要工艺流程图、管道和仪表流程图、设备规格书以及布置图。间歇工艺过程研究还需要有关操作顺序的信息，如操作规程、逻辑图和流程图等。

分析的典型程序如图 10.6 所示。每条管线分析研究后在流程图上画出已检查的标记。

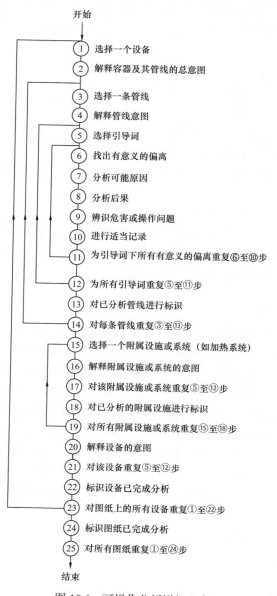

图 10.6 可操作分析详细程序

　　通常不是分析中的每一步都要书面记录下来，仅记录那些导致潜在危害的偏离。如果可能，由小组决定是否需要采取措施消除危害，并予以记录。如果寻求最好的解决办法需要更多信息，或者时间，则将此要求转达给设计团队由其解决，或者会后另外组织原分析小组成员参加会议予以解决。

　　当采用可操作性研究技术审查工艺设计时，所采取的应对潜在危害的措施常常可能需要对控制系统和仪表进行调整，包括额外的报警、跳车或联锁。如果辨识出重大危险，也许需要对设计进行重大变更，应考虑替代的工艺、材料或设备。

示例 10.2

本示例展示了可操作性分析技术是如何用来确定安全操作所需仪表的。图 10.7（a）显示了图 2.8 所介绍的硝酸工艺反应器部分平稳操作所需的基本仪表和控制系统。图 10.7（b）显示了进行可操作性分析（如下所示）后所增加的额外的仪表和安全跳车。所使用的仪表符号见第 5 章。

这个工艺过程中最严重的危害是当反应器中氨的浓度达到爆炸限值范围（大于 4%）时可能引发的爆炸。注意这是一个简化流程，基于完整 P&ID 开展的 HAZOP 分析会考虑得更详细。

根据图 10.6 所示开展分析。仅记录需要采取的措施，以及所导致后果需要予以关注的偏离，见表 10.11。

表 10.11　硝酸反应器 HAZOP 分析

引导词	参数	原因	后果和措施
设备：空气过滤器			
意图：去除污染反应催化剂的颗粒			
管线号 103			
意图：将常温常压洁净空气送入压缩机			
偏少	流量	过滤器部分堵塞	潜在的氨浓度危险上升：测量并记录压差
还有	组分	过滤器损坏，安装错误	杂质，催化剂可能中毒：合理检维修
设备：压缩机			
意图：输送 8bar、10kg/h、250℃空气去混合三通			
管线号 104			
意图：将空气送入反应器（混合三通）			
无 / 没有	流量	压缩机故障	可能的危险氨浓度：带压力低报警的压力指示（PT1），联锁切断氨流股
偏多	流量	压缩机控制失效	高反应速率，反应温度偏高：在 TI2 上增设高温报警
相反	流量	高压侧管道压力下降（压缩机故障）	压缩机内存在氨——爆炸危害：安装止回阀（NRV1）；湿热酸性反应气——腐蚀：安装第二个止回阀（NRV4）
管线号 105			
意图：将二次空气送入吸收塔			
无	流量	压缩机故障，FV1 失效	不完全氧化，吸收塔放空气污染物超标：操作规程
偏少	流量	FV1 堵塞失效，FIC1	参见无流量
设备：氨汽化器			
意图：在 8bar、25℃条件下蒸发 731kg/h 的液氨			

续表

引导词	参数	原因	后果和措施
		管线号 101	
		意图：从罐区送来液氨	
无	流量	泵故障，LV1 失效	汽化器内液位下降：在 LIC1 上设置低液位报警
偏少	流量	泵/阀门部分故障	LIC1 报警
偏多	流量	LV1 卡住，LIC1 失效	汽化器满罐，液相进入反应器：在 LIC1 上设置高液位报警并联锁停泵。增设额外带报警的液位传感器 LT2
还有	盐水	从冷冻系统泄漏到储存系统	汽化器中 NH₄OH 富集：定期分析，维护
相反	流量	泵故障，蒸发器压力高于输送压力	蒸发气进入储存系统：LIC1 报警；设置止回阀（NRV2）
		管线 102	
		意图：将蒸发气送入混合三通	
无	流量	蒸汽故障，FFV1 故障关闭	LIC1 报警，反应终止：考虑设置低流量报警，遭到反对——需要重新设定每一个速率
偏少	流量	FFV1 部分失效或堵塞	参见无流量
	液位	LIC1 失效	LT2 备用系统报警
偏多	流量	FT2/比例控制误动作	高氨浓度危险：设置报警，设置带 12%NH₃ 高报警的分析仪（冗余）（AI1、AI2）
	液位	LIC1 失效	LT2 备用系统报警
相反	流量	蒸汽故障	热酸性气体从反应器反窜回上游——腐蚀：设置止回阀（NRV3）
		管线号 109（辅助）	
无	流量	PV1 失效，疏水阀冻堵	汽化器液位偏高：触发 LIC1
		设备：反应器	
		意图：用空气氧化 NH₃（8bar、900℃）	
		管线号 106	
		意图：将混合物送至反应器（250℃）	
无	流量	NRV4 卡住关闭	反应速率下降：在 TI2 上设置低温报警
偏少	流量	NRV4 部分关闭	参见无流量
	NH₃浓度	比例控制失效	温度下降：TI2 报警（考虑 AI1、AI2 上的低浓度报警）
偏多	NH₃浓度	比例控制失效，空气流量受限	反应器温度偏高：TI2 报警，14% 爆炸性混合物进入反应器——潜在危险：由 AI1、AI2 触发的旁路自动跳车，SV2 关闭，SV3 打开
	流量	控制系统失效	反应器温度偏高：TI2 报警
		管线 107	
		意图：将反应器产物送入废热锅炉	
还有	组分	从反应器来的难溶颗粒	锅炉炉管可能堵塞：在锅炉上游设置过滤器

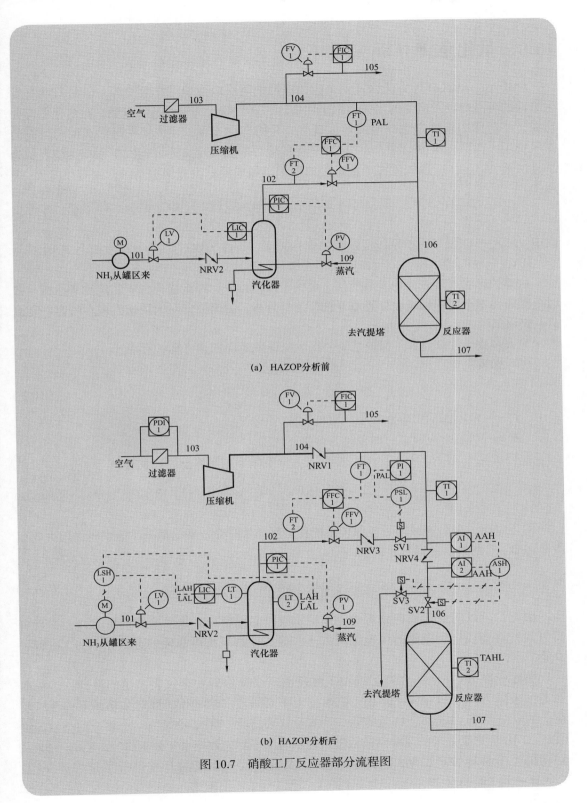

(a) HAZOP分析前

(b) HAZOP分析后

图 10.7　硝酸工厂反应器部分流程图

10.8 量化危害分析

FMEA、HAZOP 等方法以及安全指数法的使用可以辨识潜在危险源，但是只能对发生事件的可能性以及遭受的损失做出定性估计，这依赖于小组成员的直觉。在量化危害分析时，工程师力求确定意外事件发生概率，并用伤亡人数、经济损失等形式说明可能的损失费用。国际标准 IEC 61508（1998）将危险源的风险定义为可能发生率（典型表示为事件次数/年）与所造成危害严重程度的乘积。如果没有设置保护系统，固有风险 R_{np} 表示为：

$$R_{np} = F_{np} \times C \tag{10.2}$$

式中　F_{np}——未设置保护系统危险源的固有频率，事件次数/年；

　　　C——危险源的影响，影响/次损失事件。

这里的影响可以表征为人员受伤、重伤、环境排放、经济损失，或其他衡量指标。有时可能需要对不同的影响表征量重复进行定量分析，因为公司对人员伤害风险的容忍度也许与经济风险的不同。

绝大多数设计都设置了保护系统，将危险源风险降低到可容忍水平。

可容忍风险定义为：

$$R_t = F_t \times C \tag{10.3}$$

式中　F_t——危险源的可容忍频率，事件次数/年；

　　　R_t——可容忍风险，有时也称为可接受风险。

保护系统的风险削减因子 ΔR，则定义为固有频率与可容忍频率的比值：

$$\Delta R = \frac{F_{np}}{F_t} \tag{10.4}$$

可以看出，风险削减因子是保护系统在触发动作时失效平均概率（需求时平均失效概率）PFD_{av} 的倒数：

$$PFD_{av} = \frac{F_t}{F_{np}} = \frac{1}{\Delta R} \tag{10.5}$$

因此，可以用量化危害分析确定保护系统可靠性目标。保护系统的可靠性，进而可得以提升直到获得所期望的风险削减因子。提高保护系统可靠性的方法在10.8.2进行了介绍。

国际标准 IEC 61511 介绍了维护工艺过程安全操作的安全仪表系统的设计，该标准在美国采标为 ANSI/ISA–84.00.01—2004。对于必须按需求动作（即对某初始事件予以反应）的安全系统，IEC 61511 规定每一个安全仪表功能（SIF）必须有一个安全完整性等级（SIL），SIL 规定了要求的风险削减程度或需求时的平均失效概率（表 10.12）。King（2007）对功能安全标准 IEC 61508 和 IEC 61511 以及安全仪表系统的开发进行了很好的介绍。Cameron 和 Raman（2005）则对风险管理系统进行了详细阐述。

表 10.12　需求操作模式的安全完整性等级（IEC 61511）

安全完整性等级（SIL）	需求平均失效概率（PFD$_{av}$）	风险削减因子（ΔR）
4	$10^{-5} \leqslant PFD_{av} < 10^{-4}$	$10000 < \Delta R \leqslant 100000$
3	$10^{-4} \leqslant PFD_{av} < 10^{-3}$	$1000 < \Delta R \leqslant 10000$
2	$10^{-3} \leqslant PFD_{av} < 10^{-2}$	$100 < \Delta R \leqslant 1000$
1	$10^{-2} \leqslant PFD_{av} < 10^{-1}$	$10 < \Delta R \leqslant 100$

10.8.1　故障树

通常意外事件的发生是由于两个或更多部件同时失效而引发的：设备、控制系统和仪表的故障以及误操作。导致危险意外事件发生的事件顺序可以用故障树（逻辑树）予以表征，如图 10.8 所示。该图说明了一组可能导致压力容器破裂的事件序列。当系统失效前所有输入均为必要时，使用与门符号；当任何一个输入，其自身即可引发系统失效时，用或门符号。故障树近似于用于表示计算机操作的逻辑图，符号近似于逻辑与门及或门（图 10.9）。从图 10.8 可知，仅当某个引起超压的原因发生且需及时响应的压力泄放阀（PRV）失效时，设备失效才会发生。反之，这样的原因可能有几个，而每个原因可能还有诱因。每条因果关系链都需追溯至根原因，图 10.8 的图是不完整的。

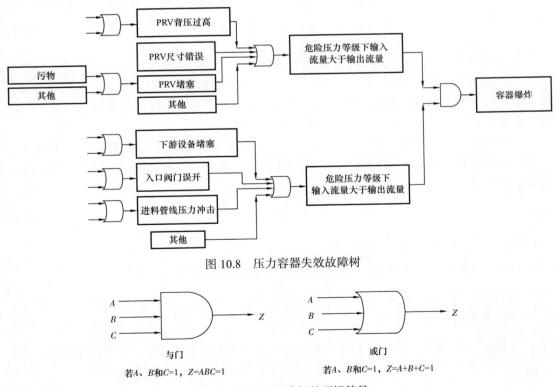

图 10.8　压力容器失效故障树

图 10.9　与门和或门的逻辑符号

即使非常简单的工艺单元，其故障树也都是复杂的，有很多分支。采用系统单一部件的可靠性数据、运用故障树方法对系统失效可能性进行定量评估。一旦对工艺过程的子流程进行了故障树分析，就可利用该故障树引入额外、冗余的仪表来提升设计可靠性。由于一个危险状态通常需要一个或多个设施发生故障，因此可增设额外、并行设施。只要这些设施没有共因失效模式，就可以减少故障发生的可能性。事件可能性的定量分析能用来决定系统所需的冗余水平，该水平可以保证将可能性降低到某个可以接受的低值。

事件树是一个展现相同信息的类似方法，但是这里无法详细介绍这两种方法，可参见Mannan（2004）或CCPS（2008）的著作。

10.8.2　设备可靠性

当构建了一个故障树时，如果故障树中的事件概率可以估算，就能用故障树估算系统失效概率。大多数情况下，这需要对仪表、报警和安全设施的可靠性有充分了解，因为这些设施需要将工艺过程维持在安全状态。

如果故障率 λ 是保护系统每年故障发生次数，而设施检测时间间隔为 τ 年，那么自然地，设施平均故障发生在检测间隔中间。于是，设施对需求无反应动作，失效的概率（也称为失效时间分数）近似为：

$$\phi = \frac{\lambda\tau}{2} \tag{10.6}$$

如果需求率 δ 是该保护设施每年触发次数，那么危害率 F 则可表示为：

$$F = \delta\phi = \frac{\delta\lambda\tau}{2} \tag{10.7}$$

当且仅当 $\delta\lambda$、$\lambda\tau$ 和 $\delta\tau$ 都远小于 1 时，式（10.7）的结果为真。更为严格的可靠性分析参见 Mannan（2004）的著作第 7 章和第 13 章。可以看到，对于只有一个设施的单一系统，需求率本质上是危险源的固有频率 $\delta = F_{np}$，而设施无响应动作的概率则是需求平均故障概率 $\phi = \mathrm{PFD_{av}}$。因此，式（10.7）和式（10.5）是等效的。

可以通过使用更为可靠的设备（较低的 λ）、更频繁的检测（较小的 τ），或采取改进措施使得操作更为稳定（较低的 δ）来降低危害率。或者设置两套并行的保护系统，此时危险率就变成：

$$F = \frac{4}{3}\delta\phi_A\phi_B \tag{10.8}$$

式中　ϕ_A——系统 A 的失效时间分数；

ϕ_B——系统 B 的失效时间分数，且适用于上面所给出的相同条件。

示例 10.3

某跳车系统的实验室检测数据显示每年 0.2 的故障率。如果需求率是每两年一次，检测间隔为 6 个月，则其危害率是多少？需要安装一个并行系统吗？

解：

$$失效时间分数\ \phi=\frac{\lambda\delta}{2}=\frac{0.2\times0.5}{2}=0.05$$

单一系统的危害率 $F=\delta\phi=0.5\times0.05=0.025$，即每 40 年一次。

许多工厂运行超过 20 年，因此这个故障频率可能过高而无法接受。如果采用两套并行系统，则 $F=\frac{4}{3}\delta\phi_A\phi_B=\frac{4}{3}\times0.5\times0.05\times0.05=1.67\times10^{-3}$，或者说每 600 年一次。

建议采用两套并行系统，或增加检测频次，如每两个月测试一次，故障率为每 120 年一次，其可接受程度更高。是否增加检测频次取决于设施检测对工厂运行的干扰程度。对于具有许多安全跳车和联锁的大型工厂，对每一个系统进行频繁测试，其可能性很低。

本示例给出的概率数值仅用于说明问题，不代表这些组件的真实数据。仪表和控制系统的某些可靠性量化数据可参考 Mannan（2004）的著作。化工厂设计的定量危害分析技术的应用范例参见 Wells（1996）和 Prugh（1980）的著作。

美国化学工程师学会的化学品过程安全中心（Center for Chemical Process Safety，CCPS）出版了综合性、权威性的定量风险分析指南（CCPS，1999）。CCPS（1999）还收集了大量设备可靠性数据。化学品流程工业风险分析技术的应用还可参考其他文献，如 CCPS（2000）、Frank 和 Whittle（2001）、Cameron 和 Raman（2005）、Crowl 和 Louvar（2002）、Arendt 和 Lorenzo（2000）、Kales（1997）、Dodson 和 Nolan（1999）、Green（1983）以及 Kletz（1999b）的著作。

10.8.3　可容忍风险和安全优先

如果意外事件后果可以量化预测（财产损失和可能死亡人数），那么就能采用式（10.2）对风险进行量化评估。

如果损失可以用金钱来衡量，则风险的现金价值就能与削减风险的安全设备或设计变更费用进行比较。通过这种办法，与其他设计决策一样，可以通过同种方式进行安全决策：为投入的资金获得最好的回报。

危险源不可避免地在威胁财产的同时威胁了生命，任何进行成本比较的尝试都是困难而有争议的。有可能提出不威胁生命的风险才是可容忍的，但是资源总是有限的，就需要确立某种安全优先的渠道。一种方法是将危害分析计算出的风险与普遍认为可接受的风险进行对比，如某些特殊行业的平均风险、民众自愿接受的风险种类等。一种生命风险的指标是"死亡事故频率"（Fatal Accident Frequency Rate，FAFR），定义为千万工时死亡人数。它等效于 1000 人的小组在其工作生涯里的死亡数值。FAFR 可从不同行业和活动的统计数据中求得，表 10.13 和表 10.14 给出了某些公布数据。表 10.13 显示了化学行业与其他行业相比的相对位置。表 10.14 则是民众自愿接受的某些风险值。

表 10.13　1978—1990 年部分行业的 FAFR

行业	FAFR
化学行业	1.2
英国制造业	1.2
深海渔业	4.2

表 10.14　部分非行业活动的 FAFR

活动	FAFR
待在家中	3
乘坐火车	5
乘坐公共汽车	3
乘坐小汽车	57
乘坐飞机	2400
乘坐摩托车	660
攀岩	4000

来源：Brown（2004）。

在化工过程工业，普遍接受这样一种观点：应优先消除 FAFR 高于 0.4（行业平均值的 1/10）的风险，较低风险的消除则取决于可利用的资源（Kletz，1977a）。这是雇员风险基准，对普通公众（非自愿承受）的风险必须采用更低的基准值。在英国，健康安全署提出了"合理可行尽可能低"（as low as reasonably practicable，ALARP）的原则，在此原则下，工厂所有者只要能够证明工厂在考虑了费用和风险削减双制约下已达到了可能的最低风险，就可在定义为可容忍风险区域开展生产运行。可容忍风险区域定义为 $10^{-4} \sim 10^{-3}$ 的工人每人每年致死率区间和 $10^{-6} \sim 10^{-4}$ 的普通公众每人每年致死率区间（Schmidt，2007）。工厂大门外公众由于工厂运行所承受的风险水平一直都是引发争论的焦点。Kletz（1977b）建议当平均风险低于千万分之一每人每年时，该危害即视为可接受的。这比英国 HSE 指南低了一个数量级，相当于 0.001 的 FAFR，大约和被闪电击中的概率相同。Schmidt（2007）还给出了确定可容忍风险的其他指南。美国或加拿大现在还没有国家接受的可容忍风险指南。

有关可容忍风险和风险管理的资料，可参见 Cox 和 Tait（1998）以及 Lowrance（1976）的著作。

10.8.4　定量风险分析的计算机软件

对一个大型工厂策划和运行的风险及后果进行评估是一项艰巨的任务。

在工业实践中，所采用的安全仪表系统比上面介绍的简单系统更为复杂。如果使用了两个并行仪表，即任何一个仪表均可触发停车（一个"二选一"的系统，表示为1oo2），那么需求响应故障率就会降低，如示例10.3所诠释的那样，但是由于仪表故障而误跳车的可能性则成倍增加。仪表工程师可通过采用带表决机制的三个仪表解决此问题，该表决机制要求在触发停车前，三个仪表中的两个动作（2oo3表决）。可编程逻辑控制器、集散控制系统和设施通信方法（如现场总线）的使用，意味着许多电子、电气和软件组成元件的可靠性也必须在分析时予以考虑。也可以将基本过程控制系统（BPCS）作为安全保护层（IEC 61511）。计算会变得非常复杂，如果没有计算机的辅助将无法进行下去。

图 10.10 说明了定量风险分析的经典方法。首先，设备、管道和储存容器失效的可能频率必须使用上面介绍的技术予以预测。然后，任何泄放的可能规模必须予以估计，对失效后果进行评估：火灾、爆炸或毒气/烟泄漏。其他因素也必须考虑，如现场地形、天气条件、工厂布置和安全管理情况等。运用适当的模型可以预测气云的扩散。该方法可以评估风险严重程度。须根据可接受风险（如允许的有毒气体浓度）对限值达成共识。然后，可就工厂设备布置（见第 11 章）、厂址选择适宜性以及应急计划程序进行决策。

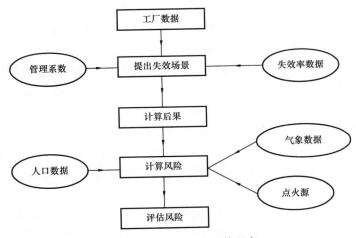

图 10.10　定量风险评估程序

就某"安全场景"所要求开展的综合而详尽的风险评估，只有在计算机软件的辅助下才能针对主要设施成功完成。定量风险分析程序已由专业安全和环境保护的咨询公司开发而成。典型软件有挪威船级社（DNV）技术有限公司（www.dnv.com）开发的 SAFETI（Suite for Assessment of Flammability Explosion and Toxic Impact，易燃易爆有毒影响评估）软件。这些软件最初是为响应欧洲赛维索指令，为挪威政府开发的。这个软件随后进行了进一步开发、扩展，现在被广泛用于安全场景的评估（Pitblado 等，1990）。其他软件还有 Chempute 公司（www.chempute.com）的 PHAWorks 和 FaultrEASE，Dyadem 公司（www.dyadem.com）的 FTA-Pro 和 PHA-Pro，Reliasoft 公司的（www.risk-analysis- software.org）的 RENO 和 BlockSim7，以及 Reliass 公司（www.reliability-safetysoftware. com）的 LOGAN。这些和其他用于故障树分析、HAZOP、过程危险源分析以及定量风险分析的软件均可从网上轻松搜索到，大多数化学公司拥有这些软件中某个软件的许可证。部分软件提供免费试用版本和学生折扣优惠。

计算机软件能够用来研究某个厂址各种可能场景的影响范围，但是与所有设计中使用的软件一样，这些软件在使用时不能随心所欲、没有判断。正常情况下应在软件开发咨询公司的帮助和指导下使用这些软件。合理的应用、有经验的指导，这些软件才能够说明某个厂址潜在的风险量级，在新建工厂批准投产或批准规划许可时才可能做出明智的决定。

10.9　压力泄放

泄压设施是安全使用压力容器的必要条件。泄压设施是一种确保容器内压力不会上升至不安全水平的机械措施。ASME 锅炉及压力容器规范第Ⅷ卷范围内的所有压力容器必须设置泄压设施。泄压设施的目的是在容器内压力超过最大允许工作压力时提供一种安全泄压途径，以防止容器破裂失效。通常采用三种不同形式的泄放设施：

（1）直接触发的阀门：重力或弹簧式的阀门，在某个预先设定压力下打开，而当压力泄掉后又正常关闭。系统压力提供阀门动作的推动力。

（2）非直接触发的阀门：气动或电动阀门，由压力传感仪表触发。

（3）爆破片：一种设计制造为在达到某预定压力值时破裂的薄片。

压力泄放设施在系统超压时动作，泄放阀会在超压消失后阀瓣回座保证系统压力不再下降，而爆破片因为本体破裂会持续泄放。爆破片常常和泄放阀配合使用，以防止正常操作时泄放阀被腐蚀性介质腐蚀。Morley（1989a，1989b）讨论了泄放阀的设计和选型，下面提及的压力容器标准也提到了相关内容。Mathews（1984）、Asquith 和 Lavery（1990）以及 Murphy（1993）讨论了爆破片。爆破片所用材质非常广泛，从普通的工程用钢材与合金，到用于腐蚀条件下的各种材料，如玻璃状碳、金和银等，所有工艺流体都可以找到合适材质的爆破片。爆破片和泄放阀是专有产品，在选择合适型号、确定阀门尺寸时需要咨询厂家。

泄放阀的选型和尺寸的确定由压力容器最终用户负责。ASME 锅炉及压力容器规范第Ⅷ卷第 1 册 UG–125 至 UG–137 和第 2 册 AR 给出了压力泄放设施的选型和尺寸确定原则。

根据 ASME 锅炉及压力容器规范第Ⅷ卷第 1 册给出的原则，压力泄放主阀的设定压力必须不大于容器最大允许工作压力。压力泄放主阀的流道面积必须满足当系统最大超压至设定压力的 10% 或 3psi（20kPa）（两者之中的较大者）时所形成的泄放量的排放。如果同时设有辅助压力泄放阀，则其设定压力必须不大于最大允许工作压力的 105%。如果使用了多个压力泄放阀，则它们的总泄放能力必须足以防止容器压力上升值超过最大允许工作压力的 16% 或 4psi（30kPa），取其中较大者。当压力泄放阀的设计工况为外部火灾工况时，泄压设施必须保证容器压力上升值不大于最高允许工作压力的 21%。

压力泄放设施的制造、布置和安装都必须确保其方便检验和维修。正常情况下它们都布置在容器顶部干净的位置，压力泄放阀入口管线须保证无液袋。压力泄放设施的安装位置必须靠近其所保护的容器。

10.9.1　压力泄放工况

任何时候一旦物料或能量在流出受限的密闭容积或空间积聚，超压就会发生。物料或能量积聚的速率决定了压力的上升。如果压力控制系统不能足够快速地予以响应，压力泄放设施就必须在容器破裂、爆炸或发生其他一些重大泄漏事故之前被触发。

设计压力泄放系统的第一步是评估超压的可能原因，以决定与每种原因有关的压力积聚速率，进而估算泄放负荷（必须通过泄压设施排放的流量）。API RP 521 提出了如下原因：出口堵塞、化学反应、停电、公用工程故障、外部火灾、不凝物积聚、冷却或回流故障、异常热量输入、自动控制失效、阀门误开、人员误操作、串联分馏热损失、风机故障、止回阀失效、易挥发物料进入系统、蒸汽或水击、内部爆炸、换热器管程破裂、吸附剂供应故障、满液系统过热。

上述原因清单并不完整，设计工程师需对其他工况进行"头脑风暴"，并评阅 FMEA、HAZOP、HAZAN 或其他过程安全分析的结果。

在评估泄放工况时，建议设计工程师考虑由同一个根原因事件引发的顺序事件，当这些事件增加了泄放负荷时尤应如此。举例说明，进行液相放热反应的某工厂停电有如下影响：

（1）全部或部分自动控制系统失效。

（2）由于循环冷却水泵或空冷器失效导致系统冷却中断。

（3）由于搅拌器故障导致反应器搅拌中断，进而导致局部反应失控。

由于存在共同原因，停电时认为以上 3 个事件会同时发生。如果两个事件没有共同原因，那么它们同时发生的概率会很低，通常可以不予考虑（API RP 521）。根原因事件（如停电、停公用工程和外部火灾）常常会引发大量其他事件，因此其泄放负荷大。

压力积聚速率也会受到过程控制系统响应的影响。API RP 521 建议，如果仪表自控设置提高了泄放量，则假定仪表设施按照所设计的响应；但如果仪表自控设置降低了泄放量，则不认为仪表会响应。如图 10.11（a）所示，如果出口控制阀关闭、容器压力上升，则从泵来的流量由于高背压一开始会降低。流量控制器会通过打开流量控制阀予以补偿，以尽量维持稳定流量，最终使得泄放负荷变大。设计工程师须假设仪表如设计的那样予以响应，流量维持恒定。在图 10.11（b）中，如果出口控制阀关闭，压力控制器会持续打开压力控制阀直到其全开。这提供了另一个出口，从而降低了泄放量，但是根据 API RP 521，不考虑此响应。

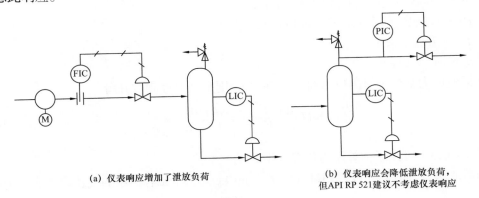

(a) 仪表响应增加了泄放负荷   (b) 仪表响应会降低泄放负荷，
但API RP 521建议不考虑仪表响应

图 10.11 仪表对压力泄放场景的响应

换热器和其他有内部构件的容器也必须考虑当内件失效时的超压保护。这对管壳式换热器而言尤为重要，因为常规设计中较高压力的流体走管程。这可以节省壳程建造费用，也使管程免于承受由于外部压力导致的高压缩荷载。如果管程压力较高，那么当某根换热管或管束破裂时，壳程就会承受管程的高压。

当相互连通的设备之间的管道上没有安装阀门或限流孔板时，API RP 521 和 ASME 锅炉及压力容器规范第Ⅷ卷允许这些连通的设备可视为一个压力系统。设计按照系统总泄放负荷考虑（ASME 锅炉及压力容器规范第Ⅷ卷第 1 册 UG–133）。

10.9.2 压力泄放量

压力积聚速率能够通过构建容器或系统的动态物料平衡和能量平衡进行估算：

$$进入系统 + 反应生成 = 排出系统 + 累积 \tag{10.9}$$

液体具有非常小的压缩比，压力容器很少在液体全充满下操作，因为物料很小的累积会引发系统压力的巨大波动。相反，常规做法是在容器的气相空间借助饱和气相（通常为氮气）操作。质量平衡公式则可以重新构造成气体压力随时间变化速率的公式。

举例说明，某容器总体积 V（m^3），正常操作时通过液位控制持液量为总容积的 80%［图 10.11（a）］，液相进料速率为 v（m^3/s）。如果容器中的液相体积为 V_L，那么如果出口堵塞且认为液体为非压缩流体，则液体体积的变化为：

$$\frac{dV_L}{dt} = v \tag{10.10}$$

式中　t——时间，s。

气相体积 $V_G = V - V_L$，因此

$$\frac{dV_G}{dt} = -\frac{dV_L}{dt} = -v \tag{10.11}$$

如果容器内无气相流股进出，则认为气相为理想气体：

$$V_G = nRT/p \tag{10.12}$$

式中　n——容器中气体的物质的量，mol；

　　　R——理想气体常数，J/（mol·K）；

　　　T——温度，K；

　　　p——压力，Pa。

如果温度为常数（对出口堵塞工况有效），则直到泄放阀打开时：

$$\frac{dp}{dt} = nRT\frac{d}{dt}\left(\frac{1}{V_G}\right) = -\frac{nRT}{V_G^2}\frac{dV_G}{dt} = \frac{p^2 v}{nRT} \tag{10.13}$$

式（10.13）可用于估算压力积聚速率。

当泄放阀打开时，允许气相排放速率为 w（kg/s）。于是容器中的气相物质的量为：

$$\frac{dn}{dt} = -\frac{1000w}{M_w} \tag{10.14}$$

式中　M_w——气相的平均摩尔质量，g/mol。

压力变化速率公式变为：

$$\frac{dp}{dt} = RT\frac{d}{dt}\left(\frac{n}{V_G}\right) = \frac{RT}{V_G^2}\left(V_G\frac{dn}{dt} - n\frac{dV_G}{dt}\right)$$

$$= \frac{p^2}{nRT}\left(v - \frac{1000RTw}{M_w p}\right) \tag{10.15}$$

如果泄放阀的尺寸正确，则可能积聚的最大压力是最高允许工作压力 p_m 的 110%（ASME BPV Code Sec. Ⅷ D.1 UG-125）。在这点，不再有积聚压力且 $dp/dt=0$，因此

$$\frac{1000RTw}{M_w \times 1.1p_m} = v \tag{10.16}$$

且要求的泄放量为：

$$w = \frac{1.1p_m M_w v}{1000RT} \tag{10.17}$$

仅当气相由容器释放时使用式（10.17）。一旦液体取代气相（放空），则泄放量必须为液相流量。若为两相混合物放空，则计算变得更为复杂。

绝大多数情况下最大泄放工况包括质量和热量同时进入系统，还特别包括物料的蒸发、反应和两相流。用简单的微分代数模型描述这些系统要困难得多，当前行业普遍的做法是采用动态模拟模型。动态模型可以设置在任何一个有动态模拟功能的商业过程模拟器上。AIChE 紧急泄放系统设计协会（Design Institute for Emergency Relief Systems，DIERS）也发布了一个名为 SuperChems™（早期称为 SAFIRE）的专利软件，该软件是特别为压力释放系统设计所写，包含了 DIERS 所推荐的、针对多相态、反应和高非理想性系统的方法和研究发现。

部分泄放工况的泄放量关系式得以确立。对于外部火灾，API RP 521（见 3.15.2）规定：

$$Q = 21000F_e A_w^{0.82} = w_f \Delta H_{vap} \tag{10.18}$$

式中　Q——火灾输入热量，Btu/h；
　　　F_e——环境因子；
　　　A_w——设备的润湿面积，ft^2；
　　　w_f——火灾工况下的泄放量，lb/h；
　　　ΔH_{vap}——汽化潜热，Btu/lb。

环境因子 F_e 用于考虑容器保温的贡献。裸露或保温层可能由于液柱喷射而脱落的储罐，环境因子等于 1.0。式（10.18）假定良好普遍采用的设计和总图布置，包括下水道、排水沟的采用或地面自然坡向来控制漫流以防止液池的形成。ROSPA（1971）和 NFPA 30（2003）给出了热量输入率和泄放量的其他公式。具体设计采用何种适宜方法建议参考当地安全法律法规和消防规范。

计算泄放量的其他关系式和推荐方法建议参考设计规范和标准，如 API RP 521 和 DIERS 项目手册（Fisher 等，1993）。DIERS 项目手册还讨论了负压工况的泄放量（见 10.9.5）。

10.9.3 压力泄放阀的设计

10.9.3.1 弹簧载荷式安全阀

使用最广泛的泄放阀是如图 10.12 所示的传统弹簧式泄放阀。该类阀门的设计有各种尺寸和材料可供选择（API St 526，BS EN ISO 4126-1：2004）。

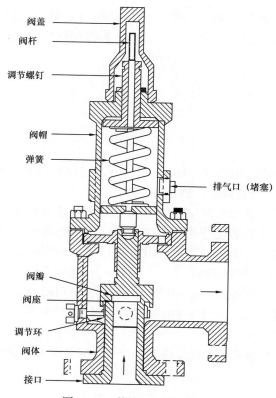

图 10.12　传统弹簧式泄放阀

传统泄放阀，压力作用于阀瓣上，阀瓣由弹簧固定在阀座表面。弹簧压缩度可通过调节螺钉进行调节，以保证弹力等于阀门设定压力值。

图 10.13 说明了传统泄放阀的压力—流量变化情况。当容器压力达到安全阀设定压力的 92%～95% 时，弹簧式泄放阀开始前泄、漏气。可以通过研磨阀瓣和阀座表面至高抛光度、采用弹性密封（仅在低温时）或采用操作压力和设定压力间的高差压来减少泄漏量。当泄压阀达到设定压力时，阀门突跳，阀瓣从阀座上升起。阀瓣顶开后，排出介质由于下调节环的反弹而作用在阀瓣夹持圈上，使阀门迅速打开。随着阀瓣的上移，介质冲击在上调节环上，使排出方向趋于垂直向下，排出的介质产生的反作用力推着阀瓣向上，并且在一定的压力范围内使阀瓣保持足够的提升高度。

当压力充分回落后，弹力克服了流过流体的作用，阀门回座。回座通常在压力低于设定压力时发生，得到一个不同的泄放曲线。

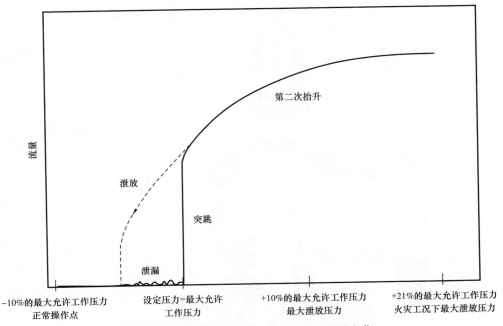

图 10.13　传统弹簧式泄放阀的压力—流量变化

传统弹簧式泄放阀的泄放能力和抬升压力受下游泄放系统背压的影响。背压给泄压阀阀瓣施加了一个弹力之外的附加力。当系统背压波动或累积时，宜采用平衡式压力泄放阀，此类阀门包含波纹管或可补偿抵消背压的结构（详见 API RP 520）。当多个安全阀泄放至同一个放空或火炬系统时，尤其要关注系统背压对安全阀选型的影响。例如，全厂性事故工况（停水、停电等）会导致大量的安全泄放，这时会造成安全阀出口处的背压增加，影响安全阀的排放动作。

10.9.3.2　先导式泄放阀

先导式泄放阀用于克服传统弹簧式泄放阀的某些主要缺点。在先导式泄放阀里，活塞取代了弹簧和阀盘，如图 10.14 所示。一个称为先导引压管的小细管，通过一个弹簧式的导阀，将活塞顶部和泄放阀入口气室连通。正常操作时，阀门两侧压力相同，但是因为活塞顶部表面积大于阀瓣面积，所以向下的力较大，阀门保持关闭。当压力超过设定压力时，先导阀打开，活塞上部失压。这使得活塞抬升，阀门开启。先导阀的排放根据工艺物料性质排入大气或主阀出口，图 10.15 显示了先导式泄放阀压力—流量变化情况。先导式安全阀没有前泄，也没有启闭压差。

先导式泄放阀用于操作压力和设计压力接近的设备（例如，扩建时容器现有操作压力与最大允许工作压力接近，或容器压力低于 230kPa 或 20psi）、高压介质（69bar 或 1000psi）以及要求低泄漏量的场合。其金属材料可用范围没有弹簧式泄放阀广泛。先导式泄放阀在较低温度场所的应用亦有所限制，由于先导式泄放阀采用弹性材质作为活塞及其外罩的密封。BS EN ISO 4126–4：2004 介绍了更多有关先导式泄放阀的内容。

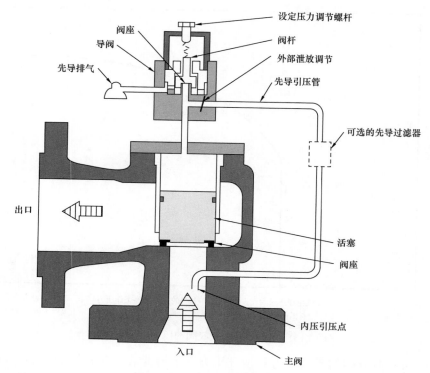

图 10.14　先导式泄放阀的动作

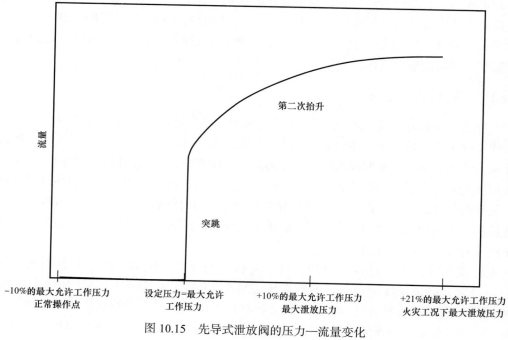

图 10.15　先导式泄放阀的压力—流量变化

10.9.3.3　确定泄放阀尺寸

API RP 520 和 BS EN ISO 4126 给出了泄放阀尺寸确定指南。气体、液体、蒸汽或两相流的推荐设计公式不同。确定尺寸的方法也在 DIERS 项目手册（Fisher 等，1993）和 CCPS（1998）书籍中进行了探讨。

当通过泄放阀的流体为可压缩气体时，设计必须先考虑阀门出口处的流体流动是否为临界流。临界流量是阀门能够达到的最大流量，对应喉径处的声速。如果出现临界流，即使下游存在较低压力，喉径处的压力也不会低于临界流体压力 p_{cf}。对于理想气体，临界压力可利用下面公式由上游压力进行估算：

$$\frac{p_{cf}}{p_1} = \left(\frac{2}{\gamma+1}\right)^{\gamma/(\gamma-1)} \tag{10.19}$$

式中　γ——绝热指数，$\gamma = c_p/c_V$；

　　　p_1——上游绝压；

　　　p_{cf}——临界流压力。

只要是绝压，而不是表压，就可以采用统一的单位来表示压力。比值 p_{cf}/p_1 被称为临界压力比值。表 10.15 给出了典型比值。如果下游压力低于临界流压力，在喉径处就会出现临界流。从表 10.15 中可以看到，只要上游压力大于两倍下游压力，此情况就会出现。由于大多数泄放系统均在接近大气压条件下操作，临界流是一个常见情况。

表 10.15　临界流压力比值

气体	绝热指数 （60°F，1atm）	临界流压力比值 （60°F，1atm）
氢气	1.41	0.52
空气	1.40	0.53
氮气	1.40	0.53
蒸汽	1.33	0.54
氨	1.3	0.54
二氧化碳	1.29	0.55
甲烷	1.31	0.54
乙烷	1.19	0.57
乙烯	1.24	0.57
丙烷	1.13	0.58
丙烯	1.15	0.58
正丁烷	1.19	0.59

气体	绝热指数 （60°F，1atm）	临界流压力比值 （60°F，1atm）
正己烷	1.06	0.59
苯	1.12	0.58
正癸烷	1.03	0.60

注：（1）取自 API RP 520 中的表 7。

（2）部分临界流压力比值通过实验确定，不一定与式（10.19）预测结果一致。

对于临界流，API RP 520 给出了阀门泄放面积 A_d 公式：

$$A_d = \frac{13.160w}{CK_d p_1 K_b K_c} \sqrt{\frac{TZ}{M_w}} \qquad (10.20)$$

式中　A_d——泄放面积，mm^2；

　　　w——需要的泄放量，kg/h；

　　　C——系数，$C = 520\sqrt{\gamma\left(\dfrac{2}{\gamma+1}\right)^{(\gamma+1)/(\gamma-1)}}$；

　　　K_d——泄放系数；

　　　p_1——上游绝压，kPa；

　　　K_b——背压修正系数；

　　　K_c——组合修正系数；

　　　T——泄放温度，K；

　　　Z——入口条件下的压缩因子；

　　　M_w——摩尔质量，g/mol。

初次估算时，泄放阀和爆破片的泄放系数 K_d 可分别取 0.975 和 0.62。临界流的背压修正系数 K_b 第一次可取 1.0。当泄放阀上游设置爆破片时，使用组合修正系数 K_c，取值 0.9。如果未使用爆破片，则 K_c 取 1.0。按照 ASME 锅炉及压力容器规范第Ⅷ卷设计的容器，上游绝压为 1.1 倍最大允许工作压力。

所选择的泄放阀，其泄放面积宜等于或大于根据式（10.20）计算得到的面积。API St 526 或 BS EN ISO 4126 给出了泄放阀尺寸。气体、液体、蒸汽和两相混合物的低临界流泄放阀尺寸计算公式参见 API RP 520。

10.9.4　非复闭合型泄压设施的设计

有两种非复闭合型压力泄放设施：爆破片和爆破针阀。

爆破片设施由爆破片和固定膜片的卡箍构成。膜片由金属薄片制成，设计成超过设定压力时爆破。一些爆破片上刻有线，这样爆破时不会产生碎片损坏下游设备。

爆破片通常在泄放阀上游使用，以防止泄放阀被腐蚀或降低泄放阀泄漏导致的损失。当响应时间要求极快或泄放负荷很高时，还可选用大爆破片（如反应失控和外部火灾工况）。它们还可应用于由于安全原因压力需要降低到操作压力以下的场景。BS EN ISO 4126-2：2004 和 BS EN ISO 4126-6：2004 介绍了爆破片设施的使用。

　　如果爆破片用作主要的压力泄放设施，那么当其爆破时，操作人员除了将工厂停车别无他法，以便在容器压力恢复前更换爆破片。因此，爆破片绝大多数常用于泄放阀入口或作为辅助泄放设施。对于可压缩气体的声速流体，其爆破片的尺寸按照式（10.20）确定，K_d 取 0.62。BS EN ISO 4126-3：2004 对安全阀和爆破片的组合进行了讨论。

　　如图 10.16 所示，爆破针阀除了阀盘由撞针顶住阀座，其他与弹簧式泄放阀结构类似，撞针的设计可使其在达到设定压力时变形或破裂。一旦阀门打开，撞针必须在阀门重新设定前予以更换。爆破片和撞针设施对温度都敏感。建议向制造商咨询非常温常压条件下的应用情况。因为非复闭合型压力泄放设施只能使用一次，设定压力是通过每个生产批次泄放设施的取样试验而确定的。压力泄放阀试验方法在 ASME PTC 25—2001 中有规定。

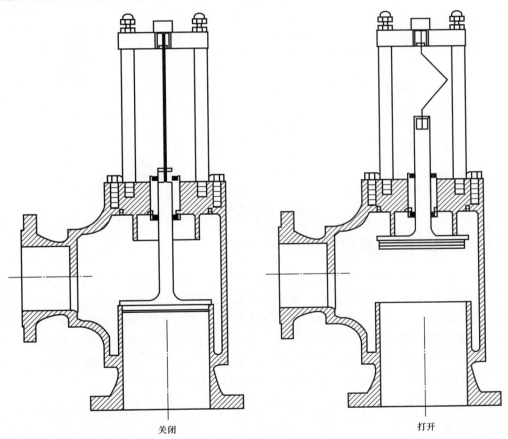

关闭　　　　　　　打开

图 10.16　爆破针阀

10.9.5　泄压排放系统的设计

　　在设计泄压放空系统时，确保易燃易爆或有毒气体放至安全地点非常重要。正常情况下，这意味着足够的高度以保证气体扩散不会造成危害。对于高毒性物料，可能需要设置洗涤塔吸收并"杀死"物料，例如，为氯气和盐酸设置碱洗塔。如果易燃易爆物料频繁间断放空，如在一些炼油厂的操作中，就需要设置火炬塔架。

物料放空量需要通过完整放空系统的设计确定：泄放设施及其相关管线。不论压降如何，最大放空量都将受到临界（声速）流速的限制。放空系统必须设计成声速流股仅在泄放阀处出现，而不是系统其他地方，否则设计泄放量无法保证。为超压提供充分保护的放空系统的设计是一个复杂而困难的课题，尤其对于可能出现两相流的系统。当发生两相流时，泄放系统必须设计成可在气体放空或送入火炬前将液体从气体中脱除。

泄放阀安装和泄放系统设计指南在 API RP 520、API RP 521 以及 DIERS 项目手册（Fisher 等，1993）中均有介绍。API RP 521 还介绍了排放罐和火炬系统的设计方法。典型泄放系统参见图 10.17。放空设计问题、可用设计方法的详尽讨论参见 Duxbury（1976，1979）和 CCPS（1998）系列指南。

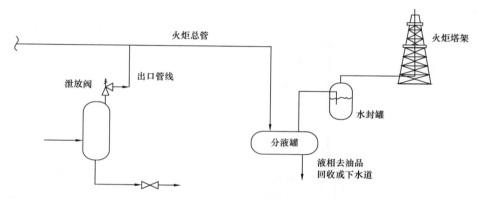

图 10.17　典型泄放系统设计

10.9.6　负压保护（真空）

除非设计成抵抗外部压力（见 14.7 节），与外压一样，容器还必须设计成防止受到负压危害。负压通常意味着内部真空，而外部为大气压。仅仅只需要压力略微下降，低于大气压，就可以使一个储罐完全破裂。尽管压差很小，作用在罐顶的力会很大。举例说明，如果 10m 直径储罐内的压力降至低于外部压力 10mbar，罐顶的总载荷约为 80000N（相当于 8t 质量）。对于储罐，由于出口泵抽吸作用将储罐吸瘪（坍塌）是不常见的情况。实际上，宜设置连通阀（当内压降至大气压以下时阀门打开与大气连通）。

示例 10.4

汽油缓冲罐罐容 4m³（1060gal），上部气相空间通入氢气，在 20bar（绝）[280psi（表）]、40℃（100°F）条件下，其正常操作充装量为 50%，采用如图 10.11（a）所示液位控制外送流股。相对密度为 0.7 的汽油泵送至缓冲罐的正常流量为 130m³/h。

假设容器比例（长度与直径比）为 3.0，汽油蒸发热为 180Btu/lb，估算出口堵塞和外部火灾工况泄放负荷，进而确定泄放阀尺寸（实际上，汽油包含多种在设计压力下很宽温度范围内沸腾的组分，其计算比这里给出的更为复杂）。

解：

出口堵塞工况：

$$w = \frac{1.1 p_m M_w v}{1000 RT} = \frac{1.1 \times \left(\frac{130}{3600}\right) \times \left(\frac{20 \times 10^5}{0.9}\right) \times 2}{1000 \times 8.314 \times 313} = 67.8 \text{g/s} \tag{10.16}$$

外部火灾工况：

如果容器有一个半球形封头，则：

$$体积 = \pi \left(\frac{D^2 L}{4} + \frac{D^3}{6}\right) = \frac{11 \pi D^3}{12}$$

所以 $D = 1.12\text{m}$。

$$湿区面积 = \pi \left(DL + D^2\right)/2 = 2\pi D^2$$
$$= 7.82\text{m}^2 = 84.2\text{ft}^2$$

假设 $F_e = 1$：

$$w_f = \frac{21000 F_e A_w^{0.82}}{\Delta H_{vap}} = \frac{21000 \times 1 \times 84.2^{0.82}}{180} \tag{10.17}$$
$$= 4423 \text{lb/h}$$
$$= 0.56 \text{kg/s}$$

因此，外部火灾工况泄放负荷较大，为设计工况。

如果放空管线与常压火炬系统相连，则：

$$\frac{p_{outlet}}{p_1} = \frac{1}{20} \ll 0.52$$

于是喉径口的流股为临界流。

对氢气而言：

$$C = 520 \sqrt{1.41 \times \left(\frac{2}{2.41}\right)^{(2.41/0.41)}}$$
$$= 356.9$$

假设阀门在温度达到 60℃（333K）时开启，氢气的压缩系数 Z 为 1.02：

$$A_d = \frac{13.160 w}{C K_d p_1 K_b K_c} \sqrt{\frac{TZ}{M_w}} = \frac{13160 \times 0.56 \times 3600}{356.9 \times 0.975 \times 2000 \times 1.0 \times 1.0} \sqrt{\frac{333 \times 1.02}{2}}$$

$$= 496.8\text{mm}^2 \text{ 或 } 0.77\text{in}^2$$

根据标准 API Std.526，选择"H"孔板泄放阀，其有效孔板面积为 0.785in^2。在预期操作温度范围内，尺寸 2H3 的碳钢泄放阀允许设定压力范围可至 740psi。但现实中，由于气相夹带沸腾液体，需要考虑两相流，通过详细设计可能要选择一个更大口径的孔板。

参 考 文 献

AIChE.（2000）. Guidelines for hazard evaluation procedures—with worked examples（2nd ed.）. New York : Center for Chemical Process Safety, American Institute of Chemical Engineers.

AIChE.（2001）. Guidelines for chemical processes qualitative risk analysis（2nd ed.）. New York : Center for Chemical Process Safety, American Institute of Chemical Engineers.

Arendt, J.S., &Lorenzo, D.K.（2000）. Evaluating process safety in the chemical industry : A user'sguide to quantitative risk analysis. Wiley–AIChE.

Ashafi, C. R.（2003）. Industrial safety and health management（5th ed.）. Prentice Hall.

ASME.（1993）. Noise control in the process industries. ASME.

Asquith, W., & Lavery, K.（1990）. Bursting discs—the vital element in relief. Proc. Ind. J.（Sept.）15.

Balemans, A. W. M.（1974）. Check–lists : Guide lines for safe design of process plants. In C. H. Bushmann（Ed.）, Loss prevention and safety promotion in the process industries. Elsevier.

Barton, J.（2001）. Dust explosion, prevention and protection—a practical guide. London : Institution of Chemical Engineers.

Bias, D., & Hansen, C.（2003）. Engineering noise : Theory and practice. Spon Press.

Birolini, A.（2004）. Reliability engineering theory and practice（4th ed.）. Springer Verlag.

Bollinger, R. E., Clark, D. G., Dowell, R. M., Ewbank, R. M., Hendershot, D. C., Lutz, W. K., & Crowl, D. A.（Eds.）.（2008）. Inherently safer chemical processes : A life cycle approach（Center for Chemical Process Safety）（2nd ed.）. Wiley–AIChE.

Britton, L. G.（1999）. Avoiding static ignition hazards in chemical processes. AIChE.

Brown, D.（2004）. It's a risky business. Chem. Eng., London, 758（August）, 42.

Cameron, I. T., & Raman, R.（2005）. Process systems risk management. Vol. 6（Process Systems Engineering）. Academic Press.

Carson, P. A., & Mumford, C. J.（1988）. Safe handling of chemicals in industry（Vol. 2）. Longmans.

Carson, P. A., & Mumford, C. J.（2002）. Hazardous chemicals handbook（2nd ed.）. Newnes.

CCPS.（1989）. Guidelines for process equipment reliability data, with data tables（Center for Chemical Process Safety）. Wiley–AIChE.

CCPS. (1993) . Guidelines for engineering design for process safety (Center for Chemical Process Safety) . Wiley–AIChE.

CCPS. (1998) . Guidelines for pressure relief and effluent handling systems (Center for Chemical Process Safety) . Wiley–AIChE.

CCPS. (1999) . Guidelines for chemical process quantitative risk analysis (Center for Chemical Process Safety) (2nd ed.) . Wiley–AIChE.

CCPS. (2000) . Guidelines for hazard evaluation procedures—with worked examples (Center for Chemical Process Safety) (2nd ed.) . Wiley–AIChE.

CCPS. (2008) . Guidelines for hazard evaluation procedures (Center for Chemical Process Safety) (3rd ed.) . Wiley–AIChE.

Cheremisnoff, N. P. (1996) . Noise control in industry : A practical guide. Noyes.

CIA. (1979) . Process plant hazards and control building design. Chemical Industries Association.

Cooper, W. F., & Jones, D. A. (1993) . Electrical safety engineering (3rd ed.) . Butterworth–Heinemann.

Cox, S., & Tait, R. (1998) . Safety, reliability and risk management—an integrated approach. Elsevier.

Cross, J., & Farrer, D. (1982) . Dust explosions. Plenum Press.

Crowl, D. A. (2003) . Understanding explosions. Wiley–AIChE.

Crowl, D. A., & Louvar, J. F. (2002) . Chemical process safety : Fundamentals with applications (2nd ed.) . Prentice–Hall.

CSHIB. (2005) . Chemical safety and hazard investigation board preliminary findings on the BP americas texas city explosion. Oct. 27. Retrieved from www.chemsafety.gov.

Dodson, B., & Nolan, D. (1999) . Reliability engineering handbook. Marcel Dekker.

Dow. (1973) . Fire and explosion index hazard classification guide (3rd ed.) . Dow Chemical Company.

Dow. (1994) . Dow's fire and explosion index hazard classification guide. New York : American Institute of Chemical Engineers.

Dugdale, D. (1985) . An introduction to fire dynamics. Wiley.

Duxbury, H. A. (1976) . Gas vent sizing methods. Loss Prev., 10 (AIChE), 147.

Duxbury, H. A. (1979) . Relief line sizing for gases. Chem. Eng., London, 350 (Nov.), 783.

Eckhoff, R. K. (2003) . Dust explosions. Butterworth–Heinemann.

Fawcett, H. H., & Wood, W. S. (1982) . Safety and accident prevention in chemical operations. Wiley.

Field, P. (1982) . Dust explosions. Elsevier.

Fisher, H. G., Forrest, H. S., Grossel, S. S., Huff, J. E., Muller, A. R., Noronha, J. A., & Tilley, B. J. (1993) . Emergency relief system design using DIERS technology—the design institute for emergency relief systems (DIERS) project manual. Wiley–AIChE.

Frank, W. I., & Whittle, D. K. (2001). Revalidating process hazard analysis. Wiley-AIChE.

Green, A. E. (Ed.). (1982). High risk technology. Wiley.

Green, A. E. (Ed.). (1983). Safety system reliability. Wiley.

Gugan, K. (1979). Unconfined vapor cloud explosions. Gulf Publishing.

HMSO. (1975). The flixborough disaster, report of the court of enquiry. Stationery Office.

Howard, W. B. (1992). Use precautions in selection, installation and operation of flame arresters. Chem. Eng. Prog., 88 (April), 69.

Hyatt, N. (2003). Guidelines for process hazard analysis. PHA, hazop, hazard identification and risk analysis. CRC Press.

ICI. (1993). Mond index: How to identify, assess and minimise potential hazards on chemical plant units for new and existing processes (2nd ed.). Northwich: ICI.

Kales, P. (1997). Reliability for technology, engineering and management. Prentice Hall.

King, A. (2007). Functional safety standards. The Chem. Eng., 790, 46.

King, R., & Hirst, R. (1998). King's safety in the process industries (2nd ed.). Elsevier.

Kletz, T. A. (1977a). What risks should we run. New Sci., (May 12th), 320.

Kletz, T. A. (1977b). Evaluate risk in plant design. Hydrocarbon Proc., 56 (May), 207.

Kletz, T. A. (1984). Cheaper, safer plants or wealth and safety at work. London: Institution of Chemical Engineers.

Kletz, T. A. (1991). Plant design for safety: A user friendly approach. Hemisphere Books.

Kletz, T. A. (1999a). HAZOP and HAZAN (4th ed.). Taylor and Francis.

Kletz, T. A. (1999b). HAZOP and HAZAN: Identifying process industry hazards. London: Institution of Chemical Engineers.

Kletz, T. A., & Cheaper, T. A. (1998). A handbook for inherently safer design (2nd ed.). Taylor and Francis.

Lawley, H. G. (1974). Operability studies and hazard analysis. Loss Prev., 8 (AIChE), 105.

Lewis, D. J. (1979a). AIChE Loss prevention symposium. Houston: The Mond fire, explosion and toxicity index: A development of the Dow index.

Lewis, D. J. (1979a). The Mond fire, explosion and toxicity index applied to plant layout and spacing. Loss Prev., 13 (AIChE), 20.

Lewis, R. J. (2004). Sax's dangerous properties of hazardous materials (11th ed.). Wiley.

Lowrance, W. W. (1976). Of acceptable risk. USA: W. Kaufmann.

Macmillan, A. (1998). Electrical installations in hazardous areas. Butterworth-Heinemann.

Mannan, S., (Eds.). (2004). Lees' loss prevention in the process industries (3rd ed., Vol. 2) Butterworth-Heinemann.

Marshall, V. C. (1987). Major chemical hazards. Ellis Horwood.

Marshall, V. C., & Ruhemann, S. (2000). Fundamentals of process safety. London: Institution of Chemical Engineers.

Mathews, T. (1984). Bursting discs for over-pressure protection. Chem. Eng., London, 406

（Aug.–Sept.），21.

Mendoza, V. A., Smolensky, V. G., & Straitz, J. F.（1998）. Do your flame arrestors provide adequate protection ? Hydrocarbon Proc., 77（10），63.

Moore, A.（1984）. Pressure relieving systems. Chem. Eng., London, 407（Oct.），13.

Morley, P. G.（1989a）. Sizing pressure safety valves for gas duty. Chem. Eng., London, 463（Aug.），21.

Morley, P. G.（1989b）. Sizing pressure safety valves for flashing liquid duty. Chem. Eng., London, 465（Oct.），47.

Munday, G.（1976）. Unconfined vapor explosions. Chem. Eng., London, 308（April），278.

Murphy, G.（1993）. Quiet life ends in burst of activity. Proc.,（Nov.），6.

Napier, D. H., & Russell, D. A.（1974）. Hazard assessment and critical parameters relating to static electrification in the process industries. Proc. First Int. Sym. on Loss Prev.（Elsevier）.

Parkinson, J. S.（1979）. Assessment of plant pressure relief systems. Inst. Chem. Eng. Sym. Des., 79, K1.

Pitblado, R. M., Shaw, S. J., & Stevens, G.（1990）. The SAFETI risk assessment package and case study application. Inst. Chem. Eng. Sym. Ser., 120, 51.

Pohanish, R. P., & Greene, S. A.（2009）. Wiley guide to chemical incompatibilities（3rd ed.）. Wiley.

Pratt, T. H.（1999）. Electrostatic ignitions of fires and explosions. AIChE.

Prugh, R. N.（1980）. Applications of fault tree analysis. Chem. Eng. Prog., 76（July），59.

Ridley, J.（Ed.）.（2003）. Safety at work. Elsevier.

Rogowski, Z. W.（1980）. Flame arresters in industry. Inst. Chem. Eng. Sym. Ser., 58, 53.

ROSPA.（1971）. Liquid flammable gases : Storage and handling. London : Royal Society for the Prevention of Accidents.

Schmidt, M.（2007）. Tolerable risk. Chem. Eng., NY, 114（9），69.

Stamatis, D. H.（1995）. Failure mode and effect analysis : FMEA from theory to execution. ASQC Quality Press.

Taylor, B. T. et al.（2000）. HAZOP : A guide to best practice. London : Institution of Chemical Engineers.

Wells, G. L.（1980）. Safety in process plant design. London : Institution of Chemical Engineers.

Wells, G. L.（1996）. Hazard identification and risk assessment. London : Institution of Chemical Engineers.

Wells, G. L.（1997）. Major hazards and their management. London : Institution of Chemical Engineers.

Croner's Dangerous Goods Safety Advisor. Croner.

Fingas, M.（Ed.）.（2002）. Handbook of Hazardous Materials Spills and Technology. McGraw–Hill.

Ghaival, S. (Ed.) . (2004) . Tolley's Health and Safety at Work Handbook. Tolley Publishing.

Johnson, R. W., Rudy, S. W., & Unwin, S. D. (2003) . Essential Practices for Managing Chemical Reactivity Hazards. CCPS, American Institute of Chemical Engineers.

Martel, B. (2000) . Chemical Risk Analysis. English translation. Penton Press.

Redmilla, F., Chudleigh, M., & Catmur, J. (1999) . Systems Safety : HAZOP, and Software, HAZOP. Wiley.

RSC. (1991) . Dictionary of Substances and Their Effects, vol. 5. Royal Society of Chemistry.

Smith, D. J. (2001) . Reliability, Maintainability and Risk—Practical Methods for Engineers, sixth ed. Elsevier.

ANSI/ISA—84.00.01–2004. (2004) . (3 parts) (IEC 61511 Mod) Functional safety : Safety instrumented systems for the process industry sector. American National Standards Institute/ Instrumentation, Systems and Automation Society.

API Publication 2030. (1998) . Application of water spray systems for fire protection in the petroleum industry, second ed. American Petroleum Institute.

API Publication 2218. (1999) . Fireproofing practices in petroleum and petrochemical processing plants, second ed. American Petroleum Institute.

API Recommended Practice 14c. (2001) . Recommended practice for analysis, design, installation and testing of basic surface safety systems for offshore production platforms. American Petroleum Institute.

API Recommended Practice 500 (1997) . R–2002. Recommended practice for classification of locations for electrical installations at petroleum facilities classified as Class I Division 1 and Division 2. American Petroleum Institute.

API Recommended Practice 505. (1997) . Recommended practice for classification of locations for electrical installations at petroleum facilities classified as Class I Zone 0, Zone 1 and Zone 2. American Petroleum Institute.

API Recommended Practice 520. (2000) . Sizing, selection, and installation of pressure– relieving devices in refineries, seventh ed. American Petroleum Institute.

API Recommended Practice 521. (1997) . Guide for pressure–relieving and depressuring systems, fourth ed. American Petroleum Institute.

API Recommended Practice 2001. (2005) . Fire protection in refineries, eighth ed. American Petroleum Institute.

API Recommended Practice 2003. (1998) . Protection against ignitions arising out of static, lightning and stray currents, sixth ed. American Petroleum Institute.

API Recommended Practice 2210. (2000) . Flame arrestors for vents of tanks storing petroleum products, third ed. American Petroleum Institute.

API Standard 526. (2002) . Flanged steel pressure relief valves, fifth ed. American Petroleum Institute.

API Standard 527. (1991) . Seal tightness of pressure relief valves, third ed. American

Petroleum Institute.

ASME Boiler and Pressure Vessel Code Section Ⅷ.（2004）. Rules for the construction of pressure vessels. ASME International.

ASME PTC 25–2001. Pressure relief devices—performance test codes. ASME International.

ASTM D92.（2005）. Standard test method for fire and flash points by Cleveland open cup tester. ASTM International.

ASTM D93.（2002）. Standard test methods for flash point by Pensky–Martens closed cup tester. ASTM International.

NFPA 30.（2003）. Flammable and combustible liquids code. National Fire Protection Association.

NFPA 49.（1994）. Hazardous chemicals data. National Fire Protection Association.

NFPA 61.（2007）. Standard for the prevention of fires and dust explosions in agricultural and food processing facilities—2008 edition. National Fire Protection Association.

NFPA 68.（2006）. Standard on explosion protection by deflagration venting—2007 edition. National Fire Protection Association.

NFPA 69.（2007）. Standard on explosion prevention systems—2008 edition. National Fire Protection Association.

NFPA 70.（2006）. National electrical code. National Fire Protection Association.

NFPA 77.（2000）. Recommended practice on static electricity. National Fire Protection Association.

NFPA 491.（1997）. Guide to hazardous chemical reactions. National Fire Protection Association.

NFPA 495.（2006）. Explosive materials code. National Fire Protection Association.

NFPA 496.（2003）. Standard for purged and pressurized enclosures for electrical equipment. National Fire Protection Association.

NFPA 497.（2004）. Recommended practice for the classification of flammable liquids, gases or vapors and of hazardous（classified）locations for electrical installations in chemical process areas. National Fire Protection Association.

NFPA 654.（2006）. Standard for the prevention of fire and dust explosions from the manufacturing, processing and handling of combustible particulate solids. National Fire Protection Association.

NFPA 655.（2006）. Standard for the prevention of sulfur fires and explosions. National Fire Protection Association.

NFPA 664.（2006）. Standard for the prevention of fires and dust explosions in wood processing and woodworking facilities—2007 edition. National Fire Protection Association.

NFPA 750.（2006）. Standard on water mist fire protection systems. National Fire Protection Association.

OSHA Standard 29 CFR 1910.119.（2008）. Process safety management of highly hazardous chemicals.

OSHA Standard 29 CFR 1910.307. (2008) . Subpart, S. Electrical.

OSHA Standard 29 CFR 1910.1200. (2008) . Hazard communication.

BS EN 1127: 2007. (2007) . Explosive atmospheres. Explosion prevention and protection.

BS EN 1839: 2003. (2003) . Determination of explosion limits of gases and vapors.

BS EN ISO 4126–1: 2004. (2004) . Safety devices for protection against excessive pressure. Part 1: Safety valves.

BS EN ISO 4126–2: 2004. (2004) . Safety devices for protection against excessive pressure. Part 2: Bursting disc safety devices.

BS EN ISO 4126–3: 2004. (2004) . Safety devices for protection against excessive pressure. Part 3: Safety valves and bursting disc safety devices in combination.

BS EN ISO 4126–4: 2004. (2004) . Safety devices for protection against excessive pressure. Part 4: Pilot operated safety valves.

BS EN ISO 4126–5: 2004. (2004) . Safety devices for protection against excessive pressure. Part 5: Controlled safety pressure relief systems. CSPRS.

BS EN ISO 4126–6: 2004. (2004) . Safety devices for protection against excessive pressure. Part 6: Application, selection and installation of bursting disc safety devices.

BS EN ISO 4126–7: 2004. (2004) . Safety devices for protection against excessive pressure. Part 7: Common data.

BS EN 13478: 2001. (2001) . Safety of machinery—fire prevention and protection.

BS EN ISO 13702. (1999) . Petroleum and natural gas industries—control and mitigation of fires and explosions on offshore production installations—requirements and guidelines.

BS EN 14373: 2005. (2005) . Explosion suppression systems.

BS EN 14460: 2006. (2006) . Explosion resistant equipment.

BS EN 14797: 2006. (2006) . Explosion venting devices.

BS EN 14994: 2007. (2007) . Gas explosion venting protective systems.

BS EN 50281. (1999) . Electrical apparatus for use in the presence of combustible dust.

BS EN 60079–0: 2006. (2006) . Electrical apparatus for explosive gas atmospheres. General requirements.

BS EN 60079–1: 2007. (2007) . Explosive atmospheres. Equipment protection by flameproof enclosures.

BS EN 60079–2: 2007. (2007) . Explosive atmospheres. Equipment protection by pressurized enclosure.

BS EN 60079–10: 2003. (2003) . Electrical apparatus for explosive gas atmospheres. Classification of hazardous areas.

BS EN 60079–11: 2007. (2007) . Explosive atmospheres. Equipment protection by intrinsic safety.

BS EN 61241. (2005) . Electrical apparatus with protection by enclosure for use in the presence of combustible dusts.

BS EN 61508.（2002）.（7 parts）Functional safety of electrical/electronic/programmable electronic safety–related systems.

BS EN 61511.（2004）.（3 parts）Functional safety : Safety instrumented systems for the process industry sector.

BS EN 62305 : 2006.（2006）. Protection against lightning.

IEC 61508,（2000）. see BS EN 61508.

IEC 61511,（2003）. see BS EN 61511.

ISO 16852.（2008）. Flame arrestors—performance requirements, test methods and limits for use—1st edition. International Organization for Standardization.

ISO 17776.（2000）. Petroleum and natural gas industries—offshore production installations—guidelines on tools and techniques for hazard identification and risk assessment. International Organization for Standardization.

习　　题

10.1　储存易燃液体时，若液面上部蒸气和空气的混合物在爆炸限值区间内，则需选用浮顶罐或在罐内充入惰性气体。从甲苯、丙烯腈、硝基苯和丙酮中选出蒸气在 1atm、25℃时与空气形成的混合物浓度落入其爆炸限值范围的液体。

10.2　完成示例 10.2 中硝酸装置反应单元的故障影响分析（最好以 3～6 人小组形式开展）。

10.3　针对下面给出的工艺过程，估算其 Dow 化学火灾爆炸指数，确定其危害级别。

工艺描述参见附录 F，也可在网址 booksite.Elsevier.com/Towler 上在线搜索，必要时完善设计以估算指数。

（1）丙烯和合成气生成乙基己醇。

（2）苯和氯气生成氯苯。

（3）2- 丁醇制甲基乙基酮。

（4）丙烯和氨制丙烯腈。

（5）硝基苯和氢气制苯胺。

厂址选择与总图布置

11.1 概述

设计新的化工厂时，首先需要确定厂址位置。如果项目是一个新建工厂，需要选择一个合理的厂址位置进行总体布置；如果项目位于已建厂区内，必须评估对现有设施的影响，以便进行必要的改造以满足新厂建设的需要。任何一种情况下，都必须为工厂生产所需的辅助配套设施及环境可接受的废物排放条件等制定相关的规定。本章就以上问题进行了简要论述。

11.2 厂址选择

工厂的位置可能对项目的效益及未来发展产生至关重要的影响。选择一个合理的厂址时必须综合考虑许多因素，本节对主要因素进行了论述。Merims（1966）和 Mecklenburgh（1985）对化工厂的厂址选择进行了更详细的论述，也可参见 AIChE（2003）。

厂址选择应考虑产品市场，原料供应，运输方式，人力资源，水、电、燃料等公用工程供应，土地供应，环境影响和废液处置，当地社会条件，气象，政治和战略条件等因素。

（1）产品市场。

对于生产规模大的产品，如水泥、无机酸、燃料和化肥等，每吨产品的成本相对较低，运输成本是决定销售价格的重要因素，工厂需要靠近主要市场；对于产量小、产品价格高的工厂（如药厂等）的厂址选择，市场因素的影响就很小。

（2）原料供应。

原料的供应及价格往往决定了厂址位置。生产规模大的化工厂只要产品运输的成本不高于原料运输的成本，厂址最好靠近主要原料供应地。例如，炼油厂生产各类燃料，考虑到产品长距离运输的成本高，因此炼油厂往往选址靠近人口集中区。

（3）运输方式。

原料及产品的运输方式是厂址选择考虑的一个最重要因素。

如果可行，应选择可采用至少两种主要运输方式［公路、铁路、水路（运河或河流）或海港］的厂址。自仓储中心至周边区域越来越多地采用公路运输是合理的，而散装化学品的长距离运输采用铁路通常更经济，工业气体和一些散装燃料则通过管道运输。航空运输方便快捷，便于人员和必要设备及物资的运输，但应考虑厂址与主要机场的距离。如果产品可以安全地通过航空运输并符合航空法规的要求，航空运输也可用于少量高价值产品（如药品）的运输。

（4）人力资源。

工厂的建设及运营需要劳动力。熟练的建设工人经常从外部引入，但也应该有足够的未受过专门训练的当地人员通过适当的培训来运营工厂。工厂的维护需要熟练的电工、焊工和管道装配工等。在评估厂址所在地劳动力是否可用并适合招聘和培训时，需要考虑当地劳动法、工会章程和排他限制协议等。

（5）公用工程。

化工过程总是需要大量的水用于冷却及一般的反应工艺，厂址必须位于水质合适的水源地附近。工艺用水可能取自河流、井，或从当地供应商购买。

在某些地区，冷却水可直接取自河、湖或大海，在其他地区需要建设冷却塔。在环境湿度高的地方，使用冷却水不如使用空气冷却有优势，详见 3.2.5。

所有项目都需要电力。电化学生产过程（如生产氯气或冶炼铝）需要大量的电，厂址必须靠近廉价的动力供应地。

厂址所在地必须提供价格具有竞争力的燃料，用于生产蒸汽和发电。

（6）土地供应。

工厂必须有足够的、适宜的土地，以备将来扩建。理想情况下，场地应平整，排水良好，并具有合适的承载力。应进行全面的场地评估以确定是否需要打桩或其他特殊的基础处理。由于位于地震区的海洋附近填海区的抗震性能差，因此应特别注意在这些地区建厂需采取必要的措施。

（7）环境影响和废液处置。

所有工业生产过程都产生废物，必须充分考虑到这些问题和处理成本。当地的法规涵盖和涉及对有毒有害废物进行处理的标准和要求，在初期现场调研期间需咨询有关部门以确定必须满足的标准。

新建项目、有重大修改的项目或扩建项目应进行环境影响评价，详见 11.5.6。

（8）当地社会条件。

拟建工厂必须适应所在地区并得到其同意。必须充分考虑工厂位置的安全性，以避免给当地居民带来额外的重大风险，厂址一般应避免位于居住区盛行风向的上风向。

新建工厂，所在区域必须能够为企业员工提供足够的设施，包括学校、银行、住房和娱乐文化设施。

必须征求选址所在区域对工厂用水及排放、当地交通有关影响的意见。某些地区欢迎新工厂入驻以带来就业和促进经济的繁荣，但较富裕的地区通常不鼓励建设化工厂，在某些情况下可能会强烈反对建设化工厂。

（9）气象。

不利的气象条件会增加项目的成本。异常低温条件下，需要为设备和管道的运行提供额外的保温和专用加热设备。在大风（龙卷风或飓风）或地震地区，建（构）筑物需要采取加强措施。

（10）政策和战略条件。

在失业率较高的地区，政府经常会给投资商提供资本补贴、税收优惠和其他鼓励，对厂址选择有指导作用。这些政策的可获得性在进行厂址选择时会成为首要考虑的因素。

在经济全球化背景下，关税协定优惠对选择厂址是一个优势，如欧盟（EU）。

在厂址选择时，企业应具有战略意识，如在知识产权保护不利的国家，为满足新兴市场的需求投资建厂，应防范在这些国家投资资本的风险。这些因素在 9.9 节有详细论述。

11.3　总体布置

工艺装置和辅助设施的布置应使物料输送便捷、经济，具有危险性的工艺装置应与其他设施保持一定的安全距离，并考虑未来扩建的需要。除主要工艺装置外，辅助和服务设施包括原料和产品的储存（罐区和仓库）、运输区（公路和铁路槽车装卸区、汽车装卸区）、维修车间、维修和操作物品储存、控制质量的化验、消防站及其他应急设施、公用工程（锅炉、压缩空气、发电、制冷、变电站）、废物处理厂（废水处理、固体和液体废物收集）、行政办公、食堂和其他便利设施（如医疗中心）、停车场等。

在进行厂区初步布置时，通常首先布置工艺装置，从原料输入到最终产品的储存和运输的工艺流程流畅，工艺装置与周边设施间距一般最少 30m，对于危险的工艺装置，间距更大。

随后需要确定主要辅助设施的位置，确定位置时应尽量减少人员在这些设施之间往来所花费的时间。行政办公楼和实验室工作人员多，应远离潜在的可能发生危险的工艺装置区，控制室一般邻近装置布置，但位于有潜在危险的装置区的控制室在布置时应考虑安全距离。

主要工艺装置的位置决定了厂区道路、管廊及排水沟的布置，道路应满足各设施施工、运行和检修的需要。

公用设施的布置应使装置的运行最经济。

循环水应位于全年主导风向的下风向以便散发的水雾远离邻近设施。

主要存储设施应位于装卸设施和其所服务的装置之间，含有危险介质的储罐距离厂区边界至少 70m（200ft）。

典型总平面布置如图 11.1 所示。

总体布局描述摘自 Mecklenburgh（1985）、House（1969）、Kaess（1970），以及 Meissner 和 Shelton（1992）的著作。

11.4　装置布置

装置的经济、合理建设及运行取决于如何根据工艺流程进行装置和设备布置。更全面的内容见 Mecklenburgh（1985）、Kern（1977a–f，1978a–f）、Meissner 和 Shelton（1992）、Brandt 等（1992）、Russo 和 Tortorella（1992）等的著作。

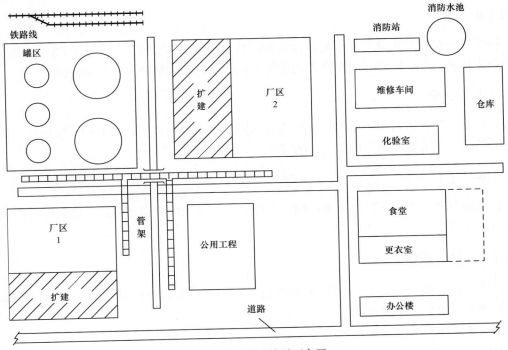

图 11.1　典型总平面布置

11.4.1　总图布置原则

总图布置原则需考虑经济（建设及运行成本）、工艺要求、方便操作、便于维护、安全、工厂扩建和模块化施工以及一般要求等。

11.4.1.1　成本

使装置之间管线连接距离最短、采用的钢结构量最少，都可以降低建设成本，但对于操作和维修可能不是最好的方案。

11.4.1.2　工艺要求

需要考虑工艺要求的一个例子是需要提高塔器的基础，为泵提供必要的净正吸入压头（第 20 章）或热虹吸再沸器的操作压头（第 19 章）。

11.4.1.3　操作

需要操作人员经常关注的设备应布置在控制室便于到达接触的位置。阀门和仪表应位于操作人员方便的位置和高度；采样点必须方便操作人员进入，也须靠近排放点以方便冲洗样品线。需提供足够的操作空间和净空方便进入设备；如果认为设备很有可能需要更换，则须考虑足够的起重设备作业空间。

11.4.1.4　检修

换热器应布置在边缘以便于更换或清理时抽出管束，需要频繁更换催化剂或填料的容器应位于构筑物外。检修时需要拆卸的设备（如压缩机和大型泵），应布置在棚子内。

11.4.1.5　安全

可能需要设置防爆墙用于隔离危险设备和控制爆炸影响范围。建（构）筑物每一层至少需提供两处疏散通道用于操作人员的逃离。

11.4.1.6　工厂扩建

装置的布置应便于工厂的未来扩建。管架上应为未来扩建预留空间，管径应适当放大以满足扩建的需要。

11.4.1.7　模块化施工

近年来，在制造厂家建造模块化渐成趋势，这些模块包括设备、结构钢、管道和仪表，模块通过公路或水路运输到工厂。

模块化的优点如下：
（1）提高质量控制；
（2）降低施工成本；
（3）现场技术工人的需求较少；
（4）国外现场技术人员的需求较少。

模块化的缺点如下：
（1）设计成本较高；
（2）钢结构多；
（3）法兰连接多；
（4）现场组装可能出现问题。

Shelley（1990）、Hesler（1990）和 Whittaker（1984）对模块化构造技术及应用进行了更全面的论述。

11.4.1.8　一般要求

工艺设备通常采用露天式钢结构。封闭的建筑物用于需要免受天气影响的操作、小型装置或需要通风同时有排放洗涤气的工艺装置。

主要的设备布置通常按照工艺流程顺序：塔器和容器成排布置，辅助设备如换热器和泵沿外缘设置。典型的装置布置如图11.2 所示。

11.4.2　厂区布置方法

方案研究时，可以用纸板裁剪出设备轮廓，做出由矩形和圆柱形组成的简单模型来研究平面和立面布置，简单的区块模型也可以用于厂区总体布置研究。一旦主要设备的布置确定，就可以开展平面、立面布置及钢结构和基础的设计。

大型项目往往制作比例不小于 1∶30 的大型模型，这些模型用于管道布置以便确定小型设施（如阀、仪表和取样点）的布置。管道轴侧图可以从最终的模型抽取，这些模型对现场施工和操作也很有用。专用成套模型包也可用于建立工厂模型。

计算机辅助设计（CAD）尽管尚未完全替代实物模型，但正越来越多地被用于工厂布置研究和计算机建模。几个专用程序可

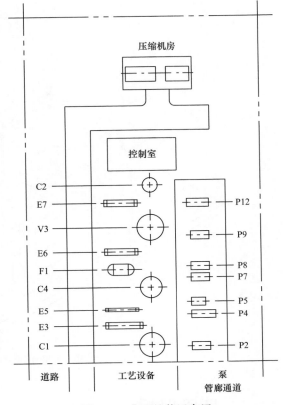

图 11.2　典型的装置布置

用于生成工厂布局和管道的三维模型。目前的系统允许设计者放大工厂的某一部分，并从各种角度观看。计算机技术的发展将很快使工程师们能够身临其境般地观看工厂。图 11.3 显示了一个典型的由计算机生成的模型。

计算机建模与实际的比例模型相比的优点如下：

（1）信息传递的便利性。管道图可以直接从模型抽取，数量（材料、阀门、仪表等）是自动生成的。

（2）计算机模型可以是项目信息集成系统的一部分，涵盖了项目从计划到运行的各个方面。

（3）容易检测出管道与管道之间的碰撞及管道和钢结构是否占用同一个空间。

（4）实物模型必须被送至工厂现场用于工厂建设和操作员培训，计算机模型在设计单位、用户办公室及工厂现场都可以看到。

（5）可将专用系统和优化程序纳入软件包，以协助获得最佳的布局方案，可参见 Madden 等（1990）的著作。

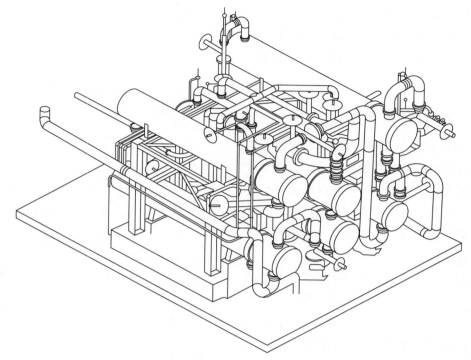

图 11.3 计算机生成的模型（引自 Courtesy 建筑有限公司）

11.5 环境保护

所有个人和公司都有责任关心他们的友邻，关心周边环境。除了道德上的责任，大多数国家都颁布了严格的法律来保护环境，维护空气、水和土壤的质量。工艺装置的设计和运行必须保持警惕，以确保满足法律法规的要求，对环境没有危害。必须考虑所有进入土壤、大气和水体的排放物，废物管理，气味，噪声，视觉影响，其他难题以及产品对环境友好等。

11.5.1 有关环境保护的法规

在本节中回顾为保护环境而制定的整套法规是不现实的。各州、省和市经常批准比国家法律还要严格的地方立法。例如，美国加利福尼亚州南海岸空气质量管理区（SCAQMD）为洛杉矶盆地制定了空气质量标准，一贯主张空气质量控制高于美国国家标准。环境立法也频繁地被修订，设计工程师应该经常向当地、地区和联邦当局核实，确保在设计中采用正确的标准，并保证许可证中信息的正确性。本节简要地提供一些北美地区主要的、与环境有关的法律。更多关于美国联邦的法律信息可以在美国环境保护局（EPA）网 http : //www.epa.gov/lawsregs/ 上查找。加拿大环境部网站提供了有关加拿大法律的信息，网址是 www.ec.gc.ca。在 11.6 节的参考文献中列出了所有法律的全部引文。

11.5.1.1　美国关于环境的主要法规

（1）《1969 年国家环境政策法案》（NEPA）。

《1969 年国家环境政策法案》要求所有立法都必须考虑环境影响，政府机构必须编制环境影响评价报告。总统必须向国会提交年度环境质量报告，论述当前和近期空气、水、陆地环境和自然资源状况及对环境有影响的项目。该法令还在总统行政办公室内设立了环境质量委员会，负责协助编写环境质量报告，审查政府计划，开展研究，向政府部门提供改进环境保护的政策。

（2）《清洁空气法》（CAA，1970）。

为了改善空气质量制定了《清洁空气法》，并于 1990 年进行了修订和加强。根据《清洁空气法》，美国环境保护局有权制定国家环境空气质量标准（NAAQS），该标准给出了臭氧、一氧化碳、铅、二氧化氮、二氧化硫、PM_{10}（平均直径小于 $10\mu m$ 的颗粒物质）、$PM_{2.5}$（平均直径小于 $2.5\mu m$ 的颗粒物质）7 种污染物允许的环境水平。

未能达到 NAAQS 水平的区域被定为"未达标"区域，必须采取补救措施，如强制使用燃烧更清洁的联邦改制汽油。

《清洁空气法》还授权美国环境保护局制定美国国家有害空气污染物排放标准（NESHAP），这界定了 189 种有害空气污染物的排放标准。美国环境保护局制定了用于控制来自炼油厂的挥发性有机物（1995）、硫和其他无机物排放（2002）的最大可接受技术标准（MACT）。

《清洁空气法》对其管控的污染物环境水平产生了重大影响，特别是在美国中西部，酸雨和地表水酸度已经降低。由于臭氧的形成与氮氧化物的排放有关，而氮氧化物的排放没有受到严格控制，因此臭氧没有被成功地控制。

（3）《联邦水污染控制法》（《清洁水法》，1972）。

制定《清洁水法》的最初目的是为游泳、划船提供清洁的水，1983 年内容涉及保护鱼类和野生动物。1977 年和 1987 年对该法案进行了修订，以加强对水质和有毒化合物排放的管控。《清洁水法》授权美国环境保护局为地表水污染物制定水质标准。根据《清洁水法》，制定了各工业企业的排放标准。未经美国环境保护局许可向通航水域排放污染物是违法的。

（4）《安全饮用水法》（SDWA，1974）。

《安全饮用水法》授权美国环境保护局制定了地表或地下可能用于饮用的水所需的纯度标准。公共水系统的所有者和经营者必须遵守这些标准。

（5）《资源保护和回收法》（RCRA，1976）。

《资源保护和回收法》的最终目标是保护地下水不受污染，只涉及已建和预留的设施。《综合环境反应补偿与责任法》（CERCLA）和《超级基金修订及再授权法》（SARA）涉及废弃或历史遗址。

根据《资源保护和回收法》，必须对废物采用从"摇篮"到"坟墓"全程监控的方法进行管理。从产生废物之日起至废物被最终处理为止，废物生产者对废物一直负有法律责任。如果产生的废物处于监管之下，必须将废物认定为"危险废物"，危险特征列出具有易燃性、毒性、腐蚀性或反应性。已被认定的危险废物，在运输时必须清楚地标记和跟踪。废物必须经特殊设施处理至低污染水平，最后的残余固体废物（如焚烧炉的灰烬），必须送至经注册的危险废物填埋场进行处置。

联邦条例（40CFR 261.3，1999）中的《危险废物识别法》还制订了帮助识别危险废物的附加条例。

（6）《综合环境反应、赔偿和责任法》（CERCLA 或《超级基金法案》，1980）。

《超级基金法案》用于治理闲置不用或被遗弃的危险废物场所。该法案对化学工业和石油工业开征税收，以支付对失控的或废弃的危险废物场所进行处理的补偿费用。对于被遗弃场所，制订了一些禁令和其他要求，包括在这些场所排放危险物料的责任等。

《超级基金法案》还授权美国环境保护局采取措施对遗址进行修复，对释放物会即刻产生危险的场所，应尽快移除，如没有直接威胁到生命，则应采取长期的治理方案。

（7）《超级基金修订及再授权法》（SARA，1986）。

1986 年的《超级基金修订及再授权法》修订了《超级基金法案》，并对法案计划进行了补充。该法案强调了永久补救和采用创新清洁技术的重要性，鼓励公民、地方社区和州政府更多地参与超级基金计划的所有阶段。要求美国环境保护局修改危险等级系统（HRS），确保准确评估不受控制的危险废物场地对人类健康和环境所造成危险的相对程度。场地恢复信托基金的规模增至 85 亿美元。

（8）《污染预防法》（PPA，1990）。

《污染预防法》通过的目的是鼓励通过更有效的加工工艺及原料的使用使废物最小化和减少污染。授权美国环境保护局通过赠款、技术援助和信息传播来促进废物的减少和回收。

（9）《1990 年石油污染法》（OPA，1990）。

在美国阿拉斯加州的威廉王子湾"埃克森·瓦尔迪兹"号石油泄漏事件之后，通过了《1990 年石油污染法》，设立石油税以支付当事人不愿意或无能为力应对重大漏油事故时的费用。该法规明确制定了引起漏油的责任限额，石油运输及储存商必须向美国环境保护局提交应对大规模泄漏的计划。

11.5.1.2　加拿大关于环境的主要法规

（1）《环境部法》（E–10）。

该法规设立了环境部，并界定了部长的职责。部长负责制订保护环境和减少污染的计划，确保新的项目进行环境影响评估，并向加拿大公众通报有关环境的信息。

（2）《加拿大环境保护法》（CEPA，C–15.31，1999）。

《加拿大环境保护法》要求加拿大环境部控制有毒物质、减少污染和消除持续的有毒物质的累积。执法人员有权现场就违法行为进行制止和纠正。

作为《京都议定书》的签署国，《加拿大环境保护法》也是加拿大优先实施的立法，以履行减少温室气体排放的承诺。

（3）《加拿大水法》（C-11）。

《加拿大水法》授权加拿大环境部部长与各省订立水资源管理和水质管理协定。饮用水和再生水水质标准由加拿大卫生部制定。

11.5.2　废物最少化

废物主要产自工艺过程中的副产品或未利用的反应物，或因操作不当而产生的不合格产品，还包括密封和法兰的泄漏引起的排放以及由于误操作而导致的意外溢出和排放。在紧急情况下，物料通常可以由爆破片保护的排放口及安全阀排放到大气中。

在考虑使用处理和管理废物的"末端治理"技术之前，设计应尽量减少废物产生。废物管理技术的层次如下：

（1）减少释放源：首先不要产生废物，这是最佳方法。

（2）循环利用：废物利用。

（3）处理：降低影响环境的严重程度。

（4）排放：符合法规要求。

在工艺设计中就需要考虑减少废物排放，可考虑的策略如下：

（1）原料净化。降低原料中杂质的浓度，通常会减少副反应及废物的产生，这种方法还可以减少吹扫和对蒸汽的需求，进料中的杂质还常常导致溶剂降解和催化剂污染。需选择本身不会导致更多废物形成的净化技术。

（2）催化剂和吸附剂。失效的催化剂和吸附剂是工艺产生的固体废物。在某些情况下，相对少量的污染物会导致装填的催化剂或吸附剂失效。在污染物可能损坏催化剂或吸附剂前，应采用适当材料做成的保护剂吸附或过滤掉污染物以保护催化剂或吸附剂。

（3）避免产生无关物质。使用几种不同的溶剂或质量分离剂，当溶剂降解时，会导致废物的产生。如果一个工厂或工艺装置使用相对较少种类的溶剂，或者使用足够多量的溶剂，那么设置溶剂回收装置可能是经济的。废溶剂产生液体废物非常普遍，常见于精细化学品和药品的制造。

（4）提高分离回收率。较高的产品回收率会使产品中的废物浓度较低，高纯度的回收工艺产生的废物往往较少。需要对达到更高回收率或纯度的分离工艺带来的效益和额外成本及消耗进行权衡。

（5）提高燃料质量。改用清洁燃烧的燃料（如天然气），可以减少加热炉的排放。在某些地方，必须权衡加热采用天然气相对于采用石油和煤较高的成本。

未利用的反应物可以循环使用，不合格的产品可以进行再加工。可以采用集中处理的工艺，使一个工艺装置产生的废物成为另一个装置的原料。例如，当采用乙烯氯化平衡法生产氯乙烯时，氯化过程中产生的废氯化氢可作为氯化剂。也有可能把废物卖给另一家公司，作为其产品的生产原料。例如，使用不合格塑料和再生塑料生产低档产品（无处不在的黑色塑料桶等）。

设计工艺和设备时应通过提供严密的控制系统、警报和联锁系统来降低误操作的概率。布置取样点、工艺废水排放点和泵时，应使任何泄漏均导入工厂污水收集系统，而不是直接流入污水排放系统。应设置暂存系统、罐和池子，收集泄漏物以便处理。法兰连接应满足安装和维护设备时的最低要求。通过采用双密封件、干气密封件或密封泵，可以减少填料和密封件的逸出排放。

废物最少化技术的 5 个步骤如下：

（1）确认废物组分对流程的影响；

（2）确认废物对规模和投资的影响；

（3）列出废物产生的根本原因；

（4）列出并分析解决废物产生根本原因的措施；

（5）优先考虑并采用最佳解决方案。

前两步收集到的信息通常会在废水排放汇总表中列出，废水排放汇总表中列出了该工艺所产生的受限制的污染物，包括产生的数量和来源。废水排放汇总表可作为进行废水处理工艺使废物最小化设计时的依据。在获得生产许可证、使投资者或保险公司相信在正式的环境影响评价中影响环境的因素已得到妥善处理时，需要提供废水排放汇总表中的数据。废水排放汇总表参照附录 G，在网址 booksite.Elsevier.com/Towler 上可以找到。

美国石油学会（API）302（1991）论述了废物的最少化、循环利用和废物处置。Smith 和 Petra（1991）和 El–Halwagi（1997）提供了其他一些使废物最小化的技术。英国化学工程师协会也发布了一本关于废物最小化技术的手册（IChemE，1997）。

11.5.3 废物处理

当有废物产生时，废物处理必须纳入工艺设计。可以考虑以下工艺技术：

（1）稀释和分散。

（2）排放至污水系统（经有关部门同意）。

（3）物理处理：洗涤、沉淀、吸收和吸附，见第 16 章。

（4）化学处理：沉淀（如重金属），中和。

（5）生化处理：活性污泥和其他工艺。

（6）在海上或陆地上焚烧。

（7）在指定区域内填埋。

（8）向海域倾倒（现在国际上受到严格管制）。

已经编写了关于废物处理的若干标准。在美国，EPA 标准中的 40 CFR 260（2006）提供了通用的指南，40 CFR 264（2006）提供了废物处理和存储的标准。API 发布的 300（1991）和 303（1992）提供了石油工业的标准。废物处理的主要国际标准管理体系采用 ISO 140001（2004）标准，欧盟也采用该标准。此外，还可参考标准 ASTM 11.04（2006）。

11.5.3.1 废气

含有毒或有害物质的气体在排放至大气前应进行处理。借助高耸的烟囱进行排放难以达到令人完全满意的效果。气体污染物可以通过吸收或吸附方法去除。最广泛的用于处理大量气体的方法是用水、合适的溶剂或碱来洗涤吸收，处理少量气体通常采用活性炭或沸石吸附剂。第 16 章介绍了吸附装置的设计，第 17 章介绍了洗涤塔的设计。分散的细颗粒物可以通过洗涤或使用静电除尘器除去（见第 18 章）。可燃气体可以进行燃烧。废气污染源及其控制在 Walk（1997）、Heumann（1997）、Davies（2000）、Cooper 和 Ally（2002）所著书中进行了论述，McGowan 和 Santoleri（2007）所著书中论述了减少挥发性有机化合物（VOCs）排放的方法。

11.5.3.2　废液

化学过程产生的废液，除了废水，通常是易燃的，可通过焚烧炉焚烧来进行处理。必须注意确保焚烧炉内的温度足以完全消除任何可能形成的有害化合物，如燃烧氯化物时可能形成的二噁英。焚烧炉的气体可以被洗涤，酸性气体也可以被中和。典型的用于燃烧气态或液态废物的焚烧炉如第 3 章图 3.13 所示。Butcher（1990）和 Baker Advisel（1987）曾论述过设计危险废物焚烧炉及焚烧处置废物的相关问题。

过去，将少量的液体废物装在桶里向海中倾倒或在填埋场进行填埋，这在环境保护上是不可接受的，现在这种处理方式已受到严格的控制。

11.5.3.3　固体废物

固体废物可在合适的焚化炉中焚烧，或在有许可证的填埋场进行掩埋。像液体废物一样，有毒固体废物已不再允许向海洋中倾倒。

11.5.3.4　废水

工艺用水、公用工程用水和现场径流形成的水通常会产生废水。工艺使用或工艺过程中产生的废水，必须送污水处理系统进行处理。工艺废水一般包括来自气体洗涤器被氨或硫化氢污染的水，来自脱盐水装置、软化装置、中和和洗涤产生的含盐废水，被碳氢化合物污染的水（如来自冷凝器的水），生物污染的水（如发酵或洗涤操作产生的水），废酸和腐蚀性液体。

工厂的公用工程设施会产生大量废水。无论是循环水还是锅炉给水，都会通过"排污"这一措施来防止可溶解性固体（TDS）在再循环过程中的累积。冷却水的排污通常是造成废水的最大因素。排放的污水中矿物质含量很高，也含有一些化学物质，如锅炉给水或冷却水中添加的杀菌剂和缓蚀剂。

厂区内对地表径流水进行收集并在其排放到外部环境之前经废水处理装置进行处理也是一个最佳的方法。径流水来自雨水、消防作业、冲洗及清洗设备。当水流过厂区周边的地面时，可能被工厂泄漏的有机化学品污染，大多数工厂的设计都是将这些水收集到地下管网或沟渠中送至污水处理厂进行处理。

决定工业废水性质及被负责机构实施严格控制的主要指标包括 pH 值、悬浮物含量、毒性和生化需氧量（BOD）。

pH 值可通过添加酸或碱进行调节。废酸或废碱液通常必须中和后才能送至污水处理厂。石灰（氧化钙）经常被用来中和酸性废水。含硫酸的废水使用石灰中和会产生硫酸钙。可能被微量有机物污染的硫酸钙具有很低的利用价值，可用作道路填料。另一种方法是用更贵的氨进行中和形成硫酸铵，可以作为肥料出售。

悬浮固体可以采用沉淀池通过沉淀去除（见第 18 章）。

对于一些废水，可以通过稀释将毒性降低到可接受的水平，其他废水需要采用化学方法进行处理。

水中的氧浓度必须保持在足以维持水生生物生存的水平，由于该原因，废水的生化需氧量是最重要的，它是通过一个标准的测试——BOD_5（5 天生化需氧量）测得的。这个试验测试微生物在 5 天内、20℃恒温下分解一定体积水中某些可被氧化物质所消耗的溶解氧的数量。BOD_5 试验是对污水中所含有机物的一个粗略测量，它不是对总需氧量的测量，这是因为存在的任何氮化物在 5 天内不会被完全氧化。最终耗氧量（UOD）可通过传导进行测试，时间较长，最长可达 90 天。如果知道废水的化学成分，或者可以从工艺流程图中预测，可以通过假设存在的碳完全氧化为二氧化碳、存在的氮完全氧化为硝酸盐来估算 UOD：

$$UOD = 2.67C_C + 4.57C_N$$

其中，C_C 和 C_N 分别为碳和氮的浓度，单位为 mg/L。

活性污泥法通常用于降低废水排放前的生化需氧量。在征得当地水务部门同意后对外排放废水时，通常会根据 BOD 值和所需的处理方式进行收费。如果经处理的污水对外排放，经相关监管机构同意，BOD_5 限值通常设定为 20mg/L。Eckenfelder 等（1985）对废水处理进行了全面的论述，还可参考 Eckenfelder（1999）的论述。

11.5.4　噪声

噪声会给工厂附近环境造成严重的危害。选择和确定压缩机、空冷器风扇、工业炉用引风机和鼓风机、输送机、研磨机、烘干机和其他产生噪声的设备时必须注意。蒸汽和其他泄压阀放空，以及火炬也会产生过大的噪声。此类设备应配备消音器。应检查供应商的制造标准，以确保设备符合法定噪声水平；既要考虑保护员工（见第 10 章），也要考虑噪声污染。噪声设备应尽可能远离厂区边界，土堤和树木屏障可用于降低厂界外的噪声等级。

11.5.5　景观

设计阶段应考虑工厂的景观。可以适度采取一些方式来改变一个现代化工厂的外观，虽然工厂中大部分的设备和管道是露天的，可尽收眼底，但是可以采取一些措施来弱化视觉。大型设备（如储罐），可以涂上油漆与周围环境相融合，甚至可以形成鲜明对比。例如，Richmond 炼油厂在旧金山湾地区的罐区，涂过油漆的储罐与周围的山丘融为一体。景观带和绿化带也有助于改善工厂的整体景观。

11.5.6　环境评价

环境评价是指系统检查企业经营对环境影响的程度，包括所有至大气、土壤和水的排放，法律上的约束，以及对社区、景观和生态的影响。

在设计阶段对新项目进行的评价更准确地被称为环境影响评价。

环境评价的目的如下：

（1）在建成之前，分析与生产工艺和产品相关的环境问题；

（2）制定良好的生产操作规程；

（3）为公司决策提供依据；

（4）确保满足环保法规的要求；

（5）满足保险公司的要求；

（6）关注环境问题对公共关系很重要；

（7）减少废物的产生（经济因素）。

Grayson（1992）对环境评价进行了论述。他编著的一本书是关于该主题论述和政府公报很好的参考资料。

生命周期评价是一个比环境评价更详尽的方法，用于从长远可持续发展角度比较设计方案。生命周期评价考虑了从建设直至最终停止使用和修复过程中，产品的生产、原材料和设备本身的所有环境成本和影响。ISO 标准 BS EN ISO 14040 和 BS EN ISO 14044 中给出了进行生命周期评价的方法（已取代旧的标准 BS EN ISO 14041、BS EN ISO 14042 和 BS EN ISO 14043）。

Clift（2001）对生命周期评价进行了很好的介绍，在《Environmental Science and Technology》《Environmental Progress，and The International Journal of Life Cycle Assessment》等期刊中可以找到许多生命周期评价的例子。

参 考 文 献

AIChE（2003）. Guidelines for facility siting and layout. American Institute of Chemical Engineers.

Baker-Counsell, J.(1987). Hazardous wastes : the future for incineration. Proc. Eng., （April）, 26.

Brandt, D., George, W., Hathaway, C., & McClintock, N.（1992）. Plant layout, Part 2: the impact of codes, standards and regulations. Chem. Eng., NY, 99（4）, 97.

Butcher, C.（1990）. Incinerating hazardous waste. Chem. Eng., London No. 471,（April 12th）, 27.

Clift, R.（2001）. Clean technology and industrial ecology. In R. M. Harrison（Ed.）, Pollution : causes, effects and control（4th ed.）. Royal Society of Chemistry.

Cooper, C. D. & Ally, F. C.（2002）. Air pollution control（3rd ed.）. Waveland Press.

Davies, W. T.（Ed.）.（2000）. Air pollution engineering manual. Wiley-International.

Eckenfelder, W. W.（1999）. Industrial water pollution control（2nd ed.）. McGraw-Hill.

Eckenfelder, W. W., Patoczka, J., & Watkin, A. T.（1985）. Wastewater treatment. Chem. Eng., NY, 92（9）, 60.

El-Halwagi, M. M.（1997）. Pollution prevention through process integration : systematic design tools. Academic Press.

Grayson, L.（Ed.）. 1992. Environmental auditing. UK : Technical Communications.

Hesler, W. E. (1990). Modular design : where it fits. Chem. Eng. Prog., 86 (10), 76.

Heumann, W. L. (1997). Industrial air pollution control systems. McGraw-Hill.

House, F. F. (1969). Engineers guide to plant layout. Chem. Eng., NY, 76 (7), 120.

IChemE. (1997). Waste minimization, a practical guide. London : Institution of Chemical Engineers.

Kaess, D. (1970). Guide to trouble free plant layouts. Chem. Eng., NY, 77 (6), 122.

Kern, R. (1977a). How to manage plant design to obtain minimum costs. Chem. Eng., NY, 84 (May 23rd), 130.

Kern, R. (1977b). Specifications are the key to successful plant design. Chem. Eng., NY, 84 (July 4th), 123.

Kern, R. (1977c). Layout arrangements for distillation columns. Chem. Eng., NY, 84 (August 15th), 153.

Kern, R. (1977d). How to find optimum layout for heat exchangers. Chem. Eng., NY, 84 (September 12th), 169.

Kern, R.(1977e). Arrangement of process and storage vessels. Chem. Eng., NY, 84(November 7th), 93.

Kern, R. (1977f). How to get the best process-plant layouts for pumps and compressors. Chem. Eng., NY, 84 (December 5th), 131.

Kern, R. (1978a). Pipework design for process plants. Chem. Eng., NY, 85 (January 30th), 105.

Kern, R. (1978b). Space requirements and layout for process furnaces. Chem. Eng., NY, 85 (February 27th), 117.

Kern, R. (1978c). Instrument arrangements for ease of maintenance and convenient operation. Chem. Eng., NY, 85 (April 10th), 127.

Kern, R. (1978d). How to arrange plot plans for process plants. Chem. Eng., NY, 85 (May 8th), 191.

Kern, R. (1978e). Arranging the housed chemical process plant. Chem. Eng., NY, 85 (July 17th), 123.

Kern, R. (1978f). Controlling the cost factor in plant design. Chem. Eng., NY, 85 (August 14th), 141.

Madden, J., Pulford, C., & Shadbolt, N. (1990). Plant layout-untouched by human hand? Chem. Eng., London, 474 (May 24th), 32.

Mcgowan, T. F., & Santoleri, J. J. (2007). VOC emission controls for the CPI. Chem. Eng., NY, 114 (2), 34.

Mecklenburgh, J. C. (Ed.). (1985). Process plant layout. Godwin/Longmans.

Meissner, R. E., & Shelton, D. C. (1992). Plant layout, Part 1 : minimizing problems in plant layout. Chem. Eng., NY, 99 (4), 97.

Merims, R. (1966). Plant location and site considerations. In R. Landau (Ed.). Reinhold :

The Chemical Plant.

Russo, T. J., & Tortorella, A. J. (1992). Plant layout, Part 3: The contribution of CAD. Chem. Eng., NY, 99 (4), 97.

Shelley, S. (1990). Making inroads with modular construction. Chem. Eng., NY, 97 (8), 30.

Smith, R., & Petela, E. (1991). Waste minimization in the process industries: 3. separation and recycle systems. Chem. Eng., London, 513, 13.

Walk, K. (1997). Air pollution: its origin and control (3rd ed.).

Whittaker, R. (1984). Onshore modular construction. Chem. Eng., NY, 92 (5), 80.

BS EN ISO 14001: 2004. (2004). Environmental management systems. Requirements with guidance for use (2nd ed.).

BS EN ISO 14040: 2006. (2006). Environmental management – Life cycle assessment – Principles and framework (2nd ed.).

BS EN ISO 14044: 2006. (2006). Environmental management – Life cycle assessment – Requirements and guidelines (1st ed.).

API Publication 300. (1991). Generation and management of wastes and secondary materials in the petroleum refining industry: 1987–1988. American Petroleum Institute.

API Publication 302. (1991). Waste minimization in the petroleum industry: Source reduction, recycle, treatment, disposal: A compendium of practices. American Petroleum Institute.

API Publication 303. (1992). Generation and management of wastes and secondary materials. American Petroleum Institute.

ASTM 11.04. (2006). Waste management. American Society for Testing Materials.

EPA 40 CFR 260. (2006). Hazardous waste management systems: General. U.S. Environmental Protection Agency.

EPA 40 CFR 261. (1999). Identification and listing of hazardous waste. U.S. Environmental Protection Agency.

EPA 40 CFR 264. (2006). Standards for owners and operators of hazardous waste treatment, storage and disposal facilities. U.S. Environmental Protection Agency.

NFPA 70. (2006). National electrical code. National Fire Protection Association.

The Clean Air Act. (1970). 42 U.S.C. s/s 7401 et seq.

The Clean Water Act. (1977). 33 U.S.C. s/s 1251 et seq.

The Comprehensive Environmental Response, Compensation and Liability Act. (1980). 42 U.S.C. s/s 9601 et seq.

The National Environmental Policy Act of 1969. (1969). 42 U.S.C. 4321–4347.

The Oil Pollution Act of 1990. (1990). 33 U.S.C. 2702–2761.

The Pollution Prevention Act. (1990). 42 U.S.C. 13101 and 13102 et seq.

The Resource Conservation and Recovery Act. (1976). 42 U.S.C. s/s 312 et seq.

The Safe Drinking Water Act.（1974）. 42 U.S.C. s/s 300f et seq.

The Superfund Amendments and Reauthorization Act.（1986）. 42 U.S.C. 9601 et seq.

The Canada Water Act.（1985）. C–11.

The Canadian Environmental Protection Act.（1999）. C–15.31.

The Department of the Environment Act.（1985）. E–10.

设计优化

12.1 概述

优化是设计的本质。工程师寻求的是最优的解决方案。

在设计过程中，很多问题并不需要建立并优化数学模型来解决。工程师通常依靠经验进行判断，有时最优设计方案是显而易见的。对工程投资影响不大的因素，更推荐采用近似估算法，而非正式建立模型并进行优化。然而每个设计方案都有一些问题需要进行更严谨的优化，本章介绍了一些建立数学模型并进行优化的方法，还介绍了一些优化过程中经常容易犯的错误。

本书中，有关优化的讨论仅局限于工艺和设备设计中主要方法的简略概括。工业实践中，大多数情况下，化工工程师采用优化方法对工艺操作而非设计进行优化，正如 12.12 节的论述，化工专业的学生多学习一些有关运筹学方法的课程会受益良多，这通常也是工程技术课程的一部分。上述方法几乎用于每一个工业方案、规划以及供应链管理，这些都是工厂操作和管理的关键因素。关于运筹学方法，有很多文献，也有几本好书介绍化工设计和操作优化方法应用。有关运筹学方法比较好的综述可查阅 Hillier 和 Lieberman（2002）等的文章；优化方法在化工行业的应用可参考 Rudd 和 Watson（1968）、Stoecker（1989）、Floudas（1995）、Biegler 等（1997）、Edgar 和 Himmelblau（2001）以及 Diwekar 等（2003）的论述。

12.2　设计目标

优化问题通常表征为将称为目标的数量最大化或最小化。对于化工设计项目，目标应该是设计有效满足客户需求的一种度量，通常采用经济性来衡量。表 12.1 中列出了一些典型目标。

表 12.1　典型设计优化目标

最大化	最小化
项目净现值	项目费用
投资回报率	生产成本
单位体积反应器生产能力	年度总费用
工厂生产能力（单位时间产量）	工厂库存（安全原因）
主要产品成品率	废品率

企业总体目标通常是营业收入、现金流、税息前收益（EBIT）最大化，对于设计的次要因素，设计者通常会发现使用其他目标更方便。对于子系统优化更详细的讨论见 12.5 节。

建立优化问题公式的第一步是将目标表示为一系列有限变量的函数，有时是指决策变量：

$$z = f(x_1, x_2, x_3, \cdots, x_n) \tag{12.1}$$

其中，z 为目标值，x_1，x_2，x_3，$\cdots$，x_n 分别为决策变量。该函数称为目标函数。决策变量可以是独立的，但它们通常通过很多约束方程相互关联。优化问题可表示为受到一系列约束条件的目标函数最大化或最小化问题。约束方程在下一节讨论。

设计者制定目标函数时常遇到困难。一些广泛使用在投资决策中的经济目标导致了本质困难的优化问题。例如，贴现回报资金流动率（DCFROR）很难表达为一个简单函数，而且高度非线性；净现值（NPV）随着项目规模扩大而增长，且除非对工厂规模或可用资产设定一个约束，否则它是无边际的。因此，常采用"生产成本最低"等简单目标进行优化。

健康、安全、环境、社会影响费用以及效益很难量化并和经济效益相关。这些因子可以作为约束条件，但没有工程师会建造一个每台设备都按法律允许的最低安全和环保要求设计的工厂。如果能够明显提高安全性，经验丰富的设计者通常会牺牲一些经济性。

确定目标函数的另一个困难是量化的不确定性。经济目标函数通常对进料、原料和能源的价格非常敏感，同时也对项目成本估算非常敏感。这些费用和价格是预估的，通常潜在错误。有关投资估算和价格预估的讨论见第 7 章和第 8 章。决策变量也可能存在不确定性，这些不确定性来自工厂进料、操作不平稳等变化因素，也来自设计参数和约束方程不准确。不确定优化本身就是一个专门的课题，本书不做介绍，可参考 Diwekar（2003）对这个课题的介绍。

12.3　约束条件和自由度

12.3.1　约束条件

优化的约束条件是一系列将决策变量关联到一起的函数。

如果用 x 代表 n 个决策变量，则可以将优化问题表示如下：

$$最优解（最大或最小）z=f(x)$$

$$满足：g(x) \leqslant 0 \tag{12.2}$$

$$h(x)=0$$

其中，z 为单目标值；$f(x)$ 为目标函数；$g(x)$ 为矢量 m_i 的不等式约束条件；$h(x)$ 为矢量 m_e 的等式约束条件；总约束变量个数 $m=m_i+m_e$。

等式约束来自守恒方程（质量、摩尔质量、能量和动量平衡）和本构关系（物理和化学定律、实验数据的关联式、设计公式等）。任何优化模型中采用的公式，只要是带有"＝"，约束就演变为等式约束。本书中可以找到很多这类公式的例子。

不等式约束通常来自 1.2 节讨论的外部约束因素（安全限制、法律限制、市场和经济限制、设计标准规范的技术限制、进料和产品规格、资源可用性等）。一些不等式约束的例子可能包括：主要产品纯度 $\geqslant 99.99\%$（质量分数），原料水中某组分含量 $\leqslant 20\mu g/g$，NO_x 排放 $\leqslant 50kg/a$，产能 $\leqslant 40 \times 10^4 t/a$，ASME 锅炉和压力容器规范第Ⅷ卷第 2 册最高设计温度 $\leqslant 900°F$，投资资金 $\leqslant 5000$ 万美元。

约束条件的影响是限制参数空间，可以用简单的双参数问题表示如下：

$$最大值 z=x_1^2+2x_2^2$$

$$满足：x_1+x_2=5$$

$$x_2 \leqslant 3$$

两个约束可以表示在一张以 x_1 和 x_2 为坐标轴的图上（图 12.1）。

在该案例中，可以很清楚地看到，约束因素不限制问题，当 $x_1 \longrightarrow \infty$ 时，等式约束的解是 $x_2 \longrightarrow -\infty$，目标函数 $z \longrightarrow \infty$，因此无最大值。该类问题称为"无界"，为了使该类问题有解，需要一个额外的约束条件来确定一个封闭搜索空间，如下：

$$x_1 \leqslant a（其中 a>2）$$

$$x_2 \geqslant b（其中 b<3）$$

$$或者 h(x_1, x_2)=0$$

当然，还可以过度约束问题。例如，如果问题如下：

$$最大值\ z = x_1^2 + 2x_2^2$$

$$满足：x_1 + x_2 = 5$$

$$x_2 \leqslant 3$$

$$x_1 \leqslant 1$$

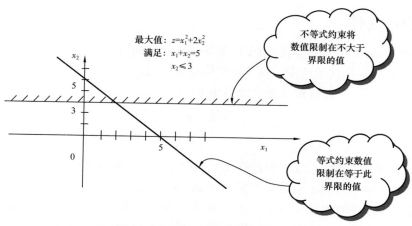

图 12.1　简单优化问题的约束条件

此时，从图 12.2 中可以看出，不等式约束确定的可行域不包括等式约束的任何解，因此对所述问题不可行。

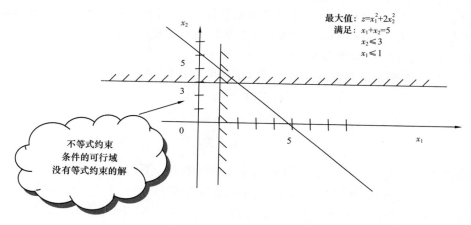

图 12.2　一个过度约束问题

12.3.2　自由度

若问题有 n 个变量，m_e 个等式约束，则有 $n-m_e$ 个自由度。若 $n=m_e$，则无自由度，m_e 个等式可解 n 个变量。若 $m_e > n$，则问题被过度限定。然而在大多数情况下，$m_e < n$，$n-m_e$ 是一个可以独立调整的参数，从而找到最优解。

当不等式约束引入问题时，通常会给参数设定变化范围，从而减少优化搜索空间。约束问题的优化解很多时候都位于搜索空间的边缘，即位于不等式约束的某个边界上。此时，该不等式约束变成等于 0［式（12.2）］并被称为"有效"。通常可采用工程视角和对物理和化学的理解来简化优化问题。如果对系统特性理解得很好，则设计者可决定一个不等式约束的有效性。通过将不等式约束转化为等式约束，自由度的数量减少 1 个，问题得到简化。

以简单反应器优化为例，反应器的大小和造价与停留时间成正比，随着温度升高停留时间缩短，最优温度通常需要权衡反应器造价和副反应生成的副产品，但如果没有副反应，下一个约束因素是压力容器设计规范规定的最高允许温度。使用更贵的合金则可允许采用更高的操作温度。反应器造价随温度的变化如图 12.3 所示。图中，T_A、T_B 和 T_C 分别是容器设计规范规定的合金 A、B 和 C 的最高允许温度。

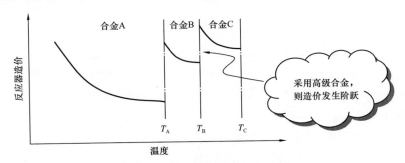

图 12.3　反应器造价与温度变化关系

设计者可以采用多种方法回归该类问题的公式，可以把它作为 3 个独立问题来解决，每个问题对应一种合金，每种（合金）对应一个温度约束，即 $T < T_{合金}$，这样设计者可以选出使目标函数得到最佳值的解。也可以将该类问题整理成一个混合整数非线性规划，用整数变量来决定选择哪种合金，并设定合适的约束条件（12.11 节）。设计者也可能会发现合金 A 比合金 B 便宜很多，更贵的合金允许的温度范围相对来说宽得不多。显然反应器造价随温度降低而降低，因此对于合金 A，优化温度 T_A；对于合金 B，优化温度 T_B。除非设计者认识到其他随温度升高影响造价的因素，否则，采用 $T = T_A$ 作为等式约束来解决相关问题是安全的。如果合金 B 的价格不是太贵，则采用 $T = T_B$ 和合金 B 的价格来解决问题是谨慎的做法。

设定优化问题的最重要步骤是找到正确的约束公式，没有经验的设计者往往认识不到许多约束条件，因此做出的"优化"设计会被有经验的设计者认为不可行而驳回。

12.4　权衡分析

如果目标优化值超出了约束限制，则通常通过两个或更多影响因素来进行权衡分析。权衡分析在设计中很常见，这是因为为了提高纯度、提高收率、降低能耗和原料消耗从而获得更好的性能，其代价是更高的投资、更高的运行费用或两者都高。优化问题必须在投资和收益之间进行权衡分析。

一个广为人知的权衡分析案例是工艺热回收的优化。要想最大限度地回收热量，需要尽量减小换热器温差（3.5 节），但这样将使换热面积增大，从而导致换热器投资增加。如果扩大最小温差，则换热器投资降低，但回收的热量减少。可以把投资成本 / 能耗成本与最小温差的关系作图（图 12.4），如果将投资成本按年度折算（9.7 节），则投资成本和能耗成本可以加起来作为总成本。温差优化值 $\Delta T_{optimum}$ 取自总成本曲线的最低点。

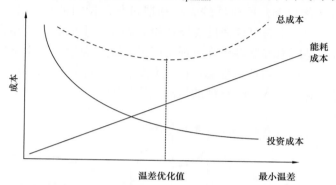

图 12.4　工艺热回收的投资与能耗权衡分析

化工厂设计常见的权衡分析如下：

（1）更多的分离设备 / 操作费用与更低的产品纯度；

（2）增加回收费用与增加进料 / 产出更多废物；

（3）回收更多的热量与减少换热网络费用；

（4）高压下更高的反应活性与更贵的反应器 / 更高的加压费用；

（5）高温下更快的反应与产品降级；

（6）销路良好的副产品与工厂更多开销；

（7）更便宜的蒸汽 / 电与更高界区外成本。

用两个因素之间的权衡分析来描述优化问题通常在问题概念化和解释优化解决方案时非常有用。例如，热回收问题，通常会发现图 12.4 中的总成本曲线在 $15℃<\Delta T_{optimum}<40℃$ 之间相对平缓。了解到这一点，多数经验丰富的设计者不去关注寻找最优的 $\Delta T_{optimum}$，而是依据用户喜好选择提高能效还是节约投资，从而在 15～40℃ 之间选择一个最小温差。

12.5　问题分解

如果要对复杂工艺装置设计进行正式优化，即便有可能，也会非常艰难，这是因为它包含了上百个变量，通常变量之间非线性度也很高。为了减少任务量，可将工艺装置分解为更易于管理的单元，找出关键变量，将重心放在可以获得最大收益的工作上。优化子问题时，有一些需要注意的事项。

细分并优化子单元而不是全部，从而不必对全工艺装置进行优化设计。对一个单元的优化，可能会以牺牲另一个单元为代价。例如，通常不考虑装置的其他部分，仅优化精馏塔的回流比就可以得到满意的结果；但如果精馏塔是反应器后分离工段的一部分，在塔中将产品从未反应物料中分离出来，那么精馏塔设计会与反应器优化设计互相影响，或可能决定反应器的优化设计。应随时注意，确保不要以牺牲装置其他部分为代价来优化子单元。

反应转化率、循环比、产品收率等主要工艺变量优化完成后，通常将设备优化作为子问题来处理。例如，换热器的详细设计通常是在压降和传热之间进行权衡取舍。管侧或壳侧选取较高流速可以获得更高的传热系数，使换热面积更小，节省投资，然而也会导致压降更高。常规做法是确定工艺流程时，规定一个换热器允许压降，然后在详细设计阶段优化换热器设计，使之不超过允许压降。如果换热器造价在总投资中占比很大，这种做法可能导致总体优化结果很差，这是因为工艺模型中压降分配是随意的，传热系数估算也并不准确，可能做不到优化设计。

另一个常用的问题分解例子是采用夹点设计原则来设计换热网络，参见 3.5.1 和 3.5.3。如果选择遵循夹点设计原则，则夹点处热流量为 0，换热网络设计问题分解为夹点之上和夹点之下两个独立的小问题。这种处理方式方便得多，尤其是在解决手工计算工作量相对较小的问题时。但这种方法也有缺点，即可能会忽略夹点之上和夹点之下同一流股的匹配，从而可能增加用于衔接夹点之上和夹点之下的换热器数量。当设计包含很多工艺和公用工程流股的大型换热网络时，工艺和公用工程夹点的增加可能导致设计的换热网络不切实际，原因是增加了很多小换热器。

12.6　单一决策变量优化

如果目标是单一变量 x 的函数，目标函数 $f(x)$ 可以与由 x 得到的 $f'(x)$ 不同，任何 $f(x)$ 中的稳定点都可以成为 $f'(x)=0$ 的解。如果在某稳定点处，目标函数的二阶导数比 0 大，则此稳定点为局部最小；如果此二阶导数比 0 小，则此稳定点为局部最大；如果此二阶导数等于 0，则此稳定点为鞍点。如果 x 受到约束条件限制，必须检查约束边界之上和之下的目标函数值，类似地，如果 $f(x)$ 非连续，非连续点两侧的 $f(x)$ 值都应检查。

这个程序可以归纳为如下算法：

$$最小值\ z=f(x)$$
$$满足：x \geqslant x_{\mathrm{L}}$$
$$x \leqslant x_{\mathrm{U}}$$

（12.3）

详细计算步骤如下：

（1）解 $f'=\dfrac{\mathrm{d}f(x)}{\mathrm{d}x}=0$，求出 x_S。

（2）对于每个 x_S，评估 $f''=\dfrac{\mathrm{d}^2 f(x)}{\mathrm{d}x^2}$。如果 $f''>0$，则 x_S 对应 $f(x)$ 的局部最小值。

（3）评估 $f(x_S)$、$f(x_{\mathrm{L}})$ 和 $f(x_{\mathrm{U}})$。

（4）如果目标函数非连续，评估在非连续点 x_{D1} 和 x_{D2} 两侧的 $f(x)$。

（5）总体优化是找出（x_L，x_S，x_{D1}，x_{D2}，x_U）中使得 $f(x)$ 最小的值。

图 12.5（a）采用图解的形式表示连续目标函数。在图 12.5（a）中，尽管在 x_{S1} 处有一个局部最小值，但 x_L 是最优点。图 12.5（b）表示非连续目标函数。非连续目标函数在工程设计中非常常见，如温度或 pH 值发生变化，冶金过程将发生变化。在图 12.5（b）中，尽管 x_S 有一个局部最小值，最优点在 x_{D1}。

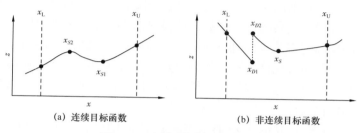

(a) 连续目标函数　　　　　　　　(b) 非连续目标函数

图 12.5　边界之间单变量优化

如果目标函数可以表达为一个可微分方程，则通常也很容易获得和图 12.5 类似的图，并很快确定最优值位于静止点还是约束点。

12.7　搜索法

设计问题中，目标函数不能表示为一个容易微分的线性方程的情况非常常见，当需要求解大型计算模型获得目标函数时，可能需要使用几个不同的程序并耗费几分钟、几小时或几天来使单个解收敛。此时，可采用搜索法进行优化。对于单一变量问题，搜索法的概念最容易解释，搜索法也是多变量优化求解算法的核心。

12.7.1　无约束搜索

如果决策变量不受约束的限制，则第一步是确定一个优化范围。在无约束搜索算法中，给 x 赋初值并预估一个步长 h，然后计算 $z_1=f(x)$、$z_2=f(x+h)$，以及 $z_3=f(x-h)$。依据希望使得 z 值最大还是最小，通过 z_1、z_2 和 z_3 的值决定获得更好的目标函数值的搜索方向，随后通过逐步增加步长 h，继续加大（或减小）x，直到获得最优值。

某些情况下，希望加快搜索进程，此时可将步长加倍，因此可得到 $f(x+h)$、$f(x+3h)$、$f(x+7h)$ 和 $f(x+15h)$ 等。

无约束搜索是一个相对简单的方法，仅限于无约束的优化问题。由于工程设计问题，每个参数都经常会位于上边界或下边界，因此无约束搜索法在设计中得不到广泛应用。

一旦建立包含最优值的限制区域，就可以采用限域搜索法。从更广泛的分类来说，限域搜索法可划归为直接法，通过消除不存在最优值的区域来找到最优值，而间接法采用近似估算 $f'(x)$ 的方法找到最优值。

12.7.2　正则搜索（三点等间隔搜索）

三点等间隔搜索起始于评估 $f(x)$ 位于上下边界 x_L 和 x_U，以及中点 $(x_L+x_U)/2$ 的值。

然后在边界点和中点之间再增加两点，即（$3x_L + x_U$）/4 和（$x_L + 3x_U$）/4（图 12.6）。三个相邻点获得的 $f(x)$ 最低值（或最大化问题的最高值）用于确定下一个搜索区域。

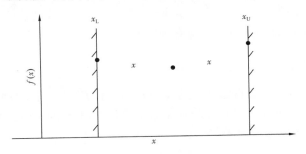

图 12.6 正则搜索

每一步可以消除两个 1/4 区域，采用这种程序每个循环可以缩小一半搜索区域，要将区域减少到原始区域的 ε 份，需要经过 n 个循环，$\varepsilon = 0.5^n$，这是因为每个循环都需要计算额外两个点的 $f(x)$，计算的总数量为 $2n = 2\lg\varepsilon/\lg 0.5$。

当区域缩小到能够得到期望的优化精度时，程序终止。对于设计问题，通常不必把决策变量优化值的精度设定太高，因此 ε 通常不是一个很小的值。

12.7.3 黄金分割搜索

黄金分割搜索，又称黄金平均搜索，其使用就像正则搜索一样简单，但如果 $\varepsilon < 0.29$，则黄金分割搜索的计算复杂度可以降低很多。使用黄金分割搜索，每个循环仅增加一个新点。

图 12.7 显示了黄金分割搜索。从评估区域上边界和下边界（在图上标示为 A 和 B）对应的 $f(x_L)$ 和 $f(x_U)$ 开始，然后增加两个新的点，标示为 C 和 D，每个点到边界 A 和 B 距离为 ω_{AB}，即位于 $x_L + \omega(x_U - x_L)$ 和 $x_U - \omega(x_U - x_L)$。对于最小化问题，消掉使 $f(x)$ 得到最大值的点，如图 12.7 中的点 B，增加一个新的点 E，因此，新的一组点 $AECD$ 与老的一组点 $ACDB$ 对称，则 $AE = CD = \omega AD$。

已知 $DB = \omega AB$，可得 $AD = (1-\omega)AB$ 和 $CD = (1-2\omega)AB$，因此：

$$(1-2\omega) = \omega(1-\omega)$$

$$\omega = \frac{3 \pm \sqrt{5}}{2}$$

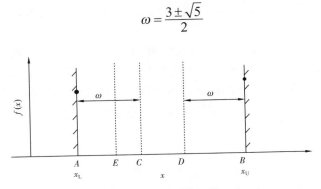

图 12.7 黄金分割搜索

每个新点都将区域缩小为原区域的（$1-\omega$）＝0.618，为将区域缩小为初始区域的ε，要求$n=\lg\varepsilon/\lg0.618$次运算。

将数值（$1-\omega$）称为黄金分割数。Livio（2002）对黄金分割数的历史及其在艺术、建筑、音乐和自然中的广泛存在做了大量有趣的介绍。

12.7.4　拟牛顿法

牛顿法是一种超线性间接搜索法，通过解$f'(x)$和$f''(x)$寻求优化，并寻找$f'(x)=0$的点。采用式（12.4）可通过计算k步的x值来获得$k+1$步的x值，并重复这个程序，直到（$x_{k+1}-x_k$）小于收敛判据或公差ε。

$$x_{k+1}=x_k-\frac{f'(x_k)}{f''(x_k)}\tag{12.4}$$

如果没有$f'(x)$和$f''(x)$的显式公式，可以对一个点进行有限差分逼近，此时：

$$x_{k+1}=x_k-\frac{\left[f(x_k+h)-f(x_k-h)\right]/2h}{\left[f(x_k+h)-2f(x)+f(x_k-h)\right]/h^2}\tag{12.5}$$

设定步长h和收敛公差ε时需要注意使用拟牛顿法可以快速收敛，但在$f''(x)$接近0时例外（此时收敛很难）。

本节讨论的所有方法都对单峰函数非常适用，即函数在有界值域内最大值或最小值不超过一个。

12.8　多决策变量优化

双变量优化问题可以表示如下：

$$最小值\ z=f(x_1,\ x_2)$$

$$满足：h(x_1,\ x_2)=0\tag{12.6}$$

$$g(x_1,\ x_2)\leqslant0$$

为简化起见，将所有问题都表示为最小化问题，最大化问题可以将表达式改为最小值$z=-f(x_1,\ x_2)$。

当有两个参数时，可以将z的等值线绘制到以x_1和x_2为坐标轴的图上，以获得z值特性的直观表征。例如，图12.8为一个大约位于（4，13）处局部最小值小于30，位于（15，19）处全局最小值小于10的函数的等值图。等值图对于理解多变量优化的某些关键特性非常有用，考虑一个以上决策变量时作用会更加明显。

12.8.1　凸性

在（x_1，x_2）参数空间上也能绘制出约束边界（图12.9）。如果约束非线性，则可行域可能不是凸的。一个凸的可行域［图12.9（a）］，是指可行域中任意两点间直线上任意一

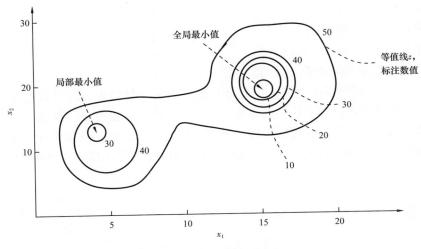

图 12.8　双决策变量优化

点仍然位于可行域中。可以用数学方法表示如下：

$$x = \alpha x_a + (1-\alpha) x_b \in \boldsymbol{FR}$$

（12.7）

$$\forall x_a, x_b \in \boldsymbol{FR}, \ 0 < \alpha < 1$$

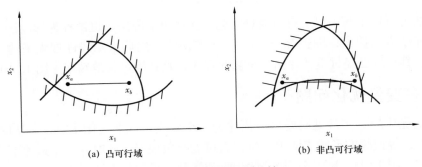

图 12.9　双变量问题凸性

其中，x_a 和 x_b 分别为可行域中任意两点；$\boldsymbol{FR}$ 为有约束可行域界内的一组点；α 为常数。

如果可行域中任意两点间直线上出现某些点位于可行域外，则此可行域非凸[图 12.9（b）]。

凸性的重要性在于，对于全局优化，凸可行域问题更易于解决；非凸可行域问题对于局部最小更易于收敛，这是因为很多等式约束方程具有非线性特征，非凸问题在化学工程中非常常见。

12.8.2　二维搜索

二维搜索程序大多是单变量线性搜索方法的扩展，具体如下：

（1）在可行域中找出一个初始解（x_1，x_2）；

（2）决定搜索方向；

（3）决定步长 δx_1 和 δx_2；

（4）评估 $z=f(x_1+\delta x_1, x_2+\delta x_2)$；

（5）重复第 2 步至第 4 步，直到收敛。

如果 x_1 和 x_2 不同时发生变化，则此方法被称为单变量搜索，同对每个参数逐个线性搜索。如果步长的确定是为了找到搜索变量最小值，则计算步骤接近最优［图 12.10（a）］。这种方法简单易实施，但收敛可能很慢。其他直接方法包括用于试验统计设计的正交设计法等模式搜索法（Montgomery，2001）、EVOP 法（Box，1957）和序列单纯形法（Spendley等，1962）。

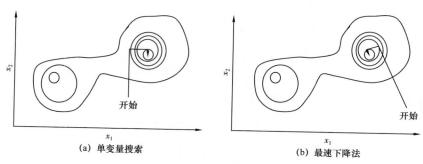

图 12.10　搜索方法

间接法也可用于两个以上决策变量问题。在最速下降法（也被称为梯度法）中，沿点 (x_1, x_2) 梯度方向搜索，即正交于 (x_1, x_2) 等值线。然后采用线性搜索来建立一个新的最小值点，其梯度已经过重新评估。重复此程序，直到满足收敛判据［图 12.10（b）］。

12.8.3　多变量优化问题

多变量优化的一些常见问题可以描述为一个双变量问题（图 12.11）。从图 12.11（a）中可以看出，等值线的形状表明单变量搜索可能收敛很慢。此时，采用最速下降法等间接方法更适宜。图 12.11（b）表示局部优化收敛问题。采用此方法，不同的初始解会得到不同的答案，解决此问题可采用网格搜索法或者模拟退火算法等概率方法，也可以引入一些远离局部最优可能性的遗传算法。Diwekar（2003）对概率方法进行了介绍。当遇到非凸可行域时，概率方法同样适用［图 12.11（c）］。

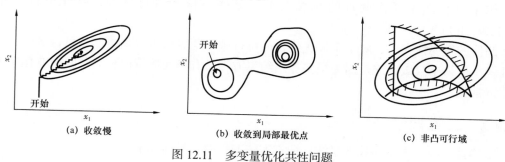

图 12.11　多变量优化共性问题

12.8.4　多变量优化

当出现两个以上决策变量时，将参数空间可视化就很难了，然而，初始化、收敛性、凸性、局部优化问题仍需要解决。运筹学的核心正是解决大型多变量优化问题。运筹学的方法广泛应用于工业，特别是制造业，详见 12.12 节。

以下几节仅对这个独具魅力的学科进行粗略介绍。有兴趣深入了解的读者可参考 Hillier 和 Lieberman（2002）的论述，以及本书参考文献。

12.9　线性规划

一组连续线性约束总是可以确定一个凸可行域。如果目标函数也是线性的，且对于所有 x_i，都有 $x_i > 0$，则此问题可写为线性规划（LP）。图 12.12 为一个线性规划的简单双变量图。

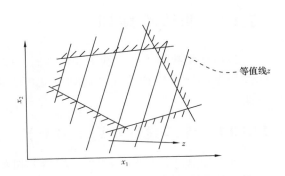

图 12.12　线性规划

线性规划总能得到全局最优值。最优值必定存在于约束条件交叉的边界上，称为可行域顶点。在最优值处交叉的不等式约束被认为是有效的，此时，$h(x) = 0$，x 是决策变量的向量。

很多算法都被开发出来用来求解线性规划，其中应用最广的算法皆基于 Dantzig（1963）开发的 SIMPLEX 法。SIMPLEX 法引入了松弛变量和剩余变量，用于将不等式约束转化为等式约束。例如，如果 $x_1 + x_2 - 30 \leq 0$，可以引入一个松弛变量 S_1，将上式变为 $x_1 + x_2 - 30 + S_1 = 0$。

解由此得到的一组等式可获得可行解，其中，对应有效约束，有一些松弛变量和剩余变量将为 0，其后，搜索可行域顶点，每一步都减少目标，直到找到最优解。SIMPLEX 法的详细介绍可在大多数优化研究或运筹学的教科书中找到。例如，可查阅 Hillier 和 Lieberman（2002）或 Edgar 和 Himmelblau（2001）等的著作。近年来，SIMPLEX 法取得了很多进展，仍然是大多数商业解决方案使用的方法。

图 12.13 显示了解决线性规划可能出现的问题。图 12.13（a）中，目标函数等值线正好与其中一个约束平行，此问题称为退化，沿此约束线有无穷解；图 12.13（b）显示了可行域无界问题，除非回归出的公式很差，否则这种情况在工程设计中不常见；图 12.13（c）所示情况更常见，此时问题受到过度约束，无可行域。

线性规划可用于解决有上千个变量和约束的很大的问题，这种方法在操作中应用广泛，尤其是炼厂和石化企业的优化。由于设计问题几乎不可避免地包含许多非线性方程组，因此在设计中线性规划使用较少。

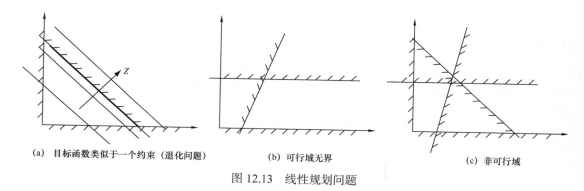

（a）目标函数类似于一个约束（退化问题） （b）可行域无界 （c）非可行域

图 12.13　线性规划问题

12.10　非线性规划

当目标函数和（或）约束非线性时，应按非线性规划（NLP）解决优化问题。解决非线性规划问题常用连续线性规划（SLP）、序列二次规划（SQP）和简约梯度法 3 种主要方法。

12.10.1　连续线性规划（SLP）

对于连续线性规划，$f(x)$、$g(x)$ 和 $h(x)$ 在初始点是线性的。解由此得到的线性规划可获得初始解，$f(x)$、$g(x)$ 和 $h(x)$ 在新点处又是线性的，重复程序直至收敛。如果新点超出可行域，采用位于可行域内最近的点。

使用连续线性规划不保证能收敛或得到全局最优值。尽管如此，由于它是线性规划的一种简单拓展，因此得到了广泛的应用。应该注意，无论何时，使用非线性连续函数来近似研究一个非线性函数时，问题表现得就像连续线性规划，不能保证凸性或收敛到最优解。

12.10.2　序列二次规划 （SQP）

序列二次规划与连续线性规划类似，但不采用二次函数近似估算 $f(x)$，而是采用二次规划法，比连续线性规划收敛更快。当变量相对少（如优化一个工艺模拟或设计单台设备）时，高度非线性问题采用序列二次规划效果更好。Biegler 等（1997）曾建议，对于变量少于 50 个、数值呈梯度的问题，序列二次规划是最好的方法。

12.10.3　简约梯度法

简约梯度法与 SIMPLEX 法有关，该法将约束线性化并引入松弛变量和剩余变量，从而将不等式变为等式。n 维向量 x 被分成 $n-m$ 个独立变量（m 是约束的数量）。搜索方向确定在独立变量区域，采用拟牛顿法确定一个仍然满足非线性约束的 $f(x)$ 的改进解，如果所有等式都是线性的，则简化为 SIMPLEX 法（Wolfe，1962）。采用不同的方法进行搜索并获得可行解，这样的算法有很多，如广义简约梯度算法（GRG）（Abadie 和 Guigou，1969）和 MINOS 算法（Murtagh 和 Saunders，1978，1982）。

简约梯度法对有大量变量的稀疏性问题特别有效，如果每个约束仅含少量变量，则将此问题称为稀疏，这个情况在设计中很常见，许多约束都可以仅用一个到两个变量来表达。当很多约束都为线性时，简约梯度法更好用，这是因为将约束线性化和获得可行域解的计算所用时间减少。由于将问题进行了分解，每次迭代所需的计算减少，特别是在已知梯度解析式（设计中不常见）时。简约梯度法常用于包含很多线性约束的大型电子表格模型优化。

所有非线性规划算法都可能遇到收敛和局部最优解难题（见 12.8.3）。如果怀疑可行域非凸或存在多个局部最优解，可以采用模拟退火算法和遗传算法等。

12.11　混合整数规划

操作中遇到的许多决策包含离散变量。例如，计算每周从 A 厂到 B 厂运输 3.25 辆卡车产品，可以用 3 辆卡车运 3 周，第 4 周用 4 辆卡车运；也可以每周派 4 辆卡车，第 4 辆车每次只装 1/4，但不能每周派 3.25 辆车。一些常见的含有离散变量的问题如下：

（1）生产计划：确定生产计划和库存，使需求的成本最低。对能生产不同产品的间歇生产工厂而言，这点尤其重要。

（2）转运问题和供应链管理：满足从各供应点、库房和生产设施送到各厂生产或销售地点的需要。通常运量受到铁路槽车、公路槽车或贮罐能力等的约束而需要分多个批次进行。

（3）分配问题：计划员对各个任务的安排不同。

工艺设计中有时也用到离散变量。例如，精馏塔的塔板数或进料板位置，在工艺过程组合时，可以有多个过程组合方案。

运筹学中提到通过引入整数变量建立离散型决策模型，引入整数变量后，线性规划变为一个混合整数线性规划（MILP），非线性规划变为混合整数非线性规划（MINLP）。二元整数变量特别有用，由于它可以用于制定规则，因此可以在各个方案间进行优化选择。例如，假设 y 为一个二元整数变量，则：

$$y=1（表示存在最优解）$$

$$y=0（表示不存在最优解）$$

然后，可以创建出以下约束方程：

$$\sum_{i=1}^{n} y_i = 1（n 个选项中只选 1 个）$$

$$\sum_{i=1}^{n} y_i \leq m（n 个选项中最多选 m 个）$$

$$\sum_{i=1}^{n} y_i \geq m（n 个选项中至少选 m 个）$$

$$y_k - y_j \leq 0（如果选 k，则必须选 j；但反之不适用）$$

$$\left.\begin{array}{c} g_1(x) - My \leqslant 0 \\ g_2(x) - M(1-y) \leqslant 0 \\ M \text{是一个很大的常数} \end{array}\right\} g_1(x) \leqslant 0 \text{或} g_2(x) \leqslant 0$$

上述最后一条规则可用于在约束之间二选一。

12.11.1 混合整数规划算法

对于描述问题，采用整数变量很方便，但如果使用太多整数变量，则会由于组合方式多样使得方案数量非常多，求解变得困难。使用"分支定界"等算法可以有效求解混合整数问题。分支定界法首先将所有整数变量视为连续变量，并求解得到的线性规划或非线性规划，进而获得第一个近似值。然后将所有整数变量圆整为最接近的整数，得到第二个近似值。于是问题被分解为两个新的整数问题，每个整数变量在第一次近似计算时都有一个非整数解。在一个分支处，增加一个约束，使整数变量不小于下一个最大整数；在另一个分支处，增加一个约束，使变量不大于下一个最小整数。例如，在第一次近似计算时，如果变量有最优值（$y = 4.4$），则新的约束将为一个分支处 $y \geqslant 5$，另一个分支处 $y \leqslant 4$。这样解决了分支问题，得到了新的第一次近似计算值。重复分支计算过程，直到获得整数解。

一旦找到整数解，则将其作为目标值的边界。例如，在一个最小化问题中，最优解必须不大于此整数解设定的边界。其结果是可以删去所有得到更大目标值的分支，这是因为将这些分支的变量变成整数值导致目标更差而非改善。继续对每个第一次近似计算得到的非整数变量进行分支，每次找到一个改进的整数解都设定新的边界，直到所有分支都找到边界并获得最优解。算法和示例请参见 Hillier 和 Lieberman（2002），以及 Edgar 和 Himmelblau（2001）等的论述。

混合整数非线性规划问题可使用分支定界法，但需要解决大量的非线性规划问题，计算量庞大。相反，使用广义 Benders 分解与外部逼近等算法更合适。这些求解主要混合整数线性规划问题的方法是每一步都使离散变量初始化，然后优化连续变量解非线性规划子问题。这些方法的详细介绍可参考 Floudas（1995）、Biegler 等（1997）和 Diwekar（2003）的著作。

12.11.2 超结构优化

二元整数变量可用于求解优化问题，从而对工艺流程组合方案进行选择。例如，选择反应器时，可以设定一个装置，包含一个全混流反应器，一个平推流反应器，且并联一个旁路，每个流股上游配置一个阀门［图 12.14（a）］。如果用一个二元变量表示阀门是开还是关，并引入约束要求只有一个阀门是打开的，那么优化将选择最佳方案。如图 12.14（b）所示，结合返回线等特性，一组这样的装置模型可视为一个超结构。Kokossis 和 Floudas（1990）开发出含有 PFR 旁路进料等选项的更严谨的超结构。

上述超结构优化可以识别出对设计者而言不是那么直观的反应器网络或复杂流程组合。精馏塔序列、换热网络设计、公用工程系统设计等工艺流程组合问题也推荐建立类似的超结构。Biegler 等（1997）完整介绍了如何在工艺流程组合中采用以超结构为基础的方法。

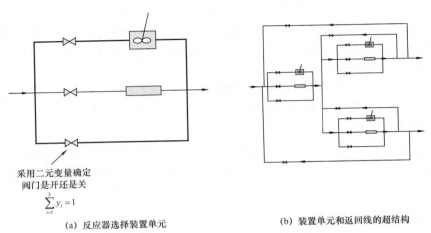

$$\sum_{i=1}^{3} y_i = 1$$

采用二元变量确定
阀门是开还是关

（a）反应器选择装置单元　　　　　　　　（b）装置单元和返回线的超结构

图 12.14　整数规划在反应器设计中的应用

12.12　优化在工业实践中的应用

12.12.1　工艺操作优化

工艺操作中广泛使用运筹学方法，几乎所有生产装置都采用线性规划或混合整数线性规划的方法来做计划与调度。对经济性来说，供应链管理非常重要，通常采用大型混合整数线性规划模型来执行。通常工业中使用的相关模型不是很复杂，约束公式合理以及能处理大量变量是这些工具更重要的特性。

大部分大学的工程类课程都会涉及运筹学方法在装置和供应链中的应用。建议想要从事制造业的化学工程师学习这些知识和方法，打下牢固的基础。

12.12.2　间歇和半连续工艺优化

在间歇生产中，产出产品后有一段非生产期，用于排出产品，准备好设备，然后生产下一批产品。产率由生产和非生产的总时间决定。

$$年批次数 = \frac{8760 \times 装置在线率}{每批循环时间} \tag{12.8}$$

其中，装置在线率是指一年（8760h）中装置投入生产的总时间所占比例。

$$年产量 = 批产量 \times 年批次$$

$$单位产品成本 = \frac{年生产成本}{年产量} \tag{12.9}$$

对于许多批处理操作，生产周期内产率会降低，如间歇式反应器和板框式压滤器。因此，可优化批量或循环时间，使单位产品成本最低。

对于一些连续操作工艺，连续生产周期受工艺条件（如催化剂失活、换热器表面结垢等）逐渐变化影响。在工厂装置停车进行催化剂活化以及设备清洗期间，生产会有损失。与间歇工艺相同，连续操作工艺有一个最优循环时间，可获得最低生产成本。通过确定循环时间和单位产品成本之间的关系，可以找出两次停车之间的最优时间（目标函数），使用本节介绍的优化方法找出最小值。

对于非连续工艺，两次停车之间的时间周期通常是设备尺寸的函数，增加关键设备尺寸将延长生产周期，但代价是投资成本增加。设计者需要在减少非生产周期获得的收益和由此增加的投资之间找到平衡。

一些间歇式生产装置采用多组相同设备顺序生产，因此可以在某种程度上回收热量或使得下游设备可以连续生产。在这类装置中，优化每轮生产可用时间，可改善装置总调度计划。间歇工艺生产调度内容可查阅 Biegler 等（1997）的著作。

12.12.3 工艺设计优化

对工艺设计进行严格优化很少或几乎没有，原因如下：

（1）为了获得对副产品产率的精确预测而搭建严格的反应器动力学和流体力学模型需要的成本通常不合理。项目执行时间内不足以搭建这类模型。工艺模型的不确定性导致的错误可能比不同设计方案的性能差异影响更大。

（2）通常未来价格预测的不确定性太大，以致其成为设计方案间大多数差异的主因。

（3）无论所用工具的质量如何，或估价人员的经验如何，如果不完成一定的设计工作（见第 7 章），通常不可能将投资成本估算的精度做到 ±15% 范围内。因此，许多设计决策都是基于粗略的成本估算。在项目执行后期，当有更多的设计细节可用时，推翻或修改设计决策是不合理的。

（4）安全、可操作性、可靠性和灵活性原则是工艺设计的关键。这些特性使得设计对假设和操作要求变化具有较好的鲁棒性。一个安全、可操作性和可靠性好的装置通常比按经济性"最优"设计的装置成本高。这笔额外费用很难与工艺装置易于运行获得的非经济收益进行权衡。

（5）大多数情况下，有很多"近似优化"设计，在价格、成本估算、和产率的公差方面，每个设计得到的目标价值差异通常不显著。

在工业设计中，优化通常包括开展充分分析，确保设计合理地接近最优，设计者最需要理解的事宜如下：

（1）设计的约束有哪些？

（2）哪些约束很难（不可违背），哪些容易（可以修改）？

（3）成本的不连续性在哪里？例如，是什么条件变化使得要采用更贵的金属材料或要采用不同的设计标准？

（4）哪些是设计主要权衡的因素？

（5）当主要工艺参数变化时，目标函数怎样变化？

（6）哪些是主要工艺成本构成因素（投资成本和操作成本），工艺可做哪些根本改变减少这些成本？

有经验的设计者通常会认真梳理这些问题，使自己的设计达到"足够好"。他们很少会建立一个优化问题来严格求解。

示例 12.1

对精馏塔设计进行优化，要求分离流量为 225t/h 的苯、甲苯、乙苯、对二甲苯和邻二甲苯的混合物（等物质的量），使年度总成本最低。进料为压力 330kPa 的饱和液体，精馏过程中甲苯回收率大于 99%，塔釜乙苯回收率也要大于 99%。

解：

第一步是确定设计因子。如果假设设计因子为 10%，则设备设计需要考虑的流量为 248t/h。这个流量用于工艺模拟，从而确定设备尺寸。但能耗计算应基于进料流量 225t/h 下再沸器和冷凝器的负荷。

示例中为单塔精馏，采用任何一个商用模拟软件都可建模。示例中建模采用 UniSim™（Honeywell Inc.），使用甲苯和乙苯组分的回收率设计塔规格，此时收敛很快。塔盘设计计算采用 UniSim™ 塔盘计算应用程序，假设板间距为 0.61m，其他塔盘参数使用 UniSim™ 的默认值。此外，塔高增加 2m，确保塔釜和除雾器空间足够。采用筛板塔，塔板效率假设为 80%，详细的塔器模拟和设计计算见示例 4.6 和示例 4.7。

为了优化设计，需要创建一个目标函数，精馏塔有以下成本影响因素：

（1）投资成本：塔外壳、内件、冷凝器、回流罐、再沸器、泵、管线、仪表、结构和基础等。

（2）操作成本：再沸器的加热成本和冷凝器的冷却成本。

设备购置费可以使用第 7 章中介绍的成本相关性进行工艺模拟，以获得的信息为基础进行估算。塔外壳是压力容器，可使用第 14 章介绍的方法进行设计。详细计算方法在本节不是重点，详见示例 14.2 和示例 7.3。假设设备采用碳钢材料。设备的购置费可通过乘以一个安装系数转化为安装成本，在本示例中，可以假设安装系数取 4.0（见 7.6 节）。按照 9.7 节介绍的经验法则，设备安装费可以转化为 1/3 的年化资本费用。

如果能量成本已知，操作成本通过冷凝器和再沸器的负荷很容易估算，在本示例中，加热成本取 5.5 美元 /GJ，冷却成本取 0.2 美元 /GJ。

目标函数可以整理如下：

最小值：年度总成本（TAC）＝加热成本 + 冷却成本 + 年度投资成本

$$=5.5Q_r+0.2Q_c+\frac{4}{3}\sum 购置设备费$$

式中 Q_r——年度再沸器能耗，GJ/a；

Q_c——年度冷凝器能耗，GJ/a。

优化问题严格意义上是混合整数非线性规划问题，这是因为需要考虑离散变量（塔板数、进料板位置）以及连续变量（回流比、再沸器负荷等）。这个问题实际上相对容易创立和严格解决，但需要通过计算来显示有经验的设计者解决这个问题的途径。表 12.2 中列出了几个优化迭代的结果。

表 12.2　优化结果

迭代次数	1	2	3	4	5	6	7	8	9
塔板数，块	40	90	120	70	80	76	84	80	80
进料板，块	20	45	60	35	40	38	42	27	53
塔高，m	26.4	56.9	75.2	44.7	50.8	48.4	53.2	50.8	50.8
塔直径，m	5.49	4.42	4.42	4.42	4.42	4.42	4.42	4.42	4.57
回流比	3.34	2.50	2.48	2.57	2.52	2.54	2.51	2.48	2.78
再沸器负荷 Q_r，GJ/a	34.9	28.3	28.2	28.8	28.5	28.6	28.4	28.2	30.4
冷凝器负荷 Q_c，GJ/a	33.9	27.3	27.2	27.8	27.5	27.6	27.4	27.2	29.4
年度投资成本 百万美元	0.82	0.95	1.25	0.83	0.89	0.87	0.91	0.89	0.94
年度能耗成本 百万美元	8.59	6.96	6.93	7.10	7.01	7.04	6.99	6.93	7.50
年度总成本 百万美元	9.41	7.91	8.18	7.93	7.900	7.905	7.904	7.82	8.44

　　（1）开始，需要找到可行解。初步猜测采用 40 块塔板，进料板位于第 20 块塔板处。回流比为 3.34、直径为 5.49m 时，塔收敛。该数值很大，但对于流量大的塔也不是不合理。从年度总成本的构成来看，年度投资成本为 828 万美元，年度能耗成本为 859 万美元，因此成本由能耗控制。很显然，多加几块塔板或减少回流比可以减少总成本（如果控制投资成本，则应减少几块塔板）。塔高上限没有硬约束，但有软约束。本书编写时，全世界可以起吊高度 80m 以上塔的吊车仅有 14 台，起吊高度 60m 以下塔的吊车共有 48 台。因此，可以预测，如果需要起吊高度 60m 以上的塔，成本会升高，租用必要的安装设备变得更加昂贵。可以先假设一个软约束，即塔高必须小于 60m。

　　（2）采用 90 块塔板，进料板位于第 45 块塔板处，回流比为 2.5，塔径为 4.42m。塔高为 56m，保证了塔器支撑空间以及塔釜出料管净空，且总塔高仍然低于 60m。年度投资成本增加到 95 万美元，年度能耗成本降低到 696 万美元，此时，相对初始设计，年度总成本为 791 万美元，年度节约 150 万美元。

（3）为探究增加塔高是否有意义，考虑到使用更大的吊车需要更高的费用，可以将塔外壳安装系数从 4 调到 5。假设将塔板数增加到 120 块，那么塔高为 75m，安装总高接近 80m。年度总成本增加到 818 万美元，因此可以得出结论，将塔高增加到 60m 以上可能并不经济。此外，在增加塔板时，回流比基本不变，表明回流比接近最小值。因此，有价值从最高塔高约束折返，返回来探索是否有可能优化塔板数。

（4）增加一个设计，采用 70 块塔板（粗估取 40 和 90 之间的中间值），进料板位于第 35 块塔板处，回流比为 2.57，年度总成本为 793 万美元，相较于 90 块塔板的设计方案，没有改进，因此，塔板数最优值介于 70 和 90 之间。

（5）采用 80 块塔板（粗估取 70 和 90 之间的中间值），进料板位于第 40 块塔板处，回流比为 2.52，年度总成本为 790 万美元，较 70 块塔板方案和 90 块塔板方案好。如果想进一步建立优化，可以使用正则搜索继续减少搜索区域，直到获得最优塔板数。然而，有经验的设计者会注意到研究范围内的成本差异（3 万美元 /a）相对于投资成本估算误差（±30% 或者 29 万美元 /a）很小，这是因为塔板数超过范围 70~90 时，优化表现得很平缓，取最优塔板数 80 是合理的（为了确认，请参见第 6 次和第 7 次迭代，塔板数分别为 76 和 84，结果显示塔板数最优值为 80±2）。

（6）固定塔板数为 80，进行进料板位置优化。开始增加 2 个新的点，进料板分别位于第 27 块塔板和第 53 块塔板处，此时，年度总成本分别为 782 万美元和 843 万美元。最低成本由进料板位置的下限得出。如果试着提高进料板位置（如位于第 26 块塔板），UniSim ™ 塔盘计算应用程序发出警告"降液管压头损失过大"，修改塔盘设计可以消除此警告。但会再次注意到，通过优化进料板位置节约的年度成本（80000 美元 /a）相对于投资成本误差很小，因此第 27 块进料板足以接近最优状态。

于是，塔设计为 80 块塔板，进料板为第 27 块，塔高 50.8m，直径 4.42m。

获得的解"足够好"，但并非严格最优。没有考虑流程组合的几个可能方案，如可以尝试预热进料、增加段间冷却器、再沸器，以及高效塔盘或规整填料等更高效的塔内件。如果精馏段与提馏段采用不同的直径和内件，塔器成本也可能会降低。如果将工艺范围扩大，再沸器需要的热量可以利用从工艺中其他地方回收的热量，此时，可以降低能耗成本，对投资和能耗的权衡也将发生变化。从工艺全局来看，也需要考虑是否需要一个对甲苯和乙苯回收率如此高的塔，这是因为高的回收率直接导致了塔器的高回流和高能耗。

参 考 文 献

Abadie, J., & Guigou, J.（1969）. Gradient réduit generalisé. Électricité de France Note HI 069/02.

Biegler, L. T., Grossman, I. E., & Westerberg, A. W.（1997）. Systematic methods of chemical process design. Prentice Hall.

Box, G. E. P.（1957）. Evolutionary operation : a method for increasing industrial productivity. Appl. Statist., 6, 81.

Dantzig, G. B.（1963）. Linear programming and extensions. Princeton University Press.

Diwekar, U.（2003）. Introduction to applied optimization. Kluwer Academic Publishers.

Edgar, T. E., & Himmelblau, D. M.（2001）. Optimization of chemical processes（2nd ed.）. McGraw-Hill.

Floudas, C. A.（1995）. Nonlinear and mixed-integer optimization : fundamentals and applications. Oxford University Press.

Hillier, F. S., & Lieberman, G. J.（2002）. Introduction to operations research（7th ed.）. McGraw-Hill.

Kokossis, A. C., & Floudas, C. A.（1990）. Optimization of complex reactor networks – 1. Isothermal operation. Chem. Eng. Sci., 45（3）, 595.

Livio, M.（2002）. The golden ratio. Random House.

Montgomery, D. C.（2001）. Design and analysis of experiments（5th ed.）. Wiley.

Murtagh, B. A., & Saunders, M. A.（1978）. Large-scale linearly constrained optimization. Math. Program., 14, 41.

Murtagh, B. A., & Saunders, M. A.（1982）. A projected Lagrangian algorithm and its implementation for sparse non-linear constraints. Math. Program. Study, 16, 84.

Rudd, D. F., & Watson, C. C.（1968）. Strategy of process design. Wiley.

Spendley, W., Hext, G. R., & Himsworth, F.R.（1962）. Technometrics, 4, 44.

Stoecker, W. F.（1989）. Design of thermal systems（3rd ed.）. McGraw-Hill.

Wolfe, P.（1962）. Methods of non-linear programming. Notices Am. Math. Soc., 9, 308.

习 题

12.1 使用一个分离器将一个工艺流股按三相分开：一个有机相流股、一个水相流股和一个气相流股。进料流股包含三种组分，皆不同程度存在于被分开的三个流股中。已知进料流股的组成和流量，所有流股的温度和压力相同。三种组分的相平衡常数已知。

（1）计算出口流股的组成和流量需要确定多少设计变量？

（2）如果分离的目标是冷凝组分在有机相中收率最大，如何优化这些变量？什么约束可能限制收率？

12.2 方形底座的长方体储罐，由厚度为 5mm 的钢板制成，如果所需容积是 $8m^3$，确定以下两种情况下储罐的最优尺寸：

（1）储罐为密闭的；

（2）储罐为敞口的。

12.3 估算一所房屋屋顶的最优保温厚度，已知下列条件，保温材料平铺在屋顶。

保温的总传热系数是厚度的函数，U 值如下（见第 19 章）：

厚度，mm	0	25	50	100	150	200	250
U，W/（$m^2 \cdot K$）	20	0.9	0.7	0.3	0.25	0.2	0.15

保温的成本（含安装）为 120 美元 /m^3，资本化支出（见第 9 章）为每年 20%。燃料费（考虑到加热系统效率）为 8 美元 /GJ。冷却的费用为 5 美元 /GJ。美国或加拿大各地区平均温度可以通过 www.weather.com（在平均值表中）查询。假设房屋通过加热或冷却的方式维持室温在 70～80°F 之间。

注：热量损失或获得率通过 $U \times \Delta T$ 计算，单位为 W/m^2。上式中，U 为总系数，ΔT 为温差，参见第 19 章。

12.4 能将建（构）筑物热损失降到最小的地上住宅的最优形状是什么？这种形状在什么时候用过？为什么这种最优形状在较富裕的社会中几乎不用？

12.5 甲烷通过蒸汽转化（与蒸汽发生反应）或部分氧化（与氧气发生反应）的方式可以制得氢气。两种工艺都吸热，对于这两种工艺，最优反应温度和压力是多少？可以应用哪些约束条件？

12.6 乙烯和丙烯都是很有价值的单体，回收这些物料的关键步骤是将烯烃从相应的烷烃（乙烷和丙烷）中分离出来。这些分离步骤需要塔顶冷凝器深冷，以及一个多段大型精馏塔。提高塔操作压力可以改善冷冻系统性能，但需要增加塔板段数，建立目标函数，对从乙烯—乙烷混合物中回收乙烯进行优化。关键约束有哪些？主要需要权衡什么？

12.7 如果需要设计一个巴氏杀菌牛奶装置，设计中需要设定哪些约束？

12.8 设计一个催化工艺，产品生产能力为 150000t/a，产品净利润为 0.25 美元 /lb，催化剂成本为 10 美元 /lb，清空旧催化剂，装入新催化剂并重新开车需要 2 个月，期间装置停车。进料、产品回收和净化单元的能力尽量按 120% 设计，反应单元按照能装足够的催化剂，能力达到 100%，并按催化剂初期（500°F）设计。基于安全原因，反应器只能在 620°F 以下操作，反应器重时空速（每小时进料质量 / 催化剂装填质量）采用下式计算：

$$WHSV = 4.0 \times 10^6 e^{\left(\frac{-8000}{T} \right) + \left(-8.0 \times 10^{-5} \times t \times T \right)}$$

其中，t 为在线时间（以月计）；T 为温度。

找出反应器最优温度—时间曲线，确定催化剂置换前装置操作时间（注意：初始温度不必取 500°F）。

12.9 下表中列出了某公司推荐的下一年度投资项目的信息。

项目	净现值，百万美元	成本，百万美元
A	100	61
B	60	28
C	70	33
D	65	30
E	50	25
F	50	17
G	45	25
H	40	12
I	40	16
J	30	10

（1）开发一个电子表格优化程序，选择最优项目组合，使总净现值（NPV）最大，总预算 1 亿美元。这是一个简单的混合整数线性规划。

（2）如果预算提高到 1.1 亿美元，项目组合和总净现值如何变化？

（3）如果企业要降低成本，预算降低到 8000 万美元。投资哪些项目，新总净现值是多少？

（4）依据问题 1 至问题 3 的答案，你能否得出结论，投资哪些项目不需要考虑财务状况？

（5）在这个项目选择策略中，你能否发现问题？如果有，你建议如何解决？

工厂设计

第 13 章

设备选型和设计

※ 重点掌握内容

- 在哪里寻找工艺设备信息。
- 如何从供货商处获取设备信息。

13.1 概述

本书第 1 部分介绍了过程设计：将一个完整的工艺过程拆分成各个单元操作并分别进行专门介绍。第 2 部分中，需要更详细地探讨执行这些工艺操作的设备选型和设计。

实践中，工厂设计和过程设计密不可分，对单台设备进行选型时，经常需要增加其他设备，这对工艺流程很有价值。例如，选择一台连续操作干燥器干燥固体产品，可能需要增加一台加热器用于预热干燥气，增加一台旋风分离器或过滤器来回收排放气中的固体粉尘，增加一台冷却器和闪蒸罐用于冷却排放气并回收溶剂，增加一台放空气洗涤塔用于防止溶剂排放到大气中等。设计团队必须理解所有工艺流程中设备选择和设计的含义，从而精确估算成本和进行工艺优化。

本章对工艺设备选择和设计进行了简要介绍，并为后序章节提供了指导。大多数工艺操作都在密闭压力容器中进行，参见第 14 章。第 15 章探讨了化学和生物反应器设计。第 16 章和第 17 章介绍了分离工艺。第 18 章介绍了含有固体物料处理的操作。第 19 章描述了传热设备设计。第 20 章介绍了流体输送和储存。

第 2 部分每章内容旨在指导特定单元操作的设计，在某些情况下，为避免重复，跨章部分采取引见的方式。整个第 2 部分的重点是设备选择和尺寸确定，并且假设读者对动力学、热力学和传递等工艺基本原理都很熟悉，可查阅各章中引用的大量教科书和 McCabe 等（2001），以及 Richardson Harker 和 Backhurst（2002）等介绍单元操作的一般书籍，了解有关工艺设备设计和操作更详细的科学原理和理论。

由于第 7 章中已经论述了所有类型设备的投资成本测算，第 2 部分并未介绍与各类设备相关的投资成本。与此类似，材料选择参见第 6 章。尽管第 10 章介绍了安全在设计中的作用，但是第 2 部分相关章节仍然涵盖某些单元操作需要特别注意的安全问题。

13.2 设备设计信息来源

13.2.1 定型设备和非标设备

化工行业的设备可以分为两大类：定型设备和非标设备。泵、压缩机、过滤器、离心机和干燥器等定型设备是由专业制造商按标准产品目录设计和销售的；非标设备需要特别进行设计，每一台设备都是用于特定工艺的，如反应器、精馏塔、换热器以及专业制造厂特别制造的定制设备。

除非是某设备制造商的雇员，化工工程师通常不会接触到定型设备的详细设计。化工工程师的工作是确定工艺负荷（流量、热负荷、温度和压力等），然后选择一台满足工艺负荷要求的合适的设备，并且咨询供货商，确保所购设备合适。定型设备通常按标准外形尺寸制造，设计者必须确定哪个外形尺寸最适宜，是否需要多台并联以满足流量要求，化工工程师可能会和供货商的工程师一起修改标准设备设计，使之满足特殊需要。例如，隧道式干燥机的设计是用于干燥固体颗粒的，可以改造为干燥合成纤维。正如第1章所述，只要有可能，采用标准定型设备可以节约成本。

对于某个项目，通常反应器、塔器、闪蒸罐、倾析器和其余容器需进行特别设计。尤其是反应器，其设计通常很独特，此外，还会用到一些定型设备，如带搅拌的夹套容器。虽然精馏塔、容器、管壳式换热器都是非标设备，但皆需按照一定的标准规范设计，这样也减少了大量的设计工作。

非标设备设计中，化工工程师的作用通常局限于设备选择和外形尺寸确定。例如，设计精馏塔，传统上，化工工程师需要完成的工作包括确定塔板数、塔盘选型和设计、确定塔直径及物料进出口和仪表管口的位置。这些信息会以简图和规格书的形式传递给专业机械设计团队，或制造厂里的设计团队，由他们完成详细设计。

需要强调的是，生产化学品、燃料、聚合物、食品和药品的公司几乎从不建造自己的工艺设备。运营商的设计者通常将规格书提给设计采购施工（EPC）承包商的详细设计团队，由EPC承包商将设备制造分包给专业设备制造商。即使是单件非标设备（如反应器、精馏塔和换热器），也都由专业制造商制造。因此，设计细节的精确传递非常重要，加工行业已经制定了许多标准规范，以便于与供应商进行信息交换。只要有可能，就应采用标准规范，因为这可以降低设计成本，减少施工阶段返工的风险。

13.2.2 工艺设备出厂信息

13.2.2.1 技术资料

多数类型的工艺设备介绍和图解在各类手册中都有介绍，如 Green 和 Perry（2007）、Schweitzer（1997）以及 Walas 等（1990）的论述。Perry 编写的《Chemical Engineers' Handbook》是化工信息最全面的综合汇编。Knovel 提供的线上版本最方便。有很多针对各单元操作的专业书籍，此后几章都会引用到。

设备制造商通常会在专业期刊上发表一些论文。尽管最初只是用于推广，但它们也能提供很多信息。专业期刊也刊登广告，可以帮助找到制造商。设备供货商写的论文通常发表在《Chemical Engineering》和《The Chemical Engineer》上，在《Chemical Engineering Progress》和《Hydrocarbon Processing》上发表的概率较低。期刊通常有读者反馈卡，可以通过传真或邮寄的形式接收广告方的样本和销售手册，这些都可用来建立供货商产品目录库。

每年，《Chemical Engineering》都会发布一个买方指南，《Chemical Engineering Buyers' Guide》罗列了 500 多家制造商，并按产品类型、公司名称、商品名称提供索引，同时还会列出工业协会网址和联系信息。它可以作为化学工业供货商"黄页"使用，但和其他目录一样，它并不是完整的，因为不是所有供货商都愿意付费加入清单。

在英国，有一个名为 Technical Indexes Ltd. 的商业组织，发布了《Process Engineering Index》，其中包括全球 3000 多家工艺设备制造商和供货商的信息。

13.2.2.2　线上信息

当前，可在网上查找到所有设备供货商的信息，但是网站质量和所提供的信息量千差万别。

有几个索引网站是为化学和过程工业服务的，其中本书创作时最好的网站是 www.chemindustry.com，可通过链接查到很多供货商。通过网站 www.chemengg.com 和 www.cheresources.com 可查阅一些有限的信息，如需查找新的或二手在售设备，www.equipnet.com 是一个很好的网站。

使用线上搜索引擎可以很容易地查到制造商网站。制造商网站通常会提供设备制造、标准尺寸、可用材料、规格书和性能等详细信息。查找特种设备供货商网站可参考《Chemical Engineering Buyers' Guide》。制造商协会的网站通常提供最全面的供货商清单，如请查阅阀门制造商协会（Valve Manufacturers Association）网站 www.vma.org，管式换热器制造商协会（Tubular Exchanger Manufacturers Association）网站 http：//tema.org，以及输送设备制造商协会（Conveyor Equipment Manufacturers Association）网站 www.cemanet.org。通过互联网搜索可以很容易找到其他制造商协会。

采用搜索引擎可以相对容易地找到一些设备类型（如结晶器、旋转造粒机和生物反应器等），当设备名称比较通用时（如炉子、干燥器、过滤器和泵等），要找到工厂的供货商就比较困难，此时，最好的途径是从上述列出的化工索引网站查找。

13.3　设备选择和设计指南

表 13.1 中列出了最常用类型工艺设备的设计指南。表 13.2 对分离工艺有类似的指导作用，已按分离出的相态进行了分类。表中所列大多数设备的相关投资成本请查阅表 7.2。

表 13.1 设备设计指南

设备类型	基本尺寸	详细设计
反应器		
基本反应器	15.2 节, 15.5 节	
生物反应器	15.9 节	
催化反应器	15.8 节	作为压力容器：第 14 章
多相反应器	15.7 节	
非等温反应器	15.6 节	
分离塔		
吸收塔	16.2.4, 17.14 节	
精馏塔	17.2 节至 17.13 节	外壳作为压力容器：第 14 章
萃取塔	17.16 节	内件：
单级闪蒸塔	16.3 节, 17.3.3	塔盘：17.12 节和 17.13 节
汽提塔	16.2.4, 17.14 节	填料：17.14 节
其余分离工艺	见表 13.2	
热交换设备		
空冷器	19.16 节	
锅炉，再沸器，蒸发器	19.11 节	
冷凝器	19.1 节	
火管加热炉	19.17 节	
板式换热器	19.12 节	
管壳式换热器	19.1 节至 19.9 节	
输送设备		
气体压缩	20.6 节	
固体输送	18.3 节	
液体输送	20.7 节	
固体处理设备		
颗粒缩小（研磨）	18.9 节	
颗粒放大（成型）	18.8 节	
固体加热和冷却	18.1 节	

表 **13.2**　**分离工艺**

		单组分					
		固态		液态		气 / 汽态	
主要组分	固态	分选	18.4 节	加压	18.6.5		
		筛分	18.4.1	干燥	18.7 节		
		水力旋流分离	18.4.2				
		分级	18.4.3				
		跳汰	18.4.4				
		摇床	18.4.5				
		离心	18.4.6				
		重介分离	18.4.7				
		浮选	18.4.8				
		磁力	18.4.9				
		静电	18.4.10				
	液态	增稠浓缩	18.6.1	倾析	16.4.1	汽提	16.2.4
		沉淀	18.6.1	聚结	16.4.3		17.14 节
		水力旋流分离	18.6.4	溶剂萃取	16.5.6		
		过滤	18.6.2	浸取	16.5.6		
		离心分离	18.6.3	层析	16.5.7		
		结晶	16.5.2	精馏	第 17 章		
		蒸发	16.5.1				
		沉淀	16.5.3				
		膜分离	16.5.4				
		反渗透	16.5.4				
		离子交换	16.5.5				
		吸附	16.5.7				
	气 / 汽态	重力沉降	18.5.1	分离器	16.3	吸附	16.2.1
		冲击分离器	18.5.2	除雾器	16.3	吸附	16.2.4
				旋风分离	18.5.3		17.14
		旋风分离	18.5.3	湿式除尘	18.5.5	膜	16.2.2

续表

		单组分				
		固态		液态		气/汽态
主要组分	气/汽态	过滤器	18.5.4	静电	18.5.6	深冷	16.2.3
		湿式除尘	18.5.5	沉淀		精馏	第17章
		静电沉降	18.5.6			冷凝	16.2.5

注：数字是指本书中的章节。主要和次要组分仅需要分相的组分，即不发生相变的不选择。分离工艺包括相态分离，也包括从混合物中回收一个或多个组分。

参 考 文 献

Green, D. W., & Perry, R. H.（Eds.）.（2007）. Perry's chemical engineers' handbook.（8th ed.）. McGraw–Hill.

McCabe, W. L., Smith, J. C., & Harriott, P.（2001）. Unit operations of chemical engineering（6th ed.）. McGraw–Hill.

Richardson, J. F., Harker, J. H., & Backhurst, J.（2002）. Chemical engineering（5th ed., Vol. 2）. Butterworth–Heinemann.

Schweitzer, P. A.（Ed.）.（1997）. Handbook of separation techniques for chemical engineers.（3rd ed.）. McGraw–Hill.

Walas, S. M.（1990）. Chemical process equipment : Selection and design. Butterworth–Heinemann.

第 14 章

压力容器设计

※ 重点掌握内容

- 工艺工程师在设定压力容器规格参数时应该考虑哪些因素。
- 如何设计和制造压力容器？影响容器壁厚的因素有哪些。
- 如何设计和确定反应器、塔器、分离器等容器类设备的尺寸。
- 压力容器设计时如何使用标准规范。

14.1 概述

本章涵盖化工工程师特别关注的有关化工厂机械设计方面的知识，重点是压力容器设计。对储罐的设计也进行了简要讨论。化工厂中大多数的反应器、分离塔、闪蒸罐、换热器、缓冲罐及其他容器皆按压力容器设计，因此本章内容涉及大部分工艺设备。

化工工程师通常不需要承担压力容器的详细机械设计工作。容器设计是一项专业工作，由熟悉最新规范、精通应力分析方法的机械工程师完成。然而，化工工程师应负责计算和确定某个特定容器的基本设计条件，而且需要对压力容器设计有一个全局概念，以便和机械专业设计者高效合作。

工艺工程师必须了解压力容器的制造方法、设计规范及其他限制条件的另一个原因是这些限制条件经常限定了工艺条件。设计过程中，机械限制条件可能引起投资的巨大波动，如高于某个温度时需要选用某类昂贵的合金材料。

机械专业设计者需要下列基本数据和信息：

（1）容器功能；

（2）工艺物料和用途；

（3）操作温度、操作压力、设计温度和设计压力；

（4）设备材质；

（5）容器外形尺寸及管口方位；

（6）容器封头型式；

（7）开孔和连接形式；

（8）加热或冷却盘管规格、加热或冷却夹套规格；

（9）搅拌器型式；

（10）内件规格。

在设计初始阶段，有必要对压力容器设计进行基本了解，由于对压力容器造价影响最大的因素是所需金属材料的重量，因此需要对容器壁厚和容积进行估算。在很多情况下，所需壁厚是由作用于容器上的各种荷载决定的，而非仅仅由内压决定。

附录 G 提供了压力容器设计数据表样表，可在网页 booksite.Elsevier.com/Towler 在线查阅。固定床反应器、气液接触设备和换热器数据表中也都包含压力容器信息。

压力容器并没有严格的定义，各个国家的规范和规定也不尽相同。但是，通常将直径大于 150mm、承受压力差大于 0.5bar 的密闭容器按压力容器进行设计。

使用一章内容来全面完整地介绍容器设计是不现实的，但本章提供的设计方法和数据足以完成传统容器的初始设计，也足以让一个化工工程师判断特定设备设计的可行性，可用于经济分析过程中对容器造价的估算，也可用于装置布置设计过程中确定容器类设备的占比和重量。如需更详细地了解压力容器设计，可参考 Singh 和 Soler（1992）、Escoe（1994），以及 Moss（2003）等的论述，其他有关工艺设备机械设计的书可查阅本章参考文献。

通过阅读本章内容，可对"材料强度"的本质有一个基本的理解。对这个专业不熟悉的读者应查阅参考书，如 Case 等（1999）、Mott（2007）、Seed（2001），以及 Gere 和 Timoshenko（2000）等的著作。

按照设计和分析的目的不同，压力容器依据壁厚与容器直径之比可分为两大类：薄壁容器（壁厚与直径之比小于 1∶10）和厚壁容器（壁厚与直径之比大于 1∶10）。

图 14.1 显示了由压力载荷引起的作用于容器壳体上某一点的主应力（见 14.3.1）。对于薄壁容器，与其他应力相比，径向应力 σ_3 将会很小，可以忽略，轴向应力 σ_1 和周向应力 σ_2 可看作与壁厚无关的常数；对于厚壁容器，径向应力作用明显，周向应力沿容器壁厚变化。化工及相关工业中涉及的大多数容器皆为薄壁容器，厚壁容器用于高压条件下（详见 14.14 节）。

14.2　压力容器标准和规范

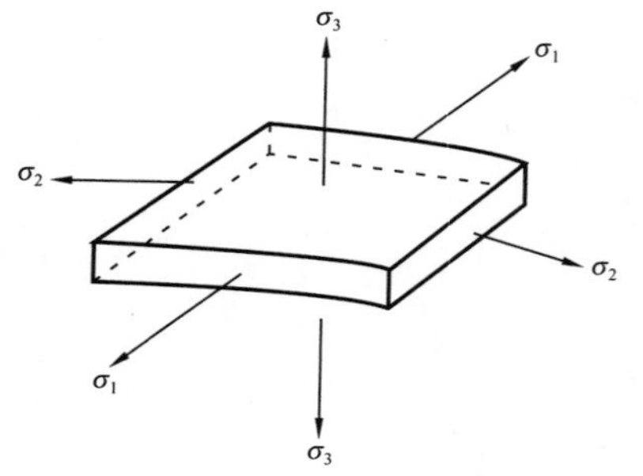

在所有主要工业化国家中，压力容器设计和制造都要遵循国家标准和规范。在大多数国家中，有法律规定压力容器的设计、制造和检测必须部分或全部遵循设计规范。设计规范的主要作用是建立与压力容器安全有关的规则，用于指导设计、选材、制造、检验和试验。设计规范是构成制造商、用户以及保险公司之间协作的基础。

北美采用的标准（国际通用或国际上最常采用）是 ASME 锅炉和压力容器规范（ASME BPV 规范）。

图 14.1　作用于压力容器壳体上的
主应力

表 14.1 中列出了 ASME BPV 规范中的 12 卷的目录。化工厂和炼厂中大部分容器都可遵循 ASME BPV 规范第Ⅷ卷，第Ⅷ卷共包括以下 3 册：

表 14.1　ASME BPV 规范 2004 版

卷号	
Ⅰ	动力锅炉建造规则
Ⅱ	材料
	A 篇　铁基材料
	B 篇　非铁基材料
	C 篇　焊条、焊丝及填充金属材料
	D 篇　性能（公制）
Ⅲ	核设施部件建造规则
	NCA 总要求
	第 1 册
	第 2 册　混凝土安全壳规范
	第 3 册　废核燃料、高放射性材料和废料的储存和运输包装用安全容器系统
Ⅳ	采暖锅炉建造规则
Ⅴ	无损检测
Ⅵ	采暖锅炉维护和运行推荐规则
Ⅶ	动力锅炉维护推荐指南
Ⅷ	压力容器建造规则
Ⅷ	第 1 册
	第 2 册　代替规则
	第 3 册　高压容器建造代替规则
Ⅸ	焊接和钎接评定
Ⅹ	纤维增强塑料压力容器
Ⅺ	核动力厂部件在役检验规则
Ⅻ	运输罐建造和延续使用规则

（1）第 1 册：涵盖最常用的一般规则，特别适用于低压容器。

（2）第 2 册：涵盖对材料、设计温度、详细结构、制造方法和检验更严格限制的替代规则，允许采用更高的设计应力从而降低壳体壁厚。第 2 册的规则通常用于大型、高压容器，材料费用的减少和制造复杂程度的降低节约出来的费用可以抵消工程设计和制造费用的增加。

（3）第3册：用于设计压力高于10000psi容器设计的另一种规则，与第1册和第2册不同的是，该册不设定容器设计的最高压力，适用于厚壁容器的设计。

以下几节内容是基本参考ASME BPV规范第Ⅷ卷第1册编制的，ASME BPV规范第Ⅷ卷第1册包含铁制压力容器、钢制压力容器和有色金属制压力容器，但不包括以下类型的容器：

（1）ASME BPV规范中其他卷的容器，如动力锅炉（第Ⅰ卷）、纤维增强塑料压力容器（第Ⅹ卷）和移动式压力容器（第Ⅻ卷）。

（2）直接火焰加热的管式加热炉。

（3）转动机械或往复机械设备（如泵、压缩机、汽轮机或引擎）中的整体承压器室；管道系统（见ASME B31.3第20章）。

（4）管道元件和附件，如阀门、过滤器、在线混合器、喷嘴。

（5）压力低于2MPa、温度低于99℃盛装水的容器。

（6）采用蒸汽加热的热水储罐，且其加热功率低于58.6kW，水温低于99℃，容积小于450L。

（7）内压低于100kPa或高于20MPa的容器。

（8）内径或高度小于152mm的容器。

（9）用于载人的压力容器。

ASME BPV规范可从美国机械工程师协会（ASME）购买，也可在线查阅（通过网站www.ihs.com）。详细设计期间应查阅规范的最新版本。

除ASME BPV规范第Ⅷ卷外，工艺工程师还需要经常查阅第Ⅱ卷D篇，其列出了适用于第Ⅷ卷第1册和第2册的材料最高许用应力值以及其他材料特性数据。Chuse和Carson（1992）、Yokell（1986），以及Green和Perry（2007）都对ASME BPV规范进行了全面梳理。

自2002年5月起，欧盟将承压设备指令（委员会/理事会指令97/23/EC）作为强制性规范进行要求，压力系统的设计、制造和使用都需要遵循此规范。欧洲标准BS EN 13445中的规则与指南与ASME BPV规范类似，欧洲标准BS EN 13923涵盖了玻璃纤维增强塑料压力容器的设计。可以通过任何一个欧盟成员国的国家标准管理机构获得欧洲标准，如BS EN 13445可以通过www.bsigroup.com订购。在没有国家规范的情况下，通常采用ASME或欧洲规范。

有关压力容器规范的信息和指南可以在网站www.ihs.com或www.bsigroup.com上查阅。

国家标准和规范对设计和制造提出了最低要求并提供了通用性的指导，任何高于规范最低要求的规定应由制造商和用户协商决定。

标准和规范是由在容器设计和制造技术方面有着丰富经验的工程师协会起草的，是理论、试验和经验的总结，会定期进行评审，并根据在设计、应力分析、制造和试验方面取得的成果及时升版。进行任何压力容器设计前，必须查阅相关国家标准和规范，确保所采用的规范是最新版本。

　　有一些商用计算机软件包含采用 ASME 或其他国际规范进行容器设计的计算，通常机械设计专家进行容器详细设计时会采用这些软件。该类软件示例如下：Pressure Vessel Suite（Computer Engineering Inc.）、PVElite and CodeCalc（COADE Inc.）和 TEMA/ASME and COMPRESS（Codeware Inc.）。

14.3　材料力学基础知识

　　本章后续几节中涉及一些设计公式，本节对其基本原理进行基础性解析，仅简略介绍公式的推导。在容器前期设计阶段不需要考虑本节所讨论的有关材料的详细知识，但本节推导出的公式可供后几节参考和使用。如需查阅所涉及议题的完整论述，可参考《Strength of Materials》中收录的文章。

14.3.1　主应力

　　复杂载荷体系下某个结构单元某一点处的应力状态用主应力大小及方向进行描述。主应力是指某点法向应力的最大值，其作用在剪应力为 0 的平面上。

　　在图 14.2 所示的一个两向应力系统中，任何一点的主应力都与该点处 x 和 y 方向上的法向应力 σ_x 和 σ_y 以及剪应力 τ_{xy} 有关，其计算公式如下：

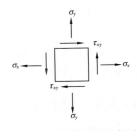

图 14.2　两向应力示意图

$$主应力\ \sigma_1, \sigma_2 = \frac{1}{2}\left(\sigma_y + \sigma_x\right) \pm \frac{1}{2}\sqrt{\left(\sigma_y - \sigma_x\right)^2 + 4\tau_{xy}^2} \tag{14.1}$$

　　某点处最大剪应力等于主应力代数差的一半：

$$最大剪应力 = \frac{1}{2}\left(\sigma_1 - \sigma_2\right) \tag{14.2}$$

　　按照惯例，压应力取负值，拉应力取正值。

14.3.2　失效理论

　　标准拉伸试验证明在单向应力（拉应力或压应力）作用下，简单结构单元的失效与材料的抗拉强度大小有关，但对于承受组合应力（法向应力和剪应力）的零部件，其失效则不是这么简单，由此提出了一些失效理论。最常用的三个失效理论如下：

　　（1）最大拉应力理论：假设当某个主应力达到单向拉伸 σ_e 失效值时，此时的单向拉伸应力被称为材料的屈服强度或除以一个适合的安全系数后的材料抗拉强度。

　　（2）最大剪应力理论：假设当最大剪应力达到单向拉伸失效时的剪应力值时，复杂应力状态将发生破坏。

　　组合应力状态有三个剪应力最大值：

$$\tau_1 = \frac{\sigma_1 - \sigma_2}{2} \tag{14.3a}$$

$$\tau_2 = \frac{\sigma_2 - \sigma_3}{2} \tag{14.3b}$$

$$\tau_3 = \frac{\sigma_3 - \sigma_1}{2} \tag{14.3c}$$

在拉伸试验中：

$$\tau_e = \frac{\sigma_e}{2} \tag{14.4}$$

最大剪应力与主应力的方向（正负）及其大小有关。在两向应力中，如作用在薄壁压力容器壳体上的应力，剪应力最大值可以通过使式（14.3b）和式（14.3c）中 $\sigma_3 = 0$ 求得。

最大剪应力理论通常称为 Tresca 理论或 Guest 理论。

（3）最大应变能理论：复杂应力状态下当单位体积总应变能达到失效数值时，结构发生失效。

最大剪应力理论比较适宜用于复杂载荷作用下的韧性材料的失效，这也是压力容器设计常用的失效准则。

14.3.3 弹性稳定性

在某些载荷作用下，结构失效可能并不是由整体屈服或塑性失效引起，而是由屈曲或皱褶变形造成。塑性屈服导致失效时，结构保持相同的基本形状，但屈曲会导致结构形状发生大幅度的突然变化。当结构处于弹性失稳状态时，若其缺乏足够的刚度或硬度以承受此载荷，则会发生这种类型的失效。结构的刚度并不由材料的强度决定，而是由其弹性特性（E_Y 与 v）和结构的横断面形状决定。

弹性稳定性导致失效的典型例子是高大且壳体壁厚较小的塔器（结构）发生的屈曲变形，这在期刊《Strength of Materials》的任何一篇基础性论文中都能查到。对于容易发生屈曲失效的结构，会存在一个载荷临界值，低于此值时结构是稳定的，高于此值时会发生因屈曲变形引起的严重事故。

与其他尺寸相比，压力容器的壳体通常较薄，在压缩载荷作用下可能产生屈曲失效，这种情况对精馏塔这一类要承受风载荷的高大容器尤其重要。

弹性屈曲是设计受外压薄壁容器的关键判据。

14.3.4 二次应力

对压力容器及其部件进行应力分析时，将应力分为一次应力和二次应力。可将一次应力定义为满足静态平衡条件所需要的应力。压力载荷引起的薄膜应力以及风荷载引起的弯曲应力都属于一次应力，一次应力没有自限性，如果高于材料的屈服强度，将会发生总变形，极端情况下容器会被破坏。

二次应力是指由容器相邻部件的相互约束产生的应力。二次应力具有自限性，局部屈服或轻微变形可使应力重新分布，并满足应力的限制条件，在此情况下不会引起失效。容器各部件因温差或材质不同膨胀而产生的热应力是二次应力的一个例子。容器筒体和封头间结构的不连续性也是产生二次应力的一个主要因素，如果没有结构的约束，筒体和封头的变形是不同的，但两个部件间焊接结构使它们发生相同的变形，该约束引起的弯矩和剪力在部件连接处产生二次弯曲与剪切应力。这些不连续应力的大小可以按照弹性梁受力分析法进行类比估算，因结构不连续性产生的应力估算方法可参考 Hetenyi（1958）和 Harvey（1974）、Bednar（1990），以及 Farr 和 Jawad（2006）等的论述。其他常见的二次应力是因法兰、支撑件、接管或开孔补强局部结构变化的约束引起的应力（见 14.6 节）。

尽管二次应力不影响容器的"爆破强度"，但当容器承受循环压力载荷时，则需要重点考虑二次应力的影响；发生局部屈服后，即使卸载压力载荷，其残余应力仍然会存在。循环应力会引起疲劳失效。

14.4　压力容器设计常用条件

本节介绍了压力容器设计常用规格参数，大多数由工艺工程师确定。

14.4.1　设计压力

设计容器时，必须使其能承受操作过程中可能出现的最大压力。

对于承受内压的容器，设计压力（有时称为最大允许工作压力或 MAWP）取超压泄放装置的整定压力，这个值通常比正常工作压力高 5%～10%，以避免工艺过程产生较小异常时安全阀频繁排放。例如，API RP 520 建议设计压力在正常工作压力基础上增加 10% 的裕量。如果塔器底部承受较大静液柱压力，则塔器底部设计压力应等于操作压力加上液柱静压力。

对于承受外压的容器，按能承受使用过程中可能产生的最大压差进行设计；对于可能出现真空状况的容器，除非配置了有效可靠的真空阀，否则应按能承受 1bar 的全真空负压进行设计。

14.4.2　设计温度

温度升高，则材料强度下降（见第 6 章），因此材料的最大许用应力将按最高设计温度确定。对应最大许用应力的最高设计温度应是材料允许使用的最高温度，考虑任何所预估容器壁温变化的不确定性，设计温度应预留适当的裕量。焊接容器应遵循的特定规则见 ASME BPV 规范第Ⅷ卷第 1 册 UW 部分。最低设计金属温度（MDMT）应是操作使用中可能出现的最低温度，在确定该最低值时，设计人员应考虑最低操作温度、环境温度、自动冷却和工艺异常工况以及其他冷源的影响。

14.4.3　材料

压力容器可采用普通碳钢、低合金钢、高合金钢、其他合金钢、复合材料和增强塑料来制造。

选择合适的材料要考虑的因素包括材料是否适宜制造（特别是焊接）、是否适用于相应工艺操作环境，详见第 6 章的讨论。

压力容器设计标准和规范列出了可接受使用的相关材料标准中的材料清单。ASME BPV 规范第 Ⅱ 卷 D 篇列出了金属和非金属材料在各温度下的最大许用应力。ASME BPV 规范第 Ⅰ 卷、第 Ⅲ 卷、第 Ⅷ 卷和第 Ⅻ 卷规定了金属和非金属材料的最高允许使用温度。ASME BPV 规范第 Ⅹ 卷规定了增强塑料压力容器的设计规则。

14.4.4 最大许用应力（设计应力强度）

出于设计目的，必须给出可以接受的材料最大许用应力（设计应力强度）值。

最大许用应力（设计应力强度）值是用标准试验条件下得出的可以承受而不造成失效的最大应力除以一个合适的安全系数来确定的。这个安全系数的确定综合考虑了设计方法、载荷、材料质量及制造工艺质量方面的任何不确定性因素的影响。

ASME BPV 规范中最大许用应力值的确定原则和基础详见 ASME BPV 规范第 Ⅱ 卷 D 篇强制性附录 1。在最大许用应力（设计应力强度）不受蠕变极限和持久强度影响的温度下，其数值取以下几个计算值的最小值：

（1）室温下最小抗拉强度除以 3.5。

（2）相应温度下抗拉强度除以 3.5。

（3）室温下最小屈服强度除以 1.5。

（4）相应温度下屈服强度除以 1.5。

在最大许用应力（设计应力强度）受蠕变极限和持久强度影响的温度下，其数值取以下几个计算值的最小值：

（1）经 1000h 产生 0.01% 蠕变率的蠕变强度平均值。

（2）系数 F 乘以经 100000h 断裂的持久强度的平均值，当温度低于 815℃ 时，$F=0.67$；当温度更高时，F 取值见规范的规定。

（3）0.8 乘以经 100000h 断裂的持久强度最小值。

在某些情况下，对于可以接受短时微量变形的元件，根据 ASME BPV 规范第 Ⅷ 卷第 1 册的规定，可以取更高的许用应力值，该值可以高于相应温度下屈服强度的 67%，但应低于屈服强度的 90%，详见 ASME BPV 规范表格中备注（G5）的说明。采用更高的许用应力值会引起变形和容器尺寸的变化，在法兰或元件尺寸变化会引起泄漏或容器损伤的情况下，不推荐采用更高的许用应力值。

ASME BPV 规范第 Ⅷ 卷第 1 册中金属材料的最大许用应力值见 ASME BPV 规范第 Ⅱ 卷 D 篇表 1A，非金属材料的见表 1B；ASME BPV 规范第 Ⅷ 卷第 2 册中的金属材料最大许用应力值见第 Ⅱ 卷 D 篇表 2A，非金属材料的见表 2B。板材、换热管、铸件、锻件、棒材、管材及小尺寸部件的数值皆不同，同种金属不同等级材料的数值也不相同。

表 14.2 中列出了一些常用材料的典型最大许用应力值，可供进行初期设计用。进行容器的详细设计时，应该查阅 ASME BPV 规范。

表 14.2　ASME BPV 规范第Ⅷ卷第 1 册用板材最大许用应力值
（特定等级或壁厚的板材应查阅相应的材料标准）

材料	材料等级	最小抗拉强度 ksi	最小屈服强度 ksi	最高使用温度 °F	相应温度下的最大许用应力，ksi				
					100°F	300°F	500°F	700°F	900°F
碳钢	A285 GrA	45	24	900	12.9	12.9	12.9	11.5	5.9
镇静钢	A515 Gr60	60	32	1000	17.1	17.1	17.1	14.3	5.9
低合金钢 $1^1/_4$Cr，$^1/_2$Mo，Si	A387 Gr22	60	30	1200	17.1	16.6	16.6	16.6	13.6
不锈钢 13Cr	410	65	30	1200	18.6	17.8	17.2	16.2	12.3
不锈钢 18Cr–8Ni	304	75	30	1500	20	15	12.9	11.7	10.8
不锈钢 18Cr–10Ni–Cb	347	75	30	1500	20	17.1	15	13.8	13.4
不锈钢 18Cr–10Ni–Ti	321	75	30	1500	20	16.5	14.3	13	12.3
不锈钢 16Cr–12Ni–2Mo	316	75	30	1500	20	15.6	13.3	12.1	11.5

注：（1）在表 7.8 中，304 不锈钢的应力值与 304L 不同。

（2）1ksi＝1000psi＝6.8948N/mm^2。

14.4.5　焊接接头系数和焊接接头分类

焊接接头的强度取决于焊接接头的类型和焊接质量，ASME BPV 规范第Ⅷ卷第 1 册定义了 4 种焊接接头类型（详见 UW–3）：

（1）A 类：容器壳体、法兰颈部和接管的纵向焊接接头或螺旋焊接接头，球形封头与容器壳体、法兰颈部和接管的环向焊接接头。

（2）B 类：容器壳体、法兰颈部和接管的环向焊接接头，以及其与除球形封头以外的凸形封头的环向焊接接头。

（3）C 类：法兰、管板或平盖与容器壳体、凸形封头、法兰颈部或接管的焊接接头。

（4）D 类：连通的腔室、接管与容器壳体、封头和法兰颈部的焊接接头。

关于压力容器制造中采用的各种焊接接头类型的详细介绍见 14.11 节。

焊接接头的质量可以采用目视检测或无损检测（X 射线检测）的手段进行检查。

与板材本身相比，焊接接头的强度可能会较低，这是可以接受的，设计中通常采用材料的许用应力乘以焊接接头系数 E 的方法来处理。设计中所采用的焊接接头系数大小是按照焊接接头类型和设计规范所要求的 X 射线百分比确定的，焊接接头系数典型取值方法见表 14.3。只有采用双面焊且全部进行 X 射线检测的对接接头的焊接接头系数才允许取值 1.0。取值 1.0 意味着焊接接头与板材本身的强度相同，要做到这一点，可以对焊缝全部进行 X 射线检测，并对任何一处发现的缺陷部分进行切割和返修。设计中采用较低的焊接接头系数尽管可以降低 X 射线检测的费用，但会增加容器的壁厚和重量，设计人员必须要平衡检验、制造费降低与材料费增加之间的关系。

表 14.3　最大允许焊接接头系数

接头类型	接头分类	X 射线检测比例		
		全部	局部	不做
双面焊对接接头或与双面焊相当的对接接头	A，B，C，D	1	0.85	0.7
带垫板的单面焊对接接头	A，B，C，D	0.9	0.8	0.65
无垫板的单面焊对接接头	A，B，C	NA	NA	0.6
双边满角焊搭接接头	A，B，C	NA	NA	0.55
带塞焊的单边满角焊搭接接头	B，C	NA	NA	0.5
无塞焊的单边满角焊搭接接头	A，B	NA	NA	0.45

ASME BPV 规范第Ⅷ卷第 1 册 UW 篇规定了焊制压力容器的相关要求。除双面焊对接接头外，对每种焊接类型的板材厚度均做了限定，并规定了焊缝 X 射线检测的相应要求。规范 UW-13 规定了封头和管板与壳体连接的焊接接头类型，UW-16 提出了接管与壳体的焊接要求。

具体容器允许采用哪种类型的接头应查阅 ASME BPV 规范。任何含有致命物质的压力容器都需要对所有对接焊缝进行 X 射线检测。

14.4.6　腐蚀裕量

为抵偿因腐蚀、侵蚀或结垢而损失的材料，需考虑腐蚀裕量（金属材料额外增加的厚度）（见第 6 章）。ASME BPV 规范第Ⅷ卷第 1 册规定容器的使用方应确定腐蚀裕量的大小（见 UG-25），按照规范规定的方法计算出的最小壁厚是指完全腐蚀后的厚度（见 UG-16）。腐蚀是一个复杂现象，难于给定一个适用于所有腐蚀环境的腐蚀裕量取值原则。腐蚀裕量应根据制造用材料在与该设计相似使用条件下的经验确定。对于碳钢和低合金钢，如果腐蚀不严重，则最小腐蚀裕量应取值 2.0mm；如果可能出现更严重的腐蚀，则此值应增加到 4.0mm。大多数设计规范和标准将最小腐蚀裕量值确定为 1.0mm，但根据 ASME BPV 规范第Ⅷ卷的规定，如果已有的使用经验证明腐蚀是浅表性的或不腐蚀，则可以不考虑腐蚀裕量。

14.4.7　设计载荷

一个结构的设计应该保证在所有载荷条件下都不会发生总体塑性变形和坍塌。工艺过程容器在使用条件下承受的载荷分为容器设计必须考虑的主要载荷和次要载荷。只有当无法采用其他设计方法或手段时，如采用与在用压力容器类比的方法，规范和标准才要求采用正式应力分析的方法进行设计计算。

按照标准和规范进行设计，只有在使用其他诸如与在用容器已知特性类比等手段不能验证该设计的充分性的情况下，才采用正式的应力分析来确定次要载荷的影响。

14.4.7.1　主要载荷

主要载荷如下：

（1）设计压力，包括所有较大的静液柱形成的压力；

（2）操作条件下容器和容器内物料的最大重量；

（3）水压试验条件下容器和容器内物料的最大重量；

（4）风载荷；

（5）地震载荷；

（6）由容器支承引起的载荷或作用于容器上的载荷。

14.4.7.2　次要载荷

次要载荷如下：

（1）支撑件、内部结构和连接管道造成的局部应力；

（2）水锤或容器内物料喘振造成的冲击载荷；

（3）容器工作压力中心偏离其中性轴引起的弯矩；

（4）温差或材料膨胀系数不同造成的应力；

（5）温度和压力波动造成的载荷。

一个容器不会同时受到所有载荷的作用，设计者必须确定哪些可能的载荷组合会造成最恶劣工况（即控制工况），然后采用此载荷条件做设计。

14.4.8　最小成形壁厚

需要设定一个最小壁厚，以保证任何容器有足够刚度来承受其自重和任何偶然载荷的作用。ASME BPV 规范第Ⅷ卷第 1 册规定了容器不含腐蚀裕量的最小厚度为 1/16in（1.5mm），其并未考虑容器的几何尺寸和制造材料的不同。一般情况下，任何容器的壁厚不应小于表 14.4 中给定值（考虑了 2mm 腐蚀裕量）。

表 14.4　容器不同直径下的最小壁厚

容器直径，m	最小壁厚，mm
1	5
1～2	7
2～2.5	9
2.5～3.0	10
3.0～3.5	12

14.5 内压薄壁容器设计

14.5.1 圆筒体或球壳

可把薄壁容器壳体当作"膜"处理，类似于气球，容器支承作用力不会引起明显的弯曲应力或剪应力。按照壳体薄膜应力分析计算法可以确定内压容器的最小厚度，容器的实际壁厚也同样受其所承受的其他载荷引起的应力影响。

对于圆筒体，容器壳体上的应力可以用简单的力平衡法来确定，容器壳体上的应力是平衡压力引起的力，对于图 14.3（a）所示容器某一水平截面，该横截面上的压力引起的力为：

$$F_{\mathrm{L}} = \frac{p_{\mathrm{i}} \pi D^2}{4} \tag{14.5}$$

式中　p_{i}——内压；

　　　D——平均直径；

　　　F_{L}——轴向力。

该轴向力由作用于壳体该横截面上的轴向应力平衡：

$$F_{\mathrm{L}} = \sigma_{\mathrm{L}} \pi D t \tag{14.6}$$

式中　σ_{L}——轴向应力；

　　　t——壁厚。

联立式（14.5）和式（14.6），可以得出：

$$\sigma_{\mathrm{L}} = \frac{p_{\mathrm{i}} D}{4t} \tag{14.7}$$

类似地，对于图 14.3（b）所示一个无限长圆筒体的垂直截面，压力在长度为 L 的圆筒体垂直截面上产生的力为：

$$F_{\mathrm{v}} = p_{\mathrm{i}} D L \tag{14.8}$$

式中　F_{v}——水平力；

　　　L——长度。

这个力平衡作用在圆筒体壳体横截面上的周向应力（环向应力）：

$$F_{\mathrm{v}} = \sigma_{\mathrm{h}} (2Lt) \tag{14.9}$$

其中，σ_{h} 为周向应力。

联立式（14.8）和式（14.9），可以得出：

$$\sigma_{\mathrm{h}} = \frac{p_{\mathrm{i}} D}{2t} \tag{14.10}$$

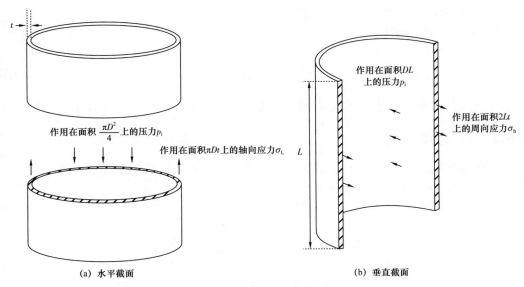

图 14.3　内压圆筒体壳体上应力

内压容器所需最小壁厚可用式（14.7）和式（14.10）来确定。

如果 D_i 为内径，t 为所需最小壁厚，则平均直径为（D_i+t），将此值代入式（14.10）可得：

$$t = \frac{p_i \left(D_i + t \right)}{2S}$$

其中，S 为最大许用应力，p_i 为内压。整理后可得：

$$t = \frac{p_i D_i}{2S - p_i} \tag{14.11}$$

如果引入焊接接头系数 E，则式（14.11）变为：

$$t = \frac{p_i D_i}{2SE - p_i} \tag{14.12}$$

ASME BPV 规范的厚度计算公式（详见第Ⅷ卷第 1 册 UG–27）为：

$$t = \frac{p_i D_i}{2SE - 1.2 p_i} \tag{14.13}$$

式（14.13）是从厚壁容器计算公式推导得出的，因此与式（14.12）有微小区别。相似地，规范中轴向应力的计算公式为：

$$t = \frac{p_i D_i}{4SE + 0.8 p_i} \tag{14.14}$$

ASME BPV 规范规定，容器的最小壁厚应取式（14.13）和式（14.14）计算值的较大值。对这些公式进行转化可用于计算给定壁厚下容器的最高允许工作压力（MAWP），最高允许工作压力应取两个公式计算值的较小值。

对于球壳，规范的计算公式为：

$$t = \frac{p_i D_i}{4SE - 0.4 p_i}$$

（14.15）

采用任何一个同一计量单位体系的计算都可按照式（14.13）至式（14.15）进行。

14.5.2　封头和平盖

圆筒体的端部可采用各种类型的封头来构成密闭空间，其主要类型如下：

（1）法兰连接的平盖和成形平盖（图14.4）；

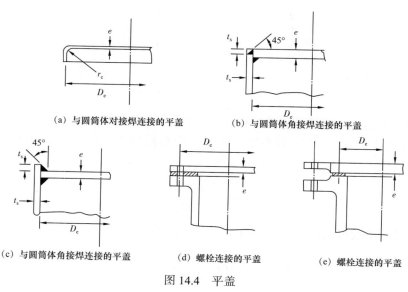

(a) 与圆筒体对接焊连接的平盖　　　　(b) 与圆筒体角接焊连接的平盖

(c) 与圆筒体角接焊连接的平盖　　(d) 螺栓连接的平盖　　(e) 螺栓连接的平盖

图 14.4　平盖

（2）半球形封头［图14.5（a）］；

（3）椭圆形封头［图14.5（b）］；

（4）碟形封头［图14.5（c）］。

半球形封头、椭圆形封头和碟形封头统称凸形封头，采用冲压或旋压方式成型。大直径的凸形封头采用预成型的分片拼接方式制造，碟形封头通常被称为碟形端部，规范和标准优先推荐选用球形封头。容器的封头可制造成任何尺寸规格，但标准封头（直径以6in增量为一档）的价格通常更为便宜。

螺栓连接的平盖用作人孔平盖和换热器的管箱平盖。图14.4（a）所示的成形平盖与圆筒体对接焊连接，其圆角结构改善了与圆筒体连接结构的形状突变，在某种程度上减少了局部应力，该类结构平盖的制造成本最低，但仅限用于低压和小直径容器上。

标准碟形封头常用于操作压力低于15bar的容器，也可用于更高压力。但是，如果压力高于10bar，则需要同与之相当的椭圆形封头的制造成本对比后做出选择；如果压力高于15bar，通常选用椭圆形封头更经济。

半球形封头是受力最好的封头，与相同厚度的碟形封头相比，其可以承受 2 倍于碟形封头的压力，但半球形封头的制造费用却高于浅碟形封头，半球形封头宜用于高压容器。

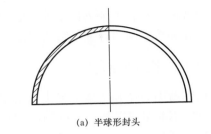

(a) 半球形封头

14.5.3　平盖的设计

虽然平盖的制造成本较低，但结构上并不是一个较好的选择，且高压或大直径容器平盖的厚度会很大。

平盖厚度的计算公式是按照平板应力分析法和边缘不同约束条件推导出来的。

ASME BPV 规范给出的平盖最小厚度计算公式为：

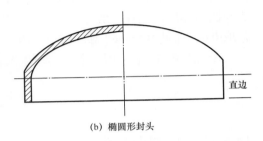

(b) 椭圆形封头

$$t = D_e \sqrt{\frac{Cp_i}{SE}} \qquad (14.16)$$

式中　C——结构特征常数，依据平盖边缘不同约束确定；

　　　D_e——平盖计算直径；

　　　S——材料最大许用应力；

　　　E——焊接接头系数。

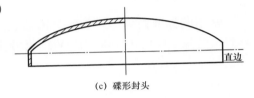

(c) 碟形封头

图 14.5　凸形封头

式（14.16）适用于任何一个同一计量单位体系的计算。

ASME BPV 规范规定了各种平盖的结构特征常数 C 和计算直径 D_e 的取值方法（见第 Ⅷ 卷第 1 册 UG–34）。

图 14.4 所示结构的结构特征常数 C 和计算直径 D_e 的取值方法如下（详细设计时应查阅 ASME BPV 规范的规定）：

（1）与圆筒体对接焊连接的平盖：若圆角半径不大于 $3t$，则 $C=0.17$，其他情况取 $C=0.1$；$D_e=D_i$。

（2）与圆筒体角接焊连接的平盖：当采用 45° 角焊缝、角焊缝腰高为壳体厚度的 70% 时，取 $C=0.33t/t_s$，其中 t_s 为壳体厚度；$D_e=D_i$。

（3）全平面密封螺栓连接平盖（详见 14.10 节）：$C=0.25$，D_e 为螺栓中心圆直径（连接用螺栓孔中心圆的直径）。

（4）窄面密封螺栓连接平盖：$C=0.3$，D_e 为垫片平均直径。

14.5.4　凸形封头的设计

ASME BPV 规范规定了各类凸形封头的设计公式和图表，详细设计时应遵循规范的规定，包括有开孔的封头和无开孔的封头的计算。有开孔的封头是指有开孔或接管的封头。为了消除因开孔或接管对局部补强的削弱影响，应增加封头的厚度（详见 14.6 节）。

为方便起见，本节列出了简化的设计计算公式，其仅适用于非开孔的封头和已充分考虑了开孔和接管削弱补强的封头厚度的初步估算。

14.5.4.1 半球形封头

在容器圆筒体和半球形封头承受相同应力时，封头厚度仅为筒体厚度的一半，然而因两部分的膨胀量有差异，在圆筒体和封头连接处会产生不连续应力。若容器圆筒体和半球形封头两部分间膨胀量无差异（径向变形相等），对钢材（泊松比为 0.3）来说，半球形封头与圆筒体厚度之比应为 7∶17，然而考虑封头侧的应力高于圆筒体部分，最优厚度比通常取 0.6，详见 Brownell 和 Young（1959）的论述。

ASME BPV 规范第Ⅷ卷第 1 册的半球形封头计算公式与球壳相同：

$$t = \frac{p_i D_i}{4SE - 0.4p_i}$$

（14.17）

14.5.4.2 椭圆形封头

常用的标准椭圆形封头的长短轴之比为 2∶1，按照这个比例，可以采用以下公式计算封头的最小厚度（ASME BPV 规范第Ⅷ卷第 1 册 UG-32）：

$$t = \frac{p_i D_i}{2SE - 0.2p_i}$$

（14.18）

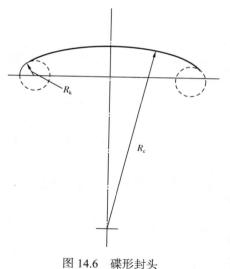

图 14.6 碟形封头

14.5.4.3 碟形封头

碟形封头由接近椭圆的过渡段转角部分和球面部分构成（图 14.6），但比椭圆形封头更容易制造，造价也更便宜。

图 14.6 中 R_k 是过渡段转角半径（圆环的半径），R_c 是球面部分半径。过渡段转角部分的应力比球面部分高。

碟形封头有两个几何连接面：一个是圆筒体与封头的连接面；另一个是过渡段与球面的连接面。设计时必须考虑这些部位由于膨胀量不同而引起的弯应力和剪应力的影响。ASME BPV 规范的设计计算公式（详见第Ⅷ卷第 1 册 UG-32）为：

$$t = \frac{0.885 p_i R_c}{SE - 0.1p_i}$$

（14.19）

为了避免发生屈曲，过渡段转角半径与球面半径之比不应小于 0.06，球面半径不应大于圆筒体的直径。式（14.17）至式（14.19）适用于任何一个同一计量单位体系的计算。对于无拼接焊缝的封头，其焊接接头系数取值 1.0。

14.5.4.4 凸形封头的直边结构

凸形封头带有一段短直边圆筒体（图 14.5），这个结构实现了焊缝远离容器圆筒体和封头间的非连续结构。

14.5.5 锥段和锥形封头

锥段用于大直径圆筒体与较小直径圆筒体的连接。

选用锥形封头结构可以便于流体的平稳流动和易于固体物料从工艺过程设备中排出，如料斗、喷雾干燥塔和结晶器。

锥段任何一点所需壳体壁厚与直径有关，壁厚计算公式如下：

$$t = \frac{p_i D_c}{2SE - p_i} \times \frac{1}{\cos\alpha} \tag{14.20}$$

式中 D_c——锥段截面直径；

      α——锥段半顶角。

ASME BPV 规范的壁厚计算公式为：

$$t = \frac{p_i D_c}{2\cos\alpha\left(SE - 0.6p_i\right)} \tag{14.21}$$

由于锥段和圆筒体的不同膨胀量会引起弯曲应力和剪切应力，式（14.21）仅适用于远离锥段与圆筒体连接处部位的计算。除低压下操作或仅承受液体静压的容器外，通常选用带过渡段的锥段，过渡段壁厚通常大于圆筒体和锥段，过渡段转角半径可以减小过渡段的应力集中（图 14.7）。远离过渡段的锥段壁厚可按式（14.21）计算。

有关过渡段详细尺寸的确定方法详见规范的相关规定。

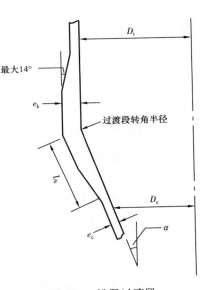

图 14.7 锥段过渡段

示例 14.1

请估算图示容器各元件的壁厚，容器操作压力为 14bar（绝），操作温度为 260℃，材料为普通碳钢，焊缝全部进行 X 射线检测，腐蚀裕量为 2mm。

解：

设计压力按高于操作压力 10% 取值：（14-1）×1.1=14.3bar=1.43N/mm²。设计温度为 260℃（500℉）。

根据表 14.2，最大许用应力为 12.9×10³psi=88.9N/mm²。

（1）圆筒体壁厚。

圆筒体壁厚采用式（14.13）计算如下：

$$t = \frac{1.43 \times 1.5 \times 10^3}{2 \times 89 \times 1 - 1.2 \times 1.43} = 12.2\text{mm}$$

加上腐蚀裕量后壁厚为 12.2+2=14.2mm。

选用厚度为 15mm 或 9/16in 的板材。

（2）凸形封头。

① 尝试选用标准凸形封头（碟形封头）。

球面部分半径 $R_c = D_i = 1.5\text{m}$；过渡段转角半径 $= 6\%R_c = 0.09\text{m}$。上述尺寸的封头采用冲压成形，无焊接接头，焊接接头系数 $E=1$。封头壁厚采用式（14.19）计算如下：

$$t = \frac{0.885 \times 1.43 \times 1.5 \times 10^3}{89 \times 1 - 0.1 \times 1.43} = 21.4\text{mm}$$

② 尝试采用标准椭圆形封头，长轴与短轴半径之比为 2：1。封头壁厚采用式（14.18）计算如下：

$$t = \frac{1.43 \times 1.5 \times 10^3}{2 \times 89 \times 1 - 0.2 \times 1.43} = 12.1\text{mm}$$

封头壁厚与筒体壁厚（15mm 或 9/16in）采用相同的值，可见采用椭圆形封头可能是最经济的选择。

（3）平封头。

采用宽面密封垫片的螺栓连接平盖 $C=0.25$。D_e 为螺栓圆直径，近似取 1.7m。封头壁厚采用式（14.16）计算如下：

$$t = 1.7 \times 10^3 \sqrt{\frac{0.25 \times 1.43}{89 \times 1}} = 107.7\text{mm}$$

加上腐蚀裕量并圆整后取值 111mm（$4^3/_8$in）。

计算结果表明，平盖结构的经济性较差，最好采用带直边的凸形封头。

14.6　开孔和接管补强

所有工艺过程容器都有用于结构连接、人孔和仪表配件等的开孔。开孔削弱了壳体的强度并造成应力集中，开孔边缘处应力比周围壳体的平均应力高很多。为了减小开孔造成的影响，应增加邻近开孔处的壳体厚度，在不对容器开孔处的总体结构膨胀造成明显改变的前提下，应考虑有足够的补强用于抵消开孔造成的削弱。但过度的补强也会降低容器壳体的柔性，造成的局部硬节点导致二次应力的升高。典型的开孔补强结构如图 14.8 所示。

最简单的补强方式是在开孔周边焊接补强圈或壳体局部加厚［图 14.8（a）］。补强圈外径通常是开孔或接管直径的 1.5～2 倍。但这种补强方法并不是开孔补强的最好方式，在某些情况下，补强圈与壳体间不良的导热性会引起较高的热应力。

对于接管开孔补强，可以不采用补强圈的补强方式，可以将接管内伸到容器内部进行补强［图 14.8（b）］。工艺过程容器采取这种补强方法时应注意，内伸结构类似于杂质收集器，可能会造成局部腐蚀从而导致开裂。锻件整体补强［图 14.8（c）］是最有效的补强方法，但其造价较高，可用于操作条件恶劣的容器和开孔、接管尺寸较大的情况。

开孔补强所需要的最小补强量的计算方法很复杂，设计时请按照 ASME BPV 规范第Ⅷ卷第 1 册 UG-37 的方法进行计算。

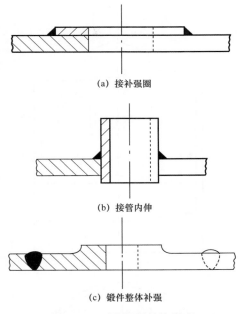

（a）接补强圈

（b）接管内伸

（c）锻件整体补强

图 14.8 开孔补强结构类型

14.7 外压容器设计

有两种类型的工艺容器可能会承受外压：一种是在真空状态下操作的容器，其最高外压为 1bar；另一种是夹套容器，内筒体承受夹套的压力。对于夹套容器，最大压差应取夹套的压力，这是因为在某种工况下，内筒会失压。受外压的薄壁容器很容易由于弹性失稳屈曲而引起失效，这种失效模式决定了容器所需壁厚。

ASME BPV 规范推荐的外压容器的压应力计算方法实质上比拉应力计算更复杂，另外还需要考虑到最大许用应力在受压和受拉状态下是不同的。在进行外压圆筒体的详细设计时，应遵循 ASME BPV 规范第Ⅷ卷第 1 册 UG-28 的规则，进行外压半球形封头设计时，应遵循 ASME BPV 规范第Ⅷ卷第 1 册 UG-33 的规则。标准和规范中也规定了受外压的其他不同类型封头的设计计算方法。

受外压的容器通常采用内部加强圈进行加强，ASME BPV 规范中规定了确定加强圈尺寸和间距的设计方法。

14.8 组合受力容器设计

除受到压力以外，压力容器还会承受其他载荷（见 14.4.7），设计必须保证容器在承受最恶劣的组合载荷时而不发生失效。很难给出容器壁厚与组合载荷的确切关系，必须先粗估一个厚度（仅根据压力计算），经过计算确保在所有组合载荷作用下容器任何一点的最大总应力不超出最大许用应力。针对组合载荷进行计算时，应同时考虑最大压应力和最大拉应力，受压和受拉状态下的最大许用应力是不同，应按照 ASME BPV 规范第Ⅷ卷第

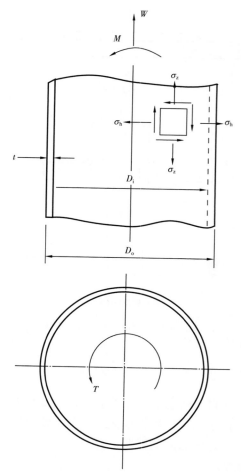

图 14.9 受组合载荷的圆筒体应力

1 册 UG-23 来确定其数值大小。

需要考虑的主要载荷如下：压力、容器和内部物料自重、风载荷、地震载荷、由附属管道和设备施加的外部载荷。

以下对图 14.9 中圆筒体受上述载荷引起的一次应力进行讨论。

（1）一次应力。

① 采用以下公式计算压力（内压或外压）引起的轴向应力和周向应力：

$$\sigma_L = \frac{p_i D}{4t} \qquad (14.7)$$

$$\sigma_h = \frac{p_i D}{2t} \qquad (14.10)$$

② 容器自重、内部物料自重和任何附属设施直接引起应力 σ_w。容器支座以下部位的应力为拉应力（取正值），支座以上部位应力为压应力（取负值）（图 14.10）。对于较高的立式容器，和其他载荷引起应力大小相比，通常由自重引起的应力更大。

$$\sigma_w = \frac{W_z}{\pi(D_i + t)t} \qquad (14.22)$$

其中，W_z 为截面所承受的容器总重量，详见14.8.1。

③ 容器承受的弯矩引起的弯应力。以下载荷会造成弯矩：

a. 高大自支承容器的风载荷（见 14.8.2）；

b. 高大容器的地震载荷（见 14.8.3）；

c. 附属在容器上偏离容器中心线的设备和管道自重及其风荷载（见 14.8.4）；

d. 鞍座支承的卧式容器自重荷载（见 14.9.1）。

根据位置不同，弯矩引起的应力可能为压应力，也可能为拉应力，采用以下公式进行计算：

$$\sigma_b = \pm\frac{M}{I_v}\left(\frac{D_i}{2} + t\right) \qquad (14.23)$$

其中，M 为所计算截面处的总弯矩，I_v 为截面惯性矩：

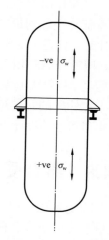

图 14.10 自重载荷引起的应力

$$I_{\mathrm{v}} = \frac{\pi}{64}\left(D_{\mathrm{o}}^4 - D_{\mathrm{i}}^4\right) \tag{14.24}$$

④ 扭矩引起的剪应力 τ 是由因偏离容器轴线的载荷引起的扭矩造成的，这些载荷通常很小，在进行容器初步估算时可以不考虑。扭矩引起的剪应力用如下公式进行计算：

$$\tau = \frac{T}{I_{\mathrm{p}}}\left(\frac{D_{\mathrm{i}}}{2} + t\right) \tag{14.25}$$

式中　T——计算所得的扭矩；

　　I_{v}——截面惯性矩，$I_{\mathrm{v}} = (\pi/32)\left(D_{\mathrm{o}}^4 - D_{\mathrm{i}}^4\right)$。

（2）主应力。

主应力采用以下两个公式计算：

$$\sigma_1 = \frac{1}{2}\left[\sigma_{\mathrm{h}} + \sigma_{\mathrm{z}} + \sqrt{\left(\sigma_{\mathrm{h}} - \sigma_{\mathrm{z}}\right)^2 + 4\tau^2}\right] \tag{14.26}$$

$$\sigma_2 = \frac{1}{2}\left[\sigma_{\mathrm{h}} + \sigma_{\mathrm{z}} - \sqrt{\left(\sigma_{\mathrm{h}} - \sigma_{\mathrm{z}}\right)^2 + 4\tau^2}\right] \tag{14.27}$$

其中，总轴向应力 $\sigma_{\mathrm{z}} = \sigma_{\mathrm{L}} + \sigma_{\mathrm{w}} \pm \sigma_{\mathrm{b}}$；对于 σ_{w}，拉应力取正值，压应力取负值；τ 值通常不大。

对于薄壁容器，通常可以忽略第三个径向应力 σ_3（见 14.1.1），估算时可取压力载荷的 1/2：

$$\sigma_3 = 0.5p \tag{14.28}$$

σ_3 为压应力，取负值。

（3）许用应力取值。

最大许用应力强度是依据设计方法所采用的特定失效理论来确定的（见 14.3.2）。压力容器设计通常采用最大剪应力理论。

按此准则，设计计算时任意一点处的最大应力取以下几个值的最大值：$\sigma_1 - \sigma_2$，$\sigma_1 - \sigma_3$，$\sigma_2 - \sigma_3$。

容器壁厚应足够大，以确保任意一点处最大应力强度不超过材料的最大许用应力（正常设计强度）。应按照 ASME BPV 规范第 Ⅱ 卷 D 篇确定最大许用拉应力和压应力。

（4）压应力和弹性稳定性。

如果组合载荷引起的轴向应力是压应力，容器可能由于弹性失稳（屈曲）导致失效（见 14.3.3）。与杆件轴向屈曲（欧拉失稳）一样，在轴向压缩载荷作用下薄壁塔器因整体失稳屈曲而失效，或因壳体局部屈曲或起皱折而失效，造成局部屈曲的应力通常比造成整体屈曲的应力低。进行塔器设计时，必须校核确保各轴向应力之和的最大值不超过使壳体失稳屈曲的临界应力。

对于承受轴向压缩载荷的曲面壳体，临界应力 σ_{c} 按如下公式计算（Timoshenko，1936）：

$$\sigma_c = \frac{E_Y}{\sqrt{3(1-v^2)}}\left(\frac{t}{R_p}\right)$$ （14.29）

其中，R_p 为壳体曲率半径。

泊松比 v 按 0.3 取值，则：

$$\sigma_c = 0.60E_Y\left(\frac{t}{R_p}\right)$$ （14.30）

通过引入合适的安全系数，可以用式（14.30）计算出防止发生失稳屈曲失效的最大许用压应力。试验表明，圆筒体容器在远低于式（14.29）计算值时就会发生失稳屈曲，因此安全系数应取较大值。对于常温下的钢材，$E_Y = 200000\text{N/mm}^2$，安全系数按 12 取值，式（14.30）变为：

$$\sigma_c = 2\times10^4\left(\frac{t}{D_o}\right)，单位为 \text{N/mm}^2$$ （14.31）

容器壳体上最大压应力不能超过式（14.31）计算值，也不能超过材料的最大许用应力，最大许用压应力取两者的较小值。详细设计时应按照 ASME BPV 规范第Ⅷ卷规定的方法进行计算。

（5）加强圈。

与受外压的容器一样，使用加强圈或纵向筋板可以有效防止壳体的失稳翘曲失效，标准规范中规定了带加强圈的壳体临界失稳屈曲应力的计算方法。

（6）载荷。

容器可能承受的载荷不会同时出现，如通常不会发生最大风载荷和大地震同时出现的情况。

容器设计时必须考虑承受下列几种最恶劣载荷组合工况：

① 容器安装（或拆卸）工况；

② 容器已完成安装但未开车使用工况；

③ 试验（水压试验）工况；

④ 正常操作工况。

14.8.1 重量荷载

自重载荷主要包括：

（1）容器壳体。

（2）容器附件：人孔、管口。

（3）内件：塔盘（含塔盘上介质），加热或冷却盘管。

（4）外部附件：梯子、平台和管道。

（5）支撑在容器上的附属设备：冷凝器、搅拌器。

（6）保温。

（7）容器中的液体，水压试验时使用的水，误操作时注入的工艺液体。

对于裙座支承的容器（见 14.9.2），容器中的液体重量将直接作用在裙座上。

可依据完成的初步设计图纸估算出容器和附件重量，可以查询各种手册（Megyesy，2008；Brownell 和 Young，1959）得到标准零部件（封头、壳体、人孔、支座和管口）的重量。

初步估算时，对于带凸形封头的等壁厚圆筒体容器，可以按照以下公式进行重量估算：

$$W_v = C_w \pi \rho_m D_m g \left(H_v + 0.8 D_m \right) t \times 10^{-3} \tag{14.32}$$

式中　W_v——壳体总重，不包括内件（如塔盘），N；

　　　C_w——用于计算接管、人孔、内部支撑件等的重量系数（对于内件不多的容器，可取为 1.08；对于精馏塔或类似容器、带较多人孔和塔盘支撑圈或类似附件的情况，可取为 1.15）；

　　　H_v——切线间的高度或长度（筒体部分长度），m；

　　　g——重力加速度，9.81m/s²；

　　　t——壁厚，mm；

　　　ρ_m——壳体材料密度，kg/m³（表 6.2）；

　　　D_m——容器平均直径，$D_m = D_i + t \times 10^{-3}$，m。

对于钢制容器，式（14.32）可简化为：

$$W_v = 240 C_w D_m \left(H_v + 0.8 D_m \right) t \tag{14.33}$$

以下数值可以供进行重量粗略估算时使用（Nelson，1963）：

钢制带护笼的爬梯：360N/m（以长度计）。

钢制直梯：150N/m（以长度计）。

钢制平台：用于立式塔器取值 1.7kN/m²（以单位面积计）；

钢制（气液）塔盘：含介质重量，取值 1.2kN/m²（以塔盘面积计）。

保温材料密度按如下取值：泡沫玻璃为 150kg/m³，岩棉为 130kg/m³，玻璃纤维为 100kg/m³，硅酸钙为 200kg/m³。

考虑附件、密封件和所吸收水分的影响，以上密度值应按两倍考虑。

14.8.2　风载荷（高塔）

只有安装在室外的高塔才考虑风载荷。塔器和烟囱通常都自支承在裙座上，而不是依附在钢结构上。此时，风载荷作用下的容器类似于图 14.11 所示的悬臂梁，承受均布载荷的悬臂梁任何截面上的弯矩按以下公式进行计算：

$$M_x = \frac{Wx^2}{2} \tag{14.34}$$

式中　x——截面到自由端的距离，m；

　　　W——单位长度上的载荷，N/m。

因此，弯矩及其产生的弯曲应力在塔顶为0，在塔根部为最大值，其变化曲线为抛物线。对于高塔，风载荷产生的弯应力通常大于因压力产生的应力，并决定壳体的厚度。最经济的设计是壳体厚度从塔顶部到底部逐渐递增，顶部壁厚使其足以承受压力载荷，底部壁厚使其足以承受压力载荷和最大弯矩。

塔器局部任何迎风面积的增加都将导致局部集中载荷的增加（图14.12），集中载荷在塔的底部产生的弯矩可按以下公式进行计算：

$$M_p = F_p H_p \qquad (14.35)$$

其中，F_p 为局部集中载荷；H_p 为塔器底部至集中载荷的高度。

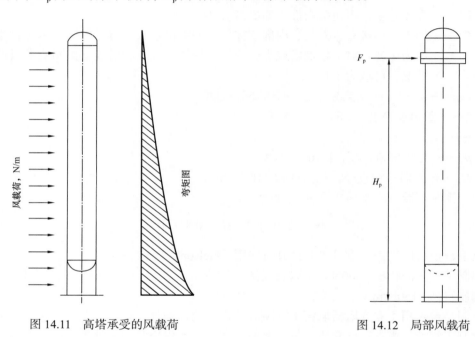

图14.11 高塔承受的风载荷   图14.12 局部风载荷

14.8.2.1 动态风压

作用在任何结构上的风载荷大小与结构型式和风速有关：

$$p_w = \frac{1}{2} C_d \rho_a u_w^2 \qquad (14.36)$$

式中 p_w——风压（单位面积载荷）；

    C_d——阻力系数（形状系数），阻力系数 C_d 是结构形状和风速（雷诺数）的函数；

    ρ_a——空气密度；

    u_w——风速。

对于光滑的圆筒体塔器或烟囱，可采用以下半经验公式估算风压：

$$p_w = 0.05 u_w^2 \qquad (14.37)$$

式中　p_w——风压，N/m^2；

　　　u_w——风速，km/h。

如果塔器外部带有梯子或管道，考虑阻力的增加，式（14.37）中的系数应从 0.05 提高到 0.07。

塔器设计必须要使其能承受在使用年限内可能遇到的最大风速。设计所用风速出现的概率可通过对现场气象记录的研究进行预估，风载荷数据和设计方法可查阅网站 www.esdu.com 上工程科学数据集（Engineering Sciences Data Unit，简称 ESDU）的风电工程系列数据（Wind Engineering Series）。Moss（2003）、Megyesy（2008）和 Escoe（1994）等的著作中列出了美国各地的设计载荷。进行初步设计研究时，可采用风速 160km/h，相当于风压为 1280N/m²（25lb/ft²）。

在任何现场，地面风速都小于高空风速（受边界层影响），有一些设计方法在 20m 以下采用一个较低的风压值，通常取此高度以上风压值的一半。

塔器单位长度上的风载荷可用风压乘以塔体有效直径（考虑保温及管道、梯子等附件的影响，增加塔体直径）的方法计算得到。

$$W = p_w D_{eff} \tag{14.38}$$

护笼爬梯应增加 0.4m 直径裕量。高塔风载荷及其引起的弯应力的计算见示例 14.2。更详细的高塔设计计算示例可参考 Brownell（1963）、Henry（1973）、Bednar（1990）、Escoe（1994），以及 Farr 和 Jawad（2006）等的著作。

14.8.2.2　高塔挠度

高塔会在风中摇摆，通常最大允许塔顶挠度按小于 150mm/30m（6in/100ft）取值。

对于等截面塔，塔顶挠度可采用均布载荷作用下悬臂梁挠度的计算公式，壁厚不等塔器的挠度计算方法可参考 Tang（1968）的论述。

14.8.2.3　风致诱导振动

细高塔和烟囱上的风旋涡脱落（现象）会引起振动，当旋涡脱落频率与塔器固有频率相同时，可能会因塔体疲劳损伤导致容器过早失效。对于高径比大于 10 的自支承塔器，应该重视旋涡脱落的影响。塔器固有频率的估算方法可参考 Freese（1959）、DeGhetto 和 Long（1966）等的著作。

高且光滑的烟囱顶部加装螺旋板可以有效改变旋涡脱落模式，从而防止共振的发生。在高塔塔体加装附属梯子、管道和平台等附件也能达到类似效果。

14.8.3　地震载荷

地震发生时，地表移动对自支承式直立高大容器产生水平剪力，其大小自底部向上逐渐增大，容器上的总水平剪力用如下公式计算：

$$F_s = a_e \left(\frac{W_v}{g} \right) \tag{14.39}$$

式中　a_e——因地震在容器上产生的加速度；

　　　g——重力加速度；

　　　W_v——容器和物料总重。

a_e/g 又称地震系数 C_e，它是容器自振周期和地震级别的函数。地震系数是通过地震灾害研究确定的，发生过地震的地区都已确定该系数。美国各地的地震系数取值和高塔地震引起的应力计算方法可参考 Megyesy（2008）、Escoe（1994）和 Moss（2003）等的论述。

14.8.4　偏心载荷

当附着在高大容器上的辅助设备重心偏离容器中心线时，会在容器上产生弯矩（图 14.13）。梯子、管道和人孔等小附件产生的弯矩较小，可以忽略，由回流冷凝器和侧边平台等重量较大设备产生的弯矩很大，设计时应该考虑其影响。弯矩可用如下公式计算：

$$M_e = W_e L_o \tag{14.40}$$

式中　W_e——辅助设备自重；

　　　L_o——辅助设备重心到容器中心线的间距。

为避免在塔器壳体上造成过大的应力，回流冷凝器和顶部收集罐等设备通常不在塔顶上布置支撑，而是布置在邻近塔的结构上。冷凝器和收集罐通常都布置得高于地面，以便为布置在地面上的回流泵或收集罐输送泵提供足够的净正吸入压头。

14.8.5　扭矩

附属设备施加在容器上的任何水平力，当其作用力不通过容器中心线时，对容器就产生一个扭矩。因作用在管道和其他附属设备上的风压的存在，扭矩会增大。然而通常扭矩很小，可以忽略不考虑。工程设计时，任何容器的附属设备的管道和连接件的布置应考虑避免使其对容器产生较大的载荷。

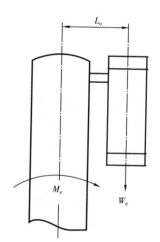

图 14.13　偏心设备引起的弯矩

示例 14.2

初步粗略估算以下精馏塔所需壁厚：

切线间高度为 50m；直径为 2m；半球形封头；裙座支承，裙座高度为 3m；100 块筛板，等间距布置；保温材料为岩棉，厚度为 75mm；壳体材料为不锈钢；最大许用应力为 135N/mm²（设计温度 20℃下）；操作压力为 10bar（绝）；全部焊接接头进行 X 射线检测（接头系数为 1）；工艺用途为汽油脱丁烷塔。

解：

设计压力按比操作压力高 10% 计取为（10−1）×1.1＝9.9bar，取 10bar＝1.0N/mm²。

采用式（14.13）计算压力载荷下所需最小壁厚：

$$t = \frac{1 \times 2 \times 10^3}{2 \times 135 \times 1 - 1.2 \times 1} = 7.4mm$$

塔器底部应取更大的壁厚以承受风载荷和自重载荷。

第一次计算假设把塔分为 5 段，每段壁厚都增加 2mm，取值为 10mm、12mm、14mm、16mm 和 18mm。

（1）容器自重。

① 壳体总重（不包括内件）。

严格来说，式（14.33）只适用于等壁厚容器，但可用平均壁厚 14mm 代入公式来粗估容器重量。取 C_w＝1.15（板式塔）；D_m＝2＋14×10⁻³＝2.014m；H_v＝50m；t＝14mm。则壳体总重（不包括内件）为：

$$W_v = 240 \times 1.15 \times 2.014（50 + 0.8 \times 2.014）\times 14 = 401643N \approx 402kN$$

② 塔盘重量。

单个塔盘面积 ＝π/4×2²≈3.14m²。

单个塔盘及持液重（见 14.8.1）≈1.2×3.14≈3.8kN。

100 块塔盘总重 ＝100×3.8＝380kN。

③ 保温材料重量。

岩棉密度 ＝130kg/m³。

保温材料体积 ＝π×2×50×75×10⁻³≈23.6m³。

保温材料重量 ＝23.6×130×9.81≈30049N。考虑到附件重量，将此值乘以 2，即保温材料重量约为 60kN。

容器自重 ＝ 壳体总重（不包括内件）＋ 塔盘及持液重 ＋ 保温材料重量 ＝402＋380＋60＝842kN。

注意，如果发生液泛或完全充满液体，塔内实际物料重量可能更高，这就是将水压试验单独作为一个工况计算载荷的原因。

（2）风载荷。

取动态风压值为 1280N/m²，塔体平均直径（含保温）为 2＋2（14＋75）×10⁻³＝2.18m。则采用式（14.38）计算塔体单位长度上的风载荷 W＝1280×2.18＝2790N/m。

采用式（14.34）计算塔体底部切线处弯矩：

$$M_x = \frac{2790}{2} \times 50^2 = 3487500N \cdot m$$

（3）应力计算（底切线处）。

采用式（14.7）和式（14.10）计算压力引起的应力：

$$\sigma_L = \frac{1.0 \times 2 \times 10^3}{4 \times 18} = 27.8 \text{N} / \text{mm}^2$$

$$\sigma_h = \frac{1 \times 2 \times 10^3}{2 \times 18} = 55.6 \text{N} / \text{mm}^2$$

采用式（14.22）计算自重引起的应力：

$$\sigma_w = \frac{W_v}{\pi(D_i + t)t} = \frac{842 \times 10^3}{\pi(200 + 18)18} = 7.4 \text{N/mm}^2 \text{（压应力）}$$

采用式（14.24）和式（14.23）计算弯曲应力：

$$D_o = 2000 + 2 \times 18 = 2036 \text{mm}$$

$$I_v = \frac{\pi}{64}(2036^4 - 2000^4) = 5.81 \times 10^{10} \text{mm}^4$$

$$\sigma_b = \pm \frac{3487.500 \times 10^3}{5.81 \times 10^{10}}\left(\frac{2000}{2} + 18\right) = \pm 61.11 \text{N/mm}^2$$

轴向应力之和为 $\sigma_z = \sigma_L + \sigma_w \pm \sigma_b$。

σ_w 是压应力，取负值。σ_z（逆风侧）$= 27.8 - 7.4 + 61.1 = +81.5 \text{N/mm}^2$。

σ_z（顺风侧）$= 27.8 - 7.4 - 61.1 = -40.7 \text{N/mm}^2$。

由于没有扭转剪应力，主应力为 σ_z 和 σ_h，径向应力可忽略不计，$p_i/2 = 0.5 \text{N/mm}^2$。最大应力为 $[55.6 - (-40.7)] = 96.5 \text{N/mm}^2$，小于最大许用应力。

注意，风载荷引起的弯曲应力比自重引起的应力大得多，水压试验工况下，容器充满水，此时自重引起的应力更大。简单计算表明，容器中水的最大重量（不计内件体积）为 $\pi/12 \times \rho \times \text{g}(3D_i^2 L + 2D_i^3) = 1582 \text{kN}$。如果把此值加到前面算出的总重上，则自重引起的应力约增加 3 倍，此值仍然比风载荷引起的弯应力低得多。因此，风载荷工况为主导工况，显然在风速为 160km/h 时，可以不用考虑水压试验工况。

（4）校核壳体弹性稳定性（屈曲）。

采用式（14.31）计算临界屈曲失稳应力：

$$\sigma_c = 2 \times 10^4 \times \left(\frac{18}{2036}\right) \approx 176.8 \text{N/mm}^2$$

不考虑容器压力作用时，壳体最大压缩应力为 68.5N/mm^2（$7.4 + 61.1 = 68.5 \text{N/mm}^2$），其远低于临界屈曲失稳应力。

因此，设计满足要求，设计人员可以降低壁厚再次进行核算。

14.9　容器支座

容器的支承方法取决于容器尺寸、外形和重量、设计温度和设计压力、容器位置和布置、内部和外部附件及配件。卧式容器通常采用双鞍座支承（图 14.14），高大立式塔器采用裙座（图 14.15），支腿或支耳用于所有类型的容器（图 14.16）。支座的设计除能承受容器和物料重量外，还要能承受任何附加载荷的作用，如风载荷。支座会在容器壳体上施加局部载荷，设计时必须进行校核计算，以确保由此产生的局部应力低于最大许用应力。设计支座时，应考虑易于进入容器内部和附件周边进行检查和维修。

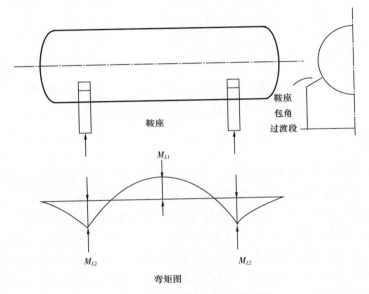

图 14.14　鞍座支承的卧式容器

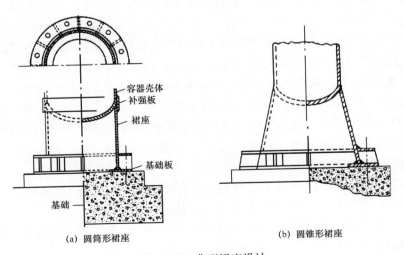

(a) 圆筒形裙座　　　(b) 圆锥形裙座

图 14.15　典型裙座设计

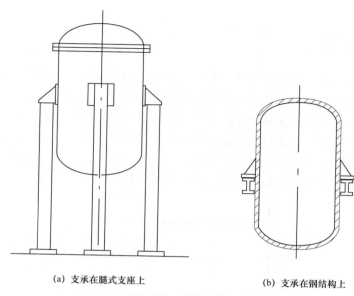

(a) 支承在腿式支座上　　　　　　　　(b) 支承在钢结构上

图 14.16　腿式和耳式支座

14.9.1　鞍座

鞍座是卧式容器最常用的支承型式；腿式支座可以用于小型容器。卧式容器通常支承在两个截面上，如果使用两个以上鞍座，则载荷分布具有不确定性。

双鞍座支承的容器可以简化为一个简支梁，在基本均布载荷作用下，轴向弯矩分布如图 14.14 所示，其最大值位于支座两支点中间。理论上，实现最大弯矩最小化的最佳支点的布置是使支承点处和两支承点中间处的弯矩数值相等，对于承受均布载荷的梁，此支承点位置为从两端算起跨度 21% 处。容器的鞍座通常设置在比此值更靠近端部的位置上，以便发挥端部的刚度作用。

除了轴向弯应力，鞍座支承的容器还承受切向剪应力（其将载荷从容器未支承部分传递到鞍座上），同时还承受周向弯应力。设计大型薄壁容器时，所有这些应力都要考虑，以确保这些应力不超过材料的最大许用应力或临界失稳屈曲应力。本书不讨论详细应力的计算过程，支座作用在壳体上的完整应力计算方法参见 Zick（1951）的论述。Zick 的方法是国家标准规范设计计算方法的基础，Brownell 和 Young（1959）、Escoe（1994），以及 Megyesy（2008）等都对计算方法进行了讨论。

鞍座设计必须要考虑其能承受容器和物料重量施加的载荷。鞍座可以用砖或混凝土制作，也可用钢板制作，其包角不能小于 120°，一般也不大于 150°。通常在壳体与鞍座接触的区域焊接一块垫板对壳体进行加强。

典型的"标准"鞍座设计尺寸如图 14.17 所示。考虑到容器的热膨胀性（如换热器的热膨胀），其中一个鞍座的地脚螺栓孔应为长圆孔。

鞍座的设计方法可参考 Brownell 和 Young（1959）、Megyesy（2008）、Escoe（1994）和 Moss（2003）等的论述。

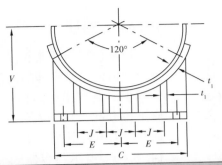

容器直径 m	最大重量 kN	尺寸，m								尺寸，mm	
		V	Y	C	E	J	G	t_2	t_1	地脚螺栓 直径	螺栓 孔直径
0.6	35	0.48	0.15	0.55	0.24	0.190	0.095	6	5	20	25
0.8	50	0.58	0.15	0.70	0.29	0.225	0.095	8	5	20	25
0.9	65	0.63	0.15	0.81	0.34	0.275	0.095	10	6	20	25
1.0	90	0.68	0.15	0.91	0.39	0.310	0.095	11	8	20	25
1.2	180	0.78	0.20	1.09	0.45	0.360	0.140	12	10	24	30
所有焊缝均为角焊缝											

(a) 用于直径1.2m以下的容器

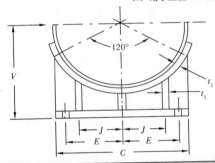
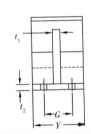

容器直径 m	最大重量 kN	尺寸，m								尺寸，mm	
		V	Y	C	E	J	G	t_2	t_1	地脚螺栓 直径	螺栓 孔径
1.4	230	0.88	0.20	1.24	0.53	0.305	0.140	12	10	24	30
1.6	330	0.98	0.20	1.41	0.62	0.350	0.140	12	10	24	30
1.8	380	1.08	0.20	1.59	0.71	0.405	0.140	12	10	24	30
2.0	460	1.18	0.20	1.77	0.80	0.450	0.140	12	10	24	30
2.2	750	1.28	0.225	1.95	0.89	0.520	0.150	16	12	24	30
2.4	900	1.38	0.225	2.13	0.98	0.565	0.150	16	12	27	33
2.6	1000	1.48	0.225	2.30	1.03	0.590	0.150	16	12	27	33
2.8	1350	1.58	0.25	2.50	1.10	0.625	0.150	16	12	27	33
3.0	1750	1.68	0.25	2.64	1.18	0.665	0.150	16	12	27	33
3.2	2000	1.78	0.25	2.82	1.26	0.730	0.150	16	12	27	33
3.6	2500	1.98	0.25	3.20	1.40	0.815	0.150	16	12	27	33
所有焊缝均为角焊缝											

(b) 用于直径1.2m以上的容器

图 14.17　标准钢制鞍座（Bhattacharyya，1976）

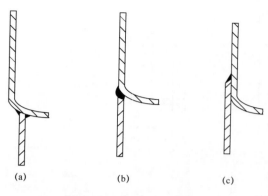

(a)　　　　　　(b)　　　　　　(c)

图 14.18　裙座与容器焊缝

14.9.2　裙座

裙座包括与容器底部相焊接的圆筒体或锥形筒体，裙座底部的基础板将载荷传递到基础上。典型裙座结构如图 14.15 所示。裙座上应开孔，用于人员的出入和管道连接，通常应对开孔处进行加强。裙座可以按照图 14.18（a）所示与容器底封头进行焊接，也可以按照图 14.18（b）所示与壳体外径对齐进行焊接，或者按照 14.18（c）所示与容器壳体进行搭接。通常，多采用图 14.18（b）所示结构。

对于立式容器，建议采用裙座，因为其不会将载荷集中施加到容器壳体上。裙座在各个方向上都很坚固，因而特别适用于承受风载荷的高塔。

14.9.2.1　裙座厚度

裙座的厚度必须保证能够承受容器施加在其上面的自重载荷和弯矩，但其不承受容器压力的作用。

裙座的应力为：

$$\sigma_s（拉应力）=\sigma_{bs}-\sigma_{ws} \tag{14.41}$$

且

$$\sigma_s（压应力）=\sigma_{bs}+\sigma_{ws} \tag{14.42}$$

其中

$$裙座弯应力\ \sigma_{bs}=\frac{4M_s}{\pi(D_s+t_{sk})t_{sk}D_s} \tag{14.43}$$

$$裙座自重引起的应力\ \sigma_{ws}=\frac{W_v}{\pi(D_s+t_{sk})t_{sk}} \tag{14.44}$$

式中　M_s——裙座底部最大弯矩（由风载荷、地震载荷和偏心载荷产生的，见 14.8 节）；

W_v——容器和物料总重（见 14.8 节）；

D_s——裙座底部内径；

t_{sk}——裙座壁厚。

计算裙座壁厚时，应该按照风载荷和自重载荷最恶劣的组合工况进行计算，其应力大小应符合以下设计原则：

$$\sigma_s\ (\text{拉应力})<S_s E \sin\theta_s \qquad\qquad (14.45)$$

$$\sigma_s\ (\text{压应力})<0.125E_Y\left(\frac{t_{sk}}{D_s}\right)\sin\theta_s \qquad\qquad (14.46)$$

式中　S_s——裙座材料的最大许用应力，通常取常温（20℃）下的值；

　　　E——焊接接头系数，需要时考虑；

　　　θ_s——锥形裙座底角，通常为 80°～90°。

裙座的最小厚度应不低于 6mm。

当容器壁温比裙座高很多时，热膨胀的差异将产生边缘热应力，裙座的热应力计算方法可参考 Weil 和 Murphy（1960），以及 Bergman（1963）等的论述。

14.9.2.2　基础板和地脚螺栓的设计

裙座承载的载荷通过基础板传导到基础上，风载荷和垂直于容器的载荷产生的力矩会使容器倾倒，容器重量和地脚螺栓拉力可以保持容器的稳定。裙座地脚螺栓座有多种结构型式，图 14.19（a）和图 14.19（b）所示结构是适用于小型容器的简单角钢结构和与平焊法兰类似的带筋板的结构，图 14.19（c）所示带盖板和筋板的地脚螺栓座结构适用于大型塔器。基础板和地脚螺栓尺寸的计算方法参见 Brownell 和 Young（1959）的论述。前期估算设计可采用 Scheiman（1963）论述中的简捷算法和诺谟图（nomographs）法，Scheiman 论述中的方法是基于 Marshall（1958）中塔器基础环和基础的计算方法和简图编写的。

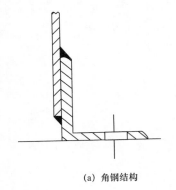
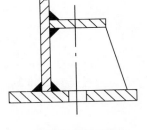

(a)　角钢结构　　　　(b)　带筋板的结构　　　　(c)　带盖板和筋板的结构

图 14.19　地脚螺栓座设计

示例 14.3

示例 14.2 中塔器的裙座设计。

解：

普通碳钢制圆筒形裙座（$\theta_s=90°$），材料最大许用应力为 89N/mm²，常温下杨氏弹性模量为 200000N/mm²。

容器充满水时为裙座承受自重荷载最大的工况。

$$估算重量 = \left(\frac{\pi}{4} \times 2^2 \times 50\right) \times 1000 \times 9.81 \approx 1540951N \approx 1541kN$$

容器重量为 842kN（见示例 14.2）。

总重为 1541+842=2383kN。

风载荷为 2.79kN/m（见示例 14.2）。

采用式（14.34）计算 M_x 裙座底部弯矩：

$$2.79 \times \frac{53^2}{2} = 3919kN \cdot m$$

第一次计算假设裙座壁厚与容器底部壁厚相同，取值 18mm。

采用式（14.43）和式（14.44）计算裙座弯应力和裙座自重引起的应力：

$$\sigma_{bs} = \frac{4 \times 3919 \times 10^3 \times 10^3}{\pi \times (2000+18) \times 2000 \times 18} \approx 68.7N/mm^2$$

$$\sigma_{ws}（试验工况）= \frac{2383 \times 10^3}{\pi \times (2000+18) \times 18} \approx 20.9N/mm^2$$

$$\sigma_{ws}（操作工况）= \frac{842 \times 10^3}{\pi \times (2000+18) \times 18} \approx 7.4N/mm^2$$

试验工况下容器充满水做水压试验，在估算总重时，计算了两次塔板上的液体重量，该偏差很小且对计算的影响很小，因此计算时未把该部分液体重量减掉。

$$最大值 \hat{\sigma}_s（压应力）=68.7+20.9=89.6N/mm^2$$

$$最大值 \hat{\sigma}_s（拉应力）=68.7-7.4=61.3N/mm^2$$

焊接接头系数 E 取 0.85。

设计计算准则：

$$\hat{\sigma}_s（拉应力）< S_s E \sin\theta \tag{14.45}$$

$$61.3 < 0.85 \times 89 \times \sin 90°$$

$$61.3 < 75.6$$

$$\hat{\sigma}_s（压应力）< 0.125 E_Y \left(\frac{t_{sk}}{D_s}\right) \sin\theta$$

$$89.6 < 0.125 \times 200000 \times \left(\frac{18}{2000}\right) \times \sin 90° \tag{14.46}$$

$$89.6 < 225$$

两个准则都满足，考虑到腐蚀裕量 2mm，裙座圆筒体壁厚取 20mm。

14.9.3　耳式支座

耳式支座可用于支承立式容器，可放置在建筑物钢结构上，容器也可用腿式支座支承（图 14.16）。

耳式支座承受的主要载荷为容器和物料重量，同时还要承受风载荷或其他载荷引起的弯矩。如果弯矩非常大，则应考虑采用裙座替代耳式支座。

由于耳式支座上的作用力是偏心的（图 14.20），耳式支座对容器壳体上施加一个弯矩。耳式支座的长度在考虑预留出绝热层所需空间外，其作用力的作用点应尽量靠近容器壳体。估算耳式支座在容器壳体上引起的应力计算方法参见 Brownell 和 Young（1959），以及 Wolosewick（1951）等的论述。通常使用垫板或整圈垫板承受弯曲载荷。

可以采用常规钢结构的设计方法进行耳式支座的设计计算，比较适用的方法可参考 Bednar（1986）和 Moss（2003）的论述，确定容器耳式支座垫板尺寸的快捷方法参见 Mahajan（1977）的论述。

典型耳式支座结构如图 14.21 所示，耳式支座载荷可用以下公式计算：

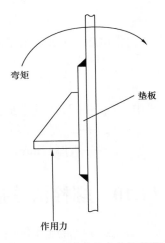

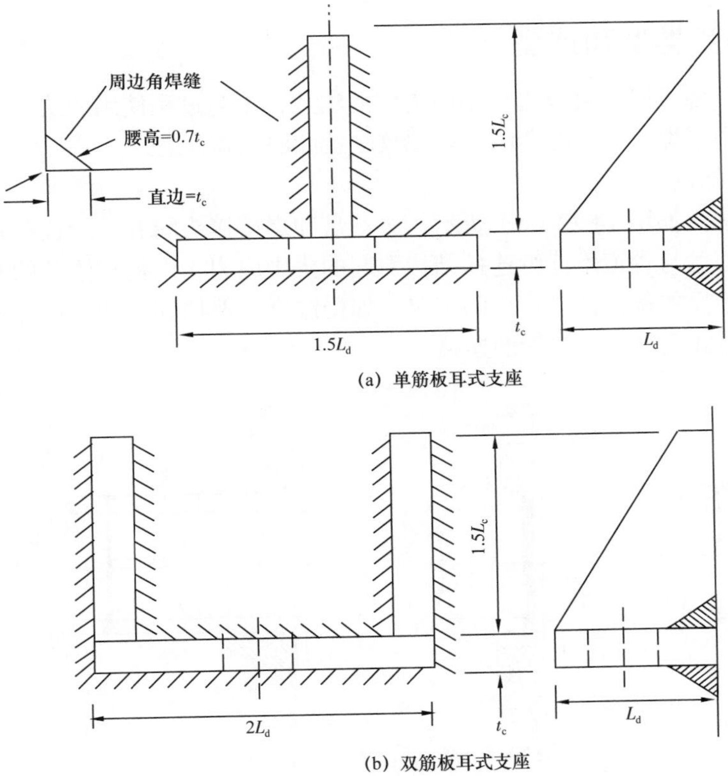

图 14.20　耳式支座上的载荷

（a）单筋板耳式支座

（b）双筋板耳式支座

图 14.21　耳式支座设计

图 14.21（a）显示了单筋板耳式支座设计：

$$F_{bs} = 60 L_d t_c \qquad (14.47)$$

图 14.21（b）显示了双筋板耳式支座设计：

$$F_{bs} = 120 L_d t_c \qquad (14.48)$$

式中　F_{bs}——耳式支座最大设计载荷，N；

　　　　L_d——耳式支座特征尺寸（长度），mm；

　　　　t_c——板厚，mm。

14.10　螺栓法兰接头

法兰用于管道和仪表与容器的连接，以及人孔盖、供方便出入容器的可拆式容器封头。为了便于运输和检修维护，可以采用设备法兰把容器分成几段。管道和泵阀等其他设备的连接也可使用法兰。直径小于 2in（50mm）管道通常采用螺纹连接。为了方便维修时拆装，管道间可采用法兰连接，但为了节约投资，管道通常采用焊接法连接。

按照结构尺寸进行分类，有直径为几毫米的管法兰，也有直径为几米的设备法兰。

14.10.1　法兰类型和选型

根据应用环境不同，可以选择不同类型的法兰，工艺过程使用的法兰主要类型有带颈对焊法兰、带颈平焊法兰、松套法兰、螺纹法兰和法兰盖。

（1）带颈对焊法兰。

带颈对焊法兰如图 14.22（a）所示。法兰盘和焊接接头间有一段长锥颈过渡段，该过渡段可降低因法兰与管道不连续连接结构引起的集中应力，以提高法兰的整体强度。带颈对焊法兰适用于操作条件比较苛刻的工况，如受温度、剪切和振动载荷影响的连接，常用于工艺过程容器间及容器与接管的连接。

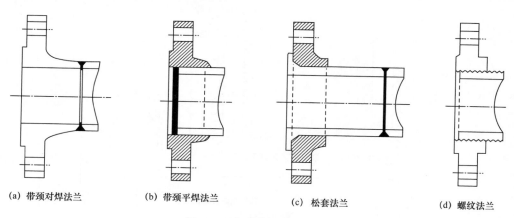

(a) 带颈对焊法兰　　　(b) 带颈平焊法兰　　　(c) 松套法兰　　　(d) 螺纹法兰

图 14.22　不同类型的法兰

（2）带颈平焊法兰。

带颈平焊法兰如图 14.22（b）所示。法兰盘套在管道或接管上用角焊缝焊接，多用于内部法兰连接，通常管道或接管端面至法兰面的距离为 0～2.0mm。与带颈对焊法兰相比，带颈平焊法兰造价较低，也更容易安装对中，但带颈平焊法兰的强度是相应标准带颈对焊法兰的 1/3～2/3，对冲击和振动载荷的承受能力较弱。带颈平焊法兰在管道系统中非常常见，对于一些工况条件比较简单、压力较低的管道，也可以用板材加工制造平焊法兰。

（3）松套法兰。

松套法兰如图 14.22（c）所示。松套法兰一般用于管道系统，由于法兰盘仍采用价格相对便宜的碳钢材料，因此用于不锈钢等昂贵的高合金钢管道时会比较经济。通常松套法兰翻边短节与管道焊接，对于某些规格的管道，翻边短节部分也可以直接用管材制作，从而降低管道的费用。

松套法兰有时被称为范斯通法兰（Van-stone flanges）。

（4）螺纹法兰。

螺纹法兰如图 14.22（d）所示。螺纹法兰用于将螺纹件连接到法兰上，也会用于难以保证焊接质量的合金钢管道。

（5）法兰盖。

法兰盖（盲法兰）是一块平板，用于封闭法兰接口，或用于人孔和检查孔的平盖。

14.10.2　垫片

垫片用于两个连接面之间防止泄漏。若不使用垫片，仅依靠机械加工方式将法兰表面粗糙度进行精加工，难于保证在一定压力下密封的要求。垫片采用"半塑料"型材料制作，在载荷作用下发生变形和移动，填充在不规则的密封面上，其充分的弹性可以抵偿在载荷作用下法兰变形带来的影响。

垫片可以用多种专用材料制造，选用在特定环境下使用和不同用途的垫片时，应依据制造厂商的产品目录和技术手册进行。表 14.5 中列出了一些常用垫片材料的设计参数，更详细的数据可查阅 ASME BPV 规范第Ⅷ卷第 1 册强制性附录 2、ASME B16.20，以及 Green 和 Perry（2007）的论述。垫片比压力 y 是使垫片材料移动并充填垫片不平整接触面所需要的单位面积上的应力（压力）。

垫片系数 m 是操作条件下垫片应力（压力）与容器或管道内压之比。内压会使法兰面分开，因此操作条件下垫片上的压力将低于初始拧紧压力。垫片系数给定了为保持垫片密封性能必须维持的作用在垫片上的最低压力。

选择垫片材料时必须考虑以下因素：

（1）工艺条件：压力、温度、工艺物料腐蚀性。

（2）密封连接接头是否需要反复多次拆装。

（3）法兰和法兰密封面类型（见 14.10.3）。

当压力低于 20bar 时，操作温度和工艺物料腐蚀性是影响垫片选择的主导因素；当温度在 100℃以下时，可选用植物纤维和合成橡胶制垫片；固态聚四氟乙烯（特氟龙）和压缩石棉橡胶垫可用于温度不高于260℃的工况；金属加强垫片可适用温度高达450℃；纯软金属垫片通常用于高温。

表14.5 垫片材料（根据ASME BPV规范第Ⅷ卷第1册强制性附录2的表2-5.1以及BS 5500—2003中类似表格）

垫片材料		垫片系数 m	最小比压力 y N/mm²	简图	最小垫片宽度 mm
无织物或含少量石棉纤维的合成橡胶	肖式硬度低于75	0.50	0		10
	肖式硬度不小于75	1.00	14		
具有适当加固物的石棉（石棉橡胶板）	厚度3.2mm	2.00	11.0		10
	厚度1.6mm	2.75	25.5		
	厚度0.8mm	3.50	44.8		
内有棉纤维的橡胶		1.25	2.8		10
内有石棉纤维的橡胶，具有金属加强丝或不具有金属加强丝	3层	2.25	15.2		10
	2层	2.5	20.0		
	1层	2.75	25.5		
植物纤维		1.75	7.6		10
内填石棉缠绕式金属	碳钢	2.50	20.0		10
	不锈钢或蒙乃尔	3.00	31.0		
波纹金属板，类壳内包石棉或波纹金属板内包石棉	软铝	2.50	20.0		10
	软铜或黄铜	2.75	25.5		
	铁或软钢	3.00	31.0		
	蒙乃尔或4%~6%铬钢	3.25	37.9		
	不锈钢	3.50	44.8		
波纹金属板	软铝	2.75	25.5		10
	软铜或黄铜	3.00	31.0		
	铁或软钢	3.25	37.9		
	蒙乃尔或4%~6%铬钢	3.50	44.8		
	不锈钢	3.75	52.4		

续表

垫片材料		垫片系数 m	最小比压力 y N/mm²	简图	最小垫片宽度 mm
平金属板内包石棉	软铝	3.25	37.9		10
	软铜或黄铜	3.50	44.8		
	铁或软钢	3.75	52.4		
	蒙乃尔	3.50	55.1		
	4%～6% 铬钢	3.75	62.0		
	不锈钢	3.75	62.0		
槽形金属	软铝	3.25	37.9		10
	软铜或黄铜	3.50	44.8		
	铁或软钢	3.75	52.4		
	蒙乃尔或 4%～6% 铬钢	3.75	62.0		
	不锈钢	4.25	69.5		
金属平板	软铝	4.00	60.6		6
	软铜或黄铜	4.75	89.5		
	铁或软钢	5.50	124		
	蒙乃尔或 4%～6% 铬钢	6.00	150		
	不锈钢	6.50	179		
金属环	铁或软钢	5.50	124		6
	蒙乃尔或 4%～6% 铬钢	6.00	150		
	不锈钢	6.50	179		

14.10.3　法兰密封面

按照法兰密封面的不同类型，法兰可划分为两种基本类型：

（1）全平面（宽面）法兰［图 14.23（a）］：密封接触面分布在螺栓中心圆内外两侧，覆盖整个法兰面。

（2）窄面法兰［图 14.23（b）、图 14.23（c）和图 14.23（d）］：法兰接触面在螺栓中心圆之内。

全平面（宽面）法兰结构简单且造价低廉，但仅适用于低压工况，其垫片面积大，高压工况下需要施加非常大的螺栓预紧力才能达到使垫片保持良好密封性所需要的压力。

图 14.23（b）所示突面法兰应该是工艺过程设备最常用的法兰类型。

如果法兰密封面是平的［图 14.23（b）］，垫片是依靠垫片与法兰密封面之间的摩擦力固定的。图 14.23（c）所示密封面为凹凸面或榫槽面，固定在槽内的垫片可以避免出现因垫片突然移位造成的失效。这种类型需要有配对法兰，因此费用会增加，适用于高压和高真空度工况。图 14.23（d）所示的环面密封法兰适用于高温高压工况。

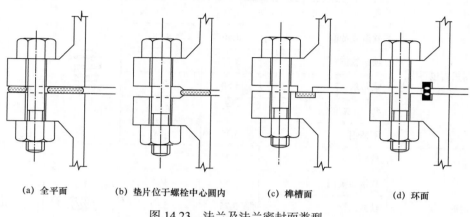

(a) 全平面　　(b) 垫片位于螺栓中心圆内　　(c) 榫槽面　　(d) 环面

图 14.23　法兰及法兰密封面类型

14.10.4　法兰的设计

多数情况下都选用标准法兰（见 14.10.5），只有当没有标准法兰可用或法兰结构尺寸很大时，才设计特殊法兰。例如，对于设备本体法兰，采用特殊设计的法兰比选用一个接近的标准法兰造价可能更便宜，此时设计特殊法兰。

图 14.24 显示了作用在法兰上的力。螺栓把密封面连接在一起，抵抗内压和垫片密封压力造成的力，由于这些力被抵消，法兰承受弯矩，可以将其简化为受到集中载荷作用的简支梁，法兰的大小应合适，以获得足够的强度和刚度来承受该弯矩。刚度不足时，法兰会轻微旋转变形，造成接头泄漏（图 14.25）。法兰的设计准则可参考 Singh 和 Soler（1992），以及 Azbel 和 Cheremisinoff（1982）的论述。Singh 和 Soler 提供了一个用于法兰设计的软件程序。

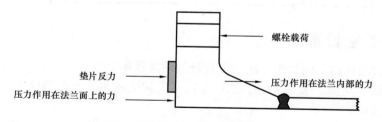

图 14.24　作用在整体法兰上的力

压力容器法兰的设计方法和步骤详见 ASME BPV 规范第Ⅷ卷第 1 册强制性附录 2。

为了便于设计计算，可将法兰划分为整体法兰和活套法兰。整体法兰的法兰颈部与管道或接管的直接连接起到支撑作用，法兰盘和法兰颈部构成一个"整体"结构。对焊法兰可划分为整体法兰的一种。活套法兰与接管（或管道）的连接不会从颈部获得明显支撑作用，不能认为是整体构件。螺纹和松套法兰是活套法兰的典型例子。

螺栓数量和尺寸的确定必须满足螺栓实际载荷小于螺栓最大许用应力的原则进行；螺栓间距确定原则应是使垫片受到的压力均匀，为方便使用扳手上紧螺栓，通常此间距不应小于螺栓直径的 2.5 倍，可用以下公式确定最大螺栓间距：

$$p_b = 2d_b + \frac{6t_f}{m + 0.5} \qquad （14.49）$$

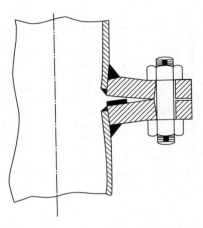

式中　p_b——螺栓间距，mm；

　　　d_b——螺栓直径，mm；

　　　t_f——法兰厚度，mm；

　　　m——垫片系数。

对螺栓的要求详见 ASME B16.5。

图 14.25　法兰强度/刚度不足时发生的变形（放大效果）

14.10.5　标准法兰

标准法兰有许多类型、尺寸和材料，广泛用于管道、接管和其他压力容器的配件。

法兰和管道附件的标准是由 ASME B16 委员会编制的，包括 ASME B16.5《管法兰及法兰管件》、ASME B16.9《工厂制造的锻钢对焊管件》、ASME B16.11《承插焊和螺纹锻造管件》、ASME B16.15《铸铜合金螺纹管件》、ASME B16.24《铸铜合金管法兰及法兰管件》、ASME B16.42《球墨铸铁管法兰及法兰管件》和 ASME B16.47《大直径钢制管法兰》等部分。

关于法兰美国标准的介绍和摘录可参见 Green 和 Perry（2007）的论述。

图 14.26 显示了基于 ASME B16.5 附录 F 的标准法兰典型结构。

标准法兰是按照室温下钢制法兰适用的工作压力进行压力等级分类设计的。

特定用途法兰的压力等级是依据设计压力、设计温度和材料类别确定的，允许因考虑高温下材料的强度降低，而选用比设计压力较高的压力等级的法兰。例如，设计压力为 10bar（150psi）150lb 等级的法兰可用于温度低于 300℃的工况，但如果使用温度为 300℃，则应选用 300lb 等级的法兰。碳钢制法兰的典型压力—温度额定值见表 14.6，其他更多材料的压力—温度额定值详见标准规范。

表 14.6　A350、A515、A516 制碳钢法兰压力—温度额定值（摘自 ASME B16.5 附录 F 表 F2-1.1）

温度，℉	法兰压力等级及对应的最大允许工作压力，psi						
	150	300	400	600	900	1500	2500
−20~100	285	740	985	1480	2220	3705	6170
200	260	680	905	1360	2035	3395	5655
300	230	655	870	1310	1965	3270	5450
400	200	635	845	1265	1900	3170	5280

温度，℉	法兰压力等级及对应的最大允许工作压力，psi						
	150	300	400	600	900	1500	2500
500	170	605	805	1205	1810	3015	5025
600	140	570	755	1135	1705	2840	4730
700	110	530	710	1060	1590	2655	4425
800	80	410	550	825	1235	2055	3430

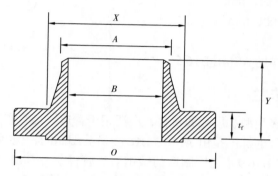

法兰等级	管子公称直径 mm	法兰外径 O mm	法兰厚度 t_f mm	法兰颈大端直径 X mm	法兰颈小端直径 A mm	法兰高度 Y，mm	法兰内径 B，mm
150	1.00	4.25	0.50	1.94	1.32	2.12	1.05
	2.00	6.00	0.69	3.06	2.38	2.44	2.07
	4.00	9.00	0.88	5.31	4.50	2.94	4.03
	6.00	11.00	0.94	7.56	6.63	3.44	6.07
	8.00	13.50	1.06	9.69	8.63	3.94	7.98
	12.00	19.00	1.19	14.38	12.75	4.44	12.00
	24.00	32.00	1.81	26.12	24.00	5.94	TBS
300	1.00	4.88	0.62	2.12	1.32	2.38	1.05
	2.00	6.50	0.81	3.31	2.38	2.69	2.07
	4.00	10.00	1.19	5.75	4.50	3.32	4.03
	6.00	12.50	1.38	8.12	6.63	3.82	6.07
	8.00	15.00	1.56	10.25	8.63	4.32	7.98
	12.00	20.50	1.94	14.75	12.75	5.06	12.00
	24.00	36.00	2.69	27.62	24.00	6.56	TBS

注：TBS的含义为由买方确定。

图 14.26　ASME B16.5 附录 F 中对焊标准法兰尺寸

　　与管道尺寸系列相对应的标准法兰的设计参数和尺寸详见 ASME B16.5 附件 F，前期进行法兰初步估算设计时可参考 Green 和 Perry（2007）论述中的法兰尺寸表，最终进行产品设计时应按照最新标准和供货商的产品样本。

14.11　焊接接头设计

　　工艺过程容器由筒体、封头和附件等预制部件组成，用熔焊方式把它们连接在一起。过去（20 世纪 40 年代以前）广泛应用铆合结构，但现在除了在很老的工厂，几乎看不到这种结构。

　　筒体部分通常采用板材按需要的曲率卷制而成，为减少焊接，根据市场上板材的幅宽，尽最大可能选用幅宽较大板材来制作筒体。筒节间的轴向焊缝应错开，避免出现十字焊缝。

　　压力容器制造会用到很多种焊接接头型式。图 14.27 至图 14.29 显示了几种典型焊接接头型式。

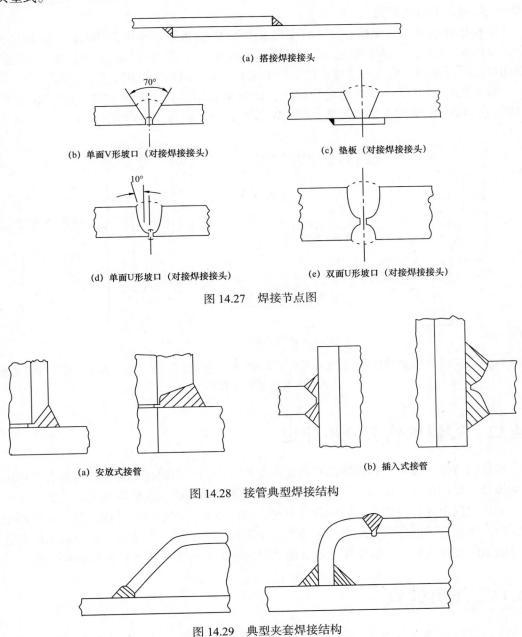

(a) 搭接焊接接头

(b) 单面V形坡口（对接焊接接头）　　　　　　(c) 垫板（对接焊接接头）

(d) 单面U形坡口（对接焊接接头）　　　　　　(e) 双面U形坡口（对接焊接接头）

图 14.27　焊接节点图

(a) 安放式接管　　　　　　　　　　　　　　(b) 插入式接管

图 14.28　接管典型焊接结构

图 14.29　典型夹套焊接结构

焊接接头设计应满足以下基本要求：

（1）方便焊接和检查；

（2）焊材消耗量最少；

（3）焊缝金属的熔合性好（如可行，应采用双面焊）；

（4）足够的柔性，避免热膨胀不同引起裂纹。

标准和规范推荐了常用较好的接头型式，如 ASME BPV 规范第Ⅷ卷第 1 册 UW 篇——焊制压力容器的要求。

应根据材料类别、焊接方法（自动焊或手工焊）、板厚和使用条件来确定焊接接头类型，双面 V 形或 U 形焊接接头用于厚板，单面 V 形或 U 形焊接接头用于薄板，不能进行双面焊接时可使用垫板。搭接接头很少用于压力容器的制造，可用于常压贮罐。

对于相焊不同厚度板材的对接接头，较厚侧采用削斜过渡的方式，坡度不大于 1/3（19°）（ASME BPV 规范第Ⅷ卷第 1 册 UW 篇 UW-9，如图 14.30 所示）。

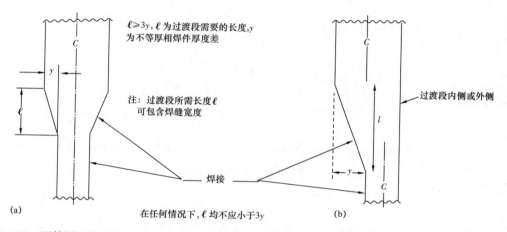

图 14.30 不等厚对接焊接接头［经版权所有者美国机械工程师协会（ASME）许可，摘自 2004 年版 ASME 规范第Ⅷ卷第 1 册］

14.12 容器的疲劳分析评定

操作过程中，容器壳体或零部件可能承受循环应力，引起循环应力的因素有操作压力周期波动、温度循环、振动、"水锤"、流体或固体流动波动、外部载荷周期波动。

如果出现上述任何因素且影响程度显著，则需要进行详细疲劳分析计算。在容器使用年限内，如果实际循环次数超出特定应力水平下的疲劳极限（导致疲劳失效的循环次数），则可能出现疲劳失效。应依据标准规范的规定判定是否需要必须进行详细疲劳分析。

14.13 压力试验

压力容器标准规范要求所有压力容器都要做耐压试验，以证明已完工容器的完好性

（ASME BPV 规范第Ⅷ卷第 1 册 UG-99）。通常采用液压试验，但在没有条件进行液压试验的情况下，可以用气压试验代替。由于压缩液体贮存的能量很少，因此液压试验更安全。当容器零部件所需厚度是按照标准规范计算确定时，则可采用标准压力试验，耐压试验压力比设计压力高 30%，试验压力应依据试验温度与设计温度下材料强度的不同和腐蚀裕量进行调整。

标准规范中给出了以下确定合适试验压力的典型公式：

$$试验压力 =1.30\left(p_d \frac{S_a}{S_n} \times \frac{t}{t-c} \right) \tag{14.50}$$

式中　p_d——设计压力，N/mm^2；

S_a——试验温度下材料许用应力，N/mm^2；

S_n——设计温度下材料许用应力，N/mm^2；

c——腐蚀裕量，mm；

t——实际厚度，mm。

当不能按照特定方法计算确定容器零部件所需壁厚时，ASME BPV 规范要求应进行耐压验证试验（见 ASME BPV 规范第Ⅷ卷第 1 册 UG-101）。在验证试验中，采用应变测量仪或其他相当的方法对容器的应力进行监测。验证试验过程中对容器或零部件进行持续检测，一直到使它屈服或破裂为止。关于容器耐压验证试验的要求详见 ASME BPV 规范第Ⅷ卷第 1 册 UG-101。

14.14　高压容器

很多商业化工艺装置中都有高压容器，如氨合成是在压力高达 1000bar 的反应器中进行的，高密度聚乙烯工艺操作压力高达 1500bar。

尽管 ASME BPV 规范第Ⅷ卷第 1 册未给定容器适用的最高压力上限，但通常情况下，在操作压力高于 3000psi（绝）（200bar）时，如按照该册进行压力容器设计，通常会很不经济。当压力大于 2000psi（绝）时，采用 ASME BPV 规范第Ⅷ卷第 2 册的设计准则进行设计通常会更经济。ASME BPV 规范第Ⅷ卷第 2 册对可采用的材料、允许的最高操作温度（不大于 900ºF）进行了限制，并对应力分析和试验均做了更严格的要求。对于高压容器，额外收取工程设计费是合理的，这是因为 ASME BPV 规范第Ⅷ卷第 2 册的准则允许采用更高的最大许用应力，这样可以降低容器壁厚。

在最高操作压力大于 10000psi（绝）（680bar）时，可遵循 ASME BPV 规范第Ⅷ卷第 3 册的设计准则。

关于高压容器及其附属设备（泵、压缩机、阀和管件）设计及制造的详细介绍可参考 Fryer 和 Harvey（1997）以及 Farr 和 Jawad（2006）等的论述。由于高压单层厚壁容器的壳体壁厚太大，焊接接头太深，因此其制造难度就特别大，通常采用多层容器。在多层容器制造过程中，外层对内层产生压应力，可以抵消操作过程中在内层产生的拉应力的影响。

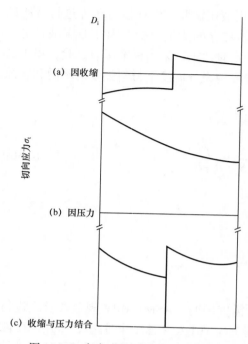

图 14.31　套合式多层筒节应力分布

14.14.1　复合多层结构容器

14.14.1.1　套合筒节

多层容器可通过筒节逐层套合来制造。外层筒节的内径比内层筒节的外径稍小，通过加热膨胀的方式套到内层上，冷却时外层筒节收缩并压紧内层筒节。双层容器的应力分布如图 14.31 所示。实际设计中可以采用 2 层以上筒节结构。

套合式多层筒节用于小直径容器，如压缩机圆筒缸体。有关套合式多层筒节的论述详见 Manning（1947）以及 Farr 和 Jawad（2006）的著作。

14.14.1.2　多层包扎容器

多层包扎容器是通过将很多层较薄的板缠绕在内筒上进行制造的。通过将层板进行加热、紧固和焊接，使多层容器壁获得预期的应力。容器采用锻制封头作为密封端。图 14.32 显示了一种典型的多层包扎容器结构。有关多层包扎容器制造技术的论述参见 Jasper 和 Scudder（1941）以及 Farr 和 Jawad（2006）的著作。

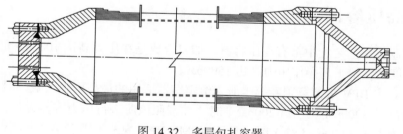

图 14.32　多层包扎容器

14.14.1.3　钢带缠绕式容器

圆筒体可以通过缠绕钢丝或薄钢带进行加强，在拉伸力作用下缠绕钢丝，从而使筒节受压缩。高压容器使用特殊锁紧钢带（图 14.33）增强筒节轴向强度，并使应力分布更均匀。可以通过加热缠绕钢带的方式增加预应力，这种结构详见 Birchall 和 Lake（1947）的论述。

14.14.2　自增强容器

自增强是给单层容器内壁施加预应力的技术，其应力分布与套合筒节类似。自增强采用液压方式使加工成形后的容器壳体处于超压状态，容器壳体内侧比外侧承受的应力更

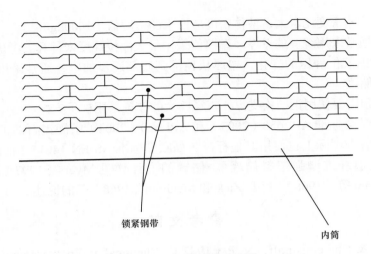

锁紧钢带

内筒

图 14.33　钢带缠绕式容器

大，造成壳体内侧发生塑性变形，处于超压状态的壳体内侧在释放"自增强"压力过程中，由于壳体外侧弹性收缩的作用受到压缩，整个壳体残余应力的分布类似于双层套合筒节。变形后，容器在较低温度（约 300℃）下进行退火处理，变形也强化了壳体内侧材料，容器在承受高达"自增强"压力下使用也不会发生永久变形。有关自增强技术的论述见 Manning（1950）以及 Farr 和 Jawad（2006）的著作。

多层压力容器制造的要求详见 ASME BPV 规范第Ⅷ卷第 1 册 ULW 篇和第Ⅷ卷第 2 册 D–11 和 F–8。

14.15　液体储罐

常压下液体储存最常使用平底锥顶立式圆筒形储罐，储罐容积从几十立方米到几百立方米不等。这类储罐的设计需要考虑的主要载荷是液体静压，但是也需要考虑风载荷，某些地区罐顶还需要考虑承受雪的重量。

承受液体静压的最小壁厚可采用薄壁圆筒体薄膜应力计算公式（见 14.3.4）：

$$t_t = \frac{\rho_L H_L g}{2 S_t E} \times \frac{D_t}{10^3} \qquad (14.51)$$

式中　t_t——液位高度为 H_L 时罐体的壁厚，mm；

H_L——液位高度，m；

ρ_L——液体密度，kg/m^3；

E——焊接接头系数（如果需要）；

g——重力加速度，$9.81 m/s^2$；

S_t——储罐材料的最大许用应力，N/mm^2；

D_t——储罐直径，m。

除非工艺液体密度比水大，液体密度应取水的密度值（$1000kg/m^3$）。

小型储罐通常采用统一的壁厚，壁厚值采用最大液位高度来计算。考虑到经济性，大型储罐壁厚考虑液位静压的变化，壁厚从顶部到底部逐步加厚，通常采用宽为2m（6ft）的钢板来制造储罐。

大型储罐顶需要使用钢结构支撑，直径巨大的储罐采用柱子支撑。

美国石油学会标准 API 650（2003）和 API 620（2002）中涵盖石油工业中常压储罐设计和制造内容。国际上也使用其他标准，如欧洲标准 BS EN 14015《钢制储罐》和 BS EN 13121《玻璃纤维增强塑料储罐》。储罐的设计详见 Myers（1997）、Farr 和 Jawad（2006）、Debham 等（1968），以及 Zick 和 McGrath（1968）等的论述。

参 考 文 献

Azbel, D. S., & Cheremisinoff, N. P. （1982）. Chemical and process equipment design : Vessel design and selection. Ann Arbor Science.

Bednar, H. H. （1990）. Pressure Vessel Design Handbook （2nd ed.）. Krieger.

Bhattacharyya, B. C. （1976）. Introduction to chemical equipment design, mechanical aspects. Indian Institute of Technology.

Bergman, D. J. （1963）. Temperature gradients for skirt supports of hot vessels. Trans. Am. Soc. Mech. Eng. （J. Eng. for Ind.）, 85, 219.

Birchall, H., & Lake, G. F. （1947）. An alternative form of pressure vessel of novel construction. Proc. Inst. Mech. Eng., 56, 349.

Brownell, L. E. （1963）. Mechanical design of tall towers. Hyd. Proc. and Pet. Ref., 42 （June）, 109.

Brownell, L. E., & Young, E. H. （1959）. Process equipment design : Vessel design. Wiley.

Case, J., Chilver, A. H., & Ross, C. （1999）. Strength of materials and structures. Butterworth–Heinemann.

Chuse, R., & Carson, B. E. （1992）. Pressure vessels : The ASME code simplified （7th ed.）. McGraw–Hill.

Debham, J. B., Russel, J., & Wiils, C. M. R. （1968）. How to design a 600,000 b.b.l. tank. Hyd. Proc., 47 （May）, 137.

Deghetto, K., & Long, W. （1966）. Check towers for dynamic stability. Hyd. Proc. and Pet. Ref., 45 （Feb.）, 143.

Escoe, A. K. （1994）. Mechanical design of process equipment, Vol. 1. Piping and pressure vessels （2nd ed.）. Gulf.

Farr, J. R., & Jawad, M. H. （2006）. Structural design of process equipment （3rd ed.）. ASME.

Freese, C. E. （1959）. Vibrations of vertical pressure vessels. Trans. Am. Soc. Mech. Eng. （J. Eng. Ind.）, 81, 77.

Fryer, D. M., & Harvey, J. F. (1997). High pressure vessels. Kluwer.

Gere, J. M., & Timoshenko, S. P. (2000). Mechanics of materials. Brooks Cole.

Green, D. W., & Perry, R. H. (Eds.). (2007). Perry's chemical engineers' handbook (8th ed.). McGraw-Hill.

Harvey, J. F. (1974). Theory and design of modern pressure vessels (2nd ed.). Van Nostrand-Reinhold.

Henry, B. D. (1973). The design of vertical, free standing process vessels. Aust. Chem. Eng. 14 (Mar.), 13.

Hetenyi, M. (1958). Beams on elastic foundations. University of Michigan Press.

Jasper, McL. T., & Scudder, C. M. (1941). Multi-layer construction of thick wall pressure vessels. Trans. Am. Inst. Chem. Eng., 37, 885.

Mahajan, K. K. (1977). Size vessel stiffeners quickly. Hyd. Proc., 56 (4), 207.

Manning, W. R. D. (1947). The design of compound cylinders for high pressure service. Engineering 163 (May 2nd), 349.

Manning, W. R. D. (1950). The design of cylinders by autofrettage. Engineering 169 (April 28th) 479, (May 5th) 509, (May 15th) 562 (in three parts).

Marshall, V. O. (1958). Foundation design handbook for stacks and towers. Pet. Ref., 37 (May) (supplement).

Megyesy, E. F. (2008). Pressure vessel hand book (14th ed.). Pressure Vessel Hand Book Publishers.

Moss, D. R. (2003). Pressure vessel design manual. Butterworth-Heinemann.

Mott, R. L. (2007). Applied strength of materials (5th ed.). Prentice Hall.

Myers, P. E. (1997). Above ground storage tanks. McGraw-Hill.

Nelson, J. G. (1963). Use calculation form for tower design. Hyd. Proc. and Pet. Ref., 42 (June), 119.

Scheiman, A. D. (1963). Short cuts to anchor bolting and base ring sizing. Hyd. Proc. and Pet. Ref., 42 (June), 130.

Seed, G. M. (2001). Strength of materials: An undergraduate text. Paul & Co. Publishing Consortium.

Singh, K. P., & Soler, A. I. (1992). Mechanical design of heat exchangers and pressure vessel components. Springer-Verlag.

Tang, S. S. (1968). Shortcut methods for calculating tower deflections. Hyd. Proc., 47 (Nov.), 230.

Timoshenko, S. (1936). Theory of elastic stability. McGraw-Hill.

Weil, N. A., & Murphy, J. J. (1960). Design and analysis of welded pressure vessel skirt supports. Trans. Am. Soc. Mech. Eng. (J. Eng. Ind.), 82 (Jan.), 1.

Wolosewick, F. E. (1951). Supports for vertical pressure vessels. Pet. Ref., 30 (July) 137, (Aug.) 101, (Oct.) 143, (Dec.) 151 (in four parts).

Yokell, S. (1986). Understanding pressure vessel codes. Chem. Eng., NY, 93 (May 12th), 75.

Zick, L. P. (1951). Stresses in large horizontal cylindrical pressure vessels on two saddle supports. Weld. J. Res. Suppl., 30, 435.

Zick, L. P., & McGrath, R. V. (1968). New design approach for large storage tanks. Hyd. Proc., 47 (May), 143.

Annaratone, D. (2007). Pressure vessel design. Springer.

Azbel, D. S., & Cheremisinoff, N. P. (1982). Chemical and process equipment design : Vessel design and selection. Ann Arbor Science.

Bednar, H. H. (1990). Pressure Vessel Design Handbook (2nd ed.). Van Nostrand Reinhold.

Chuse, R., & Carson, B. E. (1992). Pressure Vessels : The ASME Code Simplified (7th ed.). McGraw-Hill.

Escoe, A. K., 1986. Mechanical design of process equipment, Vol. 1. Piping and pressure vessels. Vol. 2. Shell-and-tube heat exchangers, rotating equipment, bins, silos and stacks. Gulf.

Farr, J. R., & Jawad, M. H. (2001). Guidebook for the design of ASME section VIII, pressure vessels (2nd ed.). American Society of Mechanical Engineers.

Farr, J. R., & Jawad, M. H. (2006). Structural design of process equipment (3rd ed.). ASME.

Gupta, J. P. (1986). Fundamentals of heat exchanger and pressure vessel technology. Hemisphere.

Megyesy, E. F. (2008). Pressure vessel hand book (14th ed.). Pressure Vessel Hand Book Publishers.

Moss, D. R. (2003). Pressure vessel design manual. Butterworth-Heinemann.

Roake, R. J., Young, W. C., & Budynas, R. G. (2001). Formulas for Stress and Strain. McGraw-Hill.

Singh, K. P., & Soler, A. I. (1992). Mechanical design of heat exchangers and pressure vessel components. Springer-Verlag.

API Recommended Practice 520. (2000). Sizing, selection, and installation of pressure-relieving devices in refineries (7th ed.). American Petroleum Institute.

API Standard 620. (2002). Design and construction of large, welded, low-pressure storage tanks (10th ed.). American Petroleum Institute.

API Standard 650. (1998). Welded steel tanks for oil storage (10th ed.). American Petroleum Institute.

ASME Boiler and Pressure Vessel Code Section II. (2004). Materials. ASME International.

ASME Boiler and Pressure Vessel Code Section VIII. (2004). Rules for the construction of pressure vessels. ASME International.

ASME Boiler and Pressure Vessel Code Section IX. (2004). Qualification standard for welding and brazing procedures, welders, brazers, and welding and brazing operators. ASME International.

ASME Boiler and Pressure Vessel Code Section X (2004). Fiber-reinforced plastic vessels. ASME International.

ASME B16.5–2003. Pipe flanges and flanged fittings. ASME International.

ASME B16.9–2003. Factory-made wrought buttwelding fittings. ASME International.

ASME B16.11–2001. Forged fittings, socket-welding and threaded. ASME International.

ASME B16.15–1985 (R2004). Cast bronze threaded fittings classes 125 and 250. ASME International.

ASME B16.20–1998 (R2004). Metallic gaskets for pipe flanges – ring-joint, spiral-wound, and jacketed. ASME International.

ASME B16.24–2001. Cast copper alloy pipe flanges and flanged fittings. ASME International.

ASME B16.42–1998. Ductile iron pipe flanges and flanged fittings, class 150 and 300. ASME International.

ASME B16.47–1996. Large diameter steel flanges, NPS 26through NPS 60. ASME International.

BS 4994, 1987. Specification for vessels and tanks in reinforced plastics.

BS CP 5500, 2003. Specification for unfired fusion welded pressure vessels.

DIN 28020, 1998. Horizontal pressure vessels 0.63m^{3}up to 25m^3– Dimensions.

DIN 28022, 2006. Vertical pressure vessels – vessels for process plants 0.063m^3 up to 25m^3– Dimensions

BS EN 13121, 2003 GRP tanks and vessels for use above ground.

BS EN 13445–1, 2002. Unfired pressure vessels – Part 1: General.

BS EN 13445–2, 2002. Unfired pressure vessels – Part 2: Materials.

BS EN 13445–3, 2003. Unfired pressure vessels – Part 3: Design.

BS EN 13445–4, 2002. Unfired pressure vessels – Part 4: Fabrication.

BS EN 13445–5, 2002. Unfired pressure vessels – Part 5: Inspection and testing.

BS EN 13923, 2006. Filament-wound FRP pressure vessels. Materials, design, manufacturing and testing.

BS EN 14015, 2005. Specification for the design and manufacture of site built, vertical, cylindrical, flat-bottomed, above ground, welded, steel tanks for the storage of liquids at ambient temperature and above.

习　题

14.1　一座卧式圆筒形储罐，椭圆形封头，用于在压力 10bar 下储存液氯，容器内径为 4m，长度为 20m。估算筒节和封头能承受此压力需要的最小壁厚。取设计压力为 12bar，材料最高许用应力 $110 \times 10^6 N/m^2$。

14.2　第 19 章示例 19.3 中，展示了一台将热量从煤油流股传到原油流股的换热器的传热设计，请初步完成这台换热器的机械设计，设计基础是示例中按 CAD 设计步骤得到的规格书。所有的制造材料为碳钢（半镇静钢或镇静钢）。设计应包括以下部分：

（1）确定设计温度和设计压力；

（2）确定需要的腐蚀裕量；

（3）选择端盖型式；

（4）确定壳体、管箱和端部的最小壁厚；

（5）校核换热管压力等级。

14.3　根据第 19 章示例 19.9 的传热设计，完成此台立式热虹吸式再沸器的初步机械设计。液体入口和蒸汽接口接管的内径为 50mm，两边的管箱皆采用平端结构。此再沸器采用 4 个支耳支承，支耳位于上管板以下 0.5m 处，换热管和壳体皆采用半镇静碳钢。设计应包括以下部分：

（1）确定设计温度和设计压力；

（2）确定需要的腐蚀裕量；

（3）确定管箱尺寸；

（4）确定壳体、管箱和端部的最小壁厚；

（5）校核换热管压力等级。

14.4　下面是一台筛板塔的规格参数，完成此塔初步机械设计，设计应包括以下部分：

（1）确定塔壁厚；

（2）选择并确定封头尺寸；

（3）确定接管和法兰（使用标准法兰）；

（4）设计塔裙座。

不需要设计塔盘和塔盘支撑件。

应考虑以下设计荷载：

（1）内压；

（2）风载荷；

（3）容器和物料（考虑容器中充满水）自重。

管道和外部设备载荷作用不明显，不需要考虑地震载荷。

塔规格参数如下：筒节长度为 37m。塔内径为 1.5m。封头为标准椭圆形。

50 块筛板。进料口位于塔器正中间部位，内径为 50mm；蒸气出口位于筒节顶切线以下 0.7m 处，内径为 250mm；底部物料出口位于塔底封头中心，内径为 50mm；回流口位于筒节顶切线以下 1.0m 处，内径为 50mm。

两个出入口（人孔）的直径为 0.6m，最好设置在底部以上 1.0m 和顶部以下 1.5m 处。裙座高 2.5m。塔带梯子和平台。保温采用岩棉，厚度为 50mm。

对于制造材料，壳体采用 304 型不锈钢，管口材料同壳体，裙座采用碳钢和镇静钢。设计压力为 1200kN/m^2，设计温度为 150℃，腐蚀裕量为 2mm。

完成带尺寸的简图，填写附录 G 中的塔器规格书（查阅 booksite.Elsevier.com/Towler 可获取）。

14.5　为加氢裂化工艺设计一台固定床反应器，此反应器在氢气环境下处理减压蜡油（相对密度为 0.85），处理量为 320000lb/h，温度为 650℉，压力为 2000psi，重时空速（WHSV）为 1.0h^{-1}，催化剂堆积密度为 50lb/ft^3，空隙率为 0.4。4 个催化剂床层，利用氢气在两个床层之间进行急冷来控制温度。完成此反应器初步机械设计，设计应包括以下部分：

（1）选择制造材料；

（2）确定容器尺寸，考虑所有内件的公差；

（3）确定所需壁厚；

（4）选择并确定封头尺寸；

（5）确定管口和法兰（使用标准法兰）；

（6）裙座设计。

不需要设计内件。

应考虑以下设计载荷：

（1）内压；

（2）风载荷；

（3）容器和物料（考虑容器中装满催化剂和蜡油）自重；

（4）水压试验，无催化剂，充满水。

14.6　考虑到抗腐蚀性能，采用铝材制造浓硝酸储罐，储罐内径为 6m，高为 17m，罐内最高液位为 16m，估算罐底所需壁厚，取铝材允许设计应力 90N/mm^2。

反应器和混合器的设计

15.1　概述

反应器是化工过程的核心设备，原料在反应器内发生化学反应并转化为产品。对给定的项目，反应器通常作为特殊设备来设计。当反应系统涉及催化反应或多相流时，每个反应器的设计都是唯一的且多为专利设备。即便是常规的搅拌釜，也会通过优化内部混合模式、进料添加点、传热表面、控制仪表等来实现定制应用。

关于化工动力学和反应工程的书籍有很多，具体可以参见本章末参考文献。本书未对化工动力学和反应工程相关知识进行介绍，本书介绍的重点是如何将反应器设计参数转换为工艺设备规格书，提供给设备设计团队，用于开展初步的反应器设计、图纸绘制以及设备规格书编制。

反应器设计是整体工艺设计的重要环节，是装置满负荷运行时设备实现预期产量和预期选择性的重要保证。工业设计中，反应器不会仅根据动力学和流体力学的详细模型来设计，而是在中试装置或已运行装置的反应器的基础上放大，综合考虑传热、传质、停留时间或其他因素的影响，考虑适当裕量，最终确定尺寸。真实反应器的体积更多取决于混合过程、分离过程或传热过程的需要，而不是反应所需的停留时间。

15.2　反应器设计

本节介绍了反应器设计的通用程序，该程序适用于大部分反应系统，对程序中每个步骤的具体介绍见后续章节。

15.2.1　反应器设计的通用程序

反应器的设计不应与整体工艺设计隔离。如第 2 章所述，反应器的设计需要确定满足反应转化率、选择性和副产物产量等的最佳反应条件。反应器的性能优化应包括过程分离系统和热回收系统，并且需要进行成本和经济分析。尽管反应器在装置固定成本中所占比例较低，但反应器的性能会对装置其他部分的投资以及装置运行成本产生显著影响。

反应器的设计从总体工艺设计开始，首先应设定反应收率和选择性的目标值，如 2.3.3 和 2.6.1 所述。此阶段得到的反应动力学数据很少，搭建的模型不能用于精确预测原料中污染物的影响以及副产品的生成。此时，设计者仅需要有一个大致的概念，即在给定的停留时间和空速下可能得到的产物的数量，并根据实验室提供的部分可靠数据开始着手反应器设计。

反应器设计的总体程序如图 15.1 所示，从图中可以看出，在某些步骤中，工程师需要与研究人员沟通以收集更多的数据。

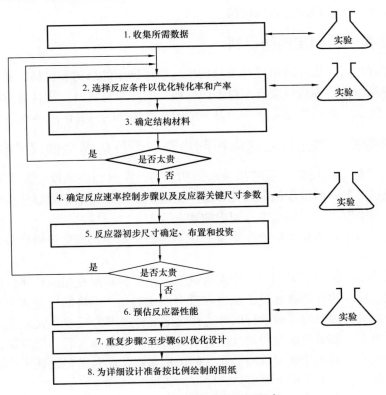

图 15.1　反应器设计的通用程序

15.2.1.1 步骤一：收集所需数据

与其他工艺设备设计相比，反应器的设计需要更多的实验数据输入。对于反应热和相平衡常数等一些必需的参数，可以通过商业化的流程模拟软件搭建模型来估算。对于扩散系数、传热系数和传质系数等参数，可以通过文献中的关联式估算。不过几乎所有的反应速率常数都必须通过实验来测定。

反应工程数据来源、反应热及传递性质的估算方法见 15.3 节。

反应工程数据的收集通常是一个迭代过程。当设计者和研究人员更为深入地了解反应器性能后，可能确定在不同的条件下操作反应器，或者逐渐了解影响反应速率的不同副产物或原料杂质。最初的实验或文献检索不可能提供可以覆盖所有可能的反应条件的全部信息，在反应器设计的下一阶段，如果有需要研究的新内容，则需要重新实验并收集更多的数据。

15.2.1.2 步骤二：选择反应条件以优化转化率和产率

选择的反应条件应保证反应器投资合理，反应转化率、选择性和收率达到最优，反应器的设计实现安全和可控。选择反应条件是反应器设计过程中最重要的步骤，有时其他工艺原因会改变反应条件，如循环流股中有杂质存在的情况。对反应条件选择更为详细的论述见 15.4 节。反应器的型式通常取决于选择的反应条件，如在所有反应物和产物均为气相的反应条件下，不能使用釜式反应器。

15.2.1.3 步骤三：确定结构材料

反应条件确定后，设计者可以初步分析反应器可选用的结构和材料。如果发现由于温度、压力或特殊组分等导致反应器不得不使用昂贵的合金材料时，设计者应将此信息反馈给研究团队，尝试寻找新的反应条件。关于结构材料选择的内容详见第 6 章。

15.2.1.4 步骤四：确定反应速率控制步骤以及反应器关键尺寸参数

该步骤主要是运用反应工程的相关知识和能力，在已确定的反应条件下，找到决定反应程度的关键参数。研究团队通过充分而广泛的试验，最终确定限制反应程度的物理过程。通常反应速率取决于下列基本过程中的某一项：

（1）本征动力学：也是反应速率本身。在多步骤反应中，通常最慢的步骤决定了整体反应速率。

（2）传质速率：传质在多相反应中尤为重要。反应物必定在相间传递，反应采用多孔非均相催化剂，反应物和产物通过扩散过程进出催化剂孔。测量的反应速率经常与传质速率相混淆，需要进行细致的实验进行区分，并确定哪种速率为反应器放大后的限制速率。

（3）传热速率：如果反应是吸热反应，当没有外界热量输入时，反应混合物的温度会下降。热量输入速率可能是确定反应器尺寸的关键参数，此时需要设置换热器或加热炉等供热设备以维持反应。关于反应器传热的详细论述见 15.6 节。

（4）进料速率：当反应为速率很快的放热反应，或者需要某一组分浓度很低以实现最佳产率时,设计者会限制一种反应物进料速率以实现"饥饿"反应。饥饿反应对于小型反应器是很好的反应控制策略,但很难应用于大型反应器,这是因为在大型反应器中很难实现均匀混合。

(5)混合速率:对于反应速率非常快的反应,混合原料的时间可能是限制步骤。如果反应产物对进料浓度很敏感,混合速率必须足够快,确保在反应发生之前反应物已达到需要的浓度,也就是混合速率不再是反应器设计的限制步骤。关于混合过程更为详细的论述见 15.5 节。

反应速率控制步骤可通过收集实验数据并搭建合适的动力学模型确定,可参考本章所附的参考文献。一旦确定反应速率控制步骤,设计者就能够得到重要的反应器尺寸参数(表 15.1)。这些参数确定后,根据反应器进料的质量流量或体积流量,可以进行反应器的放大设计,如放大反应器容积、装填催化剂的体积或质量以及传质的接触面积等。上述参数在有些情况下不适用于简单放大,如吸热反应由外输传热速率所控制的情况,详细论述见 15.6 节。

表 15.1 反应器尺寸确定的参数

尺寸确定的参数	定义	单位	说明
停留时间	$= \dfrac{\text{反应器体积}}{\text{体积流量}}$	时间	最普遍采用的反应器确定尺寸的参数,主要用于均相催化反应。需要注意的是,对于液相反应,反应器体积为液体体积而不是反应器全体积。体积流量按照平均反应条件计算。如果反应器中温度梯度非常大,很难计算可压缩气体的体积流量
空速（GHSV 为气体空速,LHSV 为液时空速）	$= \dfrac{\text{体积流量}}{\text{反应器(或更常用的是催化剂)体积}}$	时间$^{-1}$（常用 h^{-1}）	通常用于装有固体催化剂的反应器。体积指催化剂的装填体积,不考虑催化剂床层在工艺条件下膨胀。体积流量按照平均反应器条件计算
重量或质量空速（WHSV 为重时空速）	$= \dfrac{\text{质量流量}}{\text{催化剂质量}}$	时间$^{-1}$（常用 h^{-1}）	通常用于装有固体催化剂的反应器,使用 WHSV 可以避免麻烦,可用于沿着反应器体积流量发生变化的情况以及小型实验室用反应器和工业化反应器的催化剂的装填密度不同的情况
传递单元数	见 17.14.2。定义为浓度差或分压推动力的数值积分。不同的定义式可用于气相或液相	无量纲	用于速率控制步骤为气液相间传质的反应器。传质设备的设计见 17.14.2,多相反应器的设计见 15.8 节。使用合理定义的传质单元高度,通常包括相态之一的摩尔流量

反应速率控制步骤与试验过程所选择的反应器型式有关,反应器放大应采用同样的基本工艺过程以保证同样的反应速率控制步骤。

15.2.1.5　步骤五：反应器初步尺寸确定、布置和投资

一旦得到反应器尺寸参数，设计者可以根据设计流量估算反应器的体积和催化剂装填量等。体积估算仅为有效反应体积，反应器的设计还需考虑下列因素（这些因素可能会增大反应器的体积）：

（1）内部传热设备所占用的空间，如盘管、插入式管束、冷激区等（见 15.6 节）。

（2）气液分布、分布器、气液隔离或再分布器所占用的空间（见 15.7 节）。

（3）液相釜式反应器不能充满液体，一定的惰性气体空间使压力控制更容易，并减少了操作过程中流量微小变化导致液体超压的可能性。釜式反应器的设计装填量不能超过 90%，选择为 65%～75% 较好。如果有泡沫产生，液位控制要低一些，留出除沫器的空间。

（4）填料床或移动床应考虑支撑催化剂的惰性球或支撑格栅的空间。

（5）流化床应留出流体分布器、流体—固体隔离器、旋风分离器、传输管道等空间，还需考虑泡沫所占空间（见 15.7.3）。

影响反应器全体积的其他因素见 15.6 节至 15.10 节，其中介绍了反应器尺寸计算的指导方法。

反应器的几何尺寸取决于流体流型和混合情况。对于简单反应器，设计者会选择一种近似理想混合模式的反应器，见 15.2.2。对于包含多个反应区域的复杂反应器，设计者确定反应器尺寸时会优先（非必需）考虑在同一反应器中按正确顺序安排不同的区域。关于复杂反应器网络的更多论述见 15.11.2。某些情况下，需要根据反应要求增加额外设备，如反应产物有沉淀时配备结晶设备，反应是吸热反应且在高温下进行时需要配备加热炉等。

大部分反应器都属于压力容器。反应器的高度和直径确定后，可通过第 14 章介绍的方法计算设备壁厚。反应器的投资费用为压力容器费用与前文介绍的内部构件费用之和。设备的投资估算方法见 7.5 节，反应器尺寸计算和投资估算的案例见示例 15.4、示例 15.5 和示例 15.6。

如果最初设计的反应器投资费用过高，设计者可以返回步骤二，尝试找到其他反应条件以优化设计。

15.2.1.6　步骤六：预估反应器性能

反应器设计应确保真正实现转化率目标和主副产品选择性目标。不幸的是，采用实际尺寸的反应器做实验非常昂贵，但不制造实际尺寸的反应器并做实验又很难达到满意效果。

历史上，化工公司采用多次按比例放大中试装置的方法来验证反应器设计，连续建设的中试装置每次产量按比例增加 1 个或 2 个数量级。这种逐级放大的方法非常昂贵，延迟了新产品和工艺技术在市场推出。

目前，更普遍采用的方法是将实验方法与计算机建模相结合，尝试预测工业反应器的性能。这可以使设计团队取消部分中间放大步骤，从设计可靠的小型中试装置直接一步到

达工业规模的示范装置。反应器分析的计算机模拟方法见 15.11 节，实际反应器性能的确定方法见 15.12 节。

15.2.1.7　步骤七：优化设计

如果需要，可重复步骤二至步骤七以优化设计。通常情况下，反应器投资在总建设投资中占比很小，因此通过优化反应器设计来降低设备投资是浪费时间。然而，如果验证试验显示有未预料的组分存在或与小规模试验的选择性不同，则有必要重新评估并优化整个工艺流程，确保转化率目标、产量目标和选择性目标仍适用。

15.2.1.8　步骤八：为详细设计准备按比例绘制的图纸

最后，化学工程师需要将设计有效地传递给机械工程设计人员或设计团队。由于多数反应器设有大量的内部构件和辅助设备，如搅拌器、换热盘管等，容器的机械设计相当烦琐。机械工程师需要完整的外壳和内部构件规格，用于管口、加强圈、内部和外部支架以及其他部分的详细设计。传递所有规格参数的最佳方法是在包含所有必要特征、按比例绘制的工程图纸的准备过程中，反应器设计人员与机械设计人员充分合作。机械工程师通常会全程参与设计过程，并充分理解反应器的设计要求。

15.2.2　理想反应器和真实反应器

可通过反应器的流体流动特性与理想反应器的接近程度来描述反应器，理想反应器包括两种极端的型式——柱塞流反应器（PFR）和全混流反应器（WMR）。

实际中，真实反应器可以通过数个柱塞流反应器和全混流反应器形成的网络或组合所搭建的模型来表述（见 15.11.2）。

15.2.2.1　理想反应器

（1）柱塞流反应器（PFR）。

在理想柱塞流反应器中，同一批物料同时沿着反应器运动，只与同时进来的物料混合和反应，并作为同一批物料离开反应器。管式柱塞流反应器流体在径向充分混合，在轴向不混合，所有通过反应器的物料都具有同一停留时间 τ，物料沿着移动方向具有相同的温度和浓度。理想全混流反应器的表现与理想柱塞流反应器一致，不过物料随时间变化，而非随空间变化。

柱塞流反应器的尺寸可以通过反应器微元计算确定，如图 15.2 所示。反应组分（通常为进料组分）由反应引起的摩尔流量变化等于微元的反应速率：

$$dM = \Re dV \qquad\qquad (15.1)$$

式中　M——摩尔流量，等于体积流量 × 浓度；

$\quad\quad dV$——微元体积；

$\quad\quad \Re$——单位体积反应速率表达式。

由于反应速率和摩尔流量都可以通过反应组分的浓度或分压表示，对式（15.1）沿着反应器长度积分，可以得到反应停留时间与浓度或转化率之间的关系式。反应速率的表达方式不同，得到的关系式不同，在本章末的参考文献中可以找到各种示例。

（2）全混流反应器（WMR）。

理想全混流反应器内所有物料的温度和浓度相同，任何混合物性不随空间位置变化。反应器出料的浓度和温度与反应器内物料一致。物料进入全混流反应器后各组分快速混合达到相同条件，有些原料进入后立即排出，有些原料稍慢排出，因此停留时间分布较广（图 15.3）。

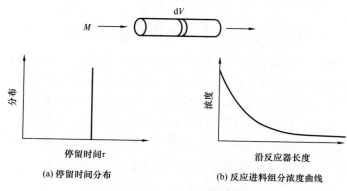

(a) 停留时间分布　　　　　(b) 反应进料组分浓度曲线

图 15.2　柱塞流反应器

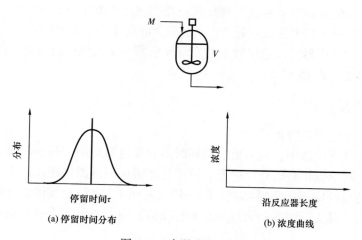

(a) 停留时间分布　　　　　(b) 浓度曲线

图 15.3　全混流反应器

可以通过反应器进出口物料平衡来计算全混流反应器尺寸：

$$M_{in} - M_{out} = \mathcal{R}V \tag{15.2}$$

式中　M_{in}——反应器进料任意组分的摩尔流量；

　　　M_{out}——反应器出料任意组分的摩尔流量；

　　　V——反应器体积。

与柱塞流反应器一样，全混流反应器的摩尔流量可以通过体积流量和浓度来表达，反应速率也可写为浓度的形式，式（15.2）可以改写为停留时间与浓度或转化率之间的关系式。本章参考文献中给出了不同的反应速率方程表达式。

15.2.2.2　真实反应器

尽管很多真实反应器的性能非常接近理想反应器并按照理想反应器搭建模型，但很少有真实反应器能完全达到理想反应器的性能（见 15.11 节）。接近理想反应器性能的真实反应器类型如图 15.4 所示。

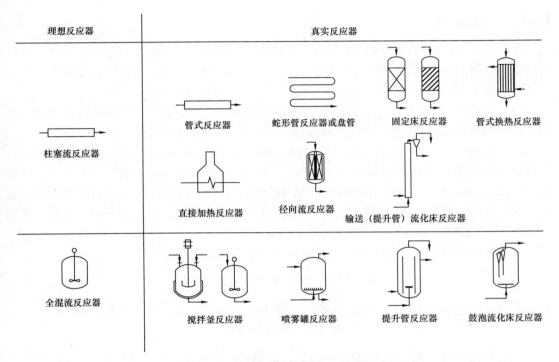

图 15.4　理想反应器与部分有相似流型的真实反应器

管式反应器和蛇形管反应器中流体流型接近柱塞流，不过沿轴向仍有一定程度扩散。简单管式（管道）反应器通常用于均相气相反应，如原油热裂解制乙烯和二氯乙烷热分解制氯乙烯。管式反应器也可用于均相液相反应。单相流通过填料床、换热管或炉管时，流型非常近似柱塞流，流化床输送相的流型也近似柱塞流。柱塞流反应器不一定是细长形。径向流反应器的催化剂床层通常比较薄，流体可快速通过多孔筛板间的催化剂床层（见 15.7.3 和图 15.29），即使通过床层的路径很短，由于很少返混，其流型也非常近似柱塞流。

连续搅拌釜反应器非常接近全混流反应器的性能，不过很难实现完全混合，混合不充分导致停留时间分布曲线偏离，分布曲线尾部更长。喷雾罐反应器和提升管反应器的液相流型为全混流，气相流型为柱塞流。以鼓泡床模式操作的流化床的固相流型为全混流，产生流化作用的液相或气相流型为全混流或柱塞流（见 15.7.3 ）。

真实反应器的示例见后续各节，特别是 15.5 节至 15.10 节。用理想反应器网络来搭建真实反应器模型的方法见 15.11.2。反应器设计的实践经验以及工业反应器的工况研究见 Rase（1977，1990）。工业反应器的分类及各类反应器的示例见 Henkel（2005）。

15.3 反应工程数据来源

本节简要介绍了反应工程数据的来源，如反应焓、反应平衡常数和吉布斯自由能、反应机理、速率方程和速率常数等。

15.3.1 反应焓

化学反应放出热量的多少取决于反应时的条件。标准反应热是在标准状态下进行反应时放出的热量。标准状态如下：纯组分，压力为 1atm（1.01325bar），温度通常为 25℃（不是必须条件）。需要注意的是，需将反应热按工艺过程的温度和压力进行校正。

商业化化学品的标准反应热数据可以通过文献查到，或者通过计算生成热或燃烧热得到。生成热和燃烧热的数据来源在 Domalski（1972）的文章中有介绍。

Benson 提出了一种详细基团贡献法来估算生成热（Benson，1976；Benson，1969），其预测该方法的精度范围从简单化合物的 ±2.0kJ/mol 到复杂化合物的 ±12kJ/mol。估算生成热的 Benson 法和其他基团贡献法详见 Reid 等（1987）的著作。如果用户没有手动输入生成热数据，商业流程模拟软件将使用基团贡献法来计算用户指定组分的反应焓，基团贡献法有时也用于数据库化合物。

列出反应热数据时，应注明反应基准并列出化学方程式，如：

$$NO + \frac{1}{2}O_2 \longrightarrow NO_2, \quad \Delta H_r^\circ = -56.68kJ$$

上述化学方程式中反应物和产物的数量以 mol 表示，也可注明采用的流量基准：

$$\Delta H_r^\circ = -56.68kJ/mol\ NO_2$$

反应为放热反应时，焓变 ΔH_r° 为负数，反应热 $-\Delta H_r^\circ$ 为正数。符号中，上标"°"表示在标准条件下，下标"r"表示化学反应。

如果反应条件下反应物和产物的相态不止一种，则应在反应方程式中注明相态（气体、液体或固体），如：

$$H_2(g) + \frac{1}{2}O_2(g) \longrightarrow H_2O(g), \quad \Delta H_r^\circ = -241.6kJ$$

$$H_2(g) + \frac{1}{2}O_2(g) \longrightarrow H_2O(l), \quad \Delta H_r^\circ = -285.6kJ$$

上述两个反应热的差别在于生成物水的潜热。

工艺计算时，通常以反应条件下反应产物的物质的量为基准来表示反应热，反应热表达为 kJ/mol（产物）。

温度会对反应热产生影响。在反应器设计中，反应热数据必须是反应条件下的数据。不正确的反应热数据可能会导致计算的加热或冷却负荷远远超过实际需要。

通过假设一个工艺过程并进行热量平衡，可以将标准反应热转换为反应温度下的反应热。先将反应物的反应温度转换为标准温度，在标准温度下进行反应，再将产物由标准温度转换为反应温度（图 15.5）。

$$\Delta H_{\mathrm{r},\ T} = \Delta H_{\mathrm{r}}^{\circ} + \Delta H_{产物} + \Delta H_{反应物} \tag{15.3}$$

式中　$\Delta H_{\mathrm{r},\ T}$——温度 T 下的反应热；

$\Delta H_{反应物}$——将反应物转换为标准温度的焓变（由于反应物被冷却，数值为负数）；

$\Delta H_{产物}$——将产物转换为反应温度的焓变。

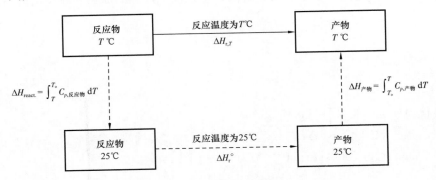

图 15.5　温度 T 下的 ΔH_{r}

压力也会对反应热产生影响。

式（15.3）可用更通用的形式表示如下：

$$\begin{aligned}\Delta H_{\mathrm{r},p,T} = \Delta H_{\mathrm{r}}^{\circ} &+ \int_{1}^{p}\left[\left(\frac{\partial H_{产物}}{\partial p}\right)_{T} - \left(\frac{\partial H_{反应物}}{\partial p}\right)_{T}\right]\mathrm{d}p \\ &+ \int_{298}^{T}\left[\left(\frac{\partial H_{产物}}{\partial T}\right)_{p} - \left(\frac{\partial H_{反应物}}{\partial T}\right)_{p}\right]\mathrm{d}T\end{aligned} \tag{15.4}$$

其中，p 为压力。

如果压力的影响很大，产物和反应物与标准状态的焓变应考虑温度和压力的影响（如使用焓值表），校正方法同仅是温度影响的方法一致。

商业流程模拟软件易于操作，可以快速估算出工艺过程温度和压力下反应器加热或冷却负荷。对于大多数数据库中的组分，其反应热是通过实验测定的生成热和热容数据计算的。对于用户定义的组分以及部分数据库组分，生成热和热容的计算采用基团贡献法，计算结果具有更多不确定性。

如果文献发表了标准反应热数据，可通过流程模拟软件搭建 25℃ 等温反应器模型来做快速校验，计算的加热或冷却负荷应与标准反应热相匹配。

如果多个反应同时发生，采用人工计算反应器的全部加热或冷却负荷非常烦琐，此时可用流程模拟软件帮助计算。

当采用流程模拟软件估算反应器的加热或冷却负荷时，需要牢记下列几点：

（1）模型中反应器进料温度和压力应为实际的进料温度和压力。如果进料温度高于或低于反应温度，显热的变化将对反应器的热平衡有重要影响。

（2）模型应包括对反应转化程度和转化率有较大影响的所有反应。计算反应器加热或冷却负荷时，最好使用转化反应器或收率反应器，除非产物在反应中达到平衡状态。各种标准反应器模型的介绍见 4.5.1。

（3）计算加热或冷却负荷时，可在反应器模型中加入一个热流股，不要规定该流股的热负荷，只需规定产物的期望温度，模拟器会计算需要的加热或冷却负荷。

如果可能，将模型计算的加热或冷却负荷以试验数据为基准进行比较。在小型中试装置上很难精确测量反应热，在工业放大阶段，应在模拟计算的加热和冷却负荷结果上再增加裕量。

示例 15.1

举例说明如何人工计算反应热平衡。

氯乙烯（VC）由 1，2-二氯乙烷（DCE）高温裂解制备而成，该反应为吸热反应，产品产能为 5000kg/h，转化率为 55%（图 15.6）。

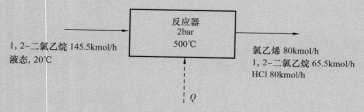

图 15.6 氯乙烯反应器示例

反应器为管式反应器，采用燃料气加热，燃料热值为 33.5MJ/m³。计算需要的燃料气量。

解：

反应为：

$$C_2H_4Cl_2\,(g)\longrightarrow C_2H_3Cl\,(g)+HCl\,(g)，\Delta H_r^\circ=70224kJ/kmol$$

原料中杂质含量小于 1%，在本示例中忽略不计。氯乙烯的选择性设为 100%。二氯乙烷转化率为 55% 时，氯乙烯选择性在 99% 左右。

气相热容数据：

$$C_p^\circ=a+bT+cT^2+dT^3，kJ/（kmol \cdot K）$$

物质	a	$b\times10^2$	$c\times10^5$	$d\times10^9$
氯乙烯	5.94	20.16	−15.34	47.65
HCl	30.28	−0.761	1.325	−4.305
二氯乙烷	20.45	23.07	−14.36	33.83

对于液相，20℃下二氯乙烷的 C_p 为 116kJ/（kmol·K），20～25℃时 C_p 为定值。

二氯乙烷在 25℃下的汽化潜热为 34.3MJ/kmol。

压力为 2bar 时，C_p 随压力的变化很小，因而忽略不计。

标准状态 ΔH_r° 的基准温度为 25℃（298K）。

$$原料焓值 = 145.5 \times 116（293 - 298）= -84390 \text{J/h} = -84.4 \text{MJ/h}$$

$$产品流股焓值 = \int_{298}^{773} \sum \left(n_i C_p \right) \mathrm{d}T$$

组分	n_i, mol/h	$n_i a$	$n_i b \times 10^2$	$n_i c \times 10^5$	$n_i d \times 10^9$
氯乙烯	80	475.2	1612.8	−1227.2	3812.0
HCl	80	2422.4	−60.88	106.0	−344.4
二氯乙烷	65.5	1339.5	1511.0	−940.6	2215.9
$\sum n_i C_p$		4237.1	3063.0	−2061.8	5683.5

$$\int_{298}^{773} n_i C_p \mathrm{d}T = \int_{298}^{773}\left(4237.1 + 3063.0 \times 10^{-2} T - 2061.8 \times 10^{-5} T^2 + 5683.5 \times 10^{-9} T^3 \right) \mathrm{d}T$$
$$= 7307.3 \text{MJ/h}$$

吸热反应系统消耗的热量 $= \Delta H_r^{\circ} \times$ 产品摩尔流量

$$= 70224 \times 80 = 5617920 \text{kJ/h} = 5617.9 \text{MJ/h}$$

原料汽化需要的热量（气相反应）$= 34.3 \times 145.5 = 4990.7 \text{MJ/h}$

热平衡：

$$输出 = 输入 + 消耗 + Q$$

$$Q = H_{产品} - H_{原料} + 消耗量$$
$$= 7307.3 -（-84.4）+（5617.9 + 4990.7）= 18002.3 \text{MJ/h}$$

假设加热炉的总效率为 70%，则：

$$所需气体流量 = \frac{热量输入}{热值 \times 效率} = \frac{18002.3}{33.5 \times 0.7} = 768 \text{m}^3/\text{h}$$

15.3.2　反应平衡常数和吉布斯自由能

反应平衡常数与反应吉布斯自由能变有关：

$$\Delta G = -RT \ln K \tag{15.5}$$

式中　ΔG——温度 T 时反应引起的吉布斯自由能变；

　　　R——理想气体常数；

　　　K——反应平衡常数。

$$K = \prod_{i=1}^{n} a_i^{\alpha_i}$$ （15.6）

式中　a_i——组分 i 的活度；

$\quad\quad\alpha_i$——组分 i 的化学计量系数，产物的化学计量系数为正数，反应物的化学计量系数为负数（反应物在分母）；

$\quad\quad n$——总组分数。

很多商业化反应过程的平衡常数可以通过学术检索工具（如 ACS 化学文摘检索工具 SciFinder® 或 Elsevier 的 SciVerseScopus® 等）在文献中查到。

平衡常数可用于计算主反应的平衡情况，保证正、逆反应速率的热力学一致性。但如果多个反应同时发生，利用最小吉布斯自由能计算平衡浓度更为容易。在所有商业流程模拟软件中，吉布斯反应器模型均采用这种方法计算。流程模拟中吉布斯反应器和平衡反应器的介绍见 4.5.1。

很多计算反应焓的方法同样适用于反应吉布斯自由能和平衡常数的计算。注意修正为反应条件下的吉布斯自由能，在大部分的反应工程或热力学教科书中可以找到吉布斯能变和平衡常数随温度和压力变化的方程式。当使用流程模拟软件计算平衡常数（或平衡组成）时，设计者应明白软件如采用基团贡献法计算吉布斯能和热容，计算结果可能误差较大。

实际化学平衡的测量比预想的还要复杂。原则上，在相同条件下维持足够长时间的反应体系会达到平衡，此时可以测量平衡组成，实际上由于下列因素的影响，化学平衡的测量很困难：

（1）真实反应系统中包含多种组分，很难确定哪些组分可以相互反应并对整体平衡做出贡献，特别是有关电解质溶液（包括大部分生物过程）的反应以及大分子量碳氢化合物的反应。通过足够的实验来确定所有可能的平衡常数是不现实的。

（2）如果不是就地测量反应混合物的组成，样品被提取、准备和分析过程中可能发生反应，导致组分分析错误。对于高温反应，该问题更为严重，这是因为提取的样品可能会因冷却导致组成偏离高温时的平衡组成。样品快速激冷法可以提高测量精确度，但对速度快的反应仍有偏离。

（3）速度慢的反应，如热降解，可能会影响反应最终的平衡，但对反应目标可能并不重要。

在使用文献中的平衡常数时，设计工程师应特别注意试验装置的设计和试验方法，使文献中的数据与试验反应器的条件一致。

15.3.3　反应机理、速率方程和速率常数

对于新手工程师，反应工程中最难掌握的概念之一就是进行反应器初期设计时不必知道反应速率。如果已经通过试验确定了所需的停留时间或空速，不需要任何动力学数据就可以完成反应器的设计和放大。在工业过程开发进程中，需要首先完成初步的反应器设计并做经济评估，经过一定时间后才会根据收集到的足够数据搭建包含所有反应的预测

模型。

反应速率方程表示反应物的反应速率或产物的生成速率，通常为混合物的浓度、温度、压力、吸附平衡和传质性质等的函数。工业上很少有反应仅为简单的一级或二级速率方程，原因如下：

（1）大多数工业过程使用多相催化剂或酶，为 Langmuir–Hinshelwood –Hougen–Watson 动力学或 Michaelis–Menten 动力学。

（2）许多工业反应需要在气相和液相之间或两种液相之间进行传质，总反应速率表达式包含传质影响。

（3）许多工业反应为多步骤反应机理，反应速率表达式不遵循总反应的化学计量数。

（4）大多数工业反应除主反应外，还存在具有多个竞争关系的副反应。每一个反应都对原料消耗量和产品产量做出贡献。

尽管如此，在许多情况下，为了估算达到规定转化率所需的停留时间，在一个较小的温度、压力和浓度范围内，主反应可近似为一级或二级反应。

反应速率方程和反应速率常数通过基本原理来计算并不可靠，需要通过拟合试验数据确定。本章的参考文献中详细介绍了如何通过试验方法测量速率常数，见 Green 和 Perry（2007）。Stewart 和 Caracotsios（2008）很好地介绍了模型辨识与参数计算的方法。

化学工程文献中有大量关于反应机理和速率方程的文章，可以在美国化学学会（ACS）化学文摘服务社出版的网络版化学文摘 SciFinder® 或 SciVerse Scopus 中查到。使用来自文献的动力学数据之前，设计者应认真查阅其他文章以确认数据可靠，最好能通过商业化工厂或中试装置数据来验证速率模型。

反应机理可能对反应过程或试验条件非常敏感，较小的温度或浓度变化就会导致速率控制步骤变化，特别是固体催化反应。速率方程通常由试验数据或工厂数据拟合得到，只能在数据适用的范围内插值使用。如果数据需要外推，必须收集更多的数据以确定速率模型仍适用。由于放热反应有可能飞温，因此这对放热反应尤为重要。对放热反应的反应机理和动力学的研究应该设定很宽的温度范围，有利于反应系统的安全设计以及为放空和泄放负荷计算收集数据（见 15.13.3）。

15.3.4 传递性质

15.3.4.1 传热

传热系数用于设计内部加热或冷却设备，以及在加热炉或换热器中进行的反应。管式换热器、加热炉、内部盘管、夹套容器和搅拌釜的传热系数可以根据第 19 章给出的方法计算。

催化剂装填在换热器的换热管内时，管内传热系数增加。管内填充颗粒后管内传热系数可以通过 Leva（1949）关联式计算。

$$加热：\quad \frac{h_i d_t}{\lambda_f} = 0.813 \left(\frac{\rho_f u d_p}{\mu} \right)^{0.9} e^{-6 d_p / d_t} \tag{15.7}$$

$$冷却：\frac{h_i d_t}{\lambda_f} = 3.50 \left(\frac{\rho_f u d_p}{\mu} \right)^{0.7} e^{-4.6 d_p / d_t} \qquad (15.8)$$

式中　h_i——填充管管内传热系数；

$\quad\quad d_t$——管直径；

$\quad\quad \lambda_f$——流体导热系数；

$\quad\quad \rho_f$——流体密度；

$\quad\quad u$——表观速度；

$\quad\quad d_p$——有效粒径；

$\quad\quad \mu$—— 流体黏度。

15.3.4.2　扩散系数

扩散系数用于传质为速率控制步骤的催化反应，以及气体吸收、精馏、液液萃取等传质过程。常规体系的实验室数据可以在文献中找到，但大多数设计需要计算扩散系数。

对于气体，可以使用 Fuller、Schettler 和 Giddings（1966）提出的公式计算扩散系数，该公式方便使用且计算结果可靠。

$$D_v = \frac{1.013 \times 10^{-7} T^{1.75} \left(\frac{1}{M_a} + \frac{1}{M_b} \right)^{1/2}}{p \left[\left(\sum_a v_i \right)^{1/3} + \left(\sum_b v_i \right)^{1/3} \right]^2} \qquad (15.9)$$

式中　D_v——扩散系数，m^2/s；

$\quad\quad T$——温度，K；

$\quad\quad M_a$，M_b——组分 a 和组分 b 的分子量；

$\quad\quad p$——总压，bar；

$\quad\quad \sum_a v_i$，$\sum_b v_i$ ——组分 a 和组分 b 的特定扩散体积系数之和（表 15.2）。

Fuller 方法计算详见示例 15.2。

液相中各组分的扩散系数可以通过 Wilke 和 Chang（1955）提出的公式计算，如下：

$$D_L = \frac{1.173 \times 10^{-13} \left(\phi M_w \right)^{0.5} T}{\mu V_m^{0.6}} \qquad (15.10)$$

式中　D_L——液体扩散系数，m^2/s；

$\quad\quad \Phi$——溶剂关联因子，水为 2.6（也有推荐 2.26），甲醇为 1.9，乙醇为 1.5，无关溶液为 1.0；

$\quad\quad M_w$——溶剂分子量；

$\quad\quad \mu$——溶剂黏度，$mPa \cdot s$；

$\quad\quad T$——温度，K；

$\quad\quad V_m$——溶质在沸点的摩尔体积，$m^3/kmol$，可通过表 15.3 用基团贡献法计算。

表 15.2　特定原子扩散体积（Fuller 等，1966）

原子和结构扩散体积增量			
C	16.5	Cl	19.5 [①]
H	1.98	S	17.0 [①]
O	5.48	芳烃或杂环	−20.0
N	5.69 [①]		
简单分子的扩散体积			
H_2	7.07	CO	18.9
D_2	6.70	CO_2	26.9
He	2.88	N_2O	35.9
N_2	17.9	NH_3	14.9
O_2	16.6	H_2O	12.7
空气	20.1	CCl_2F_2	114.8 [①]
Ne	5.59	SF_6	69.7 [①]
Ar	16.1	Cl_2	37.7 [①]
Kr	22.8	Br_2	67.2 [①]
Xe	37.9 [①]	SO_2	41.1 [①]

① 数据仅基于少量数据点。

表 15.3　结构贡献法计算摩尔体积（Gambill，1958）　　　单位：$m^3/kmol$

分子体积							
空气	0.0299	CO_2	0.0340	H_2S	0.0329	NO	0.0236
Br_2	0.0532	COS	0.0515	I_2	0.0715	N_2O	0.0364
Cl_2	0.0484	H_2	0.0143	N_2	0.0312	O_2	0.0256
CO	0.0307	H_2O	0.0189	NH_3	0.0258	SO_2	0.0448
原子体积							
As	0.0305	F	0.0087	P	0.0270	Sn	0.0423
Bi	0.0480	Ge	0.0345	Pb	0.0480	Ti	0.0357
Br	0.0270	H	0.0037	S	0.0256	V	0.0320
C	0.0148	Hg	0.0190	Sb	0.0342	Zn	0.0204
Cr	0.0274	I	0.037	Si	0.0320		
Cl	端部，如 RCl	0.0216	高酯	醚	0.0110		
	中间，如 R—CHCl—R	0.0246	酸		0.0120		

续表

	原子体积				
氮	双键	0.0156	与 S，P，N 结合	0.0083	
	三键，如腈类	0.0162	三元环	−0.0060	
	伯胺，RNH_2	0.0105	四元环	−0.0085	
	仲胺，R_2NH	0.0120	五元环	−0.0115	
	叔胺，R_3N	0.0108	六元环，如苯、环己烷、吡啶	−0.0150	
含氧类，除以下种类：		0.0074			
甲基酯		0.0091	萘环	−0.0300	
甲基醚		0.0099	蒽环	−0.0475	

Wilke–Chang 方法计算详见示例 15.3。

Wilke–Chang 关联式可通过图来表达（图 15.7）。利用该图，可根据 D_L 相关实验数据计算溶剂的关联常数。

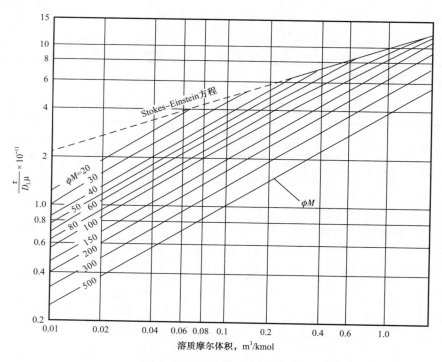

图 15.7　Wilke–Chang 关联图

Wilke–Chang 关联式适用于计算有机化合物在水中的扩散系数，但不适用于水在有机溶剂中的扩散。

示例 15.2

计算 1atm、25℃时甲醇在空气中的扩散系数。

解：

根据表 15.2 计算甲醇扩散体积。

元素	v_i
C	$16.50 \times 1 = 16.50$
H	$1.98 \times 4 = 7.92$
O	$5.48 \times 1 = 5.48$
$\sum_a v_i$	29.90

空气扩散体积为 20.1；1atm = 1.013bar；甲醇分子量为 32，空气分子量为 29。采用式（15.9）计算：

$$D_v = \frac{1.013 \times 10^{-7} \times 298^{1.75} \times (1/32 + 1/29)^{1/2}}{1.013 \left[(29.90)^{1/3} + (20.1)^{1/3} \right]^2}$$

$$= 16.2 \times 10^{-6} \, \text{m}^2/\text{s}$$

D_v 实验数据为 $15.9 \times 10^{-6} \text{m}^2/\text{s}$。

示例 15.3

计算 20℃（293K）下苯酚在乙醇中的扩散系数。

解：

乙醇分子量为 46，在 20℃的黏度为 $1.2 \text{mPa} \cdot \text{s}$。

采用式（15.10）计算：

$$D_L = \frac{1.173 \times 10^{-13} \times (1.5 \times 46)^{0.5} \times 293}{1.2 \times 0.1034^{0.6}} = 9.28 \times 10^{-10} \, \text{m}^2/\text{s}$$

根据表 15.3 计算苯酚的摩尔体积：

原子	体积
C	$0.0148 \times 6 = 0.0888$
H	$0.0037 \times 6 = 0.0222$

续表

原子	体积
O	$0.0074 \times 1 = 0.0074$
环	$-0.015 \times 1 = -0.015$
	$0.1034 \, m^3/kmol$

D_L 实验值为 $8 \times 10^{-10} m^2/s$，误差为 16%。

15.3.4.3　传质系数

传质系数用于多相反应器，如计算进出固体催化剂表面的物料通量和通过气液相界面的质量通量。对于给定的反应器设计，文献中很难找到合适的传质系数，通常需利用关联式来估算。

对于流体中悬浮的单个颗粒或液滴，可以通过 Frössling 公式（Frössling，1938）计算传质系数：

$$Sh = 2.0 + 0.552 Re^{0.5} Sc^{0.33} \tag{15.11}$$

式中　Sh——舍伍德数，等于 kd_p/D；

　　　k——传质系数，m/s；

　　　d_p——粒径，m；

　　　D——扩散系数；

　　　Re——雷诺数，等于 $\rho_f \upsilon_p d_p/\mu_f$；

　　　υ_p——颗粒相对流体速度，m/s；

　　　Sc——施密特数，等于 $\mu_f/\rho_f D$；

颗粒填料床的传质系数计算可以采用 Gupta 和 Thodos（1963）的公式计算：

$$Sh = 2.06 \frac{1}{\varepsilon} Re^{0.425} Sc^{0.33} \tag{15.12}$$

其中，ε 为床层空隙率；雷诺数 Re 根据流体通过床层的表观速度计算。

填料床气液传质计算见 17.14 节。从下降的液滴到气体的传质可用 Frössling 公式计算 [式（15.11）]。搅拌釜气液传质可根据 Van't Riet（1979）公式计算：

对于空气—水：

$$k_L a = 0.026 \left(\frac{P_a}{V_{液体}} \right)^{0.4} Q^{0.5} \tag{15.13}$$

对于空气—水—电解质：

$$k_L a = 0.002 \left(\frac{P_a}{V_{液体}} \right)^{0.7} Q^{0.2}$$　　　　（15.14）

式中　k_L——传质系数，m/s ；

　　　a——单位体积界面面积，m²/m³ ；

　　　Q——气体体积流量，m³/s ；

　　　$V_{液体}$——液体体积，m³ ；

　　　P_a——搅拌器功率输入，W。

其他低黏度系统的传质系数可以根据 Fair（1967）推荐的方法，利用空气—水传质系数计算得到：

$$\frac{(k_L a)_{系统}}{(k_L a)_{空气—水}} = \left(\frac{D_{L, 系统}}{D_{L, 空气—水}} \right)^{0.5}$$　　　　（15.15）

其中，D_L 为液相扩散系数，单位为 m²/s。

Green 和 Perry（2007）特别提醒，如果气液系统含有表面活性剂，使用传质关联式应特别注意。如有可能，将关联式计算结果应用中试装置的测试数据进行校正。

15.4　反应条件选择

反应条件选择对确定反应器型式有很大作用。通常最佳反应条件由研究团队通过实验确定，反应器设计者可以指导化学家们找到整体设计更为优化的反应条件。化学家们通常以产品实现最大产量为目标来优化反应条件，然而从工艺过程角度分析，满足反应器最大产量的反应条件不一定是最佳条件，这是因为在低转化率下操作通常可以提高选择性，进而提高整体工艺过程产量。如 2.6 节所述，通过初步的经济分析，设计工程师可以设定收率和选择性目标，使实验集中在更可能实现整体工艺过程优化的条件上。

当最终反应条件确定后，通过实验验证其实际目标收率和选择性是非常重要的。验证反应器设计的论述见 15.12 节。

15.4.1　化学或生物化学反应

生物化学反应涉及利用微生物、细胞或酶来完成的化学过程。许多化合物可以通过化学反应和生物化学反应两种途径合成，但某些高价值产品只能通过生物化学技术来合成。

生物化学反应必须在保持生物制剂（参加反应的微生物、细胞或酶）有效性的条件下进行。尽管生命已经进化至可探索地球上面对的各种条件，但大多数生命系统尚未强壮到能适应广泛的环境条件变化。即使单个酶，也不能在较宽的温度范围使用，如蛋白质在相对低的温度下也会发生热变性。维持生命的条件决定了生物化学反应器的反应条件。特定的生物化学反应通常被限制在温度、剪切速率、氧浓度、其他溶质的浓度，以及 pH 值相对较窄的范围内。最佳条件范围取决于所选择的生物质或酶。几乎所有的生物过程都要在水溶液中进行，大多数的操作温度略高于环境温度。生物化学反应器的设计将在 15.9

节介绍。

15.4.2　催化剂

催化剂提高了化学反应速率，自身却不会因反应而发生永久性变化。催化剂提高了反应速率，因而减小了反应器尺寸，在某些情况下降低了反应温度。最重要的是，催化剂对需要的反应有更好的选择性，可以促进该反应的进行，从而提高工艺过程的选择性。

关于催化反应器的详细论述见 15.8 节。如果可以找到对所需反应具有选择性的催化剂，与非催化过程相比，催化过程在经济上更有吸引力。因此，化学工业的许多研究和开发都是在努力寻找更好的催化剂。

使用催化剂也会给反应操作条件带来额外的限制。无论催化剂是均相的（与反应物同相）还是多相的（与反应物不同相，通常是固体），反应条件必须保证催化剂在合理的再生周期内的活性。总体来说，催化剂在高温下较不稳定，更具失活倾向。催化剂可能对原料中的污染物敏感，因此会对原料中的特定组分或循环流股中积累的特定组分的浓度有所限制。

15.4.3　温度

较高的温度通常可以提高反应速率、扩散速率和传质速率。高温能提高吸热反应的平衡常数，降低放热反应的平衡常数（图 15.8）。需要注意的是，许多放热反应即使在高温下也有很高的平衡常数。

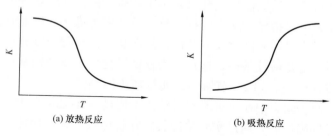

图 15.8　温度对平衡常数的影响

通常来说，提高反应温度会降低设计的反应器的成本，除非遇到以下限制或情况：

（1）微生物、细胞和酶等生物制剂在相对较低的温度就会被杀死或改性。大多数生物过程在 20～50℃范围内进行，很少有生物过程在超过 100℃温度下进行。

（2）大部分有机化合物在高温下发生热降解反应。氧气和氮气等特定物质可以加速热降解，分子结构越复杂的物质对热降解反应越敏感。随着温度升高，热降解开始对反应的选择性有不利影响。一些有机化合物在 100℃的低温下就对热降解很敏感。

（3）高温难以抑制副反应，如聚合反应和自氧化反应。这些反应不仅会降低选择性，还可能造成安全危害。

（4）氧化反应（一般为放热反应）的选择性通常会随温度升高而降低。温度升高使原料、氧化物和产品的局部最佳浓度很难被保持，产品被氧化趋势增加，因此选择性氧化反应通常在实际可达到的最低温度下进行，并且经常使用溶剂或稀释剂来降低反应放热的影响。

（5）高温下控制放热反应温度的难度大，反应发生飞温的可能性大。设计放热反应的反应器时，安全注意事项见 15.13 节。

（6）反应器的制造成本在很高的温度下可能令人无法接受。当温度高于 300℃时，钢材的最大许用应力将大幅降低。压力容器的设计规范规定了合金钢的最高使用温度（见 6.3.7）。

（7）当反应压力大于 70bar 时，温度 482℃（900℉）将成为一个很重要的临界点，该温度是 ASME《锅炉和压力容器规范》第Ⅷ卷第 2 部分规定的最高温度限值。如果操作时容器壁温高于这个限值，则需要根据更为保守（因而费用更高）的第Ⅰ卷规定来设计。如果温度更高，可以使用冷壁反应器，也就是在反应器内部衬耐火材料以降低压力容器外壳的温度，不过这将导致反应器尺寸加大，此外冷壁反应器需要定期检查确保衬里完整。

15.4.4 压力

选择反应器压力时，应考虑多种因素，但应考虑的主要因素应是确保反应组分在选择的温度条件下维持反应所需的相态。

某些情况下，选择的压力是为了允许或阻止某种组分汽化。例如，如果产品可以从气相回收，反应过程中将产品汽化对反应有利。或者，某些情况下，允许化学计量比的副产品汽化，使得主反应平衡发生移动。有时，也通过汽化原料、产品或溶液的方法移走反应热。

对于气相反应，增加反应压力可以提高反应物活性，进而提高反应速率。对于接近平衡的反应，反应产率的变化遵循勒夏特列（Le Chatelier's）原理。如果反应是总物质的量增加的反应，低压下可得到较高的平衡转化率；如果反应是总物质的量减少的反应，高压下平衡转化率较高。

对于气液反应，提高压力将提高气体组分在液相中的溶解度，提高反应速率。压力对传质速率的影响通常较小。与气体压缩增加的成本相比，反应器由于气体溶解度增加而节约的成本可以忽略不计。高压操作的另一个重要优势是减少了液体损失，这是因为蒸发至气相的液体减少，气体放空时携带的液体量减少。放空气体回收设备在高压操作时节省的成本通常大于反应器节省的成本。

15.4.5 反应相态

反应通常不在固相进行，除非反应物是难以溶解的，如煤、木浆、矿石、回收利用的聚合物等。在压缩、计量（流量控制）、加热、冷却以及工艺操作输送过程中，流体更宜掌控。固体反应物或产物（如固体颗粒、聚合物颗粒、矿物质等）在反应中通常悬浮于气相或液相中。

反应温度通常决定反应相态。总体来说，液相操作可以得到最高浓度且反应器设计最紧凑。但如果温度高于临界温度，则不可能形成液相。如果在合理的压力下，反应中各组分不能全部为液相，则需要采用多相反应器，引入传质阻力，并要求反应器气液相接触面积大（见 15.8 节）。有时为了保证反应在气相中进行，需要刻意降低压力使反应温度高于露点。

一些反应系统被设计为在两种液相中进行。与单液相反应器相比，液液反应器具有很多优势（见 15.7.2）。

15.4.6 溶剂

许多液相反应是将反应组分溶解在惰性溶剂中进行的。

溶剂有以下多种用途：

（1）稀释组分以降低副反应速率，提高选择性；

（2）增加气相反应物的溶解度；

（3）在反应相态溶解原本是固体的反应组分；

（4）提高系统热容量（热质量），减少反应引起的温度变化；

（5）将相互不溶的组分聚在一起，使其能够反应。

好的溶剂不应该参与主反应，并且不与副产品和原料污染物发生反应。好的溶剂应该成本低，并易于从反应产物中分离，且不应带来严重的安全或环境问题。流程工业中应用最广泛的一些溶剂性质见表 15.4。

表 15.4 常用工艺溶剂

溶剂	优点	缺点
水	（1）成本低，容易获得； （2）废物处理简单且便宜； （3）无毒，不易燃； （4）适应大多数生物制剂的自然环境； （5）强极性溶剂（相对介电常数为80.1），可以形成氢键，因而对许多有机物和无机化合物具有很高的溶解度； （6）高密度使其很容易从不溶性有机液体中分离出来，实现液液分离； （7）比热容高使系统热容量高，缓和反应热引起的温度变化，温度控制更容易； （8）适度压力下，在很大温度范围内仍保持液体状态	（1）离子的存在使水具有腐蚀性； （2）对许多非极性有机物的溶解度低； （3）盐或离子的存在会引起不需要的第二液相的形成； （4）多相催化在水相中很难完成（由于浸出、电偶效应等）； （5）与许多化合物形成共沸物，使下游分离比较困难； （6）与多种化合物反应； （7）高潜热使精馏回收需要更多能量； （8）必须认真处理污染的水，防止其污染地下水
低碳醇（甲醇、乙醇、正丙醇、异丙醇）	（1）低成本商品化学品； （2）中等极性溶剂（对于相对介电常数，甲醇为33，乙醇为25，正丙醇为20，异丙醇为18），可以形成氢键； （3）适度压力下，液体温度范围较广，但只要不存在共沸物，很容易通过分馏方法回收	（1）有毒； （2）易燃； （3）与水和含氧化合物（甲醇除外）有形成共沸物的倾向，需要更复杂的精馏回收溶剂； （4）容易氧化成醛和酸（异丙醇除外）
醋酸（乙酸）	（1）高偶极矩使醋酸成为一种良好的极性溶剂，尽管介电常数很低（6.2）； （2）能形成氢键； （3）抗氧化性强，作为溶剂广泛应用于氧化反应； （4）可在适中温度下通过分馏回收	（1）有毒； （2）含水时有腐蚀性； （3）易燃； （4）倾向于与其他含氧化合物形成共沸物

溶剂	优点	缺点
丙酮	（1）良好的极性非质子溶剂，对许多有机物包括聚合物具有较高的溶解性； （2）与水混溶； （3）正常使用时慢性毒性和急性毒性低	（1）易燃，闪点低（–20℃）； （2）在空气中的可燃性范围广，因此容易点燃
乙腈	（1）中极性溶剂（相对介电常数为37.5），能溶解许多电解质和有机化合物； （2）低黏度，因此广泛应用于色谱	（1）易燃； （2）中度毒性（乙腈可释放出氰化氢）
乙醚	（1）良好的非极性溶剂，对多种有机化合物的溶解度高； （2）水溶性低，允许产品液液萃取； （3）正常使用毒性低	（1）自燃点低（160℃），闪点低（–45℃），因此易燃； （2）易形成爆炸性过氧化物
卤代溶剂（氯仿、二氯甲烷、氟化溶剂等）	（1）卤化反应的类型和程度很广，允许开发范围广泛的化合物，可根据需求定制极性和挥发性； （2）与其他化合物的反应活性通常较低； （3）通常可设计为不易燃、无毒； （4）高密度，易于从不溶性液体中分离	（1）一些卤代溶剂（如氯仿）致癌； （2）如果焚烧，可能生成二噁英，处理费用很高，还有导致全球气候变暖的可能
苯	良好的非极性溶剂，在水中反应活性低，溶解度低，但具有高致癌性，因此尽可能用甲苯、环己烷或其他溶剂替代	（1）易燃； （2）有毒、致癌和严格管制
甲苯	（1）低极性； （2）与水的混溶性低； （3）反应活性比苯高，毒性比苯低多，因此比苯更适合作为芳香族溶剂	（1）有毒； （2）易燃； （3）致畸
环己烷	（1）低极性； （2）与水的混溶性低； （3）与多种化合物反应活性低	（1）极易燃（闪点 –20℃，自燃温度 245℃）； （2）有毒（对皮肤和肺有刺激作用）
石蜡（戊烷、正己烷、癸烷等）	（1）低极性，只溶解非极性化合物； （2）与水的混溶性低； （3）价格低； （4）与多种化合物反应活性低； （5）低急性毒性	（1）易燃； （2）挥发性随碳数变化，但轻质石蜡易于汽化和点燃

注：更多的安全信息（包括化学不相容信息）请参阅物质 MSDS 表。

　　有时，某种溶剂可以使反应和分离同时进行。例如，当反应中原料溶于溶剂但产物不溶时，产物会沉淀并被连续移出，反应平衡向完全转化方向移动。

　　选择溶剂时，应确保溶剂与反应混合物中的所有组分都相溶。一些常见的溶剂与氧化剂等成分很容易发生反应。

15.4.7 浓度

液相中的组分浓度可以被提高到饱和浓度，但是为了避免形成沉淀物或形成第二液相等问题，通常应避免在饱和浓度下操作。通过增加系统压力可以提高气相中组分的浓度（分压）。

15.4.7.1 原料

通常原料组分浓度越高，反应速率越快，反应器尺寸越小。在某些情况（如强放热反应）下，应避免原料组分浓度太高，可以将原料中的某种组分大量过量或加入某种惰性介质来降低组分浓度。

原料组分不需要按化学计量比提供，实际上，仅有极少的工艺过程需要按照化学计量比的原料。使其中一种组分浓度偏高的原料，可以提高反应的选择性或另一组分的转化率。例如，苯与丙烯反应生成异丙苯的烷基化反应通常是在苯过量的情况下进行的，因此增加了反应选择性，减少了二异丙苯和三异丙苯的生成，同时使得丙烯完全转化，避免了丙烯回收再利用。

15.4.7.2 副产品和污染物

反应器设计者和研究团队必须了解原料中所有可能存在的污染物和副产品的浓度是重要的参数，其对催化剂和反应速率的影响，对反应器性能和整体选择性起着至关重要的作用。在一定条件下，特别是当有循环流股存在时，对反应器性能进行试验是非常重要的。试验应以这些组分的预期浓度作为试验条件。

将部分副产物循环回反应器可能对反应有利。当副产物来自可逆反应，且不参与期望的化学反应的化学计量，副产物可以被循环直至消失，因而增加了期望产品的整体选择性。允许副产物在循环过程中积累可以抑制副产物的生成速率，在原料循环过程中允许副产物积累可以极大降低下游分离过程的成本。

原料污染物通常比副产物问题更多，特别是在生物过程和催化过程。进入发酵反应器的原料必须经灭菌处理，防止被细菌、病毒、真菌孢子等污染（见 15.9.3）。催化剂对各类有毒物质敏感，如金属、含硫化合物、含氧化合物、含氮化合物、一氧化碳（在贵金属上吸附力很强），甚至是水（水在固体酸催化剂上吸附力很强）。如果化合物在催化剂上有积炭倾向，并在循环流股中积累，结焦过程将加速催化剂的失活。

如果已知原料污染物的影响特别严重，需要修改设计，在反应器上游去除污染物。简单的方法是增加一个装有合适吸附剂的保护床（见 16.2.1），或者增加一个更复杂的工艺处理过程。

15.4.7.3 惰性组分

在反应混合物中增加惰性组分通常会增加反应器成本，同时增加下游分离成本。不过，在一些情况下是值得的。

（1）在气相反应中加入惰性组分可降低反应物的分压。对于物质的量增加的反应，可以增加反应的平衡转化率。

（2）稀释剂可以降低原料的反应速率或产品的反应速率，从而提高反应选择性。

（3）加入惰性稀释剂可使操作在可燃范围外进行。氧化反应通常加入贫氧空气（富含氮气）以降低形成可燃混合物的可能性。

（4）稀释剂的存在增加了混合物的热容流量，因而减少了反应热引起的温度变化；放热反应温度变化温和更加安全；减少了吸热反应的热量输入；避免了在反应器中形成热点或冷点。

（5）惰性组分可以添加到溶液中起缓冲作用，更加稳定地控制溶液的 pH 值或离子强度。

使用稀释剂最著名的例子是在乙烯裂解炉中通入蒸汽，蒸汽降低了进料分压，抑制了副反应，同时抑制了炉管结焦。

15.5　混合

混合工艺过程不仅在反应过程中起关键作用，在从原料制备到产品最终混合的很多其他工艺过程中也起着重要作用。所选用的混合设备取决于物料的性质和需要混合的程度。

在很多工艺过程中，部分或全部反应器进料被压缩到反应压力和加热到反应温度之前进行预混合。预混合通常用于固体原料需要被溶解或以浆态形式进料的情况，该种情况下液体和固体的混合通常采用间歇操作。

本节将论述流体的混合以及固体与流体的混合。干燥固体的混合见 18.4.11。关于混合的放大准则，见 Post（2010）的综述。

15.5.1　气体混合

由于气体黏度低、易于混合，因此很少采用专门的设备来混合气体。在一定长度管道内的湍流通常能满足多数混合要求。可采用促进湍流的设备，如孔板、叶片或挡板等，提高混合速率。通过管道布置实现管内混合，在 15.5.2 中有论述。

15.5.2　液体混合

在选择液体混合设备时，必须考虑下列因素：

（1）间歇或连续操作。

（2）工艺过程性质：混溶液体、溶液制备或不混溶液体的分散。

（3）所需混合程度。

（4）液体的物理性质，特别是黏度。

（5）混合是否与其他操作有关，如反应或传热。

管内混合适用于低黏度流体的连续混合，其他混合操作需要使用搅拌釜或专用混合设备。

15.5.2.1　管内混合

采用管内静态设备通过强化湍流以实现连续混合流体是比较经济的办法。一些典型的设计如图 15.9 所示，其中最简单的是混合三通加上管长等于 10～20 倍管径的一段管子［图 15.9（a）］，适用于低黏度（≤50mPa·s）且密度和流量接近的流体的混合。

插入式喷射混合器［图 15.9（b）和图 15.9（c）］是通过中心管或环管分布喷嘴将一种流体喷入另一种流体，通过雾化和湍流分散等达到混合目的。该设备适用于两种流体流量相差较大的情况，在管长为 80 倍管径处可获得满意的混合效果。设置挡板或其他限流设备可以降低所需的混合长度。

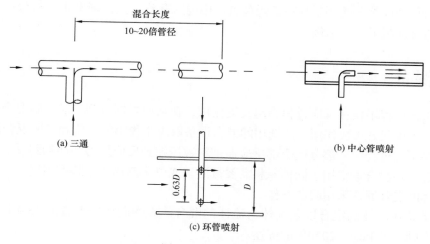

图 15.9　管内混合器

图 15.10 所示的静态管内混合器对层流和湍流都是有效的，并适用于黏性混合物。流体在每个元件上的分离和旋转导致径向快速混合（Rosenzweig，1977；Baker，1991）静态混合器有各种各样的专利设计，在互联网上可以很容易找到。关于液体在管道中的分散和混合见 Zughi 等（2003），以及 Lee 和 Brodkey（1964）等的著作。

图 15.10　静态混合器（Kenics 公司）

离心泵是有效混合和分散液体的管内混合器，此外还有各种电机驱动的带有专利技术的管内混合器用于特定需求（Green 和 Perry，2007）。

15.5.2.2　搅拌釜

在混合容器中安装某种型式的搅拌器可用于黏性液体的混合以及固体溶解的溶液制备。

搅拌釜反应器可视为基础化学反应器，是在传统实验室烧瓶基础上建立的大型模型。反应器的容积范围从几升到几千升，用于均相和非均相的液液反应和液气反应，以及含有细小悬浮颗粒的反应（通过搅拌使颗粒悬浮）。由于可以控制搅拌程度，搅拌釜反应器特别适于对传质或传热要求较高的反应。

大多数搅拌釜反应器不会设计成液体完全充满，在反应器顶部留有气相空间，这样更易于压力控制。搅拌釜不应在全容积的 90% 以上操作，典型的设计是在 60%～70% 容积下操作。有气体进料（用于液滴分离）或容易起泡的反应器可在较低的液位下操作。

关于搅拌釜中液体混合的内容见 Coulson 等（1999）的介绍，一些教科书也有相关讲解（Uhl 和 Gray，1967；Harnby 等，1997；Tatterson，1991，1993；McCabe，2001；Paul，2003）。

搅拌器和挡板在搅拌釜中的典型布置以及所产生的流型如图 15.11 所示。混合是由液体的整体流动造成的，从微观角度看，是由搅拌器产生的湍流涡旋的运动造成的。整体流动是研究可溶液体的混合以及固体悬浮液的最重要的混合机理，湍流混合在质量和热量传递过程中非常重要，可作为剪切控制工艺过程的考虑因素。

搅拌器的最佳选型取决于混合型式、容器容积以及黏度等流体性质。

用于高雷诺数（低黏度）流体的叶轮有 3 种基本类型（图 15.12），是根据流体离开叶轮的主要方向进行分类的。平直叶涡轮实质上是径向流动设备，适用于湍流混合（剪切控制过程）；螺旋桨和斜叶涡轮实质上是轴向流动设备，适用于整体流体混合。

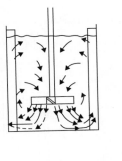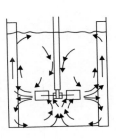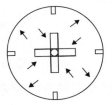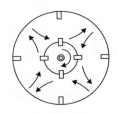

图 15.11　搅拌器布置及流型

桨式、锚式和螺带式搅拌器（图 15.13）和其他特殊形状的搅拌器适用于黏性较大的流体。

可以根据液体黏度和搅拌釜体积初步选择搅拌器型式（图 15.14）。图 15.14 改编自 Penny（1970）相似的搅拌器选择导引图。

涡轮搅拌器的叶轮与容器直径比可达 0.6，液位高度等于容器直径，通常使用挡板加强混合并减少涡流形成引起的问题。锚式搅拌器的叶片与容器壁间隙很小，锚的直径与容器直径之比为 0.95 或者更大。在液体中分散气体的搅拌器的选择见 Hicks（1976）的著作。

15.5.2.3　搅拌器功率计算

搅拌器功率取决于搅拌程度，适度搅拌需要的功率约为 $0.2kW/m^3$，剧烈搅拌需要的功率为 $2kW/m^3$。

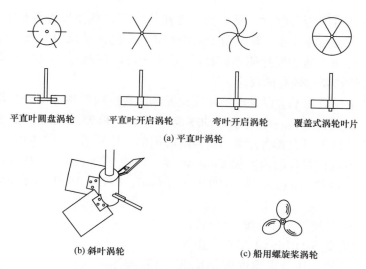

平直叶圆盘涡轮　　平直叶开启涡轮　　弯叶开启涡轮　　覆盖式涡轮叶片

(a) 平直叶涡轮

(b) 斜叶涡轮 　　　　　(c) 船用螺旋桨涡轮

图 15.12　基础叶片类型

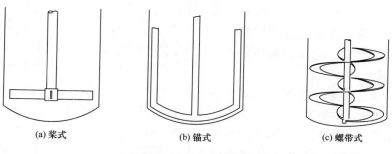

(a) 桨式　　　　　　　(b) 锚式　　　　　　　(c) 螺带式

图 15.13　低速搅拌器

搅拌器的轴功率可根据下列通用的无量纲公式计算，公式的推导过程见 Coulson 等（1999）的论述。

$$N_p = KRe^b Fr^c \qquad (15.16)$$

式中　N_p——功率指数，等于 $\dfrac{P_a}{d_a^5 N^3 \rho}$；

　　　Re——雷诺数，等于 $\dfrac{d_a^2 N \rho}{\mu}$；

　　　Fr——弗劳德数，等于 $\dfrac{d_a N^2}{g}$；

　　　P_a——功率，W；

　　　K——常数，取决于搅拌器的型式、尺寸，以及搅拌罐的几何结构；

　　　ρ——流体密度，kg/m^3；

　　　μ——流体黏度，Pa·s；

　　　N——搅拌器速度，r/s；

d_a——搅拌器直径，m；

g——重力加速度，9.81m/s^2。

不同型式搅拌器、各种几何结构和尺寸搅拌釜的常数 K 值以及指数 b、c 的数值可在 Rushton 等（1950）的论述中查到。Wilkinson 和 Edwards（1972）发布的关联式对计算搅拌釜中搅拌器功率消耗和传热非常有用，发布的关联式也包括非牛顿流体关联式。典型的螺旋桨和涡轮搅拌器的功率曲线如图 15.15 和图 15.16 所示。在层流区，指数 b 为 1，当雷诺数高时，功率指数与弗劳德数无关，指数 c 为 0。

各种情况功率的估算值可从表 15.5 中查到。

15.5.2.4 侧装搅拌器

由于在大型储罐的罐顶支承传统搅拌器是不现实的，因此采用侧装搅拌器进行大型储罐内低黏度液体的混合（Oldshue 等，1956）。

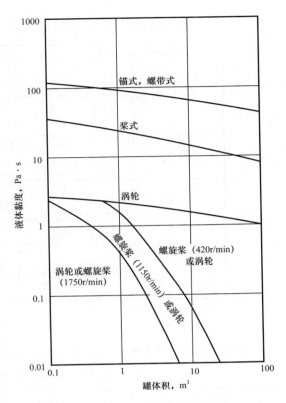

图 15.14　搅拌器选择导引

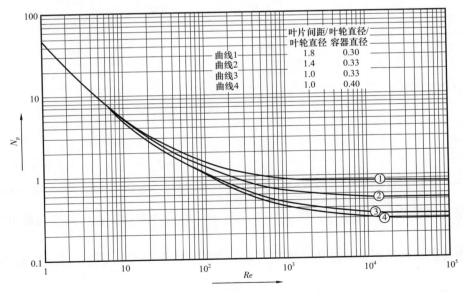

图 15.15　有挡板、简单三叶螺旋桨的搅拌器功率关联式（Uhl 和 Gray，1967）

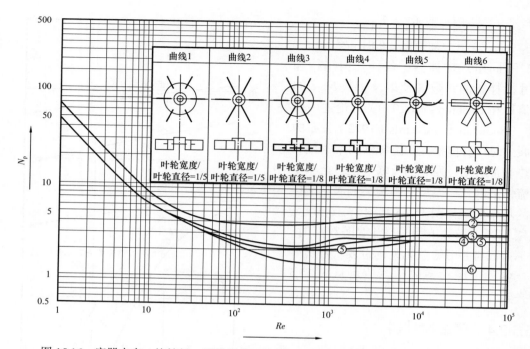

图 15.16　容器内有 4 块挡板、搅拌器采用涡轮叶片的功率关联式（Uhl 和 Gray，1967）

表 15.5　功率需求（带挡板的搅拌釜）

搅拌	应用	功率，kW/m³
温和	调配、混合	0.04～0.10
	均相反应	0.01～0.03
中度	传热	0.03～1.0
	液液混合	1.0～1.5
剧烈	悬浮浆液	1.5～2.0
	气体吸收	1.5～2.0
	乳液	1.5～2.0
猛烈	悬浮细浆液	>2.0

如果搅拌器用于易燃液体，需要特别注意轴封的设计和维护，任何泄漏都可能导致火灾。

对于易燃液体的混合，使用液体喷射器的方法被认为是本质安全（Fossett 和 Prosser，1949）。

15.5.3　气液混合

可采用管内混合、搅拌釜或气液接触设备使气体溶解于液体，见第 17 章。

当加入少量气体或者完全溶解气体时，可以使用管内混合器。最常见的配置是喷射混合器［图 15.9（b）］加上后面的静态混合器。有时在长的喷射管上开有多个小孔（图 15.17），称为气体分布器。

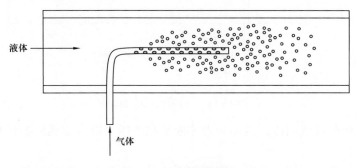

液体
气体

图 15.17　气体分布器

如果将气体注入搅拌釜，气体注入位置需要根据所选择的叶轮型式及相应得到的混合模式确定。注气设备通常为开有多个小孔的环管，开孔的方向用于加强气泡循环。采用计算流体力学（CFD）等方法分析气泡运动规律，以保证足够的持气率和界面面积（见15.11.3）。可利用式（15.13）至式（15.15）计算从气体到液体的传质速率。通常认为排出搅拌釜的过量气体已被液体中的所有组分饱和，如果搅拌程度高，可认为气体中液体的夹带率至少为 1%～2% 是合理的。

将气体注入液体可达到的搅拌程度见表 15.6，该表基于 Green 和 Perry（2007）提供的信息。

表 15.6　1atm 下在水中通入空气达到搅拌程度

所需的空气量（Green 和 Perry，2007）　　　　　　单位：$ft^3/(ft^2 \cdot min)$

搅拌级别	液体深度为9ft	液体深度为3ft
中度	0.65	1.3
完全	1.3	2.6
猛烈	3.1	6.2

可以使用喷嘴将少量液体分散在气体流股中（图 15.18）。喷嘴有多种型式并且为专利技术，喷嘴的选型需要向供货商咨询后确定。

如果在反应过程、传质过程或直接传热过程中有大流量的气体和液体接触，通常使用板式塔或填料塔，详细论述见第 17 章。

15.5.4　固液混合

将固体与液体混合可以溶解固体进料并形成浆液，完成难溶固体的输送和反应。固体通常被添加到搅拌釜中的液体中，尽管有时也会将液体送至类似混合槽的螺旋输送机。搅拌釜的设计在 15.5.2 已有介绍。

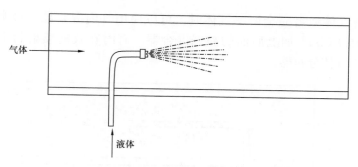

图 15.18 将液体注入气体

为了便于处理和输送固体，液体和固体通常在常压下混合，然后通过泵将混合物或浆液加压至所需压力。

为了精确控制溶解固体的浓度，液体和固体的混合通常为间歇操作。可以储存适度的溶液或浆液以维持连续进料并保证下游连续操作。储存浆液时应持续搅拌防止沉淀。

水力输送的原料浆液的制备见 18.3.5，当将固体加入液相反应器时，许多同样的考虑仍然适用。

15.6　反应系统的加热和冷却

通过补充和移出热量的方式实现对放热反应和吸热反应的温度控制是非常重要的。对吸热反应，有时热量输入速率成为反应速率的限制步骤。

15.6.1　反应器的加热和冷却

反应器设计增加加热或冷却设施通常会增加成本。设计者应该首先考虑以下几点：

（1）反应是否可以在绝热条件下进行？如果反应热很小，沿反应器的微小温度变化可以接受，则可以避免设计加热或冷却设施。如果在系统中增加稀释剂，反应物的热质量（热容量）将会增加，沿反应器的温度变化将会减小，增加稀释剂可以实现绝热操作。

（2）进料是否可以提供反应加热或冷却需要的热量？在反应器段间加入热进料可以为吸热反应提供热量。同样，在段间加入冷进料可以为放热反应提供急冷。一个商业化的例子就是在加氢裂化装置中利用氢气急冷来控制温升（图 15.19）。在搅拌釜和其他近似全混流的反应器中，可以通过进料温度（热进料或冷进料）与反应器温度的显热差值来平衡反应热。

（3）在反应器外部设置换热器是否更具成本效益？如果需要比较大的换热面积，简单反应器的设计会难以实现，这种情况下设计者可以考虑采用外部换热系统。具体例子详见后序章节。

（4）在传热设备中完成反应是否会更有效？如果需要的停留时间比较短，或者催化剂体积比较小，反应可以在换热管或加热炉管中进行。采用传热设备作为反应器的论述见15.6.4。

（5）设计是否能够满足开车和停车工况？加热和冷却系统应能灵活应对工厂的非稳态

操作工况以及稳态操作工况。

（6）加热和冷却反应器时是否设有安全措施？对于放热反应，设计者应该思考冷却系统失效将会发生什么，控制系统多快可以响应，是否可以在放热反应飞温前将反应终止。放热反应不需要加热器，必须考虑进料加热器、进料—出料换热器和反应器之间的关联性。是否考虑了传热介质泄漏至反应器或反应组分泄漏至传热介质的情况？

通过商业流程模拟软件可以很容易地估算反应器的加热或冷却负荷。设计者必须确保模拟软件采用的反应焓和热容量数据足够精确（见 15.3.1）。

新手设计师经常犯的错误是忘记预加热（或预冷却）反应器的进料，导致反应器的加热或冷却负荷过大。反应器的进料温度应该是需要的反应温度，热进料或冷进料用于控制反应温度时除外。

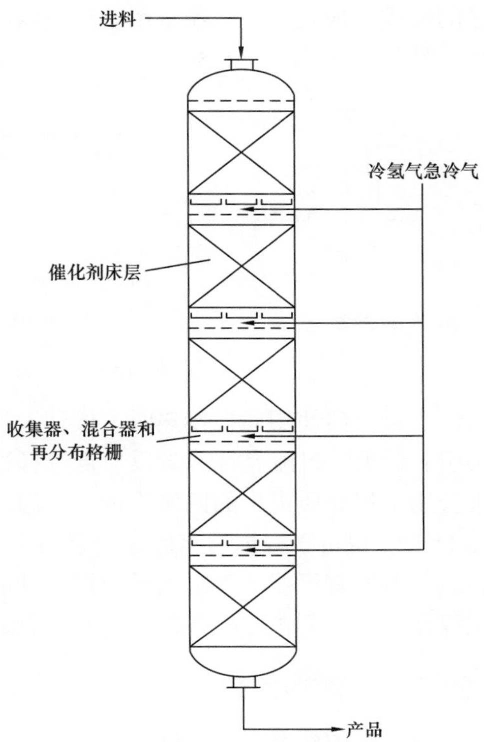

15.6.2　搅拌釜反应器的加热和冷却

图 15.19　在加氢裂化反应器中采用氢气急冷

搅拌釜反应器可以是间歇操作模式，也可以是连续操作模式。每种模式下加热或冷却物料的目的都是实现釜内各处温度均匀，消除热点或冷点。热点或冷点可导致结垢、非选择性反应，以及飞温等危险。加热或冷却设备不应破坏反应器的混合效果，不应形成不充分混合区或死点。

15.6.2.1　间接传热

关于搅拌釜传热的详细介绍见 19.18 节，传热系数关联式见 19.18.3。

图 15.20 显示了最常见的搅拌釜加热或冷却方法。热负荷低时可设置容器夹套［图 15.20（a）］，夹套的机械设计和传热设计见 19.18.1。夹套内使用的公用工程介质不同，流动方向也会不同。例如，采用蒸汽加热反应器时，蒸汽从夹套顶部加入，冷凝液从底部附近排出，而循环冷却水通常是自下向上流动。

如果夹套面积不能满足要求，可以使用内部盘管［图 15.20（b）］。内部盘管的传热及阻力降介绍见 19.18.2。尽管盘管可以提供更大的面积，但是布置盘管增大了反应器体积，同时盘管的清洗和灭菌也较为困难。

当加热负荷或冷却负荷较高时，应考虑采用外部泵循环［图 15.20（c）］。采用外部换热器取消了由于换热面积导致的体积限制，可以不受反应器设计的影响而独立优化换热器设计。流体在泵、管道和换热器中的停留时间应该从反应器需要的停留时间中减去。如果采用管壳式换热器，反应流体通常（但不总是）置于管侧，以尽量减少死点和不充分混合区的形成。板式热交换器常用于反应器的外部泵循环系统，原因是流体存量低、停留时间短，易于清洗。

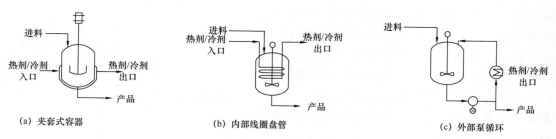

（a）夹套式容器　　　　　（b）内部线圈盘管　　　　　（c）外部泵循环

图15.20　最常见的搅拌釜加热或冷却方法

当反应器使用间接传热时，设计人员必须仔细检查确保传热表面局部的热点或冷点不会引起结垢、过度腐蚀或者反应低选择性。应计算最高或最低金属表面温度，它们通常位于公用工程介质进出的区域附近。壁温的计算可以基于反应器流体动力学的复杂模型（见15.11.3），也可以根据适当保守设定的内部和外部传热系数来简单估算。如果最高或最低金属表面温度有可能严重影响反应器的性能，设计人员应重新选择公用工程介质，降低公用工程介质与反应物之间的温差，这通常会导致换热面积增加，并可能导致反应器选型变化。

15.6.2.2　直接传热

（1）使用新鲜蒸汽加热。

如果反应混合物与水可兼容，且温度和压力也合适，可直接向反应器中注入新鲜蒸汽以实现直接传热（图15.21）。蒸汽通常是通过分布管或喷嘴注入，如果容器可以充分搅拌，简单地将管子插入液体也可以。

使用新鲜蒸汽后反应器不再需要换热面积，节省了反应器的投资。但另一方面，蒸汽损失在工艺流股中且冷凝液不能被回收，新鲜蒸汽的成本应包括锅炉给水的成本。工艺废水的处理成本也会增加。

使用新鲜蒸汽时，不是所有蒸汽都被冷凝，因此需要考虑离开反应器的净蒸汽流股。离开反应器的气体会被反应混合物中所有组分饱和，为了回收蒸发的组分，排放气通常会被冷却和冷凝。如果原本没有设置蒸汽回收系统，在评估是否使用新鲜蒸汽时，要考虑增加该系统对成本的影响。

（2）蒸发冷却。

如果工艺进料、溶剂或产品可以在反应温度下蒸发，则可使用蒸发冷却系统来冷却反应器。

在蒸发冷却系统中，来自反应器的气体通常在反应器外部冷却，冷凝并回收工艺过程流体。有些情况下会采用两段冷却，在空气冷却器或水冷却器后设置冷冻换热器，冷凝的流体通常会送回反应器以提供额外的冷量（图15.22）。

如果顶部蒸发冷凝系统的负荷足够大，就可以提供非常灵敏的温度控制。稍微降低压力可以很快引起大量蒸发，移走反应器热量，因此反应器的温度控制可以通过与压力控制串级实现。

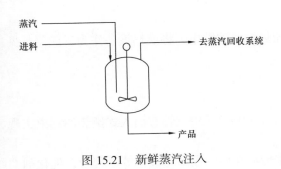

图 15.21　新鲜蒸汽注入

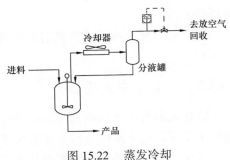

图 15.22　蒸发冷却

15.6.3　催化反应器的加热和冷却

15.6.3.1　浆态床反应器

如果固体催化剂与反应液体混合形成浆液，可通过 15.6.2 介绍的方法完成传热。浆液会引起磨蚀，因而不建议使用内部盘管。如果采用外部泵循环系统传热，设计时应采用可输送浆态物料的泵，浆液在换热器中应走管程，避免沉淀或者死点有催化剂颗粒析出。板式换热器可用于浆液的加热和冷却，不过设计人员需要与板式换热器的供货商沟通，确保板间距足够大以防止堵塞。

15.6.3.2　固定床反应器

采用间接传热对固定床反应器进行加热或冷却难度很大，原因是催化剂床层沿径向的温度很难保持均匀。温度径向变化会导致催化剂在热区失活更快，从而缩短了工厂为更换催化剂而停车的时间间隔。

加热或冷却固定床反应器最常见的方法是将反应器分隔为一系列小的绝热床，在级间设置加热或冷却（图 15.23）。每个床层的尺寸根据可接受的绝热温度变化来确定。对于吸热反应，入口温度不能太高，否则会影响选择性；出口温度必须足够高，以保持适当的催化剂活性。对于放热反应，情况正好相反，必须小心控制出口温度，确保反应不会失控。由于各个床层的反应速率不同，其尺寸也不相同。

在放大非等温填料床反应器时，设计人员必须确保每个床层的温度变化在放大前后保持一致。由于通过每个床层的温度不是均匀的，因此反应器放大时床层的入口温度和平均温度

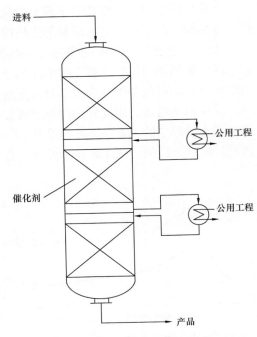

图 15.23　带段间加热或冷却的固定床反应器

应保持不变。

有时会将催化剂装入换热器的换热管或加热炉的炉管中，将换热设备作为反应器（见15.6.4）。

15.6.3.3 流化床反应器

流化床的传热系数很高（Zenz 和 Othmer，1960），采用盘管或插入式换热器管束实现流化床反应器的间接传热通常非常有效。

流化床中固体的热容量使得其本身可用作传热介质。在催化裂化等过程中，催化剂在再生器中被加热至反应温度以上，热的催化剂被送至反应器提供反应需要的热量及进料被汽化需要的热量，失活的催化剂回到再生器。该过程的详细论述见15.8.4。

15.6.4 换热设备作为反应器

当反应器为等温操作且反应热很大时，传热要求在设计中占主导地位，反应器必须设计为传热设备。常见的情况包括：（1）没有连续热输入并需要快速急冷的高温吸热反应；（2）为了维持选择性或考虑安全因素，必须保持恒温的低温放热反应。许多选择性氧化反应属于此范畴。

反应可以在任何传热设备内部进行，最常见的设备是管壳式换热器或加热炉。关于板式换热反应器的研究很多，但目前尚未广泛商业化使用。

15.6.4.1 均相反应

如果反应混合物为单相且不需要催化剂，换热式反应器的机械设计和布置与传统的传热设备相同。但是换热式反应器的传热设计要比传统换热器复杂得多。

由于反应速率随温度的变化为非线性关系，沿换热管长度的放热量（或吸热量）不同，因此换热器的传热计算方程不适用于换热式反应器的设计。例如，放热反应入口处进料浓度最高，可能会被认为入口处的反应速率最高，而实际上，随着反应的进行，温度升高，反应速率增加，因此管内的热点可能在距离入口一定长度处（图15.24）。换热器壳程的流型会使热点的位置进一步复杂化，因此确定换热器的有效温差并不容易。为了简化传热设计并有效控制公用工程侧的温度，许多管壳式换热反应器将饱和水或饱和制冷剂等作为冷却介质。

通过保守估算温差并以设计标准换热器的方法来设计换热式反应器是不明智的。换热面积设计过大，在实际操作中可能达不到需要的反应温度，需要改变公用工程介质的温度来满足需要的温度，代价是降低了安全裕量。这种方法在设计早期阶段可用于粗略估算反应器的投资，但在详细设计开始之前应确保修正设计。

对于工业放大，典型的方法是搭建反应

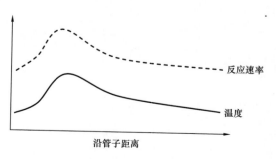

图 15.24 换热管中放热反应的温度和反应速率沿管子距离变化曲线

动力学和水力学的详细模型，如 15.11.3 所述，根据试验数据拟合模型，确保放大设计的正确性。

15.6.4.2　多相反应

当换热式反应器使用催化剂时，设计人员不仅要面对与均相反应同样的问题，还要考虑更为复杂的支撑催化剂的机械设计。

如果管壳式换热反应器为立式安装，可以将催化剂装填在换热管中，在每根管的末端或底部管板的下部紧邻位置设置合适的支撑丝网。这种设计可用于邻二甲苯氧化生成邻苯二甲酸酐的反应，反应用循环熔盐冷却，如图 15.25 所示，熔盐的热量用于发生蒸汽。

对于高温吸热反应，采用蒸汽或熔盐提供热量是不现实的，反应器应设计为由加热炉提供热量。由于烟气的导热系数低，加热炉对流段的传热速率太低不能用于反应供热，因此通常反应管必须放置在炉子的辐射段。在水平炉管内很难将催化剂装填均匀，因此反应炉管通常被垂直悬挂。设计必须允许管子热膨胀，热膨胀问题使 U 形管的使用比较困难，原因是冷点可能位于 U 形管一侧，导致管子弯曲。为了解决这个问题，已经开发出一些特殊的专利设计。例如，ICI 公司设计了一种套管用于甲烷蒸汽转化反应生成氢气（图 15.26）。甲烷蒸汽转化的化学过程在示例 4.5 中有更详细的介绍。根据 ICI 公司的设计，原料在转化炉对流段预热后，经过预转化反应器，在对

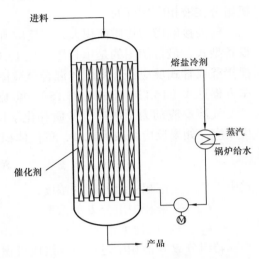

图 15.25　邻苯二甲酸酐反应器

流段再次加热，然后进入转化炉炉管。转化炉炉管为套管布置，催化剂装填在环隙中，工艺气自上而下流过催化剂，并通过内管流出。如果内管和外管的热膨胀不同，催化剂不会损失，管子也不会弯曲。

可以使用 Leva（1949）开发的公式建立催化剂填料床的传热模型（见 15.3.4）。设计多相换热反应器的注意事项与设计均相换热反应器相同，放大设计时必须建立动力学和水力学的详细模型。

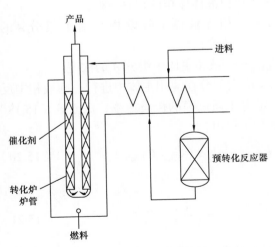

图 15.26　ICI 公司套管蒸汽转化反应器
（美国专利 US 4985231）

15.7　多相反应器

在多相反应器中，由于需要促进相间的传质，设计变得复杂，这通常是通过提

高界面面积来实现的。如果流动的相不止一个，设计可能还需要考虑相分离。

15.7.1 气液反应器

气液反应在许多化学过程中都很重要。许多有机化合物的氧化反应和加氢反应都是有机组分在液相中进行的。

气液接触塔的传质面积大，当反应所需的停留时间足够短时，可作为气液反应的首选设备型式，最常使用的是填料塔，见 17.14 节。如果液相需要较长的停留时间，可以使用搅拌釜或管式反应器。将气体混合至液体的方法见 15.5.3。气体喷射进入搅拌釜的传质速率方程见式（15.13）至式（15.15），见 15.3.4。

气液反应动力学取决于传质和化学反应的相对速率。设气体组分 A 与液体组分 B 发生反应，如果反应级数为二级，单位体积的反应速率方程可以写为

$$\mathcal{R} = k_2 C_A C_B \tag{15.17}$$

式中　C_A——液相中组分 A 的浓度；
　　　C_B——液相中组分 B 的浓度；
　　　k_2——二级速率常数。

若组分 B 在液相中过量，其组成可视为常量，式（15.17）可改写为

$$\mathcal{R} \approx k_1 C_A \tag{15.18}$$

其中，$k_1 = k_2 C_B$。

组分 A 通过气液相界面边界层的传质如图 15.27 所示。

单位体积液体的传质速率可以写为：

$$\text{传质速率} = k_L a \left(C_{A,\,i} - C_{A,\,\text{bulk}} \right) \tag{15.19}$$

式中　k_L——组分 A 在液相中的传质系数；
　　　a——单位液体体积的相界面积；
　　　$C_{A,\,i}$——相界液侧（假设相平衡）组分 A 的浓度；
　　　$C_{A,\,\text{bulk}}$——液相主体中组分 A 的浓度。

如果反应大部分在液相主体中进行，则液相中反应速率一定等于通过膜的传质速率，联立式（15.18）和式（15.19）得出：

$$k_1 C_{A,\,\text{bulk}} = k_L a \left(C_{A,\,i} - C_{A,\,\text{bulk}} \right) \tag{15.20}$$

因此

$$C_{A,\,\text{bulk}} = \frac{k_L a}{k_1 + k_L a} C_{A,\,i} \tag{15.21}$$

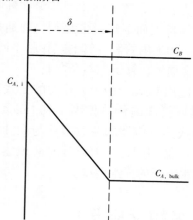

图 15.27　气相至液相传质

反应速率方程可以写为：

$$\mathcal{R} = k_1 C_{A,\,\text{bulk}} = k_L a C_{A,\,i} \frac{k_1}{k_1 + k_L a} \tag{15.22}$$

由式（15.22）可以明显看出以下两种情况：

（1）如果 $k_L a \gg k_1$，则：

$$\mathcal{R} \approx k_1 C_{A,\,i} \tag{15.23}$$

这是所谓的慢动力学控制体系，相平衡时，反应发生的速度可通过液相浓度来计算。在这种体系下，反应速率对相界面积不敏感，增加搅拌速度或单位体积的填料面积不会影响转化率。

（2）如果 $k_1 \gg k_L a$，则：

$$\mathcal{R} \approx k_L a C_{A,\,i} \tag{15.24}$$

这是所谓的慢传质控制体系，如果组分 A 在液相主体中的浓度为 0，反应速率等于传质速率，反应速率与相界面积成正比。

设边界层的厚度为 δ，对于上述任一体系，如果主体的反应速率大于膜的反应速率，可写为：

$$a \delta k_1 C_{A,\,i} \ll a k_L \left(C_{A,\,i} - C_{A,\,\text{bulk}} \right) \tag{15.25}$$

传质系数的定义为 $k_L = D_A / \delta$，当 $C_{A,\,\text{bulk}} \approx 0$ 时，可以导出：

$$\frac{D_A k_1}{k_L^2} \ll 1 \tag{15.26}$$

或者 $Ha^2 \ll 1$，其中 Ha 为八田数（Hatta number）。

$$Ha = \frac{\sqrt{D_A k_1}}{k_L} \tag{15.27}$$

其中，D_A 为组分 A 在液相中的扩散系数。

如果八田数约等于或大于 1.0，则反应实质上在边界层发生，分析变得更为复杂。在 Froment 和 Bischoff（1990）以及 Levenspiel（1998）等的著作中可以找到相应的反应体系以及详细的公式。

许多具有商业价值的气液反应都发生在慢传质控制体系，氧化反应和加氢反应都是放热反应，为了提高选择性，通常都在低温下进行。已知面积的降膜湿式塔式反应器可以用于测量 k_L 和 k_1，并用于反应器放大。大部分的气液反应的操作条件为气体组分不会完全转化，确保反应过程不会缺少反应物。未反应的气体可以被循环（设计排放气防止杂质积累），不过廉价的气体（如空气等）通常是一次通过。

15.7.2 液液反应器

液液反应发生在不混溶液相之间，通常为有机相和水相。例如，甲苯或苯与酸的硝化反应，乳液聚合反应，以及许多以液体酸作为催化剂的反应（如汽油烷基化）。

液液反应通常在搅拌釜中进行，搅拌可以形成高的用于传质的液液接触面积。与单级萃取混合罐—沉降罐的布置类似，搅拌釜后通常设置沉降罐，不同的相被分离后进入后续过程。然而，对于间歇过程，沉降通常在反应器中完成。通常根据所需的每个相的容量、一个相在另一个相中分散的难易程度，以及安全等因素，决定哪个相是连续的，哪个相是分散的。大多数情况下，反应只在某一相或相界上进行。

用于描述液液体系中反应传质过程的方程与气液反应的相关方程类似，其总速率通常由传质决定，而不是本征动力学。通过试验改变搅拌速率且其他条件保持不变，可以检测到液液反应的传质控制。当增加搅拌速率不再影响转化率时，反应不再受传质控制，而是由本征动力学控制。

由于表面活性剂对液滴聚结和破碎的影响，预测液液传质速率比较困难。气液传质系数的计算公式不能外推至液液系统。反应器放大过程通常是通过找到非传质控制的条件，然后假设单位反应体积的搅拌器功率输入一致。

液液反应器的设计示例在液液多相催化章节有论述，见 15.8.2。

沉降罐的设计相对简单，见 16.4.1。

15.7.3 气固反应器

使用固体催化剂的气相反应可以在固定床反应器、移动床反应器或流化床反应器上进行。当气体与固体反应物反应时，通常采用流化床反应器。

15.7.3.1 固定床反应器

在固定床反应器中，气体通过装有催化剂的静止的填充床。固定床催化反应器可能是用于高温催化过程和气体转化的最常见的反应器类型。使用固定床反应器的工艺实例包括氨合成、二氧化硫氧化、正构烷烃（石蜡）异构化、苯与乙烯或丙烯生成乙苯或异丙烯的反应。

固定床反应器的尺寸可以从换热管直径几厘米到炼厂大型工艺装置直径几米不等。由于需要现场制造，通常反应器的直径应避免大于 14ft（4.27m）。但如果是高压反应器，现场制造一个更大的设备的成本可能比两个反应器并联便宜。

在大多数气相固定床反应器中，气体从反应器顶部进入，向下流过催化剂床层。也可以采用上流式，但是设计人员必须注意避免流化的情况出现（见 18.2.2）。由于催化剂床层的压降远远大于设备顶部空间的压降，气体在床层更易分布。有时在设备顶部空间装满惰性瓷球，催化剂仅装填至设备切线处。反应器底部也装填一层惰性瓷球，用于支撑催化剂（图 15.28）。

固定床反应器底部必须设计合适的收集器用于阻挡催化剂，防止其被带至下游系统。出口收集器通常为壁上开孔的圆筒，并被焊在出口管内侧。

固定床反应器尺寸确定如下：

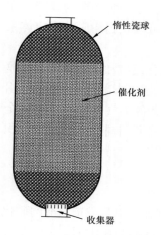

惰性瓷球

催化剂

收集器

图 15.28 固定床反应器装填

（1）根据空速决定需要的催化剂装填量。

（2）假设催化剂仅装填在压力容器切线至切线之间（不包括端部空间），设备为圆柱体，通常高径比在 1∶1 和 4∶1 之间。

（3）计算阻力降，如果阻力降太大，降低高径比。

（4）如果需要多次加热或急冷，在床层间留出内件需要的空间。

（5）用第 14 章给定的方法设计压力容器。

可以通过 Ergun 公式计算固定床反应器的阻力降（Ergun，1952）：

$$\frac{\Delta p}{L_b} = 150 \frac{(1-\varepsilon)^2}{\varepsilon^3} \frac{\mu u}{d_p^2} + 1.75 \frac{(1-\varepsilon)}{\varepsilon^3} \frac{\rho_f u^2}{d_p} \qquad （15.28）$$

式中　Δp——阻力降，Pa；

L_b——固体床层长度，m；

ε——空隙率；

μ——流体黏度，Pa·s；

u——流体以床层空截面积计算的速度，m/s；

d_p——颗粒有效直径，m；

ρ_f——流体密度，kg/m^3。

如果对阻力降有限制，则对床层的高度也有限制，设计人员需要选择较低高径比的设备。固定床反应器的设计见示例 15.4。

如果允许的阻力降非常低，则需要使用径向流的反应器，而不是设计高径比非常小的"薄饼式反应器"。径向流反应器的催化剂被装填在立式的多孔板或槽型开孔板之间的环形区域中，流体径向流过床层，流动方向可以是向内或向外。径向流反应器如图 15.29 所示。径向流的床层厚度可以很小，因此可以使用紧凑的立式圆柱体压力容器。

填料床反应器通常为绝热操作，尽管其内部也可以安装换热器或炉管。关于固定床反应器热量输入或输出的介绍见 15.6.3。为了加热或冷却催化剂而将固定床层分为多个较小的床层时，需要留出一定空间用于气体收集和气体再分布。设备的设计还需考虑附加管口（分支），用于进出加热器或冷却器的流股。

许多固定床反应器实质上在高于环境温度下操作，设计必须允许设备由于热膨胀引起的床层沉降。固定床反应器应避免频繁加热或冷却，这是因为设备在冷却过程中会收缩并挤压催化剂，可能导致催化剂破碎形成粉末，以及引起阻力降问题。

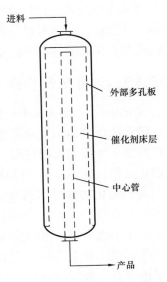

图 15.29　径向流反应器

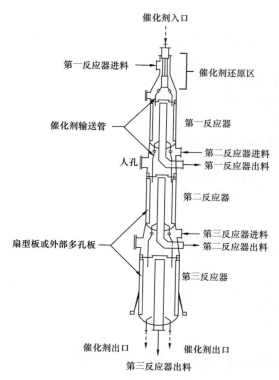

第一反应器进料
催化剂入口
催化剂还原区
催化剂输送管
第一反应器
人孔
第二反应器进料
第一反应器出料
第二反应器
扇型板或外部多孔板
第三反应器进料
第二反应器出料
第三反应器
催化剂出口　催化剂出口
第三反应器出料

图 15.30　UOP 催化重整反应器

15.7.3.2　移动床反应器

移动床反应器本质上是固定床反应器，且允许固体缓慢移动。移动床反应器适用于固体需要被逐渐移出的情况，例如，催化剂的失活速率较快，不能在反应器内部周期性再生，但其失活速率并没有快到需要使用投资较高的流化床反应器。

大多数工业化的移动床反应器为径向流反应器，当气体快速通过移动床时，催化剂在筛网之间向下流动。例如，UOP 铂重整专利技术应用于石脑油催化重整装置时采用了移动床，催化剂可以再生。反应器由三四个床层串联组成，床层之间设有加热，床层为立式叠加，使得催化剂可以在被送入单独的再生器前流过所有床层。UOP 催化重整反应器如图 15.30 所示。

已经有很多专利设计的移动床反应器被开发出来，可以很容易在 www.uspto.gov 或 www.delphion.com 等专利数据库中搜索到。

移动床反应器的设计要包括催化剂传送线、催化剂和其他内件所占体积。在确定压力容器尺寸之前，需要对反应器进行详细的机械布置。当评估一个新设计时，需要建立大型冷流模型以保证固体合理流动。

15.7.3.3　流化床反应器

流化床反应器中固体颗粒被气体流化，根据不同的流化状态，流化床反应器分类不同。流化床反应器广泛应用于固体反应物的转化，如煤燃烧、煤气化、生物质热解；应用于在高温下生成固体的过程，如流化焦化或聚合；应用于催化剂失活速率高需要频繁再生的催化过程，如炼油厂重油催化裂化过程。

关于流化的物理形态和流化床的性质介绍见 18.2.2 节。从图 18.8 中可以看出，流化的形态分布很广，依次为膨胀床、鼓泡、喷涌和最终气流输送。反应可在上述任意形态进行，流化形态可以是可能实现的混合模式的组合（图 15.31）。

接近流态化初期时，气体经过床层会有少许返混。尽管固体颗粒发生移动，但固体床层内没有大范围的混合 [图 15.31（a）]。随着气体流量增加，气泡开始形成，气泡搅动流化床，使固体接近良好混合状态，此时气相仍为柱塞流，不过气泡导致了一定程度的沟流 [图 15.31（b）]。在湍流流态化中，固体颗粒混合良好，床层的剧烈搅动导致气相返混，也导致流化接近良好混合状态 [图 15.31（c）]。在这种情况下，由于气体的影响，床层有大量的沟流，出现喷射、喷涌和大气泡。最终当气速高至足以携带固体时，气流输送形成，在输送模式下固体随气体一起流动，两相均近似柱塞流［图 15.31（d）］。需要注意的是，在输送型流化床中，固体颗粒的速度取决于流动方向，不必与气体的速度相同。气体和固体颗粒之间的滑移速度可以由浮力和阻力之间的平衡得到（本质上与计算自由沉降速度的平衡是一样的）。

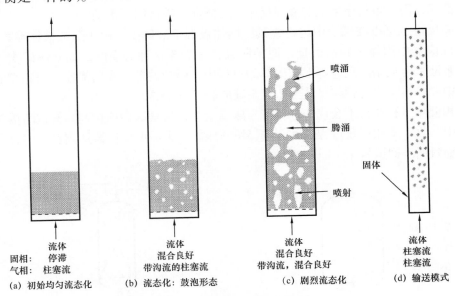

图 15.31　流化床反应器流化形态

流化床的传热传质速率明显高于固定床，外部传质很少是速率控制步骤。夹套和内部盘管的典型的传热系数约为 200W/（m² · ℃）。

流态化只能使用尺寸较小的颗粒（小于 300μm，充有气体）。固体颗粒需要有足够强度承受流化床的磨损，并且足够便宜用于补充磨损损失。固体颗粒可以是催化剂、流态化燃烧过程的反应物或为加强传热而加入的惰性粉末。

由于发生复杂混合、气泡可能导致沟流产生、很难计算固相和液相停留时间分布等，搭建流化床反应动力学模型具有挑战性。流化床反应的建模介绍见 Froment 和 Bischoff（1990），也可参见 Rase（1977）、Grace 等（1996），以及 Basu（2006）的著作。采用粒子动力学和动力学混合建模的说明见 Jung 等（2009）的著作。

流化床反应器的设计除了要满足固体颗粒在流化床层的膨胀，还要实现将夹带的颗粒从气相产品中分离，避免颗粒被带到反应器外部。通常在反应器出口设置一级或二级旋风分离设备，可安装在反应器外部或内部。旋风分离器设有下降管确保颗粒返回床层（图15.32）。旋风分离器的设计见 18.5.3。大量颗粒被回收后，可采用纤维过滤器或静电除尘等方法控制细颗粒物。关于从反应器产品中回收残留颗粒的过程或其他过程介绍详见 18.5节。除尘设备下游的任何设备都要按照有灰存在来设计。

根据颗粒的硬度及反应器的操作温度，为了防止颗粒磨蚀，可以在流化床反应器内设置耐火衬里。

15.7.4　液固反应器

如果液体连续流动，所有的气固反应器型式都可用于液固反应。由于液体和固体之间的密度差较小，固体的浮力增大，更容易发生流态化，需要特别注意液体自下而上流过填料床的情况，因此填料床型式的液固反应器更倾向于液体向下流动。

液固反应也可以在浆液中进行，其中固体被混于液体中。由于泵或液体搅拌的作用，在浆液反应器中固体更容易磨损，而某些过程是需要这种磨损的，如固体矿物的转化反应。在浆液聚合或结晶反应等形成固体的过程中，颗粒的剪切和磨损速率与颗粒的增长速率相折中并获得需要的颗粒尺寸分布。浆液的制备见 18.3.5。

多相催化过程通常不会优先选择浆态床反应器，这是因为催化剂容易被磨损并且很难从液体中回收。多相催化过程通常会选择填料床。如果需要反应器达到良好混合，可将部分出口物料循环回填料床（图 15.33）。

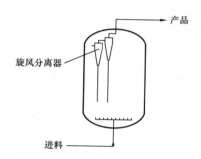

图 15.32　流化床反应器带内部旋风
分离器

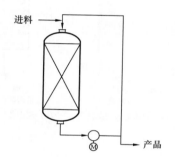

图 15.33　填料床反应器带出口物料
再循环

15.7.5　气液固反应器

当气体和液体在固体催化剂上发生反应时，需要使用三相反应器，如饱和脂肪加氢等加氢反应、醇胺化反应、石油馏分脱硫反应等。所有发酵过程均为三相，细胞为固相，在发酵液中通入氧气并且排出二氧化碳。

大部分的气液固反应主要在浆态床反应器或滴流床反应器中进行，很少用到填料鼓泡塔反应器。

15.7.5.1　浆态床反应器

用于液固反应的浆态床反应器的介绍见 15.7.4。将气体或蒸汽通过鼓泡或喷射进入浆态床反应器的方法更直接，气体到液体的传质速率的计算关联式与搅拌釜相同。

在高气速下，气泡的存在可以帮助混合液体，减少额外搅拌的需要。环流反应器和导流管反应器即利用该特点。在环流反应器中，气体从 U 形反应器环管（上升管）一侧的下部加入，气体与液体在上升管顶部脱离，上升管与环管另一侧的密度差产生水力梯度，形成液体循环（图 15.34）。导流管反应器采用同样的概念，气体由中心加入后沿着圆柱体上升，然后在导流管和容器壁间的外部环隙向下流动（图 15.35）。

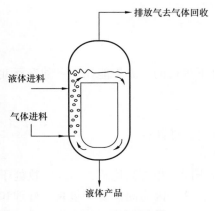

图 15.34　环流反应器

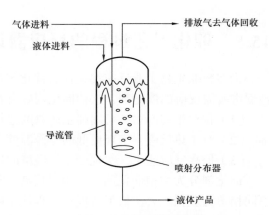

图 15.35　导流管反应器

当气体被送入浆态床反应器后，反应器顶部空间必须设置气液分离装置用于回收排放气体中夹带的液体。如果气速慢，液体很容易在液体表面以上的空间沉降，不需要额外的设备。如果气速高，需要在反应器下游设置卧式沉降罐，使液滴沉降并返回反应器。如果需要回收液体中的挥发性组分，可设置排气冷凝器。如果反应器中有泡沫生成，夹带的液体量会过大，因此通常在反应器中加入消泡剂。

15.7.5.2　滴流床反应器

在滴流床反应器中，液体向下流过静止的颗粒床层表面。通常气相与液相一起向下流动。如果可以避免液泛情况的发生，也可以采用逆流。颗粒提供的表面积有助于促进气液传质，液相和气相均存在少量的返混以及近似的柱塞流形态。重油加氢裂化和凝胶柱中固化有机物的反应均采用滴流床反应器。

设计滴流床最重要的内容之一是确保颗粒表面润湿合适。如果液体发生沟流，床层有区域会被浸没，气液接触较差，而其他区域可能完全没有液体存在。液体分布不均还会导致反应器内出现局部热点或冷点，影响反应选择性。如果反应是放热反应，还会存在安全问题。如果液体在流经催化剂时反应热使得其大量蒸发，或者反应产物在反应条件下汽化，那么很难保证颗粒表面良好润湿。分布器用于保证液体很好地扩散在颗粒表面，滴流床的分布器与填料塔的分布器非常相似（见 17.14.5），反应器的设计必须为这些内部构件留出空间。

大部分滴流床反应器都是绝热操作，如果段间需要加热或冷激，气体和液体都要被收集并在进入下一个床层前重新分布。

滴流床的阻力降比使用 Ergun 公式计算出的值高，见 Al–Dahhan 和 Dudukovic（1994）的著作。

搭建滴流床动力学和水力学模型并非易事。如果已经根据中试工厂数据得到空速数据，确定滴流床反应器尺寸的方法与填料反应器一致。但是用实验室规模的浆态床反应器测量得到的动力学数据来预测其性能是很有挑战性的。关于搭建滴流床反应器性能模型的更多信息见 Harriott（2002），以及 Ranade 等（2011）的著作。

15.8 催化工艺过程的反应器设计

大多数非生物工业反应都是在有催化剂存在的条件下进行的。如果能找到一种选择性地促进所需反应的催化剂，这种催化剂应具有以下优点：

（1）相对于副产物，可提高主产物的选择性；

（2）对于热反应，实现更低的操作温度，提供更好的选择性；

（3）提高反应速率，实现更小更经济的反应器设计。

催化剂分为均相催化剂和多相催化剂，与反应物处于同一相态为均相，与反应物处于不同相态为多相。大多数工业催化过程使用固体催化剂，这是因为固体易于包装、处理和回收，但固体催化剂容易受到进料污染物的影响而中毒，也容易因催化剂孔隙内物质的累积而失活。

很多材料都可以用作催化剂。例如，液体硫酸非常便宜，可以作为消耗品使用，当硫酸被消耗时，很少会被回收。在消费结构的另一端，许多反应使用含有铂和钯等贵金属的催化剂。一个装填了贵金属催化剂的反应器价值可达数百万美元，因此其设计必须保证催化剂被合理使用，不会从系统中损失。

当确定催化剂后，反应器的设计必须保证催化剂的活性不变，并确保催化剂的回收利用、再生或安全处置。对于不同类型催化剂的其他具体要求，将在后续章节进行论述。

15.8.1 均相催化的设计

均相催化剂是与反应物处于同一相态的催化剂。均相催化剂在流程工业中相对常见，但由于从反应混合物中回收催化剂难度大且费用高，因此不会被优先选用。均相催化剂最常用于液相，如水溶性酶、在氧化过程中使用含钴的有机金属化合物作为催化剂、在甘油三酯与甲醇反应生成脂肪酸甲酯（FAME，俗称生物柴油）时使用氢氧化钠作为催化剂等。

均相催化剂必须足够便宜，可以在过程中一次使用而不必回收，或者具有足够的化学稳定性可以承受催化剂回收过程的各种条件。通过萃取或者将反应产物分离为两种液相的方式可以相对容易地从反应产物中分离盐或金属配位化合物。如果反应产物相对于催化剂和溶剂更具挥发性，且催化剂具有热稳定性，则可通过闪蒸或蒸馏提取反应产物，留下可以回收的催化剂富液。

通过将催化成分固定在固体载体的表面或孔隙的方法，一些均相催化剂可以转化为多相催化剂，如已经开发出的大量的固定酶的方法（Story 和 Schafhauser-Smith，1994）。这种方法有时不可行，特别是当活性催化成分溶于反应混合物并会从载体中渗出时。

从安全的角度来看，一类重要的均相催化反应是自催化反应。在自催化反应中，反应产物或反应中间物可以催化反应并提高反应速率，如许多硝化反应、相关过氧化物反应生成过氧化氢自由基发生物的反应，以及可发生自由基支化的其他自由基反应。自催化反应有失控的风险，因此需要重点考虑安全问题。为确保反应安全可控，对于放热反应与不易被自由基抑制剂停止的反应，在设计和规模放大过程中需要特别小心。如果找不到更安全的替代路线，设计人员应根据固有安全设计原则将危险性降至最低（见 15.13 节）。在危险和可操作性（HAZOP）分析中，设计人员必须将反应失控作为一种情景来分析。

15.8.2　多相催化的设计

多相催化通常比均相催化应用更广，催化剂与反应物处于不同相态更容易被回收和再利用。在所有可能的相态组合中都有多相催化，在过程工业中最常见的情况是液液催化和流固（气固、液固、气液固）催化。

15.8.2.1　液液催化

液液催化反应包括催化剂溶解或悬浮于水中，同时反应物溶解或悬浮于有机溶剂中的反应，如环己烯水合生成己二酸的 Asahi 工艺。液液催化反应还包括液体酸作为催化剂的反应，如烯烃与苯的反应、用于调和汽油的异丁烷与烯烃的烷基化反应。液液催化的一个新兴领域是离子液催化剂。离子液是一种熔点极低的盐，在环境条件下为液体。离子液挥发性极低，通过阴离子和阳离子的变化可以优化液体性质。离子液已经在催化剂制备中用于固定过渡金属盐，有时其自身也可以作为催化剂（Stark 和 Seddon，2007）。

在大多数液液催化反应中，反应只发生在相界面处或其中一相。表面活性剂的作用非常重要，这是因为表面活性剂分子可以稳定胶束（或反胶束），并对界面面积有显著影响，使任何反应物都不需要在很大程度上溶于催化剂相。

液液催化反应器的设计与液液反应器相同，见 15.7.2。最常用的反应器为混合沉降反应器，也可以使用萃取柱反应器。在混合沉降反应器中，搅拌器高速运转使得界面面积最大化。

为液液催化工艺过程开发了多种专用的混合沉降反应器。例如，异丁烷与 2-丁烯发生烷基化反应生成 2，2，4- 三甲基戊烷（异辛烷），如图 15.36 所示。该反应在炼油过程中非常重要，这是因为它将强挥发性、不适合作为燃料的 C_4 化合物转化为高辛烷值的汽油混合燃料。该反应为放热反应，以硫酸和氢氟酸等强酸作为催化剂。

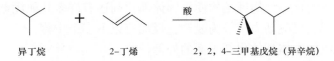

| 异丁烷 | 2-丁烯 | 2，2，4-三甲基戊烷（异辛烷） |

图 15.36　异丁烷与 2- 丁烯的烷基化反应

Stratco 公司开发的反应器为带搅拌的卧式接触式容器（图 15.37）。搅拌器将硫酸和有机相混合，并使其在管内为制冷剂的换热管上部循环。第二个容器作为分离器安装在反应器上方，有机产品被抽出，硫酸返回反应器。

另一种硫酸烷基化反应器由埃克森美孚公司开发（图 15.38）。埃克森美孚公司的设计采用自动制冷而非间接传热来移走反应热。部分异丁烷在反应器中被蒸发、压缩、冷凝，然后返回反应器以提供必要的冷量。埃克森美孚公司开发的反应器设有一系列搅拌槽，采用进料分段添加，近似于活塞流分段进料。硫酸和烃相在单独设置的容器中分离后，硫酸返回到第一个反应槽中。

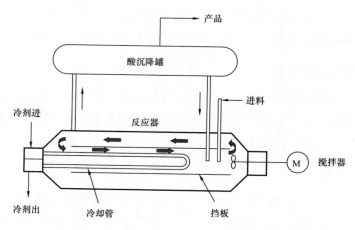

图 15.37　Stratco 公司开发的硫酸烷基化反应器

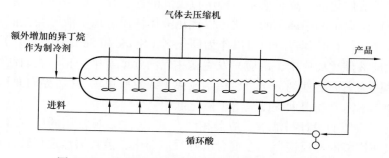

图 15.38　埃克森美孚公司开发的硫酸烷基化反应器

15.8.2.2　流固催化

在大多数催化过程中，催化剂以固体形式存在，反应物为气体、液体或气液混合物。由于将固体从流体中分离相对容易，有利于催化剂的回收和再利用，因此固相催化剂一般更受青睐。同时固体的化学和物理结构使得固体催化剂还有许多其他优点（见 15.8.3）。

多孔固体催化剂的反应动力学较为复杂，反应有以下多个步骤：

（1）反应物从流体本体到催化剂表面的外部传质。

（2）反应物通过催化剂内部的大孔进行内部传质。大多数催化剂由小颗粒或晶粒通过黏合剂黏合组成（图 15.39）。大孔隙率来自晶粒之间的空隙。

（3）反应物在微孔内或晶体内的内部传质。

（4）反应物在催化剂表面活性中心上的吸附。

（5）反应。

（6）产物从催化剂表面脱附。

（7）产物在微孔内的内部传质。

（8）产物通过大孔进行内部传质。

（9）产物通过边界层向流体本体的外部传质。

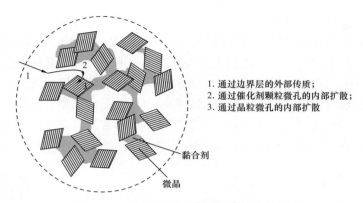

1. 通过边界层的外部传质；
2. 通过催化剂颗粒微孔的内部扩散；
3. 通过晶粒微孔的内部扩散

黏合剂

微晶

图 15.39　微晶多孔固体催化剂中的扩散步骤

以上步骤中任何一步都可能是限制步骤，可以写出多种吸附机理和化学反应步骤，因此固体催化反应可以建立大量可能的速率方程。本章参考文献中所列的所有反应工程教科书中都描述了这些方程的推导过程。通常很难区分不同机理之间的差异，而给定的机理可能仅在非常有限的过程条件范围内有效，因此必须确保反应的速率表达式是在符合反应装置预期条件下开发的（见 15.3.3）。

固体催化剂可用于 15.7 节所介绍的各种反应器的设计。填料床反应器最为常见，它可以使反应器中催化剂的装填体积最小。此外，浆态床反应器、移动床反应器、滴流床反应器和流化床反应器也都广泛应用于催化工艺。

有很多原因可以导致固体催化剂失去活性。有些催化剂失活缓慢（长达几年），而有些催化剂则可能在几秒钟内失活。催化剂失活机理及催化剂失活和再生的设计方法见 15.8.4。

15.8.3　固体催化剂的设计和选型

工艺工程师一般无须设计流程中使用的催化剂，催化剂的设计通常由催化剂供货商的研究人员执行。尽管如此，工艺工程师了解催化剂的配制与生产仍然非常重要，以便于为工艺应用选择最佳催化剂。

15.8.3.1　催化剂的结构和配方

大多数固体催化剂属于复合材料。在典型的催化剂中，活性物质分散在多孔载体表面或与多孔材料混合形成较大的内表面积用于吸附和反应。此外，较高的孔隙率也有利于传质。有些材料有敞开的晶格，通道大到足以使有机分子在晶体内扩散，如天然沸石和合成沸石，这些孔隙的规格适用于制造选择性很强的催化剂。许多硅酸铝和磷酸铝材料具有沸石结构，通过改变铝与硅的比例或将其他金属取代到这些晶体的晶格中，可以调整布朗斯特（Bronsted）酸或路易斯（Lweis）酸，从而提供更多种类的催化剂。Breck（1984）和Kulprathipanja（2010）的论述中提供了许多关于沸石催化剂的例子。

催化剂的生产通常包括以下步骤：

（1）合成具有活性晶体成分的微小晶体。

（2）通过离子交换调节酸度。

（3）将活性组分与载体材料、黏合剂混合，形成膏体或溶胶。黏合剂的作用是将微小晶体连在一起（图15.39）。通常用黏土作为黏合剂，但只要能使晶体黏合、不降低表面积、不对成品催化剂的化学或物理性能产生不利影响，任何材料都可以作为黏合剂使用。

（4）将混合物制成形状和大小符合要求的颗粒。最常见的成型方法是将膏体用模具挤制，制成不同形状的催化剂（图15.40），一般圆柱体最为常见。也可应用喷雾干燥法制备小的球形催化剂，滴油法或造粒法制备大的球形催化剂（见18.8节）。

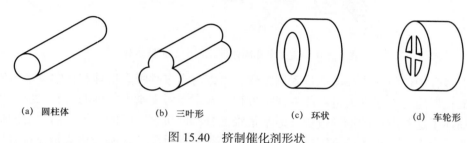

| (a) 圆柱体 | (b) 三叶形 | (c) 环状 | (d) 车轮形 |

图15.40　挤制催化剂形状

（5）颗粒的干燥和煅烧。干燥的目的是去除混合过程中的残留溶剂；高温煅烧催化剂可使颗粒变硬，确保固定成型。

（6）金属浸渍。在许多催化剂中，活性中心是分散在催化剂表面的微小晶粒或单个金属原子。通常采用湿浸渍法负载金属原子，将催化剂浸泡在热不稳定的金属盐溶液中，金属盐在高温下分解，使还原态金属留在催化剂表面。

以上步骤的顺序可能有所不同，有些催化剂的制备不需要经过所有步骤。完成的催化剂颗粒应具有开放的内部结构，为反应提供较高的有效表面积。

15.8.3.2　催化剂的物理性质

反应器设计工程师必须注意催化剂的物理和化学性质。以下性质会影响反应器的设计和性能：

（1）形状。图15.40所示的挤制催化剂具有较高的比表面积，可降低外部传质和传热限制。如果催化剂是移动的，如在浆态床、流化床和移动床反应器中，球形催化剂为首选，这是因为如果在此类反应器中使用有锋利边缘的催化剂，边缘部分会因磨损变为圆角，部分催化剂以细粉的形式流失，也会产生将粉尘带入下游设备的问题。

（2）尺寸。较小的催化剂颗粒外部传质阻力小，但用于填料床时压降较高。小颗粒催化剂较难从浆液中回收。流化床反应器要求催化剂颗粒在一定的尺寸范围内才能获得理想的流化效果（见18.2.2）。

（3）组成。除催化剂的活性成分外，配方中使用的其他材料组分也会影响催化剂的性能。如果使用黏合剂，它必须在所有工况（包括催化剂再生工况）下呈惰性。

（4）孔隙率。催化剂配方中的外部大孔在有些工艺中非常重要。如果活性催化剂的孔隙率较低，则通常将其分散到多孔载体表面，增加有效表面积，同时保留足够大的颗粒，方便固体处理。

（5）强度。催化剂必须具有足够的强度，能够承受装填催化剂和反应器运行过程中发生的冲击和损耗，如 18.2 节讨论的颗粒材料的强度。催化剂通常是复合材料，黏合剂的选择和用量对催化剂的强度有很大影响。

（6）热稳定性。在高温下烧结时，许多催化剂载体和催化活性物质对内表面积损失非常敏感，在高温下与蒸汽反应同样会引起水热损伤。一些催化剂多次暴露在高温中仍能保持足够的孔隙度和活性，如用于催化裂化反应器的超稳定 Y 型沸石，在测试该类催化剂时，为反映出催化剂多次再生后的性能，对催化剂进行适当的老化处理非常重要。

粒状固体催化剂的性能和性质详见 18.2 节。

15.8.3.3　催化剂测试与选择

通常有多个催化剂供货商可以为反应提供适合的催化剂。催化剂的选择通常基于其性能而非价格，这是因为催化剂成本通常只占生产运行成本的很小一部分，而具有更好选择性的催化剂几乎总能很快地为用户带来更好的回报。

由于反应的限制步骤对催化剂配方的很多方面都很敏感，因此需要在实际反应条件下对催化剂进行测试。如果中试装置是以工厂为基准并可适当地模拟回收效果、进料污染物等情况，则可用中试装置测试催化剂。关于用试验来验证反应器性能的更多论述见 15.12.1。

15.8.4　催化剂失活和再生的反应器设计

随着时间的推移，催化剂在应用过程中可能失活。有些情况为可逆失活，催化剂性能可以恢复；而有些失活是永久性的，需要操作人员更换催化剂。一些较为常见的催化剂失活机理见表 15.7。如果设计人员判断无法避免失活，设计反应器时必须考虑催化剂的再生或更换。

15.8.4.1　催化剂失活的反应器设计

表 15.7 中还列出一些应对催化剂失活的策略方法。如果催化剂的失活速率较慢，可以设计在一定程度上耐受、减缓催化剂失活影响的反应器。最常用的方法是逐渐提高温度或使用过量的催化剂。

表 15.7　催化剂失活机理

机理	原因	减缓失活的设计方法
可逆中毒	进料组分或污染物在催化剂活性中心上的吸附可逆。常见的可逆性毒物包括氨、胂、膦、水、硫化氢、氧气和一氧化碳	如果可逆性毒物的进料浓度高于设计基准值，通常可以通过将其降低至设计水平来改变中毒影响。上游的分离流程和吸附剂保护床均可用于去除污染物
不可逆中毒	污染物强吸附在催化剂上或与活性中心发生不可逆反应，如二氧化硫和卤素。水和氨也会不可逆地破坏强酸催化剂	如果已知有不可逆毒物存在，应在反应器上游设置吸附保护床，吸附工艺过程的设计见 16.2.1。通常吸附剂通过不可逆强相互作用来固定污染物。另一种减缓催化剂失活的方法是在反应器入口装填一层低活性催化剂的牺牲床层

续表

机理	原因	减缓失活的设计方法
汞齐化	如进料中含汞，它会与催化剂上的金属混合，破坏金属功能	含铜基或银基吸附剂的保护床可用于保护催化剂不受汞污染
结焦	催化剂上有富碳沉积物累积。焦炭通常由不饱和有机化合物之间的缩合反应形成，会覆盖活性中心或堵塞形成活性中心的孔隙	通常通过烧焦来逆转结焦影响。但必须确保在焦炭燃烧过程中不会有其他原因导致催化剂失活
烧结和水热损伤	高温引起烧结，高温和一定浓度蒸汽同时存在时会发生水热损伤。烧结和水热损伤都会降低催化剂的内表面积，在某些情况下还会降低结晶度。酶基催化剂在较低的温度下就会发生热损伤	防止烧结和水热损伤可通过避开反应发生的条件来实现，在催化剂再生过程中需要特别注意。通常利用富氮的稀释空气或循环烟气来再生，可以限制升温和水的浓度。通过冷却和温度控制，可使酶基催化剂的温度保持在理想范围内，避免热损伤
团聚	催化剂上的金属发生结块，不再分散在催化剂表面，降低了有效活性中心的数量。不稳定金属通过进料或腐蚀产物进入催化剂会加速结块	在某些情况下，可以在再生过程中重新将金属分散。例如，在催化重整装置中，贵金属在再生过程中在催化剂上发生团聚，可通过氯化作用重新分散金属。团聚往往是不可逆的
浸出	催化剂上的金属或负载型催化剂（如酶）等溶解在工艺流体中，并被带出反应器	浸出是不可逆的，设计时应尽量避免可能导致浸出的条件
结垢和堵塞	灰尘、催化剂细粉、腐蚀产物、胶状物、污垢等被固定床过滤，会堵塞催化剂床层或反应器内件，导致压降剧增	可以在反应器的上游设置过滤器，去除可能导致堵塞的材料。在填料床中，有时会在催化剂的顶部放置一层多孔惰性陶瓷材料，以滤掉堵塞物。此外，周期性的反冲洗对减缓堵塞也有一定效果

温度控制策略为在催化剂初期控制操作温度低于建议的最高反应温度。随着催化剂活性的下降，操作人员逐渐提高反应温度以保持反应器相同的转化率。操作人员持续提高温度直到反应选择性下降或催化剂失活加速，此时可以停车再生催化剂或更换催化剂。催化剂供货商通常会建议可接受的催化剂升温幅度，典型的升温幅度是 $20\sim40^\circ\mathrm{C}$，时间跨度从几天到几年不等。当升温方案制订后，需要了解反应器在催化剂初期工况和末期工况下的性能和产率。由于反应的选择性可能发生变化，设计人员需要评估其对下游设备的影响。

如果在反应器中加入过量的催化剂，即使有些催化剂失活，反应器整体性能不会下降。过量催化剂的使用仅限于反应器出口选择性不受催化剂数量影响的反应，如接近平衡的过程或可以承受超出转化需求的过程。例如，在石油馏分的加氢脱硫过程中，即使脱硫量超过了工艺要求，也通常不会造成重大的经济损失。

15.8.4.2 催化剂再生的反应器设计

由于结焦而失活的催化剂，通常可以通过在一定条件下控制焦炭燃烧来达到催化剂的再生。再生的频率与焦炭的生成速率有关。有些催化剂的再生可以在操作几年或几个月之后进行，而针对油品裂化的流化催化裂化催化剂在运行几秒后就会再生，每小时再生多次。

如果催化剂再生频率较低，通常不需要修改反应器的设计。如果工艺过程允许在催化剂再生期间停车一段时间，再生可以在反应器中进行，此时必须将再生所需的辅助设备添加到工艺流程图中。辅助设备包括鼓风机、空气预热器、防尘设备等。更为常见的情况是将催化剂卸出并送到装置外再生，另一批催化剂同时被装填以保证装置尽快在线运行。

如果工艺过程不允许操作中断，可以采用循环法或交替床再生。循环法是在装置内设置多台反应器，一台反应器从系统中隔离进行再生，而不影响其他反应器的操作。周期的再生 1h 内会出现几次，而更长的周期是可取的，这是因为可以使热循环更少并且可以减少设备疲劳损坏的可能性。周期再生设计需要特别注意用于隔离再生环境和反应环境的开关阀的选择，这些阀门由于材料的特殊性，是反应部分投资的重要组成部分。

市场上有几种重要的工艺流程都采用催化剂连续再生法。如果催化剂失活速度快，连续再生相对于循环再生具有以下优点：

（1）由于再生更频繁，可用于失活速度快的反应。

（2）催化剂可在反应器中保持最佳活性和选择性，从而降低了反应器成本，提高了工艺性能。

（3）消除了开关阀引起的检维修和可靠性问题。

（4）消除了容器的热循环，减小了容器和支撑结构的应力。

（5）消除了因热循环对催化剂床层产生应力而对催化剂的损伤。

（6）再生设备更小，在连续模式下运行效率更高。

连续再生设计至少使用两台反应器：一台用于工艺过程反应；另一台用于再生。催化剂在工艺过程反应器和再生器之间循环。设计有很多种型式，有些设计采用多台反应器并联或串联，再连接到同一台再生器上。各种专有技术的反应器—再生器设计案例可通过链接 www.uspto.gov 查询。

采用移动床催化剂连续再生的设计，可使结焦情况缓和。在移动床反应器中，催化剂在反应器和再生器之间缓慢循环，在每个区域的停留时间从几个小时到几天不等。移动床连续催化剂再生反应器的设计简化示意如图 15.41 所示。商业化应用的专有设计比图中所示复杂得多，可能涉及多个再生区、多个反应器以及反应器间的工艺流体再加热。

必须确保反应器富烃环境和再生器富氧环境的分离。在移动床再生系统中，惰性气体吹扫或锁斗可以集成到催化剂提升和转移系统中，确保不会形成可燃混合物。

在移动床反应器中，催化剂在重力作用下类似填料床形式流动，催化剂仅在反应器和再生器之间气动输送的提升管线中发生流化（图 15.41）。径向流反应器的催化剂停留时间比移动床反应器更均匀从而被经常使用。移动床反应器的水力学设计非常复杂，设计人员必须确保其设计可以控制固体和工艺流体的流量。

移动床反应器广泛应用于气固反应，也可用于液固反应。移动床反应器允许固体流动，不像浆态床和流化床一样有很高的磨损率，因此当催化剂价格昂贵或容易磨损时，移动床反应器更受欢迎。移动床反应器用于石脑油催化重整和丙烷催化脱氢制丙烯，有关这些过程的详细内容见 Meyers（2003）的著作。

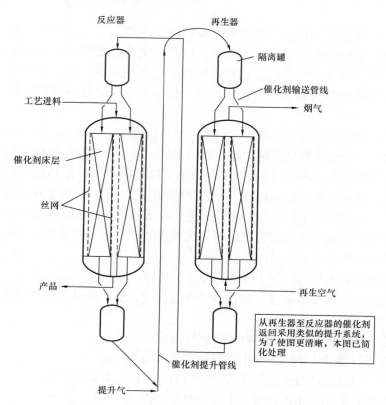

图 15.41　移动床连续催化剂再生反应器系统简图

　　在结焦速率较高时，催化剂的缓慢移动不再可行。此时可利用流化床反应器进行反应和再生，并在反应器和再生器之间传输流化的催化剂，实现催化剂的高速循环。该方法已应用于炼油厂催化裂化装置将油品转换为轻烃。

　　催化裂化反应器—再生器系统如图 15.42 所示。在催化裂化过程中，已再生的热的催化剂进入反应器提升管底部，催化剂以蒸汽作为提升介质发生流化，并沿提升管向上流动。油品进料被喷射到催化剂上，发生一系列裂化反应，形成轻烃产品，可用于制造石化产品和运输用燃料（如汽油、柴油等）。在提升管顶部，固体由旋风分离器从反应混合物中分离，反应器产物被送往分馏单元进行产品回收。催化剂在提升管顶部被蒸汽汽提回收烃类，然后通过立管进入再生器。在再生器中，反应器中形成的焦炭被烧尽，恢复催化剂活性，返回反应器提升管。焦炭燃烧产生的热量可用于汽化进料油品，并提供达到反应器出口温度需要的热量。

　　全球范围内有超过 350 套催化裂化装置在运行，世界上有近 1/4 的油品产品是通过催化裂化加工得到的。目前，已开发了许多不同的 FCC 反应器和再生器专有技术，可在网站 www.uspto.gov 中查询。催化剂在提升管中的停留时间通常只有几秒甚至低于 1s，其循环速度通常是进料速度的 5～10 倍，大型催化裂化反应器的催化剂循环速度高达 1.6t/s。更多关于流化床催化裂化的介绍见 Meyers（2003）的著作。

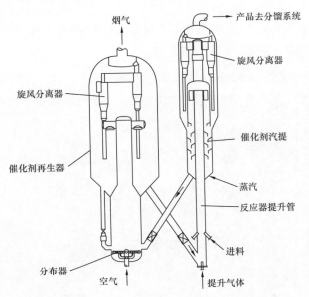

图 15.42　UOP 公司流化床催化裂化反应器和再生器

示例 15.4

目前，正在开发一种利用贵金属催化剂将苯加氢转化为环己烷的新工艺。反应在压力为 50bar、进料温度为 220℃的条件下进行，为尽量减少甲基环戊烷（MCP）副产物的生成，反应器内最高温度为 300℃。该条件下反应基本不可逆，通过分段加入冷氢来控制温度。反应使用 6 个床层，每个床层的苯转化率相同，总转化率为 100%。每个绝热床层以苯为标准的平均质量空速为 $10h^{-1}$，每个床层可承受压降 0.5bar。催化剂为直径 1/16in（1.588mm）的颗粒，平均堆积密度为 $700kg/m^3$。采用该流程设计一个环己烷产能为 $20 \times 10^4 t/a$ 的反应器。

解：

首先确定反应器各流股流量。假设每年运行 8000h，产品流量为 200000/8000＝25t/h。生产 1kg 环己烷需要苯 78/84＝0.929kg，因此装置的进料流量为 0.929×25＝23.2t/h。

冷氢用量需要根据过程条件下的热平衡计算，使用商业化的工艺模拟程序计算最为简便。

图 15.43 显示了使用 UniSim Design R390 搭建的反应器模型。模型使用 6 个转化反应器，规定每个反应器中苯的转化率，使苯在各个反应器的转化量相同（R-100 中苯的转化率为 16.7%，R-110 中苯的转化率为 20%，R-120 中苯的转化率为

25%，R-130 中苯的转化率为 33.3%，R-140 中苯的转化率为 50%，R-150 中苯的转化率为 100%）。采用控制器计算床层间冷氢流量，目标是各反应器出口温度为 300℃。规定每个反应器的热负荷为 0，每个反应器的允许压降为 0.5bar。通过模拟，得到需要的流股和物性（表 15.8）。

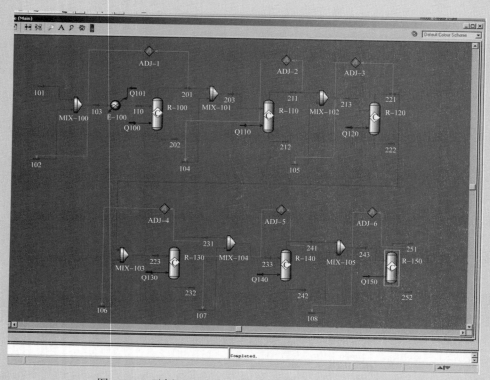

图 15.43 示例 15.4 中环己烷反应器的 UniSim 设计模型

之后计算床层体积，以得到合适的床层直径。苯的进料流量为 23200kg/h，重时空速为 $10h^{-1}$，各床层催化剂质量为 23200/10＝2320kg。由于催化剂床层平均堆积密度为 700kg/m³，因此催化剂床层体积为 2320/700≈3.314m³。

对于给定的床层直径，可以计算床层的横截面积和床层高度。除了催化剂本身所需的高度，还必须留出一定的空间给氢气入口管道和床层之间的急冷区。根据氢气的流量判断至少需要直径为 8in 的管道，因此在床层之间留出高度为 3ft（0.914m）的空间。例如，如果床层直径为 6ft（1.829m），床层横截面积为 $\pi D_b^2/4 = 3.142 \times 1.829^2/4 = 2.627m^2$，体积为 3.314m³ 床层的高度为 3.314/2.627＝1.262m，各催化剂床层加急冷区高度为 1.262＋0.914＝2.176m。

总床层为 6 个，注意只有 5 个激冷区，则总催化剂床层加激冷区高度为 6×2.176－0.914＝12.142m。同时还需要考虑 0.305m 的底部支撑高度，因此反应器总高度为 12.447m。

表 15.8　示例 15.4 中流股流量和物性

床层	R-100	R-110	R-120	R-130	R-140	R-150
进口温度，℃	220	239	251	259	264	269
出口温度，℃	300	300	300	300	300	300
进料流量，kmol/h	3445	4781	6065	7403	8744	10030
进料流量，kg/h	29546	32539	35427	38424	41426	44320
进料流量，m³/h	2860	4172	5465	6843	8254	9642
产品流量，m³/h	3214	4566	5892	7299	8738	10151
进料密度，kg/m³	10.33	7.80	6.48	5.61	5.02	4.60
产品密度，kg/m³	9.19	7.13	6.01	5.26	4.74	4.37
进料黏度，Pa·s	1.62×10^{-5}	1.59×10^{-5}	1.57×10^{-5}	1.57×10^{-5}	1.56×10^{-5}	1.56×10^{-5}
产品黏度，Pa·s	1.87×10^{-5}	1.77×10^{-5}	1.72×10^{-5}	1.69×10^{-5}	1.66×10^{-5}	1.65×10^{-5}

容器高径比 = 高度 / 直径 = 12.47/1.829 = 6.8。

可以非常容易地通过电子表格完成计算，并且可以修改直径，计算结果见表 15.9。

表 15.9　示例 15.4 中床层与反应器尺寸

直径，ft	6	7	8
直径，m	1.83	2.13	2.44
面积，m²	2.63	3.58	4.67
床层高度，m	1.262	0.93	0.71
激冷区高度，m	0.914	0.91	0.91
切线长度，m	12.446	10.438	9.135
高径比	6.8	4.9	3.7

根据实际的体积流量和横截面积可以计算表观速度，并根据 Ergun 方程 [式（15.28）] 计算阻力降。从表 15.8 中可以看出，反应器温度升高对密度的影响大于反应引起的摩尔流量降低对密度的影响，因此出口条件决定压降。可以尝试把每个床层分为几段来更为精确地计算阻力降，仅使用出口条件是比较保守的简

化假设。例如，床层直径为 1.829m 的 R–150（最后的床层）的阻力降计算如下：

反应器出口实际体积流量为 10151m³/h，表观速度为 10151/（2.627×3600）=1.073m/s。由表 15.8 可知，床层出口密度为 4.37kg/m³，黏度为 1.65×10⁻⁵Pa·s。未给出床层孔隙率，对于球体，孔隙率取 0.4 较为合理，代入式（15.28）：

$$\frac{\Delta p}{L_b} = 150 \times \frac{(1-\varepsilon)^2}{\varepsilon^2} \times \frac{\mu u}{d_p^2} + 1.75 \times \frac{(1-\varepsilon)}{\varepsilon^3} \times \frac{\rho_f u^2}{d_p}$$

$$(15.28)$$

$$\frac{\Delta p}{1.262} = 150 \times \frac{(1-0.4)^2}{0.4^2} \times \frac{1.65 \times 10^{-5} \times 1.073}{0.001588^2} + 1.75 \times \frac{(1-0.4)}{0.4^3} \times \frac{4.37 \times 1.073^2}{0.001588}$$

因此，$\Delta p = 73027\text{Pa} = 0.73\text{bar}$。此时计算的阻力降比允许阻力降（0.5bar）高，应考虑使用更大的床层直径。计算过程很容易通过电子表格计算，并可在不同直径的情况下重复计算，计算结果见表 15.10。

表 15.10　示例 15.4 根据反应器直径计算的床层阻力降　　　单位：bar

床层	R–100	R–110	R–120	R–130	R–140	R–150
直径为 6ft	0.165	0.253	0.349	0.464	0.592	0.730
直径为 7ft	0.069	0.105	0.145	0.192	0.244	0.300
直径为 8ft	0.033	0.050	0.068	0.090	0.114	0.140

从表 15.10 中可以看出，反应器直径为 7ft 或 8ft 对于所有床层都可以满足最大允许阻力降的要求，但此时未考虑激冷区的阻力降，如果假设其阻力降为 –0.25bar，那么应该选择直径为 8ft 的反应器。

接下来可以计算所需的壁厚。设计压力取操作表压以上 10%，即（50–1）×1.1=53.9bar=5.39MPa。最大操作温度为 300℃（572°F）。考虑 50°F 的设计裕量，设计温度取 622°F。

根据表 14.2，如果选择 1¼Cr 钢，例如 A387，最大许用应力为 16.6×10³psi（114.5MPa）。假设采用 100% 射线检测，焊接接头系数为 1.0，则代入式（14.13）：

$$t = \frac{p_i D_i}{2SE - 1.2p_i}$$

$$(14.13)$$

$$t = \frac{5.39 \times 2.44 \times 10^3}{2 \times 114.5 \times 1 - 1.2 \times 5.39} \approx 59.1\text{mm}$$

增加腐蚀裕量后为 59.1+3=62.1mm

因此，选用壁厚为 61mm 或约 2.5in 的钢板。

在此温度和压力条件下，可能需要使用球形封头，封头厚度可以使用式（14.17）计算：

$$t = \frac{p_i D_i}{4SE - 0.4 p_i} \qquad (14.17)$$

$$t = \frac{5.39 \times 2.44 \times 10^3}{4 \times 114.5 \times 1 - 0.4 \times 5.39} = 28.9\text{mm}$$

因此，考虑腐蚀裕量后，需要的封头厚度为 32mm 或 1.25in。

求得反应器壁厚和尺寸后，可以计算得出设备外壳重量，再利用式（7.9）和表 7.2 中的相关系数估算出反应器投资。不过使用商业投资估算软件会更加准确，如 Aspen Process Economic Analyzer（Aspen APEA）。图 15.44 显示了 Aspen APEA 输入数据。以 2010 年 1 月的指标计算，整个设备投资为 69.76 万美元。

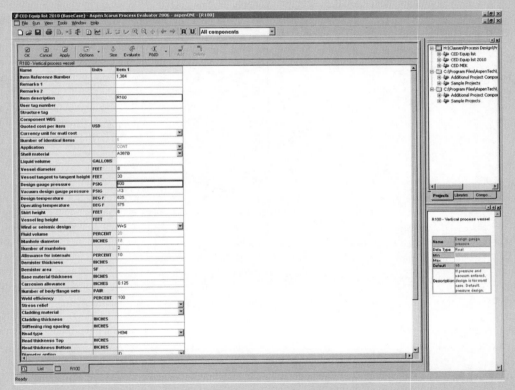

图 15.44　示例 15.4 中 Aspen APEA 数据输入

完成设计的最后一个步骤是与机械工程师协作绘制带尺寸的设备简图，用于容器和内件的详细机械设计。设备简图如图 15.45 所示，图中很多细节没有表示，如用于温度控制的热电偶套管位置、内件支撑和设备裙座、急冷区的设计等。

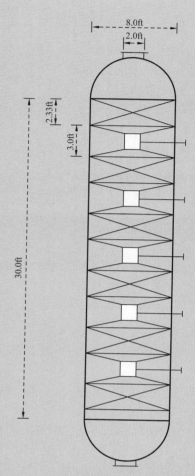

图 15.45　示例 15.4 的初步反应器设计

示例 15.5

另一种将苯转化为环己烷的工艺采用负载贵金属催化剂，反应在液相中进行，反应温度为 160℃，反应压力为 100bar，反应器为浆态床反应器。催化剂堆积密度为 1100kg/m³。实验室规模的反应在恒温全混流反应器中进行，通过冷却剂浴冷却，用大流量氢气搅拌，装填 10%（质量分数）的催化剂，停留时间 40min，转化率可达 95%。反应规模放大时，建议使用浆态床反应器，用氢气搅拌，转化率设定为 95%，将未转化的苯循环回反应器。设计并确定工艺反应器的尺寸，用于 20×10^4 t/a 环己烷生产。

解：

首先计算流股的流量和物性，并确定需要移走的热量。使用商业化的流程模拟软件可以很容易地进行这些计算。

图 15.46 显示了浆态床反应器的流程模拟模型。转化率已知，因此选择转化反应器。通过"Set"控制器可设置氢气与苯进料的比例。氢气流量超过化学计量的要求以提供足够的搅拌，因此需要回收排放氢气中的蒸发液体，将回收的冷液体循环至反应器入口可以降低反应器的热负荷。可以使用"Adjust"控制器来控制原料苯的流量，从而得到所需的环己烷产品流量。

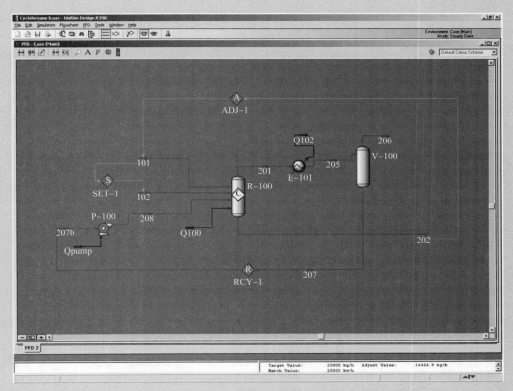

图 15.46　UniSim 设计模型：带冷凝循环的环己烷浆态床反应器系统

由于已经规定了反应器温度，模型中反应器的出口流股的温度也已确定，可以通过模拟计算热负荷。

查看图 15.46 中的流股数据可以发现：

（1）循环液相流股 207 中含有 90.9%（摩尔分数）的环己烷，而液相产品流股 202 中只有 87%（摩尔分数）的环己烷。可得，冷凝液中富集了轻组分产品。

（2）冷凝器 Q102 的热负荷为 688kW，反应器 Q100 的热负荷为 14480kW。

可以明显看出，回收冷凝液没有太大意义，回收富含产品的流股可能会降低选择性，而将回收流股加热至反应温度所需的显热只是冷凝热的一小部分，冷凝热本身还不到总冷却负荷的 5%。因此，可以忽略冷凝液循环流股来简化流程。

图 15.47 显示了修正后的不回收冷凝液的环己烷浆态床反应器模型。冷凝液流股被送到产品中。氢气流量可设置为 110% 的化学计量比，以确保有足够的氢气用于搅拌。模拟结果见表 15.11，可作为计算反应器尺寸的数据。

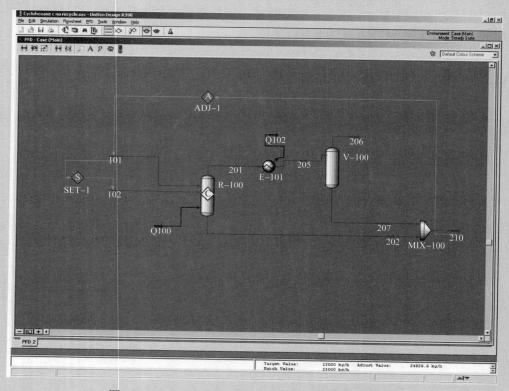

图 15.47　UniSim 设计模型：环己烷浆态床反应器系统

由表 15.11 可知，反应器液相进料（流股 101）的体积流量为 28.4m^3/h。反应器停留时间为 40min，因此反应器内液相体积为 28.4×40/60＝18.93m^3。

此外，还需要考虑浆态床反应器中催化剂的体积。反应器内液相密度与反应器液相产品（流股 202）的密度相同（624.5kg/m^3），因此反应器内液体质量为 624.5×18.93＝11824kg，反应器内催化剂质量 ＝ 总质量 ×10%＝11824/9＝1314kg，催化剂所占体积为 1314/1100＝1.19m^3，反应器总容积中浆液所占体积为 1.19＋18.93＝20.13m^3。

接下来，可以尝试计算在此体积下的反应器的不同尺寸。由于反应器用氢气搅拌，因此确定搅拌程度以及气体表观速度非常重要。反应器底部和顶部的实际气体体积流量见表 15.11，为 102 流股和 201 流股的实际流量。假设反应器为圆柱体，这些数据可以用来计算反应器顶部和底部的表观速度。计算结果见表 15.12，可与表 15.6 规定的速度相对应。

表 15.11　示例 15.5 的模拟计算结果

流股	101 液体进料	102 气体进料	201 气体产品	202 液体产品	205 冷却气体	206 纯气体	207 冷凝液	210 产品
气相分率	0	1	1	0	0.9069	1	0	0.0003
温度，℃	40	40	160	160	50	50	50	156.6
压力，kPa	10020	10020	10000	10000	9980	9980	9980	9980
摩尔流量，kmol/h								
苯	313.31	0.00	0.63	15.04	0.63	0.03	0.59	15.63
氢气	0.00	1033.93	114.30	26.69	114.30	113.78	0.53	27.21
环己烷	0.00	0.00	11.22	286.43	11.22	0.59	10.62	297.05
总计	313.31	1033.93	126.15	328.16	126.15	114.41	11.74	339.90
质量流量，kg/h								
苯	24472.8	0.0	49.0	1174.6	49.0	2.7	46.4	1221.0
氢气	0.0	2084.4	230.4	53.8	230.4	229.4	1.1	54.9
环己烷	0.0	0.0	943.9	24106.0	943.9	49.9	894.0	25000.0
总计	24472.8	2084.4	1223.4	25334.5	1223.4	282.0	941.4	26275.8
性质								
密度，kg/m³	862.1	7.5	26.3	624.5	36.8	8.8	751.1	628.3
实际体积流量 m³/h	28.4	278.9	46.5	40.6	33.2	32.0	1.3	41.8
比热容 kJ/（kg·℃）	1.57	14.40	4.37	2.51	4.17	11.99	1.83	2.49
导热系数 W/（m·K）	0.127	0.188	0.181	0.082		0.189	0.114	
黏度，mPa·s	0.498	9.40×10^{-3}	1.59×10^{-2}	0.1523		9.65×10^{-3}	0.5616	

表 15.12　示例 15.5 中作为反应器直径函数的气体表观速度

直径，ft	横截面积，ft²	顶部气体流速，ft/min	底部气体流速，ft/min
4	12.57	2.18	13.06
5	19.64	1.39	8.36
6	28.28	0.97	5.81
7	38.49	0.71	4.27
8	50.27	0.54	3.27
9	63.63	0.43	2.58
10	78.55	0.35	2.09

　　由表 15.6 可知，理想的气体流速为 1~3ft/min。因反应引起的气体流量波动足够大，以至于无法得到可以在两端均达到理想速度的直径。反应器直径大于 7ft 时，出口气体流速偏低；而反应器直径为 4ft 或 5ft 时，底部气体流速偏高，因此 6ft 较为合适。对应直径为 6ft（1.829m）的圆柱体容器，横截面积为 π×1.829²/4＝2.627m²。体积为 20.13m³ 的反应器高度为 20.13/2.627＝11.00m（36ft）。

　　目前，尚不清楚高度为 36ft、直径为 6ft 的容器能否通过气体鼓泡实现全混流。更好的设计可能是使用提升管反应器，通过氢气流动带动液体循环（见 15.7.5）。可以根据外径确定浆液的体积。如果选择外径 10ft（3.048m），则对应直径为 10ft 的圆柱体容器的横截面积为 π×3.048²/4＝7.298m²。体积为 20.13m³ 时的高度为 20.13/7.298＝2.76m（9ft）。

　　需要注意的是，以上计算高度为液体部分的高度，液体上方还需要额外空间。此外，还需要留出一定的气体空间，即填充了气泡的空隙体积。

　　接下来要考虑的是撤走反应热。由流程模拟模型可知，反应器在 160℃ 的等温温度下冷却负荷为 14.94MW。如果使用锅炉给水作为冷剂（温度恒定，传热系数高），低压蒸汽的压力和温度可以分别为 2bar 和 120℃，传热温差为 40℃。根据图 19.1 可以快速估算总传热系数。如果工艺侧为轻质有机物，而公用工程侧为锅炉给水，则较为合理的总传热系数约为 650W/（m²·K）。传热面积可根据式（19.1）计算：

$$Q = UA\Delta T_{m} \tag{19.1}$$

式中　Q——单位时间的传热量，W；

　　　U——总传热系数，W/（m²·℃）；

　　　A——传热面积，m²；

　　　ΔT_{m}——平均温差，即温度驱动力，℃。

代入数据可得 $14.94 \times 10^6 = 650 \times A \times 40$，则所需面积 A 为 $14.94 \times 10^6 / (650 \times 40) = 574.6 m^2$。

换热面积比较大，不能使用夹套或盘管冷却。如果使用插入式管束换热器，可计算需要换热管的数量：直径为 1in、长度为 9ft 的换热管的面积为 $\pi \times 0.0254 \times 2.76 = 0.220 m^2$，传热所需换热管数（如果管束在反应器内）为 $574.6 / 0.22 = 2612$ 根。

如此多的换热管显然很难在对水力学无明显影响的情况下安装在反应器内，因此需要考虑使用外部换热器。来自反应器的液体用泵输送到冷却器，在冷却器中用冷却水将其冷却至 60℃（20℃ 温差可以使用错流式 U 形管换热器以减少结垢或催化剂粉末阻塞），然后送回反应器。通过热平衡可以求得所需流量：比热容为流股 202 的比热容 $[2.52 kJ/(kg \cdot ℃)]$，质量流量为 $14.94 \times 10^6 / (2.52 \times 10^3 \times 100) = 54.05 kg/s = 194.6 t/h$，约为产品流量的 7.6 倍。

反应器中有质量为 11824kg 的液体，该数量并非高得不可接受，但是泵循环回路必须每 3.6min $[11824/(54 \times 60) = 3.6 min]$ 完成一次反应器所有组分的循环。抽出这么多液体而不带出催化剂是非常困难的（需要很大的滤网面积），因此更好的方法是通过闪蒸来进行冷却。由流程模拟可知，蒸发热为 377kJ/kg。所需蒸发量为 $14.94 \times 10^6 / (377 \times 10^3) = 39.6 kg/s$。实际上已经增加了所需的循环量，这是因为在闪蒸冷却器中蒸发超过一半的液体会很困难。

因此，设计反应器回路时应包括一台可以通过浆态床催化剂的换热器。建议的反应器系统流程如图 15.48 所示。冷凝器用于从气相中回收液体产品。反应器顶部留有空间用于气液相分离以及空隙中的气泡，即高度需增加 3.66m，得到总切线高度为 6.42m（21ft）。反应器和分离罐可以按压力容器进行设计和估价，详见第 14 章和示例 15.4。换热器和冷凝器的设计可按第 19 章给出的方法进行。决定系统总投资的很可能是换热器的投资。

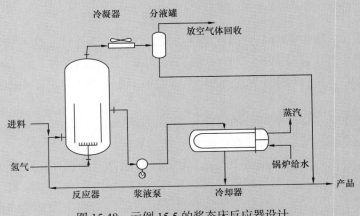

图 15.48　示例 15.5 的浆态床反应器设计

这种设计存在许多潜在缺陷，需要被进一步评估。水力学性能和传质速率还未得到验证，因此最好建立一个中试规模的反应器来确定其性能。持气率和气泡体积分数需要被更准确地估算，或在中试装置反应器中进行试验测定，以确保有足够的空间用于气泡引起的液体膨胀。错流换热器的使用可能导致 F 因子较低、换热面积要求较高，选择其他型式的换热器可能更好。催化剂可能会在换热器壳体的死角或盲点处堆积，因此浆液走管侧可能更好。

可以考虑几个备选方案。例如，反应可以在一个允许气相注入并有合理设计的换热器中进行，使用环管反应器并将换热管置于环管一侧，或者将反应和产品精馏集成为一个反应精馏过程。

15.9　生物反应器设计

生物过程在化学、食品和制药工业中越来越重要。许多有价值的化学品和药物活性成分的分子结构非常复杂，只能通过生物途径合成。有些分子可以通过合成制备，但是生物路线对所需的产物及其异构体的选择性更高。生物过程还可以实现以生物质为原料生产一般化学品，如用糖发酵生产乙醇用作汽油添加剂。化学工业的每个分支中都可以找到生物过程的应用案例，可参见附录 E（可查看网站 booksite.Elsevier.com/Towler）。

生物过程在工艺过程设计及反应器设计中需要考虑更多的限制因素。本节主要介绍设计人员在进行生物反应器的选型与尺寸计算时，以及在原料制备与无菌操作的辅助设备的设计中所面临的关键问题。本书不介绍生物工程的基本原理或生物反应动力学，相关内容可以参见 Bailey 和 Ollis（1986）、Blanch 和 Clark（1996）、Shuler 和 Kargi（2001）以及 Krahe（2005）等的著作。

15.9.1　酶催化

当一种酶可以从宿主细胞中分离或显现出来且仍保持活性时，这种酶就可以用作催化剂。酶是蛋白质，通常含有 100～2000 个氨基酸残基，且其活性催化位点由蛋白质折叠而成。酶催化剂既可以在液相中形成均相体系，也可以通过将其固定在固体载体上而形成非均相体系。

相比于简单分子在高温下进行的催化反应，以酶为催化剂的反应速率通常较低，但酶的选择性较强，特别适用于生产具有立体选择性的异构体产物的情况。

酶在高温下会永久失活（也称变性），也会因抑制分子的存在而降低或失去活性，这些抑制分子通常能结合或阻断酶的活性部位。在 pH 值发生变化、溶液离子强度发生变化或在将酶进行固定等情况下，酶也会因为其分子形状的转变而失去活性。酶通常在水中使用，在有机溶剂中会失去活性。

酶催化反应的原料通常称作底物。底物可以溶解于液相，也可以悬浮在液相中，如生物过程中的淀粉和纤维。底物浓度过高往往会抑制反应，需要选择全混流反应器或间歇进料反应器。同样，酶也会被高浓度产物抑制。

一些酶需要辅助因子或辅酶的存在才能发挥作用。辅助因子可以是简单的金属离子、氨、氧、小分子有机化合物或维生素。细胞通常可以自动调节辅助因子的浓度，以保持酶的高活性状态。在酶催化生物反应器的设计中，通常需要通过实验来确定是否需要加入辅助因子，这是因为一些辅助因子具有很强的结合性，而另一些却可以被洗脱而需要不断补充。

酶催化反应的动力学在本节引用的所有生物化学工程书籍中都有论述，在本章末尾参考文献中引用的所有反应工程书籍中也有介绍。反应速率方程通常采用 Michaelis–Menten 方程的形式，与气固催化的 Langmuir–Hinshelwood –Hougen–Watson（LHHW）方程相似。通常认为 1913 年提出的米氏方程是生物化学反应工程的基础，而 LHHW 方程直到 1947 年才被提出。

酶催化反应器的设计比细胞培养的设计简单得多。相比于细胞培养，酶催化的优点之一是酶不用呼吸。因此，除非需要气相辅助因子，否则不需要选用特殊的气液反应器。如果底物为固态，酶催化反应通常在液相或浆态相中进行。反应器的选择在很大程度上取决于酶的限制方式，下文将进行详细论述。

有些酶成本较低，可以在反应器中一次性使用而不用回收，如在面包生产中用于淀粉分解的淀粉酶和高果糖玉米糖浆生产中用于葡萄糖转化为果糖的葡萄糖异构酶，以及在造纸中使用的木质素酶。作用于固体底物的酶通常一次性通过，除非酶可将底物转化为可溶性成分。比较昂贵的酶必须被回收循环使用，或被限制在反应器系统内。

大多数酶分子尺寸较大，不能通过纳滤膜过滤器和超滤膜过滤器。如果产品分子尺寸较小，反应产物通过过滤器后会将酶保留下来循环使用，可在反应器出口设置错流式过滤器，将截留物返回反应器入口（图 15.49），这样酶可以在溶液中使用，并被限制在反应器—分离膜回路中。膜过滤工艺过程的设计见 16.5.4。

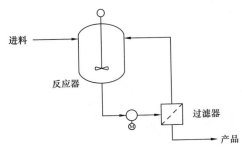

图 15.49　酶催化的反应器—分离膜循环流程

目前已开发出许多酶固定化的方法，其中最常见的方法有活性炭吸附、离子交换树脂、功能化珠粒或纤维，以及凝胶包裹。需要注意的是，固定化的过程需要保证酶的蛋白质结构不会发生改变，不能影响活性。酶固定化的方法见 Storey 和 Schafhauser-Smith（1994）的著作。对于固体载体上的固定化酶，如果底物可溶解于液相，可使用填料床反应器。如果底物会抑制反应，则带循环的填料床可以实现全混流性能（图 15.33）。

15.9.2　细胞培养

许多生物产品的合成过程非常复杂，通常只能在活细胞内进行。这时，需要通过购买、繁殖，或采用基因工程进行细胞改造等方法找到一种活细胞〔如生产油脂的藻类和蓝藻细菌以及生产乙醇的酵母菌（如酿酒酵母）]，可以在溶液中生产所需产物。

对于结构更加复杂的分子，如单克隆抗体，反应过程中需要打破细胞壁（称作裂解），从细胞内获得产物。产品的回收方法对反应器设计乃至菌株筛选过程都有很大影响。例如，如果产品通过裂解后回收，细胞需要能够耐受高浓度的产品溶液，并且最好使用间歇或活塞流反应系统来最大限度地提高细胞生产力。相反，如果细胞能够连续释放产品，使用间歇进料或连续全混流反应器可以得到更高的产率。

15.9.2.1　细胞培养与生长周期

生物反应器中可以使用的微生物是多种多样的，大多数为较为简单的微生物，如细菌、霉菌和酵母。细菌和酵母是单细胞生物，细菌大小一般为 0.5～2μm，而酵母大小为 5～10μm。霉菌是多细胞生物，尺寸较大，通常大于 5μm。动物和植物细胞也可以用于生物反应器，但是很难形成细胞结构（组织培养），下文将对此进行论述。

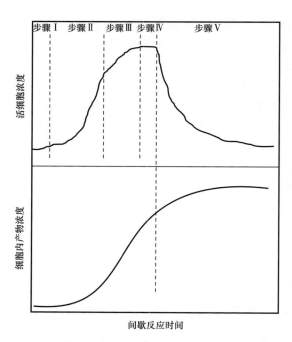

图 15.50　间歇发酵过程中细胞生长与产物生成

所有生物反应器的生产能力都取决于反应器中的细胞浓度。在间歇系统或活塞流反应系统中，细胞浓度随时间变化；而在连续反应系统中，细胞浓度是保持稳定的。当反应器内细胞浓度达到最大时，细胞内产物（指细胞内部的产物）的浓度无须达到最大，只要在细胞死亡后，产品仍保持稳定即可。间歇发酵过程中活细胞和细胞内产物的浓度关系如图 15.50 所示。发酵过程经历下列步骤：

（1）步骤 I：细胞初次接种后，细胞对新环境的适应存在较短的滞后期。在这一阶段，一些细胞在接种过程中死亡，并与细胞生长速度保持平衡，使整体细胞浓度缓慢增加。

（2）步骤 II：一旦细胞适应了新的环境，其数量开始迅速增长，细胞的生长速度与细胞数量成正比，这个阶段称为指数增长阶段。

（3）步骤 III：最终由于营养耗尽、有毒产品或副产品的积累、难以获得氧气、温度过高等原因，生长速度开始放缓。间歇进料系统或连续系统中，需要对以上参数进行精心控制，以尽量延长指数增长阶段的时间。参数控制对于连续系统尤其重要，这是因为一部分细胞需要连续生产以得到产物。

（4）步骤 IV：细胞生长和死亡的速度在某一时刻处于平衡状态并达到稳定。如果需要细胞外产物（细胞外释放的产物）持续发酵，需要控制好营养添加、产物脱除、氧气供应、pH 值和热量移除等因素和过程。在间歇发酵中，稳定期通常很短。

（5）步骤 V：在最后阶段，细胞死亡或形成孢子，活细胞浓度呈指数下降。如果所需要的产物在细胞死亡期间或之后没有被降解，那么即使活细胞数量减少，反应器中的产物浓度还会继续增加。因此，对于间歇发酵过程，稳定期后可以继续发酵一段时间以实现更高的产率。

上述 5 个步骤都可以通过动力学模型进行计算，可以开发细胞生长周期和产品形成周期的整体反应工程模型，相关内容见 Bailey 和 Ollis（1986），以及 Blanch 和 Clark（1996）的著作。在工业生产中，发酵过程的放大通常需要通过在小规模发酵过程中进行多次产品分析以确定最佳的发酵周期后进行。

15.9.2.2 细胞的固定化

细胞固定化的方法与酶的固定化大致相同，但细胞通常不需要固定化，原因是尺寸较大，足以被过滤器、水力旋流器或离心机截留下来，多数细胞还可以自发地絮凝成较大的团，使其更容易被截留下来。将细胞固定在支撑结构上会引入传质限制，从而降低细胞的生长速度和生产能力，因此对于大多数过程，细胞固定化的缺点超过了优点。细胞固定化技术被广泛应用于废水处理的生物过滤过程中，通过在填料上涂上一层膜，使得膜上形成多种自然形成的固定化细胞，而废水则直接通过填料。有关污水处理厂设计详细信息见 Bailey 和 Ollis（1986）的著作。

15.9.2.3 组织培养

组织培养是指在人工环境中对从生物体分离出来的多细胞结构进行培养和生长。生物学家已经将这项技术在小型实验室中实践了 100 多年，并且可以作为植物繁殖的一种方法，但还没有作为一种加工技术被广泛使用。组织培养在生物医学工业意义重大，可以通过培养一些组织或器官来治疗疾病，相关内容见 Lavik 和 Langer（2004），以及 Xu 等（2008）的著作。

组织培养很难进行工程放大，这是因为过程中所需的高传质和低剪切要求是相互矛盾的，很难同时实现。为细胞提供营养和氧气需要高传质速率，而防止细胞受损和形成多细胞结构则需要低剪切速率。Martin 和 Vermette（2005），Curtis、Carvalho 和 Tescione（2001）等论述了组织培养在工程放大中的难点，并介绍了不同的反应器设计方法。例如，可以将细胞固定在支架上，如纤维床。组织培养领域仍是当今研究的重点之一。

15.9.3 防止污染物进入反应系统

生物反应器及其进料系统在设计中必须考虑安全措施，以防止有害物质进入系统，包括避免化学和生物污染、通过清洗避免间歇批次间的污染等。

15.9.3.1 化学污染

生长培养基中很低浓度的有毒物质也会对细胞生长和酶的活性造成很大影响。反应器和进料系统的设计中必须避免受到这些化学物质的污染。

由于低碳奥氏体不锈钢腐蚀率低，并且可以通过电抛光使表面非常光滑，因此大多数生物反应器及其进料系统都以低碳奥氏体不锈钢为主要材质（Krahe，2005）。316L 不锈钢虽然价格昂贵，但仍是最好的选择，价格相对较低的 304 和 304L 不锈钢有时会用于食品加工领域。历史上铜和铜合金多用于发酵工艺，但已经证明铜对许多发酵过程有强烈的抑制作用，因此容器、仪器、阀架等设备和元件中应避免使用铜、青铜和黄铜。

装置中的 O 形环、垫片、阀门填料和隔膜等元件通常使用聚合物材料，需要确认这种材料在操作条件下能够保持稳定。如果所生产的产品用于人类或动物的食品或食品包装，必须经过安全评价，同时聚合物中的增塑剂或其他添加剂不得渗入溶液。较为常用的材料包括氟橡胶、聚四氟乙烯和乙丙二烯橡胶（EPDM）。

必须仔细控制原料的质量，避免潜在的污染物或毒物进入反应系统。生产人类或动物消费的产品时，其生产原料不达到 USP 级不会影响生产，但仍要求进料质量或加工过程达到 USP 级。

关于原料纯度和质量控制的附加要求，在《生产质量管理规范》中有相关规定（见15.9.8）。

15.9.3.2 生物污染与无菌操作设计

当不同的菌种进入发酵罐时，其会与底物的设计菌种发生竞争，导致感染和细胞损失，或者有害和潜在有毒成分污染产品。因此，生物过程通常设计为无菌操作。为了保持无菌操作条件，需要在批次之间或连续运行时进行充分的清洗，生产前需要对装置进行消毒，且保证正常操作期间除接种剂以外引入的所有物质均为无菌的。

灭菌本身就是一个反应过程，生物污染物的死亡率通常可以用一级动力学方程来描述。然而，由于生物污染物必须从本质上完全清除，通常用概率计算的方式处理这个过程。

当生产设备由于尺寸较大不能在拆卸后置于高压灭菌器中时，可采用就地灭菌方式（SIP）。设备的灭菌是分批进行的，通常使用蒸汽将设备加热到足够高的温度（120℃或更高），然后保持恒温一定时间，再冷却降温至反应条件。冷却过程中，由于蒸汽会发生冷凝，为了防止负压，必须让空气进入，但是需要确保空气是无菌的。

原料的灭菌过程有时比较困难。简单化合物（如糖、盐等）可溶于水后经高温加热杀菌，但有些营养物质（如维生素）热稳定性较差，加热处理时会发生降解（Leskova 等，2006）。对于间歇发酵过程，热稳定性较好的原料组分可进入反应器中随设备一起进行杀菌处理。而对于分批进料和连续进料过程，进料必须经过连续消毒处理。为了确保完全转化（生物污染物死亡），必须使用活塞流设备。

连续灭菌最常用的流程如图 15.51 和图 15.52 所示。图 15.51 显示了蒸汽注入灭菌工艺过程。将蒸汽直接注入液体进料中进行加热，加热后的液体通过蛇形管，达到预期的灭菌停留时间，随后通过闪蒸冷却至工艺操作温度。闪蒸冷却减少了介质被冷却器中的冷却水污染的可能性。图 15.52 显示了换热式灭菌工艺过程。进料首先被从产品中回收的热量预加热，然后送入蒸汽加热器加热，在管式恒温停留段中恒温停留，最后用冷却水进行冷却。通常使用板式换热器，这是因为其具备易清洗和易检查的优点。换热式灭菌工艺过程能耗较低，但更容易被进料至产品中的污染物污染或者被冷却水污染。

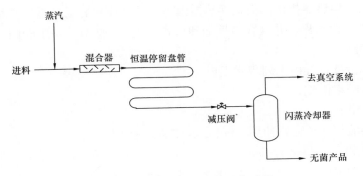

图 15.51　蒸汽注入灭菌工艺过程

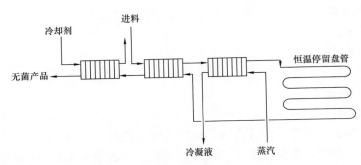

图 15.52　换热式灭菌工艺过程

灭菌过程所需的停留时间取决于使用的温度、要求的灭菌级别及进料中有机物的类型。对于细菌、霉菌、真菌和细菌孢子，通常为 120℃下停留 15min 或 135℃下停留 3min，但在某些情况下也会使用更为极端的处理方法。

对于热稳定性差的化合物（如维生素等），需要使用高温瞬时灭菌法（HTST），以减少所需组分的热降解。考虑到灭菌过程会有热损失，进料中的反应组分的浓度应高于需要的浓度。连续灭菌过程比间歇灭菌过程更适合采用高温瞬时灭菌法，这是因为在连续流动过程中冷却速度更快。对于极端情况，也可以购买或合成无菌原料。

一些加入发酵罐的组分不需要灭菌。例如，当使用酸或碱来控制 pH 值时，酸或碱的浓度可能高到足以确保无菌而不需要灭菌。

空气作为氧气的供应来源，通常利用膜过滤进行消毒，以去除细菌和微粒。为了避免环境中的空气漏入装置，设备通常在压力下操作。如果组分有强致病性，泄漏会使工人处于巨大危险中，设备操作压力通常为微负压。

15.9.3.3　清洗

一个生产过程结束后，需要对装置进行清洗，以清除可能导致污染的残留物质，并防止前一批次对后一批次的污染。生物反应器及其进料系统通常设计为就地清洗流程（CIP），对于换热器等易结垢的设备，需要进行拆卸和人工清洗。

生物反应器系统应设计为自由排放导淋，以便于清洗，避免出现死角、裂缝和管子分支死端。与管壳式换热器相比，板式换热器因易于清洗而更容易被采用。板式换热器内部没有死点，物料不会累积，并且容易拆卸和检查，见 19.12 节。对于阀门，更倾向于选择易于清洗的隔膜阀。

　典型的循环清洗过程由下列步骤组成：

（1）高压水喷射清洗；

（2）排水导淋；

（3）碱性溶液清洗（通常使用 1mol/L NaOH 溶液）；

（4）排水导淋；

（5）自来水冲洗；

（6）排水导淋；

（7）酸性溶液清洗（通常使用 1mol/L 磷酸或硝酸溶液）；

（8）排水导淋；

（9）自来水冲洗；

（10）排水导淋；

（11）去离子水冲洗；

（12）排水导淋。

可根据系统要求，将酸性溶液清洗和碱性溶液清洗顺序颠倒。

　在间歇发酵过程中，典型的循环清洗过程需要重复地充满和排空反应器，占据了批次间隔的大量时间。过程设计必须包括制备清洗溶液所需的设备以及中和、处理清洗过程中产生的废水。生物化学处理过程中，设备清洗所产生的废水对整个流程的废水量影响很大。

15.9.4　原料的制备与消耗

　即便对于单细胞生物，也需要均衡的饮食才能较好地生长和繁殖。原料培养基中必须含有碳、氮、磷、硫和所需的金属离子。在某些情况下，可能还需要添加维生素或酶等更复杂的成分。

　最优化的原料培养基取决于生物体（或酶）、所需产品、生产方法（细胞外或细胞内）以及发酵反应器的选择（间歇或连续），其配方通常需要通过实验确定。一个典型的配方见表 15.13（Stanier 等，1970）。

　改变进料组成可以操纵细胞的新陈代谢和生产能力。可能需要在图 15.50 所示的生长周期的不同阶段改变进料。例如，在指数生长阶段可能需要更多的矿物质，但是进料组成的改变可能会延长稳定期，或导致更高的产品效价。Mead 和 Van Urk（2000）介绍了一种通过调节培养基浓度实现控制副产物浓度的方法。Shibuya、Haga 和 Namba（2010）介绍了一种通过调节几种培养基的混合比例来控制进料组分，实现优化整体生产率的方法。

　值得注意的是，在大多数生物过程中，进料的消耗速率主要由细胞代谢和新细胞生长过程决定，而与产品的生成速度没有很强的相关性。进料和产品（甚至进料和细胞群）之间的化学计量关系对于设计过程并没有指导意义。细胞需要营养来维持生命和繁殖新的细胞。假定新细胞的生长速度 μ_g 被定义为：

$$\frac{\mathrm{d}x}{\mathrm{d}t} = \mu_{\mathrm{g}} x \qquad\qquad (15.29)$$

式中　x——细胞浓度，g/L；

　　　t——时间，s；

　　　μ_{g}——细胞生长速度，s^{-1}。

表 15.13　典型原料培养基组成（Stanier 等，1970）

组分	组成，g
水	1000
葡萄糖	5
NH_4Cl	1
K_2HPO_4	1
$MgSO_4 \cdot 7H_2O$	0.2
$FeSO_4 \cdot 7H_2O$	0.01
$CaCl_2$	0.01
Mn，Mo，Cu，Co，Zn（以盐计）	各 $2 \times 10^{-5} \sim 5 \times 10^{-4}$

由此可得，底物的消耗速度为：

$$\frac{\mathrm{d}s_i}{\mathrm{d}t} = \left(m_i + \frac{\mu_{\mathrm{g}}}{Y_i} \right) x \qquad\qquad (15.30)$$

式中　s_i——底物 i 的浓度，g/L；

　　　m_i——维持细胞生命的底物 i 的消耗速度，g（底物 i）/［g（细胞）·s］；

　　　Y_i——底物 i 上新细胞的产率，g（细胞）/g（底物）。

不同物种的葡萄糖和氧气的 m 值和 Y 值举例见表 15.14（Solomon 和 Erickson，1981）。

表 15.14　细胞生存与生长所需底物的消耗速度（Solomon 和 Erickson，1981）

微生物	$m_{葡萄糖}$，g/（g·h）	$Y_{葡萄糖}$，g/g	$m_{氧气}$，g/（g·h）	$Y_{氧气}$，g/g
大肠杆菌	0.072	0.35	0.6	24.7
大肠杆菌	0.090	0.53	3.0	42
酿酒酵母	0.018	0.51	0.6	34.5
产气杆菌	0.054	0.38	1.4	44

不同物种的细胞的生长速度差别很大。根据 Green 和 Perry（2007）的介绍，典型的生物量增长速度为 2～5g/（L·h），典型的耗氧量为 1.5～4g/（L·h）。

15.9.5 间歇发酵

大多数生物过程均使用间歇发酵反应器。间歇操作容易根据实验室规模进行工业放大，批次一致性是质量控制的重要方法。

在严格分批培养过程中，底物加入反应器，经灭菌、冷却，然后加入活细胞进行培养。该过程不需要额外添加底物，但需要不断地添加空气以保持溶液中的氧浓度高于临界水平，临界氧含量因物种而异，但通常在 $1\mu g/L$ 以上。经过一段时间后，发酵停止，反应器内的物质送到下游工序加工处理得到产品。

严格分批培养过程效率较低，细胞生长速度和产品效价很快会由于底物的消耗而受到限制。一种更常见的方法是分批补料培养，即随着细胞浓度的增加，添加额外的进料培养基，使反应过程进一步进入生长周期，并达到更高的产品效价。在分批补料过程中，反应器的初始填充量可能只有 20%～40%，以保留足够的空间来添加更多的生长培养基，混合和通风的设计需要满足所有填充量的要求。各种分批补料的处理模式见 Krahe（2005）的著作。

15.9.5.1 发酵罐设计

间歇式发酵罐通常是包含夹套和（或）加热、冷却盘管的搅拌罐，并带有用于通入空气的分布器等装置，其典型设计如图 15.53 所示。

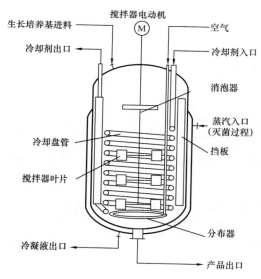

图 15.53 发酵罐

发酵过程中，充分混合对反应过程很重要，可以确保发酵罐中的所有微生物都能获得所需浓度的底物和氧气，并保持恒温。在发酵罐内设置挡板可以提高罐内的混合程度，防止形成涡流（见 15.5.2），不过挡板会增加清洗和灭菌过程的难度。搅拌槽的其他混合要求见 15.5.2。

发酵罐内搅拌器的转速主要由需要的氧气传质速率决定，通过调整搅拌速度可以得到所需的传质系数 $k_L a$，见 15.3.4 中式（15.13）至式（15.15）。由于细胞的密度与水接近，通常会悬浮在溶液中，生物质的悬浮不会限制搅拌速度。由于高剪切会导致细胞壁破裂和细胞的死亡，因此，注意搅拌速度不宜过高。

起泡在发酵过程中是严重问题，表面活性剂可能存在于生长培养基，也可能在发酵过程中形成。通入空气自然会在气液界面形成泡沫。如果泡沫过量，细胞和产品可能会损失进入气体回收系统，使反应器生产能力下降。可以在搅拌器的轴上安装机械消泡器来破碎大气泡。如果能找到一种不干扰细胞、不会阻碍氧转移的合适化合物，就可以将其作为消泡剂添加到反应体系。反应器设计填充量通常小于 75%，以保留足够空间用于消除泡沫和气液分离。

发酵过程释放的热量通常较低。对于小型发酵罐，设置外部夹套或内部盘管可满足冷却要求。不过盘管的设置如挡板一样使清洗和消毒变得更加困难。传热速率可根据 19.18 节中给出的关联式计算。

间歇式发酵罐的尺寸由细胞的生产能力、所需的停留时间和期望的产量决定。大型发酵罐为用户定制，小型和中型发酵罐为标准尺寸，通常以 L 或 m^3 表示，常用的发酵罐尺寸见表 15.15。发酵罐高径比通常为 2～4，选择更高还是更短的设备应考虑的因素见 Krahe（2005）的著作。

表 15.15　标准发酵罐尺寸

容器尺寸，m^3	0.5	1.0	1.5	3	5	7.5	15	25	30
容器尺寸，gal	150	300	400	800	1500	2000	4000	7000	8000

当间歇过程停留时间足够长时，通常并联使用多个反应器，使下游分离设备的生产能力最大化。大型发酵罐通常用于生产价格低廉的产品，这样即使发生批次污染也不会造成较大的经济损失。例如，根据 Lee（2010）的介绍，生产单克隆抗体的典型的新建装置通常设置 4～12 个发酵罐，单罐体积为 10～25m^3。经过 10～14 天的培养后，每个反应器的效价约为 4g/L。包括原料制备和产品回收单元在内，整个装置的投资将为 4 亿～10 亿美元，项目从破土动工到获得美国食品药品监督管理局（FDA）批准需要约 6 年时间。

为防止生长培养基被污染，大多数生产规模的间歇发酵罐的材料为奥氏体不锈钢，316L 最为典型。考虑到灭菌工况，不锈钢发酵罐应设计为压力容器，见第 14 章。当生产规模较小时，一次性塑料反应器被广泛应用，目前约占生物过程市场的 30%。在撰写本书时，一次性反应器体积可达 2m^3。关于一次性反应器的供应商介绍和应用说明见 Thayer（2010）的著作。

小型间歇式发酵罐的排空通常是将空气加压送入容器，使液体从底部排放管道排出，由于不需在设备底部设置泵，避免了泵轴封处可能发生的污染。

15.9.5.2　工业放大的考虑

间歇发酵可应用到很大的工业规模。啤酒和葡萄酒的酿造过程可采用连续发酵或间歇发酵，其发酵罐容积通常可达 200m^3。即使价格非常昂贵的产品（如单克隆抗体），也可按 25m^3 每批次的规模生产（Lee，2010）。

间歇式发酵罐的工业放大过程相对简单。由于小规模发酵也是间歇过程，因此只要确保放大过程中底物和氧气的温度与浓度不变，其动力学数据的放大也相对简单。不过随着发酵罐尺寸的增大，传热速率和传质速率的重要性越来越大。

在间歇发酵工艺过程的工业放大中，最重要的因素是保持相同的氧气浓度。设计者应确保设备放大后传质参数 $k_L a$ 不变，同小型设备相比可能需要增加搅拌速度或空气流量。空气流量通常根据活的微生物所需的最大氧气浓度来确定。

在间歇发酵工艺过程的工业放大中，传热速率也是一个重要的考虑因素。大多数发酵过程都是温和放热。如果不移走热量，温度将缓慢升高，直到细胞生产力下降或开始死亡。大型发酵罐单位体积的表面积较小，通过环境的散热量相对较小，与反应生成的热量不成正比，需要设置其他冷却设施，如冷却盘管或采用泵循环的外部换热。

Levin（2001）论述了用于药品生产的间歇发酵工艺过程的工业放大。

15.9.6　连续发酵

在连续发酵过程中，装置操作保证了活细胞的损失率（细胞死亡或从发酵罐中淘析出来）与新细胞的生成速率相匹配，从而实现稳定的细胞数量平衡。通过精细控制，这种稳定状态可以维持几天、几周甚至几个月。稳定连续的操作过程最大限度地提高了单位体积发酵罐的生产效率，与间歇过程相比，连续过程在排净、清洗、灌装和消毒操作上的时间大幅减少。

连续发酵反应器的设计很大程度上取决于产物是细胞外产物还是细胞内产物。

细胞外产物可以从发酵液中回收而不需要去除细胞，因此可通过细胞固定或使用反应器—膜分离循环流程（图15.49）使这些细胞保留在反应器循环回路中。当细胞处于生长周期的稳定阶段（图15.50中所示的步骤Ⅳ）时，反应器的生产效率通常处于最优状态，此时活细胞的浓度最高。这时，需要准确控制底物的添加速率、稀释速率（将水与底物同时加入）、氧气的添加量、二氧化碳的去除和热量的移除，保持系统在最佳操作条件下运行，维持系统的稳定状态。细胞外产物连续发酵最常见的工业案例是利用酿酒酵母将糖发酵生产乙醇，用于汽油添加剂及葡萄酒和啤酒的大规模酿造工艺。

当产品是细胞本身或产品必须通过裂解从细胞内获得时，连续发酵过程必须使活细胞生产最大化。细胞通常在反应器内或利用沉降罐采用淘析法分离出来，或者采用超滤模块或旋液分离器得到细胞浓度高于发酵液的产品流股而分离出来。反应器通常为连续搅拌发酵罐（CSTF），也称恒化器。通过控制操作条件，使发酵过程保持在生长周期中细胞生长速度较高的某一点上运行（通常处于生长周期的线性阶段，如图15.50所示），通过刺激细胞生长实现反应器能力的最大化。可过量供应大多数营养物质，并通过限制某一种营养物质的供给量，实现细胞生长速度的控制。细胞培养型连续发酵流程可用于生产面包酵母和某些块状酶的过程中。

15.9.5中关于间歇发酵中的所有事项也同样适用于连续搅拌发酵罐，此外根据产品回收的方法，连续发酵罐设计还要满足细胞滞留或淘析需要。连续搅拌发酵罐在设备结构上与间歇式发酵罐相同（图15.53）。

发酵液中细胞所能达到的最大浓度通常仅为百分之几，因此当产品在细胞内或者细胞本身就是产品时，可以将细胞浓缩成高浓度浆液。细胞浓缩降低了通过装置的水的体积流量，减少了产品回收单元的规模，允许使用更浓的进料，降低了灭菌要求。当细胞对剪切不敏感时，可以使用旋液分离器。此外，还可以使用超滤或沉降罐去除水分。固体和液体分离设备的设计见18.6节。

确保所有进料的无菌性对连续发酵罐的运行至关重要，见15.9.3。与发酵罐直接相连的下游设备和单元也必须保持无菌条件，这是因为细菌具备"逆流而上"的能力。产品质量必须定期监测，以确保没有发生污染。连续过程不能使用批次完整性作为质量控制手段。如果发生污染，必须将装置停车，将设备清空、清洗和消毒，然后开始重新运行。

与间歇发酵工艺一样，连续发酵规模放大时需要考虑的首要因素是确保氧气和二氧化碳的传质速率足够高，并确保移走足够的热量以精确控制温度。连续发酵比间歇发酵更容易移除热量，这是因为在连续进料和产品脱除的过程中，可以通过使用温度较低的进料降低系统温度，从而降低了冷却需求。

用于细胞固定的反应器可以设计为多种型式。固定化细胞仍然需要氧气进行呼吸，因此必须使用浆态床反应器、喷淋床反应器或流化床反应器。其设计过程与固体催化气液反应器相同，已在 15.7.5 中详细讨论。工业上很少对在悬浮液中生长的细胞进行固定化，是因为很难为固定化细胞提供良好的传热和传质。关于细胞固定化更详细的讨论见 15.9.2。

15.9.7　生物反应器的仪表与控制

生物反应器需要控制的典型参数主要包括：

（1）温度：通常由一个或多个热电偶测量，通过控制进入夹套、盘管或外部换热器的蒸汽或冷却剂流量来控制。

（2）压力：通常在排气管道上测量，由一个排气压力控制阀控制。压力通常保持在环境压力以上，以防止空气泄漏入装置而导致污染。

（3）液位：对间歇发酵和连续发酵过程的控制很重要。由于反应器中存在气泡和泡沫，液位很难准确测量。有时可以用测压元件来测量并计算小型反应器的持液体积；也可以通过测量反应器顶部和底部之间的压差，再通过静压头计算液体体积。这种方法可用于确定持液量，但不能确定气液相界面的位置。

（4）进料速率：对于分批补料连续发酵过程，底物添加速率必须保持在所需范围内。在间歇生产过程及连续生产过程的不同周期下，进料速率需要不断变化，而且每个进料组分的进料速率也有可能不断变化，以最大限度地提高生产率。通常在发酵开始时使用浓度较低的生长培养基，然后在后期添加浓度较高的进料，以限制产品的稀释、减少细胞被洗掉的可能性。

（5）搅拌速度：搅拌器速度通常是连续控制，以保持所需的搅拌水平。

（6）pH 值：在线 pH 值分析仪可用于测量 pH 值。通过开关阀控制少量浓酸或浓碱（如硫酸、氢氧化钠或氨溶液）的添加量，从而实现溶液 pH 值的调节与控制。

（7）溶解氧：溶解氧浓度通常由在线氧分析仪测量。可以用氧含量数据直接控制空气流量，也可以串级至压力控制器（通过增加总压力来增加氧分压）或搅拌速度控制器（通过更高速度的搅拌来增加传质速率）。

（8）起泡：许多发酵罐都装有泡沫检测器，以控制除泡剂的添加速度。泡沫检测器是一个简单的电导率探头，放置于液面以上一定高度，且需要屏蔽飞溅。

检测排气出口组分有时可作为测量氧气供应或二氧化碳产量的一种手段。液体浓度的测定通常采用离线色谱法。细胞浓度的测量方法可参见 Bailey 和 Ollis（1986）的著作。

间歇式发酵罐可以使用可编程逻辑控制器来控制间歇运行过程中的各个步骤，并确保所有步骤都按正确的顺序执行。可编程逻辑控制器也用于连续搅拌发酵罐中某些操作的开关控制，如清洗和灭菌过程。

关于生物反应器控制的更多介绍见 Alford（2009）的著作。

15.9.8　生物反应器的安全与质量控制

　　生物过程通常在水溶液中维持生命的条件下进行，与在高温和高压下处理可燃混合物的非生物过程相比，其危险性要小得多。尽管如此，微生物和具有生物活性的产品仍可能对人员和环境造成危害，必须将其限制在装置中避免外漏。除遵守安全法规外，对于生产供人类或动物食用产品的工业装置，法律还要求其具备严格的质量控制标准，并接受监管机构的定期检查。

　　间歇过程是生物过程中重要的质量控制方法。间歇操作过程使操作人员可以在生产过程中保持批次的完整性，即保证同一批物料单独存放和处理，而不与其他批次的产品在后续工序混合。装置在批次之间需要进行清洗和消毒，以避免批次与批次之间的污染。如果发现某批次产品被污染或不符合质量控制要求，则可以将该批次产品全部去除，在不影响任何其他批次的情况下进行废物处理，过程中保证任何批次产品不与其他批次接触。

15.9.8.1　《生产质量管理规范》（GMP）

　　生物工程被广泛应用于食品添加剂、个人护理产品、化妆品和药品等的生产。在美国，这些生物工程产品都受美国食品药品监督管理局（FDA）的管辖，其管理标准称作《生产质量管理规范》（简称 cGMP 或 GMP）。其他国家也有各自的 GMP 要求，但都与世界卫生组织（WHO）的药品生产要求相似。世界卫生组织的相关管理指南记录于《世界卫生组织 908 卷》，可从 www.who.int/medicines/areas/ 免费下载。有关美国 GMP 要求的相关信息可从 FDA 网站 www.fda.gov 获得（Willig 和 Stoker，1996）。

　　在美国生产的食品添加剂和药物必须符合《美国药典》（USP）规定的要求。食品添加剂需要符合《USP 食品化学药品法典》（FCC）的要求。USP 和 FCC 标准已在国际上得到广泛认可，并被许多国家作为法律标准采用。

　　加拿大也有类似的要求，加拿大 GMP 指南的详细信息可从加拿大卫生部网站 www.hc-sc.gc.ca 获得。

　　GMP 主要介绍了质量保证的相关要求，包括质量控制系统的维护、工厂和设施的设计与操作、职业卫生和个人卫生、培训、记录保存、检验、分包商管理和材料测试。

15.9.8.2　遏制隔离

　　在下列情况下，需要特别关注生物材料在装置内的遏制隔离：
　　（1）当装置中的微生物对人类、野生动物或植物具有致病性时；
　　（2）当微生物会通过新陈代谢产生有毒化合物时；
　　（3）当工作人员接触微生物会引发过敏反应时；
　　（4）当所用微生物为经过基因改造使其具有特殊性质的品种时，如果将微生物释放到环境中，可能与野生物种杂交时。

　　例如，转基因藻类是生物化学领域一大研究热点，其繁殖速度快，可以通过光合作用高效地将二氧化碳转化为油品。作为一种二氧化碳减排手段，这些物种可能非常有吸引力，但如果它们逃逸到环境中，并与天然藻类杂交，其对自然环境造成的影响可能很难控制。

对于液相物质，通常通过装置的设计和操作避免泄漏。为了满足无菌条件和质量控制，避免采用露天运输方式。阀门密封或泵轴密封处的泄漏通常可通过选择防泄漏设备来避免。

对于反应器废气排放中可能带来的生化危害和污染，更加难以控制。在发酵罐中，当起泡较为剧烈时，可能导致一些液滴夹杂在废气中。如果液滴中含有微生物或其孢子，则必须对其进行处理，以防止泄漏到环境。处理方法通常是采用单段或多段高效空气过滤器（HEPA）对废气进行过滤。特殊情况下，还可能需要对废气进行焚烧。相关的尾气处理技术见 Krahe（2005）的著作。

示例 15.6

核黄素（维生素 B_2）是一种营养物质，常用作食品添加剂（主要用于动物饲料，也用于早餐谷物食品）。根据美国专利 US 5164303（Heefner 等，1992）的介绍，核黄素可用酵母菌属的假丝酵母菌株通过葡萄糖发酵生产。根据该专利中案例的介绍，在进料 450L、发酵罐操作温度为 30℃、氧饱和度为 40% 的操作条件下，间歇反应器内的反应情况与时间关系如下表所示。在发酵过程中，添加 600g/L 葡萄糖溶液，使葡萄糖浓度维持在 30g/L 的临界水平以上。

时间，h	光密度（波长为 620nm）	核黄素浓度，g/L	葡萄糖浓度，g/L
0	0.06	0	68.8
40	25.0	0	47.8
60	50.0	2.5	32.2
80	150	6.0	43.0
100	175	9.0	47.9
140	225	15.0	44.5
200	210	21.0	47.2

利用上述专利信息，设计一套产能为 40t/a 的核黄素反应器系统。

解：

（1）估算反应器体积。

通过计算总生产能力，可以快速估算出所需反应器体积。

核黄素产量为 21g/（L·200h）=0.105g/（L·h）或 0.105kg/（m³·h）。

假定操作时间为 8000h/a，产量为 8000×0.105=840kg/（m³·a）。为了满足 40t/a 的产能，按照发酵罐可以 100% 利用，则其体积为 40/0.84≈47.6m³。

需要考虑到间歇式发酵罐不可能 100% 充分利用，这是因为需要留出时间进行批次之间的清洗（CIP）和消毒（SIP）过程。假设 CIP 和 SIP 占总时间的一半，则利用率为50%，所需体积为47.6×2=95.2m³。

假设一个批次生产结束时，反应器的容积为75%，则需要的总容积为95.2/0.75≈127m³。如果增加一台额外的反应器进行备用，可以满足某台反应器维修或维护的需要，那么设计6台25m³的标准发酵反应器是一个相对合理的初步方案。

（2）确定清洗时间。

下面需要确定清洗和传热的要求，以确认CIP和SIP过程所需时间可以满足要求。

装填量为75%的25m³发酵罐内物料体积为0.75×25=18.75m³。

通过直径为6in管线，以1m/s速度排空发酵罐所需时间为18.75/ [1×π×(6×0.0254)² ÷4] ≈1028s，耗时约17min，这是比较合理的。如果使用直径为8in管线，则耗时降至9.6min，从效率上更加合理，但是适用于无菌操作的大尺寸阀门与管件不容易采购，所以方案中选择6in排放管，考虑到排水前的加压可能需要一段时间，因此设总排水时间为20min。

清洗步骤取决于喷嘴的数量和每个喷嘴的流量。BETE Fog喷嘴公司是一家喷嘴制造商，主要销售清洗用喷嘴。其SC24型雨淋喷头流量可在4.5bar下达到272.5L/min。假设在清洗过程中容器装填量为80%，则物料体积为20m³，在该流速下，使用6个喷嘴，则在反应器内充填20m³冲洗液所需时间为20×10³/（6×272.5）≈12.2min。将80%容积的液体排空所需时间为1028×80/75≈1097s，即18.3min，仍然低于允许的20min。

按照15.9.3的介绍，可以设计以下CIP周期：

① 高压冲洗水喷射冲洗（12min喷淋 +8min搅拌）；

② 将水排净（20min）；

③ 使用1mol/L NaOH溶液清洗（12min喷淋 +8min搅拌）；

④ 将水排净（20min）；

⑤ 使用自来水清洗（12min喷淋 +8min搅拌）；

⑥ 将水排净（20min）；

⑦ 使用1mol/L磷酸溶液清洗（12min喷淋 +8min搅拌）；

⑧ 将水排净（20min）；

⑨ 使用自来水清洗（12min喷淋 +8min搅拌）；

⑩ 将水排净（20min）；

⑪ 使用去离子水清洗（12min喷淋 +8min搅拌）；

⑫ 将水排净（20min）。

CIP总耗时为12×20=240min（4h）。

（3）确定灭菌时间。

灭菌和冷却时间较难计算。由于该反应是分批补料过程，因此反应器在运行开始阶段仅为部分进料。从葡萄糖浓度数据可以看出，反应开始 60h 后需要补充额外的葡萄糖，因此首先需要对反应器的初始装填体积进行估算。专利中并没有描述相关信息，需要一些创造性的思维和解决方案。

图 15.54 显示了光密度（包括活细胞和死细胞的所有细胞质量测量值）和核黄素浓度随时间的变化关系。值得注意的是，与图 15.50 相似，最大的产物浓度出现在细胞质量峰值之后。从图 15.54 中并不能得到最大的光密度出现的准确时间点，但应该在 140～200h 之间。由于该过程为间歇过程，只有通过稀释才能降低细胞质量。由此可以计算最后 60h 内加入的液体量。

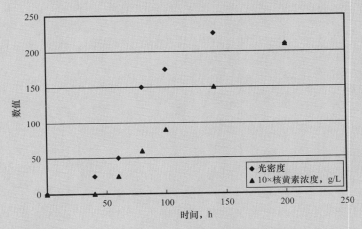

图 15.54　示例 15.6 中光密度和核黄素浓度随时间的变化关系

假定细胞质量为 x，则运行末期细胞密度为：

$$210 = \frac{x}{18.75}$$

假定液体体积为 y，则 140h 细胞密度为：

$$225 = \frac{x}{18.75 - y}$$

由此可得：

$$\frac{18.75 - y}{18.75} = \frac{210}{225}, \quad y = 1.25\,\text{m}^3$$

在反应最后阶段，当细胞浓度最高时，用于稀释的新鲜培养基加入量也最大。而在反应前期，60min 左右时，所需的葡萄糖添加量相对较低。物料进入反应器的总时间为 200-60=140min，其中 1.25m³ 为在最后 60min 添加的，因此可以假设该阶段反应器内物料总加入量在 2～2.5m³ 之间。在进行灭菌过程设计时，以保守估计，按 2m³ 计算，则发酵罐初始培养基装填体积最大为 18.75-2=16.75m³。培养基的主要成分是水，可以按照水的性质进行相关传热计算。

为了确定发酵罐的加热和冷却时间，需要对发酵罐进行非稳态热量平衡计算。如果容器采用蒸汽夹套加热，则在壁温保持不变的情况下，容器内物质的温度变化率等于罐壁的传热速率：

$$m_L C_p \frac{dT}{dt} = UA(T_w - T) \qquad (15.31)$$

由此可得

$$T = T_w - (T_w - T_o)\exp\left[-\left(\frac{UA}{m_L C_p}\right)t\right] \qquad (15.32)$$

式中 m_L——发酵罐内液体质量，16.75×10^3kg；

     C_p——溶液的比热容，4.2kJ/（kg·℃）；

     U——总传热系数，kW/（m²·℃）；

     A——换热面积，m²；

     T——温度，℃；

     T_w——壁温，℃；

     T_o——初始温度，℃；

     t——时间，s。

夹套面积可根据发酵罐的尺寸估算。发酵罐容积为 25m³，长径比为 2∶1，则其直径为 $(25 \times 2/\pi)^{1/3} \approx 2.515$m。当发酵罐内装填液体 16.75m³ 时，液位高度为 $2.515 \times 2 \times 16.75/25 \approx 3.37$m，则有效换热面积为 $\pi \times 2.515 \times 3.37 \approx 26.6$m²。

总传热系数可根据表 19.1 估算，约为 700W/（m²·K）。为了确定该值，也可利用式（19.70c）估算进行确认：

$$Nu = 0.74 Re^{0.67} Pr^{0.33} \left(\frac{\mu}{\mu_w}\right)^{0.14} \qquad (19.70c)$$

其中，μ_w 为壁面处黏度。在 20～120℃ 温度范围内，水的普朗特数变化范围为 1.4～7，保守计算取值 1.5。

对于带有搅拌的容器，其雷诺数根据式（15.16）计算：

$$Re = \frac{d_a^2 N \rho}{\mu}$$

式中 ρ——流体密度，约为 1000kg/m³；

     μ——流体黏度，约为 0.4×10^{-3}Pa·s（在所需温度变化范围内）；

     N——搅拌速度，r/s；

     d_a——搅拌直径，0.6× 容器直径 =1.51m。

功率准数 N_p 可根据式（15.16）计算：

$$N_p = \frac{P_a}{d_a^5 N^3 \rho}$$

式中　P_a——功率，W。

根据表 15.5，对于温和的搅拌过程，所需功率为 0.05kW/m³，则 P_a=0.05×1000×16.75=837.5W。

根据图 15.16，当雷诺数较高时（使用曲线 1），功率准数约为 4，则

$$N_p=4=\frac{837.5}{1.51^5 \times N^3 \times 1000}$$

可得 N=0.299r/s，约 18r/min。

则

$$Re=\frac{1.51^2 \times 0.299 \times 1000}{0.4 \times 10^{-3}}=1.30 \times 10^6$$

忽略金属壁面处黏度的变化，可得 Nu=0.74×（1.3×10⁶）⁰·⁶⁷×1.5⁰·³³≈10550。

在所需温度范围内，水的导热系数约为 0.66W/（m·K），则内部传热系数 = 10550×0.66/1.51=4611W/（m²·K）。该值相对较大，因此不需要再根据详细尺寸对其进行修正。同时假设蒸汽冷凝传热系数为 4000W/（m²·K），则总传热系数为 2140W/（m²·K），远高于表 19.1 中 700W/（m²·K）的估计值。进行折中处理，可以取一个中间值，如 1000W/（m²·K）[1kW/（m²·K）]。

假定反应器内物料初始温度为 20℃，以 180℃ 的中压蒸汽为热源，代入式（15.32）可求得达到 120℃ 所需时间：

$$120=180-(180-20)\exp\left[-\left(\frac{1 \times 26.6}{16.75 \times 10^3 \times 4.2}\right)t\right] \qquad (15.32)$$

则 t=2594s，约 43min。

根据专利介绍，还需增加杀菌恒温时间 30min。

（4）确定冷却时间。

灭菌后发酵罐需要冷却至发酵温度 30℃，需要对冷却速率进行估算。根据表 19.1，当使用内部盘管进行冷却时，传热系数在 400～700W/（m²·K）范围内。为了进一步确认，对冷却盘管的排布进行设计，计算其换热情况。

搅拌器直径为 1.51m，由于需要设置挡板，选择直径为 1.83m（6ft）的盘管，盘管直径为 1in，间距为 2in，则在 3.37m 的液位中盘管数量为 3.37/（3×0.0254）= 44 圈。每圈盘管的表面积为 π×1.83×0.0254=0.146m²，则总盘管面积为 44×0.146=6.42m²。如果该面积不够大，则考虑使用双圈盘管增加换热面积。

冷却盘管的传热计算可根据式（19.70f）进行：

$$Nu=0.87Re^{0.62}Pr^{0.33}\left(\frac{\mu}{\mu_w}\right)^{0.14} \qquad (19.70f)$$

忽略黏度修正，$Nu = 0.87 \times (1.3 \times 10^6)^{0.62} \times 1.5^{0.33} \approx 6142$。则外部传热系数 $= 6142 \times 0.66/1.51 = 2684 \text{W}/(\text{m}^2 \cdot \text{K})$。

对于 1in 水冷却盘管，典型的内部传热系数为 $1000 \text{W}/(\text{m}^2 \cdot \text{K})$。则总传热系数 $= (1000^{-1} + 2684^{-1})^{-1} = 730 \text{W}/(\text{m}^2 \cdot \text{K})$，与表 19.1 中所查得的数据比较接近。

为了解决冷却时间的问题，需要对发酵罐的冷却过程进行非稳态热量衡算。由于冷却水的温度并非恒定，冷却水出口温度会随着发酵罐的冷却而发生变化，因此其计算过程会比式（15.32）描述的复杂。

假设冷却水在最大流量下运行，则

$$m_L C_p \frac{\mathrm{d}T}{\mathrm{d}t} = UA\Delta T_{\mathrm{eff}} \tag{15.33}$$

其中

$$\Delta T_{\mathrm{eff}} = \text{有效传热温差（对数温差）} = \frac{(T-T_1)-(T-T_2)}{\ln\left(\dfrac{T-T_1}{T-T_2}\right)}$$

代入式（15.33）得

$$m_w C_{pw} (T_2 - T_1) = UA\Delta T_{\mathrm{eff}}$$

式中　T_1——冷却水入口温度，℃（此处应为常数）；

T_2——冷却水出口温度，℃（随时间变化）；

m_w——冷却水质量流量，kg/s；

C_{pw}——冷却水比热容，4.2kJ/（kg·℃）。

式（15.33）和式（15.34）相互关联，需要同时求解。为了求解 T_2，从而求出传热速率和达到所需温度的耗时，可以使用 Mathcad™ 等计算程序，或将发酵罐内温度按空间网格进行离散处理求解。假设冷冻水进水温度为 10℃，最大流速为 4m/s，则所需的冷却时间为 660min，即 11h。该结果远小于前述所设计的允许时间，因此单圈盘管的设计可以满足要求，无须增加另一圈盘管（双圈盘管会增加清洗的难度）。

（5）确定间歇批次生产程序与总产能核算。

根据上述计算，可以确定间歇批次生产程序如下：

① 反应器进料（30min，与排净时间相同）；

② 灭菌升温（45min）；

③ 恒温灭菌（30min）；

④ 灭菌后冷却（11h）；

⑤ 反应与生产过程（200h）；

⑥ 产品排净（30min）；

⑦ 清洗过程（4h）。

除反应过程外，总耗时为 0.5+0.75+0.5+0.5+11+0.5+4=17.25h，远小于前文按照 50% 利用率假设的 200h。但为了保险起见，可能需要在冷却结束时留出一段时间来确认生长培养基满足无菌生产条件。假设隔离时间为 48h，随后取样分析以确保无菌，则可以降低污染发生的可能性，而非反应所用时间增加至 66h，利用率为 $200/266 \times 100\% \approx 75.2\%$。由此，可以将反应器总容积降低到 47.6/$(0.75 \times 0.75) = 84.6m^3$，从而可以将 $25m^3$ 反应器的数量减少至 5 个，仍设一个备用发酵罐，以应对某一台发酵罐需要长期维护或人工清洗的情况。

此外，还需要通过计算确认在生产周期内通入空气的流量与散热速率是否满足要求。但是该项专利没有提供足够的信息，需要补充额外的数据进行核算。

15.10　多功能间歇反应器

在间歇操作中，首先加入部分反应物，反应开始进行，反应组分随时间变化。随着反应过程进行，加入更多的反应物或者改变温度。最后，当反应达到所需的转化率并将产品取出后，反应过程结束。

间歇工艺过程适用于小规模生产以及在同一设备中生产不同产品或不同产品等级的情况，如颜料、染料和聚合物的生产过程。间歇反应器广泛应用于特种化学品、医药保健品和食品添加剂的生产过程，其产量相对较小，化学成分相对复杂，而批次完整性是质量控制的重要手段。间歇生产工艺过程在 2.3.2 有详细介绍。

大部分生物化学反应为间歇反应。由于生物化学反应的限制和要求较多，已在 15.9 节中单独讨论。间歇生物反应器设计的案例见示例 15.6。

间歇反应器主要用于液相反应，但也有涉及固体转化或固体生成的反应是以间歇方式进行的。在间歇反应中可以加入或脱除气体，但气相反应几乎不采用间歇操作方式进行。

不符合间歇反应或连续反应定义的一些过程被称为半连续或半间歇过程。在半间歇反应器中，一些产品可能在反应过程中被取出。半连续过程可能会由于某些原因被周期性打断，如催化剂的再生。

15.10.1　间歇反应器的设计

大部分间歇反应器为搅拌釜反应器，搅拌釜中的混合介绍见 15.5 节，搅拌釜的传热介绍见 15.6.2 和 19.18 节。

间歇反应器为搅拌釜反应器，在任何时间反应器内的物质在任何空间都是全混流形式。不过反应器的性能也类似柱塞流反应器，原因是在时间维度上不可能发生返混。

间歇反应开始时，不需要加入全部的反应物。很多间歇反应实际上是半连续操作，反应开始时加入部分原料，在反应过程中加入剩余原料。这种操作多用于反应物为气相物料的反应，将气体喷入反应器以维持液相中气体组分浓度的恒定。

间歇过程的优点之一是在同一台间歇反应器中可以进行一系列的反应，不同反应步骤之间也可以进行分离操作，详细介绍见后续章节。

间歇反应器的设计不仅要考虑反应速率，还要考虑需要在反应器中进行的所有其他工艺过程步骤的速率。至少包括：

（1）反应器进料过程，包括原料、溶剂、催化剂等。

（2）将反应器内物质加热到反应温度。

（3）将反应器控制在反应温度下，并达到需要的停留时间。有时还需要提供反应器的温度曲线，并在反应过程中补充添加进料。

（4）冷却反应产物，使反应停止。

（5）将反应产物用泵输送至储罐或下游工艺过程。

设计人员需要计算每一个步骤所需的时间，整个反应过程的步骤顺序通常表示在甘特图上。

如果下游工艺过程为连续操作，需要设计多台间歇反应器，并使每个反应器在不同时间段运行，使得任何时间均有一个反应器处于出料状态，满足为下游装置连续供料的需求。典型应用是用糖发酵制乙醇的反应系统，通常设计6～12个发酵罐，以满足下游蒸馏单元的连续操作。多个间歇反应器的调度问题，可参考3.6.2中的关于能源管理的内容，二者比较相似。

间歇生产装置的一个重要特点是，可以在同一设备中生产多种不同的产品。所谓的多种产品，可以是同一配方的不同变体，也可以是根据装置具体情况利用不同配方生产的多种产品。当评估利用现有间歇生产装置生产新的产品时，同样需要通过上述设计过程进行计算，以确定在现有装置条件下可实现的产品产量。

15.10.2　间歇反应器的其他功能

在间歇反应的整个工艺过程中，通常需要使用间歇反应器进行很多反应以外的步骤：

（1）可将反应器用于加热进料或冷却反应产物（反应器作为加热器或冷却器）。

（2）在液液反应结束时，允许产物沉降，液相可以分离（反应器作为倾析器）。

（3）添加第二种溶剂，从反应混合物中萃取产品（反应器作为萃取混合沉降器）。

（4）反应混合物可以冷却或蒸发，使产品结晶（反应器作为结晶器）。

（5）可以添加某些组分使产品从反应混合物中絮凝或沉淀下来（反应器作为沉淀器）。

（6）反应器可通过加热使产品蒸发（反应器为间歇蒸馏釜）。

如果需要在反应器中进行其他工艺过程步骤，设计人员必须针对每一个步骤对反应器进行评价，并确定每一个步骤达到预期的工艺性能需要的时间。同时，必须考虑切换步骤所需的时间，以及不同操作中改变温度所需的时间。所有步骤的总耗时将决定工厂的生产能力。如果生产不能满足要求，设计人员应考虑增加另一台反应器或将一些步骤转移到其他设备上运行。

关于间歇反应器的设计和操作步骤以及其他间歇操作的论述见 Sharratt（1997）及 Korovessi 和 Linninger（2005）等的著作。

15.11　反应器的计算机模拟计算

完成反应器的设计通常不需要搭建计算机模型，很少有工业化反应器最初是用计算机模型设计的。不过很多设计历经多年，不断根据计算机模拟提供的参考方案实现了实质性的改进和进步。

反应器建模是一个复杂的多尺度问题，涉及分子间相互作用、催化剂表面和扩散效应、相间传质、液相混合与传热、多相流水力学等问题。这些问题涉及的尺度范围从 1Å 到几十米，不可能通过建立一个模型来处理这些问题，因此反应器设计中需要使用不同的模型来处理这些微观和宏观问题。

在前期设计阶段，为了进行成本估算，可以使用一些相对简单的模型来估算反应器尺寸。随着项目继续深入，设计中为了确保反应器达到预期的性能，需要建立更加详细的模型用于反应器设计的放大和验证。建模中需要使用实际工厂的操作数据或相同反应条件的实验装置的数据进行拟合。

反应器建模过程中，主反应的建模计算通常比较简单，而副反应、少量杂质、反应中的抑制作用、细胞生命周期或催化剂失活等因素的影响却很难计算，需要经过大量且耗费巨大的实验程序才能得到相关数据。忽略这些因素的反应器模型通常准确性较差，甚至会误导设计过程，导致产品质量不合格或安全问题。由于工业化反应器大多采用催化反应或生物化学反应路线，对反应条件非常敏感，因此实验中需要对这些参数进行专门的研究。关于反应器模型的开发可以参见本章参考文献，其中 Stewart 和 Caracotsios（2008）对反应器模型进行了很全面的介绍。

15.11.1　商业化流程模拟软件

利用商业化流程模拟软件对反应器建模的论述见 4.5.1。本书介绍了一些标准库中的反应器模块，这些模块可以用来计算总流程的物料平衡和热量平衡，对计算反应热特别有用，见 15.3.1。

如果已知主反应速率或者可以用简单的表达式来表达主反应速率，商业化流程模拟软件库中的模块可用于计算反应器尺寸。关于使用商业化流程模拟软件来计算反应器尺寸的介绍见用户手册或在线帮助链接。

商业化流程模拟软件也可以用来计算较为复杂的反应器，如下文介绍，通过组合多个反应器模块搭建反应器网络来模拟混合效应，或者将单个反应器模块与其他单元操作组合搭建一个较为复杂的模型，来模拟更复杂的反应器。例如，示例 15.4 中的反应器为单台反应器（图 15.45），但该反应器的模型则是由多个反应器模块和其他单元操作组合的（图 15.43）。

15.11.2　网络模型

通过组合多个简单反应器模块，可以模拟复杂反应器的混合和反应过程。图 15.55 中展示了简单反应器网络模型应用的案例，可用来模拟非理想的反应器的性能。

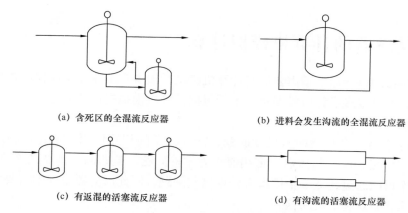

(a) 含死区的全混流反应器　　　　　　　(b) 进料会发生沟流的全混流反应器

(c) 有返混的活塞流反应器　　　　　　　(d) 有沟流的活塞流反应器

图 15.55　　非理想反应器的网络模型

如果可以提供足够精确的反应动力学模型，由简单反应器搭建的网络模型可用于确定优化的混合方式和反应器的加热形式。Kokossis 和 Floudas（1990）利用混合整数非线性规划（MINLP）的概念来优化简单反应器网络模型的上层结构。12.11.2 中已经讨论了混合整数非线性规划在过程合成法中的应用，而 Kokossis 团队将该方法扩展到非等温反应器、催化反应器和多相反应器及反应分离过程中，通过优化上层结构建立的优化网络模型可以决定实际反应器的混合方式，不用凭借经验设计反应机理复杂的反应。

15.11.3　水力学模型

流程模拟软件无法对混合、多相流和固体流等搭建真实的模型。反应器设计中，通常需要综合考虑反应器几何形状、水力学因素导致反应器内的温度和压力分布、反应速率等因素的影响，因此要将反应动力学模型与流体力学模型相结合来计算。

对于任意几何形状的反应器，都可以利用计算流体力学（CFD）软件建立流体动力学模拟模型。CFD 程序中，可以自由定义一个二维或三维的几何图形，然后将其拆解成离散的网格，并为网格的边缘定义边界条件和初始条件。然后，求解过程可以采用稳态模型或动态模型，通过对网格中每个点求解 Navier–Stokes（纳维—斯托克斯）方程，确定反应器内的水力学现象和混合状态。CFD 程序最初是为航空航天领域的应用开发的，由于喷气发动机模型的计算需要，而将化学反应引入 CFD 模型。现在利用计算流体力学软件模拟反应器和其他工艺设备已十分常见。计算流体力学程序的详细介绍、主要功能及其在工程中的应用可查阅计算流体力学软件供应商网站（如 http : // ansys.com/ 和 www.cpfd.software.com/）。

开发和验证 CFD 模型可能昂贵且耗时。实质上需要通过好的实验数据或工厂操作数据来验证模型，因此在引入反应的影响之前，通常使用空气、水和惰性固体（如玻璃珠或砂子）进行大型冷态流动实验作为验证模型水力学性能的一种方法。

涉及固体流动的反应体系对 CFD 建模的要求更高。流动固体通常被以伪连续的流态处理，但这种近似忽略了很多颗粒流动的真实情况。离散单元模型（DEM）将每个颗粒单独处理，模拟颗粒和流体通过几何网格的运动情况。离散单元模型发展迅速，但在本书编写时还不能解决使用实际颗粒数量来搭建工业化多相催化反应的问题。利用计算流体力学软件来搭建流化床反应的模型的挑战见 Jung 等（2009）的著作。

15.12　反应器实际性能确定

工业应用的反应器性能很难通过实验室的实验数据和计算机模拟计算进行预测，这是由于影响反应器性能的因素有很多，特别对于催化反应或生物反应过程。如果实验装置不能全面考虑到这些因素，所使用的混合与传热模型也不能完全反映真实反应器的情况，则真实反应器的性能可能会与实验或模拟计算结果有较大差异。

通常，反应器工业放大的最佳方法是借鉴相似反应系统的经验。反应器实验装置的设计与工业放大的相关介绍见 Rase（1977）及 Bisio 和 Kabel（1985）的著作。

大多数情况下，新型反应器的设计首先需要在中试装置进行实验和验证，然后再进行工业化应用。本节将讨论中试和放大过程中的一些重要问题，以及预测反应器实际操作性能的一些技术和技巧。

15.12.1　实验反应器性能的测量

通过实验室或中试装置反应器的试验数据成功搭建可预测工业反应器性能的模型，必须考虑以下因素：

（1）混合模式。实验反应器中的混合模式应与真实反应器的混合模式尽量相同，但这并不意味着实验反应器仅仅是工业化大规模反应器的缩小版。反应工程师还需要考虑是否将原料在加热前进行混合，或者在反应器内进行混合等。相比大规模反应器，小规模反应器中物料的混合过程通常更快，且发生短路、旁通、壁效应和层流效应的可能性也更大。

（2）物料平衡。通过实验反应器每个点的数据来完成物料平衡是非常重要的，并确保反应器所有点的物料平衡。但实施起来会很困难，特别是当有些产品为气相的情况。气相产物需要通过冷凝器或气相取样来收集，并且气体取样和液体取样必须同时进行，使得气相组成与液相组成相对应。计算中，既要考虑每种元素（C、H、O 等）的元素平衡，也要考虑总物料平衡。如果某种元素不能达到平衡，可能是测试方法不精确，或者该种元素在反应器内或催化剂上发生累积。在某些情况下，如微生物的生长过程需要进行累积，了解原料组分（如矿物质）的摄取速率以确定工艺过程所需的速率是十分重要的。

（3）热量平衡和温度分布。小型反应器很难实现完全绝热操作，原因是其表面积与体积之比数值较大，很容易将热量散失（或吸收）在环境中。当反应温度为常温或接近常温时，实验中要对温度进行准确控制，以消除一日的或季节的温度变化。反应器应做好绝热，并在多个位置设置足够多的温度测量仪表，以获得反应器的温度曲线。条件允许时，应使实验反应器的温度分布与商业化反应器的预期温度分布相匹配，可以将实验反应器划分为多个加热区或反应区来准确模拟商业化反应器的温度变化规律。

（4）传质。反应器内的相间传质速率与固体催化剂内部传质速率通常决定整个反应的快慢。如果反应器放大至工业化规模时可能会影响传质速率，应在实验反应器中测量传质速率，或者能将反应动力学和传质过程分开进行测量计算，以便能够建立工业化规模反应器模型来计算并预测其反应性能。

（5）进料组成。在条件允许的情况下，实验装置的进料应与工业化生产中使用的进料组成完全相同。实验室级化学品的纯度通常高于商品级化学品，且杂质少，而通常正是这些杂质会严重影响反应器性能。使用纯物质进行反应实验有助于研究反应机理，但却往往忽略了杂质对反应或催化剂的抑制作用。对于新工艺或一些特殊情况，真实的进料组成可能并不易获得，如供应原料的上游装置工厂还尚未建成。在这种情况下，进行实验时可刻意在进料中添加可能存在的杂质并研究其对反应的影响。

（6）循环流程。如果真实生产中需要使用循环流程，那么试验装置或实验室反应器也应设计成类似的循环流程。由于反应生成的微量组分会在循环中不断积累并影响反应器性能，因此只有在实验中识别并评价这种影响，才能在反应器放大后正确地预测其性能。特殊情况下，可能需要在循环中添加分离单元来控制循环物料组成，避免杂质积累。

（7）稳态操作。对于连续操作系统，实验必须运行足够长的时间使反应器达到稳态，即整个工艺流程中的热量、反应转化率及循环物料组成都达到稳定状态。调整工艺操作条件后，系统必须重新回到稳态后才能采集数据。

（8）催化剂寿命或细胞年龄。对于催化反应和生物反应过程，催化剂或细胞种群的性能或活性会随时间发生变化。催化剂会由于中毒等抑制、结焦或再生过程造成的损害而降低或失去活性。微生物在生产中由于多代繁殖后会发生进化效应而影响反应产量（甚至对于间歇生产过程）。实验装置设计中需要考虑这些影响，因此实验运行时间应足够长，以获取足够的数据计算并预测催化剂或细胞在一个更换周期内对反应性能的影响。

15.12.2　测试商业化反应器性能

使用大型商业化反应器进行实验通常比较困难，因为不会像实验装置那样设置足够多的测量仪表，并且实际生产装置需要在最佳条件下安全稳定运行以保证效益。但是在实际操作中，获取的相关数据仍对反应器设计与开发非常重要。获取数据时，不能影响装置正常操作、不能使装置停工、不能改造现有装置、不能对工人或工厂造成危害。

15.12.2.1　示踪研究

通过使用示踪剂分子可以研究实际反应器中物料的停留时间分布。最常见的无损检测法是使用放射性示踪剂，选择的示踪剂应有合理的半衰期，半衰期过短则不易进行检测，半衰期过长则会在装置或产品中残留而导致辐射危害。同时，示踪剂分子及其衰变后的产物不能影响反应器及其下游工艺装置的运行，如导致催化剂中毒、影响反应活性等。

在示踪实验中，探测器通常设置在反应器周围或下游管线中。示踪剂分子从反应器上游加入，通常是某一根进料管线，然后将每个检测器上所测信号记为时间的函数，信号强度表示该点的示踪剂浓度，由此得到其停留时间分布。

示踪研究使得检验反应器中物料的停留时间分布成为可能，这对于研究反应器内的物料混合形式，以及其对反应过程造成的影响是很有意义的。通过示踪实验可以发现反应器中可能存在的短路、旁路、返混和死区等不良现象，并据此为修改反应器几何形状或内部结构提供参考，从而通过优化设计改善反应器的性能。示踪研究的商业应用实例可从相关供应商网站（如 www.tracerco.com）上查到。

从实际装置中检测到的停留时间分布可以用来搭建商业化反应器的模型，其准确性和预测性会好于理想反应器模型。也可以通过简单的多反应器网络模型来拟合反应器实际停留时间分布，见 15.11.2。

15.12.2.2　反应器的断层成像

断层成像技术是利用穿透性射线对物体内部结构进行多次断层扫描的成像技术。根据反应器壁厚的不同，可使用 X 射线或伽马射线进行反应器的断层扫描，由此获取反应器内局部高密度或低密度区域的信息。由于不会对反应造成影响，断层成像研究可在反应器正常操作运行时进行。

断层成像技术对于研究颗粒和多相流非常有用。断层成像的测试结果可用于验证 CFD 模型，并具体为改进反应器内部结构和其他设计特性提供参考建议。通过对已有商业化反应器进行断层成像研究，可以用于验证反应器模型并据此优化反应器设计。相关实例可以参考 Wolschlag 和 Couch（2010）的论述中断层成像技术在催化裂化流化床反应器中的应用。

15.13　反应器的安全设计

反应器通常是工艺过程中最高温度点，也是反应物聚集和反应热释放的位置。反应器中物料所需的停留时间通常比其他操作过程需要的时间更长，因此反应器中的化学品持料量也通常较大。这些因素使得反应器危险性更高，要求设计人员在进行反应器设计时特别关注其安全性。

15.13.1　反应器的本质安全设计原则

本质安全设计概念介绍参见 10.1.3。本质安全设计的基本原则是消除或减少工艺过程危险源，进而降低不期望或不可预见事件的影响。本质安全设计是设计在主动、被动和程序保护层等之上的一种补充，它并不保证工艺过程安全或者取消对外部安全系统的需要。本质安全设计作为一种好的工程设计做法，应在设计早期阶段加以应用，而不应成为过程安全专家在后期提出的补救措施。

关于本质安全设计的指导原则见 Kletz 和 Amyotte（2010），CCPS（2009），Cameron 和 Raman（2005），Mannan（2004），以及 Crowl 和 Louvar（2002）的著作。核心原则是消除危险产生的条件（消除），减少危险物质的存放量（最小化），使用较低风险的物料（替代），在低风险条件下操作（温和），简化系统以降低错误发生的可能性（简化）。但是值得注意的是，这些原则中某一项原则的实施可能意味着要负面影响另一项原则。例如，通过降低反应器操作温度来优化反应条件，会使反应速率降低，但会导致停留时间增加和相关反应物质持料量的增加。

表 15.16 中列出了本质安全设计原则在反应器设计的一些应用，并指出了使用中可能需要考虑的利弊权衡原则。而通常正是这种利弊权衡才能降低风险，而非将风险从某个地

方转移到其他地方，甚至导致危险性增加。表 15.16 中未列出所有的项目，更多的参考案例可以参阅上文介绍的参考书籍。

表 15.16　本质安全设计方法在反应器设计中的应用

本质安全设计原则	反应器的应用	基本原理	可能的利弊权衡
最小化	用连续生产工艺代替间歇生产工艺	管式反应器持料量通常小于釜式反应器，且易于隔离	如果反应速率可以通过控制某一组分的进料量来实现，间歇反应可能更安全
	使用大量小型反应器（工艺流程小型化）	降低单个反应器发生危险时的影响	危险事件发生的概率提高；系统更加复杂；投资成本增加
	使用高活性催化剂	高活性催化剂可以降低反应器容积	当反应为放热反应时，反应放热速率增加
	将反应与分离过程合并，如反应精馏	减少流程中的设备数量	总持液量增加；反应器操作条件需要同时考虑分离过程的要求，导致停留时间增加
	在高转化率下操作	减少循环物料量，因而减少产物与未反应原料分离过程中的持料量	可能导致反应选择性变差，增加分离过程复杂性。副产品的积累量也会增加
	加强混合	减少反应时间，因而降低反应器持料量	当反应为放热反应时，放热速率增加
替代	使用不可燃溶剂代替可燃性溶剂	不可燃溶剂不会引发火灾	不可燃溶剂通常为卤化物，是造成全球气候变暖的温室气体
	使用生物过程路线	生物过程通常在常温水中进行，反应条件温和，危险较小	反应器更大，增加了废水产物
	使用不同的化学路线	找到另一种避免使用可燃性或有毒性物质的化学路线	
	使用蒸汽作为热源，代替加热炉或电加热器	蒸汽加热本质上受蒸汽温度的限制，比电加热器或加热炉更安全	很难达到高温，因此降低了反应速率。有时需要使用高压蒸汽，导致水漏入工艺系统
温和	较低温度下操作	泄漏的介质远离闪点、自燃温度。降低泄漏或发生危险的可能性。使常压下操作的液体远离沸点，降低沸腾液体扩散蒸气爆炸的可能性	反应速率降低，因而停留时间和持料量增加；反应器尺寸增大，导致投资增加
	较低压力下操作	超压风险降低，减少持料量	反应速率降低，停留时间增加；相关设备尺寸增大
	通过稀释降低反应物浓度	降低反应强度，反应热引起的温度变化小	稀释过程需要添加溶剂、稀释剂等物料，使反应系统更加复杂，可能还需要增加分离单元

本质安全 设计原则	反应器的应用	基本原理	可能的利弊权衡
简化	消除不连续操作	开关阀故障可能导致危险状态	
	反应设置内部换热器	减少设备数量，降低持料量	可能导致工艺物料漏入公用工程系统，或反之

15.13.2　放热反应的设计

放热反应特别危险，反应放出的热量会使反应器中混合物温度升高，加快反应速率，进而释放更多的热量，最终导致反应飞温。如果放热反应不可避免，反应器的设计必须确保反应混合物的温度可控，如果温度失控，可迅速终止反应。

通过在反应体系中添加溶剂或惰性稀释剂，相对于单位质量混合物的放热量，混合物的热质量提高，因此温度变化较为温和。如果反应温度超过临界限制，紧急处理方案是用冷的稀释剂或溶液充灌反应器。

当使用冷却系统移除反应热时，设计时冷却系统的处理能力应能满足反应器在最高操作温度下运行时的放热速度，即反应器在最高操作温度运行并且冷却系统正常工作时，冷却系统可将反应器温度降至所需的温度范围。

对于放热反应，在紧急情况下停止进料并不一定是避免反应飞温的安全方法。例如，对于使用反应器进出口换热流程的系统，停止进料的同时会减少反应器出口物料的冷却，使温度过高的产品进入下游系统。当反应器使用温度较低的进料作为冷却介质时，停止进料会降低冷却速度而导致反应飞温。这种情况下，可以切断某一种反应原料而将其他原料继续加入反应器中，或采用同样具有冷却效果但不会发生反应的惰性物质代替原反应物，使反应无法进行。

在危险和可操作性分析（HAZOP）中，对于放热反应的压力泄放状况，应分析冷却失效、稀释剂失效和反应飞温引起的后果。工艺过程中可能还需要增加额外的安全系统，以及提高与反应相关的安全仪表系统中的安全完整性等级（SIL）。

15.13.3　反应系统的放空与安全泄放

当安全保护系统失效或发生系统超压时，反应物会泄放到安全泄放系统中，此时化学反应会在安全泄放系统中继续进行，这会使相关泄放设施及下游泄放系统的设计变得复杂。

1976 年，在美国化学工程师协会的主导下，由 29 家公司组成的联合体成立了紧急泄放系统设计协会（DIERS）。DIERS 开发出针对化学反应飞温时安全泄放系统的设计方法和软件。本书编写时，DIERS 方法论由来自 160 家公司的用户组进行维护和更新。DIERS 及其出版物的详细信息可以通过 AIChE 网站 www.aiche.org 进行查询。

如果反应可能发生飞温，泄放系统的设计应遵循 DIERS 方法论的指导。反应器设计团队需要深入了解反应机理和反应动力学，考虑到任何可能存在的催化剂或自由基促进剂或以其他方式加速反应的微量化合物。进行放热反应动力学实验及收集数据也有一定危险性，需要计划周密并谨慎进行。有时，该工作也可以分包给专业公司进行。

关于反应混合物的安全泄放系统设计的其他信息见 Fauske（2000）及 Melhem 和 Howell（2005）的著作。

15.14　反应器投资估算

由于操作条件的限制，大多数反应器通常需要按压力容器进行设计。进行成本估算时，可先根据 15.2.1 的方法或本章节其他内容确定反应器尺寸，再参考第 14 章中介绍的压力容器设计方法估算其壁厚，从而确定反应器的初步投资。需要注意的是，反应器内部可能包含其他辅助设备（如搅拌器等），在投资估算中也应考虑，详见示例 15.4 中的介绍。

夹套式搅拌釜反应器的费用估算不能简单地使用简单压力容器的费用估算关联式。设备成本的很大一部分来自夹套的建造。在某些情况下，夹套可能导致反应器壳体从外部受压，需要在压力容器壁厚估算时进行更加复杂的分析。但是对于低压操作（低于 20bar）的夹套式搅拌釜反应器，在初步的投资估算中可使用不同的关联式，关于简单搅拌釜反应器和有玻璃内衬的搅拌釜反应器的投资估算关联式见表 7.2。

参 考 文 献

Al-Dahhan, M. H., & Dudukovic, M. P.（1994）. Pressure drop and liquid holdup in high pressure trickle-bed reactors. Chem. Eng. Sci., 49（24B）, 5681.

Alford, J. S.（2009）. Principles of bioprocess control. Chem. Eng. Prog., 105（11）, 44.

Bailey, J. F., & Ollis, D. F.（1986）. Biochemical engineering fundamentals（2nd ed.）. McGraw-Hill.

Baker, J. R.（1991）. Motionless mixtures stir up new uses. Chem. Eng. Prog., 87（6）, 32.

Basu, P.（2006）. Combustion and gasification in fluidized beds. CRC Press.

Benson, S. W.（1976）. Thermochemical kinetics（2nd ed.）. Wiley.

Benson, S. W., Cruickshank, F. R., Golden, D. M., Haugen, G. R., O'Neal, H. E., Rogers, A. S., Shaw, R., & Walsh, R.（1969）. Activity rules for the estimation of thermochemical properties. Chem. Rev., 69, 279.

Bisio, A., & Kabel, R. L.（1985）. Scale up of chemical processes : conversion from laboratory scale tests to successful commercial size design. Wiley.

Blanch, H. W., & Clark, D. S.（1996）. Biochemical engineering. Marcel Dekker.

Breck, D.（1984）. Zeolite molecular sieves : Structure, chemistry and uses. Krieger.

Cameron, I. T., & Raman, R.（2005）. Process systems risk management, Vol. 6（Process Systems Engineering）. Academic Press.

CCPS.（2009）. Inherently safer chemical processes : A life cycle approach（2nd ed.）. Wiley.

Coulson, J. M., Richardson, J. F., Backhurst, J., & Harker, J. H. (1999). Chemical engineering (6th ed., Vol. 1). Butterworth–Heinemann.

Crowl, D. A., & Louvar, J. F. (2002). Chemical process safety: Fundamentals with applications (2nd ed.). Prentice–Hall.

Curtis, W. R., Carvalho, E. B., & Tescione, L. D. (2001). Advances and challenges in bioreactor design for the production of chemicals from plant tissue culture. Acta Hor., 560 (Proceedings of the 4th International Symposium on In Vitro Culture and Horticultural Breeding, 2000) 247.

Domalski, E. S. (1972). Selected values of heats of combustion and heats of formation of organic compounds containing the elements C, H, N, O, P, and S. J. Phys. Chem. Ref. Data, 1, 221.

Ergun, S. (1952). Fluid flow through packed columns. Chem. Eng. Prog., 48, 89.

Fair, J. R. (1967). Designing gas–sparged reactors. Chem. Eng., 74 (14), 67.

Fauske, H. K. (2000). Properly size vents for nonreactive and reactive chemicals. Chem. Eng. Prog., 96 (2), 17.

Fossett, H., & Prosser, L. E. (1949). The application of free jets to the mixing of fluids in tanks. Proc. Inst. Mech. Eng., 160, 224.

Froment, G. F., & Bischoff, K. B. (1990). Chemical reactor analysis and design (2nd ed.). Wiley.

Frössling, N. (1938). Über die Verdunstung fallender Tropfen. Gerlands Beitr. Geophys., 52, 170.

Fuller, E. N., Schettler, P. D., & Giddings, J. C. (1966). A new method for the prediction of gas–phase diffusion coefficients. Ind. Eng. Chem., 58 (May), 19.

Gambill, W. R. (1958). Predict diffusion coefficient, D. Chem. Eng., NY, 65 (6), 125.

Grace, J. R., Knowlton, T. M., & Avidan, A. A. (Eds.). (1996). Circulating fluidized beds. Springer.

Green, D. W., & Perry, R. H. (Eds.). (2007). Perry's chemical engineers' handbook (8th ed.). McGraw–Hill.

Gupta, A. S., & Thodos, G. (1963). Direct analogy between heat and mass transfer in beds of spheres. AIChE J., 9, 751.

Harnby, N., Edwards, M. F., & Nienow, A. W. (Eds.). (1997). Mixing in the process industries (2nd ed.). Butterworths.

Harriott, P. (2002). Chemical reactor design. CRC Press.

Heefner, D. L., Weaver, C. A., Yarus, M. J. & Burdzinski, L. A. (1992) US patent 5, 164, 303, issued 11.17.1992 to ZeaGen Inc.

Henkel, K.–D. (2005). Reactor types and their industrial applications. In F. Ullmann (Ed.), Ullmann's chemical engineering and plant design. Wiley VCH.

Hicks, R. W. (1976). How to select turbine agitators for dispersing gas into liquids. Chem.

Eng., NY, 83（July 19th）, 141.

Jung, J., Gidaspow, D., & Gamwo, I. K.（2009）. Design and understanding of fluidized-bed reactors : Application of CFD techniques to multiphase flows. VDM Verlag.

Kletz, T. A., & Amyotte, P.（2010）. Process plants : A handbook for inherently safer design（2nd ed.）. CRC Press.

Kokossis, A. C., & Floudas, C. A.（1990）. Optimization of complex reactor networks – 1. Isothermal operation. Chem. Eng. Sci., 45（3）, 595.

Korovessi, E., & Linninger, A.（2005）. Batch processes. CRC.

Krahe, M.（2005）. Biochemical Engineering. In Ullmann, F.（Ed.）, Ullmann's Chemical Engineering and Plant Design. Wiley VCH.

Kulprathipanja, S.（Ed.）.（2010）. Zeolites in industrial separation and catalysis. Wiley.

Lavik, E., & Langer, R.（2004）. Tissue engineering : Current state and perspectives. Appl. Microbiol. and Biotech., 65（1）, 1.

Lee, A. L.（2010）AIChE Corporate innovation award lecture, Salt Lake City, 11.11.2010, Genentech : A Rich History of Chemical Engineering Innovation.

Lee, J., & Brodkey, R. S.（1964）. Turbulent motion and mixing in a pipe. AIChE J., 10, 187.

Leskova, E., Kubikova, J., Kovacikova, E., Kosicka, M., Porubska, J., & Holcikova, K.（2006）. Vitamin losses : Retention during heat treatment and continual changes expressed by mathematical models. J. Food Compos. Anal., 19（4）, 252.

Leva, M.（1949）. Fluid flow through packed beds. Chem. Eng., 56（5）, 115.

Levenspiel, O.（1998）. Chemical reaction engineering（3rd ed.）. Wiley.

Levin, M.（2001）. Pharmaceutical process scale-up. Informa Healthcare.

Mannan, S.（Ed.）.（2004）. Lees' loss prevention in the process industries（3rd ed, Vol. 2）. Butterworth-Heinemann.

Martin, Y., & Vermette, P.（2005）. Bioreactors for tissue mass culture : Design, characterization, and recent advances. Biomaterials, 26（35）, 7481.

McCabe, W. L., Smith, J. C., & Harriott, P.（2001）. Unit operations of chemical engineering（6th ed.）. McGraw-Hill.

Mead, D. J. & Van Urk, H.（2000）. US patent 6, 150, 133, issued 11.21.2000 to Delta Biotechnology Ltd.

Melhem, G. A., & Howell, P.（2005）. Designing emergency relief systems for runaway reactions. Chem. Eng. Prog., 101（9）, 23.

Meyers, R. A.（2003）. Handbook of petroleum refining processes（3rd ed.）. McGraw-Hill.

Oldshue, J. Y., Hirshland, H. E., & Gretton, A. T.（1956）. Side-entering mixers. Chem. Eng. Prog., 52（Nov.）, 481.

Paul, E. L., Atiemo-Obeng, V., & Kresta, S. M.（2003）. Handbook of industrial mixing : Science and practice. Wiley.

Penny, N. R. (1970). Guide to trouble free mixing. Chem. Eng., NY, 77 (June 1st), 171.

Post, T. (2010). Understand the real world of mixing. Chem. Eng. Prog., 106 (3), 25.

Ranade, V. V., Chaudhari, R., & Gunjal, P. R. (2011). Trickle bed reactors: Reactor engineering and applications. Elsevier.

Rase, H. F. (1977). Chemical reactor design for process plants. (Vol. 2). Wiley.

Rase, H. F. (1990). Fixed-bed reactor design and diagnostics. Butterworths.

Reid, R. C., Prausnitz, J. M., & Poling, B. E. (1987). Properties of liquids and gases (4th ed.). McGraw-Hill.

Rosenzweig, M. D. (1977). Motionless mixers move into new processing roles. Chem. Eng., NY, 84 (May 9th), 95.

Rushton, J. H., Costich, E. W., & Everett, H. J. (1950). Power characteristics of mixing impellers. Chem. Eng. Prog., 46, 467.

Sharratt, P. N. (1997). Handbook of batch process design. Springer.

Shibuya, K., Haga, R. & Namba, M. (2010), U.S. patent application US20100081122A1: System and Method for Cultivating Cells.

Shuler, M. L., & Kargi, F. (2001). Bioprocess engineering: Basic concepts (2nd ed.). Prentice-Hall.

Solomon, B. O., & Erickson, L. E. (1981). Biomass yields and maintenance requirements for growth on carbohydrates. Process Biochem., 16 (2), 44.

Stanier, R. Y., Doudoroff, M., & Adelberg, E. A. (1970). The Microbial World (3rd ed.). Prentice-Hall.

Stark, A., & Seddon, K. R. (2007). Ionic Liquids. In Kirk-Othmer Encyclopedia of Chemical Technology. Wiley.

Stewart, W. E., & Caracotsios, M. (2008). Computer-aided modeling of reactive systems. Wiley.

Storey, K. B., & Schafhauser-Smith, D. Y. (1994). Immobilization of polysaccharide-degrading enzymes. Biotech. & Gen. Eng. Rev., 12, 409.

Tatterson, G. B. (1991). Fluid mixing and gas dispersion in agitated tanks. McGraw-Hill.

Tatterson, G. B. (1993). Scale-up and design of industrial mixing processes. McGraw-Hill.

Thayer, A. M. (2010). Outfitting the full disposable kit. Chem. & Eng. News, 88 (50), 18.

Uhl, W. W., & Gray, J. B. (Eds.). (1967). Mixing, theory and practice. (Vol. 2). Academic Press.

Van't Riet, K. (1979). Review of measuring methods and results in nonviscous gas-liquid mass transfer in stirred vessels. Ind. Eng. Chem. Proc. Des. Dev., 18 (3), 357.

Wilke, C. R., & Chang, P. (1955). Correlation of diffusion coefficients in dilute solutions. AIChE J., 1, 264.

Wilkinson, W. L., & Edwards, M. F. (1972). Heat transfer in agitated vessels. Chem. Eng., London, 264 (Aug.), 310. No. 265 (Sept.)328 (in two parts).

Willig, S. H., & Stoker, J. R. (1996). Good manufacturing practices for pharmaceuticals : A plan for total quality control (4th ed.). Marcel Dekker.

Wolschlag, L. M., & Couch, K. A. (2010). Upgrade FFC performance – part 1. Hydrocarbon Proc., 89 (9), 57.

Xu, Z. C., Zhang, W. J., Li, H., Cui, L., Cen, L., Zhou, G. D., Liu, W., & Cao, Y. (2008). Engineering of an elastic large muscular vessel wall with pulsatile stimulation in bioreactor. Biomaterials, 29 (10), 1464.

Zenz, F. A., & Othmer, D. F. (1960). Fluidization and fluid–particle systems. Reinhold Publishing.

Zughi, H. D., Khokar, Z. H., & Sharna, R. H. (2003). Mixing in pipelines with side and opposed tees. Ind. Eng. Chem. Res., 42 (Oct. 15), 2003.

Aris, R. (2001). Elementary chemical reactor analysis. Dover Publications.

Carberry, J. J. (1976). Chemical and catalytic reactor engineering. McGraw–Hill.

Chen, N. H. (1983). Process reactor design. Allyn and Bacon.

Doraiswamy, L. K., & Sharma, M. M. (1983). Heterogeneous reactions : Analysis, examples, and reactor design. Wiley. Volume 1: Gas–Solid and Solid–Solid Reactions. Volume 2: Fluid–Fluid–Solid Reactions.

Fogler, H. S. (1998). Elements of chemical reactor design. Pearson Educational.

Froment, G. F., & Bischoff, K. B. (1990). Chemical reactor analysis and design (2nd ed.). Wiley.

Harriott, P. (2002). Chemical reactor design. CRC Press.

Levenspiel, O. (1998). Chemical reaction engineering (3rd ed.). Wiley.

Levenspiel, O. (1979). The chemical reactor omnibook. Corvallis : OSU book center.

Nauman, E. B. (2001). Handbook of chemical reactor design, optimization and scaleup. McGraw–Hill.

Rose, L. M. (1981). Chemical reactor design in practice. Elsevier.

Smith, J. M. (1970). Chemical engineering kinetics. McGraw–Hill.

Westerterp, K. R., Van Swaaji, W. P. M., & Beenackers, A. A. C. M. (1988). Chemical reactor design and operation (2nd ed.). Wiley.

WHO Technical Report Series 908: WHO Expert Committee on Specifications for Pharmaceutical Preparations. 37th report (2003).

习　　题

15.1　丙烯在压力为 2bar、温度为 350℃ 的条件下选择性氧化生成丙烯醛（$H_2C =$ CHCHO），催化剂为以二氧化硅为载体的钼、铁和铋催化剂。基于丙烯的反应产率分别为丙烯醛 85%、丙烯酸 10% 和轻的副产物 5%。轻的副产物主要是乙醛。习题中可设产品为 85% 的丙烯醛和 15% 的丙烯酸。反应器进料组分的体积分数为丙烯 6%、丙烷 28%、蒸汽 6%、氧气 11% 以及平衡组成的氮气。如果反应器为等温操作，请计算生产 20000t/a 丙烯醛的反应器所需要的冷量。

15.2　乙苯催化脱氢可生成苯乙烯。反应通常在蒸汽条件下进行，蒸汽作为热载体，可以减少催化剂上的结焦。蒸汽和乙苯的混合物进入操作压力为 2bar、温度为 640℃ 的绝热反应器，假设平衡转化率和出口温度为蒸汽和乙苯进料之比的函数，请计算实际推荐的蒸汽与乙苯的进料比例。

15.3　硝基苯加氢可生成苯胺，反应在流化床反应器中进行，反应压力为 20bar，反应温度为 270℃。多余反应热的移除是通过在流化床的换热管中通入导热流体实现的。气态硝基苯和氢气在 260℃ 条件下进入反应器。典型的反应器排出气体的组成（摩尔分数）如下：苯胺 10.73%，环己胺 0.11%，水 21.68%，硝基苯 0.45%，氢 63.67%，惰性气体（以氮气计）3.66%。当硝基苯进料流量为 2500kg/h 时，请计算导热流体带走的热量。

15.4　氯在过量的氢环境下燃烧生成氯化氢，反应为高放热反应，可以快速达到平衡。平衡混合物中含有约 4% 的游离氯，混合物冷却时游离氯会与过量的氢迅速结合。氯的转化在 200℃ 以下时基本完成。

燃烧器装有冷却夹套，可将出口气体冷却到 200℃，外部换热器可将其进一步冷却到 50℃。

对于可生产 10000t/a 氯化氢的反应器，请计算其夹套和外部冷却器移出的热量。取实际氢气用量比其化学计量数多 1%。氢气进料中含有 5% 的惰性气体（以氮气计），进入燃烧器的温度为 25℃。纯氯以饱和蒸气状态进入燃烧器，燃烧器的操作压力为 1.5bar。

15.5　通过采用 14L/s 的曝气速率和功率 5W 的搅拌器，进料为 100L 的间歇发酵罐可成功运行 200h。如将发酵罐规模扩大至 10000L，请计算搅拌器的消耗功率。

15.6　间二甲苯在空气中氧化生成间苯二甲酸（IPA，分子式 HOOC—C_6H_4—COOH），反应在约 200℃ 的醋酸溶液中进行，催化剂为钴锰催化剂，溴为助剂。醋酸被煮沸、冷凝并返回反应器移走反应热。反应器的压力应保证足够的醋酸蒸发速率。由于 IPA 不溶于醋酸，产品可通过结晶分离，从反应器底部排出浆料进行产品回收。请设计年产 25000t 的 IPA 反应器系统并计算反应器尺寸。

15.7　在习题 15.1 介绍的丙烯醛生产工艺中，催化剂装在管内，反应器使用循环熔融盐冷却。熔融盐的热量用于发生蒸汽，反应器的结构与图 15.25 所示的邻苯二甲酸酐反应器非常相似。气体空速为 200L（标准状态）/（L·h）。请设计一台产能为 $2×10^4$t/a 的丙烯醛反应器并计算其尺寸。

15.8　乙炔作为副产品在乙烯生产过程中生成，可采用贵金属催化剂选择性加氢法去除乙炔（如美国专利 US 7453017）。乙烯重时空速为 800h^{-1} 时，一种特定的催化剂可实现 90% 的乙炔饱和度，50% 的氢选择性。如果某装置使用该催化剂生产 $150×10^4$t/a 乙烯，请设计一台加氢反应器，要求脱除乙烯中 1% 的乙炔。

15.9　生长培养基进入连续生物反应器之前，首先要进行灭菌处理，可以 120℃持续 15min 或 140℃持续 3min。原料须含 12mg/L 的维生素 C 和 0.3mg/L 的硫胺素。Leskova 等（2006）给出了这些维生素热分解的一级速率常数：

维生素	k_o，s^{-1}	E_a，kJ/mol
抗坏血酸（维生素 C）	$3.6×10^2$	46
硫胺素（维生素 B_1）	$1.88×10^9$	97

其中，一级反应速率常数 $k_1 = k_o \exp(-E_a/RT)$。

请计算每次灭菌处理前必须添加到原料中的各种维生素的量，并推荐一种灭菌处理方法。

15.10　示例 15.5 中的反应可在换热式反应器中进行，并使用沸水作为冷却剂。请设计一套年产 $4×10^4$t 环己烷的反应器，并计算其尺寸。

15.11　习题 4.3 中介绍了蔗糖发酵成乙醇的工艺流程，并给出了典型产量。请设计用于连续发酵过程的年产 $50×10^4$t 乙醇装置的反应器系统。

15.12　美国专利 US 2978384 中详细描述了用双孢双杆菌将葡萄糖间歇发酵制备谷氨酸的过程。此专利所列举的示例 I 中，10.5%（质量分数）的葡萄糖原料在 30℃下发酵 72h，谷氨酸产率为 33.5%（质量分数）。在有 4 个 10000L 反应器的间歇发酵装置中，谷氨酸的年产量可以达到多少？反应器设有夹套，可用蒸汽加热或水冷却，反应器未设置内部盘管。

第 16 章

流体分离

※ 重点掌握内容

- 如何分离气体混合物。
- 如何从气体或第二液相中分离液滴。
- 如何从液体混合物中分离溶解组分。
- 吸附、膜分离、分离罐、倾析器、聚结器、离子交换、反渗透、层析等分离的设计。

16.1 概述

分离过程是流程工业的重要组成部分。分离过程用于从反应产物中回收组分，净化原料、产品和循环物流，以及处理排放物流使其满足环保法律法规。

多数分离过程是在两相间分离某一组分，可用物理方法进行分离。在一些情况下，如浓缩或蒸发等工艺过程，会形成两相或多相物流而实现分离；而在其他情况下，通过引入分离物质实现物料的分相和分离，如吸附、层析和液液萃取等过程。

第 16 章和第 17 章主要介绍流体分离。第 16 章介绍了气体混合物的分离、气液混合物和液液混合物的物理分离、从液体中回收溶解组分。第 17 章介绍了通过多级接触塔进行分离，特别是气液分离过程（如精馏、吸收、汽提等），这是化工过程中最常用的分离技术。固体流动相形成与回收的分离过程本质上与固体的形成、尺寸和处理过程有关，将在固体处理章节介绍，见第 18 章。

本章介绍的很多分离技术都需要使用专用的试剂和设备来实现，因此通常应与技术提供方咨询后进行设计。本章将为设计人员提供足够的信息以进行初步设计并估算关键尺寸参数，便于利用商用软件完成四级或五级投资估算。然而，在与供应商讨论获得更实际的估算前不能确定详细的工程设计。这些技术提供方或设备供应商的联系方式可以很容易地在互联网上搜索到。

有很多非常好的资料对分离过程进行了全面介绍，包括基本的物理现象和设计公式的推导。特别推荐 Richardson 等（2002）及 McCabe 等（2001）的著作。大多数分离设备的相关介绍和插图可以在不同的手册中找到，如 Green 和 Perry（2007）、Schweitzer（1997），以及 Walas（1990）的著作。介绍特殊单元操作的其他内容参见后面相关章节。需要研究设备供货商在技术期刊或网站上的广告，供货商的网址很容易找到，并且网站上提供了设备制造的详细信息、设备标准尺寸、使用的材料、标准表格以及设备性能等。建立一个拥有良好信息的供货商网址的个人文档是值得的，以避免重复搜索网址。

16.2　气气分离

从混合气相介质中分离出特定的气相组分是化学工业中很常用的一种分离过程，如：

（1）高纯度工业气体的制备，如氧气、氮气、氩气、氖气、氢气等；

（2）天然气的提纯以满足天然气管线或液化工厂的要求；

（3）工艺气体的净化处理以避免杂质或污染物在循环回路中积累，或用于保护催化剂；

（4）尾气中污染物的净化以满足法律法规的要求；

（5）空气的干燥和净化，用于无菌干燥器、洁净室、仪表空气等。

从气体中大量去除可凝结气相组分时，通常采用冷却并冷凝的方法，见 19.10 节。然而，即使采用冷凝的方法，也很难实现对可凝气相组分的充分回收，需要增加其他分离单元，以满足气体产品或排放气的规格要求。

16.2.1　吸附

吸附是气体分离中最常用的方法，其优点是可以得到高纯度的气体产品，同时吸附物或尾气的回收率也很高。但是当气体处理量较大时，吸附设备的投资可能较高。

吸附过程中，被吸附的物质称作吸附质，用于吸附的多孔固体颗粒称作吸附剂。吸附的基本原理是利用气相物料中不同组分与吸附剂表面的作用力不同，使得当气相物料通过填充吸附剂的吸附床 ［图 16.1（a）］时，气体与吸附剂充分接触，一些组分由于与吸附剂表面作用力较强而被吸附并积聚在吸附剂表面，而其余与吸附剂表面作用力较弱的组分则大多直接通过吸附床，从而实现气体净化的目的，得到较高浓度的净化气体。随着吸附质不断被吸附在吸附剂表面，吸附剂最终将达到饱和，不再吸附 ［图 16.1（b）］。从图 16.1（b）中可以看出，随着吸附时间的增加，吸附床的浓度曲线不断下移，直到某个时间点吸附质开始透过吸附床，导致出口气体中吸附质的浓度开始升高。这个时间点称作穿透点，记为 t_B。吸附床中这种吸附浓度分布的形成受吸附热力学和吸附动力学的共同影响，详细介绍可以参考 Ruthven（1984）、Yang（1997）、Richardson 等（2002），以及 Ruthven（1993）等的著作。关于吸附的相关介绍还可以参考 Suzuki（1990）、Crittenden 和 Thomas（1998）的著作。

16.2.1.1　不可逆吸附

当用吸附法从气体物料中去除少量杂质时，有时会使用与污染物发生不可逆反应的吸附剂，该过程称为不可逆吸附，该吸附容器有时也被称为保护床。例如，天然气和石油化工工艺过程中微量硫化氢的脱除，通常使用氧化锌或氧化铜作为吸附剂进行不可逆吸附。

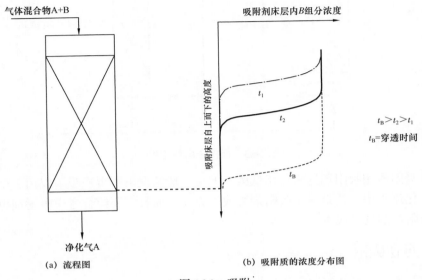

图 16.1　吸附

当不可逆吸附剂床饱和时，必须更换吸附剂。一种通用的流程是设置两台并联的吸附床，一台可进行吸附操作时，另一台则隔离进行吸附剂的更换（图 16.2）。这种方式流程简单，但会造成吸附剂的浪费，而且吸附床需要在穿透前更换。

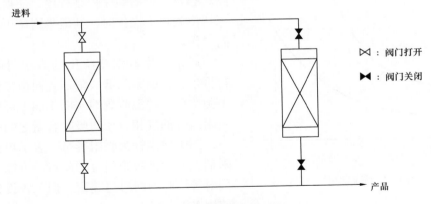

图 16.2　保护床并联流程

另一种可选方案是设置两台串联的吸附床（图 16.3），气体依次流过两个吸附床。当第一吸附床（前床）饱和并发生穿透时，由第二吸附床（后床）脱除杂质，保证产品气体没有发生杂质的透过。此时，通过阀门切换，使进料气体单独流过第二吸附床，将第一吸附床从流程中隔离并更换吸附剂。随后，再通过阀门切换将第一吸附床作为后床重新投入使用，而第二吸附床作为前床运行。该方案可以使吸附剂在完全饱和后再进行更换，减少了废吸附剂的处理成本。

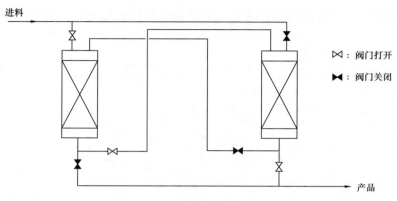

图 16.3 保护床串联流程

不可逆吸附所用吸附剂通常价格低廉，但是一般情况下不可逆吸附仅用于杂质含量较小的气体净化流程中，这是由于吸附剂更换不方便，而且需要综合考虑吸附剂更换的人工成本和废吸附剂的处理成本。

16.2.1.2 可逆吸附

多数情况下，不可逆吸附的应用场合有限，原因是被吸附组分流量较高或者被吸附组分本身也是一种产品。当吸附床达到或接近穿透时，将其从工艺中隔离出来，以便对吸附剂进行再生，同时回收被吸附组分。可逆吸附流程通常配置多个吸附床，并通过设置一系列隔离阀及一定的顺序控制程序，使得某一吸附床切换为再生操作时，其他吸附床可以用于吸附操作。

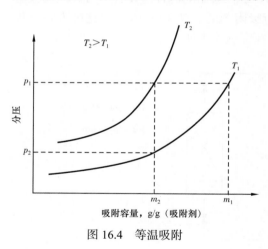

图 16.4 等温吸附

通常采用升温或降压的方法对吸附剂进行再生，目的是降低吸附剂表面被吸附组分的平衡浓度。等温吸附线（图 16.4）可以表示被吸附组分的气相分压与吸附容量之间的平衡关系，图中横坐标为吸附容量，表示单位质量吸附剂上所含被吸附组分的质量。可以用各类方程对等温吸附线进行建模，但工程设计中通常使用以下公式：

$$m = kp^n \qquad (16.1)$$

式中　m——吸附容量，g/g（吸附剂）；

　　　k——平衡常数；

　　　p——被吸附组分的气相分压；

　　　n——指数。

图 16.4 中有两条等温线，分别对应温度 T_2 和 T_1，其中 T_2 大于 T_1。从图中可以看出，

当吸附剂需要进行再生使其吸附容量从 m_1 下降为 m_2 时，有两种方法可以实现：一是保持温度 T_1 不变，将气相分压从 p_1 降低至 p_2；二是保持压力 p_1 不变，将温度从 T_1 升高至 T_2。通过让吸附床在一定的温度或压力范围内循环操作，使得相应组分在吸附工况下被吸附、在再生工况下被回收。

16.2.1.3　变压吸附

当吸附床通过降低压力进行再生时，这个过程称为变压吸附（PSA）。尽管在设计中要考虑吸附和解吸过程伴随的放热和吸热，但变压吸附过程通常是等温的。变压吸附过程中不受传热速率的限制，压力变化通常较快，因此循环周期有时可以短至几分钟，这使得吸附剂的利用更高效，吸附罐尺寸更小，从而降低了成本。

如果在工艺流程中进料压力较高，再生过程可以在常压或接近常压下进行。或者可以通过设置真空泵使再生过程在较低的压力或负压下进行，该过程称为真空变压吸附（VSA 或 VPSA）。

在再生过程中，通常会通入少量冲洗气或吹扫气，用于推动解吸并清除床层被吸附组分。通常使用一部分净化后的产品气作为冲洗气，偶尔也会使用其他气体。当使用产品气作为冲洗气时，可以得到纯度很高的产品气，但是产品气的回收率小于 95%。

变压吸附典型的工业化流程通常设置 4～12 个吸附塔。由于采用多塔流程，设计人员可以顺序控制各个阀门，使每个吸附床处于不同的操作状态，以平衡吸附过程和解吸过程吸附床内的热量变化，还可以有效地减少在降压、再生和再升压过程中导致的产品气体损失。相关的实例可以参见 Ruthven 等（1993）、Cassidy 和 Doshi（1984），以及 Kumar、Naheiri 等（1994）的著作。

变压吸附应用于许多过程，如空气分离、蒸汽重整制氢和乙醇—水共沸物脱水等（见 17.6.5）。

16.2.1.4　变温吸附

通过提高温度实现再生的过程称为变温吸附（TSA）。变温吸附过程通常需要在吸附床中通入高温汽提气，用于吸附剂、吸附罐和管道系统的升温，以及提供解吸所需热量。典型的汽提气有蒸汽、干燥空气、氮气或一部分净化后的产品气等。选择的汽提气必须保证不会在吸附床内产生可燃环境，以及不会导致吸附剂失活。汽提气通常在加热炉中被加热，装置规模较小，也可以使用电加热器或蒸汽加热器。

解吸完成后，吸附床层需要用低温产品气体冲洗，使床层温度降至吸附温度，由于变温吸附的循环周期通常受加热和冷却的最大速率控制，变温吸附的过程循环周期通常比变压吸附长。

变温吸附被广泛应用于空气干燥和尾气中微量有机物的脱除，使用活性炭为吸附剂，使用蒸汽对活性炭进行再生。

16.2.1.5　吸附剂的选择

可逆吸附过程（如变压吸附或变温吸附）要求其吸附剂可以在一个合适的温度、压力操作范围内，具有尽可能大的吸附容量。因此，吸附剂的选择对可逆吸附过程至关重要。吸附剂通常是相关技术供应商的专利产品，往往需要通过特殊的设计和制造工艺，使其具有较高的比表面积以获取较大的吸附容量。设计中可以参考普通吸附剂（如活性炭、氧化铝、硅胶和一些普通的沸石等）的等温吸附数据，具体内容见 Breck（1974）、Ruthven（1984）和 Yang（2003）等的著作。

需要特别注意的是，确保气相中的任何组分都不会使吸附剂发生不可逆的中毒。当进料气体中含有多种杂质需要脱除时，可以在同一吸附塔内分层装填不同吸附剂，由于不同吸附剂对吸附组分的选择性不同，可以依次脱除多种杂质。

一些更常用的吸附剂价格在 Aspen Process Economic Analyzer 或其他费用估算软件中列出。如果需要商品吸附剂（如活性炭、硅胶、氧化铝等）的价格，可以在网上搜索或直接联系供应商。

16.2.1.6 吸附设备设计

吸附装置通常作为成套的模块化装置从工业气体公司购买，包括吸附剂、吸附设备和阀组架。变温吸附装置中的加热设备通常也在相关成套设备厂商的供货范围内。变压吸附和变温吸附工艺的设计和优化计算需要吸附剂的详细特性、吸附时的吸热量和放热量等定量数据，通常由相关成套设备和技术供应商计算。下面介绍一种简化的计算方法，可用于本科生的设计项目或项目的初步投资估算。

从头开始设计一个吸附装置，第一步是估算吸附剂用量，可通过被吸附物料的流量和循环过程中吸附容量的变化范围确定。式（16.2）为吸附床的质量平衡方程。

$$(F_1y_1-F_2y_2)M_wt_a=1000(m_1-m_2)M_af_L \tag{16.2}$$

式中　F_1——进料摩尔流量，mol/s；

　　　F_2——产品摩尔流量，mol/s；

　　　y_1——进料中被吸附物质的摩尔分数；

　　　y_2——产品中被吸附物质的摩尔分数；

　　　M_w——被吸附物质的分子量，g/mol；

　　　t_a——吸附床在一个循环中的吸附时间，s；

　　　m_1——最大吸附容量，g/g（吸附剂）；

　　　m_2——最小吸附容量，g/g（吸附剂）；

　　　M_a——每个床层的吸附剂装填量，kg；

　　　f_L——一个的周期吸附步骤结束时，吸附剂被完全吸附的比例。

在一个周期的吸附步骤结束时，吸附容量达到最大值 m_1，吸附比例 f_L 取决于工艺配置和吸附塔数量。对于简单的双床系统，吸附比例通常小于 0.7，形成非常陡的前沿或使用串联方式的情况除外。对于 4 个塔及以上的吸附系统，除非有多种组分需去除，否则设计的吸附周期的吸附比例接近 1.0。

一个吸附周期内，吸附塔用于吸附步骤的时间小于总吸附周期的时间，原因是总吸附周期还包括再生、减压、加热、冷却等步骤所用的时间，这些步骤的速率由解吸、传质

和传热的固有速率决定。基于速率的过程的模型研究见 Ruthven（1984）和 Richadson 等
（2002）的著作。经过初步分析，变压吸附一个周期所用时间通常为 5～60min，变温吸附
一个周期所用时间通常为 60～200min。总吸附周期所用
时间等于吸附所用时间乘以串联的吸附床数量。

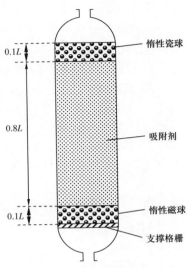

　　每个吸附床层的容积可通过吸附剂的质量和堆积密
度计算。吸附塔通常采用固定床，以获得很陡的吸附浓度
曲线。

　　吸附塔的尺寸可以按照装有吸附剂的圆筒形压力容器
来设计，压力容器的设计方法见第 14 章。吸附塔的上下
封头内通常是空的，容器切线之间的体积中有 20% 装填
惰性磁球，以保证进出吸附剂床层的气体分布均匀并且避
免了通过床层的污染物集中（图 16.5）。吸附塔的高径比
至少为 3:1，可以确保高的吸附比例，提高吸附剂使用
效率。

　　装置投资包括至少两个吸附罐、一套开关阀组，以及
再生过程所需的鼓风机、真空泵或加热器等设备。

图 16.5　吸附塔内件

示例 16.1

　　下表为 5A 型沸石在氢气环境中对甲烷的等温吸附数据，数据来自 Yang 等的
著作（1997）。

压力，atm	0	1.5	2.5	4.5	6.5	9	12.5	16.5	19.5
吸附容量，mmol/g	0	0.4	0.7	1.0	1.25	1.45	1.6	1.7	1.75

　　已知进料气体为 CH_4 和 H_2 的混合气，其中 CH_4 含量为 40%。采用四塔 PSA
装置脱除进料中的 CH_4 而制备纯度为 99.99% 的 H_2 产品，其中 H_2 回收率为 90%。
吸附时间为 300s，吸附床在吸附结束的吸附负荷为 85%。已知进料气体压力为
25atm，PSA 尾气压力为 2atm，计算每个吸附床的吸附剂装填量以及当进料流量为
1000kmol/h 时吸附塔的尺寸。吸附剂的堆积密度为 795kg/m³。

　　解：
　　进料摩尔流量为 1000kmol/h。进料中 H_2 摩尔流量为 1000×0.60 = 600kmol/h；
进料中 CH_4 摩尔流量为 1000×0.40 = 400kmol/h。
　　产品 H_2 浓度为 99.99%，回收率为 90%，则产品中 H_2 摩尔流量为 600×0.9 =
540kmol/h；产品中 CH_4 摩尔流量为 $\frac{(1-0.9999)}{0.9999}×540 = 5.4×10^{-2}$ kmol/h。

排放气中 H_2 摩尔流量为 600−540＝60kmol/h；排放气中 CH_4 摩尔流量为 400kmol/h。由此可得排放气中甲烷的摩尔分数为 400/460×100% ≈87%。

对于甲烷分压，25atm 进料中甲烷分压为 25×0.4＝10atm，2atm 排放气中甲烷分压为 2×0.87＝1.74atm。

通过对表格中的等温吸附数据进行拟合作图或进行插值计算，可得在 10atm 下，吸附容量为 1.5mmol/g；在 1.74atm 下，吸附容量为 0.5mmol/g。

将该值代入式（16.2），注意由于给出的吸附容量的单位为 mmol/g＝mol/kg，计算不需要分子量。

$$\left[(1000\times0.4)-(540\times0.0001)\right]\times\frac{1000}{3600}\times300=(1.5-0.5)\times M_a\times0.85,\text{mol/s}$$

计算得到吸附剂装填量 M_a 为 $\frac{400\times300}{3.6\times0.85\times1.0}\approx39200\text{kg}$。吸附剂装填体积为 $\frac{39200}{795}\approx49\text{m}^3$。

为了使气体分布均匀，20% 的体积装填惰性瓷球，因此吸附塔切线之间的体积为 49/0.8≈61.7m³。

假设吸附塔高径比为 4∶1，吸附塔体积为 $\pi D_T^2 L_v/4=\pi D_T^3$。其中，$D_T$ 为吸附塔直径；L_v 为吸附塔切线之间高度。因此 $D_T^3＝61.7/\pi$，容器直径为 2.70m。

根据标准封头尺寸对其进行圆整可得（见第 14 章），吸附塔直径为 2.74m（9ft），切线长度为 11.0m（36ft）。

现在有足够的信息可以完成压力容器的设计和费用估算（见第 14 章和第 7 章）。

由于需要 4 台吸附塔，总的吸附剂装填量为 4×39200kg＝156.8t。

16.2.2　膜分离

膜是一种允许特定物质渗透通过的很薄的层状物质。通过膜的物质称为渗透物，没有通过膜的物质称为滞留物。如果某些物质比其他物质通过膜的速度快，那么这些物质会在渗透侧不断积累，从而用膜分离的方法实现气体混合物的组分分离。

膜通量定义为单位时间内通过单位膜面积的流体流量。膜通量与分压梯度成正比：

$$M_i=\frac{P_i}{\delta}\left(p_{i,f}-p_{i,p}\right) \tag{16.3}$$

式中　M_i——组分 i 的膜通量，mol/（m²·s）；

　　　P_i——组分 i 的膜渗透率，mol/（m·s·bar）；

　　　δ——膜厚度，m；

　　　$p_{i,f}$——进料侧组分 i 的分压，bar；

　　　$p_{i,p}$——渗透侧 i 组分的分压，bar。

通过长的圆柱体的平均膜通量计算如下：

$$M_{i,\text{平均}} = \frac{\int_0^{L_\text{m}} M_i \mathrm{d}x}{L_\text{m}} \tag{16.4}$$

式中　$M_{i,\text{平均}}$——组分 i 的平均摩尔通量，mol/（$\text{m}^2 \cdot \text{s}$）；

L_m——膜的长度，m；

x——长度，m。

如果进料侧或渗透侧分压沿膜的长度方向变化较大，则需要将分压随长度变化的表达式代入式（16.4），然后求出平均膜通量。

两个组分的渗透率之比称为膜的选择性或理想分离因子：

$$\text{组分 } i \text{ 对组分 } j \text{ 的膜的选择性} S_{ij} = \frac{P_i}{P_j} \tag{16.5}$$

当膜对某组分的选择性较高时，该组分可在渗透侧以较高的纯度回收。

在膜的滞留侧，渗透组分的分压降低，导致渗透组分的驱动力降低以及通量降低。如果渗透侧分压过低，则膜通量也会非常低，导致膜面积非常大，经济性较差。正是由于这个原因，采用膜分离用于气体分离通常不能得到高纯度的滞留组分或高回收率的渗透气。在滞留侧末端保持适当膜通量的技术将在后面介绍。

16.2.2.1　膜的选择性与构造

具有开孔结构的膜称为微孔膜；没有孔或孔隙的膜称为致密膜。微孔膜的作用类似筛子，允许小分子通过微孔，而大分子被阻隔。商业化的气体分离过程中，仅在铀浓缩中从 $^{238}UF_6$ 分离 $^{235}UF_6$ 时使用微孔膜。大部分气体分离采用非对称膜，非常薄的致密层被厚的多孔层支撑，多孔层可以增加膜的强度（图 16.6）。

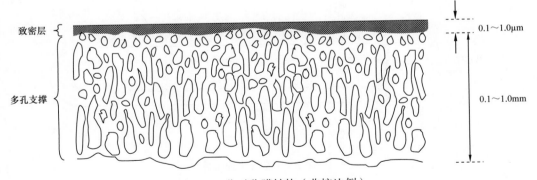

图 16.6　非对称膜结构（非按比例）

气体分离膜通常由弹性体或玻璃态聚合物制成，一些特殊场合也会使用金属或陶瓷材料薄层。聚合物的使用限制膜必须在较低温度下操作，通常低于 100℃。致密膜的渗透机理是气体在进料侧溶解于膜中，然后从膜中蒸发进入渗透侧。因此，膜的渗透性和选择性取决于不同物质在膜中的溶解度。仔细设计和选择膜的材料可以获得高的选择性。

除了高选择性，膜还要具有高渗透性，这是因为渗透性决定了膜的面积，进而决定了膜的成本。表16.1中列出了一些膜材料的渗透因子。此外，膜的机械稳定性、化学耐受性、热稳定性、易加工性和成本等都也是膜材料选择的重要因素。

表 16.1 膜渗透因子（Osada 和 Nakagawa，1992）

膜	温度，℃	渗透因子，$[cm^3(STP)\cdot cm/(cm^2\cdot s\cdot cmHg)]\times10^{10}$		
		CO_2	O_2	N_2
天然橡胶	25	99.6	17.7	6.12
乙基纤维素	25	113	15	3.0
聚苯乙烯	20	10.0	2.01	0.32
聚碳酸酯	25	8.0	1.4	0.3
聚二甲基硅氧烷	25	3240	605	300
聚邻苯二甲酸乙二酯	25	0.15	0.03	0.006
聚乙烯醇	20	0.0005	0.00052	0.00045

气体分离膜通常制成中空纤维状，或压成平板后卷成螺旋卷式组件，相关制造细节可参见 Rautenbach 和 Albrecht（1989），以及 Scott 和 Hughes（1996）的著作。中空纤维膜被黏合到树脂中，形成类似于管壳式换热器的管板封闭（图16.7）。对于螺旋卷式膜，首先将两片膜板背靠背放置，将三条边密封形成信封状，第四条边固定在多孔管上，渗透气可从多孔管中流出。多个信封状的膜可以被固定在一根多孔管上，膜之间放置网状垫片，然后将整个组件卷起插入一个管式壳体中，管式壳体安装有合适的封头组件，渗透气从封头流出（图16.8）。

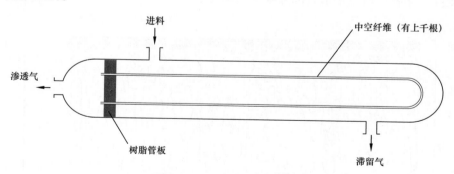

图 16.7　中空纤维膜组件

中空纤维膜和螺旋卷式膜的设计都采用了"盲端"结构，不能在渗透侧进行吹扫。渗透气可以从进料端引出，也可以从滞留端引出，分别对应逆流和并流（图16.9）。对于螺旋卷式膜，渗透气可以从两端引出，类似错流［图16.9（c）］。不同的流动形式决定了式（16.4）的边界条件，详见 Scott 和 Hughes（1996）的著作。

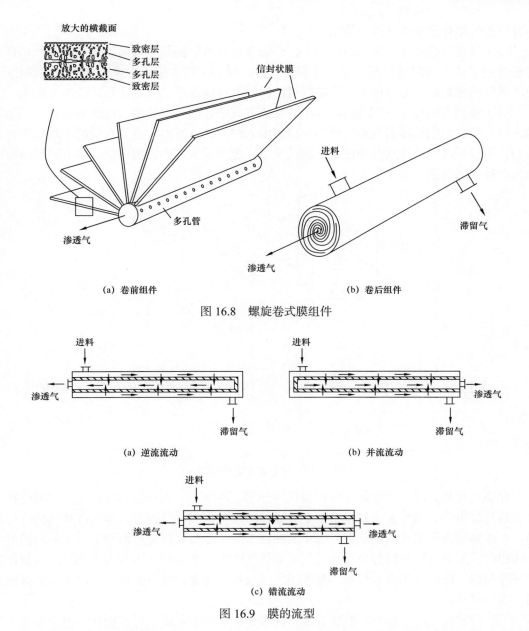

图 16.8　螺旋卷式膜组件

图 16.9　膜的流型

在中空纤维膜和螺旋卷式膜的设计中，膜自身的成本通常占整个组件成本的 80%～90%。

16.2.2.2　膜工艺过程设计

典型的膜分离过程需要使用大量的膜组来实现总的分离要求。根据分离目标和膜的性能可以设计不同膜组的组合形式。比较常见的组合形式如图 16.10 所示，具体介绍如下：

（1）锥形串联型［图 16.10（a）］。该种型式适用于最终滞留气流量占进料流量比例较小的情况，可以保证下游膜组在流量降低时仍能保持滞留侧一定的流速。锥形串联也可以结合渗透气循环或滞留气循环使用。

（2）渗透气循环型［图16.10（b）］。渗透气循环可以提高膜的回收率和纯度。来自下游膜组的渗透气流股被循环送至上游膜组入口，增加了第一组膜中渗透气的浓度和分压，使渗透气纯度提高、通量增大。下游膜组的回收率可以很高，但会降低其渗透气纯度。

（3）滞留气循环型［图16.10（c）］。在该方案中，第一组膜的渗透气被送到第二组膜的入口，第二组膜的滞留气被送到第一组膜的入口。该方案的优点是在膜的平均选择性较低时，可以提高膜的渗透气纯度。一些情况下，也可设置多个膜组串联，将下游膜组的滞留气循环返回到上一个膜组入口。

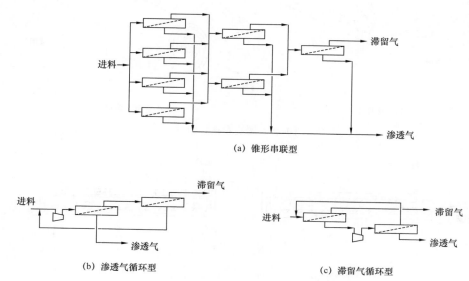

图16.10　膜分离工艺流程类型

除膜组件外，膜分离单元通常还包括冷却器、冷凝器、加热器和保护床。如果进料中含有易冷凝组分，通常需要在膜组件上游通过冷却和冷凝将其脱除，再对进料气体进行加热，操作温度高于露点一定范围，避免其在膜上发生冷凝而将膜表面堵塞。当使用膜组组合流程时，如果易冷凝组分会在渗透气或滞留气中发生积累而达到露点浓度，则需要设置中间冷却器、冷凝器和再加热器。各级膜之间也可能需要设置压缩机，但由于压缩费用较高，应尽可能避免。

需要注意的是，一些易冷凝组分或活性组分造成膜中毒或不可逆损伤，通常需要在膜单元上游设置吸附单元将这些组分脱除。

膜分离装置通常由专业供货商进行设计。膜的设计和制造工艺通常是供货商的专有技术，供货商会根据膜的特点对流程、膜的组合方式、相关辅助设备进行精细的设计和选型。如需准确预测膜分离装置的产品纯度和回收率，需要准确了解各组分的渗透率数据，才能代入式（16.4）进行计算。膜分离装置的设计方法可以参见Scott和Hughes（1996）、Noble和Stern（1995）、Mulder（1996）、Hoffman（2003）及Baker（2004）的著作。还有一些简单的设计方法可以参见Hogsett和Mazur（1983），以及Fleming和Dupuis（1993）的著作，但是这两篇文章都特别说明应由从事膜分离的专业人员进行最终的详细设计。一个关于通过反渗透方法来净化水的简单例子见 16.5.4 示例 16.6。气体膜分离由于涉及多种物质在膜上的渗透而更为复杂。

由于膜分离技术为供货商的专有技术，因此公开发表的文献中很难找到关于成本的可靠信息，可以参考每两年出版一次的《Handbook of Gas Processing Processes》。该手册作为《Hydrocarbon Processing》的增刊出版，通常提供一些供应商的资料，可以用于初步估算膜分离成本。

16.2.3　低温蒸馏

低温蒸馏（也称深冷分离）过程中，原料气被压缩到一定压力后，进行冷却、冷冻直到气体部分液化，然后进行蒸馏。冷冻气体的冷冻负荷可通过产品膨胀提供或者通过外部冷冻回路提供。蒸馏塔在非常低的温度下操作，通常塔板数较多，其他的设计与传统的蒸馏塔基本相同（见第 17 章）。

深冷分离的效率在很大程度上取决于原料冷冻过程中的热量回收（冷量回收）。为了使低温制冷所需的冷量最小化，换热温差通常很小（1～5℃），同时会采用较为复杂的多级制冷循环，以提高系统效率，减少压缩机能耗。关于制冷循环和热回收网络的设计见第 3 章。

如果提高深冷过程的压力，分离过程可以在更接近环境温度条件下进行，从而减小制冷循环的温度范围，提高制冷效率（见 3.2.6），也更容易通过产品节流膨胀提供所需冷量。但是原料的压缩成本提高，并且由于提高压力后相对挥发度降低，蒸馏过程变得非常困难。因此，深冷过程设计的要点之一就是权衡进料压缩和制冷压缩的能量分配。

低温蒸馏在处理比氢气重的大规模气体时通常具有很好的成本优势，工业上被广泛应用于空气分离、天然气液相回收、乙烯回收、丙烯回收等（Flynn，2004）。

16.2.4　吸收与汽提

在吸收过程中，将气体与溶液接触，利用溶液可以选择性溶解某种组分的特点将该组分从气体中分离。溶液在汽提过程中被再生，然后返回吸收塔。

吸收过程既可以是气体组分在液相中的溶解（物理吸收），也可以是气体组分与溶液液体组分之间的化学反应（化学吸收）。因此，如果能找到一种对需要分离的气体组分具有较强作用力的溶剂，吸收是非常经济有效的分离方法。吸收被广泛应用于使用碱性溶液作为溶剂脱除二氧化碳、硫化氢、二氧化硫等酸性气体的工艺。

吸收和汽提通常在气液接触塔中进行，见 17.14 节。

16.2.5　冷凝

当混合气体中某种组分的露点比其他组分低很多时，可以使用简单的冷凝方法回收该组分。任何类型的换热器都可以用作冷凝器，传统的管壳式换热器最为常见。对于部分冷凝过程，即一种组分从非冷凝气体中冷凝时，需要考虑传质限制以及换热器的传热设计。部分冷凝器的设计将在换热器设计章节中介绍，见 19.10.8。

当使用部分冷凝器时，后面通常需要配置沉降罐，确保冷凝的液体不会进入气体流股。气液沉降罐的设计见 16.3 节。

冷凝过程中组分的回收程度取决于冷凝温度、压力和混合物的相平衡性质，利用商业化流程模拟软件中的平衡闪蒸模块可以很容易计算冷凝过程，见第 4 章。

提高压力或降低温度可以提高冷凝组分的回收率。当冷凝组分在混合气体中含量较高时，可以配置两级或多级冷凝，后一级冷凝可以在较低温度或较高压力下操作，这样可以避免所有冷凝液体都被冷却到最低温度或者所有气体都被压缩到最高压力。

16.3 气液分离

当蒸汽温度低于露点时，可以将气体或蒸汽中夹带的液滴或雾沫分离出来。如果允许携带少量细小的液滴，采用卧式或立式气液分离器（也称分液罐）依靠重力沉降作用将液滴分离通常足够。分液罐通常紧邻冷凝器或冷却器下游设置，避免下游气相管线有液滴夹带或发生两相流现象。压缩机入口和段间通常也需要设置分液罐，以防止液滴进入压缩机损坏叶片。

当液滴小至 1μm 或要求高的分离效率时，通常会在分液罐设置丝网除沫器以提高分液罐的性能。除沫器为专有设计，各种材料、各种厚度、不同密度的金属或塑料等都可用于制造丝网除沫器。对于液体分离器，常使用厚度约 100mm、公称密度为 150kg/m³ 的不锈钢丝网除沫器。使用除沫器使分液罐的尺寸更小，在较低的阻力降下，可达到 99% 的分离效率。气液分离器中除沫器的设计和规格说明见 Pryce Bayley 和 Davies（1973）的著作。

下文介绍的卧式分液罐的设计方法是基于 Gerunda（1981）的程序步骤。

从气体或蒸汽中分离液滴和雾沫的方法与从气流中分离固体颗粒的方法类似，除过滤外，可以使用相同的技术和设备，见 18.5 节。旋风分离器是气液分离中的常用设备，其设计方法与气固分离的旋风分离器相同，不过入口流速应保持在 30m/s 以下，避免从旋风表面带走液体。

16.3.1 沉降速度

液滴沉降速度是分离器设计的重要参数，可通过式（16.6）估算：

$$u_t = 0.07 \left[\left(\rho_L - \rho_V \right) / \rho_V \right]^{1/2} \tag{16.6}$$

式中 u_t——沉降速度，m/s；

　　　ρ_L——液体密度，kg/m³；

　　　ρ_V——气相密度，kg/m³。

如果分离器中未设置除沫器，考虑安全裕量以及流量波动情况，计算液滴沉降速度时应将式（16.6）计算得到的 u_t 值乘以 0.15 的系数。

16.3.2 立式分液器

立式气液分离器的布置和典型比例关系如图 16.11 所示。

容器的直径必须足够大才能保证气体流速在液滴沉降速度以下。最小允许直径由式（16.7）计算：

$$D_v = \sqrt{\frac{4V_v}{\pi u_s}} \qquad （16.7）$$

式中　D_v——分离器最小直径，m；

　　　V_v——气体或蒸汽的体积流量，m³/s；

　　　u_s——分液器设置除沫器时 $u_s = u_t$，未设置
除沫器时 $u_s = 0.15 u_t$，u_t 通过式（16.6）
计算，m/s。

分离器直径通常根据标准容器尺寸进行圆整，
详见 14.5.2。

为了使液滴从气流中脱离，分离器气体入口以
上的高度必须足够高，通常取容器直径或 1m 的数
值较大者（图 16.11）。

分液罐液位高度取决于持液时间，持液时间需
要满足稳定运行和控制的要求，通常为 10min。

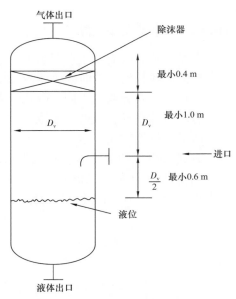

图 16.11　立式气液分离器

示例 16.2

初步设计一台用于分离蒸汽与水混合物的气液分离器。进料蒸汽流量为
2000kg/h，水流量为 1000kg/h，操作压力为 4bar。

解：

根据水蒸气表，4bar 下蒸汽饱和温度为 143.6℃，液相密度为 926.4kg/m³，蒸
汽密度为 2.16kg/m³。使用式（16.6）计算液滴沉降速度：

$$u_t = 0.07 \left[(926.4-2.16)/2.16 \right]^{1/2} = 1.45 \text{m/s}$$

考虑到蒸汽与凝液的分离要求通常不高，此处不设置除沫器。则 $u_t = 0.15 \times$
$1.45 = 0.218 \text{m/s}$。

蒸汽体积流量 $V_v = 2000/(3600 \times 2.16) = 0.257 \text{m}^3/\text{s}$。使用式（16.7）计算分离
器最小直径 $D_v = \sqrt{(4 \times 0.257)/(\pi \times 0.218)} = 1.23 \text{m}$，圆整至标准容器体积，即 1.25m
（4ft）。

液体体积流量为 $1000/(3600 \times 926.14) = 3.0 \times 10^{-4} \text{m}^3/\text{s}$，持液时间按照 10min
计算，则

$$容器持液量 = 3.0 \times 10^{-4} \times (10 \times 60) = 0.18 \text{m}^3$$

$$液位高度 h_L = \frac{持液量}{容器截面积} = \frac{0.18}{\pi \times 1.25^2 / 4} = 0.15 \text{m}$$

为了给液位控制器的定位留出空间，将液位高度增至 0.3m。

16.3.3　卧式分离器

典型卧式分离器的布置如图 16.12 所示。

当需要较长的持液时间（如需要更好地控制液体流量）时，可选择卧式分离器。

与设计立式分离器不同，卧式分离器的直径的确定需要与长度一同考虑，不能彼此分离。分离器的直径、长度和液位既要满足足够长的气体停留时间，使液滴充分沉降，还要满足所需的持液时间。

卧式分离器的最经济长径比取决于操作压力（见第 14 章）。可以使用通用的参考数据：当操作压力为 0～20bar 时，长径比取 3；当操作压力为 20～35bar 时，长径比取 4；当操作压力大于 35bar 时，长径比取 5。

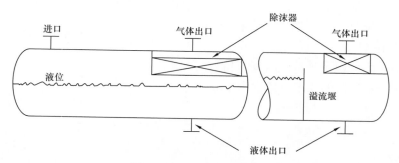

图 16.12　卧式气液分离器

气流截面积 A_v 与液位上方的高度 h_v 之间的对应关系可以查阅圆缺尺寸表（Green 和 Perry，2007），或参见本书第 17 章图 17.39 和图 17.40。

初步设计时，可设液体高度为容器直径的一半：

$$h_v = D_v/2 \text{ 或 } f_v = 0.5$$

其中，f_v 为气体所占截面积与总截面积的比例。

卧式分离器的设计步骤参见示例 16.3。

示例 16.3

设计一台卧式分离器。液体流量为 10000kg/h，密度为 962.0kg/m³；蒸汽流量为 12500kg/h，密度为 23.6kg/m³。分离器的操作压力为 21bar。

解：

液滴沉降速度为 $u_t = 0.07\left[(962.0-23.6)/23.6\right]^{1/2} = 0.44$m/s。设分离器没有除沫器，则 $u_s = 0.15 \times 0.44 = 0.066$m/s。

蒸汽体积流量为 12500/（3600×23.6）=0.147m³/s。取 $h_v = 0.5D_v$，$L_v/D_v = 4$，则气体流动横截面积为 $\dfrac{\pi D_v^2}{4} \times 0.5 = 0.393D_v^2$，气体流速 $u_v = \dfrac{0.147}{0.393D_v^2} = 0.374D_v^{-2}$。

液滴沉降到液面上需要的气体停留时间为：

$$h_\text{√}/u_\text{s}=0.5D_\text{v}/0.066=7.58D_\text{v}$$

实际停留时间 = 容器长度 / 气体流速

$$=\frac{L_\text{v}}{u_\text{v}}=\frac{4D_\text{v}}{0.374D_\text{v}^{-2}}=10.70D_\text{v}^3$$

为满足分离要求，需要的停留时间等于实际停留时间，因此 $7.58D_\text{v}=10.70D_\text{v}^3$，$D_\text{v}=0.84$m，圆整后为 0.92m（3ft，标准管道尺寸）。

持液时间计算：

液体体积流量为 10000/（3600×962.0）=0.00289m³/s，液体截面积为 $\frac{\pi\times0.92^2}{4}\times0.5=0.332$m²，长度 $L_\text{v}=4\times0.92=3.7$m，

持液体积为 0.332×3.7=1.23m³。持液时间 = 液体体积 / 液体流量 =1.23/0.00289≈426s≈7min。

计算结果不满足至少 10min 的持液时间要求，需要增加液体体积，最好的方法是增加分离器直径。如果液位高度仍为分离器直径的一半，则设备直径需要增加的倍数为（10/7）×0.5=1.2，则 $D_\text{v}=0.92\times1.2=1.1$m。

校核持液时间：

新的液体体积为 $\frac{\pi\times1.1^2}{4}\times0.5\times(4\times1.1)=2.09$m³。新的持液时间为 2.09/0.00289≈723s≈12min，满足要求。

增加容器直径后，气体速度和液面以上的高度也会发生变化。由于速度和停留时间与直径的平方成反比，液滴下落的距离与直径成正比，因此分离器直径增加后仍能满足分离要求。

事实上，由于蒸汽的进出口位置与分离器端部有一定距离，气体的流动距离小于容器的长度 L_v，这在设计上是允许的，几乎没有什么不同。

16.4　液液分离

流程工业中经常有分离两种液相的需求，液体可以是不互溶或部分互溶。例如，在单级液液萃取中，液相接触步骤后必须设有一个沉降段。液液分离系统还用于从有机液相中分离少量的夹带水。应用于液液分离工艺流程中最简单的设备是重力沉淀罐，即倾析器。此外，在一些复杂的分离系统或有乳液形成的系统中，需要使用各种类型的专有设备以促进聚结、提高分离效率。有时还会用到离心机和水力旋流器。

液液萃取也可按多级逆流流程进行，这将与其他多级分离过程一同在 17.16 节中介绍。

16.4.1　倾析器（沉降器）

倾析器的作用是分离液体，通常需要两相液体之间的密度差足够大以使液滴容易发生

沉降。倾析器的本质上是一台为分散相液滴提供足够的停留时间，使液滴上升（或沉降）到两相间界面处并聚结而完成液液分离的容器。倾析器在运行中存在 3 个不同的区域——重液区、分散区和轻液区。

倾析器通常设计为连续操作，同样的设计原则也适用于间歇操作设备。为满足不同场合的需要，倾析器可以设计为各种形状，但大多数情况下最适合且经济性最好的仍是圆柱形容器。倾析器典型设计如图 16.13 和图 16.14 所示。无论是否使用仪表控制，分相界面位置都可以通过重液出口的虹吸作用来实现（图 16.13）。

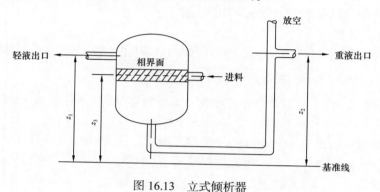

图 16.13　立式倾析器

图 16.14　卧式倾析器

倾析器进出口高度可以通过压力平衡来确定。忽略管道中的摩擦损失，容器中重液和轻液的组合高度所产生的压力必须由重液出口虹吸管内的液体静压力来平衡（图 16.13）。

$$(z_1 - z_3)\rho_1 g + z_3 \rho_2 g = z_2 \rho_2 g$$

由此可得：

$$z_2 = \frac{(z_1 - z_3)\rho_1}{\rho_2} + z_3 \tag{16.8}$$

式中　ρ_1——轻液密度，kg/m^3；

　　　ρ_2——重液密度，kg/m^3；

　　　z_1——轻液溢流出口标高，m；

　　　z_2——重液溢流出口标高，m；

　　　z_3——相界面标高，m。

在以下三种情况下，应该对液液相界面的位置进行精确测量：（1）两种液相密度接近时；（2）某一种组分量较少时；（3）总体进出料量很小时。一种典型的界面自动控制方案如图 16.15 所示，其中用到可以检测界面位置的液位仪表。当某一相流量较少时，可将部分出料循环返回进料，以利于操作稳定。

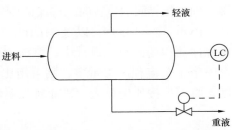

图 16.15　通过检测相界面高度实现液位自动控制

进行倾析器体积初步估算时，通常可按 5~10min 的持液时间进行设计，该时间一般情况下足以避免乳液的形成。倾析器的详细设计方法可参见 Hooper（1997）和 Signales（1975）的著作。以下提供一种通常的方法，并通过示例 16.4 进行详细说明。

设计倾析器尺寸的基本原则是连续相的流速须小于分散相液滴的沉降速度。假设连续相在倾析器内为平推流，则流速可通过相界面的面积计算：

$$u_c = \frac{L_c}{A_i} < u_d \tag{16.9}$$

式中　u_d——分散相液滴的沉降速度，m/s；

u_c——连续相的流速，m/s；

L_c——连续相的体积流量，m^3/s；

A_i——相界面的面积，m^2。

液滴沉降速度通过斯托克斯定律计算（Richardson 等，2002）：

$$u_d = \frac{d_d^2 g (\rho_d - \rho_c)}{18 \mu_c} \tag{16.10}$$

式中　d_d——液滴直径，m；

u_d——分散相直径为 d 的液滴的沉降速度，m/s；

ρ_c——连续相密度，kg/m^3；

ρ_d——分散相密度，kg/m^3；

μ_c——连续相黏度，Pa·s；

g——重力加速度，$9.81m/s^2$。

式（16.10）用来计算一个假定的、直径为 150μm 的液滴的沉降速度，150μm 通常远低于倾析器进料中的液滴尺寸。当计算沉降速度大于 $4×10^{-3}m/s$ 时，取值 $4×10^{-3}m/s$。

对于卧式圆柱形倾析器，其界面面积与界面的位置相关（图 16.16）。

图 16.16 中，$w=2（2rz-z^2）^{1/2}$。其中，w 为界

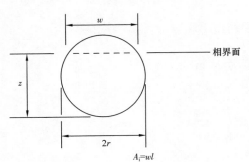

图 16.16　卧式圆柱形倾析器界面

面宽度，z 为从罐底算起的相界面高度，l 为容器长度，r 为容器半径。

对于立式、圆柱形倾析器，$A_i = \pi r^2$。

液液混合物进入倾析器时会形成一个分散带，其中包含等待聚集并穿过相界面的液滴，确定相界面的位置时，应保证该分散带不会延伸到容器底部或顶部。

Ryon 等（1959），以及 Mizrahi 和 Barnea（1973）证明了分散带的深度是液体流速和界面面积的函数。设计中，该深度通常取倾析器高度的 10%。如果倾析器的分离性能对整个工艺流程至关重要，则可用比例模型研究倾析器的设计，即按照雷诺数相同的原则，将模型按比例放大，进而研究湍流的影响，相关内容详见 Hooper（1975）的著作。

示例 16.4

设计一台倾析器，用于从水中分离轻质油。其中，油为分散相，油的流量为 1000kg/h，密度为 900kg/m³，黏度为 3mPa·s；水的流量为 5000kg/h，密度为 1000kg/m³，黏度为 1mPa·s。

解：

取 $d_d = 150\mu m$，则液滴沉降速度采用式（16.10）计算如下：

$$u_d = \frac{\left(150 \times 10^{-6}\right)^2 \times 9.81 \times (900 - 1000)}{18 \times 1 \times 10^{-3}}$$

$$= -0.0012 \text{m/s（上升为负）}$$

由于流量较小，使用立式圆筒形容器。

$$L_c = \frac{5000}{1000} \times \frac{1}{3600} = 1.39 \times 10^{-3} \text{m}^3/\text{s}$$

$$u_c \leqslant u_d, \text{ 且 } u_c = \frac{L_c}{A_i}$$

可得：

$$A_i = \frac{1.39 \times 10^{-3}}{0.0012} = 1.16 \text{m}^2$$

$$r = \sqrt{\frac{1.16}{\pi}} = 0.61 \text{m （直径约为 1.2m）}$$

倾析器高度取直径的 2 倍比较合理，即高度为 2.4m。

分散带高度按照设备高度的 10% 设计，即 0.24m。

校核分散带内液滴的停留时间：

$$\frac{0.24}{u_d} = \frac{0.24}{0.0012} = 200 \text{s}$$

为满足稳定控制的要求，停留时间通常推荐为 2～5min，因此计算得到的停留时间是满足要求的。

以下对油相（轻液）中的水（连续相，重液）的液滴尺寸进行核算：

$$油相的流速 = \frac{1000}{900} \times \frac{1}{3600} \times \frac{1}{1.16}$$
$$= 2.7 \times 10^{-4}\,\text{m/s}$$

根据式（16.10），求得：

$$夹带的液滴尺寸 = \left[\frac{2.7 \times 10^{-4} \times 18 \times 3 \times 10^{-3}}{9.81(1000-900)}\right]^{1/2}$$
$$= 1.2 \times 10^{-4}\,\text{m} = 120\mu\text{m}$$

满足小于 150μm 的要求。

为了减少物料进罐时由于喷射作用导致液滴的夹带，倾析器入口处流速通常小于 1m/s。

$$流量 = \left(\frac{1000}{900} + \frac{5000}{1000}\right) \times \frac{1}{3600} \approx 1.7 \times 10^{-3}\,\text{m}^3/\text{s}$$

$$管道横截面积 = \frac{1.7 \times 10^{-3}}{1} = 1.7 \times 10^{-3}\,\text{m}^2$$

$$管道直径 = \sqrt{\frac{1.7 \times 10^{-3} \times 4}{\pi}} \approx 0.047\text{m}（取 50mm）$$

相界面高度取容器中点，轻液出口高度取容器高度的 90%：

$$z_1 = 0.9 \times 2.4 = 2.16\text{m}$$
$$z_3 = 0.5 \times 2.4 = 1.2\text{m}$$
$$z_2 = \frac{(2.16-1.2)}{1000} \times 900 + 1.2 = 2.06\text{m}（取 2.0m）$$

设计方案如下图：

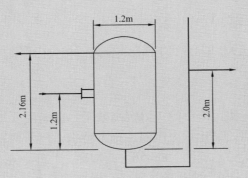

应在相界面处安装导淋排放阀，以便检查是否有形成乳液的趋势，必要时须定期排出积聚在界面处的乳液。

16.4.2 板式分离器

在一些专用的倾析器设计中，为了增加单位体积的界面面积，减少湍流，会采用多层平行板堆叠型式的倾析器，该结构可将倾析器分成多个并联的小分离器，提高分离效率。

16.4.3 聚结器

聚结器是一种用于聚结并分离尺寸较小的分散相液滴的专用分离设备。其原理是使分散相液滴流过特殊型式的、更容易被分散相物质润湿的分离媒介，如丝网或塑料网、纤维床、专用膜等。由于液滴与媒介的作用力较强，分散相液滴会在媒介上停留足够长的时间，继而形成足够大的球状物并沉降下来。图 16.17 显示了一种典型的聚结器设备，相关内容详见 Redmon（1963）的著作。聚结过滤器适用于从大量液体中分离出少量分散液体的情况。

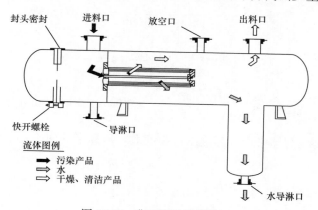

图 16.17　典型聚结器设计图

电聚结器利用高压电场破坏悬浮液滴表面稳定的液膜，实现高效分离，常用于原油脱盐和类似场合（Waterman，1965）。

16.4.4 离心式分离器

用于液固分离的离心设备同样可用于液液分离，相关内容详见 18.6 节。

16.4.4.1 沉降离心机

当混合物分离困难，使用简单的重力沉降效果不能满足要求时，应考虑使用沉降离心机。离心分离法的分离效果比重力沉降法好，特别适用于两种液体密度差较小（低至 $100kg/m^3$），或总流量较大（达到约 $100m^3/h$）的情况。此外，离心分离过程通常可以破坏任何可能形成的乳液状态。较为常见的沉降离心机是筒式或碟片式离心机（见 18.6.3）。

16.4.4.2　水力旋流器

水力旋流器可用于一定场合的液液分离，但由于水力旋流器中的高剪切力会导致液滴的再次产生和夹带，因此通常没有用于液固分离时那么有效。水力旋流器的设计详见 18.6.4。

16.5　溶解组分的分离

溶液几乎存在于每一个化学过程中。最常用的溶液分离、提纯技术是蒸馏和溶剂抽提。近年来，吸附法、离子交换法和层析法已经在一些有特殊分离要求领域中替代常规蒸馏或溶剂抽提，并成功运用。

溶解在液体中的气体可以通过汽提脱除，详见 16.2.4 和 17.14 节。蒸馏是化学工业中应用最广泛的分离技术，详见第 17 章。当液体混合物可以通过蒸馏分离时，通常最为经济。然而，蒸馏不能用于分离溶解的固体、盐、热敏化合物或挥发性低的大分子，同时蒸馏也不能用于许多特殊的化学品、大多数活性药物成分、生物化学品等大量有价值的产品的分离，因此需要找到替代的分离方法。

当溶液中的组分可以形成固相时，可采用结晶或沉淀的方法将其从溶液中回收。结晶和沉淀后还需要配置过滤、离心、干燥和其他固体处理过程。固体形成过程中，需要控制生成固体颗粒的大小、形状和强度，以满足下游工艺和处理设备的要求，详见第 18 章。

离子交换法用于回收带电粒子。离子交换的原理是在电解质溶液中用一个离子代替另一个离子。例如，用氢离子代替金属阳离子形成酸，再通过蒸馏回收。

膜分离可用于大分子、反渗透和浓缩泥浆的分离。一些人工开发的膜对特定溶质或溶剂具有选择性，也可用于这些组分的分离。

吸附可用于溶液中选择性液体或固体组分的脱除。吸附剂通过溶剂解析再生称为制备层析法（用于产品量较小时）或生产层析法（用于产品量较大时），详见 16.5.8。对于液相体系，吸附剂较少采用变温或变压的再生方式。

16.5.1　蒸发器

工业上，蒸发和结晶是从溶液中回收溶解固体的主要方法。蒸发用于溶解的固体组分不易挥发的情况，通过将溶剂汽化，得到浓缩液体。结晶单元通常设置在蒸发单元后，但如需得到干燥固体产品，还需要进行特殊的处理。关于蒸发的内容可以参见 Richardson 等（2002）的著作。Cole（1984）论述了蒸发器类型的选择。Billet（1989）也介绍了蒸发的知识。

很多蒸发器的设计已经发展到专门应用于特定的工业或产品领域，可以大致分为以下几种基本类型：

（1）直接加热式蒸发器。

包括太阳能蒸发器和浸没燃烧蒸发器。其中，浸没燃烧蒸发器可应用于燃烧产物允许进入溶液的蒸发操作。

（2）长管式蒸发器（图16.18）。

在长管式蒸发器中，液体在垂直长加热管壁上形成液膜，流动的同时进行换热并蒸发。长管式蒸发器包含降膜式和升膜式两种类型，可用于处理量较大的装置，特别适用于低黏度溶液。

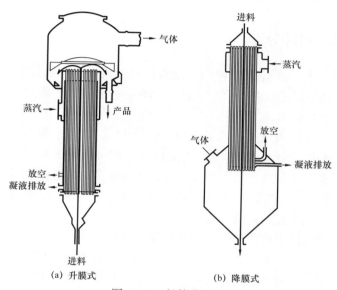

图16.18　长管蒸发器

（3）强制循环蒸发器（图16.19）。

在强制循环蒸发器中，液体被泵加压后进入换热管，适用于溶液可能在换热管表面结垢或结晶的场合。

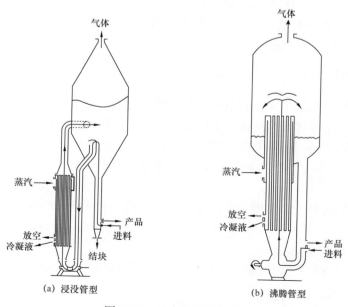

图16.19　强制循环蒸发器

（4）刮膜式蒸发器（图 16.20）。

刮膜式蒸发器采用机械方法在受热面上涂一层溶液薄膜，适用于生产非常黏稠的液体和固体产品的场合。刮膜式蒸发器有时也被称为搅拌薄膜蒸发器，其设计和应用方面的介绍可以参见 Mutzenburg（1965）、Parker（1965）和 Fischer（1965）的著作。

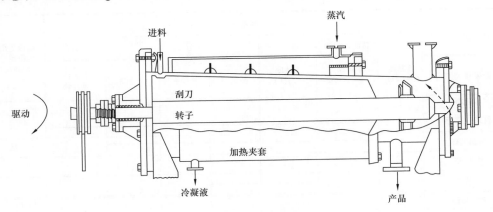

图 16.20　水平刮膜式蒸发器

（5）短管式蒸发器。

短管式蒸发器也称排管式蒸发器，用于制糖工业（Richardson 等，2002）。

16.5.1.1　蒸发器的选择

根据具体应用场合，选择适当型式的蒸发器，需要考虑以下因素：
（1）处理量；
（2）进料的黏度及蒸发过程中液体黏度的增加程度；
（3）产品的性质（固体、浆液或浓缩液）；
（4）产品的热稳定性；
（5）物料是否会结垢；
（6）溶液是否起泡；
（7）是否可以直接加热。
基于上述因素，图 16.21 中给出了一些基本的选择原则，具体可以参考 Parker（1963）的著作。

16.5.1.2　蒸发器设计

从图 16.18 和图 16.19 中可以看出，蒸发器通常由管壳式换热器的管束部分和一个气液分离空间组成。该设备的主要成本是换热管，因此换热面积对设备的造价影响很大（表 7.2）。但是刮膜式蒸发器例外，其设计与成本估算需咨询刮膜式蒸发器生产厂家。

蒸发器的传热计算及设计方法可以参见 19.11 节关于沸腾传热设计的内容。沸腾侧液体通常走管程，而加热介质（通常是蒸汽）走壳程。

当进料蒸发率大于 30% 时，可以选择将部分产品循环返回进料中，以增加液体流量，使换热过程更加均匀。需要注意的是，这种产品再循环工艺用于食品加工领域（如炼乳生产）时，须确保物料在蒸发器中的停留时间不能太长，以避免破坏产品或造成蒸发器列管结垢。停留时间可由蒸发器内的液体含量除以产品流量来估算。降膜式蒸发器由于持液量少，通常是食品领域应用的首选。

蒸发器类型	进料条件							是否适用于热稳定性较差的材料
	黏度, mPa·s							
	高黏度(>1000)	中等黏度(<1000)	低黏度(<100)	易起泡	易结垢	易结晶	有固体悬浮物	
循环型								
短管式（立管）		←————————————————→						否
强制循环	←————————————————→							是
降膜式			←——→					否
自然循环式			←————————————→					否
非循环型								
刮膜式	←————————————————————————→							是
长管式降膜式升膜式			←————————————→					是
								是

图 16.21　蒸发器选型导引

16.5.1.3　附属设备

在真空下操作的蒸发器需要配置冷凝器和真空泵。对于水溶液，常会用到蒸汽喷射器和喷射冷凝器。喷射冷凝器是一种直接换热式冷凝器，蒸汽通过与喷射的冷却水直接接触而冷凝；与之相对应的是表面冷凝器，其中冷凝蒸汽和冷却水发生间接换热，不会直接接触。

示例 16.5

估算一台浓缩产能为 4000kg/h、蒸发量为 40% 水分的苹果汁蒸发器所需的换热面积。热源为 120℃ 的低压蒸汽。蒸发器在微真空下运行，使浓缩苹果汁的沸腾温度保持在 100℃。

解：

作为初步估算，假设苹果汁的性质和水相同，100℃时蒸发潜热约 2200kJ/kg。换热负荷要求为 $4000 \times 0.4 \times 2200/3600 = 978kW$。

由于物料蒸发的比例大于 30%，假设采用蒸发器产品再循环工艺，使得在100℃时管侧温度保持近似恒定，其平均温差为 120-100=20℃。

利用图 19.1 查出传热系数，可得总传热系数约取 $1500W/(m^2 \cdot K)$ 是比较合理的。

估算换热面积：

$$Q = UA\Delta T_m \tag{19.1}$$

式中　Q——单位时间的换热量，W；

　　　U——总传热系数，W/（m^2·℃）；

　　　A——换热面积，m^2；

　　　ΔT_m——平均温差（温度驱动力），℃。

可得：

换热面积 $A = \dfrac{978 \times 10^3}{1500 \times 20} = 32.6 \text{m}^2$

接下来可用该换热面积设计换热管的初步布置，再利用 19.11 节中的方法估算管程传热系数，利用 19.10 节中的方法估算壳程传热系数，从而进一步计算更加精确的蒸发器换热面积。利用该数值，根据表 7.2，可以估算该蒸发器的初步造价，以满足初步的方案设计使用。

16.5.2　结晶

结晶过程用于固体的生产、提纯和回收。通过结晶生产的产品外观规整，自由流动，易于搬运和包装。结晶工艺被广泛应用于各行业，从小型的专用化学品生产（如医药产品）到大规模的产品生产（如糖、食盐和化肥）。

结晶相关的基本理论可以参见 Richardson 等（2002）和本书第 15 章的内容，还可以参考 Mullin（2001）和 Jones（2002）的著作。商业化应用的结晶设备多种多样，相关描述可以参见 Mersmann（2001）、Myerson（1993）、Green 和 Perry（2007），以及 Schweitzer（1997）的著作。结晶设备的放大和设计程序可以参见 Mersmann（2001）和 Mersham（1988，1984）的著作。

结晶设备可按过饱和液体的制备方法分类，也可按晶体的悬浮生长方法分类。其中，过饱和态需要通过冷却或蒸发得到。结晶器有槽式结晶器、刮膜式结晶器、晶浆循环结晶器和母液循环结晶器 4 种基本类型。

16.5.2.1　槽式结晶器

槽式结晶器是工业化结晶设备中最简单的一种。将母液直接存放在槽中，通过搅拌或设置冷却盘管和夹套管对母液进行冷却。槽式结晶器的运行是间歇操作的，一般用于小规模生产。

16.5.2.2　刮膜式结晶器

刮膜式结晶器的原理与槽式结晶器相似，但会通过在冷却表面进行不间断的切削或搅拌，防止晶体在冷却表面沉积形成污垢而影响传热。刮膜式结晶器适用于高黏度液体的加工。表面刮板式结晶器可用于母液循环工艺的间歇操作，也可用于连续操作；其缺点是生产的晶体尺寸较小。

16.5.2.3 晶浆循环结晶器

晶浆循环结晶器（图 16.22）中，母液与生长中的晶体共同在过饱和状态下循环。晶浆循环结晶器是应用于化学工业中最重要的一种大型结晶器。溶液的过饱和态可通过直接冷却、蒸发或者在负压下的蒸发冷却实现。

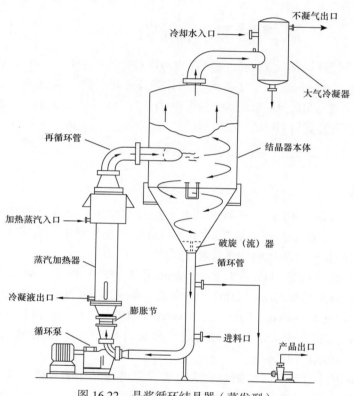

图 16.22　晶浆循环结晶器（蒸发型）

16.5.2.4 母液循环结晶器

母液循环结晶器（图 16.23）中，只有母液进入循环管路，同时进行加热或冷却。结晶室内，母液向上流过悬浮并生长中的晶体颗粒。母液循环结晶器的优点是产生的晶体颗粒大小均匀。母液循环结晶器在设计中主要包含 3 个部分：一台用于晶体悬浮、生长并移出的容器；一种产生过饱和液的过程，通常是通过冷却或蒸发；一种循环母液的方式。该类设备中一种最典型的设计方案即 OSLO 蒸发型结晶器（图 16.23）。

母液循环结晶器和晶浆循环结晶器通常适用于各类结晶产品的大规模生产。

表 16.2 中汇总了各类结晶器的典型应用，相关内容详见 Larson（1978）的著作。

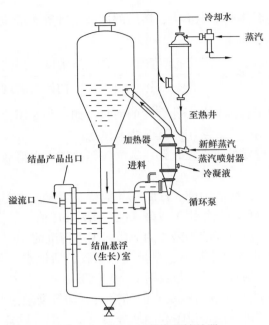

图 16.23　OSLO 蒸发型结晶器

表 16.2　结晶器选型

结晶器类型	应用	典型产品
槽式	间歇操作；小规模生产	脂肪酸，植物油，糖
刮膜式	有机化合物（易结垢），黏性材料	氯苯，有机酸，石蜡，萘，尿素
晶浆循环	生产大尺寸结晶体；产量较大	铵和其他无机盐，氯化钠和氯化钾
母液循环	生产尺寸均匀的晶体（晶体尺寸小于晶浆循环式）；产量较大	石膏，无机盐，硝酸钠和硝酸钾，硝酸银

　　结晶器的选型设计通常要咨询专业的设备供应商。其中，重要的设计参数包括：产量、规模，进料浓度，目标固体收率（回收率），目标粒度分布，产品纯度（特别对于分步结晶），热量加入或移除要求（包括潜热和显热）。

　　结晶器的产量受以下两个因素影响：（1）固液平衡关系；（2）期望的足够低的固体占比，以满足产品浆液的流动需要。

　　当溶剂通过蒸发的方式脱除时，只要杂质不在母液中累积，过滤完晶体之后的母液可以返回结晶器。

16.5.3　沉淀

　　结晶过程通常包含沉淀，但沉淀过程中的固体并不一定是由结晶产生的。

　　有机溶质的溶解度受温度、组成、pH 值、溶剂极性和离子强度等因素的影响，通过在溶剂中加入某种物质以改变这些因素中的一种或多种，就可能导致溶质会从溶液中析出。假设这个过程中溶剂体积变化不大，溶质的回收率则等于溶质溶解度的变化量除以初始溶解度：

$$溶质回收率 = \frac{沉淀的溶质量}{溶质总量} = \frac{初始溶解度 - 最终溶解度}{初始溶解度} \qquad (16.11)$$

沉淀法被广泛应用于有机大分子化合物的回收，如一些专用化学品、药物和食品化合物、蛋白质及其他生物制品等。常用的沉淀技术包括：

（1）盐析，通过将柠檬酸钙、氯化钙或硫酸铵等盐加入水溶液中提高离子强度而导致沉淀。

（2）通过加入甲醇、乙醇、丙酮、乙腈或其他特定溶剂，改变溶液极性而导致沉淀。

（3）通过添加酸（也称酸化作用）或碱来改变溶液 pH 值。

（4）加热（"蒸煮"）以热降解不需要的溶质，再进行沉淀

（5）吸附沉淀，通过添加硅藻土、酪蛋白、明胶、活性炭、黏土或其他大颗粒吸附剂，将溶液中的特定有机物吸附后，与吸附剂一起沉淀。

沉淀过程通常不需要进行溶剂蒸发或饱和溶液冷却等换热过程，因此相对于结晶设备，沉淀设备简单，通常包含混合设备和固液分离设备。混合设备（如混合罐或管内混合器）和固液分离设备（如水力旋流器或离心机）详见 18.6 节。

沉淀过程的详细介绍可参见 Sohnel 和 Garside（1992）的著作。

16.5.4　膜分离

膜被广泛用于溶液浓缩过程（通常溶质为固体）和悬浮液分离过程。例如，对于某种溶液，选择一种溶剂可以渗透通过而溶质不能渗透通过的管式膜，即可采用类似错流过滤的方式将溶剂从溶液中脱除（见 18.6.2）。

膜分离过程可根据过滤的颗粒或分子尺寸大小分为微滤、超滤或纳滤，详见表 16.3。对于溶质对高温敏感的情况，采用膜分离除去溶剂通常好于蒸发溶剂，如在食品或饮品中分离香味物质时，这些物质通常是具有生物活性的大分子，如蛋白质和酶。

表 16.3　膜过滤工艺

工艺	尺寸范围，m	应用
微滤	$10^{-8} \sim 10^{-4}$	花粉，细菌，血细胞
超滤	$10^{-9} \sim 10^{-8}$	蛋白质和病毒
纳滤	$5 \times 10^{-9} \sim 15 \times 10^{-9}$	水软化
反渗透	$10^{-10} \sim 10^{-9}$	海水淡化
透析	10^{-9} 至分子尺寸	血液净化
电透析	10^{-9} 至分子尺寸	电解质分离
渗透蒸发	10^{-9} 至分子尺寸	乙醇蒸发
气体渗透	10^{-9} 至分子尺寸	氢回收，脱水

同时，在一些膜分离体系中，溶质比溶剂具有更好的选择通过性，由此可以通过膜将溶质转移到另一种溶剂中，而不需要将两种溶剂完全混合，特别适用于溶质在一些条件下容易降解、两种溶剂相互混溶等情况。制药工业中，使用溶质选择性膜的分离方法被称为透析滤过，这是因为它与生物中的透析过程非常相似。近年来还有一种新型透析滤过方法，通过使用带电荷的膜来提高对其溶质的选择性，可参见 Mehta 等（2008）的著作。

当膜用于过滤或溶质浓缩操作时，溶剂回收率的极限是应避免膜的结垢或污染，并且维持浆液的可通过性。料液中的溶液在压力驱动下透过膜，溶质被截留，在膜与本体溶液界面或临近膜界面区域浓度越来越高；在浓度梯度作用下，溶质又会由膜界面向本体溶液扩散，形成边界层，使流体阻力与局部渗透压增加，从而导致溶剂透过通量下降，这种现象称为浓差极化。浓差极化会使实际的溶剂通量和溶质脱除率低于理论估算值，当临近膜界面区域的溶质浓度超过其溶解度时，会造成膜的结垢和污染。因此，溶剂回收膜通常在出口浓度远低于饱和状态的条件下操作。同时，渗透效应也会降低溶剂通过膜的流通量。

溶质转移膜的设计与气体分离膜类似（见 16.2.2），不同之处是通常在渗透侧引入第二种溶剂以除去溶质。中空纤维或管状膜是最常用的。

对于液液分离的膜系统设计，可以参见 Scott 和 Hughes（1996）、Cheryan（1986）、McGregor（1986）、Rautenbach 和 Albrecht（1989）、Noble 和 Stern（1995）、Mulder（1996）、Porter（1997）、Hoffman（2003），以及 Baker（2004）的著作。关于膜在生物系统中的应用，可以参见 Wang（2001）、van Reis 和 Zydney（2007）的著作。通过反渗透从盐溶液中回收纯净水作为一种特殊的应用将在下面进行介绍。

反渗透（RO）是目前应用最广泛的膜工艺。在反渗透装置中，水分子可以通过膜，而溶解的矿物质或其他固体则无法通过。反渗透技术用于生产去离子水、净化锅炉给水、废水回收、海水或苦咸水淡化用于饮用和灌溉。

在反渗透工艺中，给水压力需要足够高，以克服盐水滞留侧与纯水净化侧之间由于渗透作用导致的压差。在压差的驱动下，水分子可以克服浓度差而流过膜。反渗透膜通常设计成螺旋缠绕模块，两侧流体交错流动（详见 16.2.2）。

化工装置中的反渗透装置通常由专业的水处理公司进行整体设计，也可以通过 Aspen Process Economic Analyzer 或其他成本估算软件进行反渗透装置的成本估算。

反渗透装置的水回收率取决于给水水质、产品要求和避免膜结垢的流量要求。一般情况下单级反渗透膜可以脱除 96%～98% 的盐成分，因此制备高纯水通常需要采用多级反渗透膜，并将滞留物部分循环以得到所需的纯度，相关循环工艺流程见 16.2.2。

与任何溶剂滞留膜一样，设计中必须确保滞留侧溶液浓度不会太高而导致溶质在膜上结垢，同时充分考虑并避免膜附近的浓度极化。进料原水的压力越高，净化水产品的回收率越高，但过高的回收率要求会使所需原水压力显著升高，带来增压成本的大量增加，因此需要在二者之间寻找合理的经济平衡点。表 16.4 中列出了 40℃下不同浓度 NaCl 溶液和海盐溶液的渗透压值，其他关于膜通量、滞留侧流量等参数的设计方法可以参考 Kucera

（2008）的著作。典型的城市用纯净水生产装置中，产品回收率通常设计为50%～75%，但回收率很大程度上取决于前文所述因素；而在海水淡化装置中，产品回收率往往低于30%。当设计用于工艺用水的反渗透系统时，需要考虑回收率限制带来的额外供水成本，示例16.6中对此进行了详细介绍。

表 16.4　40℃下海水和 NaCl 水溶液的浓度—渗透压对应关系（Stoughton 和 Lietzke，1965）

NaCl 溶液浓度，mol/kg	渗透压，atm
0.01	0.49
0.10	4.76
0.50	23.60
1.00	48.08
1.50	73.93
2.00	101.3
3.00	161.6
4.00	230.5
5.00	309.4
海水浓度，%（质量分数）	渗透压，atm
1.00	7.41
2.00	14.88
3.45[①]	26.17
5.00	38.96
7.50	61.40
10.00	86.46
15.00	146.6
20.00	225.1
25.00	331

① 3.45%为标准海水浓度。

　　增加原水预处理装置，可以显著提升反渗透装置的性能。常用的预处理工艺包括过滤、阳离子交换用于软化水、活性炭吸附氯和有机物、添加化学物质以防止生物污染和沉淀等。

　　由于反渗透技术应用广泛，介绍相关技术的文献十分丰富，如前文介绍各类膜的书籍，以及 Amjad（1993）、Byrne（1995）、Wilf 等（2007）和 AWWA（2007）的著作。反渗透技术在废水回收中的应用可以参考 Aerts 和 Tong（2009）的著作。

示例 16.6

设计一套反渗透装置，原料为 NaCl 浓度为 3.5%（质量分数）的海水，要求生产 NaCl 浓度低于 0.002%（质量分数）、能力为 50kg/s 的锅炉给水。单个膜组件面积为 40m^2，操作压力为 60atm。渗透侧压力为 2atm 时，流通量为 0.4m^3/m^2。假设每个膜组件的排盐率为 96%，设计该膜组件序列及所需的原水量。

解：

如果渗透侧压力为 2atm，滞留侧压力为 60atm，则膜上的压降为 60–2=58atm。

由表 16.4 可知，渗透压为 58atm 时的对应 NaCl 浓度为 7.44%（质量分数）。考虑膜附近浓度极化的影响，将滞留侧浓度设计为该浓度的 70%，即 5.21%（质量分数）。

首先计算第一级中盐的物料平衡，假设进料原水量为 100kg/s，弃盐率为 96%：

$$进料 = 渗透侧 + 滞留侧$$

$$3.5 = 3.5 \times 0.04 + 3.5 \times 0.96$$

$$= 0.14 + 3.36$$

设滞留水流量为 x，则：

$$\frac{3.36}{x + 3.36} = 0.0521$$

$$x = \frac{3.36}{0.0521} - 3.36 = 61.1 \text{kg/s}$$

即由此可得，渗透水流量为 96.5–61.1=35.4kg/s，渗透水中的盐浓度为 0.14/（0.14+35.4）=0.39%（质量分数），未达到目标。

下面设计一个不包含循环的二级串联流程，则第二级可以用同样的方法计算：

渗透侧盐量为 0.14×0.04=0.0056kg/s，滞留侧盐剩余量为 0.14×0.96=0.1344kg/s，滞留侧水流量为 0.1344/0.0521–0.1344=2.44kg/s，渗透侧水流量为 35.4–2.44=32.94kg/s。渗透水中的盐浓度为 0.0056/（0.0056+32.94）=0.017%（质量分数），仍未达标。

该计算过程可继续重复，也可通过电子表格进行编程计算。第三级结果如下：

渗透侧盐量为 0.0056×0.04=0.000224kg/s，滞流侧盐剩余量为 0.0056×0.96=0.005376kg/s，滞留侧水流量为 0.005376/0.0521–0.005376=0.098kg/s，渗透侧水流量为 32.94–0.098=32.85kg/s。

渗透水中的盐浓度为 0.000224/（0.000224+32.85）=0.00068%（质量分数），已经超过目标值要求，则部分二级出口产品可旁路通过第三级。但是由于污垢、浓度极化等因素的影响，设计中需要考虑一定的裕量，因此假设三级都被充分利用。

根据上面的计算，在进水量为 96.5kg/s 的条件下，总回收量为 32.85kg/s。因此，生产 50kg/s 的合格锅炉给水需要的原料水量为 50/0.34=147kg/s。同时需要考虑进料中含盐量为 147×0.035/（1-0.035）=5.33kg/s，则总的进料量为 152.33kg/s 的海水。

需要说明的是，第三级滞留侧的流量非常小，不能满足实际操作的要求，因此需要提高流速，方法是将滞留液循环返回上游位置，降低滞留液出口浓度［图 16.10（c）］。该系统可以很方便地通过流程模拟软件计算，但是通过手动计算比较困难。如果流程模拟软件中没有膜分离单元模块，可以使用流股分割器代替，详见 4.5.3。

通过对上述工艺过程进行计算可以得出，从第二级开始，渗透侧流量基本保持不变，约为 32.9kg/s（设计流量 ≈50kg/s）。第一级渗透侧流量为 35.4kg/s，按产量为 50kg/s 进行等比例修正后为 35.4×152/100=53.8kg/s。因此，如果每级循环量为 10%（相对于产品量），则可以假设每级流量为 59.2kg/s（5114m³/d）。按照每 40m² 膜模块的渗透量为 0.4m³/（m²·d），则每段反渗透单元模块总数为 5114/（40×0.4）=320 个，得到模块总数为 320×3=960 个。

考虑到一定数量模块的备用和裕量，该反渗透序列分为三级，每级包含 330 个模块，第二级和第三级需要循环 10%。但是该计算结果需要通过与供应商讨论，进行详细计算后确认。

16.5.5　离子交换

离子交换可应用于水的软化、除盐（包括有机酸和碱的盐在内的很多种类盐组分的分离和回收）。离子交换过程中，溶液流过装填珠状树脂的床层。树脂是一种通过添加酸性基团或碱性基团而实现功能化的聚合物。例如，磺化聚苯乙烯含有—SO_3^- 基团，可以吸附溶液中的阳离子，因此可作为阳离子交换树脂使用。通过选择不同的酸性基团或碱性基团，可以调整树脂的离子吸附作用强度，从而使树脂具有选择性。

当溶液通过阳离子交换树脂时，溶液中的阳离子与附着在树脂上的阳离子达到平衡，从而有效地吸附到树脂上。当树脂接近穿透时，可以使用具有相反离子的溶液进行洗涤再生。通常，H^+、Na^+ 或 Ca^{2+} 用于阳离子树脂的再生，Cl^-、HO^- 或 NO_3^- 用于阴离子树脂的再生。

完全去离子化的深度再生过程可以使用酸或碱作为再生溶液。其中，H^+ 用于阳离子交换树脂的再生，HO^- 用于阴离子交换树脂的再生。

最常见的离子交换过程是水的软化，自然界的水中通常含较多的 Ca^{2+} 和 Mg^{2+}，通过与阳离子交换树脂中的 Na^+ 交换实现水的软化，该树脂可使用 NaCl 溶液进行再生。水软化技术常用于锅炉给水的制备和反渗透装置原料水的制备。在一些水硬度较高的地区，小型反渗透装置也用于家庭用水软化。

离子交换树脂的处理能力取决于聚合物树脂上添加的官能团数量，单位为 mmol/g（树脂）或 mmol/mL（树脂）。对于阳离子交换树脂，其负载能力表示为每克或每毫升干氢型树脂；而对于阴离子交换树脂，负载能力通常是每克或每毫升干氯型树脂。一些常用树脂的处理能力可以参见 Green 和 Perry（2007）的著作。进行离子交换床的容积估算时，通常按照床层在穿透 70% 的条件下工作。更详细的设计和分析通常由专业厂商或设计人员完成。

与吸附（见 16.2.1）一样，连续操作的离子交换系统需要设置至少两个树脂床层，以便其中一个床层在再生时，另一个床层仍可以正常操作。

设计离子交换系统时，必须同时考虑再生过程的废水处理系统。再生剂是一种反离子盐，通常为水溶液形式。再生剂的用量需要比交换离子的化学计量当量略大一些，以提供足够的化学势差，使"已交换"的离子离开树脂，确保再生完成。一般情况下较为合理的再生剂用量是其化学计量当量的 150%～200%，且浓度较高，以尽量减少产生的污水量。用过的再生剂可能需要通过中和或其他额外的处理后才能送到污水处理厂。

许多医药产品和中间体都是通过离子交换回收得到的有机盐类物质。如果负载在树脂上的离子是所需产品，则需要选择合适的再生剂，使再生溶液便于进行后续处理。

离子交换理论的详细介绍可以参见 Richardson 等（2002）的著作。Helfferich（1995）也对该技术进行了详细的论述。Wachinski 和 Etzel（1997）论述了离子交换在废水回收中的应用。

示例 16.7

工业上，使用碳酸钠 / 碳酸氢盐溶液氧化洗涤 H_2S 后，会产生硫氰酸盐，需要使用中度碱性的阴离子交换树脂进行脱除。已知洗涤液流速为 $40m^3/h$，硫氰酸盐初始浓度为 10g/L，所使用的聚苯乙烯阴离子交换树脂容量为 1.8mol/L。该树脂需要先使用水进行冲洗，再用 1.5 倍当量的质量分数为 4.0% 的 NaOH 溶液进行再生，所用水的体积与 NaOH 溶液相同即可。该流程设计了两台离子交换床，一台运行，另一台再生。设计操作周期为 2h 达到 80% 的载荷，请估算离子交换床的体积，计算再生过程中所需氢氧化钠溶液的流量。

解：

一个操作周期后，硫氰酸根离子总交换量为 $40 \times 10 \times 2 = 800kg$。

硫氰酸根离子化学式为 SCN^-，分子量为 $32 + 12 + 14 = 58g/mol$，则硫氰酸根物质的量为 $800/58 \approx 13.79kmol$。所需床层体积为 $13.79/1.8 \approx 7.66m^3$。

根据操作周期为 2h 达到 80% 的载荷，则床层体积为 $7.66/0.8 \approx 9.58m^3$。

将该离子交换床按 4：1 圆柱形容器设计，其体积为 πD_v^3，则容器直径为 1.45m，高度为 5.8m，接下来可以使用第 14 章给出的方法进行容器的设计、尺寸核算、成本估算等。

100kg 质量分数为 4.0% 的 NaOH 溶液中含有 4kg NaOH，则含有 $4 \times (17/40) = 1.7kg\ HO^-$。1.7kg HO^- 为 $1700/17 = 100mol$，则在质量分数为 4% NaOH 溶液中的浓度为 1mol/kg。

9.58m^3 树脂的容量为 $9.58 \times 1.8 = 17.24kmol$，则冲洗所需溶液量按照要求为 1.5

倍当量（1.5×17.24=25.87kmol），必须在 1h 内完成（前 1h 用水以相同体积流量进行冲洗）。因此，质量分数为 4.0% 的氢氧化钠溶液的流量为 25.87×10³kg/h。

注意，示例中再生流量小于工艺操作流量，是因为再生所用的是高浓度溶液。

16.5.6　溶剂抽提与浸取

16.5.6.1　溶剂抽提（液液萃取）

溶剂抽提又称溶剂萃取或液液萃取，利用溶质在不同溶剂中的溶解度差异，通过在溶液中加入另外一种与原溶剂互不相溶的溶剂，将溶质萃取到另一种溶剂中，从而将其从溶液中分离出来。溶剂抽提技术既可以用来回收原溶液中溶解的有价值的物质，也可以通过去除杂质组分来净化原溶剂。溶剂抽提的典型应用有在核燃料后处理过程中以煤油为溶剂从硝酸溶液中萃取铀和钚盐，以及以环丁砜为溶剂从重整石脑油中抽提苯等。

萃取剂与原溶液在混合器中充分混合，使溶质充分转移至萃取剂中，随后发生相分离。失去溶质的原溶剂称为抽余液，而得到溶质的萃取剂称为萃取液。萃取液通常可以通过蒸馏回收溶质，萃取剂再循环使用。

最简单的萃取器是混合沉降器，由搅拌罐和倾析器组成。多级萃取过程可采用液液萃取柱。萃取柱的设计将在 17 章中 17.16 节进行讨论，详见本书第 13 章，Richardson 等（2002）、Treybal（1963）、Walas（1990），以及 Green 和 Perry（2007）的著作。

16.5.6.2　浸取

浸取是从固体中提出液体物质的过程。顾名思义，通过使化学溶剂与固体充分接触，可以提取固体中的可溶物质。浸取的主要应用是从坚果和种子中提取有价值的油类产品，如棕榈油和菜籽油。

用于固体与溶剂接触的设备通常需要根据固体的处理方式进行特殊的设计。对于不同产品，其工业化生产设备通常各不相同。浸取设备的详细介绍可以见 Richardson 等（2002）及 Green 和 Perry（2007）的著作。

浸取过程通常分多级进行，与液液萃取类似，其用于确定所需级数的方法也是相似的。

关于确定某个特定的浸取过程所需级数的方法，可以参见 Richardson 等（2002）和 Prabhudesai（1997）的著作。

16.5.7　吸附

固定床式吸附有时会用于脱除液相流体中的少量溶解固体或液体。常见的吸附剂有二氧化硅、氧化铝、活性炭、沸石和黏土。

当用于脱除溶解固体时，吸附过程通常是不可逆吸附（见 16.2.1）。可逆吸附中，吸附剂在吸附与再生过程会使用不同的溶剂，这是层析的一种形式，将在下一节中详细论述。

16.5.8　层析

层析在分离过程中应用非常广泛，是指流体载体在流过一个吸附剂床层的过程中，利用流体中不同组分与吸附剂的作用力不同而将多种组分逐个分离出来的过程。气相色谱（层析）法（GC）作为一种分析方法应用非常广泛，但由于该方法要求较高的体积流量和压降，因此很少用于产品的回收。液相层析法在产品回收和净化上应用较多，特别是在精细化工和生物产品领域。

层析分离过程大多是间歇操作或半间歇操作，但通过采用特殊的流动机制，如模拟移动床（SMB）层析技术，也可以实现连续的层析操作，下文将详细介绍。

层析的一般性原理可以参见 Ruthven（1984）、Ganetsos 和 Barker（1992）、Richardson 等（2002），以及 Hagel 等（2007）的著作。

层析分离的原理是根据进料流体不同组分与固体材料在吸附平衡的差异而实现分离。固体材料可以是无机或有机的吸附剂、树脂或凝胶，称为固定相。液相称为流动相，由进料流体和载体组成，载体有时也称为洗脱剂或脱附剂。固定相和流动相的选择对层析分离的工艺性能有很大影响。

16.5.8.1　间歇层析法

间歇层析法的操作方式与实验室中使用的色谱非常相似。相对于连续层析法，间歇层析法可以直接在实验室规模上放大，因此更受化学家的青睐，如制备层析法和小规模生产层析法。

间歇层析法中，将一股进料注入连续流动的流动相流体中，使其流过色谱柱，根据吸附性较强的物质通过色谱柱的速度比吸附性较弱的物质慢的原理，实现组分的分离 [图 16.24（a）]。其中，色谱柱是装有一定固定相材料的长柱，当固定相材料装量足够多、柱子足够长时，不同组分将根据流出时间长短呈现出多个色谱峰分别流出 [图 16.24（b）]。对色谱柱流出物的成分进行监测可以发现，首先得到的馏分吸附强度低于所需产品，称为轻组分，可用做洗脱剂或作为废液处理后排放。中间时段得到的馏分中通常富含所需产物，可进入后续工序进行产品回收。最后时段得的馏分是吸附力更强的组分，称为重组分，通常送至溶剂回收工序或进行废液处理。

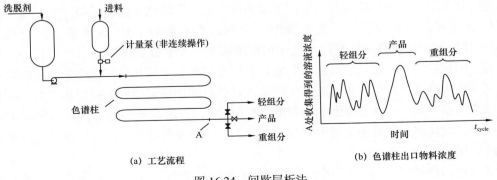

(a) 工艺流程　　　　　　(b) 色谱柱出口物料浓度

图 16.24　间歇层析法

为了满足色谱柱需要循环使用的要求，所有进料都应该在一定的时间和流量下从色谱柱中脱除，使得色谱柱接受新的进料进行分离过程。但是在一些情况下，回收较重物料的时间成本和脱附成本要大于更换色谱柱固定相材料的成本，则可不进行循环操作，将用过的固定相材料卸载并送至废物处理。

洗脱剂可以从产品和废液中回收，返回进料中继续使用。然而，在许多精细化工和制药过程中，已使用的洗脱剂会被直接丢弃或作为副产品出售，原因是溶剂在循环使用过程中可能会存在一些物质不断积累而影响产品质量。

间歇层析法也可以通过采用平衡段类比法设计为动态过程，详情可以参见 Ruthven（1984）的著作。

当间歇层析法的装置规模增加时，色谱柱的直径需要增大，各组分的分散性也会随之增大，导致色谱峰变宽，必须增加柱长才能实现分离效果。因此，间歇层析法由于固定相的使用造成效率较低，特别是在固定相需要频繁更换丢弃的情况下。而当使用较长的色谱柱时，流体压降会非常高，因此有时也称该过程为高压液相层析或高效液相层析（HPLC）。

16.5.8.2 凝胶渗透层析法

凝胶渗透层析法是间歇层析法的一个变种，其所使用的固定相具有排出所需产物的孔隙结构。不能进入孔隙的大分子被优先洗脱，而较小的分子则被随后洗脱，因此其分离顺序与典型的间歇层析法相反。另一方面，凝胶渗透层析中的吸附剂再生容易，循环时间较短。而在其他方面，凝胶渗透层析法与传统的间歇层析法在设计上基本相似。

16.5.8.3 亲和层析法

亲和层析法是工业应用最广泛的制备和生产层析法，特别适用于生物化学分子和大分子的回收。

在亲和层析工艺中，固定相材料与所需产品具有高度的"特殊相互作用"，因此通常是精心设计或选择出来的。特殊相互作用包括酶—抑制剂作用、抗体—抗原作用和凝集素—细胞壁作用。例如，可以合成一种与所需蛋白质产品具有高度亲和性的单克隆抗体（mAb），通过将该单克隆抗体（mAb）与琼脂、聚丙烯酰胺或其他合适的材料做成的珠状材料进行化学结合，则该珠状材料可用于分离所需蛋白质的色谱柱固定相。

在很多方面，亲和层析工艺与吸附—解吸过程（见 16.2.1）或离子交换过程（见 16.5.5）比较相似。进料液体直接流过床层而不需要添加额外的洗脱剂。由于其固定相选择性高，因此床层可以保持连续流动状态，直到吸附剂完全或几乎完全饱和。随后可使用洗脱剂对吸附剂进行再生，再生的方法通常需要通过破坏吸附剂和被吸附物质之间的亲和力，改变溶剂性质，如溶剂极性、pH 值、离子强度，有时甚至包括温度。当同时吸附多种物质时，洗脱剂性质可能会随时间变化，使不同的被吸附物质依次被洗脱。这就是溶剂梯度的应用。

亲和色谱柱的设计与示例 16.7 所述的离子交换柱类似。固定相介质的装填量由装置的生产能力、进料浓度与流量及再生所需时间决定。在间歇操作中，通常设计为循环操作流程，要求一个循环周期内色谱柱可以完成加载、再生和重新投用。

亲和层析法最广泛的应用场合之一是蛋白质 A 色谱，可用于提纯多种单克隆抗体，使产品纯度达到 99% 以上。蛋白质 A 色谱的应用和使用限制可以参见 Shukla 等（2007）的著作。

亲和层析法所用的吸附剂使用效率更高，色谱柱尺寸更小，但填料的成本通常要比普通层析法高得多。在使用过程中，亲和层析工艺的固定相材料需要通过完全再生而循环使用，但吸附剂的性能往往会在循环多次后不断变差。因此，在生物化学产品和药品生产过程中，固定相材料作为消耗品成本通常很高。例如，Follman 和 Fahrner（2004）指出蛋白质 A 色谱法中 35% 的成本都发生在单克隆抗体生产中的提纯过程，而单克隆抗体的销售价格通常远高于其生产成本（Kelley，2009）。

关于亲和层析法的详细介绍可以参见 Mohr 和 Pommerening（1986）。一些近期的研究进展也可以参见 Ganetsos 和 Barker（1992），以及 Hagel 等（2007）的著作。

16.5.8.4　连续层析法

一个真正的连续层析过程中，固定相和脱附剂需要逆向流动［图 16.25（a）］。如果液体进料位置为标高 h_F，解吸液体从顶部进入，则与吸附剂作用力更强的组分将会随固定相向上移动，体现在图 16.25（b）中的色谱峰 A 上。相反，与吸附剂作用力较弱的组分会随脱附剂沿色谱柱向下移动，体现在图 16.24（b）中的色谱峰 B 上。在进料位置上方的高度为 h_E 的位置上，液相中基本上不含 B 组分，只能得到脱附剂和 A 产品，称为提取液。同样的道理，在进料位置下方的高度为 h_R 的位置上，所有组分 A 都被固定相吸附，只含有脱附剂和 B 组分可以回收，称作提余液。

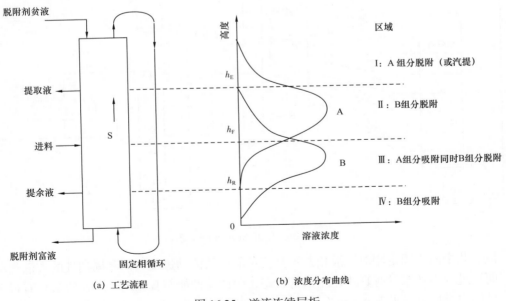

图 16.25　逆流连续层析

在 h_E 上方区域称为区域Ⅰ，脱附剂将组分 A 从固定相中洗涤出来，吸附剂得到再生，循环返回色谱柱底部。h_R 下方区域称为区域Ⅳ，吸附剂从液体中吸附剩余的 B 组分，脱附剂得到净化，循环回到色谱柱顶部。实际应用中区域Ⅳ并不常见，原因是使用蒸馏或结晶等其他方法从脱附剂中分离 B 组分通常经济性更好。

一个真正的逆流连续层析过程就像一系列的吸收和汽提过程的组合。

当平衡常数已知时，连续层析过程可以利用 Dremser 方程或 McCabe Thiele 图解法类似理论塔板数计算的方法进行建模，参见 Ruthven（1984）的著作。

最早的移动床逆流层析法（超吸附法）是 1947 年由陶氏化学公司（Dow Chemical）和联合油品公司（Union Oil Co.）开发并应用的，相关内容可以参见 Kehde 等（1948）的著作。但是由于大多数性能良好的吸附剂都没有足够的强度来承受较高的循环流速，往往磨损非常严重，因此该工艺也不再继续使用。

为了避免固定相流动循环过程中造成的磨损，人们开发了设置多个操作在不同状态（进料、抽取、抽余和解吸）的吸附床并循环使用的流程，代替吸附剂本身的循环过程。UOP Sorbex ™工艺（图 16.26）中，通过使用旋转阀的顺序控制实现这个过程。同时，大量的电磁开关阀也可以达到同样的效果。当旋转阀移动到下一个位置时，通过 n 层和 $(n+1)$ 层之间管道的净流量被切换为通过 $(n+1)$ 层和 $(n+2)$ 层之间管道的净流量。因此，床层 n 相对于净流量有效地变为床层 $(n-1)$，从而实现了类似床层的移动过程。

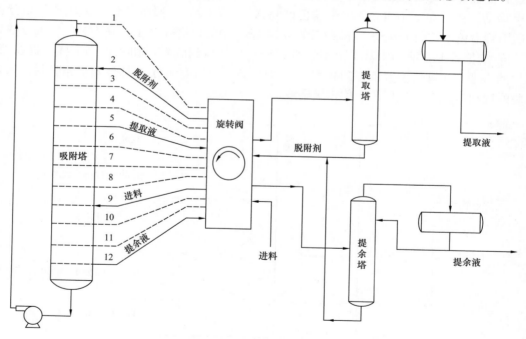

图 16.26　UOP Sorbex ™工艺

该工艺中由于固定相对于液相并不是真正的连续流动过程，而是周期性的离散运动过程，而且过程中从来没有真正建立平衡状态，因此其性能与真正的连续逆流层析有很大差距，具体内容可以参见 Ruthven（1984）及 Menet 和 Thibaut（1999）的著作。

如果能找到一种合适的吸附剂和脱附剂的组合，并能得到高纯度、高回收率的产品，则可以使用模拟移动床（SMB）层析法。其解吸剂可以是一种溶剂或液体，性能与吸附剂对目标分子的吸附性能相似。相对于间歇层析法，该方法中吸附剂的使用效率要高得多，每千克吸附剂的生产效率也要高得多。

虽然 SMB 层析法在许多应用中都非常成功，但其应用范围并没有亲和层析法广泛。SMB 工艺的开发和放大比较困难，原因是必须为每个区域选择合适的液固比来为该区域提供所需的吸附或解吸，相关内容可参见 Mazzotti 等（1997），以及 Jupke 等（2002）的著作。如果有效汽提系数或吸收系数过于接近 1.0，则需要设置很多级才能实现较好的分离效果。在 SMB 工艺中应用溶剂梯度或改变溶剂性质也比较困难，而该工艺的开发成本较高，因此通常只适用于大批量生产或需要大量昂贵吸附剂的产品。SMB 工艺最主要应用于从混合二甲苯中回收对二甲苯，以及生产高果糖玉米糖浆的过程，详见 Ruthven（1984）和 Meyers（2003）的著作。

参 考 文 献

Aerts，P.，& Tong，F.（2009）. Strategies for water reuse. Chem. Eng.，116（9），34.

Amjad，Z.（Ed.）.（1993）. Reverse osmosis：Membrane technology，water chemistry and industrial applications.Van Nostrand Reinhold.

AWWA.（2007）. Reverse osmosis and nanofiltration，AWWA manual（2nd ed.）. American Waterworks Association.

Baker，R. W.（2004）. Membrane technology and applications（2nd ed.）. Wiley.

Billet，R.（1989）. Evaporation technology：Principles，applications，economics. Wiley.

Breck，D. W.（1974）. Zeolite molecular sieves. Wiley.

Byrne，W.（1995）. Reverse osmosis：A practical guide for industrial users. Tall Oaks.

Cassidy，R. T. & Doshi，K. J.（1984）. US 4，461，630 Product recovery in pressure swing adsorption process and system.

Cheryan，M.（1986）. Ultrafiltration Handbook（Techonomonic）.

Cole,J.（1984）. A guide to the selection of evaporation plant. Chem. Eng.,London,404（June），20.

Crittenden，B.，& Thomas，W. J.（1998）. Adsorption design and technology. Butterworth–Heinemann.

Fischer,R.（1965）. Agitated evaporators,Part 3,process applications. Chem. Eng.,NY,72（19）（Sept. 13th），186.

Fleming，G. K.，& Dupuis，G. E.（1993）. Hydrogen membrane recovery estimates. Hyd. Proc.，72（4），61.

Flynn，T.（2004）. Cryogenic engineering（2nd ed.）. CRC.

Follman，D. K.，& Fahrner，R. L.（2004）. Factorial screening of antibody purification processes using three chromatography steps without protein. J. Chromatogr.，A，1024，79.

Ganetsos，G.，& Barker，P. E.（Eds.）.（1992）. Preparative and Production Scale

Chromatography. CRC.

Gerunda，A.（1981）. How to size liquid–vapor separators. Chem. Eng.，NY，74（May 4），81.

Green, D. W., & Perry, R. H.（Eds.）.（2007）. Perry's chemical engineers' handbook.（8th ed.）. McGraw–Hill.

Hagel，L.，Jagschies，G.，& Sofer，G. K.（2007）. Handbook of process chromatography：Development，manufacturing，validation and economics（2nd ed.）. Academic Press.

Helfferich，F.（1995）. Ion exchange. Dover Science.

Hoffman，E. J.（2003）. Membrane separations technology：Single stage，multistage and differential permeation. Gulf.

Hogsett，J. E.，& Mazur，W. H.（1983）. Estimate membrane system area. Hyd. Proc.，62（8），52.

Hooper，W. B.（1975）. Predicting flow patterns in plant equipment. Chem. Eng.，NY，82（Aug 4th），103.

Hooper，W. B.（1997）. Decantation. In Schweitzer，P. A.（Ed.），Handbook of separation processes for chemical engineers.（3rd ed.）. McGraw–Hill.

Jones，A. G.（2002）. Crystallization process systems. Butterworth–Heinemann.

Jupke，A.，Epping，A.，& Schmidt–Traub，H.（2002）. Optimal design of batch and simulated moving bed chromatographic separation processes. J. Chromatogr.，A，944，93.

Kehde，H.，Fairfield，R. G.，Frank，J. C.，& Zahnstecher，L. W.（1948）. Ethylene recovery. Commercial Hypersorption operation. Chem. Eng. Prog.，44（8），575.

Kelley，B.（2009）. Industrialization of mAb production technology：The bioprocessing industry at a crossroads. mAbs，1（5），443.

Kucera，J.（2008）. Understanding RO membrane performance. Chem. Eng. Prog.，104（5），30.

Kumar，R.，Naheiri，T.，& Watson，C. F.（1994）. US 5，328，503 Adsorption process with mixed repressurization and purge/equalization.

Larson，M. A.（1978）. Guidelines for selecting crystallizers. Chem. Eng.，NY，85（Feb. 13th），90.

Mazzotti，M.，Storti，G.，& Morbidelli，M.（1997）. Optimal operation of simulated moving bed units for nonlinear chromatographic separations. J. Chromatogr.，A，769，3.

McCabe, W. L., Smith, J. C., & Harriott, P.（2001）. Unit operations of chemical engineering（6th ed.）. McGraw–Hill.

Mcgregor，W. C.（Ed.）.（1986）. Membrane separation processes in biotechnology. Dekker.

Mehta, A., Lovato Tse, M., Fogle, J., Len, A., Shrestha, R., Fontes, N., & van Reis, R.（2008）. Purifying therapeutic monoclonal antibodies. Chem. Eng. Prog.，104（5），S14.

Menet，J. –M.，& Thiebaut，D.（1999）. Countercurrent chromatography. CRC.

Mersham，A.（1984）. Design and scale–up of crystallizers. Int. Chem. Eng.，24（3），401.

Mersham, A. (1988). Design of crystallizers. Chem. Eng. & Proc., 23 (4), 213.

Mersmann, A. (Ed.). (2001). Crystallization technology handbook. (2nd ed.). CRC.

Meyers, R. A. (2003). Handbook of petroleum refining processes (3rd ed.). McGraw-Hill.

Mizrahi, J., & Barnea, E. (1973). Compact settler gives efficient separation of liquid-liquid dispersions. Proc.Eng., (Jan.), 60.

Mohr, P., & Pommerening, K. (1986). Affinity chromatography: Practical and theoretical aspects. CRC.

Mulder, M. (1996). Basic principles of membrane technology. Springer.

Mullin, J. W. (2001). Crystallization (4th ed.). Butterworth-Heinemann.

Mutzenburg, A. B. (1965). Agitated evaporators, Part 1, thin-film technology. Chem. Eng., NY, 72 (Sept. 13th), 175.

Myerson, A. S. (1993). Handbook of industrial crystallization. Butterworth-Heinemann.

Noble, R. D., & Stern, S. A. (1995). Membrane separations technology: Principles and applications. Elsevier.

Osada, Y., & Nakagawa, T. (1992). Membrane science and technology. Marcel Dekker.

Parker, N. H. (1963). How to specify evaporators. Chem. Eng., NY, 70 (July 22nd), 135.

Parker, N. (1965). Agitated evaporators, Part 2, equipment and economics. Chem. Eng., 72 (19), (Sept. 13th), 179.

Porter, M. C. (1997). Membrane Filtration. In Schweitzer, P. A. (Ed.), Handbook of separation processes for chemical engineers. (3rd ed.). McGraw-Hill.

Prabhudesai, R. K. (1997). Leaching. In Schweitzer, P. A. (Ed.), Handbook of separation processes for chemical engineers. (3rd ed.). McGraw-Hill.

Pryce Bayley, D., & Davies, G. A. (1973). Process applications of knitted mesh mist eliminators. Chem. Proc., 19 (May), 33.

Rautenbach, R., & Albrecht, R. (1989). Membrane processes. Wiley.

Redmon, O. C. (1963). Cartridge type coalescers. Chem. Eng. Prog., 59 (Sept.), 87.

Richardson, J. F., Harker, J. H., & Backhurst, J. (2002). Chemical Engineering (5th ed., Vol. 2). Butterworth-Heinemann.

Ruthven, D. M. (1984). Principles of adsorption and adsorption processes. Wiley.

Ruthven, D. M., Farooq, S., & Knaebel, K. S. (1993). Pressure swing adsorption. VCH.

Ryon, A. D., Daley, F. L., & Lowrie, R. S. (1959). Scale-up of mixer-settlers. Chem. Eng. Prog., 55 (Oct.), 70.

Schweitzer, P. A. (Ed.). (1997). Handbook of separation techniques for chemical engineers. (3rd ed.).McGraw-Hill.

Scott, K. S., & Hughes, R. (1996). Industrial membrane separation processes. Kluwer.

Shukla, A. A., Hubbard, B., Tressel, T., Guhan, S., & Low, D. (2007). Downstream processing of monoclonal antibodies-application of platform approaches. J. Chromatogr., B, 848, 28.

Signales, B.（1975）. How to design settling drums. Chem. Eng., NY, 82（June 23rd）, 141.

Sohnel, O., & Garside, J.（1992）. Precipitation. Butterworth–Heinemann.

Stoughton, R. W., & Lietzke, M. H.（1965）. Calculation of some thermodynamic properties of sea salt solutions at elevated temperatures from data on NaCl solutions. J. Chem. Eng. Data, 10（3）, 254.

Suzuki, M.（1990）. Adsorption engineering. Elsevier.

Treybal, R. E.（1963）. Liquid extraction（2nd ed.）. McGraw–Hill.

van Reis, R., & Zydney, A.（2007）. Bioprocess membrane technology. J. Membrane Sci., 302（1）, 271.

Wachinski, A. M., & Etzel, J. E.（1997）. Environmental ion exchange : Principles and design. CRC.

Walas, S. M.（1990）. Chemical process equipment : selection and design. Butterworths.

Wang, W. K.（2001）. Membrane separations in biotechnology（2nd ed.）. CRC.

Waterman, L. L.（1965）. Electrical coalescers. Chem. Eng. Prog., 61（Oct.）, 51.

Wilf, M., Awerbuch, L., Bartels, C., Mickley, M., Pearce, G., & Voutchkov, N.（2007）. The guidebook to membrane desalination technology : Reverse osmosis, nanofiltration and hybrid systems process, design, applications and economics. Balaban.

Yang, R. T.（1997）. Gas Separation by Adsorption Processes. World Scientific Publishing.

Yang, R. T.（2003）. Adsorbents : Fundamentals and Applications. Wiley.

Yang, J., Lee, C. H., & Chang, J. W.（1997）. Separation of hydrogen mixtures by a two-bed pressure swing adsorption process using zeolite 5A. Ind. Eng. Chem. Res., 36（7）, 2789.

习　　题

16.1　一座电子产品制造厂利用吸附法从废气中回收残余溶剂，以防止挥发性有机物（VOC）的排放。已知排放废气为温度为293K、压力为1.5atm的干燥空气，流量为20m³/s。其中，残余溶剂的初始浓度为1.5%，必须降至0.002%（摩尔分数）才能符合排放标准。以活性炭作为吸附剂，吸附剂容量为20mol/kg，吸附热为8kcal/mol溶剂。该吸附剂可通过升温至363K进行再生。请为该过程设计一套变温吸附（TSA）系统，估算所需吸附剂量、吸附塔容积和所需的最小再生热。活性炭吸附剂的平均密度为120kg/m³，比热容为0.7J/（g·℃）。293K时溶剂在空气中的爆炸极限为2.5%～12.0%（体积分数）；363K时溶剂在空气中的爆炸极限为1.2%～16.0%（体积分数）。

16.2　用膜分离法从烟道气中回收二氧化碳。已知烟气的组成（摩尔分数）如下：氮气73.9%，氧气3.1%，二氧化碳7.7%，水蒸气15.3%。利用表16.1中的数据，确定该工艺的最佳膜材料，并说明该方法有哪些优点和缺点。

16.3　在利用丙烯腈乳液聚合生产腈纶纤维的过程中，未反应单体需要通过蒸馏从水中回收。丙烯腈与水会形成共沸物，在塔顶产物中含有约5%的水，经冷凝和回收的丙烯腈和水在倾析器中进行分离，其操作温度为 20℃。

设定进料流量为 3000kg/h，设计倾析器的尺寸。

16.4 在硝基苯加氢生产苯胺的过程中，通过将反应产物在冷凝器中冷凝实现与未反应氢的分离。需要冷凝液（主要是水和苯胺）与少量未反应的硝基苯和环己胺一同送入倾析器，以分离水和苯胺。但是因为苯胺微溶于水，而水溶于苯胺，因此二者不会实现完全分离。倾析器的典型物料平衡如下（基于 100kg 进料）：

项目	进料, kg	水相, kg	有机相, kg
水	23.8	21.4	2.4
苯胺	72.2	1.1	71.1
硝基苯	3.2	痕量	3.2
环己胺	0.8	0.8	痕量
合计	100	23.3	76.7

根据上述要求设计一台倾析器分离水和苯胺，进料流量为 3500kg/h。水—苯胺溶液的密度见附录 F，该资料可在网站 booksite.Elsevier.com/Towler 查阅。倾析器最高操作温度为 30℃。

16.5 设计一台气液分离器，从空气中分离液滴。标准状态下空气流量为 1000m³/h，其中含 75kg 水。分离器的操作温度为 20℃，操作压力为 1.1bar。

16.6 液氯在蒸发器中汽化后的蒸气中含有少量液滴，该蒸发器由一台立式圆筒容器和一台加热的浸入式换热器组成。所需气体流量为 2500kg/h，蒸发器操作压力为 6bar。请计算该容器尺寸以避免蒸气中的液滴夹带。由于蒸发器中的液位在换热器设计中考虑，设计中不需要考虑持液时间。

第 17 章

分离塔（精馏、吸收和萃取）

※ 重点掌握内容

- 如何设计精馏塔。
- 如何确定精馏塔尺寸及如何选择和设计精馏塔塔板。
- 如何用填料替代塔板进行精馏塔设计。
- 如何设计吸收塔和汽提塔。
- 如何设计液液萃取塔。

17.1 概述

　　本章介绍了分离塔的设计。虽然重点介绍的是精馏工艺，但其基本结构特征和许多设计方法也适用于其他多级分离过程，如汽提、吸收和萃取。本章仅简要概述设计的基本原则，更详细的论述可以参见 Richardson 等（2002）、King（1980）、Hengstebeck（1976）、Kister（1992）、Doherty 和 Malone（2001），以及 Luyben（2006）等的著作。

　　精馏可能是化工及相关工业中应用最为广泛的分离方法，从古以来就有的酒精精馏到原油的分馏都在其应用范围内。深入了解气液平衡数据的关联方法对理解和掌握精馏及其他平衡过程至关重要，这部分内容已在第 4 章中进行了论述。

　　近年来，商业机构 FRI（Fractionation Research，Inc.）为开发可靠的蒸馏设备设计方法做了很多工作，他们有能力进行全尺寸塔的试验。由于 FRI 的研究成果是有专利的，因此不在公开文献中发表，也不能在本书中引用。但是，FRI 会员单位的设计人员可以得到其设计手册。FRI 还提供了一个非常好的培训视频，展示了板式塔在不同水力学工况下操作所发生的物理现象（视频可通过网站 www.fri.org 向 FRI 订购）。

　　精馏塔的设计分为以下几步：

　　（1）指定所需的分离度：设置产品规格要求。

　　（2）选择操作条件：间歇或连续，操作压力。

　　（3）选择设备类型：板式塔或填料塔。

　　（4）确定板数和回流要求：理论板数。

　　（5）计算塔的尺寸：直径、实际板数。

（6）设计塔内件：塔板、分布器、填料支撑。

（7）机械设计：容器和内部附件。

其中，最主要的一步是确定板数和回流要求。对于二元物系，该步相对简单；但对于超过两种组分的多元物系，该步则会复杂一些。

如第 4 章所述，几乎所有的精馏设计都会用到商业流程模拟软件。模拟软件允许设计人员定义分离要求所需的板数和回流要求，随后进行塔的尺寸计算和塔内件的设计。一旦塔的尺寸已知，塔外壳即可按压力容器进行设计（见第 14 章），冷凝器和再沸器可按换热器进行设计（见第 19 章）。接下来是对整个设计进行成本计算和优化。第 12 章中给出了精馏塔优化的一个示例。

17.2　连续精馏工艺介绍

对液相混合物进行精馏分离取决于组分间的挥发性不同，相对挥发度越大，分离越容易。连续蒸馏所需基本设备如图 17.1 所示。在塔内，气相向上流动，液相则逆流向下，气相和液相在塔板或填料上进行接触。冷凝器的一部分冷凝液返回到塔顶，提供进料点以上的液相流动（回流），塔釜的一部分液相通过再沸器汽化后返回，提供塔内的气相流动。

进料点以下塔段，更多的挥发性组分从液相中被汽提出来，该部分塔段被称为提馏段；进料点以上塔段，挥发性组分的浓度进一步增高，该部分塔段被称为富集（或精馏）段。图 17.1（a）显示了从单一进料生产馏出物和塔釜物两种产品的塔。有时，塔的进料不止一股，且在塔的上部带有侧线采出［图 17.1（b）］。这不会改变基本操作，但在某种程度上其工艺过程的分析将变得更加复杂。

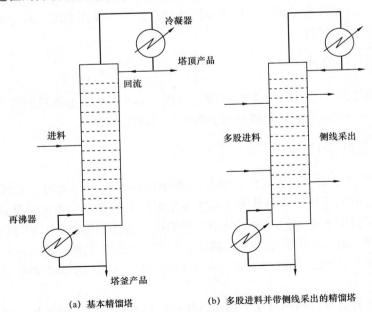

(a) 基本精馏塔　　　　　(b) 多股进料并带侧线采出的精馏塔

图 17.1　精馏塔

如果工艺要求是从相对不挥发的溶剂中提取挥发性组分，则可以省略精馏段，这种塔被称为汽提塔。

在某些操作中，所需部分或全部塔顶产品为气相，仅需要冷凝足够的液量用于提供塔的回流，这种冷凝器被称为部分冷凝器。当液相被全部冷凝时，返回塔里的液相与塔顶产品的组成是一样的。在部分冷凝器中，回流与离开冷凝器的气相是平衡的。如果没有恒沸物的形成，一股二元进料可以通过一个塔得到几乎纯的塔顶和塔釜产品。但是，当进料超过两种组分时，只能在塔顶或塔釜得到一种"纯"的产品。需要多个塔将多元进料进行分离。

17.2.1　回流的考虑

回流比 R 通常被定义为回流量/塔顶产品流量。满足分离要求所需的板数取决于回流比。

在塔的实际操作中，塔壁热损失所导致的塔内气相冷凝将使实际的回流比变大。对于保温良好的塔，热损失很小，在设计中通常不考虑流量的增加。如果塔的保温不好，由外部条件的突变（如突降的暴雨）所引起的内部回流的变化将对塔的操作和控制产生明显的影响。

17.2.1.1　全回流

全回流是指所有的冷凝液回流到塔中（没有产品采出，没有进料）。

在全回流时，满足分离要求所需的板数是理论上能够实现分离的最小板数。虽然全回流不是实际操作工况，但其对求取实际需要的板数具有指导意义。

开车时，塔通常没有采出并运行在全回流状态，直到操作稳定。对塔的性能测试也通常会在全回流状态下进行。

17.2.1.2　最小回流比

当回流比降低时，会出现一个临界点，在这个临界点上，分离只能在无限多的板数下才能实现。这一临界点为规定分离要求下的最小回流比。

17.2.1.3　优化回流比

在规定的分离要求下，实际的回流比将处于最小回流比和全回流之间。设计人员必须选择一个合适的回流比，以最低的成本实现指定的分离要求。增加回流减少了所需的板数，从而降低了投资成本，但增加了公用工程消耗（蒸汽和冷却水）和运营成本。最佳回流比是年度总成本最低或净现值最大的回流比。对于回流比的选择没有硬性规定，但是对于许多体系，最佳回流比是最小回流比的 1.1～1.3 倍。设计估算时常采用最小回流比为 1.15。

对于一个新的设计，当回流比不能由过去的经验所确定时，回流比对板数的影响可以通过流程模拟来研究。

在低回流比下，计算板数非常依赖于气液平衡数据的准确性。如果对气液平衡数据或相平衡模型存疑，设计人员应该选择一个高于正常值的回流比，以便保证设计的可靠性。

17.2.2　进料位置

进料位置将影响指定分离要求所需的板数以及塔的后续操作。通常情况下，进料点应设在进料组分（如果为两相，则为气相和液相组分）与塔中气相和液相组分最为适配吻合的位置。在实际中，推荐的做法是在预测进料点附近设置两个或三个进料点，用以考虑计算和数据的不确定性，以及开车后进料组分可能发生的变化。

17.2.3　塔压的选择

除热敏性物料外，在选择塔的操作压力时，应保证馏出物的露点高于装置采用冷却水冷却容易达到的温度。用冷却水作为冷却介质时，其最低温度通常取 40℃。如果在此温度下塔压很高，则应考虑用其他冷剂进行冷却。对于热敏性物料，应采用真空精馏以降低塔的温度，否则需要很高的精馏温度来分离相对不挥发的物料。

当用简捷法计算板数和回流时，全塔的操作压力通常按一个数值考虑。在真空塔中，塔的压降对全塔的压力影响很明显，计算塔板温度时应将塔压的变化考虑在内。当进行严格模拟计算时，可假设每块塔板的压降等于塔板上静液柱压力的两倍（$2\rho_L g h_w$）来粗略估计塔的压降。其中，ρ_L 是液体密度，kg/m^3；g 是重力加速度，$9.81 m/s^2$；h_w 是堰高，m。

17.3　连续精馏基本原理

17.3.1　塔板方程

对于含多块塔板的工艺过程，每块塔板都可以用物料平衡方程和能量平衡方程进行描述。

图 17.2 显示了物料进出精馏塔中第 n 块典型塔板的情况。组分 i 在这块塔板上的物料平衡和能量平衡方程如下：

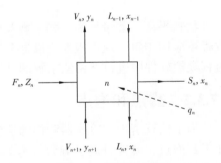

图 17.2　塔板示意图

物料平衡：

$$V_{n+1}y_{n+1}+L_{n-1}x_{n-1}+F_n z_n = V_n y_n+L_n x_n+S_n x_n \tag{17.1}$$

能量平衡：

$$V_{n+1}H_{n+1}+L_{n-1}h_{n-1}+Fh_f+q_n = V_n H_n+L_n h_n+S_n h_n \tag{17.2}$$

式中　V_n——塔板的气相流量；

　　　V_{n+1}——来自下一块塔板的气相流量；

　　　L_n——塔板的液相流量；

　　　L_{n-1}——来自上一块塔板的液相流量；

　　　F_n——塔板的进料流量；

S_n——塔板的侧线采出；

q_n——进出塔板的热量；

n——从塔顶算起的任意一块塔板；

z——进料流股中组分 i 的摩尔分数（进料可能为两相）；

x——组分 i 在液相流股中的摩尔分数；

y——组分 i 在气相流股中的摩尔分数；

H——气相比焓；

h——液相比焓；

h_f——进料（气相 + 液相）比焓。

上述方程中所有的流量是指整个流股的流量，比焓也是指整个流股的比焓（J/mol）。

从"平衡级"的角度进行分析是比较方便的。对于一个平衡级（理论板），离开塔板的液相和气相被认为处于平衡状态，它们的组成由系统的气液平衡关系决定（见第 4 章）。根据平衡常数：

$$y_i = K_i x_i \tag{17.3}$$

实际塔板的性能通过板式塔的塔板效率和填料塔的等板高度与平衡级相关联。

除了塔板上的物料平衡、能量平衡以及相平衡方程，还有第四个方程，即液相和气相的组分加和方程：

$$\sum x_{i,n} = \sum y_{i,n} = 1.0 \tag{17.4}$$

物料平衡、能量平衡、相平衡及组分加和四个方程被称为塔板的 MESH 方程。MESH 方程可应用于每一块塔板及再沸器和冷凝器。MESH 方程是对精馏过程进行分析及在工艺流程模拟软件中进行严格法求解的基础。

17.3.2 露点和泡点

为了估算塔板、冷凝器和再沸器的温度，需要计算露点和泡点。根据定义，饱和液体处于其泡点（温度升高会导致气泡的形成），而饱和气体则处于其露点（温度下降会导致液滴的形成）。

露点和泡点可以通过系统的气液平衡计算得出。根据相平衡常数，泡点和露点的计算公式如下：

泡点：

$$\sum y_i = \sum K_i x_i = 1.0 \tag{17.5a}$$

露点：

$$\sum x_i = \sum \frac{y_i}{K_i} = 1.0 \tag{17.5b}$$

对于多元混合物，在给定的系统压力下，满足上述方程的温度必须通过迭代求出。

对于二元系统，上述方程比较容易求解，原因是组分间不是相互独立的，固定其中一个组分，另一个组分也就固定。二元系统中泡点和露点的计算如下：

$$y_a = 1 - y_b \qquad\qquad (17.6a)$$

$$x_a = 1 - x_b \qquad\qquad (17.6b)$$

17.3.3　平衡闪蒸计算

在平衡闪蒸过程中，进料流股在平衡状态下被分离成液相流股和气相流股。流股的组成取决于进料的汽化（闪蒸）量。

通常需要进行闪蒸计算来确定精馏塔的进料条件，有时也需要通过闪蒸计算确定来自再沸器或部分冷凝器的气相流量。

在多组分精馏塔上游，经常设置单级闪蒸过程对进料中的轻组分进行粗分离。

图 17.3 显示了典型的平衡闪蒸过程。计算方程如下：

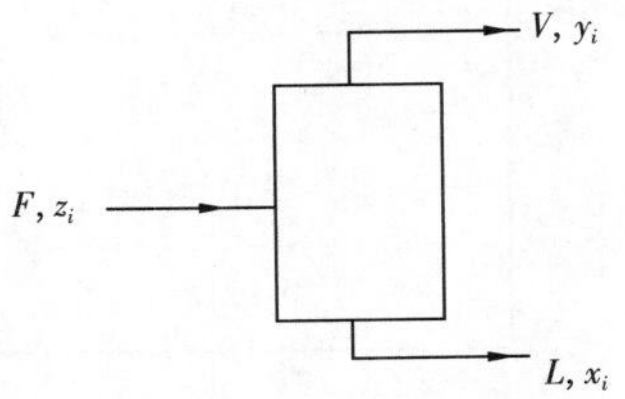

组分 i 的物料平衡：

$$Fz_i = Vy_i + Lx_i \qquad (17.7)$$

图 17.3　闪蒸精馏

总流股的能量平衡：

$$Fh_f = VH + Lh \qquad\qquad (17.8)$$

如果用平衡常数来表示气液平衡关系，则式（17.7）可改写为如下形式：

$$Fz_i = VK_i x_i + Lx_i$$
$$= Lx_i \left(\frac{V}{L} K_i + 1 \right)$$

从而

$$L = \sum_i \frac{Fz_i}{\left(\dfrac{VK_i}{L} + 1 \right)} \qquad\qquad (17.9)$$

同样

$$V = \sum_i \frac{Fz_i}{\left(\dfrac{L}{VK_i} + 1 \right)} \qquad\qquad (17.10)$$

结合了液相流量、气相流量及平衡常数的数群对精馏计算具有普遍意义。

数群 $L/(VK_i)$ 被称为吸收因子 A_i，是某组分在液相流股与气相流股中的物质的量比。数群 VK_i/L 被称为解吸因子 S_i，是吸收因子的倒数。

几位学者（Hengstebeck，1976；King，1980）提出了解决多元闪蒸所需试差计算的有效方法。闪蒸模块在所有的商业流程模拟软件中都有，并且很容易应用。应用闪蒸模块来检查所选的相平衡模型是否能对所得到的实验数据进行准确预测是一种常用且有效的方法。闪蒸模型还用于检查精馏塔内挥发顺序的变化或第二液相的形成。

平衡闪蒸的典型计算方法见示例 17.1。

示例 17.1

塔的进料组成见下表，压力为 14bar，温度为 60℃。计算液相和气相的流量及组成。平衡数据可从 Dadyburjor（1978）的论述中查到。

进料	流量，kmol/h	摩尔分数 z_i
乙烷（C_2）	20	0.25
丙烷（C_3）	20	0.25
异丁烷（iC_4）	20	0.25
正戊烷（nC_5）	20	0.25

解：

对于两相，闪蒸温度必须介于混合物的泡点温度和露点温度之间。

根据式（17.5a）和式（17.5b），检查进料条件可得进料为两相混合物。

进料	K_i	$K z_i$	z/K_i
C_2	3.8	0.95	0.07
C_3	1.3	0.33	0.19
iC_4	0.43	0.11	0.58
nC_5	0.16	0.04	1.56
共计	—	1.43	2.40

闪蒸计算如下：

进料	K_i	假设 $L/V = 1.5$		假设 $L/V = 3.0$	
		$A_i = L/(V K_i)$	$V_i = F z_i/(1+A_i)$，kmol/h	A_i	V_i，kmol/h
C_2	3.8	0.395	14.34	0.789	11.77
C_3	1.3	1.154	9.29	2.308	6.04
iC_4	0.43	3.488	4.46	6.977	2.51
nC_5	0.16	9.375	1.93	18.750	1.01

假设 $L/V=1.5$，则 $V_{计算}=30.02$kmol/h，求得 $L/V=$（80-30.02）/30.02=1.67；假设 $L/V=3.0$，则 $V_{计算}=20.73$kmol/h，求得 $L/V=2.80$。使用 Hengstebeck 方法求出 L/V 的第三个试差值。用计算值与假设值作图，由 45° 直线上的截距（计算值 = 假定值）得出新的试差值 2.4。

进料	假设 $L/V=2.4$			
	A_i	V_i, kmol/h	$y_i=V_i/V$	$x_i=$（Fz_i-V_i）$/L$
C_2	0.632	12.26	0.52	0.14
C_3	1.846	7.03	0.30	0.23
iC_4	5.581	3.04	0.13	0.30
nC_5	15.00	1.25	0.05	0.33

$V_{计算}=23.58$kmol/h，$L=80-23.58=56.42$kmol/h。$L/V_{计算}=56.42/23.58 \approx 2.39$，与假设值足够接近。

在许多闪蒸过程中，进料流股的压力高于闪蒸压力，汽化所需热量由进料的热焓提供。在这种情况下，闪蒸温度是未知的，必须通过迭代求解，找到一个温度值可以同时满足物料平衡和能量平衡。通过流程模拟软件，规定闪蒸出口压力并指定热量输入为零，则这个问题很容易被解决。然后，软件将计算出满足 MESH 方程的温度和流量。

17.4　精馏中的设计变量

如第 1 章所述，设计人员为了对问题进行完整定义，必须指定一些自变量的数值，而且计算的难易程度通常取决于这些设计变量的选取是否得当。精馏过程中对设计变量的选择尤为重要，原因是在计算机模拟过程中，必须对问题进行充分定义才能找到可行的解决方案。

描述多组分精馏过程的变量和方程数量非常多，因此必须对每一块塔板，包括再沸器和冷凝器，进行 MESH 方程组的求解。设计人员很难跟踪所有的变量和方程，而且由于自由度数量巨大，导致很容易出错。为此，可以使用 Hanson 等（1962）提出的较为简便的"关联描述规则"。关联描述规则指出，如果要完整定义一个分离过程，其自由度的数目必须与精馏塔设计所需的参数数目一致，或与塔操作时可以由外部控制的参数数目一致。对于单一进料、无侧线采出、带全凝器和再沸器的最简单的精馏塔，进料点以上和以下的塔板数必须定义（2 个变量）；进料流量、塔压、冷凝器和再沸器的热负荷（冷却水和蒸汽流量）将被控制（4 个变量）。因此，一共有 6 个变量。

当进行塔的设计时，这些变量必须被规定，但不一定需要选择。通常在设计工况下，进料的流量由上游确定。塔压也经常在设计初期就被定义。精馏过程通常在相对挥发度较高的低压下操作，但为了使冷凝器能使用冷却水而不是冷剂，塔压往往会被提高。如果进料流量和压力确定，则只剩下 4 个自由度。在流程模拟软件的严格塔计算模块中，进料位置以上和以下的塔板数是需要设计人员定义的，则只剩下两个自由度。规定好剩余的两个独立变量后，问题即被完整定义，从而可以得到唯一的解。例如，如果设计人员定义了回流比和汽化率（或回流比和馏出物量），那么对于给定的进料组成，将得到相应唯一的馏出物和釜液组成。如果设计人员选择定义了馏出物或釜液的两种关键组分的组成，那么得到的将是所需的回流量、汽化率、馏出物流量等。同理，如果定义了一种产品中某一组分的纯度和回收率，那么问题也就被完整定义。

当使用关联描述规则时，重要的是要确保所选择的变量是真正独立的，并且其赋值在合理范围内。例如，如果指定了馏出物流量，则釜液量将由总物料平衡确定，不是独立变量。当在多组分精馏塔中定义纯度或组成时，对变量的规定格外重要。如果进料中的轻关键组分含量只有 2%，且精馏温度低于其沸点温度，则馏出物中轻关键组分的纯度不可能达到 99%。关键组分的选取及多组分精馏塔的产品规定将在 17.6 节进行详细讨论。

独立变量数取决于分离过程的类型，Hanson 等（1962）给出了关联描述规则用于复杂精馏塔的一些示例。

17.5 二元体系设计方法

二元混合物的精馏相对简单。对于二元混合物，一个组分的组成确定，另一个组分的组成也即确定。塔板和回流要求可以使用 20 世纪 20 年代开发的简单图解法来确定，不需要迭代计算。

但是，必须强调的是，二元精馏的图解法在实际中已不再应用。工业精馏很少是真正的二元混合体系，即使两种主要组分占 99.9% 以上，也存在其他组分。设计人员通常需要知道这些其他组分在馏出物和釜液中的分布，以确保产品规格满足要求，并确定下游操作所要处理的杂质量。此外，精馏很少孤立于整个工艺过程被单独设计，而流程模拟软件的广泛应用使得图解法已经过时。二元精馏严格模拟的初值设定方法与多组分精馏相同（见 4.5.2）。图解法不适用于多组分精馏。

尽管如此，许多教育工作者发现利用二元精馏的图解法可用来解释多组分精馏中的一些现象，图解法仍是大多数国家化学工程课程的一部分。图解法可用于说明二元精馏和多组分精馏的一些共性问题，也有助于理解其他分离过程，如吸收、汽提和萃取。

本章节仅重点就图解法对二元精馏进行简要概述。关于经典二元精馏方法的更多细节请参见本书的早期版本，以及 Richardson 等的著作。

17.5.1 基本方程

Soell（1899）首先推导并应用塔板方程来分析二元体系。图 17.4（a）显示了塔顶部的流股及其组成。取第 n 块塔板和冷凝器作为系统边界，给出下列方程：

总物料平衡：

$$V_{n+1} = L_n + V_D \tag{17.11}$$

其中，V_D 为馏出液量，对任一组分：

$$V_{n+1}y_{n+1} = L_n x_n + V_D x_d \tag{17.12}$$

总热量平衡：

$$V_{n+1}H_{n+1} = L_n h_n + V_D h_d + q_c \tag{17.13}$$

其中，q_c 为冷凝器的取热。

合并式（17.11）和式（17.12）可得：

$$y_{n+1} = \frac{L_n}{L_n + V_D}x_n + \frac{V_D}{L_n + V_D}x_d \tag{17.14}$$

合并式（17.11）和式（17.13）可得：

$$V_{n+1}H_{n+1} = \left(L_n + V_D\right)H_{n+1} = L_n h_n + V_D h_d + q_c \tag{17.15}$$

图 17.4（b）显示了塔的提馏段的流股和组成，类似方程如下：

$$x_{n+1} = \frac{V_n'}{V_n' + V_B}y_n + \frac{V_B}{V_n' + V_B}x_b \tag{17.16}$$

$$L_{n+1}'h_{n+1} = \left(V_n' + V_B\right)h_{n+1} = V_n'H_n + V_B h_b - q_b \tag{17.17}$$

其中，V_B 为釜液流量。

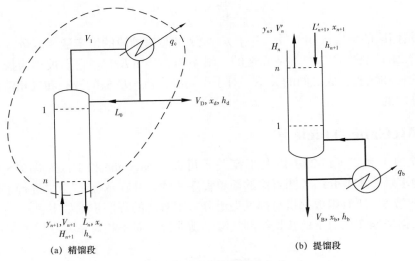

(a) 精馏段   (b) 提馏段

图 17.4 塔的流股和组成

在恒定压力下，塔板温度只是气相和液相组成（露点和泡点）的函数，因此比焓也是组成的函数。

$$H = f(y) \tag{17.18a}$$

$$h = f(x) \tag{17.18b}$$

对于大多数精馏问题，首先由 Lewis（1909）提出的简化假设可以略去塔板上的能量平衡方程。在提馏段和精馏段内，液相和气相摩尔流量是恒定的。这种情况称为恒摩尔流，即流经每一块塔板的气液两相摩尔流量保持不变。恒摩尔流假设的前提如下：各组分的摩尔汽化潜热相等，且在塔的操作温度范围内各组分的摩尔热容是不变的；没有明显的混合热；热损失可以忽略。当实际物系接近理想液体混合物时，这些假设是基本成立的。

即使潜热相差很大，通过恒摩尔流假设计算塔板数比采用塔板效率计算所引起的误差小，是可以被接受的。

通过恒摩尔流假设，式（17.14）和式（17.16）可以省略表示塔板的下标：

$$y_{n+1} = \frac{L}{L + V_D} x_n + \frac{V_D}{L + V_D} x_d \tag{17.19}$$

$$x_{n+1} = \frac{V'}{V' + V_B} y_n + \frac{V_B}{V' + V_B} x_b \tag{17.20}$$

式中 L——精馏段的恒定液相流量，等于回流量 L_0；

V'——提馏段的恒定气相流量。

式（17.19）和式（17.20）可以用另一种形式表示：

$$y_{n+1} = \frac{L}{V} x_n + \frac{V_D}{V} x_d \tag{17.21}$$

$$y_n = \frac{L'}{V'} x_{n+1} - \frac{V_B}{V'} x_b \tag{17.22}$$

其中，V 是精馏段的恒定气相流量，等于 $L + V_D$；L' 是提馏段的恒定液相流量，等于 $V' + V_B$。

式（17.21）和式（17.22）是线性的，斜率为 L/V 和 L'/V'。它们被称为操作线，给出了塔板间液相和气相组成之间的关系。对于平衡级，流经塔板的液相和气相流股组成是由平衡关系确定的。

17.5.2 McCabe–Thiele 法

式（17.21）和式（17.22）以及平衡关系可以用 McCabe 和 Thiele（1925）开发的图解法方便地求解。本节介绍了图解法的简单程序步骤，并在示例 17.2 中进行了说明。

参考图 17.5，所有组成都指易挥发性组分。图解法的程序步骤如下：

（1）根据塔操作压力下的数据绘制气液平衡曲线。对于相对挥发度：

$$y = \frac{\alpha x}{1 + (\alpha - 1) x} \tag{17.23}$$

其中，α 是轻组分（易挥发组分）相对于重组分（难挥发组分）的几何平均相对挥发度。

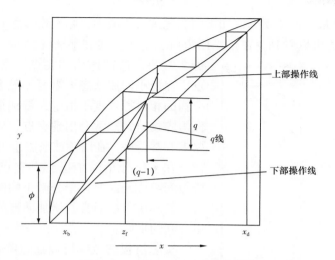

图 17.5　McCabe–Thiele 法示意图

对于 x 轴和 y 轴，使用相同的比例通常更方便，也不容易混淆。

（2）根据给定的数据，进行塔的物料平衡计算，以确定塔顶和塔釜的组成 x_d 和 x_b。

（3）上部操作线和下部操作线分别在 x_d 和 x_b 处与对角线相交，在图上标出这些点。

（4）两条操作线的交点取决于进料的相态。交叉点的轨迹称为 q 线。q 线由以下方法得到：

① 计算 q 值：

$$q = \frac{\text{汽化 1mol 进料的热量}}{\text{进料的摩尔汽化潜热}}$$

② 绘制 q 线，斜率为 $q/(q{-}1)$，与对角线相交于 z_f（进料组成）。

（5）选择回流比，确定上部操作线延伸至 y 轴的点。

$$\phi = \frac{x_d}{1+R} \tag{17.24}$$

（6）从对角线上 x_d 对应的点到 y 轴的 ϕ，绘出上部操作线。

（7）从对角线上 x_b 对应的点到上部操作线与 q 线的交点，给出下部操作线。

（8）从 x_d 或 x_b 开始，逐一绘出塔板数。

需要注意的是，进料板应尽可能地靠近操作线的交叉点。

如果有再沸器和部分冷凝器，它们可以起到平衡级的作用。但是，若由此来减少估算的塔板数，则没有什么意义。可以不将再沸器计为一块塔板，而是将其考虑为设计裕量。

从式（17.24）和图 17.5 可以看出，随着 R 的增加，ϕ 减小，直到达到极限 0，并且上部和下部操作线都沿着对角线分布（图 17.6）。这就是全回流状态，此时达到分离要求所需的塔板数最少。

类似地，当 R 减小时，上部和下部操作线的交点远离对角线，直到移到平衡线上

（图 17.7）。这就是最小回流状态。如果回流比进一步减小，则操作线之间将不存在交点。

从图 17.7 中还可以看到，在最小回流状态下操作线和平衡线之间的空间在交点处变得非常小，这被称为"夹点"条件。由于这些夹点，在最小回流状态下需要无限多的塔板数。当混合物的相对挥发度不恒定，特别是形成恒沸物或近似恒沸物时，经常会出现夹点。如果对产品的纯度要求非常严格，在塔顶或塔釜也可能出现夹点。

在多组分精馏中也会有夹点，且经常出现在塔板间组成剖面变化十分微小的区域。当出现夹点时，其解决方法通常是增加回流或改变塔压以获得更有利的平衡。

实际塔板的效率可以通过降低 McCabe–Thiele 法示意图上直角阶梯的高度来表示（图 17.8）。塔板效率将在 17.10 节进行讨论。

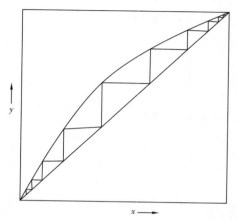

图 17.6　全回流状态

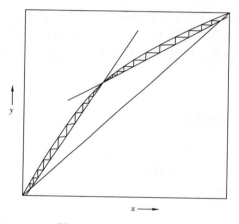

图 17.7　最小回流状态

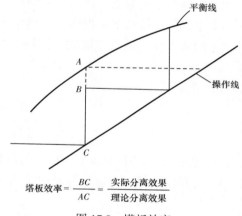

$$\text{塔板效率} = \frac{BC}{AC} = \frac{\text{实际分离效果}}{\text{理论分离效果}}$$

图 17.8　塔板效率

McCabe–Thiele 法可用于设计带侧线及多股进料的塔。进料和采出点之间塔段的液相和气相流量可以计算得出，从而绘出每部分的操作线。

示例 17.2

通过连续精馏回收废水中的丙酮。进料中含有 10%（摩尔分数）的丙酮。要求回收的丙酮纯度不低于 95%（摩尔分数），排放的废水中丙酮含量不超过 1%（摩尔分数）。进料为饱和液相。估算所需要的理论塔板数。

解：

该塔应在常压下操作。可采用 Kojima 等（1968）的气液平衡数据。

液相中丙酮摩尔分数 x	0	0.05	0.10	0.15	0.20	0.25	0.30
气相中丙酮摩尔分数 y	0	0.6381	0.7301	0.7716	0.7916	0.8034	0.8124
泡点，℃	100.0	74.80	68.53	65.26	63.59	62.60	61.87
液相中丙酮摩尔分数 x	0.35	0.40	0.45	0.50	0.55	0.60	0.65
气相中丙酮摩尔分数 y	0.8201	0.8269	0.8376	0.8387	0.8455	0.8532	0.8615
泡点，℃	61.26	60.75	60.35	59.95	59.54	59.12	58.71
液相中丙酮摩尔分数 x	0.70	0.75	0.80	0.85	0.90	0.95	—
气相中丙酮摩尔分数 y	0.8712	0.8817	0.8950	0.9118	0.9335	0.9627	—
泡点，℃	58.29	57.90	57.49	57.08	56.68	56.30	—

通过绘制浓度增量为 0.1 的平衡曲线，确定进料点上方的塔板数。

按照上述步骤，可标出产品组成。

由于进料为饱和液相，因此 $q=1$，q 线的斜率为 $1/(1-1)=\infty$，则 q 线为通过进料组成的一条垂直线。

该示例中，最小回流状态下上部操作线与平衡线相切（q 线与曲线相交处）。

图 17.9 为示例 17.2 使用 McCabe–Thiele 法图解。从图中可以看出，最小回流状态下操作线的 $\phi=0.59$。

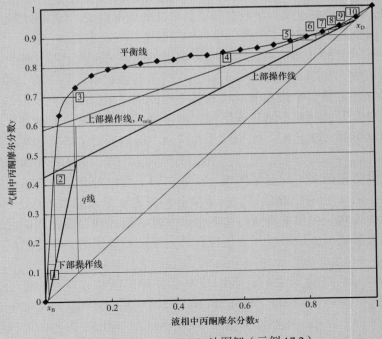

图 17.9　McCabe–Thiele 法图解（示例 17.2）

根据式（17.24），$R_{min}=0.95/0.59-1=0.62$。取 $R=R_{min}\times2=1.24$。

由于进料点以上的流量较小，因此高回流比是合理的，冷凝器的热负荷将很小。

$$\phi=\frac{0.95}{1+1.24}=0.42$$

然后绘制出上部操作线和下部操作线。

从底部开始逐一绘出塔板，在提馏段只需要两块塔板，在精馏段需要另外八块塔板。进料应该在从下往上数第三块塔板。注意，进料以下的塔板数较少，而且再沸器算作一个平衡级，如果向从下往上数第三块塔板进料，实际上为向图 17.9 中所示的第四块塔板进料。此时，进料将与塔内的气相和液相组成严重不吻合，因此应该允许向从下往上数第二块和第三块塔板进料，以便能够调整进料点的位置。还要注意的是，该塔在精馏段顶部接近夹点，此部分再增加额外的塔板数应谨慎。

17.6　多组分精馏总则

确定多组分精馏的塔板数和回流要求比二元混合物精馏要复杂得多。对于多组分混合物，固定一个组分的组成并不能确定其他组分的组成以及塔板温度。此外，当进料包含两个以上组分时，不可能独立地指定塔顶和塔釜产品的全部组成。塔顶和塔釜产品的分离一般是通过规定两个需要分离的"关键"组分的限制条件来确定的。

多组分精馏计算的复杂性可以通过一个典型的问题来说明。通常的方法是从塔的顶部或底部逐级求解 MESH 方程（17.3.1）。为了计算收敛得解，自下而上或自上而下计算得到的组成必须与总物料平衡预测的塔的另一端的组成相适配吻合。但是，计算所得的组成将取决于计算开始时对于塔顶或塔釜产品组成所做的假定。虽然关键组分可能恰好吻合，但其他组分却无法适配，除非设计者特别幸运地选对了塔顶和塔釜产品的组成假定。对于完全严格的求解方法，必须调整组成并重复计算，直到获得满意的收敛性。显然，考虑的组分数量越多，问题越困难。正如 17.3.2 的内容介绍，塔板温度需要进行迭代计算来确定。对于非理想混合物，由于组分的挥发度是未知塔板组分和温度的函数，因此计算将更为复杂。如第 4 章所讨论的，挥发度、组成和温度之间的关系可能是高度非线性的。如果需要很多块塔板，则逐板计算是复杂和烦琐的，即使是流程模拟软件也不能保证收敛。

在数字计算机广泛普及之前，人们开发了各种简捷法来简化多组分精馏的设计。Edmister（1947—1949）在《The Petroleum Engineer》杂志的一系列文章中对应用于烃类体系的简捷法进行了综述。虽然计算机程序已经可用于 MESH 方程的严格求解，但简捷法仍可用于初步的设计工作，并有助于给计算机求解赋予合适的初值。

17.6.1　关键组分

在开始塔的设计之前，设计人员必须选择需要进行分离的两个关键组分。轻关键组分是设计人员想要在塔釜产品中不出现的组分，重关键组分是想要在塔顶产品中不出现的组分。如果在挥发度序列中两个关键组分是相邻的，则称其为相邻关键组分；如果两个关键组分之间有其他组分，则称其为分割组分或非相邻组分。相邻关键组分之间的分离为清晰分割，非相邻组分之间的分离为非清晰分割。

关键组分的选择通常是明确的，但有时（尤其是存在沸点相近的同分异构体时）必须在选择时加以判断。如果无法确定，应使用不同的组分作为关键组分来进行试算，以确定分离所需塔板数最多（最恶劣工况）的一对关键组分。可以应用 Fenske 方程进行上述计算，参见 17.7.1。

在塔顶和塔釜产品中都存在的非关键组分被称为分配组分；而只在塔顶或塔釜产品中存在的非关键组分则被称为非分配组分。

17.6.2　产品规格

塔的规格要求通常是根据关键组分的纯度或回收率来设定的。

纯度要求规定了某一产品中某一组分的摩尔（或质量）分数。纯度要求很容易理解，并易于与所要求的产品规格相关联。例如，如果所需等级产品的标准规格是纯度 99.5%，那么设计人员可以在精馏塔的馏出产物中指定纯度为 99.5%。同样，如果馏出液中的重关键组分残留必须小于 50×10^{-6}，那么这也可以作为精馏塔的规定。

虽然纯度要求很直观，但有时会导致塔的不合理规定。设计人员必须仔细检查，以确保比轻关键组分更轻（或比重关键组分更重）的组分含量不会导致不合理的纯度要求。例如，进料包含 0.5%（摩尔分数）A、49.5%（摩尔分数）B 和 50%（摩尔分数）C，其中A 最易挥发，C 最难挥发。在馏出液中 B 可获得的最高纯度是 99%，这需要馏出液完全回收 B 并完全摒弃 C，且采用非常大的回流比。如果塔釜产品只回收 99% 的 C，塔顶产品只回收 99% 的 B，那么 B 的最大可能纯度为 $0.99 \times (49.5) / [0.5 + 0.99(49.5) + 0.5] = 98\%$。

当多组分序列塔中的某个塔必须满足规定的纯度要求时，需要对其他塔的规定进行合理设置，使得期望的纯度要求是可行的。

设计人员可以规定塔顶或塔釜产品中一个或多个关键组分的回收率，而不是指定其纯度。回收率的定义为产品中某一组分的摩尔流量与进料中该组分摩尔流量的比率。纯度与回收率之间的关系通常并不简单，特别是组分较多或关键组分不相邻时。

回收率的规定很容易与经济效益相关联，原因是多回收 0.1% 或 0.01% 产品的价值是很容易评估的，并且可以与相应增加的塔的投资和操作费用进行权衡比较。产品的回收率通常高于 99%。对精馏塔来说，规定回收率比规定纯度更可行。但是，回收率的规定不能保证产品满足销售所需的规格要求。

通常，产品塔最好采用纯度规定，精馏序列里的其他塔则可采用回收率的规定。对于单个塔，纯度和回收率的规定也可同时应用。例如，在产品精制塔中，所要得到的产品作为馏出物采出，设计人员可以规定馏出物中所需组分（轻组分）的纯度和回收率。重组分和其他组分则不需要规定，但必须对纯度规定的可行性进行检查。

在形成恒沸物的混合物中，挥发度顺序随组成而变化，从而导致在设置产品规定时产生其他问题。恒沸蒸馏序列的设计将在 17.6.5 中进行讨论。

大多数流程模拟软件允许设计人员在规定精馏塔的进料流量、压力、塔板数和进料板后，选择与剩下的两个自由度相对应的规格要求。如果该塔是为了达到规定的纯度或回收率，那么在流程模拟软件允许的情况下使用其作为规格要求是合理的，但是设计人员可能需要提供其他参数（如回流比或馏出量）的初值，以保证良好的收敛性。如 17.7 节所述，简捷法或简捷塔模型可以用来估计这些参数的初值。4.5.2 介绍了使用简捷塔模型为严格计算模型提供初值的方法，并在示例 4.3 中进行了说明。对同一问题，示例 4.4 则展示了将规定改为回收率后的变化效果。

在某些情况下，流程模拟软件或模型不允许规定纯度或回收率。此时，设计人员必须对其他变量进行调整，如回流量、汽化量、馏出液或釜液流量，直到满足规格要求为止。

17.6.3 塔的数目和序列

在多组分精馏中，纯产品的生产通常需要两个以上的精馏塔。常见的方法是在第一个塔中去除所有比所需产品轻的组分，然后在第二个塔中将所需产品与较重的组分进行分离。这种排布序列如图 17.10 所示，称为脱轻塔和脱重塔序列。由于几乎所有的工艺过程都会产生一些比所需产品更轻和更重的副产物，因此这种排布得到了广泛的应用。

如果要生产更多的纯组分产品，就需要增加塔的数目。在图 17.10 中，如果该组分是轻组分中挥发度最小的（如图 17.10 中第一个塔的轻关键组分），则需要再增加一个塔；如果在两种产品的挥发度之间还有其他组分，则需要再增加两个塔。

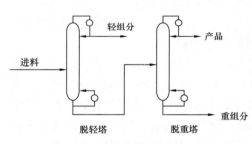

图 17.10 脱轻塔和脱重塔序列

如果设计人员想把含有 N 个组分的混合物分离成纯组分，那么就需要（N–1）个塔，原因是每个组分都将按照挥发度的顺序被去除，直到最后两个组分被保留下来。如果只需要 M 个纯组分产品，那么所需塔的个数一般在（M+1）和（2M/N–1）之间，取较小者。由此推论，塔的最少个数为 M，但由于有少量轻组分或重组分存在，设计人员必须至少再用一个塔，以实现产品的纯度要求。

按照挥发度降低的顺序进行组分分离的精馏序列称为顺序分离流程［图 17.11（a）］。此外，还有很多种其他精馏序列。图 17.11（b）所示为非顺序分离流程，其中最重的组分首先被去除，然后馏出物进入第二个塔。组分将按照易挥发到难挥发的顺序被去除。图 17.11（c）所示为混合顺序分离流程，第一次分离是在挥发度处于中间的组分间进行的。

对于五组分混合物，有 14 种可能的分离序列。当组分增加时，可能的分离序列数目也会相应增加。对于十组分混合物，则有接近 5000 种可能。最佳的分离序列应该是总体经济性最好的一种。

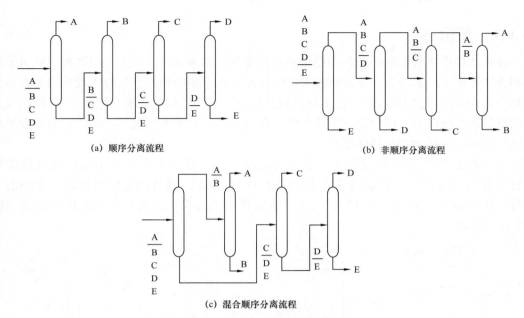

图 17.11　五组分混合物的分离序列

　　已经有多种确定最佳分离序列的方法，见 Doherty 和 Malone（2001）、Smith（2005）和 Kumar（1982）的著作。这些方法通常将简捷塔模型与投资估算相关联，因此有时需要针对几个最佳备选方案完成详细的设计。在塔的分离序列和热集成间也可能存在很强的相互关联，从而影响最终方案的选择。

　　虽然精馏塔序列是一个有趣的研究问题，但实际上很少有工艺过程会生产两个或三个以上的纯组分产品。最佳序列通常可以使用经验法则确定，如：

　　（1）先去除腐蚀性组分，以避免在整个工艺过程中使用昂贵的金属材料。

　　（2）如果进料中有固体，首先要去除最重的组分。由于含有固体时，需要使用特殊的板效率非常低的抗堵塔板，因此最好尽早把固体物质去除。

　　（3）在分离序列前段应将不能用冷却水冷凝的组分与能够冷凝的组分分开。然后可以将较轻的组分压缩到较高的压力，利用吸收或吸附进行分离，或在冷冻精馏塔中进行分离。这一规则避免了在分离序列的其他塔中采用低温冷凝器、更高的压力或部分冷凝器。

　　（4）最困难的分离（如近沸点化合物之间的分离）应放在序列的最末端。这种分离需要很多块塔板和很高的回流比，因此该塔的进料量应尽可能少，以降低该塔的处理能力。

　　（5）在可行的情况下，为避免污垢或碎片被冲到产品中，应将产品作为馏出物采出。同样的规则也适用于循环流股。

　　（6）在分离序列中应尽早去除大量过剩的组分，以减少下游塔的投资。

　　在需要大量塔板的情况下，尽管理论上可以在一个塔内实现所需的分离，可能需要将一个塔拆分成两个塔以降低塔的高度。这种做法也可应用在真空精馏中，以减少塔的压降并限制塔釜温度。

17.6.4 复杂塔

在板式塔中进行侧线采出和多股进料相对容易。如果从进料口上方的塔板中侧线采出液相流股［图 17.12（a）］，那么侧线采出中既不存在进料中的较重组分（较重组分存在于液相中并在提馏段向下流动），也不存在较轻组分（较轻组分存在于气相中）。虽然侧线采出的流股不是纯组分，但中间挥发度的组分含量较高。在某些情况下，侧线采出流股的纯度已经足够，如作为工艺循环流股。

为了提高侧线采出流股中所需组分的纯度，可以将其送入一个小的侧线汽提塔中将轻组分汽提出来，气相返回到主塔中［图 17.12（b）］。侧线汽提塔可以作为主塔的一部分，用隔板将其隔开［图 17.12（c）］。侧线精馏塔也可用来提高侧线采出流股的纯度［图 17.12（d）］。

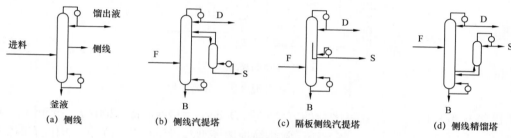

图 17.12　侧线采出及侧线塔

侧线汽提塔和侧线精馏塔可以用 1 个塔加半个塔或一个带部分隔板的塔得到 3 个纯组分产品。也可以采用其他型式的复杂塔，如预分馏塔和隔壁塔（图 17.13）。这些复杂塔通常比简单塔序列的投资和操作费用更低。在这些塔的设计中，自由度更多，因此在优化时更需小心。Smith（2005）对复杂塔的设计进行了很好的介绍。Greene（2001）、Schultz 等（2002）、Kaibel（2002）和 Parkinson（2007）描述了隔壁塔的工业应用情况。侧线汽提塔广泛应用于炼油工艺中（Watkins，1979）。

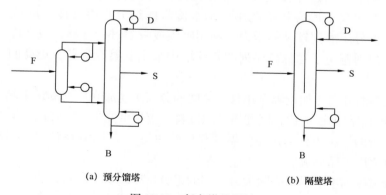

图 17.13　复杂塔的设计

多数流程模拟软件都可以添加侧线汽提塔和侧线精馏塔，或从已搭建好的复杂塔模块中进行选择。

17.6.5　恒沸混合物的精馏序列

当有恒沸物形成时，对最佳精馏序列的判断是很复杂的。均相恒沸物是在沸点下具有相同气相和液相组成的两种以上组分的混合物。非均相恒沸物沸腾时有两个气液平衡的液相，气相组成与混合液相的组成相同。对于不同类型的恒沸物，应该采用不同的分离方法。

有很多关于恒沸精馏序列的研究内容，详见 Smith（2005）、Doherty 和 Malone（2001）的著作。恒沸物分离的一般方法总结如下：

（1）如果恒沸物是非均相的，应使用液液分离器（倾析器）进行分离。通常在恒沸物的任一侧都有两个液相存在，每个液相都可以精馏得到纯产物和恒沸物，恒沸物循环回到倾析器中。在某些情况下，需添加第三种组分，即共沸剂，以形成非均相恒沸物。液液分离的分离度通常可以通过降低温度扩大两相间的组成差来提高。

图 17.14 显示了以苯为共沸剂的乙醇—水混合物的分离。乙醇和水的混合物被精馏后得到一个低沸点的恒沸物，该恒沸物与倾析器出来的油相一起回流到第一个塔中。第一个塔的塔釜产品为乙醇，塔顶为非均相恒沸物，被送到倾析器中分离成富油相和富水相。富水相进入第二个塔，其塔釜产品为水，塔顶为非均相恒沸物，也被送到倾析器中。在更廉价、更安全的分子筛吸水工艺出现之前，此流程在乙醇脱水工艺中曾被广泛应用。

上述流程有时被称为恒沸精馏，但被称为非均相恒沸精馏更为合适，原因是其他方法也可能涉及恒沸物的精馏。

（2）如果恒沸物是均相的，应该研究压力变化对它的影响。恒沸物的组成与压力相关。如果在合理的压力范围内组成的变化很大，那么可以采用两个不同压力的塔。每个塔产出一种纯产品和该塔压力所对应的恒沸物。恒沸物随后被送入另一个塔中（图 17.15）。低压塔的恒沸物必须用泵送回高压塔。注意，进料可以去任一个塔，而且如果恒沸物不是最低恒沸物而是最高恒沸物，产品也可以由塔顶馏出。

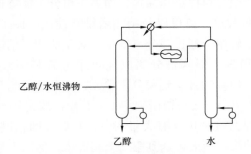

图 17.14　苯为共沸剂的乙醇脱水流程

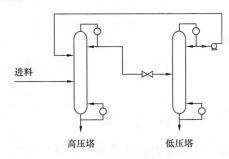

图 17.15　变压精馏

变压精馏相对简单，且不需要添加额外的组分。但是，如果恒沸物的组分对压力不敏感，那么从低压塔去高压塔的循环量会很大。循环流股在低压塔中必然会汽化，低压塔的投资将很高。

（3）如果变压精馏不具有经济性，可以考虑添加共沸剂。如上述所讨论的，通常应选择能形成非均相恒沸物的共沸剂。但是，在萃取精馏中也可使用均相共沸剂。

最常用的共沸剂是高沸点的化合物，它不与恒沸物中的任一组分形成恒沸物。高沸点共沸剂的使用将降低恒沸物中一个组分的挥发度，另一个组分则可作为馏出物被回收。然后，第一个塔的釜液被送到第二塔，在此塔中恒沸物中的另一组分作为馏出物被回收，共沸剂从塔釜循环回第一个塔（图 17.16）。如 Doherty 和 Malone（2001）所述，也可应用其他采用低沸点或中沸点共沸剂的流程。

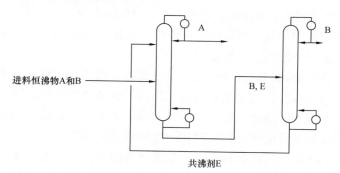

图 17.16　萃取精馏

　　共沸剂应尽可能从工艺中已经存在的化合物中选择。这样可以降低消耗成本，减少废物的形成，产品也更容易达到规格要求。可以通过观察沸点和检查是否会形成其他恒沸物来筛选共沸剂。如果没有找到合适的共沸剂，则应使用 Doherty 和 Marone（2001）介绍的更为复杂的方法进行选择。

　　（4）如果恒沸物的组成接近所需的纯度要求，可以考虑使用选择性吸附剂进行吸附以去除次要组分。如果吸附剂是可再生的，那么该工艺过程可能比多塔精馏更为经济。以分子筛吸附剂为干燥剂的变压吸附法是目前应用最为广泛的打破乙醇—水恒沸物的方法。第16 章已对吸附工艺进行了介绍。

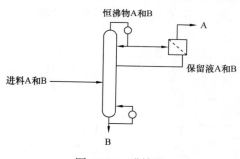

图 17.17　膜精馏

　　（5）如果能找到一种合适的膜材料，恒沸物中的一个组分可以渗透通过，而另一组分不能渗透通过，那么膜分离可以与精馏塔结合使用。图 17.17 显示了轻组分通过膜分离的一个典型流程。精馏塔将 A 和 B 的混合物分离成纯重组分 B 和恒沸物。然后，恒沸物被送到膜分离单元，在此纯轻组分 A 被回收出来。通常在高回收率下操作膜是不经济的，保留液中仍含有大量的 A，并循环回精馏塔。

如果组分 B 不能渗透通过膜，则富集 A 组分的渗透流股被送到第二个精馏塔，然后产生纯组分 A 和恒沸物，恒沸物再循环回膜单元。第 16 章已对膜工艺的设计进行了介绍。

17.7　多组分精馏估算塔板数和回流要求的简捷法

　　本节将介绍一些无计算机辅助的估算塔板数和回流要求的简捷法。大多数简捷法是为石油化工行业中烃类系统的分离塔设计而开发的，用于其他系统时必须谨慎。这些方法通常基于恒定相对挥发度的假设，不能用于严重非理想体系。Featherstone（1971，1973）提出了适用于非理想体系和恒沸体系的简捷法。

尽管这些简捷法是为手工计算而开发的，但它们很容易被编写到电子表格中，并且作为商业流程模拟软件的子程序使用。如 4.5.2 所述，在设计严格精馏模型时，简捷法是很有用的。

两种最常用的估算多组分精馏塔板要求的经验方法为 Gilliland（1940），以及 Erbar 和Madox（1961）提出的关联式。他们将给定回流比下满足分离要求所需的理论塔板数与全回流下的理论塔板数（可能的最小值）、最小回流比下的理论塔板数（无穷多塔板）关联起来。本节对 Erbar–Maddox 关联式进行了介绍，目前普遍认为其比 Gilliland 关联式的预测更加准确。图 17.18 显示了 Erbar–Maddox 关联图，以最小回流比为参数，将所需塔板数与全回流塔板数之比作为回流比的函数。使用图 17.18 时，需要估算全回流及最小回流比下的塔板数。

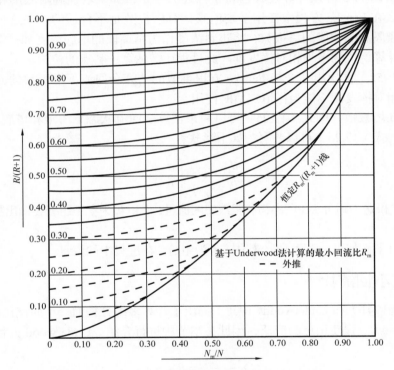

图 17.18　Erbar–Maddox 关联图（Erbar 和 Maddox，1961）

17.7.1　最少塔板数（Fenske 方程）

Fenske 方程（Fenske，1932）可用于估算全回流所需的最少塔板数。Richardson 等（2002）给出了此方程应用于二元体系的推导。Fenske 方程同样适用于多组分体系，如下：

$$\left[\frac{x_i}{x_r}\right]_d = \alpha_i^{N_{\min}}\left[\frac{x_i}{x_r}\right]_b \qquad (17.25)$$

式中　$\left[x_i/x_r\right]$——任一组分 i 的浓度与参考组分 r 的浓度之比，后缀 d 和 b 分别表示馏出物和塔釜液；

$N_{\min}$——全回流下的最少塔板数，包括再沸器；

α_i——组分 i 相对于参考组分的平均相对挥发度。

分离要求通常由关键组分确定，为了估算塔板数，式（17.25）可改写如下：

$$N_{\min} = \frac{\lg\left[\dfrac{x_{LK}}{x_{HK}}\right]_d \left[\dfrac{x_{HK}}{x_{LK}}\right]_b}{\lg\alpha_{LK}} \qquad (17.26)$$

其中，α_{LK} 为轻组分相对于重组分的平均相对挥发度；x_{LK} 和 x_{HK} 分别为轻关键组分和重关键组分的浓度。平均相对挥发度取塔顶和塔底温度下相对挥发度的几何平均值。为了计算这些温度，必须对组成进行初值估计，因此用 Fenske 方程计算最少塔板数是一个试差的过程。示例 17.3 对该计算过程进行了描述。但是，如果塔顶和塔底的相对挥发度差别很大，那么在 Fenske 方程中使用平均值来计算塔板数是不合适的。在这种情况下，应分别计算精馏段和提馏段的塔板数，将进料浓度作为精馏段的塔底浓度和提馏段的塔顶浓度，并分别计算两段的平均相对挥发度。此过程还需估算进料点的位置。

Winn（1958）推导出一个与 Fenske 方程类似的估算全回流下塔板数的方程，但这个方程可以在相对挥发度不能当作恒定值时使用。

如果已知塔板数，则式（17.25）可以用来估算全回流状态下塔顶和塔底的组分分布。为方便计算，式（17.25）可以改写为如下形式：

$$\frac{d_i}{b_i} = \alpha_i^{N_{\min}}\left[\frac{d_r}{b_r}\right] \qquad (17.27)$$

其中，d_i 和 b_i 为组分 i 在馏出物和釜液中的流量；d_r 和 b_r 为参考组分在馏出物和釜液中的流量。

全塔物料平衡如下：$d_i + b_i = f_i$。其中，f_i 为组分 i 在进料中的流量。

17.7.2 最小回流比

Colburn（1941）和 Underwood（1948）提出了计算多组分精馏最小回流比的估算公式。由于 Underwood 方程使用更为广泛，因此在本节中进行介绍。Underwood 方程表述如下：

$$\sum \frac{\alpha_i x_{i,d}}{\alpha_i - \theta} = R_{\min} + 1 \qquad (17.28)$$

式中　α_i——组分 i 相对于参考组分（通常是重关键组分）的相对挥发度；

$R_{\min}$——最小回流比；

$x_{i,d}$——在最小回流下组分 i 在馏出物中的浓度，θ 是式（17.29）的根。

$$\sum \frac{\alpha_i x_{i,f}}{\alpha_i - \theta} = 1 - q \qquad (17.29)$$

其中，$x_{i,f}$ 为组分 i 在进料中的浓度；q 值取决于进料状态并在 17.5.2 进行了定义。

θ 值是由试差求得的，且一定居于轻关键组分的相对挥发度和重关键组分的相对挥发度之间。

在式（17.28）和式（17.29）的推导中，相对挥发度被视为常数。取塔顶和塔底温度下相对挥发度的几何平均值。为此，需要对塔顶和塔底的组成进行估算。虽然严格来说组成应该是最小回流下的值，但也可采用 Fenske 方程计算得出的全回流下的值。更好的方法则是将式（17.27）中全回流下的塔板数替换为实际板数，实际塔板数通常取 $N_{min}/0.6$。用 Fenske 方程和 Underwood 方程估算塔板和回流要求的 Erbar–Maddox 方法在示例 17.3 中进行了描述。

示例 17.3

估算丁烷—戊烷分离塔的最少理论塔板数，组成见下表。该塔的操作压力为 8.3bar。评估回流比变化对所需塔板数的影响。这是 Erbar–Maddox 方法的一个应用示例。进料状态为泡点进料。

进料	进料 f, kmol	馏出液 d, kmol	釜液 b, kmol
丙烷 C_3	5	5	0
异丁烷 iC_4	15	15	0
正丁烷 nC_4	25	24	1
异戊烷 iC_5	20	1	19
正戊烷 nC_5	35	0	35
共计	100	465	55

解：

塔顶和塔釜温度（露点和泡点）由 17.3.2 所介绍的方法进行计算。相对挥发度如下：

$$\alpha_i = \frac{K_i}{K_{HK}}$$

平衡常数取自 De Priester 图（Dadyburjor，1978）。

相对挥发度如下：

项目	塔顶	塔釜	平均
温度，℃	65	120	—
C_3	5.5	4.5	5.0
iC_4	2.7	2.5	2.6
nC_4（轻关键组分）	2.1	2.0	2.0
iC_5（重关键组分）	1.0	1.0	1.0
nC_5	0.84	0.85	0.85

最少塔板数依据 Fenske 方程［式（17.26）］计算如下：

$$N_{min} = \frac{\lg\left(\frac{24}{1}\right)\left(\frac{19}{1}\right)}{\lg 2} \approx 8.8$$

最小回流比根据 Underwood 方程［式（17.28）和式（17.29）］计算。最好将计算制成表格。

泡点进料时，$q=1$：

$$\sum \frac{\alpha_i x_{i,f}}{\alpha_i - \theta} = 0 \qquad (17.29)$$

项目	$x_{i,\,f}$	α_i	$\alpha_i x_{i,f}$	试差		
				$\theta=1.5$	$\theta=1.3$	$\theta=1.35$
1	0.05	5	0.25	0.071	0.068	0.068
2	0.15	2.6	0.39	0.355	0.300	0.312
3	0.25	2.0	0.50	1.000	0.714	0.769
4	0.20	1	0.20	−0.400	−0.667	−0.571
5	0.35	0.85	0.30	−0.462	−0.667	−0.600
$\sum \dfrac{\alpha_i x_{i,f}}{\alpha_i - \theta}$	—	—	—	0.564	−0.252	0.022

从表中可以看出，当 $\theta=1.35$ 时，$\sum \dfrac{\alpha_i x_{i,f}}{\alpha_i - \theta} = 0.022$，足够接近 0。

根据式（17.28），计算见表：

序号	$x_{i,\,d}$	α_i	$\alpha_i x_{i,\,d}$	$\alpha_i x_{i,\,d} / (\alpha_i - \theta)$
1	0.11	5	0.55	0.15
2	0.33	2.6	0.86	0.69
3	0.53	2.0	1.08	1.66
4	0.02	1	0.02	−0.06
5	0.01	0.85	0.01	−0.02
求和	—	—	—	2.42

$$R_m + 1 = 2.42$$
$$R_m = 1.42$$
$$\frac{R_m}{R_m + 1} = \frac{1.42}{2.42} \approx 0.59$$

对于 $R = 2.0$：

$$\frac{R}{R+1} = \frac{2}{3} = 0.66$$

根据图 17.18：

$$\frac{N_{min}}{N} = 0.56$$
$$N = \frac{8.8}{0.56} = 15.7$$

对于其他回流比，结果如下：

R	2	3	4	5	6
N	15.7	11.9	10.7	10.4	10.1

说明：塔板数应该四舍五入到最近的整数。当回流比大于 4 时，所需塔板数变化不大。但考虑到所需的理论塔板数较少时，最佳回流比可能小于 2.0。

17.7.3　进料点位置

Erbar–Maddox 方法及类似经验方法的一个局限是它们不能给出进料点的位置。一种估算进料点位置的方法是用 Fenske 方程分别计算出精馏段和提馏段的塔板数，但这需要估计进料点温度。另一种方法是使用 Kirkbride（1944）给出的经验公式：

$$\lg\left(\frac{N_r}{N_s}\right) = 0.206\lg\left[\left(\frac{V_B}{V_D}\right)\left(\frac{x_{f,\,HK}}{x_{f,\,LK}}\right)\left(\frac{x_{b,\,LK}}{x_{d,\,HK}}\right)^2\right] \tag{17.30}$$

式中　N_r——进料点以上的塔板数，包括部分冷凝器；

　　　N_s——进料点以下的塔板数，包括再沸器；

　　　$x_{f,\,HK}$——进料中重关键组分的浓度；

　　　$x_{f,\,LK}$——进料中轻关键组分的浓度；

　　　$x_{d,\,HK}$——塔顶产品中重关键组分的浓度；

　　　$x_{b,\,LK}$——塔釜产品中轻关键组分的浓度。

示例 17.4 对方程的使用方法进行了说明。

示例 17.4

对于回流比为 3 的情况，估算示例 17.3 中的进料点位置。

解：

使用 Kirkbride 方程［式（17.30）］进行计算。产品分布取自示例 17.3，需使用式（17.27）进行确认：

$$x_{b, LK} = \frac{1}{55} \approx 0.018$$

$$x_{d, HK} = \frac{1}{45} \approx 0.022$$

$$\lg\left(\frac{N_r}{N_s}\right) = 0.206 \lg\left[\frac{55}{45}\left(\frac{0.2}{0.25}\right)\left(\frac{0.018}{0.022}\right)^2\right]$$

$$\lg\left(\frac{N_r}{N_s}\right) = 0.206 \lg 0.65$$

$$\left(\frac{N_r}{N_s}\right) = 0.91$$

对于 $R=3$，$N=12$：

$$塔板数（包括再沸器）= 11$$

$$N_r + N_s = 11$$

$$N_s = 11 - N_r = 11 - 0.91 N_s$$

$$N_s = \frac{11}{1.91} = 5.76（取 6）$$

17.8 多组分精馏严格计算的步骤（计算机方法）

在商业流程模拟软件中，严格塔模型求解的是完整 MESH 方程（见 17.3.1）。对于精馏及其他分离过程，人们已经做了大量的工作来开发高效、可靠的计算机辅助设计方法。对此项工作的详细讨论详见 Smith（1963）、Holland（1997）和 Kister（1992）的著作，以及其他大量的化学工程文献。Haas（1992）很好地总结了计算机方法的技术发展水平。本节中只对现有方法进行简要的概述。

严格求解法的基本步骤如下：

（1）对问题进行规定。完整的规定对计算机方法来说是必不可少的。

（2）对迭代变量的初值进行选择。例如，估计的塔板温度，以及液相和气相流量（塔的温度和流量剖面）。

（3）求解塔板方程。

（4）为每组试差计算的迭代变量选择新的数值。

（5）检查收敛性。判断是否已取得令人满意的计算结果。

本节介绍的所有方法都需要规定进料点以下和以上的塔板数。因此，它们并不能直接用于设计。设计人员需要确定的是达到规定分离要求所需的塔板数。这些方法严格来说应该被称为校核法，用于确定已有的塔或规定的塔的性能。给定塔板数，它们可以用来确定产品的组成。当设计新的塔时，迭代过程是必须的。如上文和 4.5.2 所述，可以使用简捷塔模型生成塔板数和进料板的初值。如果提供了良好的初值，那么严格塔模型将更快地达到收敛，并且可以用于塔的尺寸设计和优化。

17.8.1　线性代数（同步）法

如果相平衡关系和流速已知（或假设），则各组分的物质平衡方程组与组分组成是线性的。Amundson 和 Pontinen（1958）提出了一种同步求解的方法，其结果可改进温度和流量剖面的估计值。该方程组可以用矩阵形式表示，并使用标准反演程序进行求解。通常经过几次迭代就可以达到收敛，并且可以使用牛顿法进行加速。这种方法已被其他研究者进一步发展，特别是 Wang 和 Henke（1966）、Naphtali 和 Sandholm（1971）。在许多商业流程模拟软件中，用于求解严格塔模型的方法是 Naphtali 和 Sandholm 方法。

17.8.2　内外法

内外法通过将 MESH 方程的求解分解成两个嵌套迭代循环来加速收敛。该方法最初由 Boston 和 Sullivan（1974）提出，并经历了许多改进（Boston，1980）。

外部迭代循环利用基于组分和温度的模型来确定 K 值和流股焓的局部估值。局部模型参数是外部循环的迭代变量。外部循环的初值来自用户提供的组成和温度剖面。

内部迭代循环包含 MESH 方程，使用从外部循环获得的局部物性数据来表示。利用简化的物性数据模型，内部迭代循环可以更快地收敛。典型的收敛方法有有界 Wegstein 法和 Broyden 拟牛顿法，如 4.7.2 所述。

当内部迭代循环收敛时，新的组成和温度估算值将对外部循环参数进行更新。内部循环的收敛偏差通常在外部循环的每次迭代中被收紧。当两次迭代的局部模型参数差在容差范围内时，则外部循环达到收敛。

所有的商业流程模拟软件都提供了内外法，有些还提供了不同收敛方法的几种变体。如果提供良好的初值，内外法是非常有效的。由于具有鲁棒性和快速收敛性，内外法通常是流程模拟软件推荐的默认方法。

如果不提供温度剖面的初值，内外法很难收敛，因此设计者应该予以提供。简捷法可用来获得组成和温度剖面的初值。另一个有效的方法是使用容易满足的规定，如回流比和釜液流量，先对模型进行计算，然后将产生的温度和组成剖面作为初值，再进行所需纯度或回收率规定的模拟计算。

17.8.3　松弛法

上述方法均可求解稳态设计条件下的塔板方程。但在开车阶段，塔将运行在不同的工况下，经过一段时间后才能接近"设计"的稳态条件。塔板物料平衡方程可以用有限元来表示，其求解过程可模拟塔的非稳态工况。

Rose 等（1958）、Hanson 和 Sommerville（1963）已经将松弛法应用于求解非稳态方程，以得到稳态值。Hanson 和 Sommerville（1963）描述了松弛法在多级精馏塔设计中的应用。他们列出了一个计算程序清单，给出了带有侧线及再沸吸收塔的精馏塔示例。

由于收敛速度慢，松弛法在计算时间上无法与"稳态"方法相竞争。但是，由于其对塔的实际操作进行了建模，因此对于所有实际问题都应该可以收敛。松弛法可用于精馏塔的动态模拟和基于速率的模型（如 Aspen Plus RateFrac™ 和 BatchFrac™）。动态模拟对了解精馏塔的控制和操作是非常有用的。

17.9　其他精馏过程

17.9.1　间歇精馏

在间歇精馏中，待精馏的混合物分批进入塔内进行蒸馏，直到得到满意的塔顶和塔釜产品。这种精馏塔通常由装有填料或塔板的容器组成。加热器可以置于塔内，也可以使用单独的再沸器。在下列情况下应考虑使用间歇精馏：

（1）需要精馏的物料量少；

（2）需要生产一个范围内的产品；

（3）进料是断续产生的；

（4）每一批次的完整性很重要；

（5）进料组成变化很大。

当不能确定采用间歇精馏还是采用连续精馏时，应该对这两种精馏过程的经济性进行评估。

间歇精馏是一种非稳态过程，精馏时塔釜组成会发生变化。

间歇精馏有以下两种操作方式：

（1）固定回流，恒定回流量。随着易挥发组分被蒸馏出来，组分将产生变化，当馏出液或釜液的平均组分达到所需产品要求时，停止精馏。

（2）改变回流量。为了使塔顶产品的组成固定不变，回流量在整个精馏过程中将一直变化。当塔釜的易挥发组分减少时，回流比应该持续增加。

Richardson 等（2002）、Hart（1997）、Green 和 Perry（2007）、Walas（1990）提出了间歇精馏的基本理论。在间歇精馏塔的简单理论分析中，塔内的持液量经常被忽略。持液量对分离效率有显著影响，在设计间歇精馏塔时应予以考虑。Hengstebeck（1976）、Ellerbe（1997）和 Hart（1997）介绍了间歇精馏塔的实际设计方法。

17.9.2　真空精馏

高沸点或热降解组分有时在真空条件下精馏，以降低所需的精馏温度。真空精馏比蒸汽精馏投资高，但可用于与水混溶的化合物或有水将导致诸如恒沸物形成等问题的工艺。通常使用真空泵或喷射系统在塔顶产生真空。真空泵和喷射器的选择及设计将在第 20 章中予以介绍。

真空精馏塔投资和操作费用高的原因如下：

（1）低压导致气体密度减小，因此塔径将增加；

（2）产生真空的设备投资高、操作费用高；

（3）真空塔必须能承受外压，因此壁厚需要增加，见 14.7 节；

（4）如果工艺流体是可燃的，则需要额外的安全防范措施和检查手段以确保空气不进入设备。

由于真空塔需要较低的单板压降，如果采用板式塔，则应选用较低的堰高，从而导致较低的塔板效率和塔板数的增加。因此，真空塔通常选用填料塔。

17.9.3 蒸汽精馏

在蒸汽精馏中，蒸汽被引入塔内以降低挥发性组分的分压。蒸汽精馏用于热敏性产品和高沸点化合物的精馏。它是真空精馏的一种替代品，但产品必须与水不混溶。通常，蒸汽会冷凝一部分以提供精馏所需的热量。新蒸汽可直接注入塔釜，蒸汽也可由精馏塔内部的加热器或外部再沸器产生。

蒸汽精馏塔的设计与常规的塔基本相同，但需考虑气相中蒸汽的存在。

蒸汽精馏广泛应用于植物精油的萃取。

17.9.4 反应精馏

反应精馏是指在一个容器内同时进行化学反应和产品分离的过程。其优点如下：

（1）如果生成的产品可以被去除，那么化学平衡的限制将被打破。

（2）将反应热用于精馏过程可以节能。

（3）由于只需要一个容器，投资将降低。

反应精馏塔的设计由于反应与分离过程的相互作用而变得复杂。Towler 和 Frey（2002）、Sundmacher 和 Kiene（2003）对反应精馏进行了详细论述。

反应精馏可用于 MTBE（甲基叔丁基醚）和乙酸甲酯的生产。

17.9.5 石油分馏塔

原油等石油混合物和炼油工艺的产品含有 100～100000 种以上的组分，包括混合物沸点范围内的几乎所有可能的烃类同分异构体。通常不需要也不希望将这些混合物分离成纯组分，原因是加工的目标是获得具有适当性质（如油品的挥发度和黏度）的混合物。石油混合物被精馏成具有适当沸点范围的馏分或馏程，用于油品掺混或送至下游处理。原油的精馏因此也被称为分馏，尽管这个术语有时也用于传统的多组分精馏。

分馏塔通常不按关键组分来进行设定，而是指定产品物流的切割点。切割点是产品物流蒸馏曲线上的点，通常在总馏出量的 5% 和 95% 处。然后，通过轻馏分 95% 的切割温度和重馏分 5% 的切割温度之间的重合度来判断两个馏分之间的分离程度。

Watkins（1979）对石油分馏进行了很好的介绍。

4.4.2 和 4.5.2 中介绍了石油分馏塔的模拟。大多数商业流程模拟软件预装了复杂石油分馏塔的模型，并且有标准的虚拟组分集可用于拟合进料和产品的沸点曲线。

17.10 塔板效率

设计者关心的是实际塔板，而不是为方便进行多级分离过程的数学分析而假定的理论平衡塔板。实际塔板很少能达到平衡，塔板效率的概念用于将实际塔级的性能与理论塔板联系起来。

塔板效率中应用了以下 3 个基本定义：

（1）Murphree 塔板效率（Murphree，1925），用气相组成来定义：

$$E_{mV} = \frac{y_n - y_{n-1}}{y_e - y_{n-1}} \tag{17.31}$$

其中，y_e 是与离开塔板的液相处于平衡的气相组成。Murphree 塔板效率是指实际分离达到平衡分离的比率（图 17.8）。在此效率定义中，液相和气相被认为是完全混合的。式（17.31）中的组分是指物流的平均组分。

（2）点效率（Murphree 点效率）。如果气相和液相组分取自塔板上某一点，则式（17.31）给出的是局部效率或点效率。

（3）总塔效率，有时也被混淆地称为总塔板效率。总塔效率计算如下：

$$E_o = \frac{\text{理论塔板数}}{\text{实际塔板数}} \tag{17.32}$$

当计算出分离所需的理论塔板数后，需要用总塔效率估计出实际塔板数。

在某些方法中，可以将 Murphree 塔板效率纳入塔板的计算，从而直接得到实际塔板数。

在操作线和平衡线为直线的理想情况下，总塔效率和 Murphree 塔板效率可以由 Lewis（1936）推导出的方程得到：

$$E_o = \frac{\lg\left[1 + E_{mV}\left(\frac{mV}{L} - 1\right)\right]}{\lg\left(\frac{mV}{L}\right)} \tag{17.33}$$

式中 m——平衡线的斜率；

V——气相摩尔流量；

L——液相摩尔流量。

式（17.33）在精馏中没有多少实际用途，原因是操作线和平衡线的斜率在整个塔内会变化。式（17.33）可以通过将塔分成几段并计算每段的斜率来进行应用。对大多数实际情况来说，塔板效率变化不大，取塔顶、塔底和进料点的塔板效率平均值即足够。

17.10.1　塔板效率的预测

在可能的情况下，设计中使用的塔板效率应该基于全尺寸塔上获得的类似系统的测定值。目前还没有完全令人满意的方法从体系物性和塔板设计参数来预测塔板效率。但是，本节给出的方法可用于在没有可靠实验数据的情况下进行塔板效率的粗略估计。这些方法也可以用来对小规模实验塔所获得的数据进行外推。如果体系物性非常特别，则应始终对预测值进行试验验证。Oldershaw（1941）开发的实验室小型玻璃筛板塔已证明可以为设备放大提供可靠的数据。Swanson 和 Gester（1962）、Veatch 等（1960），以及 Fair 等（1983）对 Oldershaw 塔的应用进行了介绍。

表 17.1 中列出了一些体系的典型塔板效率数据。Vital 等（1984）和 Kister（1992）给出了更多的实验数据。

表 17.1　一些体系的典型塔板效率

体系	塔径，m	压力，kPa（绝）	效率，%	
			塔板效率 E_{mV}	总塔效率 E_o
水—甲醇	1.0	—	80	
水—乙醇	0.2	101	90	
水—异丙醇	—	—		70
水—丙酮	0.15	90	80	
水—乙酸	0.46	101	75	
水—氨	0.3	101	90	
水—二氧化碳	0.08	—	80	
甲苯—正丙醇	0.46	—	65	
甲苯—二氯乙烷	0.05	101		75
甲苯—甲基乙基酮	0.15	—		85
甲苯—环己烷	2.4	—		70
甲苯—甲基环己烷		27		90
甲苯—辛烷	0.15	101		40
庚烷—环己烷	1.2	165	95	85
	2.4	165		75
丙烷—丁烷	—	—		100
异丁烷—正丁烷	—	2070		110
苯—甲苯	0.13	—	75	

续表

体系	塔径，m	压力，kPa（绝）	效率，%	
			塔板效率 E_{mV}	总塔效率 E_o
苯—甲醇	0.18	690	94	
苯—丙醇	0.46	—	55	
乙苯—苯乙烯	—	—	75	

塔板效率和总塔效率通常为 30%～80%，在初步设计时可假设为 70%。

真空精馏的效率会低一些，原因采用了低堰高来保证小压降（见 17.10.4）。

以下给出的预测方法，以及在公开文献中发表的预测方法，通常仅限于二元系统。很明显，在二元系统中每个组分的效率必然是相同的。但对于多组分系统则不然，重组分的塔板效率往往比轻组分的低。

下列准则（Toor 和 Burchard，1960），可用于从二元体系的数据来估算多组分体系的效率：

（1）如果组分是相似的，则多组分的效率与二元组分类似。

（2）如果二元系统的预测效率高，则多组分系统的效率也会高。

（3）如果传质阻力主要在液相，则二元系统和多组分系统的效率差异将很小。

（4）如果传质阻力主要在气相，则二元系统和多组分系统的效率通常差异较大。

Chan 和 Fair（1984b）也对多组分系统的效率预测进行了论述。对于不相似组分的混合物，其效率可能与每个二元对的预测值有很大差别，应该通过小试或中试装置对预测值进行验证。

17.10.2　O'Connell 关联图

通过 O'Connell（1946）给出的关联图可以对总塔效率进行快速估计（图 17.19）。总塔效率与轻关键组分（相对于重关键组分）的相对挥发度和进料的摩尔平均黏度（在塔的平均温度下）的乘积相关。该关联图主要基于烃类系统的数据，但也包括氯代溶剂和水—醇混合物的一些值。它可给出烃类系统可靠的总塔效率估计值，也可用于对其他系统的效率进行近似估计。该方法不考虑塔板的设计参数，只包括两个物性变量。

在工业实践中，O'Connell 关联图是使用最为广泛的估计塔板效率的方法。其计算要比之后提出的复杂方法简单得多，而且估算结果可以满足大多数的设计要求。

Eduljee（1958）以方程的形式表示了 O'Connell 关联图：

$$E_o = 51 - 32.5 \lg (\mu_a \alpha_a) \tag{17.34}$$

式中　μ_a——液相摩尔平均黏度，mPa·s；

　　　α_a——轻关键组分的平均相对挥发度。

对于吸收塔，O'Connell 给出了类似的关联图（图 17.20）。吸收塔的塔板效率比精馏塔的塔板效率低得多。

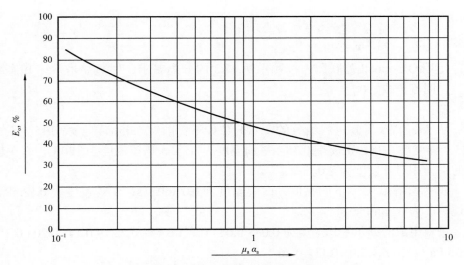

图 17.19　精馏塔效率（泡罩塔）（O'Connell，1946）

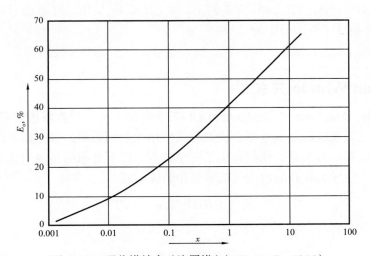

图 17.20　吸收塔效率（泡罩塔）（O'Connell，1946）

在 O'Connell 的论述中，塔板效率与亨利常数、总压和操作温度下的溶剂黏度呈函数关系。为了将原数据转换为 SI 单位，可以用下式表示该函数：

$$x = 0.062\left(\frac{\rho_s p}{\mu_s \mathcal{H} M_s}\right) = 0.062\left(\frac{\rho_s}{\mu_s K M_s}\right) \tag{17.35}$$

式中　$\mathcal{H}$——亨利常数，Pa；

　　　p——总压，Pa；

　　　μ_s——溶剂黏度，mPa·s；

　　　M_s——溶剂的分子量；

　　　ρ_s——溶剂的密度，kg/m³；

　　　K——溶质的平衡常数。

示例 17.5

使用 O'Connell 关联图，按照示例 17.3 的分离要求，估算总塔效率和实际塔板数，回流比取 2.0。

解：

从示例 17.3 得知进料组分的摩尔分数如下：丙烷 0.05，异丁烷 0.15，正丁烷 0.25，异戊烷 0.20，正戊烷 0.35。塔顶温度为 65℃，塔釜温度为 120℃。轻关键组分的平均相对挥发度为 2.0。

取平均塔温 93℃ 下的黏度，丙烷黏度为 0.03mPa·s，丁烷黏度为 0.12mPa·s，戊烷黏度为 0.14mPa·s。

进料组成的摩尔平均黏度为 $0.03 \times 0.05 + 0.12(0.15 + 0.25) + 0.14(0.20 + 0.35) = 0.13$mPa·s。$\alpha_a \mu_a = 2.0 \times 0.13 = 0.26$。

查图 17.19，可得 $E_o = 70\%$。

按照示例 17.3，当回流比为 2.0 时，理论塔板数为 16。再沸器为一块理论板，因此实际塔板数（圆整后）为 $(16-1)/0.7 \approx 22$。

17.10.3　Van Winkle 关联式

Van Winkle、MacFarland 和 Sigmund（1972）提出了一个计算塔板效率的经验关联式，可以用来预测二元系统的塔板效率。该关联式使用无量纲数组，包括那些已知会影响塔板效率的系统变量和塔板参数。他们提出了两个方程，以下介绍的是他们认为最简单和最精确的一个。用于推导关联式的数据包括泡罩和筛板塔板。

$$E_{mV} = 0.07Dg^{0.14}Sc^{0.25}Re^{0.08} \quad （17.36）$$

$$Dg = \frac{\sigma_L}{\mu_L u_v}$$

$$Sc = \frac{\mu_L}{\rho_L D_{LK}}$$

$$Re = \frac{h_w u_v \rho_v}{\mu_L A_F}$$

$$A_F = \frac{\text{开孔或升气管面积}}{\text{总的塔截面积}}$$

式中　Dg——表面张力数；

u_v——空塔气速；

σ_L——液相表面张力；

μ_L——液相黏度；

Sc——施密特数；

ρ_L——液相密度；

D_{LK}——液相扩散系数，轻关键组分；

Re——雷诺数；

h_w——堰高；

ρ_v——气相密度；

A_F——开孔面积。

示例 17.8 对该方法的应用进行了描述。

17.10.4　AIChE 方法

这种预测塔板效率的方法发表于 1958 年，是美国化学工程师学会研究委员会（the Research Committee of the American Institute of Chemical Engineers）指导的一项关于泡罩塔板效率的五年研究成果。在公开发表的文献中，AIChE 方法是预测塔板效率最详细的方法。它考虑了所有已知的影响塔板效率的主要因素，包括：（1）液相和气相的传质特性；（2）塔板的设计参数；（3）气相和液相流量；（4）塔板上的混合度。

AIChE 方法是经过确认的，在缺乏实验值或专有预测方法的情况下，应使用此方法对效率进行较为精确的估算。

AIChE 方法采用的是半经验法，利用"双膜理论"来估算点效率，而 Murphree 方法是考虑到在实际塔板上可能获得的混合程度来估算点效率的。

本节介绍了 AIChE 方法的计算方程，但不对其理论基础进行论述。AIChE 手册（1958）和 Smith（1963）全面介绍了 AIChE 方法，并将其应用扩展到筛板。Chan 和 Fair（1984a）发表了筛孔塔板点效率的替代计算方法，并证明该种方法比 AIChE 方法预测得更为准确。Chan 和 Fair 方法与 AIChE 方法遵循相同的理论，但是使用了改进的气相传质关联式。

17.10.4.1　AIChE 方法与 Chan 和 Fair 方法概述

气相和液相中的传质阻力以传质单元数 N_G 和 N_L 表示。点效率与传质单元数的关联公式如下：

$$\frac{1}{\ln\left(1-E_{mV}\right)} = -\left(\frac{1}{N_G} + \frac{mV}{L} \times \frac{1}{N_L}\right) \qquad （17.37）$$

其中，m 为平衡线的斜率；V 和 L 为气相和液相的摩尔流量。

式（17.37）绘制在图 17.21 中。

AIChE 方法中的气相传质单元数由下式给出：

$$N_G = \frac{\left(0.776 + 4.57\times10^{-3}h_w - 0.24F_v + 105L_p\right)}{\left(\dfrac{\mu_v}{\rho_v D_v}\right)^{0.5}} \qquad （17.38）$$

式中　h_w——堰高，mm；

F_v——塔的气相 F 因子，等于 $u_a\rho_v^{0.5}$；

u_a——基于塔板有效面积（鼓泡区）的气相流速（见 17.13.2），m/s；

L_p——通过塔板的液相体积流量除以塔板的平均宽度，$\text{m}^3/(\text{s}\cdot\text{m})$，平均宽度可以通过将有效面积除以液相流道长度 Z_L 来计算；

μ_v——气相黏度，Pa·s；

ρ_v——气相密度，kg/m^3；

D_v——气相扩散系数，m^2/s。

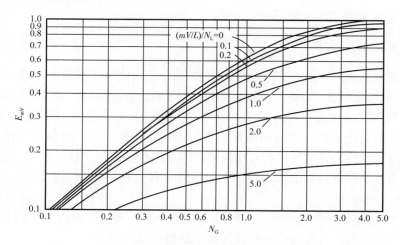

图 17.21　点效率与传质单元数的关系

在 Chan 和 Fair（1984a）提出的替代方法中，气相传质单元数表示如下：

$$N_G = \frac{D_v^{0.5}\left(1030f - 867f^2\right)\overline{t_v}}{h_L^{0.5}} \tag{17.39}$$

式中　h_L——塔板持液量，cm；

$\overline{t_v}$——气相平均停留时间，s；

f——基于有效面积的气相因子（流速 u_a 与液泛流速 u_{af} 之比）。

Chan 和 Fair 方法的其他部分与 AIChE 方法相同。

上述两种方法中，液相传质单元数都表示为：

$$N_L = \left(4.13\times10^8 D_L\right)^{0.5}\left(0.21F_v + 0.15\right)t_L \tag{17.40}$$

式中　D_L——液相扩散系数，m^2/s；

t_L——液体接触时间，s，由式（17.41）给出。

$$t_L = \frac{Z_c Z_L}{L_p} \tag{17.41}$$

式中　Z_L——液相流道的长度（从降液管进口到出口堰），m；

Z_c——塔板上的液相滞留量（每平方米有效面积上的体积量），m^3/m^2。

对于泡罩塔板：

$$Z_c = 0.042 + 0.19 \times 10^{-3} h_w - 0.014 F_v + 2.5 L_p \tag{17.42}$$

对于筛板：

$$Z_c = 0.006 + 0.73 \times 10^{-3} h_w - 0.24 \times 10^{-3} F_v h_w + 1.22 L_p \tag{17.43}$$

如果塔板上的液体完全混合，则 Murphree 塔板效率 E_{mV} 等于点效率 E_o。在实际塔板上，情况并非如此，为了从点效率估计塔板效率，需要一些估算混合程度的方法。无量纲佩克莱特（Peclet）数表征系统中的混合程度。对于一块塔板，佩克莱特数表示如下：

$$Pe = \frac{Z_L^2}{D_e t_L} \tag{17.44}$$

式中　D_e——涡流扩散系数，m^2/s。

佩克莱特数为 0 表示完全混合，为 ∞ 则表示柱塞流。

对于泡罩和筛板，涡流扩散系数可以用以下公式进行估算：

$$D_e = \left(0.0038 + 0.017 u_a + 3.86 L_p + 0.18 \times 10^{-3} h_w\right)^2 \tag{17.45}$$

以佩克莱特数为参数的塔板效率和点效率之间的关系如图 17.22 所示。示例 17.7 介绍了 AIChE 方法的应用。

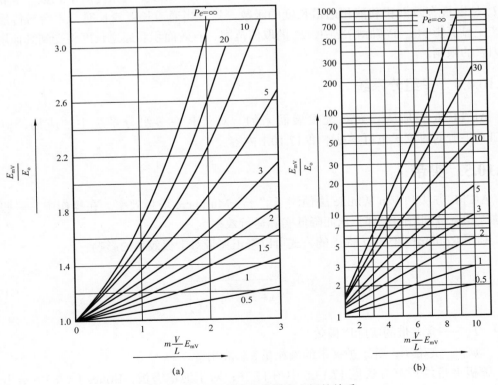

图 17.22　塔板效率和点效率之间的关系

17.10.4.2　物性估算

要使用 AIChE 方法或 Van Winkle 关联式，就需要对物性进行估算。不是所有的实际物系都能在文献中找到实验数据。第 4 章给出的预测方法以及本章给出的参考文献都可以用来估算物性数据。

AIChE 设计手册推荐使用 Wilke 和 Chang（1955）方程估算液相扩散系数（见 15.3.4），使用 Wilke 和 Lee（1955）对 Hirschfelder、Bird 和 Spotz 方程的改良式来估算气相扩散系数。

17.10.4.3　塔板设计参数

应注意 AIChE 方程中堰高的重要性。堰高是对塔板效率影响最大的参数。提高堰高将提高塔板的效率，但代价是增加压降和夹带。在 1atm 或 1atm 以上操作的塔，堰高通常为 40～100mm，但对真空塔则低至 6mm。这在很大程度上解释了真空塔塔板效率较低的原因。

在评估塔板的混合度时，考虑了液相通道 Z_L 的长度。AIChE 方法中给出的混合关联式没有在大直径的塔上进行过测试，Smith（1963）认为此关联式不适用于大直径的塔。然而，在一个大的塔板上，液相通道通常会被分割，其 Z_L 值与小塔的类似。气相在塔板上混合良好的假设对于大直径的塔可能是不成立的。

气相 F 因子 F_v 是塔板有效面积的函数。增加 F_v 可以减少气相传质单元数。液相流动项 L_p 是塔板有效面积和液相通道长度的函数。只有当通道长度较长时，才会对传质单元数产生显著影响。在实际情况中，F_v 的取值范围、有效面积和通道长度将受到其他塔板设计因素的限制。

17.10.4.4　多组分系统

AIChE 方法是从二元系统发展而来的。对于其在多组分系统中的应用，应参考 AIChE 手册的建议，也可参见本书 17.10.1 内容。

17.10.5　夹带

AIChE 方法和 Van Winkle 法预测了 "干" Murphree 塔板效率。在操作中，一些液滴会被气相夹带到塔的上部，从而降低实际运行效率。

利用 Colburn（1936）提出的公式可以修正夹带对干板效率的影响：

$$E_a = \frac{E_{mV}}{1 + E_{mV}\left(\dfrac{\psi}{1-\psi}\right)} \tag{17.46}$$

式中　E_a——含夹带的实际塔板效率；

　　　ψ——夹带率，等于被夹带的液相量 / 总液相量。

筛板夹带的预测方法见 17.13.5 中图 17.36；对于泡罩塔板，Bolles（1963）给出了类似的预测方法。

17.11　塔尺寸估算

一旦知道分离所需的实际塔板数，就可以大致估算出整个塔的尺寸。项目评估通常需要对塔的投资进行粗略的估计。

17.11.1　板间距

塔的总高度将由板间距决定。板间距的常用范围为 0.15～1m（6～36in）。板间距的选取将以塔的直径和操作条件为依据。小直径的塔且顶部空间受限时，应采用窄的板间距，如安装在建筑物中的塔。直径 1m 以上的塔，一般采用 0.3～0.6m 的板间距，0.5m（18in）可作为初估值。在进行详细设计时，此数值将根据需要进行修正。

某些塔板之间需要更大的间距，以满足进料、侧线采出和人孔通道的要求。

17.11.2　塔径

确定塔径的主要因素是气相流量。气相流速必须低于会引起过量的液体夹带或高压降的流速。以下公式基于著名的 Souders 和 Brown 方程（Lowenstein，1961），可以用来估算最大允许气相空速，从而确定塔的面积和直径：

$$\hat{u}_y = \left(-0.171l_t^2 + 0.27l_t - 0.047\right)\left(\frac{\rho_L - \rho_v}{\rho_v}\right)^{1/2} \tag{17.47}$$

式中　$\hat{u}_v$——最大允许气相流速（基于总的塔截面），m/s；

l_t——塔板间距，m，范围为 0.5～1.5m。

塔径 D_c 计算如下：

$$D_c = \sqrt{\frac{4\hat{V}_w}{\pi\rho_v\hat{u}_v}} \tag{17.48}$$

式中　$\hat{V}_w$——最大气相流量，kg/s。

当进行塔板的详细设计时，塔径的近似估算值将被修正。然后，估算出的塔径应四舍五入到最接近的标准封头尺寸，以便选用预制封头（见 14.5.2）。在大多数商业流程模拟软件中，塔尺寸的计算程序使用北美标准封头尺寸，以 6in（152.4mm）的增量递增。

17.12　塔板组件

错流塔板是精馏塔和吸收塔中最常用的板型。在错流塔板中，液相流过塔板，气相穿过塔板。典型的错流塔板设计如图 17.23 所示。流动的液体通过称为下降管的竖直通道从塔板流到另一块塔板。一些液体通过出口堰在塔板上留存。

对于没有下降管的（非错流塔板）的其他类型塔板，液体通过塔板（有时称为喷淋板）中的大开口沿塔向下喷淋。这些非错流塔板用于特殊目的，特别是有低压降要求时。

根据接触气相和液相方式的不同，错流塔板被分为筛孔塔板（多孔塔板）、泡罩塔板、浮阀塔板和固阀塔板 4 种主要类型。

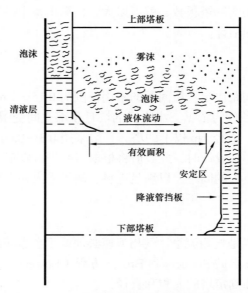

图 17.23　典型的错流塔板（筛孔塔板）

（1）筛孔塔板（多孔塔板）。

筛孔塔板（多孔塔板）是最简单的一种错流塔板（图 17.24）。气相通过塔板上的孔向上流动，液相被气相托着留在塔板上。如果没有足够的气封，在低气速时液体会通过孔"漏下"，降低板效率。塔板上的孔通常是小孔，但也可以使用较大的孔和槽。

（2）泡罩塔板。

在泡罩塔板（图 17.25）上气体通过称为升气管的短管上升，升气管由带锯齿边的帽或槽所覆盖。泡罩塔板是传统的、最古老的错流塔板类型，并已发展出多种不同的设计。现在的大多数应用都指定使用标准泡罩设计。

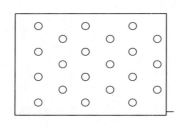

图 17.24　筛孔塔板

泡罩塔板最显著的特点是使用了升气管，确保塔板上的液体在所有气体流量下都保持一定的液位。因此，泡罩塔板在低流量下具有良好的负荷调节性能。泡罩塔板比筛孔塔板更昂贵，更容易腐蚀、结垢和堵塞，因此通常只能在年代比较早的板式塔中出现。

（3）浮阀塔板。

浮阀塔板是一种专有设计，其本质上是筛孔塔板，板上有大直径的孔，孔上覆盖着可浮动的阀片，随着气体流量的增加，这些阀片会上升。

由于气相流动面积随着流量的变化而变化，因此浮阀塔板在低流量操作（阀在低气相流量时关闭）时比筛孔塔板的效率更高。浮阀塔板的造价介于筛孔塔板和泡罩塔板之间。

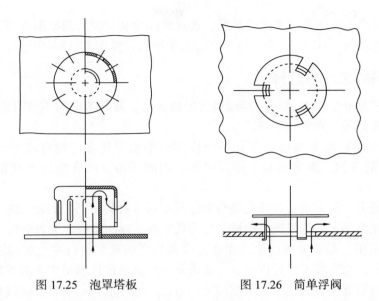

图 17.25　泡罩塔板　　　　　图 17.26　简单浮阀

虽然已经开发出一些非常精细的浮阀设计，但图 17.26 所示的简单浮阀已经能够满足大多数应用的需求。

（4）固阀塔板。

固阀塔板与筛孔塔板类似，只是孔只打了一部分，孔仍有一部分被覆盖（图 17.27）。固阀塔板几乎和筛板一样便宜，并且改善了负荷调节性能。固阀塔板和筛孔塔板之间相对较小的成本差异通常可以通过改进的调节性能来平衡。固阀塔板是在非污垢系统中最常见的类型。

许多固阀和浮阀的专利设计已经被开发出来，其性能参数可以从塔板供应商处获取。

错流塔板也可以根据塔板上液体的溢流程数进行分类。图 17.28（a）显示了单溢流塔板。当液体流量较低时，可使用回流型（U 形）塔板［图 17.28（b）］。在此类型中，塔板被一个低中心隔板分割，入口和出口降液管在塔

图 17.27　固阀塔板

板的同一侧。多溢流塔板用于高液量和大直径的塔，其液相流股被几个降液管所分割。图 17.28（c）显示了双溢流塔板。

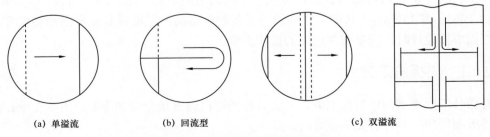

(a) 单溢流　　　　　(b) 回流型　　　　　(c) 双溢流

图 17.28　错流塔板上的液体流动类型

17.3.4 中讨论了液体流动类型的选择。选择液体流动类型大到根据每单位堰长的液体体积流量，理想情况下应为 5～8L/（s·m）。关于堰长，将在 17.13.8 中进行详细讨论。

17.12.1 塔板型式的选择

在比较泡罩塔板、筛孔塔板、浮阀塔板的性能时，需要考虑的主要因素是制造成本、处理能力、操作范围、效率和压降。

（1）制造成本：泡罩塔板比筛孔塔板或浮阀塔板贵得多。相对成本将取决于所用的材料。对于低碳钢，泡罩塔板、浮阀塔板、固阀塔板、筛孔塔板的成本比例大约为 3.0∶1.2∶1.1∶1.0。

（2）处理能力：泡罩塔板、筛孔塔板和浮阀塔板 3 种类型塔板的处理能力（给定流量所需的塔径）相差不大，从好到差的排名是筛孔塔板、浮阀塔板、泡罩塔板。

（3）操作范围：最重要的因素。操作范围是指塔板良好运行的气相和液相流量范围（稳定操作范围）。在实际工厂操作中，总是需要一些灵活性以满足产率的变化和开停车工况。最高流量与最低流量的比率通常被称为调节比。泡罩塔板具备有效的液封，因此可以在非常低的气相流量下有效地操作。

筛孔塔板和固阀塔板依靠通过小孔的气相来保持塔板上的液位，因此不能在非常低的气相流量下操作。如果设计合理，筛孔塔板的良好工作范围通常为设计值的 50%～120%。固阀塔板的调节性比筛板要好一些。浮阀塔板与筛孔塔板相比则具有更强的灵活性，而且其成本比泡罩塔板低。

（4）效率：在设计流量范围内操作时，3 种类型塔板的 Murphree 塔板效率基本相同，没有实质的区别（Zuiderweg 等，1960）。

（5）压降：塔板压降是在设计时考虑的一个重要因素，特别是对于真空塔。塔板压降取决于其详细设计，但一般来说，筛孔塔板的压降最低，其次是浮阀塔板，泡罩塔板的压降最高。

筛孔塔板是最便宜和最不易结垢的塔板，能满足大多数应用。固阀塔板几乎和筛孔塔板一样便宜，但改善了调节性能，其性能的提高证明为此增加的成本是合理的，固阀塔板最常用于非结垢体系。如果筛孔塔板或固阀塔板不能满足规定的调节比，则应考虑浮阀盘。泡罩塔板应该只在处理非常低的气相流量，并且在所有流量下需要有效液封时使用。

17.12.2 塔板构造

本节将介绍筛孔塔板的机械设计特点。相同的通用结构也用于泡罩塔板和浮阀塔板。Smith（1963）和 Ludwig（1997）详细描述了各种类型的泡罩塔板和标准的泡帽尺寸。在进行浮阀塔板设计时，应参阅制造商的设计手册。

17.12.2.1 塔板施工方式

有两种不同类型的塔板施工方式：大直径的塔板通常是分块制造的，由梁支承；小直径的塔板则是预组装好后安装在塔内。

（1）分块制造。

图 17.29 显示了典型的分块塔板构造。塔板的各个部分由一圈焊在塔壁上的梁支承。梁通常是角钢或槽钢，宽约 50mm，间距约 0.6m。使用特殊的紧固件，可以只从梁的一边进行安装；另一边则被设计成可拆卸的，作为人孔通道。这样就减少了塔壁上人孔通道的数量，从而降低了塔的投资。

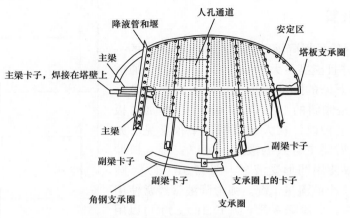

图 17.29　典型的分块塔板构造

（2）整节塔板。

当塔径太小［小于 1.2m（4ft）］时，工人无法进入塔内进行塔板安装，需使用整节塔板。每块塔板是完全制造好的，包括降液管，而且使用螺纹拉杆（定距管）与上部和下部的塔板相连（图 17.30）。10 块左右的塔板作为一个组件被安装在塔内。高的塔需要分割成法兰相连的几个部分，因此塔板很容易被安装进去或拆卸出来。堰和降液管的支承通常由塔板的边缘折边而成。

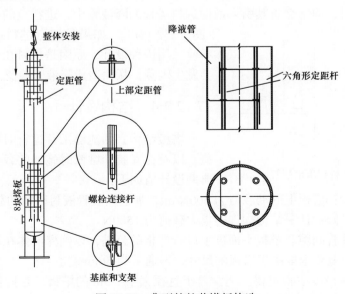

图 17.30　典型的整节塔板构造

整节塔板不像分块塔板一样固定在塔壁上，因此在塔板边缘没有有效的液封，会有少量的漏液发生。在一些设计中，塔板边缘沿着圆周折边，以便与塔壁更好地接触，但这样会导致塔板很难被无损地拆除出来进行清洗和维修。

17.12.2.2 降液管

图 17.31 所示的弓形降液管是最简单和最便宜的一种降液管型式，并且能满足大多数的需求。降液管通道由从出口堰延伸下来的降液板形成。降液板通常是垂直的，但也可能是倾斜的［图 17.31（b）］以增加塔板的鼓泡区面积。这种设计在大容量塔板中很常见。如果在降液管出口需要更有效的液封，可以安装入口堰［图 17.31（c）］或使用凹形受液盘［图 17.31（d）］。圆形降液管有时用于小液流量工况。弧形降液管经常使用在高容量的大塔中。穿流降液管［图 17.31（e）］可以用来增加塔板的可开孔区域，也经常被用于高容量的塔板。

17.12.2.3 侧线流股和进料点

当有侧线流股从塔中采出时，塔板的设计必须进行修改，在采出管线上需设置液封，典型的设计如图 17.32（a）所示。侧线采出和抽出管线的尺寸设计必须满足自排气的需要，并为气体从管线中排出做准备，以防气相夹带或在管线中发生闪蒸。Sewell（1975）提出了自排气最小管径的关联式。

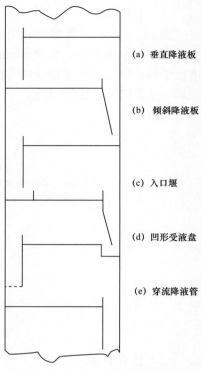

（a）垂直降液板

（b）倾斜降液板

（c）入口堰

（d）凹形受液盘

（e）穿流降液管

图 17.31　弓形降液管的设计

当液相进料时，通常会将其引入通向进料塔板的降液管中，进料点的板间距应该加大［图 17.32（b）］。如果是泡点进料或两相进料，则不应采用该种设计，原因是物料在进入塔内时可能会发生闪蒸，从而造成降液管液泛。

17.12.2.4 结构设计

塔板结构必须能够承载运行时塔板上的水力载荷，以及在安装和维修时施加的载荷。这些载荷的典型设计值如下：

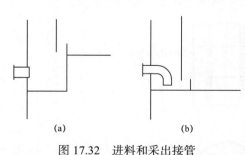

（a）　　　　　　　　（b）

图 17.32　进料和采出接管

（1）水力载荷：塔板上的动载荷为 $600N/m^2$，加上降液管液封区域的载荷 $3000N/m^2$。

（2）安装和维修：任一结构构件的集中载荷为 1500N。

在堰高、降液管间隙和塔板平面度上设置严格的公差，以确保液体在塔板上的均匀流动是很重要的。公差要求取决于塔板的尺寸，但通常为 3mm 左右。

载荷下的塔板挠度也很重要。通常对于直径大于 2.5m 的塔板，在操作条件下其挠度不应大于 3mm；对于小直径的塔板，挠度则按比例减小。

Glitsch（1960）、McClain（1960）、Thrift（1960a，b），以及 Patton 和 Pritchard（1960）的论述中涵盖了泡罩塔板、筛孔塔板和浮阀塔板的机械设计规定。

17.13　塔板水力学设计

塔板的基本要求如下：提供良好的气液接触；为良好的传质（较高的传质效率）提供足够的持液量；有足够的截面积和间距，使夹带和压降在可接受的范围内；有足够的降液管截面积，使液体能在塔板间自由流动。

塔板设计与大多数工程设计一样，是理论与实践的结合。设计采用理论研究所得的半经验关联式，并结合实际商业化运行的经验。使用验证过的塔板布置，并使其尺寸在合理性能范围内。

本节给出了筛孔塔板水力学设计的简单步骤。泡罩塔板的设计方法由 Bolles（1963）和 Ludwig（1997）提出。浮阀塔板是专有设计，其设计应咨询供应商。一些供应商可提供设计手册。

本节不对大量文献中所提的塔板设计和性能进行详细论述。Chase（1967）和 Zuiderweg（1982）对有关筛孔塔板的文献进行了详细的评述。

筛孔塔板的设计方法详见 Kister（1992）、Barnicki 和 Davies（1989）、Koch 和 Kuzniar（1966）、Fair（1963）、Huang 和 Hodson（1958），以及 Lockett（1986）的著作。

只有在一定的气相和液相流量范围内才能达到令人满意的操作。图 17.33 为筛孔塔板的典型性能图。

气相流量的上限是由液泛条件决定的。液泛时塔板效率急速下降，压降升高。液泛是由于过量的液体被夹带到上一层塔板（雾沫夹带或喷射液泛），或者是由于液体在降液管内堆积所造成的。

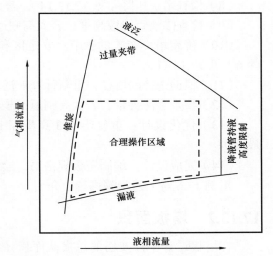

图 17.33　筛孔塔板的典型性能图

气相流量的下限是由漏液条件决定的。当气相流量过低不足以维持塔板上的液位时，就会漏液。锥旋发生在液相流量较低时，是指气相将液相从孔中推回来并向上喷射，伴随着气液接触较差的情况。

在接下来的章节中，将塔板水力学设计方法应用到吸收塔的塔板设计时，气体可被视为蒸气。

17.13.1　塔板设计步骤

塔板设计需要使用试差法：从一个大致的塔板布置开始，对关键性能进行校核，并根据需要对设计进行修改，直到达到满意的结果。

大多数商业流程模拟软件都提供塔板设计的模块。这些软件可用于塔板的初步布置和成本估算，但程序所选择或计算出的塔板尺寸通常不能在预期的操作范围内提供最佳的性能。经验丰富的设计人员将计算几个工况，以确定塔板性能是否满足整个操作范围。使用本节的方法进行手工计算也可以用来指导流程模拟软件进行更好的设计。

　　下面列出了典型的设计步骤，并将在接下来的章节中进行讨论，给出每个设计变量的正常范围，以及用于初始设计的推荐值。

　　（1）计算最大和最小气相和液相流量，以得到所需的操作弹性。

　　（2）收集或估算系统的物性。

　　（3）选择塔板间距的初始估计值（见 17.11 节）。

　　（4）基于液泛的考虑，估算塔径（见 17.13.3）。

　　（5）确定液相流动形式（见 17.13.4）。

　　（6）进行初步的塔板布置：降液管面积、有效面积、开孔面积、孔径和堰高（见 17.13.8 至 17.13.10）。

　　（7）检查漏液量（见 17.13.6），若不满意则返回步骤 6。

　　（8）检查塔板压降（见 17.13.14），若太高则返回步骤 6。

　　（9）检查降液管持液高度，若太高则返回步骤 6 或步骤 3（见 17.13.15）。

　　（10）确定塔板布置的细节：安定区和非开孔面积。检查孔间距，若不满意则返回步骤 6（见 17.13.11）。

　　（11）根据选择的塔径，重新计算液泛率。

　　（12）检查雾沫夹带，若太高则返回步骤 4（见 17.13.5）。

　　（13）优化设计：重复步骤 3 到步骤 12，寻找可接受的最小塔径和塔板间距（成本最低）。

　　（14）完成设计：编制塔板规格书，绘制塔板布置简图。

　　示例 17.6 对上述步骤进行了介绍。

17.13.2　塔板面积

　　在塔板设计中涉及塔的总横截面积 A_c、降液管横截面积 A_d、可用于气液分离的塔的净横截面积 A_n（对于单溢流塔板，通常等于 A_c-A_d）、有效面积或鼓泡面积 A_a（对于单溢流塔板，等于 A_c-2A_d）、筛孔面积 A_h（所有有效孔的面积）、鼓泡区面积 A_p（包括空白区域）和降液管底隙面积 A_{ap} 等面积术语。

17.13.3　塔径

　　液泛条件决定了气相流速的上限。为了提高塔板效率，需要较高的气相流速，通常为液泛流速的 70%～90%。设计时可取液泛流速的 80%～85%。

　　液泛流速可以通过 Fair（1961）给出的关联式进行估算：

$$u_f = K_1\sqrt{\frac{\rho_L - \rho_v}{\rho_v}} \tag{17.49}$$

式中 u_f——液泛气相流速，m/s，基于塔的净横截面积 A_n（见 17.13.2）；

K_1——从图 17.34 中得到的常数。

图 17.34 中的气液流量系数 F_{LV} 通过以下公式得到：

$$F_{LV} = \frac{L_w}{V_w} \sqrt{\frac{\rho_v}{\rho_L}} \tag{17.50}$$

式中 L_w——液相质量流量，kg/s；

V_w——气相质量流量，kg/s。

使用图 17.34 有下列限制：

（1）孔径小于 6.5mm。孔径过大时，雾沫夹带可能会增大。

（2）堰高小于塔板间距的 15%。

（3）非发泡体系。

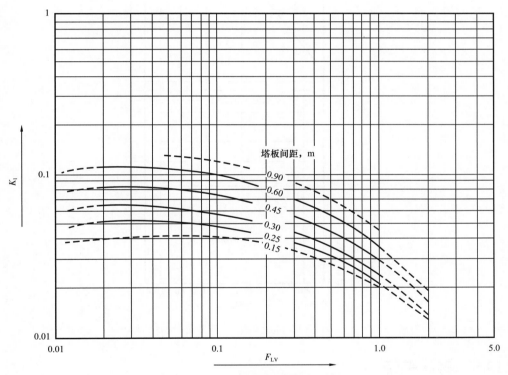

图 17.34 筛孔塔板的液泛流速

（4）筛孔面积占比大于 0.10。其他情况使用以下校正系数：当筛孔面积占比为 0.08 时，K_1 应乘以 0.9；当筛孔面积占比为 0.06 时，K_1 应乘以 0.8。

（5）液体表面张力为 0.02N/m。对于其他表面张力 σ，将 K_1 乘以 $(\sigma/0.02)^{0.2}$。

为了计算塔径，需要估算净横截面积 A_n。初始试算时，可以将降液管面积取作总面积的 12%，并假设筛孔面积占比为 10%。

当气相和液相流量或物性在整个塔内有显著变化时，应对塔上的几个点进行塔板的设计。对于精馏塔，针对进料点以上和以下的工艺条件进行塔板设计通常已足够。气相流量的变化可以通过调整孔的面积来进行，通常的做法是封堵几排孔。变塔径通常只用于流量变化很大的情况。液相流量的变化则可以通过调节降液管的横截面积来实现。

17.13.4 液相流动形式

塔板类型的选择（回流型、单溢流或多溢流）取决于液相流量和塔径。可以使用图 17.35 进行初步选择，该图改编自 Huang 和 Hodson（1958）给出的类似示图。

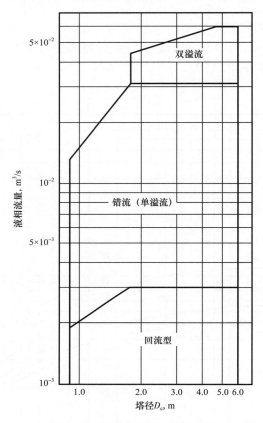

图 17.35 液相流动形式的选择

17.13.5 雾沫夹带

雾沫夹带可以使用 Fair（1961）提出的关联图进行估算（图 17.36）。图 17.36 中雾沫夹带分率 ψ 是气液流量系数 F_{LV} 的函数，液泛率为参数。

液泛率计算如下：

$$液泛率 = \frac{基于净面积的实际流速 \ u_n}{u_f \ [\ 来自式（17.49）\ ]} \tag{17.51}$$

雾沫夹带对塔板效率的影响可以由式（17.46）估算得出。

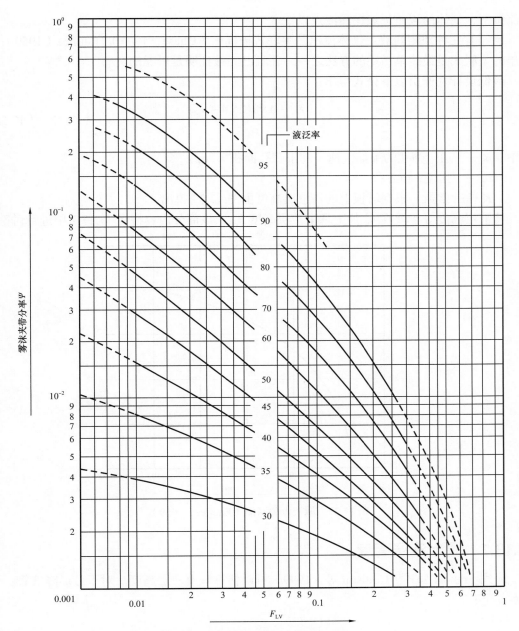

图 17.36　筛孔塔板的雾沫夹带关联图（Fair，1961）

作为粗略的指导，可以将 ψ 的上限定为 0.1。当 ψ 低于 0.1 时，雾沫夹带对效率的影响将很小。最佳设计值也可能高于 0.1（Fair，1963）。

17.13.6　漏液点

塔的操作范围下限出现在塔板漏液量过多的情况，该点被称为漏液点。漏液点下的气体流速是稳定操作的最低流速。设计时，必须对筛孔面积进行合理的选择，使得在最低操作流量下，气体的流速仍然在漏液点以上。

已经有几种预测漏液点气体流速的关联式被提出（Chase，1967）。Eduljee（1959）所提出的关联式是最简单易用的方法之一，并且已经被证明是可靠的。

最低设计气速由以下公式得出：

$$u_h = \frac{K_2 - 0.90(25.4 - d_h)}{\rho_v^{1/2}} \qquad (17.52)$$

式中 u_h——通过筛孔的最低气速（基于筛孔面积），m/s；

       d_h——孔径，mm；

       K_2——常数，根据塔板上的清液层高度由图 17.37 得出。

清液层高度等于堰高 h_w 加上堰上液层高度 h_{ow}，该部分内容将在 17.13.7 中进行讨论。

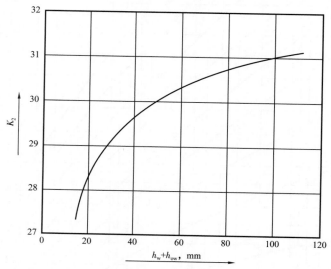

图 17.37　漏液点关联图（Eduljee，1959）

17.13.7　堰上液层高度

应用 Francis 公式（Coulson 等，1999）可以估算堰上液层高度。对于弓形降液管，可表示如下：

$$h_{ow} = 750\left(\frac{L_w}{\rho_L l_w}\right)^{2/3} \qquad (17.53)$$

式中 l_w——堰长，m；

       h_{ow}——堰上液层高度，mm；

       L_w——液相流量，kg/s。

Francis 公式应用于液体流过开放堰的情况。对于弓形降液管，塔壁限制了液体的流动，堰上液层高度将比 Francis 公式预测值高。考虑该影响，式（17.53）中的常数被增大。

在最低流速下，为了确保液体沿着堰均匀流动，液层高度至少应为 10mm。当液相流量过低时，有时会用齿型堰（也称栅栏堰），如图 17.38 所示。

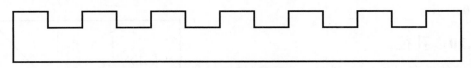

图 17.38 栅栏堰

17.13.8 堰的尺寸

17.13.8.1 堰高

堰高决定了塔板上液体的体积，是影响塔板效率的一个重要因素（见 17.10.4）。高的堰将提高塔板效率，但以牺牲塔板压降为代价。对于正压操作的塔，堰高通常为 40~90mm（1.5~3.5in），建议值为 40~50mm；对于真空操作的塔，应采用较矮的堰以降低压降，堰高建议值为 6~12mm（1/4~1/2in）。

17.13.8.2 进口堰

进口堰或槽盘有时来改善液体在塔板上的分布，但采用弓形降液管时则很少采用。

17.13.8.3 堰长

对于弓形降液管，堰长决定了降液管的面积。弦长通常为塔径的 0.6~0.85。初始估计值可取 0.77，相当于降液管面积的 12%。堰上的液相流量应在 5~8L/（s·m）的范围内。如果单溢流塔板无法实现，可以考虑回流型塔板或多溢流塔板（图 17.28）。如果液相流量太低，则可使用栅栏堰。

弓形降液管堰长和降液管面积的关系如图 17.39 所示。

对于双溢流塔板，中心降液管的宽度通常为 200~250mm（8~10in）。

17.13.9 鼓泡区面积

结构部件（支承圈和梁）的阻碍和安定区的存在，使得塔板上可用于开孔的面积减少。

安定区是塔板入口和出口侧未开孔的区域。每个区域的宽度通常是相同的，塔径小于 1.5m 时，推荐值为 75mm；塔径大于 1.5m 时，推荐值为 100mm。

分段塔板支承圈的宽度通常为 50~75mm。支承圈不应延伸到降液管区域。整节塔板的边缘应留

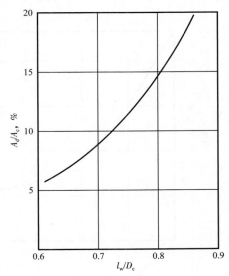

图 17.39 降液管面积和堰长的关系

有一圈未开孔的区域，以增加塔板的强度。

由塔板的几何尺寸可以计算出未开孔面积。堰的弦长、弦高和弦的夹角的关系如图 17.40 所示。

17.13.10 孔径

常用的孔径从 2.5mm 到 19mm 不等。对于非结垢体系，5mm 是首选尺寸；对于易结垢体系，建议使用较大的孔径。孔是钻出来或冲出来的。冲孔成本更低，但冲孔的最小孔径与塔板的厚度有关。对于碳钢塔板，最小孔径约等于塔板厚度；但是对于不锈钢塔板，最小孔径约为塔板厚度的 2 倍。典型的塔板厚度如下：碳钢塔板厚度为 5mm，不锈钢塔板厚度为 3mm。

当使用冲孔塔板时，应以向上冲孔的方向安装。冲孔可形成细小的喷嘴，如果安装反了，塔板压降将增加。

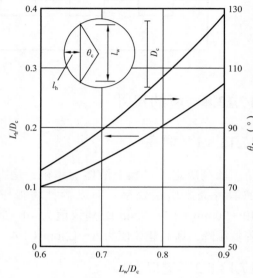

图 17.40 弦的夹角、弦高和弦长的关系

17.13.11 孔距

孔距（孔中心之间的距离）l_p 不应小于孔径的 2 倍，正常范围为孔径的 2.5～4.0 倍。在此范围内选择孔距可以满足开孔面积的要求。

孔的排布可用正方形或等边三角形，其中三角形排布是首选。对于等边三角形排布，总的孔面积占鼓泡区面积 A_p 的比率可表示如下：

$$\frac{A_h}{A_p} = 0.9 \left(\frac{d_h}{l_p} \right)^2 \qquad (17.54)$$

根据式（17.54）绘制孔面积和孔距的关系图（图 17.41）。

17.13.12 液面梯度

液面梯度是推动液体在塔板上流动所需的液位差。与泡罩塔板不同，筛孔塔板上液相流动的阻力较小，在设计中通常可不考虑液面梯度。在真空操作的塔中液面梯度则很重要，原因是其堰高较低，液面梯度是总液体高度的重要组成部分。Fair（1963）给出了液面梯度的估算方法。

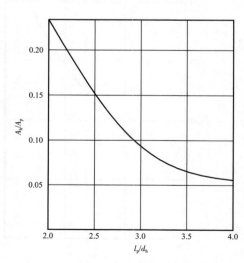

图 17.41 孔面积和孔距的关系

17.13.13　液相流径

液相流径是指液相流经降液管堰的水平距离。它是多溢流塔板设计中需要考虑的一个重要因素。Bolles（1963）给出了一种估算液相流径的方法。如果液相流径过大，可以使用防溅挡板来确保液体向下流动而不会窜到相邻区域。

17.13.14　塔板压降

塔板压降是设计中需要考虑的一个重要因素。压力损失的主要来源有两个：一个是气相流经孔所造成的（孔板损失）；另一个是塔板上的净液柱所产生的。

通常采用简单的加和模型来预测总压降。总压降为几种压降的总和：气体通过干板的压降（干板压降 h_d）；塔板上清液层的压头（h_w+h_{ow}）；剩余损失 h_r（其他影响较小的压力损失来源）。剩余损失是实验压降与干板压降加清液层的压头之和的差值。它考虑了两个效应：一个是形成气泡的能量；另一个是在实际操作中，塔板上的液体不是清液层，而是"充气"的液体泡沫，其密度和高度与单纯的液体不同。

用毫米液柱来表示压降是很方便的。按照压力单位，压降则表示如下：

$$\Delta p_t = 9.81\times10^{-3}h_t\rho_L \qquad (17.55)$$

式中　　Δp_t——总的塔板压降，Pa；

h_t——总的塔板压降，mm 液柱。

17.13.14.1　干板压降

干板压降可以用气体流经孔板的公式来估算：

$$h_d = 51\left(\frac{u_h}{C_0}\right)^2\frac{\rho_v}{\rho_L} \qquad (17.56)$$

其中，u_h 是气体通过孔的流速，m/s；孔流系数 C_0 是塔板厚度、孔径、孔面积与鼓泡区面积比的函数。C_0 可以从图 17.42 中得到，该图改编自 Liebson 等（1957）的类似关联图。

17.13.14.2　剩余压头

已经有剩余压头的估算方法被提出，它是液体表面张力、泡沫密度和泡沫高度的函数。但是，由于此校正项对塔板压降的影响很小，因此使用复杂的方法对其进行估算是没有必要的。可采用 Hunt、Hanson 和 Wilke（1955）提出的一个简单的估算公式来进行剩余压头的计算：

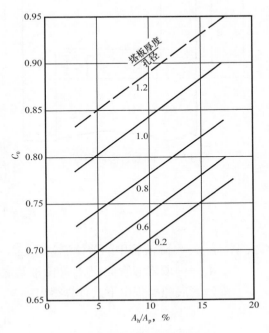

图 17.42　筛孔塔板的孔流系数
（Liebson 等，1957）

$$h_r = \frac{12.5 \times 10^3}{\rho_L} \tag{17.57}$$

式（17.57）相当于取剩余压降为 12.5mm H_2O 的固定值。

17.13.14.3　总压降

总的塔板压降计算如下：

$$h_t = h_d + (h_w + h_{ow}) + h_r \tag{17.58}$$

如果液面梯度明显，清液层高度应加上一半的液面梯度值。

17.13.15　降液管设计

降液管面积和板间距必须保证降液管中的液体和泡沫高度远远低于塔板出口堰的顶部。如果液位高于出口堰，将发生液泛。

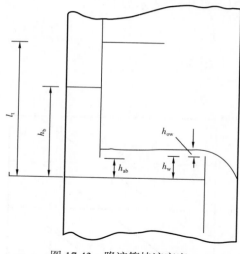

图 17.43　降液管持液高度

17.13.15.1　降液管持液高度

降液管中液体的积聚是由塔板压降（降液管实际上是 U 形管的一侧）和降液管本身的流动阻力引起的（图 17.43）。

对于清液层，降液管中液体的持液高度可用以下公式计算：

$$h_b = (h_w + h_{ow}) + h_t + h_{dc} \tag{17.59}$$

式中　h_b——降液管的持液高度（从塔板表面计），mm；

　　　h_{dc}——降液管压头损失，mm。

降液管出口的收缩是流动阻力的主要起因，降液管的压头损失可以用 Cicalese 等（1947）提出的公式进行估算：

$$h_{dc} = 166 \left(\frac{L_{wd}}{\rho_L A_m} \right)^2 \tag{17.60}$$

式中　L_{wd}——降液管中的液体流量，kg/s；

　　　A_m——取降液管面积 A_d 和降液管底隙面积 A_{ap} 中较小者，m^2。

降液管底隙面积由下式计算得出：

$$A_{ap} = h_{ap} l_w \tag{17.61}$$

其中，h_{ap} 是降液板底边高出塔板的高度，该高度通常比出口堰低 5～10mm。

17.13.15.2　泡沫层高度

为了预测"充气"液体在塔板上的高度和降液管中的泡沫高度，需要一些估计泡沫密度的方法。"充气"液体的密度通常是清液的 0.4～0.7 倍。一些用于估算的关联式将泡沫密度作为气相流量和液体物性的函数（Chase，1967）。但是，没有一种方法是特别可靠的，设计时通常假设泡沫密度为液体密度的 0.5 倍。

泡沫密度也可以作为降液管中流体的平均密度，即为了设计的安全性，由式（17.59）计算出的持液高度不应超过塔板间距 l_t 的一半，以避免液泛。

允许的持液高度：

$$h_b \leqslant \frac{1}{2}\left(l_t + h_w\right) \tag{17.62}$$

这个标准有些过于保守，如果需要缩小塔板间距，应更准确地估算降液管中的泡沫密度。推荐使用 Thomas 和 Shah（1964）提出的方法。Kister（1992）建议降液管中的泡沫高度不应大于塔板间距的 80%。

17.13.15.3　降液管停留时间

必须在降液管中留出足够的停留时间，以便夹带的气体从液体中释放出来，防止大量"充气"液体被带出降液管。建议停留时间至少为 3s。

降液管停留时间由下式计算得出：

$$t_r = \frac{A_d h_{bc} \rho_L}{L_{wd}} \tag{17.63}$$

式中　t_r——停留时间，s；

　　　h_{bc}——降液管内清液高度，m。

示例 17.6

为示例 17.2 中的塔设计塔板。取最小进料量为最大进料量（10000kg/h）的 70%。采用筛板塔。

解：

由于液相流量、气相流量及组成将沿着塔高发生变化，因此需要对进料点以上和以下塔段分别进行塔板设计。本示例只对下部塔板的设计进行详细介绍。

根据示例 17.2 中 McCabe–Thiele 图，塔板数为 10；塔顶丙酮含量为 95%（摩尔分数），塔釜丙酮含量为 1%（摩尔分数）；回流比为 1.24。

（1）流量。

进料分子量为 0.1×58+（1-0.1）18＝22。

进料摩尔流量为 10000/22＝454.5kmol/h。

总物料平衡：

$$D+B=454.5$$

丙酮的物料平衡：

$$0.95D+0.01B=0.1\times454.5$$

可得 $D=43.5\text{kmol/h}$，$B=411.0\text{kmol/h}$。

气相流量 $V=D（1+R）=43.5（1+1.24）=97.5\text{kmol/h}$。

进料为饱和液相，因此对于进料点以上的液相，$L=RD=1.24\times43.52=54.0\text{kmol/h}$；对于进料点以下的液相，$L'=F+RD=454.5+54=508.5\text{kmol/h}$。

（2）物性。

估算塔底压力，假设塔的效率为 60%，忽略再沸器。

$$实际塔板数 = \frac{10}{0.6} \approx 17$$

假设每块塔板的压降为 100mm H_2O，则：

$$塔的压降 = 100\times10^{-3}\times1000\times9.81\times17=16677\text{Pa}$$

塔顶压力为 1atm（101.4×10^3Pa），则估算的塔底压力 $=101.4\times10^3+16677=118077\text{Pa}=1.18\text{bar}$。

从 UniSim 计算，塔底温度为 96.0℃，物性如下：

$$\rho_v=0.693\text{kg/m}^3，\rho_L=944\text{kg/m}^3$$

$$M=18.4，\sigma=58.9\times10^{-3}\text{N/m}$$

在 56℃下馏出 95% 丙酮，物性如下：

$$\rho_v=2.07\text{kg/m}^3，\rho_L=748\text{kg/m}^3$$

$$M=56.1，\sigma=22.7\times10^{-3}\text{N/m}$$

（3）塔径。

忽略气液分子量的差异：

$$F_{LV,塔底} = \frac{508.5}{97.5}\times\sqrt{\frac{0.693}{944}}=0.141$$

$$F_{LV,塔顶} = \frac{54}{97.5}\times\sqrt{\frac{2.07}{748}}=0.0291$$

取塔板间距为 0.5m。

根据图 17.34：

$$塔底 K_1=7.5\times10^{-2}$$

$$塔顶\ K_1 = 9.0 \times 10^{-2}$$

表面张力修正：

$$塔底\ K_1 = \left(\frac{59}{20}\right)^{0.2} \times 7.5 \times 10^{-2} = 9.3 \times 10^{-2}$$

$$塔顶\ K_1 = \left(\frac{23}{20}\right)^{0.2} \times 9.0 \times 10^{-2} = 9.3 \times 10^{-2}$$

$$塔底\ u_f = 9.3 \times 10^{-2} \times \sqrt{\frac{944 - 0.693}{0.693}} = 3.43\,\text{m/s}$$

$$塔顶\ u_f = 9.3 \times 10^{-2} \times \sqrt{\frac{748 - 2.07}{2.07}} = 1.77\,\text{m/s}$$

最大流量下，液泛率为 85%：

$$塔底\ u_n = 3.43 \times 0.85 = 2.92\,\text{m/s}$$

$$塔顶\ u_n = 1.77 \times 0.85 = 1.50\,\text{m/s}$$

最大体积流量：

$$塔底为\ \frac{97.5 \times 18.4}{0.693 \times 3600} = 0.719\,\text{m}^3/\text{s}$$

$$塔顶为\ \frac{97.5 \times 56.1}{2.07 \times 3600} = 0.734\,\text{m}^3/\text{s}$$

所需净面积：

$$塔底为\ \frac{0.719}{2.92} = 0.246\,\text{m}^2$$

$$塔顶为\ \frac{0.734}{1.50} = 0.489\,\text{m}^2$$

作为第一次试算，取降液管面积为总面积的 12%。
塔的截面积：

$$塔底为\ \frac{0.246}{0.88} = 0.280\,\text{m}^2$$

$$塔顶为\ \frac{0.489}{0.88} = 0.556\,\text{m}^2$$

则塔径计算如下：

$$塔底为\ \sqrt{\frac{0.28 \times 4}{\pi}} = 0.60\,\text{m}$$

$$塔顶为 \sqrt{\frac{0.556 \times 4}{\pi}} = 0.84m$$

进料点上下塔段取同样的塔径，减少进料点以上塔板的鼓泡区面积。

塔径太大，已不能用标准管材，因此将塔径圆整到标准封头的尺寸（内径为 914.4mm）。

（4）液相流动形式。

$$最大液相体积流量 = \frac{508.5 \times 18.4}{3600 \times 944} = 2.75 \times 10^{-3} m^3/s$$

塔板直径已超出图 17.35 的范围，但明显仍可采用单溢流塔板。

（5）临时塔板设计。

塔径 $D_c = 0.914m$。

塔的截面积 $A_c = 0.556m^2$。

降液管面积 $A_d = 0.12 \times 0.556 = 0.067m^2$（取 12% 时）。

净面积 $A_n = A_c - A_d = 0.556 - 0.067 = 0.489m^2$。

有效面积 $A_a = A_c - 2A_d = 0.556 - 0.134 = 0.422m^2$。

孔面积 A_h 取 10% A_a（$0.042m^2$）作为第一次试算值。

堰长 $= 0.76 \times 0.914 = 0.695m$（根据图 17.39），取堰高为 50mm，孔径为 5mm，塔板厚度为 5mm。

（6）检查漏液。

$$最大液相流量 = \frac{508.5 \times 18.4}{3600} = 2.60kg/s$$

$$最小液相流量（70\% 负荷）= 0.7 \times 2.6 = 1.82kg/s$$

$$最大 \ h_{ow} = \left(\frac{2.6}{944 \times 0.695}\right)^{2/3} = 25.0mm \ 液柱$$

$$最小 \ h_{ow} = \left(\frac{1.82}{944 \times 0.695}\right)^{2/3} = 19.7mm \ 液柱$$

$$最小流量下 \ h_w + h_{ow} = 50 + 19.7 = 69.7mm \ 液柱$$

根据图 17.37：

$$K_2 = 30.6$$

$$u_{h, \ min} = \frac{[30.6 - 0.90 (25.4 - 5)]}{(0.693)^{1/2}} = 14.7m/s \qquad (17.52)$$

$$实际最低气相流速 = \frac{最小气相流量}{A_h} = \frac{0.7 \times 0.719}{0.042} = 12.0 \text{m/s}$$

因此，在最低操作流量下塔底将发生漏液现象。减少孔面积到有效面积的 7%（$0.422 \times 0.07 = 0.0295 \text{m}^2$）。

$$新的实际最低气相流速 = \frac{0.7 \times 0.719}{0.0295} = 17.1 \text{m/s}$$

调整后该值高于漏液点。

（7）塔板压降。

① 干板压降。

通过孔的最高气相流速：

$$u_{h,\ max} = \frac{0.719}{0.0295} = 24.4 \text{m/s}$$

由图 17.42，对于塔板厚度 / 孔径 $=1$，$A_h/A_p \approx A_h/A_a = 0.07$，$C_o = 0.82$：

$$h_d = 51 \left(\frac{24.4}{0.82} \right)^2 \times \frac{0.693}{944} = 33.1 \text{mm} \ 液柱$$

② 剩余压头。

$$h_r = \frac{12.5 \times 10^3}{944} = 13.2 \text{mm} \ 液柱$$

③ 总的塔板压降。

$$h_t = 33 + (50 + 25) + 13 = 118 \text{mm} \ 液柱$$

说明：在计算塔底压力时，假设的塔板压降为 100mm 液柱。可以用新的估算值再次进行计算，但是很小的物性变化对塔板设计没有什么影响。每块塔板压降为 118mm 液柱是可以接受的。

（8）降液管持液高度。

① 降液管压力损失计算：取 $h_{ap} = h_w - 10 = 40 \text{mm}$。降液板底隙面积 $A_{ap} = 0.695 \times 40 \times 10^{-3} = 0.028 \text{m}^2$。由于该面积小于 A_d（0.067m^2），因此在式（17.60）中使用 A_{ap}：

$$h_{dc} = 166 \times \left(\frac{2.60}{944 \times 0.028} \right)^2 = 1.61 \text{mm} \ （取 \ 2\text{mm}）$$

② 降液管持液高度计算［采用式（17.59）］：

$$h_b = (50 + 25) + 118 + 2 = 195 \text{mm}$$

$195 \text{mm} < \dfrac{1}{2}$（塔板间距 + 堰高），因此塔板间距可接受。

③核算停留时间［采用式（17.63）］：

$$t_r = \frac{0.067 \times 0.195 \times 944}{2.60} = 4.7s（>3s，可行）$$

（9）核算雾沫夹带。

$$u_v = \frac{0.719}{0.489} = 1.47 m/s$$

$$液泛率 = \frac{1.47}{3.43} = 42.8\%$$

$F_{LV} = 0.14$，根据图 17.36，$\Psi = 0.0038$，远低于 0.1。

虽然液泛率远低于设计值 85%，塔径可以缩小，但会增加塔的压降。

（10）初步的布置图。

使用整节塔板。塔板边缘留 50mm 的非打孔区，50mm 的安定区。

（11）鼓泡区面积。

由图 17.40，当 $l_w/D_c = 0.695/0.914 = 0.76$ 时，$\theta_c = 99°$。

$$塔板边缘区的角度 = 180° - 99° = 81°$$

$$非开孔边缘区平均长度 = (0.914 - 50 \times 10^{-3}) \pi \times 81/180 = 1.22 m$$

$$非开孔边缘区面积 = 50 \times 10^{-3} \times 1.22 = 0.061 m^2$$

$$安定区的平均长度 \approx 堰长 + 非开孔边缘区宽度 = 0.695 + 50 \times 10^{-3} = 0.745 m$$

$$安定区面积 = 2 \times (0.745 \times 50 \times 10^{-3}) = 0.0745 m^2$$

$$鼓泡区面积 A_p = 0.422 - 0.061 - 0.075 = 0.286 m^2$$

$$A_h/A_p = 0.0295/0.286 = 0.103$$

根据图 17.41，$l_p/d_h = 2.9$（在 2.5～4.0 的范围内），可以接受。

（12）孔数。

$$单孔面积 = 1.964 \times 10^{-5} m^2$$

$$筛孔个数 = \frac{0.0295}{1.964 \times 10^{-5}} = 1502$$

（13）塔板规格。

最终的塔板规格如图 17.44 所示。

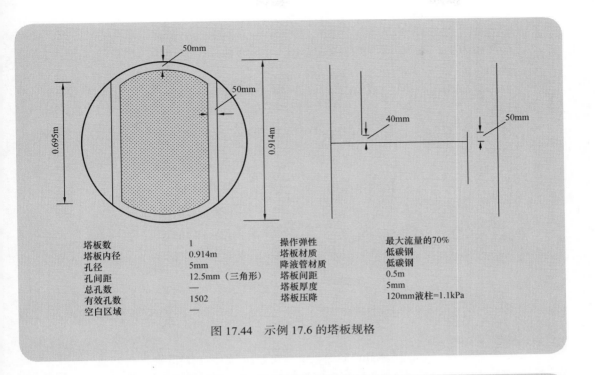

图 17.44　示例 17.6 的塔板规格

塔板数	1	操作弹性	最大流量的70%
塔板内径	0.914m	塔板材质	低碳钢
孔径	5mm	降液管材质	低碳钢
孔间距	12.5mm（三角形）	塔板间距	0.5m
总孔数	—	塔板厚度	5mm
有效孔数	1502	塔板压降	120mm液柱=1.1kPa
空白区域			

示例 17.7

估算示例 17.6 中丙酮含量为 5%（摩尔分数）的塔板的效率。使用 AIChE 方法。

解：

该塔板位于提馏段（图 17.9）。

塔板尺寸：有效面积 =0.422m²；降液管之间的长度（图 17.40）（液相流道，Z_L）=0.914（1–2×0.175）=0.594m；堰高 =50mm。

塔底最小流量：

$$气相最小流量 =0.7\times\frac{97.5}{3600}=0.019kmol/s$$

$$液相最小流量 =0.7\times\frac{508.5}{3600}=0.099kmol/s$$

由 McCabe–Thiele 图（图 17.9），当 $x=0.05$ 时，假设塔板效率为 60%，则 $y\approx0.35$。液相组成 $x=0.05$，大概出现在从塔底向上数第三块板上（包括再沸器，每块塔板的效率为 60%）。该塔板上的压力约为：

$$101.4\times10^3+（14\times0.118\times9.81\times944）=116.7kPa（取 1.17bar）$$

在此压力下，塔板温度约为 92℃，由 UniSim 计算出液相和气相物性。

液相：

分子量 $=20$；$\rho_L=932.7\text{kg/m}^3$；$\mu_L=0.3544\times10^{-3}\text{Pa}\cdot\text{s}$；$\sigma=60.2\times10^{-3}\text{N/m}$。

气相：

分子量 $=32$；$\rho_v=1.233\text{kg/m}^3$；$\mu_v=9.17\times10^{-6}\text{Pa}\cdot\text{s}$；$D_L=4.16\times10^{-9}\text{m}^2/\text{s}$；$D_v=17.4\times10^{-6}\text{m}^2/\text{s}$。

$$\text{气相体积流量}=\frac{0.019\times32}{1.233}=0.493\text{m}^3/\text{s}$$

$$\text{液相体积流量}=\frac{0.099\times20}{932.7}=2.12\times10^{-3}\text{m}^3/\text{s}$$

$$u_a=\frac{0.493}{0.422}=1.17\text{m/s}$$

$$F_v=u_a\sqrt{\rho_v}=2.365\text{kg}^{0.5}\text{m}^{-0.5}\text{s}^{-1}$$

$$\text{有效表面的平均宽度}=0.422/0.594=0.71\text{m}$$

$$L_p=\frac{2.12\times10^{-3}}{0.71}=2.99\times10^{-3}\text{m}^2/\text{s}$$

$$N_G=\frac{\left(0.776+4.57\times10^{-3}\times50-0.24\times2.365+105\times2.99\times10^{-3}\right)}{\left(\dfrac{9.17\times10^{-6}}{1.233\times17.4\times10^{-6}}\right)^{0.5}}=1.15 \quad（17.38）$$

$$Z_c=0.006+0.73\times10^{-3}\times50-0.24\times10^{-3}\times2.365\times50+1.22\times2.99\times10^{-3}$$

$$=17.8\times10^{-3} \quad（17.43）$$

$$t_L=\frac{17.8\times10^{-3}\times0.594}{2.99\times10^{-3}}=3.54\text{s} \quad（17.41）$$

$$N_L=\left(4.13\times10^8\times4.16\times10^{-9}\right)^{0.5}\times\left(0.21\times2.365+0.15\right)\times3.54=3.00 \quad（17.40）$$

$$D_e=\left(0.0038+0.017\times1.17+3.86\times2.99\times10^{-3}+0.18\times10^{-3}\times50\right)^2$$

$$=1.96\times10^{-3} \quad（17.45）$$

$$Pe=\frac{0.594^2}{1.96\times10^{-3}\times3.54}=50.8 \quad（17.44）$$

由 McCabe–Thiele 图，当 $x=0.05$ 时，平衡线的斜率 ≈12.0，因此：

$$\frac{mV}{L} = \frac{12 \times 0.019}{0.099} = 2.30$$

$$\frac{\left(\dfrac{mV}{L}\right)}{N_L} = \frac{2.30}{3.00} = 0.767$$

由图 17.21，$E_{mv} = 0.43$：

$$\frac{mV}{L} \times E_{mv} = 2.30 \times 0.43 = 0.989$$

由图 17.22，$E_{mV}/E_{mv} = 1.62$：

$$E_{mV} = 0.43 \times 1.62 = 0.697$$

则塔板效率 $= 70\%$。

说明：在 $x = 0.05$ 时，平衡线的斜率很难确定，然而即使斜率读取得不准确，对 E_{mV} 的也影响不大。

示例 17.8

采用 Van Winkle 关联式，计算示例 17.6 和示例 17.7 所设计塔的塔板效率。

解：

根据示例 17.6 和示例 17.7，可得：

$$\rho_L = 932.7 \text{kg/m}^3\,;\ \mu_L = 0.3544 \times 10^{-3} \text{Pa} \cdot \text{s}\,;\ D_{LK} = D_L = 4.16 \times 10^{-9} \text{m}^2/\text{s}\,;\ \sigma = 60.2 \times 10^{-3} \text{N/m}\,;$$

$$\rho_v = 1.233 \text{kg/m}^3\,;\ \mu_v = 9.17 \times 10^{-6} \text{Pa} \cdot \text{s}\,;$$

$$h_w = 50 \text{mm}$$

面积分率 $FA = A_h/A_c = 0.0295/0.556 = 0.053$

空塔气速 $u_v = 0.493/0.556 = 0.887 \text{m/s}$

$$Dg = \frac{0.0602}{0.3544 \times 10^{-3} \times 0.887} = 191.6$$

$$Sc = \frac{0.3544 \times 10^{-3}}{932.7 \times 4.16 \times 10^{-9}} = 91.3$$

$$Re = \frac{50 \times 10^{-3} \times 0.887 \times 932.7}{0.3544 \times 0.053} = 2.2 \times 10^3$$

$$E_{mV} = 0.07 \times 191.6^{0.14} \times 91.3^{0.25} \times \left(2.2 \times 10^3\right)^{0.08}$$

$$= 0.836 \,(约等于 84\%)$$

（17.36）

与 AIChE 方法计算出的效率相比，该数值过高，因此示例 17.7 的计算结果更好。

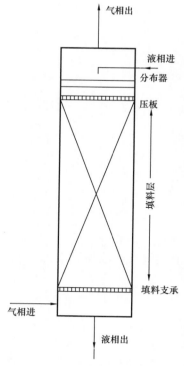

气相出

液相进

分布器

压板

填料层

填料支承

气相进

液相出

图 17.45　填料吸收塔示意图

17.14　填料塔

填料塔可用于精馏、气体吸收和液液萃取，本节只介绍精馏和吸收。汽提（解吸）是吸收的逆过程，可采用相同的设计方法。

填料塔内气液接触是连续的，不像板式塔是分段接触的。液体在填料表面沿塔向下流动，气体则逆流向上。也有一些气体吸收塔中采用顺流。填料塔的性能非常依赖于液相和气相在整个填料层的分布，这是填料塔设计中的一个重要考虑因素。

图 17.45 为填料吸收塔示意图，显示了填料吸收塔的主要特征。该填料塔与图 17.1 所示的板式塔类似，只是将塔板换成了填料。

Kister（1992）、Strigle（1994）和 Billet（1995）等介绍了散堆填料塔的设计。

对于特定的应用，板式塔和填料塔的选择只能通过计算每种设计的成本来确定。但是，一般也可以基于经验，通过考虑两种类型的主要优点和缺点来进行选择，如下：

（1）与填料塔相比，板式塔可处理的液相和气相流量范围更宽。

（2）填料塔不适用于液相流量太低的情况。

（3）与等板高度（HETP 或 HTU）相比，塔板效率可以被更准确地预测。

（4）板式塔的设计比填料塔更有保证。在所有的操作条件下，特别是在大塔中，液相是否能在整个填料塔中维持良好的分布始终是一个问题。

（5）板式塔内部进行冷却较为方便（盘管可以安装在塔板上）。

（6）从板式塔中进行侧线采出较为方便。

（7）如果液体易结垢或含有固体，板式塔更易清洗；人行通道可安装在塔板上。但是，对于直径较小的塔，使用填料并在结垢后更换填料可能更为经济。

（8）对腐蚀性液体来说，填料塔通常比板式塔投资低。

（9）填料塔的持液量明显低于板式塔。当出于安全原因必须尽量减少有毒或易燃液体的存量时，这一点是非常重要的。

（10）填料塔更适合处理发泡体系。

（11）填料等板高度（HETP）的压降低于塔板，真空塔应考虑用填料塔。

（12）直径较小（如小于 0.6m）的塔应考虑用填料塔。在小直径的塔中，塔板很难安装且价格昂贵。

填料塔的设计包括以下步骤：

（1）选择填料类型和尺寸。

（2）确定满足分离要求的塔高。

（3）按需要处理的液相和气相流量确定塔径。

（4）选择和设计塔内件：填料支承、液体分布器和再分布器。

17.14.1　填料类型

填料的基本要求应包括：提供足够的表面积（气相和液相之间相互接触的面积要大）；具有开放的结构（气相流动阻力小）；促进液体在填料表面的均匀分布；促进气体在塔截面上的均匀分布。

很多类型和形状的填料都能够满足上述要求，可以将填料分为以下两大类：

（1）具有规则几何形状的填料，如堆叠的环、格栅和规整填料。

（2）散堆填料：环形、鞍形和专有形状，它们被填装入塔中随机排布。

格栅具有开放式结构，用于要求压降低但气相流量高的情况，如冷却塔。散堆填料和规整填料在过程工业中应用较多。

17.14.1.1　散堆填料

散堆填料的主要类型如图 17.46 所示。这些填料的设计数据见表 17.2。本节给出的设计方法和数据可以用于填料塔初步的设计，但详细设计时，建议参考填料制造商的技术文件，以获得将要使用的特定填料的数据。设计人员应向填料制造商咨询了解可用于特殊应用的特定填料的详细资料。

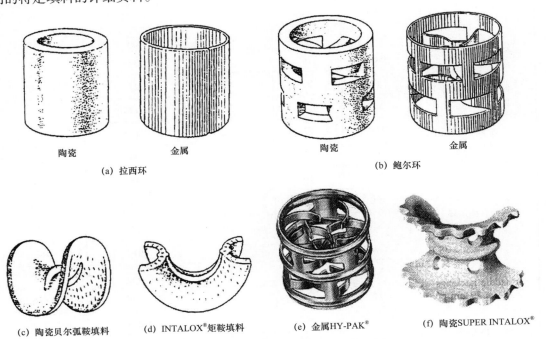

(a) 拉西环　　　　　　　　　　(b) 鲍尔环

(c) 陶瓷贝尔弧鞍填料　　(d) INTALOX® 矩鞍填料　　(e) 金属HY-PAK®　　(f) 陶瓷SUPER INTALOX®

图 17.46　填料类型（Koch–Glitsch 公司）

拉西环［图 17.46（a）］是最古老的特殊制造的散堆填料类型之一，现在仍在普遍应用。鲍尔环［图 17.46（b）］本质上是拉西环，其开口是通过将表面的条带折叠成环而形成的，从而增加了自由面积并改善了液体分布特性。与鲍尔环相比，贝尔弧鞍填料［图 17.46（c）］的液体分布性能更好。INTALOX® 矩鞍填料［图 17.46（d）］可以被认为是一种改进的贝尔弧鞍填料，其形状比贝尔弧鞍填料更容易制造。图 17.46（e）和图 17.46（f）所示的 HY-PAK® 和 SUPER INTALOX® 填料可分别被认为是鲍尔环和 INTALOX® 矩鞍填料的改进类型。

表 17.2　各种填料的设计数据

项目	尺寸		堆密度，kg/m³	比表面积，m²/m³	填料因子 F_p，m⁻¹
	in	mm			
陶瓷拉西环	0.50	13	881	368	2100
	1.0	25	673	190	525
	1.5	38	689	128	310
	2.0	51	651	95	210
	3.0	76	561	69	120
金属拉西环 （碳钢材料密度）	0.5	13	1201	417	980
	1.0	25	625	207	375
	1.5	38	785	141	270
	2.0	51	593	102	190
	3.0	76	400	72	105
金属鲍尔环 （碳钢材料密度）	0.625	16	593	341	230
	1.0	25	481	210	160
	1.25	32	385	128	92
金属鲍尔环 （碳钢材料密度）	2.0	51	353	102	66
	3.5	76	273	66	52
塑料鲍尔环 （聚丙烯材料密度）	0.625	16	112	341	320
	1.0	25	88	207	170
	1.5	38	76	128	130
	2.0	51	68	102	82
	3.5	89	64	85	52
陶瓷 INTALOX® 矩鞍填料	0.5	13	737	480	660
	1.0	25	673	253	300
	1.5	38	625	194	170
	2.0	51	609	108	130
	3.0	76	577		72

INTALOX® 矩鞍填料、SUPER INTALOX® 和 HY–PAK® 填料是专利设计，为 Koch–Glitsch 公司的注册商标。

环形和鞍形填料可使用多种材料，如陶瓷、金属、塑料和碳。金属和塑料（聚丙烯）填料比陶瓷填料效率更高，原因是它们的壁可以更薄。

拉西环每单位体积的成本比鲍尔环或鞍形填料低，但效率也低。如果使用拉西环，通常塔的总成本反而会更高。对于新塔，通常选用鲍尔环、贝尔弧鞍填料或 INTALOX® 矩鞍填料。

填料材料的选择取决于流体的性质和操作温度。陶瓷填料是耐腐蚀性液体的首选，但是陶瓷不适合强碱介质。由塑料制成的填料容易受到有机溶剂的侵蚀，并且只能在中等温度下使用，因此不适用于精馏塔。如果塔的操作可能不稳定，则使用金属填料，原因是陶瓷填料容易破碎。Eckert（1963）、Strigle（1994）、Kister（1992）和 Billet（1995）详细介绍了精馏和吸收用填料的选择。

一般来说，应选用适合塔大小的最大尺寸（可大到 50mm）的填料。小尺寸填料比大尺寸填料要贵得多。

填料尺寸在 50mm 以上时，每立方米填料较低的成本通常不能补偿其较低的传质效率。并且，在小塔中使用过大尺寸的填料会造成液体分布不均。

推荐尺寸范围如下：当塔径小于 0.3m（1ft）时，选用填料尺寸小于 25mm（1in）；当塔径为 0.3～0.9m（1～3ft）时，选用填料尺寸为 25～38mm（1～1.5in）；当塔径大于 0.9m（3ft）时，选用填料尺寸为 50～75mm（2～3in）。

17.14.1.2　规整填料

规整填料是指由金属丝网或开孔金属板构成的填料。它们被折叠并排列成规则的几何形状，以获得更多的空隙率和表面积。图 17.47 显示了典型的规整填料。

许多制造商生产不同的规整填料。它们的基本结构和性能是相似的。规整填料的材料可采用金属、塑料和石材。与散堆填料相比，规整填料的优点是低 HETP（通常小于 0.5m）和低压降（约 100Pa/m）。因此，规整填料在以下情况中越来越多地被应用：

（1）分离困难需要很多塔板的情况，如异构体的分离。

（2）高度真空的精馏塔。

（3）对现有塔进行改造，以提高产能并降低回流比。

规整填料主要应用于精馏，但也可用于吸收等需要高效率和低压降的应用。

每立方米规整填料的成本显著高于散堆填料，但这被其更高的效率所补偿。

规整填料的设计数据应参考制造商的技术文件。Butcher（1988）回顾了现有的规整填料种类。Fair 和 Bravo（1990）、Kister 和 Gill

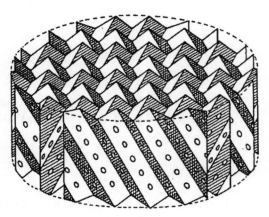

图 17.47　规整填料的构成（Butcher，1988）

（1992）给出了规整填料处理量和压降预测的一般方法。Kister（1992）详细讨论了规整填料在精馏中的应用。

规整填料的金属很薄，具有较高的表面积，热量不易从局部热点传导出去，因此较易被聚集其中的碳氢化合物或烧蚀物点燃。美国蒸馏研究公司设计委员会（FRI Design Practices Committee）就填料塔的设计和维护提供了指导方案，以减少填料着火的可能性（FRI Design Practices Committee，2007）。

17.14.2 填料层高度

17.14.2.1 精馏

对于填料精馏塔的设计，较为简单的方法是将分离视为一个平衡级过程，并使用等板高度的概念将理论板数转换为填料高度。从而，可以将 17.5 节至 17.8 节中给出的理论板数的估算方法应用于填料塔中。

等板高度（HETP）是与平衡级具有相同分离效果的填料的高度。Eckert（1975）表明，在精馏过程中，对于给定类型和尺寸的填料，等板高度基本上是恒定的，并且与体系物性无关，当保持良好的液体分布时，1m 填料的压降至少高于 17mm H_2O。对于鲍尔环，可以使用以下值来近似估算所需的填料层高度：当鲍尔环尺寸为 25mm（1in）时，等板高度为 0.4~0.5m；当鲍尔环尺寸为 38mm（$1\frac{1}{2}$in）时，等板高度为 0.6~0.75m；当鲍尔环尺寸为 50mm（2in）时，等板高度为 0.75~1.0m。

鞍形填料的等板高度与鲍尔环类似，1m 填料的压降至少为 29mm H_2O。

拉西环的等板高度高于鲍尔环和鞍形填料，上面给出的数值只适用于 1m 填料压降明显高于 42mm H_2O 的情况。

17.14.3 中给出的传质单元（HTU）高度的估算方法也可以用于填料精馏塔。传质单元与等板高度之间的关系如下：

$$\text{HETP} = \frac{H_{\text{OG}} \ln\left(\dfrac{mG_{\text{m}}}{L_{\text{m}}}\right)}{\left(\dfrac{mG_{\text{m}}}{L_{\text{m}}} - 1\right)} \tag{17.64}$$

式中 H_{OG}——总气相传质单元的高度；

G_{m}——每单元截面积的气相摩尔流量；

L_{m}——每单元截面积的液相摩尔流量。

平衡线的斜率 m 通常在整个精馏塔内都是变化的，因此有必要计算每一块板或一系列板的等板高度。

17.14.2.2 吸收

虽然填料吸收塔和汽提塔也可以按平衡级过程设计，但通常用微分方程的积分形式更为方便，该微分方程是通过考虑塔内某一点的传质速率而建立的。Richardson 等（2002）

介绍了这些方程的推导。

如果溶质的浓度很小（如小于 10%），那么在整个塔内气体和液体的流动将基本保持恒定，并且所需的填料高度 Z 由下式给出：

根据总气相传质系数 K_G 与气相组成：

$$Z = \frac{G_m}{K_G ap} \int_{y_2}^{y_1} \frac{dy}{y - y_e} \qquad (17.65)$$

或根据总液相传质系数 K_L 与液相组成：

$$Z = \frac{L_m}{K_L aC_t} \int_{x_2}^{x_1} \frac{dx}{x_e - x} \qquad (17.66)$$

式中　a——单位体积的相界面积；

　　　p——总压；

　　　C_t——总浓度；

　　　y_1，y_2——分别为塔底和塔顶气体中溶质的摩尔分数；

　　　x_1，x_2——分别为塔底和塔顶液体中溶质的摩尔分数；

　　　x_e——在任一点上与气相浓度相平衡的液相摩尔分数；

　　　y_e——在任一点上与液相浓度相平衡的气相摩尔分数；

图 17.48 显示了气体吸收平衡浓度与实际浓度的关系。

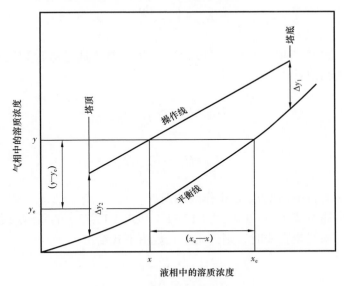

图 17.48　气体吸收浓度关系图

为了设计，可以按传质单元（HTU）简便地表示式（17.65）和式（17.66），其中积分值是传质单元数，积分符号前面的数组是传质单元的高度。

$$Z = H_{OG} N_{OG} \qquad (17.67a)$$

或

$$Z = H_{OL} N_{OL} \qquad (17.67b)$$

其中，H_{OG} 是总气相传质单元高度：

$$H_{OG} = \frac{G_m}{K_G ap} \qquad (17.68)$$

N_{OG} 是总气相传质单元数：

$$N_{OG} = \int_{y_2}^{y_1} \frac{dy}{y - y_e} \qquad (17.69)$$

H_{OL} 是总液相传质单元高度：

$$H_{OL} = \frac{L_m}{K_L a C_t} \qquad (17.70)$$

N_{OL} 是总液相传质单元数：

$$N_{OL} = \int_{x_2}^{x_1} \frac{dx}{x_e - x} \qquad (17.71)$$

总气相传质单元数通常表示为溶解气的分压：

$$N_{OG} = \int_{p_1}^{p_2} \frac{dp}{p - p_e} \qquad (17.72)$$

传质单元的总高度与单个膜传质单元 H_L 和 H_G（基于通过液膜和气膜的浓度推动力）之间的关系由下式给出：

$$H_{OG} = H_G + m \frac{G_m}{L_m} H_L \qquad (17.73)$$

$$H_{OL} = H_L + \frac{L_m}{m G_m} H_G \qquad (17.74)$$

其中，m 是平衡线的斜率；G_m/L_m 是操作线的斜率。

传质单元数可通过式（17.69）、式（17.71）和式（17.72）的图解或数值积分获得。

当操作线和平衡线是直线时，则传质单元数由下式给出：

$$N_{OG} = \frac{y_1 - y_2}{\Delta y_{1m}} \qquad (17.75)$$

其中，Δy_{1m} 是推动力的对数平均值，由下式给出：

$$y_{1m} = \frac{\Delta y_1 - \Delta y_2}{\ln\left(\dfrac{\Delta y_1}{\Delta y_2}\right)} \qquad (17.76)$$

其中，$\Delta y_1 = y_1 - y_e$；$\Delta y_2 = y_2 - y_e$。

如果平衡线和操作线可以视为直线且溶剂进料基本无溶质，则传质单元数可由下式给出：

$$N_{OG} = \frac{1}{1 - \left(\dfrac{mG_m}{L_m}\right)} \ln\left[\left(1 - \frac{mG_m}{L_m}\right)\frac{y_1}{y_2} + \frac{mG_m}{L_m}\right] \qquad (17.77)$$

由式（17.77）绘制的图 17.49 可以用来快速估算给定分离要求所需的传质单元数。

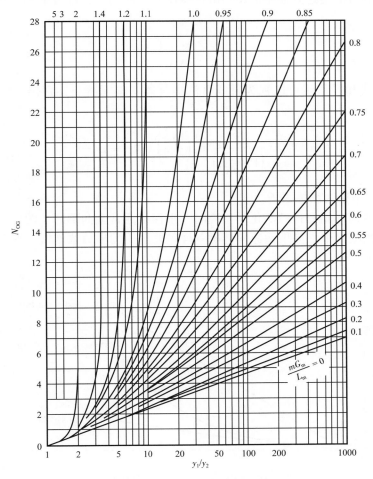

图 17.49　传质单元数 N_{OG} 与 y_1/y_2 关系曲线（以 mG_m/L_m 为参数）

从图 17.49 中可以看出，给定分离要求所需的级数与流量 L_m 紧密相关。如果溶剂流量不受其他工艺因素的影响，则可以用图 17.49 快速估算不同流量下的塔高，得到最经济的数值。Colburn（1939）提出 mG_m/L_m 的优化值应介于 0.7 和 0.8 之间。

本节只考虑低浓度气体的物理吸收。有关高浓度气体吸收和化学反应吸收的讨论，详见 Richardson 等（2002）或 Treybal（1980）的著作。Kohl 和 Nielsen（1997）广泛论述了酸性气吸收的情况。如果进口气的浓度不是很高，则可以通过将操作线划分为两段或三段直线来使用低浓度气体方程。

17.14.2.3 汽提

在汽提塔中，吸收的溶质通过与气体逆流接触而从液体溶剂中被脱除。汽提和吸收一般是并存的，汽提塔用来再生吸收塔的溶剂。对汽提塔的分析与吸收塔类似，见 Green 和 Perry（2007）的著作。

由于汽提的目的是达到期望的出口液体浓度，因此用液相传质单元数来进行分析更为合适：

$$N_{OL} = \int_{x_2}^{x_1} \frac{dx}{x_e - x}$$

如果平衡线和操作线可以视为直线且汽提气体基本无溶质，则传质单元数可由下式给出：

$$N_{OL} = \frac{1}{\left(1 - \frac{L}{mG}\right)} \ln\left[\left(\frac{L}{mG}\right) + \left(1 - \frac{L}{mG}\right)\frac{x_2}{x_1}\right] \tag{17.78}$$

参数 L/mG 被称为汽提因子。

当溶质和溶剂之间有强烈的化学反应时，平衡线通常会向下凹（图 17.50）。汽提操作线必须位于平衡线之下，如果像通常情况一样需要溶质的出口浓度低，那么 L/G 必须小于平衡线的斜率 m。

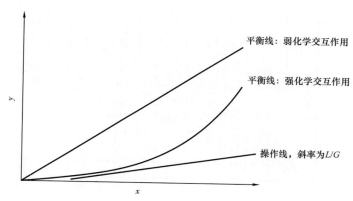

图 17.50 汽提平衡线和操作线

为了使 $L/G < m$，设计者可以通过提高汽提气体的流量 G，或者升高温度、降低压力来增加 m。

平衡线越凹，达到 $L/G < m$ 和溶剂完全再生的难度就越大。由于溶剂完全再生的成本很高，因此吸收—汽提工艺适用于大宗产品的分离。如有需要，吸收塔顶气体带出的少量溶质可通过解吸进行回收（见 16.2.1）。

17.14.3　传质单元高度（HTU）的预测

目前还没有完全令人满意的预测传质单元高度的方法。实际上，某种填料的传质单元高度不仅取决于气液两相的物性和流速，还取决于整个塔内液体分布的均匀性，而均匀性又取决于塔高和塔径，这使得从小试和中试获得的数据很难外推到工业规模的塔中。在可能的情况下，应根据相似规模的实际操作数据来进行传质单元高度的估算。

Cornell 等（1960）、Eckert（1963）和 Vital 等（1984）给出了几种体系的实验数据，其中一部分数据列于表 17.3 中。

表 17.3　几种典型体系的实验数据

体系	压力 kPa	塔径 m	填料型式	填料尺寸 mm	传质单元高度 m	等板高度 m
吸收						
烃类	6000	0.9	鲍尔环	50		0.85
氨—空气—水	101	—	贝尔弧鞍填料	50	0.50	
空气—水	101	—	贝尔弧鞍填料	50	0.50	
丙酮—水	101	0.6	鲍尔环	50		0.75
精馏						
戊烷—丙烷	101	0.46	鲍尔环	25		0.46
异丙醇（IPA）—水	101	0.46	INTALOX® 矩鞍填料	25	0.75	0.50
甲醇—水	101	0.41	鲍尔环	25	0.52	
	101	0.20	INTALOX® 矩鞍填料	25		0.46
丙酮—水	101	0.46	鲍尔环	25		0.37
	101	0.36	INTALOX® 矩鞍填料	25		0.46
甲酸—水	101	0.91	鲍尔环	50		0.45
丙酮—水	101	0.38	鲍尔环	38	0.55	0.45
	101	0.38	INTALOX® 矩鞍填料	50	0.50	0.45
	101	1.07	INTALOX® 矩鞍填料	38		1.22
丁酮—甲苯	101	0.38	鲍尔环	25	0.29	0.35
	101	0.38	INTALOX® 矩鞍填料	25	0.27	0.23
	101	0.38	贝尔弧鞍填料	25	0.31	0.31

由于填料的有效界面面积小于填料的实际表面积 a，因此通常用混合传质系数 $K_G a$ 来表示填料的实验传质系数。

有许多预测传质单元高度和传质系数的关联式，Richardson 等（2002）对其中几种进行了评述。本节给出的 Cornell 方法和 Onda 方法两种方法对于填料初步的设计是可靠的，在缺乏实际数据的情况下，也可用于最终设计且具有足够的安全裕量。

这两种方法是完全不同的，从而可以用其对预测值进行交叉检查。在设计中使用预测方法时，必须进行合理的判断，因此尝试几种不同的方法并进行结果比较是必要的。

散堆填料的典型传质单元高度如下：当散堆填料尺寸为 25mm（1in）时，传质单元高度为 0.3~0.6m（1~2ft）；当散堆填料尺寸为 38mm（$1^1/_2$in）时，传质单元高度为 0.5~0.75m（$1^1/_2$~$2^1/_2$ft）；当散堆填料尺寸为 50mm（2in）时，传质单元高度为 0.6~1.0m（2~3ft）。

17.14.3.1 Cornell 方法

Cornell 等（1960）回顾了之前发表的数据，提出了预测气液膜传质单元高度的经验公式（考虑了体系的物性、气液流量及塔径和塔高），并给出了各种尺寸的拉西环和弧鞍填料的公式和图。由于拉西环几乎不再用于新塔的设计，因此本节只给出贝尔弧鞍填料的数据。尽管鲍尔环和 INTALOX® 矩鞍填料的传质效率高于同等大小的贝尔弧鞍填料，但也可以用同样的方法对它们进行保守的估算。

Bolles 和 Fair（1982）将先前论文中给出的关联式扩展到金属鲍尔环。

Cornell 公式如下：

$$H_{\mathrm{G}} = 0.011 \psi_{\mathrm{h}} (Sc)_{\mathrm{v}}^{0.5} \left(\frac{D_{\mathrm{c}}}{0.305} \right)^{1.11} \left(\frac{Z}{3.05} \right)^{0.33} / \left(L_{\mathrm{w}}^{*} f_1 f_2 f_3 \right)^{0.5} \tag{17.79}$$

$$H_{\mathrm{L}} = 0.305 \phi_{\mathrm{h}} (Sc)_{\mathrm{L}}^{0.5} K_3 \left(\frac{Z}{3.05} \right)^{0.15} \tag{17.80}$$

式中 　H_{G}——气相传质单元高度，m；

　　　H_{L}——液相传质单元高度，m；

　　　$(Sc)_{\mathrm{v}}$——气相施密特数，等于 $\mu_{\mathrm{v}} / (\rho_{\mathrm{v}} D_{\mathrm{v}})$；

　　　$(Sc)_{\mathrm{L}}$——液相施密特数，等于 $\mu_{\mathrm{L}} / (\rho_{\mathrm{L}} D_{\mathrm{L}})$；

　　　D_{c}——塔径，m；

　　　Z——塔高，m；

　　　K_3——液泛率校正因子（图 17.51）；

　　　ψ_{h}——H_{G} 因子（图 17.52）；

　　　ϕ_{h}——H_{L} 因子（图 17.53）；

　　　L_{w}^{*}——每单位塔横截面积的液相质量流量，kg/（m²·s），下角 w 是指水在 20℃ 下的物性；

　　　f_1——液相黏度校正因子，等于 $(\mu_{\mathrm{L}} / \mu_{\mathrm{w}})^{0.16}$；

　　　f_2——液相密度校正因子，等于 $(\rho_{\mathrm{w}} / \rho_{\mathrm{L}})^{1.25}$；

　　　f_3——表面张力校正因子，等于 $(\sigma_{\mathrm{w}} / \sigma_{\mathrm{L}})^{0.8}$。

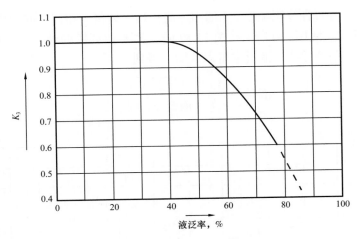

图 17.51　液泛率校正因子

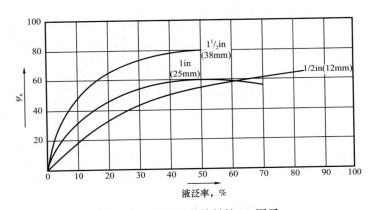

图 17.52　贝尔弧鞍填料的 H_G 因子

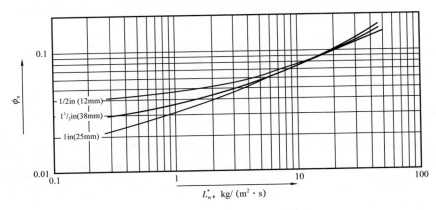

图 17.53　贝尔弧鞍填料的 H_L 因子

　　式（17.79）和式（17.80）包含了（$D_c/0.305$）和（$Z/3.05$）项，以考虑塔径和填料层高度的影响。Cornell 使用的标准值如下：直径为 1ft（0.305m），高度为 10ft（3.05m）。如果应用于过宽的范围，这些修正项显然会给出不合理的结果。对于直径为 0.6m（2ft）以上的塔，设计时应将直径修正项取 2.3 的固定值；当液体再分布器之间的距离大于 3m 时，才考虑高度修正项。使用图 17.51 和图 17.52 时，需要估算塔的液泛率。图 17.54 中的恒压降线中包含了一条液泛线，液泛率可以从图中得到。

$$\text{液泛率} = \left(\frac{\text{设计压降下的 } K_4}{\text{液泛下的 } K_4} \right)^{1/2} \qquad (17.81)$$

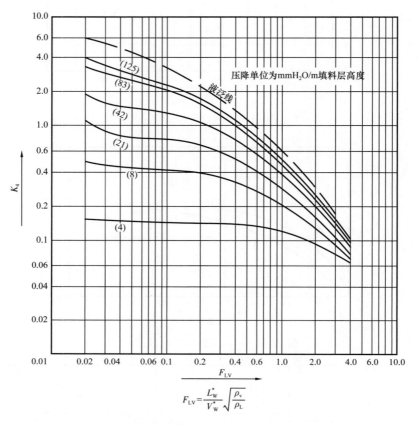

图 17.54　压降关联图（Koch–Glitsch 公司）

17.14.3.2　Onda 方法

Onda、Takeuchi 和 Okumoto（1968）发表了膜传质系数 k_G 和 k_L 与填料有效润湿面积 a_w 的关联式，可用来计算 H_G 和 H_L。该关联式基于大量的气体吸收和精馏数据，包括鲍尔弧鞍填料等各种填料。其中，估算填料有效面积的方法也可以与实验确定的传质系数值以及用其他关联式预测的值一起使用。

填料有效面积的计算如下：

$$\frac{a_w}{a} = 1 - \exp\left[-1.45 \left(\frac{\sigma_c}{\sigma_L} \right)^{0.75} \left(\frac{L_w^*}{a\mu_L} \right)^{0.1} \left(\frac{L_w^{*2}a}{\rho_L^2 g} \right)^{-0.05} \left(\frac{L_w^{*2}}{\rho_L \sigma_L a} \right)^{0.2} \right] \qquad (17.82)$$

传质系数计算如下：

$$k_L \left(\frac{\rho_L}{\mu_L g} \right)^{1/3} = 0.0051 \left(\frac{L_w^*}{a_w \mu_L} \right)^{2/3} \left(\frac{\mu_L}{\rho_L D_L} \right)^{-1/2} \left(a d_p \right)^{0.4} \tag{17.83}$$

$$\frac{k_G}{a} \frac{RT}{D_v} = K_5 \left(\frac{V_w^*}{a \mu_v} \right)^{0.7} \left(\frac{\mu_v}{\rho_v D_v} \right)^{1/3} \left(a d_p \right)^{-2.0} \tag{17.84}$$

式中　K_5——填料尺寸大于 15mm 时为 5.23，填料尺寸小于 15mm 时为 2.00；

L_w^*——每单位横截面积的液相质量流量，kg/（m²·s）；

V_w^*——每单位横截面积的气相质量流量，kg/（m²·s）；

a_w——每单位体积填料的有效相际接触面积，m²/m³；

a——每单位体积填料的实际面积（图 17.2），m²/m³；

d_p——填料尺寸，m；

σ_c——某些材质的临界表面张力，陶瓷为 61mN/m，金属（钢）为 75mN/m，塑料（聚乙烯）为 33mN/m，碳质的为 56mN/m；

σ_L——液体表面张力，N/m；

k_G——气膜传质系数，kmol/（m²·s·atm）或 kmol/（m²·s·bar），基于气体常数 $R = 0.08206$ atm·m³/（kmol·K）或 $R = 0.08314$ bar·m³/（kmol·K）；

k_L——液膜传质系数，m/s。

膜传质单元高度计算如下：

$$H_G = \frac{G_m}{k_G a_w p} \tag{17.85}$$

$$H_L = \frac{L_m}{k_L a_w C_t} \tag{17.86}$$

式中　p——塔的操作压力，atm 或 bar；

C_t——总浓度，等于 ρ_L/溶剂分子量，kmol/m³；

G_m——每单位横截面积的气相摩尔流量，kmol/（m²·s）；

L_m——每单位横截面积的液相摩尔流量，kmol/（m²·s）。

17.14.4　塔径（容量）

填料塔的容量是由其横截面积决定的。通常，填料塔被设计为在最高的经济压降下操作，以确保良好的液体和气体分布。对于散堆填料，每米填料高度压降通常不超过 80mm 水柱。在该压降下，气相流速约为液泛流速的 80%。推荐的压降设计值如下：吸收或汽提为 15～50mm H_2O/m 填料；常压和中压精馏为 40～80mm H_2O/m 填料。如果液相易发泡，则以上数值应减半。

对于真空精馏，最大允许压降将根据工艺要求来确定，但是为了获得令人满意的液体分布，每米填料高度压降不应小于 8mm H_2O。如果塔底压力需要非常低，则应考虑采用特殊的低压降网状填料，如 Hyperfil®、Multifil® 或 θ 环（Dixon 环）。

根据图 17.54 所示的压降关系，可以确定所选压降的塔的横截面积和直径。图 17.54 将气液和液相流量、体系物性、填料特性与单位横截面积内的气体质量流量相关联，并以恒压降线为参数。

图 17.54 中的 K_4 计算如下：

$$K_4 = \frac{13.1\left(V_w^*\right)^2 F_p \left(\dfrac{\mu_L}{\rho_L}\right)^{0.1}}{\rho_v \left(\rho_L - \rho_v\right)} \tag{17.87}$$

式中　V_w^*——每单位塔横截面积上的气体质量流量，kg/（m²·s）；

F_p——填料因子，填料尺寸和类型的特性（图 17.2），m⁻¹；

μ_L——液相黏度，Pa·s；

ρ_L，ρ_v——分别为液相和气相密度，kg/m³。

图 17.54 中给出的流动系数 F_{LV} 值涵盖了一般情况下塔的性能范围。

在精馏中，液相与气相流量的比例由回流比确定；在气体吸收中，该比例将根据满足分离要求的最经济溶剂量来选择。

Leva（1992，1995）发表了一个新的填料塔压降关联式，与图 17.54 中所示类似。这种新的关联式为密度明显大于水的体系提供了更好的预测方法，也可以用来预测干填料的压降。

示例 17.9

硫在空气中燃烧产生的 SO_2 被水吸收，然后通过汽提从溶液中回收纯 SO_2，请对吸收塔进行初步设计。进料为流量为 5000kg/h、SO_2 含量为 8%（体积分数）的气体，气体将被冷却到 20℃，要求 SO_2 的回收率为 95%。

解：

由于 SO_2 在水中的溶解度很高，因此常压操作即可满足要求。给水温度为 20℃，这是一个合理的设计值。

（1）溶解度数据。

取自 Perry 等（1973）：

SO_2	溶解度，%（质量分数）	0.05	0.1	0.15	0.2	0.3	0.5	0.7	1.0	1.5
	气体分压，mmHg	1.2	3.2	5.8	8.5	14.1	26	39	59	92

SO_2 在进料中的分压为（8/100）×760 ≈ 60.8mmHg。

在图 17.55 中绘制上述数据。

（2）塔板数。

当 SO_2 的回收率为 95% 时，出口气体中 SO_2 的分压为 60.8×0.05 = 3.04mmHg。

在这个分压范围内，平衡线基本上是直线，因此可以使用图 17.49 来估算所需的塔板数。使用图 17.49 估算的塔板数会略微多一些，更为精确的估算方法是对式（17.72）进行图解积分，但鉴于传质单元高度预测的不确定性，这样做是没有必要的。

SO_2 的分子量为 64，H_2O 的分子量为 18，空气的分子量为 29。

（3）平衡线的斜率。

从溶解度数据可知，SO_2 当溶解度为 1.0% 时，分压为 59mm Hg。

$$气相中 SO_2 摩尔分数 = \frac{59}{760} = 0.0776$$

$$液相中 SO_2 摩尔分数 = \frac{\dfrac{1}{64}}{\dfrac{1}{64} + \dfrac{99}{18}} = 0.0028$$

则平衡线的斜率：

$$m = \frac{0.0776}{0.0028} = 27.4$$

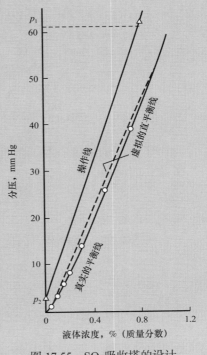

图 17.55 SO_2 吸收塔的设计
（示例 17.9）

为了确定最经济的水量，汽提塔和吸收塔的设计应一并考虑，但示例 17.19 只考虑吸收塔的设计。利用图 17.49 可确定不同水量下所需的塔板数，并选出最佳水量：

$$\frac{y_1}{y_2} = \frac{p_1}{p_2} = \frac{60.8}{3.04} = 20$$

$m\dfrac{G_m}{L_m}$	0.5	0.6	0.7	0.8	0.9	1.0
N_{OG}	3.7	4.1	6.3	8	10.8	19.0

可以看出，正如预期的那样，最佳水量将介于 mG_m/L_m 在 0.6~0.8 之间。当 mG_m/L_m 在 0.6 以下时，随着液量的增加，所需的塔板数会略有减少；当 mG_m/L_m 在 0.8 以上时，塔板数随液量的降低而迅速增加。

核算 mG_m/L_m 在 0.6~0.8 之间时液体的出口组成：

$$物料平衡 L_m x_1 = G_m（y_1 - y_2）$$

则：

$$x_1 = \frac{G_m}{L_m}(0.08 \times 0.95) = \frac{m}{27.4} \times \frac{G_m}{L_m} \times 0.076$$

当 $\frac{mG_m}{L_m} = 0.6$ 时，$x_1 = 1.66 \times 10^{-3}$（摩尔分数）

当 $\frac{mG_m}{L_m} = 0.8$ 时，$x_1 = 2.22 \times 10^{-3}$（摩尔分数）

由于较高的浓度有利于汽提塔的设计和操作，也不会显著增加吸收塔所需的塔板数，因此 mG_m/L_m 选用 0.8，则：

$$N_{OG} = 8$$

（4）塔径。

由于 SO_2 的浓度较低，因此气体的物性可以采用空气的物性。

$$气体流量 = \frac{5000}{3600} = 1.39 \text{kg/s}\left(\frac{1.36}{29} = 0.048 \text{kmol/s}\right)$$

$$液体流量 = \frac{27.4}{0.8} \times 0.048 = 1.64 \text{kmol/s}（29.5 \text{kg/s}）$$

选用 38mm（$1\frac{1}{2}$in）陶瓷 INTALOX® 矩鞍填料。根据表 17.2，填料因子 $F_p = 170 \text{m}^{-1}$。

$$20℃下的气体密度 = \frac{29}{22.4} \times \frac{273}{293} = 1.21 \text{kg/m}^3$$

$$液体密度 \approx 1000 \text{kg/m}^3$$

$$液体黏度 = 10^{-3} \text{Pa} \cdot \text{s}$$

$$\frac{L_W^*}{V_W^*}\sqrt{\frac{\rho_v}{\rho_L}} = \frac{29.5}{1.39} \times \sqrt{\frac{1.21}{10^3}} = 0.74$$

设计压降为 20mm H_2O/m 填料。

根据图 17.54：

$$K_4 = 0.35$$

$$液泛时 K_4 = 0.8$$

$$液泛率 = \sqrt{\frac{0.35}{0.8}} \times 100 = 66\%（可以接受）$$

根据式（17.87）：

$$V_w^* = \left[\frac{K_4 \rho_v (\rho_L - \rho_v)}{13.1 F_p (\mu_L / \rho_L)^{0.1}} \right]^{1/2}$$

$$= \left[\frac{0.35 \times 1.21 \times (1000 - 1.21)}{13.1 \times 170 \times (10^{-3} / 10^3)^{0.1}} \right]^{1/2} = 0.87 \text{kg} / (\text{m}^2 \cdot \text{s})$$

$$\text{所需塔的横截面积} = \frac{1.39}{0.87} = 1.6 \text{m}^2$$

$$\text{塔径} = \sqrt{\frac{4}{\pi} \times 1.6} = 1.43 \text{m（圆整到 1.50m）}$$

$$\text{塔的横截面积} = \frac{\pi}{4} \times 1.5^2 = 1.77 \text{m}^2$$

$$\text{塔径与填料尺寸之比} = \frac{1.5}{38 \times 10^{-3}} = 39$$

可以考虑更大的填料尺寸。

所选塔径的液泛率 $= 66 \times \dfrac{1.6}{1.77} = 60\%$，可以考虑将塔径缩小到最接近的标准管材尺寸。

（5）估算 H_{OG}。

① Cornell 方法。

$$D_L = 1.7 \times 10^{-9} \text{m}^2/\text{s}$$

$$D_v = 1.45 \times 10^{-5} \text{m}^2/\text{s}$$

$$\mu_v = 0.018 \times 10^{-3} \text{Pa} \cdot \text{s}$$

$$(Sc)_v = \frac{0.018 \times 10^{-3}}{1.21 \times 1.45 \times 10^{-5}} = 1.04$$

$$(Sc)_L = \frac{10^{-3}}{1000 \times 1.7 \times 10^{-9}} = 588$$

$$L_w^* = \frac{29.5}{1.77} = 16.7 \text{kg} / (\text{s} \cdot \text{m}^2)$$

根据图 17.51，当液泛率为 60% 时，$K_3 = 0.85$。

根据图 17.52，当液泛率为 60% 时，$\psi_h = 80$。

根据图 17.53，当 $L_w^* = 16.7$ 时，$\phi_h = 0.1$。

H_{OG} 估计在 1m 左右，因此第一次估算塔高 Z 可以取 8m。塔径大于 0.6m，取塔径修正值为 2.3。

$$H_L = 0.305 \times 0.1 \times 588^{0.5} \times 0.85 \times \left(\frac{8}{3.05}\right)^{0.15} = 0.7\text{m} \tag{17.80}$$

由于液体温度为 20℃ 且为水，因此：

$$f_1 = f_2 = f_3 = 1$$

$$H_G = 0.011 \times 80 \times 1.04^{0.5} \times 2.3 \times \left(\frac{8}{3.05}\right)^{0.33} \div 16.7^{0.5} = 0.7\text{m} \tag{17.79}$$

$$H_{OG} = 0.7 + 0.8 \times 0.7 = 1.3\text{m}$$

$$Z = 8 \times 1.3 = 10.4\text{m （与估计值足够接近）}$$

② Onda 方法。

$R = 0.08314\text{bar} \cdot \text{m}^3/(\text{kmol} \cdot \text{K})$；液体表面张力（20℃，水）$= 70 \times 10^{-3}\text{N/m}$；$g = 9.81\text{m/s}^2$；$d_p = 38 \times 10^{-3}\text{m}$。

由表 17.3，对于 38mm（$1\frac{1}{2}$in）INTALOX® 矩鞍填料：

$$a = 194\text{m}^2/\text{m}^3$$

陶瓷的 $\sigma_c = 61 \times 10^{-3}\text{N/m}$

$$\frac{a_w}{a} = 1 - \exp\left[-1.45\left(\frac{61 \times 10^{-3}}{70 \times 10^{-3}}\right)^{0.75} \times \left(\frac{17.6}{194 \times 10^{-3}}\right)^{0.1} \times \left(\frac{17.6^2 \times 194}{1000^2 \times 9.81}\right)^{-0.05}\right.$$
$$\left.\times \left(\frac{17.6^2}{1000 \times 70 \times 10^{-3} \times 194}\right)^{0.2}\right] = 0.71 \tag{17.82}$$

$$a_w = 0.71 \times 194 = 138\text{m}^2/\text{m}^3$$

$$k_L\left(\frac{10^3}{10^{-3} \times 9.81}\right)^{1/3} = 0.0051 \times \left(\frac{17.6}{138 \times 10^{-3}}\right)^{2/3} \times \left(\frac{10^{-3}}{10^3 \times 1.7 \times 10^{-9}}\right)^{-1/2} \times \left(194 \times 38 \times 10^{-3}\right)^{0.4} \tag{17.83}$$

$$k_L = 2.5 \times 10^{-4}\text{m/s}$$

实际塔径下的 $V_w^* = \dfrac{1.39}{1.77} = 0.79\text{kg/m}^2\text{s}$

$$k_G \frac{0.08314 \times 293}{194 \times 1.45 \times 10^{-5}} = 5.23 \times \left(\frac{0.79}{194 \times 0.018 \times 10^{-3}} \right)^{0.7} \times \left(\frac{0.018 \times 10^{-3}}{1.21 \times 1.45 \times 10^{-5}} \right)^{1/3} \left(194 \times 38 \times 10^{-3} \right)^{-2.0}$$

$$k_G = 5.0 \times 10^{-4} \text{kmol/} \left(\text{s} \cdot \text{m}^2 \cdot \text{bar} \right) \tag{17.84}$$

$$G_m = \frac{0.79}{29} = 0.027 \text{kmol/} \left(\text{m}^2 \cdot \text{s} \right)$$

$$L_m = \frac{16.7}{18} = 0.93 \text{kmol/} \left(\text{m}^2 \cdot \text{s} \right)$$

$$H_G = \frac{0.027}{5.0 \times 10^{-4} \times 138 \times 1.013} = 0.39 \text{m}$$

$$\text{水的总浓度 } C_T = \frac{1000}{18} = 55.5 \text{kmol/m}^3 \tag{17.85}$$

$$H_L = \frac{0.93}{2.5 \times 10^{-4} \times 138 \times 55.6} = 0.49 \text{m} \tag{17.86}$$

$$H_{OC} = 0.39 + 0.8 \times 0.49 = 0.78 \text{m} \tag{17.73}$$

选用更高的数值，采用 Cornell 方法进行估算，将填料层高度圆整到 11m。

17.14.5　塔内件

填料塔内件比板式塔的简单，但必须精心设计以保证良好的性能。一般来说，应使用填料制造商开发的标准内件。

17.14.5.1　填料支承板

支承板的作用是承载湿填料的重量，同时允许气体和液体自由通过。这些要求是相互矛盾的，支承板设计不当将导致压降增高，并可能造成局部液泛。简单的格栅和多孔板可作为填料支承，但液体和气体必须逆向流经相同的通道。大间距的格栅可用于增加流动面积，在格栅上首先堆叠的是较大尺寸的整砌填料，用以支承在其上面较小尺寸的散堆填料（图 17.56）。

填料支承板的最佳设计是气体入口设置在床层液位之上（图 17.57 和图 17.58 所示的气体喷射型）。这种设计压降低且不易液泛，可应用于各种尺寸和材料（如金属、陶瓷和塑料）。

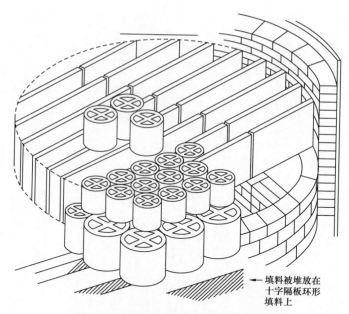

图 17.56　填料整砌用于支承散堆填料

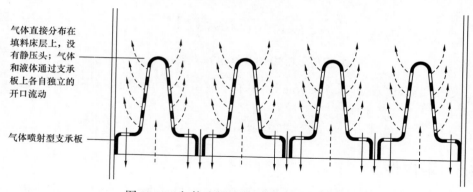

气体直接分布在填料床层上，没有静压头；气体和液体通过支承板上各自独立的开口流动

气体喷射型支承板

图 17.57　气体喷射型填料支承的基本原理

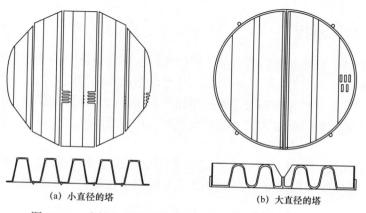

（a）小直径的塔

（b）大直径的塔

图 17.58　喷射型支承板的典型设计（Koch-Glitsch 公司）

17.14.5.2　液体分布器

填料塔的优良性能取决于整个塔内液体的均匀流动，此外良好的初始液体分布是必不可少的。液体分布器的种类很多。对于小直径的塔，一个中心半开管或一个进料喷嘴可能足够；但对于大直径的塔，则需要更为精细的设计，以确保在所有流量下液体都能均匀分布。最常用的两种设计是孔型分布器（图 17.59）和堰型分布器（图 17.60）。在孔型分布器中，液相通过塔板上的孔流动，气相通过短管流动。气相管的尺寸应该足够大，以便给气流提供足够的面积，而不产生明显的压降；塔板上的孔应该足够小，以确保在最低流量下塔板上仍有液位，但孔也必须足够大，以防止在最高流量下分布器的溢流。在堰型分布器中，液相流过气相短管中的缺口堰。与简单的孔型分布器相比，堰型可以处理的液体流量范围更宽。

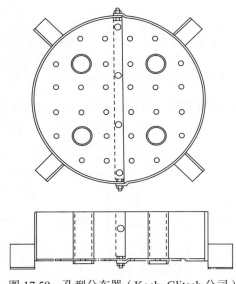

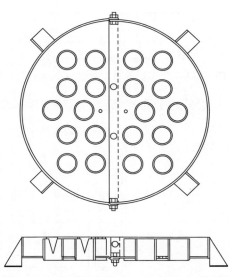

图 17.59　孔型分布器（Koch–Glitsch 公司）　　　　图 17.60　堰型分布器（Koch–Glitsch 公司）

对于大直径的塔，可以使用如图 17.61 所示的槽式分布器。槽式分布器可以提供良好的液体分布，并且具有较大的气体自由流动面积。

所有依靠液体重力流的分布器必须在塔内水平安装，否则会出现液体分布不均的情况。

当液体在压力下被送入塔中且流量基本恒定时，可以使用如图 17.62 所示的排管式分布器。分布管和孔板的大小应该使每部分的流量均匀。

17.14.5.3　液体再分布器

再分布器用于收集塔壁上的液体，并将其均匀地分布到填料上。再分布器还可以消除填料中出现的不均匀分布现象。

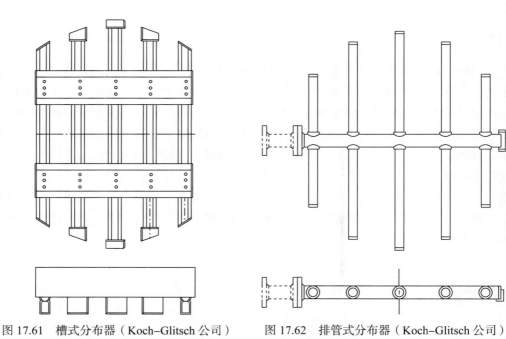

图 17.61　槽式分布器（Koch–Glitsch 公司）　　图 17.62　排管式分布器（Koch–Glitsch 公司）

组合式再分布器结合了填料支承板和液体分布器的功能，典型设计如图 17.63 所示。

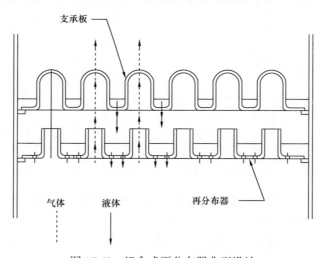

图 17.63　组合式再分布器典型设计

在直径小于 0.6m 的塔中，有时会使用壁流收集再分布器，使用环从塔壁上收集液体，并将其再导至填料层中。在使用该种类型再分布器时，应选择不会过度限制气体流动和导致局部液泛的设计，如图 17.64 所示。

在没有液体再分布器的情况下，最大床层高度取决于填料的类型和工艺。与吸收和汽提相比，精馏不易发生分布不均。一般来说，拉西环的最大床层高度不应超过塔径的 3 倍，而鲍尔环和鞍型填料的最大床层高度不应超过塔径的 8～10 倍。在大直径的塔中，床层高度也将受到填料支承板和塔壁能承受的最大填料重量的限制（最高 8m 左右）。

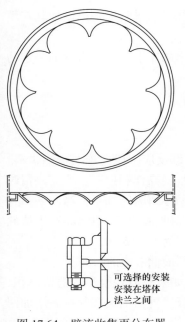

图 17.64　壁流收集再分布器
（Koch–Glitsch 公司）

不应从 0.5m 以上的高度跌落。

17.14.5.4　压板

高气量下或由于误操作而发生喘振时，填料的顶层可能发生流态化。在这种情况下，陶瓷填料会破裂，碎片会堵塞填料；金属和塑料填料会被吹出塔外。对于陶瓷填料，压板应压在填料的上层，防止填料松动、破损，典型的设计如图 17.65 所示。对于塑料和金属填料，有时会用到床层限位器，以防止高压降下床层的膨胀。床层限位器类似于压板，但结构较轻，是固定在塔壁上的。压板和床层限位器中的开口应足够小，防止填料漏出，但又不应限制气体和液体的流动。

17.14.5.5　填料的装填

陶瓷和金属填料通常采用"湿法"倾倒到塔中，以确保真正的随机分布，并防止填料的损坏。塔中注入部分水，然后将填料倒入水中。必须保持水位始终高于填料。

如果填料必须采用干法装填（如为了避免工艺物料被水污染），则可以用桶或其他容器将填料放入塔中。陶瓷填料

17.14.5.6　持液量

为了计算填料支承板所承受的总载荷，需要估算操作条件下填料中的持液量。持液量取决于液体流量，在某种程度上也取决于气体流量。应参考填料制造商的设计文件，以获得准确的估算。粗略来说，陶瓷填料的持液量可以取其重量的 25% 左右。

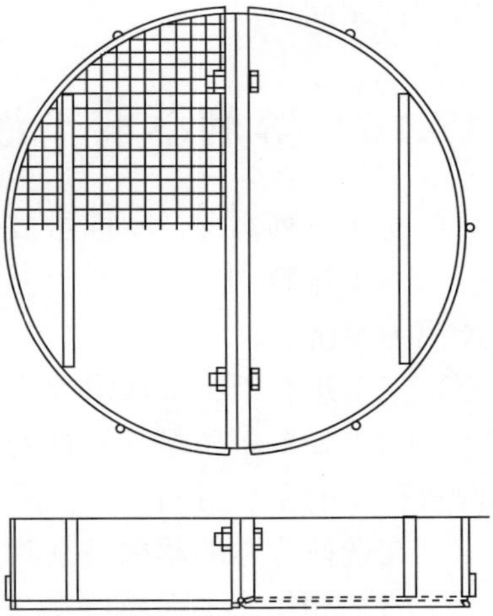

17.14.6　润湿率

如果液体流量非常低，在图 17.54 所示的 F_{LV} 范围之外，则应核算填料的润湿率，以确保其高于填料制造商建议的最小值。

润湿率的定义为每单位横截面积上的液体体积流量除以每单位体积的填料表面积。

图 17.65　压板的设计
（Koch–Glitsch 公司）

Richardson 等（2002）给出了一个计算润湿率的简算图。

润湿率有时也表示为塔单位横截面积上的质量流量或体积流量。Kister（1992）提出散堆填料的最小润湿率为（0.35～1.4）×10^{-3}m^3/（s·m^2），规整填料的最小润湿率为（0.07～0.14）×10^{-3}m^3/（s·m^2）。Norman（1961）建议吸收塔中的液体流量应在 2.7kg/（m^2·s）以上。

如果设计液量过低，则应减小塔径。对于某些工艺，液体可以进行循环以增加其在填料上的流动。

当润湿率较低且液体再分布器间距较小时，应该在计算出的床层高度上再增加一定的安全裕量。

17.15 塔的附属设备

中间储罐有时用于消除塔在操作和工艺上的波动，如间歇反应工段向连续精馏供料。这些储罐的尺寸应该足够大，以便有足够的停留时间来进行平稳操作和控制。所需停留时间取决于工艺的性质和操作的关键程度。精馏过程的一些典型停留时间如下：当向一系列塔提供进料时，停留时间为 $10\sim20min$；当在塔之间时，停留时间为 $5\sim10min$；当从储罐向塔提供进料时，停留时间为 $2\sim5min$；回流罐的停留时间为 $5\sim15min$。

以上给出的是当进料停止时，罐内液位从正常液位下降到最低液位的时间。

采用卧式罐还是立式罐，取决于尺寸大小和操作负荷。如果只需要很小的滞留体积，则可以通过扩大上游塔釜容积来增加塔的蓄液量，或通过加长冷凝器的底部封头来增加回流罐的容积。

Mehra（1979）和 Evans（1980）更详细地讨论了缓冲罐和收集器的规格及尺寸。

本书 19.10 节讨论了冷凝器的设计，19.11 节讨论了再沸器的设计。5.4.7 讨论了精馏塔的控制问题。

17.16 溶剂萃取（液液萃取）

对于下列情况，萃取可被视为精馏的替代方法：

（1）进料中的组分沸点接近。如果相对挥发度低于 1.2，在合适的溶剂中进行萃取可能更为经济。

（2）进料组分形成恒沸物。

（3）如果溶质是热敏性的，并且能被萃取到低沸点的溶剂中，则萃取可以减少精馏回收过程中的受热时间。

在选择合适的萃取溶剂时，必须考虑以下因素：

（1）相平衡。分配系数 K 是各相摩尔分数之比（$x_\alpha = K x_\beta$）。分配系数类似于吸收中的平衡常数。相对分离度或选择性是两种溶剂之间两种溶质分配的度量，是两种溶质分配系数的比值。选择性类似于精馏过程中的相对挥发度。两种溶剂之间对溶质的溶解度差越大，则萃取越容易。当试图从混合物中优先提取一种组分时，这一点尤为重要，发酵产品和特殊化学品的回收中经常发生这种情况。

（2）分配比。分配比是萃取物中溶质的质量分数与萃余液中溶质的质量分数之比。分配比决定了溶剂的用量和所需的塔板数。所需溶剂越少，则溶剂和溶剂回收成本就越低。

（3）密度。进料和萃取溶剂之间的密度差越大，溶剂的分离就越容易。

（4）混溶性。理想情况是两种溶剂不混溶。萃取溶剂在原料溶剂中的溶解度越大，从萃余液中回收溶剂就越困难，成本也越高。

（5）安全性。只要可能且经济，应选择无毒、不易燃的溶剂。

（6）成本。溶剂的采购成本固然很重要，但不应孤立于总工艺成本而单独考虑。如果溶剂效率更高且更容易回收，那么更贵的溶剂也是值得考虑的。

17.16.1 萃取设备

萃取设备可以分为以下两大类：

（1）逐级接触式萃取设备：液体在一系列接触级中交替接触（混合）然后分离。"混合—澄清槽"就是其中的一种。为了提高萃取效果，常采用多个混合澄清槽串联使用。

（2）微分接触式萃取设备：两相在萃取设备中连续接触，仅在出口处分离，如填料萃取塔。

萃取塔可以根据促进相间接触的方法进一步细分为填料塔、板式塔、机械搅拌塔或脉冲塔。还可使用各种专有的离心萃取器。

在为特定应用选择萃取设备时，应考虑以下因素：

（1）需要的级数。

（2）处理量。

（3）各相的沉降特性。

（4）可用建筑面积和净空。

Hanson（1968）根据上述因素给出了一个选择指南，可以用来选择最适合的设备类型（图 17.66）。

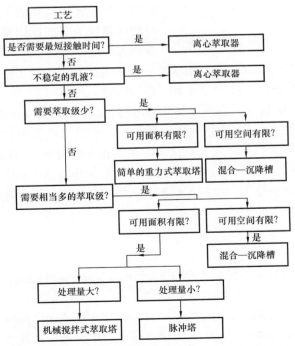

图 17.66　液液萃取设备的选择指南（Hanson，1968）

液液萃取的基本原理可参见 Treybal（1980）、Robbins（1997）、Humphrey 和 Keller（1997）的著作。

17.16.2 萃取塔的设计

17.16.2.1 萃取级数

设计液液萃取设备的首要任务是确定实现分离要求所需的萃取级数。

级数的安排有以下 3 种方式：

（1）新鲜溶剂送入各级，萃余液从一级流到另一级（错流）。

（2）萃取溶剂与萃余液一起从一级流到另一级（顺流）。

（3）萃取溶剂与萃余液逆向流动（逆流）。

逆流是最有效、最常用的方法。采用该种方法时，萃取液中溶质浓度最高，溶剂用量最少。

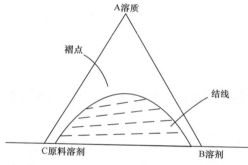

图 17.67 溶质在两种溶剂之间分配的平衡相图

17.16.2.2 平衡数据

为了确定级数，最好将平衡数据绘制在三角形相图（图 17.67）上。三角形的每个角代表进料溶剂、溶质或萃取溶剂的占比为 100%。每边代表一对二元组分的组成，三元组分表示在三角形的内部。曲线范围内的混合物被分为两相，结线连接两相的平衡组成，结线的长度向曲线顶部的方向逐渐减少，它们消失的位置被称为褶点。

Richardson 等（2002）对用于表示液液平衡的各类相图进行了更全面的讨论，也可参见 Treybal（1980），Humphrey、Rocha 和 Fair（1984）的著作。

最全面的液液平衡数据来源于 DECHEMA 数据库（Sorensen 和 Arlt，1979）。Green 和 Perry（2007）也给出了一些体系的平衡数据。大多数商业流程模拟软件可以使用三相闪蒸对液液平衡进行初步估算。要注意选择合适的相平衡模型。UNIQUAC 和 UNIFAC 方程可以对液液平衡进行估算，见第 4 章。两相区域的大小对温度非常敏感，最好使用流程模拟软件来生成足够多的数据以绘制不同温度下的三角相图。必须注意对模拟模型进行调整，以确保能准确预测实验数据。

17.16.2.3 级数

给定分离所需的级数可以使用类似于精馏中的 McCabe–Thiele 法从三角相图中确定。下面给出的级数确定方法适用于逆流萃取。

参考图 17.67 和图 17.68。图 17.68 中，F、E、R 和 S 分别为进料（要萃取的溶液）、萃取液、萃余液和萃取剂的流量；r、e、s 和 f 分别为萃余液、萃取液、萃取剂和进料的组成。第 n 级的物料平衡如下：

$$F + E_{n+1} = R_n + E_1$$

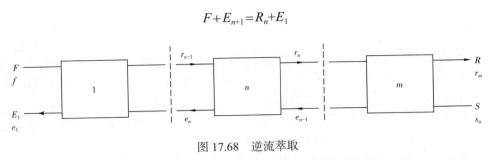

图 17.68　逆流萃取

可以看出，离开任一级的萃余液 R_n 和进入此级的萃取液 E_n 之间的流量差是恒定的。还可以看出，进入和离开任一级的每个组分的质量差是恒定的。这意味着，如果在三角相图上画线，将离开此级的萃余液组成与进入此级的萃取液组成联结起来，那么当外推时，它们将通过一个共同的点。利用这种方法和结线给出的平衡组成，可以求出所需的级数。详细步骤如下：

（1）在三角坐标纸上绘制液液平衡数据。表示出足够多的结线，以便确定每个级的平衡组成。

（2）在图上标出进料与萃取剂的组成。把它们连成一条线。进料和溶剂混合物的组成将落在这条线上。

（3）计算进料与萃取剂混合物的组成。在步骤 2 中绘制的线上标出此点 O。

（4）在平衡线上标出最终萃余液的组成 r_m。

（5）从 r_m 到点 O 画一条线，此线将平衡曲线于最终萃取液组成 e_1 处进行切割。注意：如果规定了萃取液（而不是萃余液）组成，则应从 e_1 到点 O 画一条线来找到 r_m。

（6）从萃取剂组成 s_0 到 r_m 画一条线，并延伸到 r_m 以外。

（7）画一条从 e_1 到 f 的线，并将其延伸，与第 6 步画的线相交于极点 P 处。

（8）通过 e_1 判断结线位置，找到离开第一级的萃余液组成 r_1。从极点 P 到 r_1 画一条线，在 e_2 处切割曲线，即萃取液离开第 2 级的组成。

（9）重复这个步骤，直到画出满足萃余液最终组成的级数。

如果一条延伸的结线穿过极点 P，则需要无穷多的级数。此条件设定了萃取剂的最小流量，类似于精馏中的夹点。

以上介绍的方法将在示例 17.10 中进行描述。

示例 17.10

使用 1，1，2–三氯乙烷从水溶液中萃取丙酮。进料为浓度为 45％（质量分数）的丙酮。按每 100kg 进料使用 32kg 萃取剂，确定将丙酮浓度降低到 10％以下所需的级数。

该系统的平衡数据由 Treybal、Weber 和 Daley（1946）给出。

解：

对于进料 + 溶剂混合物，O 点处丙酮浓度为 $0.45×100/（100+32）=0.34=34\%$。

从三氯乙烷浓度为 100% 的 s_0 点，到丙酮浓度为 45% 的进料组成 f 点画线，在这条线上标记点 O（丙酮浓度为 34%）。

在平衡线上标记需要的最终萃余液组成 R_m（在 10% 的位置），从此点通过 O 点画线，找出最终的萃取液组成 e_1。

从 e_1 点到进料组成 f 点画线。延长此线与从 s_0 到 r_m 的延长线相交于 P 点。

利用图中绘制的结线，判断从 e_1 开始的结线的位置，并把它标记出来，以找出曲线上离开第一级的萃余液组成 r_1 点。

从极点 P 到 r_1 画一条线，找出曲线上的点，该点为离开第二级的萃取液组成 e_2。

重复以上步骤，直到萃余液中丙酮浓度低于 10%。

从图 17.69 中可以看出，需要的级数为 5 级。

在本例中，来自第 5 级的萃余液组成通过规定的组成点（10%）是偶然的。如上述方法所示，对结线位置的判断只是大概的，应增加级数至 6 个，以确保满足规定（丙酮浓度低于 10%）的萃余液组成。

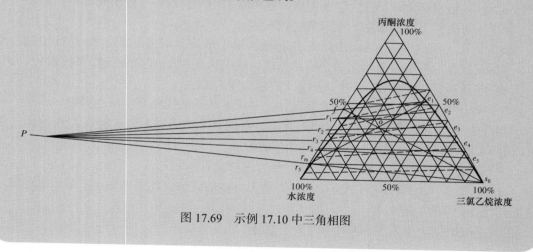

图 17.69　示例 17.10 中三角相图

如果溶剂是不混溶的，则能简化确定所需级数的程序。可在普通的方格纸上绘制平衡线，然后绘制表示每级萃余液和萃取液组成之间相互关系的操作线，并用阶梯法进行求解。该方法类似于确定精馏塔板数的 McCabe–Thiele 法（见 17.5.2），操作线的斜率是最终萃余液与新鲜溶剂流量的比值；或者也可以使用 17.14.2 给出的设计吸收塔的方法，其中 G 是初始溶剂相的流量，L 是萃取剂的流量，y 是初始溶剂中溶质的摩尔分数，m 是分配系数。

有关液液萃取级数求解方法的详细论述见 Treybal（1980）、Green 和 Perry（2007）、Robbins（1997）的著作。各种商业流程模拟软件都可以进行萃取过程的设计，见第 4 章。为了确定流程模拟的良好初值，通常需要进行一些手工计算。如果以获得较高的溶质回收率为设计目标，设计人员至少应该对分配系数进行估算，并确保吸收因子 $mG/L \leq 1$。

17.16.3　萃取塔

喷淋塔是最简单的萃取塔。塔是空的，一种液体形成连续相，另一种液体以液滴的形式在塔内上下流动，传质发生在液滴与连续相之间。由于返混，喷淋塔的效率很低（尤其是大直径的塔）。通过安装塔板或填料，可以提高喷淋塔的效率。

在萃取塔中可使用类似于精馏和吸收中所用的筛板，这种筛板可以被设计成重相分散在轻相中（有时称为雾滴接触），或轻相分散在重相中（反向雾滴接触）。

在萃取塔中也使用散堆填料，与精馏塔和吸收塔所用的填料相同。散堆填料的性能见表 17.2 和表 17.3，也可以使用规整填料。

填料塔内的传质是一个连续的微分过程，因此应采用吸收塔中的传质单元法来确定塔高，见 17.14.2。通常的做法是将填料萃取塔视为平衡级过程，并使用填料的等板高度。对于散堆填料，萃取塔的等板高度通常在 0.5～1.5m 之间，具体数值取决于所用填料的类型和尺寸。

没有简单的关联式可用来预测萃取塔的液泛速率和所需的塔径，应该查阅更专业的文献以获取对某一特定问题的适当解决方法，见 Treybal（1980）、Green 和 Perry（2007）、Humphrey 和 Keller（1997）的著作。

17.16.4　超临界萃取

液液萃取的最新进展是使用超临界流体作为萃取剂。高压下的二氧化碳是最常用的流体，它用于咖啡和茶的脱咖啡因处理，溶剂可以通过降压后以气体形式从萃取液中回收。Humphrey 和 Keller（1997）对超临界萃取过程进行了论述。

17.17　分离塔的投资成本

精馏塔、吸收塔和萃取塔都是压力容器，必须按照第 14 章所述的方法对其进行设计和成本计算。分离塔通常很高，其壁厚受风载荷或地震载荷的控制，需要进行载荷组合分析，见 14.8 节。塔的直径和高度可以使用 17.11 节中所描述的方法进行估算，塔的最高设计温度和压力通常根据再沸器的条件计算，并留有适当的设计裕量，见 14.4 节。如果塔的操作温度低于环境温度，则应根据冷凝器的温度计算最低设计温度，并留有适当的设计裕量。

塔内件（如塔板或填料）应单独进行成本计算，并加到容器成本中。

表 7.2 中列出了容器和内件成本的初步估算关联式。示例 7.3 对板式精馏塔的成本计算进行了描述。

参 考 文 献

AIChE.（1958）. Bubble–Tray Design Manual. American Institute of Chemical Engineers.

Amundson，N. R.，& Pontinen，A. J.（1958）. Multicomponent distillation calculations on a large digital computer.Ind. Eng. Chem., 50, 730.

Barnicki, S. D., & Davies, J. F. (1989). Designing sieve tray columns. Chem. Eng., NY 96 (Oct.)140, (Nov.) 202.

Billet, R. (1995). Packed Towers. VCH.

Bolles, W. L. (1963). Tray hydraulics : bubble–cap trays. In B. D. Smith, (Ed.), Design of Equilibrium Stage Processes, McGraw–Hill.

Bolles, W. L., & Fair, J. R. (1982). Improved mass transfer model enhances packed–column design. Chem.Eng., NY 89 (July 12), 109.

Boston, J. F., & Sullivan, S. L. (1974). New class of solution methods for multicomponent, multistage separation processes. Can. J. Chem. Eng., 52 (1), 52.

Boston, J. F. (1980). Inside–out algorithms for multicomponent separation process calculations. ACS Symp. Ser. (Comput. Appl. Chem. Eng. Process Des. Simul.), 124, 135.

Butcher, C. (1988). Structured packings. Chem. Eng., London, 451 (Aug.), 25.

Carey, J. S., & Lewis, W. K. (1932). Studies in distillation. Liquid–vapor equilibria of ethyl alcohol–water mixtures. J. Ind. Eng. Chem., 24, 882.

Chan, H., & Fair, J. R. (1984a). Prediction of point efficiencies on sieve trays. 1. Binary systems. Ind. Eng.Chem. Proc. Des. Dev., 23, 814.

Chan, H., & Fair, J. R. (1984b). Prediction of point efficiencies on sieve trays. 2. Multicomponent systems.Ind. Eng. Chem. Proc. Des. Dev., 23, 820.

Chase, J. D. (1967). Sieve–tray design. Chem. Eng., NY, 74 (July 31st)105 (Aug. 28th) 139 (in two parts).

Cicalese, J. J., Davis, J. A., Harrington, P. J., Houghland, G. S., Hutchinson, A. J. L., & Walsh, T. J. (1947).Study of alkylation–plant isobutane tower performance. Pet. Ref., 26 (May), 495.

Colburn, A. P. (1936). Effect of entrainment on plate efficiency in distillation. Ind. Eng. Chem., 28, 520.

Colburn, A. P. (1939). The simplified calculation of diffusional processes. Trans. Am. Inst. Chem. Eng., 35, 211.

Colburn, A. P. (1941). The calculation of minimum reflux ratio in the distillation of multicomponent mixtures.Trans. Am. Inst. Chem. Eng., 37, 805.

Cornell, D., Knapp, W. G., & Fair, J. R. (1960). Mass transfer efficiency in packed columns. Chem. Eng. Prog., 56 (July)68 (Aug.)48 (in two parts).

Coulson, J. M., Richardson, J. F., Backhurst, J., & Harker, J. H. (1999). Chemical Engineering (6th ed., vol. 1), Butterworth–Heinemann.

Dadyburjor, D. B. (1978). SI units for distribution coefficients. Chem. Eng. Prog.,74 (April), 85.

Doherty, M. F., & Malone, M. F. (2001). Conceptual Design of Distillation Columns, McGraw–Hill.

Eckert, J. S. (1963). A new look at distillation—4 tower packings—comparative performance. Chem. Eng.Prog., 59 (May), 76.

Eckert, J. S. (1975). How tower packings behave. Chem. Eng., NY, 82 (April 14th), 70.

Edmister, W. C. (1947). Hydrocarbon absorption and fractionation process design methods, a series of articles published in the Petroleum Engineer from May 1947 to March 1949 (19 parts). Reproduced in A Sourcebook of Technical Literature on Distillation, Gulf.

Eduljee, H. E. (1958). Design of sieve–type distillation plates. Brit. Chem. Eng., 53, 14.

Eduljee, H. E. (1959). Design of sieve–type distillation plates. Brit. Chem. Eng., 54, 320.

Ellerbe, R. W. (1997). Batch distillation. In P. A. Schweitzer, (Ed.), Handbook of Separation Processes for Chemical Engineers, 3rd edn, McGraw–Hill.

Erbar, J. H., & Maddox, R. N. (1961). Latest score : reflux vs. trays. Pet. Ref., 40 (May), 183.

Evans, F. L. (1980). Equipment Design Handbook for Refineries and Chemical Plants (2nd ed., vol. 2), Gulf.

Fair, J. R. (1961). How to predict sieve tray entrainment and flooding. Petro/Chem. Eng., 33 (Oct.), 45.

Fair, J. R. (1963). Tray hydraulics : perforated trays. In B. D. Smith, (Ed.), Design of Equilibrium Stage Processes, McGraw–Hill.

Fair, J. R., & Bravo, J. L. (1990). Distillation columns containing structured packing. Chem. Eng. Prog., 86 (1), 19.

Fair, J. R., Null, H. R., & Bolles, W. L. (1983). Scale–up of plate efficiency from laboratory Oldershaw data. Ind. Eng. Chem. Proc. Des. Dev., 22, 53.

Featherstone, W. (1971). Azeotropic systems, a rapid method of still design. Brit. Chem. Eng. & Proc. Tech., 16 (12), 1121.

Featherstone, W. (1973). Non–ideal systems—A rapid method of estimating still requirements. Proc. Tech. Int., 18 (April/May), 185.

Fenske, M. R. (1932). Fractionation of straight–run gasoline. Ind. Eng. Chem., 24, 482.

FRI Design Practices Committee. (2007). Causes and prevention of packing fires. Chem. Eng., NY, 114 (7), 34.

Gilliland, E. R. (1940). Multicomponent rectification, estimation of the number of theoretical plates as a function of the reflux ratio. Ind. Eng. Chem., 32, 1220.

Glitsch, H. C. (1960). Mechanical specification of trays. Pet. Ref., 39 (Aug), 91.

Green, D. W., & Perry, R. H. (Eds.), (2007). Perry's Chemical Engineers' Handbook (8th ed.). McGraw–Hill.

Greene, R. (2001). Update : Dividing–wall columns gain momentum. Chem. Eng. Prog., 97 (6), 17.

Haas, J. R. (1992). Rigorous distillation calculations. In H. Z. Kister, (Ed.), Distillation Design. McGraw–Hill.

Hanson, C. (1968). Solvent extraction. Chem. Eng., NY, 75 (Aug. 26th), 76.

Hanson, D. N., Duffin, J. H., & Somerville, G. E. (1962). Computation of Multistage Separation Processes, Reinhold.

Hanson, D. N., & Somerville, G. F. (1963). Computing multistage vapor–liquid processes. Adv. Chem. Eng., 4, 279.

Hart, D. R. (1997). Batch Distillation. In H. Z. Kister, (Ed.), Distillation Design. McGraw–Hill.

Hengstebeck, R. J. (1946). Simplified method for solving multicomponent distillation problems. Trans. Am. Inst. Chem. Eng., 42, 309.

Hengstebeck, R. J. (1976). Distillation : Principles and Design Procedures, Kriger.

Holland, C. D. (1997). Fundamentals of Multicomponent Distillation, McGraw–Hill.

Huang, C.–J., & Hodson, J. R. (1958). Perforated trays—designed this way. Pet. Ref., 37 (Feb.), 103.

Humphrey, J. L., & Keller, G. E. (1997). Separation Process Technology, McGraw–Hill.

Humphrey, J. L., Rocha, J. A., & Fair, J. R. (1984). The essentials of extraction. Chem. Eng., NY, 91 (Sept. 17), 76.

Hunt, C.d'A., Hanson, D. N., & Wilke, C. R. (1955). Capacity factors in the performance of perforated–plate columns. AIChE J., 1, 441.

Kaibel, G. (2002). Process synthesis and design in industrial practice. Computer–Aided Chem. Eng., 10, 9.

King, C. J. (1980). Separation Processes (2nd ed.), McGraw–Hill.

Kirkbride, C. G. (1944). Process design procedure for multicomponent fractionators. Pet. Ref., 23 (Sept.), 87 (321).

Kister, H. Z. (1992). Distillation Design, McGraw–Hill.

Kister, H. Z., & Gill, D. R. (1992). Flooding and pressure drop in structured packings. Chem. Eng., London, 524 (Aug.), s7.

Koch, R., & Kuzniar, J. (1966). Hydraulic calculations of a weir sieve tray. International Chem. Eng., 6 (Oct.), 618.

Kohl, A. L., & Nielsen, R. (1997). Gas Purification, Gulf.

Kojima, K., Tochigi, K., Seki, H., & Watase, K. (1968). Determination of vapor–liquid equilibrium from boiling point curve. Kagaku Kogaku, 32, 149.

Kumar, A. (1982). Process Synthesis and Engineering Design, McGraw–Hill.

Leva, M. (1992). Reconsider packed–tower pressure–drop correlations. Chem. Eng. Prog., 88, 65.

Leva, M. (1995). Revised GPDC applied. Chem. Eng., London, 592 (July 27), 24.

Lewis, W. K. (1909). The theory of fractional distillation. Ind. Eng. Chem., 1, 522.

Lewis, W. K. (1936). Rectification of binary mixtures. Ind. Eng. Chem., 28, 399.

Liebson, I., Kelley, R. E., & Bullington, L. A. (1957). How to design perforated trays.

Pet. Ref., 36（Feb.）, 127.

Lockett, M. J.（1986）. Distillation Tray Fundamentals, Cambridge University Press.

Lowenstein, J. G.（1961）. Sizing distillation columns. Ind. Eng. Chem., 53（Oct.）, 44A.

Ludwig, E. E.（1997）. Applied Process Design for Chemical and Petrochemical Plant（3rd ed., vol. 2）, Gulf.

Luyben, W. L.（2006）. Distillation Design and Control Using Aspen™ Simulation, Wiley.

McCabe, W. L., & Thiele, E. W.（1925）. Graphical design of distillation columns. Ind. Eng. Chem., 17, 605.

McClain, R. W.（1960）. How to specify bubble-cap trays. Pet. Ref., 39（Aug.）, 92.

Mehra, Y. R.（1979）. Liquid surge capacity in horizontal and vertical vessels. Chem. Eng., NY, 86（July 2nd）, 87.

Murphree, E. V.（1925）. Rectifying column calculations. Ind. Eng. Chem., 17, 747.

Naphtali, L. M., & Sandholm, D. P.（1971）. Multicomponent separation calculations by linearisation. AIChE J., 17, 148.

Newman, M., Hayworth, C. B., & Treybal, R. E.（1949）. Dehydration of aqueous methyl ethyl ketone. Ind. Eng. Chem., 41, 2039.

Norman, W. S.（1961）. Absorption, Distillation and Cooling Towers. Longmans.

O'Connell, H. E.（1946）. Plate efficiency of fractionating columns and absorbers. Trans. Am. Inst. Chem. Eng., 42, 741.

Oldershaw, C. F.（1941）. Perforated plate columns for analytical batch distillations. Ind. Eng. Chem.,（Anal. ed.）, 13, 265.

Onda, K., Takeuchi, H., & Okumoto, Y.（1968）. Mass transfer coefficients between gas and liquid phases in packed columns. J. Chem. Eng. Japan, 1, 56.

Othmer, D. F.（1943）. Composition of vapors from boiling binary solutions. Ind. Eng. Chem., 35, 614.

Parkinson, G.（2007）. Dividing-wall columns find greater appeal. Chem. Eng. Prog., 103（5）, 8.

Patton, B. A., & Pritchard, B. L.（1960）. How to specify sieve trays. Pet. Ref., 39（Aug.）, 95.

Perry, R. H., Green, D. W., and Maloney, J. O.（Eds.）（1997）Perry's Chemical Engineers' Handbook, 7th ed. McGraw-Hill.

Richardson, J. F., Harker, J. H., & Backhurst, J.（2002）. Chem. Eng.（5th ed., vol. 2）, Butterworth-Heinemann.

Robbins, L. A.（1997）. Liquid Liquid Extraction. In P. A. Schweitzer,（Ed.）, Handbook of Separation Processes for Chemical Engineers（3rd ed.）, McGraw-Hill.

Rose, A., Sweeney, R. F., & Schrodt, V. N.（1958）. Continuous distillation calculations by relaxation method. Ind. Eng. Chem., 50, 737.

Schultz, M. A., Stewart, D. G., Harris, J. M., Rosenblum, S. P., Shakur, M. S., & O'Brien, D. E.（2002）. Reduce costs with dividing-wall columns. Chem. Eng. Prog., 98（5）, 64.

Sewell, A.（1975）. Practical aspects of distillation column design. Chem. Eng., London,

299/300，442.

Smith，B. D.（1963）. Design of Equilibrium Stage Processes，McGraw–Hill.

Smith，R.（2005）. Chemical Process Design（2nd ed.），McGraw–Hill.

Sorel，E.（1899）. In G. Carret and C. Naud（Eds.），Distillation et Rectification Industrielle.

Sorensen，J. M.，& Arlt，W.（1979）. Liquid–Liquid Equilibrium Data Collection. Chemical Data Series Vols. V/2，V/3（DECHEMA）

Souders，M.，& Brown，G. G.（1934）. Ind. Eng. Chem.，26，98.

Strigle，R. F.（1994）. Random Packings and Packed Towers : Design and Applications（2nd ed.），Gulf.

Sundmacher，K.，& Kiene，A.（Eds.）.（2003）. Reactive Distillation : Status and Future Directions. Wiley.

Swanson，R. W.，& Gester，J. A.（1962）. Purification of isoprene by extractive distillation. J. Chem. Eng. Data，7，132.

Thomas，W. J.，& Shah，A. N.（1964）. Downcomer studies in a frothing system. Trans. Inst. Chem. Eng.，42，T71.

Thrift，C.（1960a）. How to specify valve trays. Pet. Ref.，39（Aug.），93.

Thrift，C.（1960b）. How to specify sieve trays. Pet. Ref.，39（Aug.），95.

Toor, H. L., & Burchard, J. K.（1960）. Plate efficiencies in multicomponent systems. AIChE J.，6，202.

Towler，G. P.，& Frey，S. J.（2002）. Reactive distillation. In S. Kulprathipanja,（Ed.），Reactive Separation Processes，Taylor and Francis.

Treybal，R. E.，Weber，L. D.，& Daley，J. F.（1946）. The system acetone–water–1，1，2–trichloroethane. Ternary liquid and binary vapor equilibria. Ind. Eng. Chem.，38，817.

Treybal，R. E.（1980）. Mass Transfer Operations（3rd ed.），McGraw–Hill.

Underwood，A. J. V.（1948）. Fractional distillation of multicomponent mixtures. Chem. Eng. Prog.，44（Aug.），603.

Van Winkle，M.，MacFarland，A.，& Sigmund，P. M.（1972）. Predict distillation efficiency. Hyd. Proc.，51（July），111.

Veatch，F.，Callahan，J. L.，Dol，J. D.，& Milberger，E. C.（1960）. New route to acrylonitrile. Chem. Eng. Prog.，56（Oct.），65.

Vital，T. J.，Grossel，S. S.，& Olsen，P. I.（1984）. Estimating separation efficiency. Hyd. Proc.，63（Dec.），75.

Walas，S. M.（1990）. Chemical Process Equipment : Selection and Design. Butterworth–Heinemann.

Wang, J. C., & Henke, G. E.（1966）. Tridiagonal matrix for distillation. Hyd. Proc., 48（Aug），155.

Watkins，R. N.（1979）. Petroleum Refinery Distillation（2nd ed.），Gulf.

Wilke，C. R.，& Chang，P.（1955）. AIChE Jl，Correlation for diffusion coefficients in dilute solutions. AIChE J. 1, 264.

Wilke, C. R., & Lee, C. Y. (1955). Estimation of diffusion coefficients for gases and vapors. Ind. Eng. Chem., 47, 1253.

Winn, F. W. (1958). New relative volatility method for distillation calculations. Pet. Ref., 37 (May), 216.

Zuiderweg, F. J. (1982). Sieve trays : A state-of-the-art review. Chem. Eng. Sci., 37, 1441.

Zuiderweg, F. J., Verburg, H., & Gilissen, F. A. H. (1960). Comparison of fractionating devices. First Int. Symp. Dist, Inst. Chem. Eng., London, 201.

习　题

本章中所有习题都可以通过手工计算或流程模拟软件求解。习题中给出的数据可以用来确认模拟中所采用的相平衡模型是否正确。

17.1　在压力为 10bar 的条件下，确定烃类混合物［组成如下（摩尔分数）：正丁烷 21%，正戊烷 48%，正己烷 31%］的泡点和露点。平衡常数 K 可以用 Dadyburjor (1978) 中的 De Priester 图估算，或者用流程模拟软件计算。

17.2　精馏塔的进料组成如下（摩尔分数）：丙烷 5.0%，异丁烷 15%，正丁烷 25%，异戊烷 20%，正戊烷 35%。进料预热温度为 90℃，压力为 8.3bar，估算进料的气相分率。

17.3　通过精馏将丙烷从丙烯中分离出来，混合物的沸点相近，相对挥发性较低。对于丙烷含量为 10%（质量分数）、丙烷含量为 90%（质量分数）的进料组成，估算塔顶生产最低纯度为 99.5%（摩尔分数）丙烯所需的理论板数。该塔的回流比为 20，沸点进料，取相对挥发度为常数 1.1。

17.4　设计一个塔，塔顶回收 98% 的正丁烷，塔底回收 95% 的异戊烷，塔的操作压力为 14bar，沸点进料，使用快捷算法并按以下步骤进行计算［若手算，使用 Dadyburjor (1978) 中的 De Priester 图来确定相对挥发度，液体黏度可以使用附录 C（可在 booksite. Elsevier.com/Towler 的在线资料中获得）中给出的数据进行估算］：

（1）研究回流比对理论板数的影响；

（2）选择最佳回流比；

（3）确定最佳回流比下的理论板数；

（4）估算板效率；

（5）确定实际板数；

（6）估算进料位置；

（7）估算塔径。

进料组成如下：丙烷 910kg/h，异丁烷 180kg/h，正丁烷 270kg/h，异戊烷 70kg/h，正戊烷 90kg/h，正己烷 20kg/h。

17.5　在生产丙酮的工艺中，通过精馏将丙酮从乙酸中分离出来。进料丙酮含量为 60%（摩尔分数），其他为乙酸。该塔回收进料中 95% 的丙酮，纯度要求为 99.5%（摩尔分数），塔的操作压力为 760mmHg，进料预热到 70℃。

对于此分离工艺，请确定：

（1）所需的最少理论板数；

（2）最小的回流比；

（3）1.5 倍最小回流比下的理论板数；

（4）实际板数，板效率取 60%。

在 760mm Hg 下，丙酮—乙酸体系的相平衡数据见下表。

液相中丙酮摩尔分数	0.10	0.2	0.3	0.4	0.5	0.6	0.7	0.8	0.9
气相中丙酮摩尔分数	0.31	0.56	0.73	0.84	0.91	0.95	0.97	0.98	0.99
沸点，℃	103.8	93.1	85.8	79.7	74.6	70.2	66.1	62.6	59.2

注：参考 Othmer（1943）。

17.6 在发酵生产无水乙醇的工艺中，产品经过几级精馏进行分离提纯。第一级精馏，将含有 5%（摩尔分数）乙醇和微量乙醛、杂醇油的水溶液浓缩至 50%（摩尔分数），废水中的乙醇浓度降低到 0.1%（摩尔分数）以下。

设计一个筛板塔进行以上分离过程，进料量为 10000kg/h，把进料当作乙醇和水的二元混合物。进料温度为 20℃，塔的操作压力为 1atm。

请确定：

（1）理论板数；

（2）估算板效率；

（3）实际板数；

（4）针对进料点以下的工艺条件，进行筛板的设计。

在 760mmHg 下，乙醇—水体系的相平衡数据见下表。

液相中乙醇摩尔分数	0.019	0.072	0.124	0.234	0.327	0.508	0.573	0.676	0.747	0.894
气相中乙醇摩尔分数	0.170	0.389	0.470	0.545	0.583	0.656	0.684	0.739	0.782	0.894
沸点，℃	95.5	89.0	85.3	82.7	81.5	79.8	79.3	78.7	78.4	78.2

注：参考 Carey 和 Lewis（1932）。

17.7 在丁醇制甲基乙基酮（MEK）的过程中，通过精馏从未反应的丁醇中分离出产品。塔的进料为 0.90mol MEK、0.10mol 2- 丁醇与微量三氯乙烷的混合物，塔的进料量为 20kmol/h，进料温度为 35℃。

分离要求如下：塔顶产品中 MEK 的摩尔分数为 0.99；塔底产品中丁醇的摩尔分数为 0.99。

为此分离设计一个塔，塔的操作压力基本上是 1atm，回流比为最小回流比的 1.5 倍。

（1）确定最小回流比；

（2）确定理论板数；

（3）估算板效率；

（4）确定实际板数；

（5）针对进料点以下的工艺条件，进行筛板的设计。

MEK—2-丁醇体系的相平衡数据见下表。

液相中 MEK 摩尔分数	0.1	0.2	0.3	0.4	0.5	0.6	0.7	0.8	0.9
气相中 MEK 摩尔分数	0.23	0.41	0.53	0.64	0.73	0.80	0.86	0.91	0.95
沸点，℃	97	94	92	90	87	85	84	82	80

17.8　设计一个塔从丙酮含量为 5%（摩尔分数）的水溶液中回收丙酮，丙酮产品的纯度要求为 99.5%（质量分数），且废水中的丙酮含量必须小于 100μg/g。

进料的温度范围为 10~25℃，塔的操作压力为 1atm。对于流量为 7500kg/h 的进料，进行筛板塔和填料塔的比较，回流比为 3，比较两种设计的投资成本和公用工程费用。

塔没有再沸器，可以使用新蒸汽。

丙酮—水体系的相平衡数据见示例 17.2。

17.9　在甲基乙基酮（MEK）的生产中，产品 MEK 是以 1, 1, 2- 三氯乙烷（TCE）为溶剂从水溶液中萃取出来的。

进料流量为 2000kg/h，溶液中 MEK 的质量分数为 30%，确定使用 700kg/h TCE 逆流回收 95% 溶解的 MEK 所需的级数。

MEK—水—TCE 体系质量分数的结线数据见下表（Newman、Hayworth 和 Treybal，1949）。

富水相		富溶剂相	
MEK，%	TCE，%	MEK，%	TCE，%
18.15	0.11	75.00	19.92
12.78	0.16	58.62	38.65
9.23	0.23	44.38	54.14
6.00	0.30	31.20	67.80
2.83	0.37	16.90	82.58
1.02	0.41	5.58	94.42

17.10　使用 5%（质量分数）的氢氧化钠水溶液洗涤，可以去除排放气中的氯。排放气基本上是氮气，其中氯的最大浓度为 5.5%（质量分数），离开洗涤塔的排放气中氯浓度必须小于 0.05‰（质量分数），进入洗涤塔的排放气最大流量为 4500kg/h。为此设计一个填料塔，塔的操作压力为 1.1bar，操作温度为环境温度。如果需要，可将水溶液循环使用，以保持适当的润湿率。

说明：氯与水溶液的反应很快，基本上不会产生来自溶液的氯的背压（分压）。

固体物料处理设备的选型和设计

18.1　概述

化学工业生产中，固体物料涉及范围广泛。食品、化肥、聚合物及大多数医药产品均为固体，矿石、煤炭、生物质及再生材料等均为固体原料。化工与制药工业经常采用结晶法制备高纯度固体产品，甚至在只有气相和液相物料的生产工艺中也经常使用固体催化剂及吸附剂。

一般情况下，固体比气体和液体更难处理。固体物料处理设备能耗较高（通常为电能），机械故障率高。固体物料处理装置经常因设备内部结块或堵塞而被迫停车，料斗和给料机的设计不当会导致物料架拱现象，从而引发固体料流中断。固体物料加工过程中会产生粉尘，从而引起损害健康、污染环境、影响安全等危害，必须严格控制并消除危害。

在大学化学工程课程中，固体物料处理装置的设计并没有得到足够的关注，大多数刚毕业的工程师对固体物料处理工艺的了解还不够深入。常用固体物料处理设备由于供应商的不同，设计上存在很大差异。虽然本章没有用足够的篇幅详述所有固体物料处理工艺的具体设计原则，但下文涵盖了最常见的处理工艺，列出了内容详尽的参考文献，通过互联网搜索供应商网站可以获得更多信息。

与其他采用定型设备的工艺操作相同，固体物料处理设备的最终选型与费用估算应向供应商咨询后确认。

18.2　固体颗粒物料的性质

本节将介绍固体物料的物理性质，这些物理性质关系到固体物料处理、输送及储存等性能，对固体物料加工设备的设计具有重要影响。

散状固体是指由大量颗粒物堆积而成的固体物料。一些加工过程主要受单个颗粒的物性影响，其他加工过程则受物料堆积特性或颗粒分布特性的影响。

Allen（1996，1997）、Merkus（2009）及 Stanley-Wood 和 Lines（1992）等介绍了粉粒体的特性和分类，阐述了多种实用的测定方法，其详尽程度比大多数化工设计的需求更加深入。关于以上内容，Kaye（1997）和 Rhodes（2008）提供了很好的综述。

18.2.1　固体颗粒特性

工艺流程中的固体物料颗粒很少是均匀致密的球体，其颗粒特性同时受到颗粒本身的固有性质以及其成型、形状、尺寸和处理等工艺过程的影响。

单个颗粒特性对于最终应用非常重要，通常可在固体产品规格中获取相关信息。例如，药片的大小和形状必须足够均匀，以确保患者能够以正确的剂量和释放速率获得有效的药用成分。

（1）颗粒大小与形状。

颗粒大小是固体物料处理工艺最重要的参数之一。多种类型的固体物料处理设备设计都需要物料的有效粒径。然而，形状不规则颗粒的有效粒径至今没有一种简明的定义，因此不同的情况适用不同的粒径定义方法。

形状不规则颗粒的粒径可通过以下方法定义（图 18.1）：当颗粒静置于平面时，可以测出其最大尺寸，定义为长度 L；将稳定平面垂直于长度方向的尺寸定义为宽度 W；将垂直于稳定平面方向的尺寸定义为厚度 t。

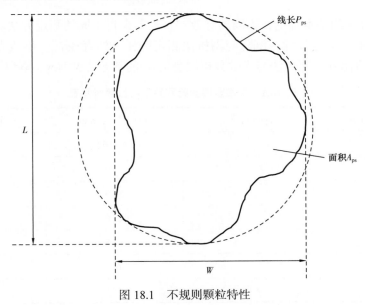

图 18.1　不规则颗粒特性

比值 L/W 称作长短度或长径比，长短度大于 3 的颗粒通常归类为纤维。长短度的倒数称作宽长度，由于其变化范围通常在 0～1.0 之间，便于绘制图表，因此使用更加广泛。W/t 的比值称作扁平度，高扁平度的颗粒由于容易堆叠，因此不易筛选，也不易从料斗中卸料。

与颗粒投影面积相同的圆的直径为：

$$d_a = 2\sqrt{\frac{A_{ps}}{\pi}} \tag{18.1}$$

式中　d_a——与颗粒投影面积相同的圆的直径；

　　　A_{ps}——颗粒的投影面积。

d_{pr} 为与颗粒线长相同的圆的直径：

$$d_{pr} = \frac{P_{ps}}{\pi} \tag{18.2}$$

式中　P_{ps}——颗粒的线长。

有效水力直径 d_h 的传统定义为面积的 4 倍除以颗粒的线长，即：

$$d_h = \frac{4 A_{ps}}{P_{ps}} \tag{18.3}$$

斯托克斯（Stokes）直径 d_{st} 为与颗粒密度相同的均匀球体的直径，因此，在黏性液体中具有相同的流速。

颗粒的球形度 ψ 可定义为：

$$\psi = \frac{与颗粒具有相同体积的球体的表面积}{颗粒表面积} \tag{18.4}$$

根据上述方法的基本理论，不同的有效"直径"来自不同的测定方法。例如，对于筛分过滤，宽度 W 为关键尺寸，沉降与淘析法测定斯托克斯直径 d_{st}。显微光学分析法测定面积 A_{ps}，从而得出 d_a。筛分法与光学分析法测定 d_{st} 的新方法见 Heywood（1961）的著作。

表 18.1　标准金属丝筛网筛号或目数对照表

ASTM（E-11）	Tyler 标准	筛孔尺寸，mm	筛孔尺寸，in
100mm		100.0	4.00
75mm		75.0	3.00
50mm		50.0	2.00
25mm		25.0	1.00
12.5mm		12.5	0.50
6.3mm		6.3	0.25
4 号	**4 目**	4.75	0.187

ASTM（E-11）	Tyler 标准	筛孔尺寸，mm	筛孔尺寸，in
5 号	**5 目**	4.00	0.157
6 号	**6 目**	3.35	0.132
7 号	**7 目**	2.80	0.110
8 号	**8 目**	2.36	0.0937
10 号	9 目	2.00	0.0787
12 号	10 目	1.70	0.0661
14 号	12 目	1.40	0.0555
16 号	14 目	1.18	0.0469
18 号	16 目	1.00	0.0394
20 号	**20 目**	0.85	0.0331
25 号	24 目	0.71	0.0278
30 号	28 目	0.60	0.0234
35 号	32 目	0.500	0.0197
40 号	35 目	0.425	0.0165
45 号	42 目	0.355	0.0139
50 号	48 目	0.300	0.0117
60 号	**60 目**	0.250	0.0098
70 号	65 目	0.212	0.0083
80 号	**80 目**	0.180	0.0070
100 号	**100 目**	0.150	0.0059
120 号	115 目	0.125	0.0049
140 号	150 目	0.106	0.0041
200 号	**200 目**	0.075	0.0029
400 号	**400 目**	0.038	0.0015

注：（1）SI 单位与 ASTM 标准换算关系：25.4mm＝1.00in。

（2）黑体数字为 ASTM 与 Tyler 标准系列相同的符号或目数。

筛分结果通常用表中的筛号或目数表述。美国标准与国际标准筛号或目数规格不同。表 18.1 为筛孔尺寸在不同标准下对应的筛号或目数。

（2）密度与空隙率。

由于颗粒本身存在内部空隙、裂缝及瑕疵，特定物料的密度测定具有难度。

真密度，又称为骨架密度、结晶密度或结构密度，是构成固体颗粒材料的密度。表观密度、块密度与颗粒密度是单独颗粒不计内部空隙时所测定的密度。堆积密度为大量固体颗粒堆积时的密度，堆积密度由于颗粒之间存在空隙会进一步减小。

堆积密度取决于表观密度与床层空隙率 ε：

$$\rho_b = \rho_p(1-\varepsilon) \tag{18.5}$$

式中　ρ_b——堆积密度；

　　　ρ_p——松装密度（颗粒密度）；

　　　ε——床层空隙率。

同样，颗粒密度取决于真密度与内部空隙率 χ：

$$\rho_p = \rho_t(1-\chi) \tag{18.6}$$

式中　ρ_t——真密度；

　　　χ——内部空隙率。

在密度为 ρ_f 的流体中充分浸湿的颗粒密度为：

$$\rho_w = \rho_p + \rho_f\chi \tag{18.7}$$

式中　ρ_w——浸湿颗粒的密度。

在已知容积的容器里充满固体颗粒，称出质量，则可计算出堆积密度。开始在容器内加入液体，如果该液体能充满粒子之间空隙但不会进入颗粒内部空隙及裂纹，测出颗粒之间的体积，则可计算出表观密度。在容器中再加入能够充满颗粒内部空隙及裂纹的液体，或者通过测量粒子内部气体体积并换算为特定的压力变化值，测出颗粒的真实体积，则可计算出真密度。

堆积密度很容易受到紧实度的影响，在颗粒床层受到拍打或压紧后堆积密度会增大，细粉或高度片状的材料受影响程度更加明显。压紧床层的密度通常比未压紧的床层密度高5%～20%。常用的堆积密度参见表18.2。

表18.2　常用物料的典型特性

物料	平均堆积密度 kg/m³	莫氏硬度	休止角 β，(°)	邦德可磨指数 kW·h/2000lb
氧化铝珠	2050	2	34	
灰（干燥飞灰）	610	1	40	
铝矾土	1090	5	31	9.45
氧化钙	430		43	
碳	800	1	21	
催化剂（100mm FCC 催化剂）	510	2	32	
硅酸盐水泥（波特兰水泥）	1520		39	10.5
黏土（高岭土，粉碎的）	1025		35	7.1

续表

物料	平均堆积密度 kg/m³	莫氏硬度	休止角 β，(°)	邦德可磨指数 kW·h/2000lb
烟煤（干燥的）	670	2	29	11.4
烟煤（湿润的）	800	2	40	
咖啡豆	670		25	
石油焦	640	2	34	73.8
玉米粒	720	1	21	
白云岩（粉碎的）	740	4	41	11.3
玻璃珠（280mm）	1500	7	26	
石膏（磨碎的）	900	2	40	8.16
铅丸（0.25in）	6600	1	33	
石灰（熟化，粉状）	430	3	43	
石灰石（粗糙的）	1570	4	25	11.6
云母（磨碎的）	220		36	135
磷酸二钙	960		30	
磷矿石	960	4	40	10.1
苯酐（片状）	670	1	24	
大米	800		20	
橡胶（废轮胎）	370		35	
盐（粒状）	1300	2	31	
粗沙	1500	7	30	16.5
细沙	1500	7	32	
木屑	320	1	45	
肥皂粉	160	1	30	
纯碱	480	1	37	
硝酸钠	1090		24	
大豆	770	1	39	
硫黄粉	800	3	45	
小麦	770	1	23	
木片	350		36	

注：（1）表中数据来自 Zenz 和 Othmer（1960）及 Green 和 Perry（2007）的著作。

　　（2）平均堆积密度误差范围为 ±10%。

在大部分设计中，表观密度适用于单独颗粒，平均堆积密度适用于固定床、料仓、料斗及输送设备的选型。表观密度适用于气流中的干燥颗粒以及被流体浸湿的颗粒，浸湿密度适用于气体（如干燥器中）中的湿颗粒。在式（18.5）中设定床层空隙率为 0.4，可初步估算出颗粒密度。

颗粒内部空隙在许多情况下非常重要。内部空隙的存在显著加大了颗粒表面积，加快了颗粒在溶剂中的溶解速度，增大了颗粒吸附、反应和催化的表面积。由于内部表面积通常比空隙内部体积占比更重要，内部空隙通常表示为单位质量的表面积，常用单位为 m^2/g。内部表面积通过气体吸附法测定（Allen，1996）。

（3）颗粒强度与硬度。

颗粒物料的单独颗粒硬度取决于颗粒的材料及其微观结构。许多固体产品为复合或凝聚材料，通过液体或固体黏合剂将小颗粒结合在一起。团聚体的强度取决于黏合剂的化学和物理特性（Pietsch，1997）。通过团聚来增大粒径的有关方法在 18.8 节讨论。

颗粒强度是颗粒成型的重要特性，如药片、催化剂颗粒、食品加工（糖果与麦片）等。在加工制造流程以及最终使用中，成型颗粒均需要具有足够的强度，如催化剂颗粒需要具有足够的强度，以承受固定床装载催化剂时的外力，并承受在流化床或移动床反应器中受到的冲击。药片需要具有足够的强度能够在包装与运输时保持其外形，同时又能够在服用时轻松分开。早餐麦片及烘焙零食等加工食品需要具有足够的强度以保持口感爽脆，同时又不能过于坚硬以致食用时损伤牙齿。

颗粒的强度经常与颗粒硬度混淆，但是除了微观结构均匀且没有瑕疵的颗粒外两者并不密切相关。硬度用于定义材料划伤或磨损另一种材料的能力。硬度可用于描述定义材料的研磨性，以及材料在接触面造成磨损或侵蚀的迅速程度，如旋风分离或研磨设备。结构非均匀固体材料的研磨性更多取决于颗粒强度而非硬度。例如，在原矿中加入少量石英可以在不影响破碎或研磨加工难度的情况下使其变得非常耐磨。硬度通常通过莫氏硬度定义。莫氏硬度为相对硬度从滑石粉（1）到金刚石（10）的排列。材料的硬度通过与其他材料的划痕试验进行排序。莫氏硬度如 18.9 节图 18.69 所示。一些常用材料的莫氏硬度见表 18.2。

单独颗粒的强度通常称作破碎强度，为载荷传感器上测出的抗压能力。ASTM D6177 及 ASTM D4179 给出了测定颗粒破碎强度的标准方法。颗粒破碎强度有时被称作碎块强度。破碎强度的计量通常以压碎单独颗粒所需的平均力（lbf）表示。在某些案例中，工程规定限定了产品的平均抗压强度及其标准偏差。

团聚颗粒的强度不同于单独颗粒的强度，可按 ASTM D7084 规定的方法测定。矿石散料的强度通常称作可磨指数，表示材料研磨的难易程度。可磨指数的定义与描述参见 18.9 节。

与颗粒强度相关的一个重要特性是耐磨性，表示较小的粒子从较大粒子表面脱离的难易程度。通过摩擦能够轻易成为小颗粒或在较小压力下可破碎的颗粒为易碎颗粒，在运输、处理、加工和储存等过程中容易产生粉尘。粉尘的形成带来了很多危害（见 18.11 节），因此，在设计易碎固体材料装置时需要特别注意。产品的耐磨性可按 ASTM D4058 规定的方法测定。

（4）颗粒的化学性质。

固体颗粒物料的化学特性会显著影响颗粒密度、空隙率及强度，或者会危害健康及安全，从而影响物料处理。化学反应也可改变这些特性，尤其是颗粒暴露于大气或湿气中时。

有毒、腐蚀性、易燃易爆固体物料在进行处理时需要特别注意。固体物料加工过程中的危害性参见 18.11 节。通常情况下，不易反应的固体物料在加工时也可能导致很多危害。例如，固体材料被易燃的溶剂浸润或者因研磨或磨损而产生的未氧化表面与空气发生反应。

许多固体物料具有吸湿性，若暴露在空气中会吸收水分，这会影响颗粒密度以及颗粒强度，许多矿物质在水合状态下具有不同的晶体结构。

许多固体物料在空气中易于氧化。由于研磨过程会暴露出固体的崭新表面，因此，氧化特性在研磨过程中非常危险。该氧化过程是放热反应，可能会引燃固体材料。

当固体的崭新表面暴露后，研磨过程同样可以引起固体材料中挥发性成分的释放，对固体材料的化学成分造成影响。在许多食品中，挥发性有机物组分对于食品气味的形成十分重要，因此，加工过程必须减少这些成分的挥发损失。该特性对于咖啡和可可豆的加工非常重要，这也是饮用前才研磨咖啡的原因。

18.2.2　颗粒物料堆积特性与流动特性

大量堆积的颗粒由于单独颗粒累积和颗粒间的相互作用而具有一些特性。固体颗粒的堆积特性取决于粒径分布状况，相同产品的不同样本之间也存在显著差异。

（1）粒径分布。

在工艺流程中使用的所有固体物料都存在粒径分布。即使经过筛分的物料在筛上物和筛下物中也存在粒径分布。

某些工艺流程中采用平均粒径便可满足要求。关于粒径选择的相关内容参见 18.2.1。其中定义了几种不同的平均粒径，可适应于各类特定用途。最简单的定义是算术平均粒径与几何平均粒径：

$$\overline{d_a} = \sum_{i=1}^{N} \frac{d_i}{N} \qquad (18.8)$$

$$\overline{d_g} = \left(\prod_{i=1}^{N} d_i \right)^{1/N} \qquad (18.9)$$

式中　$\overline{d_a}$——算数平均粒径；

d_g——几何平均粒径；

d_i——颗粒 i 的粒径；

N——样本中颗粒的数量。

许多化工流程中涉及面积效应与体积（或质量）效应的平衡，因此，体积—表面积平均粒径是一个重要的概念：

$$\overline{d}_{vs} = \frac{\sum_{i=1}^{N} d_i^3}{\sum_{i=1}^{N} d_i^2}$$ （18.10）

式中　$\overline{d}_{vs}$——体积—表面积平均粒径。

许多情况下平均粒径能够满足使用要求，但在某些流程中由于粒径的差异将会产生不同的结果。此时，设计人员需要采用粒径分布。例如，旋风分离设备的分离效率直接取决于颗粒大小，而旋风分离设备对于 5μm 以下的极细颗粒难以有效分离。

粒径分布通常呈离散分布，表示为指定尺寸的颗粒的数量分数或质量分数。使用粒径分布时也需要明确大于或小于特定粒径范围外的数量分数或质量分数。

工艺流程模拟软件往往可以探究固体物料的粒径分布，用户在结晶器、旋风分离器、过滤器及集聚器操作过程中可调控粒径分布。

（2）空隙率与堆积密度。

颗粒物料的空隙分数（空隙率）与平均堆密度的相关内容参见 18.2.1。堆积密度及空隙率的关系参见式（18.5）。

对于较细的颗粒，空隙率是床层堆积时的重要特性。振动或拍打细颗粒床层能够使颗粒更加紧实从而降低空隙率。对于形状规则、材料无黏性以及粒径分布较窄的固体颗粒，其床层堆积密度通常有 1%～10% 的变化范围，具有宽粒径分布的物料其床层密度变化范围可增大到 40%（Seville 等，1997）。对于宽粒径分布的材料，由于其中的较小颗粒可以挤占较大颗粒之间的空隙，因此可降低空隙率，如图 18.2 所示。

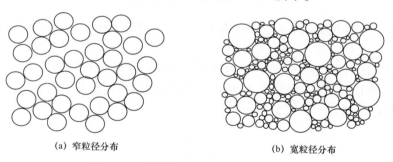

（a）窄粒径分布　　　　　　　　（b）宽粒径分布

图 18.2　不同粒径分布的颗粒堆积效果

某些情况下需要压实或压紧颗粒床层，如固定体积内的吸附剂按设计要求装入尽可能多的固体颗粒。在这种情况下，颗粒床层的装填过程中需进行密实装填和振捣压实。实际中更多的情况是，压实并不是刻意进行的，而是在固体物料储存或输送过程中自然发生的。压实的颗粒床层流动性差，且由于压实后空隙率更低，流体从压实颗粒床层中通过时压降会更大。

（3）颗粒黏结力。

颗粒黏结力用于定义颗粒互相附着黏结的倾向。以下不同的颗粒间作用力会导致黏结力升高：

① 颗粒间的范德华力（分子作用力）；

② 颗粒间的静电作用力；

③ 不规则颗粒间的相互咬合作用；

④ 颗粒间液桥导致的毛细作用与表面张力；

⑤ 颗粒吸附层或涂层之间的作用力。

黏结力不应与颗粒运动时的摩擦力混淆，黏结力更应看作是颗粒为了开始运动而需要克服的力，而不是用于维持颗粒运动的力。

细小颗粒、潮湿颗粒及部分浸湿的颗粒的黏结力将会增大，尤其是与其接触的液体具有较高的表面张力时。例如，干燥的沙子、谷物以及糖的黏结力较低，但在潮湿时黏结力会增大。正因为这样，修筑沙土城堡时，湿沙黏结才能筑成几乎垂直的墙面。

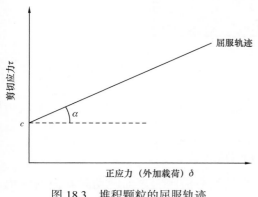

图 18.3　堆积颗粒的屈服轨迹

（4）流动性。

粉粒物料在料仓和料斗内模拟流动状态时可视为半塑性连续物料，半塑性库仑（Coulomb）固体物料的线性屈服轨迹如图 18.3 所示。如果施加的剪切应力大于屈服曲线，将会发生滑移并导致材料流动。

对于库仑固体：

$$\tau = c + \sigma \tan\alpha \tag{18.11}$$

式中　τ——剪切应力；

c——黏结力；

σ——正应力（外加载荷）；

α——内摩擦角。

内摩擦角不应与固体颗粒的休止角混淆。休止角 β 是颗粒在平面形成松散锥体料堆时的夹角（图 18.4）。当固体颗粒从平底开槽容器流出时，测量静止的固体物料与流动的固体物料的夹角可得出内摩擦角（图 18.5）。

专用剪切仪可测得黏结力与内摩擦角，详见 Thomson（1997）的著作。常见材料的休止角见表 18.2。

图 18.4　固体颗粒料堆休止角

内摩擦角会受到堆积密度与板结的影响，粒径较小的干燥颗粒物料的内摩擦角较小，黏结、潮湿及较大颗粒物料的内摩擦角较大。

当库仑（Coulomb）物料被放置在倾斜表面时，材料与表面间的摩擦力可小于内摩擦力，导致材料从倾斜表面滑落。若材料与表面之间不存在黏结力，则可定义表面屈服轨迹如下：

$$\tau_{\mathrm{w}} = \sigma_{\mathrm{w}} \tan \alpha_{\mathrm{w}} \tag{18.12}$$

式中　τ_w——表面剪切力；

　　　σ_w——表面正应力；

　　　α_w——表面摩擦角。

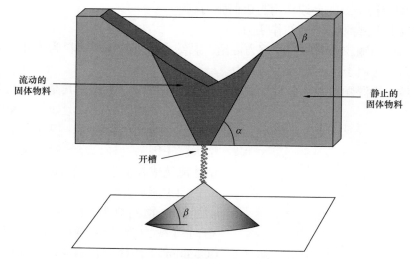

图 18.5　内摩擦角与休止角的测量

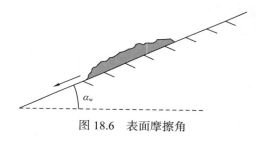

图 18.6　表面摩擦角

通过测量颗粒沿倾斜表面滑动时斜面的倾角可得到表面摩擦角（图 18.6）。

（5）流态化。

当流体通过堆积的固体颗粒床层时，其压降可通过 Ergun 公式估算（Ergun，1952）：

$$\frac{\Delta p}{L_b} = 150\frac{\left(1-\varepsilon\right)^2}{\varepsilon^3}\frac{\mu U}{d_p^2} + 1.75\frac{\left(1-\varepsilon\right)}{\varepsilon^3}\frac{\rho_f U^2}{d_p} \qquad (18.13)$$

式中　Δp——压降，Pa；

　　　L_b——固体颗粒床层长度，m；

　　　ε——空隙率；

　　　μ——流体黏度，Pa·s；

　　　U——流体表观速度，m/s；

　　　d_p——颗粒有效直径；

　　　ρ_f——流体密度，kg/m^3。

当流体向上流动时，一些特定的点由压降导致的外力将会平衡固体颗粒的自重，床层将开始膨胀并逐渐流态化，如图 18.7（b）所示。当流速加快时，堆积的颗粒物料将会进一步膨胀并进入鼓泡、节涌、喷溅状态，如图 18.7（c）与图 18.7（d）所示。当流量增加到最细小颗粒的表观速度等于终端速度时，这些颗粒将会被流体从床层中淘析出来。最终当流速增加至足够大时，整个床层将会进入流动状态，其中的颗粒即可通过气流或液流进行输送。

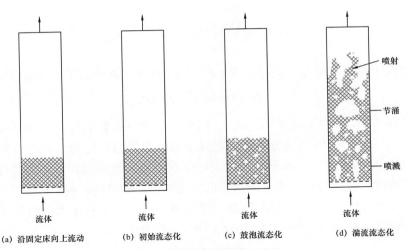

图 18.7　颗粒床层的流态化

流态化的发生可通过压降与床层浮重之间的平衡进行计算：

$$\frac{\Delta p}{L_b} = \left(1 - \varepsilon_{mf}\right)\left(\rho_p - \rho_f\right)g \qquad (18.14)$$

式中　ε_{mf}——临界流态化下的空隙率；

　　　g——重力加速度，$9.81 m/s^2$；

　　　ρ_p——颗粒密度，kg/m^3。

代入 Ergun 公式可得出：

$$\left(1 - \varepsilon_{mf}\right)\left(\rho_p - \rho_f\right)g = 150\frac{\left(1 - \varepsilon_{mf}\right)^2}{\varepsilon_{mf}^{\ 3}}\frac{\mu U_{mf}}{d_p^2} + 1.75\frac{\left(1 - \varepsilon_{mf}\right)}{\varepsilon_{mf}^{\ 3}}\frac{\rho_f U_{mf}^2}{d_p}$$

式中　U_{mf}——临界流态化时的流体表观速度。

整理后可得出：

$$\frac{\rho_f\left(\rho_p - \rho_f\right)gd_p^3}{\mu^2} = 150\frac{\left(1 - \varepsilon_{mf}\right)}{\varepsilon_{mf}^{\ 3}}\frac{\rho_f d_p U_{mf}}{\mu} + \frac{1.75}{\varepsilon_{mf}^{\ 3}}\frac{\rho_f^2 d_p^2 U_{mf}^2}{\mu^2} \qquad (18.15)$$

Re_{mf} 为临界流态化时的雷诺数，计算如下：

$$Re_{mf} = \frac{\rho_f d_p U_{mf}}{\mu} \qquad (18.16)$$

无量纲阿基米德数 Ar 可定义为：

$$Ar = \frac{\rho_f\left(\rho_p - \rho_f\right)gd_p^3}{\mu^2} \qquad (18.17)$$

阿基米德数为无量纲系数，$Ar^{1/3}$ 为无量纲直径，因此式（18.15）可整理如下：

$$Ar = 150\frac{\left(1-\varepsilon_{\mathrm{mf}}\right)}{\varepsilon_{\mathrm{mf}}^3}Re_{\mathrm{mf}} + \frac{1.75}{\varepsilon_{\mathrm{mf}}^3}Re_{\mathrm{mf}}^2 \qquad (18.18)$$

上述公式中需要确定 $\varepsilon_{\mathrm{mf}}$ 的取值，Wen 与 Yu（1966）在测试了大量数据后得出：

$$Ar = 1650Re_{\mathrm{mf}} + 24.5Re_{\mathrm{mf}}^2 \qquad (18.19)$$

虽然 Wen 与 Yu 在测试时使用了式（18.18），但得到的数值与 $\varepsilon_{\mathrm{mf}}$ 不完全相等。

不同阶段的流态化可表示为无量纲表观速度与无量纲直径的示意图，如图 18.8 所示（Grace，1986）。从图中可以看到，经典流化床在进入湍流和淘析状态前可在超过一个数量级的表观速度内保持稳定，流化床状态也会受到粒径分布的影响。粒径的 A、B、C、D 组别来源于 Geldart（1973）的分组体系，详见表 18.3。更多流态化的说明详见 Seville 等（1997）、Zenz 和 Othmer（1960）及 Zenz（1997）的著作。

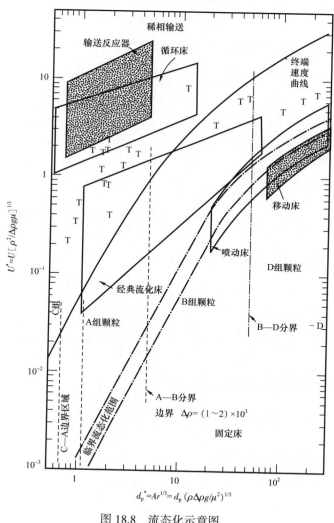

图 18.8　流态化示意图

T 代表实验中出现湍流的位置

表 18.3　Geldart 流态化分类

组别	C	A	B	D
主要特性	易黏结，难以流态化	超出一定范围后不会鼓泡	在 U_{mf} 处开始鼓泡	粗糙固体
床层膨胀	低，倾向于沟流	高	中等	低
鼓泡	沟流	鼓泡聚合至一定尺寸	产生较大而稳定鼓泡	大范围节涌
颗粒混合	低	高	中等	低
气体返混	低	高	中等	低
喷动	否	薄床层	薄床层	是
举例	面粉，水泥	裂化催化剂	沙，盐	碎石，豆类

大多数流化床都处于固相混合均匀的等温状态。由于固体颗粒可以有效传递热量，流化床内外表面可以具有较高的传热速率。流化床中均一的温度和高效的热传导有助于进行反应。流化床同样可用于从高温区域传递热量，如催化裂化中从再生反应器到吸热反应器，见 15.8.4。流化床还可实现固体的装填和移除，该特性在催化反应中应对催化剂的失活时非常重要。

流化床的主要缺点是会导致设备内部的磨损以及生成细小颗粒。流化床设备通常内衬耐火材料以防止其金属结构磨损。流化床通常配有旋风分离设备以收集较大的颗粒，但出于环境保护或降低催化剂损耗的目的，流化床可能还需要配备第二级或第三级过滤设备。设计高速流化床时需要注意（尤其是气体）沸腾或节涌状态下部分流体会从床层旁路通过，影响反应或传热效率。黏结性或团聚性较高的固体通常不适合进行流态化。

流态化在某些固体材料处理工艺中非常重要，一些催化反应器需要在流态化状态下运行，参见 15.7 节与 15.8 节，而反应器或吸附塔中处于向上流动方向的固定床则必须避免流态化。在某些固体加热器、干燥器、集聚器以及气力与水力输送中也需要应用流态化。流化床广泛应用于矿物与燃料煤工业。关于流态化及其应用的详细信息，可参考 Zenz 和 Othmer（1960）、Seville 等（1997）、Kunii 和 Levenspiel（1991）、Yang（1999）及 Yang（2003）的著作。

18.3　固体物料的储存与运输

18.3.1　固体物料的储存

露天堆放是储存固体物料最简单的方法，这种方法可用于自然环境下不会分解变质材料的长期储存，如电站及矿井燃料煤的季节性堆放。对于大规模的储存，通常会设置固定的堆料和取料设备，如门式起重机、抓斗起重机及取料机。对于小规模临时储存，可使用挖掘机、推土机及卡车。当储存物料的损耗相比于所储存物料的价值较高时，应考虑使用储仓。露天堆放的物料体积没有上限，但在设计中应考虑景观以及是否存在污染地下水的可能性。

　　固体物料可以在仓库内或棚下储存，这种储存方式不受天气的影响，且经济性优于大量筒仓的使用。室内储库通常用于季节性的产品储存，如不能在室外储存的、水溶性的化肥。

　　储存料仓既可用于储存需免受天气影响的固体物料，也可用于储存少量工艺固体物料。料仓为可用于储存固体物料、多种形状的立式容器。大多数储仓底部设计有锥形或楔形料斗，有些储仓配有平底。长径比大于 1.5 的大型储仓称为筒仓，长径比小于 1.5 的储仓称为浅仓。

　　大型储仓用于农产品、水泥以及矿物的储存，常用储量为 50～1000t，通常为钢筋混凝土结构。大型浅仓的设计需要对进料及出料时仓壁的应力进行分析，这部分内容不在本书讨论范围之内，参见 Fayed 与 Otten（1997）以及 Seville 等（1997）的论述。大型混凝土筒仓可用于储存数天、数周乃至数月的物料。

　　小型储仓用于化工及制药生产的原料，通常储存量小于 10t，材质为钢或玻璃钢（GRP）。为了保证料斗下方给料设备的正常运行，工艺用储仓通常设计有足够的储量（参见 18.3.2），并且可在储仓上游进料系统出现短暂中断时提供足够的缓冲时间。缓冲时间通常为 1～3h，但当流量较小以及上游操作经常中断时缓冲时间需加长，工艺用料仓的选型见示例 18.1。

18.3.2　料仓及料斗的出料

　　工艺料仓通常用于为下游生产提供均衡匀速的出料，料仓中固体物料的流动受料斗形状、下料口尺寸以及给料机的影响。

　　（1）料仓及料斗中的流态。

　　料仓物料流态主要分为两类，如图 18.9 所示。当料斗仓壁的倾角足够大时，物料流态为整体流，如图 18.9（a）所示。在整体流中，固体物料与仓壁之间产生滑移，因此所有物料全部向下流动。在该状态下料仓内没有物料滞留区域，且下料过程中固体物料不易因为粒径大小的差异而互相分离。这种流态也称作"先进先出"，料仓顶部的物料不会出现沟流而先到达下料口。

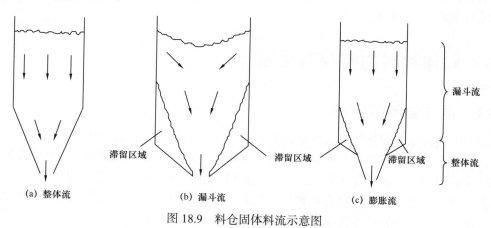

图 18.9　料仓固体料流示意图

当料斗仓壁的倾角较小或通过平底料仓底部的开口下料时，会出现漏斗流，如图18.9（b）所示。在漏斗流中，如果为低黏结性物料，在倾角约等于内摩擦角时固体物料内部会产生滑移；在极端情况下，特别是高黏结性的固体物料会出现"鼠洞"、架桥或起拱现象，如图18.10所示。"鼠洞"和起拱的产生会引起许多问题，在料仓仍然充满的情况下出料会中断，而且料位检测设施可能无法正常工作。当细粉中的架桥和"鼠洞"突然散落时，空隙率会迅速升高，下料口处将会出现不可控的料流。在空隙率大范围变动的情况下，给料机无法准确有效地工作，因此通常在料斗设计中避免出现漏斗流。

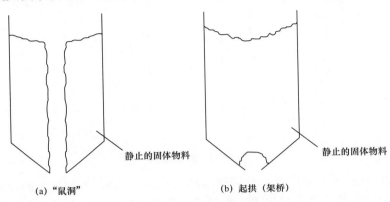

(a) "鼠洞"   (b) 起拱（架桥）

图 18.10 漏斗流引起的问题

避免引起漏斗流的方法之一是在出现漏斗流料仓的底部配备倾角足够大的料斗，这样可以在漏斗流的下方创造出整体流的区域，整体流区域的进料口需要足够大以避免形成架桥。漏斗流与整体流混合出现的料流称作膨胀流，如图18.9（c）所示。

Jenike（1967）及 Jenike 与 Johnson（1970）研究了容器中的固体料流并提出了相关设计方法。Reisner（1971）及 Brown 与 Nielsen（1998）介绍了料仓与料斗以及进料与出料系统设计的各个方面，Rhodes（2008）及 Mehos 和 Maynard（2009）在这些方面也有研究。Bates、Dhodapkar 与 Klinzing（2010）的文章中研究了在料斗中通过加入特殊件以解决固体料流问题的方法。大型混凝土料仓的设计参见美国混凝土协会标准 ACI–313。料仓的设计也可参考英国物料处理理事会设计规范 BMHB（1992）和 Seville 等（1997）及 Thomson（1997）的相关研究。截止本书写作完成时还没有关于料仓或料斗设计的国际标准。

（2）非控制开口的固体出料。

首先定义设备直径为 D，固体物料高度为 H，设备底部开口直径为 D_0（图18.11）。当 $H>D$（Brown 与 Richards，1959）且 $D>2.5D_0$ 时，锥形料斗或平底料仓开口排出的固体物料质量流量为恒定，与 D 和 H 无关。

Beverloo、Leniger 与 van de Velde（1961）推导了流量公式如下：

$$m = C\rho_b g^{1/2}(D_o - kd_p)^{5/2} \tag{18.20}$$

式中　m——固体质量流量，kg/s；

　　　C——常数；

ρ_b——堆密度，kg/m^3；

g——重力加速度，9.81m/s^2；

k——形状参数；

d_p——颗粒"直径"。

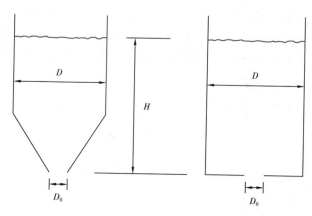

图 18.11　料仓规格

常数 k 取决于 d_p 的测量方法。均匀球体的 K 取值为 1.5，棱角突出的颗粒 K 值更高。Beverloo 等以及其他研究者发现常数 C 取值变动范围较大，这是由固体物料堆积密度与流动密度的不同导致的。Nedderman（1992）提出了下列公式：

$$m = C'\rho_{bf}g^{1/2}(D_o - kd_p)^{5/2} \tag{18.21}$$

式中　C'——常数，通常为 0.585；

ρ_{bf}——固体流动堆积密度，kg/m^3。

流动堆积密度可在出料口通过 γ 射线成像技术测量，通常其数值比静堆积密度小10%～20%（Hosseini-Ashrafi 和 Tuzun，1993）。

需要注意的是，在固体料层顶部施加外力并不能增大流量。实际情况恰恰相反，在料层顶部施加外力会使料层更加致密，从而增大了黏结性，提高了起拱或架桥的可能性。

大多数料斗在设计时并未考虑非控制出料，因为通常料流都会经过计量后进入下游工段。然而研究非控制的料流同样重要，这样可以确保用于给定流量设计的开口不会过小。为了保证固体料流的可控性，开口通常需要能够通过比工艺要求更高的流量；为了避免架桥或起拱，料仓出料口也需要足够大（Rhodes，2008）。

（3）容积式给料机与重力式给料机。

在大多数工艺应用中，固体物料从料仓或料斗出料时会经过体积流量或质量流量控制装置，这样可以形成持续的料流，并且可以在需要时停止出料。给料机的设计是料仓、料斗设计的一部分。对于料仓中的整体流，给料机的形状与开口需要能够让固体物料通过料斗底部的开口均匀出料，给料机还应能停止及恢复料流，且应防止料仓中的物料滞留而受下游操作的影响导致吸湿受潮。

带式给料机（图 18.12）用于料斗在其上方的缓慢下料。当输送带停止时，固体物料不会外溢，料流将会停止，固体物料流量可通过调整带速来控制。带式给料机也称作板式给料机。螺旋给料机（图 18.13）与圆盘给料机（图 18.14）原理相同，螺旋给料机使用变螺距螺杆完成给料，圆盘给料机使用旋转圆盘与固定犁完成给料。

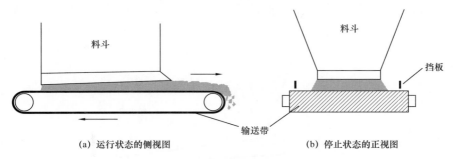

（a）运行状态的侧视图　　　　　　（b）停止状态的正视图

图 18.12　带式给料机

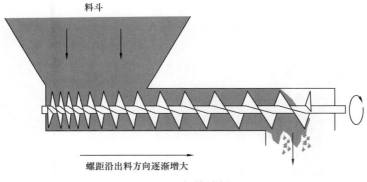

图 18.13　螺旋给料机

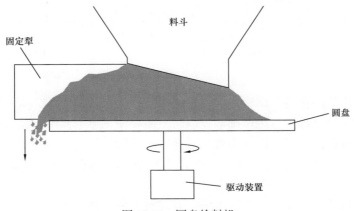

图 18.14　圆盘给料机

　　振动给料机可用于需要精确控制的低速供料（图 18.15）。在振动给料机中，物料从料仓进入速度可控的振动盘，并以恒定的体积流量给料，振动给料机具有从 5%～100% 较大的调节范围。细粉不宜采用振动给料机，因为细粉在振动盘中会发生沉积或脱气。

　　在出料口较大、需要精确控制体积流量时可使用旋转给料机（图 18.16），旋转给料机也称作旋转叶轮式给料机或者星型给料机，给料速度可通过调整旋转阀转速来控制。为使工艺气体环境与料斗中的空气隔离，旋转阀可设计为带正压密封，如果工艺过程禁止空气进入，可在给料机和料斗中充入氮气。旋转叶轮式给料机可用于封闭系统的进料，如气力输送设备或流化床。当叶片和壳体之间间隙较小时，旋转叶轮式给料机容易堵塞。

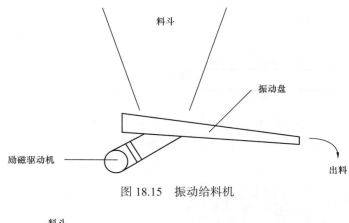

图 18.15　振动给料机

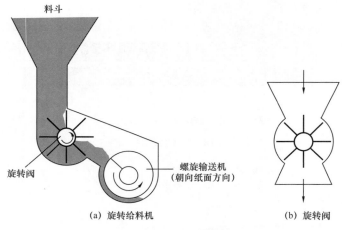

图 18.16　旋转给料机

容积式给料机只能在料斗出料口固体物料流动密度保持恒定时，提供恒定的物料质量流量。当需要对质量流量进行更精确的控制时，需要使用重力式给料机。重力式给料机通常包含与容积式给料机配套的称重系统，这样容积式给料机的给料速度可通过称重装置的反馈来调节。可使用间歇和连续称重系统，详见 Perry（2007）和 Liptak（1993）的有关研究介绍。

当使用小型料仓和料斗时，有时可将料仓放置于称重单元上方，并记录质量相对于时间的变化。

料仓、料斗和给料系统有很多供应商，大多数供应商网站都提供产品目录或选型工具，可以为特定的应用场合初步选择合适的设备。在确定最终选型前必须咨询供应商以确保其设备适用，可以考虑使用供应商的试验设备进行试验，尤其是处理黏性材料或者细小粉末时。

示例 18.1

山梨糖醇片剂成型加工工艺中，原料 USP 级山梨糖醇粉末以 10kg/h 的速度连续加料，外购原料山梨糖醇粉末包装袋采用聚丙烯内袋内衬聚乙烯膜，每袋重 35kg，每 24 袋放在一个托盘上。每次订购至少 20 个托盘的原料，订单交货期为 45 天。

设计一个山梨糖醇粉末的储存和给料系统。山梨糖醇的平均堆积密度为 1.48kg/L，假设平均粒径为 200μm。

解：

加料速率为 10kg/h，即 240kg/d，每天为 240/35=6.9 袋，每周正好 2 个托盘。

一次订购 20 个托盘的量，可以持续使用 10 周，订单交货期至少 45 天。因此，该装置可以在剩余约 14 个托盘时下单订，一次采购至少 20 个托盘。剩余的 14 个托盘可持续使用 49 天，相比 45 天交货期还有 4 天的余量。

由于原料成袋供应，无须立即开袋，应设储存仓库存放，仓储空间考虑储存 20 个托盘的订单，再加上几个托盘的存量，以防供应中断。假设考虑额外的两周操作量（4 个托盘），那么一共需要 24 个托盘的存储空间。一个标准托盘占地面积是 1.065m×1.22m，即 1.3m²，所以需要留出至少 24×1.3=31m² 的仓库空间，还要加上叉车行走和取货的空间。

山梨醇需要从仓库转运到料斗进行投料，需要操作人员每周两次将一个托盘运到料斗。应设计合适的电梯、升降机或起重系统，使操作人员能够将山梨醇袋运至料斗顶部。在劳动力成本较低的地区，可以由操作人员人工搬运，但人工搬运 35kg 的料袋存在安全风险，大多数公司无法接受。因此，使用起重机或升降机将托盘提升到料斗上方的平台上是较好的设计方案。另一种方案是将托盘装载到货运电梯中，然后将袋子手动卸到进料箱上方的平台上。如果托盘自重约为 30kg，内装物质量为 24×35=840kg，则可以对提升设备进行设计和成本计算，因此提升设备的额定能力应至少为 1000kg，应留出一定的设计余量。

进料料斗不必设计为容纳一整个托盘的物料量，可以在进料箱上方的平台上存储一些料袋。设计较小的容器的好处是，物料的停留时间更短，降低了易吸水的山梨醇返潮或板结的可能性。料斗最小的实际尺寸应容纳一个 35kg 料袋，将需要每 35/10=3.5h 重新填充一次，这样对于通常的 8h 轮班周期很不方便。因此，如果设计一台可以容纳 4 袋山梨醇的料斗，那么当控制系统指示料位低时，操作员可以在轮班期间的某个时间装载 2 袋山梨醇。

$$料仓容积 = \frac{4×35}{1.48} = 95L$$

假设筒仓长径比为 2：1，体积为 $\pi D^3/2$：

$$料仓直径 = \left(\frac{0.095×2}{\pi}\right)^{1/3} = 0.4m$$

料仓高度 $=0.8m$

利用 Nedderman 版的 Beverloo 公式［式（18.21）］，得出：

$$\frac{10}{3600}=0.585\times\left(\frac{1480}{1.2}\right)\times(9.81)^{1/2}\left(D_0-1.5\times200\times10^{-6}\right)^{5/2}$$

（18.21）

$$D_0=300\times10^{-6}+\left(1.229\times10^{-6}\right)^{2/5}=4.62\times10^{-3}m$$

对于山梨醇细粉末，5mm 的开口显然太小了，所以需要更大的开口满足精准重力式给料机的要求。料斗设计和给料机选型的细节可以与供应商咨询确定。还有一些其他因素需要考虑，如如果用于食品或药品片剂生产工艺，还要确保给料系统符合药品生产管理规范（cGMP）。

另一个替代方案是采用放置在地面的小型给料仓，该料仓带有螺旋或气动输送机，以将固体提升到料仓中，然后操作人员在不需要吊车或升降机的情况下将原料从料袋中倒入给料仓。某些制造商提供这种给料系统的专利设计，可以同上述设计的成本进行比对。

18.3.3　固体产品的包装和储存

一些固体产品，如聚酯切片、石油焦、面粉和糖类食品，可散装装入铁路漏斗车和散装集装箱中。美国标准铁路漏斗车设计容量为 55t 或 100t。Green 和 Perry（2007）给出了漏斗车的尺寸。

大多数固体产品不适合散装装运，而是用包装袋包装或 55gal 衬聚乙烯的桶包装。装袋和装桶的设备有多种形式，具体设计的细节可以在供应商的网站上查询。小袋包装通常设计为一到两名工人可轻松举起的重量，且不能超过 80lb（36kg）；较大的缝合袋和柔性容器可以容纳 1t 的产品。装满的包装袋或桶堆放在 1.065m×1.22m 的标准托盘上，通常用伸缩膜、收缩膜或胶带进行包裹，以防止在运输过程中货物从托盘上滑落。

考虑到质量控制，消费品、食品和药品通常独立包装，然后装箱交货给批发商。独立包装包含较少量的产品（通常小于 1kg），所以包装操作可自动完成。食品、饮料和消费品工业已开发出全自动包装生产线，以每秒 10 件的速度称重（或计量）、填充、密封、检验、堆放和装箱。包装和灌装设备的详细信息须咨询设备制造商定购。

18.3.4　固体输送

固体的输送和储存通常比液体和气体成本更高，液体和气体易于实现在管道中泵输。固体输送最适合的设备取决于诸多因素：（1）处理量。（2）输送距离。（3）高度差。（4）固体的性质：尺寸、堆积密度、堆积角、壁面摩擦角、研磨性、腐蚀性、湿或干等。

18.3.4.1　带式输送机

带式输送机是最常用的固体连续输送设备。根据物料的堆积角和壁面（皮带）摩擦角的不同，带式输送机可以在长短距离上水平地或以某个角度输送各种物料。带式输送机包含一条由柔性材料制成的环状输送带，输送带支撑在辊子（托辊）上，输送带在输送机的两端设有较大的皮带轮，其中一个为驱动轮。输送带通常是由织物加强的橡胶或塑料制成，也可使用分段的金属输送带。设计时可指定输送带使用耐磨和耐腐蚀的材料。输送带的设计、安装、操作和维护的规定，参见输送设备标准协会（CEMA，2007），也可参考国际（ISO）标准规定，参见 BS EN ISO 21183、BS EN ISO 14890 和 BS EN ISO 15236。

聚酯或橡胶带式输送机的运行受限于环境条件，且不能处理高温固体，金属输送带可以运送高温固体并且用于带式干燥机。输送带的宽度和速度取决于材料的粒径和堆积密度。使用高速运行的窄带经济性最好，但是粉尘的产生会限制实际的运行速度，尤其是当输送带没有遮盖保护时。皮带速度 5m/s 和 2~3m/s 是最常见的，承载能力由皮带速度、负载截面积和材料堆积密度确定。负载截面积取决于固体的堆积角、填充深度以及输送机是否具有防侧溢的槽形托辊。表 18.4 中数据来自 Raymus（1984），它给出了带托辊的槽形带的带宽、最大块尺寸和负载截面积之间的关系。在 CEMA（2007）中给出了其他设计和带尺寸的负载截面积。用于采矿的带式输送机可以长达几千米，但在加工工业中大多数带式输送机的长度都小于 100m。

表 18.4　带式输送机能力

输送带宽度		最大块尺寸		负载截面积	
in	m	in	m	ft^2	m^2
14	0.35	2.0	51	0.11	0.01
16	0.4	2.5	64	0.14	0.013
20	0.5	3.5	89	0.22	0.02
24	0.6	4.5	114	0.33	0.03
30	0.75	7.0	178	0.53	0.05
36	0.9	8.0	203	0.78	0.072
48	1.2	12.0	305	1.46	0.136
60	1.5	16.0	406	2.40	0.223

注：引自 Raymus（1984）。

启动带式输送机所需的功率由空带运行所需的功率、提高或降低负载所做的功、克服负载在旋转部件上移动而引起的摩擦以及克服负载导致的皮带弯曲或压痕所做的功组成。每个因素的影响程度因应用场合不同而变化（ALSPOH，2004）。对于承载散装矿物的大型输送机，功率与质量成正比，因为所需的势能和皮带处的摩擦均与输送的质量成正比；然而，对于短距离低负载的小型输送机（加工工业中常见情况），如果提升高度没有变化，则所输送物料的质量对功率消耗影响不大，原因是输送带本身的质量占很大一部分。因此，具体能耗应与设备供应商沟通确定，也可以用输送单元操作的模拟程序对能耗进行初步估算，参见第 4 章。

固体的机械输送参见 Colijn（1985）、Fayed 和 Socir（1996）、Levy 和 Kalman（2001）及 McGlinchey（2008）的著作。湿固体的输送参见 Heywood（1991）的著作。

18.3.4.2　螺旋输送机

螺旋输送机，也称作蜗杆输送机，用于自由流动的物料。自阿基米德时代以来，螺旋输送机的基本原理就已为人所知，现代输送机含有在 U 形槽或封闭管道中旋转的螺旋形螺杆。螺杆可以进行水平输送，或者在有能力损失的情况下，倾斜地提升物料。由于固体和螺旋叶片及凹槽之间的摩擦，螺旋输送机效率比带式输送机低，但成本更低且易于维护。螺旋输送机常用于短距离的固体输送及需要将物料提升一些高度的情况，也可用于计量固体的流量。

Green 和 Perry（2007）提供了关于螺旋输送机功率消耗的数据，可通过以下公式计算：

$$P = 0.038 + 0.0072 m L_c^{0.8} \tag{18.22}$$

式中　P——功率消耗，hp；

m——质量流量，t/h；

L_c——输送距离，ft。

式（18.22）可初步估算螺旋输送机所需功率，但准确的估算需要与供应商确认。螺旋输送机在 Forcade 所著书籍（1999）中有详细的描述。

18.3.4.3　气流和水力输送

气流输送用于相对短距离的固体物料输送。通常只适用于 20～50mm 范围内的自由流动颗粒，因为较细的粉尘容易黏附在管道上，而较大的颗粒则难以夹带。在气流输送中，固体在气体中悬浮输送。固体可以是稀相输送，其空隙率通常大于 95%；也可密相输送，空隙率低至 50%。输送介质的速度必须足够大，以保持粒子悬浮，参见 Coulson 等（1999）的著作。气流输送可用于水平输送和垂直输送固体，包括弯管。通常应避免急转弯，因为管线的急转弯会导致固体磨损和管道摩擦。在气流输送系统中，固体物料通常从料斗进料，通过一个防回流的旋转给料器，然后送入输送气流，如图 18.17（b）所示。气流输送也可以在微真空环境下进行，可作为卸载罐车或将固体提升到进料料仓中的方法。与料仓相连的柔性进料软管用来吸入固体物料，类似于家用真空吸尘器。真空压缩机用来从料仓中抽出空气，旋风分离器和过滤器配套使用，通常安装在真空压缩机的吸入端，以防止气体中夹带固体颗粒损坏压缩机，如图 18.17（c）所示。

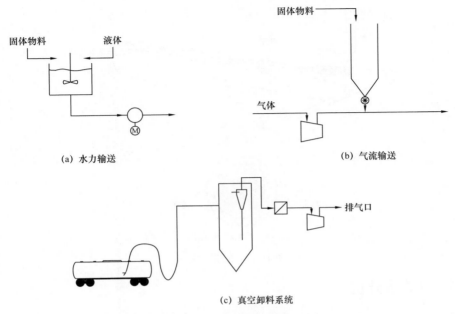

固体物料　液体

(a) 水力输送

固体物料

气体

(b) 气流输送

排气口

(c) 真空卸料系统

图 18.17　水力输送和气力输送

用软管代替管道的小型便携式气流输送机经常用于特殊化学品和制药生产中的短距离固体输送。

水力输送类似于气流输送，但使用液体而不是气体作为输送介质。颗粒和输送介质之间的密度差异较小，使得夹带固体物料更容易，但将固体物料从输送介质中分离出来却要困难得多。由于泵与压缩机相比更不容易被固体损坏，水力输送系统通常在泵的前端将固体物料和液体混合，然后泵送产生的浆料，如图 18.17（a）所示。液压输送被广泛用于采矿、煤炭加工和石油钻探等行业，但在流程工业中，只有在介质对固体物料的污染可接受的范围内才可使用，如用水输送固体或输送催化剂。

如 20.7.2 所述，将料浆视作流体，其输送所需要的功可以用管道压降来估算。对于气流输送，计算更为复杂，因为必须考虑气体的可压缩性和固体进入气流时产生的加速。Seville（1997）等和 Jones（1997）给出了水平气流输送和垂直气流输送中计算压降的方法。Mills（2004）讨论了气流和水力输送，其他介绍见 Mills、Jones 和 Agarwal（2004）和 Rhodes（2008）的著作。

18.3.4.4　管带输送机

管式输送是一种相对较新的输送技术，在矿石处理中得到广泛应用。管带输送机类似于带式输送机，固体物料在柔性输送带上输送。装载固体物料之后，皮带通过托辊将两侧卷起来包覆固体物料（图 18.18）。卷管携带着固体物料直到送达目的地，然后展开卷管，卸下固体物料。管带输送机的成本比带式输送机稍高，但具有许多优点。其产生的扬尘较少，不需要遮盖传送带以保持材料干燥，而且管带可以不走直线，因此管带输送机更容易穿越不利地形。

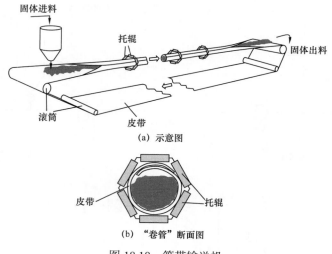

（a）示意图

（b）"卷管"断面图

图 18.18　管带输送机

18.3.4.5　斗式提升机

斗式提升机被广泛用于垂直提升固体物料。斗式提升机由若干料斗组成，料斗安装在闭环的链条或皮带上，链条和皮带则固定在位于最顶端的驱动滑轮或链轮上。斗式升降机可以处理的物料种类广泛，从大块到细粉皆可，也适用于湿固体和浆料的场合。

18.3.5　固体物料的加压

将固体物料注入带压操作工艺环境中具有难度，如果没有正压密封，高压流体将往固体颗粒空隙中回流。

当工艺流体为非可燃液体时，对固体加压的最简单方法是将其浆化到工艺液体中，然后将所得浆料泵送至所需的压力，这与图 18.17（a）所示的液压输送系统的原理相同。如果工艺流体易燃，仍然可以使用该方法来浆化固体物料，但必须使用密闭的压力浆液罐，并且固体物料必须通过叶片式旋转给料机或旋转阀进料，以最大限度地减少气相回流。混合罐中的顶部空间也应使用惰性气体保护，如图 18.19 所示。排放尾气可能需要特殊处理，以控制颗粒（粉尘）和挥发性有机化合物（VOC）的排放量。

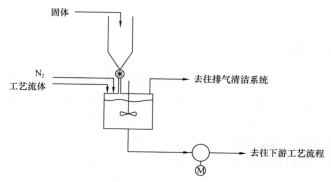

图 18.19　将固体物料加料至烃类化合物的排气及吹扫系统

对于可泵送的浆料,空隙率必须大于 0.7,通常情况下大于 0.8。因此,采用这种方法,每体积固体需要大约 4 倍体积的液体。 若如此大量的液体无法处理,可以制备稀浆液,泵送至压力,然后加入水力旋流器中以形成更浓的浆液。来自水力旋流器的稀释流可以再循环到浆化罐中。

在高压气相流程中进行固体给料非常困难。旋转阀和螺旋输送机需设计有足够紧密的公差配合,以防止气体因相对较小的压力差而泄漏。如果螺旋输送机叶片之间的距离是逐渐减小的,输送过程中会产生压缩。因此,螺旋输送机可以用作较小增压范围内的固体压缩机。

对于更大的增压,可以使用双料斗系统,如图 18.20 所示。双料斗也称为填充料斗或锁定料斗。在双料斗布置中,固体流从上部料斗计量到下部料斗中,而下部料斗与工艺流程隔离。然后将上部料斗与下部料斗隔离,并使下部料斗加至工作压力,通常通过向上流动的气体以避免压缩固体床层。然后打开下部料斗出口处的隔离阀,使固体物料下料进入流程。一旦固体下料完毕,下部料斗将被隔离,排气至低压,然后准备再次填充固体。循环时间应根据确保固体进入工艺流程的体积或质量流速确定。阀门为特殊设计,可以在有固体的情况下切断气流。在一些设计中,使用双阀装置,其中上方阀门可以在流动固体中关闭,下方阀门随后关闭以进行气密密封。

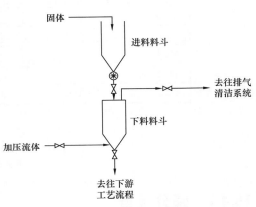

图 18.20　双料斗给料系统

双料斗流程始终以半间歇模式运行。设计人员必须确保设备的尺寸符合固体或气体的实际瞬时流速,而不是相对于时间的平均流量。

当固体从含空气或含氧环境输送至含氢或含烃环境时,可以使用双料斗方案,反之亦然。使用惰性气体(如蒸汽或氮气)吹扫填充料斗可防止固体流中夹带易燃气体或氧化剂。

18.4　固体的分离与混合

通过特定的工艺流程和设备,可实现固体物料的有效分离,提取其中有价值的组分,或对固体原料与产品进行粒度分级。固固分离技术主要应用于矿业和冶金业的选矿工艺,分离技术的选择主要取决于物料各组分物理特性的差异,而非化学特性的差异。如图 18.21 所示,可根据固体物料及其粒度分布选择适用的分离技术。

由于人力成本太高,人工分选已极少使用。

通过混合或掺混设备,可实现固体物料的充分混合,使其达到设定的掺混度和特性,避免固体物料在加工过程中因密度和粒度差异产生分离。

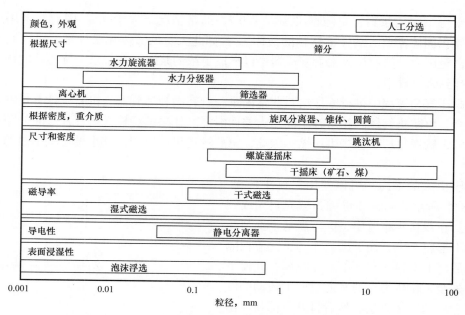

图 18.21　固固分离技术和设备的选择指南
（Roberts 等，1971）

18.4.1　筛分设备

筛分是基于颗粒的大小进行分离，主要用于将固体原料与产品颗粒进行粒度分级，也可用于清除废品（尺寸过大或过小）及脱水。工业筛分设备广泛应用于从细粉到大块岩石的各种粒度。对于小颗粒，可使用编织滤布或金属丝筛网；对于较大颗粒，可使用金属筛孔板或金属格栅筛网。

筛网规格有两种定义方式：小尺寸筛网使用筛号和筛孔数目，大尺寸筛网使用开孔的实际尺寸。筛网规格有多种标准，在根据粒度范围选择筛网时应说明所引用的标准。在美国应使用 ASTM E11 标准，但是也经常使用泰勒标准筛孔；国际上通常依据 ISO 标准 BS 7792（ISO 10630）（1995）和 BS 14315（1997）。粒度与标准筛号或目数关系见表 18.1。

最简单的工业用筛分装置是供筛选物料流过的固定筛。典型类型是"Grizzly"筛，由一排排等距平行杠组成，用来去除粉碎机进料中的超大石块。

动态筛分设备可根据振动和输送的运动方式分类，化学工业中常用的设备类型如下：

振动筛：水平和倾斜的筛面进行高频（1000～7000Hz）振动，处理能力大，分离效率高，可用粒度范围较大。

摆动筛：比振动筛振动频率低（100～400Hz），具有更长的线性冲程。

往复式筛：长冲程、低频率（20～200Hz）振动，用于筛分和输送。

圆振筛：筛面做圆周运动，实际运动为圆形的或回旋的振动。用于微粉的干湿筛分。

滚筒筛：倾斜的圆柱形筛网，低转速（10～20r/min），用于较粗物料的湿筛，目前被振动筛大量取代。

图 18.22 类似于 Matthews（1971）给出的图表，用于不同粒径物料的筛分设备选型。

设备选型往往基于设备供应商或其合作方进行的实验室或试验规模的筛分测试。选型时需考虑的因素和需要提供给专业筛分设备供应商的信息主要有：

（1）单位时间生产能力和总产量。

（2）粒径范围（试验筛分分析）。

（3）物料特性：流动性或黏性、堆积密度和耐磨性。

（4）危害性：可燃性、毒性、粉尘爆炸。

（5）湿式筛分或干式筛分。

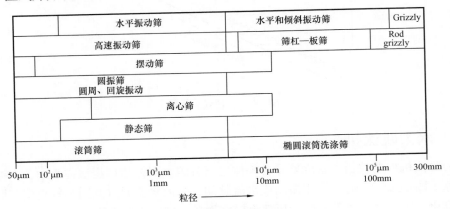

图 18.22　不同粒径物料的筛分设备选型

18.4.2　固液旋流分离器

旋流分离器可用于固体分级，也可用于液固分离和液液分离。旋流分离器（水力旋流器）的设计和应用在 18.6.4 中讨论，图 18.23 为水力旋流器典型图。

水力旋流器可用于分离粒径范围 5～100μm 的固体颗粒。工业水力旋流器可选用多种结构材质和多种规格，设备直径从 10～30m 不等，分离效率取决于固体的粒度和密度，以及液体介质的密度和黏度。

18.4.3　水力分级器

根据不同粒径颗粒的沉降率差异，水力分级器用于分离 50～300μm 范围的微粒。水力分级器有多种类型，化工过程中常用的设备如下：

增稠浓缩机：主要用于固液分离（见 18.6 节）。当用于固体分级时，设置浓缩机的进料速率，使料浆溢流速率大于需要分离微粒的沉降速率，微粒随溢流排出。

耙式分级器：倾斜长方形浅槽，底部装有机械耙，将沉积固体耙到斜坡顶部（图 18.24）。耙式分级器可串联使

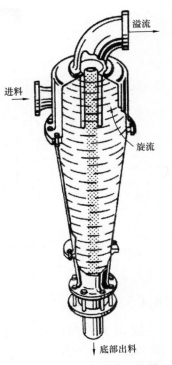

图 18.23　固液旋流分离器
（水力旋流器）

用，将进料分级成不同粒径范围。

碗形分级器：浅碗形凹底面，装有机械耙。操作类似于耙式分级器。

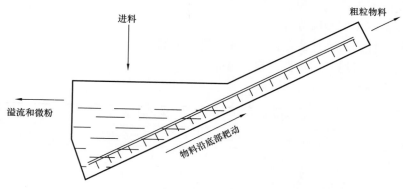

图 18.24 耙式分级器

18.4.4 水力跳汰机

水力跳汰机根据粒径和密度差异对固体进行分级。固体物料浸泡在水中，由滤床上的滤网支撑（图 18.25）。通过滤床振动或水流脉动，脉冲水流通过滤网和物料层。脉冲水流使滤床流化，固体物料产生分层，顶部为较轻物料，底部为较重物料。

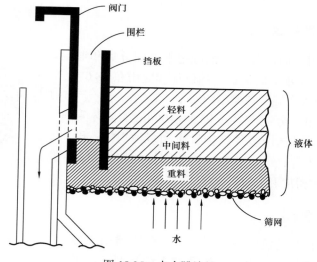

图 18.25 水力跳汰机

18.4.5 摇床

摇床为干湿两用设备，摇床的分离作用类似于传统的矿工淘金锅。浅槽摇床（图 18.26）为长方形平台，与水平方向成小倾角（2°～5°），表面有浅槽。摇床以缓慢向前冲程和快速返回冲程的方式机械摇动。在振动、水流和浅槽阻力的共同作用下，固体颗粒被分级成不同粒径范围。

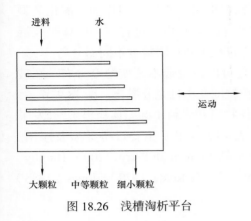

图 18.26　浅槽淘析平台

18.4.6　离心分选机

离心分选机用于分级低于 $10\mu m$ 粒径的颗粒，有两种类型：无孔转鼓离心分级器，配备绕水平轴旋转的圆柱形、圆锥形的转鼓；喷嘴式离心分级器，配备碟片。这些不同类型的离心分选机的相关内容详见 18.6.3。

18.4.7　重介质分离机（悬浮工艺）

分离过程为将不同密度的固体物料浸入中间密度的液体中，密度较大的固体下沉到底部，密度较小的固体漂浮到表面。微粒的水悬浊液常用作重介质。该方法被广泛应用于选矿（浓缩）。

18.4.8　浮选机

泡沫浮选工艺被广泛应用于精细固体微粒的分离，主要取决于物料的表面特性。固体颗粒悬浮在充气液体（通常是水）中，气泡优先附着在颗粒上，并将其带到液体表面。起泡剂可以使需要分离的固体颗粒成为泡沫浮在液体表面而被去除。

浮选工艺是一种在选矿业等行业中应用广泛的分离技术，适用固体颗粒粒径范围为 $50\sim400\mu m$。

18.4.9　磁力分选机

磁力分选机可用于受磁场影响的物料，原理如图 18.27 所示。滚筒式磁力分离器被广泛应用于选矿业，设计能力可高达 3000kg/（h·m 滚筒）。简易磁力分离器常用作破碎机原料除铁器。

Bronkala（1988）介绍了各种类型的磁力分离器及其应用。

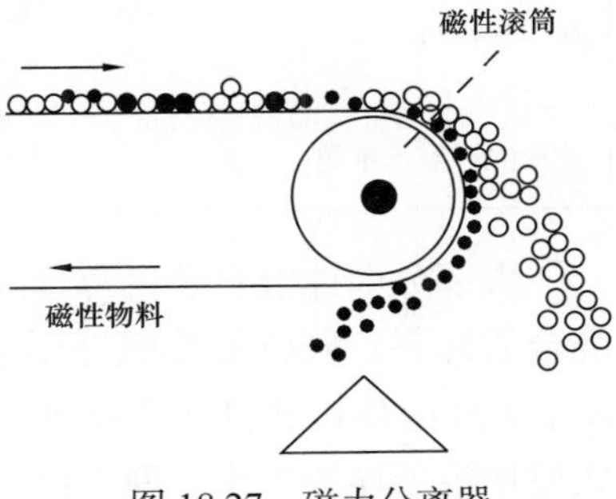

图 18.27　磁力分离器

18.4.10　静电分选机

静电分选依据待处理物料的导电性差异。在一个典型工艺中，颗粒通过一个高压电场时，物料送到接地的滚筒上（图 18.28）。获得电荷的颗粒黏附在滚筒表面，并被滚筒携带到出料处。

18.4.11　固体物料的混合和掺混

许多固体产品是不同固体物料的混合物。常见的例子包括混合食品、肥皂粉、混合糖果和草坪肥料。许多用于固体粉料混合和将固体与液体掺混的设备最初是为食品工业开发

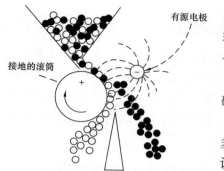

图 18.28　静电分离器

给出了固体混合设备的选型图。

的。混合粉末或颗粒也用于成型，如片剂、催化剂颗粒和许多聚合物产品。有些生产过程需要固体颗粒混合，以防止在加工过程中颗粒因粒度不同而分离。

固体物料混合可以改变或不改变粒度分布。在破碎装置中可使颗粒粒度变小且充分混合，见 18.9 节。

为混合干固体物料和浆料（湿固体物料），开发了多种专用设备，表 18.5 列出了主要设备类型及应用。设备说明可查阅文献（Green 和 Perry，2007；Harnby、Edwards 和 Nienow，1997；Reid，1979）。Jones（1985）

表 18.5　固体和浆料混合器

设备类型	搅拌动作	应用范围	案例
滚筒混合器：圆锥形、双锥形、筒形	滚动	掺混干的、可自由流动的粉粒料、结晶体	药品、食品、化学品
空气流化型混合器	空气流化混合	干粉、干粒料	奶粉、洗涤粉、化学品
水平槽式搅拌机（带式刀片、桨叶）	转动部件使物料产生对流运动	干粉、潮湿粉末	化学品、食品、颜料、药片
Z 型刀片搅拌机	使用专用刀片剪切和混炼物料	搅拌浆料、奶油、团状物	面包房、橡胶混炼、塑料分散液
盘式搅拌机	垂直的旋转桨叶，常伴有行星运动	可搅拌、搅打、混炼从低黏性浆料到黏稠的团状物	食品、药品、化学品、打印油墨、制陶
筒形混合器：单筒、双筒	剪切和混炼	橡胶、塑料混合	橡胶、塑料、颜料分散液

大部分固体混合装置都是间隙操作的。一批固体物料进入混合装置，在要求的时间内混合后卸料。圆锥形掺混器用于可自由流动的固体。带式掺混器用于干固体或液固掺混。Z 型刀片搅拌机和盘式搅拌机用于混炼膏体和团状物。带式掺混器、流化床搅拌机和桨叶式搅拌机可连续工作。静态混合器用于流体连续混合。固体混合装置的功率取决于选用的设备，应与设备制造商沟通或通过工厂试验确定，大多数设备制造商在产品样本或网站上都标明了功率。关于固体混合装置的更多信息参见 Weinekötter 和 Gericke（2010）、Kaye（1996）、Green 和 Perry（2007）、Fayed 和 Otten（1997）、Paul 等（2003）的著作。

（1）滚筒混合器。

滚筒混合器是最简单的固体物料混合器。如图 18.29（a）所示，通常为双锥形，也使用双筒和 V 形筒。滚筒内设置挡板或内件，以破碎结块，促进混合。低速运行，适用于不改变粒度分布的温和混合。

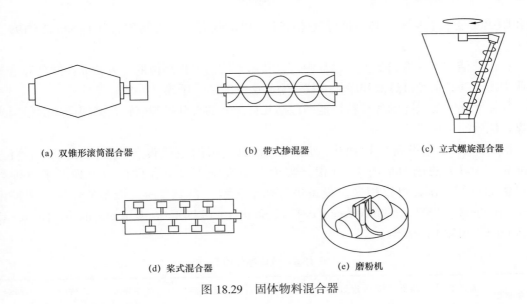

（a）双锥形滚筒混合器　　　（b）带式掺混器　　　（c）立式螺旋混合器

（d）桨式混合器　　　（e）磨粉机

图 18.29　固体物料混合器

（2）内搅拌混合器。

内搅拌混合器利用静止筒与转动内件实现固体物料混合。如图 18.29（b）所示，在带式掺混器中，螺旋带在筒内水平方向旋转以混合固体物料。立式螺旋混合器，也叫 Nauta®混合器，如图 18.29（c）所示，螺旋沿着容器壁将固体物料提升，并围绕中心轴旋转。桨式混合器，如图 18.29（d）所示，水平桶内的固体物料被位于中心轴上的桨叶搅动。双螺旋桨式混合器也经常使用，筒中有两根转轴。

如图 18.29（e）所示，磨粉机是一种敞口平盘式混合器，重型碾轮在物料上碾压，使用犁式或刮板来提升和输送物料。某些磨粉机平盘会与碾轮反向旋转。磨粉机适用于非黏性块状物料。

（3）流化床混合器。

流化床混合器可快速混合固体颗粒，可连续运行或间歇运行。在操作过程中，固体颗粒通过立管连续地从床上移除。流态化在 18.2.2 中有更详细的论述。流化床混合器易与气力或水力输送系统配套使用。

（4）静态混合器。

静态混合器，也称为管路混合器，可用于防止在气力或水力输送过程中固体颗粒的沉降或因粒径差异而分离。有几种专有设计，都是基于使用一定形状的内件来改变流动状态并实现固体颗粒再次混合。静态混合器也用于混合液体流，一个典型的设计如图 15.10所示。

18.5　气固分离（气体净化）

气固分离主要用于气体净化：从气流中去除粉尘和液雾。工艺气体必须净化到一定标准，以防止催化剂或产品污染，并避免损坏设备（如压缩机）。此外，为符合环保法规和职业安全卫生要求，必须进行气体净化，以清除有毒有害物质，见 IChemE（1992）和 11.5.1。

在以清洁空气为原料的生产过程中，以及需要清洁工作环境的地方，如在制药和电子工业中，空气必须经过过滤和净化。仪表空气必须清洁、干燥、无尘。

气体净化需要去除的颗粒粒径范围包括几百微米的大分子到催化剂磨损产生的粉尘或粉煤燃烧后的飞灰等。

很多气体净化设备应运而生。流程工业中应用的主要设备类型见表 18.6 [摘自 Sargent（1971）的选型指南]，并根据粒度、期望分离效率和设备能力列出了每种类型设备的应用范围，可以用来对设备进行初步选型。表 18.6 所示设备的详细介绍参见 Green 和 Perry（2007）、Schweitzer（1997）、Strauss（1975），以及 Richardson、Harker 和 Backhurst（2002）的著作。

表 18.6 气体净化设备

设备类型	最小粒径 μm	最低载荷 mg/m³	近似效率 %	典型气体流速 m/s	最大能力 m³/s	气体压降 mm H₂O	含液率 m³/10³m³ 气体	所需空间
干式收集器								
重力沉降室	50	12000	50	1.5～3	—	5	—	大
挡板沉降室	50	12000	50	5～10	—	3～12	—	中等
百叶窗式分离器	20	2500	80	10～20	15	10～50	—	小
旋风分离器	10	2500	85	10～20	25	10～70	—	中等
多重旋风分离器	5	2500	95	10～20	100	50～150	—	小
冲击式分离器	10	2500	90	15～30	—	25～50	—	小
气体洗涤器								
喷淋塔	10	2500	70	0.5～1	50	25	0.05～0.3	中等
离心式	5	2500	90	10～20	50	50～150	0.1～1.0	中等
冲击式	5	2500	95	15～30	50	50～200	0.1～0.7	中等
填料塔	5	250	90	0.5～1	25	25～250	0.7～2.0	中等
喷射式	0.5～5	250	90	10～100	50	—	7～14	小

设备类型	最小粒径 μm	最低载荷 mg/m³	近似效率 %	典型气体流速 m/s	最大能力 m³/s	气体压降 mm H₂O	含液率 m³/10³m³ 气体	所需空间
文丘里管	0.5	250	99	50~200	50	250~750	0.4~1.4	小
其他								
编织滤网过滤器	0.2	250	99	0.01~0.1	100	50~150	—	大
静电除尘器	2	250	99	5~30	1000	5~25	—	大

气体净化设备根据颗粒分离的机理可分为重力沉降式、冲击式、离心式、过滤式、洗涤式和静电沉降式。

18.5.1　重力沉降（重力沉降室）

重力沉降室是最简单的工业气体净化设备，仅适用于粒径大于 50μm 的粗粉尘。气流通过水平矩形沉降室，粉尘在重力作用下沉降，沉降粉尘从沉降室底部移出。可设计水平板或垂直挡板来改善分离效果。重力沉降室的气流阻力很小，可用于高温、高压和腐蚀性环境。

根据沉降速度（用斯托克斯定律计算）和气体流速，可以估算出某一粒径粉尘沉降所需的沉降室长度。Jacob 和 Dhodapkar（1997）的研究中给出了重力沉降室设计过程。

18.5.2　冲击式分离器

冲击式分离器采用挡板实现气固分离。气流可围绕挡板流动，固体颗粒由于动量较大撞击挡板而被收集。工业设备中有多种挡板设计，图 18.30 展示了一个典型设计。冲击式分离器可用于分离粒径在 10~20μm 范围的细粉，其气体压降高于重力沉降室。

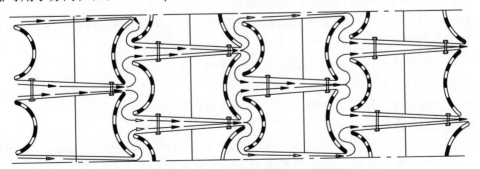

图 18.30　冲击式分离器（剖面表示气流）

18.5.3　离心式分离器（旋风分离器）

旋风分离器是离心式气固分离器的主要类型，应用广泛，结构简单，有多种材质，可

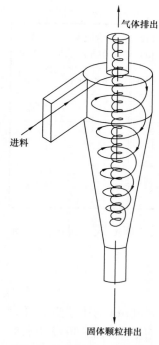

气体排出

进料

固体颗粒排出

图 18.31　逆流旋风分离器

用于高温高压操作环境。

旋风分离器用于分离粒径 5μm 以上的微粒，小到 0.5μm 的微粒聚集后也可分离。

最常用的设计是逆流旋风分离器（图 18.31）。气体沿切线进入逆流旋风分离器顶部，沿螺旋下降至锥形室底部，然后沿小螺旋上升，通过中心垂直管道从顶部排出。固体颗粒沿径向撞击壁面，并沿壁面下滑，在分离器底部聚集。旋风分离器的设计过程由 Constantinescu（1984）、Strauss（1975）、Koch 和 Licht（1977）及 Stairmand（1951）给出。该设计方法所依据的理论和实验参见 Richardson 等（2002）的著作。Stairmand 的设计方法见下文和示例 18.2。

（1）旋风分离器设计。

Stairmand 开发了两种气固旋风分离器的标准设计方法：一种高效率旋风分离器［图 18.32（a）］和一种高通量旋风分离器［图 18.32（b）］。在标准试验条件下，这两种设计的性能曲线如图 18.33（a）和图 18.33（b）所示。在给定的分离效率下，这些曲线可以通过下列方程转换为其他尺寸和操作条件的旋风分离器性能曲线：

$$d_2 = d_1\left[\left(\frac{D_{c2}}{D_{c1}}\right)^3 \times \frac{Q_1}{Q_2} \times \frac{\Delta\rho_1}{\Delta\rho_2} \times \frac{\mu_2}{\mu_1}\right]^{1/2}$$

（18.23）

式中　d_1——在标准条件下，在选定的分离效率下，颗粒的平均直径，如图 18.33（a）或图 18.33（b）所示；

　　d_2——相同分离效率下设计需要的颗粒平均直径，mm；

　　D_{c1}——标准旋风分离器直径，等于 8in（203mm）；

　　D_{c2}——设计的旋风分离器直径，mm；

　　Q_1——标准流量，对高效率设计取值为 223m³/h，对高通量设计取值为 669m³/h；

　　Q_2——设计流量，m³/h；

　　$\Delta\rho_1$——标准条件下，固液密度差为 2000kg/m³；

　　$\Delta\rho_2$——设计密度差，kg/m³；

　　μ_1——试验流体黏度（1atm，20℃），等于 0.018mPa·s；

　　μ_2——设计流体黏度。

按照图 18.33（a）或图 18.33（b）可以绘制出该设计的性能曲线，方法是将分级直径（例如，每增加 10% 的效率）乘以式（18.23）给出的比例系数，如图 18.34 所示。

示例 18.2 中使用了一种不需要重新绘制性能曲线而使用比例系数的替代方法。旋风分离器的设计应使入口速度介于 9~27m/s（30~90ft/s），最佳入口速度为 15m/s（50ft/s）。

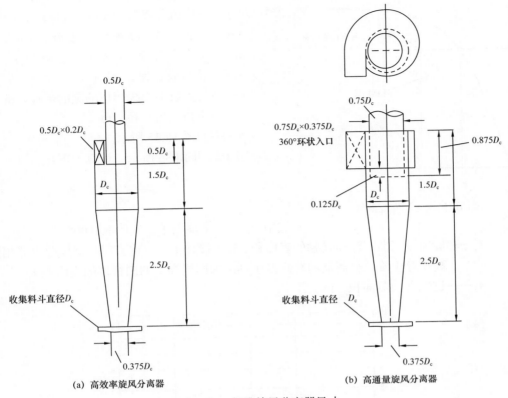

(a) 高效率旋风分离器 (b) 高通量旋风分离器

图 18.32 标准旋风分离器尺寸

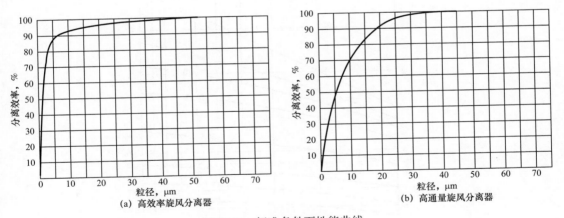

(a) 高效率旋风分离器 (b) 高通量旋风分离器

图 18.33 标准条件下性能曲线

（2）压降。

旋风分离器的压降是由进、出口损失，以及摩擦和动能损失造成的。Stairmand（1949）给出的经验公式可以用来估算压降：

$$\Delta p = \frac{\rho_f}{203}\left\{ u_1^2\left[1 + 2\phi^2\left(\frac{2r_t}{r_e} - 1\right)\right] + 2u_2^2 \right\} \qquad (18.24)$$

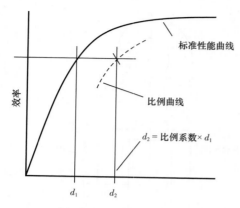

图 18.34　比例性能曲线

式中　Δp——旋风分离器的压降，mbar；

ρ_f——流体（气体）密度，kg/m^3；

u_1——进气管流速，m/s；

u_2——出气管流速，m/s；

r_t——与入口中心线相切的圆的半径，m；

r_e——出口管道半径，m。

ϕ——如图 18.35 所示。

ψ 因子如图 18.35 所示，计算如下：

$$\psi = f_c \frac{A_s}{A_1}$$

式中　f_c——摩擦因子，气体取 0.005；

A_s——旋风分离器与流体接触的表面积，m^2（设计中，可取直径与旋风分离器相同、高度等于旋风分离器的总高度（桶高加圆锥高）的圆柱体的表面积）；

A_1——进气管横截面积，m^2。

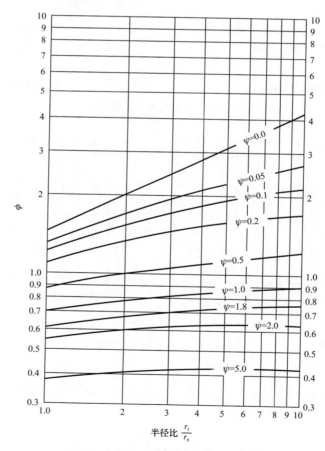

图 18.35　旋风分离器压降因子

Stairmand 方程是关于气体单独流动的，不含固体。固体的存在通常会在式（18.24）的基础上增加压力降，取决于固体的载荷。估算真实压力降的旋风分离器可选设计方法参见 Green 和 Perry（2007）、Yang（1999）和 Zenz（2001）的著作。

设计步骤：

（1）根据性能要求，选择高效率旋风分离器或高通量旋风分离器；

（2）获得气流中固体的粒径分布；

（3）估算需要并联的旋风分离器台数；

（4）进气管流速为 15m/s（50ft/s）时，计算旋风分离器直径，其他旋风分离器的尺寸根据图 18.32（a）或图 18.32（b）按比例算得；

（5）根据图 18.33（a）或图 18.33（b），计算放大因子；

（6）计算旋风分离器的性能参数和总效率，如果不满足要求，以更小的直径试算；

（7）计算旋风分离器的压降，并选择合适的风机（如需要）；

（8）进行系统估价和优化，得到最佳压降，如需要风机，得出最低操作费用。

示例 18.2

设计一个旋风分离器来收集工艺气体中的固体颗粒。工艺气体中颗粒粒径分布见下表，固体颗粒密度为 2500kg/m³。工艺气体为氮气，150℃，气流体积流量为 4000m³/h，操作压力为 1atm。固体颗粒回收效率要达到 80%。

粒径，μm	50	40	30	20	10	5	2
含量，%（质量分数）	<90	<75	<65	<55	<30	<10	<4

解：

因为 30% 的固体颗粒小于 10μm，选用可满足给定回收率的高效率旋风分离器。

$$流量 = \frac{4000}{3600} = 1.11 m^3/s$$

在流速为 15m/s 时，进气管截面积 $=1.11/15=0.07 m^2$。

根据图 18.32（a），进气管截面积 $=0.5D_c \times 0.2D_c$，所以 $D_c=0.84m$，与标准设计直径 0.203m 相比过大。

尝试 4 个旋风分离器并联，$D_c=0.42m$：

$$每个旋风分离器流量 = 1000 m^3/h$$

$$150℃时，气体密度 = \frac{28}{22.4} \times \frac{273}{423} = 0.81 kg/m^2$$

与固体颗粒密度相比，气体密度可以忽略。

$$150℃时，N_2 黏度 =0.023mPa\cdot s$$

根据式（18.23）：

$$比例系数 = \left[\left(\frac{0.42}{0.203}\right)^3 \times \frac{223}{1000} \times \frac{2000}{2500} \times \frac{0.023}{0.018}\right]^{1/2} =1.42$$

根据图 18.33（a），代入比例系数，得到性能计算表如下：

1	2	3	4	5	6	7
粒径 μm	分布百分比 %	平均粒径 ÷ 比例因子	比例尺寸下收集效率 %	收率 $\frac{(2)\times(4)}{100}$	出口粒度分布 （2）-（5）	出口分布百分比 %
＞50	10	35	98	9.8	0.2	1.8
40～50	15	32	97	14.6	0.4	3.5
30～40	10	25	96	9.6	0.4	3.5
20～30	10	18	95	9.5	0.5	4.4
10～20	25	11	93	23.3	1.7	15.1
5～10	20	5	86	17.2	2.8	24.8
2～5	6	3	72	4.3	1.7	15.1
0～2	4	1	10	0.4	3.6	31.8
	100		总回收效率	88.7	11.3	100.0

从图 18.33（a）中，根据表中第 3 列中的比例粒径，得到表中第 4 列所示的收集效率。总回收效率满足要求，设计尺寸如图 18.36 所示。

压降计算：

$$进气管截面积 =210\times80=16800mm^2$$

$$旋风分离器表面积\ A_s=\pi\times420\times（630+1050）$$

$$=2.218\times10^6mm^2$$

f_c 取 0.005：

$$\psi=\frac{f_c A_s}{A_l}=\frac{0.005\times2.218\times10^6}{16800}=0.66$$

$$\frac{r_t}{r_e}=\frac{420-80/2}{210}=1.81$$

根据图 18.35，$\phi=0.9$。

$$u_1 = \frac{1000}{3600} \times \frac{10^6}{16800} = 16.5\text{m/s}$$

$$\text{出口管道截面积} = \frac{\pi \times 210^2}{4} = 34636\text{mm}^2$$

$$u_2 = \frac{1000}{3600} \times \frac{10^6}{34636} = 8.0\text{m/s}$$

根据式（18.24）：

$$\Delta p = \frac{0.81}{203} \times \left\{ 16.5^2 \times \left[1 + 2 \times 0.9^2 \times (2 \times 1.81 - 1) \right] + 2 \times 8.0^2 \right\}$$
$$= 6.4\text{mbar}(67\text{mm H}_2\text{O})$$

压降大小合理。

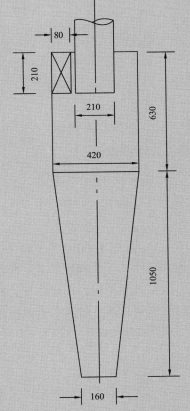

图 18.36　旋风分离器设计尺寸（单位：mm）

18.5.4　过滤器

用于气体净化的过滤器通过冲击和过滤来分离固体颗粒，过滤介质的孔径较大，无法直接过滤掉颗粒，其分离作用是依靠过滤介质纤维撞击而被分离出的第一批固体颗粒在过滤介质表面形成的滤料层。棉和各种合成纤维的编织布或毡布常用作过滤介质。玻璃纤维滤垫和纸滤芯也常使用。

一个典型例子是袋式过滤器，由许多滤袋组成，滤袋由框架支撑，安装在矩形外壳中（图 18.37）。沉积的固体颗粒通过机械振动滤袋或定期反吹去除。袋式过滤器可用于分离 1μm 左右的小颗粒，分离效率较高。商业化的过滤设备可适用于大部分场所，具体设备选型应与供货商咨询后确定。

袋滤器设计和规格见 Kraus（1979）的著作。

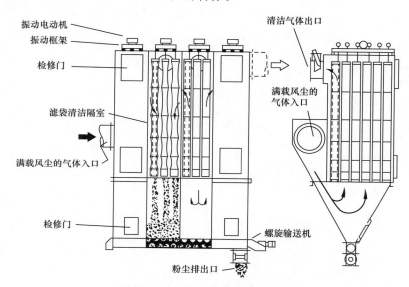

图 18.37　多隔室振动袋式过滤器

许多生产过程都需要无尘空气。空气过滤要求与工艺气不同，主要是因为空气中要去除的粉尘含量较低，一般小于 10mg/m³（每 1000ft³ 约 5 粒），而且收集的粉尘不需要回收。

空气过滤器有三种基本类型：黏性、干式和连续式。黏性和干式过滤器结构相似，但是黏性过滤器的过滤介质会涂上一层黏性材料，如矿物油，用于收集粉尘。过滤器由标准预制部件组成，由过滤器外壳内的框架支撑。过滤元件可定期拆除清洗或更换。有多种使用黏性或干式过滤元件连续式过滤器。Strauss（1975）对空气过滤器进行了全面描述。

18.5.5　湿式洗涤器（清洗）

在洗涤过程中，使用逆流液体（通常是水）将粉尘以浆液的形式去除。主要原理是粉尘颗粒和水滴的撞击。洗涤器适合去除粒径低至 0.5μm 的粉尘颗粒。除了去除固体粉尘，湿式洗涤器同时还可用于去除冷却气体和中和气体中的腐蚀性成分。

除通常使用的喷淋塔、板式塔和填料塔外，还有各种专有的设计。喷淋塔压降较小但不适合去除粒径 10μm 以下的微粒。使用塔板或填料可以提高收集效率，但压降较大。板式塔或填料塔通常设计 3～5 块塔板或相当于 3 块理论塔板高度的填料。

文丘里管和孔板洗涤器是简单形式的湿式洗涤器。文丘里管或孔板产生的湍流用于使水雾化，以增加液滴和粉尘颗粒间接触。然后在离心分离器（通常是旋风分离器）中收集粉尘和液滴团聚成的颗粒。

18.5.6 静电除尘器

静电除尘器能够收集粒径小于 2μm 的微粒，效率高，但是投资和运营成本较高。静电除尘可用于替代过滤等工艺，用于高温或腐蚀性气体的除尘。

静电除尘器广泛应用于冶金、水泥、电力等行业，主要用于去除电站锅炉煤粉燃烧过程中形成的粉煤灰。工作原理为：气体在通过高压电极和接地电极之间时被电离，粉尘颗粒带电并被吸引到接地电极上。通常通过振动或洗涤，从电极上去除沉积的粉尘。高压电极通常采用导线，接地电极通常采用板或管。一个典型的设计如图 18.38 所示。Schneider 等（1975）和 Parker（2002）对静电除尘器的结构、设计和应用进行了全面描述。

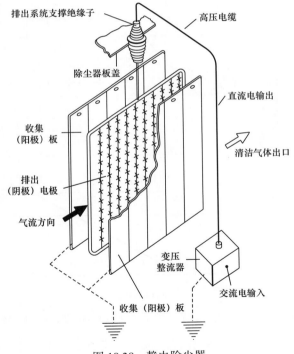

图 18.38 静电除尘器

18.6 固液分离

固液分离常用于流程工业中。分离技术的选择取决于浆液中固体的粒径、物性和浓度、进料量。各种技术和设备的适用范围如图 18.39 和图 18.40 所示。

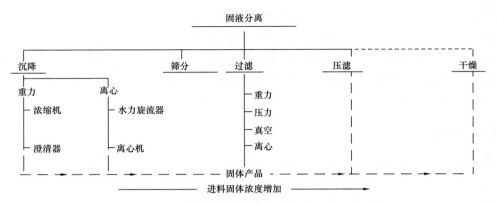

图 18.39　固液分离技术

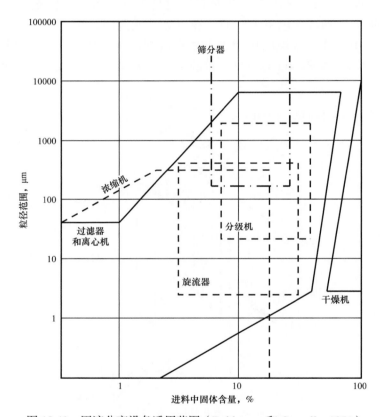

图 18.40　固液分离设备适用范围（Dahlstrom 和 Cornell，1971）

　　设备的选择还取决于主要目标是获得清澈的液体还是固体产品，以及所需固体产品的干燥程度。

　　浓缩机、离心机和过滤器的设计、制造和应用是一门专门的学科，设备的选型应咨询该领域的专业公司。相关专业资料参见 Svarovsky（2001）、Ward 等（2000）及 Wakeman 和 Tarleton（1998）的著作。沉降工艺的理论参见 Richardson（2002）等的著作。

18.6.1　浓缩机和澄清器

浓缩和澄清是沉降工艺，两种技术所用的设备类型相似。浓缩的主要目的是增加悬浮固体的浓度；澄清是除去固体微粒，得到澄清的液体。在处理大量液体时，该工艺方法费用较低。

浓缩机或澄清器，由一个圆形罐组成，底部有一个旋转的耙。也可选用矩形罐，但优先选用圆形罐。可以根据耙的支撑和驱动方式进行分类，三种基本设计如图 18.41 所示。根据固体物性的区别，耙有不同的设计。

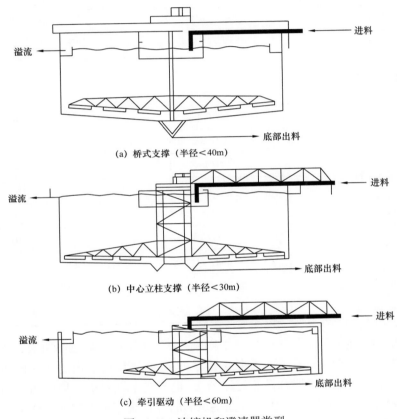

(a) 桥式支撑（半径＜40m）

(b) 中心立柱支撑（半径＜30m）

(c) 牵引驱动（半径＜60m）

图 18.41　浓缩机和澄清器类型

浓缩机和澄清器的设计和制造参见 Dahlstrom 和 Cornell（1971）的著作。

常使用絮凝剂来提升浓缩机的分离效果。

18.6.2　过滤器

在过滤过程中，浆液通过多孔过滤介质，固体从液体中分离。过滤是化工及其他流程工业中广泛使用的分离工艺。有多种类型的设备和过滤介质可以选用，以满足各种不同需求。有关流程工业中过滤的介绍可参考 Green 和 Perry（2007）、Dickenson（1997）、Schweitzer（1997）的著作，相关专业论文参见 Cheremisnoff（1998）、Orr（1977）、Sutherland

（2008）、Cheryan（1986）及 Wakeman 和 Tarleton（2005）的论述。生物制药方面的应用参见 Jornitz 和 Meltzer（2008）的论述。过滤理论和主要过滤器类型参见 Richardson 等（2002）的论述。

最常用的过滤介质是编织滤布，也有许多其他类型的介质，见表 18.7。Purchas（1971）和 Mais（1971）全面论述了选择过滤介质时需要考虑的各种因素；也可以参考 Purchas 和 Sutherland（2001）及 Sentmanat（2011）的论述。助滤剂常用于提高难以过滤浆液的过滤速率，助滤剂用作滤布的预涂层，或添加到浆液中用以协助形成多孔滤饼。

表 18.7　过滤介质

类型	示例	最小粒径，µm
1. 固体制品	扇形垫，绕线管状	5
2. 刚性多孔介质	陶瓷，粗陶	1
	烧结金属	3
3. 金属	打孔金属板	100
	金属丝编织网	5
4. 多孔塑料	柔性垫，薄片	3
	隔膜	0.005
5. 编制滤布	天然和人造纤维布	10
6. 无纺布	毡子	10
	纸，纤维质	5
7. 滤芯	缠绕滤芯，各种纤维	2
8. 固体散料	纤维，石棉，纤维素	亚微米级

工业过滤器使用真空、压力或离心力来促使液体（滤液）通过滤饼层，过滤基本都是间歇操作。间歇操作的过滤器（如板框式压滤机），必须停机泄出滤饼。即使设计成连续操作的过滤器（如转筒过滤器和横流过滤器），也需要定期停机更换滤布。间歇操作的过滤器可通过多台并联实现连续操作，或提供足够的进料缓存量来实现连续生产。

过滤器选型时主要考虑以下因素：

（1）浆液和滤饼的特性；

（2）进料的固体颗粒浓度；

（3）过滤能力；

（4）液体特性和物性，如黏度、可燃性、毒性、腐蚀性；

（5）滤饼是否需要清洗；

（6）滤饼干燥度要求；

（7）助滤剂带来的固体杂质是否可接受；

（8）过滤产品是固体还是滤液，或者两者都是。

最重要的因素是浆液的过滤特性，无论是快速过滤（低滤饼阻力）还是慢速过滤（高滤饼阻力）。过滤特性可以通过实验室或试验装置的测试来确定。基于浆液特性的过滤器选型指南参见表 18.8，该表源自 Porter（1971）论述中的类似选型表。

表 18.8　过滤器选型指南

浆液特性	快速过滤	中速过滤	慢速过滤	稀浆液	特稀浆液
滤饼形成速率	cm/s	mm/s	0.02~0.12mm/s	0.02mm/s	没有滤饼
标准浓度	>20%	10%~20%	1%~10%	<5%	<0.1%
沉降速率	很快	快	慢	慢	—
滤叶试验速率 kg/（h·m²）	>2500	250~2500	25~250	<25	—
过滤速率 m³/（h·m²）	>10	5~10	0.02~0.05	0.02~5	0.02~5
过滤器应用					
连续真空过滤器					
多室转筒过滤器	■	■	■		
单室转筒过滤器	■				
顶部进料转筒过滤器	■				
螺旋卸料转筒过滤器	■	■			
翻盘式过滤器	■				
带式过滤器	■	■			
转盘过滤器		■	■		
真空叶滤机		■	■	■	■
吸滤器	■	■	■	■	■
压滤器					
板框压滤机		■	■	■	■
垂直叶滤机		■	■	■	■
平板过滤器	■	■	■	■	■
筒式过滤器					■

工业过滤器的主要类型如下：

（1）吸滤器（重力和真空操作）。

最简单的间歇过滤器型式，由过滤罐和罐底的打孔底板组成，打孔底板用于支撑过滤介质。

（2）板框压滤机（压力操作）。

历史最长、应用最广泛的过滤器型式（图18.42）。通用性好，有多种材质，可以处理高过滤阻力的黏性液体和滤饼。

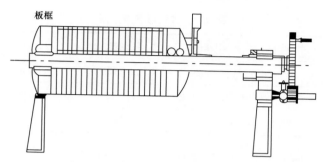

图 18.42　板框压滤机

（3）叶滤机（重力和真空操作）。

叶滤机有多种类型，滤叶可水平或垂直放置，滤叶内有外包滤布的金属框架，滤饼通过冲洗或机械方法去除。叶滤机的应用范围与板框压滤机类似，但运营成本更低。

（4）转筒过滤器（通常真空操作）。

转筒过滤器的主要部件是中空转筒，滤布蒙在转筒外壁（图18.43）。转筒局部浸入悬浮液槽中，滤液由真空驱动通过滤布进入筒内。转筒内壁面可喷水清洗，多室滚筒可使洗涤水与滤液隔开。将滤饼从转筒中取下的方法有许多种：刮刀、绳、空气喷射和线等。转筒过滤器基本上是连续操作，处理量较大，应用广泛。

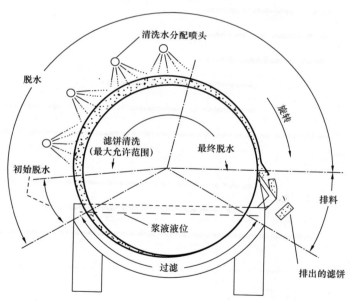

图 18.43　转筒过滤器

（5）转盘过滤器（压力和真空操作）。

转盘过滤器在原理上类似于转筒过滤器，由安装在轴上的几个薄圆盘组成，以代替转筒。在相同占地面积下，有效面积更大，在空间受限时，相较转筒过滤器，优先选用真空转盘过滤器。当过滤面积大于 $25m^2$ 时，转盘过滤器更便宜。转盘过滤器的应用范围有限，不适用于冲洗滤饼或预涂层。

（6）带式过滤器（真空操作）。

带式过滤器由环形强化橡胶滤带组成，滤带支撑过滤介质，中间有排水孔（图 18.44）。滤带从固定的吸水箱上方通过，滤液被吸入吸水箱，浆液进料和冲洗水喷洗均在滤带上方。

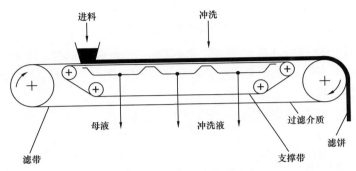

图 18.44　带式过滤器

（7）水平盘式过滤器（真空操作）。

操作与真空吸滤器类似（图 18.45）。水平盘式过滤器由预穿孔的浅盘组成，浅盘支撑过滤介质。在回转轮上布置一系列浅盘，可以实现过滤、洗涤、干燥和卸料的自动化操作。

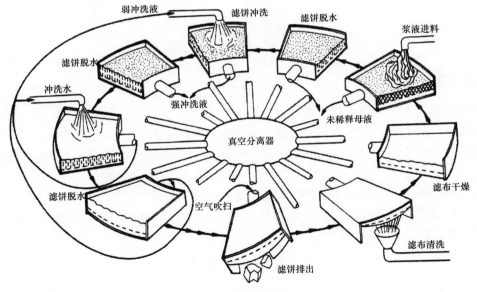

图 18.45　盘式过滤器

（8）离心式过滤器。

离心过滤器利用离心力推动滤液通过滤饼，在下一节具体介绍。

横流过滤器。横流过滤器用于从浆液中过滤液体，类似于浓缩机。滤芯为管状模块，通常为多孔膜，见 16.5.4。悬浮液流过滤管时，滤液通过管壁，如图 18.46 所示。管内流动防止了固体的堆积，浓缩的浆液进入下一步处理流程。

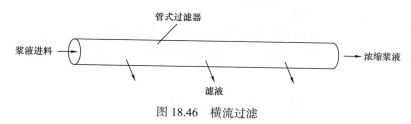

图 18.46　横流过滤

对于溶剂排斥的横流过滤通常采用"进料排液"的流程，如图 18.47 所示。部分过滤后的浆液循环到进料处。该流程允许更高的过滤速度，因此，可以在不污染过滤器表面的情况下达到更高的浓度。

横流过滤工艺，如微滤和超滤，广泛应用于食品工业，如浓缩橙汁，以及发酵工艺中的复原过程。

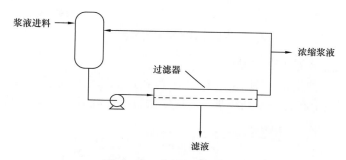

图 18.47　进料和排液过滤

18.6.3　离心机

按固体分离原理，离心机可分为：

（1）沉降离心机：依靠固相和液相的密度不同进行分离（固相密度更大）。

（2）过滤离心机：通过过滤分离。离心机转筒壁为多孔结构，滤液通过沉积的滤饼后排出。

离心机的选型取决于处理物料的特性以及对产品的要求。

离心机选型的主要参与因素见表 18.9。通常，产品为滤液时，选用沉降离心机；产品为纯净干燥固体时，选用过滤离心机。

表 18.9　沉降离心机和过滤离心机选型

因素	沉降	过滤
固体粒径（微粒）		×
固体粒径大于 150μm	×	

因素	沉降	过滤
可压缩的滤饼	×	
开放滤饼		×
需要滤饼干燥		×
高澄清度滤液	×	
晶体破坏问题		×
压力操作	取决于使用的离心机型式	
高温操作		

沉降离心机和过滤离心机均有多种设计型式，主要型式见表 18.10。根据下列设计和操作特点分类：

（1）操作模式：间歇操作与连续操作。

（2）滤筒布置：卧式与立式。

（3）悬架和驱动位置：上悬与下悬。

（4）滤筒形式：整体式、开孔滤筒与碟片式。

（5）滤饼卸料方式。

（6）滤液排出方式。

表 18.10 离心机型式（Sutherland，1970）

沉降	固定床过滤
实验室	立式滤筒
瓶式	人工排料
超高速	袋式排料
	刮刀排料
管式	立式滤筒
	倾斜式滤筒
碟片式	
间歇筒式	
喷嘴排料	
阀门排料	移动床过滤
开放筒式	
无孔滤筒	锥筒式
人工排料	广角式

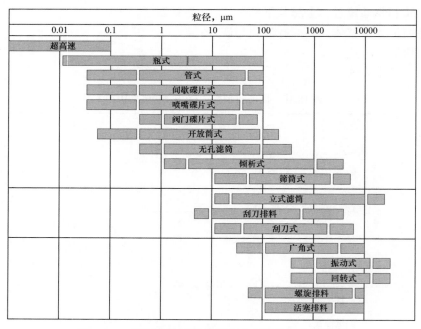

続表

	振动式
撇渣器排料	扭转式
	回转式
螺旋排料	螺旋排料
水平式	
悬臂式	圆筒形
垂直式	螺旋排料
筛筒式	推渣器排料

离心机的分类与应用范围可参考 Leung（1998）、Ambler（1971）和 Linley（1984）的著作。

每种离心机的应用范围根据固体物料粒径大小的分类如图 18.48 所示。类似的选型表见 Schroeder（1998）的著作。

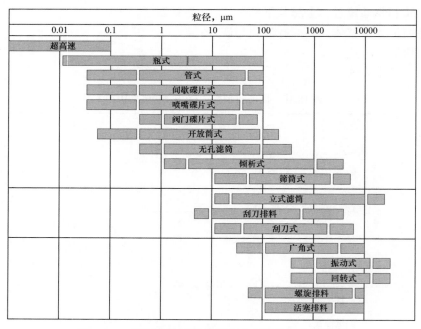

图 18.48　根据固体物料粒径大小的离心机应用分类

18.6.3.1　沉降离心机

主要有 4 种沉降离心机。

（1）管式离心机。

高速、立式轴管式离心机用于分离两种不溶液体，如水和油，或用于分离固体微粒

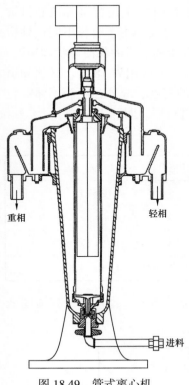

图 18.49　管式离心机

（图 18.49）。离心机转速大约为 15000r/min（250Hz），产生的离心力大于为 130000N。

（2）碟片式离心机。

碟片式离心机的圆锥碟片将液体分离成许多薄层，大大提高了分离效率（图 18.50）。碟片式离心机用于分离液体和固体微粒，以及固体分级。

（3）螺旋排料离心机。

螺旋排料离心机中，沉积在筒壁上的固体被螺旋输送机移除，螺旋输送机与滤筒的旋转速度有细微差别。螺旋排料离心机可使固体颗粒在洗涤干燥后卸料。

（4）转筒离心机。

间歇操作的转筒离心机是最简单的离心机型式，与管式离心机类似，但是长径比更小（<0.75）。

管式离心机很少用于固体颗粒体积分数高于 1% 的情况。当固体颗粒体积分数为 1%～15% 时，可选碟片式离心机、螺旋排料离心机或转筒离心机。当固体颗粒体积分数大于 15% 时，可选用螺旋排料离心机或转筒离心机，选型取决于连续操作还是间歇操作。

离心力场中的沉降理论方程见 Richardson 等（2002）的著作。其中，介绍了术语 Sigma（Σ），Sigma 用于定义离心机与固液相物性无关的性能。Sigma 等于具有相同澄清能力的重力沉降池的横截面积，单位是 cm^2。

Sigma 理论提供了比较沉降离心机性能的方法，而且提供了实验室测试比例放大的理论依据，见 Ambler（1952）和 Trowbridge（1962）的著作。

通常 Sigma 理论表示为：

$$Q = 2u_g\Sigma \tag{18.25}$$

$$u_g = \frac{\Delta\rho d_s^2 g}{18\mu} \quad （应用 Stokes 定律） \tag{18.26}$$

式中　Q——通过离心机的液体体积流量，m^3/s；

　　　u_g——固体颗粒在液体中的自由沉降速度，m/s；

　　　Σ——离心机的 Sigma 值，m^2；

　　　$\Delta\rho$——固体和液体的密度差，kg/m^3；

　　　d_s——固体颗粒直径，分离粒度，m；

　　　μ——液体黏度，Pa·s；

　　　g——重力加速度，$9.81m/s^2$。

由于 d_s 是分离粒度，式（18.25）包含了常数 2；离心机可以去除 50% 该尺寸的固体颗粒。

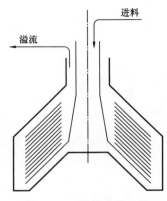

图 18.50　碟片式离心机

Morris（1966）给出了根据液体溢流流量与 Sigma 值的比（Q/Σ）进行沉降离心机选型的方法。沉降离心机的应用范围和分离效率见表 18.11。分离效率用于解释不同设计所对应式（18.25）给出的不同理论 sigma 值。Sigma 值完全取决于离心机的几何形状和速度。Ambler（1952）给出了各种型式沉降离心机的详细计算方法。要应用表 18.11，必须知道浆液的进料速率（因此得到液体溢流流量 Q）、液体和固体的密度、液体黏度和固体颗粒直径及分离效率（如 98%）。表 18.11 的应用在示例 18.3 中进行了说明。

表 18.11 沉降离心机选型

型式	分离效率，%	应用范围 Q，m³/h（Q/Σ，m/s）
管式离心机	90	0.4（5×10^{-8}）～4（3.5×10^{-7}）
碟片式离心机	45	0.1（7×10^{-8}）～110（4.5×10^{-7}）
筒式离心机（螺旋排料）	60	0.7（1.5×10^{-6}）～15（1.5×10^{-5}）
筒式离心机（篮式）	75	0.4（5×10^{-6}）～4（1.5×10^{-4}）

Lavanchy、Keith 和 Beams（1964）给出了沉降离心机选型指南，也包含了其他固液分离器，如图 18.51 所示。

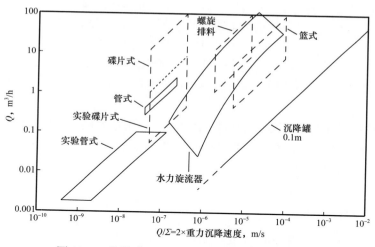

图 18.51 沉降离心机性能（Lavanchy 等，1964）

示例 18.3

连续分离浆液中的沉淀物，固体颗粒浓度为 5%，浆液给料率为 5.5m³/h。操作温度下的相关物性如下：

液体密度为 1050kg/m³；黏度为 4mPa·s；固体密度为 2300kg/m³；分离粒度为 $10\mu m=10\times10^{-6}$m。

解：

$$溢流流量 \ Q = 0.95 \times 5.5 = 5.23 \mathrm{m^3/h}$$

$$= \frac{5.13}{3600} = 1.45 \times 10^{-3} \mathrm{m^3/s}$$

$$\Delta\rho = 2300 - 1050 = 1250 \mathrm{kg/m^3}$$

根据式（18.25）和式（18.26）：

$$\frac{Q}{\Sigma} = 2 \times \frac{1250 \times \left(10 \times 10^{-6}\right)^2}{18 \times 4 \times 10^{-3}} \times 9.81 = 3.4 \times 10^{-5}$$

根据表 18.11，$Q = 5.23 \mathrm{m^3/h}$，$Q/\Sigma = 3.4 \times 10^{-5}$，选用筒式离心机（篮式）。
要得到离心机的尺寸，可根据表 18.11 中的分离效率计算 Sigma 值。
根据式（18.25）：

$$\Sigma = \frac{Q}{效率 \times 2u_g} = \frac{1.45 \times 10^{-3}}{0.75 \times 3.4 \times 10^{-5}}$$

$$= 56.9 \mathrm{m^2}$$

Sigma 值是与离心机等效的重力沉降池的横截面积，得到 Sigma 值，就可以通过查看制造商网站上的性能数据来选择合适的离心机。

18.6.3.2　过滤离心机（离心过滤器）

根据分离固体移除的方式，离心过滤器可分为两类——移动床和固定床。

固定床离心过滤器中，固体颗粒会残留在筒壁上，需要人工或自动操作的刮刀将其去除，操作是循环的。移动床离心过滤器中，固体颗粒通过螺旋（类似于筒式离心机）、活塞或振动移除，或者通过倾斜滤筒移除。移动床离心过滤器可以包含清洗和干燥过程。

Bradley（1965）总结了过滤离心机图谱，如图 18.52 所示。

各种过滤离心机的原理示意如图 18.53 所示。其中，最简单的型式为篮式［图 18.53（a）、图 18.53（b）和图 18.53（c）］，篮式是其他型式过滤离心机［图 18.53（d）到图 18.53（o）］设计开发的基础。

各种自动刮刀排料型式如图 18.53（d）到图 18.53（h）所示。底部排料过滤离心机［图 18.53（d）和图 18.53（e）］可以设计成变速自动排料，适用于易碎的片状或针状结晶体，可避免结晶体被床层破损；可以低速进料和卸料，可避免滤饼破损。单速过滤离心机［图 18.53（f）、图 18.53（g）和图 18.53（h）］适用于滤饼较薄、循环时间较短的过程，可设计为高温高压操作。螺旋排料、推渣器排料等自动排料方式［图 18.53（i）到图 18.53（o）］适用于自动操作。螺旋排料是一种经济、操作弹性大的型式，适用于多种物料，但不适合处理易碎物料；一般用于处理粗颗粒，并可承受滤液中含有一些固体微粒。

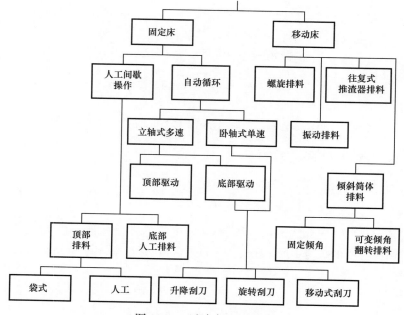

图 18.52　过滤离心机图谱

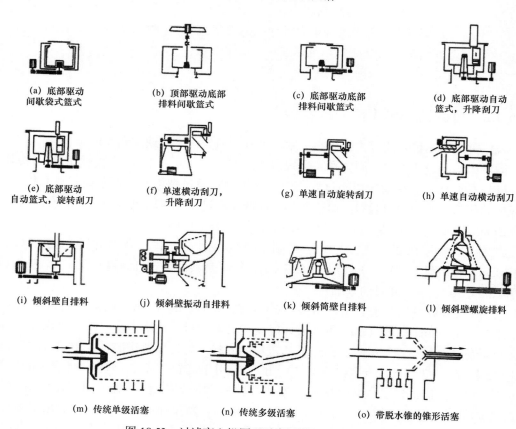

图 18.53　过滤离心机原理示意图（Bradley，1965）

过滤离心机的处理能力主要取决于进料中固体颗粒的浓度。例如，10％固体颗粒浓度的浆液，分离出 9kg 液体才可以分离出 1kg 固体颗粒；50％固体颗粒浓度的浆液，分离出相同质量的固体颗粒，仅需分离 1kg 液体。当处理低浓度浆液时，可以考虑增加重力沉降、水力旋流器、横流过滤器等预浓缩过程。

18.6.4　水力旋流器

水力旋流器用于固液分离，也用于固体分级和液液分离。水力旋流器是一种固定壳体离心设备，离心力由液体运动产生，工作原理与 18.5.3 中的旋风分离器相同。水力旋流器是简单、稳定的分离器，适用于 4～500μm 粒径的固体颗粒。如图 18.54 所示，水力旋流器经常成组使用。水力旋流器的设计和应用参见 Abulnaga（2002）及 Svarovsky 和 Thew（1992）的著作；设计方法和图表参见 Zanker（1977）、Day 等（1997）及 Moir（1985）的著作。

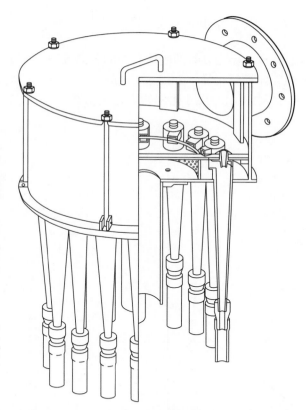

图 18.54　16 个直径 2in（50mm）水力旋流器组装图（Richard Mozley Ltd. 提供）

Zanker 的计算图表可用于初步估算水力旋流器的尺寸。可咨询水力旋流器专业制造商来确定最佳的设计和布置方案。

Zanker 的计算方法概述如下，且在示例 18.4 中有具体说明。图 18.56 是基于 Bradley（1960）的经验公式绘制的。

$$d_{50} = 4.5 \left[\frac{D_c^3 \mu}{L^{1.2}(\rho_s - \rho_L)} \right] \qquad (18.27)$$

式中　d_{50}——水力旋流器效率为 50% 时的固体粒径，μm；

　　　D_c——水力旋流器直径，cm；

　　　μ——液体黏度，mPa·s；

　　　L——进料流量，min^{-1}；

　　　ρ_L——液体密度，g/cm^3；

　　　ρ_s——固体密度，g/cm^3。

　　经验公式给出了分离固体粒径为 d_{50} 需要的水力旋流器直径，是浆液流量以及固体、液体密度的函数。d_{50} 指在此粒径时，50% 固体颗粒在溢流中，50% 固体颗粒在底流中。其他粒径固体颗粒的分离效率与 d_{50} 的关系根据 Bennett（1936）的公式（图 18.55）确定：

$$\eta = 100 \left[1 - e^{-(d/d_{50} - 0.115)^3} \right] \qquad (18.28)$$

式中　η——水力旋流器分离粒径为 d 时的固体颗粒的分离效率，%；

　　　d——需要分离的固体颗粒粒径，μm。

　　该方法适用于图 18.57 中所示的尺寸比例的水力旋流器。

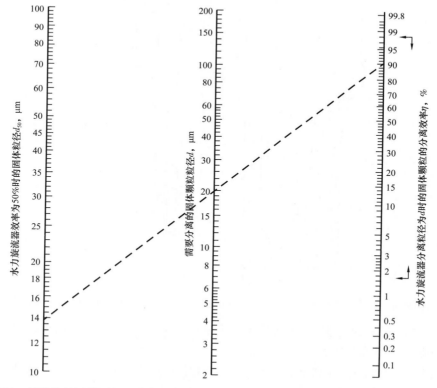

图 18.55　其他粒径固体颗粒的分离效率与 d_{50} 的关系［式（18.27）；Zanker，1977］（示例 18.4）

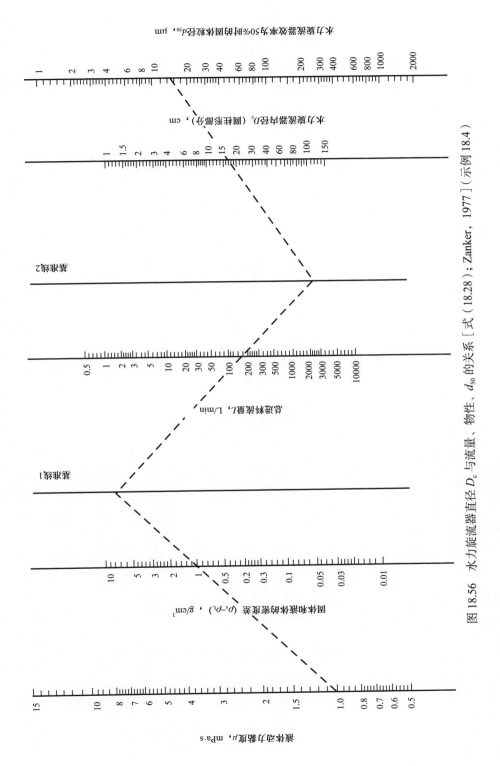

图18.56　水力旋流器直径 D_c 与流量、物性、d_{50} 的关系［式（18.28）；Zanker，1977］（示例18.4）

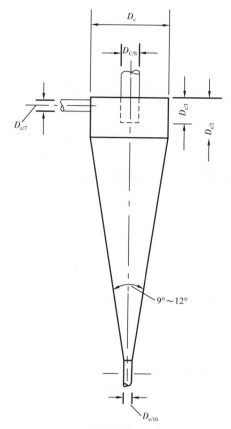

图 18.57　水力旋流器典型尺寸比例

示例 18.4

估算水力旋流器直径 D_c，对粒径大于 20μm 的固体颗粒的分离效率为 90%，浆液进料量为 10m³/h。

物性：固体密度为 2000kg/m³，液体密度为 1000kg/m³，液体黏度为 1mPa·s。

解：

$$流量 = \frac{10 \times 10^3}{60} = 166.7 L/min$$

$$\rho_s - \rho_L = 2.0 - 1.0 = 1.0 g/cm^3$$

根据图 18.55，20μm 以上固体颗粒分离效率为 90%，得：

$$d_{50} = 14 \mu m$$

根据图 18.56，$\mu = 1mPa \cdot s$，$(\rho_s - \rho_L) = 1.0 g/cm^3$，$L = 167 L/min$，$D_c = 16 cm$。

18.6.5　压滤器

对于一些特定场所，压滤器用于压缩大量的固体来挤压出液体。

压滤器消耗大量的能量，在没有其他分离技术适用时才选用；然而，在实际应用中，用压滤器去除水分可以作为干燥处理的一种方式。

压滤器有两种基本类型：液压间歇压滤器和螺旋压滤器。液压间歇压滤器用于榨取果汁；螺旋压滤器用于脱水材料，如纸浆、垃圾和粪便。所使用的设备参见 Green 和 Perry（2007）的著作。

18.7　液固分离（干燥）

干燥是通过蒸发除去水分或其他挥发性液体的过程。大多数固体材料在生产过程中都需要经过干燥处理，通常干燥设备的选型应与其进料设备的选型相结合。

选择干燥设备的首要考虑的因素是被干燥物料的性质和浓度。干燥是一个能耗量较高的过程，通过加热干燥去除液体将比机械分离技术耗费更多能量。

干燥设备可按以下设计和操作特点分类：

（1）间歇式或连续式。

（2）物料的物理状态：液体、浆料、湿固体。

（3）固体输送方法：带式、旋转式、流化式。

（4）传热方式：传导、对流、辐射。

在工业干燥机中，通常使用热空气作为传热和传质载体，如需考虑组分的可燃隐患时，可使用氮气、惰性气体或可循环烟气。空气可以通过燃烧器（燃油、燃气、燃煤）直接加热，也可通过间接加热，如由蒸汽加热翅片管对载气进行加热。通常使用电动风机将热空气送入干燥机。

表 18.12 改编自 Parker（1963），其中列举了工艺流程中各种类型固体干燥设备的基本特点。表 18.13 中列举了一些典型应用案例，参见 Williams–Gardner（1965）的著作。

间歇式干燥机常用于干燥周期长的小规模生产。连续干燥机则节省人力，占地更少，产品质量稳定。

物料在进入干燥机后形成开式多孔结构的固体床层非常重要。对于膏糊和浆料，通常需要某种形式的预处理设备，如挤压设备或造粒设备。

液体也可以用浸出的方式从固体中萃取出来（见 16.5.6）。

18.7.1　干燥原理

干燥是传热和传质共同作用的结果。热量传到固体表面使液体汽化并扩散到干燥气体中。为确保蒸发时总是有足够的分压推动力，大多数干燥机使用流动的气体，但是一些设计也采用传导和辐射来增加传热效率，对流换热在所有干燥机的设计中都很重要。

许多关于干燥的术语基于"空气—水系统"，因为此系统在食品、纸张、纺织和矿物加工工业中广泛存在。相同的概念可以扩展到其他液体或溶剂和其他干燥气体。

表 18.12 干燥机选型

操作模式	通用类型	进料条件 1	进料条件 2	进料条件 3	特定干燥类型	夹套	适合热敏性材料	是否适合真空工况	停留时间	传热方式	处理能力	典型蒸发能力 传热面积 kg/(h·m²) / 干燥机容积 kg/(h·m³)
间歇式	静态		↕	↕	(1)架;(2)箱式;(3)栅室式	是	是	是	6.48h	辐射和传导	小	0.15~1.0
			↕		可移动式	否	是	否	6.48h	热对流	小	0.15~1.0
				↕	(1)釜式;(2)盘式	是	否	是	3.12h	热传导	小	1.5~15
			↕		壳体旋转	是	是	是	4.48h	热传导	小	0.5~12
			↕		转子旋转	是	是	是	4.48h	热传导	小	0.5~12
			↕		双锥转	是	是	是	3.12h	热传导	小	0.5~12
连续式	转鼓式	↕			(1)单滚筒;(2)两个滚筒;(3)双滚筒	否	是	是	很短	热传导	小	5~50
	旋转式	↕			直接加热旋转式	否	否	否	长	热对流	高	3~110
		↕			间接加热旋转式	否	否	否	长	热传导	中	15~200
		↕			蒸汽管式	否	视材料而定	否	长	热传导	高	15~200
		↕			直接—间接加热旋转式	否	否	否	长	热传导 热对流	高	50~150
	输送式				百叶窗式	否	视材料而定	否	长	热对流	高	5~240
				↕	隧道式皮带,筛式	否	是	否	长	热对流	中	1.5~35

续表

操作模式	通用类型	进料条件 1	进料条件 2	进料条件 3	特定干燥类型	夹套	适合热敏性材料	是否适合真空工况	停留时间	传热方式	处理能力	典型蒸发能力 传热面积 kg/(h·m²)	典型蒸发能力 干燥机容积 kg/(h·m³)
连续式	输送式		↔	↔	旋转架式	是	视材料而定	否	中等	热传导 热对流	中	0.5~10	
连续式	输送式	↔	↔	↔	槽式	是	视材料而定	是	多样的	热传导	中	0.5~15	
连续式	输送式	↔	↔	↔	振动式	是	视材料而定	否	中等	热对流 热传导	中	0.5~100	
连续式	输送式		↔	↔	涡轮式	否	视材料而定	否	中等	热传导	中	1~10	
连续式	悬浮粒 干式	↔			喷雾式	否	是	否	短	热对流	高		1.5~50
连续式	悬浮粒 干式		↔	↔	闪蒸	否	是	否	短	热对流	高		—
连续式	悬浮粒 干式		↔	↔	流化床式	否	是	否	短	热对流	中		—

注：→← = 适用于以下注释的进料条件：

(1) 溶液、胶体悬浮液和乳状液，可泵送的固体悬浮液、糊状物和浓泥。

(2) 可承受机械搬运的自由流动粉末、颗粒、结晶或纤维状固体。

(3) 不能承受机械搬运的固体。

表 18.13　干燥机应用实例

干燥机类型	系统形式	进料形式	典型产品
间歇式烘箱	强制对流	膏状、颗粒、挤出饼	颜料染料、药物、纤维
	真空	挤出饼	药物
盘式（搅拌）	大气和真空	晶体、颗粒、粉末	精制化学药品、食品
旋转式	真空	晶体、颗粒溶剂回收	生物制药
流化床式	强制对流	颗粒、晶体	精制化学药品、生物制药、塑料
红外线式	辐射	元件片	金属制品、塑料
连续旋转	热对流直接/间接、直接、间接、热传导	晶体，粗粉，挤出预成型蛋糕块，颗粒糊和填料蛋糕与干产品回混	化学矿石、食品、黏土、颜料、化学品、炭黑
薄膜滚筒式	热传导	液体、悬浮物	食品、颜料
槽式	热传导		陶瓷、胶黏剂
喷雾式	热对流	液体、悬浮物	食品、生物制药、陶瓷、精制化学产品、洗涤剂、有机提取物
带式	热对流	预制固体颗粒	食品、颜料、化学品、橡胶、黏土、矿石、纺织品
流化床式	热对流	预制固体颗粒、晶体	矿石、煤、黏土、化学品
气动式	热对流	预制浆料、颗粒、晶体、粗制品	化学制品、淀粉、面粉、树脂、木制品、食品
红外线式	辐射	元件片	金属制品、模制纤维制品、彩绘表面

　　干燥效果取决于固体的性质和入口空气（或气体）的水分（或溶剂）含量。无孔固体的干燥，如砂土，在任何入口气体条件下都可以达到接近零湿含量。多孔固体、蜂窝状和纤维状材料以及吸湿性固体的干燥可以达到与进入气体的湿度平衡的含水量。因此，为了达到需要的水分含量，设计人员必须选择合适的入口气体湿度、进气温度和干燥机停留时间。在水合盐携带结晶水的情况下，可能需要高温来脱出最终的水分。

　　固相的水分含量通常表示为单位质量的干基湿含量，当固体含水量与通入气体的含水量达到平衡时的水分含量称为平衡湿含量。实验得到的湿固体干燥曲线如图 18.58 所示。干燥速率在预热期间增加，图中标记

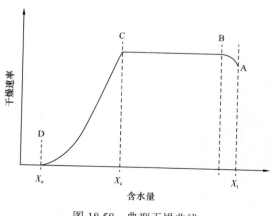

图 18.58　典型干燥曲线

为 A 至 B。然后进入恒定干燥速率周期，如 B 至 C，自由水分从固体表面蒸发。在此期间，由于不存在水分运动的内部阻力，因此，蒸发速率与相同表面积的液体相同。一旦自由水分完全蒸发，干燥速率开始下降，诸如毛细干燥和细孔扩散等固体内部作用机理变得更加重要，如 C 至 D。下降速率周期可按不同机理细分为不同区域。

恒定速率周期结束时的含水量称为临界湿含量 X_c。超过 X_c 的水分定义为自由水分，在 X_c 和平衡含水量 X_e 之间干燥的水分定义为结合水。临界湿含量取决于物料的类型、粒度分布、干燥机的类型以及固体层（适用于托盘和带式干燥机）的厚度。临界湿含量随固体颗粒粒径和固体层厚度的增加而增加。临界湿含量通过干燥试验很容易测定，但难以从理论上推断。Green 和 Perry（2007）给出了 X_c 的一些典型值，其范围宽泛，最大如明胶珠为 300%，最小如托盘上 0.25in 沙层为 3%。由于临界湿含量不能通过第一原理确定，因此，干燥机停留时间需要通过试验进行估计，通常可在现有生产线上进行工厂试验或咨询干燥机供应商获得。

大多数关于分离或传质的教科书都给出了恒速段和降速段干燥速率的表达式，参见 Richardson 等（2002）、McCabe 等（2001）及 Green 和 Perry（2007）的著作。在恒定速率期间，干燥速率与湿含量无关，仅取决于传热和传质速率。对于只有对流换热的系统：

$$-\frac{\mathrm{d}X}{\mathrm{d}t} = \frac{hA\Delta T}{\lambda} = K_G A\left(p_s - p_b\right) \tag{18.29}$$

式中　X——湿含量；

　　　t——时间；

　　　h——传热系数；

　　　A——气体 / 固体接触面积；

　　　ΔT——气固两相温差，等于 $T_g - T_s$，其中 T_g 是总量气体的温度，而 T_s 是气液界面的温度；

　　　λ——汽化潜热；

　　　K_G——传质系数；

　　　p_s——液体在表面的蒸气压；

　　　p_b——总量气体中的液体蒸气压。

使用诸如 Antoine 公式，通过将液体在表面的蒸气压 p_s 写成表面温度 T_s 的函数，式（18.29）可以使用 j 因子类比来关联传热系数和传质系数求解，据此可以推导出恒定速率期间的表面温度。该温度总是小于液体的沸点，且与气体的湿球温度一致。但是，以此并不能准确计算固体出口温度，因为在降速期间固体将进一步加热，并且干燥机中的流动如果是逆向的，则该温度接近入口气体温度。

但是，利用式（18.29）计算停留时间需要已知临界含水量 X_c。计算下降速率段的停留时间也需要临界含水量。由于测量 X_c 的实验会同样影响停留时间，因此，不必进行过多的理论分析，通常仅在对现有干燥机进行改造时才使用。

干燥机设计中一个重要的考虑因素是选择合适的固气比。气体流量必须足够大，以带走水分并提供必要的热量，而不是提高入口气体温度。根据干燥机的设计需求，需要选择合适的气速以防止（或者造成）流化或夹带固体杂质进入被干燥介质。气体出口状态取决于气流是并流、逆流或错流接触固体，但一般气体在离开干燥机时会与固体基本形成平衡。

气体入口温度常受到固体能接受的最高温度的限制，如食品、医药产品、聚合物、纸张和纺织品等热敏材料在高温下会烧焦或降解。较低的入口温度会导致使用较高的气体流量，从而需选择更大型号的干燥机。

气体入口的水（或溶剂）含量取决于气体是否循环或预干燥（见18.7.3）。气体速率的计算可通过如下简化的热平衡方程来进行：

$$m_s\lambda\left(X_i-X_o\right)+m_sC_{ps}\left(T_{si}-T_{so}\right)=\left(m_g+m_e\right)C_{pg}\left(T_i-T_o\right) \tag{18.30}$$

式中　m_s——全干固体物质的质量流量；

　　　m_g——干气质量流量；

　　　m_e——气体中溶剂或水的质量流量；

　　　X_i——入口含水量；

　　　X_o——出口含水量；

　　　C_{ps}——固体比热容；

　　　C_{pg}——气体比热容；

　　　T_{si}——固体入口温度；

　　　T_{so}——固体出口温度；

　　　T_i——气体入口温度；

　　　T_o——气体出口温度；

　　　λ——汽化潜热。

式（18.30）忽略了蒸发水分的显热变化，在初步估算时固体的显热变化也可以忽略。设计人员应确认所计算的气体流量在出口状态下足以提供传质所需的推动力：

$$\frac{m_o\,/\,M_{wL}}{m_g\,/\,M_{wG}+m_o\,/\,M_{wL}}<\frac{p_s}{p} \tag{18.31}$$

式中　m_o——出口水分质量流量，等于$m_e+m_s\left(X_i-X_o\right)$；

　　　M_{wG}——气体平均分子量；

　　　M_{wL}——液体分子量；

　　　p——压力。

通常，干燥机按气体出口处达到大约80%或90%的平衡设计：

$$\frac{m_o\,/\,M_{wL}}{m_g\,/\,M_{wG}+m_o\,/\,M_{wL}}\approx\frac{0.8p_s}{p} \tag{18.32}$$

式（18.30）和式（18.32）可以一起求解，直到获得足够精确的m_g、m_e和T_i数值。这些计算也可使用过程模拟软件进行。

18.7.2　干燥机的设计与选型

干燥机选型时应考虑的主要因素有：

（1）进料状态：固体、液体、糊状、粉末、晶体。

（2）进料浓度：初始液体含量。

（3）产品规格：干燥要求、物理形式。

（4）产能要求。

（5）产品的热敏性。

（6）蒸气的性质：毒性、可燃性。

（7）固体性质：可燃性（粉尘爆炸危险性）、毒性。

材料的干燥特性可以通过实验室和试验装置的测试进行确定，同时咨询设备供应商。Green 和 Perry（2007）、Majumdar（2006）和 Walas（1990）给出了各种类型的干燥机及其应用的完整描述。本节仅给出主要类型的简要描述。

化工工艺流程使用的基本类型有盘式、带式、旋转式、流化床式、气动式、滚筒式和喷雾式干燥机。为了在扩散受限的条件下除去少量水分，也可以考虑重力干燥机，如带脱气功能的重力下料料仓（Mehos，2009）。

（1）盘式干燥机。

间歇式盘式干燥机用于干燥少量固体（图 18.59），物料适用范围较广泛。

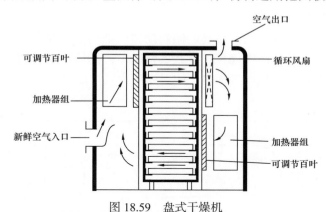

图 18.59　盘式干燥机

待干燥的材料放置在实心底板托盘上或冲孔板底板托盘上，热空气在底板上方或通过冲孔吹过。如果空气穿过冲孔底板，那么设计人员必须确保空气流速不会过高而引起流化（见 18.2.2）。

间歇式干燥机有较高的劳动强度，但可对干燥条件和产品存量进行严格控制，适合干燥细粉和附加值高的产品。

（2）带式干燥机（连续循环带式干燥机）（图 18.60）。

在该类型干燥机中，固体被输送到穿孔的钢带上。热空气或其他干燥气体向上或向下通过钢带（图 18.60）。钢带安装在一个长方形的箱体里，箱体分成几个区域，这样就可以控制干燥空气的流型和温度。通过固体和干燥空气的相对运动可以形成并流、横流，更常见的是逆流。

这种类型的干燥机仅适用于可形成具有开放式结构的床层材料。良好的产品质量可提高干燥速率。使用热效率较高的蒸汽加热时，每蒸发 1kg 水仅需要 1.5kg 蒸汽。这种类型的干燥机的缺点是一次投资高，且由于使用机械式输送带，维护成本高。须注意确保在干燥机内的空气速度不能过高，否则气体流经输送带，不能引起床层材料的流化。

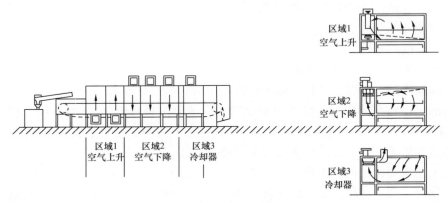

图 18.60　带式干燥机

托盘也可与带式干燥机一起使用，用于细粉的连续干燥。湿固体放在输送带上的托盘中，通过干燥机倒出，然后托盘返回到起点。托盘可以固定在皮带上，以避免人工复位。

（3）旋转式干燥机。

在旋转式干燥机中，固体沿着旋转的倾斜筒体内部输送，并与流经筒体的热空气或气体直接接触来加热和干燥（图 18.61）。在某些情况下，筒体被间接加热。最常见的是，干燥气体由蒸汽加热器在干燥机入口加热，或者用明火直接加热。

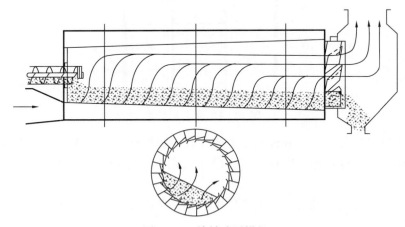

图 18.61　旋转式干燥机

旋转式干燥机适用于干燥自由流动的颗粒状物料，适用于高通量连续操作，且具有较高的热效率和较低的一次投资和劳动成本。缺点是具有不均匀的停留时间、易产生粉尘和较高的噪声。旋转干燥机中的气体表面速度应足够低，以使颗粒不被干燥气体吹起带走；

如果已知气体速率，便可确定筒体直径。旋转式干燥机可以做到相当大，3～8ft 是最典型的尺寸范围，但常见的筒体直径可超过 15ft。因为外壳通常不需要保压，制造成本较低，所以旋转式干燥机的主要成本通常是空气加热器。表 7.2 给出了设备成本与加热器表面积的关系。

（4）流化床干燥机。

在这种类型的干燥机中，干燥气体通过固体床层的速度可使物料呈流态化，从而增加传热效率和干燥速率（图 18.62）。

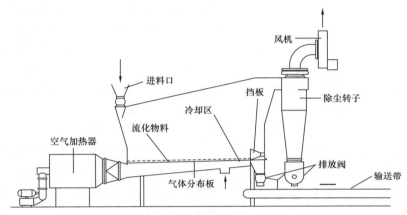

图 18.62　流化床干燥机

流化床干燥机适用于粒径在 0.5～3mm 之间的粒状和晶状物体，可以设计成连续或间歇操作。

流化床干燥机的主要优点是传热迅速、均匀，干燥时间短，干燥条件可控性好，占地面积要求低；缺点是能耗高。

已知干燥气体速度和引起流态化所需的表面速度可以推算出流化床干燥机的尺寸，见 18.2.2。旋风分离器通常安装在气体出口上，以防止淘析过程中产生粉尘。

（5）气流干燥机。

气流干燥机，也称为快干机，其工作原理与喷雾干燥机相似（图 18.63）。待干燥的产品通过合适的进料器分散到向上运动的热气流中。该设备能起到气流输送机械和干燥机的双重作用。接触时间短限制了可以干燥的颗粒大小，气流干燥机适用于太细而不能在流化床干燥机中干燥但必须快速干燥的热敏材料。气流干燥机的热效率一般较低。

（6）喷雾干燥机。

喷雾干燥机常用于处理液体和稀浆料，也可以

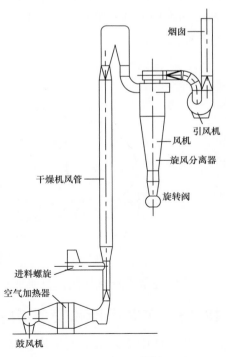

图 18.63　气流干燥机

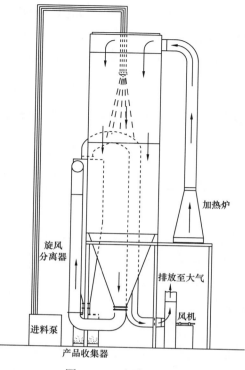

图 18.64　喷雾干燥机

用来处理任何可用泵输送的材料（图 18.64）。待干燥的材料在喷嘴中雾化，或者通过位于立式柱状容器顶部的圆盘式雾化器雾化后，热空气在容器中向上流动（在一些设计中向下）并输送和干燥液滴。液体从液滴表面迅速蒸发，形成开放的多孔颗粒，干燥颗粒利用旋风分离器或袋式除尘器去除。

喷雾干燥机的主要优点是接触时间短，适用于干燥热敏性材料，并能很好地控制产品的粒径、体积密度和形状。由于进料中的固体浓度低，因此加热要求较高。喷雾干燥技术在 Møller 和 Fredsted（2009）的文章和 Masters（1991）的著作中进行了阐述。

（7）滚筒式干燥机。

滚筒式干燥机常用于干燥液体和稀浆料（图 18.65）。当待干燥的物料可在受热表面形成薄膜且非热敏性物料时，滚筒式干燥机可以代替喷雾干燥机。

滚筒式干燥机主要由旋转的、内部加热的滚筒构成，滚筒上沉积固体薄膜并干燥。薄膜是通过将滚筒的一部分浸入液体进料槽中或通过向滚筒表面喷洒或溅射物料形成的；也可以使用双滚筒将进料送入滚筒之间形成的"滚距"。

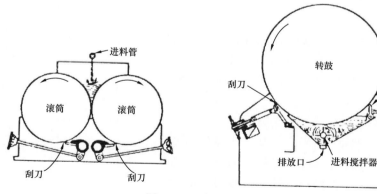

图 18.65　滚筒式干燥机

滚筒通常用蒸汽加热，可实现每蒸发 1kg 水仅消耗 1.3kg 蒸汽。

18.7.3　工艺设计和安全考虑

从固体中去除水分的干燥机通常使用环境空气作为干燥气。空气可以在干燥机中加热，或由干燥机入口的蒸汽管间接传热来预热。当需要较高的入口温度时，可采取在入口燃烧空气来直接加热，这种燃烧器通常使用天然气或工艺废气作为燃料。如果入口温度较高，则在燃烧过程中生成水蒸气所引起的入口湿度增加是可以接受的。

对于必须使用低进气温度干燥的热敏性产品，可以利用分子筛吸附床对进气空气进行预处理，以确保恒定的低进气湿度。吸附剂可以进行周期性的变温再生（见 16.2.1）。也可以通过冷凝的方法去除入口空气中的湿气，但通常要注意避免冷冻所带来的干燥机加热器热负荷的增加。

一次通过的空气—水干燥机排出的空气或烟气，通常从干燥机引出直接排入大气。如果固体容易形成粉尘，则排出的湿热空气中含有颗粒物质。如果产生的粉尘量很大，或有环保或安全方面的要求，则需要气体净化系统（见 18.5 节）。气体净化设备通常靠近干燥机，以防止粉尘或冷凝液在风管中沉积。

当需要从固体中去除可燃溶剂或有可燃粉尘形成时，不应使用空气作为干燥气。虽然可以将干燥机设计成密闭操作（见 10.2.2），但在事故状态时仍然可能形成可燃性环境，有发生火灾或爆炸的危险。取而代之的方法是，可以使用诸如氮气等惰性气体的密闭再循环气体系统，如图 18.66 所示。

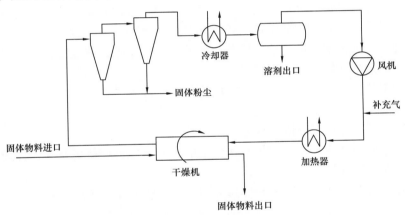

图 18.66　密闭循环干燥工艺

在密闭循环系统中，干燥机排出的气体进入旋风分离器、过滤器或其他气体净化设备去除粉尘。过滤后的气体被冷却，冷凝回收溶剂，然后由风机或鼓风机压缩气体返回到干燥机入口加热器。密闭循环系统中的干燥机有防止气体泄漏的设计，并且通过少量补充气体来平衡固体物料空隙带出气体的损失。

当固体有可能形成有毒或腐蚀性粉尘时，直接排放到大气中将危害环境，也应采用气体密闭循环模式。但是并非所有干燥机都可适用于气体密闭循环模式的操作，前提是干燥机的设计必须能实现密封操作。

18.8　固体的定形、成型和粒径增大工艺

粒径增大工艺用于由小颗粒形成较大的团聚物。粒径增大是生产固体产品工艺中的常见方法，如食品、片剂、肥料、催化剂、吸附剂、肥皂粉、固体燃料和陶瓷的制造。

用于粒径增大的设备通常是专有设备，必须与供应商协商选定。这类设备供应商可容易地从网络上找到，他们通常有专业的销售工程师，可以就设备选型、粉尘处理等提供咨询服务。在许多情况下，供应商可以进行示范性试验，以证明其设备能生产出合格产品。

关于造粒和粒径增大的详细内容可参见：Pietsch（2005）、Pietsch（1991）、Salman 等（2006）、Lister 和 Ennis（2004）、Green 和 Perry（2007）、Rhodes（1998）、Pietsch（1997）和 Richardson 等（2002）的著作。

18.8.1　团聚机理

较小颗粒的团聚可以通过颗粒之间的自然内聚力或通过部分熔融固体将颗粒聚集在一起来实现。相反，在大多数情况下，固体颗粒通过颗粒中添加的黏结剂黏合在一起。黏结剂的选择取决于工艺温度和产品要求。在形成适当大小的颗粒后，有时通过干燥或煅烧颗粒来脱除黏结剂。食品和药品的常用黏合剂包括葡萄糖、淀粉、植物糖、明胶和树胶，而催化剂或肥料通常使用树脂、黏土或水。

团聚工艺的理论发展不充分，大多数粒径增大方法难以定量建模。相反，研究人员依靠实验和试验运行来获得所需的密度、强度和其他性能的产品。放大实验通常研究黏合剂的浓度和类型以及工艺条件的变化，因为比起改变工艺条件，改变配方更容易使产品达到要求的规格，特别是在使用现有设备进行生产时。

下列四种工艺过程在形成较小颗粒的团聚物时非常重要：

（1）润湿：黏合剂接触粉末的表面。

（2）聚结：小粒子相互黏附形成较大团簇的过程。

（3）固结：通过加工过程，施加在团簇上的力使其压紧变得更坚实，如通过与其他颗粒碰撞或与容器壁和搅拌器碰撞。

（4）破碎：由于与其他粒子或容器碰撞而导致较弱的粒子或部位破碎。

这些过程均都可以通过若干方法实现。例如，破碎可以通过粉碎团聚体或研磨表面较小的颗粒实现。

颗粒强度和形状取决于固结和破碎之间的平衡。能够产生更多颗粒与容器以及颗粒与颗粒碰撞的高剪切设备可生产圆周度好、强度高的颗粒。颗粒密度受固结的影响最大，从而要求较高碰撞速率，但碰撞速率需要与影响颗粒尺寸的破碎相互平衡。固体颗粒加工的设备通常只基于最优化上述机理中的某一种进行设计。例如，压片机和辊压机应用固强机理，并尽量减少破碎。

凝聚机理的概述参见 Ennis（2010）的著作。颗粒形成和增大的动力学深入研究参见 Pietsch（1991）、Pietsch（1997）、Salman 等（2006）、Lister 和 Ennis（2004），以及 Green 与 Perry 的著作。

18.8.2　定形、成型和尺寸增大工艺

团聚过程的选择取决于所需颗粒的大小、形状和均匀性。某些情况下需要非常均匀的产品。例如，片剂必须是标准尺寸和形状，以确保含有准确剂量的活性药物成分。

图 18.67 给出了按照期望颗粒尺寸要求选择成形工艺的指南，但是还应考虑下述其他因素（这些工艺的设计、施工和操作的细节参见各节中的专业书籍以及 18.8 节中列出的手册）。

（1）压片机和辊式压制机。

当需要均匀尺寸的产品时，采用压力压实的方法。旋转式压片机或辊压机允许以高产量生产均匀形状和大小的固体，对于压片机，每分钟大约可生产 10000 片产品；对于辊压机，每小时可生产 100t 产品。辊压机的产品比压片机均匀性差，但可用于生产较大的型煤。

在压片机或辊压机中形成的颗粒通常密度较高。颗粒尺寸分布非常窄，可以形成几厘米级的颗粒。可以形成多种形状，包括经典的丸形、菱形和型煤。压片机也可以形成复杂的形状，并可以压印文本或直径凹痕，使患者更容易分辨药片。

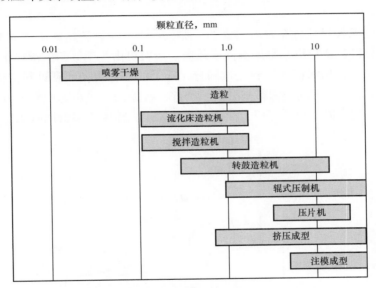

图 18.67　颗粒成型设备的选择

压片机广泛用于制药工业，也用于食品补充物和某些糖果的制造。辊压机用于许多其他食品加工工业，以及动物饲料的造粒和型煤的加工。

制药工业中压片机的设计和操作参见 Carstensen（1977）、Carstensen（1993）、Hickey 和 Ganderton（2001），以及 Parikh（1997）的著作。

（2）挤压成型。

另一种形式的压力压实是将固体和黏合剂形成糊状，可用模具挤压。所得的挤出物可以自然破碎，得到均匀横截面但不同长度的产品，或者用刀刃或金属丝周期性地切割。

挤压成型可以用来生产许多不同形状的产品，如品种各异的意大利面。挤出物颗粒的截面直径可以从小于 1mm 到几厘米不等。挤出过程通常设有干燥机以确保固体黏结或挤压形状硬化。除了制作面食、某些糖果和其他成形的食品，挤压成型通常还用于制造非球形催化剂，通常形成圆柱形，也可生产三叶形、管形和车轮形状产品。

纺丝是用来形成纤维的挤压变体。在聚合物纺丝中，熔体、浆料、溶液或凝胶通过被称为喷丝板的模具挤压形成纤维，然后将纤维缠绕到筒管上。喷丝板通常包含几个孔，允许同时形成多个细丝。纤维通常通过拉伸来进一步加工，以达到所需的纤维粗细程度。纺纱在纺织工业中广泛应用。

（3）注模成型。

注模成型机可以用来精确地形成较大的、复杂的形状。注模成型用于制造大型成型陶瓷以及成型聚合物产品。注模成型过程通常包括固化过程，对于模具里的材料的处理，可采用化学方式或热处理方式。对于陶瓷，可以是高温烧结；而对于聚合物，根据聚合物是热固性还是热塑性，可采取固化或冷却的方式。聚合物通常被熔化并作为液体（注塑）注射到模具中，以确保模具完全渗透充满。

注模成型能够对颗粒形状和尺寸进行高度精确的控制。对于大型零件，额外的加工仅为去除毛刺并完善细节。从汽车零件到玩具和餐具，注模成型在制造业中广泛使用。

（4）造粒。

如果较宽的颗粒尺寸分布是可接受的，那么可以使用旋转造粒机低成本地聚集颗粒，有时也称为制粒机、造粒机、翻滚滚筒或球筒。造粒机由一个倾斜的滚筒组成，固体和黏合剂被送入其中。排出滚筒的物料经过筛分，筛下的颗粒再循环到进料中作为种子颗粒，如图 18.68 所示。有时超规格物料被分离、磨碎，并返回再进料。倾斜的开口盘也可以用作旋转造粒机，这样成本更低，但会产生更多的粉尘，需要更多的回收工艺。

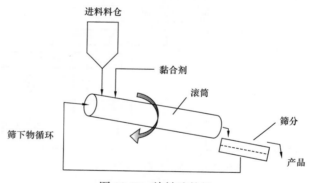

图 18.68　旋转造粒机

在造粒滚筒中，也可以通过向滚筒中喷射小颗粒的浆液来形成较大尺寸的颗粒。小颗粒包覆在已有颗粒的表面，从而形成较大的颗粒。对于结晶材料，该方法可用于制造包含许多较小结晶颗粒的大团块。

18.4.11 中描述的内部搅拌混合器都可以作为造粒机操作，不论是否回收细粉。如果黏合剂与固体一起送入，固体将趋向于聚集并形成较大的颗粒。搅拌造粒机比滚筒造粒机更易形成高密度的颗粒，但产量较低。

大型滚筒造粒机广泛用于化肥造粒，设计上产能可达到 1000t/h 左右。造粒滚筒通常具有 1～5min 的停留时间，这取决于结块的难易程度，滚筒中固体持有量通常为内部体积的 10%～20%。较小的搅拌造粒机用于制造各种珠粒产品，这些珠粒产品必须近似球形，并且通常以每小时数吨的产量生产。这些设备通常间歇式操作。一些粉状食品也由造粒制成，如砂糖。

流化床可用于造粒，并且允许添加较小颗粒的浆料。在流化床造粒机中须确保二次进料在被包覆前不会被吹脱。流化床的设计见 18.2.2。

（5）喷雾干燥和造粒。

喷雾干燥见 18.7.2，如图 18.64 所示。造粒与喷雾干燥基本相同，但要形成较大的颗粒，常采用结晶与干燥相结合的方法。

喷雾干燥和闪蒸干燥往往形成细小的低密度颗粒。通常粒度在 $10\sim500\mu m$ 之间，可形成从球形到薄片的多种形状的颗粒。造粒形成较大的颗粒，直径可达几毫米，并趋向于形成球形。形成颗粒的大小主要取决于所使用的喷嘴，大量的喷嘴专利产品可从喷嘴供应商处获得。当干燥气体逆向作用到下降的固体时，细颗粒将被吹脱，必须从排出的气体中回收被洗脱的颗粒并循环到工艺中去。

造粒广泛用于制造尿素和硝酸铵等肥料。喷雾干燥用于制备催化剂、粉末食品和洗涤剂粉末。

（6）结晶。

结晶可以用来从将要结晶的物料中形成自由流动的固体颗粒。结晶和沉淀，连同从液体中除去溶解固体的其他工艺过程详见 16.5 节。

18.8.3　后成形工艺

颗粒形成后的第一步通常是对颗粒进行筛选，以排除那些尺寸较小或较大的颗粒。尺寸较小的物料通常可返回开始步骤重新成形。超大尺寸的材料在第二次进料前需再次磨碎。

一旦形成所需尺寸和形状的颗粒，通常需要干燥或加热处理，以降低其塑性并确保不变形。在某些情况下，还需要经过称为煅烧的极端加热处理以除掉或烧掉黏合剂。

许多固体产品随后需进行包裹涂覆处理，涉及多种类型的包裹层，例如，药片可以包裹糖或凝胶，使它们更美味或容易服用，而许多固体包裹蜡，以抑制在搬运过程中产生粉尘。包裹通常在滚筒或包裹滚筒中进行，基本上与旋转造粒机相同。在包裹过程中，颗粒必须保持移动，以确保包裹均匀，防止不必要的团聚。如果包裹涂覆通过溶剂进行，那么可使用旋转干燥机作为包裹滚筒。包裹材料的选择必须考虑包裹层对产品最终用途的影响。

18.9　颗粒破碎（粉碎）

破碎是使物料尺寸缩小的第一步：将大块变为易于处理的尺寸。对于一些工艺，破碎已经满足要求，但对于化工流程，破碎之后通常要进行粉磨以生产细粉。虽然关于破碎工艺已有许多文章论述，Marshall（1974）提到的已超过 4000 篇，但这一课题基本上仍是经验性的。设计人员进行破碎和磨碎设备选型时，必须依靠经验和设备供应商的建议。根据在现有工厂进行的试验或与设备供应商协商，可以更准确估算耗电量。更全面的论述可参考 Lowrison（1974）、Prasher（1987）、Fuerstenau 和 Han（2003）的著作。

18.9.1　破碎和粉磨的理论

关于材料破碎过程中能量消耗的计算，目前已有几种模型。这些模型并未用于实践，但可用于大学课程设计项目中能量输入的初步估算。克服固体结合力并产生新的表面积所需的能量通常小于实际磨机所消耗能量的 1%，通常小于磨机能量平衡计算的误差（Austin 和 Trass，1997）。对于更加准确的计算，设计者应该与设备制造商协商进行试验。

破碎可以通过脆性断裂、剪切（切割）和表面磨损实现。不同机理的重要性取决于材料类型，并且还可能随颗粒大小和温度而变化。例如，低温下粉磨状的橡胶颗粒，脆性断裂占主导地位，而在较高温度下，颗粒更具延展性，剪切占主导地位。

常用的能耗模型是由 Bond（1952）开发的：

$$E = 100E_i \left(\frac{1}{\sqrt{d_2}} - \frac{1}{\sqrt{d_1}} \right) \tag{18.33}$$

式中　E——单位质量进料粉磨所做的功，kW·h/t；

　　　E_i——一个常数，称为邦德（Bond）功率指数，kW·h/t；

　　　d_1——初始颗粒尺寸，m；

　　　d_2——最终颗粒尺寸，m。

邦德（Bond）功率指数是一个常数，等于将 2000lb 的固体从初始理论无穷大尺寸减小至 80% 物料可通过 100μm 筛孔所需的能量，以 kW·h/t 表示。在原文中，Bond 给出了适用于不同类型设备的功率指数的公式，但是由于设备设计的改进，这些公式已不适用。在文献中出现的功率指数值通常需要核实，因为文献中通常未标明设备类型，而不同设备的功率指数差异较大。由于设备之间的差异，功率指数的平均值可能具有误导性。表 18.2给出了邦德（Bond）功率指数的一些平均值，这些数值可与式（18.33）一起用于设计项目的粉磨功耗的初步估算。

更复杂的破碎过程模型通常通过公式描述为颗粒群平衡模型，用于估算离散尺寸范围内的颗粒破坏和形成的速率。破碎函数可以用来估算每颗粒尺寸范围磨碎后形成的较小颗粒尺寸的分布。破碎率函数可以在较小的磨机中通过实验确定，并可用于较大的磨机从给定的初始材料生产期望的粒度分布所需的停留时间和功率。这些模型通常是专有的。

18.9.2　湿粉磨和干粉磨

在湿粉磨中，固体在浆料中粉磨，通常加入表面活性剂，即所谓的助磨剂，以改变浆料黏度，防止颗粒团聚。湿粉磨比干粉磨可以形成更小的颗粒，有时甚至小一个数量级。

对于相同的粒度变化，湿粉磨所需的功小于干粉磨所需的功。对于湿粉磨，功率指数通常是干粉磨功率指数的 75% 左右。

湿粉磨比干粉磨产生的粉尘少得多。在某些情况下，可以避免使用气体净化设备，从而节省资金和运行成本。

湿粉磨往往会导致粉磨设备磨损加剧。潮湿的环境可引起粉磨表面或粉磨介质的腐蚀，在表面上形成耐腐蚀氧化层固体，可防止磨损。因此，湿粉磨设备需要更多的定期维护。

湿粉磨或干粉磨的选择主要取决于下游的加工操作。如果固体最初是湿的，或者用于粉磨的液体与下游工艺操作兼容，则通常优选湿粉磨。如果加了表面活性剂或其他添加剂，那么它们也必须与下游工艺操作相兼容。

18.9.3　破碎和粉磨（粉碎）设备

选择破碎和粉磨设备时主要考虑的因素有：

（1）进料尺寸。

（2）粒度缩减比例。

（3）产品的粒度分布要求。

（4）产量。

（5）材料的特性：硬度、磨损性、黏滞度、密度、毒性、易燃性。

（6）是否允许湿粉磨。

Lowrison（1974）和 Mar（1974）给出了选型指南，如图 18.69 和表 18.14 所示，可用于根据粒度和材料硬度进行的初选。表中大部分设备的详细描述见 Richardson 等（2002）、Green 和 Perry（2007）、Hiorns（1970）、Lowrison（1974）、Austin 和 Trass（1997）的著作。

破碎常用于较粗颗粒，通常用于大块矿物进料过程。最常用的粗粒破碎机是颚式破碎机和回转式破碎机。颚式破碎机将物料在垂直固定板和活动板之间破碎。

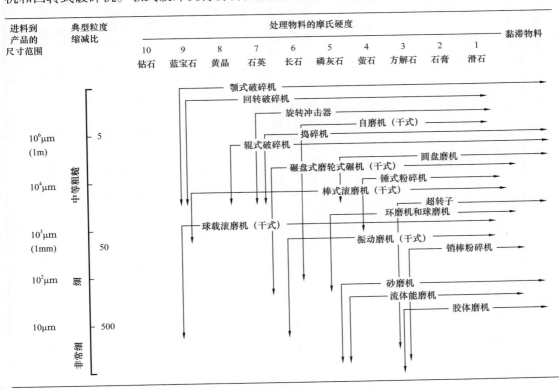

图 18.69　粉碎设备的选择（Lowrison，1974）

表18.14 各种物料粉碎设备的选择

物料等级号	物料等级分类	典型材料	适用于产品尺寸等级的设备			备注
			小于5目	5~300目之间	大于300目	
1	坚硬、坚韧	云母、零碎和粉末金属	鄂式破碎机、回转破碎机、圆锥破碎机、自磨机	球磨、砾磨、棒磨和锥形磨机、振动磨机	球磨、砾磨和锥形磨机、振动和能磨机、流体能磨机	莫氏硬度5~10，但包括其他硬度较低的硬度材料
2	硬的、磨料的和脆生的	焦炭、石英、花岗岩	鄂式破碎机、回转圆锥破碎机、辊式破碎机	球磨、砾磨、棒磨和锥形磨机、振动磨机、辊磨机	球磨、砾磨和锥形磨机、管磨、振动和振动能磨机、液体能磨机	莫氏硬度5~10，高速机械装置有高磨损速率的机器使用耐磨衬里的磨材料
3	中间硬的、易碎的	重晶石、萤石、石灰石	鄂式破碎机、回转破碎机、辊式破碎机、冲击破碎机、自磨机、圆锥破碎机	球磨、砾磨、棒磨、环磨机、管磨机、辊磨机、钉盘磨机、冲击破碎机、振动磨机	球磨、砾磨和锥形磨机、管磨机、Perl磨机、振动和振动能磨机、液体能磨机	莫氏硬度3~5
4	纤维状、低磨损和可能韧化的	木材、石棉	圆锥破碎机、辊轮式碾磨机、自磨机、冲击破碎机	圆锥破碎机、辊式破碎机、磨轮式碾磨机、冲击破碎机、旋转刀具和切割机	球磨、砾磨和锥形磨机、管磨、Perl磨机和振动能磨机、胶体磨	硬度范围宽、低温、液氮有利于脆硬材料的脆化
5	柔软易碎	硫、石膏、岩盐	圆锥破碎机、辊式破碎机、磨轮式碾磨机、冲击破碎机、自磨机	球磨、砾磨和锥形磨机、环磨机、辊磨机、钉盘磨机、笼磨机、冲击破碎机、振动磨机	球磨、砾磨和锥形磨机、砂磨机、Perl磨机、胶体磨机和振动能磨机、液体磨机	莫氏硬度1~3
6	粘滞的	粘土、某些有机颜料	圆锥破碎机、冲击破碎机、磨轮式喂料机	球磨、砾磨、棒磨机和锥形磨机、管磨机、环磨机、钉盘磨机、胶体磨	球磨、砾磨和锥形磨机、管磨、砂磨机、Perl磨机、振动和振动能磨机	宽范围的莫氏硬度（虽然主要小于3），但容易堵塞。除某些特殊情况外，采用湿粉磨

如图 18.70（a）所示，回转破碎机实质上是较大的杵和臼，固体由振动的内圆锥体和静止的外圆锥体进行破碎；如图 18.70（b）所示，在两种类型的破碎机中，出口开口的大小决定了生产的最大颗粒尺寸。如果需要更细的粒度，破碎机下游必须使用其他粉磨机械。某些情况下两台破碎机可串联使用，下游破碎机具有较小的出口，以生产较小的颗粒。

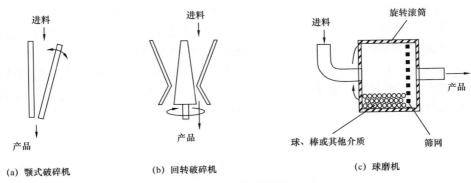

图 18.70　破碎和粉磨设备

细磨通常在球磨机或类似球磨机的设备中进行，如砾磨机、棒磨机和管磨机。球磨机是一种圆柱形滚筒，包括诸如金属球的粉磨介质。滚筒旋转过程中材料受到与粉磨介质的冲击而破碎。如果使用燧石、陶瓷或石球作为粉磨介质，则称为砾磨机；如果使用金属棒，则称为棒磨机。滚筒的直径通常小于长度，但是为了进行更精细的粉磨，可以使用更长的圆筒，在这种情况下，磨机称为管磨机。粉磨介质通过内部筛网保留在滚筒内部，进料和出料通常连续进行。典型的球磨机如图 18.70（c）所示。

球磨机通常衬有橡胶衬垫，以防止磨损外壳。粉磨介质的磨损可以通过周期性地连续加入磨球或更换粉磨介质来补偿。球磨机可用于湿法或干法粉磨。如果需要，外壳可进行加热或冷却。

球磨机的安装和操作相对花费较低。可以利用表 7.2 中的公式对球磨机的成本进行初步估算。

18.9.4　细胞物质粉磨

粉磨常用作从细胞中回收生物产品的初始步骤。粉磨可打破细胞壁以提取其中的成分，如蛋白质。由于细胞壁强度的差异和生长条件的差异，酵母、霉菌、细菌、藻类和哺乳动物细胞具有不同的粉磨要求。

最简单的细胞破坏方法是诱导裂解（细胞壁破裂），可通过改变溶液渗透势能、加入破坏细胞壁的表面活性剂或添加特殊的酶，如溶菌酶、溶葡球菌酶或纤维素酶等酶完成。这些方法广泛用于小规模生产，但用于商业生产可能会比较困难且价格昂贵。为了大规模生产细胞制品，细胞通常在高剪切设备（如阀式均质机）或高速连续珠磨机中破碎。珠子通常是玻璃球、陶瓷球或钢球，直径通常小于 1mm。可添加酶或表面活性剂以减少比能耗，从而减少潜在产品损失。磨机需冷却以防止产品的热降解。

细胞材料粉磨所需的能量很难进行理论计算。可通过实验或工厂试验以优化产品回收的效果，回收效果可表示为输入能量和停留时间的函数。

18.9.5　破碎和粉磨的工艺设计及安全事项

破碎设备通常与颗粒筛分设备结合使用，以达到所需的粒度。破碎或粉磨设备下游是筛分或其他分级工艺过程（见 18.4 节），其中超大尺寸的固体材料将重新循环到粉磨机。当生产用于进一步加工的细粉时，可使用两级或多级粉磨并带有筛上物的中间循环系统。磨机、筛分流程和再循环的组合称为粉磨流程，如图 18.71 所示。

磨碎可引起固体的温度大幅度升高。如果温度升高会降低磨碎效率，则固体可能需要在冷却器内进行循环或在粉磨机内通入冷却空气（或惰性气体）。如果循环利用冷却气，则必须配备气体清洁系统以防止颗粒物质的排放，如图 18.71 所示。

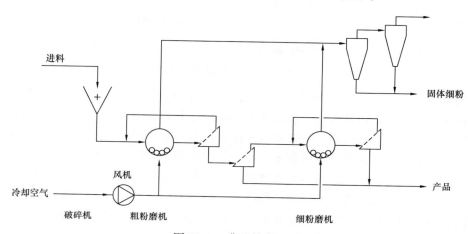

图 18.71　典型粉磨流程

在磨碎过程中，固体温度升高是一个重大的安全隐患，特别是处理固体可燃物料或者粉磨形成的粉尘可形成爆炸性混合物时。考虑到燃烧的危险，粉磨机应在惰性气体环境中进行操作。如有需要，气体净化处理后，惰性气体可以经冷却器循环使用。

湿式粉磨减轻了粉尘的形成，但如果固体暴露出的表面会与水或粉磨流体的任何组分发生反应时也可能导致危险。

除上述危险外，大型破碎机还具有机械危险性。对于更大的设备，操作人员可能会进入甚至掉进设备内部。应确保有适当的防护措施，以防止操作人员进入设备。如果发生堵塞，在进入设备进行清除作业前，必须进行隔离和锁定电源。

示例 18.5

煤气化工艺过程需以 15t/h 的速率加入石灰石以从煤气中脱除硫。石灰石平均尺寸为 1.5cm，在进入气化工艺过程之前必须破碎至 20 目。请选择合适的设备以达到要求的粒度，并估算所需的功耗。

解：

根据表 18.1，20 目对应于筛孔尺寸为 0.85mm。假设进料尺寸相同，则破碎比为 15/0.85 = 17.6。

根据图 18.69，对于最终粒径约为 1mm、莫氏硬度为 4（表 18.2）的颗粒，可选择球磨机、棒磨机、锤式粉碎机、圆盘磨碎机或任何破碎机。在表 18.14 中，石灰石属于材料 3 类，对于粒度在 5～300 目之间的产品，建议使用球磨机、棒磨机、管磨机、辊磨机、笼磨机、冲击破碎机或振动磨机。由于破碎比不高，类似的单级介质磨机（如棒磨机或球磨机）可以达到要求。

使用式（18.33）计算占空比：

$$E = 100 E_i \left(\frac{1}{\sqrt{d_2}} - \frac{1}{\sqrt{d_1}} \right)$$　　　　（18.33）

根据表 18.2，石灰石的 E_i = 11.6，因此：

$$E = 100 \times 11.6 \times \left(\frac{1}{\sqrt{0.00085}} - \frac{1}{\sqrt{0.015}} \right)$$

$$= 30.3 \times 10^3 \, kW \cdot h$$

1sh.ton = 2000lb，1t = 2200lb，能量需求 = $1.1 \times 30.3 = 33.3 MW \cdot h/t$。

在网上搜索棒磨机可以找到适用设备。例如，ESONG（一家中国矿山设备供应商）生产直径 2.1m、长 3.6m 的磨机 MBS2130，该磨机能将粒径小于 2.5cm 的材料磨成 0.83～0.147mm 的产品，生产能力为 14～35t/h，功率消耗 155kW。如果该机器运行 1h 并处理 15t 石灰石，则比功耗为 $155 \times 3600/15 = 37.2 MW \cdot h/t$，因此，式（18.33）的值较为合理。经过此步骤，设计人员可开始寻找满足要求的设备供应商，并且可以通过运行测试或相关业绩对供应商进行验证。

18.10　流动固体颗粒的传热

固体颗粒料流具有较大的热容，因此，具有显著的加热或冷却要求。在反应器进口或出口或其他生产过程中，经常需要加热或冷却固体料流。当固体的加热量或冷却量要求较小时，可以通过其他工艺流体与固体料流接触进行换热；当该方案不可行时，则须使用专门的固体加热器或冷却器。

当固体物料可以夹带在液体流中形成浆料时，可以使用传统的传热设备进行传热（见第 19 章）。在设计换热器时需要尽量减少导致浆料易于清洗的沉淀并形成污垢的死点。为此，浆料通常从管程进入管壳式换热器。换热器的结构设计为可拆卸管束或管板。

气体中流动的固体通常通过与热气体或冷气体直接传热来加热或冷却。直接传热可以在类似18.7.2中描述的连续干燥设备中完成；最常见的设计是使用流化床、旋转干燥机和闪蒸干燥机。蒸汽、燃烧器尾气、加热的空气或加热的工艺气体可用作热源，冷空气或氮气是常用的冷却剂。在固体返混的流化床中，气体和固体流之间的直接传热非常迅速。在其他装置中，固体和流体之间的传热系数取决于设备结构、流型和接触时间。在已公开的文献中可靠的相关应用很少，应通过工厂试验或与设备供应商沟通确定能够达到的加热或冷却程度。

　　直接传热也可以通过燃烧分散在固体表面上的材料来实现。例如，在流化催化裂化工艺过程中，催化剂通过焦炭的燃烧（烧焦）而被加热，这些焦炭是在催化剂表面上反应生成的副产物，烧焦使催化剂活性再生，并提供反应和加热进料所需的热量。

　　固体的间接传热可以在任何装有加热或冷却夹套或盘管的固体处理设备中完成。可用于传热的面积一般较低。如果固体移动较慢，工艺侧的传热系数可利用 Leva（1950）给出的填充床或移动床传热公式推算：

$$h = 0.813 \frac{k}{D_T} e^{-6d_p/D_T} \left(\frac{d_p G}{\mu} \right)^{0.9} \quad （当 \frac{d_p}{D_T} < 0.35） \qquad （18.34）$$

$$h = 0.125 \frac{k}{D_T} \left(\frac{d_p G}{\mu} \right)^{0.75} \quad （当 0.35 < \frac{d_p}{D_T} < 0.6） \qquad （18.35）$$

式中　　h——传热系数；

　　　　k——流体导热系数；

　　　　d_p——颗粒直径；

　　　　D_T——容器直径；

　　　　G——表观质量速度；

　　　　μ——流体黏度。

　　利用19.18节给出的夹套容器的传热关系式，可以求出公用工程侧的传热系数。

　　固体颗粒在气体中的间接传热不常见，通常通过将换热管放入固体流化床来实现。进出流化床的热量传递一直是许多研究的主题，但测量数据存在显著差异，因此在最佳关联式上存在分歧。Zenz 和 Othmer（1960）详细讨论了进出流化床的热量传递，Green 和 Perry（2007）还给出了外壁、浸没管和管束的关联式。

18.11　固体物料处理的危害性

　　除固体处理设备本身的机械危害外，许多固体处理过程中可能会产生或释放粉尘形式的细颗粒物。操作人员可能会吸入粉尘，对健康造成危害，并可能引发粉尘爆炸。在设计阶段对于产生粉尘的地方需要特别注意，可通过增加工程措施减小粉尘的产生，并防止形成有毒或爆炸性气体环境。

18.11.1 吸入粉尘对健康的影响

由于在工业化初期对工人的安全关注不足，存在不同类型粉尘环境下工人受到有害影响的各种记录。当具有低毒性的细颗粒物被吸入细支气管或肺泡后，会导致慢性的健康问题。当粉尘到达肺部时，会被巨噬细胞吞噬，巨噬细胞随后会被纤毛从肺部清除。如果粉尘较重或纤毛清除的作用受阻（例如，受吸烟等生活方式影响），巨噬细胞系统可能会不堪重负。死亡的巨噬细胞随后在肺部积聚，释放出有毒物质形成瘢痕组织，导致纤维化现象，肺部失去弹性。表 18.15 列出了一些不同行业受粉尘吸入影响的慢性疾病。这些病症统称为尘肺病，意为"有粉尘的肺"。Kaye（1997）和 Hunter（1978）详细讨论了粉尘吸入对健康的影响。

表 18.15 粉尘吸入对健康的危害

健康问题	病因（粉尘）	症状和影响
石棉肺（白肺）	石棉	纤维化、肺气肿、间皮瘤（肺癌）
蔗尘肺	霉变甘蔗	纤维化
铍尘病	铍尘	纤维化
"黑肺"（煤尘肺）	煤尘	纤维化、肺气肿、肺癌
"棕色肺"（棉纤维吸入性肺炎）	棉尘	纤维化、支气管炎、肺气肿
"农民肺"	发霉的干草、稻草或谷物	哮喘、纤维化、组织胞浆菌病
硅肺病	石英、石英、砂	纤维化、肺气肿

考虑到粉尘造成的毒性或工业卫生影响时，设计人员应采取适当的控制措施，使操作人员减少或避免暴露于粉尘中。在可行的情况下，使用湿法工艺将有效减少粉尘的形成。装置本身需要考虑粉尘的控制，易形成粉尘的装置应设计为微负压环境，使粉尘不能从装置中逸出。抽气压缩机用于从装置抽出空气，并形成微负压，使空气通过缝隙进入设备，但粉尘不能排出。旋风分离器、过滤器或其他气体净化设备通常设置在抽气压缩机的上游，以保证粉尘不会吹入环境中（见 18.5 节）。如果抽气操作在工艺上是不安全或不可行的（例如，粉尘是可燃的），那么产生粉尘的设备可以设置在通入惰性气体（例如，氮气）的保护壳中。

粉尘的第二级控制是装置所在的建筑物。建筑物内应保证足够的通风，使粉尘浓度保持在卫生和安全法规要求的限度以下。设备应定期清扫以防止粉尘积聚，清扫应通过清洗或使用经认证的真空吸尘器进行，不能使用刷子或扫帚使粉尘重新悬浮在空气中。最后，操作人员在粉尘环境工作时可能需要佩戴口罩或呼吸面罩。即使个人防护设备非常齐全，但绝不能替代合理的工程设计。

18.11.2 粉尘爆炸

如果易燃材料的细小颗粒以适当的浓度悬浮在空气中，则可以形成爆炸性混合物。如果混合物被点燃，粉尘开始燃烧，释放热量，并点燃更多的粉尘，从而蔓延火势。粉尘的燃烧导致体积和温度的大幅度增加，从而产生破坏性的压力波。从技术上讲，粉尘爆炸通常是爆燃；然而，如果发生在受限的空间中，如建筑物内部，会形成爆炸。在固体物料处理设备周围发生的粉尘爆炸有可能引燃设备周围累积的粉尘，导致更严重的二次爆炸。

粉尘爆炸的点火源包括粉磨机和干燥机中的热设备、明火、摩擦或粉磨暴露的固体表面氧化而释放的热量以及流动粉末的静电累积引起的静电放电火花。

在设计中，设计人员应该尽可能地减小粉尘爆炸的可能性。设计时应尽量避免产生粉尘，在安全可行的情况下使用湿法加工，尽可能消除点火源，避免粉尘积聚，并利用惰性气体通风（惰性化）。在形成可燃粉尘的设备中使用惰性气体（如氮气）吹扫是最常见的防爆方法。如果一些金属粉尘会与氮气发生反应，则须使用其他惰性气体吹扫（如氩气）。

只要存在可燃粉尘，就应注意作为压力释放现象的粉尘爆炸。在10.3.6和国家消防协会标准NFPA 61（2007）、NFPA 68（2008）、NFPA 69（2008）、NFPA 654（2006）和NFPA 664（2006）中更详细地讨论了防止或抑制爆炸的工厂设计方法。还可参考Mannan（2004）、Field（1982）、Cross和Farrer（1982）、Grossel（1997）、Barton（2001）、Eckhoff（2003）的著作，以及BS EN 1127（2007）。

参 考 文 献

Abulnaga，B.（2002）. Slurry systems handbook. McGraw–Hill.

Allen，T.（1996）. Particle size measurement（5th ed.，Vol. 1）. Springer.

Allen，T.（1997）. Particle size measurement（5th ed.，Vol. 2）. Springer.

Alspaugh，M. A.（2004）. Latest developments in belt conveyor technology. Presented at MINExpo 2004，Las Vegas，NV，Sept. 27，2004.

Ambler, C. M.（1952）. Evaluating the performance of centrifuges. Chem. Eng. Prog.，48（March），150.

Ambler，C. M.（1971）. Centrifuge selection. Chem. Eng.，NY，78（Feb. 15th），55.

Austin, L. G.，& Trass, O.（1997）. Size reduction of solids crushing and grinding equipment. In M. E. Fayed & L. Otten（Eds.），Handbook of powder science and technology（2nd ed.，Chap. 12）. Chapman and Hall.

Barton，J.（2001）. Dust explosion，prevention and protection – A practical guide. London：Institution of Chemical Engineers.

Bates，L.，Dhodapkar，S.，& Klinzing，G.（2010）. Using inserts to address solids flow problems. Chem. Eng.，117（7），32.

Bennett，J. G.（1936）. Broken coal. J. Inst. Fuel，10，22.

Beverloo，W. A.，Leniger，H. A.，& van de Velde，J.（1961）. Flow of granular solids through orifices. Chem. Eng. Sci.，15，260.

BMHB.（1992）. Draft code of practice for the design of hoppers，bins，bunkers and silos（3rd ed.）. British Standards Institute.

Bond，F. C.（1952）. New grinding theory aids equipment selection. Chem. Eng.，59（10），169.

Bradley，D.（1960）. Institute of Minerals and Metals，International Congress，London，April，Paper 7，Group 2. Design and performance of cyclone thickeners.

Bradley，D.（1965）. Medium-speed centrifuges. Chem. & Process Eng.，46（11），595.

Bronkala，W. J.（1988）. Purification：Doing it with magnets. Chem. Eng.，NY，95（March 14th），133.

Brown，C. J.，& Nielsen，J.（1998）. Silos：Fundamentals of theory，behaviour and design. Taylor & Francis.

Brown，R. L. & Richards，J. C.（1959）. Exploratory study of the flow of granules through apertures. Trans. Inst. Chem. Engrs.，37，108.

Carstensen，J. T.（1977）. Pharmaceuticals of solids and solid dosage forms. Wiley.

CEMA.（2007）. Belt conveyors for bulk materials-Design，installation，operation and maintenance of bulk belt conveyors（6th ed.）. Conveyor Equipment Manufacturers' Association.

Cheremisnoff，N. P.（1998）. Liquid filtration（2nd ed.）. Butterworth-Heinemann.

Cheryan，M.（1986）. Ultrafiltration handbook. Techonomonic.

Colijn，H.（1985）. Mechanical conveyors for bulk solids. Elsevier.

Constantinescu，S.（1984）. Sizing gas cyclones. Chem. Eng.，NY，91（Feb. 20th），97.

Coulson，J. M.，Richardson，J. F.，Backhurst，J.，& Harker，J. H.（1999）. Chemical engineering（6th ed.，Vol. 1）. Butterworth-Heinemann.

Cross，J.，& Farrer，D.（1982）. Dust explosions. Plenum Press.

Dahlstrom，D. A.，& Cornell，C. F.（1971）. Thickening and clarification. Chem. Eng.，NY，78（Feb. 15th），63.

Day，R. W.，Grichar，G. N.，& Bier，T. H.（1997）. Hydrocyclone Separation. In P. A. Schweitzer（Ed.），Handbook of separation processes for chemical engineers（3rd ed.）. McGraw-Hill.

Dickenson，T. C.（1997）. Filters and filtration handbook. Elsevier.

Eckhoff，R. K.（2003）. Dust explosions. Butterworth-Heinemann.

Ennis，B. J.（2010）. Agglomeration technology：Mechanisms. Chem. Eng.，117（3），34.

Ergun，S.（1952）. Fluid flow through packed columns. Chem. Eng. Prog.，48，89.

Fayed，M. E.，& Otten，L.（Eds.）.（1997）. Handbook of powder science and technology（2nd ed.）. Chapman and Hall.

Fayed，M. E.，& Skocir，T. S.（1996）. Mechanical conveyors：Selection and operation. CRC.

Field，P.（1982）. Dust explosions. Elsevier.

Forcade，M. P.（1999）. Screw conveyor 101. Goodman Conveyor Co.

Fuerstenau，M. C.，& Han，K. N.（Eds.）.（2003）. Principles of mineral processing.

Society for Mining, Metallurgy and Exploration.

Geldart, D. (1973). Types of gas fluidization. Powder Technol., 7 (5), 285.

Grace, J. R. (1986). Contacting modes and behavior classification of gas–solid and other two–phase suspensions.Can. J. Chem. Eng., 64 (3), 353.

Green, D. W., & Perry, R. H. (Eds.). (2007). Perry's chemical engineers' handbook (8th ed.). McGraw–Hill.

Grossel, S. S. (1997). Fire and explosion hazards in powder handling and processing. In M. E. Fayed & L. Otten (Eds.), Handbook of powder science and technology (2nd ed., Chap. 19). Chapman and Hall.

Harnby, N., Edwards, M. F., & Nienow, A. W. (Eds.). (1997). Mixing in the process industries (2nd ed.). Butterworths.

Heywood, H. (1961). Techniques for the evaluation of powders. I. Fundamental properties of particles and methods of sizing analysis. Powder Metall., 7, 1–28.

Heywood, N. (1991). The storage and conveying of wet granular solids in the process industries. Royal Society of Chemistry.

Hickey, A. J., & Ganderton, D. (2001). Pharmaceutical process engineering. Informa Healthcare.

Hiorns, F. J. (1970). Advances in comminution. Brit. Chem. Eng., 15, 1565.

Hosseini–Ashrafi, M. E., & Tüzün, U. (1993). A tomographic study of voidage profiles in axially symmetric granular flows. Chem. Eng. Sci., 48 (1), 53.

Hunter, D. (1978). The diseases of occupations (6th ed.). Hodder and Stoughton.

IChemE. (1992). Dust and fume control : A user guide (2nd ed.). London : Institution of Chemical Engineers.

Jacob, K., & Dhodapkar, S. (1997). Gas–Solid Separations. In P. A. Schweitzer (Ed.), Handbook of separation processes for chemical engineers (3rd ed.). McGraw–Hill.

Jenike, A. W. (1967). Quantitive design of mass flow in bins. Powder Technol., 1, 237.

Jenike, A. W., & Johnson, J. R. (1970). Solids flow in bins and moving beds. Chem. Eng. Prog., 66 (June), 31.

Jones, M. (1997). Pneumatic conveying. In M. E. Fayed & L. Otten (Eds.), Handbook of powder science and technology (2nd ed., Chap. 7). Chapman and Hall.

Jones,R. L. (1985). Mixing equipment for powders and pastes. Chem. Eng.,London,419 (9), 41.

Jornitz, M. W., & Meltzer, T. H. (2008). Filtration and purification in the biopharmaceutical industry (2nd ed.). Informa Healthcare.

Kaye, B. H. (1996). Powder mixing. Springer.

Kaye, B. H. (1997). Respirable dust hazards. In M. E. Fayed & L. Otten (Eds.), Handbook of powder science and technology (2nd ed., Chap. 20). Chapman and Hall.

Koch, W. H., & Licht, W. (1977). New design approach boosts cyclone efficiency. Chem.

Eng., NY, 84（Nov. 7th）, 80.

Kraus, M. N.（1979）. Separating and collecting industrial dusts.（April 23rd）133. Baghouses: Selecting, specifying and testing of industrial dust collectors. Chem. Eng., NY, 86（April 9th）, 94.

Kunii, D., & Levenspiel, O.（1991）. Fluidization engineering. Butterworth-Heinemann.

Lavanchy, A. C., Keith, F. W., & Beams, J. W.（1964）. Centrifugal separation. In R. E. Kirk & D. F. Othmer（Eds.）, Kirk-Othmer encyclopedia of chemical technology（2nd ed.）. Interscience.

Leung, W. W.-F.（1998）. Industrial centrifugation technology. McGraw-Hill.

Leva, M.（1950）. Packed-tube heat transfer. Ind. Eng. Chem., 42, 2498.

Levy, A., & Kalman, H.（2001）. Handbook of conveying and handling of particulate solids（Vol. 10）（Handbook of Powder Technology）. Elsevier.

Linley, J.（1984）. Centrifuges, part 1: Guidelines on selection. Chem. Eng., London, 409（Dec.）, 28.

Liptak, B. G.（1993）. Flow measurement. CRC.

Lister, J., & Ennis, B.（2004）. The science and engineering of granulation processes. Springer.

Lowrison, G. C.（1974）. Crushing and grinding. Butterworths.

Mais, L. G.（1971）. Filter media. Chem. Eng., NY, 78（Feb. 15th）, 49.

Majumdar, A. S.（2006）. Handbook of industrial drying（3rd ed.）. CRC.

Mannan, S.（Ed.）.（2004）. Lees' loss prevention in the process industries（3rd ed., 2 Vols.）. Butterworth-Heinemann.

Marshall, V. C.（1974）. Comminution. London: IChemE.

Masters, K.（1991）. Spray drying handbook（5th ed.）. Longmans.

Matthews, C. W.（1971）. Screening. Chem. Eng., NY, 78（Feb. 15th）, 99.

McCabe, W. L., Smith, J. C., & Harriott, P.（2001）. Unit operations of chemical engineering（6th ed.）. McGraw-Hill.

McGlinchey, D.（2008）. Bulk solids handling. Wiley-Blackwell.

Mehos, G. J.（2009）. Designing and operating gravity dryers. Chem. Eng., 116（5）, 34.

Mehos, G. J., & Maynard, E.（2009）. Handle bulk solids safely and effectively. Chem. Eng. Prog., 105（9）, 38.

Merkus, H. G.（2009）. Particle size measurements: Fundamentals, practice, quality. Springer.

Mills, D.（2004）. Pneumatic conveying design guide（2nd ed.）. Butterworth-Heinemann.

Mills, D., Jones, M. G. & Agarwal, V. K.（2004）. Handbook of pneumatic conveying. Marcel Dekker.

Moir, D. N.（1985）. Selection and use of hydrocyclones. Chem. Eng., London, 410（Jan.）, 20.

Møller, J. T., & Fredsted, S. (2009). A primer on spray drying. Chem. Eng., 116 (12), 34.

Morris, B. G. (1966). Application and selection of centrifuges. Brit. Chem. Eng., 11, 347, 846.

Nedderman, R. M. (1992). Statics and kinematics of granular materials. Cambridge University Press.

Orr, C. (Ed.). (1977). Filtration : Principles and practice (2 vols.). Marcel Dekker.

Parikh, D. M. (Ed.). (1997). Handbook of pharmaceutical granulation technology. Informa Healthcare.

Parker, N. H. (1963). Aids to dryer selection. Chem. Eng., NY, 70 (June 24th), 115.

Parker, K. (2002). Electrostatic precipitators. Institution of Electrical Engineers.

Paul, E. L., Atiemo-Obeng, V., & Kresta, S. M. (2003). Handbook of industrial mixing : Science and practice. Wiley.

Pietsch, W. (1991). Size enlargement by agglomeration. Wiley.

Pietsch, W. (1997). Size enlargement by agglomeration. In M. E. Fayed & L. Otten (Eds.), Handbook of powder science and technology (2nd ed., Chap. 6). Chapman and Hall.

Pietsch, W. (2005). Agglomeration in industry : Occurrence and applications. Wiley-VCH.

Porter, H. F., Flood, J. E., & Rennie, F. W. (1971). Filter selection. Chem. Eng., NY, 78 (Feb. 15th), 39.

Prasher, C. L. (1987). Crushing and grinding process handbook. Wiley.

Purchas, D. B. (1971). Choosing the cheapest filter medium. Chem. Process., 17 (Jan.)31, (Feb.)55 (in two parts).

Purchas, D. B., & Sutherland, K. (2001). Handbook of filter media (2nd ed.). Elsevier.

Raymus, G. J. (1984). Handling of bulk solids and packaging of solids and liquids. In R. H. Perry & D. Green (Eds.), Perry's chemical engineers' handbook (6th ed., Chap. 7). Mc-Graw-Hill.

Reid, R. W. (1979). Mixing and kneading equipment. In M. V. Bhatia & P. E. Cheremisinoff (Eds.), Solids separation and mixing. Technomic.

Reisner, W. (1971). Bins and bunkers for handling bulk materials. Trans. Tech. Publications.

Rhodes, M. J. (2008). Introduction to particle technology (2nd ed.). Wiley.

Richardson, J. F., Harker, J. H., & Backhurst, J. (2002). Chem. Eng. (5th ed., Vol. 2). Butterworth-Heinemann.

Roberts, E. J., Stavenger, P., Bowersox, J. P., Walton, A. K., & Mehta, M. (1971). Solid/solid separation.Chem. Eng., NY, 78 (Feb. 15th), 89.

Salman, A. D., Hounslow, M. J., & Seville, J. P. K. (Eds.). (2006). Granulation (Vol. 11)(Handbook of Powder Technology). Elsevier.

Sargent, G. D. (1971). Gas/solid separations. Chem. Eng., NY, 78 (Feb. 15), 11.

Schneider, G. G., Horzella, T. I., Spiegel, P. J., & Cooper, P. J. (1975). Selecting and specifying electrostatic precipitators. Chem. Eng., NY, 82 (May 26th), 94.

Schroeder, T. (1998). Selecting the right centrifuge. Chem. Eng., NY, 105 (Sept.), 82.

Schweitzer, P. A. (Ed.). (1997). Handbook of separation techniques for chemical engineers (3rd ed.). McGraw Hill.

Sentmanat, J. M. (2011). Clarifying liquid filtration. Chem. Eng., 118 (Oct) 38.

Seville, J. P. K., Tüzün, U., & Clift, R. (1997). Processing of particulate solids. Chapman and Hall.

Stairmand, C. J. (1949). Pressure drop in cyclone separators. Eng., 168, 409.

Stairmand, C. J. (1951). Design and performance of cyclone separators. Trans. Inst. Chem. Eng., 29, 356.

Stanley-Wood, N. G., & Lines, R. W. (1992). Particle size analysis. Royal Society of Chemistry.

Strauss, N. (1975). Industrial gas cleaning. Pergamon.

Sutherland, K. S. (1970). How to specify a centrifuge. Chem. Process., 16 (May), 10.

Sutherland, K. (2008). Filters and filtration handbook (5th ed.). Elsevier.

Svarovsky, L. (Ed.). (2001). Solid-liquid separation (4th ed.). Butterworth-Heinemann.

Svarovsky, L., & Thew, M. T. (1992). Hydrocyclones : Analysis and applications. Kluwer.

Thomson, F. M. (1997). Storage and flow of particulate solids. In M. E. Fayed & L. Otten (Eds.), Handbook of powder science and technology (2nd ed., Chap. 8). Chapman and Hall.

Trowbridge, M. E. O' K. (1962). Problems in scaling-up of centrifugal separation equipment. Chem. Eng., London, 162 (Aug.), 73.

Wakeman, R., & Tarleton, S. (1998). Filtration equipment selection, modelling and process simulation. Elsevier.

Wakeman, R., & Tarleton, S. (2005). Solid/Liquid separation : Principles of industrial filtration. Elsevier.

Walas, S. M. (1990). Chemical process equipment : Selection and design. Butterworths.

Ward, A. S., Rushton, A., & Holdrich, R. G. (2000). Solid – Liquid filtration and separation technology (2nd ed.). Wiley – VCH.

Weinekötter, R., & Gericke, H. (2010). Mixing of solids. Springer.

Wen, C. Y., & Yu, Y. H. (1966). A generalized method for predicting the minimum fluidization velocity. AIChE J. 12 (3). 610–12.

Williams-Gardner, A. (1965). Selection of industrial dryers. Chem. & Process Eng., 46, 609.

Yang, W.-C. (Ed.). (1999). Fluidisation, solids handling and processing—Industrial applications. Noyes.

Yang, W.-C. (Ed.). (2003). Handbook of fluidization and fluid-particle systems. CRC.

Zanker, A. (1977). Hydrocyclones : Dimensions and performance. Chem. Eng., NY, 84 (May 9th), 122.

Zenz, F. A. (1997). Fluidization phenomena and fluidized bed technology. In M. E. Fayed & L.

Otten（Eds.）, Handbook of powder science and technology（2nd ed., Chap. 9）. Chapman and Hall.

Zenz, F. A.（2001）. Cyclone design tips. Chem. Eng., NY, 108（Jan.）, 60.

Zenz, F. A., & Othmer, D. F.（1960）. Fluidization and fluid-particle systems. Reinhold Publishing.

ACI 313.（1997）. Standard practice for the design and construction of concrete silos and stacking tubes for storing granular materials. American Concrete Institute.

ASTM D4058-96.（2006）. Standard test method for attrition and abrasion of catalysts and catalyst carriers.ASTM International.

ASTM D4179-01.（2006）. Standard test method for single pellet crush strength of formed catalyst shapes.ASTM International.

ASTM D6177-03.（2008）. Standard test method for radial crush strength of extruded catalyst and catalyst carrier particles. ASTM International.

ASTM D7084-04.（2009）. Standard test method for determination of bulk crush strength of catalysts and catalyst carriers. ASTM International.

ASTM E11-09.（2009）. Standard specification for wire cloth and sieves for testing purposes. ASTM International.

NFPA 61.（2007）. Standard for the prevention of fires and dust explosions in agricultural and food processing facilities-2008 edition. National Fire Protection Association.

NFPA 68.（2008）. Standard on explosion protection by deflagration venting. National Fire Protection Association.

NFPA 69.（2008）. Standard on explosion prevention systems. National Fire Protection Association.

NFPA 654.（2006）. Standard for the prevention of fire and dust explosions from the manufacturing, processing and handling of combustible particulate solids. National Fire Protection Association.

NFPA 664.（2006）. Standard for the prevention of fires and dust explosions in wood processing and woodworking facilities-2007 edition. National Fire Protection Association.

BS 7792（1995）.（ISO 10630）Industrial plate screens.

BS EN 1127: 2007（2007）. Explosive atmospheres. Explosion prevention and protection.

BS EN ISO 14890: 2003（2003）. Conveyor belts. Specification for rubber or plastics covered conveyor belts of textile construction for general use.

BS EN ISO 15236-1: 2005（2005）. Steel cord conveyor belts. Design, dimensions and mechanical requirements of conveyor belts for general use.

BS EN ISO 21183-1: 2006（2006）. Light conveyor belts. Principal characteristics and applications.

BS ISO 14315（1997）. Specifications for industrial wire screens.

ISO 10630（1993）. Industrial plate screens.

习　题

18.1　为示例 18.5 中介绍的粉磨机设计一套存储和进料系统，要求气化过程的质量流量控制在设定点的 ±5% 以内。

18.2　设计一台带宽 2m 的带式干燥机，固体料层厚度为 50mm。固体颗粒的平均直径为 3mm，密度为 730kg/m³。150℃ 热空气以每平方米带面积的体积流量 7200m³/h 向上吹过干燥机带。带上的固体床层会流化吗？

18.3　结晶器的产品是用离心机从溶液中分离出来的。结晶浓度为 6.5%，料浆进料流量为 5.0m³/h，溶液密度为 995kg/m³，结晶体密度为 1500kg/m³。该溶液的黏度为 0.7mPa·s，结晶体需分离出的尺寸为 5μm。

按上述要求选择一种合适的离心机。

18.4　蒸馏塔底部焦油中溶解的固体通过热焦油在油中急冷而沉淀，然后将固体从油中分离出来并烧掉。固体的密度为 1100kg/m³。加入焦油后的液相密度为 860kg/m³，在混合物温度下的黏度为 1.7mPa·s，油和焦油混合物的固含量为 10%，离开分离器的液相流速为 1000kg/h。需分离的颗粒尺寸为 0.1mm。

列出可考虑从液体中分离固体的分离设备的类型。考虑到工艺特性，你推荐选用哪种分离设备？

18.5　稀释液相中分离出固体要用水力旋流器分离。固体的密度为 2900kg/m³，液体为水。要求粒径大于 100μm 的颗粒回收 95% 以上。最低工作温度为 10℃，最高工作温度为 30℃。设计一套能处理 1200L/min 这种浆料的水力旋流器系统。

18.6　在用硝基苯加氢生产苯胺时，采用流化床反应器。单级旋风分离器，后接触型过滤器，将细颗粒从流化床的尾气中去除。

反应器在 270℃ 和 2.5bar 下运行，反应器的直径为 10m。因在反应中大量使用氢气，在反应器中的气体视为与氢气有相同的性质。催化剂颗粒的密度为 1800kg/m³。

细粒的估算粒度分布为：

粒度，μm	50	40	30	20	10	5	2
含量，%（质量分数）	<100	<70	<40	<20	<10	<5	<2

要求旋风分离器的固体回收率 70%。

设计一台合适的旋风分离器，对于 100000m³/h 的气体流量，在反应器条件下，需要多少台这样的旋风分离器并联运行，并请估算进入过滤器的颗粒粒度分布。

18.7　请选择合适的干燥设备处理下列物料流股：

（1）挤压成型的早餐连续麦片流股，流量 50kg/h，干基质量，初始湿含量为 150%（质量分数）；

（2）每批次 10kg 的酶；

（3）100kg/min 的干基连续砂糖流股，湿含量为 20%，要求降至 1% 以下；

（4）一种热敏性晶体的浆料，流量为 10kg/h 固体和 30kg/h 水。

第 19 章

传热设备

> ## ※ 重点掌握内容
>
> - 如何规定和设计管壳式换热器。
> - 如何设计废热锅炉、热虹吸式再沸器和冷凝器。
> - 如何设计板式换热器。
> - 如何设计空冷器和加热炉。
> - 如何判定反应器能否被夹套（或盘管）中的介质有效加热（或冷却）。

19.1 概述

工艺介质的加热或冷却是大多数化工流程的重要组成部分，实现这一过程的设备统称为传热设备。最常用的传热设备类型是管壳式换热器，本章主要介绍管壳式换热器的设计方法。

Coulson 等（1999）以及许多其他研究人员，如 Holman（2002）、Ozisik（1985）、Rohsenow 等（1998）、Kreith 和 Bohn（2000）、Incropera 和 Dewitt（2001）等所编写的著作中都提到了传热的基本原理。

目前，已经出版了一些关于传热设备设计的实用书籍与手册。与本书相比，这些书籍在换热设备的结构和设计方法等方面更加详尽。本章的参考文献中列出了一些非常实用的书目，如 Schlünder（1983）编写的《换热器设计手册》，Hewitt 在 2002 年再次整理出版，此手册可能是介绍换热器设计方法最全面的公开文献。而 Saunders（1988）编写的《换热器》被业内推荐为换热器设计的重要参考书，尤其是管壳式换热器。

近年来，与蒸馏技术一样，商业研究机构主导着换热器设计的开发工作，如美国的传热研究公司（HTRI）和英国的传热及流体服务公司（HTFS）。HTFS 软件由英国原子能管理局（United Kingdom Atomic Energy Authority）和国家物理实验室（National Physical Laboratory）共同开发，但现在 Aspen 公司（Aspen Technology Inc.）和霍尼韦尔（Honeywell International Inc.）成为其版权拥有者，详见第 4 章表 4.1。上述两大软件的专有换热器设计方法不会在公开文献中发表，运营公司或工程公司只有向软件版权拥有者定期缴纳会费或购买相应软件，这些公司的工程师才能够看到相关的设计方法说明。

本章主要介绍化工装置中常用换热器的类型，具体如下：

（1）套管式换热器：结构最简单，用于冷却和加热。

（2）管壳式换热器：适用于各种场合。

（3）板框式（板式）换热器：用于冷却和加热。

（4）板翅式换热器。

（5）螺旋板式换热器。

（6）空冷器：用作冷却器或冷凝器。

（7）直接接触式：用于冷却和急冷。

（8）加热炉。

（9）搅拌容器。

"换热器"这个词实际可以用于所有有热量交换的设备，但在实际生产中，"换热器"通常特指用于实现两种工艺介质之间热量交换的传热设备。如果工艺介质被公用工程物流加热或冷却，则该"换热器"称为加热器和冷却器。如果工艺介质被蒸发，则有如下几种情况：如果工艺介质是完全蒸发的，那么"换热器"称为汽化器；如果"换热器"与蒸馏塔相连接，则称为再沸器；如果用来浓缩溶液（见第 16 章），则称为蒸发器。用燃烧气体（如锅炉）来加热的换热器，称为明火加热器或加热炉；其他换热器称为无火换热器。

19.2　基本设计程序及原理

通过换热表面的传热方程为：

$$Q = UA\Delta T_{\mathrm{m}} \tag{19.1}$$

式中　Q——单位时间内传递的热量，W；

U——总传热系数，W/（$\mathrm{m}^2 \cdot {}^\circ\mathrm{C}$）；

A——传热面积，m^2；

ΔT_{m}——平均传热温差（温度推动力），${}^\circ\mathrm{C}$。

换热器设计的首要目的是在给定的热负荷（传热量）下利用有效的传热温差确定所需的换热面积。

总传热系数是总传热热阻的倒数，总传热热阻是传热各部分热阻之和。对于通过常用的换热管传热，总传热系数和各部分热阻的关系如下：

$$\frac{1}{U_{\mathrm{o}}} = \frac{1}{h_{\mathrm{o}}} + \frac{1}{h_{\mathrm{od}}} + \frac{d_{\mathrm{o}} \ln\left(\dfrac{d_{\mathrm{o}}}{d_{\mathrm{i}}}\right)}{2k_{\mathrm{w}}} + \frac{d_{\mathrm{o}}}{d_{\mathrm{i}}} \times \frac{1}{h_{\mathrm{id}}} + \frac{d_{\mathrm{o}}}{d_{\mathrm{i}}} \times \frac{1}{h_{\mathrm{i}}} \tag{19.2}$$

式中　U_{o}——基于换热管外表面积的总传热系数，W/（$\mathrm{m}^2 \cdot {}^\circ\mathrm{C}$）；

h_{o}——管外流体的膜系数，W/（$\mathrm{m}^2 \cdot {}^\circ\mathrm{C}$）；

h_{i}——管内流体的膜系数，W/（$\mathrm{m}^2 \cdot {}^\circ\mathrm{C}$）；

h_{od}——管外污垢系数（污垢因子），W/（$m^2 \cdot \text{℃}$）；

h_{id}——管内污垢系数（污垢因子），W/（$m^2 \cdot \text{℃}$）；

k_w——管壁材料的导热系数，W/（$m \cdot \text{℃}$）；

d_i——换热管内径，m；

d_o——换热管外径，m。

传热各部分的传热系数大小受以下几个因素影响：传热过程特性（导热、对流传热、冷凝、沸腾、辐射传热）；流体的物理性质；流体的流速；换热表面的布置。由于换热面积确定后才能确定换热器的结构，因此换热器设计是一个试差的计算过程。典型的设计程序如下：

（1）确定热负荷：传热速率、流体流量和温度。

（2）收集流体所需的物理性质：密度、黏度、比热容和导热系数。

（3）确定换热器型式。

（4）假定传热系数的初始值 U。

（5）计算平均温差 ΔT_m。

（6）根据式（19.1）计算所需换热面积。

（7）确定换热器内部结构。

（8）计算各部分的传热系数。

（9）计算总传热系数并与初始值做比较，如果计算值与初始值相差较大，使用计算值替换初始值，代回到第 6 步重新计算。

（10）计算换热器压降，如果不满足要求，按优先顺序回到第 7 步或者第 4 步或者第 3 步。

（11）设计优化：根据需要重复第 4 步至第 10 步，确定可满足热负荷要求的最经济的换热器为首选。满足压降要求、换热面积最小的换热器通常是设计的基本要求。

估算管内外传热系数和换热器压降的步骤将在下节给出。

ε-NTU 法是评价换热器性能的一种方法，其优点是不需要计算平均温差。NTU 表示传热单元数，与传质单元数的使用类似，详见第 17 章。

这种方法主要用于对已有的换热器进行校核性计算。当换热器的传热面积和内部结构已知时，可以用 ε-NTU 法评估换热器的实际换热能力。该方法在换热器的校核计算中，优于上文提到的设计计算方法，因为可以直接确定换热器中某一介质的出口温度，而不需要迭代计算。这一方法使用 ε-NTU 关系图，传热有效度 ε 是实际传热量与最大可能传热量之比。

因为 ε-NTU 法更适合于校核计算而不是设计计算，所以本书对这一方法不做过多描述。在 Incropera 和 Dewitt（2001）、Ozisik（1985）、Hewitt 等（1994）的著作中都提到了这种方法。该方法也见于工程科学数据组织（Engineering Sciences Data Unit，简称 ESDU）的设计指南 98003 至 98007（1998），这些指南给出了大而清晰的 ε-NTU 关系图，可以用来进行更加准确的传热计算。

19.3 总传热系数

表 19.1 给出了各种类型换热器总传热系数的大致参考范围值。更多的数据可以查阅 Green 和 Perry（2007）、TEMA（1999）和 Ludwig（2001）等的著作。

表 19.1 总传热系数的典型数值范围

管壳式换热器		
热流体	冷流体	U, W/($m^2 \cdot$ ℃)
换热器		
水	水	800～1500
有机溶剂	有机溶剂	100～300
轻油	轻油	100～400
重油	重油	50～300
气体	气体	10～50
冷却器		
有机溶剂	水	250～750
轻油	水	350～900
重油	水	60～300
气体	水	20～300
有机溶剂	盐水	150～500
水	盐水	600～1200
气体	盐水	15～250
加热器		
蒸汽	水	1500～4000
蒸汽	有机溶剂	500～1000
蒸汽	轻油	300～900
蒸汽	重油	60～450
蒸汽	气体	30～300
Dow 化学导热油	重油	50～300
Dow 化学导热油	气体	20～200
烟气	蒸汽	30～100
烟气	烃蒸气	30～100
冷凝器		
蒸汽	水	1000～1500

续表

管壳式换热器		
热流体	冷流体	U，W/（$m^2 \cdot \mathbb{C}$）
有机蒸气	水	700～1000
有机化合物（带有不凝气）	水	500～700
真空冷凝器	水	200～500
汽化器		
蒸汽	水合物	1000～1500
蒸汽	轻有机化合物	900～1200
蒸汽	重有机化合物	600～900
空冷器		
工艺介质		U，W/（$m^2 \cdot \mathbb{C}$）
水		300～450
轻有机化合物		300～700
重有机化合物		50～150
气体	5～10bar	50～100
	10～30bar	100～300
碳氢化合物冷凝		300～600
浸没式盘管		
盘管	容器	U，W/（$m^2 \cdot \mathbb{C}$）
自然对流		
蒸汽	稀释水溶液	500～1000
蒸汽	轻油	200～300
蒸汽	重油	70～150
水	水溶液	200～500
水	轻油	100～150
有搅拌		
蒸汽	稀释水溶液	800～1500
蒸汽	轻油	300～500
蒸汽	重油	200～400

续表

浸没式盘管		
盘管	容器	U, W/（m² · ℃）
水	水溶液	400～700
水	轻油	200～300
带夹套的容器		
夹套	容器	U, W/（m² · ℃）
蒸汽	稀释水溶液	500～700
蒸汽	轻有机化合物	250～500
水	稀释水溶液	200～500
水	轻有机化合物	200～300
垫片式—板式换热器		
热流体	冷流体	U, W/（m² · ℃）
轻有机化合物	轻有机化合物	2500～5000
轻有机化合物	黏性有机化合物	250～500
黏性有机化合物	黏性有机化合物	100～200
轻有机化合物	工艺水	2500～3500
黏性有机化合物	工艺水	250～500
轻有机化合物	冷却水	2000～4500
黏性有机化合物	冷却水	250～450
蒸汽冷凝	轻有机化合物	2500～3500
蒸汽冷凝	黏性有机化合物	250～500
工艺水	工艺水	5000～7500
工艺水	冷却水	5000～7000
稀释水溶液	冷却水	5000～7000
蒸汽冷凝	工艺水	3500～4500

利用图 19.1［来源于 Frank（1974）的算图（诺模图）］可以估算管壳式换热器的总传热系数，其中的膜系数考虑了污垢的影响。

表 19.1 和图 19.1 给出的值可用于初估换热器的面积，也可以作为详细传热设计过程的初值。

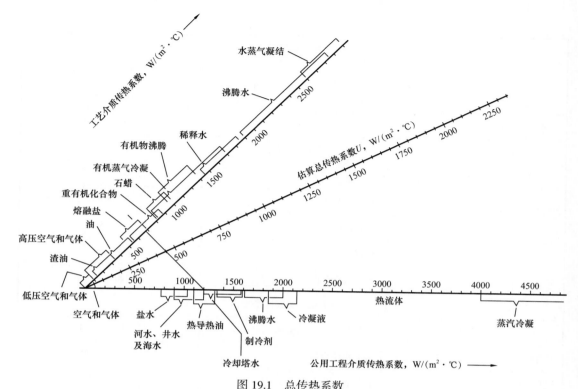

图 19.1　总传热系数

连接工艺侧及公用工程侧传热系数（译者注：原文中为热负荷），在中间的线上读取总传热系数

19.4　污垢热阻

大多数工艺物料和公用工程物料，如循环水、蒸汽等，都会或多或少地在换热器传热表面上结垢。这些垢层的导热系数通常较低，在一定程度上降低了总传热系数。因此，在进行换热器设计时，必须考虑一定的面积裕量，来满足换热器结垢以后的换热要求。式（19.2）考虑到换热管内外表面污垢对总传热系数的影响，包含了换热管两侧的污垢系数。污垢热阻通常称为传热阻力，而不是污垢系数。它们的数值很难预测，通常基于以前的经验来确定。污垢热阻的取值给换热器设计带来了相当大的不确定性；对于污垢热阻的选取甚至会掩盖对其他相关换热系数计算的准确性。在换热器设计中，污垢热阻经常被错误地用作安全系数。目前很多研究机构正着手换热器污垢的研究，如 HTRI 已经完成了一些预测污垢系数的工作；Taborek 等（1972）发表了关于换热器污垢的论文；Bott（1990）和 Garrett-Price（1985）分别出版了主题为污垢的著作。

表 19.2 给出了常见工艺介质和公用工程介质的污垢系数和污垢热阻的标准值。这些值适用于使用光管（非翅片）的管壳式换热器。关于污垢热阻的更多数据可以参阅 TEMA 标准（1999）和 Ludwig（2001）的著作。

表 19.2　典型污垢热阻（系数）

介质	污垢系数，W/（m²·℃）	污垢热阻，m²·℃/W
河水	3000～12000	0.0003～0.0001
海水	1000～3000	0.001～0.0003
冷却水（冷却塔）	3000～6000	0.0003～0.00017
城镇水（软水）	3000～5000	0.0003～0.0002
城镇水（硬水）	1000～2000	0.001～0.0005
蒸汽凝液	1500～5000	0.00067～0.0002
蒸汽（不含油）	4000～10000	0.0025～0.0001
蒸汽（微量油）	2000～5000	0.0005～0.0002
冷冻盐水	3000～5000	0.0003～0.0002
空气和工业气体	5000～10000	0.0002～0.0001
烟气	2000～5000	0.0005～0.0002
有机蒸气	5000	0.0002
有机液体	5000	0.0002
轻烃	5000	0.0002
重烃	2000	0.0005
沸腾的有机化合物	2500	0.0004
冷凝的有机化合物	5000	0.0002
热载体	5000	0.0002
盐水溶液	3000～5000	0.0003～0.0002

在换热器设计过程中，污垢热阻的选择往往是一个关乎经济性的决定。一方面，换热面积的增加导致设备投资增加；另一方面，换热面积的增加可以延长两次检修之间的间隔从而节约运行成本。在污垢引起的额外投资与运行成本节约之间进行权衡，可以作为优化换热器设计的依据。对于结垢严重的系统，应该设置备用换热器，以便在一台换热器离线清洗时，装置仍然可以正常运行。

当工程师考虑污垢而增加换热面积时，必须确保流体的速度不能降低，否则结垢会加速。例如，在管壳式换热器中增加换热管数量，则管内的流速因为流通面积增加而降低，流速的降低导致剪切力降低，从而加速管侧结垢。另一种增加换热面积的方法是增加管长，但这会导致压降增加，从而增加运行费用。

19.5　管壳式换热器：结构详图

管壳式换热器是目前化工装置中最常用的传热设备，其优点如下：

（1）较小体积内提供较大的换热面积；

（2）良好的机械结构：利于压力操作；

（3）制造技术成熟；

（4）材料选择范围广；

（5）易于清洗；

（6）完善的设计方法。

管壳式换热器是由圆柱形壳体和安装在壳体中的管束构成的。管子的端部固定在管板上，而管板将壳侧和管侧流体分开。在壳体中设置折流板，可以改变介质的流动方向及流速，并对换热管起支撑作用。折流板和换热管利用支撑拉杆和定距管装配在一起（图19.2）。

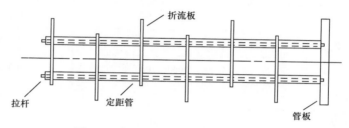

图 19.2　折流板、定距管和拉杆示意图

图 19.3 至图 19.8 列出了几种常用的管壳式换热器的型式。换热器标准中（见 19.5.1）有其他型式换热器外形及其内部结构详图。用于管壳式换热器的标准命名法如下，其中数字如图 19.3 至图 19.8 所示：（1）壳体；（2）外头盖；（3）浮头盖；（4）浮动管板；（5）钩圈；（6）固定管板；（7）管箱；（8）管箱盖；（9）接管；（10）拉杆和定距管；（11）折流板或支持板；（12）防冲板；（13）纵向板；（14）鞍座；（15）浮头端支持板；（16）堰板；（17）剖分剪切环；（18）换热管；（19）管束；（20）分程隔板；（21）填料压盖；（22）填料压盖环（译者注：图中未标明 22 对应的零件）；（23）放空口；（24）排净口；（25）试验接口；（26）膨胀节；（27）吊耳。

固定管板式换热器是最简单和最便宜的管壳式换热器，如图 19.3 所示（TEMA 类型：BEM）。这类换热器主要有以下缺点：首先，管束不能抽出进行清洗；其次，不能解决壳体和管束之间的膨胀差。由于换热器壳体和管束的温度不同，两侧材质也可能不同，此时壳、管两侧的膨胀差可能较大，因此，固定管板式换热器适用于管、壳侧温差不超过 80℃的情况。可以在壳体上安装膨胀节（如图 19.3 点化线所示）来减小温差引起的应力，但仅限于壳侧压力低于 8bar 时使用。而其他型式换热器，换热管只有一端固定，管束可以自由膨胀。

图 19.4 所示的 U 形管式换热器只有一个管板，比浮头式换热器便宜。TEMA 类型为 BEU，该类型换热器应用广泛，但仅限于相对清洁的流体，因为换热管和管束很难清洗。另外，这种换热管的更换也非常困难。

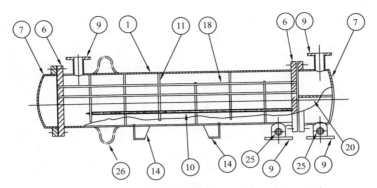

图 19.3　BEM 固定管板式换热器（BS 3274：1960）

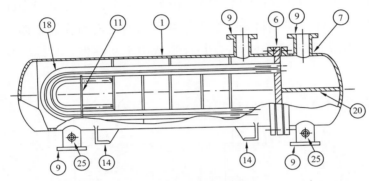

图 19.4　BEU U 形管式换热器（BS 3274：1960）

　　具有内浮头的换热器，如图 19.5 和图 19.6（TEMA 类型：AET、AES）所示，比固定管板式和 U 形管式换热器应用更为普遍。浮头式换热器适用于高温差的环境，且换热管管束可以抽出，易于清洗，可用于易结垢介质。可抽出式浮头式换热器的缺点：如图 19.5 所示，管束的布管限定圆与壳体之间的间隙大于固定管板及 U 形管式换热器，以提供浮头端法兰的安装空间，但形成流动阻力较小的通道，部分壳侧介质会走压降最小的通道而不与换热管接触，影响换热效果。如图 19.6 所示，钩圈（分体法兰设计）可以缩小布管限定圆与壳体之间的间隙。此外，浮头端的法兰始终存在泄漏的风险。

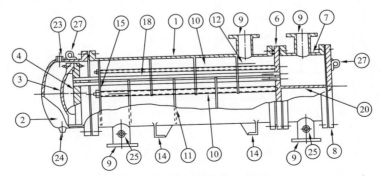

图 19.5　AET 型没有钩圈的可抽式内浮头换热器（BS 3274：1960）

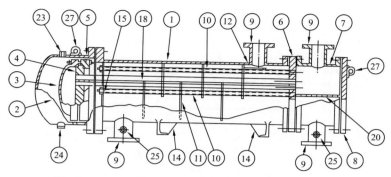

图 19.6　AES 型钩圈式内浮头换热器（BS 3274：1960）

　　图 19.7（TEMA 类型：AEP）所示的结构为外浮头，浮头位于壳体外部，壳体密封利用带有滑动压盖连接的填料函。由于填料函密封处有泄漏的危险，通常此类型换热器的壳体侧压力限制在 20bar 左右，并且不适用于易挥发、易燃、易爆或有毒性的介质。

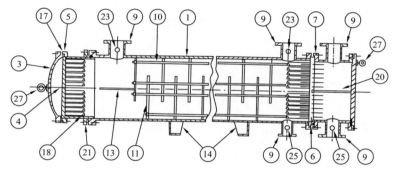

图 19.7　AEP 型填料函式外浮头换热器（BS 3274：1960）

　　图 19.8 所示为使用 U 形管的釜式再沸器（TEMA 类型：AKU），通常用于蒸汽加热的再沸器和蒸发器，因为蒸汽通常是清洁不易结垢的，此外 TEMA 的 BKU 形，即管箱不使用平盖法兰的釜式再沸器，在生产中也有广泛的应用。

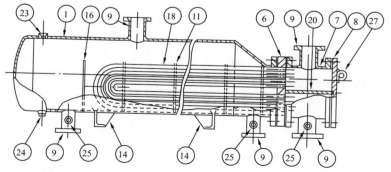

图 19.8　AKU 使用 U 形管的釜式换热器（BS 3274：1960）

19.5.1　换热器标准和规范

美国管式换热器制造商协会（Tubular Heat Exchanger Manufacturers Association，简称 TEMA）制定的 TEMA 标准以管壳式换热器的机械设计、制造、材料、检验等为主要内容。TEMA 标准包括三个等级的换热器：R 等级适用于石油及其相关工艺过程的要求严格的换热器的设计和制造；C 等级适用于工业、一般工艺过程应用的中等要求换热器的设计和制造；B 等级适用于化工过程的换热器的设计和制造。有关管壳式换热器机械设计特点的详细信息，请参考 TEMA 标准，本章仅作简要说明。在国际上，尽管 TEMA 标准被广泛使用，但有时也使用英国的 BS 3274 标准。

TEMA 标准通过三字母代表换热器的类型。第一个字母表示前端管箱型式，也称为前端头，第二个字母表示壳体类型，第三个字母表示后端管箱的型式。图 19.9 对 TEMA 类型中各代码的含义给出了解释说明。

TEMA 标准给出了推荐的壳体及换热管的尺寸、设计和制造公差、腐蚀裕量以及各零件材料的推荐设计应力。换热器的壳体属于压力容器，其设计应符合相应的国家压力容器规范或标准，详见 14.2 节。TEMA 标准还给出了换热器使用的标准法兰的尺寸。

在 TEMA 标准中，尺寸以 ft 和 in 表示，因此本章中使用了这些单位，但在括号中给出了 SI 单位的换算值。

19.5.2　换热管

19.5.2.1　尺寸

TEMA 标准给出的换热管直径取值范围为 1/4～2in（6.4～50mm）之间，但 5/8～2in（16～50mm）之间的换热管直径是最常用的。大多数换热器首选直径较小的换热管，直径范围为 5/8～1in（16～25mm），使用这些规格换热管的换热器更紧凑，因此更便宜。换热管直径越大，越容易机械清洗，常用于严重结垢的流体。

换热管厚度（gauge，管规号）的确定必须使换热管能够承受内压和外压（壳侧），并包含足够的腐蚀裕量。TEMA 标准的表 D–7（D7–M 采用公制单位）给出了换热管的外径及壁厚，Perry（2007）的《Chemical Engineers Handbook》也使用了这一表格。最常用的厚度与偶数号的伯明翰线规（B.W.G.）对应。钢制换热管的标准外径和壁厚见表 19.3。

换热器的推荐管长有 6ft（1.83m）、8ft（2.44m）、12ft（3.66m）、16ft（4.88m）、20ft（6.10m）和 24ft（7.32m）。对于给定的表面积，换热管越长，壳体直径越小，成本越低，尤其是对壳侧压力较高的换热器；压降增加，泵的运行成本增加。根据经验，换热器的最佳长径比通常在 5～10 之间。

如果使用 U 形管，排在管束外侧的换热管比排在内侧的长。在传热设计时需要估算平均管长。U 形管用标准长度的换热管弯制，然后切割到所需尺寸。

在工厂里，换热管的规格通常由维修部门的标准来确定，可减少仓库里备用换热管的种类，有利于管理。

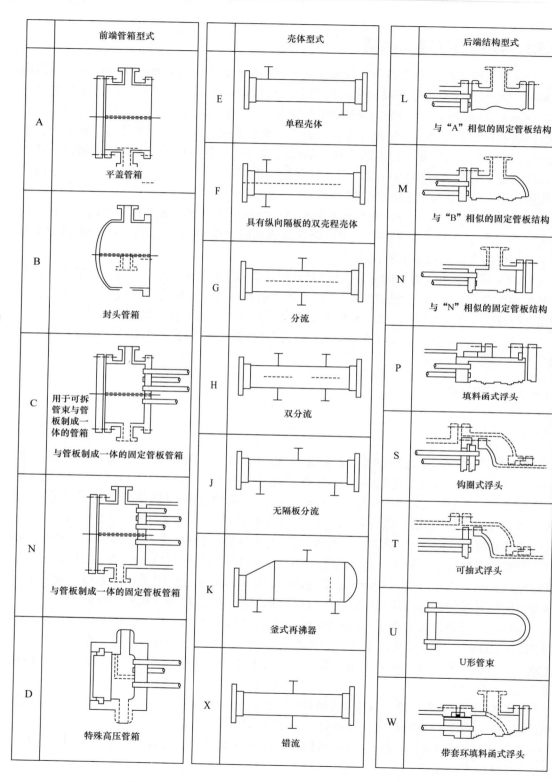

图 19.9 主要部件的名称及代码（本图经 TEMA 允诺使用）

表 19.3　钢制换热管的标准尺寸

外径，mm	壁厚，mm				
16	1.2	1.7	2.1	—	—
19	—	1.7	2.1	2.8	—
25	—	1.7	2.1	2.8	3.4
32	—	1.7	2.1	2.8	3.4
38	—	—	2.1	2.8	3.4
50	—	—	2.1	2.8	3.4

在设计计算时，优先选用 3/4in（19.05mm）的换热管进行初算。

19.5.2.2　换热管的排列

换热管在管板上的排列通常有正三角形、正方形及转角正方形排列三种方式（图 19.10）。

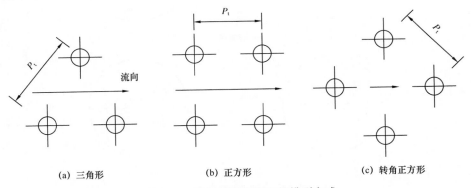

(a) 三角形　　　　　(b) 正方形　　　　　(c) 转角正方形

图 19.10　换热管在管板上的排列方式

相较于正方形排列，三角形和转角正方形排列方式的传热速率较高，但压降也较高。正方形或转角正方形排列适用于管外介质结垢严重、必须机械清洗的情况。推荐的管间距（换热管中心之间的距离）是管外径的 1.25 倍；如果工艺没有特殊要求，通常使用这一规则。如果为了壳侧的机械清洗而选择换热管正方形排列，换热管之间的最小间隙建议取 0.25in（6.4mm）。

19.5.2.3　管程数

管内的介质通常被引导在多个平行布置的"程"（由一组换热管组成）中来回流动，以增加流道的长度。通过选择程数可以得到需要的管侧设计流速。换热器中可以选择的管程数在 1～16 之间，通过在管箱内安装分程隔板来实现换热管分程。用于 2、4 和 6 管程的分程隔板布置如图 19.11 所示。Saunders（1988）给出了更多种管程的布置方案。

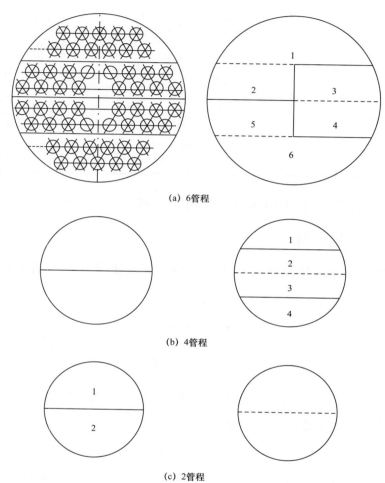

(a) 6管程

(b) 4管程

(c) 2管程

图 19.11　管箱内的分程隔板

19.5.3　壳体

TEMA 标准包含了内径低于 60in（1520mm）的系列换热器。当内径不大于 24in（610mm）时，壳体通常使用标准规格的钢管；大于 24in（610mm）时，采用钢板卷制。

对于高压使用场合，壳体厚度应根据压力容器设计标准进行调整，详见第 14 章。TEMA 给出了壳体的最小允许厚度。这些厚度（转换为 SI 单位并圆整）值见表 19.4。

壳体内径的选择必须遵循以下原则：管束的最大布管圆与壳体内径之间的间隙应尽可能小，以减少介质在管束外部的漏流，见 19.9 节。管束的最大布管圆与壳体内径之间的间隙取决于换热器的型式和制造公差，图 19.12 给出了一些间隙的经验值。

表 19.4　最小壳体厚度表

公称壳体直径，mm	最小壳体厚度，mm		
	碳钢		合金钢
	钢管	板卷	
150	7.1	—	3.2
200～300	9.3	—	3.2
330～580	9.5	7.9	3.2
610～740	—	7.9	4.8
760～990	—	9.5	6.4
1010～1520	—	11.1	6.4
1550～2030	—	12.7	7.9
2050～2540	—	12.7	9.5

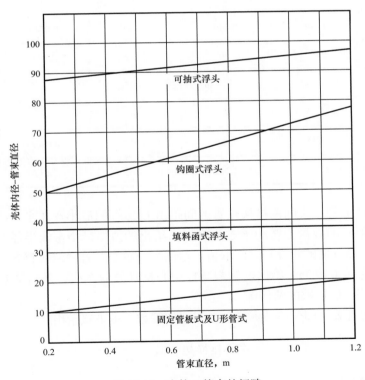

图 19.12　壳体—管束的间隙

19.5.4　管板布置（管子数量）

管束直径不仅取决于换热管的数量，还取决于管程数，对于多管程换热器，必须在管板上留出一定的空间，以安装分程隔板。

基于标准换热管布置的经验公式，可以估算管束的直径 D_b：

$$N_t = K_1 \left(\frac{D_b}{d_o} \right)^{n_1}$$

（19.3a）

$$D_b = d_o \left(\frac{N_t}{K_1} \right)^{1/n_1}$$

（19.3b）

式中 N_t——管子数；

       D_b——管束直径，mm；

       D_o——换热管外径，mm。

其中用于三角形和正方形布管的常数 K_1 见表 19.5。

表 19.5 式（19.3）使用的常数

三角形布管，间距 $p_t = 1.25 d_o$					
程数	1	2	4	6	8
K_1	0.319	0.249	0.175	0.0743	0.0365
n_1	2.142	2.207	2.285	2.499	2.675
正方形布管，间距 $p_t = 1.25 d_o$					
程数	1	2	4	6	8
K_1	0.215	0.156	0.158	0.0402	0.0331
n_1	2.207	2.291	2.263	2.617	2.643

如果使用 U 形管，中间两排换热管的间距由 U 形管的最小弯曲半径决定，该值通常较大，因此 U 形管的数量会略小于式（19.3a）给出的值。最小弯曲半径取决于管径和壁厚，可以在 1.5～3.0 倍的管外径之间取值。弯曲半径越小，管壁减薄越多。

可以采取将式（19.3a）给出的管数减掉中心排管数的方法，来估算 U 形管换热器中管子的数量（实际 U 形数的两倍）。

中心排上的管数，即壳体"赤道"上布置的管数，由下式给出：

$$中心排换热管数 = \frac{D_b}{p_t}$$

式中 p_t——管间距，mm。

详细的布管图通常借用计算机软件辅助进行绘制。这些软件可以设置分程隔板的间距和拉杆的位置。此外，借助计算机软件还可以在管束的顶部和底部删去一到两排换热管，增加进、出口接管和管束之间的距离和管束出、入口的流通面积。

Kern（1950）、Ludwig（2001）、Green 和 Perry（2007）及 Saunders（1988）的著作中均给出了一些换热管数表，根据相应的壳体直径、换热管外径、管间距和管程数来估算换热管的数量。

附录 H 列出了一些典型的布管方案，也可以在 booksite.Elsevier.com/Towler 网站上查找。

19.5.5　壳体型式（程数）

主要的壳体型式如图 19.9 所示。TEMA 标准中用字母 E、F、G、H、J 代表各种壳体的类型，其中，E 型壳体最常用。

双壳程壳体（F 型）适用于壳侧和管侧介质的温差用单壳程（见 19.6 节）无法解决的情况；纵向隔板与壳体间的密封效果直接影响换热器的性能。到目前为止，纵向隔板的密封很难达到令人满意的程度，所以有时采取两台换热器串联作为替代方案。

当换热器的壳侧压降而不是传热系数成为换热器设计的控制因素时，可以选择有纵向板或无纵向板的分流型壳体（G 型、J 型），这两种壳体型式均可降低壳侧压降。

19.5.6　壳体和管束的命名

描述换热器的常用方法是指定壳程和管程的数量，如 m/n 或 $m:n$，其中 m 指壳程数，n 指管程数。1/2 或 1：2 表示 1 壳程、2 管程的换热器；2/4 表示 2 壳程、4 管程的换热器。

19.5.7　折流板

在壳体中，通过设置折流板来引导流体穿过管束，提高流体的速度，从而提高传热效率。最常用的折流板为图 19.13（a）所示的单弓形折流板，其他形式的折流板如图 19.13（b）、图 19.13（c）和图 19.13（d）所示。

本章只讨论使用单弓形折流板的换热器的设计。

如果卧式冷凝器的折流板采用图 19.13（a）所示的布置方式，折流板会影响凝液的流动。这个问题可以通过将折流板旋转 90° 来解决，也可以通过切掉折流板的底部来解决（图 19.14）。

"折流板切口"用来说明单弓形折流板的尺寸。折流板切口是指切掉的圆缺高度（剩下的部分即折流板），用切掉的圆缺高度与折流板直径的百分比表示。折流板切口一般在 15%～45% 之间，通常情况下，折流板切口在 20%～25% 之间是最理想的，既可以获得较高的传热速率，又不会产生较大的压降。另外，在折流板与壳体之间必须留有一定的装配间隙，所以折流板边缘会有一些介质泄漏。间隙的大小取决于壳体直径；表 19.6 给出了一些经验值和公差。另一个漏流通道是折流板上的管孔与换热管之间的间隙，最大设计间隙通常为 1/32in（0.8mm）。

标准规定了折流板和支撑板的最小厚度。折流板间距一般取 0.2～1.0 倍壳体内径。通常情况下，折流板间距越小，传热系数越高，压降越大，最佳折流板间距通常在 0.3～0.5 倍的壳体内直径之间。

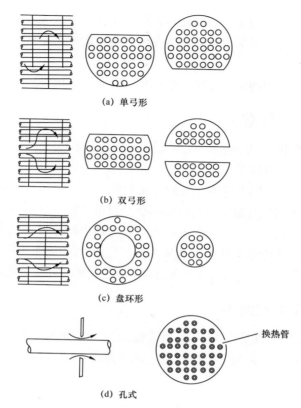

图 19.13 管壳式换热器使用的各种折流板

表 19.6 折流板间隙与公差

壳体直径 D_s	折流板直径	公差
钢管壳体		
6～25in（152～635mm）	D_s–1/16in（1.6mm）	+1/32in（0.8mm）
卷制壳体		
6～25in（152～635mm）	D_s–1/8in（3.2mm）	+0，–1/32in（0.8mm）
27～42in（686～1067mm）	D_s–3/16in（4.8mm）	+0，–1/16in（1.6mm）

19.5.8 支持板与拉杆

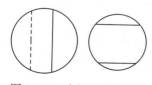

图 19.14 冷凝器的折流板

某些情况下，折流板上管孔与换热管的公差更小，达 1/64in（0.4mm），此时折流板用作支撑板。例如，冷凝器和汽化器，折流板不是用来强化传热，而是起支撑换热管的作用。

标准还规定了换热管的最小无支撑跨距，如 16mm 换热管的无支撑跨距为 1m，25mm 换热管的无支撑跨距为 2m。

折流板和支撑板由拉杆和定距管装配在一起。换热器所需的拉杆数量取决于壳体内径及拉杆的直径，如内径 380mm 以下的换热器，需要 4 根 16mm 直径的拉杆；内径 1m 的换热器，则需要 8 根 12.5mm 的拉杆等。换热器所需拉杆的数量可查阅相关标准。

19.5.9　管板

在运行中，管板承受壳侧和管侧的压力差。管板作为压力容器承压件，其设计应遵循 ASME BPV 标准相关规定。在 TEMA 标准中也给出了一些计算管板厚度的公式。

换热管与管板的连接通常采用特殊工具进行胀接（图 19.15）。换热管滚胀是一种技术性很强的任务：必须使换热管贴胀充分，以确保形成一个牢固的防漏接头，但不应让管壁过薄而使得换热管被削弱。管板上的管孔通常是开槽的 [图 19.16（a）]，以便更牢固地固定换热管，并防止壳体和换热管之间的膨胀差导致接头松动。当需要严格保证不能有介质泄漏时，管子可以焊接到管板上 [图 19.16（b）]。这增加了换热器的成本：不仅仅因为焊接的成本，还因为焊接需要更大的管间距。

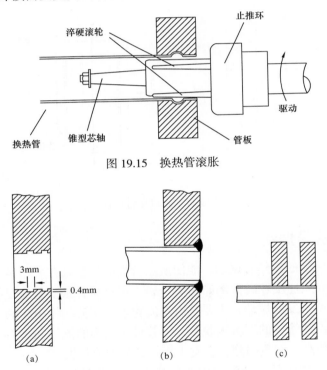

图 19.15　换热管滚胀

图 19.16　管子与管板的连接

管板在壳侧和管侧流体之间形成一道屏障，如果出于安全考虑或工艺原因，防止由于管板接头泄漏而造成壳侧、管侧介质接触，可以使用双管板，两管板之间的腔体应设置放空口和排净口 [图 19.16（c）]。

为了确保换热管密封可靠，管板必须有足够的厚度，不应小于管子的外径。标准中给出了推荐的最小管板厚度。

在计算传热面积时，应考虑管板厚度引起的换热管有效长度的减小。在开始设计计算时，可以按每个管板的厚度为 25mm 考虑，然后用有效长度计算实际的换热面积。

19.5.10　壳侧及管侧接管

换热器进出口接管使用标准的管线尺寸。在设计时，必须注意进出口接管流速的限制，以避免接管压降过大和换热管的流体诱导振动。可以在接管下方少布置几排换热管（见 19.5.4），或增加出、入口的折流板间距，以增加流通面积，降低流速。对于入口速度较高的蒸气和气体，可采用扩径管或其他特殊设计来降低入口速度，如图 19.17（a）和图 19.17（b）所示。图 19.17（b）所示的导流筒（又称为蒸气带）设计还可以用作防冲板。当壳侧的介质含有液滴或含有磨蚀性颗粒并且流速较高时，可使用防冲板。

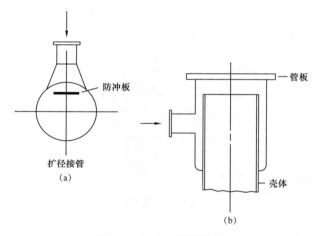

图 19.17　入口接管设计

19.5.11　流体诱导振动

壳侧流体流动引起的换热管振动，能使换热管提前失效。在大型换热器的机械设计中要注意，如果壳侧介质速度较高，例如大于 3m/s，必须确保换热管有足够的支撑。

流体流过管束所诱发的振动，主要是由涡流脱落和湍流抖振引起的。当流体横向流过单根换热管时，漩涡从管子的下游侧脱落，引起管子周围的流场和压力分布的扰动。在高流速情况下，雷诺数高，湍流强烈，会发生换热管的湍流抖振。

由涡流脱落或流动中的湍流漩涡引起的抖振将引起振动，但是大振幅振动通常仅在某一临界流速以上发生。高于该速度，与相邻管的相互作用会使振动加强。如果振动频率接近该换热管无支撑跨距的固有振动频率，会发生共振。在这些条件下，振幅会急剧增加，导致管子失效。失效可能是通过一根管子撞击另一根管子或通过折流板管孔的磨损发生。

对于大多数换热器的设计，遵循标准中关于支撑板间距的建议，足以防止换热管由于振动而过早失效。对于壳侧流速高的大型换热器，应进行振动分析，以检查可能出现的振动问题。一些商业机构（如 HTFS 和 HTRI，参见 19.1 节）开发了用于管壳式换热器设计的计算机辅助设计程序，其中就包括振动分析软件。

在过去的 20 年里，随着换热器的尺寸越来越大，流速越来越高，由此引起的换热器失效的案例不断增加，因而对换热管振动做了大量的研究工作。对这项工作的讨论超出了本书的范围。关于振动分析的方法，请参阅 Saunders（1988）、Singh 和 Soler（1992）的著作。或者参阅工程科学数据组织设计指南 ESDU 87019，该指南对引起管壳式换热器中换热管振动的机理及其预测和预防进行了清晰阐述。

19.6　对数平均温差（温度驱动力）

在使用式（19.1）计算给定热负荷所需的传热面积之前，必须先估算平均温差 ΔT_{m}。通常根据温度端差（换热器入口和出口处两侧介质的温差）来计算 ΔT_{m}。所谓的"对数平均"温差仅适用于真正的顺流或逆流的显热传递，并且具有线性温度—焓曲线。这种情况只在以下条件时适用：两侧介质的比热恒定且没有相变，或者发生相变的介质为单一组分且压力不变，这些条件只是在实际情况的近似。对于逆流传热［图 19.18（a）］，对数平均温差由下式给出：

$$\Delta T_{1m} = \frac{(T_1 - t_2) - (T_2 - t_1)}{\ln\left(\dfrac{T_1 - t_2}{T_2 - t_1}\right)}$$

（19.4）

式中　ΔT_{1m}——对数平均温差；

　　　T_1——热流体入口温度；

　　　T_2——热流体出口温度；

　　　t_1——冷流体入口温度；

　　　t_2——冷流体出口温度。

上述公式同样适用于顺流流动，但温度端差将是（T_1-t_1）和（T_2-t_2）。严格来讲，式（19.4）仅适用于比热不变、总传热系数恒定且没有热损失的情况。在换热器设计中，如果介质的温度变化不大，可以认为满足这些条件。

在大多数管壳式换热器中，流动是顺流、逆流和错流的结合。图 19.18（b）和图 19.18（c）表示具有 1 壳程和 2 管程（1∶2 交换器）的换热器的典型温度曲线。图 19.18（c）显示了两种不同的温度交叉情况，其中冷流体的出口温度高于热流体的出口温度。

在管壳式换热器的设计中，常用的做法是引入校正系数来修正实际温差与纯逆流对数平均温差的偏离：

$$\Delta T_m = F_t \Delta T_{1m}$$

（19.5）

式中　ΔT_m——实际温差，式（19.1）中使用的平均温差；

　　　F_t——温度修正系数。

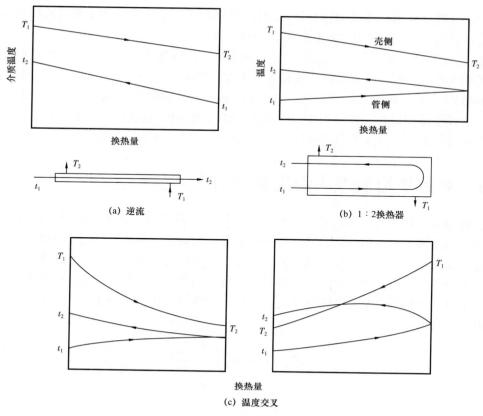

图 19.18　温度分布

修正系数是管侧和壳侧流体温度以及管程数、壳程数的函数。它可以表示成以下两个无量纲温度的函数：

$$R = \frac{(T_1 - T_2)}{(t_2 - t_1)} \tag{19.6}$$

$$S = \frac{(t_2 - t_1)}{(T_1 - t_1)} \tag{19.7}$$

R 等于壳侧流体流量乘以流体平均比热，除以管侧流体流量乘以管侧流体比热。S 是换热器温度效率的量度。对于 1 壳程、2 管程换热器，修正系数由下式给出：

$$F_t = \frac{\sqrt{(R^2+1)}\ln\left[\dfrac{(1-S)}{(1-RS)}\right]}{(R-1)\ln\left\{\dfrac{2-S\left[R+1-\sqrt{(R^2+1)}\right]}{2-S\left[R+1+\sqrt{(R^2+1)}\right]}\right\}} \tag{19.8}$$

式（19.8）的推导由 Kern（1950）给出。该公式可用于任何管程数为偶数的换热器，如图 19.19 所示。图 19.20 给出了 2 壳程、4 管程或管程数为 4 的倍数的修正系数，图 19.21 和图 19.22 分别给出了两种分流壳体的修正系数。

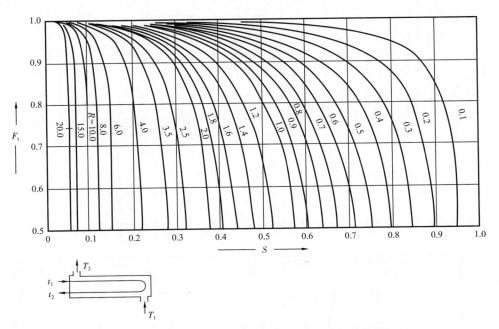

图 19.19　温度修正系数（1 壳程、2 管程或其他偶数管程）

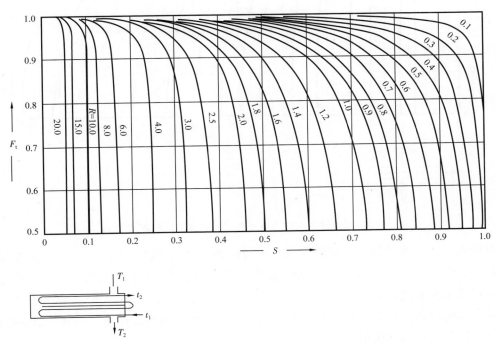

图 19.20　温度修正系数（2 壳程、4 管程或 4 的倍数管程）

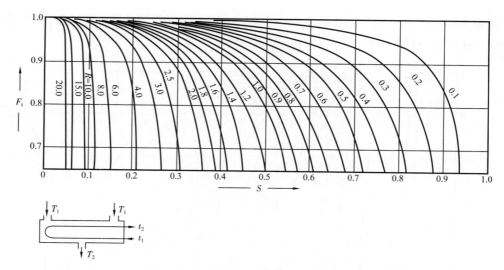

图 19.21　温度修正系数［分流壳程（无纵向隔板）、2 管程或其他偶数管程］

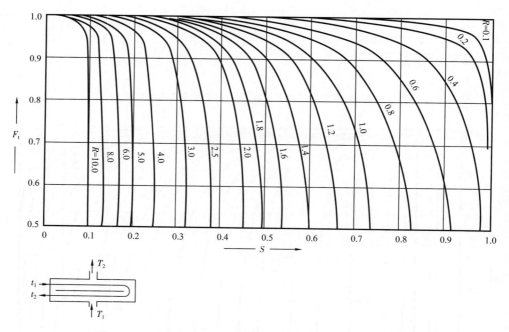

图 19.22　温度修正系数［分流壳程（带纵向隔板）、2 管程］

其他流动方式换热器的温度修正系数图可以在 TEMA 标准、Kern（1950）和 Ludwig（2001）的著作中找到。Mueller（1973）提供了一套用于计算对数平均温差的修正系数图，其中包括错流式换热器的。

在推导温度修正系数 F_t 时，除了计算对数平均温差所做的假设外，还做了如下假设：

（1）每程的传热面积相等；

（2）每程的总传热系数相等；

（3）壳侧流体的温度在每程的任何横截面上都是恒定的；

（4）壳程流体没有泄漏。

尽管这些条件在实际的换热器中并不能完全满足，但是从曲线中得到的 F_t 值可以估算出"真正的平均温差"，这对于大多数换热器设计是足够精确的。Mueller（1973）讨论了这些假设，并给出了不满足所有假设条件的 F_t 曲线；关于 F_t 的选取，还可以参阅Butterworth（1973）和 Emerson（1973）的著作。如第 4 章所述，在大多数流程模拟软件中，都可以计算换热器的 F_t 值。

壳侧漏流和旁路（见 19.9 节）会影响平均温差，但在估算修正系数 F_t 时通常不予考虑。Fisher 和 Parker（1969）给出了漏流—修正系数曲线，该曲线显示了漏流对 1 壳程、2 管程换热器修正系数 F_t 的影响。

当温度端差较大时，F_t 值接近于 1；当壳侧与管侧流体温度接近时，F_t 值会大幅降低对数平均温差；当壳、管两侧介质有温度交叉时，F_t 值会急剧下降。如图 19.18（c）所示，当冷流出口温度大于热流出口温度时，产生温度交叉。

在 F_t 曲线接近垂直的情况下，无法准确读取数值，这将在设计中引入相当大的不确定性。

如果修正系数 F_t 低于 0.75，则换热器的设计不经济。在这种情况下，应该考虑选择其他型式的换热器，以使两侧流体更接近纯逆流。为了尽可能达到纯逆流，提高 F_t 值，以及避免换热器温度交叉，可采取两台或多台换热器串联，或选择多壳程数的设计方案。

当换热器中的介质除了温度变化还有相变时，需要将温度曲线分成几段，分别计算每段的平均温差；每段的传热系数也应该分别计算。

19.7　管壳式换热器的常规设计原则

19.7.1　流体在壳侧或管侧的配置

在不发生相变的情况下，根据以下因素确定流体走壳程还是管程。

腐蚀。应将腐蚀性较强的流体放到管侧，尽量减少高成本金属材料的使用，达到节约投资的目的。

污垢。最容易在传热表面结垢的介质应该放在管程，可以更好地控制流体的速度。管内介质的速度越高，越不易结垢，并且管内更容易清洗。

介质温度。如果介质的温度很高以至于需要使用特殊金属材料，那么将较高温度的流体放到管侧会降低总成本。在中等温度情况下，将较热的流体放入管内，则壳体表面温度较低，有利于减少为了降低热损失或出于安全防护原因而采用的保温材料的用量。

操作压力。压力较高的介质宜放到管侧。承受高压的换热管比承受高压的壳体更便宜。承受高内压换热管的壁厚比承受高外压的薄，并且可以避免承受高压的壳体。

压降。对于相同的压降，管侧的传热系数要高于壳侧，应将允许压降最低的流体放到管侧。

黏度。一般情况下，如果流动是湍流，将黏性较大的介质放到壳侧可以获得较高的传热系数。壳侧湍流的临界雷诺数为 200，如果在壳体内不能实现湍流流动，则最好将高黏介质放置在管内，因为管侧传热系数的计算更准确。

介质流量。将流量最低的流体放到壳侧通常会得到最经济的设计。

19.7.2　壳侧及管侧介质流速

流速越高，传热系数越高，但同时压降越高。介质流速必须高到足以防止悬浮固体沉降，但又不能造成冲蚀。高流速还可以减少结垢。有时使用塑料插件来减少换热管进口处的冲蚀。典型的设计流速如下：

（1）液体。

管侧。工艺流体：1～2m/s，如果需要减少结垢，最大 4m/s。水：1.5～2.52m/s。

壳侧：0.3～1m/s。

（2）气体。

对于蒸气，选用的速度取决于操作压力和流体密度；表 19.7 给出的流速范围中的较低值适用于高分子量介质。

表 19.7　流速范围取值表

压力	流速，m/s
真空	50～70
常压	10～30
高压	5～10

19.7.3　流体温度

当热负荷一定时，两侧介质的温度端差越小（在给定位置处，两侧流体温度间的差值，通常取换热器的进、出口处的温度计算），所需的传热面积越大。端差的最佳值取决于工艺要求与实际操作，只有对可选方案进行经济分析才能最终确定。以下数据可以作为换热器温度端差的参考：两侧均为工艺介质的换热器的温度端差最佳范围在 10～30℃之间；使用冷却水的冷却器的温度端差可以低至 5～7℃；使用冷冻盐水的冷却器温度端差常用 3～5℃；循环冷却水的最大温升不高于 30℃。在设计中还应注意确保冷却介质温度保持在工艺介质的凝固点以上。温度端差低至 1℃或 2℃的情况常出现在低温流程中，如空分和天然气液化。当换热器用于两种工艺介质换热以回收热量时，可以通过夹点分析确定最佳温度端差，如第 3 章所述。热回收的最佳温度端差取决于投资成本和能源成本之间的权衡（图 3.16）。根据经济性分析，最合适的温度端差数值很少低于 20℃，但在设计中，通常使用更低的端差值，因为低温度端差使设计更保守，使换热器的面积加大，在运行中可回收更多的热量。

19.7.4　压降

大部分情况下，用于驱动流体通过换热器的压降是由工艺条件决定的，压降的数值从真空系统中的几毫巴到压力系统中的几巴不等。

当设计人员可以自由选择压降时，可以综合考虑换热器成本与泵的运行成本，进行经济分析，确定最经济的换热器设计。当然，仅需对非常大且昂贵的换热器进行完整、全面的经济分析。表 19.8 和表 19.9 给出一些推荐的允许压降值，一般情况下据此设计的方案接近最优。

表 19.8　液相允许压降值

黏度，mPa·s	允许压降，kPa
<1	35
1～10	50～70

表 19.9　气体及蒸气允许压降表

压力	压降
高真空度	0.4～0.8kPa
中真空度	0.1× 绝压
1～2bar	0.5× 系统表压
>10bar	0.1× 系统表压

当使用高压降时，必须确保由此产生的高流体速度不会引起冲蚀或管束的流体诱导振动。

19.7.5　流体物理性质

换热器设计所需的流体物理性质包括密度、黏度、导热系数和温度—焓曲线（比热和潜热）。物理性质通常通过流程模拟得到，详见第 4 章。表 19.10 给出了部分常用管材的导热系数。

表 19.10　金属导热系数

金属	温度，℃	k_w，W/（m·℃）
铝	0	202
	100	206
黄铜 （70 Cu，30 Zn）	0	97
	100	104
	400	116
铜	0	388
	100	378
镍	0	62
	212	59

金属	温度，℃	k_w，W/（m·℃）
铜—镍合金（10%Ni）	0～100	45
蒙乃尔铜—镍合金	0～100	30
不锈钢（18/8）	0～100	16
碳钢	40	60
	100	58
	260	51
钛	0～100	16

在用于计算传热系数的关联式中，通常把介质的平均温度作为定性温度，计算介质的相关物性。当介质温度变化较小时，这一假设的计算结果准确度较高；当介质的温度变化较大时，仍然取平均温度作为定性温度会导致显著的误差。在这种情况下，一种简单而安全的方法是分别计算进口和出口温度下的传热系数，并使用这两个值中的较低值。另外，可以使用 Frank（1978）提出的方法，即将式（19.1）和式（19.3）组合：

$$Q = \frac{A\left[U_2\left(T_1 - t_2\right) - U_1\left(T_2 - t_1\right)\right]}{\ln\left[\dfrac{U_2\left(T_1 - t_2\right)}{U_1\left(T_2 - t_1\right)}\right]} \tag{19.9}$$

其中，U_1 和 U_2 分别是换热器两端的传热系数。式（19.9）通过假设传热系数随温度线性变化推导而来。

如果物理性质的变化太大，上述简单的方法不再适用，需要将温度—焓曲线划分成多段，并分别计算每段的传热系数和所需的面积。

19.8 管侧传热系数及压降（单相介质）

19.8.1 传热

19.8.1.1 湍流

常用的等截面管内紊流的传热关联式为：

$$Nu = CRe^a Pr^b \left(\frac{\mu}{\mu_w}\right)^c \tag{19.10}$$

式中 Nu——努塞尔数，等于 $h_i d_e / k_f$；

Re——雷诺数，等于 $\rho u_t d_e / \mu = G_t d_e / \mu$；

Pr—— 普朗特数，等于 $C_p \mu / k_f$；

h_i——管内换热系数，W/（m²·℃）；

d_e——当量（或水力学）直径，m；

$$d_e \frac{4 \times 流动截面积}{润湿周边} = d_i（对于换热管）;$$

u_t——介质流速，m/s；

k_f——介质导热系数，W/（m·℃）；

G_t——质量流速，单位面积上的质量流量，kg/（m²·s）；

μ——流体温度下的介质黏度，Pa·s；

μ_w——壁面温度下的黏度；

C_p——介质的比热容，J/（kg·℃）。

雷诺数的指数 a 一般取 0.8；普朗特数的指数 b 取值范围为 0.3～0.4。根据 Sieder 和 Tate（1936）的研究，黏度系数的指数 c 在管内流动时取 0.14，但是一些研究人员提出了更高的值。将以上指数代入式（19.10）可得用于换热器设计的常用关联式：

$$Nu = CRe^{0.8} Pr^{0.33} \left(\frac{\mu}{\mu_w} \right)^{0.14} \tag{19.11}$$

其中，$C = 0.021$（气相）或 0.023（非黏性液体）或 0.027（黏性液体）。

虽然不可能找到一个常数或指数适合所有的介质（从气体到黏性液体），但是使用式（19.11）得到的结果对于设计是足够精确的。壳侧传热系数的计算和污垢热阻选取的不确定性通常远远超过管侧传热系数的误差。如果需要得到比式（19.11）给出的结果更准确、更合理的传热系数，则推荐工程科学数据组织（ESDU）报告中给出的数据和关联式：ESDU 92003 和 93018（1998）。

Butterworth（1977）基于 ESDU 的工作给出如下方程：

$$St = ERe^{-0.205} Pr^{-0.505} \tag{19.12}$$

$$E = 0.0225 \exp \left[-0.0225 \left(\ln Pr \right)^2 \right]$$

式中　St——斯坦顿数，等于 $Nu/（RePr） = h_i/（\rho u_t C_p）$。

式（19.12）适用于雷诺数大于 10000 的情况。

19.8.1.2　水力学平均直径

在一些文献中，用于计算管道或通道中的传热系数的当量（水力学平均）直径与用于计算压降的当量（水力学平均）直径定义不同。在传热计算中，用热量传递的周长来代替润湿周长。在实践中，两种方法计算得出的当量直径 d_e 几乎不会对总传热系数的结果产生影响，因为膜系数仅与 $d_e^{-0.2}$ 大致成正比。

润湿周长决定了通道内的流态和速度梯度。因此，在本书中使用润湿周长 d_e 来计算压降和传热。当然，应该用热量传递的实际面积来确定传热量［式（19.1）］。

19.8.1.3　层流

在雷诺数小于 2000 时，管道中的流动是层流。假定自然对流的影响很小，在强制对流中通常是这样认为的，则下面的方程可用于估算传热系数：

$$Nu = 1.86 \left(RePr\right)^{0.33} \left(\frac{d_e}{L}\right)^{0.33} \left(\frac{\mu}{\mu_w}\right)^{0.14} \qquad (19.13)$$

式中　L——换热管的长度，m。

如果通过式（19.13）计算得出的努塞尔数小于 3.5，取 3.5。在层流情况下，当换热管的长径比小于 500 时，换热管的长度对传热速率有显著影响。

19.8.1.4　过渡区

在层流和完全湍流之间的流动区域，由于该区域的流动不稳定，传热系数无法确定地进行估算。因此，换热器设计时应尽量避免过渡区。如果实在不能避免，则应同时使用式（19.11）和式（19.13）计算传热系数，取较低的值。

19.8.1.5　传热因子 j_h

与计算压降时引入的摩擦因子类似，用传热因子 j_h 来关联传热数据通常是很方便的。传热因子定义为：

$$j_h = StPr^{0.67} \left(\frac{\mu}{\mu_w}\right)^{-0.14} \qquad (19.14)$$

j_h 因子的使用使得层流和湍流的数据可以在同一张图中表示（图 19.23）。由图 19.23 得到的 j_h 值可以与式（19.14）一起估算换热器换热管和商业化管道的传热系数。管道的传热系数估算通常是保守的（在低侧），因为管道比用于换热器的换热管更粗糙，而换热管经过加工后公差更小。引入传热因子 j_h 后，式（19.14）可以整理成更方便使用的形式：

$$\frac{h_i d_i}{k_f} = j_h RePr^{0.33} \left(\frac{\mu}{\mu_w}\right)^{0.14} \qquad (19.15)$$

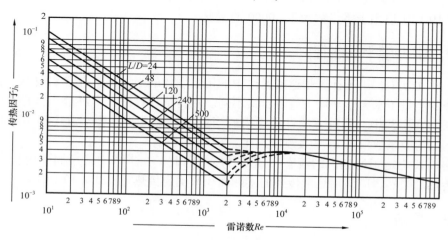

图 19.23　管侧传热因子

Kern（1950）等将传热因子定义为：

$$j_H = NuPr^{-1/3}\left(\frac{\mu}{\mu_w}\right)^{-0.14}$$

j_H 与 j_h 的关系为：

$$j_H = j_h Re$$

19.8.1.6 黏度修正系数

黏度修正系数通常只对黏性液体有重要意义。

为了使用黏度修正系数，需要先估算壁温。在计算金属壁温时，可以先不考虑黏度修正，计算出传热系数，再用下面的关联式估算壁面温度：

$$h_i(t_w - t) = U(T - t) \tag{19.16}$$

式中　t——管侧介质温度（平均）；

t_w——估算的壁温；

T——壳侧介质温度（平均）。

通常来说，用以上方法对壁温的近似估计是足够精确的，但如果修正系数值很大，可以进行反复试算以获得更精确的结果。

19.8.1.7 水的传热系数

虽然可以用式（19.11）和式（19.13）以及图 19.23 来估算水的传热系数，但是还有更精确的计算方法——专门为水传热而推导的公式。为了方便计算，水的物理性质已经代入关联式。下面的公式采用了 Eagle 和 Ferguson（1930）给出的数据：

$$h_i = \frac{4200(1.35 + 0.02t)u_t^{0.8}}{d_i^{0.2}} \tag{19.17}$$

式中　h_i——水在管内的传热系数，W/（$m^2 \cdot \text{℃}$）；

t——水的温度，℃；

u_t——水的流速，m/s；

d_i——换热管内径，mm。

19.8.2 管侧压降

管壳式换热器管侧压力损失主要由两部分组成：一是管内的摩擦损失，通常称为沿程阻力损失；二是流体在管侧通道的流动过程中，由于流通面积突然缩小和扩大以及流动方向倒转等产生的压力损失，通常称为局部阻力损失。

管内的摩擦损失可以用熟悉的管道压降公式来计算（见第 20 章）。管道等温流动（恒温）的压降基本方程为：

$$\Delta p = 8 j_f \left(\frac{L'}{d_i} \right) \frac{\rho u_t^2}{2} \qquad\qquad (19.18)$$

式中　j_f——无量纲摩擦系数；

　　　L'——有效管长。

　　显然，换热器中的流动不是等温的，可以用一个经验的修正因子来修正因物理性质随温度变化而引起的误差。通常，只考虑黏度的变化引起的压降误差：

$$\Delta p = 8 j_f \left(L'/d_i \right) \rho \frac{u_t^2}{2} \left(\frac{\mu}{\mu_w} \right)^{-m} \qquad\qquad (19.19)$$

$$m = \begin{cases} 0.25\ （层流流动），\ Re < 2100 \\ 0.14\ （紊流流动），\ Re > 2100 \end{cases}$$

　　换热器换热管的 j_f 值可以查图 19.24；商业化管道的 j_f 值见第 20 章。

　　由于换热管进口处的流通面积突然收缩、出口处突然扩大和封头内的流向变化而造成的压力损失可能是管侧总压降的重要组成部分。目前还没有完全令人满意的方法来估算这些压力损失。Kern（1950）建议每管程增加 4 倍速度头；Frank（1978）认为 4 倍速度头太高，建议采用 2.5 倍速度头；而 Butterworth（1978）的建议是 1.8 倍速度头。Lord、Minton 和 Slusser（1970）将每一程的局部压力损失等效为"将换热管的当量长度取直径的 300 倍，U 形管的当量长度取管直径的 200 倍"的沿程阻力损失，而 Evans（1980）对每一程的局部阻力损失等效为"67 倍换热管直径的当量管长"的沿程阻力损失。

　　用速度头表示的压力损失可以通过计算流动过程中面积收缩、扩大和回转的次数来估算，并可以使用用于管件的局部阻力系数来估算速度头的损失。对于两管程，通常有两处面积收缩、两处扩大和一个流动方向逆转。每处压力损失的速度头系数取值如下：面积收缩取 0.5，面积扩大取 1.0，180° 弯头取 1.5。由此得出两管程的最大局部阻力损失为：

$$2 \times 0.5 + 2 \times 1.0 + 1.5 = 4.5\ 速度头\ = 2.25/\ 程$$

　　由此看来，Frank 对每管程局部阻力损失的建议值——2.5 倍速度头是最实用的。

　　将该系数带入式（19.19）后，得到下式：

$$\Delta p_t = N_p \left[8 j_f \left(\frac{L}{d_i} \right) \left(\frac{\mu}{\mu_w} \right)^{-m} + 2.5 \right] \frac{\rho u_t^2}{2} \qquad\qquad (19.20)$$

式中　Δp_t——管侧压降，Pa；

　　　N_p——管程数；

　　　u_t——管侧流速，m/s；

　　　L——单管管长。

　　压降的另一部分来源是换热器进口和出口接管处的流通面积的扩大和收缩。根据接管内的流速，可以通过为进口接管增加 1 倍速度头、为出口增加 0.5 倍速度头来估算。

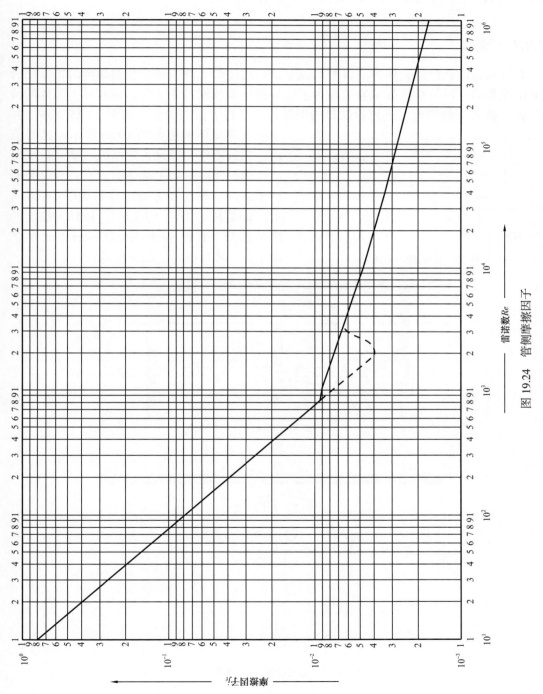

图 19.24　管侧摩擦因子

管内的摩擦因子 f_i 与管道的摩擦因子 ϕ（$=R/\rho u^2$）取值一致

19.9　壳侧传热系数及压降（单相介质）

19.9.1　流型

有折流板的换热器壳体内的流型比较复杂，这使得壳侧传热系数和压降的估算比管侧要困难得多。尽管折流板的安装是为了引导流体错流流过换热管，但实际上流体的流动是折流板之间的错流与折流板缺口内的轴向（平行）流的混合，如图 19.25 所示。并

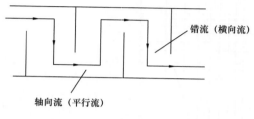

图 19.25　壳侧理想的流路

非所有的流体都遵循图 19.25 所示的路径流动：部分流体会通过各种间隙流动而形成漏流，这些间隙是为了换热器的制造和组装必须预留的。漏流和旁流的分布如图 19.26 所示，这是基于 Tinker（1951，1958）提出的流动模型。在图 19.26 中，Tinker 的命名法用于标识各种流路，如下所示：

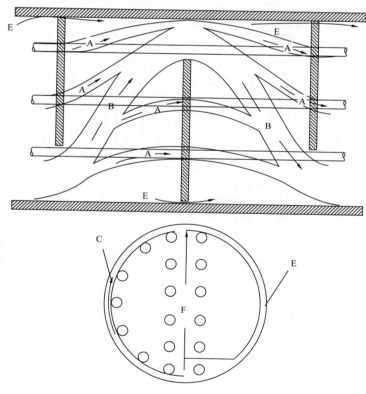

图 19.26　通过壳程的各股流路

流路 A：管子与折流板之间的漏流，流体流过管外径与折流板上管孔之间的间隙形成。

流路 B：真正错流流过管束的流路。

流路 C：管束与壳体间旁路，管束最外层管子（管束直径）与壳体间存在间隙而产生的旁路。

流路 E：折流板与壳体间隙流，由于折流板边缘和壳体内壁间存在一定间隙所形成的漏流。

流路 F：分程隔板流。对于多管程，因为安置分程隔板而使壳程形成的较大的通道，如果这些"通道"在主流的流动方向上，则因为这些通道的压降较低，而使流体选择流过这些通道，形成旁路。

注意：没有流路 D。

流路 C、E、F 中的流体绕过换热管而不与其接触，降低了传热效率。

流路 C 是主要的旁路流，在管束可抽式换热器中所占比重尤其不可忽视。因为在这一类型换热器中，管束与壳体之间的间隙必然较大。通过使用密封带堵塞管束和壳体之间的间隙（图 19.27）可以大大减少流路 C 的比重。用假管来堵塞由于分程隔板间隙造成的F 流。

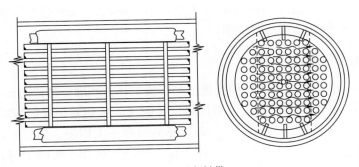

图 19.27 密封带

管子与折流板之间的漏流流路 A，并没有形成旁路，其主要影响是压降而不是传热。

当换热器壳侧结垢严重时，管子与折流板之间的间隙将趋向于堵塞，引起压降增加，详见 19.9.6 部分内容。

19.9.2 设计方法

壳侧流动规律的复杂性和涉及的变量众多，使得壳侧传热系数和压降估算的准确性难以完全保证。大约在 1960 年以前，换热器设计方法中，没有人试图考虑漏流和旁路。那时使用的关联式是基于所有流体流过管束，然后用经验法解释实际换热器的操作与假定流体错流过理想管束所得计算结果的不同。典型的"整体流动"方法是 Kern（1950）和 Donohue（1955）提出的。只有全面分析图 19.26 所示的各个流路对传热和压降的贡献，才能做出可靠的估算。Tinker（1951，1958）首先发表了预测壳侧传热系数和压降的详细的流路分析方法，随后发展的各种估算方法都是基于他的模型。Tinker 关于流路分析的描述很难理解，而且他的方法很难应用到手工计算中。使用商业换热器的标准公差和几个规格的折流板切口，Devore（1961，1962）对 Tinker 的模型进行了简化，并绘制了便于手工计算使用的算图（诺莫图）。Mueller（1973）进一步简化了 Devore 的方法，并给出了一个说明性的例子。

Bell（1960，1963）基于在特拉华大学（University of Delaware）管壳式换热器合作研究项目中完成的工作，开发了一种半解析方法。该方法考虑了主要旁路和泄漏流，适用于人工计算。

工程科学数据组织（ESDU）还发表了一种估算壳侧压降和传热系数的方法，见 ESDU 设计指南 83038（1984）。这种方法基于对 Tinker 工作的简化，可以用于手工计算，但由于涉及迭代过程，最好用计算机编程来进行计算。

Tinker 的模型成为传热研究公司［HTRI，见 Palen 和 Taborek（1969）］及传热与流体流动服务公司［HTFS，见 Grant（1973）］开发的专有计算机方法的基础。HTRI 方法和软件可以从 HTRI（www.htri.net）获得。HTFS 程序可用于流程模拟软件，如 Aspen 公司的 Aspen 软件和霍尼韦尔公司的 UniSim 设计软件，见第 4 章。示例 19.4 说明了 HTFS 程序的使用方法。

虽然 Kern 法没有考虑旁路和漏流，但其应用简单，对于初步设计计算，相对于其他设计参数不确定、无法使用更精确的方法是足够准确的。Kern 的方法在 19.9.3 中给出，并在示例 19.1 和示例 19.3 中进行说明。

19.9.3　Kern 方法

该方法以按标准公差制造的商用换热器的实验工作为基础，可以为标准设计提供较满意的传热系数预测。由于漏流和旁路对压降的影响大于传热对压降的影响，因此 Kern 法对压降的预测不太理想。通过假设壳侧流速和壳体直径，壳侧传热和摩擦因子与管侧传热和摩擦因子的关系类似。由于流动方向上的横截面积随壳体直径的变化而变化，为简化计算，其线速度和质量速度均以壳体"赤道"处的最大横截面积计算得到。壳体的当量直径由沿轴向（与管平行）管间的流通面积和相关换热管的润湿周长计算得到（图 19.28）。

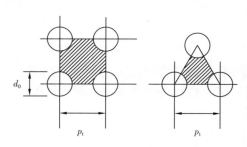

图 19.28　当量直径、横截面积及润湿周长

该方法使用的壳侧 j_h 和 j_f 因子与部分折流板切口大小及换热管布置的关系如图 19.29 和图 19.30 所示。这些关系图是基于 Kern（1950）和 Ludwig（2001）给出的数据得出的。

单壳程换热器壳侧传热系数和压降计算过程如下：

（1）计算壳体赤道处的错流流通面积 A_s（假设壳体赤道上有一排换热管），由下式给出：

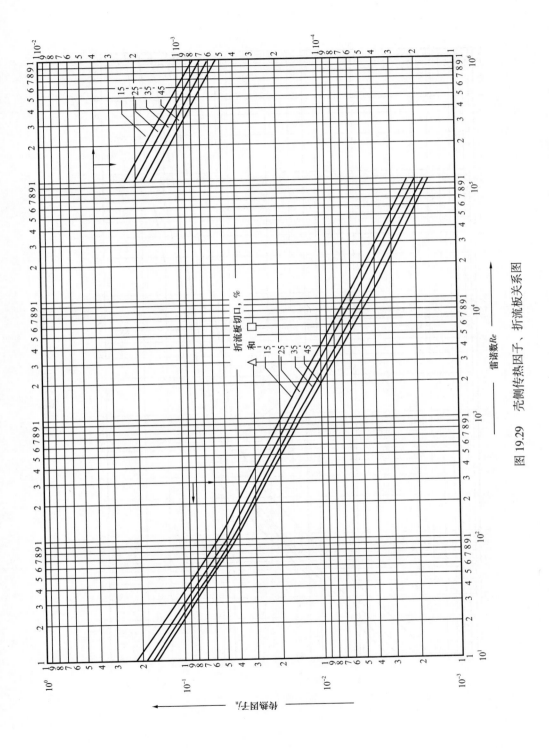

图 19.29　壳侧传热因子、折流板关系图

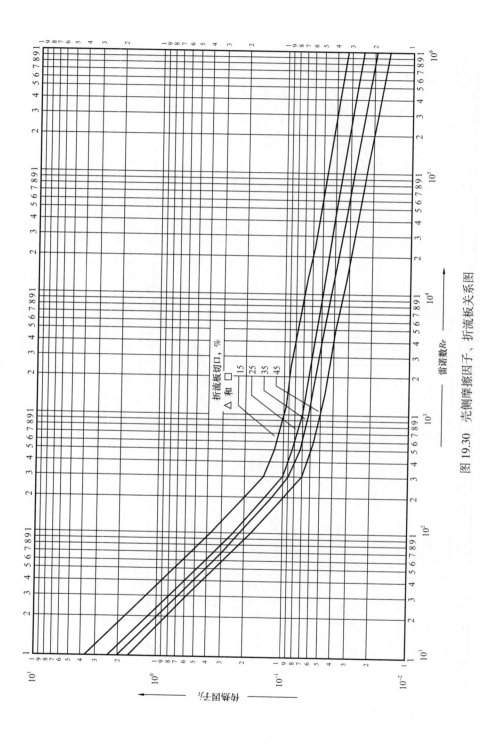

图 19.30　壳侧摩擦因子、折流板关系图

$$A_s = \frac{(p_t - d_o)D_s l_B}{p_t} \tag{19.21}$$

式中　p_t——管间距；

d_o——换热管外径；

D_s——壳体内径，m；

l_B——折流板间距，m。

（$p_t - d_o$）/p_t 项是相邻换热管之间的间隙与换热管中心距之比。

（2）计算壳侧质量速度 G_s 和线速度 u_s：

$$u_s = \frac{G_s}{\rho}$$

$$G_s = \frac{W_s}{A_s}$$

式中　W_s——壳侧介质质量流量；

ρ——壳侧介质密度，kg/m³。

（3）计算壳体当量直径（水力直径）（图 19.28）。对于正方形布置：

$$d_e = \frac{4\left(\dfrac{p_t^2 - \pi d_o^2}{4}\right)}{\pi d_o} = \frac{1.27}{d_o}\left(p_t^2 - 0.785 d_o^2\right) \tag{19.22}$$

对于三角形布置：

$$d_e = \frac{4\left(\dfrac{p_t}{2} \times 0.87 p_t - \dfrac{1}{2}\pi\dfrac{d_o^2}{4}\right)}{\dfrac{\pi d_o}{2}} = \frac{1.10}{d_o}\left(p_t^2 - 0.917 d_o^2\right) \tag{19.23}$$

式中　d_e——当量直径，m。

（4）计算壳侧雷诺数：

$$Re = \frac{G_s d_e}{\mu} = \frac{u_s d_e \rho}{\mu} \tag{19.24}$$

（5）根据计算出的雷诺数、选择的折流板切口以及布管方式，由图 19.29 查得 j_h 值，然后用下式计算壳侧传热系数 h_s：

$$Nu = \frac{h_s d_e}{k_f} = j_h Re Pr^{0.33}\left(\frac{\mu}{\mu_w}\right)^{0.14} \tag{19.25}$$

管侧壁温可以由 19.8.1 给出的方法进行估算。

（6）根据计算出的雷诺数，由图 19.30 查得摩擦因子的值，然后用下式计算壳侧压降：

$$\Delta p_{s}=8j_{f}\left(\frac{D_{s}}{d_{e}}\right)\left(\frac{L}{l_{B}}\right)\frac{\rho u_{s}^{2}}{2}\left(\frac{\mu}{\mu_{w}}\right)^{-0.14} \tag{19.26}$$

式中　L——换热管长；

　　　l_{B}——折流板间距，m。

L/l_{B} 项是介质错流通过管束的次数，等于 $N_{b}+1$，其中 N_{b} 为折流板数。

壳侧接管内的压力损失通常只在介质为气相时所占比重较大。接管压降可以按以下原则确定：入口接管相当于 1.5 倍速度头，出口接管相当于 0.5 倍速度头。用于计算接管流速的流通面积按以下规则确定：取接管下方第一排换热管之间的有效面积与接管横截面积两者中较小的值。

示例 19.1

设计一台换热器，将由甲醇冷凝器来的凝液从 95℃ 再冷却至 40℃。甲醇的流量为 100000kg/h。苦咸水作为冷却介质，从 25℃ 升温至 40℃。

解：

本换热器只考虑热力学设计。这道例题展示了 Kern 的设计方法。

冷却介质有腐蚀性，所以放到管侧。

$$甲醇的热容 = 2.84kJ/(kg \cdot ℃)$$

$$热负荷 = \frac{100000}{3600} \times 2.84 \times (95-40) = 4340kW$$

$$水的热容 = 4.2kJ/(kg \cdot ℃) \tag{19.4}$$

$$冷却水的流量 = \frac{4340}{4.2 \times (40-25)} = 68.9kg/s$$

$$\Delta T_{1m} = \frac{(95-40)-(40-25)}{\ln\left(\dfrac{95-40}{40-25}\right)} = 31℃$$

使用 1 壳程、2 管程：

$$R = \frac{95-40}{40-25} = 3.67 \tag{19.6}$$

$$S = \frac{40-25}{95-25} = 0.21 \tag{19.7}$$

根据图 19.19：

$$F_t = 0.85$$
$$\Delta T_m = 0.85 \times 31 = 26\text{℃}$$

根据图 19.1：

$$U = 600\text{W}/\left(\text{m}^2 \cdot \text{℃}\right)$$

暂定换热面积：

$$A = \frac{4340 \times 10^3}{26 \times 600} = 278\text{m}^2 \tag{19.1}$$

选择外径为 20mm、内径为 16mm 的换热管，管长取 4.88m（0.75in×16ft），管材选铜镍合金。

考虑管板厚度，有效管长 $L = 4.83$m。

$$\text{单根换热管的面积} = 4.83 \times 20 \times 10^{-3}\pi = 0.303\text{m}^2$$

$$\text{换热管的数量} = \frac{278}{0.303} = 918$$

因为壳侧介质相对干净，采用三角形布管，管间距取 1.25 倍换热管外径：

$$\text{管束直径 } D_b = 20 \times \left(\frac{918}{0.249}\right)^{1/2.207} = 826\text{mm} \tag{19.3b}$$

使用钩圈式浮头型换热器。

根据图 19.12，管束与壳体直径间隙 = 68mm。

壳体直径 $D_s = 826 + 68 = 894$mm。

注：最接近的标准钢管的尺寸是 863.6mm 或 914.4mm。

壳体直径可以从标准换热管数量表中读取。

（1）管侧传热系数。

$$\text{水的平均温度} = \frac{40 + 25}{2} = 33\text{℃}$$

$$\text{换热管的横截面积} = \frac{\pi}{4} \times 16^2 = 201\text{mm}^2$$

$$\text{每程的管子数} = \frac{918}{2} = 459$$

$$\text{总流通面积} = 459 \times 201 \times 10^{-6} = 0.092\text{m}^2$$

$$水的质量流速 = \frac{68.9}{0.092} = 749 \text{kg}/(\text{s} \cdot \text{m}^2)$$

$$水的密度 = 995 \text{kg/m}^3$$

$$水的线速度 = \frac{749}{995} = 0.75 \text{m/s}$$

$$h_i = \frac{4200 \times (1.35 + 0.02 \times 33) \times 0.75^{0.8}}{16^{0.2}} = 3852 \text{ W}/(\text{m}^2 \cdot \text{℃}) \qquad (19.17)$$

还可以用式（19.15）计算管侧的传热系数，这样做是为了说明如何使用 Kern 法设计换热器。

$$\frac{h_i d_i}{k_f} = j_h Re Pr^{0.33} \left(\frac{\mu}{\mu_w}\right)^{0.14}$$

$$水的黏度 = 0.8 \text{mPa} \cdot \text{s}$$

$$导热系数 = 0.59 \text{W}/(\text{m} \cdot \text{℃})$$

$$Re = \frac{\rho u d_i}{\mu} = \frac{995 \times 0.75 \times 16 \times 10^{-3}}{0.8 \times 10^{-3}} = 14925$$

$$Pr = \frac{C_p u}{k_f} = \frac{4.2 \times 10^3 \times 0.8 \times 10^{-3}}{0.59} = 5.7$$

忽略 $\left(\dfrac{\mu}{\mu_w}\right)$：

$$\frac{L}{d_i} = \frac{4.83 \times 10^3}{16} = 302$$

根据图 19.23，$j_h = 3.9 \times 10^{-3}$。

$$h_i = \frac{0.59}{16 \times 10^{-3}} \times 3.9 \times 10^{-3} \times 14925 \times 5.7^{0.33} = 3812 \text{ W}/(\text{m}^2 \cdot \text{℃})$$

这与由式（19.17）计算出的值非常接近，取较低的值。

（2）壳侧传热系数。

$$选择折流板间距 = \frac{D_s}{5} = \frac{894}{5} = 178 \text{mm}$$

$$管间距 = 1.25 \times 20 = 25 \text{mm}$$

$$质量流速\ A_s = \frac{(25-20)}{25} \times 894 \times 178 \times 10^{-6} = 0.032\text{m}^2 \tag{19.21}$$

$$当量直径\ d_e = \frac{1.1}{20} \times \left(25^2 - 0.917 \times 20^2\right) = 14.4\text{mm} \tag{19.23}$$

$$壳侧介质平均温度 = \frac{95+40}{2} = 68\text{℃}$$

$$甲醇密度 = 750\text{kg/m}^3$$

$$黏度 = 0.34\text{mPa} \cdot \text{s}$$

$$比热容 = 2.84\text{kJ/(kg} \cdot \text{℃)} \tag{19.24}$$

$$导热系数 = 0.19\text{W/(m} \cdot \text{℃)}$$

$$Re = \frac{G_s d_e}{\mu} = \frac{868 \times 14.4 \times 10^{-3}}{0.34 \times 10^{-3}} = 36762$$

$$Pr = \frac{C_p \mu}{k_f} = \frac{2.84 \times 10^3 \times 0.34 \times 10^{-3}}{0.19} = 5.1$$

选择 25% 的折流板切口，根据图 19.29：

$$j_h = 3.3 \times 10^{-3}$$

不考虑黏度修正项：

$$h_s = \frac{0.19}{14.4 \times 10^{-3}} \times 3.3 \times 10^{-3} \times 36762 \times 5.1^{1/3} = 2740\ \text{W/(m}^2 \cdot \text{℃)}$$

估算壁温。

$$涉及所有热阻的平均温差 = 68-33 = 35\text{℃}$$

$$甲醇液膜两侧的温差 = \frac{U}{h_o} \times \Delta T = \frac{600}{2740} \times 35 = 8\text{℃}$$

$$平均壁温 = 68-8 = 60\text{℃}$$

$$\mu_w = 0.37\text{mPa} \cdot \text{s}$$

$$\left(\frac{\mu}{\mu_w}\right)^{0.14} = 0.99$$

上式说明对低黏度流体的校正并不显著。

（3）总传热系数。

铜—镍合金的导热系数 $=50W/（m \cdot ℃）$。

从表 19.2 选取合适的污垢系数：甲醇（轻有机化合物）侧取 $5000W/（m^2 \cdot ℃）$，苦咸水（海水）取高值，即 $3000W/（m^2 \cdot ℃）$。

$$\frac{1}{U_p} = \frac{1}{2740} + \frac{1}{5000} + \frac{20 \times 10^{-3} \ln\left(\frac{20}{16}\right)}{2 \times 50} + \frac{20}{16} \times \frac{1}{3000} + \frac{20}{16} \times \frac{1}{3812} \quad （19.2）$$

$$U_p = 738W/（m^2 \cdot ℃）$$

以上计算得出的数值大大高于假定的 $600W/（m^2 \cdot ℃）$。

（4）压降。

① 管侧。

根据图 19.24，对于 $Re = 14925$：

$$j_f = 4.3 \times 10^{-3}$$

忽略黏度修正项：

$$\Delta p_t = 2 \times \left[8 \times 4.3 \times 10^{-3}\left(\frac{4.83 \times 10^3}{16}\right) + 2.5 \right] \times \frac{995 \times 0.75^2}{2}$$
$$= 7211N/m^2 = 7.2kPa（1.1psi）$$

计算得出的压降很低，可以考虑增加管程数。

② 壳侧。

$$线速度 = \frac{G_s}{\rho} = \frac{868}{750} = 1.16m/s$$

根据图 19.30，在 $Re = 36762$ 时：

$$j_f = 4 \times 10^{-2}$$

忽略黏度修正项：

$$\Delta p_s = 8 \times 4 \times 10^{-2} \times \left(\frac{894}{14.4}\right) \times \left(\frac{4.83 \times 10^3}{178}\right) \times \frac{750 \times 1.16^2}{2}$$

$$（19.26）$$

$$= 272019N/m^2$$
$$= 272kPa（39psi）（太高了）$$

可以通过增加折流板间距降低压降，将折流板间距增加一倍，壳侧流速降低一半，这样一来，压降会大概降至原来的 $（1/2）^2$：

$$\Delta p_{s} = \frac{272}{4} = 68\text{kPa}(10\text{psi})\ （可以接受）$$

但是，压降降低的同时，壳侧的传热系数会下降（1/2）$^{0.8}$（$h_{o} \propto Re^{0.8} \propto u_{s}^{0.8}$）：

$$h_{o} = 2740 \times \left(\frac{1}{2}\right)^{0.8} = 1573\text{W}/(\text{m}^{2}\cdot\text{℃})$$

根据新的壳侧传热系数可得总传热系数为 615W/（m^{2}·℃），仍然高于假定的 600W/（m^{2}·℃）。

示例 19.2

200℃的汽油需要冷却至 40℃，汽油的流量是 22500kg/h。冷却水的入口温度是 30℃，温升控制在 20℃。两侧介质的允许压降是 100kPa。

根据以上要求，设计一台合适的换热器。

解：

该换热器只考虑热力学设计。这道例题展示了 2 壳程壳体的计算程序。

$$\Delta T_{\text{lm}} = \frac{(200-40)-(40-30)}{\ln\left(\dfrac{200-50}{40-30}\right)} = 51.7\text{℃} \tag{19.4}$$

$$R = （200-50）/（50-30）= 8.0 \tag{19.6}$$

$$S = （50-30）/（200-30）= 0.12 \tag{19.7}$$

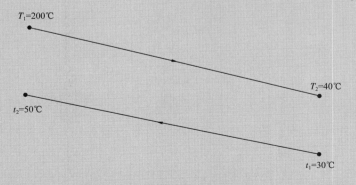

这些值不是取自 1 壳程换热器图（图 19.19）中的，而应该使用 2 壳程换热器图的中的值（图 19.20）。$F_{t} = 0.94$，因此，$\Delta T_{\text{m}} = 0.94 \times 51.7 = 48.6\text{℃}$。

（1）物理性质。

水的物理性质（来自蒸汽表）			
温度，℃	30	40	50
C_p，kJ/（kg·℃）	4.18	4.18	4.18
k，kW/（m·℃）	618×10^{-6}	631×10^{-6}	643×10^{-6}
μ，mPa·s	797×10^{-3}	671×10^{-3}	544×10^{-3}
ρ，kg/m³	995.2	992.8	990.1

汽油（Kern，1950）			
温度，℃	200	120	40
C_p，kJ/（kg·℃）	2.59	2.28	1.97
k，W/（m·℃）	0.13	0.125	0.12
μ，mPa·s	0.06	0.17	0.28
ρ，kg/m³	830	850	870

（2）热负荷。

$$汽油流量 = 22500/3600 = 6.25 \text{kg/s}$$

$$Q = 6.25 \times 2.28 \times （200-40）= 2280 \text{kW}$$

$$水的流量 = \frac{2280}{4.18 \times （50-30）} = 27.27 \text{kg/h}$$

根据图 19.1，对于冷却塔冷却水和重有机液体，取：

$$U = 500 \text{W/(m}^2 \cdot \text{℃)}$$

$$需要的面积 = \frac{2280 \times 10^3}{500 \times 48.6} = 94 \text{m}^2$$

（3）管侧传热系数。

选外径为 20mm、内径为 16mm 的换热管，管长为 4m，三角形布管，管间距 1.25d_o，换热管材质选碳钢。

$$单管传热面积 = \pi \times 20 \times 10^{-3} \times 4 = 0.251 \text{m}^2$$

$$需要的换热管数 = 94/0.251 = 375（取 376，偶数）$$

$$单管横截面积 = \frac{\pi}{4} \times \left(16 \times 10^{-3}\right)^2 = 2.011 \times 10^{-4} m^2$$

$$总横截面积 = 376 \times 2.011 \times 10^{-4} = 0.0756 m^2$$

将冷却水放在管侧以便于清洗。

单管程时管内流速 $= 27.27/\left(992.8 \times 0.0756\right) = 0.363 m/s$。

上述流速太低而不能有效利用允许压降，所以尝试 4 管程。

$$u_t = 4 \times 0.363 = 1.45 m/s$$

由于温差较大，选浮头式换热器，使用可抽式。

$$h_i = \frac{4200 \times \left(1.35 + 0.02 \times 40\right) \times 1.45^{0.8}}{16^{0.2}} = 6982 \ W/\left(m^2 \cdot ℃\right) \quad (19.17)$$

（4）壳侧传热系数。

根据表 19.4 及式（19.3b），对于 4 管程，$1.25d_o$ 管间距，三角形布管：

$$管束直径 \ D_b = 20 \times \left(376/0.175\right)^{1/2.285} = 575 mm$$

根据图 19.10，对于可抽式浮头，管束—壳体间隙 $= 92 mm$。

壳体直径，$D_s = 575 + 92 = 667 mm$（26in，钢管）。

折流板切口取 25%，2 壳程壳体折流板的设置见下图：

取折流板间距为 1/5 壳体内径 $= 667/5 = 133 mm$。

流通面积 A_s 为式（19.21）计算所得面积的一半：

$$A_s = 0.5 \times \left(\frac{25-20}{25} \times 0.667 \times 0.133\right) = 0.00887 m^2$$

$$G_s = 6.25/0.00887 = 704.6 kg/s$$

$$u_s = 704.6/850 = 0.83 m/s（看上去合理）$$

$$d_e = \frac{1.10}{20} \times \left(25^2 - 0.917 \times 20^2\right) = 14.2 mm \quad (19.23)$$

$$Re = \frac{0.83 \times 14.2 \times 10^{-3} \times 850}{0.17 \times 10^{-3}} = 58930$$

根据图 19.29，$j_h = 2.6 \times 10^{-3}$：

$$Pr=（2.28\times10^3\times0.17\times10^{-3}）/0.125=3.1$$

$$Nu=2.6\times10^{-3}\times58930\times3.1^{1/3}=223.4 \qquad（19.25）$$

$$h_s=（223.4\times0.125）/（14.2\times10^{-3}）=1967W/（m^2\cdot℃）$$

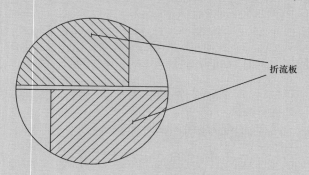

折流板

（5）总传热系数。

冷却水的污垢热阻取 0.00025，汽油（轻有机化合物）的污垢热阻取 0.0002。碳钢的导热系数是 45W/（m·℃）。

$$1/U_o=1/1967+0.0002+\frac{20\times10^{-3}\ln（20/16）}{2\times45}+20/16\times（1/6982+0.00025）=0.00125$$

$$U_o=1/0.00125=800W/（m^2\cdot℃） \qquad（19.2）$$

这一传热系数远高于最初估算的 500W/（m²·℃），所以这一设计对给定的热负荷来说是足够的。

（6）压降。

①管侧。

$$Re=\frac{1.45\times16\times10^{-3}\times992.8}{670\times10^{-6}}=34378（3.4\times10^4）$$

根据图 19.24，$j_f=3.5\times10^{-3}$。忽略黏度的影响：

$$\Delta p_r=4\times\left[8\times3.5\times10^{-3}\times\left(\frac{4}{16\times10^{-3}}\right)+2.5\right]\times992.8\times\frac{1.45^2}{2}=39660 \qquad（19.20）$$
$$=40kN/m^2=40kPa$$

这一数值恰好在规定的允许范围之内，所以不需要再去检查接管的压降。

②壳侧。

根据图 19.30，对于 $Re=58930$，$j_f=3.8\times10^{-2}$。

对于 2 壳程壳体，介质错流过管束的次数 $=2\times(L/l_b)$。

忽略黏度修正因子：

$$\Delta p_s=8\times3.8\times10^{-2}\times\left(\frac{662\times10^{-3}}{14.2\times10^{-3}}\right)\times\left(\frac{2\times4}{132\times10^{-3}}\right)\times850\times\frac{0.83^2}{2}=251481$$

$$=252\text{kN/m}^2=252\text{kPa}$$

(19.26)

这一数值恰好在规定的允许范围之内，所以不需要再去检查接管的压降。

因此，根据以上数据，说明最初提出的传热设计方案是令人满意的。由于计算的压降低于允许的压降，因此还有改进设计的余地。

示例 19.3

根据下述条件，设计一台管壳式换热器。

从煤油侧线汽提塔来的流量为 20000kg/h 的煤油（42°API），温度为 200℃，需要冷却到 90℃；与其进行换热的冷介质是流量为 70000kg/h 的轻原油（34°API），来自 40℃的储罐。煤油的入口压力为 5bar，轻原油的入口压力为 6.5bar。两侧流体的允许压降均为 0.8bar。轻原油侧的污垢系数取 0.0003m²·℃/W（译者注：此处系原著中笔误，应为 0.00035，煤油侧的污垢系数取 0.0002）。

解：

该例题的求解展示了换热器设计计算的迭代过程。管壳式换热器的设计算法如图 19.31 所示。解题的过程将遵循图中列出的步骤。

第 1 步：设计要求。

问题描述中给出了设计要求。

20000kg/h 的煤油（42°API），需要从 200℃冷却到 90℃；预期换热的是流量为 70000kg/h、入口温度为 40℃的轻原油（34°API）。

煤油的入口压力为 5bar，轻原油的入口压力为 6.5bar。

两侧流体的允许压降均为 0.8bar。

污垢热阻：原油侧 0.00035m²·℃/W，煤油侧 0.0002m²·℃/W。

为了补充完善设计要求，需要计算热负荷（传热速度）及原油的出口温度。

煤油的平均温度 =（200+90）/2=145℃。

在这一温度下，42°API 煤油的比热容是 2.47kJ/（kg·℃）[物理性质来自 Kern（1950）]。

$$热负荷=\frac{20000}{3600}\times2.47\times(200-90)=1509.4\text{kW}$$

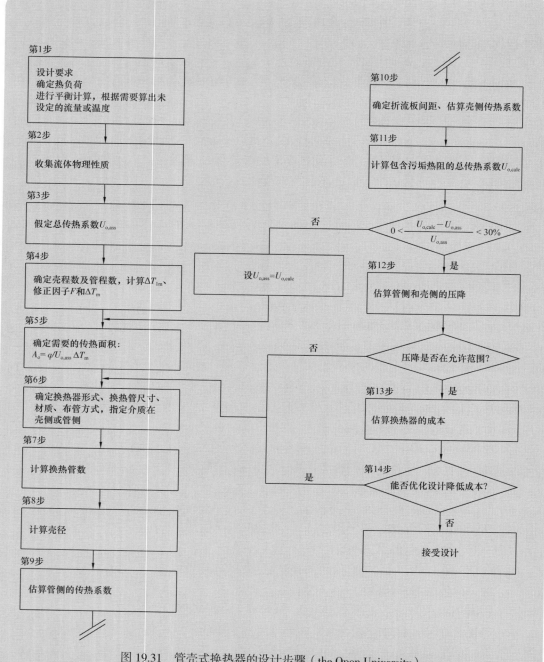

图 19.31　管壳式换热器的设计步骤（the Open University）

示例 19.2 和图 19.31 是《传热原理与应用》的作者为开放大学（the Open University）课程 T333 开发的

作为第一次试算，取原油的平均温度等于进口温度（40℃），这一温度下的比热容 =2.01kJ/（kg·℃）。

根据热平衡：

$$\frac{7000}{3600} \times 2.01 \times (t_2 - 40) = 1509.4$$

由上式可得 t_2=78.6℃，则原油的平均温度为（40+78.6）/2=59.3℃。这一温度下的比热容 =2.05kJ/（kg·℃）。使用这个比热容值进行第二次试算得 t_2=77.9℃ 及新的平均温度 58.9℃。这一平均温度下的比热容值与使用的比热容值相比没有太大的差别，因此取原油的出口温度为 77.9℃（取 78℃）。

第 2 步：物理性质。

	参数	入口	平均	出口
煤油	温度，℃	200	145	90
	比热容，kJ/（kg·℃）	2.72	2.47	2.26
	导热系数，W/（m·℃）	0.130	0.132	0.135
	密度，kg/m³	690	730	770
	黏度，mPa·s	0.22	0.43	0.80

	参数	入口	平均	出口
原油	温度，℃	78	59	40
	比热容，kJ/（kg·℃）	2.09	2.05	2.01
	导热系数，W/（m·℃）	0.133	0.134	0.135
	密度，kg/m³	800	820	840
	黏度，mPa·s	2.4	3.2	4.3

第 3 步：总传热系数。

对于这一类型的换热器，总传热系数通常在 300～500W/（m²·℃）范围内（图 19.1 和表 19.1），所以先假设总传热系数为 300W/（m²·℃）。

第 4 步：换热器形式及尺寸。

通常来说，首选偶数的管程数，因为入口接管和出口接管在换热器的同一侧有利于配管。

从 1 壳程、2 管程开始试算。

$$\Delta T_{lm} = \frac{(200-78)-(90-40)}{\ln\dfrac{(200-78)}{(90-40)}} = 80.7°C \qquad (19.4)$$

$$R = \frac{200-90}{90-40} = 2.9 \qquad (19.6)$$

$$S = \frac{78-40}{200-40} = 0.24 \qquad (19.7)$$

根据图 19.19，$F_t=0.88$，可以接受。

所以：

$$\Delta T_m = 0.88 \times 80.7 = 71.0°C$$

第 5 步：换热面积。

$$A_o = \frac{1509.4 \times 10^3}{300 \times 71.0} = 70.86 m^2 \qquad (19.1)$$

第 6 步：布管及换热管尺寸。

使用钩圈式浮头式换热器，换热效率高且易于清洗。

两种流体均无腐蚀性，工作压力不高，可采用普通碳钢作为壳体和换热管的材料。

原油比煤油更易结垢，因此原油走管程，煤油走壳程。

使用 19.05mm（0.75in）外径、14.83mm 内径、5m（常用尺寸）长的换热管，三角形布置，管间距为 23.81mm（间距/直径 =1.25）。

第 7 步：换热管数量。

单根管的表面积（忽略管板厚度）$=\pi \times 19.05 \times 10^{-3} \times 5 = 0.2992 m^2$。

换热管数 $=70.86/0.2992=237$，取 240。

因此，对于 2 管程，每程的换热管数 =120。

在这一阶段，检查管侧的流速是否合理。

$$单管的横截面积 = \frac{\pi}{4} \times (14.83 \times 10^{-3})^2 = 0.0001727 m^2$$

$$每程的横截面积 = 120 \times 0.0001727 = 0.02073 m^2$$

$$体积流量 = \frac{70000}{3600} \times \frac{1}{820} = 0.0237 m^3/s$$

$$管侧流速\ u_t=\frac{0.0237}{0.02073}=1.14\text{m/s}$$

速度值在推荐的流速范围 1～2m/s 之内，但是有点低，这一点在计算压降时就会显示出来。

第 8 步：管束及壳体直径。

根据表 19.4，对于 2 管程情况，$K_1=0.249$，$n_1=2.207$，因此：

$$D_b=19.05\times\left(\frac{240}{0.249}\right)^{1/2.207}=428\text{mm}(0.43\text{m})\qquad(19.3b)$$

根据表 19.10，钩圈式浮头换热器的管束—壳体直径间隙应取 56mm，所以壳体内径为：

$$D_s=428+56=484\text{mm}$$

第 9 步：管侧传热系数。

$$Re=\frac{\rho u d_i}{\mu}=\frac{820\times1.14\times14.83\times10^{-3}}{3.2\times10^{-3}}=4332$$

$$Pr=\frac{C_p\mu}{k_f}=\frac{2.05\times10^3\times3.2\times10^{-3}}{0.134}=48.96$$

$$\frac{L}{d_i}=\frac{5000}{14.83}=337$$

根据图 19.23：

$$j_h=3.2\times10^{-3}$$

$$Nu=3.2\times10^{-3}\times4332\times48.96^{0.33}=50.06\qquad(19.15)$$

$$h_i=50.06\times\left(\frac{0.134}{14.83\times10^{-3}}\right)=452\text{W/}(\text{m}^2\cdot℃)$$

很明显，如果总传热系数为 300W/（m²·℃），则管内传热系数偏低。这样看来，管内的流速确实偏低，所以将管程数增加到 4。这样的话，每一管程的横截面积减半，速度扩大一倍：

$$新的\ u_t=2\times1.14=2.3\text{m/s}$$

$$Re=2\times4332=8664$$

$$j_h=3.8\times10^{-3}$$

$$h_i=\left(\frac{0.134}{14.83\times10^{-3}}\right)\times3.8\times10^{-3}\times8664\times48.96^{0.33}=1074\ \text{W/}(\text{m}^2\cdot℃)$$

第 10 步：壳侧传热系数。

管程数由 2 增至 4 以后，壳径会相应增加。对于 4 管程，$K_1 = 0.175$，$n_1 = 2.285$。

$$D_b = 19.05 \times \left(\frac{240}{0.175}\right)^{1/2.285} = 450\text{mm}\,(0.45\text{m}) \qquad (19.3b)$$

管束—壳体直径间隙仍然取 56mm，则

$$D_s = 506\text{mm}（大约 20\text{in}）$$

作为试算，取折流板间距 $= D_s/5$，即 100mm。这一间距下，传热系数较高而不会有太高的压降。

$$A_s = \frac{(23.81 - 19.05)}{23.81} \times 506 \times 100 = 10116\text{mm}^2 = 0.01012\text{m}^2 \qquad (19.21)$$

$$d_e = \frac{1.10}{19.05} \times \left(23.81^2 - 0.917 \times 19.05^2\right) = 13.52\text{mm} \qquad (19.23)$$

$$壳侧的体积流量 = \frac{20000}{3600} \times \frac{1}{730} = 0.0076\text{m}^3/\text{s}$$

$$壳侧流速 = \frac{0.0076}{0.01012} = 0.75\text{m/s}$$

$$Re = \frac{730 \times 0.75 \times 13.52 \times 10^{-3}}{0.43 \times 10^{-3}} = 17.214$$

$$Pr = \frac{2.47 \times 10^3 \times 0.43 \times 10^{-3}}{0.132} = 8.05$$

使用单弓形折流板，切口 25%。通常这一切口尺寸传热系数较高而压降不会太高。根据图 19.29，$j_h = 4.52 \times 10^{-3}$。

忽略黏度修正：

$$h_s = \left(\frac{0.132}{13.52} \times 10^3\right) \times 4.52 \times 10^{-3} \times 17.214 \times 8.05^{0.33} = 1505\ \text{W}/(\text{m}^2 \cdot \text{℃}) \qquad (19.25)$$

第 11 步：总传热系数。

$$\frac{1}{U_o} = \left(\frac{1}{1074} + 0.00035\right) \times \frac{19.05}{14.83} + \frac{19.05 \times 10^{-3} \times \ln\left(\frac{19.05}{14.83}\right)}{2 \times 55} + \frac{1}{1505} + 0.0002 \qquad (19.2)$$

$$U_o = 386\text{W}/(\text{m}^2 \cdot \text{℃})$$

所得传热系数高于预估的 300W/（m² · ℃）。先核算压降来确定是否可以减少换热管的数量。

第 12 步：压降。

管侧。240 根换热管，4 管程，内径 14.83mm，$u_t = 2.3$m/s，$Re = 8.7 \times 10^3$。

根据图 19.24，$j_f = 5 \times 10^{-3}$。

$$\Delta p_t = 4 \times \left[8 \times 5 \times 10^{-3} \left(\frac{5000}{14.83} \right) + 2.5 \right] \times \frac{820 \times 2.3^2}{2}$$

$$= 4 \times (13.5 + 2.5) \times \frac{820 \times 2.3^2}{2} \tag{19.20}$$

$$= 138810 \text{Pa} (1.4 \text{bar})$$

计算压降超过了允许值，回到第 6 步修改设计。

修改设计。需要降低管内的流速以降低压降，这将使传热系数降低，所以必须增加换热管的数量来进行补偿。在进口和出口接管上也会有压降。假定进、出口接管有 0.1bar 的压降，这是一个经验值（大约占总数的 15%），则通过管束的压降是 0.7bar。压降大致与速度的平方成比例，u_t 与每程的换热管数成比例。因此，对 240 根管的压降计算可以用来估计所需的换热管数。

需要的换热管数 $= 240/(0.6/1.4)^{0.5} = 365$，取 360 根换热管，4 管程。

2 管程的传热系数太低，所以仍然选 4 管程。

第二次试算：360 根换热管，使用 19.05mm（0.75in）外径、14.83mm 内径、5m（常用尺寸）长的换热管，三角形布置，管间距为 23.81mm。

$$D_b = 19.05 \times \left(\frac{360}{0.175} \right)^{1/2.285} = 537 \text{mm} (0.54 \text{m}) \tag{19.3b}$$

根据图 19.10，管束—壳体直径间隙 $= 59$mm。

$$D_s = 537 + 59 = 596 \text{mm}$$

$$\text{每程的横截面积} = \frac{360}{4} \times (14.83 \times 10^{-3})^2 \times \frac{\pi}{4} = 0.01555 \text{m}^2$$

$$\text{管侧流速} \, u_i = \frac{0.02337}{0.01555} = 1.524 \text{m/s}$$

$$Re = \frac{820 \times 1.524 \times 14.83 \times 10^{-3}}{3.2 \times 10^{-3}} = 5792$$

L/d 与第一次试算一样，取 337。

$$j_h = 3.6 \times 10^{-3}$$

$$h_i = \left(\frac{0.134}{14.83} \times 10^{-3} \right) \times 3.6 \times 10^{-3} \times 5792 \times 48.96^{0.33} = 680 \text{ W/} (\text{m}^2 \cdot \text{℃}) \tag{19.15}$$

这一数值看上去令人满意，但是在计算壳侧传热系数之前，先计算一下管侧压降。

$$j_f = 5.5 \times 10^{-3}$$

$$\Delta p_t = 4 \times \left[8 \times 5.5 \times 10^{-3} \left(\frac{5000}{14.83} \right) + 2.5 \right] \times \frac{820 \times 1.524^2}{2} = 66029 \text{Pa} \left(0.66 \text{bar} \right) \qquad (19.20)$$

这一结果恰好在允许范围内。

取同样的折流板间距及切口：

$$A_s = \frac{(23.81 - 19.05)}{23.81} \times 596 \times 100 = 11915 \text{mm}^2 \left(0.01192 \text{m}^2 \right) \qquad (19.21)$$

$$u_s = \frac{0.0076}{0.01193} = 0.638 \text{m/s}$$

$$d_e = 13.52 \text{mm}$$

$$Re = \frac{730 \times 0.638 \times 13.52 \times 10^{-3}}{0.43 \times 10^{-3}} = 14.644 \qquad (19.21)$$

$$Pr = 8.05$$

$$j_h = 4.8 \times 10^{-3}; j_f = 4.6 \times 10^{-2}$$

$$h_s = \left(\frac{0.132}{13.52 \times 10^{-3}} \right) \times 4.8 \times 10^{-3} \times 14.644 \times 8.05^{0.33} = 1366 \text{ W/} \left(\text{m}^2 \cdot \text{℃} \right) \qquad (19.25)$$

$$\Delta p_s = 8 \times 4.6 \times 10^{-2} \times \frac{596}{13.52} \times \frac{5000}{100} \times \frac{730 \times 0.638^2}{2} = 120510 \text{Pa} \left(1.2 \text{bar} \right) \qquad (19.26)$$

压降太高了，要求包括接管压降的总压将不超过 0.8bar。检查总传热系数，判断壳侧设计是否还有修改的空间。

$$\frac{1}{U_o} = \left(\frac{1}{683} + 0.00035 \right) \times \frac{19.05}{14.83} + \frac{19.05 \times 10^{-3} \ln \left(\frac{19.05}{14.88} \right)}{2 \times 55} + \frac{1}{1366} + 0.0002$$

$$U_o = 302 \text{W/} \left(\text{m}^2 \cdot \text{℃} \right)$$

$$需要的 U_o = \frac{Q}{A_o \Delta T_{lm}} A_o = 360 \times 0.2992 = 107.7 \text{m}^2 \qquad (19.2)$$

因此：

$$需要的 U_o = \frac{1509.4 \times 10^3}{107.7 \times 71} = 197 \text{W/} \left(\text{m}^2 \cdot \text{℃} \right)$$

302W/（m² · ℃）对 197 W/（m² · ℃），估算的总传热系数大大高于需要的总传热系数，这一结果给出了降低壳侧压降的范围。

允许壳体进口和出口接管的压降共 0.1bar，壳侧可以使用 0.7bar 的压降。所以，为了满足设计要求，壳程的流速必须减少 $\sqrt{1/2}$ =0.707。为了达到这个目的，挡板间距需要增加到 100/0.707=141，取 140mm。

$$A_s = \frac{23.81-19.05}{23.81} \times 596 \times 140 = 16881\text{mm}^2 \left(0.167\text{m}^2\right)$$

$$u_s = \frac{0.0076}{0.0167} = 0.455\text{m/s} \tag{19.21}$$

由此可得 $Re=10443, h_s=1177\text{W/}（\text{m}^2 · ℃）, \Delta p_s=0.47\text{bar}$，及 $U_o=288\text{W/}（\text{m}^2 · ℃）$。现在的壳侧压降达到了要求。

第 13 步：估算成本。

可以使用第 7 章介绍的方法估算本设计方案的成本。

第 14 步：优化。

由于压降在要求的范围内，总传热系数远高于需要值，所以通过减少换热管的数量来优化设计有一定空间；然而，用于计算壳侧传热系数和压降的方法（Kern 法）是不够准确的，所以如果使用本设计方案会有一定的安全余量。

在计算传热系数和压降时，黏度修正系数 $(\mu/\mu_w)^{0.14}$ 被忽略。这对于煤油是合理的，因为它的黏度相对较低，但是对于原油却不能直接判断。因此，在确定设计方案之前，应该检查黏度对管侧传热系数和压降的影响。

首先，需要估算换热管管壁的温度。

$$\text{换热管内截面积} = \pi \times 14.83 \times 10^{-3} \times 5 \times 360 = 83.86\text{m}^2$$

$$\text{热通量} = Q/A = 1509.4 \times 10^{-3}/83.86 = 17999\text{W/m}^2$$

作为粗略估算，可以采用下式：

$$(t_w - t) h_i = 17999$$

其中，t 是介质平均温度（59℃）。所以：

$$t_w = \frac{17999}{680} + 59 = 86℃$$

该温度下的原油黏度 $=2.1 \times 10^{-3}\text{Pa} · \text{s}$，可得：

$$\left(\frac{\mu}{\mu_w}\right)^{0.14} = \left(\frac{3.2 \times 10^{-3}}{2.1 \times 10^{-3}}\right)^{0.14} = 1.06$$

由此可见，黏度修正项是一个很小的因素，所以忽略它的决定是合理的。修正后的传热系数值会增大，余量增大。这将使估算的压降略有减小。

汇总推荐的方案如下：

钩圈式浮头，1 壳程，4 管程。

360 根碳钢换热管，5m 长，外径 19.05mm，内径 14.83mm，三角形布管，管间距 23.81mm。

传热面积 107.7m²（以管外径为基准）。

壳体内径 596mm（600mm），折流板间距 140mm，切口 25%。

管侧清洁时的传热系数：680W/（m²·℃）。

壳侧清洁时的传热系数：1177W/（m²·℃）。

考虑污垢时估算的总传热系数：288W/（m²·℃）

考虑污垢时实际需要的总传热系数：197W/（m²·℃）

污垢热阻：管侧（原油）为 0.00035m²·℃/W；壳侧（煤油）为 0.0002m²·℃/W。

压降：管侧，估算 0.66bar，+0.1bar（接管），要求允许压降 0.8bar；壳侧，估算 0.47bar，+0.1bar（接管），要求允许压降 0.8bar。

19.9.4 换热器设计的商业软件

在第 4 章介绍的大多数商业流程模拟软件中，都有详细的设计换热器的计算方法，见表 4.1。例如，Aspen 公司的工程系列软件（Aspen Engineering Suite）包含 HTFS TASC 模块；霍尼韦尔的 UniSim 设计系列软件（UniSim Design Suite）包含 UniSim Heat Exchanger 模块（换热器设计模块），后者也是基于 HTFS 方法。HTRI 开发的换热器设计方法可以从 HTRI 网站（www.htri.net）获得使用许可。

所有的商用换热器设计软件都允许用户上传工艺数据和来自流程模拟的换热介质物理性质。如果介质发生部分汽化或其他影响因素，导致比热容或其他物理性质在换热器内发生显著变化时，需要特别留意上传的数据。当在换热器进口和出口之间的流体物理性质发生显著变化时，设计者应在流程模拟中将换热器分成串联的几台，从而获得几组中间温度下的物性数据，输入到换热器设计软件中。

商业换热器设计软件的使用细节在这里不再详述，因为每个软件与其他软件都略有不同，查阅用户手册和在线帮助即可。换热器软件都具有校核和设计功能。它们可以设置为在给定出口温度和允许压降情况下，给出最经济的设计方案；或者计算给定换热器详细结构和工艺介质进口条件下介质的出口温度和压力。所有的软件都允许用户便捷调整换热器的结构尺寸，然后重新计算，以查看对介质出口温度和压降的影响。

示例 19.4

使用商业换热器设计软件优化示例 19.3 的设计。

解：

这个问题使用 UniSim Heat Exchanger 软件。

图 19.32 和图 19.33 是介质的工艺数据和物理性质。将软件设置为最小成本目标计算模式，然后运行软件，运行结果输出如图 19.34 所示，设计方案如图 19.35 所示。

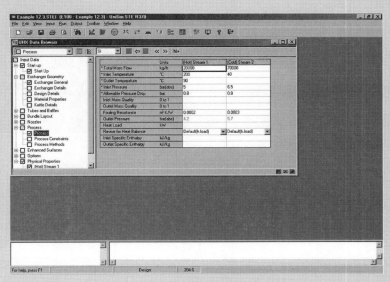

图 19.32　示例 19.4 中介质的工艺数据

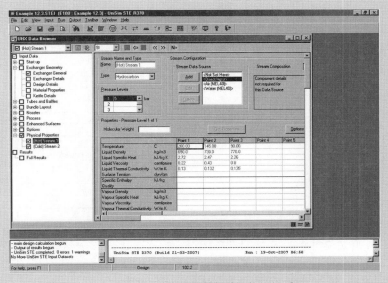

图 19.33　示例 19.4 中介质的物理性质

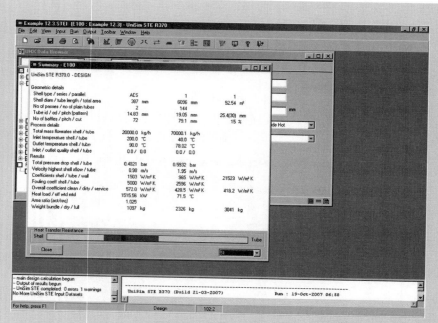

图 19.34　UniSim STE（HTFS）设计程序输出结果

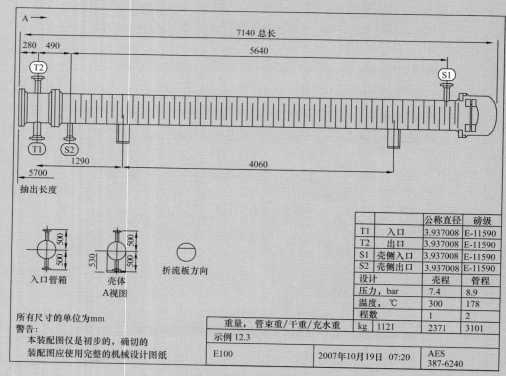

图 19.35　HTFS 给出的装配图

该程序选择了 2 管程,长 6096mm(20ft),通过设置多块折流板(72),在壳侧获得较高程度的逆流流动。这种设计可能会引起占地问题、壳体支撑问题或管束抽出进行清洁和维护困难等问题。将换热管长度限制在 4880mm(16ft)以下,重新运行软件。本次运行给出了一个更紧凑的设计:4 管程,换热管 12ft 长,只有 28 块折流板,如图 19.36 所示。

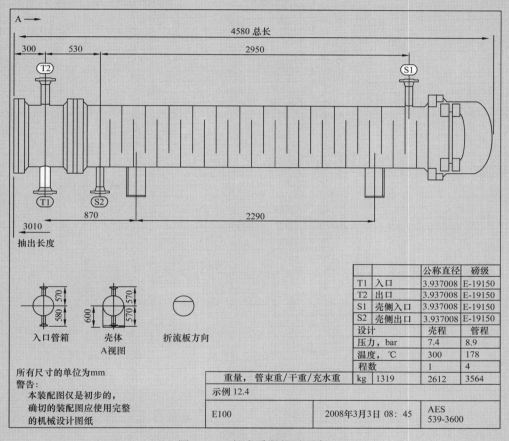

图 19.36 长度受限的平面布置

该软件最初给出了一个警告:"在某一(些)点,壳侧流动模型中错流部分占比小于 30%。"这一数据低于预期的数值范围,可能导致传热不良。可以将折流板—壳体和换热管—折流板的公差按 19.5.7 给出的值(分别为 1.6mm 和 0.8mm)设定,此时设计收敛没有任何警告。图 19.37 给出了换热器的 TEMA 表。

注意,后边更紧凑的设计没有很好地利用壳侧的允许压降,而且管束重量和面积都有所增加,与最初设计的 20ft 长的换热器相比成本更高。另外,还请注意,使用 HTFS 软件给出的两个设计方案所需的换热面积,都大大小于示例 19.3 中使用 Kern 法估算的 107.7m²。

业主：						项目号：		
地址：						请购单号：		
厂址：						提案号：		
设备名称	示例 19.4					日期		版次
尺寸	540～3600					位号	E-100	
装置传热面积（总）65.71 m²		型式 AES Horz 连接				1并联		1串联
			台数/装置 I			单台设备传热面积（总）	65.71	m²

装置性能					
流体位置		壳侧		管侧	
流体名称					
流体总流量	kg/hr	20000.0		70000.2	
气体					
液体		20000.0	20000.0	70000.2	70000.2
蒸汽					
水					
不凝气					
温度（进/出）	℃	200.0	90.0	40.0	78.0
密度	kg/m³	690.0	770.0	840.0	800.0
黏度	mPa·s	0.22	0.8	4.30	2.39925
气体分子量					
不凝气分子量					
比热容	kJ/（kg·K）	2.72	2.26	2.01	2.09
导热系数	W/（m·K）	0.13	0.135	0.135	0.133
潜热	kJ/kg				
入口压力	bar(abs)	5.0		6.5	
速度	m/s	0.48		1.84	
压降，允许/计算	bar	0.8	0.14338	0.8	0.66002
污垢系数（min）	m³·K/W	0.0002		0.0003 (0.00039，基于外径)	
热负荷		15.16	kW MTD (Cornecetd)	71.62℃	
传热系数*设计值		345.3	结垢 345.4	清洁	432.9 W/（m²·K）

单台设备结构数据				简图
		壳侧	管侧	
设计/试验压力	MPa	7.43	8.93	
设计温度	℃	300.0	178.0	
单台设备程数			4	
腐蚀裕度	in			
接管	进	62.7	90.1	
尺寸 &	出	62.7	77.9	
磅级	中间			

管数 305	外径 19.05mm	壁厚 2.11mm	长度 3600mm	间距 25.4mm	排列方式 30°
换热管型式 光管			材料 CS		
壳体	内径 540mm	外径 mm	壳体盖		
管箱 CS			管箱盖		
管板—固定式 CS			管板—浮动式		
浮头盖			防冲保护		
折流板—折流 28	型式 单缺	% 切口 25.0	间距（c/c） 113.5	入口	mm
纵向隔板—长度		密封型式			
支持板—管侧		U形端	型式		
密封带		管子与管板连接			
膨胀节		型式			
ρV²—入口接管 4689.0		管束入口 488.0	管束出口 437.3		
垫片 壳侧		管侧			
	浮头端				
设计标准			TEMA等级 R		
质量/台 2612		充水质量 3564	管束 1319 kg		
备注：					

图 19.37 示例 19.4 的 TEMA 数据表

19.10 冷凝器

本节介绍了用作冷凝器的管壳式换热器的设计。直接接触式冷凝器在 19.13 节中讨论。

冷凝器的结构与其他管壳式换热器类似，但是折流板间距更大，通常 $l_B = D_s$。

冷凝器通常有四种形式：

（1）卧式，冷凝在壳侧，冷剂在管侧；

（2）卧式，冷凝在管侧；

（3）立式，冷凝在壳侧；

（4）立式，冷凝在管侧。

卧式壳侧冷凝和立式管侧冷凝是最常见的冷凝器类型。卧式管侧冷凝的换热器很少作为工艺冷凝器使用，而是用作以冷凝蒸汽作为加热介质的加热器和汽化器。

19.10.1 冷凝传热的基本原理

Coulson 等（1999）对冷凝换热的基本原理进行了阐述。

通常来讲，冷凝器中冷凝传热的机理是膜状冷凝。滴状冷凝的传热系数高于膜状冷凝，但是滴状冷凝在常规金属表面上难以产生和长久维持，对于一般冷凝器的设计，考虑滴状冷凝没有实际意义。

Nusselt 在 1916 年推导出了膜状冷凝传热的基本方程，他的方程为冷凝器的设计奠定了基础。Nusselt 方程是在 Coulson 等（1999）的研究成果的基础上推导得来的。在 Nusselt 冷凝模型中，假设液膜内为层流，并且通过液膜的传热只有导热。在实际的冷凝器，Nusselt 模型仅严格适用于低液体流速和蒸汽流量并且液膜表面平整无波动。在高液体流速并受到高气速的剪切作用下，液膜中会产生湍流，通常会大大增加传热效率，超过使用 Nusselt 模型的预测值。Coulson 等（1999）讨论了气相剪切和液膜湍流对冷凝传热的影响；另外，Butterworth（1978）和 Taborek（1974）的文章也讨论了相关内容。

Owen 和 Lee（1983）对冷凝理论的发展及其在冷凝器设计中的应用作了综述。

下述公式中所使用的凝液的物理性质基于凝液膜的平均温度，即冷凝温度和管壁温度的平均值。

19.10.2 水平管外的冷凝

$$(h_c)_1 = 0.95 k_L \left[\frac{\rho_L (\rho_L - \rho_v) g}{\mu_L \Gamma} \right]^{1/3} \tag{19.27}$$

式中　$(h_c)_1$——单管平均冷凝膜系数，$W/（m^2 \cdot ℃）$；

　　　k_L——凝液导热系数，$W/（m \cdot ℃）$；

　　　ρ_L——凝液密度，kg/m^3；

　　　ρ_v——气相密度，kg/m^3；

　　　μ_L——凝液黏度，$Pa \cdot s$；

　　　g——重力加速度，$9.81 m/s^2$；

　　　Γ——换热管负荷，单位管长上的凝液量，$kg/（m \cdot s）$。

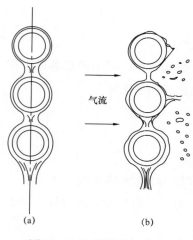

图 19.38　冷凝液流过管束

在一束换热管中，上排换热管的凝液汇入下排换热管上的凝液中。假设竖直列有 N_r 根换热管，并且冷凝液平缓地从一排流到另一排 [图 19.38（a）]，凝液保持层流状态，那么 Nusselt 模型预测的平均传热系数与最上排换热管的平均传热系数相关，其关系如下：

$$(h_c)_{N_r} = (h_c)_1 N_r^{-1/4} \qquad （19.28）$$

事实上，凝液不会平缓地从一根管流向另一根，而是如图 19.38（b）所示，并且式（19.28）中用于计算单管传热系数的 $N_r^{-1/4}$ 过于保守。基于在用冷凝器的运行情况，Kern（1950）建议使用 1/6 作为指数。Frank（1978）建议将单管传热系数乘以 0.75 作为总传热系数。

按照 Kern 法，管束的平均传热系数为：

$$(h_c)_b = 0.95 k_L \left[\frac{\rho_L (\rho_L - \rho_v) g}{\mu_L \Gamma_h} \right]^{1/3} N_r^{-1/6} \qquad （19.29）$$

$$\Gamma_h = \frac{W_c}{L N_t}$$

式中　L——换热管长；

　　　W_c——总凝液量；

　　　N_t——管束中的换热管数；

　　　N_r——竖列中平均换热管数，N_r 可以取中心排换热管数的 2/3。

对于低黏度凝液，通常忽略管排数的修正。

工程科学数据组织（ESDU）设计指南 84023 给出了一种估算卧式壳侧冷凝器冷凝传热的方法。

19.10.3　竖直管内、外的冷凝

竖直管内、外冷凝的努塞尔模型为：

$$(h_c)_v = 0.926 k_L \left[\frac{\rho_L (\rho_L - \rho_v) g}{\mu_L \Gamma_v} \right]^{1/3} \tag{19.30}$$

式中　$(h_c)_v$——平均冷凝传热系数，$\text{W/} (\text{m}^2 \cdot \text{℃})$；

　　　Γ_v——竖直管负荷，即单位换热管湿周冷凝率，$\text{kg/} (\text{m} \cdot \text{s})$。

对于管束：

$$\Gamma_v = \frac{W_c}{N_t \pi d_o} \text{ 或 } \frac{W_c}{N_t \pi d_i}$$

式（19.30）适用于雷诺数小于 30 的情况；雷诺数大于 30 时，液膜上的波动变得很重要。凝液液膜的雷诺数由下式给出：

$$Re_c = \frac{4\Gamma_v}{\mu_L}$$

波动的存在会增加传热系数，因此，当雷诺数在 30 以上时，式（19.30）估算出的传热系数是保守的（安全的）。Kutateladze（1963）讨论了波动对冷凝液膜传热的影响。

当雷诺数大于 2000 时，冷凝液膜会发生湍流。Colburn（1934）研究了冷凝水膜中湍流的影响，冷凝器设计一般采用 Colburn 的结果（图 19.39）。式（19.30）的结果也表示在图（19.39）中。冷凝液膜的普朗特数为：

$$Pr_c = \frac{C_p \mu_L}{k_L}$$

在无明显蒸气剪切作用时，可以用图 19.39 来估计冷凝膜系数。水平和垂直向下的蒸气流动将增加传热速率，所以对于大多数冷凝器的设计，图 19.39 提供的传热系数值是保守的。

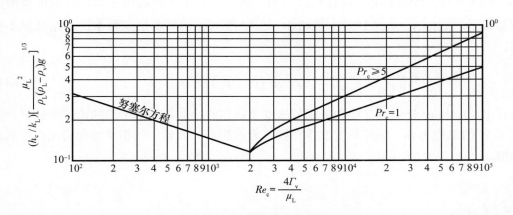

图 19.39　竖直管的传热系数

Boyko 和 Kruzhilin（1967）推导出了易于使用的剪切力控制的管内冷凝关联式。该关联式给出了已知质量含气率的两点之间的平均传热系数。质量含气率 x 是蒸气的质量分数。可以方便地将 Boyko–Kruzhilin 关联式表示为：

$$(h_c)_{BK} = h_t' \cdot \frac{J_1^{1/2} + J_2^{1/2}}{2} \tag{19.31}$$

其中：

$$J = 1 + \frac{\rho_L - \rho_v}{\rho_v} x$$

下角标 1 和下角标 2 分别表示入口和出口条件。h_t' 是管内凝液单相流时的传热系数（冷凝点 2），也就是说，该传热系数换热管内被冷凝液充满，并且是单独流动的。h_t' 可以用符合相关条件的管内强制对流的关联式来评估，详见 19.8 节。

Boyko 和 Kruzhilin 使用的关联式为：

$$h_t' = 0.021 \left(\frac{k_L}{d_i} \right) Re^{0.8} Pr^{0.43} \tag{19.32}$$

如果介质入口状态是饱和蒸气，在冷凝器中全凝，对于这种情况，式（19.31）可表示为：

$$(h_c)_{BK} = h_f' \cdot \frac{1 + \sqrt{\rho_L / \rho_v}}{2} \tag{19.33}$$

对于管内冷凝、蒸气向下流动的冷凝器设计，传热系数采用图 19.39、式（19.31）进行计算，取较高的值。

当蒸气沿换热管向上流动时（回流冷凝器的情形），必须确保换热管不发生液泛。几种预测竖直管内液泛的关联式已经发表（Green 和 Perry，2007）。Hewitt 和 Hall–Taylor（1970）给出的准则是最容易应用的准则之一，该准则适用于处理低黏度凝液的冷凝器设计；Butterworth（1977）也给出了一些准则。如果满足下列条件，则液泛不会发生：

$$u_v^{1/2} \rho_v^{1/4} + u_L^{1/2} \rho_L^{1/4} < 0.6 \left[g d_i (\rho_L - \rho_v) \right]^{1/4} \tag{19.34}$$

其中，u_v 和 u_L 分别是气相和液相的速度（每相的速度都是基于单独流过换热管计算得来）；d_i 的单位为 m。临界状况发生在换热管的底部，因此，气相及液相的速度均取此处的值。

示例 19.5

分别估算管外、管内蒸气冷凝的传热系数。换热管的条件为：外径 25mm，内径 21mm，竖直管，3.66m 长。蒸气的冷凝速率为 0.015kg/（s·管），蒸气压力为 3bar。蒸气沿换热管向下流动。

解：

查蒸气表，得以下物理性质：饱和温度 $=133.5\,℃$；$\rho_L=931\mathrm{kg/m^3}$；$\rho_v=1.65\mathrm{kg/m^3}$；$k_L=0.688\mathrm{W/(m\cdot℃)}$；$\mu_L=0.21\mathrm{mPa\cdot s}$；$Pr_c=1.27$。

管外冷凝：

$$\Gamma_v=\frac{0.015}{\pi\times25\times10^{-3}}=0.191\mathrm{kg/(s\cdot m)}$$

$$Re_c=\frac{4\times0.191}{0.21\times10^{-3}}=3638$$

根据图 19.39：

$$\frac{h_c}{k_L}\left[\frac{\mu_L^2}{\rho_L(\rho_L-\rho_v)g}\right]^{1/3}=1.65\times10^{-1}$$

$$h_c=1.65\times10^{-1}\times0.688\left[\frac{\left(0.21\times10^{-3}\right)^2}{931\times(931-1.65)\times9.81}\right]^{-1/3}=6554\mathrm{W/(m^2\cdot℃)}$$

管内冷凝：

$$\Gamma_v=\frac{0.015}{\pi\times21\times10^{-3}}=0.227\mathrm{kg/(s\cdot m)}$$

$$Re_c=\frac{4\times0.227}{0.21\times10^{-3}}=4324$$

根据图 19.39：

$$h_c=1.72\times10^{-1}\times0.688\left[\frac{\left(0.21\times10^{-3}\right)^2}{931\times(931-1.65)\times9.81}\right]^{-1/3}=6832\mathrm{W/(m^2\cdot℃)}$$

使用 Boyko 和 Kruzhilin 方法：

$$换热管的横截面积=\left(21\times10^{-3}\right)^2\times\frac{\pi}{4}=3.46\times10^{-4}\mathrm{m^2}$$

流体速度、冷凝传热系数为：

$$u_t=\frac{0.015}{931\times3.46\times10^{-4}}=0.047\mathrm{m/s}$$

$$Re=\frac{\rho u d_i}{\mu}=\frac{931\times0.047\times21\times10^{-3}}{0.21\times10^{-3}}=4376$$

$$h_t'=0.021\times\frac{0.688}{21\times10^{-3}}\times4376^{0.8}\times1.27^{0.43}=624\mathrm{W/(m^2\cdot℃)}\qquad(19.32)$$

$$h_c = 624 \times \left(\frac{1 + \sqrt{931/1.65}}{2} \right) = 7723 \ W/\ (m^2 \cdot ℃)$$

（19.33）

取较高的值 $h_c = 7723 W/\ (m^2 \cdot ℃)$

示例 19.6

某装置的精馏塔，塔顶设有分凝器（回流冷凝器），用于从氯苯混合物中分离苯。该分凝器有 200 根内径为 50mm 的竖直管。塔顶产物为 2500kg/h 苯，回流比为 3。检查换热管是否可能发生液泛。冷凝器的压力是 1bar。

解：

气相在换热管内向上流动，凝液则沿管壁向下流动。气液两相的速度最大处均发生在换热管的低端。

$$气相流量 = （3+1）\times 2500 = 10000kg/h$$

$$液相流量 = 3 \times 2500 = 7500kg/h$$

$$换热管的总流通面积 = \frac{\pi}{4} \times \left(50 \times 10^{-3} \right)^2 \times 200 = 0.39m^2$$

苯在沸点的密度为：

$$\rho_L = 840kg/m^3, \ \rho_v = 2.7kg/m^3$$

气相速度（只有气相流过换热管）：

$$u_v = \frac{10000}{3600 \times 0.39 \times 2.7} = 2.64m/s$$

译者注：原文的分子数值有误，1000 应为 10000。

液相速度（只有液相流过换热管）：

$$u_L = \frac{7500}{3600 \times 0.39 \times 840} = 0.006m/s$$

根据式（19.34），不发生液泛的条件为：

$$u_v^{1/2} \rho_v^{1/4} + u_L^{1/2} \rho_L^{1/4} < 0.6 \left[gd_i \left(\rho_L - \rho_v \right) \right]^{1/4}$$

$$2.64^{1/2} \times 2.7^{1.4} + 0.006^{1/2} \times 840^{1/4} < 0.6 \left[9.81 \times 50 \times 10^{-3} \times (840 - 2.7) \right]^{1/4}$$

$$2.50 < 2.70$$

根据以上结果可知，换热管不会发生液泛，但是几乎没有安全余量。

19.10.4　水平管内的冷凝

当冷凝发生在水平管内时，沿管内任意一点的传热系数取决于该点的流型。两相流中可能存在的各种流型如图 19.40 所示，且 Coulson 等（1999）进行了讨论。在冷凝过程中，入口为单相蒸气，出口为单相液体，因此，在冷凝器的进出口之间会发生所有可能的流型。Bell、Taborek 和 Fenoglio（1970）给出了一种方法来跟踪贝克流型图上发生冷凝时流型的变化。一些研究人员发表了估算平均冷凝传热系数的关联式，但到目前为止，还没有一种令人满意的方法能够在更宽流型范围内给出准确的预测。Bell 等（1970）对已发表的方法进行了比较。

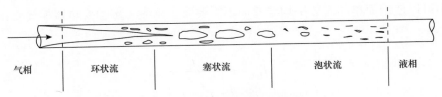

气相　　　环状流　　　　塞状流　　　　泡状流　　　液相

图 19.40　水平管内冷凝的流型

水平管内平均冷凝传热系数的估算采用两种流型：层流［图 19.41（a）］和环状流［图 19.41（b）］。层流模型的限制条件是低冷凝率和低气相流速，环状流的限制条件是高气相流速和低冷凝率。对于层流模型，可以通过努塞尔方程估算冷凝膜系数，由于凝液在管底积聚而导致实际的传热系数低于估算值，可以用适当的修正系数进行修正。修正系数一般在 0.8 左右，因此层流的冷凝膜系数可以由下式给出：

$$(h_c)_s = 0.76 k_L \left[\frac{\rho_L (\rho_L - \rho_v) g}{\mu_L \Gamma_h} \right]^{1/3} \tag{19.35}$$

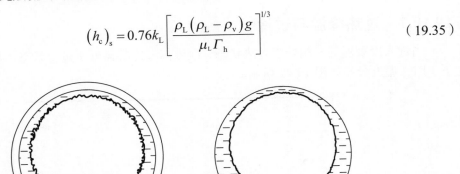

　(a) 层流　　　　　　　　　　　　　(b) 环状流

图 19.41　冷凝器内的流型

Boyko 和 Kruzhilin 方程和式（19.31）可以用来估算环状流时的冷凝传热系数。

在冷凝器的设计中，平均冷凝传热系数应分别根据环状流和层流的关联式进行估算，取两者中较高的值。

19.10.5 蒸汽冷凝

蒸汽常用作加热介质。蒸汽冷凝的膜系数可以用前几节给出的方法来计算，但由于传热系数很大，很少是换热器传热的控制因素，因此，为了简化设计，通常假定一个典型的保守值。对于不含空气等不凝气的蒸气冷凝，通常假设气传热系数为 8000W/（m² · ℃）[1500Btu/（h · ft² · ℉）]。

19.10.6 平均温差

在恒定的压力下，纯组分的饱和蒸气会在恒定的温度冷凝。对于这样的等温过程，式（19.1）中可以使用简单的对数平均温差而不需要修正系数（多程换热器需要修正）。对数平均温差为：

$$\Delta T_{\mathrm{lm}} = \frac{t_2 - t_1}{\ln\left(\dfrac{T_{\mathrm{sat}} - t_1}{T_{\mathrm{sat}} - t_2}\right)} \qquad (19.36)$$

式中 T_{sat}——蒸气的饱和温度；

t_1——冷介质入口温度；

t_2——冷介质出口温度。

当冷凝过程不是严格等温但温度变化很小，如压力变化明显、窄沸点多组分混合物的冷凝等，上述对数温差的公式仍然可以使用，但多管程冷凝器需要温度修正系数。另外，计算时注意使用合适的温度端差。

19.10.7 过热降温与过冷

当进入冷凝器的气相处于过热状态、凝液离开冷凝器处于过冷状态（被冷却到沸点以下）时，温度分布如图 19.42 所示。

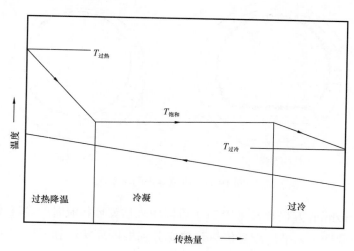

图 19.42 有过热降温和过冷的冷凝

（1）过热降温。

如果过热度较大，则需要将温度曲线划分成几段，分别确定各段的平均温差和传热系数。如果管壁温度低于蒸气的露点，过热蒸气会直接在管壁上冷凝。研究发现，在这种情况下，过热减温段的传热系数接近于冷凝时的值，甚至可以取相同的传热系数。因此，在过热度不太大的情况下，如过热段热负荷低于潜热负荷的 25%，且冷剂出口温度远低于蒸气的露点时，过热减温段的显热负荷可以归于潜热负荷。然后，根据饱和温度（而不是过热温度）计算的平均温差和估算的冷凝传热系数，来计算所需的总传热面积。

（2）凝液过冷。

通常需要对凝液进行过冷，如控制凝液泵的汽蚀余量（见第 20 章），或对产品进行冷却以便储存。当过冷量较大时，应另设换热器以获得更高的过冷效率。通过控制液位，使管束的一部分浸没在冷凝液中，可以在冷凝器中获得少量的过冷。

在卧式壳侧冷凝器中，可以使用图 19.43（a）所示的溢流板达到过冷的目的；立式冷凝器可将液位控制在底部管板以上来实现凝液的过冷［图 19.43（b）］。

过冷段平均温差的大小取决于"凝液池"内的混合程度。活塞式流动和完全混合是两种极端的混合情况。活塞式流动的温度分布如图 19.42 所示。如果凝液池内完全混合，冷凝温度将在过冷区保持不变，等于凝液的出口温度。在这里，假设完全的混合能给出一个非常保守（安全）的平均温差值。由于过冷段液体流速较低，应选用自然对流的关联式估算传热系数（Coulson 等，1999）。例如，一个常用的经验值是 200W/（m² · ℃）。

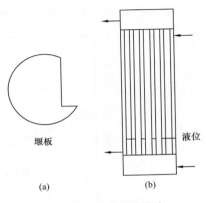

堰板 液位

(a) (b)

图 19.43 过冷的设计

19.10.8 混合物的冷凝

前几节给出的关联式适用于单组分介质的冷凝，如从精馏塔顶得到的纯组分冷凝。相比之下，混合蒸气的冷凝器设计难度较大。

"混合蒸气"一词包含了以下三种情形：

（1）多组分混合物的全凝，如多组分蒸馏塔的塔顶出料。

（2）多组分蒸气混合物的部分冷凝，其所有组分在理论上都是可以冷凝的，通常发生在轻组分的露点高于冷剂温度的情况。未冷凝组分可溶于冷凝液，如对某些含有轻"气态"组分的碳氢化合物混合物的冷凝。

（3）含有不凝气体的冷凝，该气体在冷凝液中不具有任何程度的溶解性，这些换热器通常称为冷却—冷凝器。

在开发混合蒸气冷凝器的设计方法时，必须考虑以下适用于上述三种情形的共同特点：

（1）冷凝不会是等温的。当重组分冷凝时，蒸气的组成发生了变化，相应的露点也随之发生变化。

（2）因为冷凝不是等温的，所以会有蒸气显热传递，以将气体冷却至露点。另外，由于冷凝液必须从冷凝温度冷却到出口温度，因此冷凝液也会发生显热传递。蒸气的显热传递可能占很大比重，因为显热传热系数明显低于冷凝传热系数。

（3）由于蒸气和凝液的组分在冷凝器中是变化的，因而它们的物性也随之改变。

（4）重组分必须通过轻组分扩散到冷凝器表面。冷凝速率受扩散速率和传热速率的控制。

19.10.8.1　温度曲线

为了计算混合蒸气冷凝器的真实对数平均温差（推动力），必须计算冷凝曲线（温度—焓图），显示蒸气温度在整个冷凝器内随热量传递的变化（图 19.44）。温度分布取决于冷凝器内液体的流型。冷凝液有两种凝液—蒸气流动情况：

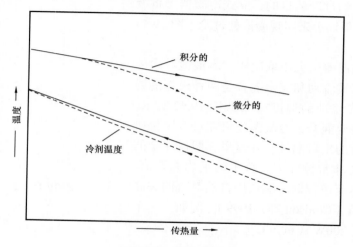

图 19.44　冷凝曲线

（1）微分冷凝，蒸馏过程中蒸发分离出来的成分被冷凝。这一过程类似于微分蒸馏，或称作瑞利（Rayleigh）蒸馏，可以用类似于确定微分蒸馏中组分变化的方法得到冷凝曲线（Richardson、Harker 和 Backhurst，2002）。

（2）积分冷凝，即凝液与未凝结的蒸气保持平衡。冷凝曲线可以用类似于第 17 章中介绍的多组分闪蒸的方法来确定。对于二元混合物，这是一个相对简单的计算，但对于两个以上组分的混合物，计算过程复杂且乏味。

在实际设计工作中，通常假设发生了积分冷凝。如果冷凝过程中，冷凝在一个方向上发生，凝液和蒸气沿着同一路径流动，就像在立式冷凝器中管内或管外冷凝一样，则这种冷凝就接近积分冷凝。在卧式壳侧冷凝器中，凝液往往与蒸气分离。因为微分冷凝的平均温差较小，所以对于混合蒸气的冷凝，在设计中应避免可能发生气液分离的结构。

在发生积分冷凝的情况下，使用基于温度端差的修正对数平均温差作为平均温差是比较保守（安全）的，可以在初步的设计计算中使用。

19.10.8.2　传热系数估算

全凝。对于蒸气完全冷凝的多组分混合物冷凝器的设计，可以使用单组分的关联式来估算平均冷凝传热系数，其中液相的物理性质按凝液组成取平均值。通常还会使用一个安全系数，以修正冷凝过程中伴随的显热传递和各种传质对传热的影响。Frank（1978）提出使用 0.65 作为安全系数，但这可能过于保守。Kern（1950）建议通过总换热量（冷凝 + 显热）与冷凝负荷的比值来增加单独冷凝的计算面积。如果需要对冷凝传热系数进行更精确的估算，并有数据验证，可以使用为部分冷凝开发的严格计算方法。

部分冷凝。目前开发出的部分冷凝和含不凝气体冷凝的计算方法可分为两类：

（1）经验法：近似法，传热阻力控制冷凝速率，忽略传质阻力。该设计方法已由 Silver（1947）、Bell 和 Ghaly（1973）及 Ward（1960）发表。

（2）分析法：以传热传质过程的模型为基础，并考虑传质扩散阻力的更精确的计算方法。经典的方法有 Colburn 和 Hougen（1934）提出的方法，还有 Colburn 和 Drew（1937）、Porter 和 Jeffreys（1963）的相关研究成果。分析法很复杂，需要迭代计算或采用图解法。它们适用于使用数值方法的计算机解决方案，并且具有专有的设计程序。Colburn 和 Drew 方法的应用实例由 Kern（1950）和 Jeffreys（1961）给出。Coulson 等（1999）对该方法进行了简要的讨论。

McNaught（1983）对冷凝器的设计方法进行了评价，该冷凝器的冷凝介质中含较多的不凝气。

近似方法。Silver（1947）首次提出，局部传热系数可以表示为局部冷凝膜系数 h'_c 和蒸气局部显热传热系数（气体单相膜系数）h'_g 的关联式：

$$\frac{1}{h'_{cg}} = \frac{1}{h'_c} + \frac{Z}{h'_g}$$

$$Z = \frac{\Delta H_s}{\Delta H_t} = xC_{pg}\frac{dT}{dH_t}$$

（19.37）

式中　h'_{cg}——局部有效冷却 – 冷凝传热系数；

$\Delta H_s / \Delta H_t$——显热的变化量与总焓变的比值；

dT/dH_t——温度—焓曲线的斜率；

x——质量含气率，蒸气的质量分数；

C_{pg}——蒸气（气体）比热容。

dT/dH_t 项可以根据冷凝曲线估算，h'_c 可以由单相传热系数的关联式得到；h'_g 由强制对流的关联式得到。

如果沿着冷凝曲线选几个点分别求所需的换热面积，则所需的总面积可以通过对表达式进行图形化或积分来确定：

$$A = \int_0^{Q_t} \frac{\mathrm{d}Q}{U(T_v - t_c)} \qquad (19.38)$$

式中　Q_t——总传热量；

　　　U——总传热系数，由式（19.38）使用 h'_{cg} 得到；

　　　T_v——局部蒸气（气体）温度；

　　　t_c——局部冷却介质温度。

Gilmore（1963）给出了式（19.37）的积分形式，可用于分凝器的初步设计：

$$\frac{1}{h_{cg}} = \frac{1}{h_c} + \frac{Q_g}{Q_t}\frac{1}{h_g} \qquad (19.39)$$

式中　h_{cg}——平均有效传热系数；

　　　h_c——平均冷凝膜系数，由单组分冷凝传热关联式得来，液相物性按凝液组成取平均值，按全凝考虑；

　　　h_g——平均气相膜系数，使用平均气相流量估算出、入口蒸气（气体）流量的算术平均值；

　　　Q_g——蒸气（气体）总显热传热量；

　　　Q_t——总传热量，冷凝潜热 + 冷却蒸气及凝液的显热。

Frank（1978）提出的经验方法可作为分凝器设计方法的简明指导：

（1）不凝气含量<0.5%：使用全凝法，忽略不凝气的存在。

（2）不凝气含量>70%：假设传热仅受强制对流控制。使用强制对流关联式计算传热系数，但是在总热负荷中考虑冷凝部分的潜热。

（3）不凝气含量在 0.5%～70% 之间，使用考虑两种传热机理的方法。

对部分冷凝，推荐将冷凝介质放在壳侧，并选择合适的折流板间距，以保持较高的蒸气速度，从而得到较高的显热传热系数。

雾的形成。含不凝气的蒸气冷凝过程中，如果气体的主流温度低于蒸气的露点，液体可以直接凝结成雾。这种情况最好避免，因为液滴可能被带出冷凝器。Colburn 和 Edison（1941）以及 LoPinto（1982）讨论了冷却—冷凝器中雾的形成。Steinmeyer（1972）给出了形成雾的预测的准则。除雾器可用来分离夹带的液滴。

19.10.9　冷凝器的压降

因为冷凝器中存在两相流，而且整个冷凝器的蒸气质量速度都在变化，所以冷凝侧的压降很难预测。

通常的做法是用单相流的方法计算压降，并引入修正系数来反映蒸气速度的变化。对于全凝情况，Frank（1978）提出根据入口蒸气条件计算压降，取该压降值的 40% 作为冷凝器的压降；Kern（1950）提出取该压降值的 50% 作为冷凝器的压降。

Gloyer（1970）提出了另一种方法，也可以用来估算分凝器的压降。该方法中，压降用壳侧（或管内）的平均蒸气流量来计算，而平均蒸气流量则根据进出壳侧（或管程）的蒸气流量的比值以及温度分布曲线得来：

$$W_s（平均）= W_s（入口）\times K_2 \tag{19.40}$$

式中，K_2 由图 19.45 查得。

图 19.45 中的 $\Delta T_{in}/\Delta T_{out}$ 是温度端差的比值。

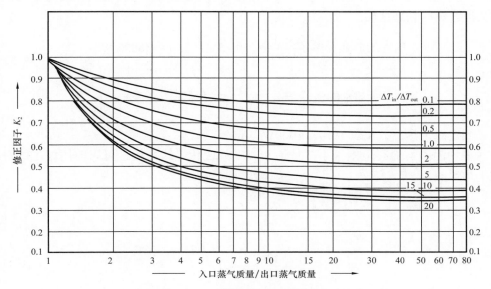

图 19.45　用于计算压降的蒸气流量修正因子

上述方法可以用来粗略估算压降。将该问题按两相流考虑，可以得到较可靠的预测结果。对于管侧冷凝，可以采用管道内两相流的一般方法，参见 Collier 和 Thome（1994）以及 Coulso 等（1999）的著作。由于整个冷凝过程中流型会发生变化，因此必须采用某种形式的分段计算方法。Grant（1973）对壳侧的两相流进行了讨论，提出了一种基于 Tinker 的壳侧流动模型的压降预测方法。HTFS 和 HTRI 等商用换器热设计软件提供了更复杂的计算方法。

在工程科学数据组织设计指南 ESDU 84023（1985）中给出了一种估算卧式冷凝器壳侧压降的方法。

压降可能是设计真空冷凝器时的主要限制因素，在这种情况下，回流凝液需靠重力从冷凝器返回塔内。

示例 19.7

设计一台冷凝器，满足以下要求：45000kg/h 的混合轻烃蒸气冷凝。冷凝器的工作压力为 10bar。蒸气以饱和温度 60℃进入冷凝器，至 45℃时，全部冷凝。蒸气的平均分子量是 52。蒸气焓值为 596.5kJ/kg，冷凝液焓值为 247.0kJ/kg。冷却水的入口温度为 30℃，温升不超过 10℃。工厂标准要求换热管的外径为 20mm，内径为 16.8mm，管长 4.88m（16ft），材料为海军铜。蒸气要全凝，不需要过冷。

解：

本例题仅作热力学设计。取平均温度下的正丙烷和正丁烷物理性质的平均值作为混合物的物理性质。

$$蒸气的放热量 = \frac{45000}{3600} \times (596.5 - 247.0) = 4368.8 kW$$

$$冷却水的流量 = \frac{4368.8}{(40 - 30) \times 4.18} = 104.5 kg/s$$

假定总传热系数（表 19.1）= 900W/（m² · ℃）。

平均温差：冷凝范围很小并且饱和温度的变化是线性的，可以使用修正的对数平均温差。

$$R = \frac{60 - 45}{40 - 30} = 1.5 \tag{19.6}$$

$$S = \frac{40 - 30}{60 - 30} = 0.33 \tag{19.7}$$

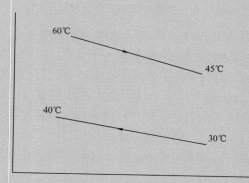

选择卧式壳侧冷凝器，4 管程。对于 1 壳程、4 管程情形，根据图 19.19，查得 $F_t = 0.92$，

$$\Delta T_{lm} = \frac{(60 - 40) - (45 - 30)}{\ln \dfrac{(60 - 40)}{(45 - 30)}} = 17.4℃$$

$$\Delta T_{lm} = 0.92 \times 17.4 = 16℃$$

$$试算面积 = \frac{4368.8 \times 10^3}{900 \times 16} = 303 \text{m}^2$$

$$单管表面积 = 20 \times 10^{-3} \times \pi \times 4.88 = 0.305 \text{m}^2（忽略管板厚度）$$

$$换热管数 = \frac{303}{0.305} = 992$$

使用正方形布管，管间距 $P_t = 12.5 \times 20 \text{mm} = 25 \text{mm}$。
管束直径：

$$D_b = 20 \times \left(\frac{992}{0.158}\right)^{1/2.263} = 954 \text{mm} \tag{19.3b}$$

中心排的换热管数 $N_t = D_b/P_t = 954/25 = 38$。
壳侧传热系数计算如下：
估算换热管壁温 T_w，假定冷凝传热系数为 $1500 \text{W/}（\text{m}^2 \cdot \text{℃}）$：
平均温度：

$$壳侧温度 = \frac{60 + 45}{2} = 52.5 \text{℃}$$

$$管侧温度 = \frac{40 + 30}{2} = 35 \text{℃}$$

$$（52.5 - T_w） \times 1500 = （52.5 - 35） \times 900$$

$$T_w = 42.0 \text{℃}$$

$$平均冷凝温度 = \frac{52.5 + 42.0}{2} = 47 \text{℃}$$

47℃时的物理性质：

$$\mu_L = 0.16 \text{mPa} \cdot \text{s}$$

$$\rho_L = 551 \text{kg/m}^3$$

$$k_L = 0.13 \text{W/}（\text{m}^2 \cdot \text{℃}）$$

蒸气平均温度下的蒸气密度：

$$\rho_v = \frac{52}{22.4} \times \frac{273}{273 + 52.5} \times \frac{10}{1} = 19.5 \text{kg/m}^3$$

$$\varGamma_h = \frac{W_c}{LN_t} = \frac{45000}{3600} \times \frac{1}{4.88 \times 992} = 2.6 \times 10^{-3}\,\text{kg/(s·m)}$$

$$N_r = \frac{2}{3} \times 38 = 25 \tag{19.29}$$

$$h_c = 0.95 \times 0.13 \times \left[\frac{551 \times (551 - 19.5) \times 9.81}{0.16 \times 10^{-3} \times 2.6 \times 10^{-3}} \right]^{1/3} \times 25^{-1/6}$$

$$= 1375\,\text{W/(m}^2 \cdot \text{℃)}$$

该传热系数非常接近假定的 1500W/（m²·℃），如所以不需要再对 T_w 进行修正。

管侧传热系数计算如下：

$$换热管横截面积 = \frac{\pi}{4} \times (16.8 \times 10^{-3})^2 \times \frac{992}{4} = 0.055\,\text{m}^2$$

$$35\text{℃时水的密度} = 993\,\text{kg/m}^3$$

$$管内的流速 = \frac{104.5}{993} \times \frac{1}{0.055} = 1.91\,\text{m/s} \tag{19.17}$$

$$h_i = \frac{4200 \times (1.35 + 0.02 \times 35) \times 1.91^{0.8}}{16.8^{0.2}} = 8218\,\text{W/(m}^2 \cdot \text{℃)}$$

污垢热阻：两侧介质都不会严重结垢，因此两侧均取 6000W/（m²·℃）作为污垢热阻。

$$k_w = 50\,\text{W/(m} \cdot \text{℃)}$$

总传热系数：

$$\frac{1}{U} = \frac{1}{1375} + \frac{1}{6000} + \frac{20 \times 10^{-3} \ln\left(\frac{20}{16.8}\right)}{2 \times 50} + \frac{20}{16.8} \times \frac{1}{6000} + \frac{20}{16.8} \times \frac{1}{8218} \tag{19.2}$$

$$U = 786\,\text{W/(m}^2 \cdot \text{℃)}$$

这一数值大大低于假定的 900W/（m²·℃），重新假定新的试算值为 750W/（m²·℃），重复计算：

$$面积 = \frac{4368 \times 10^3}{750 \times 16} = 364\,\text{m}^2$$

$$换热管数量 = \frac{364}{0.305} = 1194$$

$$D_b = 20 \times \left(\frac{1194}{0.158}\right)^{1/2.263} = 1035\text{mm} \tag{19.3b}$$

$$中心排上的换热管数 = \frac{1035}{25} = 41$$

$$\Gamma_h = \frac{45000}{3600} \times \frac{1}{4.88 \times 1194} = 2.15 \times 10^{-3}\,\text{kg}/(\text{m}\cdot\text{s})$$

$$N_r = \frac{2}{3} \times 41 = 27$$

$$h_c = 0.95 \times 0.13 \left[\frac{551(551-19.5)9.81}{0.16 \times 10^{-3} \times 2.15 \times 10^{-3}}\right]^{1/3} \times 27^{-1/6} \tag{19.29}$$

$$= 1447\text{W}/(\text{m}^2 \cdot \text{℃})$$

$$新的管内流速 = 1.91 \times \frac{992}{1194} = 1.59\text{m/s}$$

$$\tag{19.17}$$

$$h_i = 4200 \times (1.35 + 0.02 \times 35) \times \frac{1.59^{0.8}}{16.8^{0.2}} = 7097\text{W}/(\text{m}^2 \cdot \text{℃})$$

$$\frac{1}{U} = \frac{1}{1447} + \frac{1}{6000} + \frac{20 \times 10^{-3}\ln\left(\frac{20}{16.8}\right)}{2 \times 50} + \frac{20}{16.8} \times \frac{1}{6000} + \frac{20}{16.8} \times \frac{1}{7097} \tag{19.2}$$

$$U = 773\text{W}/(\text{m}^2 \cdot \text{℃})$$

与估算值非常接近，可以把设计方案定下来。

壳侧压降计算如下：

使用可抽式浮头，因为不需要小的间隙。

根据图 19.10，管束—壳体直径间隙 = 95mm。

$$壳体内径 = 1035 + 95 = 1130\text{mm}$$

使用 Kern 法大致估算：

$$换热管间错流面积 A_s = \frac{(25-20)}{25} \times 1130 \times 1130 \times 10^{-6} = 0.255\text{m}^2 \tag{19.21}$$

基于入口条件的质量流率：

$$G_s = \frac{45000}{3600} \times \frac{1}{0.255} = 49.02\text{kg}/(\text{s} \cdot \text{m}^2)$$

$$当量直径\ d_e = \frac{1.27}{20} \times \left(25^2 - 0.785 \times 20^2\right) = 19.8\text{mm} \tag{19.22}$$

$$蒸气黏度 = 0.008\text{mPa} \cdot \text{s}$$

$$Re = \frac{49.02 \times 19.8 \times 10^{-3}}{0.008 \times 10^{-3}} = 121325$$

根据图 19.30，$j_f = 2.2 \times 10^{-2}$：

$$u_s = \frac{G_s}{\rho_v} = \frac{49.02}{19.5} = 2.51\text{m/s}$$

取压降为根据进口流量计算值的 50%，忽略黏度校正：

$$\Delta p_s = \frac{1}{2} \times \left[8 \times 2.2 \times 10^{-2} \times \left(\frac{1130}{19.8}\right) \times \left(\frac{4.88}{1.130}\right) \times \frac{19.5 \times 2.51^2}{2} \right] \tag{19.26}$$

$$= 1322\text{N/m}^2$$

$$= 1.3\text{kPa}$$

压降小到可以忽略；不需要再用更精确的方法进行计算。

管侧压降计算如下：

水的黏度 $= 0.6\text{mPa} \cdot \text{s}$。

$$Re = \frac{u_t \rho d_i}{\mu} = \frac{1.59 \times 993 \times 16.8 \times 10^{-3}}{0.6 \times 10^{-3}} = 44208$$

根据图 19.24，$j_f = 3.5 \times 10^{-3}$，忽略黏度修正：

$$\Delta p_t = 4 \times \left[8 \times 3.5 \times 10^{-3} \times \left(\frac{4.88}{16.8 \times 10^{-3}}\right) + 2.5 \right] \times \frac{933 \times 1.59^2}{2} \tag{19.20}$$

$$= 53388\text{N/m}^2$$

$$= 53\text{kPa}\left(7.7\text{psi}\right)$$

压降可以接受。

19.11 再沸器 / 汽化器

本部分将给出再沸器及汽化器的设计方法。再沸器用于部分汽化精馏塔底的产品，而在汽化器中所有的进料都会被汽化。

再沸器有三种基本形式：

（1）强制循环型（图 19.46）：工艺流体通过泵注入换热器，产生的蒸气在塔釜被分离出来。如果作为汽化器使用，需设置分离罐。

（2）热虹吸式，自然循环型（图 19.47）：立式再沸器通常在管内蒸发，卧式再沸器通常在壳侧蒸发。再沸器内气液两相与塔釜单相液体的密度差维持了工艺流体通过再沸器的循环。与强制循环一样，如果作为汽化器使用，也必须设置分离罐。

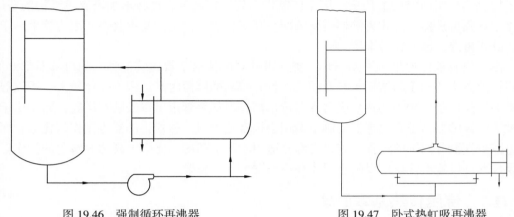

图 19.46 强制循环再沸器   图 19.47 卧式热虹吸再沸器

（3）釜式（图 19.48）：釜式再沸器内，换热管浸没在液面以下，沸腾发生在换热管的表面；介质不通过再沸器循环。这种型式也称为浸没式再沸器。在某些应用中，管束设置在塔釜（图 19.49）以节约壳体的支出。这种布置一般称为插入式（内置式）再沸器。

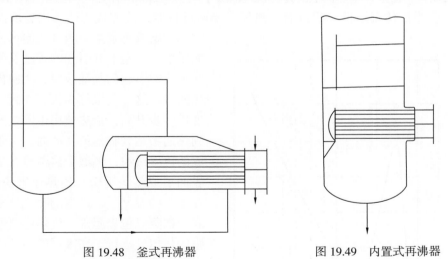

图 19.48 釜式再沸器   图 19.49 内置式再沸器

对于给定的工况，再沸器或者汽化器的最优型式的选择，一般会考虑如下几个因素：

（1）工艺流体特性，尤其是黏度和结垢倾向。

（2）操作压力：真空或带压。

（3）设备布置，特别是可用净空高度。

强制循环再沸器尤其适用于处理高黏度和结垢严重的工艺流体，详见 Chantry 和

Church（1958）的著作。循环倍率是可以预测的，同时可以使用较高的速度。此类再沸器同样适用于低真空操作以及低蒸发率的情况。其主要缺点是需要泵配合使用，而且泵的成本很高。热流体在泵密封处会有泄漏的风险，可选用屏蔽泵以避免泄漏。

在大部分应用场合，热虹吸再沸器是最经济的型式，但是不适用于高黏度流体和高真空操作。这类再沸器一般不用于操作压力低于 0.3bar 的工况。这类再沸器的一个缺点是，为了提供热虹吸所需的静压头，塔裙座需提高到一定高度，这将增加塔支撑结构的费用。相比于立式再沸器，卧式再沸器需要的净空高度更少，但是配管更复杂。因为管束易于抽出，卧式再沸器也更容易维护。

由于没有液体通过再沸器循环，釜式再沸器的传热系数比其他种类的再沸器都要低。釜式再沸器不适用于易结垢工艺介质，而且有较高的停留时间。因为壳体较大，所以釜式再沸器比操作条件相当的热虹吸再沸器价格高。但如果管束可以安装在塔釜，则相比于其他种类的再沸器，釜式再沸器的制造费用会很有竞争力。釜式再沸器也用作汽化器，而且可以减少气液分离罐的设置。釜式再沸器适用于真空和高汽化率（高达80%）的操作。有些设计允许设置液体排污以阻止固体和不挥发组分的积聚。

19.11.1 沸腾传热基本原理

Coulson 等（1999）讨论了在沸腾液体传热中涉及的复杂机理。Collier 和 Thome（1994）、Tong 和 Tang（1997），以及 Hsu 和 Graham（1976）给出了更加详细的说明。本节仅对该原理进行简要讨论，以充分理解再沸器和汽化器的设计方法。

浸没在大容器液体换热面上的传热机理取决于加热表面和液体之间的温差（图19.50）。在低温差下，当液体温度低于沸点时，热量主要通过自然对流方式传递。当表面温度升高时，初始沸腾发生，蒸气气泡形成并从表面脱落。气泡上升引起的扰动及气泡在表面形成时引起的其他效应，大幅提高了传热速率，这一现象称为核态沸腾。随着温度进一步升高，传热速率也随之升高，直到热通量达到临界值。此时，由于蒸气生成的速率过快，气泡汇聚覆盖在部分加热表面形成多块干壁，传热速率快速下降。在更高的温差下，过高的蒸气速率使整个表面被蒸气包裹起来，传热主要通过蒸气膜的热传导进行。在极高的温差下，辐射增强了热传导。

核态沸腾所能达到的最大热通量称为临界热通量。在加热表面温度无自限性的系统中，如核反应器燃料元件或者沸腾管在加热炉里加热，超过临界热通量的操作会使加热表面温度迅速升高，在极端情

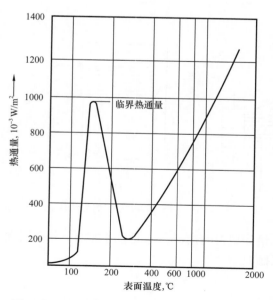

图 19.50　典型的池沸腾曲线（水在 1bar 压力下）

况下加热表面会熔化，这种现象称为"烧毁"。工艺装置中的加热介质一般是有自限性的，如蒸汽加热的再沸器表面温度绝对不会超过冷凝蒸汽的饱和温度。当设计电加热和直接燃烧汽化器时必须注意绝对不能超过临界热通量。如果在一个直接燃烧汽化器中超过临界热通量，那么换热管壁温可达到辐射段的温度（桥墙温度甚至火焰温度）。在这些温度下换热管会受到损坏。

在相当低的温差下即可达到临界热通量，对于水为 20～30℃的温差，对于轻的有机物为 20～50℃的温差。

设计汽化器和再沸器时，设计者会考虑两种沸腾——池沸腾和对流沸腾。池沸腾是对大容器中核态沸腾的称呼，如釜式再沸器或夹套式容器。对流沸腾发生在被汽化流体流经加热表面时，热量传递的主要方式是强制对流传热和核态沸腾传热，如强制循环或热虹吸再沸器。

沸腾是一种复杂的现象，沸腾传热系数很难准确预测。在可能的情况下，可使用所研究系统的实验数据，或者十分相似系统的数据。

19.11.2　池沸腾

在核态沸腾区域，传热系数取决于传热表面的特性和条件，对于所有系统通过一个普遍的关联式给出准确的预测是不现实的。Palen 和 Taborek（1962）回顾了已经发表的关联式，并比较了它们在再沸器设计时的适用性。

Forster 和 Zuber（1955）给出的关联式可以在没有实验数据时估算池沸腾传热系数。方程式如下：

$$h_{nb} = 0.00122 \left(\frac{k_L^{0.79} C_{pL}^{0.45} \rho_L^{0.49}}{\sigma^{0.5} \mu_L^{0.29} \lambda^{0.24} \rho_v^{0.24}} \right) (T_w - T_s)^{0.24} (p_w - p_s)^{0.75} \qquad （19.41）$$

式中　h_{nb}——核态 / 池沸腾传热系数，W/（m²·℃）；

k_L——液相热导率，W/（m·℃）；

C_{pL}——液相热容，J/（kg·℃）；

ρ_L——液相密度，kg/m³；

μ_L——液相黏度，Pa·m；

λ——潜热，J/kg；

ρ_v——气相密度，kg/m³；

T_w——壁面温度，℃；

T_s——沸腾液相的饱和温度，℃；

p_w——壁面温度对应的饱和压力，Pa；

p_s——T_s 对应的饱和压力，Pa；

σ——表面张力，N/m。

Mostinsky（1963）提出的对比压力关联式使用起来很简单，给出的传热系数与复杂方程给出的结果一样可靠：

$$h_{nb} = 0.104 p_c^{0.69} q^{0.7} \left[1.8 \left(\frac{p}{p_c} \right)^{0.17} + 4 \left(\frac{p}{p_c} \right)^{1.2} + 10 \left(\frac{p}{p_c} \right)^{10} \right]$$

（19.42）

$$q = h_{nb} (T_w - T_s)$$

式中　p——操作压力，bar；

　　　p_c——液相临界压力，bar；

　　　q——热通量，W/m^2。

当流体的物性数据无法获得时易于使用 Mostinsky 方程。

式（19.41）和式（19.42）适用于单组分流体；对于混合物，传热系数一般会比这些方程预测的低。这些方程可以用于窄沸点（一般不超过 5℃）的混合物，对于宽沸点混合物，需要确定一个更合适的安全系数（见 19.11.6）。

（1）临界热通量。

检查设计和操作热通量是否远低于临界热通量是十分重要的。一些关联式可用于预测临界热通量。由 Zuber、Tribus 和 Westwater（1961）提出的关联式在再沸器和汽化器设计时可以提供令人满意的预测结果。在 SI 单位下，Zuber 的方程如下：

$$q_c = 0.131 \lambda \left[\sigma g (\rho_L - \rho_v) \rho_v^2 \right]^{1/4}$$

（19.43）

式中　q_c——最大临界热通量，W/m^2；

　　　g——重力加速度，$9.81 m/s^2$。

Mostinsky 同样给出了预测最大临界热通量的对比压力方程：

$$q_c = 3.67 \times 10^4 p_c \left(\frac{p}{p_c} \right)^{0.35} \left[1 - \left(\frac{p}{p_c} \right) \right]^{0.9}$$

（19.44）

（2）膜态沸腾。

Bromley（1950）提出的方程可以用来估算换热管上的膜态沸腾传热系数。在膜态沸腾区域的传热由通过气膜的热传导来控制，在这一点上，Bromley 的方程与 Nusselt 冷凝方程相似——在凝液膜中热量主要以热传导的方式传递：

$$h_{fb} = 0.62 \left[\frac{k_L^3 (\rho_L - \rho_v) \rho_v g \lambda}{\mu_v d_o (T_w - T_s)} \right]^{1/4}$$

（19.45）

其中，h_{fb} 是膜态沸腾传热系数；下角标 v 表示气相；d_o 的单位是 m。必须要强调设计工艺再沸器和汽化器时常常考虑操作在核态沸腾区。选择加热介质并控制温度，以保证在运行中的温差远低于达到临界热通量的温差。例如，如果用蒸汽直接加热会造成很高的温差，则用蒸汽加热水，然后用热水作为加热介质。当蒸汽温度达不到再沸器加热要求时，常选用热油循环，以避免直接火焰加热。

示例 19.8

试计算水在 2.1bar、125℃时的池沸腾传热系数。判断是否超过临界热通量。

解：

由蒸汽表查得物性：

$$饱和温度 \ T_s = 121.8℃$$

$$\rho_L = 941.6 kg/m^3, \ \rho_v = 1.18 kg/m^3$$

$$C_{pL} = 4.25 \times 10^3 J/(kg \cdot ℃)$$

$$k_L = 687 \times 10^{-3} W/(m \cdot ℃)$$

$$\mu_L = 230 \times 10^{-6} Pa \cdot s$$

$$\lambda = 2198 \times 10^3 J/kg$$

$$\sigma = 55 \times 10^{-3} N/m$$

$$125℃时，\ p_w = 2.321 \times 10^5 Pa$$

$$p_s = 2.1 \times 10^5 Pa$$

使用 Foster–Zuber 方程 [式（19.41）]：

$$h_{nb} = 1.22 \times 10^{-3} \times \left[\frac{\left(687 \times 10^{-3}\right)^{0.79} \times \left(4.25 \times 10^3\right)^{0.45} \times \left(941.6\right)^{0.49}}{\left(55 \times 10^{-3}\right)^{0.5} \times \left(230 \times 10^{-6}\right)^{0.29} \times \left(2198 \times 10^3\right)^{0.24} \times \left(1.18\right)^{0.24}} \right] \times$$

$$\left(125 - 121.8\right)^{0.24} \times \left(2.321 \times 10^5 - 2.1 \times 10^5\right)^{0.75}$$

$$= 3738 W/(m^2 \cdot ℃)$$

使用 Zuber 方程 [式（19.43）]：

$$q_c = 1.131 \times 2198 \times 10^3 \times \left[55 \times 10^{-3} \times 9.81 \times \left(941.6 - 1.18\right) \times 1.18^2 \right]^{1/4} = 1.48 \times 10^6 W/m^2$$

$$实际热通量 = \left(125 - 121.8\right) \times 3738 = 11962 W/m^2$$

远低于临界热通量。

19.11.3 对流沸腾

沸腾流体流过换热管或换热管束的对流沸腾传热机理与池沸腾不同。它取决于流体各点的状态，考虑立管内液体沸腾的情形（图 19.51），当流体沿换热管向上流动时，会出现以下情形：

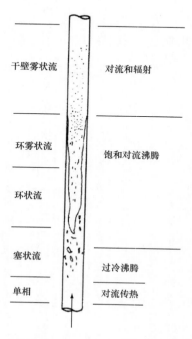

图 19.51 立管中的对流传热

（1）单相流动区：入口处液体的温度低于沸腾温度（过冷状态），热量传递方式为强制对流传热。在这个区域内，强制对流方程可以用来计算传热系数。

（2）过冷沸腾区：在这个区域内，靠近壁面的液体达到沸腾温度，但是液相主体温度仍低于沸腾温度。在壁面处发生局部沸腾，传热速率较单一的强制对流传热显著增加。

（3）饱和沸腾区：在这个区域内，液体主体的沸腾类似于核态池沸腾。气体体积持续增大，形成多种流型。在长管线中，流体最终会成为环状流，液相分布在管壁，气体在管中心向上流动。

（4）干壁区：如果大部分进料已经汽化，那么就会形成干壁，未汽化的液体变成雾状。在此区域内，对气体的传热主要通过对流和辐射传热的方式。对于商用的再沸器和汽化器，要避免发生干壁沸腾。

设计再沸器和汽化器时，通常主要考虑的是饱和沸腾机理。

Webb 和 Gupte（1992）综合回顾了适于预测对流传热系数的方法。Chen（1966）和 Shah（1976）的建议方法在手算时很方便，而且在初步设计时也足够准确。Chen 的方法可以概括如下，在示例 19.9 中也有描述。

强制对流沸腾中，有效的传热系数 h_{cb} 由对流沸腾部分（h'_{fc}）和核态沸腾部分（h'_{nb}）组成：

$$H_{cb} = h'_{fc} + h'_{nb} \tag{19.46}$$

单相对流传热方程中加入两相流系数 f_c 可用于计算对流传热系数 h'_{fc}：

$$h'_{fc} = h_{fc} f_c \tag{19.47}$$

计算强制对流传热系数 h_{fc} 时，需假设只有液相在管内流动。

两相修正系数 f_c 通过图 19.52 获得，图中 $1/X_{tt}$ 为两相湍流时 Lockhart–Martinelli 两相流动参数，详见 Coulson 等（1999）的著作，这个参数可由下式计算得到：

$$\frac{1}{X_{tt}} = \left(\frac{x}{1-x}\right)^{0.9} \left(\frac{\rho_L}{\rho_v}\right)^{0.5} \left(\frac{\mu_v}{\mu_L}\right)^{0.1} \tag{19.48}$$

式中　x——气相质量分数。

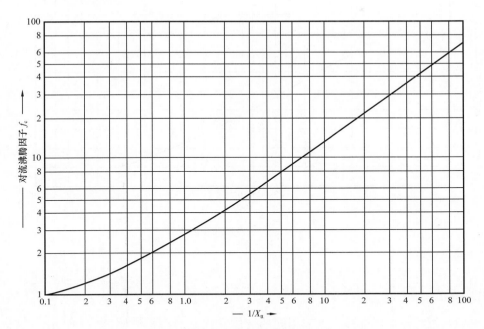

图 19.52　对流沸腾强化因子

核态沸腾系数可以用 f_s 因子修正的核态池沸腾关联式计算，以解释在流动液体中核态沸腾更困难的事实：

$$h'_{nb}=h_{nb}f_s \tag{19.49}$$

抑制因子 f_s 可由图 19.53 获得。它是液体雷诺数 Re_L 和强制对流校正因子 f_c 的函数。

假定只有液相在管内流动，可由下式对 Re_L 进行估算：

$$Re_L=\frac{(1-x)Gd_e}{\mu_L} \tag{19.50}$$

式中　G——单位流通面积的总质量流量。

Chen 的方法由立管中强制对流沸腾实验数据发展而来。它可以应用于水平管道和环形管道（同心管）中的强制对流沸腾。Butterworth（1977）建议，当没有更可靠的方法时，可利用适当的错流关联式来预测管束间强制对流沸腾传热系数，Chen 的方法可用于估算管束间强制对流沸腾传热系数。Shah 的方法是基于水平管道、垂直管道和环隙流动数据的。

由于通过再沸器时气体量会显著变化，在应用对流传热方程设计再沸器和汽化器时遇到的主要问题是需要进行迭代计算。将换热器划分为几个区，每个部分的传热系数和传热面积依次进行计算。

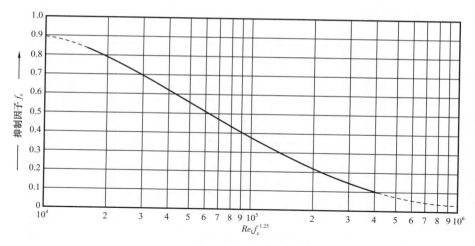

图 19.53 核态沸腾抑制因子

示例 19.9

一种物性基本上与邻二氯苯相同的液体在强制对流再沸器的管内汽化。试计算液体汽化率为 5% 时的传热系数。换热管入口处的流速是 2m/s，操作压力为 0.3bar。换热管内径为 16mm，壁面温度为 120℃。

解：

物性：沸点 136℃；$\rho_L = 1170 \text{kg/m}^3$；$\mu_L = 0.45 \text{mPa} \cdot \text{s}$；$\mu_v = 0.01 \text{mPa} \cdot \text{s}$；$\rho_v = 1.31 \text{kg/m}^3$；$k_L = 0.11 \text{W/（m} \cdot \text{℃）}$；$C_{pL} = 1.25 \text{kJ/（kg} \cdot \text{℃）}$；$p_c = 41 \text{bar}$。

使用 Chen 的方法来计算强制对流沸腾传热系数。

当汽化率为 5% 时，液体流速（只计算管内液体）$= 2 \times 0.95 = 1.90 \text{m/s}$。

$$Re_L = \frac{1170 \times 1.90 \times 16 \times 10^{-3}}{0.45 \times 10^{-3}} = 79040$$

根据图 19.23，$j_h = 3.3 \times 10^{-3}$：

$$P_r = \frac{1.25 \times 10^3 \times 0.45 \times 10^{-3}}{0.11} = 5.1$$

忽略黏度修正项。

$$h_{fc} = \frac{0.11}{16 \times 10^{-3}} \times 3.3 \times 10^{-3} \times 79040 \times 5.1^{0.33} = 3070 \text{W/（m}^2 \cdot \text{℃）} \qquad （19.15）$$

$$\frac{1}{X_{tt}} = \left(\frac{0.05}{1-0.05}\right)^{0.9} \left(\frac{1170}{1.31}\right)^{0.5} \left(\frac{0.01 \times 10^{-3}}{0.45 \times 10^{-3}}\right)^{0.1} \qquad （19.48）$$
$$= 1.44$$

由图 19.52，$f_c=3.2$：

$$h'_{fc}=3.2\times3070=9824W/(m^2\cdot\text{℃})$$

使用 Mostinski 关联式来计算核态沸腾传热系数：

$$h_{nb}=0.104\times41^{0.69}\times\left[h_{nb}(136-120)\right]^{0.7}\left[1.8\times\left(\frac{0.3}{41}\right)^{0.17}+4\times\left(\frac{0.3}{41}\right)^{1.2}+10\times\left(\frac{0.3}{41}\right)^{10}\right]$$

$$=7.43h_{nb}^{0.7}$$

$$h_{nb}=800W/(m^2\cdot\text{℃})$$

$$Re_Lf_c^{1.25}=79040\times3.2^{1.25}=338286$$

由图 19.53，$f_s=0.13$：

$$h'_{nb}=0.13\times800=104W/(m^2\cdot\text{℃})$$

$$h_{cb}=9824+104=9928W/(m^2\cdot\text{℃})$$

19.11.4　强制循环再沸器的设计

设计强制对流再沸器时，计算传热系数的普遍方法是假设热量仅通过强制对流的方式传递。这样获得的结果会比较保守，因为任何沸腾都会增加传热速率。很多设计中，通过控制压力来控制换热器中可能的蒸发，换热器出口设置节流阀，进入气液分离罐时，由于压力降低，液体将发生闪蒸。

如果确实有大量汽化发生，则可以使用对流沸腾关联式来计算传热系数，如 Chen 的方法。

再沸器采用常规的管壳式换热器，工艺流体在壳程时可采用一壳程两管程方案，工艺流体在管程时可采用用一管程一壳程的方案。3～9m/s 的高管内流速会降低结垢的发生。

由于循环倍率由设计人员设定，因此强制循环再沸器的设计比自然循环再沸器更有把握一些。

强制对流沸腾的临界热通量很难估算。对于商业再沸器的设计热通量，Kern（1950）建议有机物不超过 63000W/m^2［20000Btu/（ft$^2\cdot$h）］，水和稀释水溶液不超过 95000W/m^2［30000Btu/（ft$^2\cdot$h）］，现在普遍认为这些数值过于保守。

19.11.5　热虹吸再沸器的设计

不同于强制对流再沸器，热虹吸再沸器的流体循环倍率无法精确确定，这使得热虹吸再沸器的设计十分复杂。循环倍率、传热速率和压降三者是相互关联的，必须采用迭代设计程序。流体的循环倍率使系统中的压力损失正好与可用的静压头相平衡。换热器、塔釜

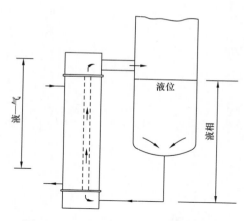

图 19.54　立式热虹吸再沸器气液相流

和配管就像一个 U 形管（图 19.54）。冷管（塔釜和入口管线）中的液体和热管（换热管内和出口管线）中气液两相的密度差为系统提供循环驱动力。

为了计算循环倍率，需要围绕系统确定压力平衡。典型的设计过程包括以下步骤：

（1）根据给定的热负荷，计算所需的汽化率。

（2）根据总传热系数的假定值估算换热面积。确定再沸器的布置和管线尺寸。

（3）假定通过再沸器的循环倍率值。

（4）计算进口管线的压降（单相）。

（5）将换热管分为若干段，沿换热管逐段计算压降。当流体为两相流时，需选用合适的方法。气相流量增加，导致流速提高所造成的压力损失，也需考虑在内。对于卧式再沸器，采用适用于两相流的方法计算壳侧的压降。

（6）计算出口管线压降（两相流）。

（7）将计算出的压降与可用压差压头进行比较，压差压头的大小取决于气相分率（含气率），从而决定了假设的循环倍率。如果达到满足条件的压力平衡，则进行下一步。如果没有满足要求，则返回第 3 步，重新选取假设的循环倍率进行计算。

（8）沿管线逐段计算传热系数和传热速率。沸腾段选取合适的方法，如 Chen 的方法。

（9）根据总的传热速率计算汽化率，与第 1 步中假设值进行比较。如果该值足够接近，进行下一步。如果没有，返回第 2 步，重新设计计算。

（10）检查换热管内各点的临界热通量没有超过允许值。

（11）根据需要，重复完整的程序步骤，以优化设计。

通过手算设计热虹吸再沸器枯燥且费时。这个过程的迭代性质更适合用计算机来解决。Sarma、Reddy 和 Murti（1973）讨论了立式热虹吸再沸器设计计算机程序的开发，给出了算法和设计方程式。

HTFS 和 HTRI 对热虹吸再沸器的性能和设计进行了广泛研究，可从这些机构获得专有的设计程序。HTFS 的方法可以在 Aspen 公司的 Aspen Engineering Suite 和霍尼韦尔的 UniSim Design Suite 中获得，详见表 4.1。

在无法使用计算机程序时，Fair（1960，1963）和 Hughmark（1961，1964，1969）提出了用于计算立式热虹吸再沸器的严格设计方法。Collins（1976）及 Fair 和 Klip（1983）给出了卧式壳程热虹吸再沸器的设计方法。Yilmaz（1987）在一篇论文中也综述了这类再沸器的设计方法和性能。

初步设计可以采用近似方法。Fair（1960）提出了一个基于进出口平均条件计算传热和压降的方法。设计过程简化为 5 步，但是仍需迭代计算来确定循环倍率。Frank 和 Prickett（1973）对 Fair 的严格计算求解设计方法进行了编程，并将其与商业换热器的运行数据相结合，得出了立式热虹吸再沸器传热速率与对比温度之间的一般关联式。上述关联式使用国际单位，如图 19.55 所示。下面列出了这个关联式的基础和局限性：

（1）通常的设计：换热管长 2.5～3.7m（8～12ft）（标准管长 2.44m），优先选用 25mm（1in）直径的换热管。

（2）塔釜液位与上管板一致。

（3）工艺侧污垢系数为 6000W/（$m^2 \cdot \text{℃}$）。

（4）蒸汽为加热介质，包含污垢的传热系数为 6000W/（$m^2 \cdot \text{℃}$）。

（5）简单的进出口管线。

（6）对于对比温度大于 0.8 的情况，使用极限曲线（对于水溶液）。

（7）最小操作压力为 0.3bar。

（8）进口流体过冷度不应过大。

（9）不推荐外推法。

对于加热介质不是蒸汽、工艺侧污垢系数不是 6000W/（$m^2 \cdot \text{℃}$）的情况，由图 19.55 得到的设计热通量需要进行如下调整：

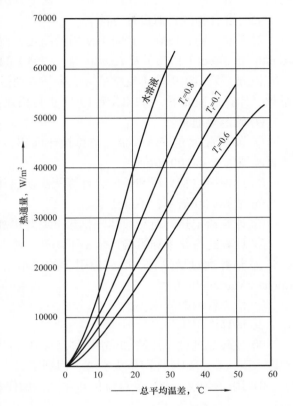

图 19.55　立式热虹吸设计关联式

$$U' = \frac{q'}{\Delta T'} \qquad (19.51)$$

$$\frac{1}{U_c} = \frac{1}{U'} - \frac{1}{6000} + \frac{1}{h_s} - \frac{1}{6000} + \frac{1}{h_{id}}$$

式中　q'——图 19.55 中 $\Delta T'$ 时的通量；

h_s——新的壳侧系数，W/（$m^2 \cdot \text{℃}$）；

h_{id}——工艺侧（管侧）污垢系数，W/（$m^2 \cdot \text{℃}$）；

U_c——修正后的总传热系数。

Frank 和 Prickett 方法的使用在示例 19.10 中进行了说明。

（1）Frank 和 Prickett 方法使用的限制。

van Edmonds（1994）利用 HTFS TREB4 程序进行的一项研究发现，Frank 和 Prickett 方法对纯组分和水的二元混合物给出了可以接受的预测结果，但对其他混合物的预测结果并不可靠。此外，van Edmond 热通量值的计算结果高于 Frank 和 Prickett 的计算结果。

对于纯组分或者接近纯组分的初步设计，Frank 和 Prickett 的方法可给出操作热通量的保守估值。除了水的二元混合物系，这个方法不建议用于其他混合物系。

（2）混合物的近似设计方法。

对于混合物，Kern（1995）使用的简化分析可以得到所需换热管数的近似估计，参见 Aerstin 和 Street（1978）及 Hewitt 等（1994）的著作。

该方法采用简单、不复杂的方法来估算通过换热器和管道的两相压降和对流沸腾传热系数。计算过程如下，并以示例 19.11 进行描述：

① 确定热通量。

② 使用最大允许热通量，估算换热面积。对于立式再沸器选取 39700W/m²，对于卧式再沸器选取 47300W/m²。

③ 选择换热管直径和长度，计算所需换热管数量。

④ 估算循环倍率，不低于 3。

⑤ 计算给定热负荷和液体汽化热下离开再沸器的气体流量。

⑥ 计算此汽化率和再循环倍率下离开再沸器的液体流量。

⑦ 估算通过换热管、因摩擦引起的两相流压降。使用均相模型或其他简单方法，如 Lochart Martenelli 方程。

⑧ 估算管内的静压头。

⑨ 估算许用压头。

⑩ 比较总的估算压降和许用压头。如果许用压头相比通过进出口管线的压降足够大，则进入下一步。如果许用压头不够，回到第二步，增加换热管的数量。

⑪ 用简单的方法计算对流传热系数，如仅假设对流传热，或采用 Chen 的方法，详见 19.11.3。

⑫ 计算总传热系数。

⑬ 计算需要的总传热系数，与估算的对比。如果满足要求，接受此设计；如果不满足，回到第 2 步，增加换热面积。

（3）最大热通量。

如果使用的热通量过高，热虹吸再沸器会有流动不稳定的问题。换热管内的液体和气体流动不是平稳的，而是趋于脉动，在高热通量下，脉动可能变得足够大而导致气阻。一种好的做法是在进口管道、阀门或孔板上安装流量限制，以便在运行中发生气阻时可以调整流量阻力。

基于总传热面积，Kern 建议热虹吸再沸器的热通量不超过 37900W/m²［12000Btu/（ft²·h）］。对于卧式热虹吸再沸器，Collins 建议 20mm 换热管的最大热通量为 47300W/m²，25mm 换热管的最大热通量为 56800W/m²［15000～18000Btu/（ft²·h）］。这些经验值现在被认为过于保守，详见 Shellene 等（1968）、Furzer（1990）、Lee 等（1956）及 Palen 等（1974）提出的确定立式热虹吸再沸器最大热通量的关联式，Yilmaz（1987）提出的卧式热虹吸再沸器最大热通量的关联式。

（4）一般设计考虑。

热虹吸再沸器使用的换热管长度范围：1.83m（6ft，真空工况）至 3.66m（12ft，正压操作）。一般应用的理想尺寸是长 2.44m（8ft），内径 25mm。较大（最大 50mm）的管径，用于易结垢的体系。

上管板通常与塔底的液位对齐（图 19.54）。出口管线尽可能短，且截面积至少等于换热管的总截面积。

示例 19.10

为苯胺精馏塔设计一个立式热虹吸再沸器。这个塔在大气压下操作，需要的汽化速率是 6000kg/h。蒸汽压力为 22bar（300psi）。塔釜压力取 1.2bar。

解：

苯胺的物理特性取以下值：

1.2bar 下的沸点为 190℃，分子量为 93.13，T_c=699K，潜热为 42000kJ/kmol。

蒸汽饱和温度为 217℃，平均传热温差 ΔT=（217–190）=27℃。

$$对比温度\ T_r = \frac{(190+273)}{699} = 0.66$$

由图 19.55 可得，设计热通量为 25000W/m²。

$$热负荷 = \frac{6000}{3600} \times \frac{42000}{93.13} = 751kW$$

$$需要的换热面积 = \frac{751 \times 10^3}{25000} = 30m^2$$

使用内径 25mm、外径 30mm、管长 2.44m 的换热管：

$$单管的面积 = \pi \times 25 \times 10^{-3} \times 2.44 = 0.192m^2$$

$$换热管数 = \frac{30}{0.192} = 157$$

对于 1.25m² 间距，管束的近似直径为：

$$D_b = 30 \times \left(\frac{157}{0.215}\right)^{1/2.307} = 595mm \qquad\qquad (19.3b)$$

立式热虹吸再沸器使用固定管板。由图 19.12（译者注：原文为图 19.10，有误）可知，壳体—管束的间隙 =14mm。

$$壳体内径 = 594 + 14 = 609mm$$

出口管线内径面积取值与总换热管截面积相等：

$$管线面积 = 157 \times \left(25 \times 10^{-3}\right)^2 \times \frac{\pi}{4} = 0.077m^2$$

$$管线内径 = \sqrt{\frac{0.077 \times 4}{\pi}} = 0.31m$$

示例 19.11

为脱丙烷塔设计立式热虹吸再沸器，取汽化速率为36kmol/h。

塔釜组成：C_3 0.001kmol，iC_4 0.001kmol，nC_4 0.02kmol，iC_5 0.34kmol，nC_5 0.64kmol。

操作压力为8.3bar，混合物的泡点为120℃。

解：

C_3 和 iC_4 的浓度过低可以忽略，取液气比为3：1，估算离开再沸器的液气组成。

气体流量 $V=36/3600=0.1$kmol/s，$L/V=3$，所以液体流量 $L=3V=0.3$kmol/s，进料流量 $F=L+V=0.4$kmol/s。

离开再沸器的蒸气和液体组成可以用与闪蒸计算相同的程序来估算，参见17.3.3。

物质	K_i	$A_i=K_iL/V$	$V_i=z_i/(1+A_i)$	$y_i=V_i/V$	$x_i=(Fz_i-V_i)/L$
nC_4	2.03	6.09	0.001	0.010	0.023
iC_5	1.06	3.18	0.033	0.324	0.343
nC_5	0.92	2.76	0.068	0.667	0.627
			—	—	—
共计			0.102	1.001	0.993

汽化焓值（kJ/mol）[取自 Maxwell（1962）]。

物质	x_i	$\Delta H_{vap,i}$	$x_i\Delta H_{vap,i}$
nC_4	0.02	16	0.32
iC_5	0.35	17	5.95
nC_5	0.63	19	11.97
			—
共计			18.24

换热器热负荷（再沸器泡点进料）=蒸汽流量×汽化热=$0.1×10^3×18.24=1824$kW。

注：可以用模拟软件中非绝热闪蒸的模型估算这个值。

取最大热通量为37900W/m²，见19.11.5。

所需换热面积 $=1824000/37900=48.1\text{m}^2$。

使用内径 25mm、长 2.5m 的换热管，这是立式热虹吸再沸器的常用尺寸。

单根换热管的面积 $=25\times10^{-3}\times\pi\times2.5=0.196\text{m}^2$。

所需换热管数 $=48.1/0.196=246$。

换热器底部的液体密度 $=520\text{kg/m}^3$。

换热管入口分子量 $=58\times0.02+72\times（0.34+0.64）=71.7$。

出口处气体分子量 $=58\times0.02+72\times（0.35+0.63）=71.7$。

换热管出口处两相流密度：

$$气体体积 =0.1\times（22.4/8.3）\times（393/273）=0.389\text{m}^3$$

$$液体体积 =（0.3\times71.7）/520=0.0413\text{m}^3$$

$$总体积 =0.389+0.0413=0.430\text{m}^3$$

$$出口密度=\frac{0.4\times71.7}{0.430}\times71.7=66.7\text{kg/m}^3$$

（1）摩擦损失。

$$质量流率 =0.4\times71.7=28.68\text{kg/s}$$

$$换热管截面积=\frac{\pi\times\left(25\times10^{-3}\right)^2}{4}=0.00049\text{m}^2$$

$$管束总截面积 =246\times0.00049=0.121\text{m}^2$$

质量通量 $G=$ 质量流速／面积 $=28.68/0.121=237.0\text{kg/}（\text{m}^2\cdot\text{s}）$

在换热管出口单位管长的压降计算使用均相模型：

$$均匀速度 =G/\rho_\text{m}=237/66.7=3.55\text{m/s}$$

$$液体黏度 =0.12\text{mPa}\cdot\text{s}$$

$$Re=\frac{\rho_\text{m}ud}{\mu}=\frac{66.7\times3.55\times25\times10^{-3}}{0.12\times10^{-3}}=49330$$

由图 19.24，摩擦因子 $=3.2\times10^{-3}$：

$$\Delta p_\text{f}=8\times3.2\times10^{-3}\times\frac{1}{25\times10^{-3}}\times66.7\times\frac{3.55^2}{2}=430\text{Pa/m} \tag{19.19}$$

在换热管入口单位管长的液相压降：

$$速度 =G/\rho_\text{L}=237.0/520=0.46\text{m/s}$$

$$Re=\frac{\rho_\text{L}ud}{\mu}=\frac{520\times0.46\times25\times10^{-3}}{0.12\times10^{-3}}=49833$$

由图 19.24，摩擦因子 $=3.2\times10^{-3}$：

$$\Delta p_{\mathrm{f}}=8\times3.2\times10^{-3}\times\frac{1}{25\times10^{-3}}\times66.7\times\frac{3.55^2}{2}=430\mathrm{Pa/m} \qquad (19.19)$$

压降沿换热管线性变化：

$$单位管长的平均压降=（430+56）/2=243\mathrm{Pa}$$
$$管子的总压降=243\times2.5=608\mathrm{Pa}$$

在粗略计算中忽略黏度修正系数。

（2）换热管中的静压力。

为简化计算，假设管内密度的变化从下到上是线性的，静压由下式得出：

$$\Delta p_{\mathrm{s}}=g\int_0^L\frac{\mathrm{d}x}{v_{\mathrm{i}}+x\left(v_0-v_{\mathrm{i}}\right)/L}=\frac{gL}{\left(v_0-v_{\mathrm{i}}\right)}\times\ln\left(v_0/v_{\mathrm{i}}\right)$$

式中 v_{i}，v_{o}——分别为进、出口比容。

$$v_{\mathrm{i}}=1/520=0.00192\mathrm{m}^3/\mathrm{kg}；v_0=1/66.7=0.0150\mathrm{m}^3/\mathrm{kg}$$

$$\Delta p_{\mathrm{s}}=\frac{9.8\times2.5}{0.0150-0.00192}\times\ln\left(0.0150/0.00192\right)=3850\mathrm{Pa}$$

$$换热管的总压降=608+3850=4460\mathrm{Pa}$$

（3）可用压头（驱动力）。

$$\Delta p_{\mathrm{s}}=\rho_{\mathrm{L}}gL=520\times9.8\times2.5=12740\mathrm{Pa}$$

由此可见，可以维持 3:1 的循环比，包括整个管道的压降余量。

（4）传热。

使用 Chen 的方法计算对流沸腾传热系数，详见 19.13.3。

由于热通量已知，只需要对传热系数进行粗略的计算，因此使用 Mostinski 方程估算核态沸腾传热系数。

取正戊烷的临界压力为 33.7bar。

$$h_{\mathrm{nb}}=0.104\times33.7^{0.69}\times37900^{0.7}\left[1.8\times\left(8.3/33.7\right)^{0.17}+4\times\left(8.3/33.7\right)^{1.2}+10\times\left(8.3/33.7\right)^{10}\right]$$
$$=1888.6\left(1.418+0.744+0.000\right)=4083\mathrm{W/}\left(\mathrm{m}^2\cdot℃\right)$$

$$质量汽化率\ x=气相质量/总质量流量=0.1/0.4=0.25$$
$$气相黏度=0.0084\mathrm{mPa\cdot s}$$
$$换热管出口的气相密度=（0.1\times71.7）/0.389=18.43\mathrm{kg/m}^3$$

$$1/X_{\mathrm{tt}}=\left[0.25/\left(1-0.25\right)\right]^{0.9}\times\left(520/18.43\right)^{0.5}\times\left(0.0084/0.12\right)^{0.1}=1.51 \qquad (19.46)$$

液相比热容 $=2.78\mathrm{kJ/}\left(\mathrm{kg\cdot℃}\right)$，液相热导率 $=0.12\mathrm{W/}\left(\mathrm{m\cdot℃}\right)$。

$$Pr_L = (2.78 \times 10^3 \times 0.12 \times 10^{-3})/0.12 = 2.78$$

仅液相在管内流动的质量通量 = $(0.3 \times 71.7)/0.121 = 177.8\text{kg/}(\text{m}^2 \cdot \text{s})$

$$速度 = 177.8/520 = 0.34\text{m/s}$$

$$Re_L = \frac{520 \times 0.34 \times 25 \times 10^{-3}}{0.12 \times 10^{-3}} = 36833$$

由图 19.23 可知：

$$j_h = 3.3 \times 10^{-3}$$

$$Nu = 3.3 \times 10^{-3} \times 36833 \times 2.78^{0.33} = 170.3$$

$$h_i = 170.3 \times (0.12/25 \times 10^{-3}) = 817\text{W/}(\text{m}^2 \cdot \text{°C}) \tag{19.15}$$

再次忽略黏度修正项。

由图 19.52 可得，对流沸腾强化因子 $f_c = 3.6$：

$$Re_L \times f_c^{1.25} = 36883 \times 3.6^{1.25} = 182896\,(1.8 \times 10^5)$$

由图 19.53 得，核态沸腾抑制因子 $f_s = 0.23$，所以：

$$h_{cb} = 3.6 \times 817 + 0.23 \times 4083 = 3880\text{W/}(\text{m}^2 \cdot \text{°C})$$

这个值已经在出口条件下计算出来。

假设从入口到出口，传热系数线性变化，那么平均传热系数由下式可得：

平均传热系数 = [入口传热系数（全部液相）+ 出口传热系数（液相 + 气相）]/2

入口处的 Re_L $36833 \times 0.4/0.3 = 49111\,(4.9 \times 10^4)$。

由图 19.23 得，$j_h = 3.2 \times 10^{-3}$：

$$Nu = 3.2 \times 10^{-3} \times 49111 \times 2.78^{0.33} = 220.2$$

$$h_i = 220.2 \times (0.12/25 \times 10^{-3}) = 1057\text{W/}(\text{m}^2 \cdot \text{°C})$$

平均传热系数 = $(1057 + 3880)/2 = 2467\text{W/}(\text{m}^2 \cdot \text{°C})$

忽略换热管壁热阻，取蒸汽侧传热系数为 $8000\text{W/}(\text{m}^2 \cdot \text{°C})$，总传热系数 U 由下式得出：

$$1/U = 1/8000 + 1/2467 = 5.30 \times 10^{-4}$$

$$U = 1886\text{W/}(\text{m}^2 \cdot \text{°C})$$

所需的总传热系数 = 热负荷 $/\Delta T_{LM}$（译者注：热负荷有误，应为热通量）。

$\Delta T_{LM} = 158.8 - 120 = 38.8\text{°C}$，取两侧物流为等温物流。

所以，所需要的传热系数 $U = 37900/38.3 = 990\text{W/}(\text{m}^2 \cdot \text{°C})$。

[译者注：分母应为 38.8，如分母为 38.8，则计算结果为 $976\text{W/}(\text{m}^2 \cdot \text{°C})$]。

因此，设计开始时假定的换热面积是足够的，即使结垢仍然可以满足换热要求。

通过将换热管沿长度划分为多段，分别计算各段的传热系数和压降，并对各段压降进行求和，可以提高分析结果的准确度。更精确但更复杂的方法，可以用来预测两相流的压降和传热系数。考虑弯头、扩径和缩径产生的压降，进出口管线上的压降也可以更精确地估算。当液体汽化时，加速液气混合物所需的能量（压降）也应该考虑在内。这部分压降可以按两倍速度头计算，其中密度取气液两相的平均密度。

19.11.6 釜式再沸器设计

釜式再沸器以及其他的管束浸没式设备，本质上都是池沸腾装置，它们的设计都基于核态沸腾的数据。

在浸没的管束中，气体从下部的管排间产生，经过上部的管子上升到液面。这一过程产生两种相反的效果：上升的气体会有包裹上面换热管的趋势，特别是当管间距接近时，会降低传热速率；同时上升的气泡会引起湍流增加，会抵消气泡包裹换热管对换热的不利影响。Palen 和 Small（1964）给出了一种详细的釜式再沸器设计方法，在此方法中，考虑到蒸汽覆盖对传热的不利影响，用经验推导的管束系数对单管沸腾方程计算出的传热系数进行修正，得到管束的传热系数。根据 Palen、Yarden 和 Taborek（1972）的报告，HTRI 后续的研究表明，管束的传热系数通常大于单管传热系数的估算值。总的来说，用单管的相关系数来估算管束系数似乎是合理的，不需要进行任何修正［式（19.41）或式（19.42）］。

然而，对于稳定的核态沸腾，管束的最大热通量要小于单管。Palen 和 Small（1964）建议用换热管密度因子修正单管热通量的 Zuber 方程［式（19.43）］，这种方法得到了 Palen 等（1972）的支持。

修改后的 Zuber 方程如下：

$$q_{cb} = K_b \left(\frac{p_t}{d_o} \right) \left(\frac{\lambda}{\sqrt{N_t}} \right) \left[\sigma g (\rho_L - \rho_v) \rho_v^2 \right]^{0.25} \tag{19.52}$$

式中　K_b——正方形布管时为 0.44，等边三角形布管时为 0.41；

q_{cb}——管束的最大（临界）热通量，W/m^2；

p_t——管间距；

d_o——换热管外径；

N_t——管束中的换热管总数，对于 U 形管，N_t 为实际 U 形管数目的两倍。

Palen 和 Small 建议使用式（19.52）估算出的最大热通量应再乘以 0.7 的安全系数。这仍然会远高于传统商业釜式再沸器设计的数值，如 Kern（1950）推荐的 37900W/m² （12000Btu/ft²h）。这对于浸没管束式再沸器的应用具有重要的意义，因为高的热通量可以使用较小管束，这样就可以经常将再沸器安装在塔釜，节省了壳体和管道的成本。

（1）一般设计考虑。

典型的釜式再沸器结构如图 19.8 所示。换热管的布置，无论三角形或正方形，对传热系数没有显著影响。应采用换热管外径 1.5～2.0 倍的管间距，以避免蒸汽覆盖。长而细的管束比短而粗的管束更加高效。

壳体的尺寸应使其具有足够的空间使气相和液相分离。所需的壳体直径取决于热通量。以下数值可以作为参考：热通量为 25000W/m² 时，壳体直径/管束直径为 1.2～1.5；热通量为 25000～40000W/m² 时，壳体直径/管束直径为 1.4～1.8；热通量为 40000W/m² 时，壳体直径/管束直径为 1.7～2.0。

液面和壳体之间的自由空间至少有 0.25m。为避免过高的夹带率，液体表面的最高气体速度 $\hat{u}_v$（m/s）应低于下式给出的值：

$$\hat{u}_v < 0.2 \left[\frac{\rho_L - \rho_v}{\rho_v} \right]^{1/2} \tag{19.53}$$

当只需要较低的汽化率时，应考虑使用带有加热夹套或加热盘管的立式圆筒形容器。利用池沸腾中核态沸腾方程，可以估算内浸式盘管的沸腾传热系数。

（2）平均传热温差。

当被汽化的流体为单一组分、加热介质为蒸汽（或其他冷凝蒸气）时，管侧和壳侧传热均为等温过程，平均传热温差仅为冷热流体的饱和温度之差。如果一侧不等温，则应采用对数平均温差。如果两侧的温度均发生变化，则必须对偏离实际错流或逆流的对数平均温差进行校正（见 19.6 节）。

如为过冷进料，平均温差仍应以液体的沸点为准，因为进料会迅速与釜中大量沸腾的液体混合；使进料达到沸点所需的热量必须包括在总热负荷中。

（3）混合物。

19.11.1 给出的计算核态沸腾传热系数的方程可以用于窄沸腾域（如小于 5℃）的混合物，如果用于宽沸腾域的混合物，则计算的结果会偏高。Palen 和 Small（1964）给出了混合物沸腾的经验的修正系数，可以在缺乏实验数据的情况下估算传热系数：

$$(h_{nb})_{混合物} = f_m (h_{nb})_{单组分} \tag{19.54}$$

式中　f_m——等于 exp$[-0.0083(T_{bo}-T_{bi})]$；

　　　T_{bo}——离开再沸器气体混合物的温度，℃；

　　　T_{bi}——进入再沸器的液体温度，℃。

进口温度为塔釜液相的饱和温度，气相温度为返回塔内的气体的饱和温度。这些流股的组成将由精馏塔设计规定确定。

示例 19.12

设计一个蒸发器，在压力 5.84bar 下蒸发正丁烷 5000kg/h。最低进料温度（冬季工况）为 0℃。使用 1.7bar 的蒸汽（10psi）加热。

解：

只做热力学设计和总布置。选择釜式再沸器。

5.84bar 下的正丁烷物性如下：沸点 56.1℃，潜热 326kJ/kg，液相平均比热容 2.51kJ/（kg·℃），临界压力 p_c=38bar。

热负荷：显热（最大）=（56.1-0）2.51=140.8kJ/kg。

总热负荷 =（140.8+326）× $\dfrac{5000}{3600}$ =648.3kW。

增加 5% 的热量损失：最大热负荷 =1.05×648.3=681kW。

由图 19.1，假设 U=1000W/（m²·℃）。

平均传热温差（两侧均为等温，1.7bar 下蒸汽饱和温度为 115.2℃）：

$$\Delta T_m=115.2-56.1=59.1℃$$

$$需要的换热面积（外管）=\frac{681\times10^3}{1000\times59.1}=11.5m^2$$

选择内径为 25mm、外径为 30mm 的 U 形光管，名义长度为 4.8m（一个 U 形管），则：

$$U 形管数量 =\frac{11.5}{(30\times10^{-3})\times\pi\times4.8}=25$$

使用正方形布管，管间距 =1.5× 管外径 =1.5×30=45mm。

画布管图，选最小弯曲半径 =1.5× 管外径 =45mm。

建议布置 26 根换热管，布管限定圆直径 420mm。

使用 Mostinski 方程计算沸腾传热系数：

基于所估计面积的热通量：

$$q=\frac{681}{11.5}=59.2kW/m^2$$

$$h_{nb}=0.104\times38^{0.69}\times\left(5.92\times10^3\right)^{0.7}\times\left[1.8\times\left(\frac{5.84}{38}\right)^{0.17}+4\times\left(\frac{5.84}{38}\right)^{1.2}+10\times\left(\frac{5.84}{38}\right)^{10}\right] \quad(19.42)$$

$$=4855W/（m^2\cdot℃）$$

取蒸汽冷凝传热系数为 8000W/（m²·℃）；污垢传热系数为 5000W/（m²·℃）；丁烷污垢传热系数，基本上为清洁介质，取 10000W/（m²·℃）。

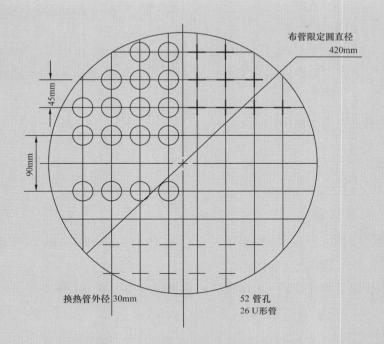

布管，U 形管，示例 19.12

换热管为碳钢光管，$k_w = 55 W/(m \cdot ℃)$：

$$\frac{1}{U_o} = \frac{1}{4855} + \frac{1}{10000} + \frac{30 \times 10^{-3} \times \ln\frac{30}{25}}{2 \times 55} + \frac{30}{25} \times \left(\frac{1}{5000} + \frac{1}{8000}\right) \quad (19.2)$$
$$U_o = 1341 W/(m^2 \cdot ℃)$$

计算所得传热系数与初始估计值 $1000 W/(m^2 \cdot ℃)$ 非常接近，因此设计成立。

Myers 和 Katz（1953）给出了一些关于正丁烷在管束间沸腾的数据。为了比较这些值与估算值，需要估计膜态沸腾温差：

$$\frac{1341}{4855} \times 59.1 = 16.3 ℃（29 ℉）$$

根据 Myers 数据推断，在 29 ℉ 温差时其膜态沸腾传热系数约为 3000 Btu/$(h \cdot ft^2 \cdot ℉)$，即 $17100 W/(m^2 \cdot ℃)$，因此，$4855 W/(m^2 \cdot ℃)$ 的估计值肯定是在安全的范围内。

核算最大允许热通量。使用修正后的 Zuber 方程：

$$表面张力（估计值）= 9.7 \times 10^{-3} N/m$$

$$\rho_L = 550 \text{kg/m}^3$$

$$\rho_v = \frac{58}{22.4} \times \frac{273}{(273+56)} \times 5.84 = 12.6 \text{kg/m}^3$$

$$N_t = 52$$

对于正方形布管，$K_b = 0.44$：

$$q = 0.44 \times 1.5 \times \frac{326 \times 10^3}{\sqrt{52}} \times \left[9.7 \times 10^{-3} \times 9.81 \times (550-12.6) \times 12.6^2\right]^{0.25}$$

$$= 283.224 \text{W/m}^2 \qquad\qquad (19.52)$$

$$\approx 280 \text{W/m}^2$$

安全系数取 0.7，最大热通量不能超过 $280 \times 0.7 = 196 \text{kW/m}^2$。实际热通量 59.2kW/m^2 显著低于最大允许值。

根据布管限定圆直径 $D_b = 420 \text{mm}$，选取两倍管束直径为壳体直径：

$$D_s = 2 \times 420 = 840 \text{mm}$$

取距底切线 500mm 为液位高：分离空间 $= 840 - 500 = 340 \text{mm}$，满足要求。

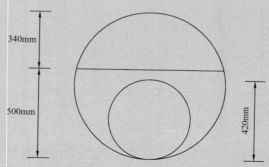

根据简图，液位处宽度 $= 0.8 \text{m}$。

$$液体表面积 = 0.8 \times 2.4 = 1.9 \text{m}^2$$

液位表面处气体速率 $= \dfrac{5000}{3600} \times \dfrac{1}{12.6} \times \dfrac{1}{1.9} = 0.06 \text{m/s}$

最大允许速度：

$$\hat{u}_v = 0.2 \times \left(\frac{550-12.6}{12.6}\right)^{1/2} = 1.3 \text{m/s} \qquad (19.53)$$

所以实际速度显著低于最大允许速度。可以考虑更小的壳体直径。

19.12　板式换热器

19.12.1　垫片式板式换热器

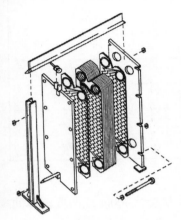

图 19.56　垫片式板式换热器

带垫片的板式换热器由一组紧密间隔的换热板夹在一起组成，一个薄垫片在换热板边缘将换热板密封，这些换热板一般厚度为 0.5～3mm，板间距为 1.5～5mm。换热板表面积范围为 0.03～1.5m²，宽长比为 2.0～3.0。板式换热器的面积从很小的 0.03m² 到很大的 1500m²。流体的最大流量限制在 2500m³/h 左右。

垫片式板式换热器的基本结构和流体布置如图 19.56 所示，换热板上的角孔引导流体从板到板流动。在换热板上冲压出波纹，既增加了换热板的刚度，又提高了换热板的传热性能。

换热板可以使用多种金属和合金，不锈钢、铝和钛等都可用作垫片的材料，见表 19.11。

表 19.11　板式换热器使用的典型的垫片材料

材料	温度限制，℃	适用流体
丁苯橡胶	85	水系统
丁腈橡胶	140	水溶液，脂类，脂肪烃
乙丙橡胶	150	大部分化学物质
氟橡胶	175	油
压缩石棉	250	对有机物有一般抗性

（1）换热器的选择。

相比传统的管壳式换热器，垫片式板式换热器的优点和缺点如下：

① 优点。

a. 当材料成本很高时，板式换热器的价格更有吸引力。

b. 板式换热器更易于维护。

c. 相比于管壳式换热器最小换热温差 5～10℃要求，板式换热器的最小换热温差可低至 1℃。

d. 板式换热器的结构更有弹性，易于增加额外的换热板。

e. 板式换热器更适合高黏度物质。

f. 由于流体更接近真正的纯逆流，板式换热器的温度校正因子 F_t 一般更高。

g. 板式换热器的结垢倾向更低，见表 19.12。

表 19.12 板式换热器常用的污垢因子（系数）

流体	污垢系数，W/（m²·℃）	污垢因子，m²·℃/W
工艺水	30000	0.00003
城市用水（软）	15000	0.00007
城市用水（硬）	6000	0.00017
冷却水（处理后）	8000	0.00012
海水	6000	0.00017
润滑油	6000	0.00017
轻有机物	10000	0.0001
工艺流体	5000～20000	0.0002～0.00005

② 缺点。

a. 换热板的形状不适合承受压力，板式换热器不适用于压力大于 30bar 或两股流体间压差过高的情况。

b. 选择合适的垫片很重要，见表 19.11。

c. 由于可用垫片材料的性能限制，最大操作温度限制在 250℃左右。

因为板式换热器可快速拆卸清洗和检修，广泛应用在食品和饮料领域。它们在化学工业中的使用取决于在特定应用工况下与管壳式换热器的成本的对比，见 Parker（1964）和 Trom（1990）的著作。

（2）板式换热器的设计。

板式换热器的精确设计方法是不可能给出的，它们是专利设计，通常需向制造商咨询确定，一般无法获得所使用的各种换热板的性能资料。Emerson（1967）给出了一些专利设计的性能数据，Kumar（1984）和 Bond（1981）发表了关于 APV 人字形波纹板的设计数据。

相比于管壳式换热器，下面给出用来确定板式换热器尺寸的近似方法，并且可用于校核现有换热器对于新热负荷的换热能力及压降情况。Hewitt 等（1994）及 Cooer 和 Usher（1983）给出了更加详细的设计方法。

板式换热器的设计步骤与管壳式换热器相似：

① 计算所需的热负荷和传热速率。

② 如果设计条件不完整，根据热平衡确定未知的流体温度或流体的流量。

③ 计算对数平均温差 ΔT_{lm}。

④ 确定对数平均温差的校正因子 F_t，详见下面给出的方法。

⑤ 计算校正后的平均温差 $\Delta T_m = F_t \times \Delta T_{lm}$。

⑥ 估算总的传热系数，见表 19.1。

⑦ 计算所需换热面积，见式（19.1）。

⑧ 确定所需的换热板数量，即总换热面积 / 单板面积。

⑨ 确定流程安排和通道数量。

⑩ 计算每股流体的膜传热系数，详见下面给出的方法。

⑪ 计算总的传热系数，考虑污垢系数。

⑫ 比较总传热系数的计算值与假设值。如果满足要求，误差 –10%～ +10%，进行到下一步。如果不满足要求，返回第 8 步，增加或减少换热板数量。

⑬ 检查每股流体的压降，详见下面给出的方法。

该设计过程如示例 19.13 所示。

（3）流道安排。

介质的流动可定为串联或并联或者串 / 并联的结合，如图 19.57 所示。每种介质的流道（程）可细分为若干通道，类似于管壳式换热器中使用的程数。

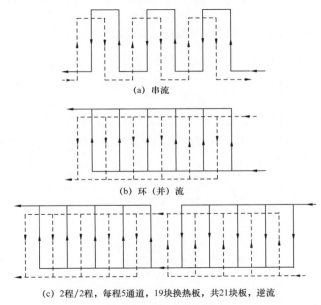

(a) 串流

(b) 环（并）流

(c) 2程/2程，每程5通道，19块换热板，共21块换热板，逆流

图 19.57　板式换热器流道安排

（4）温度修正系数的估算。

对于板式换热器，可方便地将对数平均温差修正系数 F_t 表示为传热单元数（NTU）、流道安排（流道数）的函数（图 19.58）。在相同操作温度下，板式换热器的修正系数大于管壳式换热器。对于串联流动，为了粗估尺寸，修正系数可取 0.95。

传递单元数量由下式得到：

$$NTU = (t_o - t_i) / \Delta T_{lm} \qquad (19.55)$$

式中　t_i——流股进口温度，℃；

　　　t_o——流股出口温度，℃；

　　　ΔT_{lm}——对数平均温差，℃。

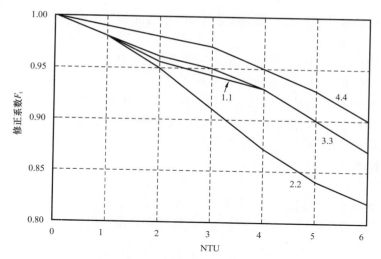

图 19.58　板式换热器对数平均温度修正系数（Raju 和 Chand，1998）

通常，NTU 的范围在 0.5～4.0 之间，大多数实际应用工况，NTU 的范围在 2.0～3.0 之间。

（5）传热系数。

管内强制对流传热方程［式（19.10）］可用于板式换热器。

常数 C 及系数 a、b 和 c 的值取决于所使用的板的特定类型。湍流的典型数值如下式所示，可用来初步估算所需的面积：

$$\frac{h_p d_e}{k_f} = 0.26 Re^{0.65} Pr^{0.4} \left(\frac{\mu}{\mu_w}\right)^{0.14} \tag{19.56}$$

$$\frac{G_p d_e}{\mu} = \frac{\rho u_p d_e}{\mu}$$

式中　h_p——换热板膜系数；

　　　Re——雷诺数；

　　　G_p——单位横截面积上的质量流量（w/A_f），kg/（$m^2 \cdot s$）；

　　　w——每个流道内的质量流量，kg/s；

　　　A_f——流动横截面积，m^2；

　　　u_p——通道内流速，m/s；

　　　d_e——当量（水力学）直径，取板间距的两倍，m。

换热板上的波纹会增大板的投影面积，减少板与板之间的有效间隙。对于粗略选型，由于不知道换热板的实际设计，因此这种影响可以忽略。通道宽度等于板间距减去换热板厚度。

在端板之间没有传热，所以有效板的数量等于板的总数减 2。

（6）压降。

板式换热器压降可以用管道内流动方程的一种形式来估算［式（19.18）］：

$$\Delta p_{\mathrm{p}} = 8j_{\mathrm{f}}\left(L_{\mathrm{p}} / d_{\mathrm{e}}\right)\frac{\rho u_{\mathrm{p}}^2}{2} \qquad (19.57)$$

式中　L_{p}——路径长度；

　　　u_{p}——等于 G_{p}/ρ。

摩擦因数 j_{f} 的取值与所选用的板型有关，对于初步计算，以下关系可用于湍流：

$$j_{\mathrm{f}} = 0.6Re^{-0.3}$$

从层流到湍流的过渡通常发生在雷诺数 100～400 之间，这取决于换热板的设计选型。通过一些优化设计，可在非常低的雷诺数下实现湍流，这使得板式换热器非常适合与黏性流体一起使用。

除摩擦损失外，还必须加上由于介质通过换热板角孔后流道收缩和扩大而引起的压降。Kumar（1984）建议根据通过角孔的速度，每程增加 1.3 倍速度头：

$$\Delta p_{\mathrm{pt}} = 1.3\frac{\left(\rho u_{\mathrm{pt}}^2\right)}{2}N_{\mathrm{p}} \qquad (19.58)$$

式中　u_{pt}——通过端口的速度（$w/\rho A_{\mathrm{p}}$），m/s；

　　　w——通过端口的质量流速，kg/s；

　　　A_{p}——端口面积（$\pi d_{\mathrm{pt}}^2/4$），m^2；

　　　d_{pt}——角孔直径，m；

　　　N_{p}——程数。

示例 19.13

研究在示例 19.1 中规定的热负荷条件下板式换热器的使用情况：以苦咸水为冷却剂冷却甲醇，为防止苦咸水腐蚀，需使用钛材的换热板。

示例 19.1 的内容如下：

冷却 100000kg/h 的甲醇，从 95℃到 40℃，热负荷为 4340kW。冷却水入口温度为 25℃，出口温度为 40℃。流量：甲烷为 27.7kg/s，水为 69.9kg/s。

物性	甲醇	水
密度，kg/m³	750	995
黏度，mPa·s	3.4	0.8
普朗特数	5.1	5.7

对数平均温差为 31℃。

解：

根据最大温差，$NTU = \dfrac{95-40}{81} = 1.8$。

首先尝试 1:1 的程数布置，从图 19.58 可得，$F_t = 0.96$。

根据表 19.2 选取总传热系数，轻烃和水体系为 2000W/（m²·℃）。

因此，所需换热面积 $= \dfrac{4840 \times 10^3}{2000 \times 0.96 \times 31} = 72.92 \text{m}^2$。

选择换热板，有效面积为 0.75m²，有效长度为 1.5m，宽度为 0.5m，这些是典型换热板的尺寸。实际的板片尺寸将更大，以抵消垫片的面积和角孔的影响。

换热板数量 = 总传热面积 / 单板有效面积 =72.92/0.75=97。

无须调整该值，97 块换热板可为每程提供偶数个通道及一块端板。

每程流道数 =（97-1）/2=48。

取典型的 3mm 板间距：

$$\text{流道横截面积} = 3 \times 10^{-3} \times 0.5 = 0.0015 \text{m}^2$$
$$\text{水利平均直径} = 2 \times 3 \times 10^{-3} = 6 \times 10^{-3} \text{m}$$

（1）甲醇。

$$\text{流道速度} = \frac{27.8}{750} \times \frac{1}{0.0015} \times \frac{1}{48} = 0.51 \text{m/s}$$

$$Re = \frac{\rho u_p d_e}{\mu} = \frac{750 \times 0.51 \times 6 \times 10^{-3}}{0.34 \times 10^{-3}} = 6750$$

$$Nu = 0.26 \times 6750^{0.65} \times 5.1^{0.4} = 153.8 \tag{19.56}$$

$$h_p = 153.8 \times \left(\frac{0.19}{6 \times 10^{-3}} \right) = 4870 \text{W/（m}^2 \cdot \text{℃）}$$

（2）苦咸水。

$$\text{流道速度} = \frac{68.9}{995} \times \frac{1}{0.0015} \times \frac{1}{48} = 0.96 \text{m/s}$$

$$Re=\frac{995\times0.96\times6\times10^{-3}}{0.8\times10^{-3}}=7164$$

$$Nu=0.26\times7164^{0.65}\times5.7^{0.4}=167.2 \qquad (19.56)$$

$$h_{p}=167.2\times\left(\frac{0.59}{6\times10^{-3}}\right)=16439W/(m^{2}\cdot℃)$$

（3）总传热系数。

根据表 19.2，取苦咸水的污垢因子（系数）为 6000W/（m²·℃），甲醇（轻有机物）为 10000W/（m²·℃）。

取换热板厚度为 0.75mm，钛材的热导率为 21W/（m·℃）：

$$\frac{1}{U}=\frac{1}{4870}+\frac{1}{10000}+\frac{0.75\times10^{-3}}{21}+\frac{1}{16439}+\frac{1}{6000}$$

$U=1759W/（m^{2}\cdot℃）$，过低。

增加每程的流道数到 60：（2×60）+1=121 块换热板。

接下来，甲醇通道流速 =0.51×（48/60）=0.41m/s，$Re=5400$。

冷却水通道流速为 0.96×（48/60）=0.77m/s，$Re=5746$。

计算得甲醇 $h_{p}=4215W/（m^{2}\cdot℃）$，冷却水为 14244W/（m²·℃），总传热系数为 1640W/（m²·℃）。

所需总传热系数 2000×48/60=1600W/（m²·℃），所以每程 60 块换热板可满足要求。

（4）压降。

甲醇：$j_{f}=0.60（5400）-0.3=0.046$。

$$通道长度 = 板长 × 程数 =1.5×1=1.5m$$

$$\Delta p_{p}=8\times0.046\times\left(\frac{1.5}{6\times10^{-3}}\right)\times750\times\frac{0.41^{2}}{2}=5799Pa \qquad (19.57)$$

角孔压力损失计算，取端口直径为 100mm，面积为 0.00785m²，通过角孔的速度 =（27.8/750）/0.00785=4.72m/s。

$$\Delta p_{pt}=1.3\times\frac{750\times4.72^{2}}{2}=10860Pa \qquad (19.58)$$

总压降 =5799+10860=16659Pa（0.16bar）。

对于冷却水，$j_{f}=0.6（5501）-0.3=0.045$。

$$通道长度 = 板长 × 程数 =1.5×1=1.5m$$

$$\Delta p_{\mathrm{p}} = 8 \times 0.045 \times \left(\frac{1.5}{6 \times 10^{-3}}\right) \times 995 \times \frac{0.77^2}{2} = 26.547 \mathrm{Pa} \qquad (19.57)$$

$$通过角孔的速度 = (68.9/995)/0.0078 = 8.88 \mathrm{m/s}（相当高）$$

$$\Delta p_{\mathrm{pt}} = 1.3 \times \frac{995 \times 8.88}{2} = 50999 \mathrm{Pa} \qquad (19.58)$$

总压降 $= 26547 + 50999 = 77546 \mathrm{Pa}$（0.78bar），可通过增加角孔直径减少压降。试算结果令人满意，可以考虑使用板式换热器。

19.12.2　焊接式板式换热器

焊接式板式换热器使用的换热板与垫片式板式换热器相似，不同之处在于换热板边缘通过焊接密封。这样增大了换热器的压力和温度范围，操作压力最高可达80bar，操作温度可超500℃。它们保留了板式换热器的优点（体积紧凑、传热率高），同时减少了泄漏的风险。一个明显的缺点是换热器不能拆卸清洗，所以它们的使用仅限于不易结垢的应用场合。换热板可使用多种材料制造。

如果焊接式板式换热器包含在压力容器中，并且换热器和容器加压到与换热器内流体相同的压力，则可以将焊接式板式换热器用于高压场合，但换热器两侧的压差必须很小。

半焊式的板结构（垫片式和焊接式板的组合结构）也有应用，苛刻的工艺介质在焊接板内，温和的工艺介质或公用工程介质在垫片板内。

19.12.3　板翅式换热器

板翅式换热器本质上由波纹板隔开的换热板组成，波纹板形成了翅片结构。它们组成一个块，通常称为矩阵式换热器（图19.59）。它们通常由铝制成，通过钎焊连接和密封。板翅式换热器主要应用于空分装置等需要较大换热面积的低温行业，现在在化工工业中有了广泛的应用，尤其是需要大表面积且结构紧凑的换热器场合。它们体积小、重量轻，已在部分离岸工程上得到了应用。钎焊铝结构的压力限制在60bar左右，温度限制在150℃左右。由于这些部件不能清洗，所以只能用于清洁流体和蒸汽。Saunders（1988）和Burley（1991）讨论了板翅式换热器的结构和设计应用，Lowe（1987）则讨论了板翅式换热器在低温工况中的应用。

19.12.4　螺旋式换热器

螺旋式换热器可以认为是由螺旋状的换热板制成的板式换热器，流体通过板间形成的流道流动。换热器由150~1800mm宽的长板制成，两块板形成一对同心的螺旋流道，这些流道由通过螺栓连接到外壳上的密封端板来闭合。进出口的接管安装在外壳上，并与流道连接（图 19.60）。两块板间的间隙为 4～20mm，取决于换热器的尺寸和应用要求，它们可用任何可冷加工和焊接的材料制造。

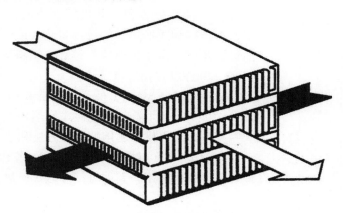

图 19.59　板翅式换热器

螺旋式换热器结构紧凑，换热面积为 $250m^2$ 的换热器体积大约为 $10m^3$，最大操作压力达 20bar，最大操作温度达 400℃。

对于给定的热负荷，螺旋式换热器的压降会小于相当能力的管壳式换热器。螺旋式换热器可实现纯逆流，适用于管壳式换热器温度修正系数 F_t 过低的场合，见 19.6 节。由于易于清洁，并且通道内的湍流程度很高，因此螺旋式换热器可用于非常易于结垢的介质和浆状介质的工况。

以水力学平均直径为特征尺寸，用管道内流动的相关系数来估算流道内的传热系数和压降。

Minton（1970）探讨了螺旋式换热器的设计。

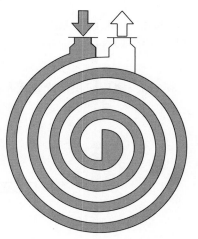

图 19.60　螺旋式换热器

19.13　直接接触式换热器

直接接触式换热器中没有传热间壁，冷热流体直接接触，因此传热速率高。

直接接触式换热器应用的场合包括反应器尾气激冷、真空冷凝器、冷却—冷凝器、减温器和加湿器等。冷却塔是直接接触式换热器的典型例子，见 3.2.5。在直接接触式冷却器中，冷凝下来的液相经常作为冷剂使用（图 19.61）。

当工艺流体和冷剂相容时，应考虑直接接触式换热器。这类换热器使用的设备简单、廉价，适用于结垢严重的流体和含固体的液体；喷淋室、喷淋塔、板式和填料塔均可采用。

直接接触式换热器没有通用的设计方法。大多数应用涉及潜热和显热的传递，这一过程是一个传热和传质同时进行的过程。当热平衡像在很多应用中一样能很快达到时，

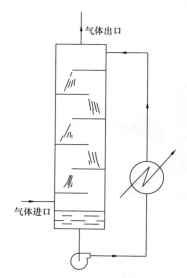

图 19.61　典型直接接触式冷
却器（折流板式）

容器的尺寸不是关键因素，设计时可借鉴类似的经验流程。在其他情况下，设计者必须从基本原理出发，建立质量和传热的微分方程，并进行必要的简化以得到解决方案，直接接触式换热器的设计步骤类似于气体吸收和蒸馏的设计步骤。由于传热速率较高，填料塔的传热系数可达 $2000\sim20000W/(m^3\cdot\text{℃})$。

Fair［1961，1972（a），1972（b）］、Chen-Chia 和 Fair（1989）探讨了直接接触式换热器的设计与应用，并为一系列应用提供了实用的设计方法和数据。

Coulson 等（1999）探讨了水冷塔和加湿器的设计，同样的原理也适用于其他直接接触式换热器的设计。

19.14　翅片管

翅片用于增加换热管的有效表面积。有很多不同的翅片型式图 19.62 所示的普通横向翅片在化工领域中最为常用。典型的翅片尺寸为翅片间距 2.0～4.0mm、翅高 12～16mm，翅片面积与光管面积之比为 15：1～20：1。

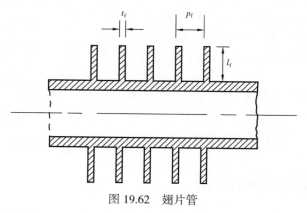

图 19.62　翅片管

翅片管用于管外传热系数明显低于管内传热系数的情况，如从液体传热到气体（如空冷器）。

翅片表面积不会像光管表面那样有效，因为热量必须沿着翅片传导。在设计中，通过使用翅片有效性或翅片效率、翅片因子等来描述翅片传热能力与光管传热能力的关系。Coulson 等（1999）推导出了描述翅片传热的方程，同样也可参见 Kern（1950）的著作。翅片效率是翅片尺寸和翅片材料导热系数的函数，翅片通常由导热系数高的金属制成，对于铜和铝制翅片，效率通常在 0.9～0.95 之间。

当使用翅片管时，式（19.2）中管外的系数被涉及翅片面积和效率的项所代替：

$$\frac{1}{h_{\mathrm{o}}} + \frac{1}{h_{\mathrm{od}}} = \frac{1}{E_{\mathrm{f}}}\left(\frac{1}{h_{\mathrm{f}}} + \frac{1}{h_{\mathrm{df}}}\right)\frac{A_{\mathrm{o}}}{A_{\mathrm{f}}} \qquad (19.59)$$

式中　h_{f}——基于翅片面积的传热系数；

　　　　h_{df}——基于翅片的污垢系数；

　　　　A_{o}——光管外表面积；

　　　　A_{f}——翅片面积；

　　　　E_{f}——翅片效率。

　　给出一个通用系数 h_{f} 的关联式用来涵盖所有类型的翅片和翅片尺寸是不太可能的，对于所使用的特定型式的翅片，可由其制造厂提供设计参数。对于错流式管组，并具有普通横翅片的翅片管，Briggs 和 Young（1963）给出了估算翅片传热系数的关联式：

$$Nu = 0.134 Re^{0.681} Pr^{0.33}\left(\frac{p_{\mathrm{f}} - t_{\mathrm{f}}}{l_{\mathrm{f}}}\right)^{0.2}\left(\frac{p_{\mathrm{f}}}{t_{\mathrm{f}}}\right)^{0.1134} \qquad (19.60)$$

式中　p_{f}——翅片间距；

　　　　l_{f}——翅片高度；

　　　　t_{f}——翅片厚度。

　　雷诺数基于光管计算得到（假设不存在翅片）。

　　Kern 和 Kraus（1972）详细介绍了翅片管在换热器工艺设计中的应用和设计方法。

　　翅片高度大约 1mm 的低横向翅片管，在很多流程中有取代光管的优势。翅片经轧制而成，管外径与普通光管相同。可以在制造商的数据手册中查询详细的数据，如 Wolverine（1984）以及其电子版本的设计手册（www.wlv.com），也可参考 Webber（1960）的著作。

19.15　套管换热器

　　图 19.63 所示的同心管是最简单、最便宜的换热器类型之一。套管换热器可用标准管件组装，在只需要很小的传热面积时非常有用。多台套管换热器串联使用可以扩大换热能力。

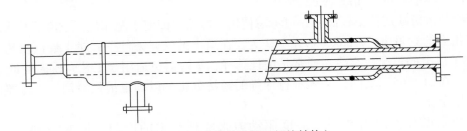

图 19.63　套管换热器（焊接结构）

　　采用适当的当量直径作为特征尺寸，管内强制对流传热的相关关联式［式（19.10）］可用来估算环隙中的传热系数：

$$d_e = \frac{4 \times \text{横截面积}}{\text{润湿周长}} = \frac{4\left(d_2^2 - d_1^2\right)\frac{\pi}{4}}{\pi\left(d_2 + d_1\right)} = d_2 - d_1$$

式中　d_2——外管的内径；

　　　d_1——内管的外径。

在一些套管换热器的设计中，会采用装有纵向翅片的内管。

套管换热器的一种转化形式是如图19.64所示的发夹式换热器。发夹式换热器是将一根或多根U形管插入焊接在两个管道上的大法兰端上，然后用可拆卸的阀盖将管道封闭。U形管的每个直管段都充当了套管换热器，这样就可以实现完全的逆流传热。

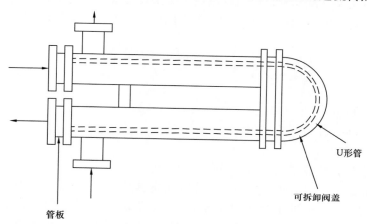

图19.64　发夹式换热器

在非常小的尺寸下，发夹式换热器比管壳式换热器更便宜，适用的面积从 $7\sim150\text{m}^2$ 不等。

19.16　空冷器

空冷器由一组翅片管组成，在翅片管上方或下方安装的风扇（鼓风或引风）将空气吹出或吸出，典型的设计如图19.65所示。

当冷却水短缺或价格较高时，可考虑使用空冷器。即使水源充足，空冷器与水冷器相比也有相当的竞争力。Frank（1978）认为，在适当的气候条件下，对于最低工艺介质温度为65℃以上的工况，空冷器通常是最佳选择，水冷器更适用于工艺介质温度低于50℃的工况。在50～65℃之间，必须进行详细的经济分析，以确定最佳冷剂。空冷器通常用于冷却和冷凝。

冷却水循环回路需要一个湿度驱动力来实现对水的冷却，见3.2.5和Coulson等（1999）的著作。在高温高湿的气候条件下，空冷器通常比水冷器更便宜。空冷器也经常被指定用于装置改造或对现有装置的补充，以避免增加冷却塔负荷，减少公用工程系统的投资。

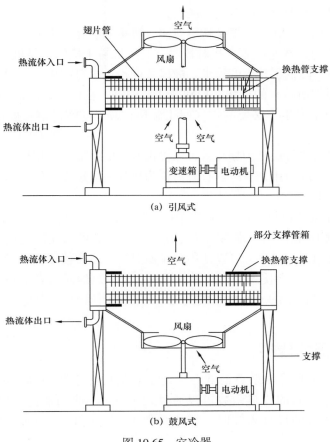

图 19.65 空冷器

Rubin（1960）、Lerner（1972）、Brown（1978）和 Mukherjee（1997）讨论了空冷器的设计和应用。Kern（1950）、Kern 和 Kraus（1972）的著作中给出了空冷器的设计步骤。Lerner 和 Brown 给出了一系列应用中总换热系数的典型值，并为初步确定空冷器尺寸提供了方法。

Ludwig（2001）给出了空冷器的结构特点。空冷器的结构特点已被美国石油学会 API 661 标准所涵盖，API 661 被公认为是空冷器的国际标准——ISO 13706-1：2005。

空冷器是成套设备，通常与制造商协商后选择。表 19.1 给出了典型的总传热系数，对于给定的热负荷，可以用来估算所需的换热面积。HTRI 和 HTFS 开发的商用换热器设计软件包括空冷器设计，参见 19.1 节。

19.16.1 空冷器的结构说明

空冷器的设计可将风扇安装在管架上方或下方，如图 19.65 所示。

引风式空冷器结构如图 19.65（a）所示，风扇安装在管束上方，空气被吸引通过换热管。风扇周围的外壳提供了烟囱效应，当风扇不运转时，也可提供较好的冷却效果。这种设计通常有很好的空气分布，并可降低空气回流循环的概率，但是风扇的位置增加了日常维护的困难，同时在维护时可能会损坏换热管。

图 19.65（b）是鼓风式空冷器结构示意图，风扇安装在管束下方，空气由下方吹过换热管束。这种设计的自然通风能力相对较弱，但风机易于检修。风机采用强制通风设计，因吸入较冷的空气，降低了功率的需求。鼓风式的设计也可产生空气回流循环，以便在冬季减少过低环境温度所带来的影响。特别应注意的是，在设计空冷器和考虑厂区布置时，需保证正常操作时不发生不必要的空气回流循环。鼓风式空冷器一般比引风式空冷器造价低。

空冷器使用的换热管通常为翅片管，以提供额外的表面积，用以弥补空气侧较低的传热系数。由于翅片管的使用，空冷器有时被称为翅片—风扇冷却器。翅片面积与光管面积之比一般约为 20 : 1。

换热管通常焊接在换热器两端的管箱中，管侧通常为两管程，这样进出口会在冷却器的同一侧（前侧）。相反的一端管箱（浮动侧）的安装可以允许换热管的热膨胀。只要空气侧压降和风机功率不过大，可以使用多排换热管。通常使用标准管长，更长的换热管［最长 20m（60ft）］通常会使用平行布置的风扇。管束离地面的高度必须足够高，以使入口空气速度等于通过管束的迎风面空气流速（简称迎面风速）。典型的高度是每台风扇所对应的管长的一半。

19.16.2 空冷器的传热

空冷器中空气侧的传热系数很低，决定了总的传热系数不高。如果已知翅片管的详细结构，那么空气侧的传热系数可以通过式（19.6）或制造商提供的类似的表达式计算得出。当换热管的设计未知时，翅片系数可以通过 Lohrisch（1966）给出的表达式估算：

$$Nu = 0.28 Re^{0.6} Pr^{0.33} \qquad (19.61)$$

使用典型的翅片尺寸，间距为 2.3mm（12 翅 /ft），翅高为 15.9mm，翅片厚度为 0.48mm。式（19.60）简化为：

$$Nu = 0.104 Re^{0.681} Pr^{0.33} \qquad (19.62)$$

空冷器通常会设计在每年超过 40h 的最高温度减去 4℃（API661）的温度下运行，最高温度通常超过 40℃（约 104°F）。在这个温度下，干空气的 Pr 为 0.7，ρ 为 1.13kg/m³，μ 为 1.9×10^{-5}Pa·s，k 为 0.0272W/（m·℃）。使用换热管直径为 25.4mm，迎面风速为 2.5m/s（500ft/min），得：

根据式（19.61）：$Nu = 34.8$，$h_f = 37.2$W/（m²·℃）。

根据式（19.62）：$Nu = 25.2$，$h_f = 27.0$W/（m²·℃）。

在这些 h_f 值下，翅片效率通常为 0.9 左右（Lohrisch，1966），翅片面积与光管面积的比值通常为 20 : 1。空气的污垢系数通常较高，污垢系数可以取 5000W/（m²·℃）（根据表 19.2）。取上面计算的 h_f 的平均值，式（19.59）为：

$$\frac{1}{h_o} + \frac{1}{h_{od}} = \frac{1}{0.9} \times \left(\frac{1}{32} + \frac{1}{5000} \right) \times \frac{1}{20} \qquad (19.59)$$

$$\frac{1}{h_o} + \frac{1}{h_{od}} \approx \frac{1}{600} \qquad (19.63)$$

式中　h_o——基于光管面积。

式（19.63）可与式（19.2）一起对总传热系数进行初始估计，在 HTRI 和 HTFS 开发的软件中可以得到更准确的关联式。HTFS 是 Aspen Engineering Suite 软件和 UniSim Design Suite 软件的一部分，见表 4.1。Chu（2005）给出了管束自然对流的传热方程。

19.16.3　空冷器设计

空冷器在大多数预期的气候条件下具有令人满意的性能。API 661/ISO 13706 标准建议，对于关键应用，设计的环境温度应为每年超过 40h 的最高气温；对于非关键应用，空气温度可选下列温度中的较高值：（1）超过 400h/a 的最高温度；（2）超过 40h/a 的最高温度减去 4℃。

一般会在环境温度上留有一点余量，以提供一个安全余量来补偿热风循环的影响，通常为 2～3℃。

设计空冷器的步骤如下：

（1）估算冷却负荷，如有相变，包括冷凝热。

（2）收集物性数据。

（3）估算管内传热系数和污垢系数，使用式（19.2）和式（19.63）计算 U。

（4）确定用于设计的环境温度，环境温度的统计数据可以从官方气象办公室或网站（如 www.weather.com）获得，并增加热风循环的余量。

（5）估算 ΔT_{lm}，假设空气侧温度大致恒定，因此，假设 F_t 为 0.9，来估算 ΔT_m。显然，空气侧的温度不是恒定的，一般会增加数摄氏度。除非工艺侧出口温度非常接近空气温度，否则空气侧温度向下的变化会导致较高的 R 值和较低的 S 值。因此，空冷器的 F_t 值非常接近 1.0。假设 $F_t=0.9$ 是很保守的估计，为了补偿由假定空气侧温度恒定计算 ΔT_{lm} 引起的误差。

（6）使用式（19.1）估算光管面积。

（7）选择换热管直径（通常为 25.4mm）和长度（通常为 6m 或 20ft 的倍数），然后确定所需的换热管数量及换热管材料。

（8）决定管束布置。确定每跨管子的数量和跨数（一般每个管束不超过 10 组）。

（9）确定管束面积。三角形布管，换热管间距一般为 50.8mm 或 63.5mm（2.0in 或 2.5in）。如果翅片的高度较大，可以使用更大的管间距。管束的面积 A_b 由下式得到：

$$A_b = L' p_t N_{bk} \qquad (19.64)$$

其中，L' 为有效管长；p_t 为管间距；N_{bk} 每组管子数量。

（10）估算空气侧流量。典型的迎面风速为 2.5m/s（500ft/min）。空气流量为迎面风速与管束面积的乘积。

（11）估算风扇消耗的功率。风扇功率 W_f 可由下式得到：

$$W_f = \frac{u_f A_b \Delta p_b}{\eta_f} \qquad （19.65a）$$

式中　u_f——迎面风速；

　　　Δp_b——通过管束的压降；

　　　η_f——风扇效率，通常为 0.7。

使用常用单位，式（19.65）可写为：

$$风机功率（hp）= \left(\frac{ACFM \cdot \Delta p_b}{6837\eta_f} \right) \qquad （19.65b）$$

式中　ACFM——空气实际流量，ft^3/min；

　　　Δp_b——通过管束的压降，单位为 in H_2O，通常通过管束的压降都很低，150Pa（0.6in 水柱）可作为初始估值。

（12）估算总功耗，考虑电动机效率允许额外增加 5%～10%。

（13）对指定的几何形状进行详细模拟，以确定所假设的传热系数和压降是否现实。这一步通常使用商业软件来完成，必要时需修改设计。

（14）确定空冷器的投资和运行成本。根据需要修改设计，以优化年度成本。

示例 19.14 演示了这个过程。

19.16.4　空冷器的操作和控制

空冷器的一个本质问题是，它们必须设计成在最温暖的气候条件下工作。因此，在大多数情况下，对于当前的环境温度，空冷器的尺寸都偏大。这在冬季尤其明显，因为当环境温度很低时，可能会导致工艺介质中的组分析出，甚至冻结。

空冷器的温度控制可通过改变空气流量或旁路空冷器附近的一些热流体来实现，如第 5 章所述（图 5.12）。下面几种方法可用来改变空气流动：

（1）可在风扇上使用变频电动机。虽然比单速电动机成本高，但能提供最佳的能源效率和温度控制。

（2）改变叶片角度。改变风扇的叶片角度可以改变气流方向，在低角度时可以减少风机功率损耗。

（3）百叶窗可以用来限制空气流通路径，以降低空气速率。百叶窗可以手动或自动调节，百叶窗的使用不会降低功耗，百叶窗的操作会受到冰雪的阻碍，但这是最便宜的调节方法。

在经历寒冷冬季的地区，空气流动控制可能不足以防冻。当需要防冻时，API 661/ISO 13706 的附录 C 给出了指导性意见，并提供了其他的防冻方法，如内部或外部热风循环等。

示例 19.14

研究在示例 19.1 中热负荷下使用空冷器的情况，确定风机功耗。

解：

示例 19.1 主要内容如下：

将 95 ℃ 的 100000kg/h 甲醇冷却至 40 ℃，热负荷为 4340kW。甲醇流量为 27.8kg/s，密度为 750kg/m³，黏度为 0.34mPa·s，普朗特数为 5.1，热导率为 0.19W/（m·℃）。

第 3 步：传热系数。

假设典型的管侧流速为 1.5m/s，换热管外径为 25.4mm，内径为 22.1mm：

$$Re = \frac{\rho u d_i}{\mu} = \frac{750 \times 1.5 \times 22.1 \times 10^{-3}}{0.34 \times 10^{-3}} = 73.1 \times 10^3$$

根据式（19.11），忽略黏度校正：

$$Nu = 0.023 Re^{0.8} Pr^{0.33} = 0.023 \times (73.1 \times 10^3)^{0.8} \times 5.1^{0.33} = 306.5$$

因此，$h_i = 306.5 \times [0.19/(22.1 \times 10^{-3})] = 2635 W/(m^2 \cdot ℃)$。

由于换热器不再使用苦咸水作为冷剂，可使用更便宜的普通碳钢作为管子材料。对于碳钢，热导率 k_w 在考虑的温度范围内为 55W/（m·℃）。

甲醇使用相同的污垢系数 5000W/（m²·℃），替换式（19.2）中的式（19.63）得：

$$\frac{1}{U_o} = \frac{1}{600} + \frac{25.4 \times 10^{-3} \ln\left(\frac{25.4}{22.1}\right)}{2 \times 55} + \frac{25.4}{22.1} \times \frac{1}{2635} + \frac{25.4}{22.1} \times \frac{1}{5000} \quad (19.2)$$

$$\frac{1}{U_o} = \frac{1}{600} + \frac{1}{31120} + \frac{1}{2292} + \frac{1}{4350}$$

根据上式可以得出，空气侧的传热系数决定了总的传热系数，$U_o = 423 W/(m^2 \cdot ℃)$。

第 4 步：环境温度。

如果空冷器位于美国中西部，那么空气设计温度的合理初始估值为 32℃（90℉）；环境温度具有明显的地域特征，对于很多地区，40℃的产品温度规格会排除使用空冷器的可能性。考虑到可能产生热风循环，空气设计温度增加 2℃，即 34℃。

第 5 步，估算 ΔT_m。

$$\Delta T_{lm} = \frac{(95-34)-(40-34)}{\ln\left(\frac{95-34}{40-34}\right)} = 23.7 \ ℃$$

假设 $F_t=0.9$：

$$\Delta T_m = 0.9 \times 23.7 = 21.3\text{℃}$$

第 6 步：估算光管面积。

$$Q = UA\Delta T_m \qquad (19.1)$$

因此，$A = \dfrac{4.34 \times 10^6}{423 \times 21.3} = 481.7\text{m}^2$。

第 7 步和第 8 步：挑选换热管，确定管束布置。

外径 25.4mm、长度 6m（长 20ft、外径 1in）的换热管面积为 $\pi \times 25.4 \times 10^{-3} \times 6 = 0.479\text{m}^2$，所以需要 481.7/0.479=1006 根换热管。如果增加管长到 18m（60ft），则需要 335 根换热管，可以布置 5 组，每组 67 根。

第 9 步：确定管束面积。

如果管间距是 76.2mm（3in），管束面积 $A_b = 18 \times 76.2 \times 10^{-3} \times 67 = 91.9\text{m}^2$。

第 10 步：估算空气流量。

假设迎面风速为 2.5m/s，实际空气流量为 $2.5 \times 91.9 = 229.7\text{m}^3/\text{s}$。

第 11 步和第 12 步：估算风机功率和总功率。

根据式（19.65），假设压降为 150Pa，风机效率为 70%，风机功率为：

$$W_f = \frac{u_f A_b \Delta p_b}{\eta_f} = \frac{2.5 \times 91.9 \times 150}{0.7} = 49.2\text{kW} \qquad (19.65)$$

允许电动机效率为 95%，总功耗 =49.2/0.95=51.8kW。

注意：风机功耗远低于冷却负荷。

第 13 步：确定传热系数和压降。

检查管侧传热：

总共 335 根换热管，一程 167 根，另一程 168 根。使用 168 根时，甲醇的流量 $=27.8\text{kg/s}=27.8/750\text{m}^3/\text{s}=0.037\text{m}^3/\text{s}$。

管内面积 $= \pi (22.1 \times 10^{-3})^2/4 = 3.836 \times 10^{-4}\text{m}^2/$ 根换热管。

因此，管侧速度 $=0.037/(168 \times 3.836 \times 10^{-4}) = 0.574\text{m/s}$。

这个值低于假设的 1.5m/s，所以需要校正管内传热系数。校正后的 h_i 为：

$$h_i = 2635 \times \left(\frac{0.574}{1.5}\right)^{0.8} = 1222 \text{ W/}(\text{m}^2 \cdot \text{℃})$$

校正后的 U_o 值为：

$$\frac{1}{U_o} = \frac{1}{600} + \frac{1}{31120} + \frac{25.4}{22.1} \times \frac{1}{1222} + \frac{1}{4350}$$

$$U_o = 349 \text{W/} (\text{m}^2 \cdot ℃)$$

所需面积现在为 $481.7 \times (423/349) = 584 \text{m}^2$（1220 根换热管）。

检查空气侧温度变化和 ΔT_m。空气流量 $= 229.7 \text{m}^3/\text{s}$。34℃时，空气密度为 1.15kg/m^3，$C_p = 1 \text{kJ/} (\text{kg} \cdot ℃)$。因此：

空气侧的温度变化 $= (4.34 \times 10^3) / (229.7 \times 1.15 \times 1) = 16.4℃$

在换热器冷侧的温差为 6℃的情况下，如此大的空气侧温度变化显然是不能接受的。为了达到一个可接受的空气侧温度变化，需要至少 3 倍于计算出的空气流量，这将导致风机负荷增加 3 倍。在这点上，大多数有经验的设计师会得出结论：若空冷器指定的出口温度过低，相比于水冷器，空冷器在经济上不再有吸引力。

如果水冷不可实现，那么考虑 3 台空冷器并联，每台由一组 150 根 18m 长的换热管组成。维持管间距 76.2mm，管束面积为：

$$A_b = 18 \times 76.2 \times 10^{-3} \times 150 = 205.7 \text{m}^2 （大致 18\text{m} \times 12\text{m}）$$

假设迎面风速为 2.5m/s，每台空冷器的实际空气流量为 $2.5 \times 205.7 = 514.3 \text{m}^3/\text{s}$，所以实际总空气流量是 $1543 \text{m}^3/\text{s}$，约为初始设计值的 3 倍。因此，空气侧温度变化 $= (4.34 \times 10^3) / (514.3 \times 3 \times 1.15 \times 1) = 2.45℃$。得：

$$R = \frac{95 - 40}{2.45} = 22.4$$

$$S = \frac{2.45}{95 - 34} = 0.040$$

得 $F_t = 0.95$。

$$\Delta T_{lm} = \frac{(95 - 36.5) - (40 - 34)}{\ln\left(\dfrac{95 - 36.5}{40 - 34}\right)} = 23.1℃$$

$$\Delta T_m = 0.95 \times 23.1 = 21.9℃$$

对于 3×150 根换热管，每程 3×75 = 225 根换热管，所以管侧速度 $= 0.037/(225 \times 8.836 \times 10^{-4}) = 0.429 \text{m/s}$。

$$h_i = 2635 \times \left(\frac{0.429}{1.5}\right)^{0.8} = 967 \ \text{W/}(\text{m}^2 \cdot \text{℃})$$

修正后的 U_o 值为：

$$\frac{1}{U_o} = \frac{1}{600} + \frac{1}{31120} + \frac{25.4}{22.1} \times \frac{1}{967} + \frac{1}{4350}$$

$$U_o = 321 \text{W/}(\text{m}^2 \cdot \text{℃})$$

因此：

$$A = \frac{4.34 \times 10^6}{321 \times 21.9} = 617.6 \text{m}^2$$

外径 25.4mm、长 18m（长 20ft、外径 1in）的换热管面积为 1.437m²，所以需要 617.6/1.437=430 根换热管。少于设计中假设的 3×150=450 根换热管，因此有比所需换热面积更大的面积。可以稍微减少管数，然后迭代到一个收敛的解决方案，但在面积余量这点上，设计已经考虑周全了。现在可以确定空气侧传热系数和压降，使用商用空冷器设计软件完成设计。

对于每个管束，新的风机功率为：

$$W_f = \frac{u_f A_b \Delta p_b}{\eta_f} = \frac{2.5 \times 91.9 \times 150}{0.7} = 49.2 \text{kW} \tag{19.65}$$

允许电动机效率为 95%，3 台空冷器的总功耗 =3×110.2/0.95=348kW。

这个例题的设计是可行的，但是比水冷器需要更多的布置空间和投资费用。运行这些空冷器的操作费为 348×0.06=20.9 美元 /h。示例 19.1 提供的冷却水费用大约为 6.5 美元 /h（基于冷却水的费用 0.1 美元 /1000gal），因此空冷器的操作费用也比较高。对于这个示例，空冷器显然没有水冷器在经济上具有吸引力，一般只有在水费过高或甲醇冷却到较高出口温度时才会考虑使用空冷器。

19.17 明火加热炉（加热炉和锅炉）

当需要高温和高流量时，会用到明火加热炉，明火加热炉由燃料燃烧的产物直接加热。用于工艺加热的蒸汽最高温度一般为 250℃。循环热油的温度可达 330℃，但热油回路本身就需要明火加热炉作为基础热源。小型立式圆柱形明火加热炉用于 45MW 以下的负荷，较大的箱式炉可用于更高的负荷。

明火加热炉的典型应用如下：

（1）工艺进料流股加热炉，如高温反应器进料加热炉和炼油原料塔（管式炉），其中

60% 的进料被汽化。

（2）塔的再沸器，使用体积相对较小的直接燃烧单元。

（3）直接加热反应炉，如二氯乙烷热解成氯乙烯的过程。

（4）用于高温吸热反应的级间再加热器。

（5）制氢的转化炉，出口温度为 800～900℃。

（6）蒸汽锅炉。

（7）热油循环加热炉。

19.17.1　基本结构

根据不同的应用场合，会用到很多的设计和布置，详见 Berman（1978a）和 Trinks 等（2004）的著作。

基本的结构包含一个长方形或圆柱形的钢炉腔，内衬耐火砖。水平或垂直的炉管布置在墙壁四周，液体流过炉管时被加热。典型的布置如图 19.66 所示，详细的裂解炉示意如图 19.67 所示。

传递到炉壁上炉管的热量主要是通过热辐射的方式。在现代设计中，辐射段上方有一个较小的对流空间（对流段），烟气流过对流段中的换热管并通过对流传热进行热量传递。在对流段，使用带翅片或钉头的扩展受热面的换热管来改善烟气的传热。布置在对流段底部的几排光管称为遮蔽管，作为辐射段热气的热屏蔽。通过热辐射和热对流将热量传递到遮蔽管上。通常使用的换热管直径在 75～150mm 之间。所使用的换热管尺寸和程数取决于应用场合和工艺流体流量。典型的换热管内流速，对于加热炉为 1～2m/s，对于反应炉流速会更低一些。温度较低的工况可使用碳钢，不锈钢和特殊合金钢用于高温工况。而对于高温工况，必须使用能抗蠕变的材料。如果工艺流体易发生结焦或可能引起金属粉化腐蚀，或者是氧化物—硫化物混合物气体侵蚀金属表面，也需要特殊的冶金材料，详见第 6 章。

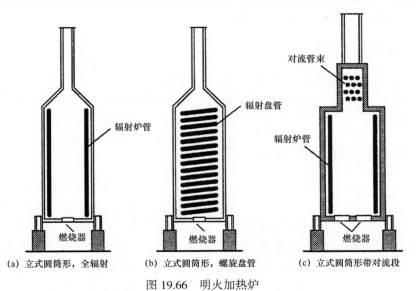

(a) 立式圆筒形，全辐射　　(b) 立式圆筒形，螺旋盘管　　(c) 立式圆筒形带对流段

图 19.66　明火加热炉

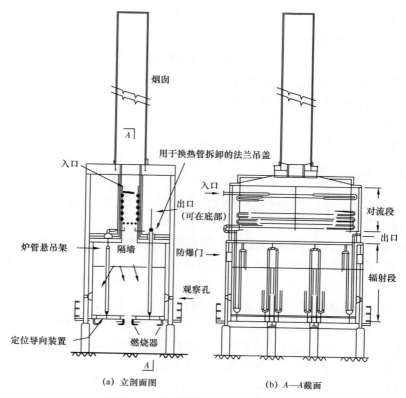

图 19.67　多区裂解炉（Foster Wheeler）

　　燃烧器位于底部或辐射段的两侧。燃烧空气可以在对流段的管道中预热。燃料通常是天然气、燃料油或工艺废气。当使用工艺废气时，通常与天然气混合，以便在开车时使用，同时可减弱燃料质量变化的影响。燃料的选择取决于成本和环境的限制，有时需要使用更昂贵的燃料来满足环境排放的要求。

19.17.2　加热炉的设计

　　加热炉设计可用的商用软件有 HTFS 和 HTRI，见 19.1 节。Kern（1950）、Wimpress（1978）和 Evans（1980）给出了加热炉初步设计的手算方法，下面几节简要归纳一下需要考虑的因素。

19.17.3　加热炉的传热

19.17.3.1　辐射段

　　50%～70% 的热量传递发生在辐射段。

　　气体温度取决于所使用的燃料和空气过剩系数，通常大约 20% 的富裕空气量用于气态燃料，25% 用于液态燃料。过量的空气用来防止烟灰和一氧化碳的形成。增加过量空气的作用是降低绝热火焰温度、增加烟气流量，从而将可用热量从辐射段转移到对流段。

表面辐射传热受 Stefan–Boltzmann 方程控制：

$$q_r = \sigma T^4 \tag{19.66}$$

式中　q_r——辐射热通量，W/m^2；

　　　σ——Stefan–Boltzmann 常数，$5.67 \times 10^{-8} W/(m^2 \cdot K^4)$；

　　　T——表面温度，K。

对于燃烧气体和换热管之间的热交换，方程可以写为：

$$Q_r = \sigma (\alpha A_{cp}) F (T_g^4 - T_t^4) \tag{19.67}$$

式中　Q_r——辐射传热率，W；

　　　A_{cp}——炉管冷平面面积，等于管子数 × 外露的长度 × 管间距；

　　　α——吸收效率因子；

　　　F——辐射交换因子；

　　　T_g——热气的温度，K；

　　　T_t——炉管表面温度，K。

来自高温燃烧气体的一部分辐射热被炉管吸收，一部分辐射热将穿过换热管之间的间隙散发回加热炉。如果换热管在墙的前面，一些来自墙的辐射热也会被换热管吸收。通过计算所谓的炉管冷平面面积 A_{cp} 考虑这个复杂的情况，考虑到炉管面积比平面面积效率低，所以使用吸收效率因子 α。吸收效率因子是管排列的函数，对于间距较大的炉管，吸收效率因子在 0.4 左右，对于炉管接触时的理想情况，吸收效率因子在 1.0 左右。当间距等于管径时，吸收效率因子在 0.7~0.8 之间。手册中可查阅不同炉管排布的 α 值，参见 Green 和 Perry（2007）及 Wimpress（1978）的著作。

辐射交换因子 F 取决于表面的排列及其发射率和吸收率。烟气是很差的辐射体，因为只有二氧化碳和水蒸气（占总量的 20%~25%）才会在热光谱中发射辐射。对于加热炉，交换因子取决于这些气体的分压、发射率及炉子的布置，分压取决于燃料的种类、液体或气体，以及空气过剩量。气体发射率是温度的函数，手册中给出了典型炉子设计中交换因子的估算方法，参见 Green 和 Perry（2007）及 Wimpress（1978）的著作。

对于大部分应用，辐射段的炉管热通量在 20~40kW/m² 之间，在粗估辐射段炉管面积时可以取 30kW/m² 这个值。

在辐射段，少部分热量通过对流传热传递给炉管，但是由于气体流速很低，传热系数很低，大约为 10W/(m²·℃)。

烟气离开辐射段的温度称为桥墙温度，这个温度可以通过假设辐射段燃烧释放的大约 60% 的热量传递到工艺流体。在对流段详细设计中需要桥墙温度。

19.17.3.2　对流段

在对流段，烟气通过管束流动，可利用管束错流关联式估算传热系数。气体侧的传热系数很低，在使用扩展表面时，必须为翅片效率留一定的余量。换热管供货商的文献和手册中给出了相关程序，参见 19.14 节和 Berman（1978b）的著作。

总传热系数与气体的速度和温度，以及换热管尺寸有关。典型的取值范围为 20～50W/（$m^2 \cdot ℃$）。

对流段较低几排的遮蔽管通过辐射接受辐射段的热量。考虑到这一点，较低几排换热管面积可以包含在辐射段换热管面积之中。

19.17.4 压降

烟道气的大部分压降发生在对流段，可以利用 19.9.3 估算压降的步骤估算通过换热管束的压降。

相比于对流段，辐射段的压降很低，可以忽略。

19.17.5 工艺侧热量传递和压降

管内的传热系数和压降可以使用传统的管内流体方法计算，见 19.8 节。如果加热炉作为汽化器，必须考虑有些换热管内存在的两相流，Berman（1978b）给出了一个快捷方法来估算加热炉管内两相流的压降。

烟气与工艺流体进口温度差大约为 100℃。

19.17.6 烟囱设计

大多数加热炉都是自然通风的，烟囱高度必须足以达到所需的燃烧空气流量，并能除去燃烧产物。

通常的做法是在整个加热器中保持微真空，这样空气就会通过视孔和挡板泄漏进来，而不是烟气泄漏出去。通常，确保在对流段保持 2mm H_2O 的真空。

所需的烟囱高度取决于离开对流段的烟气温度和现场的海拔高度，抽力来自热气体与周围空气的密度差。

以毫米水柱（mm H_2O）计的抽力可以用下面的方程估算：

$$P_d = 0.35 L_s p' \left(\frac{1}{T_a} - \frac{1}{T_{ga}} \right) \tag{19.68}$$

式中　L_s——烟囱高度，m；

p'——大气压力，mbar（10^{-2}Pa）；

T_a——环境温度，K；

T_{ga}——平均烟气温度，K。

由于热量损失，烟囱出口的温度约比入口温度低 80℃。

在估算所需烟囱抽力时，必须将烟囱内的摩擦压力损失加到加热炉内的压力损失中。可以用通常计算圆形管道的压力损失的方法计算摩擦压力损失，见 19.8 节。烟囱内的质量流速为 1.5～2kg/m^2，这些值可以用来确定所需的横截面。

对流段压降的估算可以通过速度压头（$u^2/2g$）乘以不同限制条件因子，典型的值如下：

对于每排光管：0.2～0.5；

对于每排翅片管：1.0～2.0；

对于烟道入口：0.5；

对于烟道出口：1.0；

对于烟道挡板：1.5。

19.17.7 热效率

现代燃烧加热器的热效率在 80%～90% 之间，主要取决于燃料和过量空气的需求。在一些应用中，额外的过量空气可以用来降低火焰温度，以避免管道过热。如果只使用辐射段，效率在 60%～65% 之间。

如果工艺流体的进口温度过高，则来自对流段的出口温度就会过高，从而导致热效率低下，那么这些多余的热量就可以用来预热入炉空气。换热管将安装在对流段工艺流体段上方，强制通风操作将驱动空气通过预热器。

加热炉外壳的热损失通常占输入热量的 1.5%～2.5% 之间，离开烟囱烟气的显热是造成热损失的主要因素。从烟气中回收热量有几个实际的限制：

（1）由于工艺控制的原因，工艺加热负荷往往只在辐射段进行，见第 5 章。

（2）在对流段的低温范围内可能没有足够的工艺热量需求，在这种情况下，如果回收的热量能够平衡所需额外管线的成本，则对流段可用于产生蒸汽或预热锅炉给水。

（3）烟道气不应冷却到露点，否则会发生冷凝，导致烟道腐蚀。烟气中燃烧反应产生的二氧化碳和硫氧化物会提高露点，导致冷凝物呈酸性。

（4）为了降低对流段的换热管成本，通常规定烟气与工艺流体间存在较大的温差，这会导致较高的烟囱温度。

（5）许多公司避免冷却烟气到接近露点的温度，以防止在烟道中形成可见的烟气羽雾。如果离开烟道的烟气接近露点，那么当其与周围的冷空气混合时，就会形成薄雾，这时烟道看起来像在冒烟。如果烟气温度较高，在冷凝发生和烟羽消除之前，烟气就会消散。一般公众不喜欢看到来自化工厂的烟尘，所以公共关系常常战胜能源效率。

19.17.8 加热炉排放

加热炉尾气是大气排放的主要来源，接受严格的监管。工艺加热炉的运行通常需要许可，而加热炉或燃烧器的修改通常需要环境机构的批准或重新签发许可证。

加热炉的排放问题主要包括：

（1）如果燃烧不完全，就会形成一氧化碳、未燃烧的碳氢化合物和煤烟。为使这些排放最小化，通常使空气至少过量 20%。

（2）如果燃料中含有硫或金属，就会产生硫氧化物和金属，这些排放主要发生在燃烧重油的情况下。减少硫氧化物的排放可以改用硫含量较低的燃料，如天然气。

（3）氮氧化物 NO_x 是在燃烧过程中形成的。不幸的是，过量的空气会使氮氧化物的形成更加严重。可通过特殊的燃烧器设计，如多级空气或多级燃料燃烧器来控制 NO_x 的形成；采用蒸汽喷射或烟气再循环降低火焰温度；或通过催化分解烟气中的 NO_x。

（4）二氧化碳是由碳氢燃料燃烧产生的。对二氧化碳排放的惩罚还不足以促使企业从烟气中回收二氧化碳，但如果有必要，可以通过洗涤回收二氧化碳。采用新型的炉子设计可以更容易地捕捉二氧化碳，即燃料在氧气中燃烧、循环二氧化碳，称为"富氧燃烧"系统。

19.18　容器传热

将热量传递到工艺或储存容器的最简单方法是安装外部夹套或内部盘管。如果上述方法无法提供足够的换热面积，可以从容器抽取一股物流，通过泵经过一个换热器，然后返回到容器内。

19.18.1　夹套容器

19.18.1.1　常规夹套

最常用的夹套型式如图 19.68 所示，由一个包裹部分容器的外部筒体组成。加热或冷却介质在夹套和容器壁之间的环形空间内循环，热量通过容器壁传递。循环挡板通常安装在环形间隙内，以增加液体流经夹套的速度，提高传热系数［图 19.69（a）］。同样的效果也可以通过一系列间隔安装于夹套内的喷嘴来实现。从喷嘴喷出的射流运动在夹套液体中形成漩涡运动［图 19.69（d）］。夹套与容器之间的间距取决于容器的大小，一般情况下小型容器的间距为 50mm，大型容器的间距为 300mm。

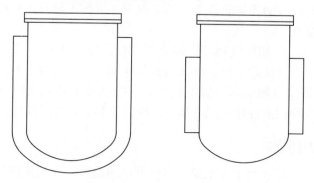

图 19.68　夹套容器

19.18.1.2　半管夹套

半管夹套是将沿纵轴切割成两半管道的各部分焊接在容器壁上而制成的。管道通常以螺旋的形式缠绕在容器外壁［图 19.69（c）］。

可以选择盘管的螺距和所覆盖的面积来提供所需的传热面积。采用标准管道尺寸，外径从 60～120mm 不等。半管结构使其具有比传统夹套设计更好的耐压性能。

19.18.1.3　蜂窝夹套

蜂窝夹套与传统夹套相似，但是由更薄的板制成。这种夹套通过压入板材的规则半球波纹实现强化，并焊接在容器上［图 19.69（b）］。

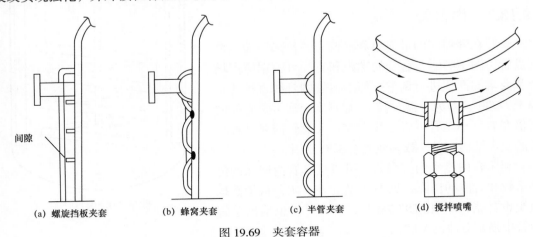

(a)　螺旋挡板夹套　　　(b)　蜂窝夹套　　　(c)　半管夹套　　　(d)　搅拌喷嘴

图 19.69　夹套容器

19.18.1.4　夹套的选择

选择夹套需要考虑的因素如下：

（1）造价。就成本而言，将夹套的设计进行排序，从最便宜到最贵：简单地，无挡板<扰动喷嘴<螺旋挡板<蜂窝夹套<半管夹套。

（2）所需传热速率。如果需要高传热速率，则选择螺旋挡板或半管夹套。

（3）压力。作为一个粗略的指导，设计的压力分级如下：

① 夹套，最大 10bar；

② 蜂窝夹套，最大 20bar；

③ 半管夹套，最大 70bar。

因此，半管夹套可用于高压工况。

19.18.1.5　夹套传热和压降

利用管道内强制对流的关联式可以估算出容器壁的传热系数，见式（19.11）。流体的速度和通道长度可从夹套布置的几何形状计算出来。通道或半管的水力学平均直径（等效直径 d_e）应作为 Reynolds 和 Nusselt 的特征尺寸，参见 19.8.1。

在蜂窝夹套中，可用 0.6m/s 的速度来估算传热系数。Makovitz（1971）提出了一种计算蜂窝夹套传热系数的方法。采用扰动喷嘴的夹套传热系数与采用折流板的夹套传热系数相似。Bolliger（1982）提出了一种利用扰动喷嘴计算传热系数的方法。为了增加传热速率，可以通过使冷却或加热液体再循环来提高通过夹套的速度。

对于无折流板的简单夹套，传热的方式主要是自然对流，传热系数的范围为 200～400W/（m²·℃）。

当蒸汽用于夹套内时，传热系数的范围为 4000～5000W/（m²·℃）。

19.18.2　内盘管

安装在容器内的最简单和最便宜的传热表面是螺旋盘管（图 19.70）。盘管的螺距和直径可根据应用场合和要求的面积进行调整。用于盘管的管线直径通常等于 $D_v/30$（D_v 为容器直径），盘管螺距通常是管径的两倍左右。小盘管可以自我支撑，大盘管需要某种形式的支撑结构，单匝或多匝盘管都有使用。

利用管内流动的关联式，可以估算管内壁面的传热系数和管内的压降，见 19.8 节。在《工程科学数据组织设计指南》（ESDU 78031，2001）中也给出了螺旋管中强制对流的关联式。

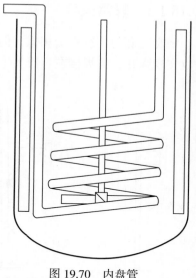

图 19.70　内盘管

19.18.3　搅拌容器

除非只需要很小的传热速率，如需保持储存容器中液体的温度时，就需要某种形式的搅动。15.5 节中描述了用于混合的各种类型的搅拌器，也可用于促进容器内的传热。用于估算容器壁或盘管表面传热系数的相关系数与用于管道强制对流的相关系数具有相同的形式［式（19.10）］。流体速度由搅动器直径和转动速度的函数代替（$D \times N$），特征尺寸是搅动器直径：

$$Nu = CRe^a Pr^b \left(\frac{\mu}{\mu_w}\right)^c \tag{19.10}$$

对于搅动容器：

$$\frac{h_v D}{k_f} = C \left(\frac{ND^2 \rho}{\mu}\right)^a \left(\frac{C_p \mu}{k_f}\right)^b \left(\frac{\mu}{\mu_w}\right)^c \tag{19.69}$$

式中　h_v——容器壁面或盘管的传热系数，W/（m²·℃）；

　　　D——搅拌器直径，m；

　　　N——搅拌器速度，r/s；

　　　ρ——液体密度，kg/m³；

　　　k_f——液体热导率，W/（m·℃）；

C_p——液体比热容，J/（kg·℃）；

μ——液体黏度，Pa·s。

常数 C 和系数 a、b、c 的值取决于搅拌器的类型、挡板的使用以及热量传递到容器壁或是到盘管，下面给出了一些典型的关联式，大部分都会用到挡板。

（1）平叶片搅拌，挡板或无挡板容器，传热到容器壁，$Re<4000$：

$$Nu=0.36Re^{0.67}Pr^{0.33}\left(\frac{\mu}{\mu_w}\right)^{0.14} \tag{19.70a}$$

（2）平叶片圆盘涡轮，挡板或无挡板容器，热量传递到容器壁上，$Re<400$：

$$Nu=0.54Re^{0.67}Pr^{0.33}\left(\frac{\mu}{\mu_w}\right)^{0.14} \tag{19.70b}$$

（3）平叶片圆盘涡轮，挡板容器，热量传递到容器壁，$Re>400$：

$$Nu=0.74Re^{0.67}Pr^{0.33}\left(\frac{\mu}{\mu_w}\right)^{0.14} \tag{19.70c}$$

（4）螺旋桨，3 个叶片，热量传递到容器壁，$Re>5000$：

$$Nu=0.64Re^{0.67}Pr^{0.33}\left(\frac{\mu}{\mu_w}\right)^{0.14} \tag{19.70d}$$

（5）涡轮，平叶片，热量传递到盘管，有挡板，$2000<Re<700000$：

$$Nu=1.10Re^{0.62}Pr^{0.33}\left(\frac{\mu}{\mu_w}\right)^{0.14} \tag{19.70e}$$

（6）桨叶，平叶片，热量传递到盘管，有挡板：

$$Nu=0.87Re^{0.62}Pr^{0.33}\left(\frac{\mu}{\mu_w}\right)^{0.14} \tag{19.70f}$$

Uhl 和 Gray（1967）、Wilkinson 和 Edwards（1972）、Penny（1983）和 Fletcher（1987）给出了更加综合的设计数据。

示例 19.15

夹套搅拌反应器由一个直径 1.5m 的立式缸体、一个半球底座和一个扁平的凸缘顶部组成。该夹套仅适用于筒体部分，并延伸至 1m 的高度，夹套与容器之间的间距为 75mm。夹套上装有螺旋挡板，螺旋之间的间距是 200mm。

夹套用来冷却反应器内物料，所使用的冷剂为 10℃的冷冻水，流量为 32500kg/h，出口温度为 20℃。

估算反应器外壁的传热系数和通过夹套的压降。

解：

挡板形成了一个连续的螺旋通道，横截面为 75mm×200mm：

$$螺旋数量 = 夹套高度 / 间距 = 1/（200×10^{-3}）= 5$$
$$流道长度 = 5×\pi×1.5 = 23.6m$$
$$流道的横截面积 =（75×200）×10^{-6} = 15×10^{-3}m^2$$

$$水力学平均直径 d_e = \frac{4×横截面积}{润湿周长} = \frac{4×（75×200）}{2（75+200）} = 109mm$$

根据蒸汽表，平均温度 15℃下的物性：$\rho = 999kg/m^3$，$\mu = 1.136mPa·s$，$Pr = 7.99$，$k_f = 595×10^{-3}W/（m·℃）$。

$$u = \frac{32000}{3600} × \frac{1}{999} × \frac{1}{15×10^{-3}} = 0.602m/s$$

通过流道的速度：

$$Re = \frac{999×0.602×109×10^{-3}}{1.136×10^{-3}} = 57705$$

冷冻水为非黏性，所以使用式（19.11），常数 $C = 0.023$，忽略黏度校正项：

$$Nu = 0.023Re^{0.8}Pr^{0.33} \qquad （19.11）$$

$$\frac{h_f×109×10^{-3}}{595×10^{-3}} = 0.023 × 57705^{0.8} × 7.99^{0.33}$$

$$h_f = 1606W/（m^2·℃）$$

使用式（19.18）估算压降，从图 19.24 中选取摩擦因子。由于相比于夹套表面粗糙度，水力学平均直径很大，因此相对粗糙度与换热器换热管的相对粗糙度相当。管道和流道的相对粗糙度及其对摩擦系数的影响将在第 20 章中介绍。

根据图 19.24，对于 $Re = 5.8×10^4$，$j_f = 3.2×10^{-3}$：

$$\Delta p = 8 j_f \left(\frac{L}{d_e} \right) \rho \frac{u^2}{2}$$

（19.18）

$$\Delta p = 8 \times 3.2 \times 10^{-3} \times \left(\frac{23.6}{109} \times 10^{-3} \right) \times 999 \times \frac{0.602^2}{2} = 1003 \text{N/m}^2 = 1003 \text{Pa}$$

示例 19.16

示例 19.15 中描述的反应器安装了一个直径 0.6m、转速 120r/min 的扁平叶片圆盘涡轮搅拌器。容器由 10mm 厚的不锈钢板制成，且有挡板。

反应器物料的物性：$\rho = 850 \text{kg/m}^3$，$\mu = 80 \text{mPa·s}$，$k_f = 400 \times 10^{-3} \text{W/（m·℃）}$，$C_p = 2.65 \text{kJ/（kg·℃）}$。

估算清洁工况下容器壁面的传热系数和总传热系数。

解：

$$\text{搅拌器速度} = 120/60 = 2 \text{r/s}$$

$$Re = \frac{\rho N D^2}{\mu} = \frac{850 \times 2 \times 0.6^2}{80 \times 10^{-3}} = 7650$$

$$Pr = \frac{C_p u}{k_f} = \frac{2.65 \times 10^3 \times 80 \times 10^{-3}}{400 \times 10^{-3}} = 530$$

对于一个平叶片涡轮，使用式（19.70c）：

$$Nu = 0.74 Re^{0.67} Pr^{0.33} \left(\frac{\mu}{\mu_w} \right)^{0.14}$$

忽略黏度校正项：

$$\frac{h_v \times 0.6}{400 \times 10^{-3}} = 0.74 \times 7650^{0.67} \times 530^{0.33}$$

$$h_v = 1564 \text{W/（m}^2 \cdot \text{℃）}$$

取不锈钢的热导率为 16W/（m·℃），根据示例 19.15 夹套的传热系数为：

$$\frac{1}{U} = \frac{1}{1606} + \frac{10 \times 10^{-3}}{16} + \frac{1}{1564}$$

$$U = 530 \text{W/（m}^2 \cdot \text{℃）}$$

19.19 传热设备的成本

大部分传热设备的成本主要由提供传热表面的换热管和换热板的造价决定，因此传热设备的造价关联式一般表示为传热面积的函数。表7.2给出了管壳式、套管式、板框式、釜式和热虹吸再沸器的造价关联式。

对于加热炉，通过换热管的热通量很高。表面积的造价仍然很显著，但现场制造、耐火材料安装和燃烧器的成本也很重要。加热炉的造价通常与加热负荷关联而不是换热面积，表7.2中列出了加热炉的费用。

参 考 文 献

Aerstin, F., & Street, G.（1978）. Applied chemical process design. Plenum Press.

Bell, K. J.（1960）. Exchanger design : Based on the Delaware research report. Petro/Chem, 32（Oct.）, C26.

Bell, K. J.（1963）. Final Report of the Co-operative Research Program on Shell and Tube Heat Exchangers, University of Delaware, Eng. Expt. Sta. Bull. 5（University of Delaware）.

Bell, K. J., & Ghaly, M. A.（1973）. An approximate generalized design method for multicomponent/partial condensers. Chem. Eng. Prog. Symp. Ser., No. 131, 69, 72.

Bell, K. J., Taborek, J., & Fenoglio, F.（1970）. Interpretation of horizontal in-tube condensation heat-transfer correlations with a two-phase flow regime map. Chem. Eng. Prog. Symp. Ser., No. 102, 66, 154.

Berman, H. L.（1978a）. Fired heaters—Finding the basic design for your application. Chem. Eng., NY, 85（14）, 99.

Berman, H. L.（1978b）. Fired heaters—How combustion conditions influence design and operation. Chem.Eng., NY, 85（18）, 129.

Bolliger, D. H.（1982）. Assessing heat transfer in process-vessel jackets. Chem. Eng., NY, 89（Sept.）, 95.

Bond, M. P.（1981）. Plate heat exchanger for effective heat transfer. Chem. Eng., London, No. 367（April）, 162.

Bott, T. R.（1990）. Fouling notebook. London : Institution of Chemical Engineers.

Boyko, L. D., & Kruzhilin, G. N.（1967）. Heat transfer and hydraulic resistance during condensation of steam in a horizontal tube and in a bundle of tubes. Int. J. Heat Mass Transfer, 10, 361.

Briggs, D. E., & Young, E. H.（1963）. Convection heat transfer and pressure drop of air flowing across triangular pitch banks of finned tubes. Chem. Eng. Prog. Symp. Ser., No. 59, 61, 1.

Bromley, L. A. (1950). Heat transfer in stable film boiling. Chem. Eng. Prog., 46, 221.

Brown, R. (1978). Design of air-cooled heat exchangers : A procedure for preliminary estimates. Chem. Eng., NY, 85 (March 27th), 414.

Burley, J. R. (1991). Don't overlook compact heat exchangers. Chem. Eng., NY, 98 (Aug.), 90.

Butterworth, D. (1973). A calculation method for shell and tube heat exchangers in which the overall coefficient varies along the length. Conference on advances in thermal and mechanical design of shell and tube heat exchangers, NEL Report No. 590. East Kilbride, Glasgow, UK : National Engineering Laboratory.

Butterworth, D. (1977). Engineering design guide, No. 18. Introduction to heat transfer. Oxford U.P.

Butterworth, D. (1978). Condensation 1 – Heat transfer across the condensed layer. Course on the design of shell and tube heat exchangers. East Kilbride, Glasgow, UK : National Engineering Laboratory.

Chantry, W. A., & Church, D. M. (1958). Design of high velocity forced circulation reboilers for fouling service. Chem. Eng. Prog., 54 (Oct.), 64.

Chen, J. C. (1966). A correlation for boiling heat transfer to saturated fluids in convective flow. Ind. Eng. Chem. Proc. Des. Dev., 5, 322.

Chen-Chia, H., & Fair, J. R. (1989). Direct-contact gas-liquid heat transfer in a packed column. Heat Transfer Eng., 10 (2), 19.

Chu, C. (2005). Improved heat transfer predictions for air-cooled heat exchangers. Chem. Eng. Prog., 101 (11), 46.

Colburn, A. P. (1934). Note on the calculation of condensation when a portion of the condensate layer is in turbulent motion. Trans. Am. Inst. Chem. Eng., 30, 187.

Colburn, A. P., & Drew, T. B. (1937). The condensation of mixed vapors. Trans. Am. Inst. Chem. Eng., 33, 197.

Colburn, A. P., & Edison, A. G. (1941). Prevention of fog in condensers. Ind. Eng. Chem., 33, 457.

Colburn, A. P., & Hougen, O. A. (1934). Design of cooler condensers for mixtures of vapors with non-condensing gases. Ind. Eng. Chem., 26, 1178.

Collier, J. G., & Thome, J. R. (1994). Convective boiling and condensation (3rd ed.). McGraw-Hill.

Collins, G. K. (1976). Horizontal-thermosiphon reboiler design. Chem. Eng., NY, 83 (July 19th), 149.

Cooper, A., & Usher, J. D. (1983). Plate heat exchangers. In Heat exchanger design handbook. Hemisphere Publishing.

Coulson, J. M., Richardson, J. F., Backhurst, J., & Harker, J. H. (1999). Chemical Engineering (6th ed., Vol. 1).Butterworth-Heinemann.

Devore, A. (1961). Try this simplified method for rating baffled exchangers. Pet. Ref., 40 (May)

221.

Devore, A. (1962). Use nomograms to speed exchanger design. Hyd. Proc. and Pet. Ref., 41 (December), 103.

Donohue, D. A. (1955). Heat exchanger design. Pet. Ref., 34 (August) 94, (October) 128, (November) 175, and 35 (January) 155 (in four parts).

Eagle, A., & Ferguson, R. M. (1930). On the coefficient of heat transfer from the internal surfaces of tube walls. Proc. Roy. Soc., A, 127, 540.

Emerson, W. H. (1967). Thermal and hydrodynamic performance of plate heat exchangers, NEL. Reports Nos. 283, 284, 285, 286. East Kilbride, Glasgow, UK: National Engineering Laboratories.

Emerson, W. H. (1973). Effective tube–side temperature in multi–pass heat exchangers with non–uniform heat–transfer coefficients and specific heats. Conference on advances in thermal and mechanical design of shell and tube exchangers, NEL Report No. 590. East Kilbride, Glasgow, UK: National Engineering Laboratory.

Evans, F. L. (1980). Equipment design handbook (2nd ed., Vol. 2). Gulf.

Fair, J. R. (1960). What you need to design thermosiphon reboilers. Pet. Ref., 39 (February), 105.

Fair, J. R. (1961). Design of direct contact gas coolers. Petro/Chem, 33 (August), 57.

Fair, J. R. (1963). Vaporizer and reboiler design. Chem. Eng., NY, 70 (July 8th), 109, (August 5th), 101. in two parts.

Fair, J. R. (1972a). Process heat transfer by direct fluid–phase contact. Chem. Eng. Prog. Sym. Ser., No. 118, 68, 1.

Fair, J. R. (1972b). Designing direct–contact cooler/condensers. Chem. Eng., NY, 79 (June 12th), 91.

Fair, J. R., & Klip, A. (1983). Thermal design of horizontal reboilers. Chem. Eng. Prog., 79(3), 86.

Fisher, J., & Parker, R. O. (1969). New ideas on heat exchanger design. Hyd. Proc., 48 (July), 147.

Fletcher, P. (1987). Heat transfer coefficients for stirred batch reactor design. Chem. Eng., London, No. 435, (April) 33.

Forster, K., & Zuber, N. (1955). Dynamics of vapor bubbles and boiling heat transfer. AIChE J., 1, 531.

Frank, O. (1974). Estimating overall heat–transfer coefficients. Chem. Eng., NY, 81 (May 13th), 126.

Frank, O. (1978). Simplified design procedure for tubular exchangers. In Practical aspects of heat transfer. Chem. Eng. Prog. Tech. Manual (Am. Inst. Chem. Eng.).

Frank, O., & Prickett, R. D. (1973). Designing vertical thermosiphon reboilers. Chem. Eng., NY, 80 (September 3rd), 103.

Furzer, I. A. (1990). Vertical thermosiphon reboilers. Maximum heat flux and separation efficiency. Ind. Eng.Chem. Res., 29, 1396.

Garrett–Price, B. A. (1985). Fouling of heat exchangers : Characteristics, costs, prevention control and removal. Noyes.

Gilmore, G. H. (1963). In R. H. Perry, C. H. Chilton & S. P. Kirkpatrick (Eds.), Chemical engineers handbook (4th ed., Chap. 10). McGraw–Hill.

Gloyer, W. (1970). Thermal design of mixed vapor condensers. Hyd. Proc., 49 (July), 107.

Grant, I.D.R. (1973). Flow and pressure drop with single and two phase flow on the shell–side of segmentally baffled shell–and–tube exchangers. Conference on advances in thermal and mechanical design of shell and tube exchangers, NEL Report No. 590. East Kilbride, Glasgow, UK : National Engineering Laboratory.

Green, D. W., & Perry, R. H. (Eds.). (2007). Perry' s chemical engineers' handbook (8th ed.). McGraw–Hill.

Hewitt, G. F. (Ed.). (2002). Heat exchanger design handbook. Begell House.

Hewitt, G. F., & Hall–Taylor, N. S. (1970). Annular two–phase flow. Pergamon.

Hewitt, G. F., Spires, G. L., & Bott, T. R. (1994). Process heat transfer. CRC Press.

Holman, J. P. (2002). Heat transfer (9th ed.). McGraw–Hill.

Hsu, Y., & Graham, R. W. (1976). Transport processes in boiling and two–phase flow. McGraw–Hill.

Hughmark, G. A. (1961). Designing thermosiphon reboilers. Chem. Eng. Prog., 57 (July), 43.

Hughmark, G. A. (1964). Designing thermosiphon reboilers. Chem. Eng. Prog., 60 (July), 59.

Hughmark, G. A. (1969). Designing thermosiphon reboilers. Chem. Eng. Prog., 65 (July), 67.

Incropera, F. P., & Dewitt, D. P. (2001). Introduction to heat transfer (5th ed.). Wiley.

Jeffreys, G. V. (1961). A problem in chemical engineering design. London : Institution of Chemical Engineers.

Kern, D. Q. (1950). Process heat transfer. McGraw–Hill.

Kern, D. Q., & Kraus, A. D. (1972). Extended surface heat transfer. McGraw–Hill.

Kreith, F., & Bohn, M. S. (2000). Principles of heat transfer (6th ed.). Thomson–Engineering.

Kroger, D. G. (2004). Air–cooled heat exchangers and cooling towers : Thermal–flow performance evaluation and design (Vol. 1). PennWell.

Kumar, H. (1984). The plate heat exchanger : Construction and design. Inst. Chem. Eng. Sym. Ser. No. 86, 1275.

Kutateladze, S. S. (1963). Fundamentals of heat transfer. Academic Press.

Lee, D. C., Dorsey, J. W., Moore, G. Z., & Mayfield, F. D. (1956). Design data for thermosiphon reboilers. Chem. Eng. Prog., 52 (April), 160.

Lerner, J. E. (1972). Simplified air cooler estimating. Hyd. Proc., 51 (2).

Lohrisch, F. W. (1966). What are optimum conditions for air-cooled exchangers? Hyd. Proc., 45 (6), 131.

LoPinto, L. (1982). Fog formation in low temperature condensers. Chem. Eng., NY, 89 (May 17), 111.

Lord, R. C., Minton, P. E., & Slusser, R. P. (1970). Guide to trouble free heat exchangers. Chem. Eng., NY, 77 (June 1st), 153.

Lowe, R. E. (1987). Plate-and-fin heat exchangers for cryogenic service. Chem. Eng., NY, 94 (August 17th), 131.

Ludwig, E. E. (2001). Applied process design for chemical and petroleum plants (3rd ed., Vol. 3). Gulf.

Makovitz, R. E. (1971). Picking the best vessel jacket. Chem. Eng., NY, 78 (November 15th), 156.

Maxwell, J. B. (1962). Data book of hydrocarbons. Van Nostrand.

McNaught, J. M. (1983). An assessment of design methods for condensation of vapors from a noncondensing gas. In J. Taborek, G. F. Hewitt, & N. Afgan (Eds.), Heat exchangers: theory and practice. McGraw-Hill.

Minton, P. E. (1970). Designing spiral plate heat exchangers. Chem. Eng., NY, 77 (May 4), 103.

Mostinski, I. L. (1963). Calculation of boiling heat-transfer coefficients, based on the law of corresponding states. Teploenergetika, 4, 66; English abstract in British Chem. Eng., 8, 580.

Mueller, A. C. (1973). Heat exchangers. In W. M. Rosenow & H. P. Hartnell (Eds.), Handbook of heat transfer (Section 18). McGraw-Hill.

Mukherjee, R. (1997). Effectively design air cooled heat exchangers. Chem. Eng. Prog., 93 (February), 26.

Myers, J. E., & Katz, D. L. (1953). Boiling coefficients outside horizontal tubes. Chem. Eng. Prog. Symp. Ser., 49 (5), 107.

Nusselt, W. (1916). Die Oberflächenkondensation des Wasserdampfes. Z. Ver. duet. Ing., No. 60, 541, 569.

Owen, R. G., & Lee, W. C. (1983). A review of recent developments in condenser theory. Inst. Chem. Eng. Sym. Ser., No. 75, 261.

Ozisik, M. N. (1985). Heat transfer: A basic approach. McGraw-Hill.

Palen, J. W., Shih, C. C., Yarden, A., & Taborek, J. (1974). Performance limitations in a large scale thermosiphon reboiler. 5th Int. Heat Transfer Conf., 204.

Palen, J. W., & Small, W. M. (1964). A new way to design kettle reboilers. Hyd. Proc., 43 (November), 199.

Palen, J. W., & Taborek, J. (1962). Refinery kettle reboilers. Chem. Eng. Prog., 58 (July), 39.

Palen, J. W., & Taborek, J. (1969) . Solution of shell side flow pressure drop and heat transfer by stream analysis method. Chem. Eng. Prog. Sym. Ser., No. 92, 65, 53.

Palen, J. W., Yarden, A., & Taborek, J. (1972) . Characteristics of boiling outside large-scale horizontal multitube boilers. Chem. Eng. Symp. Ser., No. 118, 68, 50.

Parker, D. V. (1964) . Plate heat exchangers. Brit. Chem. Eng., 1, 142.

Penny, W. R. (1983) . Agitated vessels. In Heat exchanger design handbook (Vol. 3) . Hemisphere.

Porter, K. E., & Jeffreys, G. V. (1963) . The design of cooler condensers for the condensation of binary vapors in the presence of a non-condensable gas. Trans. Inst. Chem. Eng., 41, 126.

Raju, K. S. N., & Chand, J. (1980) . Consider the plate heat exchanger. Chem. Eng., NY, 87 (August 11) 133.

Richardson, J. F., Harker, J. H., & Backhurst, J. (2002) . Chemical engineering (3rd ed., Vol. 2) . Butterworth-Heinemann.

Rohsenow, W. M., Hartnett, J. P., & Cho, Y. L. (Eds.) . (1998) . Handbook of heat transfer (3rd ed.) . McGraw-Hill.

Rubin, F. L. (1960) . Design of air cooled heat exchangers. Chem. Eng., NY, 67 (October 31st), 91.

Sarma, N. V. L. S., Reddy, P. J., & Murti, P. S. (1973) . A computer design method for vertical thermosiphon reboilers. Ind. Eng. Chem. Proc. Des. Dev., 12, 278.

Saunders, E. A. D. (1988) . Heat exchangers. Longmans.

Schlunder, E. U. (Ed.) . (1983) . Heat exchanger design handbook (5 vols. with supplements) . Hemisphere.

Shah, M. M. (1976) . A new correlation for heat transfer during boiling flow through tubes. ASHRAE Trans., 82 (Part 2), 66.

Shellene, K. R., Sternling, C. V., Church, D. M., & Snyder, N. H. (1968) . An experimental study of vertical thermosiphon reboilers. Chem. Eng. Prog. Symp. Ser., 64 (82), 102.

Sieder, E. N., & Tate, G. E. (1936) . Heat transfer and pressure drop of liquids in tubes. Ind. Eng. Chem., 28, 1429.

Silver, L. (1947) . Gas cooling with aqueous condensation. Trans. Inst. Chem. Eng., 25, 30.

Singh, K. P., & Soler, A. I. (1992) . Mechanical design of heat exchanger and pressure vessel components.Springer-Verlag.

Steinmeyer, D. E. (1972) . Fog formation in partial condensers. Chem. Eng. Prog., 68 (July), 64.

Taborek, J. (1974) . Design methods for heat-transfer equipment : A critical survey of the state of the art. In N. Afgan, & E. V. Schlunder (Eds.), Heat exchangers : Design and theory source book.

McGraw-Hill.

Taborek, J., Aoki, T., Ritter, R. B., & Palen, J. W. (1972). Fouling : The major unresolved problem in heat transfer. Chem. Eng. Prog., 68 (February), 59, (July) 69 (in two parts).

Tinker, T. (1951). Shell-side characteristics of shell and tube heat exchangers. Proceedings of the general discussion on heat transfer (p. 89). London : Institution of Mechanical Engineers.

Tinker, T. (1958). Shell-side characteristics of shell and tube exchangers. Trans. Am. Soc. Mech. Eng., 80 (January) 36.

Tong, L. S., & Tang, Y. S. (1997). Boiling heat transfer and two-phase flow (2nd ed.). CRC Press.

Trinks, W., Mawhinney, M. H., Shannon, R. A., Reed, R. J., & Garvey, J. R. (2004). Industrial furnaces (6th ed.). Wiley.

Trom, L. (1990). Consider plate and spiral heat exchangers. Hyd. Proc., 69 (10), 75.

van Edmonds, S. (1994). Masters Thesis, A short-cut design procedure for vertical thermosiphon reboilers. University of Wales Swansea.

Uhl, W. W., & Gray, J. B. (Eds.). (1967). Mixing theory and practice (2 vols.). Academic Press.

Ward, D. J. (1960). How to design a multiple component partial condenser. Petro./Chem. Eng., 32, C-42.

Webb, R. L., & Gupte, N. S. (1992). A critical review of correlations for convective vaporization in tubes and tube banks. Heat Trans. Eng., 13 (3), 58.

Webber, W. O. (1960). Under fouling conditions finned tubes can save money. Chem. Eng., NY, 53 (Mar. 21st), 149.

Wilkinson, W. L., & Edwards, M. F. (1972). Heat transfer in agitated vessels. Chem. Eng., London No. 264 (August), 310, No. 265 (September) 328 (in two parts).

Wimpress, N. (1978). Generalized method predicts fired-heater performance. Chem. Eng., NY, 85 (May 22nd), 95.

Wolverine (1984). Wolverine tube heat transfer data book—Low fin tubes. Wolverine Division of UOP Inc.

Yilmaz, S. B. (1987). Horizontal shellside thermosiphon reboilers. Chem. Eng. Prog., 83 (11) 64.

Zuber, N., Tribus, M., & Westwater, J. W. (1961). The hydrodynamic crisis in pool boiling of saturated and sub-cooled liquids. Second international heat transfer conference, Paper 27 (p. 230). American Society of Mechanical Engineering.

API 661/ ISO 13706-1: 2005. (2006). Air-Cooled Heat Exchangers for General Refinery Service (6th ed.).

ASME Boiler and Pressure Vessel Code Section VIII. (2004). Rules for the construction of pressure vessels. ASME International.

TEMA. （1999）. Standards of the Tubular Heat Exchanger Manufacturers' Association （8th ed.）. New York：Tubular Heat Exchanger Manufacturers' Association.

BS 3274：1960. Tubular heat exchangers for general purposes.

ESDU 78031. （2001）. Internal forced convective heat transfer in coiled pipes.

ESDU 83038. （1984）. Baffled shell-and-tube heat exchangers：flow distribution，pressure drop and heat-transfer coefficient on the shellside.

ESDU 84023. （1985）. Shell-and-tube exchangers：pressure drop and heat transfer in shellside downflow condensation.

ESDU 87019. （1987）. Flow induced vibration in tube bundles with particular reference to shell and tube heat exchangers.

Azbel，D. （1984）. Heat transfer application in process engineering. Noyles.

Cheremisinoff，N. P. （Ed.）. （1986）. Handbook of heat and mass transfer （2 vols.）. Gulf.

Fraas，A. P. （1989）. Heat exchanger design （2nd ed.）. Wiley.

Gunn，D.，& Horton，R. （1989）. Industrial boilers. Longmans.

Gupta，J. P. （1986）. Fundamentals of heat exchanger and pressure vessel technology. Hemisphere.

Kakac，S. （Ed.）. （1991）. Boilers，evaporators，and condensers. Wiley.

Kakac，S.，Bergles，A. E.，& Mayinger，F. （Eds.）. （1981）. Heat exchangers：Thermal-hydraulic fundamentals and design. Hemisphere.

McKetta，J. J. （Ed.）. （1990）. Heat transfer design methods. Marcel Dekker.

Palen，J. W. （Ed.）. （1986）. Heat exchanger source book. Hemisphere.

Podhorssky，M.，& Krips，H. （1998）. Heat exchangers：A practical approach to mechanical construction，design，and calculations. Begell House.

Saunders，E.A.D. （1988）. Heat exchangers. Longmans.

Schlunder，E. U. （Ed.）. （1983）. Heat exchanger design handbook （5 vols. with supplements）. Hemisphere.

Shah，R. K.，& Sekulic，D. P. （2003）. Fundamentals of heat exchanger design. Wiley.

Shah，R. K.，Subbarao，E. C.，& Mashelkar，R. A. （Eds.）. （1988）. Heat transfer equipment design. Hemisphere.

Singh，K. P. （1989）. Theory and practice of heat exchanger design. Hemisphere.

Singh，K. P.，& Soler，A. I. （1984）. Mechanical design of heat exchanger and pressure vessel components.Arcturus.

Smith，R. A. （1986）. Vaporizers：Selection，design and operation. Longmans.

Walker，G. （1982）. Industrial heat exchangers. McGraw-Hill.

Yokell，S. （1990）. A working guide to shell and tube heat exchangers. McGraw-Hill.

习　题

19.1　离开溶解器的氢氧化钠溶液，温度为80℃，使用冷却水冷却到40℃。溶液的最大流量为800kg/h，冷却水最大入口温度为20℃，温升限制为20℃。

为此设计一种套管换热器，采用标准碳钢管和管件。使用内径为50mm、外径为55mm的管作为内管，内径为75mm的管作为外管。每段长5m。碱溶液的物性如下：

温度，℃	40	80
比热容，kJ/（kg·℃）	3.84	3.85
密度，kg/m³	992.2	971.8
导热系数，W/（m·℃）	0.63	0.67
黏度，mPa·s	1.40	0.43

19.2　使用套管换热器加热流量为6000kg/h、摩尔分数为22%的盐酸。该换热器由karbate（不透性石墨）管和钢管制造。盐酸在karbate管的内管中流动，用100℃的饱和蒸汽加热。套管尺寸如下：karbate管内径为50mm，外径为60mm，钢管内径为100mm。该换热器分段制造，每段的有效长度为3m。

当盐酸由15℃加热到65℃时，需要几段？

摩尔分数为22%的盐酸在40℃下的物性：比热容为4.93kJ/（kg·℃），导热系数为0.39W/（m·℃），密度为866kg/m³。

温度，℃	20	30	40	50	60	70
黏度，mPa·s	0.68	0.55	0.44	0.36	0.33	0.3

karbate管的导热系数为480W/（m·℃）。

19.3　某食品加工厂需要将50000kg/h的城镇污水由10℃加热到70℃。用2.7bar的蒸汽加热。现在有一个可以使用的换热器，规格如下：

壳径337mm，E型；

折流板25%切口，间距106mm；

换热器管内径15mm，外径19mm，管长4094mm；

管间距24mm，三角形布管；

管子数124，单管程。

此换热器是否适用于指定的工况？

19.4　设计一个管壳式换热器，将50000kg/h的乙醇由20℃加热到80℃，用1.5bar的蒸汽加热。乙醇布置在管程，乙醇的总压降不超过0.7bar。根据工厂的实际要求使用碳钢管，内径为25mm，外径为29mm，长度为4m。

在数据表上列出设计，并画出换热器的草图。乙醇的物性可从文献中获得。

19.5　压力为6.7bar（绝）、流量为4500kg/h的氨蒸气，使用冷却水由120℃冷却至

40℃。冷却水的最大供水温度为 30℃，出口温度限定在 40℃。流经换热器的压降，氨侧不能超过 0.5bar，冷却水侧不能超过 1.5bar。

针对此工况，一个供应商建议使用如下规格的管壳式换热器：

壳：E 型，内径 590mm；

折流板：25% 切口，300mm 间距；

换热管：碳钢，内径 15mm，外径 19mm，长 2400mm，管子数 360；

换热管布置：8 管程，三角形布管，管间距 23.75mm；

接管：壳体上内径 150mm，管箱上内径 75mm。

建议冷却水在管侧。

建议的设计是否适合这种工况？

氨在温度 80℃ 时的物性如下：比热为 2.418kJ/（kg·℃），导热系数为 0.0317W/（m·℃），密度为 4.03kg/m³，黏度为 1.21×10^{-5}Pa·s。

19.6　要求某汽化器汽化压力为 6bar、流量为 10000kg/h 的工艺流体，流体 20℃ 进料。装置有一台闲置的釜式再沸器可用，规格如下：U 形管束，50 根管子，端到端平均长度为 4.8m；碳钢管，内径 25mm，外径 30mm，正方间距 45mm；使用 1.7bar 蒸汽加热。

检查此再沸器是否适用于给定的工况。仅检查热力学设计，可以认为壳体可以处理这个汽化速率。

取工艺流体的物性如下：液体密度为 535kg/m³，比热容为 2.6kJ/（kg·℃），热导率为 0.094W/（m·℃），黏度为 0.12mPa·s，表面张力为 0.85N/m，汽化热为 322kJ/kg。

气体密度为 14.4kg/m³。

气体压力如下：

温度，℃	50	60	70	80	90	100	110	120
压力，bar	5.0	6.4	8.1	10.1	12.5	15.3	18.5	20.1

19.7　设计一台冷凝器，冷凝精馏塔顶部的正丙醇，正丙醇基本为纯的，饱和压力为 2.1bar。凝液需要被过冷到 45℃。

设计一台卧式管壳式冷凝器，具有处理 30000kg/h 正丙醇蒸气量的能力。冷却水入口温度为 30℃，温升限制为 30℃。正丙醇侧的压降不能超过 50kPa，水侧不能超过 70kPa。首选的换热管尺寸如下：内径为 16mm，外径为 19mm，长度为 2.5m。

取 2.1bar 时正丙醇的饱和温度为 118℃。其他所需的物性可从文献中获得或估算。

19.8　根据习题 19.7 给出的工况设计一台立式管壳式冷凝器。使用相同的首选管径。

19.9　通过 2-丁醇制作甲基乙基酮（MEK）的过程中，反应器产物经过管壳式换热器预冷后部分冷凝。根据分析，进入冷凝器的介质组分如下（摩尔分数）：MEK 0.45，未反应的乙醇 0.06，氢 0.47。仅 85% 的 MEK 和乙醇被冷凝，氢气为不凝气。

进入冷凝器的气体为 125℃，未冷凝物料离开冷凝器温度为 27℃。冷凝器压力维持在 1.1bar。在进料速率为 1500kg/h 时，做一个冷凝器的初步设计。使用冷冻水作为冷剂，入口温度为 10℃，允许温升 30℃。任何附录 C 或一般文献没有的组分物性，可以估算。附录 C 可在线获得（booksite.Elsevier.com/Towler）。

19.10 某塔需要立式热虹吸再沸器。塔釜的液体为纯正丁烷，所需气体速率为 5kg/s，塔釜压力为 20.9bar，5bar 的饱和蒸汽作为热源。

计算所需外径为 25mm、内径为 22mm、长度为 4m 的管子数。

20.9bar 下正丁烷的饱和温度为 117℃，汽化热为 828kJ/kg。

19.11 使用浸没管束式蒸发器向氯化反应器提供 10000kg/h 的氯蒸气，所需的氯蒸气压力为 5bar。氯蒸气最小进料温度为 10℃，用 50℃的热水加热，水侧的压降不能超过 0.8bar。

为此工况设计一台汽化器。使用不锈钢 U 形管，6m 长，内径 21mm，外径 25mm，正方形间距 40mm。

5bar 压力下的氯物性为：饱和温度为 10℃，汽化热为 260kJ/kg，比热容为 0.99kJ/（kg·℃），热导率为 0.13W/（m·℃），密度为 1440kg/m³，黏度为 0.3mPa·s，表面张力为 0.013N/m，气体密度为 16.3kg/m³。

气体压力可由下面的方程估算（p 的单位为 bar，T 的单位为℃）：

$$\ln p = 9.34 - 1978/(T+246)$$

19.12 某装置需要将 200000kg/h 的碳酸钾稀溶液由 70℃冷却到 30℃，用冷却水冷却，进出口温度分别为 20℃和 60℃。可用的板式换热器规格如下：

换热板数：329。

有效板尺寸：1.5m 长，0.5m 宽，0.75mm 厚。

板间距：3mm。

流股布置：2 程。

角孔直径：150mm。

核算此换热器是否适用于所需的热负荷，估算每股流体的压降。可认为碳酸钾稀溶液的物性与水相近。

19.13 设计一台空冷器，将 30000kg/h 的柴油由 120℃冷却至 50℃。每年有 40h 超过最高环境温度 40℃。

柴油的物性在相关温度范围内可取：比热容为 2.1kJ/（kg·℃），导热系数为 0.135W/（m·℃），密度为 800kg/m³，黏度为 1.2mPa·s。

19.14 示例 19.15 和示例 19.16 中夹套容器的热负荷可以通过冷剂的流量和温度估算。使用所设计的夹套，反应器可以操作的最低温度是多少？在这个温度下，冷剂的选择是否合理？提出一个更好的设计。

19.15 搅拌槽发酵反应器高 2m，直径为 1.5m，所填充的发酵物可假定具有水的物性。必须维持发酵罐温度小于 42℃，以防破坏细胞培养。在允许热量散失到冷进料之后，还有 80kW 的热量需要从发酵罐移除。冷却水入口温度为 20℃，回水温度最高为 35℃。提出一个冷却发酵罐介质的设计方案。

第 20 章

流体的输送与储存

※ 重点掌握内容

- 如何储存气体和液体。
- 如何计算管线压力降。
- 阀门、控制器（阀）、压缩机和泵如何工作。
- 如何选择泵、压缩机，以及如何确定管道系统和控制阀的规格尺寸。

20.1 概述

本章叙述了工艺过程中流体的储存和输送方法，固体的储存和输送方法已在第 18 章中叙述。

管道系统和转动设备（如泵和压缩机）通常由专业的设计团队设计，管道设计的详细论述及装置水力学设计内容超出了本书所涵盖的范围，本书仅给出一般性的导则。推荐 Nayyar（2000）编写的《管道手册》作为管道系统详细设计的指南，也可查阅书中所引用的和本章最后所列的参考文献。

第 5 章介绍了管道和仪表流程图（PID）。PID 通常包含管道尺寸、附属阀门、仪表和主工艺控制阀的信息。控制阀的选型和尺寸确定必须与管径的计算、泵或压缩机的设计和选型保持一致。控制阀的精确设计需要对工艺水力学和设备压降有很好的理解，且最好在主要装置组成确定后完成。

20.2 流体的储存

所有生产中都存有一定量的原料、产品、溶剂或中间化合物。库存量需确保原料和产品的持续供给，以使装置平稳操作，允许运输调度规划，保证工艺过程中获得需要的溶剂和消耗品。即使运转的装置在本地没有库存，也常常需要在供应链上的其他地方维持库存。例如，气体加工装置常常没有本地库存，但可以依靠气体分配管线系统不同位置上的储存设施。本节论述了气体和液体储存的常用方法。

20.2.1 气体的储存

气体可以以低压状态储存在气柜中，如民用燃气。最常用的气柜是湿式气柜。它由一些伸缩节套筒（升降）组成，当储罐中充入气体或取出排气时，这些伸缩节会上升或下降。气体必须保持干燥时，应选用干式气柜。干式气柜是一个大型的靠活塞运动的垂直圆柱容器，气体储存在其中。当储存易燃气体时，从本质安全角度考虑，选用湿式气柜比干式气柜更加安全。活塞密封处泄漏的气体可能在干式气柜活塞和容器顶部之间的封闭空间中形成爆炸性混合物，气柜的详细结构可参考 Meade（1921）和 Smith（1945）的著作。

根据工艺要求，为了降低储存的体积，气体可高压储存。对于某些气体，通过增加压力或制冷，使气体液化进一步减小体积。储存的设备常使用圆柱形容器和球形容器（霍顿球体）。如第 14 章所述，高压储气容器按照压力容器设计。

当一个装置消耗气体量较少时，可使用公路或铁路罐车来储存气体，然后再输送到小型工艺储罐。

枯竭油气藏的地下储气库常用于储存大量天然气，以满足需求的季节性变化。地下储气库有时用来维持当地的天然气库存以供零售。

对于大量消耗的工业气体（如氧气、氮气和氢气等），通常是通过管线输送到化工装置，而不是在现场储存。工业气体公司可按合同约定供应这些气体，并在自己的设施中保持充足的储存量和生产能力，以确保供应的连续性。当一个化工装置的位置远离现有的管线时，工业气体公司会在当地建造工厂来供应这些气体。

20.2.2 液体的储存

液体通常大量储存在立式圆柱形钢储罐中，常用的是固定顶式储罐和浮顶式储罐。在浮顶式储罐中，一个可移动的活塞浮在液体表面，并在罐壁处密封。采用浮顶式储罐可消除液体蒸发损失；对于易燃液体，可避免使用惰性气封，以防止在液体上方形成爆炸性混合物，与固定顶式储罐的情况一样。

卧式圆柱形储罐和矩形储罐也用于储存液体，但通常适用于较小量的液体储存，如工艺中间产物的缓冲罐。

气封用于固定顶式储罐和储存液体的压力容器。利用容器顶部的气相空间（气泡）可测量罐内的液位，并防止超压或液体通过放空口排出。氮气在气封中最常用，但如果设计人员不希望惰性氮气进入工艺过程，则可以使用天然气、氢气或燃料气。不挥发、没有危险或不易燃的液体可以储存在带排空的储罐中，但必须注意物料中溶解的氧不会给下游处理过程带来问题。

14.15 节中论述了固定顶式立式储罐的机械设计。

液体储罐通常集中布置在主要装置区域之外的"罐区"内。罐区最好位于相对工厂区域的下风侧，以防止在某个罐发生故障时，泄漏的易燃气体飘向装置的明火处。

罐区应设置良好的道路、铁路通道或港口设施以方便原料和产品的运输，详见第 11 章。

当季节变化需要蓄水时，原水可以储存在蓄水池或地下蓄水层。处理过的水［脱盐水、去离子水、锅炉给水、蒸馏水和 R–O（反渗透）水］通常储存在储罐中以防止再污染。冷却塔水通常不储存，原因是冷却水系统在运行过程中提供了足够的储存量，并且在主要维护期间可以将冷却塔水冲洗排放到废水处理系统中。

20.3　气体和液体的输送

20.3.1　气体的输送

气体输送的流量、所需的压差和操作压力决定了最适合输送管线中气体的设备类型。

往复式压缩机、离心式压缩机和轴流式压缩机是化工工艺生产装置中选用的主要类型，每种类型压缩机的应用范围如图 20.1 所示。图 20.1 是从 Dimoplon（1978）的一个相近图表中改编而来的。表 20.1 中列出了更全面的压缩机和鼓风机选型指南。一般情况下，压降较小（小于 35cm H_2O 或 0.03bar）时，采用风机；高流量、中等压差时，采用轴流式压缩机；高流量、多级、高压差时，采用离心式压缩机。往复式压缩机可以在很大的压力和容量范围内使用，但通常在较低流量和较高压力的情况下，优先于离心式压缩机选用。图 20.2 为所列压缩机的示意图。气体压缩在 20.6 节中有更详细的论述。

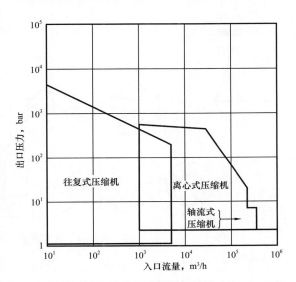

图 20.1　压缩机操作范围

表 20.1　压缩机和鼓风机的工作范围（Begg，1966）

压缩机类型		正常最大转速 r/min	正常最大流量 m³/h	正常最大压力（压差），bar	
				单级	多级
容积式	往复式压缩机	300	85000	3.5	5000
	滑片式压缩机	300	3400	3.5	8
	液环式压缩机	200	2550	0.7	1.7
	罗茨式压缩机	250	4250	0.35	1.7
	螺杆式压缩机	10000	12750	3.5	17
动力式	离心式风机	1000	170000		0.2
	涡轮式鼓风机	3000	8500	0.35	1.7
	涡轮式压缩机	10000	136000	3.5	100
	轴流式风机	1000	170000	0.35	2
	轴流式鼓风机	3000	170000	3.5	10

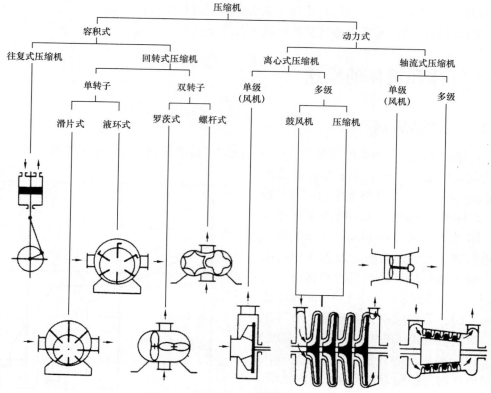

图 20.2　压缩机的类型（Begg，1966）

许多化工过程都需要形成真空（负压），如真空蒸馏、干燥和过滤。所需真空泵的类型取决于所需的真空度、系统流量和空气泄漏率。

往复式容积泵和回转式容积泵通常用于中低真空［10mmHg（0.013bar）左右］、中高流量的情况，如真空过滤。

蒸汽喷射器是一种用途广泛、经济实用的真空泵，在真空蒸馏中得到了广泛的应用。通过使用一系列的喷射器，可以处理高流量的蒸汽，并使其降至大约 0.1mm Hg（0.13mbar）的低压。

Coulson 等（1999）阐述了蒸汽喷射器的工作原理。蒸汽喷射器的规定、尺寸和操作在 Power（1964）的系列论文中都有涉及。扩散泵用于压力需求非常低（高真空）的场合，如分子蒸馏。

关于真空系统的设计和应用的常用参考资料，见 Ryan 和 Roper（1986）的著作。

20.3.2　液体的输送

液体和稀释的浆液常采用泵并通过管道系统输送。泵大致可分为动力式泵（如离心泵）和容积式泵（如往复泵和隔膜泵）两大类。

单级卧式离心泵和悬臂式离心泵是目前化工行业中最常用的泵类型。在规定高扬程或有其他特殊工艺要求时，可选用其他类型的泵。例如，当输送小流量的添加剂到一个工段时，经常使用容积式计量泵。当功耗效率很重要时，带变速驱动的容积式泵更加适用（Hall，2010）。化工行业常用泵的选型说明可参见 Garay（1997）、Karassik（2001）和 Parmley（2000）的著作。流程工业用泵的选型、安装和操作的一般性指南见 Davidson 和 von Bertele（1999）或 Jandiel（2000）的著作。

　　泵的选型需考虑流量和扬程的要求以及其他工艺要求，如流体是否有腐蚀性或是否有固体存在。表 20.2 中汇总了常用的主要类型的泵及其操作压力和流量范围。图 20.3 可用于确定特定扬程和流量下所需泵的类型。这些数据是根据 Doolin（1977）发表的一篇论文得出的。为详细论述并确定某一特定任务下离心泵的最佳选择因素，可参考 De Santis（1976）、Neerkin（1974）、Jacobs（1965）或 Walas（1990）的著作。离心泵的设计和选型在本书 20.7 节和 Kelly（2010）的文章中有更详细的论述。

表 20.2　泵的正常工作范围

类型	流量范围，m³/h	典型扬程（H₂O），m
离心泵	0.25～103	10～50
		300（多级）
往复泵	0.5～500	50～200
隔膜泵	0.05～50	5～60
回转泵 　齿轮式及类似	0.05～500	60～200
回转泵 　滑片式及类似	0.25～500	7～70

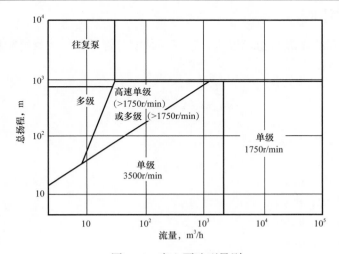

图 20.3　离心泵选型导则

　　图 20.4 显示了不同类型容积式泵的工作范围。离心泵通常是输送工艺流体的泵的首选类型，其他类型的泵仅用于特殊工况，如往复泵和齿轮泵用于计量。容积式泵通常用于低流量、高扬程的场合，也可用于抽吸非常黏稠的物料。Holland 和 Chapman（1966）阐

述了各种类型的容积式泵，并论述了它们的应用。Hall（2010）对带变速驱动的容积式泵的使用进行了论述。

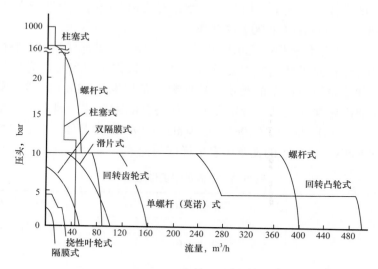

图 20.4　容积式泵选型（Marshall，1985）

20.4　管线的压降

泵、压缩机和控制阀的设计应考虑与其相连接的管道系统。泵或压缩机输送物料所需的扬程应由工艺设备和管线的压降、标高的变化和控制阀正常工作所需的压降决定。

20.4.1　管子的压降

管道摩擦力引起的压降与物料流速、密度、黏度、管子直径、管子粗糙度和管子长度有关。计算公式如下：

$$\Delta p_f = 8f\left(L/d_i\right)\frac{\rho u^2}{2} \tag{20.1}$$

式中　Δp_f——压降，Pa；

f——摩擦系数；

L——管子长度，m；

d_i——管子内径，m；

ρ——物料密度，kg/m³；

u——物料流速，m/s。

摩擦系数取决于雷诺数和管子粗糙度。图 20.5 显示了摩擦系数与雷诺数和管子相对粗糙度的对应关系。

雷诺数计算如下：

$$Re=(\rho \times u \times d_{i})/\mu \tag{20.2}$$

其中，μ 是物料黏度。常用管子的绝对表面粗糙度值见表20.3。与图20.5一起配合使用的是相对粗糙度参数，由此得出，相对粗糙度 $e=$ 绝对粗糙度/管子内径。

表 20.3　管子粗糙度

材质	绝对粗糙度，mm
冷拔管	0.0015
普通钢管	0.046
铸铁管	0.26
混凝土管	0.3~3.0

式（20.1）所用的摩擦系数与管壁剪应力 R 有关，由式 $f=R/(\rho u^2)$ 得出。不同的人使用不同的关联式，他们的摩擦系数表中给出的数值与图20.5中给出数值是倍数关系，因此确保使用的压降计算公式与摩擦系数图表相匹配是很重要的。最常用的是范宁公式，其定义摩擦系数 $C_{f}=2R/(\rho u^2)$，即 $C_{f}=2f$，此时式（20.1）变为：

$$\Delta p_{f}=4C_{f}(L/d_{i})\frac{\rho u^{2}}{2} \tag{20.1b}$$

20.4.1.1　非牛顿流体

在式（20.1）中，当计算图20.5使用的雷诺数时，物料的黏度和密度被认为是恒定的，这对牛顿流体是成立的，但对非牛顿流体不成立，原因是表观黏度是剪切应力的函数。

确定管线内非牛顿流体的压降需要更复杂的方法。Richardson、Harker 和 Backhurst（2002）及 Chabbra 和 Richardson（1999）的论述中给出了合适的方法，也可参见 Darby（2001）的著作。

20.4.1.2　气体

当气体流经管子时，气体密度是压力的函数，因此由压降决定。如果气体的压力变化不超过 20%，则可以将气体视为平均压力密度下的不可压缩流体。然后可用式（20.1）和图20.5来估算压降，但可能需要将管线分段计算，并对结果进行加和。

对于较长的管线或低压系统，气体流动必须被视为可压缩流体流动。由于可压缩流体的密度是温度和压力的函数，因此管道流动分析变得更加烦琐，需要建立复杂的模型。此外，如果物料通过一个限流元件、阀门或管子开口的压力比达到临界值，则可获得节流处与声速对应的最大流量。当流动达到声速时，下游压力的进一步降低对流量没有影响。理想气体在等温条件下的临界压力比只有 0.607，因此声速很容易达到。Coulson 等（1999）论述了可压缩流体。

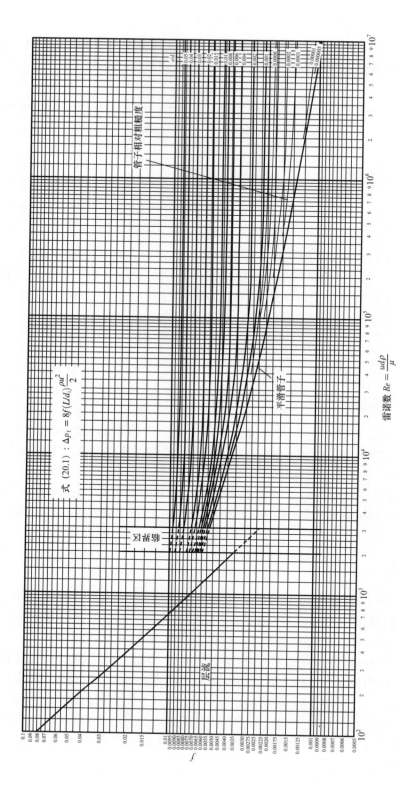

图 20.5　摩擦系数对应的雷诺数和管子相对粗糙度

20.4.1.3　两相混合物

对于气液混合物，水平管道的压降可以按 Lockhart 和 Martinelli（1949）介绍的关联式计算得到。假定管子中的每一相流体可以独立流动，则可以计算出两相流的压降。Green 和 Perry（2007）及 Coulson 等（1999）详细介绍了垂直管道中两相流的关联关系和方法。

不能迅速沉降的液固混合物通常被视为非牛顿流体。如果固体粒径小于 200μm（0.2mm），通常会出现此情况。较大的粒径形成沉淀的泥浆，需要一个临界速度来保持固体悬浮。Green 和 Perry（2007）及 Coulson 等（1999）给出了临界速度和压降的关联关系。

气固混合物常在气动输送中遇到，见 Coulson 等、Mills（2004）、Mills 等（2004）的著作。

20.4.2　管件的压降

流动受到的任何阻碍都会产生湍流并引起压降，因此弯管、弯头、缩径或扩径的截面、三通接头等管件会增加管线的压降。阀门常用于切断设备和控制流体流动，因此也会产生压降。由各种损失引起的压降可用以下两种方法来估算：

（1）K 为速度压头数，其发生在每一个管件或阀门的压头损失处。流体的速度压头单位为 m，其公式为 $u^2/（2g）$。当以管径作为计算流速 u 的条件时，压力损失为 $\rho u^2/2$，单位为 Pa。所有管件和阀门造成的速度压头数损失都算作管子摩擦引起的压降。

（2）管件或阀门引起的压力损失等同于一定长度管线的压力损失，其被表达为当量管径数的函数。总管长通过实际管长加上总的当量管径数乘以实际管径得出。

速度压头数或当量管径数是所使用的特定管件或阀门的一个特征值，其数值可以在手册和制造商资料中查到，选定的管件和阀门的数值见表 20.4。

表 20.4　管件和阀门的压力损失（湍流状态）

管件或阀门	速度压头数 K	当量管径数
45° 标准弯头	0.35	15
45° 长半径弯头	0.2	10
90° 标准弯头	0.6～0.8	30～40
90° 标准长半径弯头	0.45	23
90° 直角弯头	1.5	75
三通（分支管进）	1.2	60
三通（分支管出）	1.8	90
活接头和管接头	0.04	2
急速缩径（罐出口）	0.5	25

管件或阀门	速度压头数 K	当量管径数
急速扩径（罐入口）	1	50
闸阀		
全开	0.15	7.5
1/4 开	16	800
1/2 开	4	200
3/4 开	1	40
截止阀，斜面阀座		
全开	6	300
1/2 开	8.5	450
截止阀，柱塞阀瓣		
全开	9	450
1/2 开	36	1800
1/4 开	112	5600
旋塞阀（全开）	0.4	18

　　管件在 20.9.4 中进行论述，也可参见 Green 和 Perry（2007）的著作。阀门类型和应用在 20.5 节中进行论述。

　　用于估算局部压降损失的两种方法见示例 20.1。

示例 20.1

　　有一条连接两台罐的管线，在管线上有 4 个标准的弯头、一个全开状态的截止阀和一个半开状态下的闸阀。该管线上的管子使用普通钢管，内径为 25mm，管子长度为 120m。

　　物料的属性如下：黏度为 0.99mPa·s，密度为 998kg/m³。求解流量为 3500kg/h 时的总摩擦压降。

　　解：

　　管子截面积为：

$$\frac{\pi}{4} \times \left(25 \times 10^{-3}\right)^2 \approx 0.491 \times 10^{-3}\,\mathrm{m^2}$$

　　流速 u 为：

$$\frac{3500}{3600} \times \frac{1}{0.491 \times 10^{-3}} \times \frac{1}{998} \approx 1.98\,\mathrm{m/s}$$

　　雷诺数 Re 为：

$$(998 \times 1.98 \times 25 \times 10^{-3}) / (0.99 \times 10^{-3}) \approx 49900 \approx 50000$$

从表 20.3 可知，普通钢管的绝对粗糙度为 0.046mm。相对粗糙度 =0.046/ (25×10^{-3}) =0.0018，圆整到 0.002。

从图 20.5 中可查得 f 为 0.0032。

各种损失量见下表：

管件／阀门	速度压头数 K	当量管径数
入口	0.5	25
弯头	0.8×4	40×4
全开截止阀	6	300
1/2 开闸阀	4	200
出口	1	50
合计	14.7	735

（1）方法 1：速度压头法。

速度压头 $=u^2/(2g)=1.98^2/(2 \times 9.8)=0.20\text{m}$ 液体。

压头损失 $=0.20 \times 14.7=2.94\text{m}$，换算成压力 $=2.94 \times 998 \times 9.8=28754\text{Pa}$。

管子的摩擦损失 $\Delta p_{\text{f}} = 8 \times 0.0032 \times \dfrac{120}{25 \times 10^{-3}} \times 988 \times \dfrac{1.98^2}{2} = 240388\text{Pa}$。

总压力 $=28754+240388=269142\text{Pa} \approx 270\text{kPa}$。

（2）方法 2：当量管径法。

其他局部损失的额外管道长度 $=735 \times 25 \times 10^{-3}=18.4\text{m}$。

计算 Δp 的总长度 $=120+18.4=138.4\text{m}$。使用式（20.1）计算 Δp_{f} 如下：

$$\Delta p_{\text{f}} = 8 \times 0.0032 \times \frac{138.4}{25 \times 10^{-3}} \times 998 \times \frac{1.98^2}{2} \approx 277247\text{Pa} \approx 277\text{kPa}$$

需要注意的是，上述两种方法不会得出完全相同的结果。速度压头法是更为准确的方法；当量管径法容易使用且具有足够的准确性，适用于初步的设计计算。

20.5　阀门

化工装置所用阀门根据主要功能可分为两大类：（1）关断阀门（开闭阀门或切断阀门），其目的是阻断流动；（2）控制阀门，用于手动或自动调节流量。所用阀门的主要类型如图 20.6 所示。

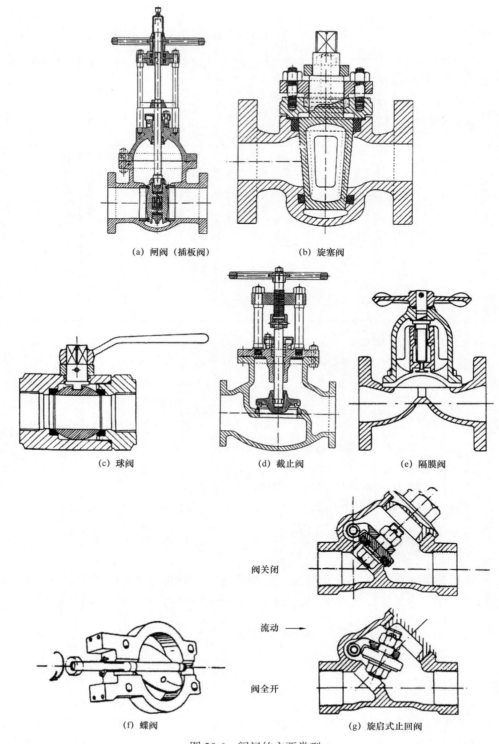

(a) 闸阀（插板阀）　　　　　　　　(b) 旋塞阀

(c) 球阀　　　　　　　(d) 截止阀　　　　　　(e) 隔膜阀

阀关闭

流动 →

阀全开

(f) 蝶阀　　　　　　　　　(g) 旋启式止回阀

图 20.6　阀门的主要类型

选择关断阀门的目的是在关闭位置上给予一个正向的密封，且在阀门开启时流阻最小。闸阀、旋塞阀和球阀在关断阀门中最为常用。闸阀的口径范围最宽泛，并可手动或电动操作。闸阀具有直通式流道，完全开启时压降低。为了关闭闸阀，通常需要旋转其手柄若干圈，因此闸阀经常使用在不频繁操作的场合。闸阀不能部分开启，原因是阀门密封可能变形，导致阀门密封不好。旋塞阀和球阀的优点是其手柄只需旋转 1/4 圈就可以实现开启或关闭。需要快速切换的场合，阀门通常借助电磁驱动。Merrick（1986，1990）、Smith 和 Vivian（1995），以及 Smith 和 Zappe（2003）论述了阀门的选型。

如果需要流量控制，则阀门应能够从完全开启到完全关闭的整个流量范围内实现平稳控制。虽然隔膜阀也很常见，但通常使用截止阀。蝶阀通常用于气体和蒸汽流量的控制。自动控制阀通常是具有特殊内部结构设计的截止阀，见 Peacock 和 Richardson（1994）的著作。

为了在不引起过大压降的情况下实现良好的流量控制，控制阀的精心选型和设计十分重要。控制阀的阀径确定在本书 20.11 节中有更详细的论述。

止回阀用于防止工艺管道中的流体倒流，它们通常不会对倒流的流体进行严密关断。一个典型的止回阀设计如图 20.6（g）所示。由于旋启式止回阀依靠阀瓣重力关闭阀门，因此在定位和安装阀门时，必须注意其安装的正确方位。

阀门的标准由 ASME B16 标准委员会编制，可从美国机械工程师协会订购。通常所使用的标准在 ASME B16.34—2004（ASME，2004）中有描述，而阀门尺寸在 ASME B16.10—2000（ASME，2000）中给出。阀门的设计在 Pearson（1978）的论述中有涉及。

20.6　气体的压缩和膨胀

在工艺管道系统中，压缩气体和压缩液体的设备是不同的。在低压降时，采用一个普通的风机压缩气体即足够；在较高的压降时，通常采用多级压缩机。20.3.1 介绍了不同类型的压缩机。本节论述了压缩机的选型和估算压缩气体或蒸气所需的做功量。关于压缩机设计、选型和操作的内容可参考 Bloch 等（1982）、Brown（1990）和 Aungier（1999，2003）的著作。

20.6.1　气体的压缩

气体或蒸气压缩或膨胀所做的功可由下式得出：

$$-W = \int_{v_1}^{v_2} p \mathrm{d}v \qquad (20.3)$$

为计算所做的功，需要知道膨胀过程中压力和体积之间的关系。

如果压缩或膨胀是等温（在恒定温度下）的，那么对于单位质量的理想气体：

$$pv = 常数 \qquad (20.4)$$

做功为：

$$-W = p_1 v_1 \ln \frac{p_2}{p_1} = \frac{RT_1}{M_\mathrm{w}} \ln \frac{p_2}{p_1} \qquad (20.5)$$

式中 p_1——初始压力；

p_2——最终压力；

v_1——初始体积；

R——通用气体常数；

M_w——气体分子量。

在工业压缩机或膨胀机中，压缩或膨胀途径是"多变过程"，用下式近似表达：

$$pv^n = 常数 \tag{20.6}$$

其中，n 为多变指数。产生（或需要）的功由通用表达式给出（Coulson 等，1999）：

$$-W = p_1 v_1 \frac{n}{n-1}\left[\left(\frac{p_2}{p_1}\right)^{(n-1)/n} - 1\right] = Z\frac{RT_1}{M_w}\frac{n}{n-1}\left[\left(\frac{p_2}{p_1}\right)^{(n-1)/n} - 1\right] \tag{20.7}$$

式中 Z——压缩因子，理想气体为 1；

R——通用气体常数，8.314J/（mol·K）；

T_1——入口温度，K；

W——做功，J/kg；

n——多变指数，取决于机器的设计和操作。

压缩气体所需要的能量或膨胀所获得的能量，可以通过计算理想功和应用适当的效率值来估算。离心式或轴流式压缩机通常使用多变功（图 20.8 和 20.6.3）；往复式压缩机通常使用等熵功（$n=\gamma$，γ 是比热容比），如图 20.9 所示。

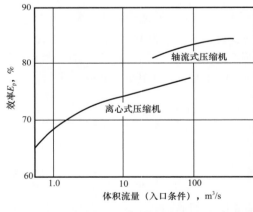

图 20.8 离心式压缩机和轴流式压缩机的近似多变效率

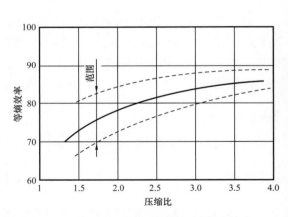

图 20.9 往复式压缩机的典型效率

20.6.2 莫利尔图

如果工作流体可用莫利尔图（焓—压力—温度—熵图），则计算等熵功：

$$W = H_1 - H_2 \tag{20.8}$$

式中 H_1——初始气体条件下，点 1 对应压力和温度下的比焓；

H_2——最终气体条件下，点 2 对应压力和温度下的比焓。

点 2 是从点 1 开始，通过在图中跟踪恒定熵的路径（线）得到的。该方法详见示例 20.2。

示例 20.2

甲烷从压力 1bar、温度 290K 压缩到 10bar。如果等熵效率是 0.85，计算压缩流量为 10000kg/h 的甲烷时所需的能量，并估算出口气体温度。

解：

从图 20.7 甲烷的莫利尔图中可以看出，H_1=4500cal/mol，H_2=6200cal/mol（等熵途径）。

等熵功 =6200 − 4500 =1700cal/mol。

取等熵效率为 0.85，实际对气体的做功为 1700/0.85 =2000cal/mol。

因此，实际最终焓 $H'_2 = H_1 + 2000 = 6500$cal/mol。

从莫利尔图中可以看出，如果所有额外的功都被认为是对气体做的不可逆的功，则出口气体的温度为 480K。

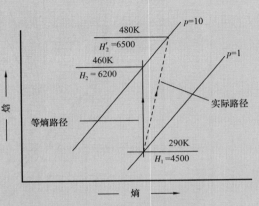

图 20.7　甲烷的莫利尔图

甲烷的分子量为 16，则：

所需能量 = 摩尔流量 × 比焓变化

$$= \frac{10000}{16} \times 2000 \times 10^3 = 1.25 \times 10^9 \text{cal/h} = 1.25 \times 10^9 \times 4.187 \text{J/h} = 5.23 \times 10^9 \text{J/h}$$

$$功率 = \frac{5.23 \times 10^9}{3600} = 1.45 \text{MW}$$

20.6.3　多变压缩和膨胀

如果没有莫利尔图，则很难估算压缩或膨胀过程中的理想功。

在已知压缩因子 Z 和多变指数 n 的情况下，可采用式（20.7）。压缩因子可以与对比温度和对比压力一起绘制成曲线图（图 20.10）。

在远离临界点的条件下：

$$n = \frac{1}{1-m} \tag{20.9}$$

其中，用于压缩时：

$$m = \frac{\gamma - 1}{\gamma E_p} \tag{20.10}$$

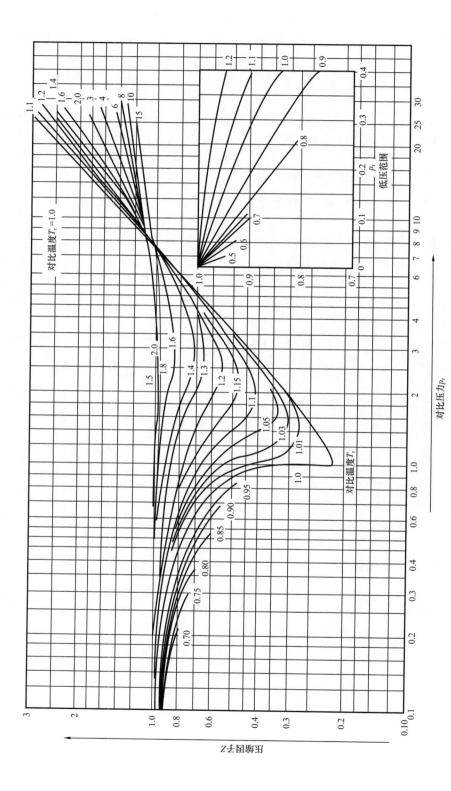

图 20.10 气体和蒸气的压缩因子

用于膨胀时：

$$m = \frac{(\gamma - 1) E_{\mathrm{p}}}{\gamma} \qquad (20.11)$$

E_{p} 是多变效率，计算如下：

用于压缩时：

$$E_{\mathrm{p}} = \frac{多变功}{实际需求功}$$

用于膨胀时：

$$E_{\mathrm{p}} = \frac{实际获得功}{多变功}$$

E_{p} 的估值可从图 20.8 中查得。

出口温度可以使用以下公式估算：

$$T_2 = T_1 \left(\frac{p_2}{p_1} \right)^m \qquad (20.12)$$

接近临界条件时，上述公式不应使用。接近临界点时，压缩或膨胀多变功的计算过程会更为复杂（Schultz，1962），使用过程模拟程序进行该种类型的计算会更加容易。

示例 20.3

在温度为 15℃ 的条件下，将 5000kmol/h 的 HCl 从 5bar 压缩到 15bar，估算所需功率。

解：

对于 HCl，临界条件如下：$p_c = 82\mathrm{bar}$，$T_c = 324.6\mathrm{K}$。

由式（20.12）估算 T_2。对于双原子气体，$\gamma \approx 1.4$。

γ 可以从以下关系式中估算：

$$\gamma = \frac{C_{\mathrm{p}}}{C_{\mathrm{v}}}$$

由图 20.8 可知，$E_{\mathrm{p}} = 0.73$。

根据式（20.10）：

$$m = \frac{1.4 - 1}{1.4 \times 0.73} = 0.391$$

$$T_2 = 288 \times \left(\frac{15}{5} \right)^{0.39} = 442\mathrm{K}$$

$$T_r（平均）= \frac{442+288}{2\times324.6}=1.12$$

$$p_r（平均）= \frac{5+15}{2\times82}=0.12$$

从图20.10中可以得出，平均条件下$Z=0.98$。

根据式（20.9）：

$$n=\frac{1}{1-0.391}=1.64$$

根据式（20.7）：

$$多变功=0.98\times288\times8.314\times\frac{1.64}{1.64-1}\times\left[\left(\frac{15}{5}\right)^{(1.64-1)/1.64}-1\right]$$

$$实际需要做功=\frac{多变功}{E_p}=\frac{3219}{0.73}\approx4409kJ/kmol$$

$$功率=\frac{4409\times5000}{3600}=6124kW（约6.1MW）$$

示例20.4

考虑从硝酸吸附塔尾气中回收能量。

气体中各组分的流量见下表。

气体组分	流量，kmol/h
O_2	371.5
N_2	10014.70
NO	21.9
NO_2	痕量
H_2O	25℃时饱和

如果气体离开塔的状态是6atm、25℃，然后膨胀到1.5atm，计算汽轮机出口气未经预热的温度。如果将气体用反应器尾气预热到400℃，估算可从预热后气体中回收的能量。

解：

出于计算目的，尾气全部按 N_2 考虑，流量为 10410kmol/h。

$$p_c = 33.5\text{atm}, \ T_c = 126.2\text{K}$$

图 20.8 可以用来估算汽轮机的效率。

$$出口气体的体积流量 = \frac{10410}{3600} \times 22.4 \times \frac{1}{1.5} \approx 43\text{m}^3/\text{s}$$

由图 20.8 可知，$E_p = 0.75$。

$$入口 \ p_r = \frac{6}{33.5} = 0.18$$

$$入口 \ T_r = \frac{298}{126.2} = 2.4$$

使用式（20.9）和式（20.11）。对于 N_2，$\gamma = 1.4$。

$$m = \frac{1.4 - 1}{1.4} \times 0.75 = 0.21$$

$$n = \frac{1}{1 - m} = \frac{1}{1 - 0.21} = 1.27$$

没有预热时：

$$T_2 = 298 \times \left(\frac{1.5}{6.0} \right)^{0.21} \approx 223\text{K} \approx -50 \ ℃$$

该温度下酸性水会凝结，可能会损坏汽轮机。

有预热时：

$$T_2 = 673 \times \left(\frac{1.5}{6.0} \right)^{0.21} \approx 503\text{K} \approx 230 \ ℃$$

由式（20.7）可知，气体由于多变膨胀所做的功为：

$$-1 \times 673 \times 8.314 \times \frac{1.27}{1.27 - 1} \left[\left(\frac{1.5}{6.0} \right)^{(1.27-1)/1.27} - 1 \right] \approx 6718\text{kJ/kmol}$$

实际做功 $=$ 多变功 $\times E_p = 6718 \times 0.75 \approx 5039\text{kJ/kmol}$

功率输出 $=$ 实际做功 $\times$ 气体摩尔流量 $= 5039 \times \dfrac{10410}{3600} \approx 14571\text{kJ/s} \approx 14.6\text{MW}$

该功率很大，可能会成为平衡膨胀透平机成本的正当理由。

20.6.4 多级压缩机

单级压缩机只能用于低压力比的情况。在高压力比下，温升过高导致不能高效率操作。

为了满足产生高压力的需求，压缩被分成几个独立的级，每级之间有中间冷却器。通过对每一级做相同的功得到级间压力，对于 n 级压缩机，每一级压缩比是总压缩比的 n 次方根。

对于两级压缩机，级间压力由下式计算：

$$p_i = \sqrt{p_1 \times p_2} \qquad\qquad (20.13)$$

其中，p_i 是中间级的压力。

示例 20.5

使用带中间冷却器的两级往复式压缩机，估算大气环境条件下压缩 1000 m^3/h 的空气到 700kPa 所需的功率。

解：

取入口压力 p_1 为 1atm（101.33kPa），为绝对值。出口压力 p_2=700+101.33=801.33kPa，为绝对值。

每一级做功相同时的中间压力 $p_i = \sqrt{1.0133 \times 10^5 \times 8.0133 \times 10^5} \approx 2.8495 \times 10^5$ Pa。对于空气时，比热容比 γ 取 1.4。

当每一级的功相同时，总功将是第一级功的两倍。

取入口温度为 20℃。在此温度下，比容计算如下：

$$v_1 = \frac{29}{22.4} \times \frac{293}{273} = 1.39 m^3/kg$$

等熵功 $-W = 2 \times 1.0133 \times 10^5 \times 1.39 \times \frac{1.4}{1.4-1} \times \left[\left(\frac{2.8495}{1.0133} \right)^{(1.4-1)/1.4} - 1 \right]$

$\approx 338844 J/kg \approx 339 kJ/kg$

从图 20.9 中可以看出，当压缩比为 2.85 时，等熵效率约为 84%。因此，所需做的功为 339/0.84 ≈ 404kJ/kg。

$$质量流量 = \frac{1000}{1.39 \times 3600} \approx 0.2 kg/s$$

$$所需功率 = 404 \times 0.2 \approx 80 kW$$

20.6.5 压缩机性能曲线

多级离心式压缩机和轴流式压缩机可通过调节压缩机转速在一定范围内操作运行。典型的离心式压缩机性能曲线如图 20.11 所示。曲线的形态取决于压缩机的级数。随着压缩机级数的增加，曲线趋于变长和平整，接近给定速度下的恒定扬程值。

在小体积流量下，压缩机的运行可能变得不稳定。如果流量较低，排放管道内的压力会暂时大于压缩机所输送的压力，导致瞬间回流。当回流时，出口压力下降，压缩机开始再次输送气体。这将导致出口压力和流量的脉动，称为喘振或脉动，可能会对压缩机造成损害。压缩机通常带有防喘振仪表系统。

一些压缩机配有可调节的进口导叶，通过调节进口流量进一步扩大操作范围。

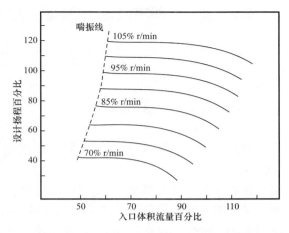

图 20.11 典型的离心式压缩机性能曲线

20.7 液体的泵送

不同类型的液体输送泵已在 20.3.2 中介绍，本节将详细介绍离心泵的设计和选型。离心泵结构紧凑、价格便宜、经久耐用、适用材料的范围宽泛，是目前应用最广泛的泵型。

20.7.1 离心泵设计

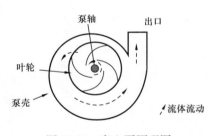

图 20.12 离心泵原理图

离心泵由弯曲的径向叶片携带异形叶轮组成，叶轮位于泵壳内部（图 20.12）。传动轴将叶轮与电动机或汽轮机等动力源连接起来，使叶轮高速旋转。流体从轴向进入泵壳，流向叶轮中心位置，其离心力形成向泵壳边缘的推力。叶轮的高速运转给流体提供了很高的动能，当液体减速到切向出口管时，动能转化成高的压力。

不同类型和尺寸的叶轮可与同一类型泵配套使用，特制的叶轮适用于泵输送泥浆和悬浮液。泵壳通常设计为蜗形，为螺旋结构，沿着出口方向其截面积均匀增大。有些泵还在叶轮和泵壳之间装有固定的导叶或扩散器，使得流体的流向发生了缓慢的改变，以提高效率。

离心泵的特点是具有比转速。比转速无量纲，计算如下：

$$N_s = \frac{NQ^{1/2}}{(gh)^{3/4}} \tag{20.14}$$

式中　N——转速，r/s；
　　　Q——流量，m^3/s；
　　　h——扬程，m；
　　　g——重力加速度，$9.81 m/s^2$。

泵制造商一般不采用无量纲比转速，而由如下公式得出叶轮比转速：

$$N_s' = \frac{N'Q^{1/2}}{h^{3/4}} \qquad （20.15）$$

式中　N'——转速，r/min；

　　　Q——流量，US gal/min；

　　　h——扬程，ft。

由式（20.14）定义无量纲比转速，可通过乘以 $1.72 \times 10^4 gal^{0.5} \cdot min^{-1.5} \cdot ft^{-0.75}$ 转换成式（20.15）的值。

离心泵的叶轮比转速［式（20.15）］通常在 400～20000 之间，具体取决于叶轮的类型。泵叶轮一般分类如下：离心叶轮或径向叶轮，比转速在 400～4000 之间；混流叶轮，比转速在 4000～9000 之间；轴流叶轮，比转速在 9000 以上（Heald，1996）。Doolin（1977）认为比转速在 1000 以下时，单级离心泵效率较低，应考虑多级泵。

20.7.2　泵送液体的功率需求

通过管线将液体从一个容器输送到另一个容器，所提供的能量必须满足以下条件：

（1）克服管内摩擦损耗。

（2）克服管件（如弯管）、阀门、仪表等各类元件的损耗。

（3）克服工艺设备（如换热器、填料床）的损耗。

（4）克服管线两端标高差。

（5）克服管线两端容器之间的压差。

所需总能量由如下公式计算：

$$g\Delta z + \Delta p/\rho - \Delta p_f/\rho - W = 0 \qquad （20.16）$$

式中　W——液体做的功，J/kg；

　　　Δz——标高差（$z_1 - z_2$），m，如图 20.13 所示；

　　　Δp——系统压差（$p_1 - p_2$），Pa；

　　　Δp_f——由于摩擦产生的压降，包括各类元件和设备的损耗（见 20.4 节），Pa；

　　　ρ——液体密度，kg/m³；

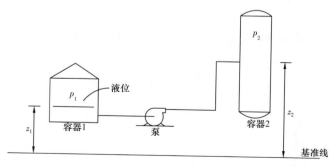

图 20.13　管道系统

g——重力加速度，9.81m/s^2。

如果 W 为负值，则需要泵；如果 W 为正值，则可安装一个汽轮机从系统中回收能量。

$$泵所需扬程 = \Delta p_\text{f}/\rho g - \Delta p/\rho g - \Delta z \qquad （20.17）$$

所需的功率计算如下：

$$泵功率 = （W \times m） \times 100/\eta_\text{p} \qquad （20.18）$$

式中 m——质量流量，kg/s；

η_p——泵的效率，%。

对于不可压缩流体，所需的功率也可定义如下：

$$功率 = \frac{\Delta p Q}{\eta_\text{p}} \times 100 \qquad （20.19）$$

式中 Δp——泵的升压，Pa；

Q——流量，m^3/s。

离心泵的效率取决于泵的规格大小和类型，以及操作条件。图 20.14 所给出的数值可用于估算所需离心泵的功率和能量需求，以满足初步的设计需要。往复泵的效率通常在 90% 左右。

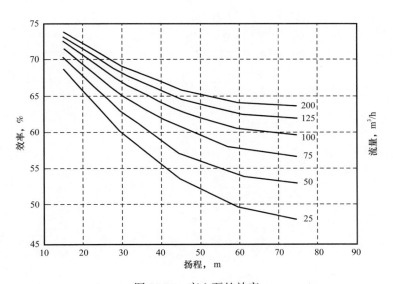

图 20.14 离心泵的效率

当泵被用作水力能量回收的汽轮机时，其输出功由下式计算得出：

$$输出功 = （W \times m） \times \eta_\text{t} \qquad （20.20）$$

其中，η_t 为汽轮机的效率，等于功率输出 / 功率输入。

示例 20.6

一艘载有甲苯的运输船，通过船上的泵向岸上的储罐卸料。管道内径为 225mm，长度为 900m。管件、阀门等造成的其他局部损失相当于 600m 当量管径。岸上储罐的最高液位比船上储罐的最低液位高 30m。船上储罐有氮封，维持在 1.05bar 的压力下。储罐的浮顶对液体施加 1.1bar 的压力。

为避免产生滞期费，船舶必须在 5h 内卸货 1000t。请估算泵所需功率（泵的效率取 70%）。

甲苯的性质如下：密度为 874kg/m³，黏度为 0.62mPa·s。

解：

$$管线截面积 = \frac{\pi}{4} \times \left(225 \times 10^{-3}\right)^2 \approx 0.0398 m^2$$

$$最低流速 = \frac{1000 \times 10^3}{5 \times 3600} \times \frac{1}{0.0398} \times \frac{1}{874} \approx 1.6 m/s$$

$$雷诺数 = \left(874 \times 1.6 \times 225 \times 10^{-3}\right) / \left(0.62 \times 10^{-3}\right) \approx 507484 \approx 5.1 \times 10^5$$

根据表 20.3，普通钢管的绝对粗糙度为 0.046mm。相对粗糙度 = 0.046/225 ≈ 0.0002。

由图 20.5 可知，摩擦系数 $f = 0.0019$。

包括其他局部损失的管道总长度 = 900 + 600 × 225 × 10⁻³ = 1035m。

采用式（20.1）计算管线的摩擦损耗：

$$\Delta p_f = 8 \times 0.0019 \times \left(\frac{1035}{225 \times 10^{-3}}\right) \times 874 \times \frac{1.62^2}{2}$$
$$\approx 78221 Pa$$

最大标高差（$z_1 - z_2$）= 0 − 30 = −30m。

压差（$p_1 - p_2$）=（1.05 − 1.1）× 10⁵ = −5 × 10³Pa。

根据式（20.16），计算能量平衡：

$$9.8 \times (-30) + \frac{-5 \times 10^3}{874} - \frac{78221}{874} - W = 0$$
$$W = -389.2 J/kg$$

$$功率 = \frac{389.2 \times 55.56}{0.7} \approx 30981 W \quad （即 31kW）$$

需要注意，该功率是在卸载结束时泵所需的最大功率。此时，船舶储罐几乎是空的，岸上储罐几乎是满的。起初卸载时，由于高度差较小，所需功率会有所减少。设计时，最大功率工况作为控制性工况来选择泵和电动机的规格。

20.7.3 离心泵的特性曲线

离心泵的特性曲线是根据扬程与流量的相对关系进行绘制的。泵的效率可以表示在相同的曲线。图 20.15 显示了不同尺寸叶轮对应泵的特性。从图中可以看出，泵的扬程随着流量的增加而减小，泵的效率上升到最大值后下降。

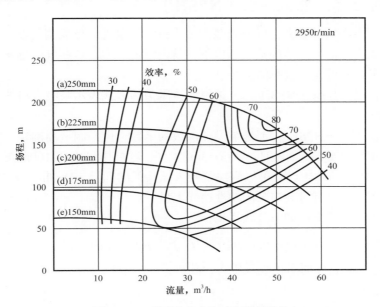

图 20.15 不同尺寸叶轮对应泵的特性

对于给定类型和设计的泵，其性能取决于叶轮直径、泵的转速和级数。泵的制造商给出他们所销售泵的工作曲线范围，对应不同的泵壳与叶轮尺寸组合。该曲线可用来为给定的应用选择最佳的泵。一组典型的曲线如图 20.16 所示。

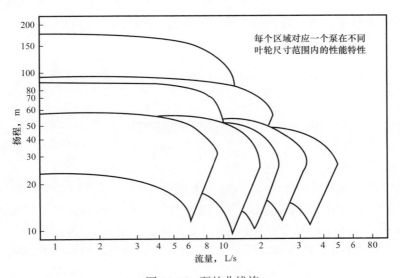

图 20.16 泵的曲线族

泵的特性曲线通常用泵的扬程来表示，而不是用压差来表示。对于黏度小于 50mPa·s 的任何液体，离心泵的扬程相同。泵送压力的提高取决于液体的密度。当泵送高黏度、非牛顿或悬浮液体时，设计工程师应与泵的供应商核实。Kelly（2010）对如何读取泵的曲线提供了很好的指导。

20.7.4 汽蚀及净正吸入压头（NPSH）

泵进口的压力必须足够大，以防止泵内发生汽蚀。泵壳内形成蒸气或气体气泡时会产生汽蚀。如果压力降低到液体的蒸气压以下，就会形成气泡。这些气泡逐步破裂，产生局部冲击波和噪声，并可能导致泵的损坏。

有效的净正吸入压头（NPSH$_{有效}$）是用液体压头的方式表示泵吸入口的压力，其压力高于液体的蒸气压。

需要的净正压头（NPSH$_{需要}$）是泵设计参数的函数，由泵制造商确定。一般来说，当泵排量在 100m³/h 以下时，NPSH$_{需要}$应在 3m 以上；当泵排量大于 100m³/h 时，NPSH$_{需要}$应在 6m 以上。特殊的叶轮设计可以解决泵吸入压头低的问题（Doolin，1977）。NPSH$_{需要}$随流量的变化而变化，有时会在泵的特性曲线上显示。

有效的净正吸入压头由如下公式得出：

$$\text{NPSH}_{有效} = p/(\rho g) + H - p_f/(\rho g) - p_v/(\rho g) \tag{20.21}$$

式中　NPSH$_{有效}$——有效的净正吸入压头，m；

p——进料容器液面上的压力，Pa；

H——泵入口上面的液位高度，m；

p_f——入口管道的压力损耗，Pa；

p_v——泵入口的液体蒸气压，Pa；

ρ——泵入口温度下的液体密度，kg/m³；

g——重力加速度，9.81m/s²。

在所有操作条件下，入口管道的布置必须确保 NPSH$_{有效}$大于 NPSH$_{需要}$。

NPSH$_{有效}$的计算见示例 20.7。

示例 20.7

液氯从铁路罐车中卸到储罐。为提供必要的 NPSH，输送泵安装在地下的坑中。

从铁路罐车出口到泵入口的管道总长为 50m。从罐出口到泵入口的垂直距离为 10m。管子为普通钢管，内径为 50mm。

由铁路罐车出口收缩和泵入口管道上管件造成的其他局部摩擦损失相当于 1000m 当量管径。给定的最高温度时，氯的蒸气压为 685kPa，密度和黏度分别为 1286kg/m³ 和 0.364mPa·s。罐车内的压力是 7bar（绝）。

根据给出的条件，计算最大流量为 16000kg/h 时，泵入口处的 NPSH。

解：

$$其他局部损失 = 1000 \times 50 \times 10^{-3} = 50m \text{ 管子}$$

$$入口管道总长度 = 50 + 50 = 100m$$

$$相对粗糙度\ e/d = 0.046/50 \approx 0.001$$

$$管子截面积 = \frac{\pi}{4} \times \left(50 \times 10^{-3}\right)^2 \approx 1.96 \times 10^{-3}\,m^2$$

$$速度\ u = \frac{16000}{3600} \times \frac{1}{1.96 \times 10^{-3}} \times \frac{1}{1286} \approx 1.76 m/s$$

$$雷诺数 = \frac{1286 \times 1.76 \times 50 \times 10^{-3}}{0.364 \times 10^{-3}} \approx 3.1 \times 10^5$$

从图 20.5 中可知，摩擦因数 $f = 0.00225$。

$$\Delta p_f = 8 \times 0.00225 \times \frac{100}{50 \times 10^{-3}} \times 1286 \times \frac{1.76^2}{2} \approx 71703 Pa$$

$$NPSH = \frac{7 \times 10^5}{1286 \times 9.8} + 10 - \frac{71.703}{1286 \times 9.8} - \frac{685 \times 10^3}{1286 \times 9.8}$$

$$\approx 55.5 + 10 - 5.7 - 54.4 = 5.4m$$

20.7.5　系统曲线（操作线）

管道系统中，泵提供的扬程需考虑以下两部分内容：（1）静压力，克服位差和压差；（2）动态损耗，包括管道摩擦、其他局部损失及设备压力损耗。

静压差与流体流量无关。随着流量的增加，动态损耗也会增大。动态损耗大致与流速的平方成正比，见式（20.1）。系统曲线是总扬程与液体流量的关系图。在离心泵的特性曲线上绘制系统曲线，即可得到离心泵的操作点，见示例 20.8。操作点是系统曲线与泵曲线相交的点。

为给定的应用选择离心泵时，泵的特性曲线与系统曲线相匹配很重要。操作点应尽可能接近泵的最大效率点，并考虑到泵运行时可能的流量范围。如果在泵的下游管道中存在控制阀，则需要很好地了解控制阀的压降。控制阀的压降与流体流量的平方成正比，根据所选阀门的类型（表 20.4），在其工作范围内，动压头可从低至 6m 到超过 100m。应绘制阀门全开及 1/4 开（或制造商推荐的阀门最小开度）情况下的系统曲线，以确定给定的阀门与泵组合状态下的流体可控范围。有关阀门压降的详细信息可从制造商处获取。

大多数离心泵是通过泵出口上的节流阀控制流量。这种对动态损耗的改变会改变操作点在泵特性曲线上的位置。节流也会造成能量损耗，这种能量损耗在大多数应用中是可以接受的。然而，当流量较大时，应考虑在泵的驱动装置上采用变转速控制作为节能的手段。

管子和管件压降的计算方法见 20.4 节。对系统进行适当的分析很重要，并推荐使用计算表（工作表）来规范泵的扬程计算。一份标准的计算表确保使用的是一种系统的计算方法，并提供一份核对表，确保已考虑到所有的常规因素。这也是计算过程的永久记录。附录 G 给出了标准泵和管线的计算模板，可以从网站 booksite.Elsevier.com/Towler 以 MS Excel 格式下载。示例 20.12 使用该计算表解决问题。计算应包括对净正吸入压头（NPSH）的有效性检查，见 20.7.4。

Walas（1990）和 Karassik（2001）对离心泵和其他类型泵的工作特性进行了更详细的论述。

示例 20.8

将一种工艺液体从储罐泵（离心泵）至蒸馏塔，输送管线为内径 80mm 的普通钢管，长 100m，其他局部损失相当于 600m 当量管径。储罐在 latm 下操作，蒸馏塔压力为 1.7bar（绝）。储罐内最低液位在泵入口上方 1.5m 处，蒸馏塔的进料点在泵入口上方 3m 处。

根据图 20.17 所示的泵的特性曲线，绘制系统曲线，确定工作点和泵效率。

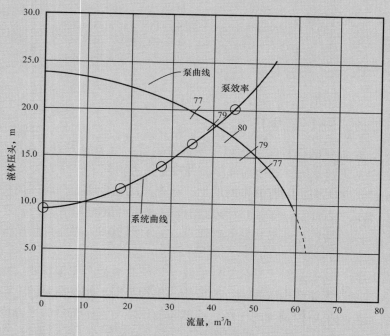

图 20.17　泵的特性曲线和系统曲线

工艺液体的性质如下：密度为 900kg/m³，黏度为 1.36mPa·s。

解：

（1）静压头。

$$高度差 \ \Delta z = 3.0 - 1.5 = 1.5m$$

$$压差\ \Delta p=(1.7-1.013)\times 10^5\approx 0.7\times 10^5\,Pa$$

$$液体压头\ =(0.7\times 10^5)/(900\times 9.8)\approx 7.9m$$

$$总静压头\ =1.5+7.9=9.4m$$

（2）动压头。

作为初值，取一个合理的流体流速为1m/s。

$$管子的截面积\ =\frac{\pi}{4}\times (80\times 10^{-3})^2\approx 5.03\times 10^{-3}\,m^2$$

$$体积流量\ =1\times 5.03\times 10^{-3}\times 3600\approx 18.1m^3/h$$

$$雷诺数\ =\frac{900\times 1\times 80\times 10^{-3}}{1.36\times 10^{-3}}\approx 5.3\times 10^4$$

$$相对粗糙度\ =0.046/80\approx 0.0006$$

由图20.5中可知摩擦因数$f=0.0027$。

包括其他局部损失的管线长度$=100+(600\times 80\times 10^{-3})=148m$。

$$压降\ \Delta p_f=8\times 0.0027\times \frac{148}{80\times 10^{-3}}\times 900\times \frac{1^2}{2}\approx 17982Pa$$

$$=17982/(900\times 9.8)\approx 2.03m\ 液柱$$

总压头$=9.4+2.03\approx 11.4m$。

为求得系统曲线，用不同流速进行了重复计算，见下表。

流速 m/s	流量 m³/h	静压头 m	动压头 m	总压头 m
1	18.1	9.4	2	11.4
1.5	27.2	9.4	4.3	14
2	36.2	9.4	6.8	16.2
2.5	45.3	9.4	10.7	20.1
3	54.3	9.4	15.2	24.6

将表中值绘制在泵的特性曲线图上，操作点液体压头为18.5m，流量为41m³/h，泵效率为79%。

20.7.6　泵及其他轴封

当旋转轴穿过泵壳或容器壁时，必须设置密封。密封需起到如下作用：（1）防止液体泄漏；（2）防止不相容的流体（如空气）进入；（3）防止易燃或有毒物质逸出。

20.7.6.1 填料密封

最简单和古老的密封形式是填料函，也称填料箱（图 20.18）。其应用范围从每个家用水龙头阀杆的密封，到工业泵、搅拌器和阀轴等的密封。

轴穿过外壳（压盖），其与壳体内壁之间的空间填充填料环。填料压盖用于对填料施加压力，以确保密封紧密。一般使用特有的填料材料。Hoyle（1978）汇总了选择填料函的填料时需要考虑的因素。如果要做到完全密封，加到填料上的压力必须是系统压力的 2～3 倍，这可能会导致转动轴过度磨损。可以使用较低的压力，密封可允许一些泄漏存在，从而润滑填料。因此，填料函密封仅用于无毒、无腐蚀性或不易燃的液体。

为提供强制润滑，通常会在填料中加入套环（灯笼环），润滑剂通过套环被强制注入填料（图 20.19）。用于泵密封时，冲洗液常从泵出口排出，通过套环回到密封处，用于润滑和冷却填料。如需避免任何环境泄漏，可采用单独的冲洗液。冲洗液的选择必须与工艺流体和环境相适应，通常采用水。

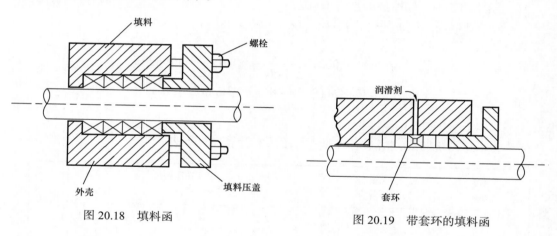

图 20.18　填料函　　　　　　　　　　图 20.19　带套环的填料函

20.7.6.2 机械密封

在流程工业中，泵密封处的条件往往比较苛刻，需要更为复杂的密封结构。可使用机械端面密封，通常简称为机械密封，仅用于旋转轴上。

密封是在两个平面之间形成的，垂直于旋转轴。一个面随轴一起旋转，另一个面是静止的。密封面由厚度约为 $0.0001\mu m$ 的液体薄膜进行润滑。这种类型密封的一个独特优势是可以提供非常有效的密封，且不会对旋转轴造成任何磨损，磨损会转移到特殊的密封面上。这种类型密封会发生一些泄漏，但泄漏量很小，通常 1h 只有几滴。

与填料密封不同，在正确安装和维护的情况下，机械密封可认为是无泄漏的。

有各种各样的机械密封设计可供选择，密封件几乎适用于所有应用场合。下面只介绍最基本的机械密封，所有详细说明、规格要求、使用范围和应用可从制造商的目录中获取。

（1）单端面机械密封。

机械密封零部件包括：

①静密封圈（静环）。

②用于静密封圈、O 形圈或垫片的密封。

③安装在轴上的旋转密封圈（主密封圈），可沿轴滑动，以承受密封面上的磨损。

④嵌入旋转密封圈的二次密封。通常是 O 形圈或人字形密封。

⑤保持密封面之间接触压力的弹簧，用于将密封面推压到一起。

⑥弹簧止推支撑：可以是楔入旋转轴上的圈，也可以是旋转轴上的突阶。

组合密封安装在填料函（填料箱）中，并由固定环（压盖板）固定到位。

机械密封分为内装式和外装式，这取决于主密封圈（旋转密封圈）位于腔体内部、流体中，还是位于腔体外部。外装式密封更容易维护，但是内装式密封在流程工业中更常用，原因是其容易润滑和冲洗。

图 20.20 显示了单端面机械密封。

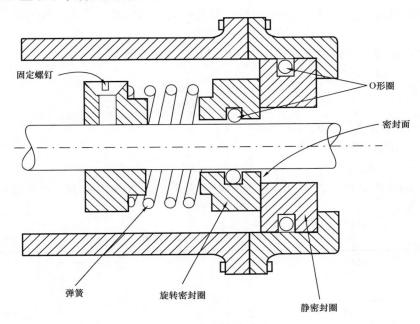

图 20.20　单端面机械密封

（2）双端面机械密封。

如果需要防止流体泄漏到大气中，则采用双端面机械密封。两个密封件之间的空间使用无害的、可与工艺流体相容的流体冲洗，为两个密封件之间提供缓冲。

20.7.6.3　无密封泵（屏蔽泵）

泵与驱动电机之间的传动轴上没有密封，该类泵用于不能向工艺流体或环境中泄漏的场合。

驱动电机和泵被封装在一个单独的壳体中，定子绕组和电枢由金属屏蔽套保护，它们通常被称为屏蔽泵，电机在工艺流体中运转。Webster（1979）论述了应用屏蔽泵以控制环境污染。

20.8 旋转设备驱动装置的选择

泵或压缩机的工作需要机械驱动装置为旋转轴提供能量。电动机适用于大多数小型泵、风机和压缩机，也适用于大多数容积式泵。大型压缩机和泵有时用汽轮机提供动力。大型往复式压缩机有时由独立的柴油机驱动。一些轴流式压缩机由同轴燃气轮机驱动。

20.8.1 电动机驱动

交流电动机驱动装置在压缩机、搅拌器、传送带和其他大多数需要机械驱动的工艺设备上被广泛使用。恒速电动机最为常见，但变速电动机由于更节能而越来越受到欢迎。市场上可买到功率最大为 10MW 的电动机，但是大功率的电动机需要匹配特殊的电力基础设施。

驱动压缩机或泵所需的电功率可以用电动机效率来计算：

$$电功率 = \frac{-W \times m}{E_e} \tag{20.22}$$

式中　$-W$——单位质量所做的压缩功；

　　　m——质量流量；

　　　E_e——电动机效率。

电动机的效率取决于其类型、转速和规格大小。表 20.5 中给出的值可以用来粗略估算所需的功率。

表 20.5　电动机的近似效率

规格，kW	效率，%
5	80
15	85
75	90
200	92
750	95
>4000	97

20.8.2 汽轮机驱动

当工艺设备需要较高的轴功率输入［在（1～20）MW 之间］且有充足的工艺蒸汽可用时，可使用汽轮机驱动。可将工艺余热转化为机械功，从而降低用电成本和对现场电力基础设施的需求。

汽轮机主要有以下 3 种类型：

（1）冷凝式汽轮机：下游压力由冷凝器决定，冷凝器冷凝所有蒸汽，提供高压力比和单位流量下的高功率值。

（2）非冷凝或背压式汽轮机：出口压力控制在 1atm 之上，通常设定为蒸汽系统中一个级别的压力，以便排出的蒸汽用于加热工艺介质。

（3）抽汽式汽轮机：其中一部分蒸汽经过一级或多级膨胀做功后进行中压抽汽，其余部分膨胀做功后送至冷凝器。抽汽式汽轮机在满足工艺功率和热变化需求的前提下，具有一定的操作灵活性。

汽轮机的蒸汽消耗可通过蒸汽进口和出口条件之间的能量平衡来计算。蒸汽和冷凝液的比焓在蒸汽表中给出，计算过程在示例 3.2 中进行了描述。

汽轮机的效率从小型汽轮机的约 60% 到大型汽轮机组的 85% 左右不等。

20.9　管道系统的机械设计

20.9.1　管道系统的设计规范

ASME B31 委员会制定的压力管道设计规范在国际上被广泛采用。不同标准对应不同的应用需求（表 20.6）。大部分化工装置和炼油装置的管道都按照 ASME B31.3 规范进行设计，以下内容也是以此作为参考。ASME B31.3 规范适用于原料、中间产品和成品化学品，石油产品，气体、蒸汽、空气和水，流动的固体，制冷剂和低温流体的管道。不适用于：

（1）处理压力低于 15psi，不易燃、无毒和对人体组织无害，温度在 –29～186℃（–20～366°F）之间的管道系统。

（2）符合 ASME B31.1 以及《ASME 锅炉和压力容器规范》第一章要求的动力锅炉管道。

（3）加热炉内的火焰加热炉管、集管和总管。

（4）压力容器、换热器、泵、压缩机和其他流体处理设备或工艺设备的内部管道和外部接管。

表 20.6　ASME 管道规范

规范号	范围	最近版本
B31.1	动力管道	2007
B31.2	燃料气管道（已废止）	1968
B31.3	工艺管道	2008
B31.4	液态烃和其他液体管线输送系统	2006
B31.5	制冷管道和传热部件	2006

规范号	范围	最近版本
B31.8	输气和配气管道系统	2007
B31.9	建筑用管道	2008
B31.11	浆液输送管道系统	2002
B31.12	氢气管道和管线	2008

需要注意的是，制冷装置、燃料气管道、氢气管线、电厂和泥浆处理系统有不同的设计标准。

20.9.2　管子壁厚

管子壁厚的选择主要是基于所承受的内压，同时考虑腐蚀裕量、磨蚀和其他因素（如管螺纹的机械加工裕量）等。工艺管子通常可以被看作薄壁圆筒，只有高压管道才有可能被看作厚壁圆筒，如高压蒸汽管道，必须特别加以考量（见第 14 章）。

ASME B31.3 规范给出了管子壁厚计算公式，如下：

$$t_m = t_p + c$$
$$t_p = \frac{pd}{2(SE + p\gamma_T)} \qquad (20.23)$$

式中　t_m——最小需求壁厚；

　　　t_p——压力设计壁厚；

　　　c——机械加工裕量（螺纹深度）与腐蚀及磨蚀裕量之和；

　　　p——设计内表压，lbf/in^2（或 MPa）；

　　　d——管外径；

　　　S——管材的基本许用应力值，lbf/in^2（或 MPa）；

　　　E——铸造质量系数；

　　　γ_T——温度系数。

ASME B31.3 规范的附录 A 给出了不同材料的许用应力值和温度系数值。不锈钢管的标准规格尺寸在 ASME B36.19 规范中给出，轧制钢管和锻铁管的标准规格尺寸在 ASME B36.10M 规范中给出。Green 和 Perry（2007）也对标准的管子规格尺寸进行了总结。

管子通常会给定管子壁厚系列标号（基于薄壁圆筒公式）。管子壁厚系列标号定义如下：

$$系列标号 = \frac{p_s \times 1000}{\sigma_s} \qquad (20.24)$$

式中　p_s——安全工作压力，lbf/in^2（或 MPa）；

　　　σ_s——安全工作应力，lbf/in^2（或 MPa）。

标号为 40 的管子通常应用于低压（50bar 以下）通用场合。

示例 20.9

已知管子管径为 4in（100mm），壁厚系列标号为 40，材料牌号为 SA53 碳钢、对焊，工作温度为 100℃，最大许用应力值在 120℃时为 11700lbf/in² （79.6MPa）。估算管子的安全工作压力。

解：

$$p_s = \frac{系列标号 \times \sigma_s}{1000} = \frac{40 \times 11700}{1000} \approx 468 \text{lbf/in}^2 \approx 3180 \text{kPa}$$

20.9.3　管架

在建筑物和设备之间长距离铺设的管道，通常被放置在管架上。这些管架支承主工艺和附属物料管道，管架布置应便于人员到达设备。

各种管吊架和管支架的设计取决于所独立支承的管道。典型管架的详细信息见 Green 和 Perry（2007），以及 Nayyar（2000）的著作。管架的设计需结合热膨胀补偿一并考虑。

20.9.4　管件

管路通常由一定长度的管子组成，包括用于连接的标准管件、弯头和三通。通常采用焊接的连接形式，小口径的可以采用螺纹连接。法兰连接通常用于需方便拆卸的连接，或者因维修而经常被破坏的连接。法兰连接通常用于工艺设备、阀门和辅助设备的连接。

制造厂目录和相关的国家标准中有焊接、螺纹和法兰等标准管件的详细资料。管件标准由 ASME B16 委员会制定。金属管道和管件的标准在 Masek（1968）中有论述。法兰和法兰标准见 14.10 节。

20.9.5　管道应力

管道系统的设计必须避免对其所连接的设备产生不可接受的应力。其载荷来源如下：（1）管子和设备的热膨胀；（2）管道及其物料，绝热和任何辅助设备的重量；（3）流体压降的影响；（4）辅助设备（如安全阀）工作时所施加的载荷；（5）振动。

热膨胀是管道系统设计中需要考虑的一个主要因素。由压降所引起的载荷影响通常可以忽略不计。静载荷可由合理设计的管架承载。

管道系统应具有吸收热膨胀的柔性。管道系统因弯头和转向布置而获得一定的柔性。如有必要，可采用膨胀弯、波纹管和其他特殊膨胀装置来补偿膨胀量。

关于管道柔性计算和应力分析方法，本书未进行介绍。Nayyar（2000）论述了人工计算技术和计算机在管道应力分析中的应用。

20.9.6　管道布置和设计

对管道系统设计和规定的论述已超出本书的范围，相关内容见 Sherwood（1991）、

Kentish（1982a，1982b）和 Lamit（1981）的著作。容器之间的管道布置一般应尽可能使管子长度最短、弯头数量最少，固定所支承的管道，允许热膨胀，以及为操作人员和维修人员提供开放的通道。

20.10　管径选择

如果推动流体在管道中流动的动力是天然的，如从一个容器到另一个容器的压力降低，或重力流提供充足的压头，通常选择可提供所需流量的最小管径。

如果流体必须通过管道用泵输送，管径选择应使年化总成本最小。

典型管道速度和允许压降可用于估算管径：泵送液体（无黏性），流速为 1～3m/s，允许压降为 0.5kPa/m；重力流液体，允许压降为 0.05kPa/m；气体或蒸汽，流速为 15～30m/s，允许压降为管线压力的 0.02%；高压蒸汽（大于 8bar），流速为 30～60m/s。

Rase（1953）根据管径给出了关于设计速度的表达式。他的表达式（转换成 SI 单位，m/s）如下：泵出口设计速度 $=0.06d_i+0.4$；泵吸入口设计速度 $=0.02d_i+0.1$；蒸汽或气体设计速度 $=0.2d_i$。其中，d_i 为管道内径，单位为 mm。

Simpson（1968）给出了不同流体密度下的最佳流速值。数值转换为 SI 单位并四舍五入如下：流体密度为 1600kg/m³，最佳流速为 2.4m/s；流体密度为 800kg/m³，最佳流速为 3m/s；流体密度为 160kg/m³，最佳流速为 4.9m/s；流体密度为 16kg/m³，最佳流速为 9.4m/s；流体密度为 0.16kg/m³，最佳流速为 18m/s；流体密度为 0.016kg/m³，最佳流速为 34m/s。

最大流速应保持在可能发生磨蚀的速度之下。对于气体和蒸气，速度不能超过临界速度（音速）［见 10.9.3 和 Coulson 等（1999）的专著］，通常被限制在临界速度的 30%。Kern（1975）在 1973 年 12 月至 1975 年 11 月在《Chemical Engineeing》杂志上发表了一系列关于管道系统设计实践方面的文章，论述了实际应用中泵入口管道的设计。Simpson（1968）也论述了涵盖液体、气体和两相流系统的管径确定技术。

管道的投资成本随管径的增加而增加，而泵送成本随管径的增加而降低。最经济的管径应是最低年化总成本下的管径。

确定的炼油装置常用经济管径的经验方法如下：

$$经济管径 = \sqrt{流量}$$

其中，经济管径和流量的单位分别为 in 和 gal/min。转换成公制单位：

$$最佳管径 d_i = 3.2\sqrt{m/\rho}$$

式中　m——质量流量，kg/s；

ρ——密度，kg/m³；

d_i——管径（内径），m。

本节给出的公式说明了设计中的一个简单优化问题，并提供了以 SI 单位为单位的经济管径估算值。使用的方法基本上是 Genereaux（1937）首次发表的方法。

以 1m 管长为基础，建立成本方程。

采购成本大致与管径的某次方的值成正比：

$$采购成本 = Bd^n，美元/m$$

常数 B 和指数 n 的值取决于管道材料和壁厚系列。

安装成本可以用第 7 章中介绍的成本阶乘法计算：

$$安装成本 = Bd^n（1+F）$$

其中，系数 F 包括典型管道的阀门、管件和安装成本。

投资成本可以作为年度资本费用计入运营成本。此外，还应根据投资成本收取每年的维护费：

$$C_C = Bd^n（1+F）（a+b）\tag{20.25}$$

式中　C_C——管道年化资金成本，美元/（m·a）；

　　　a——投资年化因子，a^{-1}；

　　　b——维护成本占安装成本的比例，a^{-1}。

泵送所需功率如下：

$$功率 = 体积流量 \times 压降$$

只需考虑摩擦压降，原因是任何静压头都不是管径的函数。

为计算压降，必须知道管道的摩擦系数。摩擦系数是雷诺数的函数，雷诺数又是管径的函数。几种摩擦系数与雷诺数的关系式已提出。为简便起见，将使用由 Genereaux（1937）提出的洁净普通钢管湍流关联式：

$$C_f = 0.04Re^{-0.16}$$

其中，C_f 是范宁摩擦系数，等于 $2R/（\rho u^2）$。

将其代入范宁压降方程：

$$\Delta p = 0.125m^{1.84}\mu^{0.16}\rho^{-1}d_i^{-4.84}\tag{20.26}$$

式中　Δp——压降，Pa；

　　　μ——黏度，Pa·s。

年泵送成本计算如下：

$$C_w = \frac{AP}{1000\eta}\Delta p\frac{m}{\rho}\tag{20.27}$$

式中　A——装置运行时间，h/a；

　　　P——动力成本，美元/（kW·h）；

　　　η——泵效率。

将式（20.26）代入式（20.27）：

$$C_w = 1.25 \times 10^{-4} \frac{AP}{\eta} m^{2.84} \mu^{0.16} \rho^{-2} d_i^{-4.84} \qquad (20.28)$$

年运营总成本 $C_t = C_C + C_w$。

将式（20.25）和式（20.28）相加，进行微分等于零，求出最小成本下的管径。

$$最小成本下的管径 \ d_i = \left[\frac{6.05 \times 10^{-4} APm^{2.84} \mu^{0.16} \rho^{-2}}{\eta nB(1+F)(a+b)} \right]^{1/(4.84+n)} \qquad (20.29)$$

式（20.29）是一个通用公式，可用于任何特殊情况下的经济管径估算。它可以建立在一个电子表格中，并对各种影响因素进行研究。

将典型值作为常数可以简化式（20.29）：

（1）A：一套化工工艺装置的正常运行时间在总时间的 90%～95% 之间，因此每年的运行时间取 8000h。

（2）η：泵和压缩机效率在 50%～70% 之间，因此取 0.6。

（3）P：对于大客户，典型的电力批发成本是 0.06 美元 /（kW·h）（2011 年中）。

（4）F：最难估计的系数。其他作者使用的值范围从 1.5（Peters 和 Timmerhaus，1968）到 6.75（Nolte，1978）。为获得简化方程，F 已被认为是管径的函数。

（5）B 和 n：可以从当前管道成本进行估算。

（6）a：取决于当前的资金成本，其范围在 0.1～0.25 之间，但通常取 0.16 左右。详细论述见第 9 章。

（7）b：工艺装置的典型数值是 5%，见第 8 章。

F、B 和 n 最好根据近期管道成本确定，并包括管件、油漆或绝热，以及安装的成本。以下是 2006 年 1 月得到的关联式，成本可以乘以化学工程管道成本指数进行更新，该指数每月发表在《Chemical Engineering》上。2006 年 1 月的化学工程管道成本指数为 655.9，2010 年 1 月为 794.5，因此关联式可以通过乘以 794.5/655.9≈1.21 更新到 2010 年 1 月的基础上。需要注意的是，该成本指数是专门针对管道、阀门和管件的成本，与化工装置的成本指数不同。

A106 碳钢：

1～8in：

$$管道成本 = 17.4 d_i^{0.74}$$

10～24in：

$$管道成本 = 1.03 d_i^{1.73}$$

304 不锈钢：

1～8in：

$$管道成本 = 24.5 d_i^{0.9}$$

10～24in：

$$管道成本 = 2.74 d_i^{1.7}$$

上式中，管道成本单位为美元 /ft，管径 d_i 单位为 ft，转化为公制单位（管道成本单位为美元 /m，管径 d_i 单位为 m）。

A106 碳钢：

25～200mm：

$$管道成本 = 880 d_i^{0.74}$$

250～600mm：

$$管道成本 = 1900 d_i^{1.73}$$

304 不锈钢：

25～200mm：

$$管道成本 = 2200 d_i^{0.94}$$

250～600mm：

$$管道成本 = 4700 d_i^{1.7}$$

对于小口径碳钢管，可以用以下公式替代式（20.29）：

$$最佳管径\ d_i = 0.830 m^{0.51} \mu^{0.03} \rho^{-0.36}$$

由于黏度项指数小，d_i 在很大的黏度范围内变化很小。当 $\mu = 10^{-5} Pa \cdot s$（0.01cP）时，$\mu^{0.03} = 0.71$；当 $\mu = 10^{-2} Pa \cdot s$（10cP）时，$\mu^{0.03} = 0.88$。

在以下最佳管径公式中，湍流条件下 $\mu^{0.03}$ 取平均值 0.8：

A106 碳钢：

25～200mm：

$$最佳管径\ d_i = 0.664 m^{0.51} \rho^{-0.36} \qquad （20.30）$$

250～600mm：

$$最佳管径\ d_i = 0.534 m^{0.43} \rho^{-0.30}$$

304 不锈钢：

25～200mm：

$$最佳管径\ d_i = 0.550 m^{0.49} \rho^{-0.35} \qquad （20.31）$$

250～600mm：

$$最佳管径\ d_i = 0.465 m^{0.43} \rho^{-0.31}$$

需要注意的是，考虑到预期的管道材料成本较高，不锈钢的最佳直径比碳钢的小。此外，式（20.30）和式（20.31）预估的最佳管径要比本节开始时经验方法给出的管径小很多，这可能反映了自推导出经验法则以来，投资和能量相对价值的变化。

式（20.30）和式（20.31）可用来估算正常管道运行时的经济管径。为了得到更准确的估算值或如果流体或管道非常规，可以考虑特定管道的特征，采用式（20.29）的方法。

对于很长的管道系统，如长输管线，成本还应包括所需泵的投资成本。

对于气体，压缩的投资成本很大，在分析的过程中始终应包括该项费用。

通过在泵输送费用计算公式中引入合适的压降方程，可以得到层流状态下的最优管径计算公式。

蒸汽不应该使用近似公式，原因是蒸汽的质量取决于它的压力和压降。

Nolte（1978）给出了考虑所有因素下的经济管径选择的详细方法，以及液体、气体、蒸汽和两相流系统的公式。他的方法考虑了管件和阀门引起的压降，这在式（20.26）中被忽略，其他作者也均忽略该点。

使用示例 20.10 和示例 20.11 说明式（20.30）和式（20.31）的使用，并与其他作者的结果进行比较。较老的关联式给出了较低的经济管径数值，原因可能是投资和能量相对价值的变化。

示例 20.10

估算 20℃时，水流速度在 10kg/s 下，使用碳钢管的最佳管径。水的密度为 1000kg/m³。

解：

采用式（20.30）计算最佳管径。

$$d_i = 0.664 \times 10^{0.51} \times 1000^{-0.36} \approx 177mm$$

177mm 约等于 6.97in，非标准管道尺寸。可以选择管径为 6in 或 8in 的管道，因此尝试选择管径为 6in 的管道（sch 40），内径为 6.065in（154mm）。

水在 20℃下的黏度为 $1.1 \times 10^{-3}Pa \cdot s$，则：

$$Re = \frac{4m}{\pi\mu d} = \frac{4 \times 10}{\pi \times 1.1 \times 10^{-3} \times 154 \times 10^{-3}} = 7.51 \times 10^4 \quad （>4000，为湍流）$$

各方法比较见下表。

方法	最佳管径
式（20.30）	180mm
Peters 和 Timmerhaus，1991	4in（100mm）
Nolte，1978	80mm

示例 20.11

估算在温度为 15℃、压力为 5bar 的条件下，HCl 流量为 7000kg/h 的不锈钢管的最佳管径。在温度为 0℃和压力为 1bar 的条件下，HCl 的摩尔体积为 22.4m³/kmol。

解：

HCl 的分子量为 36.5。

操作条件下的密度：

$$\frac{36.5}{22.4} \times \frac{5}{1} \times \frac{273}{288} \approx 7.72 \text{kg/m}^3$$

采用式（20.31）计算最佳管径：

$$0.465 \times \left(\frac{7000}{3600}\right)^{0.43} \times 7.72^{-0.31} \approx 328.4 \text{mm}$$

328.4mm 约等于 12.9in，因此可以选用管径为 14in 的管道（sch 40），内径为 13.124in（333mm）。

操作条件下 HCl 的黏度为 0.013mPa·s，则：

$$Re = \frac{4}{\pi} \times \frac{7000}{3600} \times \frac{1}{0.013 \times 10^{-3} \times 333 \times 10^{-3}} = 5.71 \times 10^5 \quad (>4000，为湍流)$$

各方法的比较见下表。

方法	最佳管径
式（20.31）	14in（333mm）
Peters 和 Timmerhaus，1991	9in（220mm）碳钢
Nolte，1978	7in（180mm）碳钢

示例 20.12

对图 20.21 所示的管线，计算管线尺寸并确定所需的泵。其中，管中物料为邻二氯苯（ODCB），流量为 10000kg/h，温度为 20℃。管道材料为碳钢。

解：

20℃时，ODCB 的密度为 1306kg/m³，黏度为 0.9mPa·s（0.9cP）。

（1）估算所需的管径。

液体的典型流速为 1m/s。

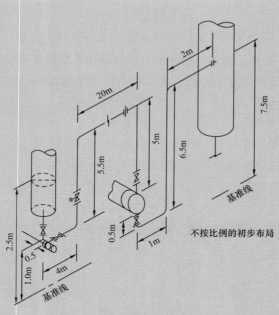

图 20.21　管道轴测图（示例 20.12）

$$质量流量 = \frac{10^4}{3600} \approx 2.78kg/s$$

$$体积流量 = \frac{2.78}{1306} \approx 2.13 \times 10^{-3} m^3/s$$

$$管子截面积 = \frac{体积流量}{流速} = \frac{2.13 \times 10^{-3}}{1} = 2.13 \times 10^{-3} m^2$$

$$管径 = \sqrt{2.13 \times 10^{-3} \times \frac{4}{\pi}} \approx 0.052m = 52mm$$

采用式（20.30）：

$$最佳管径\ d_i = 0.664 \times 2.78^{0.51} \times 1306^{-0.36} \approx 78.7mm$$

取管道直径为 77.9mm（3in，sch 40）：

$$截面积 = \frac{\pi}{4} \times \left(77.9 \times 10^{-3}\right)^2 = 4.77 \times 10^{-3} m^2$$

（2）压降计算。

$$介质流速 = \frac{2.13 \times 10^{-3}}{4.77 \times 10^{-3}} \approx 0.45m/s$$

$$雷诺数\ Re=\frac{1306\times0.45\times77.9\times10^{-3}}{0.9\times10^{-3}}=5.09\times10^4$$

查表 20.3，可得普通钢管绝对粗糙度为 0.46mm。

$$相对粗糙度\ e/d=0.046/80\approx0.0005$$

由图 20.5 可知，摩擦系数 f 为 0.0025。采用式（20.1）计算压降：

$$\Delta p_f=8\times0.0025\times\frac{1}{77.9\times10^{-3}}\times1306\times\frac{0.45^2}{2}=33.95\text{Pa}$$

设计的最大流量比平均流量高 20%。

$$摩擦损耗=0.0339\times1.2^2=0.0489\text{kPa/m}$$

（3）其他局部损失。

取当量管径。所有转弯头被视为 90° 标准弯头。

泵吸入口管线：

$$管长=1.5\text{m}$$
$$弯头长度=1\times30\times80\times10^{-3}=2.4\text{m}$$
$$阀门长度=1\times18\times80\times10^{-3}=1.4\text{m}$$
$$总长度=5.3\text{m}$$

$$入口损耗=\frac{\rho u^2}{2}\quad（见\ 20.4\ 节）$$

$$最大设计流速下的入口损耗（压降）=\frac{1306\times(0.45\times1.2)^2}{2\times10^3}\approx0.19\text{kPa}$$

控制阀的一般允许压降为 140kPa，最大允许压降（$\times1.2^2$）为 200kPa；换热器的一般允许压降为 70kPa，最大允许压降（$\times1.2^2$）为 100kPa；孔板的一般允许压降为 15kPa，最大允许压降（$\times1.2^2$）为 22kPa。

泵出口管线：

$$管长=4+5.5+20+5+0.5+1+6.5+2=44.5\text{m}$$
$$弯头长度=6\times30\times80\times10^{-3}=14.4\text{m}$$
$$阀门长度=3\times18\times80\times10^{-3}=4.4\text{m}$$
$$总长度=63.4\text{m}$$

管线压降的计算见表 20.7。该表的空表版本可以在附录 G 中找到，也可以在 booksite.elsevier.com/towler 中找到 MS Excel 格式的版本。

泵的选型如下：

流量 $=2.13\times10^{-3}\times3600=7.7\text{m}^3/\text{h}$，最大压头差为 38m。选择单级离心泵（图 20.3）。

表 20.7　管线计算表格（示例 20.12）

公司名称 地址 泵和管线计算表格 表格 XXXXX-YY-ZZ					项目名称 项目号				第 1 页　共 1 页			
					版次	日期	编制	审核	版次	日期	编制	审核
					1	8.7.06	GPT					

业主名称 装置位置 案例描述	第 5 章 示例 5.4			

设备位号		P101			设备名称　汽提塔底泵		
装置工段							
工艺介质							
物料		ODCB			密度	1306kg/m³	
操作温度	正常值	20℃			黏度	0.9Pa·s	
	最小值	15℃			正常流量	2.78kg/s	
	最大值	30℃			设计流量	3.34kg/s	

管线压降

入口　管线口径 77.9mm

项目	含义	正常值	最大值	单位
u_1	流速	0.4	0.5	m/s
Δf_1	摩擦损耗	0.03	0.05	kPa/m
L_1	管线长度	5.30	5.30	m
$\Delta f_1 L_1$	管线损耗	0.18	0.26	kPa
$\rho u_1^2/2$	入口损耗	0.130	0.188	kPa
（40kPa）	过滤器			kPa
	（1）共计	0.310	0.446	kPa
z_1	静压头	1.5	1.5	m
$\rho g z_1$		19.2	19.2	kPa
	上游设备压力	100	100	kPa
	（2）共计	119.2	119.2	kPa
（2）－（1）	（3）入口压力	118.9	111.8	kPa
	（4）蒸气压力	0.1	0.1	kPa
（3）－（4）	（5）NPSH有效	118.8	111.7	kPa
（5）/（ρg）	NPSH有效	9.3	8.7	m
	NPSH有效	12.1	11.4	m H₂O

出口　管线口径 77.9mm

项目	含义	正常值	最大值	单位
u_2	流速	0.4	0.5	m/s
Δf_2	摩擦损耗	0.03	0.05	kPa/m
L_2	管线长度	63.4	63.4	m
$\Delta f_2 L_2$	管线损耗	2.15	3.09	kPa
	孔板/流量计	15	22	kPa
	控制阀	140	200	kPa
	设备			
S&THX	H 205	70	100	kPa
总计	（6）动压损耗	227	325	kPa
z_2	静压头	6.5	6.5	m
$\rho g z_2$		83.3	83.3	kPa
	设备压力（最大值）	200	200	kPa
	不可预见	0	0	kPa
	（7）共计	283.3	283.3	kPa
（7）＋（6）	出口压力	510.4	608.4	kPa
（3）	入口压力	118.9	111.8	kPa
	（8）压差	391.5	496.6	kPa
（8）/（ρg）	泵扬程	30.6	38.8	m
	控制阀			
阀门/（6）	动压损耗		62%	

泵的数据

泵的制造厂家			驱动类型	三相电
目录号			供电	440V
泵流量	正常值	7.7m³/h	密封类型	机械，外冲洗
	最大值	9.2m³/h	水力学功率	0.833kW
压差		391.5kPa	额定功率	kW
		30.6m	效率	%
		39.9m H₂O	入口比速度	
NPSH需要		m		
泵的类型			壳体设计压力	610kPa
级数	单级		壳体设计温度	30℃
叶片类型	闭式		壳体类型	
安装方式	卧式		壳体材料	

续表

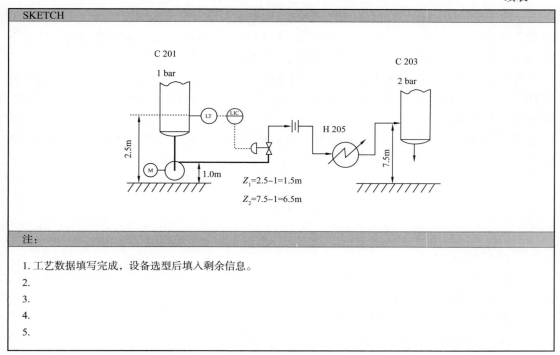

注：

1. 工艺数据填写完成，设备选型后填入剩余信息。

2.

3.

4.

5.

20.11 控制阀的口径

控制阀的压降与泵、阀门及管道设计有关，并以此设定所选阀门的口径。在对泵、阀门和管道系统进行规格和口径选择时，必须有足够的压降裕量，以确保控制阀在全流量范围内可靠地操作。如果可能，控制阀和泵应作为一个单元一起选定口径，以确保两者都选择了最佳口径。

无论控制回路的功能如何，所有控制阀的工作都是通过调控流体阻力而控制流量的。阀门执行机构发出的信号使得流体流经管路的口径发生变化，导致流体流量的增加或减少。

虽然有时用蝶阀来控制气体和蒸气流量，偶尔也用隔膜阀、球阀控制流量，但大多数自动控制阀采用截止阀。不同类型阀门的图示见 20.5 节。塞盘式截止阀对流体压降起到多重作用。当流体进入阀门时，以 90° 直角进入阀座下方扩展的截面空间，然后穿过阀座和阀盘之间变化的环形空间到达阀盘上方区域，最终以另一个 90° 直角方向离开阀门。当阀门开启时，环形空间扩展，通过阀门的压降下降，即使在完全开启的位置，通过阀门的流体仍然有大量的压降损耗。根据阀门的设计，对于阀门压降，在全开位置时速度压头数约为 9，1/4 开启时速度压头数约为 112（表 20.4）。在阀门完全开启和 25% 开启（或由阀门制造厂推荐的最小开启百分比）时，可对应泵的曲线，绘制系统压降曲线来确定所推荐泵和管道系统的流量可控范围，如 20.7.5 所述。

作为一个粗略的考虑，如果没有说明特性，控制阀的压降应至少占系统总动态压降的30%，最小值为 100kPa（14psi）。在工艺设计的早期阶段，一个好的经验方法是，如果工艺设备中的压降未知，则每个控制阀的压降取 140kPa（20psi）。流过阀门的部分压降在下游会得到补偿，其数值大小取决于所用阀门的类型。

控制阀的口径计算方法详见 ISA S75.01 标准，其方法已在仪表工程师和阀门制造厂所使用的计算机辅助设计工具中得以实现，详细的计算方法包括阻塞流、可压缩流、层流、液体闪蒸和汽蚀。

对于不可压缩流体的非阻塞湍流，ISA 75.01.01—2007 给出了以下阀门口径计算公式：

$$C_{v} = \frac{Q}{N} \sqrt{\frac{\rho_1 / \rho_0}{\Delta p}} \qquad (20.32)$$

式中　C_{v}——阀门流量系数；

Q——体积流量；

ρ_1——流动条件下的流体密度；

ρ_0——15℃时水的密度；

N——常数，取决于使用的单位；

Δp——压降，等于 $p_1 - p_2$；

p_1——在阀门上游 2 倍公称管径处的测量压力；

p_2——在阀门下游 6 倍公称管径处的测量压力。

常数 N 的值取决于所用的单位。如果体积流量的单位是 gal/min，压降的单位是 lbf/in²，则 $N=1$。阀门系数可以被解释为 15℃（59°F）时，流经阀门的水产生 1psi 压降时的流量（体积流量单位为 gal/min）。如果流量单位为 m³/h，压降单位为 bar，则 $N=0.865$。

在 ISA S75.01 标准中，根据可压缩流体、阻塞流、层流等条件给出了不同的 C_{v} 值计算公式。

控制阀的口径应该始终大于正常流量条件下的口径。不同公司使用不同的方法来确定在计算控制阀口径时应考虑的设计裕量。一种简单的方法是根据正常流量先计算一个 C_{v} 值，然后选择一个两倍 C_{v} 值的阀门，这样正常操作时阀门的开启度可在 50% 左右。另一种常用的方法是以比正常流量高出 30% 的最大流量计算 C_{v} 值，然后将结果除以 0.7，选择相邻的最大的 C_{v} 值，这样就得到了 C_{v} 值等于正常流量计算值的 1.85 倍的阀门，正常操作时阀门的开启度约为 54%。

控制阀的最大可控流量和最小可控流量之比，称为阀门可调比。可调比与执行机构和定位器以及阀门设计有关。控制阀正常操作的最大流量与最小可控流量之比，称为阀门操作比。对于大多数控制阀，其操作比是可调比的 70% 左右，阀门可调比通常在 20～50 之间。在选择控制阀时，设计人员应考虑所需的操作比和可调比，特别是在液位控制的应用中，可能需要较宽的操作流量范围。当需要高可调比时，可以并联使用两个不同口径的控制阀，其操作范围会稍有叠加，这就是所谓的分程布置。ISA S75.11 标准对控制阀的特性和可调比进行了详细的论述。

示例 20.13

发酵反应器的进料是添加了营养素的葡萄糖水溶液，其在 40℃时的相对密度为 1.03。如阀门的压降为 1.25bar，确定用于正常设计流量为 0.2m³/h 时的调节阀口径。

解：

使用公制单位时，式（20.32）中 $N=0.865$，则对于正常流动情况，使用式（20.32）计算 C_v 值。

$$C_v = \frac{0.2}{0.865} \times \sqrt{\frac{1.03}{1.25}} \approx 0.210$$

选择 $C_v \approx 0.42$，这样阀门的正常开启度约为 50%。

参 考 文 献

Aungier, R. H.（1999）. Centrifugal compressors : A strategy for aerodynamic design and analysis. American Society of Mechanical Engineers.

Aungier, R. H.（2003）. Axial–flow compressors : A strategy for aerodynamic design and analysis. American Society of Mechanical Engineers.

Begg, G. A. J.（1966）. Gas compression in the chemical industry. Chem. and Proc. Eng., 47, 153.

Bloch, H. P., Cameron, J. A., Danowsky, F. M., James, R., Swearingen, J. S., & Weightman, M. E.（1982）. Compressors and expanders : Selection and applications for the process industries. Dekker.

Brown, R. L.（1990）. Compressors : Sizing and selection. Gulf.

Chabbra, R. P., & Richardson, J. F.（1999）. Non–Newtonian flow in the process industries. Butterworth–Heinemann.

Coulson, J. M., Richardson, J. F., Backhurst, J., & Harker, J. H.（1999）. Chem. Eng.（6th ed., Vol. 1）. Butterworth–Heinemann.

Darby, R.（2001）. Take the mystery out of non–Newton fluids. Chem. Eng., NY, 108(March), 66.

Davidson, J., & von Bertele, O.(1999). Process pump selection—a systems approach. I. Mech E.

De Santis, G. J.（1976）. How to select a centrifugal pump. Chem. Eng., NY, 83（Nov. 22nd）, 163.

Dimoplon, W.（1978）. What process engineers need to know about compressors. Hyd. Proc., 57（May）, 221.

Doolin, J. H.（1977）. Select pumps to cut energy cost. Chem. Eng., NY,（Jan. 17th）, 137.

Garay, P. N.（1997）. Pump applications desk book. Prentice Hall.

Genereaux, R. P. （1937）. Fluid–flow design methods. Ind. Eng. Chem., 29, 385.

Green, D. W., & Perry, R. H. （Eds.）. （2007）. Perry's chemical engineers' handbook （8th ed.）. McGraw–Hill.

Hall, J. （2010）. Process pump control. Chem. Eng., 117 （12）, 30.

Heald, C. C. （1996）. Cameron hydraulic data （pp. 1–20）. Ingersoll–Dresser Pumps.

Holland, F. A., & Chapman, F. S. （1966）. Positive displacement pumps. Chem. Eng., NY, 73 （Feb. 14th）, 129.

Hoyle, R. （1978）. How to select and use mechanical packings. Chem. Eng., NY, 85 （Oct 8th）, 103.

Jacobs, J. K. （1965）. How to select and specify process pumps. Hyd. Proc., 44 （June）, 122.

Jandiel, D. G. （2000）. Select the right compressor. Chem. Eng. Prog., 96 （July）, 15.

Karassik, I. J. （Ed.）. （2001）. Pump handbook （3rd ed.）. McGraw–Hill.

Kelly, J. H. （2010）. Understand the fundamentals of centrifugal pumps. Chem. Eng. Prog., 106 （10）, 22.

Kentish, D. N. W. （1982a）. Industrial pipework. McGraw–Hill.

Kentish, D. N. W. （1982b）. Pipework design data. McGraw–Hill.

Kern, R.（1975）. How to design piping for pump suction conditions. Chem. Eng., NY, 82（April 28th）, 119.

Lamit, L. G. （1981）. Piping systems : Drafting and design. Prentice Hall.

Lockhart, R. W., & Martinelli, R. C. （1949）. Proposed correlation of data for isothermal two-component flow in pipes. Chem. Eng. Prog., 45 （1）, 39.

Marshall, P. （1985）. Positive displacement pumps a brief survey. Chem. Eng., London, 418 （Oct.）, 52.

Masek, J. A. （1968）. Metallic piping. Chem. Eng., NY, 75 （June 17th）, 215.

Meade, A. （1921）. Modern gasworks practice （2nd ed.）. Benn Bros.

Merrick, R. C. （1986）. Guide to the selection of manual valves. Chem. Eng., NY, 93 （Sept. 1st）, 52.

Merrick, R. C. （1990）. Valve selection and specification guide. Spon.

Mills, D. （2004）. Pneumatic conveying design guide （2nd ed.）. Butterworth–Heinemann.

Mills, D., Jones, M. G., & Agarwal, V. K. （2004）. Handbook of pneumatic conveying. Marcel Dekker.

Nayyar, M. L. （2000）. Piping handbook （7th ed.）. McGraw–Hill.

Neerkin, R. F. （1974）. Pump selection for chemical engineers. Chem. Eng., NY, 81 （Feb. 18）, 104.

Nolte, C. B. （1978）. Optimum pipe size selection. Trans. Tech. Publications.

Parmley, R. O. （2000）. Illustrated source book of mechanical components. McGraw–Hill.

Peacock, D. G., & Richardson, J. F. （1994）. Chem. Eng. （3rd ed., Vol. 3）. Butterworth–Heinemann.

Pearson, G. H. (1978). Valve design. Mechanical Engineering Publications.

Peters, M. S., & Timmerhaus, K. D. (1968). Plant design and economics for chemical engineers (2nd ed.). McGraw-Hill.

Peters, M. S., & Timmerhaus, K. D. (1991). Plant design and economics (4th ed.). McGraw-Hill.

Power, R. B. (1964). Steam jet air ejectors. Hyd. Proc., 43 (March), 138.

Rase, H. F. (1953). Take another look at economic pipe sizing. Pet. Ref., 32 (Aug.), 14.

Richardson, J. F., Harker, J. H., & Backhurst, J. (2002). Chem. Eng. (5th ed., Vol. 2). Butterworth-Heinemann.

Ryan, D. L., & Roper, D. L. (1986). Process vacuum system design and operation. McGraw-Hill.

Schultz, J. M. (1962). The polytropic analysis of centrifugal compressors. Trans. ASME, 84 (J. Eng. Power)(Jan.) 69, (April) 222 (in two parts).

Sherwood, D. R. (1991). The piping guide (2nd ed.). Spon.

Simpson, L. L. (1968). Sizing piping for process plants. Chem. Eng., NY, 75 (June 17th), 1923.

Smith, N. (1945). Gas manufacture and utilisation. British Gas Council.

Smith, E., & Vivian, B. E. (1995). Valve selection. Mechanical Engineering Publications.

Smith, P., & Zappe, R. W. (2003). Valve selection handbook (5th ed.). Gulf Publishing.

Walas, S. M. (1990). Chemical process equipment. Butterworth-Heinemann.

Webster, G. R. (1979). The canned pump in the petrochemical environment. Chem. Eng., London, 341 (Feb.), 91.

ASME B16.34-2004 Valves, flanged, threaded and welding end.

ASME B16.10-2000 Face-to-face and end-to-end dimensions of valves.

ASME B31.1-2007 Power piping.

ASME B31.2-1968 (withdrawn) Fuel gas piping.

ASME B31.3-2008 Process piping.

ASME B31.4-2006 Pipeline transportation systems for liquid hydrocarbons and other liquids.

ASME B31.5-2006 Refrigeration piping and heat transfer components.

ASME B31.8-2007 Gas transmission and distribution piping systems.

ASME B31.9-2008 Building services piping.

ASME B31.11-2002 Slurry transportation piping systems.

ASME B31.12-2008 Hydrogen piping and pipelines.

ASME B36.19M-2004 Stainless steel pipe.

ISA 75.01.01-2007 Flow equations for sizing control valves.

ISA 75.11.01-1985 (R2002) Inherent flow characteristic and rangeability of control valves.

ISO 5209. (1977) General purpose industrial valves-marking, 1st ed.

习　题

20.1　为下列应用选择合适的阀门类型：

（1）隔离一台换热器。

（2）手动控制水流进入储罐用于批量配置氢氧化钠溶液。

（3）旁路上用于切断和提供紧急手动控制的阀门。

（4）从真空罐到产生真空的蒸汽喷射器之间管线的切断阀。

（5）对清洁度和卫生有基本要求的管线阀。

对上述每一项应用中的选择原则进行陈述。

20.2　作为惰性气体，氮气用于隔离和吹扫置换容器。生产的氮气压缩后储存在一组压力为 5bar 的钢瓶中。压缩机的入口压力是 0.5bar，温度为 20℃。计算压缩 $100m^3/h$ 氮气所需的最大功率。采用单级往复式压缩机。

20.3　在 600kPa 的压力下，氢气和氯气燃烧生成氯化氢气体，所需压力可以通过控制燃烧压力获得，也可通过压缩氯化氢气体实现。将氢气压缩到燃烧器与产品氯化氢压缩所需要的功率匹配时，氯化氢的产率为 10000kg/h。在给定压力下从蒸发器供给氯气。氢气和氯气都是纯净的，供给燃烧器的氢气比化学计量要求高出 1%，两级离心式压缩机将用于两种气体的压缩。如果两台压缩机的多变效率均取 70%，氢的供应压力为 120kPa、供应温度为 25℃，氯化氢离开燃烧器后冷却到 50℃。假设两台压缩机的中间冷却器均将气体冷却到 50℃。

你会选择哪个工艺过程？为什么？

20.4　估算两级往复式压缩机将乙烯从 32MPa 压缩到 250MPa 所需的功，气体的初始温度为 30℃，离开中间冷却器的温度为 30℃。

20.5　粗二氯苯从贮槽泵入蒸馏塔。用氮气保护容器，液体表面的压力保持在 0.1bar 不变。罐中液体的最低液位为 1m。精馏塔的操作压力为 500mm Hg（绝），塔上方的进料口距罐底 12m。罐与塔之间由内径为 50mm、长度为 200m 的普通钢管连接。从罐到塔的管道包括以下阀门和管件：20 个标准半径的 90° 弯头，2 个泵的切断用闸阀（操作时全开），1 个孔板和 1 个流量控制阀。

假设最大流量需求是 20000kg/h，计算需要的泵电动机功率。取泵效率为 70%，控制阀允许压降为 0.5bar，且孔板的速度压头损失为 10%。二氯苯密度为 $1300kg/m^3$，黏度为 $1.4mPa \cdot s$。

20.6　某液体被放在压力为 115bar（绝）的反应器中，通过一根内径为 50mm 的普通钢管输送至一个储存容器。储存容器有氮封且液面压力维持在 1500Pa。两容器间管道总长为 200m。由进出损失、管件、阀门等造成的其他局部损失共计 800m 当量管径。储存容器中的液位比反应器中的液位低 20m。

管道上安装了一个汽轮机以回收将液体从一个容器输送到另一个容器所需能量的过剩能量。估算当液体的输送速率为 5000kg/h 时，通过汽轮机回收的能量。取汽轮机效率为 70%，液体密度为 $895kg/m^3$，液体黏度为 $0.76mPa \cdot s$。

20.7　某工艺介质用一台离心泵从一个蒸馏塔底部泵至另一个蒸馏塔，管线是内径为

75mm 的标准普通钢管。从一号塔至泵的入口管线长 25m，使用 6 个标准弯头和 1 个全开闸阀；从泵的出口到二号塔管线长 250m，使用 4 个标准弯头和 4 个闸阀（操作时全开），以及 1 个流量控制阀。一号塔液位高于泵出口 4m，二号塔进口高于泵进口 6m。一号塔操作压力为 1.05bar（绝），二号塔操作压力为 0.3bar。

确定当通过控制阀的压降为 35kPa 时，泵特性曲线上的操作点。

流体的物性如下：密度为 875kg/m³，黏度为 1.46mPa·s。

同样，如果泵吸入时流体的蒸气压为 25kPa，确定在此流量下的 NPSH。

泵的特性见下表。

流量，m³/h	0.0	18.2	27.3	36.3	45.4	54.5	63.6
压头，m 液柱	32.0	31.4	30.8	29.0	26.5	23.2	18.3

20.8　示例 20.8 中，假设流体用一台塞盘式截止阀控制流量，且示例中初始的设计为假定阀门全开。如果阀门可以关至 1/4 开度进行调节，可以实现多大流量范围的调节？当阀门 1/4 开时，通过阀门损失的泵功率是多少？

20.9　估算泵送 65gal/min 糖的水溶液（相对密度为 1.05）所需要的轴功率，泵的进口压力为 25psi，且要求的出口压力为 155psi。

20.10　芳烃联合装置中的一台管壳式冷却器冷却质量流量为 26200lb/h 的石脑油（相对密度为 0.78，黏度为 0.007mPa·s）。冷却器有 347 根换热管，长度为 16ft，直径为 3/4in。假设石脑油在管侧，估算管侧压力降。

20.11　在洗涤剂产生过程中，1400gal/h 的水流过如下 2in 管道系统：

出泵，2ft 立管，全开闸阀，14ft 立管，90° 转弯，12ft 水平管，1/4 开度截止阀，20ft 水平管，90° 转弯，6ft 水平管，90° 转弯，12ft 立管，90° 转弯，14ft 水平管，90° 转弯，4ft 立管，90° 转弯，28ft 水平管，全开闸阀，3ft 水平管，进入装有 30ft 液体的储罐。

假设泵和储罐均在相同标高上，估算泵的需要扬程。

假设泵进口压力为 25psi，出口压力是多少？

估算泵的轴功率。

假设泵由一台效率为 85% 的电动机驱动，年用电量是多少？

20.12　如果所需阀门压降为 140kPa，你会选择哪一口径的控制阀来调节流量为 4m³/h、相对密度为 0.7 的液体？

附　　录

附录 A　管道系统和设备的图形符号

可登录 booksite.Elsevier.com/Towler 查阅。

附录 B　腐蚀表

可登录 booksite.Elsevier.com/Towler 查阅。

附录 C　物性数据库

可登录 booksite.Elsevier.com/Towler 查阅。

附录 D　换算系数

表 D.1　换算系数表

量的名称	单位符号	换算系数和备注
长度	in	1in＝25.4mm（准确值）
	ft	1ft＝0.3048m（准确值）
	yd	1yd＝0.9144m（准确值）
	mile	1mile＝1.6093km
	Å（埃）	1Å＝10^{-10}m（准确值）
时间	min	1min＝60s（准确值）
	h	1h＝3600s（准确值）
	d	1d＝86.4ks（准确值）
	a	1a＝31.5Ms（准确值）
面积	in^2	$1in^2＝645.16mm^2$（准确值）
	ft^2	$1ft^2＝0.092903m^2$
	yd^2	$1yd^2＝0.83613m^2$
	acre	$1acre＝4046.9m^2$
	$mile^2$	$1mile^2＝2.590km^2$

量的名称	单位符号	换算系数和备注
体积	in^3	$1in^3 = 16.387cm^3$
	ft^3	$1ft^3 = 0.02832m^3$
	yd^3	$1yd^3 = 0.76453m^3$
	gal（英）	1gal（英）$= 4546.1cm^3$
	gal（美）	1gal（美）$= 3785.4cm^3$
质量	oz	$1oz = 28.352g$
	lb	$1lb = 0.45359237kg$（准确值）
	cwt	$1cwt = 50.8023kg$
	long ton（英）	1long ton（英）$= 1016.06kg$
	sh. ton（美）	1sh. ton（美）$= 907.18kg$
力	pdl	$1pdl = 0.13826N$
	lbf	$1lbf = 4.4482N$
	kgf	$1kgf = 9.8067N$
	tf	$1tf = 9.964kN$
	dyn	$1dyn = 10^{-5}N$（准确值）
温度	°R（°F）	$1°R = \dfrac{5}{9}K$（准确值）
能量（功，热）	ft·lbf	$1ft·lbf = 1.3558J$
	ft·pdl	$1ft·pdl = 0.04214J$
	cal_{IT}	$1cal_{IT} = 4.1868J$（准确值）
	erg	$1erg = 10^{-7}J$
	Btu	$1Btu = 1.05506kJ$
	hp·h	$1hp·h = 2.6845MJ$
	kW·h	$1kW·h = 3.6MJ$（准确值）
	therm	$1therm = 105.51MJ$
	thermie	$1thermie = 4.1855MJ$
单位体积的热值	Btu/ft^3	$1Btu/ft^3 = 37.259kJ/m^3$
流速	ft/s	$1ft/s = 0.3048m/s$
	mile/h	$1mile/h = 0.44704m/s$

续表

量的名称	单位符号	换算系数和备注
体积流量	ft^3/s	1ft^3/s＝0.028316m^3/s
	ft^3/h	1ft^3/h＝7.8658cm^3/s
	gal（英）/h	1gal（英）/h＝1.2628cm^3/s
	gal（美）/h	1gal（美）/h＝1.0515cm^3/s
质量流量	lb/h	1lb/h＝0.12600g/s
	t/h	1t/h＝0.28224kg/s
单位面积的质量	lb/in^2	1lb/in^2＝703.07kg/m^2
	lb/ft^2	1lb/ft^2＝4.8824kg/m^2
	t/mile^2	1t/mile^2＝392.30kg/km^2
密度	lb/in^3	1lb/in^3＝27.680g/cm^3
	lb/ft^3	1lb/ft^3＝16.019kg/m^3
	lb/gal（英）	1 lb/gal（英）＝99.776kg/m^3
	lb/gal（美）	1lb/gal（美）＝119.83kg/m^3
压力	lbf/in^2（1psi）	1 lbf/in^2（1 psi）＝6.8948Pa
	ksi（1000psi）	1ksi（1000 psi）＝6.8948Pa
	tf/in^2	1 tf/in^2＝15.444Pa
	lbf/ft^2	1lbf/ft^2＝47.880Pa
	atm	1atm＝101.325Pa（准确值）
	kgf/cm^2	1kgf/cm^2＝98.0665Pa（准确值）
	bar	1bar＝10^{5}Pa（准确值）
	ft H$_2$O	1ft H$_2$O＝2.9891Pa
	in H$_2$O	1in H$_2$O＝249.09Pa
	in Hg	1in Hg＝3.3864 Pa
	mm Hg（1torr）	1mm Hg＝133.32Pa
功率（热流）	hp（英）	1hp（英）＝745.70W
	hp	1hp＝735.50W
	erg/s	1erg/s＝10^{-7}W
	ft·lbf/s	1ft·lbf/s＝1.3558W
	Btu/h	1Btu/h＝0.29307W
	冷吨	1 冷吨＝3516.9W

量的名称	单位符号	换算系数和备注
惯性矩	lb · ft^2	1lb · ft^2=0.042140kg · m^2
动量	lb · ft/s	1lb · ft/s=0.13826kg · m/s
角动量	lb · ft^2/s	1lb · ft^2/s=0.042140kg · m^2/s
动力黏度	P（泊）	1P=0.1 Pa · s（准确值）
	lb/（ft · h）	1lb/（ft · h）=0.41338mPa · s
	lb/（ft · s）	1lb/（ft · s）=1.4882Pa · s
运动黏度	St	1St=10^{-4}m^2/s（准确值）
	ft^2/h	1ft^2/h=0.25806cm^2/s
表面能	erg/cm^2	1erg/cm^2=10^{-3}J/m^2
表面张力	dyn/cm	1dyn/cm=（10^{-3}N/m）
质量通量密度	lb/（h · ft^2）	1lb/（h · ft^2）=1.3562 g/（s · m^2）
热通量密度	Btu/（h · ft^2）	1Btu/（h · ft^2）=3.1546W/m^2
	kcal/（h · m^2）	1kcal/（h · m^2）=1.163W/m^2
传热系数	Btu/（h · ft^2 · °F）	1Btu/（h · ft^2 · °F）=5.6783W/（m^2 · K）
比焓（潜热等）	Btu/lb	1Btu/lb=2.326kJ/kg（准确值）
比热容	Btu/（lb · °F）	1Btu/（lb · °F）=4.1868kJ/（kg · K）（准确值）
热量	Btu/（h · ft · °F）	1Btu/（h · ft · °F）=1.7307W/（m · K）
传导性	kcal/（h · m · °C）	1kcal/（h · m · °C）=1.163W/（m · K）

注：（1）当涉及温差时，K 与 °C 等同。

（2）表格引自 MULLIN 和 J. W［《Chemical Engineer》第 211 期（1967 年 9 月），第 176 页］。

附录 E　设计项目（问题简述）

可登录 booksite.Elsevier.com/Towler 查阅。

项目包括：对乙酰氨基酚，乙酸，苯乙酮，丙烯醛，丙烯酸，阿仑膦酸钠，氨氯地平苯磺酸盐（Norvasc^{TM}），合成氨，氩回收，阿斯巴甜，阿司匹林，苯还原，生物制浆，黑液回收，溴，碳纳米管，醋酸纤维素，化学机械制浆，氯碱，无氯纸浆漂白，氯仿，环丙沙星，氢溴酸西酞普兰（Celexa^{TM}），3–R 香茅醇，克里夫的酸，氯吡格雷（Plavix^{TM}），可可粉加工，原油蒸馏，环己酮和苯酚，环孢菌素 A，糊精，磷酸氢钙，双环戊双烯，2，6–邻苯二甲酸二甲酯，强力霉素，异抗坏血酸，发酵乙醇，乙烯氧化脱氢，蒸汽裂解制乙烯，乙醇制乙烯，非索非那定（Allegra^{TM}），费托催化剂，氟康唑，盐酸氟西汀，丙酸氟替卡松（Flovent™），叶酸，燃料处理，费托合成的气液转化，粒细胞集落刺激因子，愈创甘油醚（Actifed™，Robitussin™），加氢裂化，甲烷蒸汽重整制氢，燃料电池用氢，布洛芬（Advil™，Motrin™），驱虫剂，石脑油异构化，硫酸盐法制浆，氦回收，乳酸发酵，兰索拉唑（Prevacid™），直链烷基苯，赖诺普利，氟雷他定，低脂零食，$d-$苹果酸，甘露醇，人造黄油，甲醇制烯烃，二氯甲烷，保湿乳液，味精，2，6-萘二甲酸，液化天然气，天然气液体回收，烟酰胺，硝酸，硝基苯，$s-$氧氟沙星，奥美拉唑（Prilosec™），氧气（小型便携式／医疗），帕罗西汀（Paxil™），苯酚，光气，磷酸，聚乳酸，高锰酸钾，催化脱氢制丙烯，蒸汽裂解制丙烯，发酵制丙二醇，环氧丙烷，伪麻黄碱，吡啶，核黄素，利培酮（Risperdal™），药用级水杨酸（USP标准），盐酸舍曲林（Zoloft™），辛伐他汀（Zocor™），二氧化硫处理，硫黄回收，舒马曲坦（Imigran™），生育酚，有毒废物处理，DSM尿素工艺，文拉法辛（Effexor™），氙回收与沸石的合成。

附录F 设计项目（问题详述）

可登录 booksite.Elsevier.com/Towler 查阅。

项目包括：2-乙基己醇，丙烯腈，苯胺，氯（来自氯化氢），氯苯，燃料油制氢气，甲基乙基酮，尿素。

附录G 设备规格（数据）表

可登录 booksite.Elsevier.com/Towler 查阅。

附录H 典型的管壳式换热器管板布置

可登录 booksite.Elsevier.com/Towler 查阅。

附录I 物料安全数据表（MSDS）

可登录 booksite.Elsevier.com/Towler 查阅。